高等学校规划教材·自动控制类

现代控制理论基础

周凤岐　周　军　郭建国　编

西北工业大学出版社

【内容简介】 本书是针对高等工科院校控制类专业学科本科生和非控制类学科研究生的现代控制理论基础课程需要而编写的。本教材针对现代控制理论的基本内容作了全面系统、深入浅出的阐述，内容包含了线性系统理论、最优控制理论、最优估计理论、系统辨识理论、自适应控制理论和变结构控制理论等六大部分。内容取舍上不仅注重于基础和工程实用性，同时每部分章节均配有一批应用实例和思考题，使学生在学习专业理论知识的同时，能够熟练掌握和应用相关的基本知识。此外，为了便于掌握，本书还在附录中列出了矩阵微分法、矩阵求逆引理、矩阵许瓦茨不等式和随机变量与随机过程基本概念等。

本书主要作为高等工科院校控制类专业本科生和非控制类学科(如电子类、机电类学科)等研究生的教材和参考书，也可作为广大工程科技人员以及其他大专院校师生自学现代控制理论时的参考用书。

图书在版编目(CIP)数据

现代控制理论基础/周凤岐，周军，郭建国编．—西安：西北工业大学出版社，2011.3
(2019.3 重印)
ISBN 978-7-5612-3042-8

Ⅰ.①现… Ⅱ.①周… ②周… ③郭… Ⅲ.①现代控制理论 Ⅳ.①O231

中国版本图书馆 CIP 数据核字(2011)第 037596 号

出版发行：西北工业大学出版社
通信地址：西安市友谊西路 127 号　　**邮编**：710072
电　　话：(029)88493844　88491757
网　　址：www.nwpup.com
印 刷 者：兴平市博闻印务有限公司
开　　本：787 mm×1 092 mm　1/16
印　　张：30.5
字　　数：746 千字
版　　次：2011 年 10 月第 1 版　　2019 年 3 月第 3 次印刷
定　　价：68.00 元

前　言

本教材的内容共分为线性系统理论、最优控制理论、最优估计理论、系统辨识理论、自适应控制理论和变结构控制理论等六篇十六章。线性系统理论篇中介绍状态空间分析法、线性系统的结构特性、状态反馈与状态观测器、多变量输出反馈和解耦控制等。最优控制理论篇中介绍变分法在最优控制中的应用、极小值原理、动态规划法、二次型性能指标的线性系统最优控制等。最优估计理论篇中介绍了参数估计方法、卡尔曼最优线性预测与滤波方法等。系统辨识理论篇中介绍线性系统的经典辨识方法、最小二乘辨识和极大似然辨识。自适应控制理论篇中介了自适应控制系统基本概念和稳定性、自校正控制、模型参考自适应控制。变结构控制理论篇中介绍变结构控制理论的基本概念以及变结构调节控制，变结构模型跟踪控制和变结构模型参考自适应控制等设计方法。各章均附有习题。

本书是基于 1988 年由国防工业出版社出版的《现代控制理论基础引论》和 1992 年由电子科技大学出版社出版的《现代控制理论及其应用》的基础上，经过删减和增补，重新编写而成的。这两本书曾作为控制类专业本科生和非控制类学科研究生的教材在许多院校使用过，受到了广泛好评。根据十几年来对该教材的使用和教学实践的经验，对原教材做了许多修改，并增加了变结构控制理论和应用算例，使教材内容更加系统充实，与应用实际结合更加紧密。

编写本书时，力求对现代控制理论的基本理论内容进行全面系统、深入浅出的阐述，以最低限度的数学工具、适当的物理浅释、实际的工程应用算例和通俗易懂的语言，引导和帮助读者尽快掌握基本理论和方法，以便继续深入讨论有关的理论和工程应用问题。为了便于读者学习，本书还专门在附录中列出了矩阵微分法、矩阵求逆引理、矩阵许瓦茨不等式和随机变量与随机过程的基本概念等数学知识。

本书不仅适用于高等院校控制类专业本科生教材和非控制类学科研究生教材，也可作为广大工程科技人员自学现代控制理论的重要参考书和应用现代控制理论进行设计的工具书。

限于编者的水平，书中难免会有缺点、不妥和错误，衷心希望读者批评指正。

编　者

2011 年 3 月

目　　录

第一篇　线性系统理论

第三篇　最优估计理论

第四篇 系统辨识理论

第五篇 自适应控制理论

第六篇　变结构控制基本原理

第一篇　线性系统理论

第一章　状态空间分析法

系统在时域内一般可用微分方程描述，系统越复杂，微分方程阶次越高，而求解高阶微分方程却是相当困难的。经典控制理论中在复频域内采用拉普拉斯变换法得到联系输入-输出关系的传递函数来描述系统。基于传递函数用试凑法设计单输入-单输出控制系统极为有效，可以从传递函数的零点极点分布得出系统定性特性，并已建立起了一整套图解分析设计法，至今仍得到广泛成功的应用。但传递函数对系统是一种外部描述，它不能描述系统内部结构和处于系统内部的变化，且忽略了初始条件。因此传递函数不能包含系统的所有信息。20 世纪 60 年代以来，随着控制对象的日益复杂，控制性能要求的不断提高，控制系统所需利用的信息已不局限于输入量和输出量，还需要系统内部的变化规律，并且还可能需要处理复杂的时变、非线性、多输入-多输出问题，而基于传递函数的系统描述方法在这新一领域的应用受到了很大限制，于是需要用新的对系统内部进行描述的方法——状态空间分析法。

1.1　系统的状态空间描述

1.1.1　系统数学描述的两种基本类型

所谓的系统是泛指一些互相作用的部分构成的整体，它可能是一个反馈控制系统，也可能是某一控制装置或受控对象。所研究系统均假定具有若干输入端和输出端。外部环境对系统的作用称为系统输入，以向量 $\boldsymbol{u}=[u_1 \quad \cdots \quad u_m]^{\mathrm{T}}$ 表示，施于输入端；系统对外部环境的作用称系统输出，以向量 $\boldsymbol{y}=[y_1 \quad \cdots \quad y_l]^{\mathrm{T}}$ 表示，可在输出端测量，它们均为系统的外部变量。描述系统内部所处的行为状态的变量以向量 $\boldsymbol{x}=[x_1 \quad \cdots \quad x_n]^{\mathrm{T}}$ 表示，它们为内部变量。

系统的数学描述通常可分为下列两种基本类型：一为系统的外部描述，即输入-输出描述，这种描述将系统看成是一个“黑箱”，只能接触系统的输入端和输出端，不去表示系统内部的结构及变量，只从输入-输出的因果关系中获悉系统特性。若系统是一个单输入-单输出线性定常系统，其外部描述的数学方程就是一个 n 阶微分方程及对应的传递函数。二为系统的内部描述，即状态空间描述，这种描述将系统的动态过程细化为两个过程，即输入引起内部状态的变化，即 $[x_1,\cdots,x_n]$ 和 $[u_1,\cdots,u_m]$ 间的因果关系，常用一阶微分方程组或差分方程组表示，称为状态方程；还有内部状态和输入一起引起输出的变化，即 $[y_1,\cdots,y_l]$ 和 $[x_1,\cdots,x_n]$，

$[u_1, \cdots, u_m]$ 间的因果关系，是一组代数方程，称为输出方程。外部描述仅描述系统的终端特性，内部描述则既描述系统内部特性又描述终端特性。系统两种基本描述的结构示意图如图1-1所示。以后的研究可看出，外部描述通常是一种不完全的描述，因为具有完全不同的内部结构特性的两个系统可能具有相同的外部特性；而内部描述是一种完全的描述，能完全表示系统的一切动态特性。仅在系统具有一定属性的条件下，两种描述才具有等价关系。

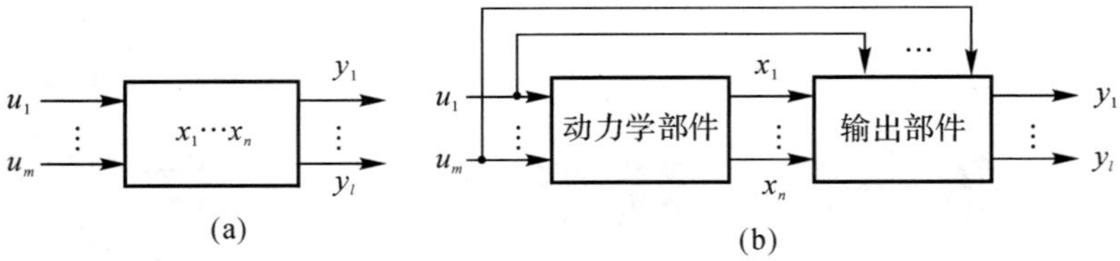

图1-1　系统的两种基本描述

(a) 外部描述；(b) 内部描述

1.1.2　系统描述中常用的几个基本概念

无论是外部描述还是内部描述，下列概念是常用的，现给出定义以理解系统性质及系统分类。

松弛性　系统在时刻 t_0 称为是松弛的，当且仅当输出 $\boldsymbol{y}[t_0, \infty)$ 由输入 $\boldsymbol{u}[t_0, \infty)$ 唯一确定。

从能量的观点看，在时刻 t_0 不存在存储能量，则称系统在时刻 t_0 是松弛的。$\boldsymbol{u}[t_0, \infty)$ 和 $\boldsymbol{y}[t_0, \infty)$ 分别表示定义在时间区间 $[t_0, \infty)$ 的输入和输出。

例如一个 *RLC* 网络，若所有电容两端的电压和流过电感的电流在 t_0 时刻均为零（即初始条件为零），则网络称为在 t_0 时刻是松弛的。若网络不是松弛的，其输出响应不仅由 $\boldsymbol{u}[t_0, \infty)$ 所决定，还与初始条件有关。

在松弛性假定下，系统的输入-输出描述有

$$\boldsymbol{y}(t) = \boldsymbol{H}\boldsymbol{u}(t) \tag{1-1}$$

式中，$\boldsymbol{H}$ 是某一算子或函数，例如传递函数就是一种算子。

因果性　若系统在时刻 t 的输出仅取决于时刻 t 及在 t 之前的输入，而与 t 之后的输入无关，则称系统具有因果性。

本书所研究的实际物理系统都具有因果性，并称为因果系统。若系统在 t 时刻的输出与 t 之后的输入有关，则称该系统不具有因果性。不具有因果性的系统能够预测 t 之后的输入并施加于系统而影响其输出。

线性　一个松弛系统称为线性的，当且仅当对于任何输入 $\boldsymbol{u}_1$ 和 $\boldsymbol{u}_2$，以及任何实数 α，均有

$$\boldsymbol{H}(\boldsymbol{u}_1 + \boldsymbol{u}_2) = \boldsymbol{H}\boldsymbol{u}_1 + \boldsymbol{H}\boldsymbol{u}_2 \tag{1-2}$$

$$\boldsymbol{H}(\alpha \boldsymbol{u}_1) = \alpha \boldsymbol{H}\boldsymbol{u}_1 \tag{1-3}$$

否则称为非线性的。式(1-2)称为可加性，式(1-3)称为齐次性。若松弛系统具有这两种特性，则称该系统满足叠加原理。式(1-2)和式(1-3)可合并表示为

$$\boldsymbol{H}(\alpha_1 \boldsymbol{u}_1 + \alpha_2 \boldsymbol{u}_2) = \alpha_1 \boldsymbol{H}\boldsymbol{u}_1 + \alpha_2 \boldsymbol{H}\boldsymbol{u}_2 \tag{1-4}$$

线性系统数学方程中的各项，只含变量及其各阶导数的一次项，不含变量或其导数的高次

项，也不含不同变量的乘积项。

时不变性(定常性)　一个松弛系统为时不变的(定常的)，当且仅当对于任何输入 $\boldsymbol{u}$ 和任何实数 $\tau(-\infty<\tau<\infty)$，有

$$\boldsymbol{y}(t-\tau)=\boldsymbol{Hu}(t-\tau) \tag{1-5}$$

否则称系统为时变的。即相对于式(1-1)，当输入 $\boldsymbol{u}$ 延迟 τ 时，输出 $\boldsymbol{y}$ 也延迟 τ。

线性时不变(定常)系统的数学方程中各项的系数必为常数，只要有一项的系数是时间的函数，就是时变的。

1.1.3　状态与状态空间的基本概念

系统的状态空间描述是建立在状态(状态变量)和状态空间概念的基础上的。状态与状态空间概念早在古典力学中就得到广泛应用，当将其引入到系统和控制理论中来，用于描述系统的运动和行为时，这两个概念有了更一般性的含义。

系统的状态变量定义为：能够唯一地确定系统在时间域中行为的一组相互独立且数目最少的变量，即只要给定 t_0 时刻的这组变量和 $t\geqslant t_0$ 的输入，则系统在 $t\geqslant t_0$ 的任意时刻的行为随之完全确定。因此，所谓状态变量必须是满足以下条件的一组变量：

(1) 对系统行为的描述是完全的；

(2) 相互之间是独立的；

(3) 数量是最少的。

一组状态变量的集合称为系统的状态。众所周知，一个用 n 阶微分方程描述的系统，当 n 个初始条件 $x(t_0),\dot{x}(t_0),\cdots,x^{(n-1)}(t_0)$ 和输入 $u(t)$ 给定时，可唯一确定方程的解 $x(t)$，故变量 $x(t),\dot{x}(t),\cdots,x^{(n-1)}(t)$ 是一组状态变量。对于确定系统的时域行为来说，一组独立的状态变量既是必要的，也是充分的，独立状态变量的个数即为系统微分方程的阶次 n。显然，当状态变量个数小于 n 时，便不能完全确定系统状态，对系统的行为描述是不完全的；当变量个数大于 n 时则必有不独立变量，对于确定系统状态是多余的。至于 t_0 时刻的状态，表征了 t_0 以前的系统运动的结果，通常取参考时刻 t_0 为零。

状态变量的选择不是唯一的。选择与初始条件对应的变量作为状态变量是一种状态变量的选择方法，但也可以选择另外一组独立变量作为状态变量，特别应优先考虑在物理上可量测的量作为状态变量，如机械系统中的转角、位移以及它们的速度，电路系统中的电感电流、电容器两端电压等，这些可量测的状态变量可用于实现反馈控制以改善系统性能。在理论分析研究中，常选择一些在数学上有意义的量作为状态变量，它们可能是一些物理量的复杂的线性组合，但却可以导出某种典型形式的数学方程，以利于建立一般的分析理论。选择不同的状态变量只是以不同形式描述系统，由于不同的状态变量组之间存在着确定关系，对应的系统描述随之也存在着对应的确定关系，而系统的特性是不变的。

本书将状态变量记为 $x_1(t),\cdots,x_n(t)$。若将 n 个状态变量看做向量 $\boldsymbol{x}(t)$ 的分量，则 n 维列向量

$$\boldsymbol{x}(t)=\begin{bmatrix}x_1(t)\\ \vdots\\ x_n(t)\end{bmatrix}$$

称为系统的状态向量。给定 t_0 时刻的状态向量 $\boldsymbol{x}(t_0)$ 及 $t\geqslant t_0$ 的输入向量 $\boldsymbol{u}(t)$，$\boldsymbol{u}(t)=$

$[u_1(t)\ \cdots\ u_m(t)]^{\mathrm{T}}$，则 $t \geqslant t_0$ 的状态向量 $\boldsymbol{x}(t)$ 唯一确定。

以 n 个状态变量为坐标轴所构成的 n 维空间称为状态空间。状态空间中的一点代表系统的一个特定时刻的状态，该点就是状态向量的端点，也可称为状态点。随着时间的推移，系统状态在变化，状态点便在状态空间中移动形成一条轨线，即状态向量的矢端轨线，称为状态轨线或状态轨迹。由于状态变量只能取实数值，故状态空间是建立在实数域上的向量空间。

在上述状态和状态空间概念基础上，可着手建立系统的状态空间描述。

1.1.4 系统的状态空间描述

图 1－1 已示出状态空间描述的结构，输入引起状态的变化是一个动态过程。列写每个状态变量的一阶导数与所有状态变量、输入变量关系的数学方程称为状态方程。由于 n 阶系统有 n 个独立的状态变量，故系统状态方程是 n 个联立的一阶微分方程或差分方程。考虑最一般的情况，连续系统状态方程为

$$\left.\begin{array}{l}\dot{x}_1 = f_1(x_1,\cdots,x_n;u_1,\cdots,u_m;t)\\ \cdots\cdots\\ \dot{x}_n = f_n(x_1,\cdots,x_n;u_1,\cdots,u_m;t)\end{array}\right\} \tag{1-6}$$

输入和状态一起引起输出的变化是一个代数方程，每个输出变量与所有状态变量及输入变量的关系的数学方程称为输出方程。设系统有 l 个输出变量，则系统输出方程含 l 个联立的代数方程。最一般情况下的连续输出方程为

$$\left.\begin{array}{l}y_1 = g_1(x_1,\cdots,x_n;u_1,\cdots,u_m;t)\\ \cdots\cdots\\ y_l = g_l(x_1,\cdots,x_n;u_1,\cdots,u_m;t)\end{array}\right\} \tag{1-7}$$

为了书写简洁，引入向量及矩阵符号，令

$$\boldsymbol{x} = \begin{bmatrix} x_1 \\ \vdots \\ x_n \end{bmatrix},\boldsymbol{u} = \begin{bmatrix} u_1 \\ \vdots \\ u_m \end{bmatrix},\boldsymbol{y} = \begin{bmatrix} y_1 \\ \vdots \\ y_l \end{bmatrix} \tag{1-8}$$

分别为系统的状态向量、控制向量(输入向量)、输出向量。再引入函数向量

$$\boldsymbol{f}(\boldsymbol{x},\boldsymbol{u},t) = \begin{bmatrix} f_1(\boldsymbol{x},\boldsymbol{u},t) \\ \vdots \\ f_n(\boldsymbol{x},\boldsymbol{u},t) \end{bmatrix},\boldsymbol{g}(\boldsymbol{x},\boldsymbol{u},t) = \begin{bmatrix} g_1(\boldsymbol{x},\boldsymbol{u},t) \\ \vdots \\ g_l(\boldsymbol{x},\boldsymbol{u},t) \end{bmatrix} \tag{1-9}$$

则式(1－6) 和式(1－7) 可简记为

$$\begin{array}{l}\dot{\boldsymbol{x}} = \boldsymbol{f}(\boldsymbol{x},\boldsymbol{u},t)\\ \boldsymbol{y} = \boldsymbol{g}(\boldsymbol{x},\boldsymbol{u},t)\end{array} \tag{1-10}$$

式(1－10) 为状态方程和输出方程的组合，构成了完整的状态空间描述，称为状态空间方程，又称为动态方程。

只要式(1-10) 中函数向量 $\boldsymbol{f}(\cdot)$ 和 $\boldsymbol{g}(\cdot)$ 的某元素显含时间 t，便表明系统是时变的。定常系统不显含 t，故其状态空间方程可写为

$$\begin{array}{l}\dot{\boldsymbol{x}} = \boldsymbol{f}(\boldsymbol{x},\boldsymbol{u})\\ \boldsymbol{y} = \boldsymbol{g}(\boldsymbol{x},\boldsymbol{u})\end{array} \tag{1-11}$$

若式(1－11) 中 $\boldsymbol{f}(\cdot)$ 和 $\boldsymbol{g}(\cdot)$ 的任一元素是 $x_1,\cdots,x_n$ 和 $u_1,\cdots,u_m$ 的非线性函数，则系统

是非线性的。若 $\boldsymbol{f}(\cdot)$ 和 $\boldsymbol{g}(\cdot)$ 的所有元素都是 $x_1,\cdots,x_n$ 和 $u_1,\cdots,u_m$ 的线性函数,则系统是线性的。

对于线性系统,状态空间方程可表示为更明显的一般形式,即

$$\left.\begin{aligned}
\dot{x}_1 &= a_{11}(t)x_1 + a_{12}(t)x_2 + \cdots + a_{1n}(t)x_n + b_{11}(t)u_1 + b_{12}(t)u_2 + \cdots + b_{1m}(t)u_m \\
&\cdots\cdots \\
\dot{x}_n &= a_{n1}(t)x_1 + a_{n2}(t)x_2 + \cdots + a_{nn}(t)x_n + b_{n1}(t)u_1 + b_{n2}(t)u_2 + \cdots + b_{nm}(t)u_m \\
y_1 &= c_{11}(t)x_1 + c_{12}(t)x_2 + \cdots + c_{1n}(t)x_n + d_{11}(t)u_1 + d_{12}(t)u_2 + \cdots + d_{1m}(t)u_m \\
&\cdots\cdots \\
y_l &= c_{l1}(t)x_1 + c_{l2}(t)x_2 + \cdots + c_{ln}(t)x_n + d_{l1}(t)u_1 + d_{l2}(t)u_2 + \cdots + d_{lm}(t)u_m
\end{aligned}\right\} \tag{1-12}$$

写成向量矩阵形式为

$$\begin{aligned}
\dot{\boldsymbol{x}} &= \boldsymbol{A}(t)\boldsymbol{x} + \boldsymbol{B}(t)\boldsymbol{u} \\
\boldsymbol{y} &= \boldsymbol{C}(t)\boldsymbol{x} + \boldsymbol{D}(t)\boldsymbol{u}
\end{aligned} \tag{1-13}$$

式中,系数矩阵 $\boldsymbol{A}(t)$,$\boldsymbol{B}(t)$,$\boldsymbol{C}(t)$,$\boldsymbol{D}(t)$ 分别称为系统矩阵(状态矩阵)、输入矩阵(控制矩阵)、输出矩阵和前馈矩阵,分别为

$$\boldsymbol{A}(t) = \begin{bmatrix} a_{11}(t) & \cdots & a_{1n}(t) \\ \vdots & & \vdots \\ a_{n1}(t) & \cdots & a_{nn}(t) \end{bmatrix}, \boldsymbol{B}(t) = \begin{bmatrix} b_{11}(t) & \cdots & b_{1m}(t) \\ \vdots & & \vdots \\ b_{n1}(t) & \cdots & b_{nm}(t) \end{bmatrix}$$

$$\boldsymbol{C}(t) = \begin{bmatrix} c_{11}(t) & \cdots & c_{1n}(t) \\ \vdots & & \vdots \\ c_{l1}(t) & \cdots & c_{ln}(t) \end{bmatrix}, \boldsymbol{D}(t) = \begin{bmatrix} d_{11}(t) & \cdots & d_{1m}(t) \\ \vdots & & \vdots \\ d_{l1}(t) & \cdots & d_{lm}(t) \end{bmatrix}$$

诸系数矩阵中只要有任意一个元素是时间函数,便是时变系统;当诸系数矩阵的所有元素都是常数时,便是定常系统。线性定常连续系统是现代控制理论的最基本研究对象,其状态空间方程可写为

$$\begin{aligned}
\dot{\boldsymbol{x}} &= \boldsymbol{A}\boldsymbol{x} + \boldsymbol{B}\boldsymbol{u} \\
\boldsymbol{y} &= \boldsymbol{C}\boldsymbol{x} + \boldsymbol{D}\boldsymbol{u}
\end{aligned} \tag{1-14}$$

式中,$\boldsymbol{A}$ 为 $(n\times n)$ 矩阵;$\boldsymbol{B}$ 为 $(n\times m)$ 矩阵;$\boldsymbol{C}$ 为 $(l\times n)$ 矩阵;$\boldsymbol{D}$ 为 $(l\times m)$ 矩阵。其状态空间方程可用方块图表示,如图 1-2 所示。

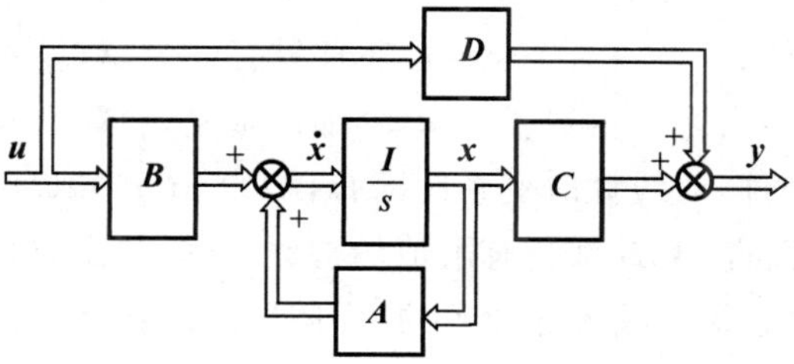

图 1-2　线性定常系统方块图

实际物理系统总是含有非线性因素,但是许多实际系统当 $\boldsymbol{x}$ 和 $\boldsymbol{u}$ 均限制在其工作点或平衡点附近做小偏差运动时,其非线性方程就能够足够精确地用线性化方程来描述,从而使状态空间方程线性化。设式(1-11)所示非线性函数向量 $\boldsymbol{f}(\boldsymbol{x},\boldsymbol{u})$ 和 $\boldsymbol{g}(\boldsymbol{x},\boldsymbol{u})$ 在工作点$(\boldsymbol{x}_0,\boldsymbol{u}_0)$邻域

展开成泰勒级数并略去二次以及二次以上各项，有

$$\boldsymbol{f}(\boldsymbol{x},\boldsymbol{u})=\boldsymbol{f}(\boldsymbol{x}_0,\boldsymbol{u}_0)+\left(\frac{\partial \boldsymbol{f}}{\partial \boldsymbol{x}^{\mathrm{T}}}\right)_{\boldsymbol{x}_0,\boldsymbol{u}_0}\Delta \boldsymbol{x}+\left(\frac{\partial \boldsymbol{f}}{\partial \boldsymbol{u}^{\mathrm{T}}}\right)_{\boldsymbol{x}_0,\boldsymbol{u}_0}\Delta \boldsymbol{u}$$

$$\boldsymbol{g}(\boldsymbol{x},\boldsymbol{u})=\boldsymbol{g}(\boldsymbol{x}_0,\boldsymbol{u}_0)+\left(\frac{\partial \boldsymbol{g}}{\partial \boldsymbol{x}^{\mathrm{T}}}\right)_{\boldsymbol{x}_0,\boldsymbol{u}_0}\Delta \boldsymbol{x}+\left(\frac{\partial \boldsymbol{g}}{\partial \boldsymbol{u}^{\mathrm{T}}}\right)_{\boldsymbol{x}_0,\boldsymbol{u}_0}\Delta \boldsymbol{u}$$

式中，$\Delta\boldsymbol{x}=\boldsymbol{x}-\boldsymbol{x}_0$，$\Delta\boldsymbol{u}=\boldsymbol{u}-\boldsymbol{u}_0$，且有 $\Delta\boldsymbol{y}=\boldsymbol{y}-\boldsymbol{y}_0$，故

$$\dot{\boldsymbol{x}}=\dot{\boldsymbol{x}}_0+\Delta\dot{\boldsymbol{x}},\boldsymbol{y}=\boldsymbol{y}_0+\Delta\boldsymbol{y}$$

工作点处满足

$$\dot{\boldsymbol{x}}_0=\boldsymbol{f}(\boldsymbol{x}_0,\boldsymbol{u}_0),\quad \boldsymbol{y}_0=\boldsymbol{g}(\boldsymbol{x}_0,\boldsymbol{u}_0)$$

于是可得小扰动线性化状态空间方程为

$$\begin{aligned}\Delta\dot{\boldsymbol{x}}&=\left(\frac{\partial \boldsymbol{f}}{\partial \boldsymbol{x}^{\mathrm{T}}}\right)_{\boldsymbol{x}_0,\boldsymbol{u}_0}\Delta \boldsymbol{x}+\left(\frac{\partial \boldsymbol{f}}{\partial \boldsymbol{u}^{\mathrm{T}}}\right)_{\boldsymbol{x}_0,\boldsymbol{u}_0}\Delta \boldsymbol{u}\overset{\text{def}}{=\!=}\boldsymbol{A}\Delta\boldsymbol{x}+\boldsymbol{B}\Delta\boldsymbol{u}\\ \Delta\boldsymbol{y}&=\left(\frac{\partial \boldsymbol{g}}{\partial \boldsymbol{x}^{\mathrm{T}}}\right)_{\boldsymbol{x}_0,\boldsymbol{u}_0}\Delta \boldsymbol{x}+\left(\frac{\partial \boldsymbol{g}}{\partial \boldsymbol{u}^{\mathrm{T}}}\right)_{\boldsymbol{x}_0,\boldsymbol{u}_0}\Delta \boldsymbol{u}\overset{\text{def}}{=\!=}\boldsymbol{C}\Delta\boldsymbol{x}+\boldsymbol{D}\Delta\boldsymbol{u}\end{aligned}\tag{1-15}$$

当非线性系统在工作点附近运动时，式(1－15)所示线性系统可以有足够的精度代替式(1－11)所示的非线性系统。式(1－15)中各系数矩阵可由列向量对行向量的求导规则导出，它们分别为

$$\boldsymbol{A}=\left(\frac{\partial \boldsymbol{f}}{\partial \boldsymbol{x}^{\mathrm{T}}}\right)_{\boldsymbol{x}_0,\boldsymbol{u}_0}=\begin{bmatrix}\dfrac{\partial f_1}{\partial x_1} & \cdots & \dfrac{\partial f_1}{\partial x_n}\\ \vdots & & \vdots\\ \dfrac{\partial f_n}{\partial x_1} & \cdots & \dfrac{\partial f_n}{\partial x_n}\end{bmatrix}_{\boldsymbol{x}_0,\boldsymbol{u}_0},\quad \boldsymbol{B}=\left(\frac{\partial \boldsymbol{f}}{\partial \boldsymbol{u}^{\mathrm{T}}}\right)_{\boldsymbol{x}_0,\boldsymbol{u}_0}=\begin{bmatrix}\dfrac{\partial f_1}{\partial u_1} & \cdots & \dfrac{\partial f_1}{\partial u_m}\\ \vdots & & \vdots\\ \dfrac{\partial f_n}{\partial u_1} & \cdots & \dfrac{\partial f_n}{\partial u_m}\end{bmatrix}_{\boldsymbol{x}_0,\boldsymbol{u}_0}$$

$$\boldsymbol{C}=\left(\frac{\partial \boldsymbol{g}}{\partial \boldsymbol{x}^{\mathrm{T}}}\right)_{\boldsymbol{x}_0,\boldsymbol{u}_0}=\begin{bmatrix}\dfrac{\partial g_1}{\partial x_1} & \cdots & \dfrac{\partial g_1}{\partial x_n}\\ \vdots & & \vdots\\ \dfrac{\partial g_l}{\partial x_1} & \cdots & \dfrac{\partial g_l}{\partial x_n}\end{bmatrix}_{\boldsymbol{x}_0,\boldsymbol{u}_0},\quad \boldsymbol{D}=\left(\frac{\partial \boldsymbol{g}}{\partial \boldsymbol{u}^{\mathrm{T}}}\right)_{\boldsymbol{x}_0,\boldsymbol{u}_0}=\begin{bmatrix}\dfrac{\partial g_1}{\partial u_1} & \cdots & \dfrac{\partial g_1}{\partial u_m}\\ \vdots & & \vdots\\ \dfrac{\partial g_l}{\partial u_1} & \cdots & \dfrac{\partial g_l}{\partial u_m}\end{bmatrix}_{\boldsymbol{x}_0,\boldsymbol{u}_0}$$

当工作点变化时，诸系数矩阵各元素的数值将随之变化。

需要指出的是，对于同一个系统，当所选状态变量不同时，所得状态方程也不同，故描述系统的状态方程也不是唯一的。为了保证状态方程解的存在和唯一性，即满足初始条件 $\boldsymbol{x}(t_0)$，在 $\boldsymbol{u}(t)(t\geqslant t_0)$ 作用下的解 $\boldsymbol{x}(t)$，在 $t\geqslant t_0$ 时存在且只有一个，$\boldsymbol{x}(t)$ 不产生继电式的跳跃现象，也不存在在某时刻变为 ∞，必须对函数 $\boldsymbol{f}(\boldsymbol{x},\boldsymbol{u},t)$ 加以限制。解唯一存在的充分必要条件是满足利普希茨(Lipschitz)条件：对线性时变系统而言，$\boldsymbol{A}(t)$，$\boldsymbol{B}(t)$，$\boldsymbol{u}(t)$ 的元素都是 t 的分段连续函数；对于线性定常系统而言，$\boldsymbol{A}$，$\boldsymbol{B}$ 都是有限值的常数矩阵；状态方程中不含 $\boldsymbol{u}(t)$ 的导数项。有些实际系统的微分方程是含有输入导数项的，为使导出的状态方程不含输入导数，须适当选取状态变量。

式(1－13)和式(1－14)表示了多输入-多输出线性系统的动态方程，当 $m=1$，$l=1$ 时，即单输入-单输出线性系统的动态方程为

$$\begin{aligned}\dot{\boldsymbol{x}}&=\boldsymbol{A}(t)\boldsymbol{x}+\boldsymbol{b}(t)u\\ y&=\boldsymbol{c}(t)\boldsymbol{x}+d(t)u\end{aligned}\quad 或 \quad \begin{aligned}\dot{\boldsymbol{x}}&=\boldsymbol{A}\boldsymbol{x}+\boldsymbol{b}u\\ y&=\boldsymbol{c}\boldsymbol{x}+du\end{aligned}\tag{1-16}$$

这时 u,y 均为标量，$\boldsymbol{b}$ 为 $(n\times 1)$ 维，$\boldsymbol{c}$ 为 $(1\times n)$ 维，d 为标量。

系统的状态空间描述的优越性在于：能解释处于系统内部的状态信息并加以利用；一阶微分方程比高阶微分方程宜于在计算机上求解；采用向量矩阵形式，当各种变量数目增加时，并不增加数学表达式的复杂性；可适用于单变量或多变量、线性或非线性、定常或时变、确定性或随机性各类系统的描述。

1.2　线性定常连续系统动态方程的建立

实际物理系统动态方程的建立，通常是根据所含元件遵循的物理、化学定律，列写其微分方程，选择可以量测的物理量作为状态变量来导出的，它能反映系统的真实结构特性，故动态方程可由诸元件的微分方程组或传递函数结构图演化而来。不过据此建立的动态方程一般不具有典型形式。由于系统微分方程或传递函数也是一种线性定常连续系统的通用数学模型，当其已知时，可按规定方法导出典型形式的动态方程，便于建立统一的研究理论，并揭示系统内部固有的重要结构特性。下面来分别加以研究。

1.2.1　物理系统动态方程的建立

结合例子来说明。

例 1-1　设机械位移系统如图 1-3 所示。力 F 及阻尼器汽缸速度 v 为两种外作用，给定输出量为质量块的位移 x 及其速度 $\dot{x}$、加速度 $\ddot{x}$。图中 m,k,f 分别为质量、弹簧刚度、阻尼系数。试求该双输入-三输出系统的动态方程。

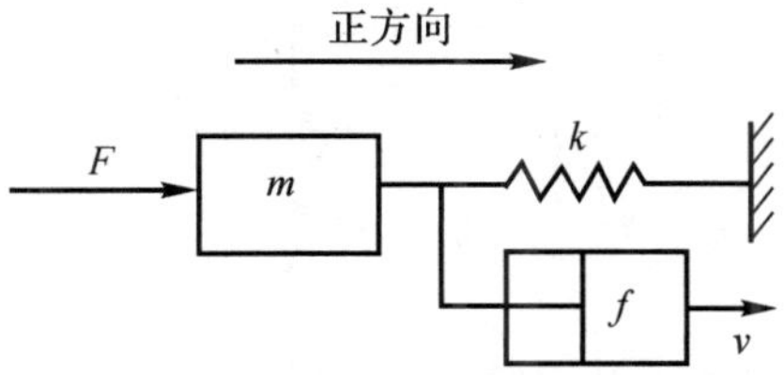

图 1-3　双输入-三输出机械位移系统

解　据牛顿力学，外力由惯性力 $m\ddot{x}$，阻尼力 $f(\dot{x}-v)$，弹簧恢复力 kx 平衡，故有

$$m\ddot{x}+f(\dot{x}-v)+kx=F$$

显见为二阶系统。若已知质量块的初始位移及初始速度，该二阶微分方程在输入作用下的解便唯一确定，故选 x 和 $\dot{x}$ 作为状态变量。设 $x_1=x$，$x_2=\dot{x}$，三个输出量为 $y_1=x$，$y_2=\dot{x}$，$y_3=\ddot{x}$，可由微分方程导出下列动态方程：

$$\begin{aligned}
\dot{x}_1&=x_2\\
\dot{x}_2&=\ddot{x}=\frac{1}{m}[-f(x_2-v)-kx_1+F]\\
y_1&=x_1\\
y_2&=x_2\\
y_3&=\frac{1}{m}[-f(x_2-v)-kx_1+F]
\end{aligned}\tag{1-17}$$

其向量-矩阵形式为

$$\dot{\boldsymbol{x}} = \boldsymbol{Ax} + \boldsymbol{Bu}, \quad \boldsymbol{y} = \boldsymbol{Cx} + \boldsymbol{Du}$$

式中

$$\boldsymbol{x} = \begin{bmatrix} x_1 \\ x_2 \end{bmatrix}, \quad \boldsymbol{u} = \begin{bmatrix} F \\ v \end{bmatrix}, \quad \boldsymbol{A} = \begin{bmatrix} 0 & 1 \\ -\dfrac{k}{m} & -\dfrac{f}{m} \end{bmatrix}, \quad \boldsymbol{B} = \begin{bmatrix} 0 & 0 \\ \dfrac{1}{m} & \dfrac{f}{m} \end{bmatrix}$$

$$\boldsymbol{y} = \begin{bmatrix} y_1 \\ y_2 \\ y_3 \end{bmatrix}, \quad \boldsymbol{C} = \begin{bmatrix} 1 & 0 \\ 0 & 1 \\ -\dfrac{k}{m} & -\dfrac{f}{m} \end{bmatrix}, \quad \boldsymbol{D} = \begin{bmatrix} 0 & 0 \\ 0 & 0 \\ \dfrac{1}{m} & \dfrac{f}{m} \end{bmatrix}$$

状态变量图　将状态方程中的每个一阶微分方程用图解来表示，即每个一阶微分方程的右端诸项之和，构成了状态变量的导数，经积分可得该状态变量，最终按照系统中各状态变量的关系连接成封闭的图形，这便是状态变量图。它便于在模拟计算机上进行仿真，是向量-矩阵形式状态方程的展开图形，揭示了系统的内部结构。状态变量图中仅含积分器、加法器、比例器三种元件及一些连接线。积分器的输出均为状态变量。输出量可根据输出方程在状态变量图中形成和引出。例 1-1 的状态变量图如图 1-4 所示，图中 s 为拉普拉斯算子。

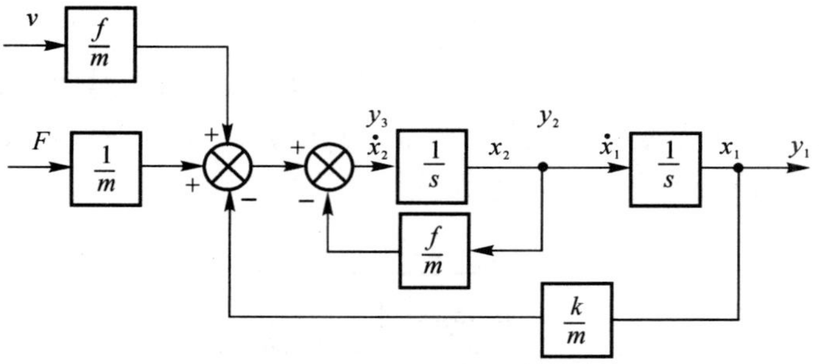

图 1-4　例 1-1 状态变量图

例 1-2　研究图 1-5 所示电网络，输入为两个电源的电压 e_1 和 e_2，输出为电容器的端电压 u_C，试列写该双输入-单输出系统的状态空间方程。

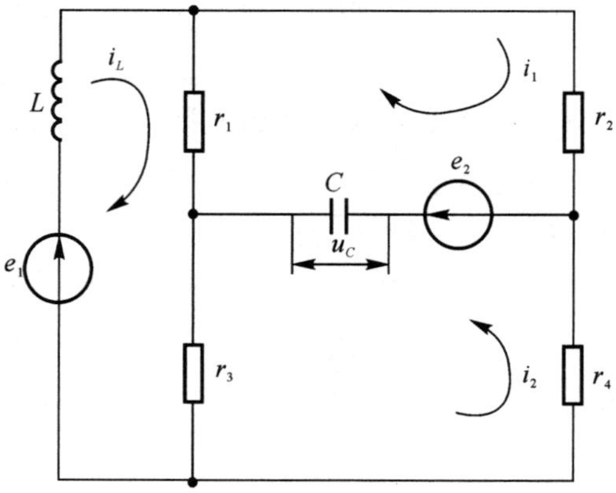

图 1-5　例 1-2 电网络

解　运用回路电流法列出三个回路的方程：

$$e_1 = L\frac{\mathrm{d}i_L}{\mathrm{d}t} + i_L(r_1 + r_3) - i_1 r_1 + i_2 r_3$$

$$e_2 = u_C - i_L r_1 + i_1(r_1 + r_2)$$

$$e_2 = u_C + i_L r_3 + i_2(r_3 + r_4)$$

式中 u_C 满足

$$C\frac{\mathrm{d}u_C}{\mathrm{d}t} = i_1 + i_2$$

消去中间变量可得网络的二阶微分方程，故网络的独立状态变量为 2 个。由回路方程显见，若选取流过电感的电流 i_L 和电容器端电压 u_C 作为状态变量，既有明确物理意义又便于导出状态方程。电感、电容器都是储能元件，它们未分布在一个回路网孔内，一定是独立的储能元件，而独立储能元件的个数即独立状态变量的个数。

消去中间变量 i_1, i_2，可整理得到两个一阶微分方程

$$\frac{\mathrm{d}i_L}{\mathrm{d}t} = -\frac{R_1}{L}i_L - \frac{R_2}{L}u_C + \frac{R_2}{L}e_2 + \frac{1}{L}e_1$$

$$\frac{\mathrm{d}u_C}{\mathrm{d}t} = \frac{R_2}{C}i_L - \frac{R_3}{L}u_C + \frac{R_3}{C}e_2$$

式中

$$R_1 = \frac{r_1 r_2}{r_1 + r_2} + \frac{r_3 r_4}{r_3 + r_4},\quad R_2 = \frac{r_1}{r_1 + r_2} - \frac{r_3}{r_3 + r_4},\quad R_3 = \frac{1}{r_1 + r_2} + \frac{1}{r_3 + r_4}$$

写成向量-矩阵形式，有

$$\begin{bmatrix} \dot{i}_L \\ \dot{u}_C \end{bmatrix} = \begin{bmatrix} -\frac{R_1}{L} & -\frac{R_2}{L} \\ \frac{R_2}{C} & -\frac{R_3}{L} \end{bmatrix} \begin{bmatrix} i_L \\ u_C \end{bmatrix} + \begin{bmatrix} \frac{1}{L} & \frac{R_2}{L} \\ 0 & \frac{R_3}{C} \end{bmatrix} \begin{bmatrix} e_1 \\ e_2 \end{bmatrix} \tag{1-18}$$

$$u_C = \begin{bmatrix} 0 & 1 \end{bmatrix} \begin{bmatrix} i_L \\ u_C \end{bmatrix}$$

1.2.2　由系统微分方程或系统传递函数建立动态方程

表征输入-输出描述的最常用的数学方程是系统微分方程或系统传递函数，传递函数方块图也可看做是一种输入-输出描述。本节将分别研究其导出状态空间方程的方法，揭示状态空间方程的某些典型结构，为后面章节的讨论做准备。

这里针对单输入-单输出系统，对于给定的系统微分方程或系统传递函数，寻求对应的动态方程而不改变系统的输入-输出特性，由于所选状态变量不同，其动态方程也不同。

设单输入-单输出线性定常连续系统的微分方程具有下列一般形式：

$$y^{(n)} + \alpha_{n-1}y^{(n-1)} + \alpha_{n-2}y^{(n-2)} + \cdots + \alpha_1\dot{y} + \alpha_0 y = \beta_{n-1}u^{(n-1)} + \beta_{n-2}u^{(n-2)} + \cdots + \beta_1\dot{u} + \beta_0 u \tag{1-19}$$

式中，y 为系统输出量，u 为系统输入量。对任何物理系统其 u 的导数幂次小于 y 的导数幂次，其系统传递函数 $G(s)$ 为

$$G(s) \xlongequal{\text{def}} \frac{N(s)}{D(s)} = \frac{y(s)}{u(s)} = \frac{\beta_{n-1}s^{n-1} + \beta_{n-2}s^{n-2} + \cdots + \beta_1 s + \beta_0}{s^n + \alpha_{n-1}s^{n-1} + \alpha_{n-2}s^{n-2} + \cdots + \alpha_1 s + \alpha_0} \tag{1-20}$$

下面来分别研究几种常见的典型动态方程形式。

1. 能观测规范形

式(1-19)所示微分方程含有输入导数项，为使状态方程中不含输入导数项，可选择如下一组状态变量，设

$$\left.\begin{aligned} &x_n = y \\ &x_i = \dot{x}_{i+1} + \alpha_i y - \beta_i u \quad i=1,\cdots,n-1 \end{aligned}\right\} \tag{1-21}$$

其展开式为

$$x_{n-1} = \dot{x}_n + \alpha_{n-1} y - \beta_{n-1} u = \dot{y} + \alpha_{n-1} y - \beta_{n-1} u$$

$$x_{n-2} = \dot{x}_{n-1} + \alpha_{n-2} y - \beta_{n-2} u = \ddot{y} + \alpha_{n-1} \dot{y} - \beta_{n-1} \dot{u} + \alpha_{n-2} y - \beta_{n-2} u$$

……

$$x_2 = \dot{x}_3 + \alpha_2 y - \beta_2 u = y^{(n-2)} + \alpha_{n-1} y^{(n-3)} - \beta_{n-2} u^{(n-3)} + \alpha_{n-2} y^{(n-4)} - \beta_{n-2} u^{(n-4)} + \cdots + \alpha_2 y - \beta_2 u$$

$$x_1 = \dot{x}_2 + \alpha_1 y - \beta_1 u = y^{(n-1)} + \alpha_{n-1} y^{(n-2)} - \beta_{n-1} u^{(n-2)} + \alpha_{n-2} y^{(n-3)} - \beta_{n-2} u^{(n-3)} + \cdots + \alpha_1 y - \beta_1 u$$

有

$$\dot{x}_1 = y^{(n)} + \alpha_{n-1} y^{(n-1)} - \beta_{n-1} u^{(n-1)} + \alpha_{n-2} y^{(n-2)} - \beta_{n-2} u^{(n-2)} + \cdots + \alpha_1 \dot{y} - \beta_1 \dot{u}$$

考虑式(1-19)可得

$$\dot{x}_1 = -\alpha_0 y + \beta_0 u = -\alpha_0 x_n + \beta_0 u$$

故有状态方程

$$\left.\begin{aligned} &\dot{x}_1 = -\alpha_0 x_n + \beta_0 u \\ &\dot{x}_2 = x_1 - \alpha_1 x_n + \beta_1 u \\ &\cdots\cdots \\ &\dot{x}_{n-1} = x_{n-2} - \alpha_{n-2} x_n + \beta_{n-2} u \\ &\dot{x}_n = x_{n-1} - \alpha_{n-1} x_n + \beta_{n-1} u \end{aligned}\right\} \tag{1-22}$$

输出方程为

$$y = x_n \tag{1-23}$$

其向量-矩阵形式为

$$\dot{\boldsymbol{x}} = \boldsymbol{A}\boldsymbol{x} + \boldsymbol{b}u, \quad y = \boldsymbol{c}\boldsymbol{x} \tag{1-24}$$

式中

$$\boldsymbol{A} = \begin{bmatrix} 0 & 0 & \cdots & 0 & -\alpha_0 \\ 1 & 0 & \cdots & 0 & -\alpha_1 \\ 0 & 1 & \cdots & 0 & -\alpha_2 \\ \vdots & \vdots & & \vdots & \vdots \\ 0 & 0 & \cdots & 1 & -\alpha_{n-1} \end{bmatrix}, \quad \boldsymbol{b} = \begin{bmatrix} \beta_0 \\ \beta_1 \\ \beta_2 \\ \vdots \\ \beta_{n-1} \end{bmatrix}, \quad \boldsymbol{x} = \begin{bmatrix} x_1 \\ x_2 \\ x_3 \\ \vdots \\ x_n \end{bmatrix}, \quad \boldsymbol{c} = [0 \ \cdots \ 0 \ 1]$$

希望读者注意矩阵 $\boldsymbol{A},\boldsymbol{c}$ 的形状特征。由式(1-19)导出式(1-24)所示动态方程，称能观测规范形的动态方程。

2. 能控规范形

将式(1-20)所示传递函数 $G(s)$ 分解为两部分相串联，并引入中间变量 $z(s)$，如图1-6所示，由第一个方块可导出以 u 作为输入、z 作为输出的不含输入导数项的微分方程，由第二个方

块可导出系统输出量 y 可表示为 z 及其导数的线性组合，即

$$\left.\begin{aligned} &z^{(n)}+\alpha_{n-1}z^{(n-1)}+\cdots+\alpha_1\dot{z}+\alpha_0 z=u \\ &y=\beta_{n-1}z^{(n-1)}+\cdots+\beta_1\dot{z}+\beta_0 z \end{aligned}\right\} \tag{1-25}$$

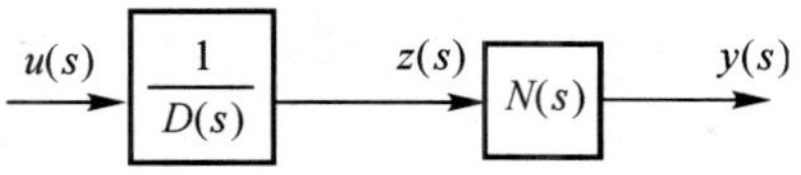

图 1－6　$G(s)$ 的串联分解

定义如下一组状态变量：

$$x_1=z,\quad x_2=\dot{z},\quad \cdots,\quad x_n=z^{(n-1)} \tag{1-26}$$

可得状态方程

$$\left.\begin{aligned} &\dot{x}_1=x_2 \\ &\dot{x}_2=x_3 \\ &\cdots\cdots \\ &\dot{x}_n=-\alpha_0 z-\alpha_1\dot{z}-\cdots-\alpha_{n-1}z^{(n-1)}+u=-\alpha_0 x_1-\alpha_1 x_2-\cdots-\alpha_{n-1}x_n+u \end{aligned}\right\} \tag{1-27}$$

输出方程为

$$y=\beta_0 x_1+\beta_1 x_2+\cdots+\beta_{n-1}x_n \tag{1-28}$$

其向量-矩阵形式为

$$\dot{\boldsymbol{x}}=\boldsymbol{A}\boldsymbol{x}+\boldsymbol{b}u,\quad y=\boldsymbol{c}\boldsymbol{x} \tag{1-29}$$

式中

$$\boldsymbol{A}=\begin{bmatrix} 0 & 1 & 0 & \cdots & 0 \\ 0 & 0 & 1 & \cdots & 0 \\ \vdots & \vdots & \vdots & & \vdots \\ 0 & 0 & 0 & \cdots & 1 \\ -\alpha_0 & -\alpha_1 & -\alpha_2 & \cdots & -\alpha_{n-1} \end{bmatrix},\quad \boldsymbol{b}=\begin{bmatrix} 0 \\ 0 \\ \vdots \\ 0 \\ 1 \end{bmatrix},\quad \boldsymbol{x}=\begin{bmatrix} x_1 \\ x_2 \\ \vdots \\ x_{n-1} \\ x_n \end{bmatrix},\quad \boldsymbol{c}=[\beta_0\quad \beta_1\quad \cdots\quad \beta_{n-1}]$$

也希望读者注意 $\boldsymbol{A},\boldsymbol{b}$ 的形状特征。由式(1－20) 导出式(1－29) 所示动态方程，称能控规范形的动态方程。

比较式(1－24) 和式(1－29) 容易看出，能控、能观测两种规范形的动态方程中的各矩阵不仅存在着密切的对应关系，而且两种规范形中的 $\boldsymbol{A},\boldsymbol{b},\boldsymbol{c}$ 矩阵的元素除了取 0 或 1 以外，均为系统微分方程或传递函数中的常系数，所以用微分方程或传递函数可直接列写出能控、能观测规范形的动态方程。

3. 对角规范形

当 $G(s)$ 只含各个相异实极点时，除了可化为能控、能观测规范形以外，还可以化为对角规范形，其 $\boldsymbol{A}$ 阵是一个对角阵。设 $D(s)$ 的因式分解为

$$D(s)=(s-\lambda_1)(s-\lambda_2)\cdots(s-\lambda_n) \tag{1-30}$$

式中，$\lambda_1,\cdots,\lambda_n$ 为系统的相异实极点，则 $G(s)$ 可展开成部分分式之和，即

$$G(s)=\frac{y(s)}{u(s)}=\frac{N(s)}{D(s)}=\sum_{i=1}^{n}\frac{c_i}{s-\lambda_i} \tag{1-31}$$

式中

$$c_i=\left[\frac{N(s)}{D(s)}(s-\lambda_i)\right]\bigg|_{s=\lambda_i} \tag{1-32}$$

c_i 称为极点 λ_i 的留数。且由式(1-31)得，

$$y(s)=\sum_{i=1}^{n}\frac{c_i}{s-\lambda_i}u(s) \tag{1-33}$$

若令状态变量 x_i 为

$$x_i(s)=\frac{1}{s-\lambda_i}u(s),\quad i=1,\cdots,n \tag{1-34}$$

其拉氏反变换有

$$\dot{x}_i(t)=\lambda_i x_i(t)+u(t),\quad y(t)=\sum_{i=1}^{n}c_i x_i(t) \tag{1-35}$$

展开可得

$$\left.\begin{aligned}\dot{x}_1&=\lambda_1 x_1+u\\ \dot{x}_2&=\lambda_2 x_2+u\\ &\cdots\cdots\\ \dot{x}_n&=\lambda_n x_n+u\end{aligned}\right\} \tag{1-36}$$

$$y=c_1x_1+c_2x_2+\cdots+c_nx_n \tag{1-37}$$

其向量-矩阵形式为

$$\dot{\boldsymbol{x}}=\boldsymbol{A}\boldsymbol{x}+\boldsymbol{b}u,\quad y=\boldsymbol{c}\boldsymbol{x} \tag{1-38}$$

式中

$$\boldsymbol{A}=\begin{bmatrix}\lambda_1 & & & \boldsymbol{0}\\ & \lambda_2 & & \\ & & \ddots & \\ \boldsymbol{0} & & & \lambda_n\end{bmatrix},\quad \boldsymbol{b}=\begin{bmatrix}1\\1\\ \vdots\\1\end{bmatrix},\quad \boldsymbol{c}=\begin{bmatrix}c_1 & c_2 & \cdots & c_n\end{bmatrix}$$

4. 约当规范形

当 $G(s)$ 不仅含有相异实极点，还含有相同实极点时，除了可化为能控、能观测规范形以外，还可化为约当规范形，其 **A** 阵是一个含约当块的矩阵。设 $D(s)$ 的因式分解为

$$D(s)=(s-\lambda_1)^k(s-\lambda_{k+1})\cdots(s-\lambda_n) \tag{1-39}$$

式中，λ_1 为 k 重实极点；$\lambda_{k+1},\cdots,\lambda_n$ 为相异实极点，则 $G(s)$ 可展成下列部分分式之和：

$$G(s)=\frac{y(s)}{u(s)}=\frac{N(s)}{D(s)}=\frac{c_{11}}{(s-\lambda_1)^k}+\frac{c_{12}}{(s-\lambda_1)^{k-1}}+\cdots+\frac{c_{1k}}{s-\lambda_1}+\sum_{i=k+1}^{n}\frac{c_i}{s-\lambda_i} \tag{1-40}$$

式中

$$\left.\begin{aligned}c_i&=\left[\frac{N(s)}{D(s)}(s-\lambda_i)\right]\bigg|_{s=\lambda_i},\quad i=k+1,\cdots,n\\ c_{1i}&=\left\{\frac{1}{(i-1)!}\frac{d^{i-1}}{ds^{i-1}}\left[\frac{N(s)}{D(s)}(s-\lambda_1)^k\right]\right\}\bigg|_{s=\lambda_1},\quad i=1,2,\cdots,k\end{aligned}\right\} \tag{1-41}$$

且

$$y(s)=\frac{c_{11}}{(s-\lambda_1)^k}u(s)+\frac{c_{12}}{(s-\lambda_1)^{k-1}}u(s)+\cdots+\frac{c_{1k}}{s-\lambda_1}u(s)+\sum_{i=k+1}^{n}\frac{c_i}{s-\lambda_i}u(s) \tag{1-42}$$

取状态变量 x_{1i} 及 x_i 为

$$\left.\begin{aligned}
x_{11}(s) &= \frac{1}{(s-\lambda_1)^k}u(s) \\
x_{12}(s) &= \frac{1}{(s-\lambda_1)^{k-1}}u(s) \\
&\cdots\cdots \\
x_{1k}(s) &= \frac{1}{(s-\lambda_1)}u(s) \\
x_i(s) &= \frac{1}{(s-\lambda_i)}u(s), \qquad i=k+1,\cdots,n
\end{aligned}\right\} \tag{1-43}$$

则

$$y(s)=c_{11}x_{11}(s)+c_{12}x_{12}(s)+\cdots+c_{1k}x_{1k}(s)+\sum_{i=k+1}^{n}c_i x_i(s) \tag{1-44}$$

由式(1－43)有

$$\left.\begin{aligned}
x_{11}(s) &= \frac{1}{s-\lambda_1}x_{12}(s) \\
x_{12}(s) &= \frac{1}{s-\lambda_1}x_{13}(s) \\
&\cdots\cdots \\
x_{1k-1}(s) &= \frac{1}{s-\lambda_1}x_{1k}(s) \\
x_{1k}(s) &= \frac{1}{s-\lambda_1}u(s) \\
x_{k+1}(s) &= \frac{1}{s-\lambda_{k+1}}u(s) \\
&\cdots\cdots \\
x_n(s) &= \frac{1}{s-\lambda_n}u(s)
\end{aligned}\right\} \tag{1-45}$$

故有状态方程

$$\left.\begin{aligned}
\dot{x}_{11} &= \lambda_1 x_{11}+x_{12} \\
\dot{x}_{12} &= \lambda_1 x_{12}+x_{13} \\
&\cdots\cdots \\
\dot{x}_{1k-1} &= \lambda_1 x_{1k-1}+x_{1k} \\
\dot{x}_{1k} &= \lambda_1 x_{1k}+u \\
\dot{x}_{k+1} &= \lambda_{k+1} x_{k+1}+u \\
&\cdots\cdots \\
\dot{x}_n &= \lambda_n x_n+u
\end{aligned}\right\} \tag{1-46}$$

输出方程为

$$y=c_{11}x_{11}+c_{12}x_{12}+\cdots+c_{1k}x_{1k}+c_{k+1}x_{k+1}+\cdots+c_n x_n \tag{1-47}$$

其向量矩阵形式为

$$\dot{\boldsymbol{x}}=\boldsymbol{A}\boldsymbol{x}+\boldsymbol{b}u, \quad y=\boldsymbol{c}\boldsymbol{x} \tag{1-48}$$

式中

$$
\boldsymbol{A}=\left[\begin{array}{cccc:ccc}
\lambda_1 & 1 & & & & & \\
 & \lambda_1 & 1 & & & & \\
 & & \ddots & 1 & & & \\
 & & & \lambda_1 & & & \\
\hdashline
 & & & & \lambda_{k+1} & & \\
 & & & & & \ddots & \\
 & & & & & & \lambda_n
\end{array}\right],\quad
\boldsymbol{b}=\left[\begin{array}{c}0\\0\\\vdots\\1\\\hdashline 1\\\vdots\\1\end{array}\right],\quad
\boldsymbol{x}=\left[\begin{array}{c}x_{11}\\x_{12}\\\vdots\\x_{1k}\\\hdashline x_{k+1}\\\vdots\\x_n\end{array}\right]
$$

$$
\boldsymbol{c}=\left[\begin{array}{cccc:ccc} c_{11} & c_{12} & \cdots & c_{1k} & c_{k+1} & \cdots & c_n\end{array}\right]
$$

以上四种动态方程的规范形表示方式是式(1－19)或式(1－20)的常见典型表示方式。当系统传递函数 $G(s)$ 为

$$
G(s)=\frac{y(s)}{u(s)}=\frac{b_n s^n+b_{n-1}s^{n-1}+\cdots+b_1 s+b_0}{s^n+\alpha_{n-1}s^{n-1}+\cdots+\alpha_1 s+\alpha_0} \tag{1-49}
$$

应用综合除法有

$$
G(s)=b_n+\frac{\beta_{n-1}s^{n-1}+\beta_{n-2}s^{n-2}+\cdots+\beta_1 s+\beta_0}{s^n+\alpha_{n-1}s^{n-1}+\cdots+\alpha_1 s+\alpha_0}\overset{\text{def}}{=}b_n+\frac{N(s)}{D(s)} \tag{1-50}
$$

式中,b_n 是直接联系输入、输出量的前馈系数;$\dfrac{N(s)}{D(s)}$ 是严格有理真分式,其系数用综合除法可得

$$
\left.\begin{array}{l}
\beta_0=b_0-a_0 b_n\\
\beta_1=b_1-a_1 b_n\\
\cdots\cdots\\
\beta_{n-1}=b_{n-1}-a_{n-1}b_n
\end{array}\right\} \tag{1-51}
$$

其动态方程为

$$
\dot{\boldsymbol{x}}=\boldsymbol{A}\boldsymbol{x}+\boldsymbol{b}u,\quad y=\boldsymbol{c}\boldsymbol{x}+b_n u
$$

式中,$\boldsymbol{A},\boldsymbol{b},\boldsymbol{c}$ 由表示方式确定,其形式不变,唯输出方程中须增加前馈项 $b_n u$。

以上各种动态方程的的状态变量图,读者可自行导出。当 $G(s)$ 含有复数极点时,其对角规范形和约当规范形中,各矩阵将含有复数元素,但可经过线性变换,使各矩阵元素均为实数(过程略)。

例 1－3　设二阶系统微分方程为

$$
\ddot{y}+2\zeta\omega\dot{y}+\omega^2 y=K\dot{u}+u
$$

(1) 试确定能控规范形、能观测规范形动态方程;

(2) 分别确定状态变量与系统输入量 u、系统输出量 y 的关系;

(3) 画出状态变量图。

解　该系统传递函数 $G(s)$ 为

$$
G(s)=\frac{y(s)}{u(s)}=\frac{Ks+1}{s^2+2\zeta\omega s+\omega^2} \tag{1-52}
$$

能控规范形动态方程各矩阵为

$$
\boldsymbol{x}_c=\begin{bmatrix}x_{c1}\\x_{c2}\end{bmatrix},\quad \boldsymbol{A}_c=\begin{bmatrix}0 & 1\\-\omega^2 & -2\zeta\omega\end{bmatrix},\quad \boldsymbol{b}_c=\begin{bmatrix}0\\1\end{bmatrix},\quad \boldsymbol{c}_c=[1\quad K]
$$

$\boldsymbol{x}_c$ 与 u,y 的关系可如下导出:将 $G(s)$ 串联分解并引入中间变量 z,有

$$\ddot{z}+2\zeta\omega\dot{z}+\omega^2 z=u,\ y=K\dot{z}+z$$

则
$$\dot{y}=K\ddot{z}+\dot{z}=(1-2\zeta\omega K)\dot{z}-\omega^2 Kz+Ku$$

令 $x_{c1}=z, x_{c2}=\dot{z}$，可得所选状态变量为

$$\begin{cases} x_{c1}=\dfrac{1}{1-2\zeta\omega K+\omega^2K^2}[-K\dot{y}+(1-2\zeta\omega K)y-K^2u] \\ x_{c2}=\dfrac{1}{1-2\zeta\omega K+\omega^2K^2}[\dot{y}+\omega^2Ky-Ku] \end{cases}$$

能观测规范形动态方程各矩阵为

$$\boldsymbol{x}_o=\begin{bmatrix} x_{o1} \\ x_{o2} \end{bmatrix},\quad \boldsymbol{A}_o=\begin{bmatrix} 0 & -\omega^2 \\ 1 & -2\zeta\omega \end{bmatrix},\quad \boldsymbol{b}_o=\begin{bmatrix} 1 \\ K \end{bmatrix},\quad \boldsymbol{c}_o=[0\quad 1]$$

所选状态变量由式(1-21)可得

$$\begin{cases} x_{o1}=\dot{y}+2\zeta\omega y-Ku \\ x_{o2}=y \end{cases}$$

图1-7(a)(b)分别示出能控及能观测规范形的状态变量图。

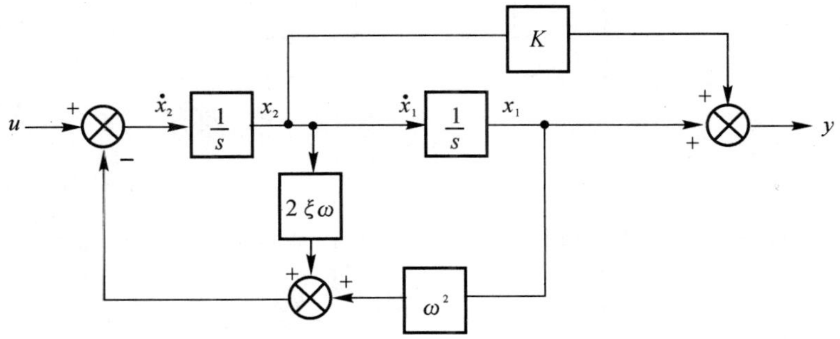

(a)

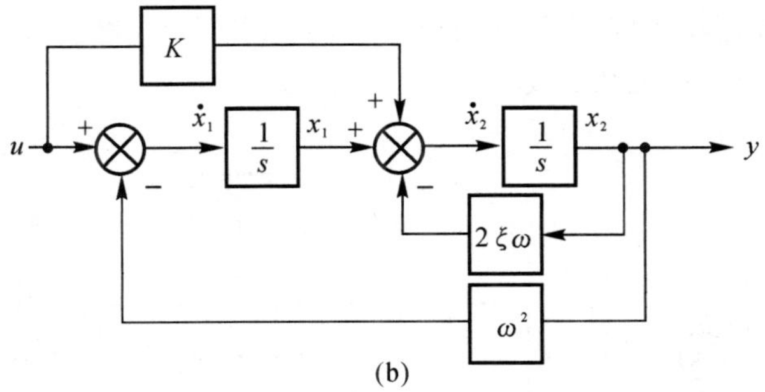

(b)

图1-7　例1-3系统状态变量图

(a) 能控规范形；(b) 能观测规范形

1.2.3　由系统的传递函数方框图建立动态方程

当系统描述以传递函数方块图给出时，可直接根据方块图导出状态空间方程。每个方块中的传递函数均可转化为下列典型环节如 $k, \frac{1}{s}, \frac{1}{s+c}, (s+d), \frac{a_0}{s^2+a_1s+a_0}, (s^2+b_1s+b_0)$ 等的简单组合。通常方块中可能含有 $\frac{s+d}{s+c}$，$\frac{s^2+b_1s+b_0}{s^2+a_1s+a_0}$，$\frac{k}{s(s+a)}$，$\frac{a_0}{s^2+a_1s+a_0}$，

$\dfrac{b_1 s+b_0}{s^2+a_1 s+a_0}$，只要处理成只包含$\dfrac{k}{s}$，$\dfrac{k}{s+c}$等一阶环节的组合，并选取各一阶环节的输出作为状态变量，便可确定所需的动态方程。例如

$$\frac{s+d}{s+c}=1+\frac{d-c}{s+c},\quad \frac{k}{s(s+a)}=\frac{k}{s}\frac{1}{(s+a)}$$

$$\frac{s^2+b_1 s+b_0}{s^2+a_1 s+a_0}=1+\frac{(b_1-a_1)s+(b_0-a_0)}{s^2+a_1 s+a_0}$$

振荡环节$\dfrac{a_0}{s^2+a_1 s+a_0}$的一种等效结构可视为某单位负反馈系统的闭环传递函数，而该单位负反馈系统的前向传递函数为

$$\frac{a_0}{s}\cdot\frac{1}{s+a_1}=\frac{a_0}{s(s+a_1)}$$

该等效结构如图 1-8 所示。

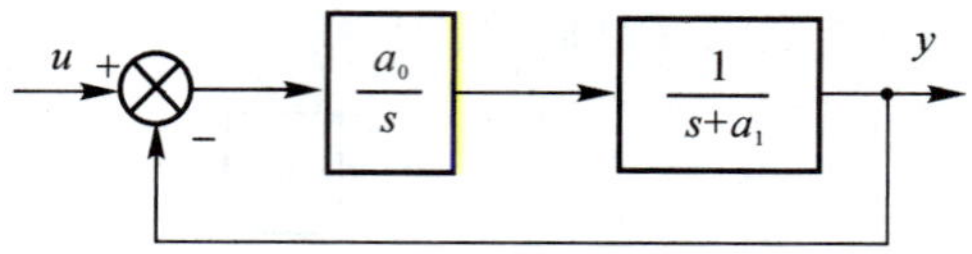

图 1-8　$\dfrac{a_0}{s^2+a_1 s+a_0}$的一种等效结构

$\dfrac{b_1 s+b_0}{s^2+a_1 s+a_0}$的一种等效结构可根据梅逊公式来构造，由于

$$\frac{b_1 s+b_0}{s^2+a_1 s+a_0}=\frac{b_1 s^{-1}+b_0 s^{-2}}{1+a_1 s^{-1}+a_0 s^{-2}}$$

其分母表明含两个回路：回路前向部分含两个积分环节（有 s^{-2} 项），回路反馈因数分别为 a_1 和 a_0。其分子表明输入、输出间含两条前向通路，增益分别为 b_1 和 b_0。其等价结构如图1-9 所示，图中积分环节的输出都是状态变量。

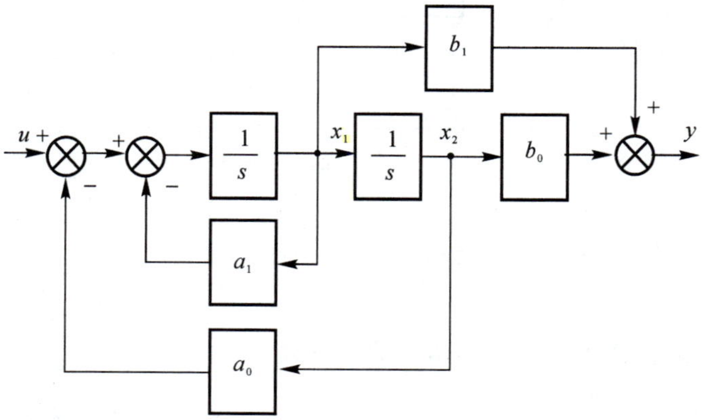

图 1-9　$\dfrac{b_1 s+b_0}{s^2+a_1 s+a_0}$的一种等效结构

例 1-4　已知系统结构图如图 1-10 所示，确定系统状态空间方程。

解　等效结构图如图 1－11 所示，令所有积分环节、惯性环节的输出为状态变量，可任意假定状态变量序号(本例所取序号如图中所示)，由传递关系有

$$x_1(s)=\frac{1}{s+a_1}x_2(s),\quad x_2(s)=\frac{a_0}{s}[x_3(s)+x_4(s)-x_1(s)]$$

$$x_3(s)=\frac{d-c}{s+c}x_4(s),\quad x_4(s)=\frac{1}{s}[u(s)-x_1(s)]$$

$$y(s)=x_1(s)$$

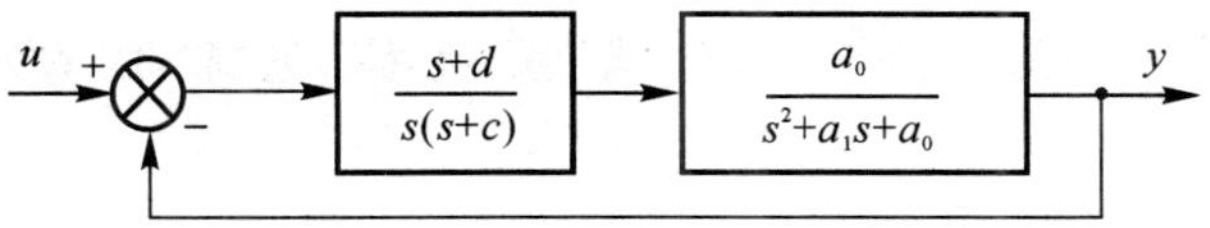

图 1－10　例 1－4 系统结构图

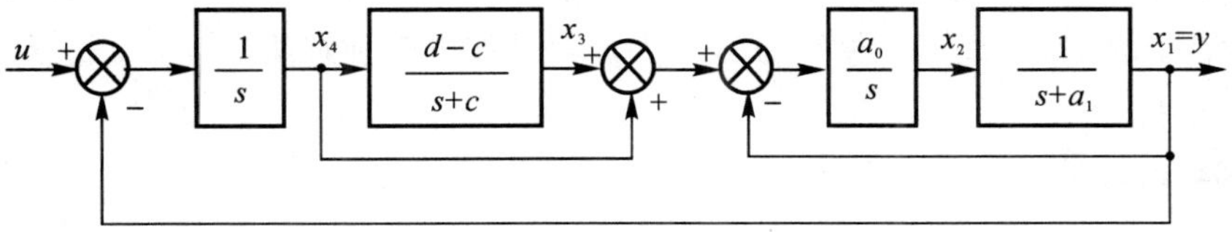

图 1－11　例 1－4 系统等效结构图

经整理并取拉普拉斯反变换可得动态方程

$$\dot{x}_1=-a_1x_1+x_2$$
$$\dot{x}_2=-a_0x_1+a_0x_3+a_0x_4$$
$$\dot{x}_3=-cx_3+(d-c)x_4$$
$$\dot{x}_4=-x_1+u$$
$$y=x_1$$

向量矩阵形式的动态方程各系数矩阵为

$$\boldsymbol{A}=\begin{bmatrix}-a_1 & 1 & 0 & 0\\ -a_0 & 0 & a_0 & a_0\\ 0 & 0 & -c & d-c\\ -1 & 0 & 0 & 0\end{bmatrix},\quad \boldsymbol{b}=\begin{bmatrix}0\\0\\0\\1\end{bmatrix},\quad \boldsymbol{c}=[1\quad 0\quad 0\quad 0],\quad d=0$$

1.2.4　动态方程的线性变换

以上研究表明，当选取不同的状态变量时，由给定系统微分方程或系统传递函数导出的动态方程也不同。若两种动态方程之间的状态变量用一个非奇异线性变换矩阵联系着，则两种动态方程中的矩阵必存在确定关系。设系统的动态方程为

$$\dot{\boldsymbol{x}}=\boldsymbol{A}\boldsymbol{x}+\boldsymbol{b}u,\quad y=\boldsymbol{c}\boldsymbol{x}\tag{1-53}$$

令

$$\boldsymbol{x}=\boldsymbol{P}\bar{\boldsymbol{x}}\tag{1-54}$$

式中 $\boldsymbol{P}$ 为非奇异线性变换矩阵。对系统进行 $\boldsymbol{P}$ 变换，将式(1－54)代入式(1－53)，可得变换后系统动态方程为

$$\dot{\bar{\boldsymbol{x}}}=\bar{\boldsymbol{A}}\bar{\boldsymbol{x}}+\bar{\boldsymbol{b}}u,\quad y=\bar{y}=\bar{\boldsymbol{c}}\bar{\boldsymbol{x}}\tag{1-55}$$

式中 $\bar{A}=P^{-1}AP,\quad \bar{b}=P^{-1}b,\quad \bar{c}=cP$

对系统进行线性变换的目的通常是为了获得规范形式的动态方程以便于揭示系统特性和分析计算，线性变换并不会改变系统固有性质(见第二章)。不过应注意到在变换后状态空间中所得到的计算结果，最后应通过反变换，即令 $\bar{x}=P^{-1}x$，换算回到原状态空间。至于如何用线性变换将任意方阵化为对角阵、约当阵等形式，属于代数学内容，必要时读者可参阅代数教科书；如何将一个系统动态方程变换为能控或能观测规范形动态方程，可详见第二章。

1.3 线性定常连续系统状态方程的解

1.3.1 齐次状态方程的解

$\dot{x}=Ax$ 称为齐次状态方程，其解描述初始状态作用下系统的自由运动。其解法是将标量齐次微分方程的解法推广到向量微分方程中去。常见如下两种解法。

1. 幂级数法

设 $\dot{x}=Ax$ 的解是 t 的向量幂级数

$$x(t)=b_0+b_1t+b_2t^2+\cdots+b_kt^k+\cdots$$

式中，$x,b_0,\cdots,b_k$ 都是 n 维向量，则

$$\dot{x}(t)=b_1+2b_2t+\cdots+kb_kt^{k-1}+\cdots=A(b_0+b_1t+b_2t^2+\cdots+b_kt^k+\cdots)$$

由对应项系数相等条件，有

$$b_1=Ab_0$$

$$b_2=\frac{1}{2}A^2b_0$$

$$\cdots\cdots$$

$$b_k=\frac{1}{k!}A^kb_0$$

且 $t=0$ 时，$x(0)=b_0$，故

$$x(t)=\left(I+At+\frac{1}{2}A^2t^2+\cdots+\frac{1}{k!}A^kt^k+\cdots\right)x(0)$$

定义

$$e^{At}=I+At+\frac{1}{2}A^2t^2+\cdots+\frac{1}{k!}A^kt^k+\cdots=\sum_{k=0}^{\infty}\frac{1}{k!}A^kt^k \tag{1-56}$$

则

$$x(t)=e^{At}x(0) \tag{1-57}$$

众所周知，标量微分方程 $\dot{x}=ax$ 的解为 $x(t)=e^{at}x(0)$，e^{at} 称为指数函数；而式(1-57)所示向量微分方程的解，在形式上是相似的，故把 e^{At} 称为矩阵指数函数，简称矩阵指数。

由于 $x(t)$ 是 $x(0)$ 转移而来的，e^{At} 又有状态转移矩阵之称，并记以 $\Phi(t)$，即

$$e^{At}\overset{\text{def}}{=\!=}\Phi(t) \tag{1-58}$$

2. 拉普拉斯变换法

将 $\dot{x}=Ax$ 取拉普拉斯变换有

$$s\boldsymbol{x}(s)=\boldsymbol{A}\boldsymbol{x}(s)+\boldsymbol{x}(0)$$

则

$$(s\boldsymbol{I}-\boldsymbol{A})\boldsymbol{x}(s)=\boldsymbol{x}(0)$$

故

$$\boldsymbol{x}(s)=(s\boldsymbol{I}-\boldsymbol{A})^{-1}\boldsymbol{x}(0)$$

经拉普拉斯反变换有

$$\boldsymbol{x}(t)=\mathscr{L}^{-1}\left[(s\boldsymbol{I}-\boldsymbol{A})^{-1}\right]\boldsymbol{x}(0) \tag{1-59}$$

将式(1-59)与式(1-57)相比较给出

$$\mathrm{e}^{\boldsymbol{A}t}=\mathscr{L}^{-1}\left[(s\boldsymbol{I}-\boldsymbol{A})^{-1}\right] \tag{1-60}$$

式(1-60)给出 $\mathrm{e}^{\boldsymbol{A}t}$ 的闭合形式的表达式，说明了式(1-56)所示 $\mathrm{e}^{\boldsymbol{A}t}$ 的幂级数表达式的收敛性。

不论 $\boldsymbol{A}$ 是否非奇异，$(s\boldsymbol{I}-\boldsymbol{A})$ 总是非奇异的。由于

$$\boldsymbol{x}(s)=\left(\frac{\boldsymbol{I}}{s}+\frac{\boldsymbol{A}}{s^2}+\frac{\boldsymbol{A}^2}{s^3}+\cdots+\frac{\boldsymbol{A}^k}{s^{k+1}}+\cdots\right)\boldsymbol{x}(0)$$

可验证

$$(s\boldsymbol{I}-\boldsymbol{A})\left(\frac{\boldsymbol{I}}{s}+\frac{\boldsymbol{A}}{s^2}+\frac{\boldsymbol{A}^2}{s^3}+\cdots+\frac{\boldsymbol{A}^k}{s^{k+1}}+\cdots\right)=$$

$$\left(\boldsymbol{I}+\frac{\boldsymbol{A}}{s}+\frac{\boldsymbol{A}^2}{s^2}+\cdots+\frac{\boldsymbol{A}^k}{s^k}+\cdots\right)-\left(\frac{\boldsymbol{A}}{s}+\frac{\boldsymbol{A}^2}{s^2}+\cdots+\frac{\boldsymbol{A}^k}{s^k}+\cdots\right)=\boldsymbol{I}$$

上式两边左乘 $(s\boldsymbol{I}-\boldsymbol{A})^{-1}$，有 $(s\boldsymbol{I}-\boldsymbol{A})^{-1}=\dfrac{\boldsymbol{I}}{s}+\dfrac{\boldsymbol{A}}{s^2}+\dfrac{\boldsymbol{A}^2}{s^3}+\cdots+\dfrac{\boldsymbol{A}^k}{s^{k+1}}+\cdots$　　(1-61)

故 $(s\boldsymbol{I}-\boldsymbol{A})^{-1}$ 一定存在，即 $(s\boldsymbol{I}-\boldsymbol{A})$ 总是非奇异的。

系统自由运动的性质完全由状态转移矩阵 $\boldsymbol{\Phi}(t)$ 确定，所以有必要研究 $\boldsymbol{\Phi}(t)$ 的运算性质。

1.3.2　状态转移矩阵的运算性质

重写 $\boldsymbol{\Phi}(t)$ 的幂级数表达式

$$\boldsymbol{\Phi}(t)=\mathrm{e}^{\boldsymbol{A}t}=\boldsymbol{I}+\boldsymbol{A}t+\frac{1}{2}\boldsymbol{A}^2t^2+\cdots+\frac{1}{k!}\boldsymbol{A}^kt^k+\cdots \tag{1-62}$$

$\boldsymbol{\Phi}(t)$ 具有下列性质：

(1)
$$\boldsymbol{\Phi}(0)=\boldsymbol{I} \tag{1-63}$$

意为时刻零的状态即为初始状态。

(2)
$$\dot{\boldsymbol{\Phi}}(t)=\boldsymbol{A}\boldsymbol{\Phi}(t)=\boldsymbol{\Phi}(t)\boldsymbol{A} \tag{1-64}$$

将式(1-62)对 t 求导便可证明。$\boldsymbol{A}$，$\boldsymbol{\Phi}(t)$ 可交换相乘，且有

$$\dot{\boldsymbol{\Phi}}(0)=\boldsymbol{A} \tag{1-65}$$

式(1-65)用来由 $\boldsymbol{\Phi}(t)$ 求 $\boldsymbol{A}$。

(3)
$$\boldsymbol{\Phi}(t_1\pm t_2)=\boldsymbol{\Phi}(t_1)\boldsymbol{\Phi}(\pm t_2)=\boldsymbol{\Phi}(\pm t_2)\boldsymbol{\Phi}(t_1) \tag{1-66}$$

令式(1-62)中 $t=t_1\pm t_2$ 便可证明。$\boldsymbol{\Phi}(t_1)$，$\boldsymbol{\Phi}(t_2)$，$\boldsymbol{\Phi}(t_1\pm t_2)$ 分别表示由 $\boldsymbol{x}(0)$ 转移至状态 $\boldsymbol{x}(t_1)$，$\boldsymbol{x}(t_2)$，$\boldsymbol{x}(t_1\pm t_2)$ 的状态转移矩阵。该性质表明 $\boldsymbol{\Phi}(t_1\pm t_2)$ 可分解为 $\boldsymbol{\Phi}(t_1)$ 与 $\boldsymbol{\Phi}(\pm t_2)$ 的乘积，且 $\boldsymbol{\Phi}(t_1)$ 与 $\boldsymbol{\Phi}(\pm t_2)$ 可交换相乘。

(4)
$$\boldsymbol{\Phi}^{-1}(t)=\boldsymbol{\Phi}(-t),\quad \boldsymbol{\Phi}^{-1}(-t)=\boldsymbol{\Phi}(t) \tag{1-67}$$

由 $\boldsymbol{\Phi}(t-t)=\boldsymbol{\Phi}(t)\boldsymbol{\Phi}(-t)=\boldsymbol{\Phi}(-t)\boldsymbol{\Phi}(t)=\boldsymbol{I}$ 及逆矩阵定义便可证明。当 $\boldsymbol{x}(t)=\boldsymbol{\Phi}(t)\boldsymbol{x}(0)$ 时，有 $\boldsymbol{x}(0)=\boldsymbol{\Phi}^{-1}(t)\boldsymbol{x}(t)$，说明状态转移有可逆性，即 $\boldsymbol{x}(t)$ 由 $\boldsymbol{x}(0)$ 转移而来，$\boldsymbol{x}(0)$ 可由 $\boldsymbol{x}(t)$ 转移而来。

(5)

$$\boldsymbol{x}(t)=\boldsymbol{\Phi}(t-t_0)\boldsymbol{x}(t_0) \tag{1-68}$$

由于

$$\boldsymbol{x}(t_0)=\boldsymbol{\Phi}(t_0)\boldsymbol{x}(0)$$

则

$$\boldsymbol{x}(t)=\boldsymbol{\Phi}(t)\boldsymbol{x}(0)=\boldsymbol{\Phi}(t)\boldsymbol{\Phi}^{-1}(t_0)\boldsymbol{x}(t_0)=\boldsymbol{\Phi}(t)\boldsymbol{\Phi}(-t_0)\boldsymbol{x}(t_0)=\boldsymbol{\Phi}(t-t_0)\boldsymbol{x}(t_0)$$

式(1-68)意为 $\boldsymbol{x}(t_0)$ 转移至 $\boldsymbol{x}(t)$ 的状态转移矩阵为 $\boldsymbol{\Phi}(t-t_0)$。

(6)

$$\boldsymbol{\Phi}(t_2-t_0)=\boldsymbol{\Phi}(t_2-t_1)\boldsymbol{\Phi}(t_1-t_0) \tag{1-69}$$

由于

$$\boldsymbol{x}(t_2)=\boldsymbol{\Phi}(t_2-t_0)\boldsymbol{x}(t_0)$$
$$\boldsymbol{x}(t_1)=\boldsymbol{\Phi}(t_1-t_0)\boldsymbol{x}(t_0)$$

又

$$\boldsymbol{x}(t_2)=\boldsymbol{\Phi}(t_2-t_1)\boldsymbol{x}(t_1)=\boldsymbol{\Phi}(t_2-t_1)\boldsymbol{\Phi}(t_1-t_0)\boldsymbol{x}(t_0)$$

故式(1-69)成立，意为 t_0 至 t_2 的状态转移过程可分解为 t_0 至 t_1 及 t_1 至 t_2 的分段转移过程。

(7)

$$[\boldsymbol{\Phi}(t)]^k=\boldsymbol{\Phi}(kt) \tag{1-70}$$

由于

$$[\boldsymbol{\Phi}(t)]^k=(\mathrm{e}^{\boldsymbol{A}t})^k=\mathrm{e}^{k\boldsymbol{A}t}=\mathrm{e}^{\boldsymbol{A}(kt)}=\boldsymbol{\Phi}(kt)$$

故式(1-70)成立。

以上7条运算性质与标量指数运算性质相同。

(8)

$$\left.\begin{aligned}\mathrm{e}^{(\boldsymbol{A}+\boldsymbol{B})t}&=\mathrm{e}^{\boldsymbol{A}t}\mathrm{e}^{\boldsymbol{B}t}=\mathrm{e}^{\boldsymbol{B}t}\mathrm{e}^{\boldsymbol{A}t}\quad(\boldsymbol{AB}=\boldsymbol{BA})\\ \mathrm{e}^{(\boldsymbol{A}+\boldsymbol{B})t}&\neq\mathrm{e}^{\boldsymbol{A}t}\mathrm{e}^{\boldsymbol{B}t}\neq\mathrm{e}^{\boldsymbol{B}t}\mathrm{e}^{\boldsymbol{A}t}\quad(\boldsymbol{AB}\neq\boldsymbol{BA})\end{aligned}\right\} \tag{1-71}$$

由于

$$\mathrm{e}^{(\boldsymbol{A}+\boldsymbol{B})t}=\boldsymbol{I}+(\boldsymbol{A}+\boldsymbol{B})t+\frac{1}{2}(\boldsymbol{A}+\boldsymbol{B})^2t^2+\frac{1}{3!}(\boldsymbol{A}+\boldsymbol{B})^3t^3+\cdots=$$
$$\boldsymbol{I}+(\boldsymbol{A}+\boldsymbol{B})t+\frac{1}{2}(\boldsymbol{A}^2+\boldsymbol{AB}+\boldsymbol{BA}+\boldsymbol{B}^2)t^2+$$
$$\frac{1}{3!}(\boldsymbol{A}^3+\boldsymbol{ABA}+\boldsymbol{BA}^2+\boldsymbol{B}^2\boldsymbol{A}+\boldsymbol{AB}^2+\boldsymbol{BAB}+\boldsymbol{B}^3)t^3+\cdots$$

$$\mathrm{e}^{\boldsymbol{A}t}\mathrm{e}^{\boldsymbol{B}t}=\left(\boldsymbol{I}+\boldsymbol{A}t+\frac{1}{2}\boldsymbol{A}^2t^2+\frac{1}{3!}\boldsymbol{A}^3t^3+\cdots\right)\left(\boldsymbol{I}+\boldsymbol{B}t+\frac{1}{2}\boldsymbol{B}^2t^2+\frac{1}{3!}\boldsymbol{B}^3t^3+\cdots\right)=$$
$$\boldsymbol{I}+(\boldsymbol{A}+\boldsymbol{B})t+\frac{1}{2}(\boldsymbol{A}^2+\boldsymbol{B}^2+2\boldsymbol{AB})t^2+$$
$$\frac{1}{3!}(\boldsymbol{A}^2+3\boldsymbol{A}^2\boldsymbol{B}+3\boldsymbol{AB}^2+\boldsymbol{B}^3)t^2+\cdots$$

故 $\mathrm{e}^{(\boldsymbol{A}+\boldsymbol{B})t}-\mathrm{e}^{\boldsymbol{A}t}\mathrm{e}^{\boldsymbol{B}t}=\frac{1}{2}(\boldsymbol{BA}-\boldsymbol{AB})t^2+\frac{1}{3!}(\boldsymbol{ABA}+\boldsymbol{BA}^2+\boldsymbol{B}^2\boldsymbol{A}-2\boldsymbol{A}^2\boldsymbol{B}-2\boldsymbol{AB}^2+\boldsymbol{BAB})t^3+\cdots$

唯有当 $\boldsymbol{AB}=\boldsymbol{BA}$ 时，有 $\mathrm{e}^{(\boldsymbol{A}+\boldsymbol{B})t}-\mathrm{e}^{\boldsymbol{A}t}\mathrm{e}^{\boldsymbol{B}t}=\boldsymbol{0}$，故式(1-71)成立。$\boldsymbol{A}$,$\boldsymbol{B}$ 可交换相乘表示其中必有

一个数量矩阵 $k\boldsymbol{I}$ 与任意同阶矩阵相乘，或 $\boldsymbol{A}$，$\boldsymbol{B}$ 均为同阶的对角阵。

(9) 设 $\dot{\boldsymbol{x}}=\boldsymbol{Ax}$ 的状态转移矩阵为 $\boldsymbol{\Phi}(t)$，则引入非奇异线性变换 $\boldsymbol{x}=\boldsymbol{P}\bar{\boldsymbol{x}}$ 后的状态转移矩阵 $\overline{\boldsymbol{\Phi}}(t)$ 为

$$\overline{\boldsymbol{\Phi}}(t)=\boldsymbol{P}^{-1}\boldsymbol{\Phi}(t)\boldsymbol{P}=\boldsymbol{P}^{-1}\mathrm{e}^{\boldsymbol{A}t}\boldsymbol{P} \tag{1-72}$$

由于变换后状态方程为

$$\dot{\bar{\boldsymbol{x}}}=\boldsymbol{P}^{-1}\boldsymbol{AP}\bar{\boldsymbol{x}}$$

$$\bar{\boldsymbol{x}}(t)=\mathrm{e}^{\boldsymbol{P}^{-1}\boldsymbol{AP}t}\bar{\boldsymbol{x}}(0)=\overline{\boldsymbol{\Phi}}(t)\bar{\boldsymbol{x}}(0)$$

式中

$$\begin{aligned}\overline{\boldsymbol{\Phi}}(t)=\mathrm{e}^{\boldsymbol{P}^{-1}\boldsymbol{AP}t}&=\boldsymbol{I}+\boldsymbol{P}^{-1}\boldsymbol{AP}t+\frac{1}{2}(\boldsymbol{P}^{-1}\boldsymbol{AP})^2t^2+\cdots+\frac{1}{k!}(\boldsymbol{P}^{-1}\boldsymbol{AP})^kt^k+\cdots=\\&\boldsymbol{P}^{-1}\boldsymbol{IP}+\boldsymbol{P}^{-1}\boldsymbol{AP}t+\frac{1}{2}\boldsymbol{P}^{-1}\boldsymbol{A}^2\boldsymbol{P}t^2+\cdots+\frac{1}{k!}\boldsymbol{P}^{-1}\boldsymbol{A}^k\boldsymbol{P}t^k=\\&\boldsymbol{P}^{-1}\left(\boldsymbol{I}+\boldsymbol{A}t+\frac{1}{2!}\boldsymbol{A}^2t^2+\cdots+\frac{1}{k!}\boldsymbol{A}^kt^k+\cdots\right)\boldsymbol{P}=\\&\boldsymbol{P}^{-1}\mathrm{e}^{\boldsymbol{A}t}\boldsymbol{P}\end{aligned}$$

故式(1-72)成立。由式(1-72)可求 $\boldsymbol{\Phi}(t)$，即

$$\boldsymbol{\Phi}(t)=\mathrm{e}^{\boldsymbol{A}t}=\boldsymbol{P}\overline{\boldsymbol{\Phi}}(t)\boldsymbol{P}^{-1} \tag{1-73}$$

(10) 两种常见的状态转移矩阵。

设 $\boldsymbol{A}=\mathrm{diag}[\lambda_1\quad\cdots\quad\lambda_n]$，即 $\boldsymbol{A}$ 为对角阵且具有互异元素时，有

$$\boldsymbol{\Phi}(t)=\begin{bmatrix}\mathrm{e}^{\lambda_1t} & & & \boldsymbol{0}\\ & \mathrm{e}^{\lambda_2t} & & \\ & & \ddots & \\ \boldsymbol{0} & & & \mathrm{e}^{\lambda_nt}\end{bmatrix} \tag{1-74}$$

设 $\boldsymbol{A}$ 为 $(n\times n)$ 约当阵，即

$$\boldsymbol{A}=\begin{bmatrix}\lambda & 1 & & \boldsymbol{0}\\ & \lambda & \ddots & \\ & & \ddots & 1\\ \boldsymbol{0} & & & \lambda\end{bmatrix}$$

则有

$$\boldsymbol{\Phi}(t)=\begin{bmatrix}\mathrm{e}^{\lambda t} & t\mathrm{e}^{\lambda t} & \frac{t^2}{2}\mathrm{e}^{\lambda t} & \cdots & \frac{t^{n-1}}{(n-1)!}\mathrm{e}^{\lambda t}\\ & \mathrm{e}^{\lambda t} & t\mathrm{e}^{\lambda t} & \cdots & \frac{t^{n-2}}{(n-2)!}\mathrm{e}^{\lambda t}\\ & & \mathrm{e}^{\lambda t} & \ddots & \vdots\\ & & & \ddots & t\mathrm{e}^{\lambda t}\\ \boldsymbol{0} & & & & \mathrm{e}^{\lambda t}\end{bmatrix} \tag{1-75}$$

用 $\boldsymbol{\Phi}(t)$ 的幂级数展开式便可证明式(1-74)和式(1-75)成立。

1.3.3　非齐次状态方程的解

$\dot{\boldsymbol{x}}=\boldsymbol{Ax}+\boldsymbol{Bu}$ 称为非齐次状态方程，其解描述控制作用下系统的强迫运动。常见如下两种

解法。

1. 积分法

设 $\dot{\boldsymbol{x}}=\boldsymbol{A}\boldsymbol{x}+\boldsymbol{B}u$，且有

$$\mathrm{e}^{-\boldsymbol{A}t}(\dot{\boldsymbol{x}}-\boldsymbol{A}\boldsymbol{x})=\mathrm{e}^{-\boldsymbol{A}t}\boldsymbol{B}u$$

由于

$$\frac{\mathrm{d}}{\mathrm{d}t}(\mathrm{e}^{-\boldsymbol{A}t}\boldsymbol{x})=-\boldsymbol{A}\mathrm{e}^{-\boldsymbol{A}t}\boldsymbol{x}+\mathrm{e}^{-\boldsymbol{A}t}\dot{\boldsymbol{x}}=\mathrm{e}^{-\boldsymbol{A}t}(\dot{\boldsymbol{x}}-\boldsymbol{A}\boldsymbol{x})$$

故

$$\frac{\mathrm{d}}{\mathrm{d}t}(\mathrm{e}^{-\boldsymbol{A}t}\boldsymbol{x})=\mathrm{e}^{-\boldsymbol{A}t}\boldsymbol{B}u$$

积分可得

$$\mathrm{e}^{-\boldsymbol{A}t}\boldsymbol{x}(t)-\boldsymbol{x}(0)=\int_0^t\mathrm{e}^{-\boldsymbol{A}\tau}\boldsymbol{B}u(\tau)\mathrm{d}\tau$$

故

$$\boldsymbol{x}(t)=\mathrm{e}^{\boldsymbol{A}t}\boldsymbol{x}(0)+\int_0^t\mathrm{e}^{\boldsymbol{A}(t-\tau)}\boldsymbol{B}u(\tau)\mathrm{d}\tau \tag{1-76}$$

或

$$\boldsymbol{x}(t)=\boldsymbol{\Phi}(t)\boldsymbol{x}(0)+\int_0^t\boldsymbol{\Phi}(t-\tau)\boldsymbol{B}u(\tau)\mathrm{d}\tau \tag{1-77}$$

式(1-77)中第一项是对初始状态的响应分量，第二项是对控制输入的响应分量，适当地选择控制作用，可使系统响应过程按预定性能指标变化。

若取 t_0 作为初始时刻，则积分可得

$$\mathrm{e}^{-\boldsymbol{A}t}\boldsymbol{x}(t)-\mathrm{e}^{-\boldsymbol{A}t_0}\boldsymbol{x}(t_0)=\int_{t_0}^t\mathrm{e}^{-\boldsymbol{A}\tau}\boldsymbol{B}u(\tau)\mathrm{d}\tau$$

故

$$\boldsymbol{x}(t)=\mathrm{e}^{\boldsymbol{A}(t-t_0)}\boldsymbol{x}(t_0)+\int_{t_0}^t\mathrm{e}^{\boldsymbol{A}(t-\tau)}\boldsymbol{B}u(\tau)\mathrm{d}\tau \tag{1-78}$$

或

$$\boldsymbol{x}(t)=\boldsymbol{\Phi}(t-t_0)\boldsymbol{x}(t_0)+\int_{t_0}^t\boldsymbol{\Phi}(t-\tau)\boldsymbol{B}u(\tau)\mathrm{d}\tau \tag{1-79}$$

2. 拉普拉斯变换法

将 $\dot{\boldsymbol{x}}=\boldsymbol{A}\boldsymbol{x}+\boldsymbol{B}u$ 取拉普拉斯变换有

$$s\boldsymbol{x}(s)=\boldsymbol{A}\boldsymbol{x}(s)+\boldsymbol{x}(0)+\boldsymbol{B}u(s)$$

则

$$(s\boldsymbol{I}-\boldsymbol{A})\boldsymbol{x}(s)=\boldsymbol{x}(0)+\boldsymbol{B}u(s)$$

故

$$\boldsymbol{x}(s)=(s\boldsymbol{I}-\boldsymbol{A})^{-1}\boldsymbol{x}(0)+(s\boldsymbol{I}-\boldsymbol{A})^{-1}\boldsymbol{B}u(s)$$

取拉普拉斯反变换有

$$\boldsymbol{x}(t)=\mathscr{L}^{-1}[(s\boldsymbol{I}-\boldsymbol{A})^{-1}]\boldsymbol{x}(0)+\mathscr{L}^{-1}[(s\boldsymbol{I}-\boldsymbol{A})^{-1}\boldsymbol{B}u(s)]$$

取拉普拉斯变换卷积定理

$$\mathscr{L}^{-1}[\boldsymbol{F}_1(s)\boldsymbol{F}_2(s)]=\int_0^t\boldsymbol{f}_1(t-\tau)\boldsymbol{f}_2(\tau)\mathrm{d}\tau$$

在此 $(s\boldsymbol{I}-\boldsymbol{A})^{-1}$ 视为 $\boldsymbol{F}_1(s)$，$\boldsymbol{B}u(\tau)$ 视为 $\boldsymbol{F}_2(s)$，故

$$\boldsymbol{x}(t)=\mathrm{e}^{\boldsymbol{A}t}\boldsymbol{x}(0)+\int_0^t \boldsymbol{f}_1(t-\tau)\boldsymbol{f}_2(\tau)\mathrm{d}\tau \tag{1-80}$$

或

$$\boldsymbol{x}(t)=\boldsymbol{\Phi}(t)\boldsymbol{x}(0)+\int_0^t \boldsymbol{\Phi}(t-\tau)\boldsymbol{B}u(\tau)\mathrm{d}\tau \tag{1-81}$$

可见与积分法得出相同结果。

例 1-5　试求下列状态方程在 $\boldsymbol{x}(0)=[x_1(0)\quad x_2(0)]^{\mathrm{T}}$ 及 $u(t)=1(t)$ 作用下的解。

$$\begin{bmatrix}\dot{x}_1\\ \dot{x}_2\end{bmatrix}=\begin{bmatrix}0 & 1\\ -2 & -3\end{bmatrix}\begin{bmatrix}x_1\\ x_2\end{bmatrix}+\begin{bmatrix}0\\ 1\end{bmatrix}u$$

解　已知 $\boldsymbol{x}(t)=\boldsymbol{\Phi}(t)\boldsymbol{x}(0)+\int_0^t \boldsymbol{\Phi}(t-\tau)\boldsymbol{B}u(\tau)\mathrm{d}\tau$ 及 $u(\tau)=1(\tau)$，为简化计算，可引入变量置换，即令 $\tau'=t-\tau$，故

$$\boldsymbol{x}(t)=\boldsymbol{\Phi}(t)\boldsymbol{x}(0)+\int_t^0 -\boldsymbol{\Phi}(\tau')\boldsymbol{B}\mathrm{d}\tau'=\boldsymbol{\Phi}(t)x(0)+\int_0^t \boldsymbol{\Phi}(\tau)\boldsymbol{B}\mathrm{d}\tau$$

计算 $\boldsymbol{\Phi}(t)$，可得

$$\boldsymbol{\Phi}(t)=\mathscr{L}^{-1}[(s\boldsymbol{I}-\boldsymbol{A})^{-1}]$$

$$s\boldsymbol{I}-\boldsymbol{A}=\begin{bmatrix}s & 0\\ 0 & s\end{bmatrix}-\begin{bmatrix}0 & 1\\ -2 & -3\end{bmatrix}=\begin{bmatrix}s & -1\\ 2 & s+3\end{bmatrix}$$

$$(s\boldsymbol{I}-\boldsymbol{A})^{-1}=\frac{\mathrm{adj}(s\boldsymbol{I}-\boldsymbol{A})}{|s\boldsymbol{I}-\boldsymbol{A}|}=\frac{1}{(s+1)(s+2)}\begin{bmatrix}s+3 & 1\\ -2 & s\end{bmatrix}=\begin{bmatrix}\dfrac{2}{s+1}-\dfrac{1}{s+2} & \dfrac{1}{s+1}-\dfrac{1}{s+2}\\ \dfrac{-2}{s+1}+\dfrac{2}{s+2} & \dfrac{-1}{s+1}+\dfrac{2}{s+2}\end{bmatrix}$$

$$\boldsymbol{\Phi}(t)=\begin{bmatrix}2\mathrm{e}^{-t}-\mathrm{e}^{-2t} & \mathrm{e}^{-t}-\mathrm{e}^{-2t}\\ -2\mathrm{e}^{-t}+2\mathrm{e}^{-2t} & -\mathrm{e}^{-t}+2\mathrm{e}^{-2t}\end{bmatrix}$$

$$\int_0^t \boldsymbol{\Phi}(\tau)\boldsymbol{B}\mathrm{d}\tau=\int_0^t \begin{bmatrix}\mathrm{e}^{-\tau}-\mathrm{e}^{-2\tau}\\ -\mathrm{e}^{-\tau}+2\mathrm{e}^{-2\tau}\end{bmatrix}\mathrm{d}\tau=\begin{bmatrix}-\mathrm{e}^{-\tau}+\dfrac{1}{2}\mathrm{e}^{-2\tau}\\ \mathrm{e}^{-\tau}-\mathrm{e}^{-2\tau}\end{bmatrix}_0^t=\begin{bmatrix}-\mathrm{e}^{-t}+\dfrac{1}{2}\mathrm{e}^{-2t}+\dfrac{1}{2}\\ \mathrm{e}^{-t}-\mathrm{e}^{-2t}\end{bmatrix}$$

故

$$\boldsymbol{x}(t)=\begin{bmatrix}2\mathrm{e}^{-t}-\mathrm{e}^{-2t} & \mathrm{e}^{-t}-\mathrm{e}^{-2t}\\ -2\mathrm{e}^{-t}+2\mathrm{e}^{-2t} & -\mathrm{e}^{-t}+2\mathrm{e}^{-2t}\end{bmatrix}\begin{bmatrix}x_1(0)\\ x_2(0)\end{bmatrix}+\begin{bmatrix}-\mathrm{e}^{-t}+\dfrac{1}{2}\mathrm{e}^{-2t}+\dfrac{1}{2}\\ \mathrm{e}^{-t}-\mathrm{e}^{-2t}\end{bmatrix}$$

1.4　线性时变连续系统的运动分析

系统微分方程中只要有一个系数是时间的连续函数，便称为时变系统。

线性时变连续系统动态方程的一般形式为

$$\begin{aligned}\dot{\boldsymbol{x}}(t)&=\boldsymbol{A}(t)\boldsymbol{x}(t)+\boldsymbol{B}(t)\boldsymbol{u}(t)\\ \boldsymbol{y}(t)&=\boldsymbol{C}(t)\boldsymbol{x}(t)+\boldsymbol{D}(t)\boldsymbol{u}(t)\end{aligned} \tag{1-82}$$

式中，$\boldsymbol{A}(t)$，$\boldsymbol{B}(t)$，$\boldsymbol{C}(t)$，$\boldsymbol{D}(t)$ 的元素中至少含有一个时间函数。

研究时变系统比研究定常系统要复杂困难得多，这里只研究把定常的某些状态空间分析

的理论推广应用到时变系统中去，而传递函数和频率特性在时变系统中推广是很困难的。

在定常连续系统齐次状态方程的解析中，曾应用与标量定常齐次微分方程解的类比方法导出矩阵指数及状态转移矩阵概念，这里也采用与标量时变齐次微分方程解的类比方法来导出某些结果。

1.4.1 时变齐次状态方程的解

先来看标量时变齐次微分方程

$$\dot{x}(t)=a(t)x(t)$$

用分离变量法，并在 $t\in[t_0,t]$ 取积分，有

$$\int_{t_0}^{t}\frac{\mathrm{d}x(\tau)}{x(\tau)}=\int_{t_0}^{t}a(t)\mathrm{d}\tau$$

解得

$$x(t)=\exp\left[\int_{t_0}^{t}a(\tau)\mathrm{d}\tau\right]x(t_0)$$

可见 $x(t)$ 也是由 $x(t_0)$ 转移而来的，但转移特性不再是定常情况下的 $\exp[a(t-t_0)]$，而是 $\exp\left[\int_{t_0}^{t}a(\tau)\mathrm{d}\tau\right]$，即转移特性与 $a(t)$ 以及 t,t_0 有关。故时变系统的状态转移矩阵不再是形如 $\boldsymbol{\Phi}(t-t_0)$ 的形式，而是 $\boldsymbol{\Phi}(t,t_0)$。

时变齐次状态方程为

$$\dot{\boldsymbol{x}}(t)=\boldsymbol{A}(t)\boldsymbol{x}(t) \tag{1-83}$$

设其解

$$\boldsymbol{x}(t)=\boldsymbol{\Phi}(t,t_0)\boldsymbol{x}(t_0) \tag{1-84}$$

式中，$\boldsymbol{\Phi}(t,t_0)$ 为时变系统状态转移矩阵。将式(1-84)代入式(1-83)有

$$\dot{\boldsymbol{x}}(t)=\dot{\boldsymbol{\Phi}}(t,t_0)\boldsymbol{x}(t_0)=\boldsymbol{A}(t)\boldsymbol{\Phi}(t,t_0)\boldsymbol{x}(t_0)$$

故

$$\dot{\boldsymbol{\Phi}}(t,t_0)=\boldsymbol{A}(t)\boldsymbol{\Phi}(t,t_0) \tag{1-85}$$

当 $t=t_0$ 时，由式(1-85)有

$$\boldsymbol{\Phi}(t_0,t_0)=\boldsymbol{I} \tag{1-86}$$

式(1-85)和式(1-86)是 $\boldsymbol{\Phi}(t,t_0)$ 应满足的微分方程及初始条件。

已知定常系统的 $\boldsymbol{\Phi}(t)$ 的幂级数表达式

$$\boldsymbol{\Phi}(t)=\mathrm{e}^{\boldsymbol{A}t}=\boldsymbol{I}+\boldsymbol{A}t+\frac{1}{2}\boldsymbol{A}^2t^2+\cdots=\boldsymbol{I}+\int_0^t\boldsymbol{A}\mathrm{d}\tau+\frac{1}{2}\left(\int_0^t\boldsymbol{A}\mathrm{d}\tau\right)^2+\cdots$$

对于时变系统，可否用上述类似公式来表示呢？

定理 当且仅当 $\boldsymbol{A}(t)$ 与 $\int_{t_0}^{t}\boldsymbol{A}(\tau)\mathrm{d}\tau$ 可交换时，存在

$$\boldsymbol{\Phi}(t,t_0)=\exp\left[\int_{t_0}^{t}\boldsymbol{A}(\tau)\mathrm{d}\tau\right]=\boldsymbol{I}+\int_{t_0}^{t}\boldsymbol{A}(\tau)\mathrm{d}\tau+\frac{1}{2}\left(\int_{t_0}^{t}\boldsymbol{A}(\tau)\mathrm{d}\tau\right)^2+\cdots \tag{1-87}$$

证明 对式(1-87)求导有

$$\dot{\boldsymbol{\Phi}}(t,t_0)=\boldsymbol{A}(t)+\frac{1}{2}\left[\int_{t_0}^{t}\boldsymbol{A}(\tau)\mathrm{d}\tau\cdot\boldsymbol{A}(t)+\boldsymbol{A}(t)\int_{t_0}^{t}\boldsymbol{A}(\tau)\mathrm{d}\tau\right]+\cdots$$

当 $\boldsymbol{A}(t)$ 与 $\int_{t_0}^{t}\boldsymbol{A}(\tau)\mathrm{d}\tau$ 可交换时有

$$\dot{\boldsymbol{\Phi}}(t,t_0)=\boldsymbol{A}(t)\left[\boldsymbol{I}+\int_{t_0}^{t}\boldsymbol{A}(\tau)\mathrm{d}\tau+\cdots\right]=\boldsymbol{A}(t)\boldsymbol{\Phi}(t,t_0)$$

得证。

$\boldsymbol{A}(t)$ 与 $\int_{t_0}^{t}\boldsymbol{A}(\tau)\mathrm{d}\tau$ 可交换，意味着

$$\int_{t_0}^{t}\boldsymbol{A}(\tau)\mathrm{d}\tau\cdot\boldsymbol{A}(t)-\boldsymbol{A}(t)\int_{t_0}^{t}\boldsymbol{A}(\tau)\mathrm{d}\tau=\int_{t_0}^{t}\left[\boldsymbol{A}(\tau)\boldsymbol{A}(t)-\boldsymbol{A}(t)\boldsymbol{A}(\tau)\right]\mathrm{d}\tau=\boldsymbol{0}$$

或对任意 t_1,t_2 有

$$\boldsymbol{A}(t_1)\boldsymbol{A}(t_2)=\boldsymbol{A}(t_2)\boldsymbol{A}(t_1)\tag{1-88}$$

式(1-88)给出了一种检查矩阵 $\boldsymbol{A}(t)$ 的简便方法，当其满足式(1-88)时，便可用式(1-87)来计算 $\boldsymbol{\Phi}(t,t_0)$。但一般的时变系统并不满足式(1-88)，这时可用下列无穷级数来求 $\boldsymbol{\Phi}(t,t_0)$。由于

$$\dot{\boldsymbol{\Phi}}(t,t_0)=\boldsymbol{A}(t)\boldsymbol{\Phi}(t,t_0)$$

$$\int_{t_0}^{t}\mathrm{d}\boldsymbol{\Phi}(\tau,t_0)=\int_{t_0}^{t}\boldsymbol{A}(\tau)\boldsymbol{\Phi}(\tau,t_0)\,\mathrm{d}\tau$$

解得

$$\boldsymbol{\Phi}(t,t_0)=\boldsymbol{I}+\int_{t_0}^{t}\boldsymbol{A}(\tau)\boldsymbol{\Phi}(\tau,t_0)\,\mathrm{d}\tau\tag{1-89}$$

式中，被积函数含有待求的 $\boldsymbol{\Phi}(t,t_0)$，重复使用式(1-89)，有

$$\boldsymbol{\Phi}(\tau,t_0)=\boldsymbol{I}+\int_{t_0}^{\tau}\boldsymbol{A}(\tau_1)\boldsymbol{\Phi}(\tau_1,t_0)\,\mathrm{d}\tau_1$$

$$\boldsymbol{\Phi}(\tau_1,t_0)=\boldsymbol{I}+\int_{t_0}^{\tau_1}\boldsymbol{A}(\tau_2)\boldsymbol{\Phi}(\tau_2,t_0)\,\mathrm{d}\tau_2$$

故

$$\begin{aligned}\boldsymbol{\Phi}(t,t_0)=\boldsymbol{I}+\int_{t_0}^{t}\boldsymbol{A}(\tau)\left[\boldsymbol{I}+\int_{t_0}^{\tau}\boldsymbol{A}(\tau_1)\boldsymbol{\Phi}(\tau_1,t_0)\mathrm{d}\tau_1\right]\mathrm{d}\tau=\\ \boldsymbol{I}+\int_{t_0}^{t}\boldsymbol{A}(\tau)\mathrm{d}\tau+\int_{t_0}^{t}\boldsymbol{A}(\tau)\int_{t_0}^{\tau}\boldsymbol{A}(\tau_1)\boldsymbol{\Phi}(\tau_1,t_0)\mathrm{d}\tau_1\mathrm{d}\tau=\\ \boldsymbol{I}+\int_{t_0}^{t}\boldsymbol{A}(\tau)\mathrm{d}\tau+\int_{t_0}^{t}\boldsymbol{A}(\tau)\int_{t_0}^{\tau}\boldsymbol{A}(\tau_1)\left[\boldsymbol{I}+\int_{t_0}^{\tau_1}\boldsymbol{A}(\tau_2)\boldsymbol{\Phi}(\tau_2,t_0)\mathrm{d}\tau_2\right]\mathrm{d}\tau_1\mathrm{d}\tau=\\ \boldsymbol{I}+\int_{t_0}^{t}\boldsymbol{A}(\tau)\mathrm{d}\tau+\int_{t_0}^{t}\boldsymbol{A}(\tau)\int_{t_0}^{\tau}\boldsymbol{A}(\tau_1)\mathrm{d}\tau_1\mathrm{d}\tau+\\ \int_{t_0}^{t}\boldsymbol{A}(\tau)\int_{t_0}^{\tau}\boldsymbol{A}(\tau_1)\int_{t_0}^{\tau_1}\boldsymbol{A}(\tau_2)\boldsymbol{\Phi}(\tau_2,t_0)\mathrm{d}\tau_2\mathrm{d}\tau_1\mathrm{d}\tau\end{aligned}\tag{1-90}$$

式中，$\boldsymbol{\Phi}(\tau_2,t_0)$ 还可以继续分解，于是把 $\boldsymbol{\Phi}(t,t_0)$ 展开成为一个特殊的无穷级数，称为皮诺-拜克(Peano-Baker)级数。当 $\boldsymbol{A}$ 的元素有界时，该级数是收敛的，但得不到闭合形式的解。

例 1-6　求下列时变系统的状态转移矩阵 $\boldsymbol{\Phi}(t,t_0)$，设 $t_0=0$。

$$\begin{bmatrix}\dot{x}_1\\ \dot{x}_2\end{bmatrix}=\begin{bmatrix}0 & 1\\ 0 & t\end{bmatrix}\begin{bmatrix}x_1\\ x_2\end{bmatrix}$$

解 验证 $\boldsymbol{A}(t)$ 与 $\int_{t_0}^{t}\boldsymbol{A}(\tau)\mathrm{d}\tau$ 可交换的条件：

$$\boldsymbol{A}(t_1)\boldsymbol{A}(t_2)=\begin{bmatrix}0 & 1\\0 & t_1\end{bmatrix}\begin{bmatrix}0 & 1\\0 & t_2\end{bmatrix}=\begin{bmatrix}0 & t_2\\0 & t_1t_2\end{bmatrix}$$

$$\boldsymbol{A}(t_2)\boldsymbol{A}(t_1)=\begin{bmatrix}0 & 1\\0 & t_2\end{bmatrix}\begin{bmatrix}0 & 1\\0 & t_1\end{bmatrix}=\begin{bmatrix}0 & t_1\\0 & t_1t_2\end{bmatrix}$$

由于 $\boldsymbol{A}(t_1)\boldsymbol{A}(t_2)\neq\boldsymbol{A}(t_2)\boldsymbol{A}(t_1)$，故只能以 Peano－Baker 级数表示 $\boldsymbol{\Phi}(t,t_0)$。

$$\int_0^t\boldsymbol{A}(\tau)\mathrm{d}\tau=\int_0^t\begin{bmatrix}0 & 1\\0 & \tau\end{bmatrix}\mathrm{d}\tau=\begin{bmatrix}0 & t\\0 & \frac{1}{2}t^2\end{bmatrix}$$

$$\int_0^t\boldsymbol{A}(\tau)\int_0^\tau\boldsymbol{A}(\tau_1)\,\mathrm{d}\tau_1\mathrm{d}\tau=\int_0^t\begin{bmatrix}0 & 1\\0 & \tau\end{bmatrix}\begin{bmatrix}0 & \tau\\0 & \frac{1}{2}\tau^2\end{bmatrix}\mathrm{d}\tau=\int_0^t\begin{bmatrix}0 & \frac{1}{2}\tau^2\\0 & \frac{1}{2}\tau^3\end{bmatrix}\mathrm{d}\tau=\begin{bmatrix}0 & \frac{1}{6}t^3\\0 & \frac{1}{8}t^4\end{bmatrix}$$

故

$$\boldsymbol{\Phi}(t,0)=\boldsymbol{I}+\begin{bmatrix}0 & t\\0 & \frac{1}{2}t^2\end{bmatrix}+\begin{bmatrix}0 & \frac{1}{6}t^3\\0 & \frac{1}{8}t^4\end{bmatrix}+\cdots=\begin{bmatrix}1 & t+\frac{1}{6}t^3+\cdots\\0 & 1+\frac{1}{2}t^2+\frac{1}{8}t^4+\cdots\end{bmatrix}$$

1.4.2 时变系统状态转移矩阵的性质

1.
$$\boldsymbol{\Phi}(t_0,t_0)=\boldsymbol{I}\tag{1-91}$$

2.
$$\boldsymbol{\Phi}(t_2,t_1)\boldsymbol{\Phi}(t_1,t_0)=\boldsymbol{\Phi}(t_2,t_0)\tag{1-92}$$

证明
$$\boldsymbol{x}(t_1)=\boldsymbol{\Phi}(t_1,t_0)\boldsymbol{x}(t_0)$$

$$\boldsymbol{x}(t_2)=\boldsymbol{\Phi}(t_2,t_0)\boldsymbol{x}(t_0)=\boldsymbol{\Phi}(t_2,t_1)\boldsymbol{x}(t_1)=\boldsymbol{\Phi}(t_2,t_1)\boldsymbol{\Phi}(t_1,t_0)\boldsymbol{x}(t_0)$$

故 $\boldsymbol{\Phi}(t_2,t_1)\boldsymbol{\Phi}(t_1,t_0)=\boldsymbol{\Phi}(t_2,t_0)$，得证。

该性质表明，$\boldsymbol{x}(t_0)$ 至 $\boldsymbol{x}(t_2)$ 的转移特性，可分解为 $\boldsymbol{x}(t_0)$ 至 $\boldsymbol{x}(t_1)$ 及 $\boldsymbol{x}(t_1)$ 至 $\boldsymbol{x}(t_2)$ 的分段转移特性，或者说 $\boldsymbol{x}(t_0)$ 至 $\boldsymbol{x}(t_1)$ 及 $\boldsymbol{x}(t_1)$ 至 $\boldsymbol{x}(t_2)$ 的转移特性，可合成为 $\boldsymbol{x}(t_0)$ 至 $\boldsymbol{x}(t_2)$ 的转移特性。

3.
$$\boldsymbol{\Phi}(t,t_0)=\boldsymbol{\Phi}^{-1}(t_0,t)\tag{1-93}$$

证明 由于 $\boldsymbol{\Phi}(t,t_0)\boldsymbol{\Phi}(t_0,t)=\boldsymbol{\Phi}(t,t)=\boldsymbol{I}$，故 $\boldsymbol{\Phi}(t,t_0)=\boldsymbol{\Phi}^{-1}(t_0,t)$，得证。

该性质表明 $\boldsymbol{\Phi}(t,t_0)$ 必有逆阵，$\boldsymbol{x}(t_0)$ 至 $\boldsymbol{x}(t)$ 的状态转移矩阵是 $\boldsymbol{x}(t)$ 至 $\boldsymbol{x}(t_0)$ 的状态转移矩阵的逆阵。

1.4.3 时变非齐次状态方程的解

$$\dot{\boldsymbol{x}}(t)=\boldsymbol{A}(t)\boldsymbol{x}(t)+\boldsymbol{B}(t)\boldsymbol{u}(t)\tag{1-94}$$

设其解为

$$\boldsymbol{x}(t)=\boldsymbol{\Phi}(t,t_0)\boldsymbol{\xi}(t)\tag{1-95}$$

将式(1－95)求导并考虑式(1－94)有

$$\dot{\boldsymbol{x}}(t)=\dot{\boldsymbol{\Phi}}(t,t_0)\boldsymbol{\xi}(t)+\boldsymbol{\Phi}(t,t_0)\dot{\boldsymbol{\xi}}(t)=\boldsymbol{A}(t)\boldsymbol{\Phi}(t,t_0)\boldsymbol{\xi}(t)+\boldsymbol{B}(t)\boldsymbol{u}(t)$$

故

$$\boldsymbol{\Phi}(t,t_0)\dot{\boldsymbol{\xi}}(t)=\boldsymbol{B}(t)\boldsymbol{u}(t)$$

解得

$$\boldsymbol{\xi}(t)=\boldsymbol{\xi}(t_0)+\int_{t_0}^{t}\boldsymbol{\Phi}(t_0,\tau)\boldsymbol{B}(\tau)\boldsymbol{u}(\tau)\mathrm{d}\tau$$

令式(1-95)中 $t=t_0$，可得

$$\boldsymbol{x}(t_0)=\boldsymbol{\xi}(t_0)$$

故

$$\boldsymbol{\xi}(t)=\boldsymbol{x}(t_0)+\int_{t_0}^{t}\boldsymbol{\Phi}(t_0,\tau)\boldsymbol{B}(\tau)\boldsymbol{u}(\tau)\mathrm{d}\tau$$

$$\boldsymbol{x}(t)=\boldsymbol{\Phi}(t,t_0)\boldsymbol{x}(t_0)+\int_{t_0}^{t}\boldsymbol{\Phi}(t,\tau)\boldsymbol{B}(\tau)\boldsymbol{u}(\tau)\mathrm{d}\tau \tag{1-96}$$

式(1-96)难以写成封闭形式，需用数字计算机计算。

若考虑时变系统输出方程为

$$\boldsymbol{y}(t)=\boldsymbol{C}(t)\boldsymbol{x}(t)+\boldsymbol{D}(t)\boldsymbol{u}(t) \tag{1-97}$$

则时变系统的输出响应函数为

$$\boldsymbol{y}(t)=\boldsymbol{C}(t)\boldsymbol{\Phi}(t,t_0)\boldsymbol{x}(t_0)+\boldsymbol{C}(t)\int_{t_0}^{t}\boldsymbol{\Phi}(t,\tau)\boldsymbol{B}(\tau)\boldsymbol{u}(\tau)\mathrm{d}\tau+\boldsymbol{D}(t)\boldsymbol{u}(t) \tag{1-98}$$

1.5 线性离散系统的运动分析

有些系统是完全离散的，其输入量、中间传递的信号、输出量等都是离散信息；有些系统是局部离散的，其输入量、受控对象所传送的信号、输出量等都是连续信息。唯在系统中的计算机传送处理离散信号时，连续部分在采样点上的数据才是有用信息，故需将连续部分离散化，为研究方便，不论完全的还是局部的离散系统，均假定采样是等间隔的；在采样间隔内，其变量均保持常值。

经典控制理论中，线性离散系统的动力学方程是用标量差分方程或脉冲传递函数来描述的，这里导出状态空间描述以便揭示系统内部结构特性。在离散系统或离散化系统的状态模型建立之后，它们的解法则是一样的。

1.5.1 由差分方程或脉冲传递函数建立动态方程

先从单输入-单输出系统入手研究。单输入-单输出线性定常离散系统差分方程的一般形式为

$$\begin{aligned}y(k+n)+a_{n-1}y(k+n-1)+\cdots+a_1y(k+1)+a_0y(k)=\\ b_nu(k+n)+b_{n-1}u(k+n-1)+\cdots+b_1u(k+1)+b_0u(k)\end{aligned} \tag{1-99}$$

式中 $y(k)$ 为 kT 时刻的输出量；T 为采样周期；$u(k)$ 为 kT 时刻的输入量；a_i,b_i 是与系统特性有关的常系数。

初始条件为零时，离散函数的 z 变换关系为

$$z[y(k)]=y(z),\quad z[y(k+i)]=z^iy(z) \tag{1-100}$$

对式(1-99)进行 z 变换，整理为

$$G(z)=\frac{y(z)}{u(z)}=\frac{b_nz^n+b_{n-1}z^{n-1}+\cdots+b_1z+b_0}{z^n+a_{n-1}z^{n-1}+\cdots+a_1z+a_0}=$$

$$b_n+\frac{\beta_{n-1}z^{n-1}+\cdots+\beta_1z+\beta_0}{z^n+a_{n-1}z^{n-1}+\cdots+a_1z+a_0}\overset{\text{def}}{=\!=}b_n+\frac{N(z)}{D(z)} \tag{1-101}$$

$G(z)$ 称为脉冲传递函数。显而易见，式(1-101)与式(1-20)在形式上是相同的，故连续系统动态方程的建立方法，对离散系统是同样适用的。例如，在 $N(z)/D(z)$ 的串联分解实现中，引入中间变量 $Q(z)$，则有

$$\left.\begin{aligned}&z^nQ(z)+a_{n-1}z^{n-1}Q(z)+\cdots+a_1zQ(z)+a_0Q(z)=u(z)\\&y(z)=\beta_{n-1}z^{n-1}Q(z)+\cdots+\beta_1zQ(z)+\beta_0Q(z)\end{aligned}\right\} \tag{1-102}$$

定义如下一组状态变量：

$$\left.\begin{aligned}&x_1(z)=Q(z)\\&x_2(z)=zQ(z)=zx_1(z)\\&\cdots\cdots\\&x_n(z)=z^{n-1}Q(z)=zx_{n-1}(z)\end{aligned}\right\} \tag{1-103}$$

于是

$$z^nQ(z)=zx_n(z)=-a_0x_1(z)-a_1x_2(z)-\cdots-a_{n-1}x_n(z)+u(z) \tag{1-104}$$

$$y(z)=\beta_0x_1(z)+\beta_1x_2(z)+\cdots+\beta_{n-1}x_n(z) \tag{1-105}$$

利用 z 反变换关系

$$\mathscr{Z}^{-1}[x_i(z)]=x_i(k),\quad \mathscr{Z}^{-1}[zx_i(z)]=x_i(k+1) \tag{1-106}$$

由式(1-103) ～ 式(1-105)可得动态方程

$$\left.\begin{aligned}&x_1(k+1)=x_2(k)\\&x_2(k+1)=x_3(k)\\&\cdots\cdots\\&x_{n-1}(k+1)=x_n(k)\\&x_n(k+1)=-a_0x_1(k)-a_1x_2(k)-\cdots-a_{n-1}x_n(k)+u(k)\end{aligned}\right\} \tag{1-107}$$

$$y(k)=\beta_0x_1(k)+\beta_1x_2(k)+\cdots+\beta_{n-1}x_n(k) \tag{1-108}$$

其向量-矩阵形式为

$$\begin{bmatrix}x_1(k+1)\\x_2(k+1)\\\vdots\\x_{n-1}(k+1)\\x_n(k+1)\end{bmatrix}=\begin{bmatrix}0&1&0&\cdots&0\\0&0&1&\cdots&0\\\vdots&\vdots&\vdots&&\vdots\\0&0&0&\cdots&1\\-a_0&-a_1&-a_2&\cdots&-a_{n-1}\end{bmatrix}\begin{bmatrix}x_1(k)\\x_2(k)\\\vdots\\x_{n-1}(k)\\x_n(k)\end{bmatrix}+\begin{bmatrix}0\\0\\\vdots\\0\\1\end{bmatrix}u(k) \tag{1-109}$$

$$y(k)=[\beta_0\quad\beta_1\quad\cdots\quad\beta_{n-1}]\boldsymbol{x}(k)+b_nu(k) \tag{1-110}$$

简记为

$$\left.\begin{aligned}&\boldsymbol{x}(k+1)=\boldsymbol{Gx}(k)+\boldsymbol{h}u(k)\\&y(k)=\boldsymbol{cx}(k)+du(k)\end{aligned}\right\} \tag{1-111}$$

式中，G 为友矩阵；G，h 是能控规范形。由式(1-111)可见，离散系统状态方程描述了$(k+1)T$时刻的状态与 kT 时刻的状态、输入量之间的关系；离散系统输出方程描述了 kT 时刻的输出量与 kT 时刻的状态、输入量之间的关系。

与连续系统的情况类似，单输入-单输出线性定常离散系统动态方程的形式可推广到多输入-多输出系统，有

$$\left.\begin{aligned} \boldsymbol{x}(k+1) &= \boldsymbol{G}\boldsymbol{x}(k) + \boldsymbol{H}\boldsymbol{u}(k) \\ \boldsymbol{y}(k) &= \boldsymbol{C}\boldsymbol{x}(k) + \boldsymbol{D}\boldsymbol{u}(k) \end{aligned}\right\} \tag{1-112}$$

线性定常离散系统的一般结构如图1-12所示，图中 z^{-1} 为单位延迟器，其输出$(k+1)T$时刻的状态，其输出为延迟一个采样周期的 kT 时刻的状态。

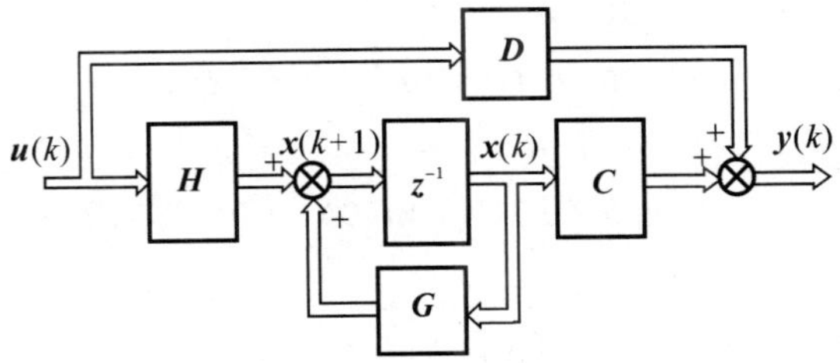

图 1-12　线性定常离散系统结构图

1.5.2　定常连续系统动态方程的离散化

已知定常连续系统状态方程

$$\dot{\boldsymbol{x}} = \boldsymbol{A}\boldsymbol{x} + \boldsymbol{B}\boldsymbol{u}$$

在 $\boldsymbol{x}(t_0)$ 及 $\boldsymbol{u}(t)$ 作用下的解为

$$\boldsymbol{x}(t) = \boldsymbol{\Phi}(t-t_0)\boldsymbol{x}(t_0) + \int_{t_0}^{t} \boldsymbol{\Phi}(t-\tau)\boldsymbol{B}\boldsymbol{u}(\tau)\mathrm{d}\tau \tag{1-113}$$

令 $t_0 = kT$，有 $\boldsymbol{x}(t_0) = \boldsymbol{x}(kT) = \boldsymbol{x}(k)$；令 $t=(k+1)T$，有 $\boldsymbol{x}[(k+1)T] = \boldsymbol{x}(k+1)$；在 $t \in [kT, (k+1)T)$ 时，有 $\boldsymbol{u}(k) = \boldsymbol{u}(k+1) = \mathrm{const}$，于是其解为

$$\boldsymbol{x}(k+1) = \boldsymbol{\Phi}(T)\boldsymbol{x}(k) + \int_{kT}^{(k+1)T} \boldsymbol{\Phi}[(k+1)T-\tau]\boldsymbol{B}\mathrm{d}\tau \cdot \boldsymbol{u}(k) \tag{1-114}$$

记

$$\boldsymbol{G}(T) = \int_{kT}^{(k+1)T} \boldsymbol{\Phi}[(k+1)T-\tau]\boldsymbol{B}\mathrm{d}\tau \tag{1-115}$$

为便于计算 $\boldsymbol{G}(T)$，引入下列变量置换，即令

$$(k+1)T - \tau = \tau'$$

则

$$\boldsymbol{G}(T) = \int_{T}^{0} -\boldsymbol{\Phi}(\tau')\boldsymbol{B}\mathrm{d}\tau' = \int_{0}^{T} \boldsymbol{\Phi}(\tau)\boldsymbol{B}\mathrm{d}\tau \tag{1-116}$$

故离散化系统状态方程为

$$\boldsymbol{x}(k+1) = \boldsymbol{\Phi}(T)\boldsymbol{x}(k) + \boldsymbol{G}(T)\boldsymbol{u}(k) \tag{1-117}$$

式中，$\boldsymbol{\Phi}(T)$ 由连续系统的状态转移矩阵 $\boldsymbol{\Phi}(t)$ 导出，有

$$\boldsymbol{\Phi}(T) = \boldsymbol{\Phi}(t)_{t=T} \tag{1-118}$$

离散化系统输出方程为

$$\boldsymbol{y}(k)=\boldsymbol{C}\boldsymbol{x}(k)+\boldsymbol{D}\boldsymbol{u}(k) \tag{1-119}$$

1.5.3 定常离散系统动态方程的解

离散或离散化状态方程的解法是一样的，这里仅介绍常用的递推法，该方法也适用于时变离散系统，且便于在计算机上求解（还有一种 z 变换解法，感兴趣的读者可参阅有关书籍）。下面以解离散化状态方程为例来加以说明。

令式(1-117)中 $k=0,1,\cdots,k-1$，可得到 $T,2T,\cdots,kT$ 时刻的状态，即

$k=0$：$\boldsymbol{x}(1)=\boldsymbol{\Phi}(T)\boldsymbol{x}(0)+\boldsymbol{G}(T)\boldsymbol{u}(0)$

$k=1$：$\boldsymbol{x}(2)=\boldsymbol{\Phi}(T)\boldsymbol{x}(1)+\boldsymbol{G}(T)\boldsymbol{u}(1)=$

$\boldsymbol{\Phi}^2(T)\boldsymbol{x}(0)+\boldsymbol{\Phi}(T)\boldsymbol{G}(T)\boldsymbol{u}(0)+\boldsymbol{G}(T)\boldsymbol{u}(1)$

$k=2$：$\boldsymbol{x}(3)=\boldsymbol{\Phi}(T)\boldsymbol{x}(2)+\boldsymbol{G}(T)\boldsymbol{u}(2)=$

$\boldsymbol{\Phi}^3(T)\boldsymbol{x}(0)+\boldsymbol{\Phi}^2(T)\boldsymbol{G}(T)\boldsymbol{u}(0)+\boldsymbol{\Phi}(T)\boldsymbol{G}(T)\boldsymbol{u}(1)+\boldsymbol{G}(T)\boldsymbol{u}(2)$

……

$k=k-1$：$\boldsymbol{x}(k)=\boldsymbol{\Phi}(T)\boldsymbol{x}(k-1)+\boldsymbol{G}(T)\boldsymbol{u}(k-1)=$

$\boldsymbol{\Phi}^k(T)\boldsymbol{x}(0)+\boldsymbol{\Phi}^{k-1}(T)\boldsymbol{G}(T)\boldsymbol{u}(0)+\boldsymbol{\Phi}^{k-2}(T)\boldsymbol{G}(T)\boldsymbol{u}(1)+\cdots+$

$\boldsymbol{\Phi}(T)\boldsymbol{G}(T)\boldsymbol{u}(k-2)+\boldsymbol{G}(T)\boldsymbol{u}(k-1)=$

$$\boldsymbol{\Phi}^k(T)\boldsymbol{x}(0)+\sum_{i=0}^{k-1}\boldsymbol{\Phi}^{k-1-i}(T)\boldsymbol{G}(T)\boldsymbol{u}(i) \tag{1-120}$$

式(1-120)为离散化状态方程的解，又称为离散状态转移方程。

当 $\boldsymbol{u}(i)=0$，$i=0,1,\cdots,k-1$ 时，有

$$\boldsymbol{x}(k)=\boldsymbol{\Phi}^k(T)\boldsymbol{x}(0)=\boldsymbol{\Phi}(kT)\boldsymbol{x}(0)=\boldsymbol{\Phi}(k)\boldsymbol{x}(0) \tag{1-121}$$

式中，$\boldsymbol{\Phi}(k)$ 称为离散化系统状态转移矩阵。

离散化系统输出方程为

$$\begin{aligned}\boldsymbol{y}(k)&=\boldsymbol{C}\boldsymbol{x}(k)+\boldsymbol{D}\boldsymbol{u}(k)=\\&\boldsymbol{C}\boldsymbol{\Phi}^k(T)\boldsymbol{x}(0)+\boldsymbol{C}\sum_{i=0}^{k-1}\boldsymbol{\Phi}^{k-1-i}(T)\boldsymbol{G}(T)\boldsymbol{u}(i)+\boldsymbol{D}\boldsymbol{u}(k)\end{aligned} \tag{1-122}$$

对于离散动态方程式(1-112)，其解为

$$\left.\begin{aligned}\boldsymbol{x}(k)&=\boldsymbol{G}^k\boldsymbol{x}(0)+\sum_{i=0}^{k-1}\boldsymbol{G}^{k-1-i}\boldsymbol{H}\boldsymbol{u}(i)\\\boldsymbol{y}(k)&=\boldsymbol{C}\boldsymbol{G}^k\boldsymbol{x}(0)+\boldsymbol{C}\sum_{i=0}^{k-1}\boldsymbol{G}^{k-1-i}\boldsymbol{H}\boldsymbol{u}(i)+\boldsymbol{D}\boldsymbol{u}(k)\end{aligned}\right\} \tag{1-123}$$

式中，$\boldsymbol{G}^k$ 表示 k 个 $\boldsymbol{G}$ 自乘。

例 1-7 求下列连续状态方程的离散化状态方程。设采样周期 $T=1$ s。

$$\dot{\boldsymbol{x}}=\begin{bmatrix}0 & 1\\-2 & -3\end{bmatrix}\boldsymbol{x}+\begin{bmatrix}0\\1\end{bmatrix}\boldsymbol{u}$$

解 先求该连续系统的状态转移矩阵 $\boldsymbol{\Phi}(t)$：由例 1-5 已知 $\boldsymbol{\Phi}(t)$ 为

$$\boldsymbol{\Phi}(t)=\begin{bmatrix}2e^{-t}-e^{-2t} & e^{-t}-e^{-2t}\\-2e^{-t}+2e^{-2t} & -e^{-t}+2e^{-2t}\end{bmatrix}$$

故
$$\boldsymbol{\Phi}(T)=\boldsymbol{\Phi}(t)\big|_{t=T=1}=\begin{bmatrix}0.600\,4 & 0.232\,5\\ -0.465\,1 & -0.097\,2\end{bmatrix}$$

计算 $\boldsymbol{G}(T)$：
$$\boldsymbol{G}(T)=\int_0^T\boldsymbol{\Phi}(\tau)\boldsymbol{B}\mathrm{d}\tau=\int_0^T\begin{bmatrix}\mathrm{e}^{-\tau}-\mathrm{e}^{-2\tau}\\ -\mathrm{e}^{-\tau}+2\mathrm{e}^{-2\tau}\end{bmatrix}\mathrm{d}\tau=\begin{bmatrix}\frac{1}{2}-\mathrm{e}^{-T}+\frac{1}{2}\mathrm{e}^{-2T}\\ \mathrm{e}^{-T}-\mathrm{e}^{-2T}\end{bmatrix}$$

故
$$\boldsymbol{G}(T)\big|_{T=1}=\begin{bmatrix}0.199\,8\\0.232\,5\end{bmatrix}$$

得离散化状态方程为
$$\boldsymbol{x}(k+1)=\boldsymbol{\Phi}(T)\boldsymbol{x}(k)+\boldsymbol{G}(T)\boldsymbol{u}(k)=\begin{bmatrix}0.600\,4 & 0.232\,5\\ -0.465\,1 & -0.097\,2\end{bmatrix}\boldsymbol{x}(k)+\begin{bmatrix}0.199\,8\\0.232\,5\end{bmatrix}\boldsymbol{u}(k)$$

1.5.4　线性时变连续系统的离散化动态方程及其近似形式

已知线性时变连续系统状态方程为
$$\dot{\boldsymbol{x}}(t)=\boldsymbol{A}(t)\boldsymbol{x}(t)+\boldsymbol{B}(t)\boldsymbol{u}(t)$$
在 $\boldsymbol{x}(t_0)$ 及 $\boldsymbol{u}(t_0)$ 作用下的解为
$$\boldsymbol{x}(t)=\boldsymbol{\Phi}(t,t_0)\boldsymbol{x}(t_0)+\int_{t_0}^{t}\boldsymbol{\Phi}(t,\tau)\boldsymbol{B}(\tau)\boldsymbol{u}(\tau)\mathrm{d}\tau \tag{1-124}$$
令 $t_0=kT$ 时的状态 $\boldsymbol{x}(t_k)$ 作为初始状态，当 $t\in[t_k,t_{k+1}]$ 时有
$$\boldsymbol{u}(t)=\boldsymbol{u}(t_k)=\boldsymbol{u}(t_{k+1})=\mathrm{const}$$
则 t_{k+1} 时刻的状态为
$$\boldsymbol{x}(t_{k+1})=\boldsymbol{\Phi}(t_{k+1},t_k)\boldsymbol{x}(t_k)+\int_{t_k}^{t_{k+1}}\boldsymbol{\Phi}(t_{k+1},\tau)\boldsymbol{B}(\tau)\boldsymbol{u}(\tau)\mathrm{d}\tau \tag{1-125}$$

记
$$\boldsymbol{G}(t_{k+1},t_k)=\int_{t_k}^{t_{k+1}}\boldsymbol{\Phi}(t_{k+1},\tau)\boldsymbol{B}(\tau)\mathrm{d}\tau \tag{1-126}$$
故线性时变系统的离散化状态方程为
$$\boldsymbol{x}(k+1)=\boldsymbol{\Phi}(k+1,k)\boldsymbol{x}(k)+\boldsymbol{G}(k+1,k)\boldsymbol{u}(k) \tag{1-127}$$
式中，$\boldsymbol{\Phi}(k+1,k)$ 表示 $\boldsymbol{x}(k)$ 至 $\boldsymbol{x}(k+1)$ 的状态转移矩阵。式(1-127)可用递推法求解。

离散化输出方程为
$$\boldsymbol{y}(k)=\boldsymbol{C}(k)\boldsymbol{x}(k)+\boldsymbol{D}(k)\boldsymbol{u}(k) \tag{1-128}$$
当所选取的采样周期 T 比系统中最小时间常数还要小一个数量级时，可认为在相邻采样间隔内其时变参数变化很小，可近似当做定常问题来处理。对于 $t\in[kT,(k+1)T]$ 有
$$\dot{\boldsymbol{x}}(k)\approx\frac{1}{T}[\boldsymbol{x}(k+1)-\boldsymbol{x}(k)] \tag{1-129}$$
于是 $\dot{\boldsymbol{x}}(t)=\boldsymbol{A}(t)\boldsymbol{x}(t)+\boldsymbol{B}(t)\boldsymbol{u}(t)$ 可转化为
$$\frac{1}{T}[\boldsymbol{x}(k+1)-\boldsymbol{x}(k)]=\boldsymbol{A}(k)\boldsymbol{x}(k)+\boldsymbol{B}(k)\boldsymbol{u}(k)$$
故近似的时变离散化方程为

$$\boldsymbol{x}(k+1)=[T\boldsymbol{A}(k)+\boldsymbol{I}]\boldsymbol{x}(k)+T\boldsymbol{B}(k)\boldsymbol{u}(k) \tag{1-130}$$

1.6 传递函数矩阵

1.6.1 由动态方程求传递函数矩阵

设系统动态方程为

$$\dot{\boldsymbol{x}}=\boldsymbol{A}\boldsymbol{x}+\boldsymbol{B}\boldsymbol{u},\quad \boldsymbol{y}=\boldsymbol{C}\boldsymbol{x}+\boldsymbol{D}\boldsymbol{u} \tag{1-131}$$

令初始条件为零,取拉普拉斯变换有

$$s\boldsymbol{x}(s)=\boldsymbol{A}\boldsymbol{x}(s)+\boldsymbol{B}\boldsymbol{u}(s)$$

$$\boldsymbol{x}(s)=(s\boldsymbol{I}-\boldsymbol{A})^{-1}\boldsymbol{B}\boldsymbol{u}(s)$$

故

$$\boldsymbol{y}(s)=[\boldsymbol{C}(s\boldsymbol{I}-\boldsymbol{A})^{-1}\boldsymbol{B}+\boldsymbol{D}]\boldsymbol{u}(s)\overset{\text{def}}{=\!=}\boldsymbol{G}(s)\boldsymbol{u}(s) \tag{1-132}$$

式中

$$\boldsymbol{G}(s)=\boldsymbol{C}(s\boldsymbol{I}-\boldsymbol{A})^{-1}\boldsymbol{B}+\boldsymbol{D} \tag{1-133}$$

$\boldsymbol{G}(s)$ 称为系统传递函数矩阵,它表示初始条件为零时,输出向量与输入向量拉普拉斯变换式之间的传递关系,$\boldsymbol{G}(s)$ 为 $(l\times m)$ 矩阵。式(1-132)的展开式为

$$\begin{bmatrix} y_1(s) \\ y_2(s) \\ \vdots \\ y_l(s) \end{bmatrix}=\begin{bmatrix} g_{11}(s) & g_{12}(s) & \cdots & g_{1m}(s) \\ g_{21}(s) & g_{22}(s) & \cdots & g_{2m}(s) \\ \vdots & \vdots & & \vdots \\ g_{l1}(s) & g_{l2}(s) & \cdots & g_{lm}(s) \end{bmatrix}\begin{bmatrix} u_1(s) \\ u_2(s) \\ \vdots \\ u_m(s) \end{bmatrix} \tag{1-134}$$

式中

$$g_{ij}(s)=\frac{y_i(s)}{u_j(s)},\quad i=1,\cdots,l;j=1,\cdots,m \tag{1-135}$$

对于单输入-单输出系统,传递函数矩阵蜕变为传递函数。传递函数矩阵是系统的外部描述(即输入输出描述),与状态变量无关。当 $m=l$ 时,$\boldsymbol{G}(s)$ 是方阵。若 $\boldsymbol{G}(s)$ 是对角方阵,则

$$y_i(s)=g_{ii}(s)u_i(s) \tag{1-136}$$

表示该系统是解耦系统,整个系统由 $m=l$ 个独立的子系统组成。

1.6.2 组合系统的状态方程与传递函数矩阵

由两个或两个以上子系统组成的系统称为组合系统。复杂系统通常是组合系统,其组合的基本方式有并联、串联、反馈三种。这里主要研究前两种组合方式。下面以含两个子系统 S_1,S_2 的组合子系统为例,来研究其状态空间方程的建立及传递关系。设线性定常连续子系统动态方程为

$$\left.\begin{aligned} S_1:\quad \dot{\boldsymbol{x}}_1=\boldsymbol{A}_1\boldsymbol{x}_1+\boldsymbol{B}_1\boldsymbol{u}_1,\quad \boldsymbol{y}_1=\boldsymbol{C}_1\boldsymbol{x}_1+\boldsymbol{D}_1\boldsymbol{u}_1 \\ S_2:\quad \dot{\boldsymbol{x}}_2=\boldsymbol{A}_2\boldsymbol{x}_2+\boldsymbol{B}_2\boldsymbol{u}_2,\quad \boldsymbol{y}_2=\boldsymbol{C}_2\boldsymbol{x}_2+\boldsymbol{D}_2\boldsymbol{u}_2 \end{aligned}\right\} \tag{1-137}$$

S_1 和 S_2 的传递函数矩阵分别为 $\boldsymbol{G}_1(s)$ 和 $\boldsymbol{G}_2(s)$。以两种方式联结的组合系统结构图如图

1－13 所示，图中示出了组合系统的输入 $\boldsymbol{u}$、输出 $\boldsymbol{y}$ 与两个子系统的输入、输出之间的关系，它们确定了具体组合方式所应满足的条件。图中方块均记为 $S_i(i=1,2)$，它们既可表示为 $\boldsymbol{G}_i(s)$，又可展开为状态空间方块图。

下面来分别研究组合系统的状态空间方程及传递函数矩阵，假定 $\boldsymbol{u}$ 为 m 维，$\boldsymbol{y}$ 为 l 维，$\boldsymbol{x}_1$ 为 n_1 维，$\boldsymbol{x}_2$ 为 n_2 维向量。

1. 子系统的并联

并联的联结条件为

$$\boldsymbol{u}=\boldsymbol{u}_1=\boldsymbol{u}_2,\quad \boldsymbol{y}=\boldsymbol{y}_1+\boldsymbol{y}_2 \tag{1-138}$$

式(1－138)表明，可并联的两个子系统的输入 $\boldsymbol{u}_1$ 与 $\boldsymbol{u}_2$，两子系统的输出 $\boldsymbol{y}_1$ 与 $\boldsymbol{y}_2$，都必须具有相同维数。

考虑式(1－138)，并联组合系统的动态方程为

$$\left.\begin{aligned}\dot{\boldsymbol{x}}_1&=\boldsymbol{A}_1\boldsymbol{x}_1+\boldsymbol{B}_1\boldsymbol{u}\\ \dot{\boldsymbol{x}}_2&=\boldsymbol{A}_2\boldsymbol{x}_2+\boldsymbol{B}_2\boldsymbol{u}\\ \boldsymbol{y}&=\boldsymbol{C}_1\boldsymbol{x}_1+\boldsymbol{C}_2\boldsymbol{x}_2+(\boldsymbol{D}_1+\boldsymbol{D}_2)\boldsymbol{u}\end{aligned}\right\} \tag{1-139}$$

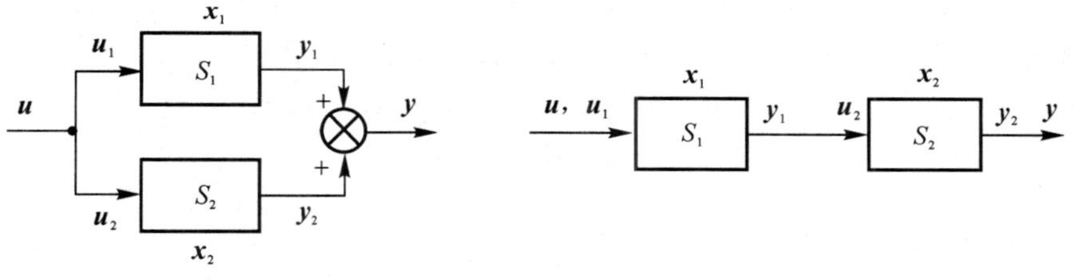

图 1－13　两个子系统的组合联结

(a) 并联；(b) 串联

记$[\boldsymbol{x}_1^{\mathrm{T}}\quad \boldsymbol{x}_2^{\mathrm{T}}]$为组合系统的状态，并将式(1－139)写成分块矩阵形式，可得并联组合系统标准型的状态空间描述为

$$\left.\begin{aligned}\begin{bmatrix}\dot{\boldsymbol{x}}_1\\ \dot{\boldsymbol{x}}_2\end{bmatrix}&=\begin{bmatrix}\boldsymbol{A}_1 & \boldsymbol{0}\\ \boldsymbol{0} & \boldsymbol{A}_2\end{bmatrix}\begin{bmatrix}\boldsymbol{x}_1\\ \boldsymbol{x}_2\end{bmatrix}+\begin{bmatrix}\boldsymbol{B}_1\\ \boldsymbol{B}_2\end{bmatrix}\boldsymbol{u}\\ \boldsymbol{y}&=[\boldsymbol{C}_1\quad \boldsymbol{C}_2]\begin{bmatrix}\boldsymbol{x}_1\\ \boldsymbol{x}_2\end{bmatrix}+(\boldsymbol{D}_1+\boldsymbol{D}_2)\boldsymbol{u}\end{aligned}\right\} \tag{1-140}$$

组合系统的各系数矩阵 $\boldsymbol{A}$，$\boldsymbol{B}$，$\boldsymbol{C}$，$\boldsymbol{D}$ 分别为式(1－140)中对应的分块矩阵，其传递函数矩阵 $\boldsymbol{G}(s)$ 为

$$\begin{aligned}\boldsymbol{G}(s)=&\boldsymbol{C}(s\boldsymbol{I}-\boldsymbol{A})^{-1}\boldsymbol{B}+(\boldsymbol{D}_1+\boldsymbol{D}_2)=\\ &[\boldsymbol{C}_1\quad \boldsymbol{C}_2]\begin{bmatrix}(s\boldsymbol{I}_{n1}-\boldsymbol{A}_1)^{-1} & \boldsymbol{0}\\ \boldsymbol{0} & (s\boldsymbol{I}_{n2}-\boldsymbol{A}_2)^{-1}\end{bmatrix}\begin{bmatrix}\boldsymbol{B}_1\\ \boldsymbol{B}_2\end{bmatrix}+(\boldsymbol{D}_1+\boldsymbol{D}_2)=\\ &\boldsymbol{C}_1(s\boldsymbol{I}_{n1}-\boldsymbol{A}_1)^{-1}\boldsymbol{B}_1+\boldsymbol{D}_1+\boldsymbol{C}_2(s\boldsymbol{I}_{n2}-\boldsymbol{A}_2)^{-1}\boldsymbol{B}_2+\boldsymbol{D}_2=\\ &\boldsymbol{G}_1(s)+\boldsymbol{G}_2(s)\end{aligned} \tag{1-141}$$

式(1－141)表明并联组合系统的传递函数矩阵为子系统传递函数矩阵之和。若将图 1－13(a)

中的方块记为 $\boldsymbol{G}_i(s)$，应用经典控制理论中的结构图变换规则可得出相同的结论。

2. 子系统的串联

串联的联结条件为

$$\boldsymbol{u}=\boldsymbol{u}_1,\quad \boldsymbol{u}_2=\boldsymbol{y}_1,\quad \boldsymbol{y}=\boldsymbol{y}_2 \tag{1-142}$$

式(1-142)表明，可串联的两子系统，S_1 的输出与 S_2 的输入应具有相同的维数。

考虑式(1-142)，串联组合系统的动态方程为

$$\left.\begin{aligned}&\dot{\boldsymbol{x}}_1=\boldsymbol{A}_1\boldsymbol{x}_1+\boldsymbol{B}_1\boldsymbol{u},\quad \dot{\boldsymbol{x}}_2=\boldsymbol{A}_2\boldsymbol{x}_2+\boldsymbol{B}_2(\boldsymbol{C}_1\boldsymbol{x}_1+\boldsymbol{D}_1\boldsymbol{u})\\&\boldsymbol{y}=\boldsymbol{C}_2\boldsymbol{x}_2+\boldsymbol{D}_2(\boldsymbol{C}_1\boldsymbol{x}_1+\boldsymbol{D}_1\boldsymbol{u})\end{aligned}\right\} \tag{1-143}$$

并将其写成分块矩阵的形式

$$\left.\begin{aligned}&\begin{bmatrix}\dot{\boldsymbol{x}}_1\\\dot{\boldsymbol{x}}_2\end{bmatrix}=\begin{bmatrix}\boldsymbol{A}_1 & \boldsymbol{0}\\\boldsymbol{B}_2\boldsymbol{C}_1 & \boldsymbol{A}_2\end{bmatrix}\begin{bmatrix}\boldsymbol{x}_1\\\boldsymbol{x}_2\end{bmatrix}+\begin{bmatrix}\boldsymbol{B}_1\\\boldsymbol{B}_2\boldsymbol{D}_1\end{bmatrix}\boldsymbol{u}\\&\boldsymbol{y}=[\boldsymbol{D}_2\boldsymbol{C}_1\quad \boldsymbol{C}_2]\begin{bmatrix}\boldsymbol{x}_1\\\boldsymbol{x}_2\end{bmatrix}+\boldsymbol{D}_2\boldsymbol{D}_1\boldsymbol{u}\end{aligned}\right\} \tag{1-144}$$

由式(1-144)所示各系数矩阵，读者可自行导出串联组合系统传递函数矩阵为

$$\boldsymbol{G}(s)=\boldsymbol{G}_2(s)\boldsymbol{G}_1(s) \tag{1-145}$$

式(1-145)表明串联组合系统的传递函数矩阵为子系统传递函数矩阵的乘积，但应注意相乘顺序不得颠倒。若将图1-13(b)中的方块记为 $\boldsymbol{G}_i(s)$，容易得到

$$\boldsymbol{y}(s)=\boldsymbol{G}_2(s)\boldsymbol{u}_2(s)=\boldsymbol{G}_2(s)\boldsymbol{y}_1(s)=\boldsymbol{G}_2(s)\boldsymbol{G}_1(s)\boldsymbol{u}(s)$$

故

$$\boldsymbol{G}(s)=\boldsymbol{G}_2(s)\boldsymbol{G}_1(s)$$

1.6.3 闭环系统中的传递函数矩阵

设多输入-多输出系统结构图如图1-14所示。图中 $\boldsymbol{u},\boldsymbol{e},\boldsymbol{y},\boldsymbol{z}$ 分别为系统的输入、偏差、输出、反馈向量；$\boldsymbol{G}(s)$、$\boldsymbol{F}(s)$ 分别为前向通路、反馈通路传递矩阵，以下简称为 $\boldsymbol{G}$、$\boldsymbol{F}$。

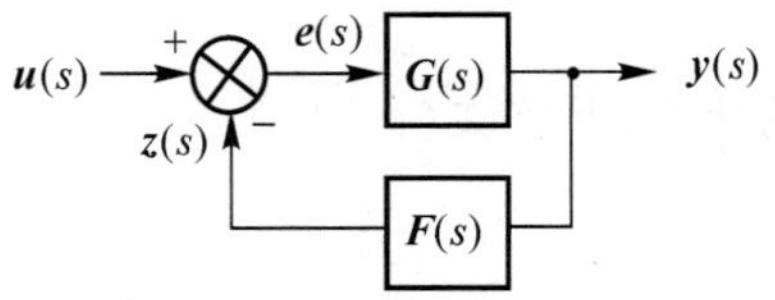

图1-14 系统结构图

由图可见

$$\boldsymbol{z}=\boldsymbol{F}\boldsymbol{y}=\boldsymbol{F}\boldsymbol{G}\boldsymbol{e} \tag{1-146}$$

定义 $\boldsymbol{FG}$ 为开环传递矩阵，它确定了偏差向量至反馈向量间的传递关系。由于

$$\boldsymbol{y}=\boldsymbol{G}\boldsymbol{e}=\boldsymbol{G}(\boldsymbol{u}-\boldsymbol{z})=\boldsymbol{G}\boldsymbol{u}-\boldsymbol{G}\boldsymbol{F}\boldsymbol{y}$$

故

$$\boldsymbol{y}=(\boldsymbol{I}+\boldsymbol{G}\boldsymbol{F})^{-1}\boldsymbol{G}\boldsymbol{u}\xlongequal{\text{def}}\boldsymbol{G}_c\boldsymbol{u} \tag{1-147}$$

式中

$$\boldsymbol{G}_c=(\boldsymbol{I}+\boldsymbol{G}\boldsymbol{F})^{-1}\boldsymbol{G} \tag{1-148}$$

定义 $\boldsymbol{G}_c$ 为闭环传递矩阵。由于

$$\boldsymbol{e}=\boldsymbol{u}-\boldsymbol{z}=\boldsymbol{u}-\boldsymbol{F}\boldsymbol{G}\boldsymbol{e}$$

故

$$e=(I+FG)^{-1}u \xlongequal{\text{def}} G_e u \tag{1-149}$$

式中

$$G_e=(I+FG)^{-1} \tag{1-150}$$

定义G_e为偏差传递矩阵，它确定了输入向量至偏差向量间的传递关系。

1.7　脉冲响应矩阵

1.7.1　脉冲响应矩阵

满足因果律的线性定常系统，在初始松弛的条件下，其输入输出关系可用系统的单位脉冲响应阵描述。设系统具有 m 个输入，l 个输出，则脉冲响应阵为 $l\times m$ 矩阵

$$G(t-\tau)=\begin{bmatrix} g_{11}(t-\tau) & g_{12}(t-\tau) & \cdots & g_{1m}(t-\tau) \\ g_{21}(t-\tau) & g_{22}(t-\tau) & \cdots & g_{2m}(t-\tau) \\ \vdots & \vdots & & \vdots \\ g_{l1}(t-\tau) & g_{l2}(t-\tau) & \cdots & g_{lm}(t-\tau) \end{bmatrix} \tag{1-151}$$

且

$$G(t-\tau)=0,\quad \forall\tau \text{ 和 } \forall t<\tau$$

式中，$g_{ij}(t-\tau)$ 表示在第 j 个输入端加一单位脉冲函数 $\delta(t-\tau)$，而其他输入为零时，在第 i 输出端的响应。输入输出关系为

$$y(t)=\int_0^t G(t-\tau)u(\tau)\mathrm{d}\tau,\quad t\geqslant 0 \tag{1-152}$$

引入变量置换，令 $t-\tau=\tau'$，式(1-152) 还可表示为

$$y(t)=\int_0^t G(\tau)u(t-\tau)\mathrm{d}\tau,\quad t\geqslant 0 \tag{1-153}$$

现在讨论脉冲响应阵 $G(t-\tau)$ 与状态空间描述和状态转移矩阵的关系。考虑线性定常系统

$$\left.\begin{aligned} \dot{x}&=Ax+Bu,\quad x(0)=x_0,\quad t\geqslant 0 \\ y&=Cx+Du \end{aligned}\right\} \tag{1-154}$$

式中，A,B,C,D 分别为$(n\times n)$，$(n\times m)$，$(l\times n)$，$(l\times m)$ 实值常阵。其脉冲响应矩阵为

$$G(t-\tau)=Ce^{A(t-\tau)}B+D\delta(t-\tau) \tag{1-155}$$

或

$$G(t)=Ce^{At}B+D\delta(t) \tag{1-156}$$

这里 $\delta(t)$ 为单位脉冲函数。考虑到 $e^{At}=\Phi(t)$，故

$$G(t-\tau)=C\Phi(t-\tau)B+D\delta(t-\tau) \tag{1-157}$$

和

$$G(t)=C\Phi(t)B+D\delta(t) \tag{1-158}$$

上述关系可容易地由系统解的表达式得到。对系统式(1-154)，设 $x(0)=0$，得到

$$y(t)=\int_0^t Ce^{A(t-\tau)}Bu(\tau)\mathrm{d}\tau+Du(t)=\int_0^t [Ce^{A(t-\tau)}Bu(\tau)+D\delta(t-\tau)u(\tau)]\mathrm{d}\tau=$$

$$\int_0^t [\boldsymbol{C}e^{\boldsymbol{A}(t-\tau)}\boldsymbol{B}+\boldsymbol{D}\boldsymbol{\delta}(t-\tau)]\boldsymbol{u}(\tau)d\tau \tag{1-159}$$

将式(1－152)与式(1－159)相比较即得

$$\boldsymbol{G}(t-\tau)=\boldsymbol{C}e^{\boldsymbol{A}(t-\tau)}\boldsymbol{B}+\boldsymbol{D}\boldsymbol{\delta}(t-\tau) \tag{1-160}$$

对式(1－160)作简单的变量替换就可得到式(1－156)。

在对系统进行分析时，常常要对系统进行代数等价变换，进行代数等价变换不改变系统的脉冲响应函数，因为这种变换不影响系统的输入输出关系，所以仅是改变系统的状态变量的选择方式。证明如下：

已知系统($\boldsymbol{A}\quad\boldsymbol{B}\quad\boldsymbol{C}\quad\boldsymbol{D}$)的脉冲响应阵为

$$\boldsymbol{G}(t-\tau)=\boldsymbol{C}e^{\boldsymbol{A}(t-\tau)}\boldsymbol{B}+\boldsymbol{D}\boldsymbol{\delta}(t-\tau) \tag{1-161}$$

而系统($\overline{\boldsymbol{A}}\quad\overline{\boldsymbol{B}}\quad\overline{\boldsymbol{C}}\quad\overline{\boldsymbol{D}}$)的脉冲响应阵为

$$\overline{\boldsymbol{G}}(t-\tau)=\overline{\boldsymbol{C}}e^{\overline{\boldsymbol{A}}(t-\tau)}\overline{\boldsymbol{B}}+\overline{\boldsymbol{D}}\boldsymbol{\delta}(t-\tau) \tag{1-162}$$

由于两个系统是代数等价的，即

$$\overline{\boldsymbol{A}}=\boldsymbol{PAP}^{-1},\quad \overline{\boldsymbol{B}}=\boldsymbol{PB},\quad \overline{\boldsymbol{C}}=\boldsymbol{CP}^{-1},\quad \overline{\boldsymbol{D}}=\boldsymbol{D}$$

且

$$e^{\overline{\boldsymbol{A}}(t-\tau)}=\boldsymbol{P}e^{\boldsymbol{A}(t-\tau)}\boldsymbol{P}^{-1}$$

上述关系代入式(1－162)有

$$\overline{\boldsymbol{G}}(t-\tau)=\boldsymbol{CP}^{-1}\boldsymbol{P}e^{\boldsymbol{A}(t-\tau)}\boldsymbol{P}^{-1}\boldsymbol{PB}+\boldsymbol{D}\boldsymbol{\delta}(t-\tau)=\boldsymbol{C}e^{\boldsymbol{A}(t-\tau)}\boldsymbol{B}+\boldsymbol{D}\boldsymbol{\delta}(t-\tau)=\boldsymbol{G}(t-\tau)$$

由于系统的传递函数是系统的脉冲响应矩阵取拉普拉斯变换得到的，根据上述关系也可知两个代数等价系统其传递函数矩阵也一定相等，于是代数等价变换也不改变系统的极点和零点。

1.7.2 传递函数阵与脉冲响应阵的关系

由脉冲响应阵式(1－158)可知，脉冲响应阵的拉普拉斯变换为

$$\begin{aligned}\boldsymbol{G}(s)=\mathscr{L}[\boldsymbol{G}(t)]=\int_0^\infty \boldsymbol{G}(t)e^{-st}dt=\int_0^\infty[\boldsymbol{C}e^{\boldsymbol{A}t}\boldsymbol{B}+\boldsymbol{D}\boldsymbol{\delta}(t)]e^{-st}dt=\\ \int_0^\infty \boldsymbol{C}e^{\boldsymbol{A}t}\boldsymbol{B}e^{-st}dt+\int_0^\infty \boldsymbol{D}\boldsymbol{\delta}(t)e^{-st}dt=\\ \boldsymbol{C}\int_0^\infty e^{\boldsymbol{A}t}e^{-st}dt\boldsymbol{B}+\boldsymbol{D}\end{aligned}$$

而

$$\boldsymbol{A}\int_0^\infty e^{\boldsymbol{A}t}e^{-st}dt=\int_0^\infty \boldsymbol{A}e^{\boldsymbol{A}t}e^{-st}dt=e^{-st}e^{\boldsymbol{A}t}\Big|_0^\infty-\int_0^\infty e^{\boldsymbol{A}t}de^{-st}=-\boldsymbol{I}+s\int_0^\infty e^{\boldsymbol{A}t}e^{-st}dt$$

所以

$$(s\boldsymbol{I}-\boldsymbol{A})\int_0^\infty e^{\boldsymbol{A}t}e^{-st}dt=\boldsymbol{I}$$

则

$$\int_0^\infty e^{\boldsymbol{A}t}e^{-st}dt=(s\boldsymbol{I}-\boldsymbol{A})^{-1}$$

因此

$$\boldsymbol{G}(s)=\boldsymbol{C}(s\boldsymbol{I}-\boldsymbol{A})^{-1}\boldsymbol{B}+\boldsymbol{D} \tag{1-163}$$

当 $\boldsymbol{D}=\boldsymbol{0}$ 时，$\boldsymbol{G}(s)=\boldsymbol{C}(s\boldsymbol{I}-\boldsymbol{A})^{-1}\boldsymbol{B}$。

式(1-163)建立了脉冲响应阵与传递函数之间的关系。从这里可以清楚地看到传递函数阵的物理意义。实际上，传递函数阵的元素 g_{ij} 就是系统在输入 $u(t)$ 的元素 u_j 为单位脉冲时，在零初始条件下，系统输出 $y(t)$ 的元素 y_i 的拉普拉斯变换。这一关系同单变量系统脉冲响应函数和传递函数之间的关系是完全一致的。

习　题

1-1　如图 1-15 所示电网络，图中 u 为输入电压，y 为输出电压，状态变量 x_i 为电容端电压或流过电感的电流。试确定该网络的独立状态变量。

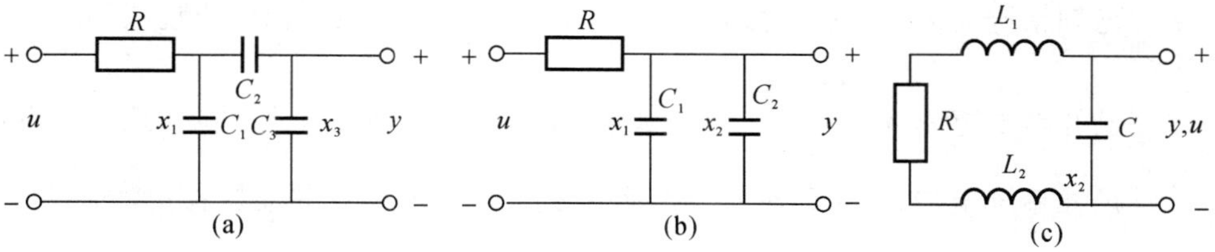

图 1-15　习题 1-1 电网络

1-2　已知电枢控制的直流伺服电动机的微分方程组为

$$u_a=R_a i_a+L_a\frac{\mathrm{d}i_a}{\mathrm{d}t}+E_b \qquad \text{（电势平衡方程）}$$

$$E_b=K_b\frac{\mathrm{d}\theta_m}{\mathrm{d}t} \qquad \text{（反电势方程）}$$

$$M_m=C_m i_a \qquad \text{（电磁力矩方程）}$$

$$M_m=J_m\frac{\mathrm{d}^2\theta_m}{\mathrm{d}t^2}+f_m\frac{\mathrm{d}\theta_m}{\mathrm{d}t} \qquad \text{（力矩平衡方程）}$$

设取状态变量：$x_1=\theta_m$，$x_2=\dot{\theta}_m$，$x_3=\ddot{\theta}_m$，输出量 $y=\theta_m$；另取状态变量：$\bar{x}_1=i_a$，$\bar{x}_2=\theta_m$，$\bar{x}_3=\dot{\theta}_m$，输出量 $y=\theta_m$，试分别建立伺服电动机动态方程。若令 $x=T\bar{x}$，试确定状态变换矩阵 T。

1-3　设某机构受力如图 1-16 所示，u_1，u_2 为外作用力（系统输入量），x_1，x_2 分别为质量块 m_1，m_2 的位移（系统输出量），k_i，f 分别为弹簧刚度及阻尼系数。试确定系统微分方程及状态空间表达式（设取状态向量 $[x_1\quad \dot{x}_1\quad x_2\quad \dot{x}_2]^{\mathrm{T}}$）。

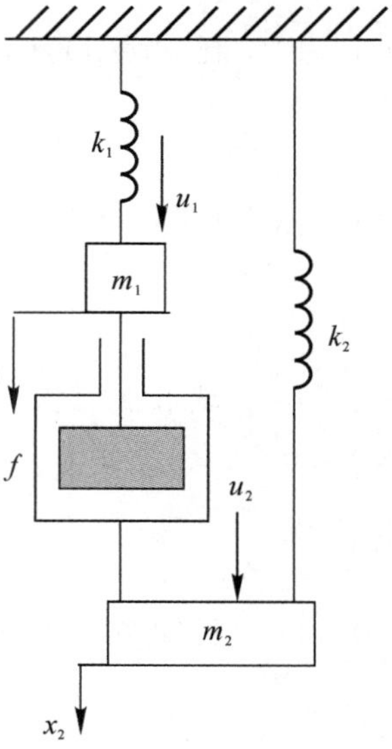

图 1-16　习题 1-3 机械学系统

1-4　设系统微分方程为

$$\dddot{y}+6\ddot{y}+11\dot{y}+6y=2\dot{u}+2u$$

式中，u，y 分别为系统输入、输出量，试求能控规范形及能观测规范形的动态方程，并画出状态变量图。

1-5　设系统结构图如图 1-17 所示，试求系统动态方程。

1-6　已知系统传递函数 $G(s)$，试求能控规范形、能观测规范形和对角规范形动态方程。

$$G(s)=\frac{s^2+6s+8}{s^2+4s+3}$$

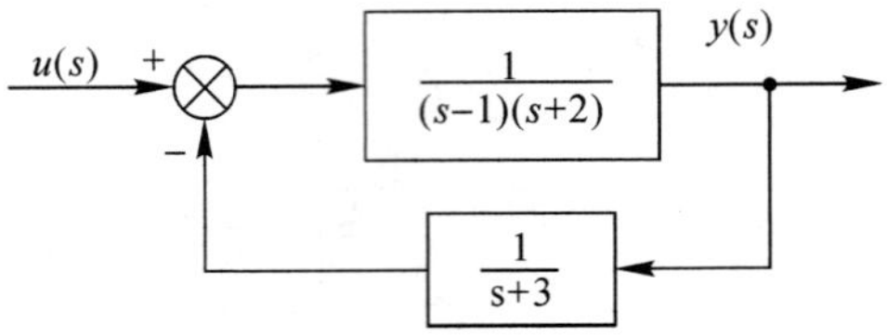

图 1-17　习题 1-5 结构图

1-7　已知系统的传递传递函数 $G(s)=\dfrac{5}{(s+1)^2(s+2)}$，试求出约当规范形动态方程。

1-8　已知系统矩阵 $\boldsymbol{A}=\begin{bmatrix}-1 & 0\\ 0 & 1\end{bmatrix}$，试求矩阵指数(用幂级数法及拉普拉斯变换法)。

1-9　已知系统矩阵 $\boldsymbol{A}$，试用幂级数法及拉普拉斯变换法，求状态转移矩阵。

$$\boldsymbol{A}=\begin{bmatrix}0 & 1 & 0 & 0\\ 0 & 0 & 1 & 0\\ 0 & 0 & 0 & 1\\ 0 & 0 & 0 & 0\end{bmatrix}$$

1-10　已知状态转移矩阵 $\boldsymbol{\Phi}(t)$，试求系统矩阵 $\boldsymbol{A}$。

$$\boldsymbol{\Phi}(t)=\begin{bmatrix}2e^{-t}-e^{-2t} & e^{-t}-e^{-2t}\\ -2e^{-t}+2e^{-2t} & -e^{-t}+2e^{-2t}\end{bmatrix}$$

1-11　已知齐次状态方程在初始状态作用下的解，求该系统的状态转移矩阵 $\boldsymbol{\Phi}(t)$。

当 $x(0)=\begin{bmatrix}2\\ 1\end{bmatrix}$ 时，$x(t)=\begin{bmatrix}2e^{-t}\\ e^{-t}\end{bmatrix}$；当 $x(0)=\begin{bmatrix}1\\ 1\end{bmatrix}$ 时，$x(t)=\begin{bmatrix}e^{-t}+2te^{-t}\\ e^{-t}+te^{-t}\end{bmatrix}$。

1-12　已知 $\boldsymbol{\Phi}(t)$，试求 $\boldsymbol{\Phi}^{-1}(t)$。

$$\boldsymbol{\Phi}(t)=\begin{bmatrix}2e^{-t}-e^{-2t} & e^{-t}-e^{-2t}\\ -2e^{-t}+2e^{-2t} & -e^{-t}+2e^{-2t}\end{bmatrix}$$

1-13　已知 $e^{(\boldsymbol{A}+\boldsymbol{B})t}=e^{\boldsymbol{A}t}e^{\boldsymbol{B}t}$ $(\boldsymbol{AB}=\boldsymbol{BA})$，试用该性质计算下列状态方程的状态转移矩阵。

$$\dot{\boldsymbol{x}}=\begin{bmatrix}\sigma & w\\ -w & \sigma\end{bmatrix}\boldsymbol{x}$$

1-14　试求下列状态方程在单位阶跃输入作用下的响应。设初始状态为 $x_1(0)=1$，$x_2(0)=0$。

$$\dot{x}=\begin{bmatrix}1 & 0\\ 1 & 1\end{bmatrix}x+\begin{bmatrix}1\\ 1\end{bmatrix}u$$

1-15　已知系统动态方程，试求传递函数 $G(s)$。

$$\dot{x}=\begin{bmatrix}0 & 1 & 0\\ -2 & -3 & 0\\ -1 & 1 & 3\end{bmatrix}x+\begin{bmatrix}0\\ 1\\ 2\end{bmatrix}u,\quad y=[0\quad 0\quad 1]x$$

1-16　已知双输入-双输出系统动态方程，试求传递函数矩阵。

$$\begin{cases}\dot{x}_1 = x_2 + u_1 \\ \dot{x}_2 = x_3 + u_1 + u_2 \\ \dot{x}_3 = -6x_1 - 11x_2 - 6x_3 + 2u_2\end{cases}, \quad \begin{cases}y_1 = x_1 - x_2 \\ y_2 = 2x_1 + x_2 - x_3\end{cases}$$

1-17　已知连续系统动态方程，试求离散化动态方程。设采样周期 $T=1$ s。

$$\dot{x} = \begin{bmatrix}0 & 1 \\ 0 & 2\end{bmatrix} x + \begin{bmatrix}0 \\ 1\end{bmatrix} u, \quad y = \begin{bmatrix}1 & 0\end{bmatrix} x$$

1-18　已知离散状态方程，试求在初始状态 $[x_1(0) \quad x_2(0)]^{\mathrm{T}} = [1 \quad -1]^{\mathrm{T}}$ 及输入 $u(t)=1$ 时的响应。

$$\begin{bmatrix}x_1(k+1) \\ x_2(k+1)\end{bmatrix} = \begin{bmatrix}0 & 1 \\ -0.16 & -1\end{bmatrix} \begin{bmatrix}x_1(k) \\ x_2(k)\end{bmatrix} + \begin{bmatrix}1 \\ 1\end{bmatrix} u(k)$$

第二章　线性系统的能控性和能观测性

线性系统的能控性和能观测性概念是卡尔曼在1960年首次提出来的。当系统用状态空间描述以后,能控性和能观测性成为线性系统的一个重要结构特性。这是由于系统需用状态方程和输出方程两个方程来描述输入输出关系,状态作为被控量,输出量仅是状态的线性组合,于是有"能否找到使任意初态转移到任意终态的控制量"的问题,即能控性问题。并非所有状态都受输入量的控制,有时只存在使任意初态转移到确定终态而不是任意终态的控制。还有"能否由测量到的由状态分量线性组合起来的输出量来确定出各状态分量"的问题,即能观测性问题。并非所有状态分量都可由其线性组合起来的输出测量值来确定。

经典控制理论运用传递函数描述系统的输入输出关系,输出量便是被控量,只要系统稳定,输出量就可以控制;输出量在物理上总是可测的,因此无须提出能控性和能观测性的概念。能控性、能观测性在现代控制系统的分析综合中占有很重要的地位,也是许多最优控制、最优估计问题解的存在条件。能控性、能观测性和稳定性是现代控制理论中系统三个最重要的特征,本章主要介绍能控性、能观测性与状态空间结构的关系。

2.1　凯莱哈密尔顿定理

为了研究线性系统的能控性和能观测性,需应用凯莱哈密尔顿定理及其推论,故先介绍该定理。

凯莱哈密尔顿定理:设 n 阶矩阵 $\boldsymbol{A}$ 的特征多项式为

$$f(\lambda)=|\lambda \boldsymbol{I}-\boldsymbol{A}|=\lambda^{n}+a_{n-1}\lambda^{n-1}+\cdots+a_{1}\lambda+a_{0} \tag{2-1}$$

则矩阵 $\boldsymbol{A}$ 满足

$$f(\boldsymbol{A})=\boldsymbol{A}^{n}+a_{n-1}\boldsymbol{A}^{n-1}+\cdots+a_{1}\boldsymbol{A}+a_{0}\boldsymbol{I}=0 \tag{2-2}$$

证明　根据逆矩阵定义有

$$(\lambda \boldsymbol{I}-\boldsymbol{A})^{-1}=\frac{\boldsymbol{B}(\lambda)}{|\lambda \boldsymbol{I}-\boldsymbol{A}|}=\frac{\boldsymbol{B}(\lambda)}{f(\lambda)} \tag{2-3}$$

式中,$\boldsymbol{B}(\lambda)$ 为 $(\lambda \boldsymbol{I}-\boldsymbol{A})$ 的伴随矩阵。方程(2-3)两端右乘 $(\lambda \boldsymbol{I}-\boldsymbol{A})$ 得

$$\boldsymbol{B}(\lambda)(\lambda \boldsymbol{I}-\boldsymbol{A})=f(\lambda)\boldsymbol{I} \tag{2-4}$$

由于 $\boldsymbol{B}(\lambda)$ 的元素都是 $(\lambda \boldsymbol{I}-\boldsymbol{A})$ 代数余子式,均为 $(n-1)$ 次多项式,故根据矩阵加法运算规则,可将其分解为 n 个矩阵之和,即

$$\boldsymbol{B}(\lambda)=\lambda^{n-1}\boldsymbol{B}_{n-1}+\lambda^{n-2}\boldsymbol{B}_{n-2}+\cdots+\lambda \boldsymbol{B}_{1}+\boldsymbol{B}_{0} \tag{2-5}$$

式中,$\boldsymbol{B}_{n-1},\cdots,\boldsymbol{B}_{0}$ 均为 $(n-1)$ 阶矩阵。将式(2-5)代入式(2-4)并展开两端,得

$$\begin{aligned}&\lambda^{n}\boldsymbol{B}_{n-1}+\lambda^{n-1}(\boldsymbol{B}_{n-2}-\boldsymbol{B}_{n-1}\boldsymbol{A})+\lambda^{n-2}(\boldsymbol{B}_{n-3}-\boldsymbol{B}_{n-2}\boldsymbol{A})+\cdots+\lambda(\boldsymbol{B}_{0}-\boldsymbol{B}_{1}\boldsymbol{A})-\boldsymbol{B}_{0}\boldsymbol{A}=\\&\lambda^{n}\boldsymbol{I}+a_{n-1}\lambda^{n-1}\boldsymbol{I}+\cdots+a_{1}\lambda \boldsymbol{I}+a_{0}\boldsymbol{I}\end{aligned} \tag{2-6}$$

利用两端 λ 同次项相等的条件有

$$\left.\begin{aligned}&\boldsymbol{B}_{n-1}=\boldsymbol{I}\\&\boldsymbol{B}_{n-2}-\boldsymbol{B}_{n-1}\boldsymbol{A}=a_{n-1}\boldsymbol{I}\\&\boldsymbol{B}_{n-3}-\boldsymbol{B}_{n-2}\boldsymbol{A}=a_{n-2}\boldsymbol{I}\\&\quad\cdots\cdots\\&\boldsymbol{B}_0-\boldsymbol{B}_1\boldsymbol{A}=a_1\boldsymbol{I}\\&-\boldsymbol{B}_0\boldsymbol{A}=a_0\boldsymbol{I}\end{aligned}\right\}\tag{2-7}$$

将式(2-7)按顺序两端右乘 $\boldsymbol{A}^n,\boldsymbol{A}^{n-1},\boldsymbol{A}^{n-2},\cdots,\boldsymbol{A}$,可得

$$\left.\begin{aligned}&\boldsymbol{B}_{n-1}\boldsymbol{A}^n=\boldsymbol{A}^n\\&\boldsymbol{B}_{n-2}\boldsymbol{A}^{n-1}-\boldsymbol{B}_{n-1}\boldsymbol{A}^n=a_{n-1}\boldsymbol{A}^{n-1}\\&\boldsymbol{B}_{n-3}\boldsymbol{A}^{n-2}-\boldsymbol{B}_{n-2}\boldsymbol{A}^{n-1}=a_{n-2}\boldsymbol{A}^{n-2}\\&\cdots\cdots\\&\boldsymbol{B}_0\boldsymbol{A}-\boldsymbol{B}_1\boldsymbol{A}^2=a_1\boldsymbol{A}\\&-\boldsymbol{B}_0\boldsymbol{A}=a_0\boldsymbol{I}\end{aligned}\right\}\tag{2-8}$$

将式(2-8)中各式相加有

$$f(\boldsymbol{A})=\boldsymbol{A}^n+a_{n-1}\boldsymbol{A}^{n-1}+a_{n-2}\boldsymbol{A}^{n-2}+\cdots+a_1\boldsymbol{A}+a_0\boldsymbol{I}=0\tag{2-9}$$

得证。

推论 1　矩阵 $\boldsymbol{A}^n$ 可表示为 $\boldsymbol{A}$ 的$(n-1)$次多项式:

$$\boldsymbol{A}^n=-a_{n-1}\boldsymbol{A}^{n-1}-a_{n-2}\boldsymbol{A}^{n-2}-\cdots-a_1\boldsymbol{A}-a_0\boldsymbol{I}\tag{2-10}$$

$$\begin{aligned}\boldsymbol{A}^{n+1}=\boldsymbol{A}\boldsymbol{A}^n=&-a_{n-1}\boldsymbol{A}^n-a_{n-2}\boldsymbol{A}^{n-1}-\cdots-a_1\boldsymbol{A}^2-a_0\boldsymbol{A}=\\&-a_{n-1}(-a_{n-1}\boldsymbol{A}^{n-1}-a_{n-2}\boldsymbol{A}^{n-2}-\cdots-a_1\boldsymbol{A}-a_0\boldsymbol{I})-a_{n-2}\boldsymbol{A}^{n-1}-\cdots-a_1\boldsymbol{A}^2-a_0\boldsymbol{A}=\\&(a_{n-1}^2-a_{n-2})\boldsymbol{A}^{n-1}+(a_{n-1}a_{n-2}-a_{n-3})\boldsymbol{A}^{n-2}+\cdots+\\&(a_{n-1}a_2-a_1)\boldsymbol{A}^2+(a_{n-1}a_1-a_0)\boldsymbol{A}+a_{n-1}a_0\boldsymbol{I}\end{aligned}$$

故 $\boldsymbol{A}^k(k\geqslant n)$ 可一般表示为 $\boldsymbol{A}$ 的$(n-1)$次多项式

$$\boldsymbol{A}^k=\sum_{m=0}^{n-1}\alpha_m\boldsymbol{A}^m,\quad k\geqslant n\tag{2-11}$$

式中,α_m 均与 $\boldsymbol{A}$ 阵元素有关。

利用推论 1 可简化计算矩阵的幂。

例 2-1　已知 $\boldsymbol{A}=\begin{bmatrix}1&2\\0&1\end{bmatrix}$,求 $\boldsymbol{A}^{100}=?$

解　$\boldsymbol{A}$ 为二阶矩阵,$n=2$。

先列写 $\boldsymbol{A}$ 的特征多项式

$$|\lambda\boldsymbol{I}-\boldsymbol{A}|=\lambda^2-2\lambda+1$$

根据凯莱哈密尔顿定理有

$$f(\boldsymbol{A})=\boldsymbol{A}^2-2\boldsymbol{A}+\boldsymbol{I}=0$$

$$\boldsymbol{A}^2=2\boldsymbol{A}-\boldsymbol{I}$$

故

$$\boldsymbol{A}^3=\boldsymbol{A}\boldsymbol{A}^2=2\boldsymbol{A}^2-\boldsymbol{A}=2(2\boldsymbol{A}-\boldsymbol{I})-\boldsymbol{A}=3\boldsymbol{A}-2\boldsymbol{I}$$

$$\boldsymbol{A}^4=\boldsymbol{A}\boldsymbol{A}^3=3\boldsymbol{A}^2-2\boldsymbol{A}=3(2\boldsymbol{A}-\boldsymbol{I})-2\boldsymbol{A}=4\boldsymbol{A}-3\boldsymbol{I}$$

根据数学归纳法有 $\boldsymbol{A}^k=k\boldsymbol{A}-(k-1)\boldsymbol{I}$,故

$$A^{100}=100A-99I=\begin{bmatrix}100 & 200\\ 0 & 100\end{bmatrix}-\begin{bmatrix}99 & 0\\ 0 & 99\end{bmatrix}=\begin{bmatrix}1 & 200\\ 0 & 1\end{bmatrix}$$

推论 2 矩阵指数 e^{At} 可表示为 A 的 $(n-1)$ 次多项式，即

$$e^{At}=\sum_{m=0}^{n-1}\alpha_m(t)A^m \tag{2-12}$$

由于

$$\begin{aligned}e^{At}=&I+At+\frac{1}{2!}A^2t^2+\cdots+\frac{1}{(n-1)!}A^{n-1}t^{n-1}+\\&\frac{1}{n!}A^nt^n+\frac{1}{(n+1)!}A^{n+1}t^{n+1}+\cdots+\frac{1}{k!}A^kt^k+\cdots=\\&I+At+\frac{1}{2!}A^2t^2+\cdots+\frac{1}{(n-1)!}A^{n-1}t^{n-1}+\\&\frac{1}{n!}(-a_{n-1}A^{n-1}-a_{n-2}A^{n-2}-\cdots-a_2A^2-a_1A-a_0I)t^n+\\&\frac{1}{(n+1)!}[(a_{n-1}^2-a_{n-2})A^{n-1}+(a_{n-1}a_{n-2}-a_{n-3})A^{n-2}+\cdots+\\&(a_{n-1}a_2-a_1)A^2+(a_{n-1}a_1-a_0)A+a_{n-1}a_0I]t^{n+1}+\cdots=\\&\alpha_0(t)I+\alpha_1(t)A+\alpha_2(t)A^2+\cdots+\alpha_{n-1}(t)A^{n-1}=\\&\sum_{m=0}^{n-1}\alpha_m(t)A^m\end{aligned} \tag{2-13}$$

式中

$$\left.\begin{aligned}&\alpha_0(t)=1-\frac{1}{n!}a_0t^n+\frac{1}{(n+1)!}a_{n-1}a_0t^{n+1}+\cdots\\&\alpha_1(t)=t-\frac{1}{n!}a_1t^n+\frac{1}{(n+1)!}(a_{n-1}a_1-a_0)t^{n+1}+\cdots\\&\alpha_2(t)=\frac{1}{2!}t^2-\frac{1}{n!}a_2t^n+\frac{1}{(n+1)!}(a_{n-1}a_2-a_1)t^{n+1}+\cdots\\&\cdots\cdots\\&\alpha_{n-1}(t)=\frac{1}{(n-1)!}t^{n-1}-\frac{1}{n!}a_{n-1}t^n+\frac{1}{(n+1)!}(a_{n-1}^2-a_{n-2})t^{n+1}+\cdots\end{aligned}\right\} \tag{2-14}$$

均为幂函数，在 $[0,t_f]$ 时间区间内，不同时刻构成的向量组 $[\alpha_0(0),\cdots,\alpha_{n-1}(0)]$，…，$[\alpha_0(t_f),\cdots,\alpha_{n-1}(t_f)]$ 是线性无关向量组，这是因为其中任一向量都不能表示为其他向量的线性组合。

同理

$$e^{-At}=\sum_{m=0}^{n-1}\alpha_m(t)A^m \tag{2-15}$$

其中

$$\left.\begin{aligned}&\alpha_0(t)=1-(-1)^n\frac{1}{n!}a_0t^n+(-1)^{n+1}\frac{1}{(n+1)!}a_{n-1}a_0t^{n+1}+\cdots\\&\cdots\cdots\\&a_{n-1}(t)=(-1)^{n-1}\frac{1}{(n+1)!}t^{n-1}-(-1)^n\frac{1}{n!}a_{n-1}t^n+\\&\qquad(-1)^{n+1}\frac{1}{(n+1)!}(a_{n-1}^2-a_{n-2})t^{n+1}+\cdots\end{aligned}\right\} \tag{2-16}$$

2.2 线性定常连续系统的能控性

能控性分为状态能控性和输出能控性，如不特别指明便泛指状态能控性，状态能控性问题只与状态方程有关，描述的是系统的输入信号与状态变量的关系；而输出能控性问题则与状态方程和输出方程均有关，描述的是输入信号对输出的影响。下面对线性定常系统的能控性进行研究。

2.2.1 状态能控性定义

引例 设单输入连续系统方程为

$$\dot{x}_1 = -2x_1 + x_2 + u$$
$$\dot{x}_2 = -x_2$$

其中，第二个方程只与状态变量 x_2 本身有关，且与 u 无关，x_2 是不能控状态变量；x_1 受 u 控制，是能控状态变量。从状态变量图 2-1 显见 u 可影响 x_1 而不能影响 x_2，于是使状态向量不能在 u 作用下任意转移，称状态不完全能控，简称不能控。

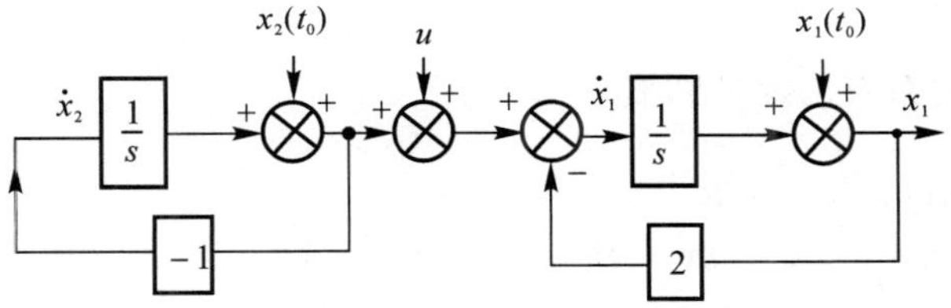

图 2-1 不能控系统结构图

如果在上述引例中，将控制 u 的作用点移到最左边，系统结构图如图 2-2 所示，相应的状态方程为

$$\dot{x}_1 = -2x_1 + x_2$$
$$\dot{x}_2 = -x_2 + u$$

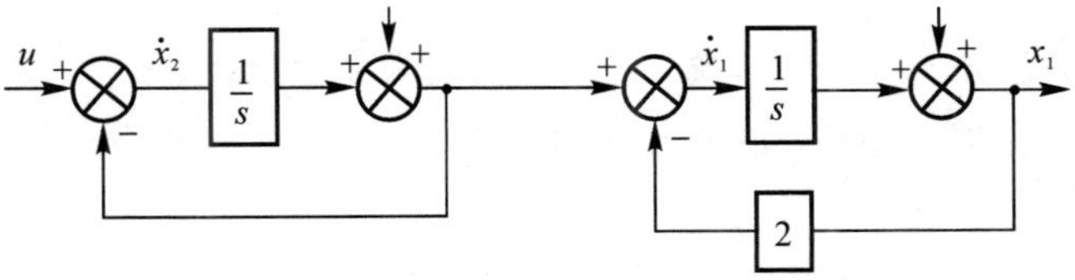

图 2-2 能控系统结构图

由状态方程可以看出，u 影响 x_2，又通过 x_2 影响 x_1，于是状态向量 $\boldsymbol{x}=[x_1, x_2]^{\mathrm{T}}$ 能在 u 的作用下任意转移，称状态完全能控，简称系统能控。

能控性定义：线性时变系统的状态方程

$$\dot{\boldsymbol{x}} = \boldsymbol{A}(t)\boldsymbol{x} + \boldsymbol{B}(t)\boldsymbol{u}, \quad t \in T_t \tag{2-17}$$

式中，$\boldsymbol{x}$ 为 n 维状态向量；$\boldsymbol{u}$ 为 m 维输入向量；T_t 为时间定义区间；$\boldsymbol{A}(t)$ 和 $\boldsymbol{B}(t)$ 分别为 $(n\times n)$ 和 $(n\times m)$ 维矩阵。现对系统能控性定义如下：

定义 2.1 对于式(2-17)所示的线性时变系统，如果对取定初始时刻 $t_0 \in T_t$ 的一个非零初始状态 $\boldsymbol{x}(t_0)=\boldsymbol{x}_0$，存在一个时刻 $t_1 \in T_t, t_1 > t_0$，和一个无约束的容许控制 $\boldsymbol{u}(t), t \in [t_0, t_1]$ 状态有 $\boldsymbol{x}(t_1)=\boldsymbol{0}$，则称此 $\boldsymbol{x}_0$ 在 t_0 时刻是能控的。

定义 2.2 对于式(2-17)所示的线性时变系统，如果状态空间中的所有非零状态都是在 $t_0 \in T_t$ 时刻能控的，则称系统在时刻 t_0 是完全能控的。

定义 2.3 对于式(2-17)所示的线性时变系统，取定初始时刻 $t_0 \in T_t$，如果状态空间中有一个或一些非零状态，在时刻 t_0 是不能控的，则称系统在时刻 t_0 是不完全能控的，也可称为系统是不能控的。

在上述定义中，只要求系统在 $\boldsymbol{u}(t)$ 作用下，使 $\boldsymbol{x}(t_0)=x_0$ 转移到 $\boldsymbol{x}(t_1)=\boldsymbol{0}$，而对于状态转移的轨迹不作任何规定。因此，能控性是表征系统状态运动的一个定性特性。定义中的控制 $\boldsymbol{u}(t)$ 的每个分量的幅值并未给以限制，可取任意大的要求值。但 $\boldsymbol{u}(t)$ 必须是容许控制，即 $\boldsymbol{u}(t)$ 的每个分量 $u_i(t)(i=1,2,\cdots)$ 均在区间 T_i 上平方可积。即

$$\int_{t_0}^{t} |u_i(t)|^2 \mathrm{d}t < \infty, \quad t_0, t \in T_t$$

此外，对于线性时变系统，其能控性与初始时刻 t_0 的选取有关；而对于线性定常系统，其能控性与初始时刻 t_0 无关。

2.2.2 线性定常系统能控性判据

考虑线性定常系统的状态方程为

$$\dot{\boldsymbol{x}}=\boldsymbol{A}\boldsymbol{x}+\boldsymbol{B}\boldsymbol{u}, \quad \boldsymbol{x}(0)=\boldsymbol{x}_0, \quad t \geqslant 0 \tag{2-18}$$

式中，$\boldsymbol{x}$ 为 n 维状态变量；$\boldsymbol{u}$ 为 m 维输入向量；$\boldsymbol{A}$ 和 $\boldsymbol{B}$ 分别为 $(n\times n)$ 和 $(n\times m)$ 维常数矩阵。下面直接根据线性定常系统 $\boldsymbol{A}$ 和 $\boldsymbol{B}$ 给出系统能控性的常用判据。

1. 格拉姆矩阵判据

线性定常系统式(2-18)为完全能控的充分必要条件是：存在时刻 $t_1>0$，使如下定义的格拉姆(Gram)矩阵：

$$\boldsymbol{W}(0,t_1) \xlongequal{\text{def}} \int_0^{t_1} \mathrm{e}^{-\boldsymbol{A}t}\boldsymbol{B}\boldsymbol{B}^{\mathrm{T}}\mathrm{e}^{-\boldsymbol{A}^{\mathrm{T}}t}\,\mathrm{d}t \tag{2-19}$$

为非奇异。

证明 充分性：已知 $\boldsymbol{W}(0,t_1)$ 非奇异，欲证系统为完全能控。

已知 $\boldsymbol{W}$ 非奇异，故 $\boldsymbol{W}^{-1}$ 存在。由此根据能控性定义，对于一非零初始状态 $\boldsymbol{x}_0$ 可选取控制 $\boldsymbol{u}(t)$ 为

$$\boldsymbol{u}(t)=-\boldsymbol{B}^{\mathrm{T}}\mathrm{e}^{-\boldsymbol{A}^{\mathrm{T}}t}\boldsymbol{W}^{-1}(0,t_1)\boldsymbol{x}_0, \quad t\in[0,t_1] \tag{2-20}$$

则在 $\boldsymbol{u}(t)$ 作用下系统式(2-18)在 t_1 时刻的解为

$$\begin{aligned}\boldsymbol{x}(t_1)=\mathrm{e}^{\boldsymbol{A}t_1}\boldsymbol{x}_0+\int_0^{t_1}\mathrm{e}^{\boldsymbol{A}(t_1-\tau)}\boldsymbol{B}\boldsymbol{u}(\tau)\mathrm{d}\tau=\\ \mathrm{e}^{\boldsymbol{A}t_1}\boldsymbol{x}_0-\mathrm{e}^{\boldsymbol{A}t_1}\int_0^{t_1}\mathrm{e}^{-\boldsymbol{A}\tau}\boldsymbol{B}\boldsymbol{B}^{\mathrm{T}}\mathrm{e}^{-\boldsymbol{A}^{\mathrm{T}}\tau}\mathrm{d}\tau\boldsymbol{W}^{-1}(0,t_1)\boldsymbol{x}_0=\\ \mathrm{e}^{\boldsymbol{A}t_1}\boldsymbol{x}_0-\mathrm{e}^{\boldsymbol{A}t_1}\boldsymbol{W}(0,t_1)\boldsymbol{W}^{-1}(0,t_1)\boldsymbol{x}_0=\boldsymbol{0}, \quad \forall \boldsymbol{x}_0\in\mathbf{R}^n\end{aligned}$$

结果表明，对任一 $\boldsymbol{x}_0\neq\boldsymbol{0}$，存在有限时刻 $t_1>0$ 和控制 $\boldsymbol{u}(t)$，使状态由 $\boldsymbol{x}_0$ 转移到 t_1 时刻 $\boldsymbol{x}(t_1)=\boldsymbol{0}$。于是，按定义可知系统为完全能控。充分性得证。

必要性：已知系统为完全能控，欲证 $\boldsymbol{W}(0,t_1)$ 为非奇异。

采用反证法。一方面，反假设 $\boldsymbol{W}$ 为奇异，也即假设存在某个非零向量 $\bar{\boldsymbol{x}}_0 \in \mathbf{R}^n$，使

$$\bar{\boldsymbol{x}}_0^{\mathrm{T}}\boldsymbol{W}(0,t_1)\bar{\boldsymbol{x}}_0=\boldsymbol{0} \tag{2-21}$$

成立，由此可以推导出

$$\begin{aligned}\bar{\boldsymbol{x}}_0^{\mathrm{T}}\boldsymbol{W}(0,t_1)\bar{\boldsymbol{x}}_0 &= \int_0^{t_1}\bar{\boldsymbol{x}}_0^{\mathrm{T}}\mathrm{e}^{-\boldsymbol{A}t}\boldsymbol{B}\boldsymbol{B}\mathrm{e}^{-\boldsymbol{A}^{\mathrm{T}}t}\bar{\boldsymbol{x}}_0\mathrm{d}t=\\ &\int_0^{t_1}[\boldsymbol{B}^{\mathrm{T}}\mathrm{e}^{-\boldsymbol{A}^{\mathrm{T}}t}\bar{\boldsymbol{x}}_0]^{\mathrm{T}}[\boldsymbol{B}^{\mathrm{T}}\mathrm{e}^{-\boldsymbol{A}^{\mathrm{T}}t}\bar{\boldsymbol{x}}_0]\mathrm{d}t=\\ &\int_0^{t_1}\|\boldsymbol{B}^{\mathrm{T}}\mathrm{e}^{-\boldsymbol{A}^{\mathrm{T}}t}\bar{\boldsymbol{x}}_0\|^2\mathrm{d}t=0\end{aligned} \tag{2-22}$$

其中 $\|\cdot\|$ 为范数，故其必为正值。这样，欲使式(2-22)成立，应当有

$$\boldsymbol{B}^{\mathrm{T}}\mathrm{e}^{-\boldsymbol{A}^{\mathrm{T}}t}\bar{\boldsymbol{x}}_0=\boldsymbol{0},\quad \forall t\in[0,t_1] \tag{2-23}$$

另一方面，因系统完全能控，根据定义对此非零 $\bar{\boldsymbol{x}}_0$ 应有

$$\bar{\boldsymbol{x}}_0(t_1)=\mathrm{e}^{\boldsymbol{A}t_1}\bar{\boldsymbol{x}}_0+\int_0^{t_1}\mathrm{e}^{\boldsymbol{A}(t_1-t)}\boldsymbol{B}\boldsymbol{u}(t)\mathrm{d}t=\boldsymbol{0}$$

得到

$$\bar{\boldsymbol{x}}_0=-\int_0^{t_1}\mathrm{e}^{-\boldsymbol{A}t}\boldsymbol{B}\boldsymbol{u}(t)\mathrm{d}t$$

$$\|\bar{\boldsymbol{x}}_0\|^2=\bar{\boldsymbol{x}}_0^{\mathrm{T}}\bar{\boldsymbol{x}}_0=\left[-\int_0^{t_1}\mathrm{e}^{-\boldsymbol{A}t}\boldsymbol{B}\boldsymbol{u}(t)\mathrm{d}t\right]^{\mathrm{T}}\bar{\boldsymbol{x}}_0=-\int_0^{t_1}\boldsymbol{u}^{\mathrm{T}}(t)\boldsymbol{B}^{\mathrm{T}}\mathrm{e}^{-\boldsymbol{A}^{\mathrm{T}}t}\bar{\boldsymbol{x}}_0\mathrm{d}t \tag{2-24}$$

再利用式(2-23)，由式(2-24)得到 $\|\bar{\boldsymbol{x}}_0\|^2=0$，即 $\bar{\boldsymbol{x}}_0=\boldsymbol{0}$。显然，此结果与反设 $\bar{\boldsymbol{x}}_0\neq\boldsymbol{0}$ 相矛盾，即 $\boldsymbol{W}(0,t_1)$ 为奇异的反假设不成立。因此，当系统为完全能控时，$\boldsymbol{W}(0,t_1)$ 必为非奇异，必要性得证。至此证毕。

2. 秩判据

线性定常系统式(2-18)为完全能控的充分必要条件是

$$\mathrm{rank}[\boldsymbol{B}\quad \boldsymbol{A}\boldsymbol{B}\quad \cdots\quad \boldsymbol{A}^{n-1}\boldsymbol{B}]=n \tag{2-25}$$

式中，n 为矩阵 $\boldsymbol{A}$ 的维数，$\boldsymbol{Q}_{\mathrm{c}}=[\boldsymbol{B}\quad \boldsymbol{A}\boldsymbol{B}\quad \cdots\quad \boldsymbol{A}^{n-1}\boldsymbol{B}]$ 称为系统的能控判别阵。

证明　充分性：已知 $\mathrm{rank}[\boldsymbol{Q}_{\mathrm{c}}]=n$，欲证系统为完全能控，采用反证法。反设系统为不完全能控，则根据格拉姆矩阵判据可知

$$\boldsymbol{W}(0,t_1)=\int_0^{t_1}\mathrm{e}^{-\boldsymbol{A}t}\boldsymbol{B}\boldsymbol{B}^{\mathrm{T}}\mathrm{e}^{-\boldsymbol{A}^{\mathrm{T}}t}\mathrm{d}t,\quad \forall t_1>0$$

为奇异，这意味着存在某个非零 n 维常数向量 $\boldsymbol{\alpha}$ 使

$$\boldsymbol{\alpha}^{\mathrm{T}}\boldsymbol{W}(0,t_1)\boldsymbol{\alpha}\xlongequal{\mathrm{def}}\int_0^{t_1}\boldsymbol{\alpha}^{\mathrm{T}}\mathrm{e}^{-\boldsymbol{A}t}\boldsymbol{B}\boldsymbol{B}^{\mathrm{T}}\mathrm{e}^{-\boldsymbol{A}^{\mathrm{T}}t}\boldsymbol{\alpha}\mathrm{d}t=\int_0^{t_1}[\boldsymbol{\alpha}^{\mathrm{T}}\mathrm{e}^{-\boldsymbol{A}t}\boldsymbol{B}][\boldsymbol{\alpha}^{\mathrm{T}}\mathrm{e}^{-\boldsymbol{A}t}\boldsymbol{B}]^{\mathrm{T}}\mathrm{d}t=\boldsymbol{0}$$

显然，由此可得

$$\boldsymbol{\alpha}^{\mathrm{T}}\mathrm{e}^{-\boldsymbol{A}t}\boldsymbol{B}=\boldsymbol{0},\quad \forall t\in[0,t_1] \tag{2-26}$$

将式(2-26)求导直至 $n-1$ 次，再在所得结果中令 $t=0$，便得到

$$\boldsymbol{\alpha}^{\mathrm{T}}\boldsymbol{B}=\boldsymbol{0},\quad \boldsymbol{\alpha}^{\mathrm{T}}\boldsymbol{A}\boldsymbol{B}=\boldsymbol{0},\quad \boldsymbol{\alpha}^{\mathrm{T}}\boldsymbol{A}^2\boldsymbol{B}=\boldsymbol{0},\cdots,\boldsymbol{\alpha}^{\mathrm{T}}\boldsymbol{A}^{n-1}\boldsymbol{B}=\boldsymbol{0} \tag{2-27}$$

然后再将式(2-27)表示为

$$\boldsymbol{\alpha}^{\mathrm{T}}[\boldsymbol{B}\quad \boldsymbol{A}\boldsymbol{B}\quad \cdots\quad \boldsymbol{A}^{n-1}\boldsymbol{B}]=\boldsymbol{\alpha}^{\mathrm{T}}\boldsymbol{Q}_{\mathrm{c}}=\boldsymbol{0} \tag{2-28}$$

由于 $\boldsymbol{\alpha}\neq\boldsymbol{0}$，所以式(2-28)意味着 $\boldsymbol{Q}_{\mathrm{c}}$ 为行线性相关，即 $\mathrm{rank}[\boldsymbol{Q}_{\mathrm{c}}]<n$。这显然和已知 $\mathrm{rank}[\boldsymbol{Q}_{\mathrm{c}}]$

$= n$ 相矛盾。所以,反设不成立,系统应为完全能控。

必要性:已知系统完全能控,欲证 $\mathrm{rank}[\boldsymbol{Q}_c]=n$。

采用反证法。反设 $\mathrm{rank}[\boldsymbol{Q}_c]<n$,这意味着 $\boldsymbol{Q}_c$ 为行线性相关,因此必存在一个非零 n 维常数向量 $\boldsymbol{\alpha}$ 使

$$\boldsymbol{\alpha}^{\mathrm{T}}[\boldsymbol{B} \quad \boldsymbol{AB} \quad \cdots \boldsymbol{A}^{n-1}\boldsymbol{B}]=\boldsymbol{\alpha}^{\mathrm{T}}\boldsymbol{Q}_c=\boldsymbol{0}$$

成立。考虑到问题的一般性,由上式可导出

$$\boldsymbol{\alpha}^{\mathrm{T}}\boldsymbol{A}^{i-1}\boldsymbol{B}=\boldsymbol{0}, \quad i=1,2,\cdots,n-1 \tag{2-29}$$

根据凯莱哈密尔顿定理,$\boldsymbol{A}^n,\boldsymbol{A}^{n+1},\cdots$ 均可表示为 $\boldsymbol{I},\boldsymbol{A},\boldsymbol{A}^2,\cdots,\boldsymbol{A}^{n-1}$ 的线性组合,由此可将式(2-29)进一步写为

$$\boldsymbol{\alpha}^{\mathrm{T}}\boldsymbol{A}^{i}\boldsymbol{B}=\boldsymbol{0}, \quad i=1,2,\cdots$$

从而,对任意 $t_1>0$ 有

$$(-1)^i\boldsymbol{\alpha}^{\mathrm{T}}\frac{\boldsymbol{A}^i t^i}{i!}\boldsymbol{B}=\boldsymbol{0}, \quad i=1,2,\cdots \quad \forall t\in[0,t_1]$$

或

$$\boldsymbol{\alpha}^{\mathrm{T}}\left[\boldsymbol{I}-\boldsymbol{A}t+\frac{1}{2!}\boldsymbol{A}^2t^2-\frac{1}{3!}\boldsymbol{A}^3t^3+\cdots\right]\boldsymbol{B}=\boldsymbol{\alpha}^{\mathrm{T}}\mathrm{e}^{-\boldsymbol{A}t}\boldsymbol{B}=\boldsymbol{0}, \quad \forall t\in[0,t] \tag{2-30}$$

利用式(2-30),则有

$$\boldsymbol{\alpha}^{\mathrm{T}}\int_0^{t_1}\mathrm{e}^{-\boldsymbol{A}t}\boldsymbol{B}\boldsymbol{B}^{\mathrm{T}}\mathrm{e}^{-\boldsymbol{A}^{\mathrm{T}}t}\mathrm{d}t\cdot\boldsymbol{\alpha}=\boldsymbol{\alpha}^{\mathrm{T}}\boldsymbol{W}(0,t)\boldsymbol{\alpha}=\boldsymbol{0} \tag{2-31}$$

因为已知 $\boldsymbol{\alpha}\neq\boldsymbol{0}$,若式(2-31)成立,$\boldsymbol{W}(0,t_1)$ 必须为奇异,即系统不完全能控。这是和已知条件相矛盾的,所以反设不成立,于是有 $\mathrm{rank}[\boldsymbol{Q}_c]=n$,必要性得证。至此证毕。

例 2-2 判别下列系统的能控性:

$$\begin{bmatrix}\dot{x}_1\\ \dot{x}_2\end{bmatrix}=\begin{bmatrix}0 & 1\\ -1 & 0\end{bmatrix}\begin{bmatrix}x_1\\ x_2\end{bmatrix}+\begin{bmatrix}0\\ 1\end{bmatrix}u$$

解 计算能控性判别阵 $\boldsymbol{Q}_c$ 的秩:

$$\mathrm{rank}[\boldsymbol{Q}_c]=\mathrm{rank}[\boldsymbol{B} \quad \boldsymbol{AB}]=\mathrm{rank}\begin{bmatrix}0 & 1\\ 1 & 0\end{bmatrix}=2$$

显然,由于 $\mathrm{rank}[\boldsymbol{Q}_c]=n=2$,此系统完全能控。

例 2-3 判别下列系统的能控性:

$$\begin{bmatrix}\dot{x}_1\\ \dot{x}_2\\ \dot{x}_3\end{bmatrix}=\begin{bmatrix}1 & 3 & 2\\ 0 & 2 & 0\\ 0 & 1 & 3\end{bmatrix}\begin{bmatrix}x_1\\ x_2\\ x_3\end{bmatrix}+\begin{bmatrix}2 & 1\\ 1 & 1\\ -1 & -1\end{bmatrix}\begin{bmatrix}u_1\\ u_2\end{bmatrix}$$

解 计算能控性判别矩阵 $\boldsymbol{Q}_c$ 的秩:

$$\mathrm{rank}[\boldsymbol{Q}_c]=\mathrm{rank}[\boldsymbol{B} \quad \boldsymbol{AB} \quad \boldsymbol{A}^2\boldsymbol{B}]=\mathrm{rank}\begin{bmatrix}2 & 1 & 3 & 2 & 5 & 4\\ 1 & 1 & 2 & 2 & 4 & 4\\ -1 & -1 & -2 & -2 & -4 & -4\end{bmatrix}$$

显见矩阵的第二、三行线性相关,$\mathrm{rank}[\boldsymbol{Q}_c]=n=2<3$,故系统不能完全能控。

2.2.3 A 为对角阵、约当阵的能控性判据

为了进一步研究系统的特性,有时经线性变换将系统矩阵已化成对角形或约当形,此时应

用能控性矩阵可导出判断能控性的直观简捷的方法。

引例　设状态方程系统矩阵已对角化及输入矩阵分别为

$$\boldsymbol{A}=\begin{bmatrix}\lambda_1 & 0\\ 0 & \lambda_2\end{bmatrix},\quad \boldsymbol{b}=\begin{bmatrix}b_1\\ b_2\end{bmatrix}$$

其能控性矩阵 $\boldsymbol{Q}_c$ 的行列式为

$$\det[\boldsymbol{Q}_c]=\det[\boldsymbol{b}\quad \boldsymbol{Ab}]=\begin{vmatrix}b_1 & \lambda_1 b_1\\ b_2 & \lambda_2 b_2\end{vmatrix}=\lambda_2 b_1 b_2-\lambda_1 b_1 b_2=(\lambda_2-\lambda_1)b_1 b_2$$

$\det[\boldsymbol{Q}_c]\neq 0$ 时系统能控，于是要求：当 $\boldsymbol{A}$ 有相异根（$\lambda_1\neq\lambda_2$）时，应存在 $b_1\neq 0$，$b_2\neq 0$。若 $\lambda_1=\lambda_2$，则该系统始终是不能控的。也就是说，$\boldsymbol{A}$ 阵对角化且具有相异根时，只须根据输入矩阵没有全零行即可判断能控；而若对角化 $\boldsymbol{A}$ 阵中含有相同元素，则不能这样判断。

设状态方程系统矩阵已约当化及其输入矩阵分别为

$$\boldsymbol{A}=\begin{bmatrix}\lambda_1 & 1\\ 0 & \lambda_1\end{bmatrix},\quad \boldsymbol{b}=\begin{bmatrix}b_1\\ b_2\end{bmatrix}$$

其能控性矩阵 $\boldsymbol{Q}_c$ 的行列式为

$$\det[\boldsymbol{Q}_c]=\det[\boldsymbol{b}\quad \boldsymbol{Ab}]=\begin{vmatrix}b_1 & \lambda_1 b_1+b_2\\ b_2 & \lambda_1 b_2\end{vmatrix}=\lambda_1 b_1 b_2-(\lambda_1 b_1+b_2)b_2=-b_2^2$$

$\det[\boldsymbol{Q}_c]\neq 0$ 时系统能控，于是要求：$b_2\neq 0$；允许 $b_1=0$ 或为任何非零数值。也就是说，$\boldsymbol{A}$ 阵仅含约当块时，输入矩阵中与约当块最后一行所对应的行没有全零行，即可判断系统能控。

以上判断方法可推广到对角化、约当化的 n 阶系统。

设系统状态方程如下：

$$\begin{bmatrix}\dot{x}_1\\ \dot{x}_2\\ \vdots\\ \dot{x}_n\end{bmatrix}=\begin{bmatrix}\lambda_1 & & & \boldsymbol{0}\\ & \lambda_2 & & \\ & & \ddots & \\ \boldsymbol{0} & & & \lambda_n\end{bmatrix}\begin{bmatrix}x_1\\ x_2\\ \vdots\\ x_n\end{bmatrix}+\begin{bmatrix}b_{11} & b_{12} & \cdots & b_{1m}\\ b_{21} & b_{22} & \cdots & b_{2m}\\ \vdots & \vdots & & \vdots\\ b_{n1} & b_{n2} & \cdots & b_{nm}\end{bmatrix}\begin{bmatrix}u_1\\ u_2\\ \vdots\\ u_m\end{bmatrix}\tag{2-32}$$

矩阵 $\boldsymbol{A}$ 已对角化，$\lambda_1,\cdots,\lambda_n$ 为系统相异特征值。从展开式(2－32)可见，每个方程只含有一个状态变量，状态变量之间解除了耦合，这时，只要 $\dot{x}_i$ 方程中含有某一个控制量，x_i 便可控，这意味着输入矩阵第 i 行不得出现全零行。在 $\dot{x}_i$ 方程中不含任一控制量的情况下，x_i 与控制无关，自然是不能控的，于是能控性条件可表达为：

$\boldsymbol{A}$ 为对角形且元素各异时，输入矩阵中不得出现全零行。

$\boldsymbol{A}$ 为对角形但含有相同元素时（对应于重特征值但仍能对角化的情况），以上表达方式不适用，仍应根据能控性矩阵的秩判据条件来判断。

设系统状态方程如下：

$$\begin{bmatrix}\dot{x}_1\\ \dot{x}_2\\ \dot{x}_3\\ \vdots\\ \dot{x}_n\end{bmatrix}=\begin{bmatrix}\lambda_1 & 1 & & & \boldsymbol{0}\\ & \lambda_1 & & & \\ & & \lambda_3 & & \\ & & & \ddots & \\ \boldsymbol{0} & & & & \lambda_n\end{bmatrix}\begin{bmatrix}x_1\\ x_2\\ x_3\\ \vdots\\ x_n\end{bmatrix}+\begin{bmatrix}b_{11} & b_{12} & \cdots & b_{1m}\\ b_{21} & b_{22} & \cdots & b_{2m}\\ & & \cdots & \\ b_{31} & b_{32} & & b_{3m}\\ \vdots & \vdots & & \vdots\\ b_{n1} & b_{n2} & \cdots & b_{nm}\end{bmatrix}\begin{bmatrix}u_1\\ u_2\\ u_3\\ \vdots\\ u_m\end{bmatrix}\tag{2-33}$$

系统具有二重根 λ_1 及相异根 $\lambda_3,\cdots,\lambda_n$；从展开方程可见，$\dot{x}_2,\cdots,\dot{x}_n$ 各方程的状态变量是解耦

的，因此上述对角化情况下的判据仍适用；而 $\dot{x}_1$ 方程中既含 x_1 又含 x_2，在 x_2 受控条件下，即使 $\dot{x}_1$ 方程中不出现控制量，也可通过 x_2 间接地传送控制作用，使 x_1 仍是能控的。也就是说，输入矩阵的第一行允许为全零行或非零行。于是 **A** 阵含有约当块，即在可分块对角化的情况下，系统能控条件可表达为：

输入矩阵中与约当块最后一行所对应的行，不得出现全零行（与约当块其他行所对应的行允许全零）；

输入矩阵中与相异根对应的行不得出现全零行。

当相同的特征值不是包含在一个约当块内，而是分布于不同约当块时，例如 $\begin{bmatrix}\lambda_1 & 1 & 0\\ 0 & \lambda_1 & 0\\ 0 & 0 & \lambda_1\end{bmatrix}$，上述判断方法不适用。这时，矩阵看做两个约当块，在分块对角化情况下，两个分块又是元素相同，故不适用，仍应以能控性矩阵的秩来判断。

例 2-4 下列系统不能控：

(1)
$$\begin{bmatrix}\dot{x}_1\\ \dot{x}_2\end{bmatrix}=\begin{bmatrix}-2 & 0\\ 0 & -1\end{bmatrix}\begin{bmatrix}x_1\\ x_2\end{bmatrix}+\begin{bmatrix}1\\ 0\end{bmatrix}u$$

A 为元素各异的对角阵，***b*** 阵出现全零行。

(2)
$$\begin{bmatrix}\dot{x}_1\\ \dot{x}_2\end{bmatrix}=\begin{bmatrix}1 & 0\\ 0 & 1\end{bmatrix}\begin{bmatrix}x_1\\ x_2\end{bmatrix}+\begin{bmatrix}1\\ 1\end{bmatrix}u$$

A 为对角阵但含有相同元素，***b*** 阵虽无全零行，仍是不能控的。由于 $|\boldsymbol{Q}_c|=\begin{vmatrix}1 & 1\\ 1 & 1\end{vmatrix}=0$

(3)
$$\begin{bmatrix}\dot{x}_1\\ \dot{x}_2\\ \dot{x}_3\end{bmatrix}=\begin{bmatrix}-3 & 1 & 0\\ 0 & -3 & 0\\ 0 & 0 & 1\end{bmatrix}\begin{bmatrix}x_1\\ x_2\\ x_3\end{bmatrix}+\begin{bmatrix}2 & -1\\ 0 & 0\\ 3 & 2\end{bmatrix}\begin{bmatrix}u_1\\ u_2\end{bmatrix}$$

A 为约当型，**B** 阵中与约当块最后一行对应的行全零。

例 2-5 下列系统是能控的：

(1)
$$\begin{bmatrix}\dot{x}_1\\ \dot{x}_2\end{bmatrix}=\begin{bmatrix}-2 & 0\\ 0 & -3\end{bmatrix}\begin{bmatrix}x_1\\ x_2\end{bmatrix}+\begin{bmatrix}1\\ 2\end{bmatrix}u$$

(2)
$$\begin{bmatrix}\dot{x}_1\\ \dot{x}_2\\ \dot{x}_3\end{bmatrix}=\begin{bmatrix}-1 & 1 & 0\\ 0 & -1 & 0\\ 0 & 0 & 2\end{bmatrix}\begin{bmatrix}x_1\\ x_2\\ x_3\end{bmatrix}+\begin{bmatrix}0 & 0\\ 1 & 0\\ 0 & 1\end{bmatrix}\begin{bmatrix}u_1\\ u_2\end{bmatrix}$$

(3)
$$\begin{bmatrix}\dot{x}_1\\ \dot{x}_2\\ \dot{x}_3\\ \dot{x}_4\\ \dot{x}_5\\ \dot{x}_6\end{bmatrix}=\begin{bmatrix}\lambda_1 & 1 & & & & \mathbf{0}\\ & \lambda_1 & & & & \\ & & \lambda_2 & & & \\ & & & \lambda_3 & 1 & \\ & & & & \lambda_3 & 1\\ \mathbf{0} & & & & & \lambda_3\end{bmatrix}\begin{bmatrix}x_1\\ x_2\\ x_3\\ x_4\\ x_5\\ x_6\end{bmatrix}+\begin{bmatrix}0 & 0 & 0\\ 0 & 0 & 1\\ 0 & 1 & 0\\ 0 & 0 & 0\\ 0 & 0 & 0\\ 1 & 0 & 0\end{bmatrix}\begin{bmatrix}u_1\\ u_2\\ u_3\end{bmatrix}$$

2.2.4 输出能控性

如果需要控制的是输出量，而不是状态，则须研究输出能控性。

定义 2.4　在有限时间间隔$[t_0,t_1]$内，存在无约束分段连续控制函数$\boldsymbol{u}(t)$，能使任意初始输出$\boldsymbol{y}(t_0)$转移到任意最终输出$\boldsymbol{y}(t_1)$，则称此系统是输出完全能控的，简称是输出能控的。

输出能控性的判据：

线性定常系统状态方程和输出方程为

$$\dot{\boldsymbol{x}}=\boldsymbol{A}\boldsymbol{x}+\boldsymbol{B}\boldsymbol{u}$$

$$\boldsymbol{y}=\boldsymbol{C}\boldsymbol{x}+\boldsymbol{D}\boldsymbol{u}$$

式中，$\boldsymbol{u}$为m维输入向量；$\boldsymbol{y}$为l维输出向量。状态方程的解为

$$\boldsymbol{x}(t_1)=\mathrm{e}^{\boldsymbol{A}t_1}\boldsymbol{x}(0)+\int_0^{t_1}\mathrm{e}^{\boldsymbol{A}(t_1-\tau)}\boldsymbol{B}\boldsymbol{u}(\tau)\mathrm{d}\tau$$

则输出为

$$\boldsymbol{y}(t_1)=\boldsymbol{C}\mathrm{e}^{\boldsymbol{A}t_1}\boldsymbol{x}(0)+\boldsymbol{C}\int_0^{t_1}\mathrm{e}^{\boldsymbol{A}(t_1-\tau)}\boldsymbol{B}\boldsymbol{u}(\tau)\mathrm{d}\tau+\boldsymbol{D}\boldsymbol{u} \tag{2-34}$$

可不失一般性地，令$\boldsymbol{y}(t_1)=\boldsymbol{0}$，于是

$$\boldsymbol{C}\mathrm{e}^{\boldsymbol{A}t_1}\boldsymbol{x}(0)=-\boldsymbol{C}\int_0^{t_1}\mathrm{e}^{\boldsymbol{A}(t_1-\tau)}\boldsymbol{B}\boldsymbol{u}(\tau)\mathrm{d}\tau-\boldsymbol{D}\boldsymbol{u}=-\boldsymbol{C}\int_0^{t_1}\sum_{m=0}^{n-1}\alpha_m(\tau)\boldsymbol{A}^m\boldsymbol{B}\boldsymbol{u}(\tau)\mathrm{d}\tau-\boldsymbol{D}\boldsymbol{u}=$$

$$-\boldsymbol{C}\sum_{m=0}^{n-1}\boldsymbol{A}^m\boldsymbol{B}\int_0^{t_1}\alpha_m(\tau)\boldsymbol{u}(\tau)\mathrm{d}\tau-\boldsymbol{D}\boldsymbol{u}$$

令

$$\boldsymbol{u}_m=\int_0^{t_1}\alpha_m(\tau)\boldsymbol{u}(\tau)\mathrm{d}\tau$$

则

$$\boldsymbol{C}\mathrm{e}^{\boldsymbol{A}t_1}\boldsymbol{x}(0)=-\boldsymbol{C}\sum_{m=0}^{n-1}\boldsymbol{A}^m\boldsymbol{B}\boldsymbol{u}_m-\boldsymbol{D}\boldsymbol{u}=$$

$$-\boldsymbol{C}\boldsymbol{B}\boldsymbol{u}_0-\boldsymbol{C}\boldsymbol{A}\boldsymbol{B}\boldsymbol{u}_1-\boldsymbol{C}\boldsymbol{A}^2\boldsymbol{B}\boldsymbol{u}_2-\cdots-\boldsymbol{C}\boldsymbol{A}^{n-1}\boldsymbol{B}\boldsymbol{u}_{n-1}-\boldsymbol{D}\boldsymbol{u}=$$

$$-[\boldsymbol{CB}\quad \boldsymbol{CAB}\quad \boldsymbol{CA}^2\boldsymbol{B}\cdots\boldsymbol{CA}^{n-1}\boldsymbol{B}\quad \boldsymbol{D}]\begin{bmatrix}\boldsymbol{u}_0\\ \boldsymbol{u}_1\\ \vdots\\ \boldsymbol{u}_{n-1}\\ \boldsymbol{u}\end{bmatrix}$$

令

$$\boldsymbol{Q}_{\mathrm{cy}}=[\boldsymbol{CB}\quad \boldsymbol{CAB}\quad \boldsymbol{CA}^2\boldsymbol{B}\quad\cdots\quad \boldsymbol{CA}^{n-1}\boldsymbol{B}\quad \boldsymbol{D}] \tag{2-35}$$

式(2-35)为输出能控性矩阵，是$[l\times(n+1)m]$维矩阵。与状态能控性研究相似，输出能控的充要条件是：输出能控性矩阵的秩为输出变量的数目l，即

$$\mathrm{rank}[\boldsymbol{Q}_{\mathrm{cy}}]=l \tag{2-36}$$

应当指出，状态能控性与输出能控性是两个概念，其间没有什么必然联系。

例 2-6　判断下列系统的状态能控性和输出能控性：

$$\begin{bmatrix}\dot{x}_1\\ \dot{x}_2\end{bmatrix}=\begin{bmatrix}0 & 1\\ -1 & -2\end{bmatrix}\begin{bmatrix}x_1\\ x_2\end{bmatrix}+\begin{bmatrix}1\\ -1\end{bmatrix}u$$

$$y=[1\quad 0]\begin{bmatrix}x_1\\ x_2\end{bmatrix}$$

解　状态能控阵$\boldsymbol{Q}_{\mathrm{c}}$为

$$\boldsymbol{Q}_{\mathrm{c}}=[\boldsymbol{b}\quad \boldsymbol{Ab}]=\begin{bmatrix}1 & -1\\ -1 & 1\end{bmatrix}$$

因$|\boldsymbol{Q}_c|=0$，$\text{rank}[\boldsymbol{Q}_c]<2$，故状态不能控。

输出能控阵$\boldsymbol{Q}_{cy}$为

$$\boldsymbol{Q}_{cy}=[\boldsymbol{Cb}\quad \boldsymbol{CAb}\quad \boldsymbol{D}]=[1\quad -1\quad 0]$$

$\text{rank}[\boldsymbol{Q}_{cy}]=1=l$，故输出能控。

2.3 线性定常连续系统的能观测性

在线性系统理论中，能观测性与能控性是对偶的概念。系统能观测性是研究由系统的输出估计状态的可能性。本节主要介绍线性定常系统和线性时变系统的能观测性判别的一些常用判据。为简单起见，在讨论能观测性问题时通常总是假设$\boldsymbol{u}=\boldsymbol{0}$，由于能观测性的论证和2.2节能控性的讨论相类同，所以本节对能观测性判据的论述尽可能简化。

2.3.1 能观测性定义

设系统的状态方程和输出方程为

$$\left.\begin{aligned}\dot{\boldsymbol{x}}&=\boldsymbol{A}(t)\boldsymbol{x}+\boldsymbol{B}(t)\boldsymbol{u},\ t\in T_t\\ \boldsymbol{y}&=\boldsymbol{C}(t)\boldsymbol{x}+\boldsymbol{D}(t)\boldsymbol{u},\ \boldsymbol{x}(t_0)=\boldsymbol{x}_0\end{aligned}\right\}\tag{2-37}$$

式中，$\boldsymbol{A}(t)$，$\boldsymbol{B}(t)$，$\boldsymbol{C}(t)$，$\boldsymbol{D}(t)$分别为$(n\times n)$，$(n\times m)$，$(l\times n)$和$(l\times m)$维的满足状态方程解的存在唯一性条件的时变矩阵。式(2-37)状态方程的解为

$$\boldsymbol{x}(t)=\boldsymbol{\Phi}(t,t_0)\boldsymbol{x}_0+\int_{t_0}^{t_1}\boldsymbol{\Phi}(t,\tau)\boldsymbol{B}(\tau)\boldsymbol{u}(\tau)\mathrm{d}\tau\tag{2-38}$$

式中，$\boldsymbol{\Phi}(t,\tau)$为系统的状态转移矩阵。将式(2-38)代入式(2-37)的输出方程，可得输出响应为

$$\boldsymbol{y}(t)=\boldsymbol{C}(t)\boldsymbol{\Phi}(t,t_0)\boldsymbol{x}_0+\boldsymbol{C}(t)\int_{t_0}^{t_1}\boldsymbol{\Phi}(t,\tau)\boldsymbol{B}(\tau)\boldsymbol{u}(\tau)\mathrm{d}\tau+\boldsymbol{D}(t)\boldsymbol{u}(t)\tag{2-39}$$

在研究能观测性问题中，输出$\boldsymbol{y}$假定为已知，设输入$\boldsymbol{u}=\boldsymbol{0}$，只有初始状态$\boldsymbol{x}_0$看做是未知的。因此，式(2-37)成为

$$\left.\begin{aligned}\dot{\boldsymbol{x}}&=\boldsymbol{A}(t)\boldsymbol{x},\quad \boldsymbol{x}(t_0)=\boldsymbol{x}_0,\quad t_0,t\in T_t\\ \boldsymbol{y}&=\boldsymbol{C}(t)\boldsymbol{x}\end{aligned}\right\}\tag{2-40}$$

显然，式(2-39)成为

$$\boldsymbol{y}(t)=\boldsymbol{C}(t)\boldsymbol{\Phi}(t,t_0)\boldsymbol{x}_0\tag{2-41}$$

以后研究能观测性问题，都基于式(2-40)和式(2-41)，这样更为简便。

定义2.5 对于系统式(2-40)，如果取初始时刻$t_0\in T_t$，存在一个有限时刻$t_1\in T_t$，$t_1>t_0$，如果在时间区间$[t_0,t_1]$内，对于所有$t\in[t_0,t_1]$，系统的输出$\boldsymbol{y}(t)$能唯一确定状态向量的初值$\boldsymbol{x}(t_0)$，则称系统在$[t_0,t_1]$内是完全能观测的，简称能观测。如果对一切$t_1>t_0$，系统都是能观测的，称系统在$[t_0,\infty)$内完全能观测。

定义2.6 对于系统式(2-40)，如果在时间区间$[t_0,t_1]$内，对于所有$t\in[t_0,t_1]$，系统的输出$\boldsymbol{y}(t)$不能唯一确定所有状态的初值$x_i(t_0)$，$i=1,2,\cdots,n$(至少有一个状态不能被$\boldsymbol{y}(t)$确定)，则称系统在时间区间$[t_0,t_1]$内是不完全能观测的，简称不能观测。

2.3.2　线性连续定常系统的能观测性判据

设 $\boldsymbol{u}=\boldsymbol{0}$，系统的状态方程和输出方程为

$$\left.\begin{aligned}&\dot{\boldsymbol{x}}=\boldsymbol{A}\boldsymbol{x}, \quad \boldsymbol{x}(t_0)=\boldsymbol{x}_0, \quad t\geqslant 0\\&\boldsymbol{y}=\boldsymbol{C}\boldsymbol{x}\end{aligned}\right\}\tag{2-42}$$

式中，$\boldsymbol{x}$ 为 n 维状态向量；$\boldsymbol{y}$ 为 l 维输出向量；$\boldsymbol{A}$ 和 $\boldsymbol{C}$ 分别为 $(n\times n)$ 和 $(l\times n)$ 的常值矩阵。

1. 格拉姆矩阵判据

线性定常系统式(2-42)为完全能观测的充分必要条件是，存在有限时刻 $t_1>0$，使如下定义的格拉姆矩阵：

$$\boldsymbol{M}(0,t_1)\xlongequal{\text{def}}\int_0^{t_1}\mathrm{e}^{\boldsymbol{A}^{\mathrm{T}}t}\boldsymbol{C}^{\mathrm{T}}\boldsymbol{C}\mathrm{e}^{\boldsymbol{A}t}\mathrm{d}t\tag{2-43}$$

为非奇异。

证明　充分性：已知 $\boldsymbol{M}(0,t_1)$ 非奇异，欲证系统为完全能观测。

由式(2-42)可得

$$\boldsymbol{y}=\boldsymbol{C}\boldsymbol{\Phi}(t_1,0)\boldsymbol{x}_0=\boldsymbol{C}\mathrm{e}^{\boldsymbol{A}t}\boldsymbol{x}_0\tag{2-44}$$

在式(2-44)两边左乘 $\mathrm{e}^{\boldsymbol{A}^{\mathrm{T}}t}\boldsymbol{C}^{\mathrm{T}}$，然后从 0 到 t_1 积分得

$$\int_0^{t_1}\mathrm{e}^{\boldsymbol{A}^{\mathrm{T}}t}\boldsymbol{C}^{\mathrm{T}}\boldsymbol{y}\mathrm{d}t=\int_0^{t_1}\mathrm{e}^{\boldsymbol{A}^{\mathrm{T}}t}\boldsymbol{C}^{\mathrm{T}}\boldsymbol{C}\mathrm{e}^{\boldsymbol{A}t}\mathrm{d}t\boldsymbol{x}_0=\boldsymbol{M}(0,t_1)\boldsymbol{x}_0\tag{2-45}$$

已知 $\boldsymbol{M}(0,t_1)$ 非奇异，即 $\boldsymbol{M}^{-1}(0,t_1)$ 存在，故由式(2-45)得

$$\boldsymbol{x}_0=\boldsymbol{M}^{-1}(0,t_1)\int_0^{t_1}\mathrm{e}^{\boldsymbol{A}^{\mathrm{T}}t}\boldsymbol{C}^{\mathrm{T}}\boldsymbol{y}\mathrm{d}t\tag{2-46}$$

这表明，在 $\boldsymbol{M}(0,t_1)$ 非奇异的条件下，总可以根据 $[0,t_1]$ 上的输出 $\boldsymbol{y}(t)$，唯一地确定非零初始状态 $\boldsymbol{x}_0$。因此，系统为完全能观测，充分性得证。

必要性：已知系统完全能观测，欲证 $\boldsymbol{M}(0,t_1)$ 非奇异。

采用反证法。反设 $\boldsymbol{M}(0,t_1)$ 奇异，假设存在某个非零 $\bar{\boldsymbol{x}}_0\in\mathbf{R}^n$，使

$$\bar{\boldsymbol{x}}_0^{\mathrm{T}}\boldsymbol{M}(0,t_1)\bar{\boldsymbol{x}}_0=\int_0^{t_1}\bar{\boldsymbol{x}}_0^{\mathrm{T}}\mathrm{e}^{\boldsymbol{A}^{\mathrm{T}}t}\boldsymbol{C}^{\mathrm{T}}\boldsymbol{C}\mathrm{e}^{\boldsymbol{A}t}\bar{x}_0\mathrm{d}t=\int_0^{t_1}\boldsymbol{y}^{\mathrm{T}}(t)\boldsymbol{y}(t)\mathrm{d}t=\int_0^{t_1}\|\boldsymbol{y}(t)\|^2\mathrm{d}t=0\tag{2-47}$$

成立，这意味着

$$\boldsymbol{y}=\boldsymbol{C}\mathrm{e}^{\boldsymbol{A}t}\bar{\boldsymbol{x}}_0\equiv\boldsymbol{0}, \quad \forall t\in[0,t_1]\tag{2-48}$$

显然，$\bar{\boldsymbol{x}}_0$ 为状态空间中的不能观测状态。这和已知系统完全能观测相矛盾，因此反设不成立，必要性得证。至此证毕。

2. 秩判据

线性定常系统式(2-42)为完全能观测的充分必要条件是

$$\operatorname{rank}\begin{bmatrix}\boldsymbol{C}\\\boldsymbol{C}\boldsymbol{A}\\\vdots\\\boldsymbol{C}\boldsymbol{A}^{n-1}\end{bmatrix}=n$$

或

$$\operatorname{rank}[\boldsymbol{C}^{\mathrm{T}}\quad\boldsymbol{A}^{\mathrm{T}}\boldsymbol{C}^{\mathrm{T}}\quad(\boldsymbol{A}^{\mathrm{T}})^2\boldsymbol{C}^{\mathrm{T}}\quad\cdots\quad(\boldsymbol{A}^{\mathrm{T}})^{n-1}\boldsymbol{C}^{\mathrm{T}}]=n\tag{2-49}$$

式中，记 $\boldsymbol{Q}_0=[\boldsymbol{C}^{\mathrm{T}}\quad\boldsymbol{A}^{\mathrm{T}}\boldsymbol{C}^{\mathrm{T}}\quad(\boldsymbol{A}^{\mathrm{T}})\boldsymbol{C}^{\mathrm{T}}\quad\cdots\quad(\boldsymbol{A}^{\mathrm{T}})^{n-1}\boldsymbol{C}^{\mathrm{T}}]$，两种形式的矩阵均称为系统能观测性

判别阵，简称能观测性阵。

证明 证明方法与能控性秩判据完全类同，具体证明过程在此不再重复。这里仅从式(2-44)出发，进一步论述秩判据的充分必要条件。

由式(2-44)，利用 e^{At} 的级数展开式，可得

$$y(t)=Ce^{At}x_0=C\sum_{m=0}^{n-1}\alpha_m(t)A^m x_0=[C\alpha_0(t)+C\alpha_1(t)A+\cdots+C\alpha_{n-1}(t)A^{n-1}]x_0=$$

$$[\alpha_0(t)I_l\quad \alpha_1(t)I_l\quad \cdots\quad \alpha_{n-1}(t)I_l]\begin{bmatrix}C\\CA\\\vdots\\CA^{n-1}\end{bmatrix}x_0 \tag{2-50}$$

式(2-50)中，I_l 为 l 阶单位矩阵，已知 $[\alpha_0(t)I_l\quad\cdots\quad\alpha_{n-1}(t)I_l)]$ 的 nl 列线性无关，于是根据测得的 $y(t)$ 可唯一确定 x_0 的充要条件是

$$\mathrm{rank}[Q_0]=\mathrm{rank}\begin{bmatrix}C\\CA\\\vdots\\CA^{n-1}\end{bmatrix}=n$$

这就是式(2-49)。

例 2-7 判断下列两个系统的能观测性。

$$\dot{x}=Ax+Bu,\quad y=Cx$$

(1) $A=\begin{bmatrix}-2&0\\0&-1\end{bmatrix}$， $B=\begin{bmatrix}3\\1\end{bmatrix}$， $C=[1\quad 0]$

(2) $A=\begin{bmatrix}1&-1\\1&1\end{bmatrix}$， $B=\begin{bmatrix}2&-1\\1&0\end{bmatrix}$， $C=\begin{bmatrix}1&0\\-1&1\end{bmatrix}$

解 计算能观测性矩阵的秩：

(1) $\mathrm{rank}[Q_0]=\mathrm{rank}[C^T\quad A^TC^T]=\mathrm{rank}\begin{bmatrix}1&-2\\0&0\end{bmatrix}=1$

由计算可知 $\mathrm{rank}[Q_0]=1<n=2$，故系统不能观测。

(2) $\mathrm{rank}[Q_0]=\mathrm{rank}[C^T\quad A^TC^T]=\mathrm{rank}\begin{bmatrix}1&-1&1&0\\0&1&-1&2\end{bmatrix}=2$

显然 $\mathrm{rank}[Q_0]=2=n$，故系统能观测。

2.3.3 A 为对角阵、约当阵的能观测性判据

当系统矩阵已化成对角规范形或约当规范形时，应用能观测性矩阵导出判断能观测性的简捷方法。

引例 设对角化系统矩阵及输出矩阵为

$$A=\begin{bmatrix}\lambda_1&0\\0&\lambda_2\end{bmatrix},\quad c=[c_1\quad c_2]$$

能观测性矩阵 Q_0 的行列式为

$$\det[\boldsymbol{Q}_0]=\det[\boldsymbol{C}^{\mathrm{T}}\quad \boldsymbol{A}^{\mathrm{T}}\boldsymbol{C}^{\mathrm{T}}]=\begin{bmatrix} c_1 & \lambda_1 c_1 \\ c_2 & c_2\lambda_2 \end{bmatrix}=\lambda_2 c_1 c_2-\lambda_1 c_1 c_2=(\lambda_2-\lambda_1)c_1 c_2$$

当 $\det[\boldsymbol{Q}_0]\neq 0$ 时系统能观测，于是要求：当 $\boldsymbol{A}$ 有相异根（$\lambda_1\neq\lambda_2$）时，应存在 $c_1\neq 0,c_2\neq 0$。若 $\lambda_1=\lambda_2$，则该系统始终不能观测。也就是说，$\boldsymbol{A}$ 阵对角化且具有相异根时，只须根据输出矩阵没有全零列即可判断能观测；对角化阵中含有相同元素时，则不能这样判断。

设约当化系统矩阵及输出矩阵为

$$\boldsymbol{A}=\begin{bmatrix} \lambda_1 & 1 \\ 0 & \lambda_1 \end{bmatrix},\quad \boldsymbol{c}=[c_1\quad c_2]$$

能观测性矩阵 $\boldsymbol{Q}_0$ 的行列式为

$$\det\boldsymbol{Q}_0=\det[\boldsymbol{C}^{\mathrm{T}}\quad \boldsymbol{A}^{\mathrm{T}}\boldsymbol{C}^{\mathrm{T}}]=\begin{vmatrix} c_1 & \lambda_1 c_1 \\ c_2 & c_1+c_2\lambda_2 \end{vmatrix}=c_1(c_1+c_2\lambda_1)-\lambda_1 c_1 c_2=c_1^2$$

只要 $c_1\neq 0$，系统便能观测；允许 c_2 为零或为任何非零数值。也就是说，$\boldsymbol{A}$ 阵仅含约当块时，输出矩阵中与约当块最前一列所对应的列没有全零列，即可判断系统能观测。

以上判据方法可推广到对角化、约当化的 n 阶系统。

设系统动态方程（已令 $\boldsymbol{u}=\boldsymbol{0}$ 而不失一般性）为

$$\begin{bmatrix} \dot{x}_1 \\ \dot{x}_2 \\ \vdots \\ \dot{x}_n \end{bmatrix}=\begin{bmatrix} \lambda_1 & & & \boldsymbol{0} \\ & \lambda_2 & & \\ & & \ddots & \\ \boldsymbol{0} & & & \lambda_n \end{bmatrix}\begin{bmatrix} x_1 \\ x_2 \\ \vdots \\ x_n \end{bmatrix} \tag{2-51}$$

$$\begin{bmatrix} y_1 \\ y_2 \\ \vdots \\ y_l \end{bmatrix}=\begin{bmatrix} c_{11} & c_{12} & \cdots & c_{1n} \\ c_{12} & c_{22} & \cdots & c_{2n} \\ \vdots & \vdots & & \vdots \\ c_{l1} & c_{l2} & \cdots & c_{ln} \end{bmatrix}\begin{bmatrix} x_1 \\ x_2 \\ \vdots \\ x_n \end{bmatrix} \tag{2-52}$$

其中 $\boldsymbol{A}$ 为对角阵且元素各异，这时状态变量间解除了耦合。容易写出状态方程的解

$$\boldsymbol{x}(t)=\mathscr{L}^{-1}[(s\boldsymbol{I}-\boldsymbol{A})^{-1}]\boldsymbol{x}(0)=\begin{bmatrix} \mathrm{e}^{\lambda_1 t} & & & \boldsymbol{0} \\ & \mathrm{e}^{\lambda_2 t} & & \\ & & \ddots & \\ \boldsymbol{0} & & & \mathrm{e}^{\lambda_n t} \end{bmatrix}\begin{bmatrix} x_1(0) \\ x_2(0) \\ \vdots \\ x_n(0) \end{bmatrix} \tag{2-53}$$

$$\begin{bmatrix} y_1 \\ y_2 \\ \vdots \\ y_l \end{bmatrix}=\begin{bmatrix} c_{11} & \cdots & c_{1n} \\ c_{21} & \cdots & c_{2n} \\ \vdots & & \vdots \\ c_{l1} & \cdots & c_{ln} \end{bmatrix}\begin{bmatrix} \mathrm{e}^{\lambda_1 t}x_1(0) \\ \mathrm{e}^{\lambda_2 t}x_2(0) \\ \vdots \\ \mathrm{e}^{\lambda_n t}x_n(0) \end{bmatrix} \tag{2-54}$$

显见当输出矩阵中第一列全零时，在输出量 $y_1,y_2,\cdots,y_l$ 中均不含有 $x_1(0)$，故 $x_1(0)$ 是不能观测的。所以，$\boldsymbol{A}$ 为对角化且元素各异时，系统能观测的充要条件可表示为：输出矩阵中没有全零列。

$\boldsymbol{A}$ 为对角形但含有相同元素时（对应于重特征值但仍能对角化的情况），以上表达方式不适用，仍应根据能观测性矩阵的秩条件来判断。

设系统动态方程如下：

$$\begin{bmatrix}\dot{x}_1\\ \dot{x}_2\\ \dot{x}_3\\ \vdots\\ \dot{x}_n\end{bmatrix}=\begin{bmatrix}\lambda_1 & 1 & & & \mathbf{0}\\ & \lambda_1 & & & \\ & & \lambda_3 & & \\ & & & \ddots & \\ \mathbf{0} & & & & \lambda_n\end{bmatrix}\begin{bmatrix}x_1\\ x_2\\ x_3\\ \vdots\\ x_n\end{bmatrix} \tag{2-55}$$

$$\begin{bmatrix}y_1\\ \vdots\\ y_l\end{bmatrix}=\begin{bmatrix}c_{11} & \cdots & c_{1n}\\ \vdots & & \vdots\\ c_{l1} & \cdots & c_{ln}\end{bmatrix}\begin{bmatrix}x_1\\ \vdots\\ x_n\end{bmatrix} \tag{2-56}$$

系统矩阵中含有二重特征值 λ_1 及相异特征值 $\lambda_3,\cdots,\lambda_n$。动态方程的解

$$\begin{bmatrix}x_1\\ x_2\\ x_3\\ \vdots\\ x_n\end{bmatrix}=\begin{bmatrix}e^{\lambda_1 t} & te^{\lambda_1 t} & & & \mathbf{0}\\ & e^{\lambda_1 t} & & & \\ & & e^{\lambda_3 t} & & \\ & & & \ddots & \\ \mathbf{0} & & & & e^{\lambda_n t}\end{bmatrix}\begin{bmatrix}x_1(0)\\ x_2(0)\\ x_3(0)\\ \vdots\\ x_n(0)\end{bmatrix} \tag{2-57}$$

$$\begin{bmatrix}y_1\\ y_2\\ y_3\\ \vdots\\ y_l\end{bmatrix}=\begin{bmatrix}c_{11} & \cdots & c_{1n}\\ c_{21} & \cdots & c_{2n}\\ c_{31} & \cdots & c_{3n}\\ \vdots & & \vdots\\ c_{l1} & \cdots & c_{ln}\end{bmatrix}\begin{bmatrix}e^{\lambda_1 t}x_1(0)+te^{\lambda_1 t}x_2(0)\\ e^{\lambda_1 t}x_2(0)\\ e^{\lambda_3 t}x_3(0)\\ \vdots\\ e^{\lambda_n t}x_n(0)\end{bmatrix} \tag{2-58}$$

显见输出矩阵第一列全零时，输出量 $y_1,\cdots,y_l$ 均不含有 $x_1(0)$；若第一列不全零，必有输出量，既含有 $x_1(0)$，又含有 $x_2(0)$，于是输出矩阵第二列允许全零。故 **A** 阵为约当形时，系统能观测条件必满足如下两个条件：

(1) 输出矩阵中与约当块最前一列对应的列不得全零(允许输出矩阵中与约当块其他列对应的列为全零)；

(2) 输出矩阵中与 **A** 阵中相异特征值对应的列不得全零。

当相同的特征值不是包含在一个约当块内，而是分布于不同约当块时，例如 $\begin{vmatrix}\lambda_1 & 1 & 0\\ 0 & \lambda_1 & 0\\ 0 & 0 & \lambda_1\end{vmatrix}$，上述判断方法不适用，其分析见能控性判断，这时仍应以能观测性矩阵的秩来判断。

例 2-8 判断下列系统的能观测性：

(1) $\begin{bmatrix}\dot{x}_1\\ \dot{x}_2\\ \dot{x}_3\end{bmatrix}=\begin{bmatrix}-2 & 1 & 0\\ 0 & -2 & 0\\ 0 & 0 & 5\end{bmatrix}\begin{bmatrix}x_1\\ x_2\\ x_3\end{bmatrix}$，$\begin{bmatrix}y_1\\ y_2\end{bmatrix}=\begin{bmatrix}2 & 0 & 0\\ 0 & 0 & -1\end{bmatrix}\begin{bmatrix}x_1\\ x_2\\ x_3\end{bmatrix}$

(2) $\begin{bmatrix}\dot{x}_1\\ \dot{x}_2\\ \dot{x}_3\\ \dot{x}_4\\ \dot{x}_5\end{bmatrix}=\begin{bmatrix}-1 & 1 & & & \mathbf{0}\\ & -1 & & & \\ & & -2 & 1 & \\ & & & -2 & 1\\ \mathbf{0} & & & & -2\end{bmatrix}\begin{bmatrix}x_1\\ x_2\\ x_3\\ x_4\\ x_5\end{bmatrix}$，$y=\begin{bmatrix}-5 & 0 & 2 & 0 & 0\end{bmatrix}\begin{bmatrix}x_1\\ x_2\\ x_3\\ x_4\\ x_5\end{bmatrix}$

(3) $\begin{bmatrix}\dot{x}_1\\ \dot{x}_2\end{bmatrix}=\begin{bmatrix}-2 & 0\\ 0 & -3\end{bmatrix}\begin{bmatrix}x_1\\ x_2\end{bmatrix},y=\begin{bmatrix}1 & 0\end{bmatrix}\begin{bmatrix}x_1\\ x_2\end{bmatrix}$

(4) $\begin{bmatrix}\dot{x}_1\\ \dot{x}_2\end{bmatrix}=\begin{bmatrix}1 & 0\\ 0 & 1\end{bmatrix}\begin{bmatrix}x_1\\ x_2\end{bmatrix},y=\begin{bmatrix}1 & 1\end{bmatrix}\begin{bmatrix}x_1\\ x_2\end{bmatrix}$

(5) $\begin{bmatrix}\dot{x}_1\\ \dot{x}_2\\ \dot{x}_3\end{bmatrix}=\begin{bmatrix}-2 & 1 & 0\\ 0 & -2 & 0\\ 0 & 0 & 3\end{bmatrix}\begin{bmatrix}x_1\\ x_2\\ x_3\end{bmatrix},\begin{bmatrix}y_1\\ y_2\end{bmatrix}=\begin{bmatrix}0 & 2 & 0\\ 0 & 0 & -1\end{bmatrix}\begin{bmatrix}x_1\\ x_2\\ x_3\end{bmatrix}$

(6) $\begin{bmatrix}\dot{x}_1\\ \dot{x}_2\\ \dot{x}_3\\ \dot{x}_4\\ \dot{x}_5\end{bmatrix}=\begin{bmatrix}-1 & 1 & & & \mathbf{0}\\ & -1 & & & \\ & & -2 & 1 & \\ & & & -2 & 1\\ \mathbf{0} & & & & -2\end{bmatrix}\begin{bmatrix}x_1\\ x_2\\ x_3\\ x_4\\ x_5\end{bmatrix},y=\begin{bmatrix}-5 & 0 & 0 & 2 & 0\end{bmatrix}\begin{bmatrix}x_1\\ x_2\\ x_3\\ x_4\\ x_5\end{bmatrix}$

解　(1) 约当块第一列位于系统矩阵第一列，而输出矩阵第一列不全为零；相异根位于系统矩阵第三列，而输出阵第三列也不全为零，故能观测。

(2) 含两个约当块，其第一列分别位于系统矩阵第一列及第三列，其输出阵第一、三列不全为零，故能观测。

(3)$\boldsymbol{A}$ 已对角化且元素各异，但输出阵有全零列，故不能观测。

(4)$\boldsymbol{A}$ 已对角化但元素相同，输出阵虽无全零列，也不能观测。

(5) 约当块第一列位于系统矩阵第一列，但输出阵第一列全零，故不能观测。

(6) 含两个约当块，其第一列分别位于系统矩阵第一、三列，但输出阵中第三列为全零列，故不能观测。

2.4　线性时变系统的能控性和能观测性

时变系统动态方程中的 $\boldsymbol{A}(t)$，$\boldsymbol{B}(t)$，$\boldsymbol{C}(t)$ 的元素均为时间函数，定常系统中关于由常数矩阵 $\boldsymbol{A}$，$\boldsymbol{B}$，$\boldsymbol{C}$ 构成的能控性、能观测性秩判据已不适用了。

2.4.1　格拉姆矩阵及其在时变系统中的应用

给定 $(m\times n)$ 矩阵 $\boldsymbol{F}$ 且表示成列向量组

$$\boldsymbol{F}=\begin{bmatrix}f_{11} & \cdots & f_{1n}\\ \vdots & & \vdots\\ f_{m1} & \cdots & f_{mn}\end{bmatrix}=\begin{bmatrix}\boldsymbol{f}_1, & \cdots, & \boldsymbol{f}_n\end{bmatrix}\quad m>n$$

其转置矩阵

$$\boldsymbol{F}^{\mathrm{T}}=\begin{bmatrix}f_{11} & \cdots & f_{m1}\\ \vdots & & \vdots\\ f_{1n} & \cdots & f_{mn}\end{bmatrix}=\begin{bmatrix}\boldsymbol{f}_1^{\mathrm{T}}\\ \vdots\\ \boldsymbol{f}_n^{\mathrm{T}}\end{bmatrix}$$

则格拉姆阵 $\boldsymbol{W}$ 定义为

$$\boldsymbol{W}=\boldsymbol{F}^{\mathrm{T}}\boldsymbol{F}=\begin{bmatrix}\boldsymbol{f}_1^{\mathrm{T}}\\ \vdots \\ \boldsymbol{f}_n^{\mathrm{T}}\end{bmatrix}[\boldsymbol{f}_1\cdots\boldsymbol{f}_n]=\begin{bmatrix}\boldsymbol{f}_1^{\mathrm{T}}\boldsymbol{f}_1 & \cdots & \boldsymbol{f}_1^{\mathrm{T}}\boldsymbol{f}_n\\ \vdots & & \vdots \\ \boldsymbol{f}_n^{\mathrm{T}}\boldsymbol{f}_1 & \cdots & \boldsymbol{f}_n^{\mathrm{T}}\boldsymbol{f}_n\end{bmatrix}$$

$\boldsymbol{W}$ 为 $(n\times n)$ 维矩阵，且记为

$$\boldsymbol{W}=\begin{bmatrix}(\boldsymbol{f}_1,\boldsymbol{f}_1) & \cdots & (\boldsymbol{f}_1,\boldsymbol{f}_n)\\ \vdots & & \vdots \\ (\boldsymbol{f}_n,\boldsymbol{f}_1) & \cdots & (\boldsymbol{f}_n,\boldsymbol{f}_n)\end{bmatrix}$$

式中，元素 $(\boldsymbol{f}_i,\boldsymbol{f}_j)=\boldsymbol{f}_i^{\mathrm{T}}\boldsymbol{f}_j,i,j=1,2,\cdots,n$。格拉姆行列式为 $\det[\boldsymbol{W}]$ 或 $|\boldsymbol{W}|$。

利用格拉姆行列式 $\det[\boldsymbol{F}^{\mathrm{T}}\boldsymbol{F}]$ 或格拉姆矩阵 $\boldsymbol{F}^{\mathrm{T}}\boldsymbol{F}$ 能表示出给定矩阵 $\boldsymbol{F}$ 的列向量是否相关的条件。

设非齐次线性方程组 $\boldsymbol{F}\boldsymbol{x}=\boldsymbol{y}$，据解的存在定理，当 $\mathrm{rank}[\boldsymbol{F}]=\mathrm{rank}[\boldsymbol{F}\ \vdots\ \boldsymbol{y}]$ 时，有解：当 $\boldsymbol{y}$ 任意时，使 $\boldsymbol{x}$ 有解的充要条件是 $\mathrm{rank}[\boldsymbol{F}]=\boldsymbol{n}$。由于 $(\boldsymbol{F}\boldsymbol{x})^{\mathrm{T}}=\boldsymbol{y}^{\mathrm{T}}$，即 $\boldsymbol{x}^{\mathrm{T}}\boldsymbol{F}^{\mathrm{T}}=\boldsymbol{y}^{\mathrm{T}}$，于是有

$$\boldsymbol{x}^{\mathrm{T}}\boldsymbol{F}^{\mathrm{T}}\boldsymbol{F}\boldsymbol{x}=\boldsymbol{y}^{\mathrm{T}}\boldsymbol{y}$$

式中，$\boldsymbol{y}^{\mathrm{T}}\boldsymbol{y}$ 乃是 m 个平方项之和，恒大于零，故

$$\boldsymbol{x}^{\mathrm{T}}\boldsymbol{W}\boldsymbol{x}>0$$

该式表示出 $\boldsymbol{x}^{\mathrm{T}}\boldsymbol{W}\boldsymbol{x}$ 为正定二次型函数，$\boldsymbol{W}$ 为正定矩阵。已知正定矩阵存在 $\det\boldsymbol{W}\neq 0$。于是矩阵 $\boldsymbol{F}$ 的 n 个列向量线性无关的充要条件可表示为：格拉姆阵 $\boldsymbol{F}^{\mathrm{T}}\boldsymbol{F}$ 是正定的，或格拉姆行列式不为零，即 $\det\boldsymbol{F}^{\mathrm{T}}\boldsymbol{F}\neq 0$，或格拉姆阵是非奇异的。

同理，可根据 $\boldsymbol{W}=\boldsymbol{F}\boldsymbol{F}^{\mathrm{T}}$ 的正定或非奇异来确定 $\boldsymbol{F}$ 的 m 个行向量无关。

因为在时变系统情况下，$\boldsymbol{A}(t),\boldsymbol{B}(t),\boldsymbol{C}(t)$ 各元素均为时间函数，如果在某时刻系统能控，在另一时刻则可能是不能控的。因此，想判断 $[t_0,t_{\mathrm{f}}]$ 时间间隔内诸时变列向量的线性无关性，应考虑在 $[t_0,t_{\mathrm{f}}]$ 区间内由如下积分所构成的格拉姆阵是否正定或非奇异来确定：

$$\boldsymbol{W}=\int_{t_0}^{t_{\mathrm{f}}}\boldsymbol{F}^{\mathrm{T}}(t)\boldsymbol{F}(t)\mathrm{d}t=\begin{bmatrix}\int_{t_0}^{t_{\mathrm{f}}}\boldsymbol{f}_1^{\mathrm{T}}(t)\boldsymbol{f}_1(t)\mathrm{d}t & \cdots & \int_{t_0}^{t_{\mathrm{f}}}\boldsymbol{f}_1^{\mathrm{T}}(t)\boldsymbol{f}_n(t)\mathrm{d}t\\ \vdots & & \vdots \\ \int_{t_0}^{t_{\mathrm{f}}}\boldsymbol{f}_n^{\mathrm{T}}(t)\boldsymbol{f}_1(t)\mathrm{d}t & \cdots & \int_{t_0}^{t_{\mathrm{f}}}\boldsymbol{f}_n^{\mathrm{T}}(t)\boldsymbol{f}_n(t)\mathrm{d}t\end{bmatrix}=$$

$$\begin{bmatrix}(\boldsymbol{f}_1,\boldsymbol{f}_1) & \cdots & (\boldsymbol{f}_1,\boldsymbol{f}_n)\\ \vdots & & \vdots \\ (\boldsymbol{f}_n,\boldsymbol{f}_1) & \cdots & (\boldsymbol{f}_n,\boldsymbol{f}_n)\end{bmatrix}$$

式中，元素 $(\boldsymbol{f}_i,\boldsymbol{f}_j)=\int_{t_0}^{t_{\mathrm{f}}}\boldsymbol{f}_i^{\mathrm{T}}(t)\boldsymbol{f}_j(t)\mathrm{d}t,\quad i,j=1,\cdots,n$。当 $\boldsymbol{W}$ 正定或非奇异时，表示 $\boldsymbol{F}(t)$ 的 n 个列向量线性无关。

同理，可由 $\int_{t_0}^{t_{\mathrm{f}}}\boldsymbol{F}(t)\boldsymbol{F}^{\mathrm{T}}(t)\mathrm{d}t$ 正定或非奇异来确定 $\boldsymbol{F}(t)$ 的 m 个行向量线性无关。

2.4.2 线性时变系统的能控性

设线性时变系统状态方程为

$$\dot{\boldsymbol{x}}=\boldsymbol{A}(t)\boldsymbol{x}+\boldsymbol{B}(t)\boldsymbol{u}$$

若存在一个控制向量 $\boldsymbol{u}(t)$，在 $[t_0,t_1]$ 区间内能使任意起始时刻 t_0 的任意初态 $\boldsymbol{x}(t_0)$ 转移到任意终态 $\boldsymbol{x}(t_1)$，则称时变系统在 $[t_0,t_1]$ 区间是完全能控的。这里仍不失一般性地假定 $\boldsymbol{x}(t_1)=\boldsymbol{0}$。

线性时变系统在 $[t_0,t_1]$ 区间完全能控的充要条件是下列格拉姆矩阵：

$$\boldsymbol{W}(t_0,t_1)=\int_{t_0}^{t_1}\boldsymbol{\Phi}(t_0,\tau)\boldsymbol{B}(\tau)\boldsymbol{B}^{\mathrm{T}}(\tau)\boldsymbol{\Phi}^{\mathrm{T}}(t_0,\tau)\,\mathrm{d}\tau \tag{2-59}$$

非奇异。式中 $\boldsymbol{\Phi}(t,t_0)$ 为时变系统状态转移矩阵。

证明　先证明充分性，即 $\boldsymbol{W}(t_0,t)$ 非奇异时必能控。由于 $\boldsymbol{W}(t_0,t)$ 非奇异，必存在 $\boldsymbol{W}^{-1}(t_0,t_1)$，如下控制：

$$\boldsymbol{u}(t)=-\boldsymbol{B}^{\mathrm{T}}(t)\boldsymbol{\Phi}^{\mathrm{T}}(t_0,t)\boldsymbol{W}^{-1}(t_0,t_1)\boldsymbol{x}(t_0) \tag{2-60}$$

确能在 $[t_0,t_1]$ 区间将初态 $\boldsymbol{x}(t_0)$ 转移到终态 $\boldsymbol{x}(t_1)=\boldsymbol{0}$。

由时变系统状态方程的解

$$\boldsymbol{x}(t)=\boldsymbol{\Phi}(t,t_0)\boldsymbol{x}(t_0)+\int_{t_0}^{t}\boldsymbol{\Phi}(t,\tau)\boldsymbol{B}(\tau)\boldsymbol{u}(\tau)\mathrm{d}\tau \tag{2-61}$$

令 $t=t_1$，且把 $\boldsymbol{u}(t)$ 代入，并利用 $\boldsymbol{\Phi}(t_1,t_0)\boldsymbol{\Phi}(t_0,\tau)=\boldsymbol{\Phi}(t_1,\tau)$：

$$\begin{aligned}\boldsymbol{x}(t_1)&=\boldsymbol{\Phi}(t_1,t_0)\boldsymbol{x}(t_0)-\boldsymbol{\Phi}(t_1,t_0)\cdot\int_{t_0}^{t_1}\boldsymbol{\Phi}(t_0,\tau)\boldsymbol{B}(\tau)\boldsymbol{B}^{\mathrm{T}}(\tau)\boldsymbol{\Phi}^{\mathrm{T}}(t_0,\tau)\boldsymbol{W}^{-1}(t_0,t_1)\boldsymbol{x}(t_0)\,\mathrm{d}\tau=\\&\boldsymbol{\Phi}(t_1,t_0)\left[\boldsymbol{x}(t_0)-\int_{t_0}^{t_1}\boldsymbol{\Phi}(t_0,\tau)\boldsymbol{B}(\tau)\boldsymbol{B}^{\mathrm{T}}(\tau)\boldsymbol{\Phi}^{\mathrm{T}}(t_0,\tau)\,\mathrm{d}\tau\boldsymbol{W}^{-1}(t_0,t_1)\boldsymbol{x}(t_0)\right]=\\&\boldsymbol{\Phi}(t_1,t_0)\left[\boldsymbol{x}(t_0)-\boldsymbol{W}(t_0,t_1)\boldsymbol{W}^{-1}(t_0,t_1)\boldsymbol{x}(t_0)\right]=\boldsymbol{0}\end{aligned} \tag{2-62}$$

因而系统是能控的。充分性得证。

再证明必要性，即能控系统的 $\boldsymbol{W}(t_0,t_1)$ 必非奇异。用反证法，即系统能控，而 $\boldsymbol{W}(t_0,t_1)$ 却是奇异的，试看能否导出矛盾结果。由于 $\boldsymbol{W}(t_0,t_1)$ 奇异，于是 $\boldsymbol{\Phi}(t_0,t_1)\boldsymbol{B}(t)$ 的行向量在 $[t_0,t_1]$ 区间线性相关，必存在非零行向量 $\boldsymbol{\alpha}$ 使

$$\boldsymbol{\alpha}\boldsymbol{\Phi}(t_0,t_1)\boldsymbol{B}(t)=0 \tag{2-63}$$

在 $[t_0,t_1]$ 区间成立。那么 $t=t_1$ 时，状态方程的解为

$$\boldsymbol{x}(t_1)=\boldsymbol{\Phi}(t_1,t_0)\boldsymbol{x}(t_0)+\int_{t_0}^{t_1}\boldsymbol{\Phi}(t_1,\tau)\boldsymbol{B}(\tau)\boldsymbol{u}(\tau)\mathrm{d}\tau$$

左乘 $\boldsymbol{\Phi}(t_0,t_1)$，且选择一个特殊初态 $\boldsymbol{x}(t_0)=\boldsymbol{\alpha}^{\mathrm{T}}$，有

$$\begin{aligned}\boldsymbol{\Phi}(t_0,t_1)\boldsymbol{x}(t_1)&=\boldsymbol{\Phi}(t_0,t_1)\boldsymbol{\Phi}(t_1,t_0)\boldsymbol{x}(t_0)+\int_{t_0}^{t_1}\boldsymbol{\Phi}(t_0,t_1)\boldsymbol{\Phi}(t_1,\tau)\boldsymbol{B}(\tau)\boldsymbol{u}(\tau)\mathrm{d}\tau=\\&\boldsymbol{\alpha}^{\mathrm{T}}+\int_{t_0}^{t_1}\boldsymbol{\Phi}(t_0,\tau)\boldsymbol{B}(\tau)\boldsymbol{u}(\tau)\mathrm{d}\tau\end{aligned} \tag{2-64}$$

左乘 $\boldsymbol{\alpha}$ 得

$$\boldsymbol{\alpha}\boldsymbol{\Phi}(t_0,t_1)\boldsymbol{x}(t_1)=\boldsymbol{\alpha}\boldsymbol{\alpha}^{\mathrm{T}}+\int_{t_0}^{t_1}\boldsymbol{\alpha}\boldsymbol{\Phi}(t_0,\tau)\boldsymbol{B}(\tau)\boldsymbol{u}(\tau)\mathrm{d}\tau \tag{2-65}$$

考虑到 $\boldsymbol{x}(t_1)=\boldsymbol{0}$ 及式(2-63)，应存在 $\boldsymbol{\alpha}\boldsymbol{\alpha}^{\mathrm{T}}=0$，这意味着 $\boldsymbol{\alpha}$ 必须为零向量，而与前面假定 $\boldsymbol{\alpha}$ 为非零向量是相矛盾的。于是证明了能控系统的 $\boldsymbol{W}(t_0,t_1)$ 必非奇异。

应用以上判据须计算 $\boldsymbol{\Phi}(t_0,t)$，计算量相当大，须用计算机来进行。

有必要重复提出，$\boldsymbol{W}(t_0,t_1)$ 的非奇异表明 $\boldsymbol{\Phi}(t_0,t_1)\boldsymbol{B}(t)$ 的行向量线性无关，或 $\boldsymbol{B}^{\mathrm{T}}(t)\boldsymbol{\Phi}^{\mathrm{T}}(t_0,t)$ 的列向量线性无关。

由格拉姆阵式(2-59)可导出定常的能控判据。这时,$\boldsymbol{A}$,$\boldsymbol{B}$ 都是常数矩阵,状态转移矩阵与起始时刻 t_0 无关,因而可假定 $t_0=0$,这时格拉姆阵变为

$$\boldsymbol{W}(0,t_1)=\int_0^{t_1}\boldsymbol{\Phi}(0,\tau)\boldsymbol{B}\boldsymbol{B}^{\mathrm{T}}\boldsymbol{\Phi}^{\mathrm{T}}(0,\tau)\,\mathrm{d}\tau \tag{2-66}$$

式中

$$\boldsymbol{\Phi}(0,\tau)=\boldsymbol{\Phi}(-\tau)=\mathrm{e}^{-\boldsymbol{A}\tau}=\sum_{m=0}^{n-1}\alpha_m(\tau)\boldsymbol{A}^m \tag{2-67}$$

两端右乘 $\boldsymbol{B}$ 得

$$\boldsymbol{\Phi}(0,\tau)\boldsymbol{B}=\sum_{m=0}^{n-1}\alpha_m(\tau)\boldsymbol{A}^m\boldsymbol{B}=\alpha_0(\tau)\boldsymbol{B}+\alpha_1(\tau)\boldsymbol{A}\boldsymbol{B}+\cdots+\alpha_{n-1}(\tau)\boldsymbol{A}^{n-1}\boldsymbol{B}=$$

$$\begin{bmatrix}\boldsymbol{B} & \boldsymbol{A}\boldsymbol{B} & \cdots & \boldsymbol{A}^{n-1}\boldsymbol{B}\end{bmatrix}\begin{bmatrix}\alpha_0(\tau)\boldsymbol{I}_m\\ \alpha_1(\tau)\boldsymbol{I}_m\\ \vdots\\ \alpha_{n-1}(\tau)\boldsymbol{I}_m\end{bmatrix} \tag{2-68}$$

式中,$\boldsymbol{I}_m$ 为 m 阶单位矩阵;$\alpha_0(\tau)\boldsymbol{I}_m,\cdots,\alpha_{n-1}(\tau)\boldsymbol{I}_m$ 均为幂函数,是线性无关的,于是 $\boldsymbol{\Phi}(0,\tau)\boldsymbol{B}$ 的行向量线性无关表明

$$\begin{bmatrix}\boldsymbol{B} & \boldsymbol{A}\boldsymbol{B} & \cdots & \boldsymbol{A}^{n-1}\boldsymbol{B}\end{bmatrix}$$

的行向量线性无关。可见,定常系统能控性判据是时变系统能控性判据的特例。

2.4.3 线性时变系统的能观测性

设时变系统动态方程

$$\dot{\boldsymbol{x}}=\boldsymbol{A}(t)\boldsymbol{x},\quad \boldsymbol{y}=\boldsymbol{C}(t)\boldsymbol{x} \tag{2-69}$$

能根据$[t_0,t_1]$区间测得的输出向量 $\boldsymbol{y}(t)$ 唯一确定系统任意初始状态 $\boldsymbol{x}(t_0)$,则称时变系统在$[t_0,t_1]$区间是完全能观测的。

线性时变系统在$[t_0,t_1]$区间完全能观测的充要条件是下列格拉姆矩阵:

$$\boldsymbol{M}(t_0,t_1)=\int_{t_0}^{t_1}\boldsymbol{\Phi}^{\mathrm{T}}(\tau,t_0)\boldsymbol{C}^{\mathrm{T}}(\tau)\boldsymbol{C}(\tau)\boldsymbol{\Phi}(\tau,t_0)\,\mathrm{d}\tau \tag{2-70}$$

非奇异。

证明 先证明充分性,即 $\boldsymbol{M}(t_0,t_1)$ 非奇异时必能观测。由于动态方程的解为

$$\boldsymbol{x}(t)=\boldsymbol{\Phi}(t,t_0)\boldsymbol{x}(t_0) \tag{2-71}$$

$$\boldsymbol{y}(t)=\boldsymbol{C}(t)\boldsymbol{\Phi}(t,t_0)\boldsymbol{x}(t_0) \tag{2-72}$$

式(2-72)两端左乘 $\boldsymbol{\Phi}^{\mathrm{T}}(t,t_0)\boldsymbol{C}^{\mathrm{T}}(t)$,并在$[t_0,t_1]$区间取积分,得

$$\int_{t_0}^{t_1}\boldsymbol{\Phi}^{\mathrm{T}}(\tau,t_0)\boldsymbol{C}^{\mathrm{T}}(\tau)\boldsymbol{y}(\tau)\mathrm{d}\tau=\int_{t_0}^{t_1}\boldsymbol{\Phi}^{\mathrm{T}}(\tau,t_0)\boldsymbol{C}^{\mathrm{T}}(\tau)\boldsymbol{C}(\tau)\boldsymbol{\Phi}(\tau,t_0)\,\mathrm{d}\tau\cdot\boldsymbol{x}(t_0)=\boldsymbol{M}(t_0,t_1)\boldsymbol{x}(t_0)$$

由于 $\boldsymbol{M}(t_0,t_1)$ 非奇异,存在 $\boldsymbol{M}^{-1}(t_0,t_1)$,于是有

$$\boldsymbol{x}(t_0)=\boldsymbol{M}^{-1}(t_0,t_1)\int_{t_0}^{t_1}\boldsymbol{\Phi}^{\mathrm{T}}(\tau,t_0)\boldsymbol{C}^{\mathrm{T}}(\tau)\boldsymbol{y}(\tau)\mathrm{d}\tau \tag{2-73}$$

只要在$[t_0,t_1]$区间测得 $\boldsymbol{y}(t)$,便可求得 $\boldsymbol{x}(t_0)$,因而系统是能观测的。充分性得证。

再证必要性,即能观测系统的 $\boldsymbol{M}(t_0,t_1)$ 必非奇异。用反证法,即系统能观测,而 $\boldsymbol{M}(t_0,t_1)$ 却是奇异的,试看能否导出矛盾结果。由于 $\boldsymbol{M}(t_0,t_1)$ 奇异,于是 $\boldsymbol{C}(t)\boldsymbol{\Phi}(t,t_0)$ 的列向

量在$[t_0,t_1]$区间线性相关，必存在非零列向量$\boldsymbol{\alpha}$，使

$$\boldsymbol{C}(t)\boldsymbol{\Phi}(t,t_0)\boldsymbol{\alpha}=\boldsymbol{0} \tag{2-74}$$

在$[t_0,t_1]$区间成立。如果选择一个特殊的初态$\boldsymbol{x}(t_0)=\boldsymbol{\alpha}$，则有

$$\boldsymbol{C}(t)\boldsymbol{\Phi}(t,t_0)\boldsymbol{x}(t_0)=\boldsymbol{0} \tag{2-75}$$

与式(2-72)相比，$\boldsymbol{y}(t)$在区间$[t_0,t_1]$恒为零，这时便不能观测到初态$\boldsymbol{x}(t_0)$，因而与能观测的假定相矛盾。于是证明了能观测系统的$\boldsymbol{M}(t_0,t_1)$必非奇异。

也有必要重复提出，$\boldsymbol{M}(t_0,t_1)$非奇异表明$\boldsymbol{C}(t)\boldsymbol{\Phi}(t,t_0)$的列向量线性无关，或$\boldsymbol{\Phi}^{\mathrm{T}}(t,t_0)\boldsymbol{C}^{\mathrm{T}}(t)$的行向量线性无关。

由格拉姆阵式(2-70)可导出定常系统的能观测性判据。这时$\boldsymbol{A}$,$\boldsymbol{C}$都是常数矩阵，状态转移矩阵中可令$t_0=0$，有

$$\boldsymbol{M}(0,t_1)=\int_0^{t_1}\boldsymbol{\Phi}^{\mathrm{T}}(\tau,0)\boldsymbol{C}^{\mathrm{T}}\boldsymbol{C}\boldsymbol{\Phi}(\tau,0)\,\mathrm{d}\tau \tag{2-76}$$

式中

$$\boldsymbol{\Phi}(\tau,0)=\boldsymbol{\Phi}(\tau)=\mathrm{e}^{\boldsymbol{A}\tau}=\sum_{m=0}^{n-1}\alpha_m(\tau)\boldsymbol{A}^m \tag{2-77}$$

两端左乘$\boldsymbol{C}$得

$$\begin{aligned}\boldsymbol{C}\boldsymbol{\Phi}(\tau,0)&=\boldsymbol{C}\sum_{m=0}^{n-1}\alpha_m(\tau)\boldsymbol{A}^m=\boldsymbol{C}[\alpha_0(\tau)\boldsymbol{I}+\alpha_1(\tau)\boldsymbol{A}+\cdots+\alpha_{n-1}(\tau)\boldsymbol{A}^{n-1}]=\\&\alpha_0(\tau)\boldsymbol{C}+\alpha_1(\tau)\boldsymbol{CA}+\cdots+\alpha_{n-1}(\tau)\boldsymbol{CA}^{n-1}=\\&[\alpha_0(\tau)\boldsymbol{I}_l\quad\alpha_1(\tau)\boldsymbol{I}_l\quad\cdots\quad\alpha_{n-1}(\tau)\boldsymbol{I}_l]\begin{bmatrix}\boldsymbol{C}\\\boldsymbol{CA}\\\vdots\\\boldsymbol{CA}^{n-1}\end{bmatrix}\end{aligned} \tag{2-78}$$

式中，$\boldsymbol{I}_l$为l阶单位矩阵。于是，$\boldsymbol{C}\boldsymbol{\Phi}(\tau,0)$的列向量线性无关表明

$$[\boldsymbol{C}^{\mathrm{T}}\quad\boldsymbol{A}^{\mathrm{T}}\boldsymbol{C}^{\mathrm{T}}\quad\cdots\quad(\boldsymbol{A}^{\mathrm{T}})^{n-1}\boldsymbol{C}^{\mathrm{T}}]$$

的列向量线性无关。可见，定常系统能观测性判据是时变系统能观测性判据的特例。

以上研究了多种形式的能控性、能观测性判据，现总结如下：

能控性判据：

时变系统：格拉姆阵$\boldsymbol{W}(t_0,t_1)=\int_{t_0}^{t_1}\boldsymbol{\Phi}(t_0,\tau)\boldsymbol{B}(\tau)\boldsymbol{B}^{\mathrm{T}}(\tau)\boldsymbol{\Phi}^{\mathrm{T}}(t_0,\tau)\,\mathrm{d}\tau$非奇异。

定常系统：

(1) $\mathrm{rank}[\boldsymbol{B}\quad\boldsymbol{A}^2\boldsymbol{B}\quad\cdots\quad\boldsymbol{A}^{n-1}\boldsymbol{B}]=n$。

(2) $\boldsymbol{A}$阵对角化且有相异特征值时，输入矩阵无全零行($\boldsymbol{A}$阵元素相同时不适用)。

$\boldsymbol{A}$阵约当化时，输入矩阵中与约当块最后一行对应的行不全零；输入矩阵中与相异特征值对应的行不全零(相同的重特征值若分布在几个子约当块内时不适用)。

(3) 格拉姆阵$\boldsymbol{W}(0,t_1)=\int_0^{t_1}\boldsymbol{\Phi}(0,\tau)\boldsymbol{B}(\tau)\boldsymbol{B}^{\mathrm{T}}(\tau)\boldsymbol{\Phi}^{\mathrm{T}}(0,\tau)\,\mathrm{d}\tau$非奇异。

能观测性判据：

时变系统：格拉姆阵$\boldsymbol{M}(t_0,t_1)=\int_{t_0}^{t_1}\boldsymbol{\Phi}^{\mathrm{T}}(\tau,t_0)\boldsymbol{C}^{\mathrm{T}}(\tau)\boldsymbol{C}(\tau)\boldsymbol{\Phi}(\tau,t_0)\,\mathrm{d}\tau$非奇异。

定常系统：

(1)rank $[\boldsymbol{C}^{\mathrm{T}} \quad \boldsymbol{A}^{\mathrm{T}}\boldsymbol{C}^{\mathrm{T}} \quad (\boldsymbol{A}^{\mathrm{T}})^2\boldsymbol{C}^{\mathrm{T}} \quad \cdots \quad (\boldsymbol{A}^{\mathrm{T}})^{n-1}\boldsymbol{C}^{\mathrm{T}}]=n$。

(2)$\boldsymbol{A}$ 阵对角化且有相异特征值时，输出矩阵无全零列($\boldsymbol{A}$ 阵元素相同时不适用)。

$\boldsymbol{A}$ 阵约当化时，输出矩阵中与约当块最前一列对应的列不全零；输出矩阵中与相异特征值对应的列不全零(相同的重特征值若分布在几个子约当块内时不适用)。

(3) 格拉姆阵 $\boldsymbol{M}(0,t_1)=\int_0^{t_1}\boldsymbol{\Phi}^{\mathrm{T}}(\tau,0)\boldsymbol{C}^{\mathrm{T}}\boldsymbol{C}\boldsymbol{\Phi}(\tau,0)\,\mathrm{d}\tau$ 非奇异。

2.5 线性离散系统的能控性和能观测性

2.5.1 线性定常离散系统的状态能控性

引例 设单输入离散状态方程为

$$x_1(k+1)=-x_1(k)$$
$$x_2(k+1)=2x_2(k)+u(k)$$

初始状态为

$$x_1(0)=1,\quad x_2(0)=1$$

用递推法可解得状态序列为

$$k=0 \qquad x_1(1)=-x_1(0)=-1$$
$$x_2(1)=2x_2(0)+u(0)=2+u(0)$$
$$k=1 \qquad x_1(2)=-x_1(1)=(-1)^2$$
$$x_2(2)=2x_2(1)+u(1)=2^2+2u(0)+u(1)$$

……

$$k=k-1 \qquad x_1(k)=-x_1(k-1)=(-1)^k$$
$$x_2(k)=2x_2(k-1)+u(k-1)=2^k+2^{k-1}u(0)+2^{k-2}u(1)+\cdots+u(k-1)$$

可看出状态变量 $x_1(k)$ 只能在 $+1$ 或 -1 之间周期变化，不受 $u(k)$ 的控制，不能从初态 $x_1(0)$ 转移到任意给定的状态，以致影响状态向量 $[x_1(k) \quad x_2(k)]^{\mathrm{T}}$ 也不能在 $u(k)$ 作用下转移成任意给定的状态向量。系统中只要有一个状态变量不受控制，便称做状态不完全能控，简称不能控。能控性与系统矩阵及输入矩阵密切相关，是系统的一种固有特性。下面来进行一般分析。

设单输入离散系统状态方程为

$$\boldsymbol{x}(k+1)=\boldsymbol{\Phi}\boldsymbol{x}(k)+\boldsymbol{g}u(k) \tag{2-79}$$

式中，$\boldsymbol{x}(k)$ 为 n 维状态向量；$u(k)$ 为标量，且在区间 $[k,k+1]$ 为常数，其幅值不受约束；$\boldsymbol{\Phi}$ 为 $(n\times n)$ 维非奇异矩阵，为系统矩阵；$\boldsymbol{g}$ 为 $(n\times 1)$ 维输入矩阵；k 表示 kT 离散瞬时，T 为采样周期。

初始状态任意给定，设为 $\boldsymbol{x}(0)$；终端状态任意给定，设为 $\boldsymbol{x}(n)$，为研究方便，且不失一般性地假定 $\boldsymbol{x}(n)=\boldsymbol{0}$。

单输入离散系统状态能控性定义如下：

在有限时间间隔 $0\leqslant t\leqslant nT$ 内，存在无约束的阶梯控制信号 $u(0),u(1),\cdots,u(n-1)$，能

使系统从任意初态 $\boldsymbol{x}(0)$ 转移到终态 $\boldsymbol{x}(n)=\boldsymbol{0}$，则称系统是状态完全能控的，简称是能控的。

由方程式(2-79)的解

$$\boldsymbol{x}(k)=\boldsymbol{\Phi}^{k}\boldsymbol{x}(0)+\sum_{i=0}^{k-1}\boldsymbol{\Phi}^{k-1-i}\boldsymbol{g}u(i) \tag{2-80}$$

可导出能控性应满足的条件。按定义，令 $k=n$，且 $\boldsymbol{x}(n)=\boldsymbol{0}$，方程两端左乘 $\boldsymbol{\Phi}^{-n}$，给出

$$\boldsymbol{x}(0)=-\sum_{i=0}^{n-1}\boldsymbol{\Phi}^{-1-i}\boldsymbol{g}u(i)=-[\boldsymbol{\Phi}^{-1}\boldsymbol{g}u(0)+\boldsymbol{\Phi}^{-2}\boldsymbol{g}u(1)+\cdots+\boldsymbol{\Phi}^{-n}\boldsymbol{g}u(n-1)]=$$

$$-[\boldsymbol{\Phi}^{-1}\boldsymbol{g}\quad \boldsymbol{\Phi}^{-2}\boldsymbol{g}\quad \cdots\quad \boldsymbol{\Phi}^{-n}\boldsymbol{g}]\begin{bmatrix} u(0)\\ u(1)\\ \vdots \\ u(n-1)\end{bmatrix} \tag{2-81}$$

令

$$\boldsymbol{Q}'_{c}=[\boldsymbol{\Phi}^{-1}\boldsymbol{g}\quad \boldsymbol{\Phi}^{-2}\boldsymbol{g}\quad \cdots\quad \boldsymbol{\Phi}^{-n}\boldsymbol{g}] \tag{2-82}$$

该阵为 $(n\times n)$ 维。方程式(2-81)表示非齐次线性方程组，含 n 个方程，含 n 个未知数 $u(0),\cdots,u(n-1)$。根据线性方程组解存在定理可知，当矩阵 $\boldsymbol{Q}'_{c}$ 的秩与增广矩阵 $[\boldsymbol{Q}'_{c}\ \vdots\ \boldsymbol{x}(0)]$ 的秩相等时，方程有解，否则无解。在 $\boldsymbol{x}(0)$ 任意的情况下，要使方程组有解的充分必要条件是能控阵 $\boldsymbol{Q}'_{c}$ 满秩，即

$$\mathrm{rank}[\boldsymbol{Q}'_{c}]=n \tag{2-83}$$

或能控阵 $\boldsymbol{Q}'_{c}$ 的行列式不为零，即

$$\det[\boldsymbol{Q}'_{c}]\neq 0 \tag{2-84}$$

或能控阵 $\boldsymbol{Q}'_{c}$ 是非奇异的。这时，方程组存在唯一解，即任意给定 $\boldsymbol{x}(0)$，可求出确定的 $u(0),u(1),\cdots,u(n-1)$。

已知满秩矩阵与另一满秩矩阵 $\boldsymbol{\Phi}^{n}$ 相乘，其秩不变，故

$$\mathrm{rank}[\boldsymbol{Q}'_{c}]=\mathrm{rank}[\boldsymbol{\Phi}^{n}\boldsymbol{Q}'_{c}]=\mathrm{rank}[\boldsymbol{\Phi}^{n-1}\boldsymbol{g}\quad \boldsymbol{\Phi}^{n-2}\boldsymbol{g}\quad \cdots\quad \boldsymbol{g}]=n \tag{2-85}$$

交换矩阵的列，且记为 $\boldsymbol{Q}_{c}$，其秩也不变，于是有

$$\mathrm{rank}[\boldsymbol{Q}_{c}]=\mathrm{rank}[\boldsymbol{g}\quad \boldsymbol{\Phi}\boldsymbol{g}\quad \boldsymbol{\Phi}^{2}\boldsymbol{g}\quad \cdots\quad \boldsymbol{\Phi}^{n-2}\boldsymbol{g}\quad \boldsymbol{\Phi}^{n-1}\boldsymbol{g}]=n \tag{2-86}$$

使用该式判断能控性比较方便，不必进行求逆运算，式(2-83)与式(2-86)均称为能控性判据。$\boldsymbol{Q}'_{c}$，$\boldsymbol{Q}_{c}$ 均称为单输入离散系统能控性矩阵，由该式显见状态能控性取决于系统矩阵 $\boldsymbol{\Phi}$ 及输入矩阵 $\boldsymbol{g}$。

当 $\mathrm{rank}[\boldsymbol{Q}_{c}]<n$ 时，系统不能控，不存在能使任意 $\boldsymbol{x}(0)$ 转移到 $\boldsymbol{x}(n)=\boldsymbol{0}$ 的控制。

从以上推导看出，当 $u(k)$ 不受约束时，能使任意 $\boldsymbol{x}(0)$ 转移到 $\boldsymbol{x}(n)=\boldsymbol{0}$，意味着至多经过 n 个采样周期便可完成转移，而 n 乃是系统矩阵 $\boldsymbol{\Phi}$ 的阶数，或系统特征方程的阶次数。

以上研究假定了终态 $\boldsymbol{x}(n)=\boldsymbol{0}$。若令终态为任意给定状态 $\boldsymbol{x}(n)$，则方程式(2-80)变为

$$\boldsymbol{\Phi}^{n}\boldsymbol{x}(0)-\boldsymbol{x}(n)=-\sum_{i=0}^{n-1}\boldsymbol{\Phi}^{n-1-i}\boldsymbol{g}u(i) \tag{2-87}$$

方程两端左乘 $\boldsymbol{\Phi}^{-n}$，有

$$\boldsymbol{x}(0)-\boldsymbol{\Phi}^{-n}\boldsymbol{x}(n)=-[\boldsymbol{\Phi}^{-1}\boldsymbol{g}\quad \boldsymbol{\Phi}^{-2}\boldsymbol{g}\quad \cdots\quad \boldsymbol{\Phi}^{-n}\boldsymbol{g}]\begin{bmatrix} u(0)\\ u(1)\\ \vdots \\ u(n-1)\end{bmatrix} \tag{2-88}$$

该式左端完全可看做任意给定的另一初态，其状态能控性条件能用以上推导方法得出完全相同的结论，故假定 $\boldsymbol{x}(n)=\boldsymbol{0}$ 是不失一般性的。

例 2-9 利用递推法研究下列离散系统：

$$\boldsymbol{x}(k+1)=\begin{bmatrix}1 & 0 & 0\\ 0 & 2 & -2\\ -1 & 1 & 0\end{bmatrix}\boldsymbol{x}(k)+\begin{bmatrix}1\\0\\1\end{bmatrix}u(k)$$

初态为 $\boldsymbol{x}(0)=[2\quad 1\quad 0]^{\mathrm{T}}$，试选择 $u(0),u(1),u(2)$ 使系统状态在 $n=3$ 时转移到零。

解 令 $k=0,1,2$，得状态序列

$$\boldsymbol{x}(1)=\boldsymbol{\Phi x}(0)+\boldsymbol{g}u(0)=\begin{bmatrix}2\\2\\-1\end{bmatrix}+\begin{bmatrix}1\\0\\1\end{bmatrix}u(0)$$

$$\boldsymbol{x}(3)=\boldsymbol{\Phi x}(2)+\boldsymbol{g}u(2)=\boldsymbol{\Phi}^3\boldsymbol{x}(0)+\boldsymbol{\Phi}^2\boldsymbol{g}u(0)+\boldsymbol{\Phi g}u(1)+\boldsymbol{g}u(2)=$$

$$\begin{bmatrix}2\\12\\4\end{bmatrix}+\begin{bmatrix}1\\-2\\-3\end{bmatrix}u(0)+\begin{bmatrix}1\\-2\\-1\end{bmatrix}u(1)+\begin{bmatrix}1\\0\\1\end{bmatrix}u(2)$$

令 $\boldsymbol{x}(3)=0$，即解如下方程组：

$$\begin{bmatrix}1 & 1 & 1\\ -2 & -2 & 0\\ -3 & -1 & 1\end{bmatrix}\begin{bmatrix}u(0)\\u(1)\\u(2)\end{bmatrix}=\begin{bmatrix}-2\\-12\\-4\end{bmatrix}$$

系数矩阵即能控阵，当其非奇异时，可解出

$$\begin{bmatrix}u(0)\\u(1)\\u(2)\end{bmatrix}=\begin{bmatrix}1 & 1 & 1\\ -2 & -2 & 0\\ -3 & -1 & 1\end{bmatrix}^{-1}\begin{bmatrix}-2\\-12\\-4\end{bmatrix}=\begin{bmatrix}\frac{1}{2} & \frac{1}{2} & -\frac{1}{2}\\ -\frac{1}{2} & -1 & \frac{1}{2}\\ 1 & \frac{1}{2} & 0\end{bmatrix}\begin{bmatrix}-2\\-12\\-4\end{bmatrix}=\begin{bmatrix}-5\\11\\-8\end{bmatrix}$$

即取 $u(0)=-5,u(1)=11,u(2)=-8$ 时，可在第三个采样周期瞬时使系统转移到零状态，因而系统是能控的。

若想研究可否在第二个采样周期内便使系统转移到零状态，只须研究当 $\boldsymbol{x}(2)=0$ 时是否存在 $u(0),u(1)$。令 $\boldsymbol{x}(2)=0$，解如下方程组：

$$\begin{bmatrix}1 & 1\\ -2 & 0\\ -1 & 1\end{bmatrix}\begin{bmatrix}u(0)\\u(1)\end{bmatrix}=\begin{bmatrix}-2\\-6\\0\end{bmatrix}$$

容易看出系数矩阵的秩为 2，但增广矩阵 $\begin{bmatrix}1 & 1 & -2\\ -2 & 0 & -6\\ -1 & 1 & 0\end{bmatrix}$ 的秩为 3，两个秩不等，故无解，表示不能在第二个采样周期内使给定初态转移到零。对于某些系统则是可能的。

例 2-10 试用能控性判据判断例 2-9 的状态能控性。

解　$\mathrm{rank}[\boldsymbol{Q}_{\mathrm{c}}]=\mathrm{rank}[\boldsymbol{g}\quad \boldsymbol{\Phi g}\quad \boldsymbol{\Phi}^2\boldsymbol{g}]=\mathrm{rank}\begin{bmatrix}1 & 1 & 1\\ 0 & -2 & -2\\ 1 & -1 & -3\end{bmatrix}=3=n$；

或　$|\boldsymbol{Q}_{\mathrm{c}}|=|\boldsymbol{g}\quad \boldsymbol{\Phi g}\quad \boldsymbol{\Phi}^2\boldsymbol{g}|=\begin{vmatrix}1 & 1 & 1\\ 0 & -2 & -2\\ 1 & -1 & -3\end{vmatrix}=4\neq 0$，故能控。

例 2-11　设 $\boldsymbol{\Phi}$，$\boldsymbol{x}(0)$ 同例 2-10，$\boldsymbol{g}=[1\quad 2\quad 1]^{\mathrm{T}}$，试判断能控性。

解　$\mathrm{rank}[\boldsymbol{Q}_{\mathrm{c}}]=\mathrm{rank}[\boldsymbol{g}\quad \boldsymbol{\Phi g}\quad \boldsymbol{\Phi}^2\boldsymbol{g}]=\mathrm{rank}\begin{bmatrix}1 & 1 & 1\\ 2 & 2 & 2\\ 1 & 1 & 1\end{bmatrix}=1<3$，故不能控。

关于研究单输入离散系统状态能控性的方法可推广到多输入系统。设系统状态方程为

$$\boldsymbol{x}(k+1)=\boldsymbol{\Phi x}(k)+\boldsymbol{Gu}(k) \tag{2-89}$$

式中，$\boldsymbol{u}(k)$ 为 m 维控制向量；$\boldsymbol{G}$ 为 $(n\times m)$ 维输入矩阵。问题转化为能否求出无约束的控制向量 $\boldsymbol{u}(0)$，$\boldsymbol{u}(1)$，…，$\boldsymbol{u}(n-1)$，使系统从任意初态 $\boldsymbol{x}(0)$ 转移到 $\boldsymbol{x}(n)=\boldsymbol{0}$。

方程式(2-89) 的解为

$$\boldsymbol{x}(k)=\boldsymbol{\Phi}^k\boldsymbol{x}(0)+\sum_{i=0}^{k-1}\boldsymbol{\Phi}^{k-1-i}\boldsymbol{Gu}(i) \tag{2-90}$$

令 $k=n$，$\boldsymbol{x}(n)=\boldsymbol{0}$，且两端左乘 $\boldsymbol{\Phi}^{-n}$ 得

$$\boldsymbol{x}(0)=-\sum_{i=0}^{n-1}\boldsymbol{\Phi}^{-1-i}\boldsymbol{Gu}(i)=-[\boldsymbol{\Phi}^{-1}\boldsymbol{Gu}(0)+\boldsymbol{\Phi}^{-2}\boldsymbol{Gu}(1)+\cdots+\boldsymbol{\Phi}^{-n}\boldsymbol{Gu}(n-1)]=$$

$$-[\boldsymbol{\Phi}^{-1}\boldsymbol{G}\quad \boldsymbol{\Phi}^{-2}\boldsymbol{G}\quad \cdots\quad \boldsymbol{\Phi}^{-n}\boldsymbol{G}]\begin{bmatrix}\boldsymbol{u}(0)\\ \boldsymbol{u}(1)\\ \vdots\\ \boldsymbol{u}(n-1)\end{bmatrix} \tag{2-91}$$

令

$$\boldsymbol{Q}'_{\mathrm{c}}=[\boldsymbol{\Phi}^{-1}\boldsymbol{G}\quad \boldsymbol{\Phi}^{-2}\boldsymbol{G}\quad \cdots\quad \boldsymbol{\Phi}^{-n}\boldsymbol{G}] \tag{2-92}$$

该阵为 $(n\times nm)$ 维矩阵；由 $\boldsymbol{u}(0)$，…，$\boldsymbol{u}(n-1)$ 列向量构成的控制列向量是 $(nm\times 1)$ 维的。式(2-91) 含有 n 个方程，nm 个待求控制量。由于初态 $\boldsymbol{x}(0)$ 可任意给定，根据解存在定理，唯有 $\boldsymbol{Q}'_{\mathrm{c}}$ 矩阵的秩为 n 时，方程组才有解，于是多输入离散系统状态能控的充要条件是

$$\mathrm{rank}[\boldsymbol{Q}'_{\mathrm{c}}]=n \tag{2-93}$$

或

$$\det[\boldsymbol{Q}'_{\mathrm{c}}]\neq 0 \tag{2-94}$$

或

$$\mathrm{rank}[\boldsymbol{Q}'_{\mathrm{c}}]=\mathrm{rank}[\boldsymbol{\Phi}^n\boldsymbol{Q}'_{\mathrm{c}}]=\mathrm{rank}[\boldsymbol{\Phi}^{n-1}\boldsymbol{G}\quad \boldsymbol{\Phi}^{n-2}\boldsymbol{G}\quad \cdots\quad \boldsymbol{\Phi G}\quad \boldsymbol{G}]=n \tag{2-95}$$

或

$$\mathrm{rank}[\boldsymbol{Q}_{\mathrm{c}}]=\mathrm{rank}[\boldsymbol{G}\quad \boldsymbol{\Phi G}\quad \boldsymbol{\Phi}^2\boldsymbol{G}\quad \cdots\quad \boldsymbol{\Phi}^{n-2}\boldsymbol{G}\quad \boldsymbol{\Phi}^{n-1}\boldsymbol{G}]=n \tag{2-96}$$

式(2-93) 与式(2-96) 均称为多输入离散系统能控性判据。

一般多输入系统，式(2-91) 所含的方程个数总少于未知数个数，方程组的解不唯一，可以任意假定 $(nm-n)$ 个控制量，其余 n 个控制量才能唯一确定，这意味着控制序列的选择将有

无穷多种方式。

例 2-12 试判断下列双输入三阶离散系统的状态能控性：

$$\boldsymbol{x}(k+1)=\boldsymbol{\Phi x}(k)+\boldsymbol{G}_i\boldsymbol{u}(k),\quad i=1,2$$

式中

$$\boldsymbol{\Phi}=\begin{bmatrix}-2 & 2 & -1\\0 & -2 & 0\\1 & -4 & 0\end{bmatrix},\quad \boldsymbol{G}_1=\begin{bmatrix}0 & 0\\0 & 1\\1 & 0\end{bmatrix},\quad \boldsymbol{G}_2=\begin{bmatrix}0 & 1\\0 & 0\\1 & 0\end{bmatrix}$$

解 计算 $\boldsymbol{\Phi G}_1=\begin{bmatrix}-1 & 2\\0 & -2\\0 & -4\end{bmatrix}$，$\boldsymbol{\Phi}^2\boldsymbol{G}_1=\begin{bmatrix}2 & -4\\0 & 4\\-1 & 10\end{bmatrix}$

故

$$\boldsymbol{Q}_c=[\boldsymbol{G}_1\quad \boldsymbol{\Phi G}_1\quad \boldsymbol{\Phi}^2\boldsymbol{G}_1]=\left[\begin{array}{cc:cc:cc}0 & 0 & -1 & 2 & 2 & -4\\0 & 1 & 0 & -2 & 0 & 4\\1 & 0 & 0 & -4 & -1 & 10\end{array}\right]$$

显见由前三列组成的 (3×3) 矩阵的行列式

$$\det\begin{bmatrix}0 & 0 & -1\\0 & 1 & 0\\1 & 0 & 0\end{bmatrix}\neq 0$$

故 $\mathrm{rank}[\boldsymbol{Q}_c]=3$，系统能控。

$$\boldsymbol{Q}_c=[\boldsymbol{G}_2\quad \boldsymbol{\Phi G}_2\quad \boldsymbol{\Phi}^2\boldsymbol{G}_2]=\left[\begin{array}{cc:cc:cc}0 & 1 & -1 & -2 & 2 & 3\\0 & 0 & 0 & 0 & 0 & 0\\1 & 0 & 0 & 1 & -1 & -2\end{array}\right]$$

显见出现全零行，$\mathrm{rank}[\boldsymbol{Q}_c]=2<3$，故不能控。

多输入系统能控阵 $\boldsymbol{Q}_c$，其行数小于列数，在计算列写能控阵时，若显见 $\boldsymbol{Q}_c$ 矩阵的秩为 n，便不必把 $\boldsymbol{Q}_c$ 矩阵的所有列都写出。有时可通过计算 $\boldsymbol{Q}_c\boldsymbol{Q}_c^{\mathrm{T}}$ 的秩是否为 n 来判断多输入系统的能控性。这是因为，当 $\boldsymbol{Q}_c$ 非奇异时，$\boldsymbol{Q}_c\boldsymbol{Q}_c^{\mathrm{T}}$ 必非奇异，而 $\boldsymbol{Q}_c\boldsymbol{Q}_c^{\mathrm{T}}$ 为方阵，只须计算一次 n 阶行列式即可确定能控性，但在计算 $\boldsymbol{Q}_c$ 时，可能须多次计算 n 阶行列式。

在多输入系统中，使任意初态 $\boldsymbol{x}(0)$ 转移至原点一般可少于 n 个采样周期。见例 2-12，令 $k=0$，$\boldsymbol{x}(1)=\boldsymbol{0}$，可给出

$$\boldsymbol{x}(1)=\boldsymbol{\Phi x}(0)+\boldsymbol{G}_1\boldsymbol{u}(0)=\boldsymbol{0}$$

则

$$\boldsymbol{x}(0)=-\boldsymbol{\Phi}^{-1}\boldsymbol{G}_1\boldsymbol{u}(0)=-\begin{bmatrix}0 & -2 & 1\\0 & -\dfrac{1}{2} & 0\\1 & 3 & -2\end{bmatrix}\begin{bmatrix}0 & 0\\0 & 1\\1 & 0\end{bmatrix}\begin{bmatrix}u_1(0)\\u_2(0)\end{bmatrix}=\begin{bmatrix}-1 & 2\\0 & \dfrac{1}{2}\\2 & -3\end{bmatrix}\begin{bmatrix}u_1(0)\\u_2(0)\end{bmatrix}$$

已知 $\boldsymbol{x}(0)$，若能唯一确定 $u_1(0)$，$u_2(0)$，便表示能在第一个采样周期将 $\boldsymbol{x}(0)$ 转移到原点。

2.5.2 线性定常离散系统的能观测性

引例 设单输入离散系统动态方程为

$$\begin{bmatrix}x_1(k+1)\\x_2(k+1)\end{bmatrix}=\begin{bmatrix}-1&0\\0&2\end{bmatrix}\begin{bmatrix}x_1(k)\\x_2(k)\end{bmatrix}+\begin{bmatrix}1\\1\end{bmatrix}u(k)$$

$$y(k)=\begin{bmatrix}1&0\end{bmatrix}\begin{bmatrix}x_1(k)\\x_2(k)\end{bmatrix}$$

用递推法求解第 $i, i+1, i+2$ 采样时刻的输出量

$$y(i)=\begin{bmatrix}1&0\end{bmatrix}\begin{bmatrix}x_1(i)\\x_2(i)\end{bmatrix}=x_1(i)$$

$$y(i+1)=\begin{bmatrix}1&0\end{bmatrix}\begin{bmatrix}x_1(i+1)\\x_2(i+1)\end{bmatrix}=\begin{bmatrix}1&0\end{bmatrix}\begin{bmatrix}-1&0\\0&2\end{bmatrix}\begin{bmatrix}x_1(i)\\x_2(i)\end{bmatrix}+\begin{bmatrix}1&0\end{bmatrix}\begin{bmatrix}1\\1\end{bmatrix}u(i)=$$
$$-x_1(i)+u(i)$$

$$y(i+2)=\begin{bmatrix}1&0\end{bmatrix}\begin{bmatrix}x_1(i+2)\\x_2(i+2)\end{bmatrix}=$$
$$\begin{bmatrix}1&0\end{bmatrix}\begin{bmatrix}-1&0\\0&2\end{bmatrix}^2\begin{bmatrix}x_1(i)\\x_2(i)\end{bmatrix}+\begin{bmatrix}1&0\end{bmatrix}\begin{bmatrix}-1&0\\0&2\end{bmatrix}\begin{bmatrix}1\\1\end{bmatrix}u(i)+\begin{bmatrix}1&0\end{bmatrix}\begin{bmatrix}1\\1\end{bmatrix}u(i+1)=$$
$$x_1(i)-u(i)+u(i+1)$$

可看出在已知 $u(i), u(i+1)$ 的情况下，在第 i 步便可由输入、输出确定 $x_1(i)$，而输出中始终不含有 x_2，于是 x_2 不能由输出量观测到，是不能观测的状态变量。系统中只要有一个状态变量不能由输出量观测到，就称该系统不完全能观测，简称不能观测。能观测特性与系统矩阵及输出矩阵密切相关，是系统的一种固有特性。下面只对多输出情况进行一般分析。

离散系统能观测性定义如下：

在已知输入 $\boldsymbol{u}(0),\cdots,\boldsymbol{u}(n-1)$ 的情况下，通过在有限个采样周期内量测到的输出 $\boldsymbol{y}(0)$，$\boldsymbol{y}(1),\cdots,\boldsymbol{y}(n-1)$，能唯一地确定任意初始状态 $\boldsymbol{x}(0)$ 的 n 个分量，则称系统是完全能观测的，简称是能观测的。

设多输入-多输出离散系统动态方程为

$$\boldsymbol{x}(k+1)=\boldsymbol{\Phi x}(k)+\boldsymbol{Gu}(k)$$
$$\boldsymbol{y}(k)=\boldsymbol{Cx}(k)+\boldsymbol{Du}(k)$$

状态方程的解为

$$\boldsymbol{x}(k)=\boldsymbol{\Phi}^k\boldsymbol{x}(0)+\sum_{i=0}^{k-1}\boldsymbol{\Phi}^{k-1-i}\boldsymbol{Gu}(k) \tag{2-97}$$

则

$$\boldsymbol{y}(k)=\boldsymbol{C\Phi}^k\boldsymbol{x}(0)+\boldsymbol{C}\sum_{i=0}^{k-1}\boldsymbol{\Phi}^{k-1-i}\boldsymbol{Gu}(i)+\boldsymbol{Du}(k) \tag{2-98}$$

既然 $\boldsymbol{u}(k),\boldsymbol{\Phi},\boldsymbol{G},\boldsymbol{C},\boldsymbol{D}$ 均为已知，研究能观测性问题时可不失一般性地简化动态方程为

$$\boldsymbol{x}(k+1)=\boldsymbol{\Phi x}(k) \tag{2-99}$$
$$\boldsymbol{y}(k)=\boldsymbol{Cx}(k) \tag{2-100}$$

其状态方程的解为

$$\boldsymbol{x}(k)=\boldsymbol{\Phi}^k\boldsymbol{x}(0) \tag{2-101}$$

及

$$\boldsymbol{y}(k)=\boldsymbol{C\Phi}^k\boldsymbol{x}(0),\quad k=0,1,\cdots,n-1 \tag{2-102}$$

若将式(2-98)右边后两项移至左边合并起来，仍为已知量，其方程性质同式(2-102)。展开式(2-102)有

$$\left.\begin{aligned} \boldsymbol{y}(0) &= \boldsymbol{C}\boldsymbol{x}(0) \\ \boldsymbol{y}(1) &= \boldsymbol{C}\boldsymbol{\Phi}\boldsymbol{x}(0) \\ &\cdots\cdots \\ \boldsymbol{y}(n-1) &= \boldsymbol{C}\boldsymbol{\Phi}^{n-1}\boldsymbol{x}(0) \end{aligned}\right\} \tag{2-103}$$

式中，$\boldsymbol{y}(0),\cdots,\boldsymbol{y}(n-1)$ 各代表 l 个方程，共计 nl 个方程，$\boldsymbol{x}(0)$ 含有 n 个未知量。写成矩阵向量形式：

$$\begin{bmatrix} \boldsymbol{y}(0) \\ \boldsymbol{y}(1) \\ \vdots \\ \boldsymbol{y}(n-1) \end{bmatrix} = \begin{bmatrix} \boldsymbol{C} \\ \boldsymbol{C}\boldsymbol{\Phi} \\ \vdots \\ \boldsymbol{C}\boldsymbol{\Phi}^{n-1} \end{bmatrix} \begin{bmatrix} \boldsymbol{x}_1(0) \\ \boldsymbol{x}_2(0) \\ \vdots \\ \boldsymbol{x}_n(0) \end{bmatrix} \tag{2-104}$$

令

$$\boldsymbol{Q}_o = \begin{bmatrix} \boldsymbol{C} \\ \boldsymbol{C}\boldsymbol{\Phi} \\ \vdots \\ \boldsymbol{C}\boldsymbol{\Phi}^{n-1} \end{bmatrix} \tag{2-105}$$

式(2-105)为 $(nl \times n)$ 维能观测性矩阵。在式(2-104)的 nl 个方程中若有 n 个独立方程，便可确定唯一的一组 $\boldsymbol{x}_1(0),\cdots,\boldsymbol{x}_n(0)$，故系统能观测的充要条件是

$$\operatorname{rank}[\boldsymbol{Q}_o] = n \tag{2-106}$$

由于 $\operatorname{rank}[\boldsymbol{Q}_o^{\mathrm{T}}] = \operatorname{rank}[\boldsymbol{Q}_o]$，故系统能观测的充要条件通常表示为

$$\operatorname{rank}[\boldsymbol{Q}_o^{\mathrm{T}}] = \operatorname{rank}[\boldsymbol{C}^{\mathrm{T}} \quad \boldsymbol{\Phi}^{\mathrm{T}}\boldsymbol{C}^{\mathrm{T}} \quad \cdots \quad (\boldsymbol{\Phi}^{\mathrm{T}})^{n-1}\boldsymbol{C}^{\mathrm{T}}] = n \tag{2-107}$$

$\boldsymbol{Q}_o$ 为离散系统能观测性矩阵，显见只与 $\boldsymbol{\Phi}$，$\boldsymbol{C}$ 矩阵有关。

例 2-13 判断下列系统的能观测性：

$$\boldsymbol{x}(k+1) = \boldsymbol{\Phi}\boldsymbol{x}(0) + \boldsymbol{g}u(k)$$
$$\boldsymbol{y}(k) = \boldsymbol{C}_i\boldsymbol{x}(k), \quad i=1,2$$

式中

$$\boldsymbol{\Phi} = \begin{bmatrix} 1 & 0 & -1 \\ 0 & -2 & 1 \\ 3 & 0 & 2 \end{bmatrix}, \quad \boldsymbol{g} = \begin{bmatrix} 2 \\ -1 \\ 1 \end{bmatrix}, \quad \boldsymbol{C}_1 = [0 \quad 1 \quad 0], \quad \boldsymbol{C}_2 = \begin{bmatrix} 0 & 0 & 1 \\ 1 & 0 & 0 \end{bmatrix}$$

解 计算能观测性矩阵 $\boldsymbol{Q}_o$：

(1) $\boldsymbol{C}_1^{\mathrm{T}} = \begin{bmatrix} 0 \\ 1 \\ 0 \end{bmatrix}$， $\boldsymbol{\Phi}^{\mathrm{T}}\boldsymbol{C}_1^{\mathrm{T}} = \begin{bmatrix} 0 \\ -2 \\ 1 \end{bmatrix}$， $(\boldsymbol{\Phi}^{\mathrm{T}})^2\boldsymbol{C}_1^{\mathrm{T}} = \begin{bmatrix} 3 \\ 4 \\ 0 \end{bmatrix}$， $|\boldsymbol{Q}_o| = \begin{vmatrix} 0 & 0 & 3 \\ 1 & -2 & 4 \\ 0 & 1 & 0 \end{vmatrix} = 3 \neq 0$

故系统能观测。

(2) $\boldsymbol{C}_2^{\mathrm{T}} = \begin{bmatrix} 0 & 1 \\ 0 & 0 \\ 1 & 0 \end{bmatrix}$， $\boldsymbol{\Phi}^{\mathrm{T}}\boldsymbol{C}_2^{\mathrm{T}} = \begin{bmatrix} 3 & 1 \\ 0 & 0 \\ 2 & -1 \end{bmatrix}$， $(\boldsymbol{\Phi}^{\mathrm{T}})^2\boldsymbol{C}_2^{\mathrm{T}} = \begin{bmatrix} 9 & -2 \\ 0 & 0 \\ 1 & -3 \end{bmatrix}$，

$$Q_o=\begin{bmatrix}0 & 1 & 3 & 1 & 9 & -2\\0 & 0 & 0 & 0 & 0 & 0\\1 & 0 & 2 & -1 & 1 & -3\end{bmatrix}$$

显见 Q_o 矩阵出现全零行，故 $\text{rank}[Q_o]=2\neq 3$，系统不能观测。

从本例可看出，输出矩阵为 C_1 时，$y(k)=x_2(k)$，第 k 步便同输出确定了 x_2；当 $y(k+1)=x_2(k+1)=-2x_2(k)+x_3(k)$ 时便可确定 x_3；当 $y(k+2)=-2x_2(k+1)+x_3(k+1)=4x_2(k)+3x_1(k)$ 时便可确定 x_1，对三阶系统来说，在三步以内能由 $y(k),y(k+1),y(k+2)$ 测得全部状态，故系统能观测。而输出矩阵为 C_2 时，有

$$\boldsymbol{y}(k)=\begin{bmatrix}x_3(k)\\x_1(k)\end{bmatrix}$$

$$\boldsymbol{y}(k+1)=\begin{bmatrix}x_3(k+1)\\x_1(k+1)\end{bmatrix}=\begin{bmatrix}3x_1(k)+2x_3(k)\\x_1(k)-x_3(k)\end{bmatrix}$$

$$\boldsymbol{y}(k+2)=\begin{bmatrix}3x_1(k+1)+2x_3(k+1)\\x_1(k+1)-x_3(k+1)\end{bmatrix}=\begin{bmatrix}9x_1(k)+x_3(k)\\-2x_1(k)-3x_3(k)\end{bmatrix}$$

可看出在三步内，其输出始终不含 x_2，故 x_2 是不能观测状态的。以上分析表明，能观测性是与 $\boldsymbol{\Phi}$，$\boldsymbol{C}$ 有关的；$\boldsymbol{\Phi}$ 确定后，则与 $\boldsymbol{C}$ 的选择有关。

2.5.3　线性时变离散系统的能控性和能达性

线性时变离散系统

$$\boldsymbol{x}(k+1)=\boldsymbol{\Phi}(k)\boldsymbol{x}(k)+\boldsymbol{G}(k)\boldsymbol{u}(k),\quad k\in T_k \tag{2-108}$$

式中，T_k 为离散时间定义区间。如果对初始时刻 $h\in T_k$ 和状态空间中的所有非零状态 $\boldsymbol{x}_0$，都存在时刻 $t\in T_k,l>h$ 和对应的控制 $\boldsymbol{u}(k)$，使得 $\boldsymbol{x}(l)=\boldsymbol{0}$，则称系统在时刻 h 为完全能控。对应地，如果对初始时刻 $h\in T_k$，和初始状态 $\boldsymbol{x}(h)=\boldsymbol{0}$，存在时刻 $t\in T_k,l>h$，和相应的控制 $\boldsymbol{u}(k)$，使 $\boldsymbol{x}(l)$ 可为状态空间中的任意非零点，则称系统在时刻 h 为完全能达。

对于离散时间系统，不管是时变的还是定常的，其能控性和能达性只是在一定的条件下才是等价的。

1. 能控性和能达性等价的条件

(1) 线性离散时间系统式(2-108)的能控性和能达性为等价的充分必要条件，是系统矩阵 $\boldsymbol{\Phi}(k)$ 对所有 $k\in[h,l-1]$ 为非奇异。

按能控性定义，存在 $\boldsymbol{u}(k)$ 在有限的时间内，将非零初始状态 $\boldsymbol{x}_0$ 转移到 $\boldsymbol{x}(l)=\boldsymbol{0}$，因此下式成立：

$$\boldsymbol{0}=\boldsymbol{x}(l)=\boldsymbol{\Phi}(l,h)\boldsymbol{x}_0+\sum_{k=h}^{l-1}\boldsymbol{\Phi}(l,k+1)\boldsymbol{G}(k)\boldsymbol{u}(k) \tag{2-109}$$

由此，可导出

$$\boldsymbol{\Phi}(l,h)\boldsymbol{x}_0=-\sum_{k=h}^{l-1}\boldsymbol{\Phi}(l,k+1)\boldsymbol{G}(k)\boldsymbol{u}(k) \tag{2-110}$$

再由能达性定义，存在 $\boldsymbol{u}(k)$ 在有限的时间内，将零初始状态 $\boldsymbol{x}_0=\boldsymbol{0}$ 转移到任意状态 $\boldsymbol{x}(l)\neq\boldsymbol{0}$。因此下式成立：

$$x(l)=\sum_{k=h}^{l-1}\boldsymbol{\Phi}(l,k+1)\boldsymbol{G}(k)\boldsymbol{u}(k) \tag{2-111}$$

若将式(2-110)和式(2-111)中的控制取为相同的 $\boldsymbol{u}(k)$，则由此可得

$$\boldsymbol{x}(l)=-\boldsymbol{\Phi}(l,h)\boldsymbol{x}_0 \tag{2-112}$$

注意到状态转移矩阵

$$\boldsymbol{\Phi}(l,h)=\boldsymbol{\Phi}(l-1)\boldsymbol{\Phi}(l-2)\cdots\boldsymbol{\Phi}(h)=\prod_{k=h}^{l-1}\boldsymbol{\Phi}(k) \tag{2-113}$$

再将式(2-113)代入式(2-112)，可导出

$$\boldsymbol{x}(l)=-\prod_{k=h}^{l-1}\boldsymbol{\Phi}(k)\boldsymbol{x}_0 \tag{2-114}$$

这表明，当且仅当 $\boldsymbol{\Phi}(k)$ 对所有 $k\in[h,l-1]$ 为非奇异时，对任一能控的 $\boldsymbol{x}_0$ 必对应于唯一的能达状态 $\boldsymbol{x}(l)$，而对任一能达的 $\boldsymbol{x}(l)$ 也必对应于唯一的能控状态 $\boldsymbol{x}_0$，即系统的能控性和能达性等价。

(2) 线性定常离散时间系统

$$\boldsymbol{x}(k+1)=\boldsymbol{\Phi x}(k)+\boldsymbol{Gu}(k),\qquad k=0,1,\cdots \tag{2-115}$$

其能控性和能达性等价的充分必要条件是系统矩阵 $\boldsymbol{\Phi}$ 为非奇异的。

(3) 如果离散时间系统式(2-108)和式(2-115)是相应连续时间系统的时间离散化模型，则其能控性和能达性必是等价的。

考虑到此种情况下有

$$\boldsymbol{\Phi}(k)=\boldsymbol{\Phi}(k+1,k),\qquad k\in T_k$$

和

$$\boldsymbol{\Phi}=\mathrm{e}^{\boldsymbol{A}T}$$

式中，$\boldsymbol{\Phi}$ 为连续时间系统的状态转移矩阵；T_k 为采样周期。已知 $\boldsymbol{\Phi}(t,t_0)$ 和 $\mathrm{e}^{\boldsymbol{A}T}$ 必为非奇异，从而 $\boldsymbol{\Phi}(k)$ 和 $\boldsymbol{\Phi}$ 必为非奇异。于是系统能控性和能达性等价。

2. 能控性判据

离散时间系统的能控性判据与连续时间系统的能控性判据相类同。下面，不作证明，直接给出判据。

(1) 时变离散系统的格拉姆矩阵判据。线性时变离散系统式(2-108)在时刻 $h,h\in T_k$，为完全能控的充分必要条件是，存在有限时间 $l\in T_k,l>k$，使如下定义的格拉姆矩阵：

$$\boldsymbol{W}(h,l)=\sum_{k=h}^{l-1}\boldsymbol{\Phi}(h,k+1)\boldsymbol{G}(k)\boldsymbol{G}^{\mathrm{T}}(k)\boldsymbol{\Phi}^{\mathrm{T}}(h,k+1) \tag{2-116}$$

为非奇异。

(2) 定常离散系统的秩判据。线性定常离散系统式(2-115)为完全能控的充分必要条件是

$$\mathrm{rank}[\boldsymbol{G}\quad \boldsymbol{\Phi G}\quad \cdots\quad \boldsymbol{\Phi}^{n-1}\boldsymbol{G}]=n \tag{2-117}$$

式中，n 为系统的维数。

对于单输入定常离散系统

$$\boldsymbol{x}(k+1)=\boldsymbol{\Phi x}(k)+\boldsymbol{g}u(k),\qquad k=0,1,2,\cdots \tag{2-118}$$

式中，$\boldsymbol{x}$ 为 n 维状态向量；u 为标量输入；$\boldsymbol{\Phi}$ 假定为非奇异。则当系统为完全能控时，可构造如

下的控制：

$$\begin{bmatrix} u(0) \\ u(1) \\ \vdots \\ u(n-1) \end{bmatrix} = -[\boldsymbol{\Phi}^{-1}\boldsymbol{g} \quad \boldsymbol{\Phi}^{-2}\boldsymbol{g} \quad \cdots \quad \boldsymbol{\Phi}^{-n}\boldsymbol{g}]^{-1}\boldsymbol{x}_0 \tag{2-119}$$

能在 n 步内将任意状态 $\boldsymbol{x}(0)=\boldsymbol{x}_0$ 转移到状态空间的原点。

2.5.4　线性时变离散系统的能观测性及其判据

设时变离散系统为

$$\left.\begin{aligned} \boldsymbol{x}(k+1) &= \boldsymbol{\Phi}(k)\boldsymbol{x}(k) \\ \boldsymbol{y}(k) &= \boldsymbol{C}(k)\boldsymbol{x}(k) \end{aligned}\quad, \qquad k \in T_k\right\} \tag{2-120}$$

若对初始时刻 $h \in T_k$ 的任一非零初态 $\boldsymbol{x}_0$，都存在有限时刻 $l \in T_k, l > h$，且可由 $[h,l]$ 上的输出 $\boldsymbol{y}(k)$ 唯一地确定 $\boldsymbol{x}_0$，则称系统在时刻 h 是完全能观测的。

1. 时变离散系统的格拉姆矩阵判据

线性时变离散系统式(2-120) 在时刻 $h(h \in T_k)$ 为完全能观测的充分必要条件是：存在有限时刻 $l \in T_k, l > h$，使如下定义的格拉姆矩阵：

$$\boldsymbol{M}[h,l] = \sum_{k=h}^{l-1} \boldsymbol{\Phi}^{\mathrm{T}}(k+1,h)\boldsymbol{C}^{\mathrm{T}}(k)\boldsymbol{C}(k)\boldsymbol{\Phi}(k+1,h) \tag{2-121}$$

为非奇异。

2. 定常离散系统的秩判据

线性定常离散系统

$$\left.\begin{aligned} \boldsymbol{x}(k+1) &= \boldsymbol{\Phi}\boldsymbol{x}(k) \\ \boldsymbol{y}(k) &= \boldsymbol{C}\boldsymbol{x}(k) \end{aligned}\quad, \qquad k=0,1,2,\cdots\right\} \tag{2-122}$$

为完全能观测的充分必要条件是

$$\operatorname{rank}\begin{bmatrix} \boldsymbol{C} \\ \boldsymbol{C}\boldsymbol{\Phi} \\ \vdots \\ \boldsymbol{C}\boldsymbol{\Phi}^{n-1} \end{bmatrix} = n \tag{2-123}$$

或

$$\operatorname{rank}[\boldsymbol{C}^{\mathrm{T}} \quad \boldsymbol{\Phi}^{\mathrm{T}}\boldsymbol{C}^{\mathrm{T}} \quad \cdots \quad (\boldsymbol{\Phi}^{\mathrm{T}})^{n-1}\boldsymbol{C}^{\mathrm{T}}] = n \tag{2-124}$$

对于单输出定常离散系统

$$\left.\begin{aligned} \boldsymbol{x}(k+1) &= \boldsymbol{\Phi}\boldsymbol{x}(k), \quad k=0,1,2,\cdots \\ y(k) &= \boldsymbol{C}\boldsymbol{x}(k), \qquad \boldsymbol{x}(0)=\boldsymbol{x}_0 \end{aligned}\right\} \tag{2-125}$$

式中，$\boldsymbol{x}$ 为 n 维状态向量；y 为标量输出。则当系统为完全能观测时，可只利用 n 步内的输出值 $y(0)$，$y(1)$，$\cdots$，$y(n-1)$ 构造出任意的非零初始状态 $\boldsymbol{x}_0$。

$$\boldsymbol{x}_0 = \begin{bmatrix} \boldsymbol{C} \\ \boldsymbol{C}\boldsymbol{\Phi} \\ \vdots \\ \boldsymbol{C}\boldsymbol{\Phi}^{n-1} \end{bmatrix}^{-1} \begin{bmatrix} y(0) \\ y(1) \\ \vdots \\ y(n-1) \end{bmatrix} \tag{2-126}$$

以上有关能观测性判据的结论，都可利用能控性和能观测性之间的对偶关系导出。对偶原理将在下节讨论。

连续系统时间离散化后保持能控和能观测的条件限于讨论定常的情况，设连续时间系统为

$$\begin{aligned}\dot{\boldsymbol{x}} &= \boldsymbol{A}\boldsymbol{x} + \boldsymbol{B}\boldsymbol{u}, \quad t > 0 \\ \boldsymbol{y} &= \boldsymbol{C}\boldsymbol{x}\end{aligned} \tag{2-127}$$

以下为采样周期的时间离散化系统

$$\begin{aligned}\boldsymbol{x}(k+1) &= \boldsymbol{\Phi}\boldsymbol{x}(k) + \boldsymbol{G}\boldsymbol{u}(k), \quad k = 0,1,2,\cdots \\ \boldsymbol{y}(k) &= \boldsymbol{C}\boldsymbol{x}(k)\end{aligned} \tag{2-128}$$

其中，$\boldsymbol{\Phi} = e^{\boldsymbol{A}T}$，$\boldsymbol{G} = \int_0^T e^{\boldsymbol{A}t}\, dt\boldsymbol{B}$。于是有下列结论：

设$\lambda_1, \lambda_2, \cdots, \lambda_n$为$\boldsymbol{A}$的全部特征值，且当$i \neq j$时有$\lambda_i \neq \lambda_j$。则时间离散化系统式(2-128)保持能控和能观测的一个充分条件是采样周期T的数值，对一切满足

$$\mathrm{Re}\,[\lambda_i - \lambda_j] = 0, \quad i, j = 1, 2, \cdots, \mu \tag{2-129}$$

的特征值，下式应成立：

$$T \neq \frac{2l\pi}{\mathrm{Im}\,(\lambda_i - \lambda_j)}, \quad l = \pm 1, \pm 2, \cdots \tag{2-130}$$

2.6 对偶原理

线性系统的能控性和能观测性之间，存在着一种对偶关系。这种内在的对偶关系反映了系统的控制问题和估计问题的对偶性。

2.6.1 对偶系统

已知线性定常系统

$$\left.\begin{aligned}\dot{\boldsymbol{x}} &= \boldsymbol{A}\boldsymbol{x} + \boldsymbol{B}\boldsymbol{u} \\ \boldsymbol{y} &= \boldsymbol{C}\boldsymbol{x}\end{aligned}\right\} \tag{2-131}$$

式中，$\boldsymbol{x}$为n维状态列向量；$\boldsymbol{u}$为m维输入列向量；$\boldsymbol{y}$为l维输出列向量。现构造如下的线性系统：

$$\left.\begin{aligned}\dot{\boldsymbol{w}} &= -\boldsymbol{A}^{\mathrm{T}}\boldsymbol{w} + \boldsymbol{C}^{\mathrm{T}}\boldsymbol{v} \\ \boldsymbol{z} &= \boldsymbol{B}^{\mathrm{T}}\boldsymbol{w}\end{aligned}\right\} \tag{2-132}$$

式中，$\boldsymbol{w}$为n维列向量状态；$\boldsymbol{v}$为l维列向量输入；$\boldsymbol{z}$为m维列向量输出。则定义系统式(2-132)为系统式(2-131)的对偶系统。这两个对偶系统的方块图如图2-3所示。

线性系统式(2-131)和其对偶系统式(2-132)的状态转移矩阵有下列关系：

(1) 系统式(2-131)的状态转移矩阵为$\boldsymbol{\Phi}(t-t_0)$，有

$$\dot{\boldsymbol{\Phi}}(t-t_0) = \boldsymbol{A}\boldsymbol{\Phi}(t-t_0), \quad \boldsymbol{\Phi}(0) = \boldsymbol{I} \tag{2-133}$$

对偶系统式(2-132)的状态转移矩阵为$\boldsymbol{\psi}(t-t_0)$，有

$$\dot{\boldsymbol{\psi}}(t-t_0) = -\boldsymbol{A}^{\mathrm{T}}\boldsymbol{\psi}(t-t_0), \quad \boldsymbol{\psi}(0) = \boldsymbol{I} \tag{2-134}$$

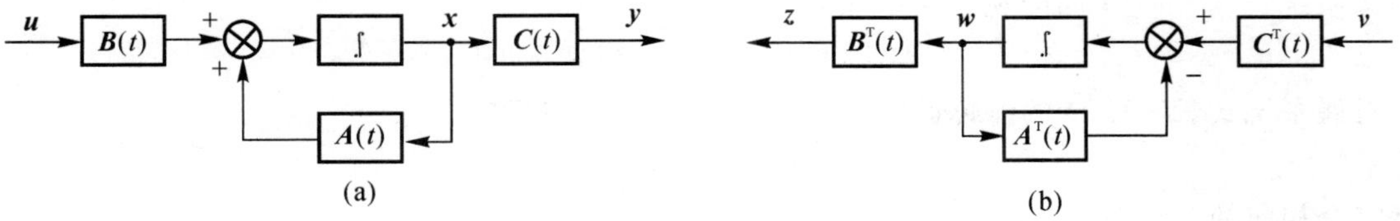

图 2-3　线性时变系统(a)及其对偶系统(b)

则必有关系式

$$\boldsymbol{\psi}(t-t_0)=\boldsymbol{\Phi}^{\mathrm{T}}(t_0-t) \tag{2-135}$$

该关系式可推导如下，因为

$$\boldsymbol{\Phi}(t-t_0)\boldsymbol{\Phi}^{-1}(t-t_0)=\boldsymbol{I} \tag{2-136}$$

对式(2-136)两边求导

$$\begin{aligned}\frac{\mathrm{d}}{\mathrm{d}t}[\boldsymbol{\Phi}(t-t_0)\boldsymbol{\Phi}^{-1}(t-t_0)]=&\frac{\mathrm{d}}{\mathrm{d}t}[\boldsymbol{\Phi}(t-t_0)]\boldsymbol{\Phi}^{-1}(t-t_0)+\boldsymbol{\Phi}(t-t_0)\frac{\mathrm{d}}{\mathrm{d}t}[\boldsymbol{\Phi}^{-1}(t-t_0)]=\\&\boldsymbol{A}\boldsymbol{\Phi}(t-t_0)\boldsymbol{\Phi}(t_0-t)+\boldsymbol{\Phi}(t-t_0)\dot{\boldsymbol{\Phi}}(t_0-t)=\\&\boldsymbol{A}+\boldsymbol{\Phi}(t-t_0)\dot{\boldsymbol{\Phi}}(t_0-t)=\boldsymbol{0}\end{aligned} \tag{2-137}$$

所以

$$\dot{\boldsymbol{\Phi}}(t_0-t)=-\boldsymbol{\Phi}^{-1}(t-t_0)\boldsymbol{A}=-\boldsymbol{\Phi}(t_0-t)\boldsymbol{A},\quad \boldsymbol{\Phi}(0)=\boldsymbol{I} \tag{2-138}$$

对该式两边求转置，得

$$\dot{\boldsymbol{\Phi}}^{\mathrm{T}}(t_0-t)=-\boldsymbol{A}^{\mathrm{T}}\boldsymbol{\Phi}^{\mathrm{T}}(t_0-t),\quad \boldsymbol{\Phi}^{\mathrm{T}}(0)=\boldsymbol{I} \tag{2-139}$$

将式(2-139)与式(2-134)比较可知，式(2-135)成立。

由此可以看出系统式(2-131)的运动是状态点在状态空间中，由 t_0 至 t 正时向转移。而对偶系统式(2-132)的运动是协状态点在状态空间中，由 t 至 t_0 反时向转移。

相应地，对于线性时变系统

$$\left.\begin{aligned}\dot{\boldsymbol{x}}&=\boldsymbol{A}(t)x+\boldsymbol{B}(t)\boldsymbol{u}\\ \boldsymbol{y}&=\boldsymbol{C}(t)\boldsymbol{x}\end{aligned}\right\} \tag{2-140}$$

式中，$\boldsymbol{x}$ 为 n 维状态列向量；$\boldsymbol{u}$ 为 m 维输入列向量；$\boldsymbol{y}$ 为 l 维输出列向量。现构造如下的线性时变系统：

$$\left.\begin{aligned}\dot{\boldsymbol{w}}&=-\boldsymbol{A}^{\mathrm{T}}(t)\boldsymbol{w}+\boldsymbol{C}^{\mathrm{T}}(t)\boldsymbol{v}\\ \boldsymbol{z}&=\boldsymbol{B}^{\mathrm{T}}(t)\boldsymbol{w}\end{aligned}\right\} \tag{2-141}$$

式中，$\boldsymbol{w}$ 为 n 维列向量状态；$\boldsymbol{v}$ 为 l 维列向量输入；$\boldsymbol{z}$ 为 m 维列向量输出。则定义系统(2-141)为系统(2-140)的对偶系统。它们各自的状态转移矩阵 $\boldsymbol{\Phi}(t,t_0)$ 和 $\boldsymbol{\psi}(t,t_0)$ 满足

$$\boldsymbol{\psi}(t,t_0)=\boldsymbol{\Phi}^{\mathrm{T}}(t_0,t),\quad \boldsymbol{\Phi}(t,t_0)=\boldsymbol{\psi}^{\mathrm{T}}(t_0,t)$$

2.6.2　对偶原理

不难验证，对于线性定常系统，系统式(2-131)的能控性矩阵为

$$[\boldsymbol{B}\quad \boldsymbol{AB}\quad \cdots\quad \boldsymbol{A}^{n-1}\boldsymbol{B}]$$

与对偶系统式(2-132)的能观测性矩阵

$$\{(\boldsymbol{B}^{\mathrm{T}})^{\mathrm{T}}\quad (\boldsymbol{A}^{\mathrm{T}})^{\mathrm{T}}(\boldsymbol{B}^{\mathrm{T}})^{\mathrm{T}}\quad \cdots\quad [(\boldsymbol{A}^{\mathrm{T}})^{\mathrm{T}}]^{n-1}(\boldsymbol{B}^{\mathrm{T}})^{\mathrm{T}}\}$$

是完全相同的；

系统式(2-131)的能观测性矩阵为

$$[\boldsymbol{C}^{\mathrm{T}} \quad \boldsymbol{A}^{\mathrm{T}}\boldsymbol{C}^{\mathrm{T}} \quad \cdots \quad (\boldsymbol{A}^{\mathrm{T}})^{n-1}\boldsymbol{C}^{\mathrm{T}}]$$

与对偶系统式(2-132)的能控性矩阵

$$[\boldsymbol{C}^{\mathrm{T}} \quad \boldsymbol{A}^{\mathrm{T}}\boldsymbol{C}^{\mathrm{T}} \quad \cdots \quad (\boldsymbol{A}^{\mathrm{T}})^{n-1}\boldsymbol{C}^{\mathrm{T}}]$$

是完全相同的。

对于线性时变系统,由格拉姆矩阵可知:

设系统式(2-140)在时刻 t_0 为完全能控,则意味着存在有限时刻 $t_1 > t_0$,有

$$\begin{aligned} n = &\operatorname{rank}\left\{\int_0^{t_1} \boldsymbol{\Phi}(t_0,t)\boldsymbol{B}(t)\boldsymbol{B}^{\mathrm{T}}(t)\boldsymbol{\Phi}^{\mathrm{T}}(t_0,t)\mathrm{d}t\right\} = \\ &\operatorname{rank}\left\{\int_0^{t_1} [\boldsymbol{\Phi}^{\mathrm{T}}(t_0,t)]^{\mathrm{T}}\, [\boldsymbol{B}^{\mathrm{T}}(t)]^{\mathrm{T}}\boldsymbol{B}^{\mathrm{T}}(t)\boldsymbol{\Phi}^{\mathrm{T}}(t_0,t)\mathrm{d}t\right\} = \\ &\operatorname{rank}\left\{\int_0^{t_1} \boldsymbol{\psi}^{\mathrm{T}}(t,t_0)\, [\boldsymbol{B}^{\mathrm{T}}(t)]^{\mathrm{T}}\boldsymbol{B}^{\mathrm{T}}(t)\boldsymbol{\psi}(t,t_0)\mathrm{d}t\right\} \end{aligned} \tag{2-142}$$

式(2-142)表明,对偶系统式(2-141)完全能观测。同样有

$$\begin{aligned} n = &\operatorname{rank}\left\{\int_0^{t_1} \boldsymbol{\Phi}^{\mathrm{T}}(t,t_0)\boldsymbol{C}^{\mathrm{T}}(t)\boldsymbol{C}(t)\boldsymbol{\Phi}(t,t_0)\mathrm{d}t\right\} = \\ &\operatorname{rank}\left\{\int_0^{t_1} \boldsymbol{\psi}(t_0,t)[\boldsymbol{C}^{\mathrm{T}}(t)]\,[\boldsymbol{C}^{\mathrm{T}}(t)]^{\mathrm{T}}\boldsymbol{\psi}^{\mathrm{T}}(t_0,t)\mathrm{d}t\right\} \end{aligned} \tag{2-143}$$

式(2-143)表明了系统式(2-140)的完全能观测等同于其对偶系统式(2-141)的完全能控。

由此得出结论:

对偶原理　线性系统式(2-140)的完全能控等同于对偶系统式(2-141)的完全能观测;线性系统式(2-140)的完全能观测等同于对偶系统式(2-141)的完全能控。这称为对偶(性)原理。

应用对偶原理,一个系统的能控性(能观测性)可用对偶系统的能观测性(能控性)来检查,把一个系统的能控性(能观测性)问题转化为其对偶系统的能观测性(能控性)问题来研究。

对偶原理对离散系统同样适用。

对偶原理的意义,不仅在于提供了由一种结构特性(如能控性或能观测性)的判据,来导出另一种结构特性(能观测性或能控性)判据的方法,而且还在于建立了系统的控制问题和估计问题之间的对应关系。因此,对偶原理具有重要的理论意义和实际的应用价值。

2.7　能控性和能观测性与传递函数(矩阵)的关系

描述系统内部结构特性的能控性和能观测性,与描述系统外部特性的传递函数(矩阵)之间,是必然存在内在关系的,揭示这种内在关系,可用来判断系统的能控性和能观测性。这是一种在 s 域内的判据。

为了简便起见,下面给出的系统都是以约当规范形为例来进行讨论的,但结论具有一般性。

2.7.1　单输入-单输出系统

设系统方程为

$$\dot{x}=Ax+bu,\quad y=cx \tag{2-144}$$

第一种情况：**A** 阵无重特征值。式(2-144)中的 **A**,**b**,**c** 表示如下：

$$A=\begin{bmatrix}\lambda_1 & & & \mathbf{0}\\ & \lambda_2 & & \\ & & \ddots & \\ \mathbf{0} & & & \lambda_n\end{bmatrix},\quad b=\begin{bmatrix}b_1\\ b_2\\ \vdots\\ b_n\end{bmatrix},\quad c=[c_1\quad c_2\quad \cdots\quad c_n]$$

A 阵中 $\lambda_1,\lambda_2,\cdots,\lambda_n$ 是两两相异的。则系统的传递函数 $G(s)$ 为

$$G(s)=\frac{y(s)}{u(s)}=c(sI-A)^{-1}b=\sum_{i=1}^{n}\frac{c_ib_i}{s-\lambda_i} \tag{2-145}$$

根据前面的系统能控性和能观测性约当规范形判据可知：

当 $b_i\neq 0,c_i=0$ 时，x_i 必能控而不能观测；

当 $b_i=0,c_i\neq 0$ 时，x_i 必能观测而不能控；

当 $b_i=0,c_i=0$ 时，x_i 既不能控又不能观测。

以上三种情况都使 $c_ib_i=0(i=1,2,\cdots,n)$，此时传递函数中必存在零极点对消的现象。由状态方程表示出的 n 阶系统，但其传递函数的分母阶次却小于 n。故当由动态方程导出的传递函数存在零极点对消时，该系统或是能控不能观测，或是能观测不能控或是不能控不能观测，三者必居其一，当由可约的传递函数列写其实现方式时，也可列出以上三种类型的动态方程，视状态变量的选择而定。

当 $b_i\neq 0,c_i\neq 0$ 时，$i=1,2,\cdots,n$，x_i 既能控又能观测。这时由动态方程导出的传递函数，不存在零极点对消现象。

第二种情况：**A** 阵具有重特征值。式(2-144)中的 **A**,**b**,**c** 表示如下：

$$A=\begin{bmatrix}J_1 & & & \mathbf{0}\\ & J_2 & & \\ & & \ddots & \\ \mathbf{0} & & & J_l\end{bmatrix}_{n\times n},\quad J_i=\begin{bmatrix}\lambda_{i1} & 1 & & \mathbf{0}\\ & \lambda_{i2} & \ddots & \\ & & \ddots & 1\\ \mathbf{0} & & & \lambda_{i\sigma_i}\end{bmatrix}_{\sigma_i\times\sigma_i},\quad b=\begin{bmatrix}b_1\\ b_2\\ \vdots\\ b_l\end{bmatrix}_{n\times 1},\quad b_i=\begin{bmatrix}0\\ \vdots\\ 0\\ b_{i\sigma_i}\end{bmatrix}_{\sigma_i\times 1}$$

$$c=[c_1\ \vdots\ c_2\ \vdots\ \cdots\ \vdots\ c_l]_{1\times n},\quad c_i=[c_{i1}\quad 0\quad \cdots\quad 0]_{1\times\sigma_i}$$

上式表示，**A** 有 n 个特征值，其中 λ_i 为 σ_i 重根，而且，$\sigma_1+\sigma_2+\cdots+\sigma_i=n$。这里假设 **A** 有 l 个约当块，且每个特征值分布在一个约当块内。因此，系统传递函数为

$$G(s)=\frac{Y(s)}{U(s)}=c(sI-A)^{-1}b=\sum_{i=1}^{l}\frac{c_{i1}b_{i\sigma_i}}{(s-\lambda_i)^{\sigma_i}} \tag{2-146}$$

根据系统能控性和能观测性的约当规范形判据可知：

当 $b_{i\sigma_i}=0$ 时，系统不能控；

当 $c_{i1}=0$ 时，系统不能观测；

当 $b_{i\sigma_i}=0,\ c_{i1}=0$ 时，系统既不能控也不能观测。

显然，上述情况造成式(2-146)中 $c_{i1}b_{i\sigma_i}=0(i=1,2,\cdots,l)$，此时传递函数中必存在零极点对消的现象。

综合上述两种情况的分析，对单输入-单输出系统的能控性和能观测性的判据，结论如下：

单输入-单输出线性定常系统能控和能观测的充分必要条件是：系统传递函数没有零极点对消，或传递函数不可约，或传递函数的极点等于矩阵 **A** 的特征值。

例 2-14 已知下列动态方程，试用系统传递函数判断系统的能控性和能观测性。

(1) $\begin{bmatrix}\dot{x}_1\\ \dot{x}_2\end{bmatrix}=\begin{bmatrix}0 & 1\\ 2.5 & -1.5\end{bmatrix}\begin{bmatrix}x_1\\ x_2\end{bmatrix}+\begin{bmatrix}0\\ 1\end{bmatrix}u,\quad y=\begin{bmatrix}2.5 & 1\end{bmatrix}\begin{bmatrix}x_1\\ x_2\end{bmatrix}$

(2) $\begin{bmatrix}\dot{x}_1\\ \dot{x}_2\end{bmatrix}=\begin{bmatrix}0 & 2.5\\ 1 & -1.5\end{bmatrix}\begin{bmatrix}x_1\\ x_2\end{bmatrix}+\begin{bmatrix}2.5\\ 1\end{bmatrix}u,\quad y=\begin{bmatrix}0 & 1\end{bmatrix}\begin{bmatrix}x_1\\ x_2\end{bmatrix}$

(3) $\begin{bmatrix}\dot{x}_1\\ \dot{x}_2\end{bmatrix}=\begin{bmatrix}1 & 0\\ 0 & -2.5\end{bmatrix}\begin{bmatrix}x_1\\ x_2\end{bmatrix}+\begin{bmatrix}1\\ 0\end{bmatrix}u,\quad y=\begin{bmatrix}1 & 0\end{bmatrix}\begin{bmatrix}x_1\\ x_2\end{bmatrix}$

解 三个系统的传递函数均为

$$\boldsymbol{G}(s)=\frac{s+2.5}{(s+2.5)(s-1)}$$

存在零极点的对消现象。

(1) $[\boldsymbol{A},\ \boldsymbol{b}]$ 对为能控规范形，故能控，则不能观测。

(2) $[\boldsymbol{A},\ \boldsymbol{c}]$ 对为能观测规范形，故能观测，则不能控。

(3) 因 $\boldsymbol{A}$ 阵为对角化矩阵，由输入和输出矩阵可判断系统不能控、不能观测。

2.7.2 多输入-多输出系统

对于多输入-多输出系统，利用其传递函数矩阵的特征来判断系统的能控性和能观测性，要比单输入-单输出系统复杂得多。因为多输入-多输出系统传递矩阵存在零极点对消时，系统并非一定是不能控或不能观测的。下面，从两个角度来研究利用传递函数矩阵来判断系统的能控性和能观测性，即利用传递矩阵中的行或列向量的线性相关性来作判据，和利用传递矩阵零极点对消来作判据。

设线性定常系统的动态方程为

$$\left.\begin{aligned}\dot{\boldsymbol{x}}&=\boldsymbol{Ax}+\boldsymbol{Bu}\\ \boldsymbol{y}&=\boldsymbol{Cx}\end{aligned}\right\}\tag{2-147}$$

式中，$\boldsymbol{A},\boldsymbol{B},\boldsymbol{C}$ 分别为 $(n\times n)$，$(n\times m)$，$(l\times n)$ 的常值矩阵。系统式(2-147)的传递函数矩阵为

$$\boldsymbol{G}(s)=\boldsymbol{C}(s\boldsymbol{I}-\boldsymbol{A})^{-1}\boldsymbol{B}=\frac{\boldsymbol{C}\operatorname{adj}(s\boldsymbol{I}-\boldsymbol{A})\boldsymbol{B}}{|s\boldsymbol{I}-\boldsymbol{A}|}\tag{2-148}$$

$\boldsymbol{G}(s)$ 的各元素一般是 s 的多项式。

首先讨论利用传递函数矩阵中的行或列向量的相关性，对系统的能控性或能观测性进行判断，有如下判据：

(1) 多输入系统能控的充分必要条件是：$(s\boldsymbol{I}-\boldsymbol{A})^{-1}\boldsymbol{B}$ 的 n 行线性无关。

证明 必要性：已知系统式(2-147)完全能控，欲证 $(s\boldsymbol{I}-\boldsymbol{A})^{-1}\boldsymbol{B}$ 的 n 行线性无关。系统输入向量 $\boldsymbol{u}$ 与状态向量 $\boldsymbol{x}$ 间的传递函数矩阵为

$$\boldsymbol{G}_1(s)=(s\boldsymbol{I}-\boldsymbol{A})^{-1}\boldsymbol{B}$$

由于 $e^{\boldsymbol{A}t}=\mathscr{L}^{-1}[(s\boldsymbol{I}-\boldsymbol{A})^{-1}]$，故 $\mathscr{L}[e^{\boldsymbol{A}t}]=(s\boldsymbol{I}-\boldsymbol{A})^{-1}$，于是有

$$\mathscr{L}[e^{\boldsymbol{A}t}\boldsymbol{B}]=(s\boldsymbol{I}-\boldsymbol{A})^{-1}\boldsymbol{B}\tag{2-149}$$

展开式(2-149)的左端，有

$$\mathscr{L}[e^{\boldsymbol{A}t}\boldsymbol{B}]=\mathscr{L}\left[\sum_{m=0}^{n-1}\alpha_m(t)\boldsymbol{A}^m\boldsymbol{B}\right]=\mathscr{L}[\alpha_0(t)]\boldsymbol{B}+\mathscr{L}[\alpha_1(t)]\boldsymbol{AB}+\cdots+\mathscr{L}[\alpha_{n-1}(t)]\boldsymbol{A}^{n-1}\boldsymbol{B}=$$

$$[\boldsymbol{B} \quad \boldsymbol{AB} \quad \cdots \quad \boldsymbol{A}^{n-1}\boldsymbol{B}]\begin{bmatrix}\alpha_0(s)\boldsymbol{I}_m\\ \alpha_1(s)\boldsymbol{I}_m\\ \vdots\\ \alpha_{n-1}(s)\boldsymbol{I}_m\end{bmatrix} \tag{2-150}$$

式中，$\boldsymbol{I}_m$ 为 $m\times m$ 单位矩阵，$[\alpha_0(s)\boldsymbol{I}_m \quad \alpha_1(s)\boldsymbol{I}_m \quad \cdots \quad \alpha_{n-1}(s)\boldsymbol{I}_m]^{\mathrm{T}}$ 为 $(nm\times m)$ 矩阵，其行与列均线性无关。已知系统完全能控，其能控性矩阵 $[\boldsymbol{B} \quad \boldsymbol{AB} \quad \cdots \quad \boldsymbol{A}^{n-1}\boldsymbol{B}]$ 必 n 行线性无关，则 $\mathscr{L}[\mathrm{e}^{\boldsymbol{A}t}\boldsymbol{B}]=(s\boldsymbol{I}-\boldsymbol{A})^{-1}\boldsymbol{B}$ 的 n 行线性无关。必要性得证。

充分性：采用反证法。已知 $(s\boldsymbol{I}-\boldsymbol{A})^{-1}\boldsymbol{B}$ 的 n 行线性无关，反设系统不完全能控，则能控性矩阵

$$\boldsymbol{Q}_c=[\boldsymbol{B} \quad \boldsymbol{AB} \quad \cdots \quad \boldsymbol{A}^{n-1}\boldsymbol{B}]$$

的秩小于 n，即

$$\operatorname{rank}[\boldsymbol{B} \quad \boldsymbol{AB} \quad \cdots \quad \boldsymbol{A}^{n-1}\boldsymbol{B}]\leqslant n-1$$

由式(2-150)可知，这就使 $(s\boldsymbol{I}-\boldsymbol{A})^{-1}\boldsymbol{B}$ 线性无关的行数小于 n，这与已知条件相反。因此，反设不成立，充分性得证。证毕。

(2) 多输出系统能观测的充分必要条件是：$\boldsymbol{C}(s\boldsymbol{I}-\boldsymbol{A})^{-1}$ 的 n 列线性无关。

证明　必要性：已知系统式(2-147)完全能观测，欲证 $\boldsymbol{C}(s\boldsymbol{I}-\boldsymbol{A})^{-1}$ 的 n 列线性无关。由系统的动态方程可得

$$\boldsymbol{y}(s)=\boldsymbol{C}(s\boldsymbol{I}-\boldsymbol{A})^{-1}\boldsymbol{x}_0 \tag{2-151}$$

式(2-151)表明，$\boldsymbol{C}(s\boldsymbol{I}-\boldsymbol{A})^{-1}$ 是初始状态向量与输出向量的传递函数矩阵。于是有

$$\boldsymbol{C}(s\boldsymbol{I}-\boldsymbol{A})^{-1}=\mathscr{L}[\boldsymbol{C}\mathrm{e}^{\boldsymbol{A}t}] \tag{2-152}$$

展开式(2-152)的右端，有

$$\mathscr{L}[\boldsymbol{C}\mathrm{e}^{\boldsymbol{A}t}]=\mathscr{L}\left[\boldsymbol{C}\sum_{m=0}^{n-1}\alpha_m(t)\boldsymbol{A}\right]=\mathscr{L}[\alpha_0(t)]\boldsymbol{C}+\mathscr{L}[\alpha_1(t)]\boldsymbol{CA}+\cdots+\mathscr{L}[\alpha_{n-1}(t)]\boldsymbol{CA}^{n-1}=$$

$$[\alpha_0(s)\boldsymbol{I}_l \quad \alpha_1(s)\boldsymbol{I}_l \quad \cdots \quad \alpha_{n-1}(s)\boldsymbol{I}_l]\begin{bmatrix}\boldsymbol{C}\\ \boldsymbol{CA}\\ \vdots\\ \boldsymbol{CA}^{n-1}\end{bmatrix} \tag{2-153}$$

式中，$\boldsymbol{I}_l$ 为 $(l\times l)$ 单位矩阵，$[\alpha_0(s)\boldsymbol{I}_l \quad \alpha_1(s)\boldsymbol{I}_l \quad \cdots \quad \alpha_{n-1}(s)\boldsymbol{I}_l]$ 为 $(l\times nl)$ 矩阵，其行与列均线性无关。已知系统完全能观测，其能观测性矩阵 $\boldsymbol{Q}_0^{\mathrm{T}}$ 必 n 列线性无关，则 $\mathscr{L}[\boldsymbol{C}\mathrm{e}^{\boldsymbol{A}t}]=\boldsymbol{C}(s\boldsymbol{I}-\boldsymbol{A})^{-1}$ 的 n 列线性无关。必要性得证。

充分性：采用反证法。已知 $\boldsymbol{C}(s\boldsymbol{I}-\boldsymbol{A})^{-1}$ 的 n 列线性无关，反设系统不完全能观测，则能观测性矩阵的秩小于 n，即

$$\operatorname{rank}[\boldsymbol{C}^{\mathrm{T}} \quad \boldsymbol{A}^{\mathrm{T}}\boldsymbol{C}^{\mathrm{T}} \quad \cdots \quad (\boldsymbol{A}^{n-1})^{\mathrm{T}}\boldsymbol{C}^{\mathrm{T}}]\leqslant n-1$$

由式(2-153)可知，这就使 $\boldsymbol{C}(s\boldsymbol{I}-\boldsymbol{A})^{-1}$ 线性无关的列数小于 n。显然，这与已知条件相反。因此反设不成立，充分性得证。证毕。

例 2-15　判断下列系统的能控性和能观测性。

$$\dot{\boldsymbol{x}}=\boldsymbol{Ax}+\boldsymbol{Bu}$$
$$\boldsymbol{y}=\boldsymbol{Cx}$$

$$\boldsymbol{A}=\begin{bmatrix}1&3&2\\0&4&2\\0&0&1\end{bmatrix},\quad \boldsymbol{B}=\begin{bmatrix}0&1\\0&0\\1&0\end{bmatrix},\quad \boldsymbol{C}=\begin{bmatrix}1&0&0\\0&0&1\end{bmatrix}$$

解　这是双输入-双输出系统。先计算$(s\boldsymbol{I}-\boldsymbol{A})^{-1}$，可得

$$(s\boldsymbol{I}-\boldsymbol{A})^{-1}=\begin{bmatrix}s-1&-3&-2\\0&s-4&-2\\0&0&s-1\end{bmatrix}^{-1}=\frac{s-1}{(s-1)^2(s-4)}\begin{bmatrix}s-4&3&2\\0&s-1&2\\0&0&s-4\end{bmatrix}$$

故

$$(s\boldsymbol{I}-\boldsymbol{A})^{-1}\boldsymbol{B}=\frac{s-1}{(s-1)^2(s-4)}\begin{bmatrix}2&s-4\\2&0\\s-4&0\end{bmatrix}\tag{2-154}$$

为判断三行线性相关性，解下列方程：

$$\alpha_1(2,s-4)+\alpha_2(2,0)+\alpha_3(s-4,0)=0\tag{2-155}$$

将上式分为两个方程：

$$\begin{cases}2\alpha_1+2\alpha_2+\alpha_3(s-4)=0\\\alpha_1(s-4)=0\end{cases}$$

解得

$$\begin{cases}\alpha_1=0\\2\alpha_2+\alpha_3 s-4\alpha_3=0\end{cases}$$

利用两式同次项系数对应相等的条件，解到

$$\alpha_3=0,\quad \alpha_2=0$$

故只有$\alpha_1=\alpha_2=\alpha_3=0$时，才能满足式(2-155)。因此，式(2-154)三行线性无关，故系统完全能控。

$$\boldsymbol{C}(s\boldsymbol{I}-\boldsymbol{A})^{-1}=\frac{s-1}{(s-1)^2(s-1)}\begin{bmatrix}s-4&3&2\\0&0&s-4\end{bmatrix}\tag{2-156}$$

为判断三列线性相关性，解下列方程：

$$\beta_1\begin{bmatrix}s-4\\0\end{bmatrix}+\beta_2\begin{bmatrix}3\\0\end{bmatrix}+\beta_3\begin{bmatrix}2\\s-4\end{bmatrix}=0\tag{2-157}$$

即得

$$\beta_3(s-4)=0,\quad \beta_1(s-4)+3\beta_2+2\beta_3=0$$

解得

$$\beta_1=\beta_2=\beta_3=0$$

故式(2-156)中三列线性无关，系统完全可观测。

此例并未涉及传递函数矩阵是否存在零极点对消现象。

下面讨论利用系统传递函数矩阵是否存在零极点对消现象来判断系统的能控性和能观测性的问题。

(1) 多输入-多输出线性定常系统式(2-147)能控且能观测的充分条件是：系统传递函数矩阵$\boldsymbol{G}(s)$的分母$|s\boldsymbol{I}-\boldsymbol{A}|$与分子$\boldsymbol{C}\mathrm{adj}(s\boldsymbol{I}-\boldsymbol{A})\boldsymbol{B}$之间，没有零极点对消。

证明　充分性：采用反证法，已知$|s\boldsymbol{I}-\boldsymbol{A}|$与$\boldsymbol{C}\mathrm{adj}(s\boldsymbol{I}-\boldsymbol{A})\boldsymbol{B}$无零极点对消，反设系统不能控或不能观测，则能控性或能观测性矩阵的秩为n_1，$n_1<n$。即

$$\mathrm{rank}[\boldsymbol{B}\quad \boldsymbol{AB}\quad \cdots\quad \boldsymbol{A}^{n-1}\boldsymbol{B}]=n_1<n$$

或 $$\operatorname{rank}[\boldsymbol{C}^{\mathrm{T}} \quad \boldsymbol{A}^{\mathrm{T}}\boldsymbol{C}^{\mathrm{T}} \quad \cdots \quad (\boldsymbol{A}^{\mathrm{T}})^{n-1}\boldsymbol{C}^{\mathrm{T}}]=n_1<n$$

必存在一个 n_1 维的等价系统($\bar{\boldsymbol{A}}$ $\bar{\boldsymbol{B}}$ $\bar{\boldsymbol{C}}$)是能控且能观测的，根据等价系统必有相同的传递函数矩阵的原理，即

$$\frac{\bar{\boldsymbol{C}}\operatorname{adj}(s\boldsymbol{I}-\bar{\boldsymbol{A}})\bar{\boldsymbol{B}}}{|s\boldsymbol{I}-\bar{\boldsymbol{A}}|}=\frac{\boldsymbol{C}\operatorname{adj}(s\boldsymbol{I}-\boldsymbol{A})\boldsymbol{B}}{|s\boldsymbol{I}-\boldsymbol{A}|} \tag{2-158}$$

但这里 $|s\boldsymbol{I}-\bar{\boldsymbol{A}}|$ 是 n_1 次多项式，式(2-158)若要成立，必然有 $|s\boldsymbol{I}-\boldsymbol{A}|$ 与 $\boldsymbol{C}\operatorname{adj}(s\boldsymbol{I}-\boldsymbol{A})\boldsymbol{B}$ 发生零极点相消，这与已知条件相反，因此反设不成立。充分性得证。

例 2-16　设线性定常系统为

$$\dot{\boldsymbol{x}}=\begin{bmatrix}1&0\\0&1\end{bmatrix}\boldsymbol{x}+\begin{bmatrix}1&0\\0&1\end{bmatrix}\boldsymbol{u},\quad \boldsymbol{y}=\begin{bmatrix}1&0\\0&1\end{bmatrix}\boldsymbol{x}$$

试问：能否直接从系统传递函数矩阵来判断能控性和能观测性？

解　先计算系统的传递函数矩阵

$$\boldsymbol{G}(s)=\frac{\boldsymbol{C}\operatorname{adj}(s\boldsymbol{I}-\boldsymbol{A})}{|s\boldsymbol{I}-\boldsymbol{A}|}=\frac{1}{(s-1)^2}\begin{bmatrix}s-1&0\\0&s-1\end{bmatrix}=\frac{s-1}{(s-1)^2}\begin{bmatrix}1&0\\0&1\end{bmatrix}=\frac{1}{s-1}\begin{bmatrix}1&0\\0&1\end{bmatrix}$$

从计算过程可知：$\boldsymbol{G}(s)$ 有零极点相消。

再求能控性和能观测性矩阵的秩：

$$\operatorname{rank}[\boldsymbol{B} \quad \boldsymbol{AB}]=2,\quad \operatorname{rank}[\boldsymbol{C} \quad \boldsymbol{CA}]^{\mathrm{T}}=2$$

由秩判断可知，该系统是完全能控、完全能观测的。但 $\boldsymbol{G}(s)$ 有零极点相消。这说明，系统 $\boldsymbol{G}(s)$ 有零极点对消并不能判断系统的能控性和能观测性。

(2) 若将式(2-148)的分母用 $\boldsymbol{A}$ 的最小多项式 $\psi(s)$ 表示，设 $d(s)$ 为 $\boldsymbol{G}(s)$ 的首 1 最大公因式，则 $\boldsymbol{G}(s)$ 的分子分母分别用下式表示：

$$\boldsymbol{C}\operatorname{adj}(s\boldsymbol{I}-\boldsymbol{A})\boldsymbol{B}=\boldsymbol{C}d(s)\boldsymbol{H}(s)\boldsymbol{B}$$
$$|s\boldsymbol{I}-\boldsymbol{A}|=d(s)\psi(s)$$

于是

$$\boldsymbol{G}(s)=\frac{\boldsymbol{CH}(s)\boldsymbol{B}}{\psi(s)} \tag{2-159}$$

由式(2-159)得到以下结论：多输入-多输出线性定常系统式(2-147)能控且能观测的必要条件是：系统传递函数矩阵的分子 $\boldsymbol{CH}(s)\boldsymbol{B}$ 与分母 $\psi(s)$ 之间无非常数公因式，即无零极点相消。

证明略。

例 2-17　设线性定常系统为

$$\dot{\boldsymbol{x}}=\begin{bmatrix}1&3&2\\0&4&2\\0&0&1\end{bmatrix}\boldsymbol{x}+\begin{bmatrix}1&0\\0&1\\0&0\end{bmatrix}\boldsymbol{u},\quad \boldsymbol{y}=\begin{bmatrix}1&0&0\\0&1&1\end{bmatrix}\boldsymbol{x}$$

$\boldsymbol{A}$ 的最小多项式为 $\psi(s)=(s-1)(s-4)$，而

$$\boldsymbol{H}(s)=\begin{bmatrix}s-4&3&2\\0&s-1&2\\0&0&s-4\end{bmatrix},\quad \boldsymbol{CH}(s)\boldsymbol{B}=\begin{bmatrix}s-4&3\\0&s-1\end{bmatrix}$$

虽然 $\boldsymbol{CH}(s)\boldsymbol{B}$ 与 $\psi(s)$ 无公因式，但用能控性矩阵秩判据可以验证系统是不能控的。

由此例可见，$\boldsymbol{G}(s)$ 的分母为最小多项式 $\psi(s)$，并与分子 $\boldsymbol{CH}(s)\boldsymbol{B}$ 之间无公因式，不是判断

能控性和能观测性的充分条件。

定义 2.7 正则有理矩阵 $\boldsymbol{G}(s)$ 的所有不恒为零的子式，当化成不可约简形式后的首 1 最小公分母定义为 $\boldsymbol{G}(s)$ 的极点多项式 $\varphi(s)$。极点多项式的次数定义为 $\boldsymbol{G}(s)$ 的次数，记为 n_b。$\varphi(s)=0$ 的根称为 $\boldsymbol{G}(s)$ 的极点。

设 $\boldsymbol{G}(s)$ 的秩为 r，当 $\boldsymbol{G}(s)$ 的所有不恒为零 r 阶子式的分母取为极点多项式时，其诸分子的首 1 最大公因子称为 $\boldsymbol{G}(s)$ 的零点多项式 $z(s)$，$z(s)=0$ 的根称为 $\boldsymbol{G}(s)$ 的零点。

例 2-18 考虑有理函数矩阵：

$$\boldsymbol{G}_1(s)=\begin{bmatrix}\dfrac{1}{s+1} & \dfrac{1}{s+1}\\ \dfrac{1}{s+1} & \dfrac{1}{s+1}\end{bmatrix},\quad \boldsymbol{G}_2(s)=\begin{bmatrix}\dfrac{2}{s+1} & \dfrac{1}{s+1}\\ \dfrac{1}{s+1} & \dfrac{1}{s+1}\end{bmatrix}$$

$$\boldsymbol{G}_3(s)=\begin{bmatrix}\dfrac{s}{s+1} & \dfrac{1}{(s+1)(s+2)} & \dfrac{1}{s+3}\\ \dfrac{-1}{s+1} & \dfrac{1}{(s+1)(s+2)} & \dfrac{1}{s}\end{bmatrix}$$

解 ① $\boldsymbol{G}_1(s)$ 的一阶子式为 $\dfrac{1}{s+1},\dfrac{1}{s+1},\dfrac{1}{s+1},\dfrac{1}{s+1}$，二阶子式恒为 0。因此，$\boldsymbol{G}_1(s)$ 的极点多项式是 $(s+1)$，$n_b=1$。不存在零点。

② $\boldsymbol{G}_2(s)$ 的一阶子式为 $\dfrac{2}{s+1},\dfrac{1}{s+1},\dfrac{1}{s+1},\dfrac{1}{s+1}$，一个二阶子式为 $\dfrac{1}{(s+1)^2}$。因此，$\boldsymbol{G}_2(s)$ 的极点多项式是 $(s+1)^2$，$n_b=2$。二阶子式分母已化为极点多项式，但分子不含非常数公因子，故不存在零点。

③ $\boldsymbol{G}_3(s)$ 的一阶子式是其各元素，二阶子式有三个：$\dfrac{1}{(s+1)(s+2)},\dfrac{s+4}{(s+1)(s+3)},\dfrac{3}{s(s+1)(s+2)(s+3)}$，因此，$\boldsymbol{G}_3(s)$ 的极点多项式为 $s(s+1)(s+2)(s+3)$，且 $n_b=4$。在二阶子式分母化为极点多项式后，其分子不存在非常数公因子，故不存在零点。

必须注意，在计算有理矩阵的极点多项式时，必须将每个子式简化成不可简约形式，计算零点多项式时必须将所有 r 阶子式的分母化为极点多项式，否则将会得到错误的结果。利用有理矩阵的极点多项式 $\varphi(s)$ 及其次数 n_b 和零点多项式 $z(s)$ 的概念，就能将单输入-单输出传递函数的相应结果推广到多输入-多输出系统传递函数矩阵。

(3) 多输入-多输出系统式(2-147) 是能控且能观测的充分必要条件是 $\boldsymbol{G}(s)$ 的极点多项式 $\varphi(s)$ 等于 $\boldsymbol{A}$ 的特征多项式 $|s\boldsymbol{I}-\boldsymbol{A}|$，即

$$\varphi(s)=\det(s\boldsymbol{I}-\boldsymbol{A})$$

证明略。

例 2-19 系统动态方程式(2-147) 中的 $\boldsymbol{A},\boldsymbol{B},\boldsymbol{C}$ 如下：

$$\boldsymbol{A}=\begin{bmatrix}0&0&1&0\\0&0&0&1\\0&0&-1&0\\0&0&0&-1\end{bmatrix},\quad \boldsymbol{B}=\begin{bmatrix}0&1\\1&1\\1&0\\0&-2\end{bmatrix},\quad \boldsymbol{C}=\begin{bmatrix}1&0&0&0\\0&1&0&0\end{bmatrix}$$

试判断此系统的能控性和能观测性。

解　列出传递函数矩阵

$$G(s)=\frac{C\mathrm{adj}\ (sI-A)^{-1}B}{|sI-A|}=\begin{bmatrix}\frac{1}{s(s+1)} & \frac{1}{s}\\ \frac{1}{s} & \frac{-1}{s(s+1)}\end{bmatrix}$$

$\boldsymbol{A}$ 的特征多项式 $|s\boldsymbol{I}-\boldsymbol{A}|=s^2\ (s+1)^2$。$\boldsymbol{G}(s)$ 各阶子式的最小公分母为 $s^2\ (s+1)^2$，即极点多项式 $\varphi(s)=s^2\ (s+1)^2$，$n=4$。显然 $\varphi(s)=|s\boldsymbol{I}-\boldsymbol{A}|$，因此系统能控且能观测。

2.8　能控能观测规范形和系统的结构分解

在化输入输出描述为状态空间描述的研究中，有意识地引入一些规范形状态空间描述，它们能明显地揭示系统的某些重要的结构特性，如能控性、能观测性、稳定性，并有助于建立一般的分析研究理论，故有必要研究将任意其他形式的状态空间方程化为规范形的问题，以及不同形式的状态空间方程之间存在的关系。

2.8.1　线性定常连续系统的坐标变换及其特性

设状态空间方程为

$$\dot{x}=Ax+Bu$$
$$y=Cx+Du$$

以引入坐标变换矩阵 $\boldsymbol{P}$ 为例，且 $\det[\boldsymbol{P}]\neq 0$，即令 $\boldsymbol{x}=\boldsymbol{P}\boldsymbol{z}$，于是变换后

$$\dot{z}=P^{-1}APz+P^{-1}Bu,\quad y=CPz+Du$$

即

$$\dot{z}=\bar{A}z+\bar{B}u,\quad y=\bar{C}z+\bar{D}u$$

1. 线性变换后系统特征值不变

证明　列出变换后系统矩阵的特征多项式：

$$\begin{aligned}|\lambda I-P^{-1}AP|=&|\lambda P^{-1}P-P^{-1}AP|=|P^{-1}\lambda IP-P^{-1}AP|=\\&|P^{-1}(\lambda I-A)P|=|P^{-1}\|\lambda I-A\|P|=|P^{-1}\|P\|\lambda I-A|=\\&|I\|\lambda I-A|=|\lambda I-A|\end{aligned}$$

表明与变换前特征多项式相同，故特征值不变。

对于线性定常系统而言，$\boldsymbol{A}$ 的特征值决定了系统的稳定性（详见第三章），因此表明，线性变换不改变系统的稳定性。

2. 线性变换后系统能控性不变

证明　列出变换后可控性矩阵

$$\begin{aligned}\bar{Q}_c=&[\bar{B},\bar{A}\bar{B},\bar{A}^2\bar{B},\cdots,\bar{A}^{n-1}\bar{B}]=\\&[P^{-1}B,(P^{-1}AP)P^{-1}B,(P^{-1}AP)^2P^{-1}B,\cdots,(P^{-1}AP)^{n-1}P^{-1}B]=\\&[P^{-1}B,P^{-1}AB,(P^{-1}AP)(P^{-1}AP)P^{-1}B,\cdots,\underbrace{(P^{-1}AP)\cdots(P^{-1}AP)}_{n-1}P^{-1}B]=\\&[P^{-1}B,P^{-1}AB,P^{-1}A^2B,\cdots,P^{-1}A^{n-1}B]=\\&P^{-1}[B,AB,A^2B,\cdots,A^{n-1}B]=\\&P^{-1}Q_c\end{aligned}$$

根据矩阵 Sylest 不等式，且 $\det[\boldsymbol{P}]\neq 0$，所以有

$$\mathrm{rank}[\bar{\boldsymbol{Q}}_c]\leqslant \min(\mathrm{rank}[\boldsymbol{P}^{-1}],\mathrm{rank}[\boldsymbol{Q}_c])=\mathrm{rank}[\boldsymbol{Q}_c]$$

又因 $$\boldsymbol{Q}_c=\boldsymbol{P}\bar{\boldsymbol{Q}}_c$$

所以 $$\mathrm{rank}[\boldsymbol{Q}_c]\leqslant \min(\mathrm{rank}[\boldsymbol{P}],\mathrm{rank}[\bar{\boldsymbol{Q}}_c])=\mathrm{rank}[\bar{\boldsymbol{Q}}_c]$$

故 $$\mathrm{rank}[\bar{\boldsymbol{Q}}_c]=\mathrm{rank}[\boldsymbol{Q}_c]$$

表明与变换前能控性矩阵的秩相同，故系统能控性不变。该结论对于线性时变系统同样成立。

3. 线性变换后系统能观测性不变

证明 列出变换后可观测性矩阵：

$$\begin{aligned}\bar{\boldsymbol{Q}}_o=&[\bar{\boldsymbol{C}}^{\mathrm{T}},\bar{\boldsymbol{A}}^{\mathrm{T}}\bar{\boldsymbol{C}}^{\mathrm{T}},(\bar{\boldsymbol{A}}^{\mathrm{T}})^2\bar{\boldsymbol{C}}^{\mathrm{T}},\cdots,(\bar{\boldsymbol{A}}^{\mathrm{T}})^{n-1}\bar{\boldsymbol{C}}^{\mathrm{T}}]=\\&[(\boldsymbol{CP})^{\mathrm{T}},(\boldsymbol{P}^{-1}\boldsymbol{AP})^{\mathrm{T}}(\boldsymbol{CP})^{\mathrm{T}},[(\boldsymbol{P}^{-1}\boldsymbol{AP})^2]^{\mathrm{T}}(\boldsymbol{CP})^{\mathrm{T}},\cdots,[(\boldsymbol{P}^{-1}\boldsymbol{AP})^{n-1}]^{\mathrm{T}}(\boldsymbol{CP})^{\mathrm{T}}]=\\&[\boldsymbol{P}^{\mathrm{T}}\boldsymbol{C}^{\mathrm{T}},\boldsymbol{P}^{\mathrm{T}}\boldsymbol{A}^{\mathrm{T}}(\boldsymbol{P}^{\mathrm{T}})^{-1}\boldsymbol{P}^{\mathrm{T}}\boldsymbol{C}^{\mathrm{T}},\boldsymbol{P}^{\mathrm{T}}(\boldsymbol{A}^2)^{\mathrm{T}}(\boldsymbol{P}^{\mathrm{T}})^{-1}\boldsymbol{P}^{\mathrm{T}}\boldsymbol{C}^{\mathrm{T}},\cdots,\boldsymbol{P}^{\mathrm{T}}(\boldsymbol{A}^{n-1})^{\mathrm{T}}(\boldsymbol{P}^{\mathrm{T}})^{-1}\boldsymbol{P}^{\mathrm{T}}\boldsymbol{C}^{\mathrm{T}}]=\\&\boldsymbol{P}^{\mathrm{T}}[\boldsymbol{C}^{\mathrm{T}},\boldsymbol{A}^{\mathrm{T}}\boldsymbol{C}^{\mathrm{T}},(\boldsymbol{A}^2)^{\mathrm{T}}\boldsymbol{C}^{\mathrm{T}},\cdots,(\boldsymbol{A}^{n-1})^{\mathrm{T}}\boldsymbol{C}^{\mathrm{T}}]=\\&\boldsymbol{P}^{\mathrm{T}}\boldsymbol{Q}_o\end{aligned}$$

根据矩阵 Sylest 不等式，且 $\det[\boldsymbol{P}]\neq 0$，因此有

$$\mathrm{rank}[\bar{\boldsymbol{Q}}_o]\leqslant \min(\mathrm{rank}[\boldsymbol{P}^{\mathrm{T}}],\ \mathrm{rank}[\boldsymbol{Q}_o])=\mathrm{rank}[\boldsymbol{Q}_o]$$

又因 $$\boldsymbol{Q}_o=(\boldsymbol{P}^{\mathrm{T}})^{-1}\bar{\boldsymbol{Q}}_o$$

所以 $$\mathrm{rank}[\boldsymbol{Q}_o]\leqslant \min(\mathrm{rank}[(\boldsymbol{P}^{\mathrm{T}})^{-1}],\ \mathrm{rank}[\bar{\boldsymbol{Q}}_o])=\mathrm{rank}[\bar{\boldsymbol{Q}}_o]$$

故 $$\mathrm{rank}[\bar{\boldsymbol{Q}}_o]=\mathrm{rank}[\boldsymbol{Q}_o]$$

表明与变换前能观测性矩阵的秩相同，故系统能观测性不变。该结论对于线性时变系统同样成立。

4. 线性变换后系统传递函数矩阵不变

证明 列出变换后传递函数：

$$\begin{aligned}\bar{\boldsymbol{G}}(s)=&\bar{\boldsymbol{C}}(s\boldsymbol{I}-\bar{\boldsymbol{A}})^{-1}\bar{\boldsymbol{B}}+\bar{\boldsymbol{D}}=\boldsymbol{CP}(s\boldsymbol{I}-\boldsymbol{PAP}^{-1})^{-1}\boldsymbol{P}^{-1}\boldsymbol{B}+\boldsymbol{D}=\\&\boldsymbol{CP}(\boldsymbol{P}s\boldsymbol{IP}^{-1}-\boldsymbol{PAP}^{-1})^{-1}\boldsymbol{P}^{-1}\boldsymbol{B}+\boldsymbol{D}=\\&\boldsymbol{CP}[\boldsymbol{P}(s\boldsymbol{I}-\boldsymbol{A})\boldsymbol{P}^{-1}]^{-1}\boldsymbol{P}^{-1}\boldsymbol{B}+\boldsymbol{D}=\\&\boldsymbol{C}(s\boldsymbol{I}-\boldsymbol{A})^{-1}\boldsymbol{B}+\boldsymbol{D}=\boldsymbol{G}(s)\end{aligned}$$

得证。

传递函数在线性变换前后不变，表明不同的状态变量选择形成的不同状态空间描述不会影响系统的输入输出特性。

从以上结论可知，线性系统的线性变换不会改变系统内在和外在的性质，从而可以放心地对系统进行各种线性变换。将状态方程转化成各种方便分析的形式，如能控规范形、能观测规范形、对角规范形和约当规范形等形式，而不用担心对系统产生任何影响，因此以上结论具有重要的意义。

2.8.2 单输入-单输出系统能控规范形和能观测规范形

对于完全能控或完全能观测的线性定常系统，如果从能控或能观测这个基本属性出发来构造一个非奇异的变换阵，可把系统的状态空间描述在这一线性变换下化成只有能控系统或能观测系统才具有的标准形式。通常，分别称标准形式的状态空间描述为能控规范形和能观

测规范形。规范形可为系统综合分析提供有效形式。本节先对单输入-单输出情况，讨论能控规范形和能观测规范形。

能控规范形　考虑完全能控的单输入-单输出线性定常系统

$$\begin{aligned}\dot{\boldsymbol{x}} &= \boldsymbol{A}\boldsymbol{x} + \boldsymbol{b}u \\ y &= \boldsymbol{c}\boldsymbol{x}\end{aligned} \tag{2-160}$$

式中，$\boldsymbol{A}$ 为$(n\times n)$常数阵；$\boldsymbol{b}$ 和 $\boldsymbol{c}$ 分别为$(n\times 1)$和$(1\times n)$常数阵。由于系统为完全能控，所以

$$\operatorname{rank}[\boldsymbol{b}\quad \boldsymbol{A}\boldsymbol{b}\quad \cdots\quad \boldsymbol{A}^{n-1}\boldsymbol{b}] = n \tag{2-161}$$

设 $\boldsymbol{A}$ 的特征多项式为

$$\det(s\boldsymbol{I}-\boldsymbol{A}) = s^n + \alpha_{n-1}s^{n-1} + \cdots + \alpha_1 s + \alpha_0 = \alpha(s) \tag{2-162}$$

于是，在此基础上，可导出能控规范形定理。

能控规范形定理　设系统式(2-160)能控，则可通过等价线性变换将其变换为能控规范形：

$$\dot{\bar{\boldsymbol{x}}} = \bar{\boldsymbol{A}}\bar{\boldsymbol{x}} + \bar{\boldsymbol{b}}u = \begin{bmatrix} 0 & 1 & 0 & \cdots & 0 \\ 0 & 0 & 1 & \cdots & 0 \\ \vdots & \vdots & \vdots & & \vdots \\ 0 & 0 & 0 & \cdots & 1 \\ -\alpha_0 & -\alpha_1 & -\alpha_2 & \cdots & -\alpha_{n-1} \end{bmatrix}\bar{\boldsymbol{x}} + \begin{bmatrix} 0 \\ 0 \\ \vdots \\ 0 \\ 1 \end{bmatrix}u \tag{2-163}$$

$$y = [\beta_0\quad \beta_1\quad \cdots\quad \beta_{n-1}]\bar{\boldsymbol{x}} = \bar{\boldsymbol{c}}\bar{\boldsymbol{x}}$$

证明　因系统式(2-160)能控，故向量组 $\boldsymbol{b},\boldsymbol{A}\boldsymbol{b},\cdots,\boldsymbol{A}^{n-1}\boldsymbol{b}$ 线性无关，因此按下式定义的向量组：

$$[\boldsymbol{q}_1\quad \boldsymbol{q}_2\quad \cdots\quad \boldsymbol{q}_n] = [\boldsymbol{b}\quad \boldsymbol{A}\boldsymbol{b}\quad \cdots\quad \boldsymbol{A}^{n-1}\boldsymbol{b}]\begin{bmatrix} \alpha_1 & \alpha_2 & \cdots & \alpha_{n-1} & 1 \\ \alpha_2 & \alpha_3 & \cdots & 1 & 0 \\ \vdots & \vdots & & \vdots & \vdots \\ \alpha_{n-1} & 1 & \cdots & 0 & 0 \\ 1 & 0 & \cdots & 0 & 0 \end{bmatrix} \tag{2-164}$$

也线性无关，并可取为状态空间的基底。设等价变换阵 $\boldsymbol{P} = [\boldsymbol{q}_1\quad \boldsymbol{q}_2\quad \cdots\quad \boldsymbol{q}_n]^{-1}$，则 $\boldsymbol{P}\boldsymbol{A}\boldsymbol{P}^{-1} = \bar{\boldsymbol{A}}$，即

$$\boldsymbol{A}\boldsymbol{P}^{-1} = \boldsymbol{P}^{-1}\bar{\boldsymbol{A}} \tag{2-165}$$

$$\boldsymbol{A}[\boldsymbol{q}_1\quad \boldsymbol{q}_2\quad \cdots\quad \boldsymbol{q}_n] = [\boldsymbol{q}_1\quad \boldsymbol{q}_2\quad \cdots\quad \boldsymbol{q}_n]\bar{\boldsymbol{A}} \tag{2-166}$$

由式(2-166)可知，当取 $\boldsymbol{q}_1,\boldsymbol{q}_2,\cdots,\boldsymbol{q}_n$ 作为基底时，$\boldsymbol{A}\boldsymbol{q}_i$ 可表为 $\boldsymbol{q}_1,\boldsymbol{q}_2,\cdots,\boldsymbol{q}_n$ 的线性组合。由式(2-164)得到

$$\left.\begin{aligned} \boldsymbol{q}_1 &= \alpha_1\boldsymbol{b} + \alpha_2\boldsymbol{A}\boldsymbol{b} + \cdots + \alpha_{n-1}\boldsymbol{A}^{n-2}\boldsymbol{b} + \boldsymbol{A}^{n-1}\boldsymbol{b} \\ \boldsymbol{q}_2 &= \alpha_2\boldsymbol{b} + \alpha_3\boldsymbol{A}\boldsymbol{b} + \cdots + \alpha_{n-2}\boldsymbol{A}^{n-3}\boldsymbol{b} + \boldsymbol{A}^{n-2}\boldsymbol{b} \\ &\cdots\cdots \\ \boldsymbol{q}_i &= \alpha_i\boldsymbol{b} + \alpha_{i+1}\boldsymbol{A}\boldsymbol{b} + \cdots + \alpha_{n-i}\boldsymbol{A}^{n-i-1}\boldsymbol{b} + \boldsymbol{A}^{n-i}\boldsymbol{b} \\ &\cdots\cdots \\ \boldsymbol{q}_n &= \boldsymbol{b} \end{aligned}\right\} \tag{2-167}$$

由式(2-167)进一步得到

$$\boldsymbol{q}_i=\alpha_i\boldsymbol{q}_n+\boldsymbol{A}\boldsymbol{q}_{i+1},\quad i=1,2,\cdots,n-1$$

或

$$\boldsymbol{A}\boldsymbol{q}_{i+1}=\boldsymbol{q}_i-\alpha_i\boldsymbol{q}_n \tag{2-168}$$

利用凯莱哈密尔顿定理 $\alpha(\boldsymbol{A})=0$,进一步得到

$$\begin{aligned}\boldsymbol{A}\boldsymbol{q}_1&=\boldsymbol{A}(\alpha_1\boldsymbol{b}+\alpha_2\boldsymbol{A}\boldsymbol{b}+\cdots+\alpha_{n-1}\boldsymbol{A}^{n-2}\boldsymbol{b}+\boldsymbol{A}^{n-1}\boldsymbol{b})=\\&-\alpha_0\boldsymbol{b}+(\alpha_0\boldsymbol{b}+\alpha_1\boldsymbol{A}\boldsymbol{b}+\alpha_2\boldsymbol{A}^2\boldsymbol{b}+\cdots+\alpha_{n-1}\boldsymbol{A}^{n-1}\boldsymbol{b}+\boldsymbol{A}^n\boldsymbol{b})=\\&-\alpha_0\boldsymbol{b}=-\alpha_0\boldsymbol{q}_n\end{aligned} \tag{2-169}$$

由式(2-168)和式(2-169)可写出下列形式:

$$\begin{bmatrix}\boldsymbol{A}\boldsymbol{q}_1\\\boldsymbol{A}\boldsymbol{q}_2\\\boldsymbol{A}\boldsymbol{q}_3\\\vdots\\\boldsymbol{A}\boldsymbol{q}_n\end{bmatrix}=\begin{bmatrix}0&0&\cdots&0&-\alpha_0\\1&0&\cdots&0&-\alpha_1\\0&1&\cdots&0&-\alpha_2\\\vdots&\vdots&&\vdots&\vdots\\0&0&\cdots&1&-\alpha_{n-1}\end{bmatrix}\begin{bmatrix}\boldsymbol{q}_1\\\boldsymbol{q}_2\\\vdots\\\boldsymbol{q}_n\end{bmatrix}$$

或

$$[\boldsymbol{A}\boldsymbol{q}_1\quad\boldsymbol{A}\boldsymbol{q}_2\quad\cdots\quad\boldsymbol{A}\boldsymbol{q}_n]=[\boldsymbol{q}_1\quad\boldsymbol{q}_2\quad\cdots\quad\boldsymbol{q}_n]\begin{bmatrix}0&1&0&\cdots&0\\0&0&1&\cdots&0\\0&0&0&\cdots&0\\\vdots&\vdots&\vdots&&\vdots\\0&0&0&\cdots&1\\-\alpha_0&-\alpha_1&-\alpha_2&\cdots&-\alpha_{n-1}\end{bmatrix} \tag{2-170}$$

将式(2-170)与式(2-165)比较得到

$$\bar{\boldsymbol{A}}=\begin{bmatrix}0&1&0&\cdots&0\\0&0&1&\cdots&0\\0&0&0&\cdots&0\\\vdots&\vdots&\vdots&&\vdots\\0&0&0&\cdots&1\\-\alpha_0&-\alpha_1&-\alpha_2&\cdots&-\alpha_{n-1}\end{bmatrix} \tag{2-171}$$

这时 $\bar{\boldsymbol{b}}=\boldsymbol{P}\boldsymbol{b}$ 或 $\boldsymbol{P}^{-1}\bar{\boldsymbol{b}}=\boldsymbol{b}$,即$[\boldsymbol{q}_1\quad\boldsymbol{q}_2\quad\cdots\quad\boldsymbol{q}_n]\bar{\boldsymbol{b}}=\boldsymbol{b}$ 而 $\boldsymbol{b}=\boldsymbol{q}_n$,故得

$$\bar{\boldsymbol{b}}=[0\quad0\quad\cdots\quad0\quad1]^{\mathrm{T}} \tag{2-172}$$

因 $\bar{\boldsymbol{c}}=\boldsymbol{c}\boldsymbol{P}^{-1}=\boldsymbol{c}[\boldsymbol{q}_1\quad\boldsymbol{q}_2\quad\cdots\quad\boldsymbol{q}_n]$,考虑式(2-164)得

$$\bar{\boldsymbol{c}}=\boldsymbol{c}[\boldsymbol{b}\quad\boldsymbol{A}\boldsymbol{b}\quad\cdots\quad\boldsymbol{A}^{n-1}\boldsymbol{b}]\begin{bmatrix}\alpha_1&\alpha_2&\cdots&\alpha_{n-1}&1\\\alpha_2&\alpha_3&\cdots&1&0\\\vdots&\vdots&&\vdots&\vdots\\\alpha_{n-1}&1&\cdots&0&0\\1&0&\cdots&0&0\end{bmatrix}=[\beta_0\quad\beta_1\quad\cdots\quad\beta_{n-1}] \tag{2-173}$$

式(2-173)中$[\beta_0\quad\beta_1\quad\cdots\quad\beta_{n-1}]$如下式所示:

$$\left.\begin{aligned}\beta_{n-1}&=\boldsymbol{cb}\\\beta_{n-2}&=\boldsymbol{cAb}+\alpha_{n-1}\boldsymbol{cb}\\&\cdots\cdots\\\beta_1&=\boldsymbol{cA}^{n-2}\boldsymbol{b}+\alpha_{n-1}\boldsymbol{cA}^{n-3}\boldsymbol{b}+\cdots+\alpha_2\boldsymbol{cb}\\\beta_0&=\boldsymbol{cA}^{n-1}\boldsymbol{b}+\alpha_{n-1}\boldsymbol{cA}^{n-2}\boldsymbol{b}+\cdots+\alpha_1\boldsymbol{cb}\end{aligned}\right\}\tag{2-174}$$

至此，完成了能控规范形定理的证明。

例 2-20　将下列能控系统变换为能控规范形：

$$\dot{\boldsymbol{x}}=\begin{bmatrix}1&0&1\\0&1&0\\1&0&0\end{bmatrix}\boldsymbol{x}+\begin{bmatrix}0\\1\\1\end{bmatrix}u$$

$$y=[1\quad 1\quad 0]\boldsymbol{x}$$

解　(1) 计算能控性矩阵

$$\boldsymbol{Q}_c=[\boldsymbol{b}\quad \boldsymbol{Ab}\quad \boldsymbol{A}^2\boldsymbol{b}]=\begin{bmatrix}0&1&1\\1&1&1\\1&0&1\end{bmatrix}$$

(2) 计算 $\boldsymbol{A}$ 的特征多项式

$$\det\begin{bmatrix}s-1&0&-1\\0&s-1&0\\-1&0&s\end{bmatrix}=s^3-2s^2+1=a(s)$$

(3) 计算变换矩阵

$$[\boldsymbol{q}_1\quad \boldsymbol{q}_2\quad \boldsymbol{q}_3]=\begin{bmatrix}0&1&1\\1&1&1\\1&0&1\end{bmatrix}\begin{bmatrix}0&-2&1\\-2&1&0\\1&0&0\end{bmatrix}=\begin{bmatrix}-1&1&0\\-1&-1&1\\1&-2&1\end{bmatrix}$$

$$\boldsymbol{P}=\begin{bmatrix}-1&1&0\\-1&-1&1\\1&-2&1\end{bmatrix}^{-1}=\begin{bmatrix}1&-1&1\\2&-1&1\\3&-1&2\end{bmatrix}$$

(4) 计算 $\bar{\boldsymbol{c}}$

$$\bar{\boldsymbol{c}}=[1\quad 1\quad 0]\begin{bmatrix}-1&1&0\\-1&-1&1\\1&-2&1\end{bmatrix}=[-2\quad 0\quad 1]$$

(5) 写出能控规范形如下：

$$\dot{\bar{\boldsymbol{x}}}=\begin{bmatrix}0&1&0\\0&0&1\\-1&0&2\end{bmatrix}\bar{\boldsymbol{x}}+\begin{bmatrix}0\\0\\1\end{bmatrix}u$$

$$y=[-2\quad 0\quad 1]\bar{\boldsymbol{x}}$$

能观测规范形　设系统式(2-160)能观测，则

$$\operatorname{rank}[\boldsymbol{Q}_o]=\operatorname{rank}[\boldsymbol{C}^{\mathrm{T}}\quad \boldsymbol{A}^{\mathrm{T}}\boldsymbol{C}^{\mathrm{T}}\quad \cdots\quad (\boldsymbol{A}^{n-1})^{\mathrm{T}}\boldsymbol{C}^{\mathrm{T}}]=n\tag{2-175}$$

同能控规范形的分析相似，可导出能观测规范形定理。

能观测规范形定理　设式(2-160)能观测，则可通过等价线性变换将其变换为能观测规

范形：

$$
\dot{\bar{x}}=\begin{bmatrix}0 & 0 & \cdots & 0 & -\alpha_0\\ 1 & 0 & \cdots & 0 & -\alpha_1\\ 0 & 1 & \cdots & 0 & -\alpha_2\\ \vdots & \vdots & & \vdots & \vdots\\ 0 & 0 & \cdots & 1 & -\alpha_{n-1}\end{bmatrix}\bar{x}+\begin{bmatrix}\beta_0\\ \beta_1\\ \beta_2\\ \vdots\\ \beta_{n-1}\end{bmatrix}u \tag{2-176}
$$

$$
y=[0\quad 0\quad \cdots\quad 0\quad 1]\bar{x}
$$

证明　将式(2-160)等价变换为式(2-176)，须取变换阵为

$$
P=\begin{bmatrix}\alpha_1 & \alpha_2 & \cdots & \alpha_{n-1} & 1\\ \alpha_2 & \alpha_3 & \cdots & 1 & 0\\ \vdots & \vdots & & \vdots & \vdots\\ \alpha_{n-1} & 1 & \cdots & 0 & 0\\ 1 & 0 & \cdots & 0 & 0\end{bmatrix}\begin{bmatrix}c\\ cA\\ \vdots\\ cA^{n-2}\\ cA^{n-1}\end{bmatrix} \tag{2-177}
$$

推导过程和能控规范形的推导过程相类似，故略。

例 2-21　将下列能观测系统变换为能观测规范形：

$$
\dot{x}=\begin{bmatrix}1 & 0 & 2\\ 2 & 1 & 1\\ 1 & 0 & -2\end{bmatrix}x+\begin{bmatrix}1\\ 2\\ 1\end{bmatrix}u
$$

$$
y=[0\quad 1\quad 1]x
$$

解　(1) 计算能观测性矩阵

$$
Q_o=\begin{bmatrix}c\\ cA\\ cA^2\end{bmatrix}=\begin{bmatrix}0 & 1 & 1\\ 3 & 1 & -1\\ 4 & 1 & 9\end{bmatrix}
$$

(2) 计算 A 的特征多项式

$$
f(s)=\det\begin{bmatrix}s-1 & 0 & -2\\ -2 & s-1 & -1\\ -1 & 0 & s+2\end{bmatrix}=s^3-5s+4
$$

(3) 计算变化矩阵

$$
P=\begin{bmatrix}-5 & 0 & 1\\ 0 & 1 & 0\\ 1 & 0 & 0\end{bmatrix}\begin{bmatrix}0 & 1 & 1\\ 3 & 1 & -1\\ 4 & 1 & 9\end{bmatrix}=\begin{bmatrix}4 & -4 & 4\\ 3 & 1 & -1\\ 0 & 1 & 1\end{bmatrix}
$$

(4) 计算 $\bar{b}$

$$
\bar{b}=Pb=\begin{bmatrix}\beta_0\\ \beta_1\\ \beta_2\end{bmatrix}=\begin{bmatrix}4 & -4 & 4\\ 3 & 1 & -1\\ 0 & 1 & 1\end{bmatrix}\begin{bmatrix}1\\ 2\\ 1\end{bmatrix}=\begin{bmatrix}0\\ 4\\ 3\end{bmatrix}
$$

(5) 写出能观测规范形：

$$\dot{\boldsymbol{x}}=\begin{bmatrix}0 & 0 & -4\\1 & 0 & 5\\0 & 1 & 0\end{bmatrix}\boldsymbol{x}+\begin{bmatrix}0\\4\\3\end{bmatrix}u$$

$$y=[0\quad 0\quad 1]\boldsymbol{x}$$

讨论：对于上面所导出的能控规范形和能观测规范形，可进一步作如下的两点讨论：

(1) 规范形能以明显的形式反映特征多项式的系数 $\alpha_i(i=0,1,\cdots,n-1)$，无论对综合系统的反馈和状态观测器设计还是对系统进行仿真研究，都是很方便的。

(2) 从规范形容易写出系统的传递函数。因为等价变换不改变系统的传递函数，故由规范形得到的传递函数就是原系统的传递函数。如式(2-163)所示能控规范形的传递函数为

$$\boldsymbol{G}(s)=\bar{\boldsymbol{c}}(s\boldsymbol{I}-\bar{\boldsymbol{A}})^{-1}\bar{\boldsymbol{b}}\tag{2-178}$$

容易计算

$$(s\boldsymbol{I}-\bar{\boldsymbol{A}})^{-1}\bar{\boldsymbol{b}}=\frac{1}{|s\boldsymbol{I}-\bar{\boldsymbol{A}}|}\begin{bmatrix}1\\s\\\vdots\\s^{n-1}\end{bmatrix}\tag{2-179}$$

故有

$$\boldsymbol{G}(s)=\frac{\beta_{n-1}s^{n-1}+\cdots+\beta_1 s+\beta_0}{s^n+\alpha_{n-1}s^{n-1}+\cdots+\alpha_1 s+\alpha_0}\tag{2-180}$$

由此可见，只要得到系统式(2-160)的规范形，便可直接写出系统的传递函数。

2.8.3　多输入-多输出系统能控规范形和能观测规范形

对于线性定常多变量系统的状态方程和输出方程

$$\left.\begin{aligned}\dot{\boldsymbol{x}}&=\boldsymbol{A}\boldsymbol{x}+\boldsymbol{B}\boldsymbol{u}\\\boldsymbol{y}&=\boldsymbol{C}\boldsymbol{x}\end{aligned}\right\}\tag{2-181}$$

式中，$\boldsymbol{A}$ 为 $(n\times n)$ 常阵；$\boldsymbol{B}$ 和 $\boldsymbol{C}$ 分别为 $(n\times m)$ 和 $(l\times n)$ 常阵。其能控判别阵 $\boldsymbol{Q}_c$ 和能观测判别阵 $\boldsymbol{Q}_o$ 为

$$\boldsymbol{Q}_c=[\boldsymbol{B}\quad \boldsymbol{A}\boldsymbol{B}\quad \cdots\quad \boldsymbol{A}^{n-1}\boldsymbol{B}]\tag{2-182}$$

和

$$\boldsymbol{Q}_o=\begin{bmatrix}\boldsymbol{C}\\\boldsymbol{C}\boldsymbol{A}\\\vdots\\\boldsymbol{C}\boldsymbol{A}^{n-1}\end{bmatrix}\tag{2-183}$$

显然，当系统为能控能观测时，必有

$$\mathrm{rank}[\boldsymbol{Q}_c]=n\tag{2-184}$$

$$\mathrm{rank}[\boldsymbol{Q}_o]=n\tag{2-185}$$

也即 $(n\times mn)$ 的 $\boldsymbol{Q}_c$ 阵中，有且仅有 n 个线性无关的列，在 $(ln\times n)$ 的 $\boldsymbol{Q}_o$ 阵中，有且仅有 n 个线性无关的行。因此为了确定能控规范形和能观测规范形，首先要找出 $\boldsymbol{Q}_c$ 和 $\boldsymbol{Q}_o$ 的 n 个线性无关的列和行，然后由此来构成相应的变换阵。并且，随着选取的变换阵的不同，多输入-多输出情

况下的能控规范形和能观测规范形可有多种形式，本节将只给出应用最广的龙伯格(Luen berger)规范形的形式，具体求变换阵的方法略。

龙伯格能控规范形　假设系统式(2-181)完全能控，因此它的能控性矩阵 $\boldsymbol{Q}_c$ 满秩，通过引入线性非奇异变换 $\bar{\boldsymbol{x}}=\boldsymbol{P}\boldsymbol{x}$，即可导出系统的龙伯格能控规范形为

$$\dot{\bar{\boldsymbol{x}}}=\overline{\boldsymbol{A}}\bar{\boldsymbol{x}}+\overline{\boldsymbol{B}}\boldsymbol{u},\quad \boldsymbol{y}=\overline{\boldsymbol{C}}\,\bar{\boldsymbol{x}} \tag{2-186}$$

其中

$$\boldsymbol{A}=\boldsymbol{P}\boldsymbol{A}\boldsymbol{P}^{-1}=\begin{bmatrix}\overline{\boldsymbol{A}}_{11} & \cdots & \overline{\boldsymbol{A}}_{1r}\\ \vdots & & \vdots\\ \overline{\boldsymbol{A}}_{r1} & \cdots & \overline{\boldsymbol{A}}_{rr}\end{bmatrix}_{n\times n} \tag{2-187}$$

$$\overline{\boldsymbol{A}}_{ii}=\left[\begin{array}{c:ccc}0 & 1 & & \\ \vdots & & \ddots & \\ 0 & & & 1\\ \hdashline * & * & \cdots & *\end{array}\right]_{\mu_i\times\mu_j},\quad i=1,2,\cdots,r \tag{2-188}$$

$$\overline{\boldsymbol{A}}_{ij}=\left[\begin{array}{ccc}0 & \cdots & 0\\ \vdots & & \vdots\\ 0 & \cdots & 0\\ \hdashline * & \cdots & *\end{array}\right]_{\mu_i\times\mu_i},\quad i\neq j \tag{2-189}$$

$$\overline{\boldsymbol{B}}=\left[\begin{array}{c:c:c:ccc}0 & & & * & \cdots & *\\ \vdots & & & & & \\ 0 & * & & & & \\ 1 & & & \vdots & & \vdots\\ \hdashline & \ddots & & \vdots & & \vdots\\ \hdashline & & 0 & & & \\ & & \vdots & & & \\ & & 0 & & & \\ & & 1 & * & \cdots & *\end{array}\right]_{n\times m} \tag{2-190}$$

$$\overline{\boldsymbol{C}}=\boldsymbol{C}\boldsymbol{P}^{-1}\text{（无特殊形式）} \tag{2-191}$$

上述关系式中，用“ * ”表示的元为可能非零元。

龙伯格能观测规范形

假设系统式(2-181)完全能观测，其能观测性矩阵 $\boldsymbol{Q}_o$ 满秩。设 $\mathrm{rank}\boldsymbol{C}=l$，通过引入非奇异变换 $\hat{\boldsymbol{x}}=\boldsymbol{T}\boldsymbol{x}$，则该系统的龙伯格能观测规范形在形式上对偶于龙伯格能控规范形，即有

$$\left.\begin{aligned}\dot{\hat{\boldsymbol{x}}}&=\hat{\boldsymbol{A}}\hat{\boldsymbol{x}}+\hat{\boldsymbol{B}}\boldsymbol{u}\\ \boldsymbol{y}&=\hat{\boldsymbol{C}}\hat{\boldsymbol{x}}\end{aligned}\right\} \tag{2-192}$$

其中

$$\hat{\boldsymbol{A}}=\begin{bmatrix}\hat{\boldsymbol{A}}_{11} & \cdots & \hat{\boldsymbol{A}}_{1m}\\ \vdots & & \vdots\\ \hat{\boldsymbol{A}}_{m1} & \cdots & \hat{\boldsymbol{A}}_{mm}\end{bmatrix}_{n\times n} \tag{2-193}$$

$$\hat{\boldsymbol{A}}_{ii}=\left[\begin{array}{ccc:c}0 & \cdots & 0 & * \\ \hdashline 1 & & & * \\ & \ddots & & \vdots \\ & & 1 & *\end{array}\right]_{\mu_i\times\mu_i}, \quad i=1,2,\cdots,m \tag{2-194}$$

$$\hat{\boldsymbol{A}}_{ij}=\begin{bmatrix}0 & \cdots & 0 & * \\ \vdots & & \vdots & \vdots \\ 0 & \cdots & 0 & *\end{bmatrix}_{\mu_i\times\mu_j}, \quad i\neq j \tag{2-195}$$

$$\hat{\boldsymbol{C}}=\begin{bmatrix}0 & \cdots & 0 & 1 & & & & \\ & & * & & \ddots & & & \\ & & & & & 0 & \cdots & 0 & 1 \\ * & & \cdots & & \cdots & & & & * \\ \vdots & & & & & & & & \vdots \\ * & & \cdots & & \cdots & & & & *\end{bmatrix}_{l\times n} \tag{2-196}$$

$$\hat{\boldsymbol{B}}=\boldsymbol{TB}\text{（无特殊形式）} \tag{2-197}$$

上述关系中用“ * ”表示的元为可能的非零元。

2.8.4　线性系统的结构分解

对于不完全能控和不完全能观测的系统，可以通过结构分解，将系统划分为四部分，能控能观测、能控不能观测、不能控能观测及不能控不能观测。研究系统的结构分解，有助于深入了解系统的结构特性，也有助于深入揭示状态空间描述和输入输出描述的本质差别。下面主要研究线性定常系统的结构分解。

1. 线性定常系统的能控性结构分解

设不完全能的多输入-多输出线性定常系统

$$\dot{\boldsymbol{x}}=\boldsymbol{Ax}+\boldsymbol{Bu}, \quad \boldsymbol{y}=\boldsymbol{Cx} \tag{2-198}$$

式中，$\boldsymbol{x}$ 为 n 维状态向量，$\mathrm{rank}[\boldsymbol{Q}_c]=k<n$。在能控性矩阵

$$\boldsymbol{Q}_c=[\boldsymbol{B}\quad \boldsymbol{AB}\quad \cdots\quad \boldsymbol{A}^{n-1}\boldsymbol{B}] \tag{2-199}$$

中，任意地选取 k 个线性无关的列 $\boldsymbol{s}_1, \boldsymbol{s}_2, \cdots, \boldsymbol{s}_k$。此外，又在 n 维实数空间中任意地选择 $n-k$ 个列向量，记为 $\boldsymbol{s}_{k+1}, \cdots, \boldsymbol{s}_n$，使它们和 $\{\boldsymbol{s}_1, \boldsymbol{s}_2, \cdots, \boldsymbol{s}_k\}$ 为线性无关。这样可组成变换矩阵

$$\boldsymbol{P}^{-1}\overset{\text{def}}{=\!=}\boldsymbol{S}=[\boldsymbol{s}_1\quad \boldsymbol{s}_2\quad \cdots\quad \boldsymbol{s}_k\quad \boldsymbol{s}_{k+1}\quad \cdots\quad \boldsymbol{s}_n] \tag{2-200}$$

并且，此矩阵一定是非奇异的。在此基础上对系统结构按能控性进行分解，有以下结论：

对式(2-198)的不完全能控系统，进行线性非奇异变换 $\bar{\boldsymbol{x}}=\boldsymbol{Px}$，使系统结构按能控性分解的规范表达式为

$$\dot{\bar{\boldsymbol{x}}}=\bar{\boldsymbol{A}}\bar{\boldsymbol{x}}+\bar{\boldsymbol{B}}\boldsymbol{u}, \quad \boldsymbol{y}=\bar{\boldsymbol{C}}\bar{\boldsymbol{x}}$$

即

$$\begin{bmatrix} \dot{\bar{x}}_c \\ \dot{\bar{x}}_{\bar{c}} \end{bmatrix} = \begin{bmatrix} \bar{A}_c & \bar{A}_{12} \\ 0 & \bar{A}_{\bar{c}} \end{bmatrix} \begin{bmatrix} \bar{x}_c \\ \bar{x}_{\bar{c}} \end{bmatrix} + \begin{bmatrix} \bar{B}_c \\ 0 \end{bmatrix} u$$

$$y = \begin{bmatrix} \bar{C}_c & \bar{C}_{\bar{c}} \end{bmatrix} \begin{bmatrix} \bar{x}_c \\ \bar{x}_{\bar{c}} \end{bmatrix} \tag{2-201}$$

式中，$\bar{x}_c$ 为 k 维能控分状态向量，$\bar{x}_{\bar{c}}$ 为$(n-k)$ 维不能控分状态向量。而且

$$\operatorname{rank}\begin{bmatrix} \bar{B}_c & \bar{A}_c \bar{B}_c & & \bar{A}_c^{k-1} \bar{B}_c \end{bmatrix} = \operatorname{rank}[Q_c] = k \tag{2-202}$$

$$C(sI-A)^{-1}B = \bar{C}_c(sI-\bar{A}_c)^{-1}\bar{B}_c \tag{2-203}$$

证明　下面分三步来证明。

第一步证明式(2-201)成立。由于 $\operatorname{rank}[Q_c]=k$，则从 Q_c 的列向量中选出 k 个线性独立的列向量 $s_1, s_2, \cdots, s_k$，Q_c 中 $A^iB(i=0,1,\cdots,n-1)$ 的每个列向量可由 $s_1, s_2, \cdots, s_k$ 线性表示。令 R^k 为 $s_1, s_2, \cdots, s_k$ 张成的线性子空间，则 A^iB 的列向量都属于 $\mathbf{R}^k$，$i=0,1,2,\cdots$。由于 $s_1, s_2, \cdots, s_k$ 的独立性，它们是 $\mathbf{R}^k$ 的一组基底，就可以补充 $n-k$ 个向量 $s_{k+1}, \cdots, s_n$，使 $s_1, \cdots, s_n$ 是 $\mathbf{R}^n$ 的一组基底，令

$$P_1 = [s_1,\quad s_2,\quad \cdots,\quad s_k],\quad P_2 = [s_{k+1},\quad s_{k+2},\quad \cdots,\quad s_n]$$

$$P = [s_1,\quad s_2,\quad \cdots,\quad s_n]^{-1} = [P_1 \quad P_2]^{-1},\quad P^{-1} = [P_1 \quad P_2]$$

如果把 P 表示成 $P = \begin{bmatrix} \bar{P}_1 \\ \bar{P}_2 \end{bmatrix}$，则有

$$\begin{bmatrix} \bar{P}_1 \\ \bar{P}_2 \end{bmatrix} [P_1 \quad P_2] = \begin{bmatrix} I & 0 \\ 0 & I \end{bmatrix}$$

即 $\bar{P}_1 P_1 = I$，$\bar{P}_2 P_1 = 0$。这个 P 就是所需要的坐标变换。因为

$$AP_1 = [As_1,\quad As_2,\quad \cdots,\quad As_k]$$

而每个 $As_i \in \mathbf{R}^k$，$i=1,2,\cdots,k$，说明存在$(k\times k)$ 矩阵 $\bar{A}_c$，使 $AP_1 = P_1\bar{A}_c$，那么

$$\bar{A} = PAP^{-1} = \begin{bmatrix} \bar{P}_1 \\ \bar{P}_2 \end{bmatrix} A [P_1 \quad P_2] = \begin{bmatrix} \bar{P}_1 \\ \bar{P}_2 \end{bmatrix} [AP_1 \quad AP_2] =$$

$$\begin{bmatrix} \bar{P}_1 \\ \bar{P}_2 \end{bmatrix} [P_1\bar{A}_c \quad AP_2] = \begin{bmatrix} \bar{A}_c & \bar{P}_1 AP_2 \\ 0 & \bar{P}_2 AP_2 \end{bmatrix} = \begin{bmatrix} \bar{A}_c & \bar{A}_{12} \\ 0 & \bar{A}_{\bar{c}} \end{bmatrix}$$

其中

$$\bar{A}_{12} = \bar{P}_1 AP_2,\qquad \bar{A}_{\bar{c}} = \bar{P}_2 AP_2$$

再由于 B 的列向量也都属于 $\mathbf{R}^k$，就存在$(k\times m)$ 矩阵 $\bar{B}_c$，使得

$$B = P_1\bar{B}_c$$

于是

$$\bar{B} = PB = \begin{bmatrix} \bar{P}_1 \\ \bar{P}_2 \end{bmatrix} P_1\bar{B}_c = \begin{bmatrix} \bar{B}_c \\ 0 \end{bmatrix}$$

又

$$\bar{\boldsymbol{C}}=\boldsymbol{C}\boldsymbol{P}^{-1}=\boldsymbol{C}[\boldsymbol{P}_1\quad \boldsymbol{P}_2]=[\boldsymbol{C}\boldsymbol{P}_1\quad \boldsymbol{C}\boldsymbol{P}_2]$$

设

$$\bar{\boldsymbol{C}}_{c}=\boldsymbol{C}\boldsymbol{P}_1,\quad \bar{\boldsymbol{C}}_{\bar{c}}=\boldsymbol{C}\boldsymbol{P}_2$$

则

$$\bar{\boldsymbol{C}}=[\bar{\boldsymbol{C}}_{c}\quad \bar{\boldsymbol{C}}_{\bar{c}}]$$

以上证明了当 $\bar{\boldsymbol{x}}=\boldsymbol{P}\boldsymbol{x}$ 时，状态方程式(2-201) 成立。

第二步证明式(2-202) 成立。由于

$$\text{rank}[\boldsymbol{P}\boldsymbol{Q}_{c}]=\text{rank}[\bar{\boldsymbol{Q}}_{c}]=k$$

及

$$\bar{\boldsymbol{Q}}_{c}=[\bar{\boldsymbol{B}}\quad \bar{\boldsymbol{A}}\bar{\boldsymbol{B}}\quad \cdots\quad \bar{\boldsymbol{A}}^{n-1}\bar{\boldsymbol{B}}]=\begin{bmatrix}\bar{\boldsymbol{B}}_{c} & \bar{\boldsymbol{A}}_{c}\bar{\boldsymbol{B}}_{c} & \cdots & \bar{\boldsymbol{A}}_{c}^{n-1}\bar{\boldsymbol{B}}_{c}\\ \boldsymbol{0} & \boldsymbol{0} & \cdots & \boldsymbol{0}\end{bmatrix}$$

所以

$$\text{rank}[\bar{\boldsymbol{B}}\quad \bar{\boldsymbol{A}}\bar{\boldsymbol{B}}\quad \cdots\quad \bar{\boldsymbol{A}}^{n-1}\bar{\boldsymbol{B}}]=\text{rank}[\bar{\boldsymbol{B}}_{c}\quad \bar{\boldsymbol{A}}_{c}\bar{\boldsymbol{B}}_{c}\quad \cdots\quad \bar{\boldsymbol{A}}_{c}^{n-1}\bar{\boldsymbol{B}}_{c}]=k$$

第三步证明式(2-203) 成立。由分块矩阵求逆公式可得

$$(s\boldsymbol{I}-\bar{\boldsymbol{A}})^{-1}=\begin{bmatrix}(s\boldsymbol{I}-\bar{\boldsymbol{A}}_{c}) & -\bar{\boldsymbol{A}}_{12}\\ \boldsymbol{0} & (s\boldsymbol{I}-\bar{\boldsymbol{A}}_{\bar{c}})\end{bmatrix}^{-1}=$$

$$\begin{bmatrix}(s\boldsymbol{I}-\bar{\boldsymbol{A}}_{c})^{-1} & (s\boldsymbol{I}-\bar{\boldsymbol{A}}_{c})^{-1}\bar{\boldsymbol{A}}_{12}(s\boldsymbol{I}-\bar{\boldsymbol{A}}_{\bar{c}})^{-1}\\ \boldsymbol{0} & (s\boldsymbol{I}-\bar{\boldsymbol{A}}_{\bar{c}})^{-1}\end{bmatrix}$$

所以

$$\boldsymbol{C}(s\boldsymbol{I}-\boldsymbol{A})^{-1}\boldsymbol{B}=\bar{\boldsymbol{C}}(s\boldsymbol{I}-\bar{\boldsymbol{A}})^{-1}\bar{\boldsymbol{B}}=\bar{\boldsymbol{C}}_{c}(s\boldsymbol{I}-\bar{\boldsymbol{A}}_{c})^{-1}\bar{\boldsymbol{B}}_{c}$$

则式(2-203) 得证。

系统式(2-201) 是系统式(2-198) 的能控规范分解。在上述证明中已给出了线性变换阵 $\boldsymbol{P}$ 的具体构造方法。下面再对能控规范分解作几点讨论：

(1) 对于 k 维系统 $(\bar{\boldsymbol{A}}_{c},\bar{\boldsymbol{B}}_{c},\bar{\boldsymbol{C}}_{c})$ 由式(2-202) 和式(2-203) 可知，它是能控的，并且和 $(\bar{\boldsymbol{A}},\bar{\boldsymbol{B}},\bar{\boldsymbol{C}})$ 具有相同的传递函数矩阵。因此，如果是从传递特性的角度分析 $(\bar{\boldsymbol{A}},\bar{\boldsymbol{B}},\bar{\boldsymbol{C}})$ 时，可以等价地用分析 $(\bar{\boldsymbol{A}}_{c},\bar{\boldsymbol{B}}_{c},\bar{\boldsymbol{C}}_{c})$ 来代替，而后者的维数降低了。

把 $\bar{\boldsymbol{x}}(t)$ 分成两部分，即

$$\bar{\boldsymbol{x}}(t)=\begin{bmatrix}\bar{\boldsymbol{x}}_{c}(t)\\ \bar{\boldsymbol{x}}_{\bar{c}}(t)\end{bmatrix}$$

其中

$$\bar{\boldsymbol{x}}_{c}(t)=\begin{bmatrix}\bar{x}_1(t)\\ \bar{x}_2(t)\\ \vdots\\ \bar{x}_k(t)\end{bmatrix},\qquad \bar{\boldsymbol{x}}_{\bar{c}}(t)=\begin{bmatrix}\bar{x}_{k+1}(t)\\ \bar{x}_{k+2}(t)\\ \vdots\\ \bar{x}_n(t)\end{bmatrix}$$

可得到

$$
\begin{aligned}
\dot{\bar{\boldsymbol{x}}}_c &= \bar{\boldsymbol{A}}_c\bar{\boldsymbol{x}}_c + \bar{\boldsymbol{A}}_{12}\bar{\boldsymbol{x}}_{\bar{c}} + \bar{\boldsymbol{B}}_c\boldsymbol{u} \\
\dot{\bar{\boldsymbol{x}}}_{\bar{c}} &= \bar{\boldsymbol{A}}_{\bar{c}}\bar{\boldsymbol{x}}_{\bar{c}} \\
\boldsymbol{y} &= \bar{\boldsymbol{C}}_c\bar{\boldsymbol{x}}_c + \bar{\boldsymbol{C}}_{\bar{c}}\bar{\boldsymbol{x}}_{\bar{c}}
\end{aligned}
\tag{2-204}
$$

当不能控状态的初值 $\bar{\boldsymbol{x}}_{\bar{c}}(t_0)=\boldsymbol{0}$ 时，有

$$
\left.\begin{aligned}
\dot{\bar{\boldsymbol{x}}}_c &= \bar{\boldsymbol{A}}_c\bar{\boldsymbol{x}}_c + \bar{\boldsymbol{B}}_c\boldsymbol{u} \\
\boldsymbol{y}_c &= \bar{\boldsymbol{C}}_c\bar{\boldsymbol{x}}_c
\end{aligned}\right\}
\quad 及 \quad
\left.\begin{aligned}
\bar{\boldsymbol{x}}_{\bar{c}}(t) &= \boldsymbol{0} \\
\boldsymbol{y}_{\bar{c}} &= \bar{\boldsymbol{C}}_{\bar{c}}\bar{\boldsymbol{x}}_{\bar{c}} = \boldsymbol{0}
\end{aligned}\right\}
\tag{2-205}
$$

系统$(\bar{\boldsymbol{A}}_c,\bar{\boldsymbol{B}}_c,\bar{\boldsymbol{C}}_c)$ 是能控子系统。当 $\bar{\boldsymbol{x}}_{\bar{c}}(t_0)\neq\boldsymbol{0}$ 时，由式(2－204) 可得到的状态方程式是

$$
\left.\begin{aligned}
\dot{\bar{\boldsymbol{x}}}_{\bar{c}} &= \bar{\boldsymbol{A}}_{\bar{c}}\bar{\boldsymbol{x}}_{\bar{c}} \\
\boldsymbol{y}_{\bar{c}} &= \bar{\boldsymbol{C}}_{\bar{c}}\bar{\boldsymbol{x}}_{\bar{c}}
\end{aligned}\right\}
\tag{2-206}
$$

显然，它和系统$(\boldsymbol{A},\boldsymbol{B},\boldsymbol{C})$ 的输入 $\boldsymbol{u}(t)$ 无关，当然是不能控的，式(2－206) 解得 $\bar{\boldsymbol{x}}_{\bar{c}}(t)$，然后在式(2－205) 中增加一项相当于一个确定的输入项 $\bar{\boldsymbol{A}}_{12}\bar{\boldsymbol{x}}_{\bar{c}}$。这样对系统$(\boldsymbol{A},\boldsymbol{B},\boldsymbol{C})$ 的分析等价于两个低维系统的分析。系统的结构图如图 2－4 所示。

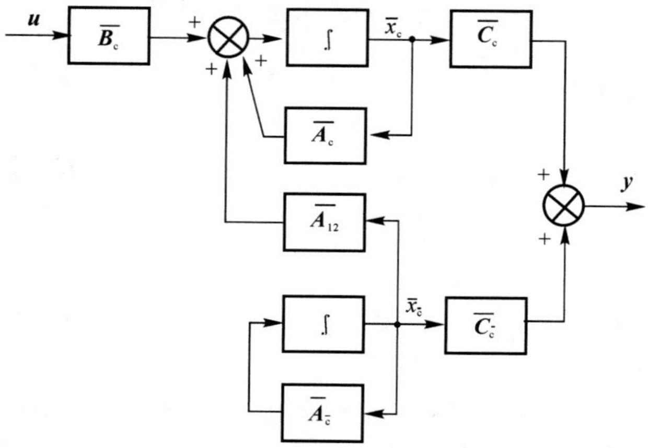

图 2－4　能控性规范分解的方块图

(2) 系统$(\bar{\boldsymbol{A}},\bar{\boldsymbol{B}},\bar{\boldsymbol{C}})$ 称为系统$(\boldsymbol{A},\boldsymbol{B},\boldsymbol{C})$ 的能控规范分解。由于选取 $\boldsymbol{s}_1,\cdots,\boldsymbol{s}_k$ 及 $\boldsymbol{s}_{k+1},\cdots,\boldsymbol{s}_n$ 非唯一性，其规范形式不变，但诸系数阵不相同，故能控规范分解不是唯一的。设另一个能控规范分解系统为$(\tilde{\boldsymbol{A}},\tilde{\boldsymbol{B}},\tilde{\boldsymbol{C}})$，这里

$$
\tilde{\boldsymbol{A}} = \begin{bmatrix} \tilde{\boldsymbol{A}}_c & \tilde{\boldsymbol{A}}_{12} \\ \boldsymbol{0} & \tilde{\boldsymbol{A}}_{\bar{c}} \end{bmatrix}, \qquad \tilde{\boldsymbol{B}} = \begin{bmatrix} \tilde{\boldsymbol{B}}_c \\ \boldsymbol{0} \end{bmatrix}, \quad \tilde{\boldsymbol{C}} = [\tilde{\boldsymbol{C}}_c \quad \tilde{\boldsymbol{C}}_{\bar{c}}]
\tag{2-207}
$$

则 $\bar{\boldsymbol{A}}_c$ 与 $\tilde{\boldsymbol{A}}_c$ 的阶数均为 k。因为

$$
\begin{aligned}
&\mathrm{rank}\,[\tilde{\boldsymbol{B}}_c \quad \tilde{\boldsymbol{A}}_c\tilde{\boldsymbol{B}}_c \quad \cdots \quad \tilde{\boldsymbol{A}}_c^{k-1}\tilde{\boldsymbol{B}}_c] = \mathrm{rank}\,[\tilde{\boldsymbol{B}}_c \quad \tilde{\boldsymbol{A}}_c\tilde{\boldsymbol{B}}_c \quad \cdots \quad \tilde{\boldsymbol{A}}_c^{n-1}\tilde{\boldsymbol{B}}_c] = \\
&\mathrm{rank}\,[\tilde{\boldsymbol{B}} \quad \tilde{\boldsymbol{A}}\tilde{\boldsymbol{B}} \quad \cdots \quad \tilde{\boldsymbol{A}}^{n-1}\tilde{\boldsymbol{B}}] = \mathrm{rank}[\boldsymbol{B} \quad \boldsymbol{A}\boldsymbol{B} \quad \cdots \quad \boldsymbol{A}^{n-1}\boldsymbol{B}] = \\
&\mathrm{rank}[\bar{\boldsymbol{B}}_c \quad \bar{\boldsymbol{A}}_c\bar{\boldsymbol{B}}_c \quad \cdots \quad \bar{\boldsymbol{A}}_c^{n-1}\bar{\boldsymbol{B}}_c] = k
\end{aligned}
$$

(3) 由 $\det(s\boldsymbol{I}-\bar{\boldsymbol{A}})=\det(s\boldsymbol{I}-\bar{\boldsymbol{A}}_c)\cdot\det(s\boldsymbol{I}-\bar{\boldsymbol{A}}_{\bar{c}})$ 可知，$\bar{\boldsymbol{x}}_c$ 的稳定性完全由 $\bar{\boldsymbol{A}}_c$ 的特征值 $\lambda_1,\lambda_2,\cdots,\lambda_k$ 决定，$\bar{\boldsymbol{x}}_{\bar{c}}$ 的稳定性完全由 $\bar{\boldsymbol{A}}_{\bar{c}}$ 的特征值 $\lambda_{k+1},\lambda_{k+2},\cdots,\lambda_n$ 决定，而 $\lambda_1,\lambda_2,\cdots,\lambda_n$ 正是 $\boldsymbol{A}$ 的

特征值。称 $\lambda_1,\lambda_2,\cdots,\lambda_k$ 为系统 $(\boldsymbol{A},\boldsymbol{B},\boldsymbol{C})$ 的能控因子，$\lambda_{k+1},\lambda_{k+2},\cdots,\lambda_n$ 为不能控因子。但对于不同的分解，如 $(\bar{\boldsymbol{A}},\bar{\boldsymbol{B}},\bar{\boldsymbol{C}})$ 和 $(\tilde{\boldsymbol{A}},\tilde{\boldsymbol{B}},\tilde{\boldsymbol{C}})$，能控因子和不能控因子是相同的，这是由于线性变换不改变特征值的缘故。

(4) 能控规范分解表达式(2-201)也为系统式(2-200)能控性判别提供了一个准则：线性定常系统是完全能控的充分必要条件是，系统经过线性非奇异变换，不能化成式(2-201)的形状，其中 $\bar{\boldsymbol{A}}_c$ 的阶数 $k<n$。按照上面所述的线性非奇异变换阵的选取方法，通过计算机进行线性变换的计算比较容易确定系统 $(\boldsymbol{A},\boldsymbol{B},\boldsymbol{C})$ 的能控性。对于维数较大的系统的能控性判别，这是一种较好的方法。

例 2-22　给定线性系统

$$\dot{x}=\boldsymbol{A}x+\boldsymbol{B}u$$
$$y=\boldsymbol{C}x$$

其中

$$\boldsymbol{A}=\begin{bmatrix}1&1&1\\0&1&0\\1&1&1\end{bmatrix},\quad \boldsymbol{B}=\begin{bmatrix}0&1\\1&0\\0&1\end{bmatrix},\quad \boldsymbol{C}=\begin{bmatrix}1&0&1\end{bmatrix}$$

试按能控性分解为规范形式。

解　已知 $n=3$，$\text{rank}[\boldsymbol{B}]=2$，故只须判断 $[\boldsymbol{B}\quad \boldsymbol{AB}]$ 是否为行满秩。现知

$$\text{rank}[\boldsymbol{B}\quad \boldsymbol{AB}]=\text{rank}\begin{bmatrix}0&1&1&2\\1&0&1&0\\0&1&1&2\end{bmatrix}=2<3$$

这表明系统不完全能控。在能控性矩阵 $\boldsymbol{Q}_c=[\boldsymbol{B}\quad \boldsymbol{AB}]$ 是取线性无关的列向量 $\boldsymbol{s}_1,\boldsymbol{s}_2$，再任取

$$\boldsymbol{s}_1=\begin{bmatrix}0\\1\\0\end{bmatrix},\quad \boldsymbol{s}_2=\begin{bmatrix}1\\0\\1\end{bmatrix},\quad \boldsymbol{s}_3=\begin{bmatrix}1\\0\\0\end{bmatrix}$$

使构成的矩阵

$$\boldsymbol{P}^{-1}=\begin{bmatrix}0&1&1\\1&0&0\\0&1&0\end{bmatrix}$$

为非奇异。通过求逆，可得

$$\boldsymbol{P}=\begin{bmatrix}0&1&0\\0&0&1\\1&0&-1\end{bmatrix}$$

于是，可计算得

$$\bar{\boldsymbol{A}}=\boldsymbol{PAP}^{-1}=\begin{bmatrix}0&1&0\\0&0&1\\1&0&-1\end{bmatrix}\begin{bmatrix}1&1&1\\0&1&0\\1&1&1\end{bmatrix}\begin{bmatrix}0&1&1\\1&0&0\\0&1&0\end{bmatrix}=\left[\begin{array}{cc:c}1&0&0\\1&2&1\\ \hdashline 0&0&0\end{array}\right]$$

$$\bar{\boldsymbol{B}}=\boldsymbol{PB}=\begin{bmatrix}0&1&0\\0&0&1\\1&0&-1\end{bmatrix}\begin{bmatrix}0&1\\1&0\\0&1\end{bmatrix}=\left[\begin{array}{cc}1&0\\0&1\\ \hdashline 0&0\end{array}\right]$$

$$\bar{C}=CP^{-1}=[1\quad 0\quad 1]\begin{bmatrix}0&1&1\\1&0&0\\0&1&0\end{bmatrix}=[0\quad 2\ \vdots\ 1]$$

这样，就导出了系统能控性规范分解形式：

$$\begin{bmatrix}\dot{\bar{x}}_c\\ \dot{\bar{x}}_{\bar{c}}\end{bmatrix}=\left[\begin{array}{cc:c}1&0&0\\1&2&1\\ \hdashline 0&0&0\end{array}\right]\begin{bmatrix}\bar{x}_c\\ \bar{x}_{\bar{c}}\end{bmatrix}+\left[\begin{array}{cc}1&0\\0&1\\ \hdashline 0&0\end{array}\right]u$$

$$y=[0\quad 2\quad 1]\begin{bmatrix}\bar{x}_c\\ \bar{x}_{\bar{c}}\end{bmatrix}$$

2. 线性定常系统的能观测性结构分解

系统按能观测性的结构分解的所有结论，都对偶于系统按能控性的结构分解的结果。给定不完全能观测的线性定常系统

$$\left.\begin{aligned}\dot{x}&=Ax+Bu\\ y&=Cx\end{aligned}\right\}\tag{2-208}$$

式中，x 为 n 维状态向量；y 为 l 维输出向量，系统的能观测性判别阵为

$$Q_o=\begin{bmatrix}C\\CA\\ \vdots\\CA^{n-1}\end{bmatrix}$$

$\mathrm{rank}[Q_o]=m<n$。在 Q_o 中任意选取 m 个线性无关的行 $t_1,t_2,\cdots,t_m$，此外再任取 $n-m$ 个与之线性无关的行向量 $t_{m+1},t_{m+2},\cdots,t_n$，就构成线性非奇异变换阵

$$T=\begin{bmatrix}t_1\\ \vdots\\t_m\\t_{m+1}\\ \vdots\\t_n\end{bmatrix}\tag{2-209}$$

对不完全能观测系统式(2-208)，进行线性非奇异变换 $\hat{x}=Tx$，可得系统结构按能观测性分解的规范表达式为

$$\left.\begin{aligned}\dot{\hat{x}}&=\hat{A}\hat{x}+\hat{B}u\\ y&=\hat{C}\hat{x}\end{aligned}\right\}\tag{2-210}$$

其中

$$\hat{x}=\begin{bmatrix}\hat{x}_o\\ \hat{x}_{\bar{o}}\end{bmatrix},\quad \hat{A}=\begin{bmatrix}\hat{A}_o&0\\ \hat{A}_{21}&\hat{A}_{\bar{o}}\end{bmatrix},\quad \hat{B}=\begin{bmatrix}\hat{B}_o\\ \hat{B}_{\bar{o}}\end{bmatrix}\quad \hat{C}=[\hat{C}_o\quad 0]\tag{2-211}$$

式(2-211)中，$\hat{x}_o$ 为 m 维能观测分状态向量，$\hat{x}_{\bar{o}}$ 为$(n-m)$ 维不能观测分状态向量。并且，

$$\mathrm{rank}\begin{bmatrix}\hat{C}_o\\ \hat{C}_o\hat{A}_o\\ \vdots\\ \hat{C}_o\hat{A}_o^{m-1}\end{bmatrix}=m\tag{2-212}$$

$$\boldsymbol{C}(s\boldsymbol{I}-\boldsymbol{A})^{-1}\boldsymbol{B}=\hat{\boldsymbol{C}}(s\boldsymbol{I}-\hat{\boldsymbol{A}})^{-1}\hat{\boldsymbol{B}}=\hat{\boldsymbol{C}}_{o}(s\boldsymbol{I}-\hat{\boldsymbol{A}}_{o})^{-1}\hat{\boldsymbol{B}}_{o} \tag{2-213}$$

同样，与能控规范分解相类似，称系统$(\hat{\boldsymbol{A}},\hat{\boldsymbol{B}},\hat{\boldsymbol{C}})$为系统$(\boldsymbol{A},\boldsymbol{B},\boldsymbol{C})$的能观测规范分解，系统$(\hat{\boldsymbol{A}}_{o},\hat{\boldsymbol{B}}_{o},\hat{\boldsymbol{C}}_{o})$为能观测子系统。能观测规范分解有与能控规范分解相类同的分析和结论。

能观测规范分解的线性变换阵的求法，除了按式(2-210)选取以外，还可选取使下式成立：

$$\begin{bmatrix}\boldsymbol{C}\\ \boldsymbol{CA}\\ \vdots\\ \boldsymbol{CA}^{n-1}\end{bmatrix}\boldsymbol{T}^{-1}=[\hat{\boldsymbol{Q}}_{o}\quad \boldsymbol{0}]$$

这里$\hat{\boldsymbol{Q}}_{o}$是$(ln\times m)$矩阵，则可把$\boldsymbol{T}$取为线性变换阵。

如果把$\hat{\boldsymbol{x}}$分成两部分，即$\hat{\boldsymbol{x}}=[\hat{\boldsymbol{x}}_{o}\quad \hat{\boldsymbol{x}}_{\bar{o}}]^{\mathrm{T}}$，则有

$$\left.\begin{aligned}\dot{\hat{\boldsymbol{x}}}_{o}&=\hat{\boldsymbol{A}}_{o}\hat{\boldsymbol{x}}_{o}+\hat{\boldsymbol{B}}_{o}u\\ \dot{\hat{\boldsymbol{x}}}_{\bar{o}}&=\hat{\boldsymbol{A}}_{21}\hat{\boldsymbol{x}}_{o}+\hat{\boldsymbol{A}}_{\bar{o}}\hat{\boldsymbol{x}}_{\bar{o}}+\hat{\boldsymbol{B}}_{\bar{o}}\boldsymbol{u}\\ \boldsymbol{y}&=\hat{\boldsymbol{C}}_{o}\hat{\boldsymbol{x}}_{o}\end{aligned}\right\} \tag{2-214}$$

系统式(2-214)的结构方块图如图2-5所示。

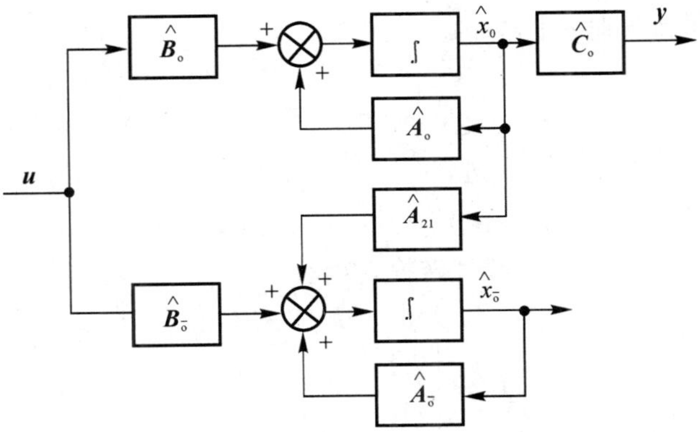

图2-5　能观测性规范分解的方块图

由

$$\hat{\boldsymbol{A}}=\begin{bmatrix}\hat{\boldsymbol{A}}_{o} & \boldsymbol{0}\\ * & \hat{\boldsymbol{A}}_{\bar{o}}\end{bmatrix} \tag{2-215}$$

$$\mathrm{e}^{\hat{\boldsymbol{A}}t}=\begin{bmatrix}\mathrm{e}^{\hat{\boldsymbol{A}}_{o}t} & \boldsymbol{0}\\ * & \mathrm{e}^{\hat{\boldsymbol{A}}_{\bar{o}}t}\end{bmatrix} \tag{2-216}$$

式(2-215)和式(2-216)中的 * 表示没有必要列写出来的部分。对初始状态

$$\hat{\boldsymbol{x}}(t_0)=\begin{bmatrix}\hat{\boldsymbol{x}}_{o}(t_0)\\ \hat{\boldsymbol{x}}_{\bar{o}}(t_0)\end{bmatrix}$$

系统的输出为

$$\boldsymbol{y}(t)=\hat{\boldsymbol{C}}\hat{\boldsymbol{x}}(t)=\hat{\boldsymbol{C}}\mathrm{e}^{\hat{\boldsymbol{A}}(t-t_0)}\hat{\boldsymbol{x}}(t_0)+\hat{\boldsymbol{C}}\int_{t_0}^{t}\mathrm{e}^{\hat{\boldsymbol{A}}(t-\tau)}\hat{\boldsymbol{B}}\boldsymbol{u}(\tau)\mathrm{d}\tau=$$

$$\hat{C}_0 e^{\hat{A}_o(t-t_0)}\hat{x}(t_0)+\hat{C}_0\int_{t_0}^{t} e^{\hat{A}_o(t-\tau)}\hat{B}_o u(\tau)\mathrm{d}\tau$$

表明系统输出就是能观测子系统($\hat{A}_o$,$\hat{B}_o$,$\hat{C}_o$)在相同的输入 $u(t)$ 和初始状态 $\hat{x}_o(t_0)$ 条件下的输出。这说明,只要输入能观测初始状态相同,就具有相同的输出,与不能观测状态初值是否为零无关。这个性质比具有相同的传递特性更进一步。两个传递特性相同的系统,只有当初始状态都是零时,在相同的输入下才有相同的输出,而初始状态不为零时输出就可能不同。但是,能观测子系统具有的这个性质,能控子系统却并不成立,它与不能控状态初值是否为零有关,这从式(2-204)可以很容易看出。

例 2-23 给定线性定常系统

$$\dot{x}=Ax+Bu$$
$$y=Cx$$

其中

$$A=\begin{bmatrix}0&2&-2&0\\-1&3&-1&-1\\0&0&0&-1\\0&0&1&-2\end{bmatrix},\quad B=\begin{bmatrix}2\\1\\0\\0\end{bmatrix},\quad C=[1\ \ -1\ \ 1\ \ -1]$$

试求能观测规范分解表达式。

解 计算能观测性判别阵的秩得

$$\mathrm{rank}[Q_o]=\mathrm{rank}\begin{bmatrix}C\\CA\\CA^2\\CA^3\end{bmatrix}=\mathrm{rank}\begin{bmatrix}1&-1&1&-1\\1&-1&-2&2\\1&-1&1&-1\\1&-1&-2&2\end{bmatrix}=2$$

知系统不完全能观测。将矩阵通过线性转换,得到

$$\bar{Q}_o=\begin{bmatrix}0&0&1&-1\\-1&1&0&0\\0&0&0&0\\0&0&0&0\end{bmatrix}$$

显然,$\mathrm{rank}[Q_o]=\mathrm{rank}[\bar{Q}_o]=2$。取 $\bar{Q}_o$ 的前两行,再加上与这两行线性无关的任意两行,构造成线性变换矩阵 T,并进而得到 T^{-1}。

$$T=\begin{bmatrix}0&0&1&-1\\-1&1&0&0\\1&0&0&0\\0&0&0&1\end{bmatrix},\quad T^{-1}=\begin{bmatrix}0&0&1&0\\0&1&1&0\\1&0&0&1\\0&0&0&1\end{bmatrix}$$

$$\begin{bmatrix}C\\CA\\\vdots\\CA^{n-1}\end{bmatrix}T^{-1}=[\hat{Q}_o\quad 0]=\begin{bmatrix}1&-1&0&0\\-2&-1&0&0\\1&-1&0&0\\-2&-1&0&0\end{bmatrix}$$

这表明所构造的 T 阵可作为线性变换阵,则

$$\hat{\boldsymbol{A}}=\boldsymbol{TAT}^{-1}=\begin{bmatrix}-1&0&0&0\\1&1&0&0\\-2&2&2&-2\\1&0&0&-1\end{bmatrix},\quad \hat{\boldsymbol{B}}=\boldsymbol{TB}=\begin{bmatrix}0\\-1\\ \hdashline 2\\0\end{bmatrix}$$

$$\hat{\boldsymbol{C}}=\boldsymbol{CT}^{-1}=[1\quad -1\ \vdots\ 0\quad 0]$$

也可以用选取$[\boldsymbol{C}^{\mathrm{T}}\quad \boldsymbol{A}^{\mathrm{T}}\boldsymbol{C}^{\mathrm{T}}\quad (\boldsymbol{A}^2)^{\mathrm{T}}\boldsymbol{C}^{\mathrm{T}}\quad (\boldsymbol{A}^3)^{\mathrm{T}}\boldsymbol{C}^{\mathrm{T}}]$的线性独立行向量的方法来取得线性变换阵，比如，取它的第一、二两行，再配上两行$\begin{bmatrix}1&0&0&0\\0&0&0&1\end{bmatrix}$，如此得到的可逆方阵就是线性变换阵

$$\bar{\boldsymbol{T}}=\begin{bmatrix}1&-1&1&-1\\1&-1&-2&2\\1&0&0&0\\0&0&0&1\end{bmatrix}$$

相应的分解为

$$\widetilde{\boldsymbol{A}}=\begin{bmatrix}0&1&0&-1\\1&0&0&2\\-2&0&2&0\\\frac{1}{3}&-\frac{1}{3}&0&1\end{bmatrix},\quad \widetilde{\boldsymbol{B}}=\begin{bmatrix}1\\1\\2\\0\end{bmatrix},\quad \widetilde{\boldsymbol{C}}=[1\quad 0\quad 0\quad 0]$$

显然，$(\boldsymbol{A},\boldsymbol{B},\boldsymbol{C})$ 的能观测子系统是不能控的。此外，能观测因子是 1，－1；不能观测因子是－1，2。

从这个例子看到，能观测子系统有可能不能控。当然，能控子系统也有可能不能观测。

3．线性定常系统的规范形结构分解

对于不完全能控和不完全能观测的线性定常系统

$$\left.\begin{aligned}\dot{\boldsymbol{x}}&=\boldsymbol{Ax}+\boldsymbol{Bu}\\\boldsymbol{y}&=\boldsymbol{Cx}\end{aligned}\right\}\tag{2-217}$$

通过线性非奇异变换可实现系统结构的规范分解，若先进行能控性规范形分解，再进行能观测性分解，其规范分解的表达式为

$$\begin{bmatrix}\dot{\bar{\boldsymbol{x}}}_{co}\\\dot{\bar{\boldsymbol{x}}}_{c\bar{o}}\\\dot{\bar{\boldsymbol{x}}}_{\bar{c}o}\\\dot{\bar{\boldsymbol{x}}}_{\bar{c}\bar{o}}\end{bmatrix}=\begin{bmatrix}\bar{\boldsymbol{A}}_{co}&\boldsymbol{0}&\bar{\boldsymbol{A}}_{13}&\boldsymbol{0}\\\bar{\boldsymbol{A}}_{21}&\bar{\boldsymbol{A}}_{c\bar{o}}&\bar{\boldsymbol{A}}_{23}&\bar{\boldsymbol{A}}_{24}\\\boldsymbol{0}&\boldsymbol{0}&\bar{\boldsymbol{A}}_{\bar{c}o}&\boldsymbol{0}\\\boldsymbol{0}&\boldsymbol{0}&\bar{\boldsymbol{A}}_{43}&\bar{\boldsymbol{A}}_{\bar{c}\bar{o}}\end{bmatrix}\begin{bmatrix}\bar{\boldsymbol{x}}_{co}\\\bar{\boldsymbol{x}}_{c\bar{o}}\\\bar{\boldsymbol{x}}_{\bar{c}o}\\\bar{\boldsymbol{x}}_{\bar{c}\bar{o}}\end{bmatrix}+\begin{bmatrix}\bar{\boldsymbol{B}}_{co}\\\bar{\boldsymbol{B}}_{c\bar{o}}\\\boldsymbol{0}\\\boldsymbol{0}\end{bmatrix}\boldsymbol{u}\tag{2-218}$$

$$\boldsymbol{y}=[\bar{\boldsymbol{C}}_{co}\quad \boldsymbol{0}\ \vdots\ \bar{\boldsymbol{C}}_{\bar{c}o}\quad \boldsymbol{0}]\begin{bmatrix}\bar{\boldsymbol{x}}_{co}\\\bar{\boldsymbol{x}}_{c\bar{o}}\\\bar{\boldsymbol{x}}_{\bar{c}o}\\\bar{\boldsymbol{x}}_{\bar{c}\bar{o}}\end{bmatrix}$$

其中，$\bar{\boldsymbol{x}}_{co}$ 为能控且能观测状态向量；$\bar{\boldsymbol{x}}_{c\bar{o}}$ 为能控且不能观测状态向量；$\bar{\boldsymbol{x}}_{\bar{c}o}$ 为不能控且能观测状

态向量；$\bar{\boldsymbol{x}}_{\bar{c}\bar{o}}$ 为不能控且不能观测状态向量。由于线性系统不改变系统的特征值，所以系统的特征值由矩阵 $\bar{\boldsymbol{A}}_{co}$，$\bar{\boldsymbol{A}}_{c\bar{o}}$，$\bar{\boldsymbol{A}}_{\bar{c}o}$ 和 $\bar{\boldsymbol{A}}_{\bar{c}\bar{o}}$ 的特征值集合而成。其中子系统

$$\dot{\bar{\boldsymbol{x}}}_{co}=\bar{\boldsymbol{A}}_{co}\bar{\boldsymbol{x}}_{co}+\bar{\boldsymbol{B}}_{co}\boldsymbol{u}$$
$$\boldsymbol{y}=\bar{\boldsymbol{C}}_{co}\bar{\boldsymbol{x}}_{co}$$

即为原系统中能控能观测的部分，其传递函数矩阵为 $\boldsymbol{G}_{co}=\bar{\boldsymbol{C}}_{co}(s\boldsymbol{I}-\bar{\boldsymbol{A}}_{co})^{-1}\bar{\boldsymbol{B}}_{co}$。

类似地，若先进行能观测性规范形分解，再进行能控性分解，其规范分解的表达式为

$$\begin{bmatrix}\dot{\hat{\boldsymbol{x}}}_{oc}\\ \dot{\hat{\boldsymbol{x}}}_{o\bar{c}}\\ \dot{\hat{\boldsymbol{x}}}_{\bar{o}c}\\ \dot{\hat{\boldsymbol{x}}}_{\bar{o}\bar{c}}\end{bmatrix}=\begin{bmatrix}\hat{\boldsymbol{A}}_{oc} & \hat{\boldsymbol{A}}_{12} & \boldsymbol{0} & \boldsymbol{0}\\ \boldsymbol{0} & \hat{\boldsymbol{A}}_{o\bar{c}} & \boldsymbol{0} & \boldsymbol{0}\\ \hat{\boldsymbol{A}}_{31} & \hat{\boldsymbol{A}}_{32} & \hat{\boldsymbol{A}}_{\bar{o}c} & \hat{\boldsymbol{A}}_{34}\\ \boldsymbol{0} & \hat{\boldsymbol{A}}_{42} & \boldsymbol{0} & \hat{\boldsymbol{A}}_{\bar{o}\bar{c}}\end{bmatrix}\begin{bmatrix}\hat{\boldsymbol{x}}_{oc}\\ \hat{\boldsymbol{x}}_{o\bar{c}}\\ \hat{\boldsymbol{x}}_{\bar{o}c}\\ \hat{\boldsymbol{x}}_{\bar{o}\bar{c}}\end{bmatrix}+\begin{bmatrix}\hat{\boldsymbol{B}}_{oc}\\ \boldsymbol{0}\\ \hat{\boldsymbol{B}}_{\bar{o}c}\\ \boldsymbol{0}\end{bmatrix}\boldsymbol{u} \tag{2-219}$$

$$\boldsymbol{y}=\begin{bmatrix}\hat{\boldsymbol{C}}_{oc} & \hat{\boldsymbol{C}}_{o\bar{c}} & \vdots & \boldsymbol{0} & \boldsymbol{0}\end{bmatrix}\begin{bmatrix}\hat{\boldsymbol{x}}_{oc}\\ \hat{\boldsymbol{x}}_{o\bar{c}}\\ \hat{\boldsymbol{x}}_{\bar{o}c}\\ \hat{\boldsymbol{x}}_{\bar{o}\bar{c}}\end{bmatrix}$$

其中，$\hat{\boldsymbol{x}}_{oc}$ 为能观测且能控状态向量；$\hat{\boldsymbol{x}}_{o\bar{c}}$ 为能观测且不能控状态向量；$\hat{\boldsymbol{x}}_{\bar{o}c}$ 为不能观测且能控状态向量；$\hat{\boldsymbol{x}}_{\bar{o}\bar{c}}$ 为不能观测且不能控状态向量。

需要说明的是系统的两种规范形分解，各分状态的维数满足

$$\dim(\bar{\boldsymbol{x}}_{co})=\dim(\hat{\boldsymbol{x}}_{oc}),\quad \dim(\bar{\boldsymbol{x}}_{c\bar{o}})=\dim(\hat{\boldsymbol{x}}_{\bar{o}c})$$
$$\dim(\bar{\boldsymbol{x}}_{\bar{c}o})=\dim(\hat{\boldsymbol{x}}_{o\bar{c}}),\quad \dim(\bar{\boldsymbol{x}}_{\bar{c}\bar{o}})=\dim(\hat{\boldsymbol{x}}_{\bar{o}\bar{c}})$$

对不完全能控又不完全能观测的线性定常系统式(2－218)，其输入输出描述即传递函数矩阵只能反映系统中能控且能观测的那一部分，以式(2－218)为例，其传递函数矩阵 $\bar{\boldsymbol{G}}(s)$ 满足

$$\boldsymbol{G}(s)=\bar{\boldsymbol{G}}(s)=\begin{bmatrix}\bar{\boldsymbol{C}}_{co} & \boldsymbol{0} & \bar{\boldsymbol{C}}_{\bar{c}o} & \boldsymbol{0}\end{bmatrix}\begin{bmatrix}s\boldsymbol{I}-\bar{\boldsymbol{A}}_{co} & \boldsymbol{0} & -\bar{\boldsymbol{A}}_{13} & \boldsymbol{0}\\ -\bar{\boldsymbol{A}}_{21} & s\boldsymbol{I}-\bar{\boldsymbol{A}}_{c\bar{o}} & -\bar{\boldsymbol{A}}_{23} & -\bar{\boldsymbol{A}}_{24}\\ \boldsymbol{0} & \boldsymbol{0} & s\boldsymbol{I}-\bar{\boldsymbol{A}}_{\bar{c}o} & \boldsymbol{0}\\ \boldsymbol{0} & \boldsymbol{0} & -\bar{\boldsymbol{A}}_{43} & s\boldsymbol{I}-\bar{\boldsymbol{A}}_{\bar{c}\bar{o}}\end{bmatrix}^{-1}\begin{bmatrix}\bar{\boldsymbol{B}}_{\bar{c}\bar{o}}\\ \bar{\boldsymbol{B}}_{c\bar{o}}\\ \boldsymbol{0}\\ \boldsymbol{0}\end{bmatrix}=$$

$$\begin{bmatrix}\bar{\boldsymbol{C}}_{co} & \boldsymbol{0} & \bar{\boldsymbol{C}}_{\bar{c}o} & \boldsymbol{0}\end{bmatrix}\begin{bmatrix}(s\boldsymbol{I}-\bar{\boldsymbol{A}}_{co})^{-1} & \boldsymbol{0} & \times & \boldsymbol{0}\\ \times & \times & \times & \times\\ \boldsymbol{0} & \boldsymbol{0} & \times & \boldsymbol{0}\\ \boldsymbol{0} & \boldsymbol{0} & \times & \times\end{bmatrix}\begin{bmatrix}\bar{\boldsymbol{B}}_{co}\\ \bar{\boldsymbol{B}}_{c\bar{o}}\\ \boldsymbol{0}\\ \boldsymbol{0}\end{bmatrix}=$$

$$\begin{bmatrix}\bar{\boldsymbol{C}}_{co} & \boldsymbol{0} & \bar{\boldsymbol{C}}_{\bar{c}o} & \boldsymbol{0}\end{bmatrix}\begin{bmatrix}(s\boldsymbol{I}-\bar{\boldsymbol{A}}_{co})^{-1}\bar{\boldsymbol{B}}_{co}\\ \times\\ \boldsymbol{0}\\ \boldsymbol{0}\end{bmatrix}=\bar{\boldsymbol{C}}_{co}(s\boldsymbol{I}-\bar{\boldsymbol{A}}_{co})^{-1}\bar{\boldsymbol{B}}_{co}=\bar{\boldsymbol{G}}_{co}(s)$$

类似地，对于式(2－219)，也有

$$\boldsymbol{G}(s)=\hat{\boldsymbol{G}}(s)=\hat{\boldsymbol{C}}_{oc}(s\boldsymbol{I}-\hat{\boldsymbol{A}}_{oc})^{-1}\hat{\boldsymbol{B}}_{oc}=\hat{\boldsymbol{G}}_{oc}(s)$$

显然任何不能控、不能观测的状态及其对应的特征值均未在系统传递函数矩阵 $\boldsymbol{G}(s)$ 中反映，从而进一步表明，经典控制理论中的输入输出描述是不完全的描述。只有对完全能控且能观测的系统输入输出描述才足以表征系统的结构，即描述是完全的。

例 2-24　设有如下的不能控且不能观测的定常系统：

$$\dot{\boldsymbol{x}} = \begin{bmatrix} 0 & 0 & -1 \\ 1 & 0 & -3 \\ 0 & 1 & -3 \end{bmatrix} \boldsymbol{x} + \begin{bmatrix} 1 \\ 1 \\ 0 \end{bmatrix} u$$

$$y = \begin{bmatrix} 0 & 1 & -2 \end{bmatrix} \boldsymbol{x}$$

将系统按能控性或能观测性分解为规范形。然后，再按能控性、能观测性对系统进行结构分解。

解　(1) 系统按能控性分解。首先确定系统能控状态的维数

$$\boldsymbol{Q}_c = [\boldsymbol{b} \quad \boldsymbol{Ab} \quad \boldsymbol{A}^2\boldsymbol{b}] = \begin{bmatrix} 1 & 0 & -1 \\ 1 & 1 & -3 \\ 0 & 1 & -2 \end{bmatrix}, \quad \mathrm{rank}[\boldsymbol{Q}_c] = 2$$

系统不能控，其能控维数为 2。

确定系统变换为能控规范形的变换阵

$$\boldsymbol{P} = [\boldsymbol{p}_1 \quad \boldsymbol{p}_2 \quad \boldsymbol{p}_3] = [\boldsymbol{b} \quad \boldsymbol{Ab} \quad \boldsymbol{p}_3] = \begin{bmatrix} 1 & 0 & 0 \\ 1 & 1 & 0 \\ 0 & 1 & 1 \end{bmatrix}$$

其中，$\boldsymbol{p}_3$ 是任取的且与 $\boldsymbol{b},\boldsymbol{Ab}$ 线性无关的列向量。则

$$\boldsymbol{P}^{-1} = \begin{bmatrix} 1 & 0 & 0 \\ -1 & 1 & 0 \\ 1 & -1 & 1 \end{bmatrix}$$

由变换阵 $\boldsymbol{P}$ 确定的能控规范形为

$$\bar{\boldsymbol{A}} = \boldsymbol{P}^{-1}\boldsymbol{AP} = \left[\begin{array}{cc:c} 0 & -1 & -1 \\ 1 & -2 & -2 \\ \hdashline 0 & 0 & -1 \end{array}\right], \quad \bar{\boldsymbol{b}} = \boldsymbol{P}^{-1}\boldsymbol{b} = \left[\begin{array}{c} 1 \\ 0 \\ \hdashline 0 \end{array}\right]$$

$$\bar{\boldsymbol{C}} = \boldsymbol{CP} = \left[\begin{array}{cc:c} 1 & -1 & -2 \end{array}\right]$$

故有

$$\dot{\bar{\boldsymbol{x}}} = \left[\begin{array}{cc:c} 0 & -1 & -1 \\ 1 & -2 & -2 \\ \hdashline 0 & 0 & -1 \end{array}\right] \bar{\boldsymbol{x}} + \left[\begin{array}{c} 1 \\ 0 \\ \hdashline 0 \end{array}\right] u$$

$$y = \left[\begin{array}{cc:c} 1 & -1 & -2 \end{array}\right] \bar{\boldsymbol{x}}$$

显见，系统 $[\bar{\boldsymbol{A}} \quad \bar{\boldsymbol{b}}]$ 确为能控规范形。

(2) 系统按能观测性分解。确定系统的维数

$$\boldsymbol{Q}_o = \begin{bmatrix} \boldsymbol{C} \\ \boldsymbol{CA} \\ \boldsymbol{CA}^2 \end{bmatrix} = \begin{bmatrix} 0 & 1 & -2 \\ 1 & -2 & 3 \\ -2 & 3 & -4 \end{bmatrix}, \quad \mathrm{rank}[\boldsymbol{Q}_o] = 2$$

系统不能观测，其观测状态的维数为 2。

确定系统变换为能观测规范形的变换阵

$$\boldsymbol{T}=\begin{bmatrix}\boldsymbol{t}_1\\ \boldsymbol{t}_2\\ \boldsymbol{t}_3\end{bmatrix}=\begin{bmatrix}\boldsymbol{C}\\ \boldsymbol{CA}\\ \hdashline \boldsymbol{t}_3\end{bmatrix}=\begin{bmatrix}0 & 1 & -2\\ 1 & -2 & 3\\ 0 & 0 & 1\end{bmatrix}$$

其中，$\boldsymbol{t}_3$ 为任取的且与 $\boldsymbol{C}$，$\boldsymbol{CA}$ 线性无关的行向量。求得

$$\boldsymbol{T}^{-1}=\begin{bmatrix}2 & 1 & 1\\ 1 & 0 & 2\\ 0 & 0 & 1\end{bmatrix}$$

由变换阵 $\boldsymbol{T}$ 确定的能观测规范形为

$$\hat{\boldsymbol{A}}=\boldsymbol{TAT}^{-1}=\left[\begin{array}{cc:c}0 & 1 & 0\\ -1 & -2 & 0\\ \hdashline 1 & 0 & -1\end{array}\right],\quad \hat{\boldsymbol{b}}=\boldsymbol{Tb}=\begin{bmatrix}1\\ -1\\ \hdashline 0\end{bmatrix}$$

$$\hat{\boldsymbol{C}}=\boldsymbol{CT}^{-1}=\left[\begin{array}{cc:c}1 & 0 & 0\end{array}\right]$$

故有
$$\dot{\hat{\boldsymbol{x}}}=\left[\begin{array}{cc:c}0 & 1 & 0\\ -1 & -2 & 0\\ \hdashline 1 & 0 & -1\end{array}\right]\hat{\boldsymbol{x}}+\begin{bmatrix}1\\ -1\\ \hdashline 0\end{bmatrix}u,\quad y=\left[\begin{array}{cc:c}1 & 0 & 0\end{array}\right]\hat{\boldsymbol{x}}$$

可见，系统$[\hat{\boldsymbol{A}}\quad\hat{\boldsymbol{C}}]$确为能观测规范形。

(3) 系统按能控性、能观测性分解。

在上述系统按能控性分解的规范形中，能控子系统的能观测性矩阵为

$$\boldsymbol{Q}_{\mathrm{o}}=\begin{bmatrix}\bar{\boldsymbol{C}}_{\mathrm{c}}\\ \bar{\boldsymbol{C}}_{\mathrm{c}}\bar{\boldsymbol{A}}_{\mathrm{c}}\end{bmatrix}=\begin{bmatrix}1 & -1\\ -1 & 1\end{bmatrix},\quad \mathrm{rank}\boldsymbol{Q}_{\mathrm{o}}=1$$

因此能控子系统是不完全能观测的，按能观测性分解，其变换阵应为

$$\boldsymbol{T}_1=\begin{bmatrix}\bar{\boldsymbol{C}}_{\mathrm{c}}\\ \boldsymbol{t}_2\end{bmatrix}=\begin{bmatrix}1 & -1\\ 0 & 1\end{bmatrix},\quad \boldsymbol{T}_1^{-1}=\begin{bmatrix}1 & 1\\ 0 & 1\end{bmatrix}$$

而一维不能控子系统显然是能观测的，可令其变换阵 $\boldsymbol{T}_2=1$，$\boldsymbol{T}_1$ 和 $\boldsymbol{T}_2$ 构成分块对角阵

$$\boldsymbol{T}_{12}=\begin{bmatrix}\boldsymbol{T}_1 & 0\\ 0 & \boldsymbol{T}_2\end{bmatrix}=\left[\begin{array}{cc:c}1 & -1 & 0\\ 0 & 1 & 0\\ \hdashline 0 & 0 & 1\end{array}\right]$$

$$\boldsymbol{T}_{12}^{-1}=\begin{bmatrix}1 & 1 & 0\\ 0 & 1 & 0\\ 0 & 0 & 1\end{bmatrix}$$

引入变换 $\tilde{x}=\boldsymbol{T}_{12}\bar{x}$，对系统按能观测性进行分解，得

$$\tilde{\boldsymbol{A}}=\boldsymbol{T}_{12}\bar{\boldsymbol{A}}\boldsymbol{T}_{12}^{-1}=\left[\begin{array}{cc:c}1 & -1 & 1\\ 0 & 1 & 0\\ \hdashline 0 & 0 & -1\end{array}\right],\quad \tilde{\boldsymbol{b}}=\boldsymbol{T}_{12}\bar{\boldsymbol{b}}=\begin{bmatrix}1\\ 0\\ \hdashline 0\end{bmatrix},\quad \tilde{\boldsymbol{C}}=\bar{\boldsymbol{C}}\boldsymbol{T}_{12}^{-1}=\left[\begin{array}{cc:c}1 & 0 & -2\end{array}\right]$$

故得按能控性、能观测性分解的结果为

$$\dot{\tilde{\boldsymbol{x}}}=\tilde{\boldsymbol{A}}\tilde{\boldsymbol{x}}+\tilde{\boldsymbol{b}}u$$
$$y=\tilde{\boldsymbol{C}}\tilde{\boldsymbol{x}}$$

式中，$\tilde{\boldsymbol{x}}=[\tilde{\boldsymbol{x}}_1 \quad \tilde{\boldsymbol{x}}_2 \quad \tilde{\boldsymbol{x}}_3]^{\mathrm{T}}$，其中$\tilde{\boldsymbol{x}}_1$为能控且能观测的状态；$\tilde{\boldsymbol{x}}_2$为能控但不能观测的状态；$\tilde{\boldsymbol{x}}_3$为能观测但不能控的状态。

2.9　传递函数矩阵的状态空间实现

由传递函数矩阵确定对应的状态空间方程称为实现。在第一章已经研究了将单输入-单输出系统的外部描述(系统传递函数)化为状态空间描述的问题，并导出了能观测规范形、能控规范形、$\boldsymbol{A}$为对角规范形和约当规范形等四种典型的状态空间方程，这便是传递函数的实现。本节研究多变量系统传递函数矩阵的实现理论和一般方法。研究实现问题，能深刻揭示系统的内部结构特性，便于分析与计算系统的运动，便于在状态空间对系统进行综合，便于对系统进行计算机仿真，在理论和应用上均具有重要意义。

实现的定义　给定线性定常系统的传递函数矩阵$\boldsymbol{G}(s)$，寻求一个状态空间描述

$$\dot{\boldsymbol{x}}=\boldsymbol{A}\boldsymbol{x}+\boldsymbol{B}\boldsymbol{u},\ \boldsymbol{y}=\boldsymbol{C}\boldsymbol{x}+\boldsymbol{D}\boldsymbol{u}$$

使

$$\boldsymbol{C}(s\boldsymbol{I}-\boldsymbol{A})^{-1}\boldsymbol{B}+\boldsymbol{D}=\boldsymbol{G}(s)$$

则称此状态空间描述是给定传递函数矩阵$\boldsymbol{G}(s)$的一个实现，简称$(\boldsymbol{A},\boldsymbol{B},\boldsymbol{C},\boldsymbol{D})$是$\boldsymbol{G}(s)$的一个实现。

以上定义表明，实现问题的实质就是已知系统的外部描述，去寻求一个与外部描述等同的假想的状态空间结构。由于状态变量(状态空间基底)选取不同，同一$\boldsymbol{G}(s)$能导出维数相同但数值特性不同的$(\boldsymbol{A},\boldsymbol{B},\boldsymbol{C},\boldsymbol{D})$，这一点已由第一章中传递函数的四种典型实现所证实；基于传递函数矩阵只反映系统能控且能观测部分的特性这一研究结论，不难分析得知，由同一$\boldsymbol{G}(s)$还能导出$\boldsymbol{A}$具有不同维数的实现，其中含有不同个数的不能控或/和不能观测的状态变量。故$\boldsymbol{G}(s)$的实现具有非唯一性，且有无穷多种实现方式，某特定实现称$\boldsymbol{G}(s)$的一个实现。

在众多实现中，能控类和能观测类是最常见的典型实现方式，这时，所寻求的$(\boldsymbol{A},\boldsymbol{B},\boldsymbol{C},\boldsymbol{D})$不但能满足传递函数矩阵关系式，且是$(\boldsymbol{A},\boldsymbol{B})$能控或是$(\boldsymbol{A},\boldsymbol{C})$能观测的。由于这类典型实现本身已经从某个方面揭示了系统的内部结构特性，于是更容易过渡到寻求$\boldsymbol{G}(s)$的维数最小的实现问题。所谓维数最小的实现，是指$\boldsymbol{A}$的维数最小，从而也使$\boldsymbol{B},\boldsymbol{C},\boldsymbol{D}$的维数最小，它能以最简单的状态空间结构去获得等价的外部传递特性。无疑，最小实现问题是最为重要的。

如果已经确定某真实系统是能控且能观测的，则在该$\boldsymbol{G}(s)$的众多实现方式中，唯有最小实现才是真实系统的状态空间结构。

就单输入-多输出、多输入-单输出、多输入-多输出系统的情况分别进行研究。

2.9.1　单输入-多输出系统传递函数矩阵的实现

单输入-多输出系统的结构如图2-6所示，含l个子系统：

$$y_i(s)=g_i(s)u(s),\quad i=1,2,\cdots,l \tag{2-220}$$

输入输出关系的向量矩阵形式为

$$\boldsymbol{y}(s)=\boldsymbol{G}(s)\boldsymbol{u}(s) \tag{2-221}$$

其中$\boldsymbol{G}(s)$为一列向量，其展开式为

$$\boldsymbol{G}(s)=\begin{bmatrix}g_1(s)\\ \vdots \\ g_l(s)\end{bmatrix}=\begin{bmatrix}d_1+\hat{g}_1(s)\\ \vdots \\ d_l+\hat{g}_l(s)\end{bmatrix}=\begin{bmatrix}d_1\\ \vdots \\ d_l\end{bmatrix}+\begin{bmatrix}\hat{g}_1(s)\\ \vdots \\ \hat{g}_l(s)\end{bmatrix}\overset{\text{def}}{=\!=}\boldsymbol{d}+\hat{\boldsymbol{G}}(s) \qquad (2-222)$$

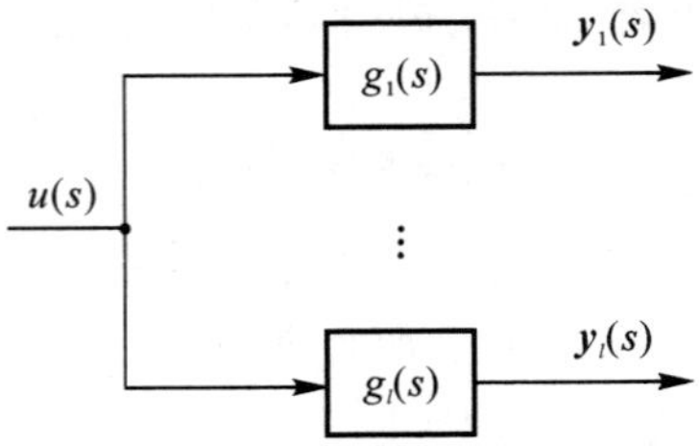

图 2-6　单输入-多输出系统结构

式中，$g_i(s)$ 为真有理分式；d_i 为常数；$\hat{g}_i(s)$ 为严格真有理分式。真传递函数矩阵 $\boldsymbol{G}(s)$ 的实现问题就是寻求$(\boldsymbol{A},\boldsymbol{b},\boldsymbol{C},\boldsymbol{d})$ 问题，严格真传递函数矩阵 $\hat{\boldsymbol{G}}(s)$ 的实现问题就是寻求$(\boldsymbol{A},\boldsymbol{b},\boldsymbol{C})$ 问题。故不失一般性，研究实现问题可从 $\hat{\boldsymbol{G}}(s)$ 的实现入手。

取$\{\hat{g}_i(s)\}$的最小公分母且记为 $D(s)$，有

$$D(s)=s^n+\alpha_{n-1}s^{n-1}+\cdots+\alpha_1 s+\alpha_0 \qquad (2-223)$$

则 $\hat{\boldsymbol{G}}(s)$ 的一般形式为

$$\hat{\boldsymbol{G}}(s)=\frac{1}{D(s)}\begin{bmatrix}\beta_{1,n-1}s^{n-1}+\cdots+\beta_{1,1}s+\beta_{1,0}\\ \vdots \\ \beta_{l,n-1}s^{n-1}+\cdots+\beta_{l,1}s+\beta_{l,0}\end{bmatrix} \qquad (2-224)$$

式中，$\dfrac{1}{D(s)}$ 是 l 个子系统传递函数的公共部分。对$\hat{\boldsymbol{G}}(s)$ 作串联分解，并引入中间变量 $\boldsymbol{z}(s)$，便有

$$\boldsymbol{z}(s)=\frac{1}{D(s)}\boldsymbol{u}(s) \qquad (2-225)$$

若令

$$x_1=z,\quad x_2=\dot{z},\quad \cdots,\quad x_n=z^{(n-1)} \qquad (2-226)$$

可列出该系统的能控规范形状态方程，它对 l 个子系统是同一的。考虑到单输入-多输出情况，输入矩阵只有一列，输出矩阵则有 l 行，故据 $D(s)$ 诸系数写出能控规范形$(\boldsymbol{A},\boldsymbol{b})$ 是方便的，难以写出能观测规范形实现。故式(2-225) 的实现为

$$\dot{\boldsymbol{x}}=\begin{bmatrix}\boldsymbol{0} & \boldsymbol{I}_{n-1}\\ -a_0 & -a_1\cdots -a_{n-1}\end{bmatrix}\boldsymbol{x}+\begin{bmatrix}0\\ \vdots \\ 1\end{bmatrix}\boldsymbol{u}\overset{\text{def}}{=\!=}\boldsymbol{Ax}+\boldsymbol{bu} \qquad (2-227)$$

诸子系统的输出 $\boldsymbol{y}_i(s)$ 均可表示为其各阶导数的线性组合，其向量矩阵形式为

$$\boldsymbol{y}=\begin{bmatrix}\beta_{1,0} & \beta_{1,1} & \cdots & \beta_{1,n-1}\\ \vdots & \vdots & & \vdots \\ \beta_{l,0} & \beta_{l,1} & \cdots & \beta_{l,n-1}\end{bmatrix}\boldsymbol{x}\overset{\text{def}}{=\!=}\boldsymbol{Cx} \qquad (2-228)$$

于是便确定了 $\boldsymbol{G}(s)$ 的实现$(\boldsymbol{A},\boldsymbol{b},\boldsymbol{C},\boldsymbol{d})$。该实现是一定能控的，但不一定能观测。注意上述实现是由单输入-单输出系统的能控规范形实现推广而来的。

2.9.2　多输入-单输出系统传递函数矩阵的实现

多输入-单输出系统的结构如图 2-7 所示，含 m 个子系统：

$$y_i(s)=g_i(s)u_i(s),\qquad i=1,2,\cdots,m \tag{2-229}$$

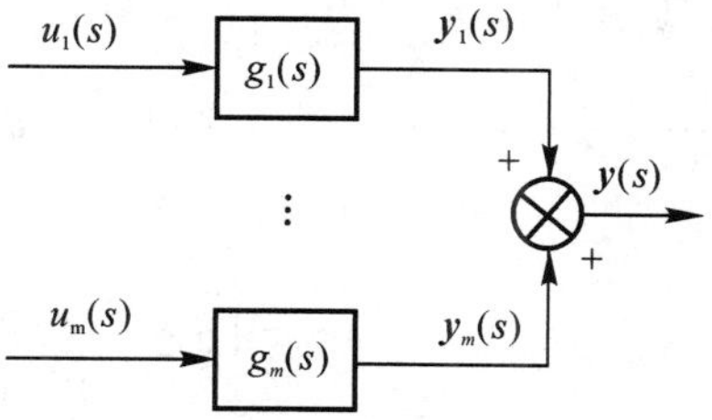

图 2-7　多输入-单输出系统结构

系统输出为诸子系统输出之和，即

$$\begin{aligned}\boldsymbol{y}(s)&=g_1(s)u_1(s)+\cdots+g_m(s)u_m(s)=\\&[g_1(s)\quad\cdots\quad g_m(s)][u_1(s)\quad\cdots\quad u_m(s)]^{\mathrm T}\overset{\text{def}}{=\!=}\boldsymbol{G}(s)\boldsymbol{u}(s)\end{aligned} \tag{2-230}$$

其中 $\boldsymbol{G}(s)$ 为一行，其展开式为

$$\boldsymbol{G}(s)=[d_1+\hat g_1(s)\quad\cdots\quad d_m+\hat g_m(s)]\overset{\text{def}}{=\!=}\boldsymbol{d}+\hat{\boldsymbol{G}}(s) \tag{2-231}$$

同理，取 $\{\hat g_i(s)\}$ 的最小公分母且记为 $D(s)$，可得 $\hat{\boldsymbol{G}}(s)$ 的一般形式为

$$\hat{\boldsymbol{G}}(s)=\frac{1}{D(s)}[\beta_{1,n-1}s^{n-1}+\cdots+\beta_{1,1}s+\beta_{1,0}\quad\cdots\quad\beta_{m,n-1}s^{n-1}+\cdots+\beta_{m,1}s+\beta_{m,0}] \tag{2-232}$$

考虑到多输入-单输出情况，输入矩阵有 m 列，输出矩阵只有一行，据 m 个子系统传递函数的公共部分 $\frac{1}{D(s)}$ 写出能观测规范形 $(\boldsymbol{A},\boldsymbol{c})$ 是方便的，难以写出能控规范形实现。该实现也可由单输入-单输出系统的能观测规范形实现推广得到

$$\dot{\boldsymbol{x}}=\left[\begin{array}{c|c}\boldsymbol{0} & -\alpha_0\\\hline & -\alpha_1\\\boldsymbol{I}_{n-1} & \vdots\\ & -\alpha_{n-1}\end{array}\right]\boldsymbol{x}+\begin{bmatrix}\beta_{1,0}&\cdots&\beta_{m,0}\\\beta_{1,1}&\cdots&\beta_{m,1}\\\vdots&&\vdots\\\beta_{1,n-1}&\cdots&\beta_{m,n-1}\end{bmatrix}\boldsymbol{u}\overset{\text{def}}{=\!=}\boldsymbol{Ax}+\boldsymbol{Bu} \tag{2-233}$$

$$\boldsymbol{y}(s)=[0\quad\cdots\quad 1]\boldsymbol{x}\overset{\text{def}}{=\!=}\boldsymbol{cx} \tag{2-234}$$

于是便确定了 $\boldsymbol{G}(s)$ 的实现 $(\boldsymbol{A},\boldsymbol{B},\boldsymbol{c},\boldsymbol{d})$，该实现一定能观测，但不一定能控。

例 2-25　试求传递函数矩阵 $\boldsymbol{G}_1(s)$（$\boldsymbol{G}_2(s)$）的能控规范形（能观测规范形）实现。

$$\boldsymbol{G}_1(s)=\begin{bmatrix}\dfrac{s+3}{(s+1)(s+2)}\\[2ex]\dfrac{s+4}{s+1}\end{bmatrix},\quad \boldsymbol{G}_2(s)=\begin{bmatrix}\dfrac{s+3}{(s+1)(s+2)} & \dfrac{s+4}{s+1}\end{bmatrix}$$

解　$\boldsymbol{G}_1(s)$ 为单输入-双输出情况，$\boldsymbol{b}$ 为一列，$\boldsymbol{C}$ 为两行，$\boldsymbol{A}$ 由 $D(s)$ 确定。

$$\boldsymbol{G}_1(s)=\begin{bmatrix}0\\1\end{bmatrix}+\frac{1}{(s+1)(s+2)}\begin{bmatrix}s+3\\3(s+2)\end{bmatrix}\overset{\text{def}}{=\!=}\boldsymbol{d}_1+\frac{1}{D(s)}\begin{bmatrix}s+3\\3s+6\end{bmatrix}$$

故其能控规范形实现为

$$\dot{x}=Ax+bu=\begin{bmatrix}0 & 1\\ -2 & -3\end{bmatrix}x+\begin{bmatrix}0\\ 1\end{bmatrix}u$$

$$y=Cx+du=\begin{bmatrix}3 & 1\\ 6 & 3\end{bmatrix}x+\begin{bmatrix}0\\ 1\end{bmatrix}u$$

$\boldsymbol{G}_2(s)$ 为双输入-单输出情况，$\boldsymbol{B}$ 为两列，$\boldsymbol{c}$ 为一行，$\boldsymbol{A}$ 由 $D(s)$ 确定。

$$\boldsymbol{G}_1(s)=[0\quad 1]+\frac{1}{(s+1)(s+2)}[s+3\quad 3(s+2)]\overset{\text{def}}{=\!=}\boldsymbol{d}_1+\frac{1}{D(s)}[s+3\quad 3s+6]$$

故其能观测规范形实现为

$$\dot{x}=Ax+bu=\begin{bmatrix}0 & -2\\ 1 & -3\end{bmatrix}x+\begin{bmatrix}3 & 6\\ 1 & 3\end{bmatrix}\boldsymbol{u}$$

$$y=Cx+du=[0\quad 1]x+[0\quad 1]\boldsymbol{u}$$

2.9.3　多输入-多输出系统传递函数矩阵的实现

假定严格真$(l\times m)$传递函数矩阵 $\boldsymbol{G}(s)=\{g_{i,j}(s)\}$ ，$i=1,\cdots,l,j=1,\cdots,m$，其能控或者能观测规范形实现可由单输入-单输出系统传递函数的对应规范形实现推广而来。$\boldsymbol{G}(s)$ 的展开式为

$$\boldsymbol{G}(s)=\begin{bmatrix}g_{1,1}(s) & \cdots & g_{1,m}(s)\\ \vdots & & \vdots\\ g_{l,1}(s) & \cdots & g_{l,m}(s)\end{bmatrix}=\frac{1}{D(s)}\begin{bmatrix}n_{1,1}(s) & \cdots & n_{1,m}(s)\\ \vdots & & \vdots\\ n_{l,1}(s) & \cdots & n_{l,m}(s)\end{bmatrix}=$$

$$\frac{1}{D(s)}[\boldsymbol{\beta}_{n-1}s^{n-1}+\boldsymbol{\beta}_{n-2}s^{n-2}+\cdots+\boldsymbol{\beta}_1 s+\boldsymbol{\beta}_0]\tag{2-235}$$

式中，$D(s)=s^n+\alpha_{n-1}s^{n-1}+\cdots+\alpha_1 s+\alpha_0$，为$\{g_{i,j}(s)\}$的最小公分母，$\{n_{i,j}(s)\}$是同分母处理后所得的多项式矩阵，且表示为矩阵多项式形式，$\boldsymbol{\beta}_i(i=0,\cdots,n-1)$ 均为$(l\times m)$常值矩阵。对式(2-235) 进行串连分解并引入中间变量 $\boldsymbol{z}$，它与 $\boldsymbol{u}$ 同为 m 维向量，于是 $\boldsymbol{z},\boldsymbol{y}$ 满足下列向量微分方程

$$\boldsymbol{z}^{(n)}+\alpha_{n-1}\boldsymbol{z}^{(n-1)}+\cdots+\alpha_1\dot{\boldsymbol{z}}+\alpha_0=\boldsymbol{u}\tag{2-236}$$

$$\boldsymbol{y}=\boldsymbol{\beta}_{n-1}\boldsymbol{z}^{(n-1)}+\boldsymbol{\beta}_{n-2}\boldsymbol{z}^{(n-2)}+\cdots+\boldsymbol{\beta}_1\dot{\boldsymbol{z}}+\boldsymbol{\beta}_0\boldsymbol{z}\tag{2-237}$$

定义下列一组 m 维状态子向量

$$\boldsymbol{x}_1=\boldsymbol{z},\quad \boldsymbol{x}_2=\dot{\boldsymbol{z}},\quad \cdots,\quad \boldsymbol{x}_n=\boldsymbol{z}^{(n-1)}\tag{2-238}$$

则状态方程为

$$\dot{\boldsymbol{x}}_1=\boldsymbol{x}_2$$

$$\dot{\boldsymbol{x}}_2=\boldsymbol{x}_3$$

……

$$\dot{\boldsymbol{x}}_n=-\alpha_0\boldsymbol{x}_1-\alpha_1\boldsymbol{x}_2-\cdots-\alpha_{n-1}\boldsymbol{x}_n+\boldsymbol{u}$$

$$\boldsymbol{y}=\boldsymbol{\beta}_0\boldsymbol{x}_1+\boldsymbol{\beta}_1\boldsymbol{x}_2+\cdots+\boldsymbol{\beta}_{n-1}\boldsymbol{x}_n$$

其矩阵分块形式的能控规范形实现为

$$\dot{\boldsymbol{x}}=\boldsymbol{A}_c\boldsymbol{x}+\boldsymbol{B}_c\boldsymbol{u},\quad \boldsymbol{y}=\boldsymbol{C}_c\boldsymbol{x}\tag{2-239}$$

式中

$$\boldsymbol{x}=\begin{bmatrix}\boldsymbol{x}_1\\ \boldsymbol{x}_2\\ \vdots\\ \boldsymbol{x}_{n-1}\\ \boldsymbol{x}_n\end{bmatrix},\quad \boldsymbol{A}_c=\begin{bmatrix}\boldsymbol{0}_m & \boldsymbol{I}_m & \boldsymbol{0}_m & \cdots & \boldsymbol{0}_m\\ \boldsymbol{0}_m & \boldsymbol{0}_m & \boldsymbol{I}_m & \cdots & \boldsymbol{0}_m\\ \vdots & \vdots & \vdots & & \vdots\\ \boldsymbol{0}_m & \boldsymbol{0}_m & \boldsymbol{0}_m & \cdots & \boldsymbol{I}_m\\ -\alpha_0\boldsymbol{I}_m & -\alpha_1\boldsymbol{I}_m & -\alpha_2\boldsymbol{I}_m & \cdots & -\alpha_{n-1}\boldsymbol{I}_m\end{bmatrix},\quad \boldsymbol{B}_c=\begin{bmatrix}\boldsymbol{0}_m\\ \boldsymbol{0}_m\\ \vdots\\ \boldsymbol{0}_m\\ \boldsymbol{I}_m\end{bmatrix},$$

$$\boldsymbol{C}_c=[\boldsymbol{\beta}_0\quad\cdots\quad\boldsymbol{\beta}_{n-1}]$$

$\boldsymbol{x}_i$ 为 m 维向量；$\boldsymbol{x}$ 为 nm 维向量；$\boldsymbol{A}_c$ 为 $(nm\times nm)$ 维；矩阵 $\boldsymbol{B}_c$ 为 $(nm\times m)$ 维；矩阵 $\boldsymbol{C}_c$ 为 $(l\times nm)$ 维；矩阵 $\boldsymbol{0}_m$，$\boldsymbol{I}_m$ 为 m 阶零阵和 m 阶单位阵。该实现一定能控，但不一定能观测。

还可以导出矩阵分块形式的能观测规范形实现为

$$\dot{\boldsymbol{x}}=\boldsymbol{A}_o\boldsymbol{x}+\boldsymbol{B}_o\boldsymbol{u},\quad \boldsymbol{y}=\boldsymbol{C}_o\boldsymbol{x}\tag{2-240}$$

式中

$$\boldsymbol{x}=\begin{bmatrix}\boldsymbol{x}_1\\ \boldsymbol{x}_2\\ \vdots\\ \boldsymbol{x}_{n-1}\\ \boldsymbol{x}_n\end{bmatrix},\quad \boldsymbol{A}_o=\begin{bmatrix}\boldsymbol{0}_l & \boldsymbol{0}_l & \cdots & \boldsymbol{0}_l & -\alpha_0\boldsymbol{I}_l\\ \boldsymbol{I}_l & \boldsymbol{0}_l & \cdots & \boldsymbol{0}_l & -\alpha_1\boldsymbol{I}_l\\ \boldsymbol{0}_l & \boldsymbol{I}_l & \cdots & \boldsymbol{0}_l & -\alpha_2\boldsymbol{I}_l\\ \vdots & \vdots & \vdots & & \vdots\\ \boldsymbol{0}_l & \boldsymbol{0}_l & \cdots & \boldsymbol{I}_l & -\alpha_{n-1}\boldsymbol{I}_l\end{bmatrix},\quad \boldsymbol{B}_o=\begin{bmatrix}\boldsymbol{\beta}_0\\ \boldsymbol{\beta}_1\\ \boldsymbol{\beta}_2\\ \vdots\\ \boldsymbol{\beta}_{n-1}\end{bmatrix}$$

$$\boldsymbol{C}_o=[\boldsymbol{0}_l\quad\cdots\quad\boldsymbol{0}_l\quad\boldsymbol{I}_l]$$

$\boldsymbol{x}_i$ 为 l 维向量；$\boldsymbol{x}$ 为 nl 维向量；$\boldsymbol{A}_o$ 为 $(nl\times nl)$ 维；矩阵 $\boldsymbol{B}_o$ 为 $(nl\times m)$ 维；矩阵 $\boldsymbol{C}_o$ 为 $(l\times nm)$ 维；矩阵 $\boldsymbol{0}_l$，$\boldsymbol{I}_l$ 为 l 阶零阵和 l 阶单位阵。该实现一定能观测，但不一定能控。

例 2-26　试求 $\boldsymbol{G}(s)$ 的能控和能观测规范形实现。

$$\boldsymbol{G}(s)=\begin{bmatrix}\dfrac{s+2}{s+1} & \dfrac{1}{s+3}\\ \dfrac{s}{s+1} & \dfrac{s+1}{s+2}\end{bmatrix}$$

解　本例 $l=m=2$。

$$\boldsymbol{G}(s)=\begin{bmatrix}1 & 0\\ 1 & 1\end{bmatrix}+\begin{bmatrix}\dfrac{1}{s+1} & \dfrac{1}{s+3}\\ \dfrac{-1}{s+1} & \dfrac{-1}{s+2}\end{bmatrix}\overset{\text{def}}{=\!=}\boldsymbol{D}+\boldsymbol{G}'(s)$$

$$\boldsymbol{G}'(s)=\frac{1}{(s+1)(s+2)(s+3)}\begin{bmatrix}(s+2)(s+3) & (s+1)(s+2)\\ -(s+2)(s+3) & -(s+1)(s+3)\end{bmatrix}=$$

$$\frac{1}{s^3+6s^2+11s+6}\left\{\begin{bmatrix}1 & -1\\ -1 & -1\end{bmatrix}s^2+\begin{bmatrix}5 & 3\\ -5 & -4\end{bmatrix}s+\begin{bmatrix}6 & 2\\ -6 & -3\end{bmatrix}\right\}$$

故能控规范形实现为

$$\boldsymbol{A}_c=\begin{bmatrix}\boldsymbol{0}_2 & \boldsymbol{I}_2 & \boldsymbol{0}_2\\ \boldsymbol{0}_2 & \boldsymbol{0}_2 & \boldsymbol{I}_2\\ -6\boldsymbol{I}_2 & -11\boldsymbol{I}_2 & -6\boldsymbol{I}_2\end{bmatrix},\quad \boldsymbol{B}_c=\begin{bmatrix}\boldsymbol{0}_2\\ \boldsymbol{0}_2\\ \boldsymbol{I}_2\end{bmatrix}$$

$$\boldsymbol{C}_c=[\boldsymbol{\beta}_0\quad\boldsymbol{\beta}_1\quad\boldsymbol{\beta}_2]=\left[\begin{array}{cc:cc:cc}6 & 2 & 5 & 3 & 1 & 1\\ -6 & -3 & -5 & -4 & -1 & -1\end{array}\right],\quad \boldsymbol{D}=\begin{bmatrix}1 & 0\\ 1 & 1\end{bmatrix}$$

能观测规范形实现为

$$A_o=\begin{bmatrix}\mathbf{0}_2 & \mathbf{0}_2 & -6I_2\\ I_2 & \mathbf{0}_2 & -11I_2\\ \mathbf{0}_2 & I_2 & -6I_2\end{bmatrix},\quad B_o=\begin{bmatrix}\boldsymbol{\beta}_0\\ \boldsymbol{\beta}_1\\ \boldsymbol{\beta}_2\end{bmatrix}=\begin{bmatrix}6 & 2\\ -6 & -3\\ \hdashline 5 & 3\\ -5 & -4\\ \hdashline 1 & 1\\ -1 & -1\end{bmatrix},\quad C_o=[\mathbf{0}_2\quad \mathbf{0}_2\quad I_2],\quad D=\begin{bmatrix}1 & 0\\ 1 & 1\end{bmatrix}$$

2.9.4 最小实现及其特性

给定严格真传递函数矩阵 $G(s)$，寻求一个维数最小的 (A,B,C)，使 $C(sI-A)^{-1}B=G(s)$，则称该 (A,B,C) 是 $G(s)$ 的最小实现，也称为不可简约实现。从等价的输入-输出传递函数特性来看，最小实现的状态空间结构是最简单的，其中包含的积分器个数最少，其状态变量都是能控且能观测的，用于计算机仿真的精度也最好，故而在理论及应用上均占有重要地位。

关于最小实现的特性，有下列几个重要结论。

结论 1 (A,B,C) 为严格真传递函数矩阵 $G(s)$ 的最小实现的充要条件是：(A,B) 能控且 (A,C) 能观测。

证明 先证必要性，即已知 (A,B,C) 为最小实现，欲证 (A,B) 能控和 (A,C) 能观测。采用反证法。反设 (A,B,C) 不能控或不能观测，则可通过结构的规范分解找出能控且能观测的 (A_1,B_1,C_1)，使 $C_1(sI-A_1)B_1=G(s)$，且有

$$\dim A_1<\dim A \tag{2-241}$$

表明 (A,B,C) 不是 $G(s)$ 的最小实现，从而与已知条件矛盾，故反设不成立，(A,B,C) 必为能控且能观测。必要性得证。

充分性证明采用构造性证明的方法，过程较为繁杂，故略。

结论 2 严格真传递函数矩阵 $G(s)$ 的任意两个最小实现 (A,B,C) 与 $(\bar{A},\bar{B},\bar{C})$ 之间必代数等价，即两个最小实现之间存在非奇异线性变化阵 T 使下式成立：

$$\bar{A}=T^{-1}AT,\quad \bar{B}=T^{-1}B,\quad \bar{C}=CT \tag{2-242}$$

证明略。

结论 3 传递函数矩阵 $G(s)$ 的最小实现的维数为 $G(s)$ 的次数 n_b，或 $G(s)$ 的极点多项式的最高次数。

证明 已知多变量系统的能控能观测的充分条件是

$$G(s)\text{ 的极点多项式 }\varphi(s)=A\text{ 的特征多项式 }\det(sI-A) \tag{3-243}$$

故 $\varphi(s)$ 的最高次数（或 $G(s)$ 的次数）n_b 等于 A 的维数；又知 (A,B) 能控，(A,C) 能观测，故 (A,B,C) 为最小实现。

2.9.5 多变量系统最小实现的求法

求多变量系统最小实现的一般方法为降阶法：根据给定传递函数矩阵 $G(s)$，第一步先写出满足 $G(s)$ 的能控规范形实现，第二步从中找出能控子系统，即可求得最小实现。该方法在本节前文已有详细的叙述，这里不再赘述。

有时 $G(s)$ 诸元易于分解为部分分式，且仅含有实极点时，运用直接法求约当规范形最小

实现的方法是较为方便的。下面举例说明。

例 2－27　已知 $\boldsymbol{G}(s)$，试求约当规范形最小实现。

$$\boldsymbol{G}(s)=\begin{bmatrix}\dfrac{1}{s+1} & \dfrac{2}{(s+1)(s+2)}\\ \dfrac{1}{(s+1)(s+3)} & \dfrac{1}{s+3}\end{bmatrix}$$

解　将 $\boldsymbol{G}(s)$ 诸元化为部分分式，本例只含单极点，有

$$\boldsymbol{G}(s)=\begin{bmatrix}\dfrac{1}{s+1} & \dfrac{2}{s+1}-\dfrac{2}{s+2}\\ \dfrac{1/2}{s+1}-\dfrac{1/2}{s+3} & \dfrac{1}{s+3}\end{bmatrix}$$

将各不同分式提到矩阵以外，有

$$\boldsymbol{G}(s)=\frac{1}{s+1}\begin{bmatrix}1 & 2\\ \frac{1}{2} & 0\end{bmatrix}+\frac{1}{s+2}\begin{bmatrix}0 & -2\\ 0 & 0\end{bmatrix}+\frac{1}{s+3}\begin{bmatrix}0 & 0\\ -\frac{1}{2} & 1\end{bmatrix}$$

若[•]其秩为1，则将[•]分解为1个外积项表示(一列与一行相乘之意)；若[•]其秩为2，则用两个外积项之和表示。外积项表示是不唯一的，一种表示为

$$\boldsymbol{G}(s)=\frac{\begin{bmatrix}1\\0\end{bmatrix}\begin{bmatrix}1 & 2\end{bmatrix}+\begin{bmatrix}0\\1\end{bmatrix}\begin{bmatrix}\frac{1}{2} & 0\end{bmatrix}}{s+1}+\frac{\begin{bmatrix}1\\0\end{bmatrix}\begin{bmatrix}0 & -2\end{bmatrix}}{s+2}+\frac{\begin{bmatrix}0\\1\end{bmatrix}\begin{bmatrix}-\frac{1}{2} & 1\end{bmatrix}}{s+3}$$

式中诸列向量按顺序构成 $\boldsymbol{C}$ 阵；诸行向量按顺序构成 $\boldsymbol{B}$ 阵；诸分母的根按顺序确定了 $\boldsymbol{A}$ 阵的对角元，当分式含两个外积项之和时，对角元有两项相同。其约当规范形实现为

$$\boldsymbol{A}=\begin{bmatrix}-1 & & & \\ & -1 & & \\ & & -2 & \\ & & & -3\end{bmatrix},\quad \boldsymbol{B}=\begin{bmatrix}1 & 2\\ \frac{1}{2} & 0\\ 0 & -2\\ -\frac{1}{2} & 1\end{bmatrix},\quad \boldsymbol{C}=\begin{bmatrix}1 & 0 & 1 & 0\\ 0 & 1 & 0 & 1\end{bmatrix}$$

例 2－28　已知 $\boldsymbol{G}(s)$，试求约当规范形最小实现。

$$\boldsymbol{G}(s)=\begin{bmatrix}\dfrac{1}{(s+2)^3(s+5)} & \dfrac{1}{s+5}\\ \dfrac{1}{s+2} & 0\end{bmatrix}$$

解　本例含有重极点，其部分分式表示为

$$\boldsymbol{G}(s)=\begin{bmatrix}\dfrac{\frac{1}{3}}{(s+2)^3}+\dfrac{-\frac{1}{9}}{(s+2)^2}+\dfrac{\frac{1}{27}}{s+2}+\dfrac{-\frac{1}{27}}{s+5} & \dfrac{1}{s+5}\\ \dfrac{1}{s+2} & 0\end{bmatrix}=$$

$$\frac{\begin{bmatrix}\frac{1}{3} & 0\\ 0 & 0\end{bmatrix}}{(s+2)^3}+\frac{\begin{bmatrix}-\frac{1}{9} & 0\\ 0 & 0\end{bmatrix}}{(s+2)^2}+\frac{\begin{bmatrix}\frac{1}{27} & 0\\ 1 & 0\end{bmatrix}}{s+2}+\frac{\begin{bmatrix}-\frac{1}{27} & 1\\ 0 & 0\end{bmatrix}}{s+5}=$$

$$\frac{\begin{bmatrix}\frac{1}{3}\\ 0\end{bmatrix}\begin{bmatrix}1 & 0\end{bmatrix}}{(s+2)^3}+\frac{\begin{bmatrix}-\frac{1}{9}\\ 0\end{bmatrix}\begin{bmatrix}1 & 0\end{bmatrix}}{(s+2)^2}+\frac{\begin{bmatrix}\frac{1}{27}\\ 1\end{bmatrix}\begin{bmatrix}1 & 0\end{bmatrix}}{s+2}+\frac{\begin{bmatrix}1\\ 0\end{bmatrix}\begin{bmatrix}-\frac{1}{27} & 1\end{bmatrix}}{s+5}$$

式中诸列向量按顺序构成 $\boldsymbol{C}$ 阵；诸行向量写成相同形式，均含$[1\quad 0]$，考虑分母中$(s+2)^i$，$i=2,3$ 的诸项表示为串联的情况，构造 $\boldsymbol{B}$ 阵时第一、二行赋零；诸分母的根按顺序确定了 $\boldsymbol{A}$ 阵的结构，本例含特征值为 -2 的一个三阶约当块。其约当规范形实现为

$$\boldsymbol{A}=\begin{bmatrix}-2 & 1 & & \\ & -2 & 1 & \\ & & -2 & \\ & & & -5\end{bmatrix},\quad \boldsymbol{B}=\begin{bmatrix}0 & 0\\ 0 & 0\\ 1 & 0\\ -\frac{1}{27} & 1\end{bmatrix},\quad \boldsymbol{C}=\begin{bmatrix}\frac{1}{3} & -\frac{1}{9} & \frac{1}{27} & 1\\ 0 & 0 & 1 & 0\end{bmatrix}$$

习　题

2-1　判断下列系统的能控性：

(1) $\dot{\boldsymbol{x}}=\begin{bmatrix}-2 & 2 & -1\\ 0 & -2 & 0\\ 1 & -4 & 0\end{bmatrix}\boldsymbol{x}+\begin{bmatrix}0\\ 0\\ 1\end{bmatrix}u$

(2) $\dot{\boldsymbol{x}}=\begin{bmatrix}1 & 1 & 0\\ 0 & 1 & 0\\ 0 & 1 & 1\end{bmatrix}\boldsymbol{x}+\begin{bmatrix}0\\ 1\\ 0\end{bmatrix}u$

(3) $\dot{\boldsymbol{x}}=\begin{bmatrix}1 & 1 & 0\\ 0 & 1 & 0\\ 0 & 1 & 1\end{bmatrix}\boldsymbol{x}+\begin{bmatrix}0 & 0\\ 0 & 1\\ 1 & 0\end{bmatrix}\begin{bmatrix}u_1\\ u_2\end{bmatrix}$

(4) $\dot{\boldsymbol{x}}=\begin{bmatrix}\lambda_1 & 1 & & \boldsymbol{0}\\ & \lambda_1 & & \\ & & \lambda_1 & \\ \boldsymbol{0} & & & \lambda_1\end{bmatrix}\boldsymbol{x}+\begin{bmatrix}0\\ 1\\ 1\\ 1\end{bmatrix}u$

(5) $\dot{\boldsymbol{x}}=\begin{bmatrix}\lambda_1 & 1 & & \boldsymbol{0}\\ & \lambda_1 & 1 & \\ & & \lambda_1 & \\ \boldsymbol{0} & & & \lambda_1\end{bmatrix}\boldsymbol{x}+\begin{bmatrix}0\\ 0\\ 1\\ 1\end{bmatrix}u$

(6) $\dot{\boldsymbol{x}}=\begin{bmatrix}-4 & 0 & 0\\ 0 & -4 & 0\\ 0 & 0 & 1\end{bmatrix}\boldsymbol{x}+\begin{bmatrix}1\\ 2\\ 1\end{bmatrix}u$

2-2　判断下列系统的输出能观测性：

(1) $\dot{\boldsymbol{x}}=\begin{bmatrix}0 & 1 & 0\\ 0 & 0 & 1\\ -6 & -11 & -6\end{bmatrix}\boldsymbol{x}+\begin{bmatrix}0\\ 0\\ 1\end{bmatrix}u$

$y=\begin{bmatrix}1 & 0 & 0\end{bmatrix}\boldsymbol{x}$

(2) $\dot{\boldsymbol{x}}=\begin{bmatrix}-a & 1 & & \boldsymbol{0}\\ & -b & & \\ & & -c & \\ \boldsymbol{0} & & & -d\end{bmatrix}\boldsymbol{x}+\begin{bmatrix}0\\ 0\\ 1\\ 1\end{bmatrix}u$

$y=\begin{bmatrix}1 & 0 & 0 & 0\end{bmatrix}\boldsymbol{x}$

2-3　设系统状态方程为

$$\boldsymbol{x}=\begin{bmatrix}0 & 1\\ -1 & a\end{bmatrix}\boldsymbol{x}+\begin{bmatrix}1\\ b\end{bmatrix}u$$

试确定使系统能控的 a,b 应满足的关系式。

2-4　设系统传递函数为

$$\boldsymbol{G}(s)=\frac{s+a}{s^3+7s^2+14s+8}$$

a 为何值才能使系统能控？

2-5　能否适当选择 a,b,c 使下列系统能控？

(1) $\dot{\boldsymbol{x}}=\begin{bmatrix}\lambda & 1 & 0\\ 0 & \lambda & 0\\ 0 & 0 & \lambda\end{bmatrix}\boldsymbol{x}+\begin{bmatrix}a\\ b\\ c\end{bmatrix}u$　　(2) $\dot{\boldsymbol{x}}=\begin{bmatrix}\lambda & 1 & 0\\ 0 & \lambda & 1\\ 0 & 0 & \lambda\end{bmatrix}\boldsymbol{x}+\begin{bmatrix}a\\ b\\ c\end{bmatrix}u$

2-6　将下列状态方程化为能控规范形实现。

$$\dot{\boldsymbol{x}}=\begin{bmatrix}1 & -2\\ 3 & 4\end{bmatrix}\boldsymbol{x}+\begin{bmatrix}1\\ 1\end{bmatrix}u$$

2-7　判断下列系统的能观测性。

(1) $\dot{\boldsymbol{x}}=\begin{bmatrix}-1 & -2 & -2\\ 0 & -1 & 1\\ 1 & 0 & -1\end{bmatrix}\boldsymbol{x}+\begin{bmatrix}2\\ 0\\ 1\end{bmatrix}u,\quad y=[1\quad 1\quad 0]\boldsymbol{x}$

(2) $\dot{\boldsymbol{x}}=\begin{bmatrix}2 & 0 & 0\\ 0 & 2 & 0\\ 0 & 3 & 1\end{bmatrix}\boldsymbol{x},\quad y=[1\quad 1\quad 1]\boldsymbol{x}$

(3) $\dot{\boldsymbol{x}}=\begin{bmatrix}2 & 1 & 0\\ 0 & 2 & 0\\ 0 & 0 & -3\end{bmatrix}\boldsymbol{x},\quad y=[0\quad 1\quad 1]\boldsymbol{x}$

(4) $\dot{\boldsymbol{x}}=\begin{bmatrix}-1 & 1 & & \boldsymbol{0}\\ & -1 & & \\ & & -2 & 1\\ \boldsymbol{0} & & & -2\end{bmatrix}\boldsymbol{x},\quad \boldsymbol{y}=\begin{bmatrix}1 & 0 & 0 & 0\\ 0 & 0 & -1 & 0\end{bmatrix}\boldsymbol{x}$

(5) $\dot{\boldsymbol{x}}=\begin{bmatrix}-4 & 0 & 0\\ 0 & -4 & 0\\ 0 & 0 & 1\end{bmatrix}\boldsymbol{x},\quad y=[1\quad 1\quad 4]\boldsymbol{x}$

2-8　设系统动态方程为

$$\dot{\boldsymbol{x}}=\begin{bmatrix}a & 1\\ 0 & b\end{bmatrix}\boldsymbol{x},\quad y=[1\quad -1]\boldsymbol{x}$$

试确定使系统能观测的 a,b 应满足的关系式。

2-9　已知系统各矩阵，试用传递函数矩阵判断系统能控性、能观测性。

$$\boldsymbol{A}=\begin{bmatrix}1 & 3 & 2\\ 0 & 4 & 2\\ 0 & 0 & 1\end{bmatrix},\quad \boldsymbol{B}=\begin{bmatrix}0 & 1\\ 0 & 0\\ 1 & 0\end{bmatrix},\quad \boldsymbol{C}=\begin{bmatrix}1 & 0 & 0\\ 0 & 0 & 1\end{bmatrix}$$

2-10　已知系统传递函数为

$$\frac{y(s)}{u(s)}=\frac{s+1}{s^2+3s+2}$$

试写出能控不能观测、能观测不能控、不能控不能观测部分的动态方程。

2-11　将下列动态方程化为能观测规范形。

$$\dot{\boldsymbol{x}}=\begin{bmatrix}1 & -1\\1 & 1\end{bmatrix}\boldsymbol{x}+\begin{bmatrix}2\\1\end{bmatrix}u$$

2-12　试求下列向量传递函数的能控规范形实现或能观测规范形实现。

(1) $\boldsymbol{G}(s)=\begin{bmatrix}\dfrac{1}{s+1} & \dfrac{1}{s^2+3s+2}\end{bmatrix}$　　(2) $\boldsymbol{G}(s)=\begin{bmatrix}\dfrac{1}{s+2}\\ \dfrac{2}{s+1}\end{bmatrix}$

2-13　试确定下列传递函数矩阵的能控规范形实现和能观测规范形实现。

(1) $\boldsymbol{G}(s)=\begin{bmatrix}\dfrac{1}{s(s+1)} & \dfrac{2}{s+2}\\ \dfrac{2}{s+1} & \dfrac{1}{s+1}\end{bmatrix}$　　(2) $\boldsymbol{G}(s)=\begin{bmatrix}\dfrac{1}{s(s+1)} & \dfrac{1}{s}\\ \dfrac{1}{s} & \dfrac{s-1}{s(s+1)}\end{bmatrix}$

2-14　已知传递函数矩阵 $\boldsymbol{G}(s)$，试确定其最小阶，并求出最小实现。

(1) $\boldsymbol{G}(s)=\begin{bmatrix}\dfrac{1}{s+1} & \dfrac{1}{s+3}\\ \dfrac{1}{s} & \dfrac{2}{s+2}\end{bmatrix}$　　(2) $\boldsymbol{G}(s)=\begin{bmatrix}\dfrac{2s+1}{s^2-1} & \dfrac{s}{s^2+5s+4}\\ \dfrac{1}{s+3} & \dfrac{2s+5}{s^2+7s+12}\end{bmatrix}$

2-15　已知传递函数矩阵 $\boldsymbol{G}(s)$，试求约当规范形最小实现。

$$\boldsymbol{G}(s)=\begin{bmatrix}\dfrac{1}{s+2}+\dfrac{1}{s+3} & \dfrac{1}{s+1}-\dfrac{1}{s+2}+\dfrac{2}{s+3}\\ \dfrac{1}{s+1}-\dfrac{1}{s+2}+\dfrac{2}{s+3} & \dfrac{-1}{s+2}-\dfrac{2}{s+3}\end{bmatrix}$$

第三章　稳定性理论

稳定性是系统的重要特性，是系统正常工作的前提条件，因此在控制系统的分析和设计中，首先要解决的就是系统的稳定性问题。经典控制理论中已建立的代数判据、乃奎斯特判据、对数判据、根轨迹判据可用来判断线性定常系统的稳定性，但不适用于非线性、时变系统；相平面法则只适应于一阶、二阶非线性系统。1892 年俄国学者李雅普诺夫（A. M. Lyapunov）提出的稳定性理论乃是确定系统稳定性的更一般理论，能够采用状态向量的描述，它不仅适用于单变量、线性、定常系统，还适用于多变量、非线性、时变系统，显示出它具有一定的优越性。尽管在应用该理论时，需要一定的经验和技巧来构造李雅普诺夫函数，使该方法的应用受到限制，但在现代控制理论中，它仍作为一种重要方法，并在控制系统分析设计中不断得到应用和发展。

李雅普诺夫方法包括第一法（也称为间接法）和第二法（通常称为直接法）。李雅普诺夫第一法是一种定量方法，它要求首先求解系统的微分方程，然后研究其稳定性，因此是一种间接法，而第二法是一种定性方法，它通过构造和分析系统的“广义能量”的变化趋势，直接分析其稳定性，无须求解系统的具体运动，因此是一种直接法。

本章主要介绍李雅普诺夫稳定性的有关定义及其第二法中判断稳定性的定理。但在此之前，首先介绍系统的外部稳定性和内部稳定性，以在更高的层次上构建涵盖经典控制理论和现代控制理论的系统稳定性的框架。

3.1　外部稳定性与内部稳定性

3.1.1　外部稳定性

定义 3.1（有界输入-有界输出稳定性）　对于零初始条件的因果系统，如果存在一个固定的有限常数 k 及一个标量 α，使得对于任意的 $t \in [t_0,\infty)$，当系统的输入 $\boldsymbol{u}(t)$ 满足 $\|\boldsymbol{u}(t)\| \leqslant k$ 时，所产生的输出 $\boldsymbol{y}(t)$ 满足 $\|\boldsymbol{y}(t)\| \leqslant \alpha k$，则称该因果系统是外部稳定的，也就是有界输入-有界输出稳定的，简记为 BIBO 稳定。

这里必须指出，在讨论外部稳定性时，是以系统的初始条件为零作为基本假设的，在这种假设下，系统的输入输出描述是唯一的。线性系统的 BIBO 稳定性可由输入输出描述中的脉冲响应矩阵或传递函数矩阵进行判别。

定理 3.1[时变情况]　对于零初始条件的线性时变系统，设 $\boldsymbol{G}(t,\tau)$ 为其脉冲响应矩阵，则系统为 BIBO 稳定的充分必要条件为，存在一个有限常数 k，使得对于一切 $t \in [t_0,\infty)$，$\boldsymbol{G}(t,\tau)$ 的每一个元 $g_{ij}(t,\tau)(i=1,2,\cdots,l,j=1,2,\cdots,m)$ 满足

$$\int_{t_0}^{t} |g_{ij}(t,\tau)|\,\mathrm{d}\tau \leqslant k < \infty \tag{3-1}$$

证明 为了方便，先证单输入-单输出情况，然后推广到多输入-多输出情况。在单输入-单输出条件下，输入-输出满足关系

$$y(t)=\int_{t_0}^{t} g(t,\tau)u(\tau)\mathrm{d}\tau \tag{3-2}$$

先证充分性，已知式(3-1)成立，且对任意输入 $u(t)$ 满足 $\|u(t)\|\leqslant k<\infty, t\in[t_0,\infty)$，要证明输出 $y(t)$ 有界。由式(3-2)，可以方便得到

$$|y(t)|=\left|\int_{t_0}^{t} g(t,\tau)u(\tau)\mathrm{d}\tau\right|\leqslant\int_{t_0}^{t}|g(t,\tau)||u(\tau)|\mathrm{d}\tau\leqslant k_1\int_{t_0}^{t}|g(t,\tau)|\mathrm{d}\tau\leqslant kk_1<\infty$$

从而根据定义 3.1 知系统是 BIBO 稳定的。

再证必要性，采用反证法，假设存在某个 $t_1\in[t_0,\infty)$ 使得

$$\int_{t_0}^{t_1}|g(t_1,\tau)|\mathrm{d}\tau=\infty \tag{3-3}$$

定义如下的有界输入函数 $u(t)$：

$$u(t)=\mathrm{sgn}[g(t_1,t)]=\begin{cases}+1, & 当\ g(t_1,t)>0\ 时\\ 0, & 当\ g(t_1,t)=0\ 时\\ -1, & 当\ g(t_1,t)<0\ 时\end{cases}$$

在上述输入激励下，系统的输出为：

$$y(t_1)=\int_{t_0}^{t_1} g(t_1,\tau)u(\tau)\mathrm{d}\tau=\int_{t_0}^{t_1}|g(t_1,\tau)|\mathrm{d}\tau=\infty$$

这表明系统输出是无界的，同系统是 BIBO 稳定的已知条件矛盾。因此，式(3-3)的假设不成立，即必定有

$$\int_{t_0}^{t_1}|g(t_1,\tau)|\mathrm{d}\tau\leqslant k<\infty,\quad \forall t_1\in[t_0,\infty)$$

现在将上述结论推广到多输入-多输出的情况。考察系统输出 $\boldsymbol{y}(t)$ 的任一分量 $y_i(t)$。

$$\begin{aligned}|y_i(t)|&=\left|\int_{t_0}^{t} g_{i1}(t,\tau)u_1(\tau)\mathrm{d}\tau+\cdots+\int_{t_0}^{t} g_{im}(t,\tau)u_m(\tau)\mathrm{d}\tau\right|\leqslant\\&\left|\int_{t_0}^{t} g_{i1}(t,\tau)u_1(\tau)\mathrm{d}\tau\right|+\cdots+\left|\int_{t_0}^{t} g_{im}(t,\tau)u_m(\tau)\mathrm{d}\tau\right|\leqslant\\&\int_{t_0}^{t}|g_{i1}(t,\tau)||u_1(\tau)|\mathrm{d}\tau+\cdots+\int_{t_0}^{t}|g_{im}(t,\tau)||u_m(\tau)|\mathrm{d}\tau\qquad i=1,2,3,\cdots,l\end{aligned}$$

由于有限个有界函数之和仍为有界函数，利用单输入-单输出系统的结果，即可证明定理 3.1 的结论。证毕。

定理 3.2[定常情况] 对于零初始条件的定常系统，设初始时刻 $t_0=0$，单位脉冲响应矩阵 $\boldsymbol{G}(t)$，传递函数矩阵为 $\boldsymbol{G}(s)$，则系统为 BIBO 稳定的充分必要条件为，存在一个有限常数 k，使 $\boldsymbol{G}(t)$ 的每一元 $g_{ij}(t)(i=1,2,\cdots,l,j=1,2,\cdots,m)$ 满足

$$\int_{0}^{\infty}|g_{ij}(t)|\mathrm{d}t\leqslant k<\infty$$

或者 $\boldsymbol{G}(s)$ 为真有理分式函数矩阵，且每一个元传递函数 $g_{ij}(s)$ 的所有极点在左半复平面。

证明 定理 3.2 第一部分结论可直接由定理 3.1 得到，下面只证明定理的第二部分。

由假设条件，$g_{ij}(s)$ 为真有理分式，则利用部分分式法可将其展开为有限项之和的形式，其中每一项均具有形式为

$$\frac{\beta_l}{(s-\lambda_l)^{\alpha_l}}, \quad l=1,2,\cdots,m \tag{3-4}$$

这里 λ_l 为 $g_{ij}(s)$ 的极点，β_l 和 α_l 为常数，也可为零，且 $\alpha_1+\cdots+\alpha_m=n$。式(3-4) 对应的拉普拉斯反变换为

$$h_l t^{\alpha_l-1}e^{\lambda_l t}, \quad l=1,2,\cdots,m \tag{3-5}$$

当 $\alpha_l=0$ 时，式(3-5) 为 δ 函数。这说明，由 $g_{ij}(s)$ 取拉普拉斯反变换导出 $g_{ij}(t)$ 是由有限个形为式(3-5) 之和构成的，和式中也可能包含 δ 函数。容易看出，当且仅当 $\lambda_l(l=1,2,\cdots,m)$ 处在左半复平面时，$t^{\alpha_l-1}e^{\lambda_l t}$ 才是绝对可积的，即 $g_{ij}(t)$ 为绝对可积，从而系统是 BIBO 稳定的。

3.1.2　内部稳定性

考虑如下的线性时变系统：

$$\begin{aligned}\dot{\boldsymbol{x}}&=\boldsymbol{A}(t)\boldsymbol{x}(t)+\boldsymbol{B}(t)\boldsymbol{u}(t), \quad \boldsymbol{x}(t_0)=\boldsymbol{x}_0, \quad t\in[t_0,t_a]\\ \boldsymbol{y}&=\boldsymbol{C}(t)\boldsymbol{x}(t)+\boldsymbol{D}(t)\boldsymbol{u}(t)\end{aligned}$$

设系统的外输入 $\boldsymbol{u}(t)\equiv\boldsymbol{0}$，初始状态 $\boldsymbol{x}_0$ 是有界的。系统的状态解为

$$\boldsymbol{x}(t)=\boldsymbol{\Phi}(t,t_0)\boldsymbol{x}(t_0) \tag{3-6}$$

这里 $\boldsymbol{\Phi}(t,t_0)$ 为时变系统的状态转移矩阵。如果系统的初始状态 $\boldsymbol{x}_0$ 引起的状态响应式(3-6) 满足

$$\lim_{t\to\infty}\boldsymbol{\Phi}(t,t_0)\boldsymbol{x}_0=\boldsymbol{0} \tag{3-7}$$

则称系统是内部稳定的或是渐近稳定的。若系统是定常的，则 $\boldsymbol{\Phi}(t,t_0)=e^{\boldsymbol{A}(t-t_0)}$，令 $t_0=0$，这时

$$\boldsymbol{x}(t)=\boldsymbol{\Phi}(t,0)\boldsymbol{x}_0=e^{\boldsymbol{A}t}\boldsymbol{x}_0$$

假定系统矩阵 $\boldsymbol{A}$ 具有两两相异的特征值，则

$$e^{\boldsymbol{A}t}=\mathscr{L}^{-1}[(s\boldsymbol{I}-\boldsymbol{A})^{-1}]=\mathscr{L}^{-1}\left[\frac{\mathrm{adj}(s\boldsymbol{I}-\boldsymbol{A})}{(s-\lambda_1)(s-\lambda_2)\cdots(s-\lambda_n)}\right]$$

式中，λ_i 为 $\boldsymbol{A}$ 的特征值。进一步可得

$$e^{\boldsymbol{A}t}=\mathscr{L}^{-1}\left[\sum_{i=1}^{n}\frac{\boldsymbol{Q}_i}{(s-\lambda_i)}\right]=\sum_{i=1}^{n}\boldsymbol{Q}_i e^{\lambda_i t}$$

其中

$$\boldsymbol{Q}_i=\left.\frac{(s-\lambda_i)\mathrm{adj}(s\boldsymbol{I}-\boldsymbol{A})}{(s-\lambda_1)(s-\lambda_2)\cdots(s-\lambda_n)}\right|_{s=\lambda_i}$$

显然，当矩阵 $\boldsymbol{A}$ 的所有特征值满足

$$\mathrm{Re}[\lambda_i(\boldsymbol{A})]<0, \quad i=1,2,\cdots,n$$

则式(3-7) 成立，即系统是内部稳定的。

内部稳定性描述了系统状态的自由运动的稳定性。在内部稳定性的定义中，要求系统的输入 $\boldsymbol{u}(t)\equiv\boldsymbol{0}$。

有界输入-有界状态稳定性(简记为 BIBS) 问题：如果对于任意有界输入 $\|\boldsymbol{u}(t)\|\leqslant k$ 以及任意有界初始状态 $\boldsymbol{x}(t_0)$，存在一个标量 $\delta(k,t_0,x(t_0))>0$ 使得系统状态解满足 $\|\boldsymbol{x}(t)\|\leqslant\delta$，则该系统称之为有界输入-有界状态稳定的。对于线性定常系统而言，满足渐近稳定性时，一定是 BIBS 稳定的。

3.1.3 内部稳定性和外部稳定性的关系

内部稳定性关心的是系统内部状态的自由运动，这种运动必须满足渐近稳定条件，而外部稳定性是对系统输入量和输出量的约束，这两个稳定性之间的联系必然通过系统的内部状态表现出来，这里仅就线性定常系统加以讨论。

定理 3.3 线性定常系统如果是内部稳定的，则系统一定是 BIBO 稳定的。

证明 对于线性定常系统，其脉冲响应矩阵 $\boldsymbol{G}(t)$ 为

$$\boldsymbol{G}(t)=\boldsymbol{C\Phi}(t)\boldsymbol{B}+\boldsymbol{D\delta}(t)$$

这里 $\boldsymbol{\Phi}(t)=\mathrm{e}^{\boldsymbol{A}t}$，当系统满足内部稳定性时，由式(3-7)有

$$\lim_{t\to\infty}\boldsymbol{\Phi}(t)=\lim_{t\to\infty}\mathrm{e}^{\boldsymbol{A}t}=\boldsymbol{0}$$

这样，$\boldsymbol{G}(t)$ 的每一个元 $g_{ij}(t)(i=1,2,\cdots,l,j=1,2,\cdots,m)$ 均是由一些指数衰减项构成的，故满足

$$\int_0^{\infty}|g_{ij}(t)|\,\mathrm{d}t\leqslant k<\infty$$

这里 k 为有限常数。这说明系统是 BIBO 稳定的。证毕。

定理 3.4 线性定常系统如果是 BIBO 稳定的，则系统未必是内部稳定的。

证明 根据线性系统的结构分解定理知道，任一线性定常系统通过线性变换，总可以分解为四个子系统，这就是能控能观测子系统，能控不能观测子系统，不能控能观测子系统和不能控不能观测子系统。系统的输入-输出特性仅能反映系统的能控能观测部分，系统的其余三个部分的运动状态并不能反映出来，BIBO 稳定性仅意味着能控能观测子系统是渐近稳定的，而其余子系统，如不能控不能观测子系统如果是发散的，在 BIBO 稳定性中并不能表现出来。因此定理的结论成立。

定理 3.5 线性定常系统如果是完全能控，完全能观测的，则内部稳定性与外部稳定性是等价的。

证明 利用定理 3.3 和定理 3.4 易于推出结论。定理 3.3 给出：内部稳定性可推出外部稳定性。定理 3.4 给出：外部稳定性在定理 3.5 条件下即意味着内部稳定性，证毕。

3.2 李雅普诺夫稳定性概念

3.2.1 李雅普诺夫稳定性的思想

李雅普诺夫直接法可以认为是一种能量的方法，它通过揭示一个系统能量的变化趋势来阐述和判断系统的稳定性。而能量是以不同形式普遍存在于世界万物中的，这也使得李雅普诺夫直接法有很大的运用面。

为了说明直接法的基本思想，首先考虑图 3-1 中小球的力学系统。图 3-1 给出两种曲面，显然，当无外界扰动时，小球 B 在图中的两个不同位置，均能够保持静止不动，处于平衡状态或平衡点。现在，研究小球 B 处在各曲面不同位置时受到微小扰动后的两种运动趋势。图 3-1(a) 中的小球处于 A 点时，受扰后会使小球离开 A 点，而不会返回 A 点。在图 3-1(b) 中的小球受扰后，会处于一种振荡状态，或作等幅周期振荡(曲面无摩擦)，或作衰减振荡(曲面有摩擦)。

这两种运动趋势揭示出两方面：

(1) 小球在图 3-1 中所处的两种平衡状态是不同的。图 3-1(a) 中的平衡点很容易失去，小球不再回来，因此称该平衡点或平衡状态是不稳定的，该力学系统的稳定性是不好的。而图 3-1(b) 中的平衡点却不易失去，小球作衰减振荡，最终会停在原来的平衡状态，因此称该平衡点或平衡状态是稳定的，该力学系统的稳定性是好的。

(2) 在受到微小扰动后，小球在图 3-1 中所处的两种运动趋势是不同的。图 3-1(a) 中的小球离开了平衡点或平衡状态后，动能是不断增大的，说明能量是增加的，而图 3-1(b) 中的小球离开了平衡点或平衡状态后，动能是不断减少的，小球作衰减振荡，说明能量是减少的，最终动能会变为零，即没有动能了。

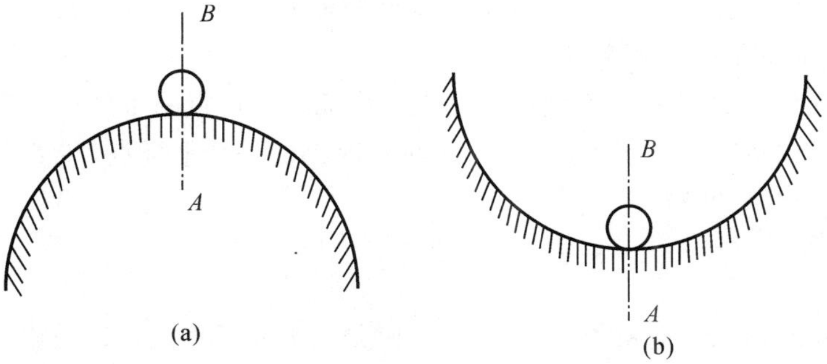

图 3-1　从力学角度看稳定性机理

3.2.2　李雅普诺夫稳定性定义及概念

考虑由下述状态方程描述的动态系统：

$$\dot{\boldsymbol{x}} = \boldsymbol{f}(\boldsymbol{x}, t), \quad t \geqslant t_0 \tag{3-8}$$

式中：$\boldsymbol{x} = [x_1 \quad x_2 \quad \cdots \quad x_n]^{\mathrm{T}}$，$\boldsymbol{f}(\boldsymbol{x}, t) = [f_1(\boldsymbol{x}, t) \quad f_2(\boldsymbol{x}, t) \quad \cdots \quad f_n(\boldsymbol{x}, t)]^{\mathrm{T}}$，当 $\boldsymbol{f}(\boldsymbol{x}, t)$ 满足李普希兹(Lipschitz) 条件时，即

$$\| \boldsymbol{f}(\boldsymbol{x}, t) - \boldsymbol{f}(\boldsymbol{y}, t) \| \leqslant K \| \boldsymbol{x} - \boldsymbol{y} \|$$

且

$$\| \boldsymbol{f}(\boldsymbol{x}, t) \| \leqslant M, \quad \forall t \in [t_0, \infty)$$

这里 K，M 为正有限常数。则由式(3-8) 所描述的动态系统，从任意初始状态出发的解 $\boldsymbol{x}(t; x_0, t_0)$ 唯一且连续地依赖于初始状态 $\boldsymbol{x}(t_0) = \boldsymbol{x}_0$。

1. 平衡状态(点)

定义 3.2(平衡状态或平衡点)　向量 $\boldsymbol{x}_e \in \mathbf{R}^n$ 称为式(3-8) 在 t_0 时刻的一个平衡点，如果

$$\boldsymbol{f}(\boldsymbol{x}_e, t) \equiv \mathbf{0}, \quad \forall t \geqslant t_0$$

对于定常系统而言，$\boldsymbol{f}(\boldsymbol{x}, t)$ 不显含时间 t，这时

$$\dot{\boldsymbol{x}} = \boldsymbol{f}(\boldsymbol{x})$$

平衡点或平衡状态意味着 $\boldsymbol{f}(\boldsymbol{x}_e) \equiv \mathbf{0}$，与时间无关。

显然，一个系统处于平衡状态，即是该系统的所有状态变量均不再变化，即 $\dot{\boldsymbol{x}} = \mathbf{0}$。

线性定常系统 $\dot{\boldsymbol{x}} = \boldsymbol{A}\boldsymbol{x}$，其平衡状态满足 $\boldsymbol{A}\boldsymbol{x}_e = \mathbf{0}$，只要 $\boldsymbol{A}$ 非奇异，系统只有唯一的零解，即存在一个位于原点的平衡状态。至于非线性系统，$\boldsymbol{f}(\boldsymbol{x}_e, t) = \mathbf{0}$ 的解可能有多个，取决于系

统方程。

通常，可以把零点($\boldsymbol{x}_e=\boldsymbol{0}$)看做是系统式(3-8)的平衡点，这个作法并不失一般性。因为若 $\boldsymbol{x}_e$ 为系统式(3-8)的一个非平衡点，则零是如下系统的平衡点：

$$\dot{\boldsymbol{z}}=\boldsymbol{f}_1[\boldsymbol{z}(t),t] \tag{3-9}$$

只要对式(3-8)作一简单的变量替换，如令 $\boldsymbol{x}=\boldsymbol{x}_e+\boldsymbol{z}$，便可得系统式(3-9)。

定义 3.3 在 $\mathbf{R}^n$ 空间中，若存在以 $\boldsymbol{x}_e$ 为中心的某个邻域 N，使得除 $\boldsymbol{x}_e$ 外，N 只包含系统式(3-8)在 t_0 时刻的平衡点，则称 $\boldsymbol{x}_e$ 为孤立平衡点或孤立平衡状态。

考虑线性向量微分方程

$$\dot{\boldsymbol{x}}(t)=\boldsymbol{A}(t)\boldsymbol{x}(t),\quad t\geqslant 0 \tag{3-10}$$

如果 $\boldsymbol{A}(t)$ 对于某个 t_0 是非奇异矩阵，即 $\boldsymbol{A}(t_0)\boldsymbol{x}=\boldsymbol{0}$ 有唯一解 $\boldsymbol{0}$，则 $\boldsymbol{0}$ 是式(3-10)在 t_0 时刻的唯一平衡点，因此 $\boldsymbol{0}$ 也是孤立平衡点。

下面来研究式(3-8)所描述系统的平衡点成为孤立平衡点的条件。

定理 3.6 考虑系统(3-8)，设 $\boldsymbol{x}_0$ 是系统在 t_0 时刻的一个平衡点，即 $\boldsymbol{f}(\boldsymbol{x}_0,t_0)\equiv\boldsymbol{0}$，$\forall t\geqslant t_0$，$\boldsymbol{f}(\boldsymbol{x}_0,t)$ 是连续可微的，有

$$\boldsymbol{A}(t_0)=\frac{\partial \boldsymbol{f}(\boldsymbol{x},t_0)}{\partial \boldsymbol{x}^{\mathrm{T}}}\Big|_{\boldsymbol{x}=\boldsymbol{x}_0} \tag{3-11}$$

若 $\boldsymbol{A}(t_0)$ 是非奇异的，则 $\boldsymbol{x}_0$ 是系统(3-8)在 t_0 时刻的孤立平衡点。证明略。

上面讨论了系统的平衡状态或平衡点问题，而系统的稳定性总是相对于平衡点而言的。因此，对于系统的稳定性研究，通常总是先假定系统处于某个平衡状态，然后考虑当系统受扰动而偏离平衡状态后，系统的运动轨迹将会怎样，也就是说，研究系统偏离平衡状态的自由运动。应当指出，系统受到的扰动是短暂的，它使系统偏离平衡状态后就消失，即研究初始条件作用下的系统运动。

2. 李雅普诺夫稳定性概念

为了适应不同系统的情况，李雅普诺夫提出了系统 $\dot{\boldsymbol{x}}=\boldsymbol{f}(\boldsymbol{x},t)$ 相对于平衡状态 $\boldsymbol{x}_e$ 的 7 种稳定性概念的定义。考虑到这些概念的重要性，这里严格地给出了它们的定义。

定义 3.4(李雅普诺夫意义下的稳定性) 对于任意实数 $\varepsilon>0$，如果存在 $\delta(t_0,\varepsilon)>0$，使得当 $\|\boldsymbol{x}_0-\boldsymbol{x}_e\|\leqslant\delta(t_0,\varepsilon)$ 时，系统式(3-8)的解满足 $\|\boldsymbol{x}(t;\boldsymbol{x}_0,t_0)-\boldsymbol{x}_e\|\leqslant\varepsilon$，$\forall t\geqslant t_0$，则称系统式(3-8)的平衡点是李雅普诺夫意义下稳定的。

李雅普诺夫意义下的稳定性示意图如图3-2所示。李雅普诺夫意义下的稳定性是一种局部稳定概念。系统的解 $\boldsymbol{x}(t;\boldsymbol{x}_0,t_0)$ 由于对初始状态 $\boldsymbol{x}_0$ 是连续的，系统不仅在 t_0 时刻，而且在其他时刻 t_1，平衡点也是稳定的。

定义 3.5(一致稳定性) 在定义 3.4 中，如果 δ 与 t_0 无关，则称系统式(3-8)在 t_0 时刻的平衡点 $\boldsymbol{x}_e$ 是一致稳定的。

定义 3.6(渐近稳定性) t_0 时刻系统式(3-8)的平衡点 $\boldsymbol{x}_e$ 是渐近稳定的，其条件为：

(1) t_0 时刻系统的平衡点是李雅普诺夫意义下稳定的；

(2) 对于任意给定实数 $\mu>0$，不管 μ 多么小，总存在 $\delta(t_0,\varepsilon)$ 以及与 μ 有关的常数 $T(t_0,\delta,\mu)$，使得当 $t\geqslant t_0+T(t_0,\delta,\mu)$ 且 $\|\boldsymbol{x}_0-\boldsymbol{x}_e\|\leqslant\delta(t_0,\varepsilon)$ 时，有

$$\|\boldsymbol{x}(t;\boldsymbol{x}_0,t_0)-\boldsymbol{x}_e\|\leqslant\mu$$

系统的渐近稳定性要求系统在平衡点附近受到微小扰动以后，当时间充分大时，系统的状

态轨迹能收敛到平衡点。图3-3给出了渐近稳定性的示意图。渐近稳定性仍然是一种局部稳定性,但这种局部性不能用明确的量值来表示。通常,工程设计问题中的稳定性是指渐近稳定性,李雅普诺夫意义下的稳定性属临界稳定性。

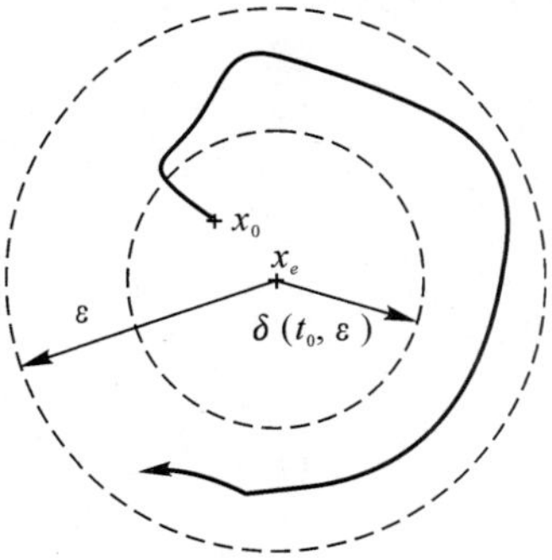

图 3-2　李雅普诺夫意义下的稳定性示意图

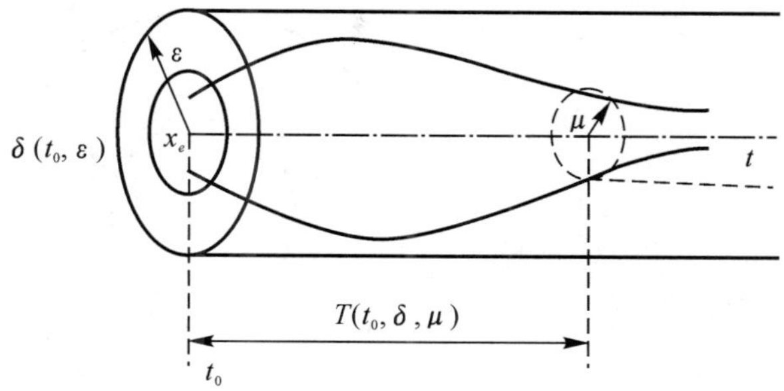

图 3-3　渐近稳定性示意图

定义 3.7(大范围渐近稳定性)　系统式(3-8)是大范围渐近稳定的,若

(1) 系统在 t_0 时刻的平衡点是李雅普诺夫意义下稳定的。

(2) 对于给定的任意大的有界常数 δ_a,任意小的实数 $\mu>0$,总存在 $T(t_0,\delta_a,\mu)$,对于 $\|\boldsymbol{x}_0-\boldsymbol{x}_e\|\leqslant\delta_a$,当 $t\geqslant t_0+T(t_0,\delta_a,\mu)$ 时,有

$$\|\boldsymbol{x}(t;\boldsymbol{x}_0,t_0)-\boldsymbol{x}_e\|\leqslant\mu$$

系统是大范围渐近稳定时,其初始状态可以在 $\mathbf{R}^n$ 空间中取任意有界值,而不是将系统的初始状态限制在一个极小的范围内,因而是一种全局稳定概念。大范围渐近稳定的必要前提是只有一个孤立的平衡状态。线性系统只有一个孤立的平衡状态,故渐近稳定者必大范围渐近稳定,这是由于线性系统的稳定性与 $\boldsymbol{x}_0$ 的大小无关。

定义 3.8(一致渐近稳定性)　在定义 3.6 中,若 δ,T 与初始时间 t_0 无关,则称系统的平衡点是一致渐近稳定的。

定义 3.9(大范围一致渐近稳定性)　系统式(3-8)的平衡点是大范围一致渐近稳定的,若

(1) 系统的平衡点是一致稳定的。

(2) 系统对初始扰动是一致有界的,即对任意给定的 $\delta_a>0$,当 $\|\boldsymbol{x}_0-\boldsymbol{x}_e\|\leqslant\delta_a$ 时,存在某个与 δ_a 选择有关的实数 $B(\delta_a)>0$,使得

$$\|\boldsymbol{x}(t;\boldsymbol{x}_0,t_0)-\boldsymbol{x}_e\|\leqslant B(\delta_a),\quad \forall t\geqslant t_0$$

(3) 系统运动有渐近性,即对于任意给定的常数 $\delta_a>0$ 和正数 $\mu>0$,不管 μ 多么小,总存在 $T(\mu,\delta_a)$,使得当 $\|\boldsymbol{x}_0-\boldsymbol{x}_e\|\leqslant\delta_a$ 时,有

$$\|\boldsymbol{x}(t,\boldsymbol{x}_0;t_0)-\boldsymbol{x}_e\|\leqslant\mu,\quad \forall t\geqslant t_0+T(\mu,\delta_a)$$

定义 3.10(李雅普诺夫意义下的不稳定性)

如果对于某个实数 $\varepsilon>0$,存在一个实数 $\delta>0$,不管 δ 多么小,当 $\|\boldsymbol{x}_0-\boldsymbol{x}_e\|\leqslant\delta$ 时,总有

$$\|\boldsymbol{x}(t;\boldsymbol{x}_0,t_0)-\boldsymbol{x}_e\|>\varepsilon,\quad \forall t\geqslant t_0$$

则系统的平衡状态在李雅普诺夫意义下是不稳定的平衡状态。

关于不稳定的示意图如图 3-4 所示。若线性系统不稳定，则不管系统的初始扰动有多么小，系统的解轨迹将超越以平衡点为中心，ε 为半径的超球体且趋于无限远点。对于非线性系统，解轨迹可能趋于无限远点，也可能稳定于该超球体之外的某个极限环。

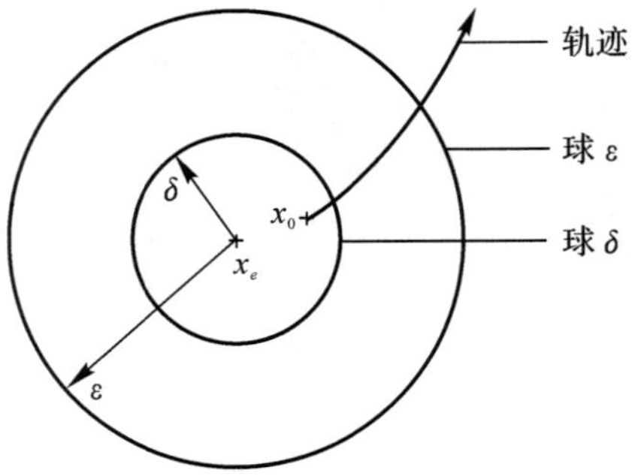

图 3-4　不稳定示意图

值得注意的是：一个稳定的极限环，总可以找到一个实数 $m>0$，用它为半径构成一个超球体可以完全包含这个极限环，那么系统的解轨迹是有界的。它仍符合李雅普诺夫意义下稳定的意义。但是，在通常的工程实践中，系统存在极限环是不允许的，为防止这种情况发生，一般总是希望所设计的系统是渐近稳定的。

李雅普诺夫的稳定性定义均针对平衡状态而言。它反映了平衡状态邻域的局部(小范围)稳定性。鉴于线性系统只唯有一个平衡状态，平衡状态的稳定性便表征了系统的稳定性。对于具有多个平衡状态的非线性系统来说，因为各平衡状态的稳定性一般并不相同，故须逐个加以考虑。

3.3　李雅普诺夫稳定性定理

从许多实际系统的运动可以看出，一个系统如果具有一定的初始能量 V_0，若这个系统的能量随时间推移而不断衰减，那么系统迟早会运动到平衡状态。如一杯开水是一个热学系统，放置在桌上，其热能不断散发到空气中，最终水温达到环境空气温度时，即处于平衡状态，温度不会再变化。又例如，一个摆锤是一个力学系统，给它一个初始偏角，从而摆锤具有一定的初始能(势能)，此后在摆的过程中，在动能势能不断转换的同时，空气阻力不断消耗其机械能，使之不断减少，最后能量消耗尽，摆锤停在平衡状态下。

当然，对于一个一般的系统 $\dot{\boldsymbol{x}}=\boldsymbol{f}(\boldsymbol{x},t)$ 而言，并不能够直接找出热能和机械能这样的实际能量。李雅普诺夫是这样解决这一问题的，他对系统式(3-8) 构造一个相似于能量的标量函数，可以理解为系统式(3-8) 的“广义能量”。它与 $x_1,\cdots,x_n$ 和 t 有关，记以 $V(\boldsymbol{x},t)$；若不显含 t，则记以 $V(\boldsymbol{x})$。它是一个标量函数，考虑到能量总大于零，故为一个正定函数，其能量衰减特性用 $\dot{V}(\boldsymbol{x},t)$ 或 $\dot{V}(\boldsymbol{x})$ 表征。李雅普诺夫利用 V 及 $\dot{V}$ 的符号特征，直接对系统相对于平衡状态的稳定性作出判断，而无须求出动态方程的解。

由于这种能量的观点具有一般性，所以李雅普诺夫稳定性理论适合于解决线性、非线性、时变、定常、连续和离散的各类系统的稳定性问题，具有广阔的应用面。

下面将不对第二法稳定性定理在数学上作严格证明，而着重于物理概念的阐述和应用。先简明回顾标量函数正定性概念。

3.3.1　标量函数的正定性

正定性　标量函数 $V(\boldsymbol{x})$ 在域 s 中对所有非零状态(即 $\boldsymbol{x} \neq \boldsymbol{0}$) 有 $V(\boldsymbol{x}) > 0$，且 $V(\boldsymbol{0}) = 0$，则称 $V(\boldsymbol{x})$ 在域 s 内正定。如 $V(\boldsymbol{x}) = x_1^2 + x_2^2$ 是正定的。

负定性　标量函数 $V(\boldsymbol{x})$ 在域 s 中对所有非零 $\boldsymbol{x}$ 有 $V(\boldsymbol{x}) < 0$，且 $V(\boldsymbol{0}) = 0$，则称 $V(\boldsymbol{x})$ 在域 s 内负定。$-V(\boldsymbol{x})$ 则是正定的。如 $V(\boldsymbol{x}) = -x_1^2 - x_2^2$ 是负定的。

负(正)半定性　$V(\boldsymbol{x})$ 在域 s 中的某些非零状态处有 $V(\boldsymbol{x}) = 0$ 及 $V(\boldsymbol{0}) = 0$，而在其他状态处均有 $V(\boldsymbol{x}) < 0(V(\boldsymbol{x}) > 0)$，则称 $V(\boldsymbol{x})$ 在域 s 内负(正)半定。$V(\boldsymbol{x})$ 负半定，则 $-V(\boldsymbol{x})$ 正半定。

如 $V(\boldsymbol{x}) = -(x_1 + 2x_2)^2$，有 $x_1 = -2x_2$ 时，$V(\boldsymbol{x}) = 0$；$x_1 \neq -2x_2$ 时，$V(\boldsymbol{x}) < 0$，故 $V(\boldsymbol{x})$ 负半定。$V(\boldsymbol{x}) = (x_1 + 2x_2)^2$ 则为正半定。

不定性　$V(\boldsymbol{x})$ 在域 s 中可正可负，则称 $V(\boldsymbol{x})$ 不定。如 $V(\boldsymbol{x}) = x_1 x_2$ 是不定的。

若 $V(\boldsymbol{x},t)$ 正定，则对于 $t \geqslant t_0$ 及所有非零状态有 $V(\boldsymbol{x},t) > 0$，且 $V(\boldsymbol{0},t) = 0$。其余定义类同。

二次型函数是一类重要的标量函数，记以

$$\boldsymbol{V}(\boldsymbol{x}) = \boldsymbol{x}^{\mathrm{T}}\boldsymbol{P}\boldsymbol{x} = [x_1 \quad \cdots \quad x_n]\begin{bmatrix} p_{11} & p_{12} & \cdots & p_{1n} \\ p_{21} & p_{22} & \cdots & p_{2n} \\ \vdots & \vdots & & \vdots \\ p_{n1} & p_{n2} & \cdots & p_{nn} \end{bmatrix}\begin{bmatrix} x_1 \\ x_2 \\ \vdots \\ x_n \end{bmatrix}$$

式中，$\boldsymbol{P}$ 为对称阵，$p_{ij} = p_{ji}$；显然满足 $V(\boldsymbol{0}) = 0$；其正定性由赛尔维斯特准则判定：当 $\boldsymbol{P}$ 的各顺序主子行列式均大于零时，即

$$p_{11} > 0, \quad \begin{vmatrix} p_{11} & p_{12} \\ p_{21} & p_{22} \end{vmatrix} > 0, \quad \cdots, \quad \begin{vmatrix} p_{11} & \cdots & p_{1n} \\ \vdots & & \vdots \\ p_{n1} & \cdots & p_{nn} \end{vmatrix} > 0$$

$V(\boldsymbol{x})$ 正定，且称 $\boldsymbol{P}$ 为正定矩阵。当 $\boldsymbol{P}$ 的各顺序主子行列式负、正相间时，即

$$p_{11} < 0, \quad \begin{vmatrix} p_{11} & p_{12} \\ p_{21} & p_{22} \end{vmatrix} > 0, \quad \cdots, \quad (-1)^n \begin{vmatrix} p_{11} & \cdots & p_{1n} \\ \vdots & & \vdots \\ p_{n1} & \cdots & p_{nn} \end{vmatrix} > 0$$

$V(\boldsymbol{x})$ 负定，且称 $\boldsymbol{P}$ 为负定矩阵。

对应主子行列式含有等于零的情况时，则 $V(\boldsymbol{x})$ 为负半定或正半定的。不属于以上所有情况者为不定的。

3.3.2　李雅普诺夫第二法稳定性定理

设系统状态方程为 $\dot{\boldsymbol{x}} = \boldsymbol{f}(\boldsymbol{x},t)$，其平衡状态满足 $\boldsymbol{f}(\boldsymbol{0},t) = \boldsymbol{0}$，即不失一般性地把原点作为平衡状态；在原点邻域存在向量 $\boldsymbol{x}$ 的标量函数 $V(\boldsymbol{x},t)$，具有连续一阶偏导数。

定理 3.7　若满足下列条件：

(1)$V(\boldsymbol{x},t)$ 正定；

(2)$\dot{V}(\boldsymbol{x},t)$ 负定。

则原点是渐近稳定的。

浅释：$\dot{V}(\boldsymbol{x},t)$ 负定表示能量随时间连续单调地衰减，与渐近稳定性定义叙述一致。

定理 3.8 若满足下列条件：

(1)$V(\boldsymbol{x},t)$ 正定；

(2)$\dot{V}(\boldsymbol{x},t)$ 负半定；

(3)$\dot{V}[\boldsymbol{x}(t;\boldsymbol{x}_0,t_0),t]$ 在非零状态不恒为零。

则原点是渐近稳定的。

浅释：$\dot{V}[\boldsymbol{x}(t;\boldsymbol{x}_0,t_0),t]$ 负半定表示在非零状态存在 $\dot{V}(\boldsymbol{x},t)=0$。在从任意初态出发的轨迹 $\boldsymbol{x}(t;\boldsymbol{x}_0,t_0)$ 上若存在 $\dot{V}[\boldsymbol{x}(t;\boldsymbol{x}_0,t_0),t]\equiv 0$，系统将维持某等能量水平运行而不再衰减，但条件(3)说明不存在这种情况，状态轨迹只是经历能量不变的状态而不会停留在该状态，系统会继续运行至原点。当满足条件(3)，$\dot{V}(\boldsymbol{x},t)$ 负半定即可渐近稳定；已知 $\dot{V}(\boldsymbol{x},t)$ 负半定，必须校验条件(3)，才能确定稳定性质。

定理 3.9 若满足以下条件：

(1)$V(\boldsymbol{x},t)$ 正定；

(2)$\dot{V}(\boldsymbol{x},t)$ 负半定；

(3)$\dot{V}[\boldsymbol{x}(t;\boldsymbol{x}_0,t_0),t]$ 在非零状态存在恒为零。

则原点是李雅普诺夫意义下稳定的。

定理 3.10 若满足以下条件：

(1)$V(\boldsymbol{x},t)$ 正定；

(2)$\dot{V}(\boldsymbol{x},t)$ 正定。

则原点是不稳定的。

浅释：$\dot{V}(\boldsymbol{x},t)$ 正定表示能量函数随时间增大，故状态在原点邻域发散。对线性系统来说，原点不稳定表示系统不稳定；对非线性系统来说，由于可能存在多个平衡状态，所以 $\dot{V}(\boldsymbol{x},t)$ 正定只能说明该系统相对于某个平衡点不稳定，并不能说明系统一定不稳定。

若 $\dot{V}(\boldsymbol{x},t)$ 正半定，且 $\dot{V}[\boldsymbol{x}(t;\boldsymbol{x}_0,t_0),t]$ 在非零状态不恒为零，则原点不稳定；若 $\dot{V}[\boldsymbol{x}(t;\boldsymbol{x}_0,t_0),t]$ 在非零状态存在恒为零，则原点仍是李雅普诺夫意义下稳定的。

满足定理 3.7，3.8，3.9 可确定渐近稳定或稳定的 $V(\boldsymbol{x},t)$，习惯上通称李雅普诺夫函数。$V(\boldsymbol{x},t)$ 的选取不唯一，但只要有一个 $V(\boldsymbol{x},t)$ 满足了定理所述条件，便可对原点稳定性作出判断，不因 $V(\boldsymbol{x},t)$ 选取不同而有所影响。至今尚无构造李雅普诺夫函数的一般方法，这是应用李雅普诺夫稳定性理论的主要障碍，如 $V(\boldsymbol{x},t)$ 选取不当，便导致 $\dot{V}(\boldsymbol{x},t)$ 不定，便不能作出确定判断。以上定理按照 $\dot{V}(\boldsymbol{x},t)$ 连续单调衰减的要求来确定稳定性，并未考虑实际稳定系统存在衰减振荡的情况，显见所述条件是偏于保守的，故借稳定性定理判稳定者必稳定，李雅普诺夫稳定性定理所述条件是充分条件。

分析计算时，虚构一 $V(\boldsymbol{x},t)$，通常任选一个二次型函数，求其导数，代入所研究的状态方程，再判其负定性等。

关于 $\dot{V}[\boldsymbol{x}(t;\boldsymbol{x}_0,t_0),t]$ 在非零状态有无恒为零的分析，可令 $\dot{V}(\boldsymbol{x},t)\equiv 0$ 及利用状态方程，若能导出非零解，表示非零状态恒为零条件成立；若导出全零解，表示只有原点满足恒为零条件。详见举例。

例 3-1　设非线性系统状态方程为

$$\dot{x}_1 = x_2 - x_1(x_1^2 + x_2^2)$$
$$\dot{x}_2 = -x_1 - x_2(x_1^2 + x_2^2)$$

试确定平衡状态，用李雅普诺夫第二法判断稳定性。

解　令 $\dot{x}_1 = \dot{x}_2 = 0$，解 $x_2 = 0, x_1 = 0$，故原点为其平衡状态。

设 $V(\boldsymbol{x}) = x_1^2 + x_2^2$，则 $\dot{V}(\boldsymbol{x}) = 2x_1\dot{x}_1 + 2x_2\dot{x}_2$，代入状态方程有 $\dot{V}(\boldsymbol{x}) = -2(x_1^2 + x_2^2)$，显见对于任意非零状态($x_1 \neq 0$ 或 / 和 $x_2 \neq 0$) 存在 $\dot{V}(\boldsymbol{x}) < 0$，故 $\dot{V}(\boldsymbol{x})$ 负定，原点渐近稳定。鉴于只有唯一平衡状态，该非线性系统是大范围渐近稳定的；因 $V(\boldsymbol{x})$，$\dot{V}(\boldsymbol{x})$ 与 t 无关，系统是大范围一致渐近稳定的，故 $V(\boldsymbol{x}) = x_1^2 + x_2^2$ 是该系统的一个李雅普诺夫函数。当 $V(\boldsymbol{x}) = x_1^2 + x_2^2 = c_1^2$ 或 c_2^2 时，其中 $c_1 < c_2$，在状态平面上分别对应半径为 c_1 或 c_2 的圆，这族圆表征等能量轨迹。

初态为(x_{10}，x_{20})的状态轨迹为卷向原点的对数螺旋线，如图 3-5 所示。对于本例，$V(\boldsymbol{x})$ 的几何意义为状态至原点的距离；$\dot{V}(\boldsymbol{x})$ 乃是状态趋近坐标原点的速度。

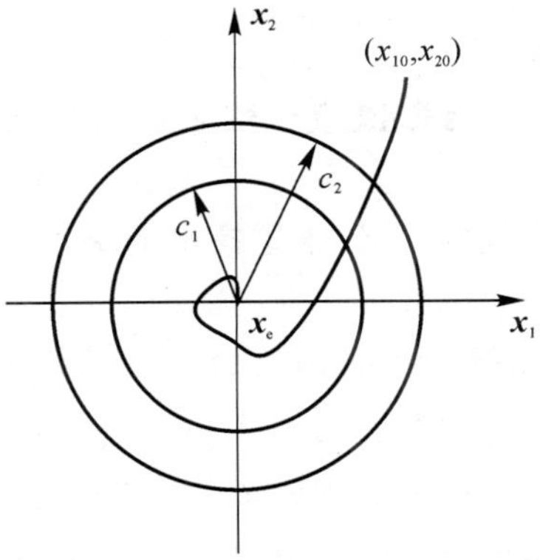

图 3-5　等能量轨迹和典型轨迹

例 3-2　设线性系统状态方程为

$$\dot{x}_1 = x_2$$
$$\dot{x}_2 = -x_1 - x_2$$

试判断平衡状态稳定性。

解　令 $\dot{x}_1 = \dot{x}_2 = 0$，知原点为其平衡状态。

设 $V(\boldsymbol{x}) = x_1^2 + x_2^2$，则 $\dot{V}(\boldsymbol{x}) = -2x_2^2$，显见存在非零状态(如 $x_1 \neq 0, x_2 = 0$) 使 $\dot{V}(\boldsymbol{x}) = 0$，对于其他任意状态存在 $\dot{V}(\boldsymbol{x}) < 0$，故 $\dot{V}(\boldsymbol{x})$ 负半定。

非零状态时，是否存在 $\dot{V}(\boldsymbol{x})$ 恒为零？令 $\dot{V}(\boldsymbol{x}) \equiv 0$，知 $x_2 \equiv 0$，状态方程中 $\dot{x}_2 \equiv 0$，故 $x_1 \equiv 0$，其状态解只有全零解，表明非零状态 $\dot{V}(\boldsymbol{x})$ 不恒为零，原点是渐近稳定的，且大范围一致渐近稳定。

若设 $V(\boldsymbol{x}) = 2x_1^2 + x_2^2$，则 $\dot{V} = 2x_2(x_1 - x_2)$，当 $x_1 > x_2 > 0$ 时，$\dot{V}(\boldsymbol{x}) > 0$，故 $\dot{V}(\boldsymbol{x})$ 不定，$V(\boldsymbol{x})$ 应予重选。

若设 $V(\boldsymbol{x}) = \frac{1}{2}[(x_1 + x_2)^2 + 2x_1^2 + x_2^2]$，则

$$\dot{V}(\boldsymbol{x}) = (x_1 + x_2)(\dot{x}_1 + \dot{x}_2) + 2x_1\dot{x}_1 + x_2\dot{x}_2 = -(x_1^2 + x_2^2)$$

显见 $\dot{V}(\boldsymbol{x})$ 负定，所得稳定性结论同上。

例 3－3 判断下列线性系统的平衡状态稳定性：

$$\dot{x}_1 = kx_2, \quad k > 0$$
$$\dot{x}_2 = -x_1$$

解 原点是平衡状态。

设 $V(\boldsymbol{x}) = x_1^2 + kx_2^2$，$\dot{V}(x) = 2kx_1x_2 - 2kx_1x_2 = 0$，显见 $\dot{V}(\boldsymbol{x})$ 负半定，且在任意非零状态（$x_1 \neq 0$ 或／和 $x_2 \neq 0$）恒为零，故系统具有李雅普诺夫意义下的稳定性。

例 3－4 判断下列线性系统的平衡状态稳定性：

$$\dot{x}_1 = x_2$$
$$\dot{x}_2 = -x_1 + x_2$$

解 原点是平衡状态。设 $V(\boldsymbol{x}) = x_1^2 + x_2^2$，由于 $\dot{V}(\boldsymbol{x}) = 2x_2^2$，与 x_1 无关，显见非零状态（$x_1 \neq 0, x_2 \neq 0$）有 $\dot{V}(\boldsymbol{x}) = 0$，故 $\dot{V}(\boldsymbol{x})$ 正半定。

令 $\dot{V}(\boldsymbol{x}) \equiv 0$，知 $x_2 \equiv 0$，$\dot{x}_2 \equiv 0$，由状态方程知 $x_1 \equiv 0$，得全零解，表明非零状态不恒为零，故原点不稳定，即线性系统不稳定。

3.4 线性系统稳定性判据

基于李雅普诺夫对有关稳定性的定义，这里提出的是用状态空间描述的线性系统的稳定性判据。

定常系统的特征值判据 系统 $\dot{\boldsymbol{x}} = \boldsymbol{A}\boldsymbol{x}$ 渐近稳定的充要条件是：状态阵 $\boldsymbol{A}$ 的全部特征值位于复平面左半部，即

$$\mathrm{Re}\lambda_i < 0, \quad i = 1, \cdots, n \tag{3-12}$$

证明 假定 $\boldsymbol{A}$ 有相异特征值，经满秩变换 $\boldsymbol{x} = \boldsymbol{P}\bar{\boldsymbol{x}}$ 可使 $\boldsymbol{A}$ 对角化，于是 $\dot{\bar{\boldsymbol{x}}} = \boldsymbol{P}^{-1}\boldsymbol{A}\boldsymbol{P}\bar{\boldsymbol{x}}$，式中

$$\bar{\boldsymbol{A}} = \boldsymbol{P}^{-1}\boldsymbol{A}\boldsymbol{P} = \begin{bmatrix} \lambda_1 & & & \boldsymbol{0} \\ & \lambda_2 & & \\ & & \ddots & \\ \boldsymbol{0} & & & \lambda_n \end{bmatrix}$$

变换后状态方程的解为

$$\bar{\boldsymbol{x}}(t) = \mathrm{e}^{\bar{\boldsymbol{A}}t}\bar{\boldsymbol{x}}(0)$$

由于 $\bar{\boldsymbol{x}} = \boldsymbol{P}^{-1}\boldsymbol{x}$，$\bar{\boldsymbol{x}}(0) = \boldsymbol{P}^{-1}\boldsymbol{x}(0)$，故原状态方程的解可表为 $\boldsymbol{x}(t) = \mathrm{e}^{\boldsymbol{A}t}\boldsymbol{x}(0) = \boldsymbol{P}\mathrm{e}^{\bar{\boldsymbol{A}}t}\boldsymbol{P}^{-1}\boldsymbol{x}(0)$，利用 $\mathscr{L}^{-1}[(s\boldsymbol{I} - \bar{\boldsymbol{A}})^{-1}] = \mathrm{e}^{\bar{\boldsymbol{A}}t}$，故

$$\mathrm{e}^{\boldsymbol{A}t} = \boldsymbol{P}\mathrm{e}^{\bar{\boldsymbol{A}}t}\boldsymbol{P}^{-1} = \boldsymbol{P}\begin{bmatrix} \mathrm{e}^{\lambda_1 t} & & & \boldsymbol{0} \\ & \mathrm{e}^{\lambda_2 t} & & \\ & & \ddots & \\ \boldsymbol{0} & & & \mathrm{e}^{\lambda_n t} \end{bmatrix}\boldsymbol{P}^{-1}$$

展开该式，$\mathrm{e}^{\boldsymbol{A}t}$ 的每一元素都是 $\mathrm{e}^{\lambda_1 t}, \cdots, \mathrm{e}^{\lambda_n t}$ 的线性组合，进而导出 $\mathrm{e}^{\lambda_1 t}, \cdots, \mathrm{e}^{\lambda_n t}$，写成矩阵多项式，对应矩阵记以 $\boldsymbol{R}_1, \cdots, \boldsymbol{R}_n$，故 $\mathrm{e}^{\boldsymbol{A}t}$ 一定可记成 $\mathrm{e}^{\lambda_i t}$ 的线性组合：

$$\mathrm{e}^{\boldsymbol{A}t} = \sum_{i=1}^{n}\boldsymbol{R}_i\mathrm{e}^{\lambda_i t}$$

$$\boldsymbol{x}(t)=\left[\sum_{i=1}^{n}\boldsymbol{R}_i e^{\lambda_i t}\right]\boldsymbol{x}(0)=\left[\boldsymbol{R}_1 e^{\lambda_1 t}+\boldsymbol{R}_2 e^{\lambda_2 t}+\cdots+\boldsymbol{R}_n e^{\lambda_n t}\right]\boldsymbol{x}(0) \tag{3-13}$$

式(3-13)以显式表出了$\boldsymbol{x}(t)$与λ_i的关系。显然,只要式(3-12)成立,式(3-13)中所有指数项随$t\to\infty$而趋于零,且对任意$\boldsymbol{x}(0)$都成立。如果对某些i有$\mathrm{Re}\lambda_i>0$,只要$\boldsymbol{x}(0)\neq 0$,式(3-13)中的相应项将无限增长,此时系统不稳定。如果$\mathrm{Re}\lambda_i=0$,表示有零或虚特征值时,式(3-13)中含有常数项或$\sin\omega_i t$,$\cos\omega_i t$的项,将使$\boldsymbol{x}(t)$不衰减至零,此时系统具有李雅普诺夫意义下的稳定性。

至于$\boldsymbol{A}$有重根的情况,结论同上。

时变系统的稳定性判据　系统$\dot{\boldsymbol{x}}=\boldsymbol{A}(t)\boldsymbol{x}$,由于$\boldsymbol{A}(t)$阵不是常数矩阵,不能采用特征值判据,须用状态转移矩阵的范数$\|\boldsymbol{\Phi}(t,t_0)\|$(定义为各元素平方和再开方),且有如下充要条件成立,它们均自李雅普诺夫稳定性定义导出。

若存在某正常数$N(t_0)$,对于任意t_0和$t\geqslant t_0$有

$\|\boldsymbol{\Phi}(t,t_0)\|\leqslant N(t_0)$　则系统李雅普诺夫意义下稳定;

$\|\boldsymbol{\Phi}(t,t_0)\|\leqslant N$　则系统一致稳定;

$\lim\limits_{t\to\infty}\|\boldsymbol{\Phi}(t,t_0)\|\to 0$　则系统渐近稳定。

若存在某正常数N及$C>0$,对于任意t_0和$t\geqslant t_0$有

$$\|\boldsymbol{\Phi}(t,t_0)\|\leqslant N e^{-C(t,t_0)}$$

则系统一致渐近稳定。因为$\|\boldsymbol{\Phi}(t,t_0)\|\leqslant N$,故一致稳定;因$\lim\limits_{t\to\infty} e^{-C(t-t_0)}\to 0$,故$\lim\limits_{t\to\infty}\|\boldsymbol{\Phi}(t,t_0)\|\to 0$,系统又是渐近稳定的。

3.5　线性系统的李雅普诺夫分析

3.5.1　定常连续系统

设系统状态方程为$\dot{\boldsymbol{x}}=\boldsymbol{A}\boldsymbol{x}$,$\boldsymbol{A}$为$(n\times n)$维非奇异矩阵,故原点是系统唯一的平衡状态。设取如下正定二次型函数作为可能的李雅普诺夫函数:

$$V(\boldsymbol{x})=\boldsymbol{x}^{\mathrm{T}}\boldsymbol{P}\boldsymbol{x} \tag{3-14}$$

式中,$\boldsymbol{P}$为$(n\times n)$维实对称正定常数矩阵。

$$\dot{V}(\boldsymbol{x})=\dot{\boldsymbol{x}}^{\mathrm{T}}\boldsymbol{P}\boldsymbol{x}+\boldsymbol{x}^{\mathrm{T}}\boldsymbol{P}\dot{\boldsymbol{x}}=\boldsymbol{x}^{\mathrm{T}}(\boldsymbol{A}^{\mathrm{T}}\boldsymbol{P}+\boldsymbol{P}\boldsymbol{A})\boldsymbol{x} \tag{3-15}$$

令

$$-\boldsymbol{Q}=\boldsymbol{A}^{\mathrm{T}}\boldsymbol{P}+\boldsymbol{P}\boldsymbol{A} \tag{3-16}$$

式(3-16)称为李雅普诺夫矩阵代数方程,于是有

$$\dot{V}(\boldsymbol{x})=-\boldsymbol{x}^{\mathrm{T}}\boldsymbol{Q}\boldsymbol{x} \tag{3-17}$$

根据渐近稳定定理3.7,只要$\boldsymbol{Q}$正定(即$\dot{V}(\boldsymbol{x})$负定),则系统在原点是大范围一致渐近稳定。于是渐近稳定的充分条件表示为:给定一正定$\boldsymbol{P}$,存在一满足式(3-14)的正定$\boldsymbol{Q}$。$\boldsymbol{x}^{\mathrm{T}}\boldsymbol{P}\boldsymbol{x}$就是该系统的一个李雅普诺夫函数。

当$V(\boldsymbol{x})$或$\boldsymbol{P}$选取不当时,往往导致$\boldsymbol{Q}(\boldsymbol{x})$不定,但根据该特定李雅普诺夫函数并不能断定系统稳定性,须另选一个$V(\boldsymbol{x})$或$\boldsymbol{P}$再进行校验。以上先选$\boldsymbol{P}$、后验$\boldsymbol{Q}$的步骤可能要进行多次,

在实用上是有缺陷的，于是有如下定理进行渐近稳定性的判断。

定理 3.11 系统 $\dot{\boldsymbol{x}}=\boldsymbol{A}\boldsymbol{x}$ 的渐近稳定的充要条件为：给定一正定实对称矩阵 $\boldsymbol{Q}$，有唯一正定实对称矩 $\boldsymbol{P}$ 使

$$\boldsymbol{A}^{\mathrm{T}}\boldsymbol{P}+\boldsymbol{P}\boldsymbol{A}=-\boldsymbol{Q} \tag{3-18}$$

成立。$\boldsymbol{x}^{\mathrm{T}}\boldsymbol{P}\boldsymbol{x}$ 就是该系统的一个李雅普诺夫函数。

证明 充分性。由于 $\boldsymbol{P}$ 正定，$V(\boldsymbol{x})=\boldsymbol{x}^{\mathrm{T}}\boldsymbol{P}\boldsymbol{x}$ 是正定二次型函数，其导数为

$$\dot{V}(\boldsymbol{x})=\boldsymbol{x}^{\mathrm{T}}(\boldsymbol{A}^{\mathrm{T}}\boldsymbol{P}+\boldsymbol{P}\boldsymbol{A})\boldsymbol{x}=-\boldsymbol{x}^{\mathrm{T}}\boldsymbol{Q}\boldsymbol{x}$$

由于 $\boldsymbol{Q}$ 正定，$\dot{V}(\boldsymbol{x})$ 必为负定二次型函数，故 $\dot{\boldsymbol{x}}=\boldsymbol{A}\boldsymbol{x}$ 的平衡状态具有渐近稳定性。

必要性。即证明渐近稳定系统对于任意给定的正定对称矩阵 $\boldsymbol{Q}$，其 $\boldsymbol{P}$ 有唯一正定对称解。首先来验证对于任意给定的正定对称矩阵 $\boldsymbol{Q}$，下式

$$\boldsymbol{P}=\int_0^{\infty}\mathrm{e}^{\boldsymbol{A}^{\mathrm{T}}t}\boldsymbol{Q}\mathrm{e}^{\boldsymbol{A}t}\,\mathrm{d}t \tag{3-19}$$

是式(3-18)的一个解。只需将式(3-19)代入式(3-18)左端：

$$\boldsymbol{A}^{\mathrm{T}}\left(\int_0^{\infty}\mathrm{e}^{\boldsymbol{A}^{\mathrm{T}}t}\boldsymbol{Q}\mathrm{e}^{\boldsymbol{A}t}\,\mathrm{d}t\right)+\left(\int_0^{\infty}\mathrm{e}^{\boldsymbol{A}^{\mathrm{T}}t}\boldsymbol{Q}\mathrm{e}^{\boldsymbol{A}t}\,\mathrm{d}t\right)\boldsymbol{A}=\int_0^{\infty}(\boldsymbol{A}^{\mathrm{T}}\mathrm{e}^{\boldsymbol{A}^{\mathrm{T}}t}\boldsymbol{Q}\mathrm{e}^{\boldsymbol{A}t}+\mathrm{e}^{\boldsymbol{A}^{\mathrm{T}}t}\boldsymbol{Q}\mathrm{e}^{\boldsymbol{A}t}\boldsymbol{A})\mathrm{d}t=$$

$$\int_0^{\infty}\frac{\mathrm{d}}{\mathrm{d}t}(\mathrm{e}^{\boldsymbol{A}^{\mathrm{T}}t}\boldsymbol{Q}\mathrm{e}^{\boldsymbol{A}t})\mathrm{d}t=(\mathrm{e}^{\boldsymbol{A}^{\mathrm{T}}t}\boldsymbol{Q}\mathrm{e}^{\boldsymbol{A}t})\Big|_0^{\infty}=-\boldsymbol{Q}$$

推导中利用性质 $\mathrm{e}^{\boldsymbol{A}t}\boldsymbol{A}=\boldsymbol{A}\mathrm{e}^{\boldsymbol{A}t}$，及 $\boldsymbol{A}$ 具有负特征值时，有 $(\mathrm{e}^{\boldsymbol{A}^{\mathrm{T}}t}\boldsymbol{Q}\mathrm{e}^{\boldsymbol{A}t})_{t=\infty}=\boldsymbol{0}$。

又显见，$\boldsymbol{P}=\int_0^{\infty}\mathrm{e}^{\boldsymbol{A}^{\mathrm{T}}t}\boldsymbol{Q}\mathrm{e}^{\boldsymbol{A}t}\,\mathrm{d}t=\int_0^{\infty}(\mathrm{e}^{\boldsymbol{A}^{\mathrm{T}}t}\boldsymbol{Q}\mathrm{e}^{\boldsymbol{A}t})^{\mathrm{T}}\mathrm{d}t=\boldsymbol{P}^{\mathrm{T}}$，故该 $\boldsymbol{P}$ 满足对称性：

$$\boldsymbol{x}^{\mathrm{T}}\boldsymbol{P}\boldsymbol{x}=\int_0^{\infty}(\boldsymbol{x}^{\mathrm{T}}\mathrm{e}^{\boldsymbol{A}^{\mathrm{T}}t}\boldsymbol{Q}\mathrm{e}^{\boldsymbol{A}t}\boldsymbol{x})\,\mathrm{d}t=\int_0^{\infty}(\mathrm{e}^{\boldsymbol{A}t}\boldsymbol{x})^{\mathrm{T}}\boldsymbol{Q}(\mathrm{e}^{\boldsymbol{A}t}\boldsymbol{x})\,\mathrm{d}t\geqslant 0$$

该式只有当 $\boldsymbol{x}=\boldsymbol{0}$ 时等号才成立，故该 $\boldsymbol{P}$ 正定。

最后来证明唯一性。设 $\boldsymbol{P}_1$ 和 $\boldsymbol{P}_2$ 都是式(3-18)的解，则

$$\boldsymbol{A}^{\mathrm{T}}\boldsymbol{P}_1+\boldsymbol{P}_1\boldsymbol{A}=-\boldsymbol{Q}=\boldsymbol{A}^{\mathrm{T}}\boldsymbol{P}_2+\boldsymbol{P}_2\boldsymbol{A} \tag{3-20}$$

有

$$\boldsymbol{A}^{\mathrm{T}}(\boldsymbol{P}_1-\boldsymbol{P}_2)+(\boldsymbol{P}_1-\boldsymbol{P}_2)\boldsymbol{A}=0$$

上式左乘 $\mathrm{e}^{\boldsymbol{A}^{\mathrm{T}}t}$，右乘 $\mathrm{e}^{\boldsymbol{A}t}$，并利用矩阵指数求导公式，于是有

$$\frac{\mathrm{d}}{\mathrm{d}t}\left[\mathrm{e}^{\boldsymbol{A}^{\mathrm{T}}t}(\boldsymbol{P}_1-\boldsymbol{P}_2)\mathrm{e}^{\boldsymbol{A}t}\right]=0 \tag{3-21}$$

该式说明，$\mathrm{e}^{\boldsymbol{A}^{\mathrm{T}}t}(\boldsymbol{P}_1-\boldsymbol{P}_2)\mathrm{e}^{\boldsymbol{A}t}$ 是常数矩阵，与 t 无关。显见 $\mathrm{e}^{\boldsymbol{A}^{\mathrm{T}}t}(\boldsymbol{P}_1-\boldsymbol{P}_2)\mathrm{e}^{\boldsymbol{A}t}\big|_{t=0}=\boldsymbol{P}_1-\boldsymbol{P}_2$；又由于渐近稳定性质，$\mathrm{e}^{\boldsymbol{A}^{\mathrm{T}}t}(\boldsymbol{P}_1-\boldsymbol{P}_2)\mathrm{e}^{\boldsymbol{A}t}\big|_{t=\infty}=0$，故 $\boldsymbol{P}_1=\boldsymbol{P}_2$，证毕。

经以上证明可以确信：先选任意正定对称矩阵 $\boldsymbol{Q}$(通常取一单位矩阵最为方便)，后按式(3-16)验 $\boldsymbol{P}$ 阵是否正定对称，只需进行一次计算，便可确定系统是否渐近稳定了。

据渐近稳定性定理 3.8，若系统任意状态轨迹在非零状态不存在 $\dot{V}(\boldsymbol{x})$ 恒为零，则 $\boldsymbol{Q}$ 阵可给定为正半定的，这时只需令单位阵中主对角线上部分元素为零，而由式(3-19)解得的 $\boldsymbol{P}$ 阵应是正定的。至于正半定矩阵 $\boldsymbol{Q}$ 的取法，则是不唯一的，所取具体形式既应简单、又应能导出确定的平衡状态的解。

以上定理给出了判断线性系统是否渐近稳定及构造线性渐近稳定系统李雅普诺夫函数的一般方法。当解得 $\boldsymbol{P}$ 阵非正定时，系统非渐近稳定。至于具体稳定性质尚不能由本定理作出判定，可用特征值判据加以判定。$\boldsymbol{P}$ 阵负定时，系统不稳定(例 3-4 可验证)；$\boldsymbol{P}$ 阵不定时，可能

不稳定(参见例 3-5),也可能有李雅普诺夫意义下的稳定性(例 3-3 可验证)。

例 3-5　试用李雅普诺夫方程判断下列线性系统的稳定性：

$$\dot{x}_1 = x_2$$
$$\dot{x}_2 = 2x_1 - x_2$$

解　利用线性定常系统特征值判据,显见

$$|\lambda \boldsymbol{I} - \boldsymbol{A}| = \begin{vmatrix} \lambda & -1 \\ -2 & \lambda+1 \end{vmatrix} = \lambda^2 + \lambda - 2 = (\lambda+2)(\lambda-1) = 0$$

特征值为 $-2,1$,故系统不稳定。

令
$$\boldsymbol{A}^{\mathrm{T}}\boldsymbol{P} + \boldsymbol{P}\boldsymbol{A} = -\boldsymbol{Q} = -\boldsymbol{I}$$

于是有

$$\begin{bmatrix} 0 & 2 \\ 1 & -1 \end{bmatrix} \begin{bmatrix} p_{11} & p_{12} \\ p_{12} & p_{22} \end{bmatrix} + \begin{bmatrix} p_{11} & p_{12} \\ p_{12} & p_{22} \end{bmatrix} \begin{bmatrix} 0 & 1 \\ 2 & -1 \end{bmatrix} = \begin{bmatrix} -1 & 0 \\ 0 & -1 \end{bmatrix}$$

$$\begin{bmatrix} 4p_{12} & p_{11} - p_{12} + 2p_{22} \\ p_{11} - p_{12} + 2p_{22} & 2p_{12} - 2p_{22} \end{bmatrix} = \begin{bmatrix} -1 & 0 \\ 0 & -1 \end{bmatrix}$$

解得

$$\boldsymbol{P} = \begin{bmatrix} p_{11} & p_{12} \\ p_{12} & p_{22} \end{bmatrix} = \begin{bmatrix} -\dfrac{3}{4} & -\dfrac{1}{4} \\ -\dfrac{1}{4} & \dfrac{1}{4} \end{bmatrix}$$

校验 $\boldsymbol{P}$ 的正定性：

$$\Delta_1 = p_{11} = -\frac{3}{4} < 0,\quad \Delta_2 = \begin{vmatrix} -\dfrac{3}{4} & -\dfrac{1}{4} \\ -\dfrac{1}{4} & \dfrac{1}{4} \end{vmatrix} = -\frac{1}{4} < 0$$

故 $\boldsymbol{P}$ 不定。系统非渐近稳定,属不稳定。

例 3-6　试用李雅普诺夫方程确定图 3-6 所示系统稳定时 K 值的范围。

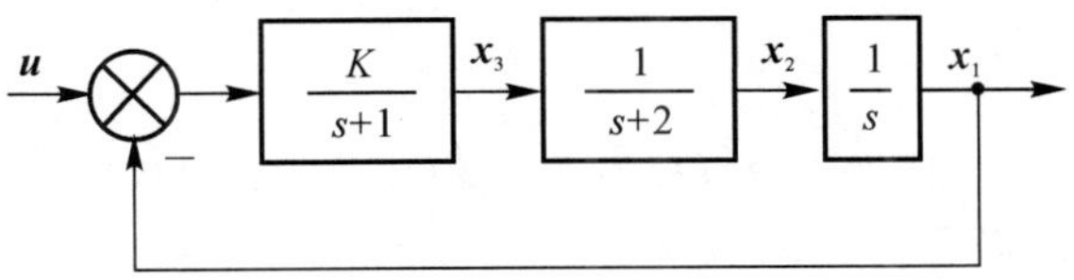

图 3-6　例 3-6 系统结构图

解　取如图 3-6 所示的一组状态变量,系统状态方程为

$$\begin{bmatrix} \dot{x}_1 \\ \dot{x}_2 \\ \dot{x}_3 \end{bmatrix} = \begin{bmatrix} 0 & 1 & 0 \\ 0 & -2 & 1 \\ -K & 0 & -1 \end{bmatrix} \begin{bmatrix} x_1 \\ x_2 \\ x_3 \end{bmatrix} + \begin{bmatrix} 0 \\ 0 \\ K \end{bmatrix} u$$

研究稳定性时,可令 $u=0$。显然 $|\boldsymbol{A}| \neq 0$,故原点为平衡状态。假设取正半定矩阵 $\boldsymbol{Q}$ 为

$$\boldsymbol{Q} = \begin{bmatrix} 0 & 0 & 0 \\ 0 & 0 & 0 \\ 0 & 0 & 1 \end{bmatrix}$$

由于 $\dot{V}(\boldsymbol{x})=-\boldsymbol{x}^{\mathrm{T}}\boldsymbol{Q}\boldsymbol{x}=-x_3^2$，令 $V(\boldsymbol{x})\equiv 0$ 时，$x_3\equiv 0$；由状态方程 $\dot{x}_3\equiv 0$，确定 $x_1\equiv 0$；由状态方程 $\dot{x}_1\equiv 0$，确定 $x_2\equiv 0$。表明只有原点满足 $V(\boldsymbol{x})$ 恒为零，故可以采用正半定矩阵 $\boldsymbol{Q}$ 来简化分析稳定性。

令

$$\boldsymbol{A}^{\mathrm{T}}\boldsymbol{P}+\boldsymbol{P}\boldsymbol{A}=-\boldsymbol{Q}$$

$$\begin{bmatrix}0&0&-K\\1&-2&0\\0&1&-1\end{bmatrix}\begin{bmatrix}p_{11}&p_{12}&p_{13}\\p_{12}&p_{22}&p_{23}\\p_{13}&p_{23}&p_{33}\end{bmatrix}+\begin{bmatrix}p_{11}&p_{12}&p_{13}\\p_{12}&p_{22}&p_{23}\\p_{13}&p_{23}&p_{33}\end{bmatrix}\begin{bmatrix}0&1&0\\0&-2&1\\K&0&-1\end{bmatrix}=\begin{bmatrix}0&0&0\\0&0&0\\0&0&-1\end{bmatrix}$$

解得

$$\boldsymbol{P}=\begin{bmatrix}\dfrac{K^2+12K}{12-2K}&\dfrac{6K}{12-2K}&0\\\dfrac{6K}{12-2K}&\dfrac{3K}{12-2K}&\dfrac{K}{12-2K}\\0&\dfrac{K}{12-2K}&\dfrac{6}{12-2K}\end{bmatrix}$$

为使 $\boldsymbol{P}$ 成为正定矩阵，其充要条件为

$$12-2K>0\quad 和\quad K>0$$

因此，当 $0<K<6$ 时，系统稳定。由于是线性系统，必大范围一致渐近稳定。

3.5.2 时变连续系统

设系统状态方程 $\dot{\boldsymbol{x}}=\boldsymbol{A}(t)\boldsymbol{x}$，原点是唯一平衡状态。设取如下正定二次型函数作为可能的李雅普诺夫函数：

$$V(\boldsymbol{x},t)=\boldsymbol{x}^{\mathrm{T}}\boldsymbol{P}(t)\boldsymbol{x} \tag{3-22}$$

式中，$\boldsymbol{P}(t)$ 是 $(n\times n)$ 维实对称正定、元素为时间的连续函数的矩阵。

$$\begin{aligned}\dot{V}(\boldsymbol{x},t)=&\dot{\boldsymbol{x}}^{\mathrm{T}}\boldsymbol{P}(t)\boldsymbol{x}+\boldsymbol{x}^{\mathrm{T}}\ [\boldsymbol{P}(t)\boldsymbol{x}]'=\dot{\boldsymbol{x}}^{\mathrm{T}}\boldsymbol{P}(t)x+\boldsymbol{x}^{\mathrm{T}}\dot{\boldsymbol{P}}(t)\boldsymbol{x}+\boldsymbol{x}^{\mathrm{T}}\boldsymbol{P}(t)\dot{\boldsymbol{x}}=\\&[\boldsymbol{A}(t)\boldsymbol{x}]^{\mathrm{T}}\boldsymbol{P}(t)\boldsymbol{x}+\boldsymbol{x}^{\mathrm{T}}\dot{\boldsymbol{P}}(t)\boldsymbol{x}+\boldsymbol{x}^{\mathrm{T}}\boldsymbol{P}(t)\boldsymbol{A}(t)\boldsymbol{x}=\\&\boldsymbol{x}^{\mathrm{T}}[\boldsymbol{A}^{\mathrm{T}}(t)\boldsymbol{P}(t)+\dot{\boldsymbol{P}}(t)+\boldsymbol{P}(t)\boldsymbol{A}(t)]\boldsymbol{x}\end{aligned} \tag{3-23}$$

令

$$-\boldsymbol{Q}(t)=\boldsymbol{A}^{\mathrm{T}}(t)\boldsymbol{P}(t)+\dot{\boldsymbol{P}}(t)+\boldsymbol{P}(t)\boldsymbol{A}(t) \tag{3-24}$$

该式称为李雅普诺夫矩阵微分方程，于是有

$$\dot{V}(\boldsymbol{x},t)=-\boldsymbol{x}^{\mathrm{T}}\boldsymbol{Q}(t)\boldsymbol{x} \tag{3-25}$$

可综合成如下定理：

系统 $\dot{\boldsymbol{x}}=\boldsymbol{A}(t)\boldsymbol{x}$ 的渐近稳定的充要条件为：给定一正定实对称矩阵 $\boldsymbol{Q}(t)$，有一正定实对称矩阵 $\boldsymbol{P}(t)$ 使式(3-24)成立。$\boldsymbol{x}^{\mathrm{T}}\boldsymbol{P}(t)\boldsymbol{x}$ 就是时变系统的一个李雅普诺夫函数。由于是线性系统，渐近稳定必为大范围的；由于是时变系统，状态转移矩阵与 t_0 有关，故不是一致的。也可选取 $\boldsymbol{Q}(t)=\boldsymbol{I}$。式(3-24)是黎卡提矩阵微分方程的特例。其解 $\boldsymbol{P}(t)$ 与状态转移矩阵 $\boldsymbol{\Phi}(t,t_0)$ 有关，解得 $\boldsymbol{P}(t)$ 后再来分析其正定性以判断稳定性。

3.5.3 定常离散系统

设系统状态方程为 $\boldsymbol{x}(k+1)=\boldsymbol{\Phi}\boldsymbol{x}(k)$，式中 $\boldsymbol{\Phi}$ 为 $(n\times n)$ 维非奇异矩阵，故原点是唯一平

衡状态。设取如下一个可能的二次型函数：

$$V[\boldsymbol{x}(k)]=\boldsymbol{x}^{\mathrm{T}}(k)\boldsymbol{P}\boldsymbol{x}(k) \tag{3-26}$$

式中，$\boldsymbol{P}$ 为 $(n\times n)$ 维对称正定常数矩阵。可用差分 $\Delta V[\boldsymbol{x}(k)]$ 代替 $\dot{V}(x)$：

$$\Delta V[\boldsymbol{x}(k)]=V[\boldsymbol{x}(k+1)]-V[\boldsymbol{x}(k)] \tag{3-27}$$

考虑状态方程有

$$\begin{aligned}\Delta V[\boldsymbol{x}(k)]&=\boldsymbol{x}^{\mathrm{T}}(k+1)\boldsymbol{P}\boldsymbol{x}(k+1)-\boldsymbol{x}^{\mathrm{T}}(k)\boldsymbol{P}\boldsymbol{x}(k)=\\&[\boldsymbol{\Phi}\boldsymbol{x}(k)]^{\mathrm{T}}\boldsymbol{P}\boldsymbol{\Phi}\boldsymbol{x}(k)-\boldsymbol{x}^{\mathrm{T}}(k)\boldsymbol{P}\boldsymbol{x}(k)=\\&\boldsymbol{x}^{\mathrm{T}}(k)[\boldsymbol{\Phi}^{\mathrm{T}}\boldsymbol{P}\boldsymbol{\Phi}-\boldsymbol{P}]\boldsymbol{x}(k)\end{aligned} \tag{3-28}$$

令

$$-\boldsymbol{Q}=\boldsymbol{\Phi}^{\mathrm{T}}\boldsymbol{P}\boldsymbol{\Phi}-\boldsymbol{P} \tag{3-29}$$

该式称离散的李雅普诺夫代数方程。于是有

$$\Delta V[\boldsymbol{x}(k)]=-\boldsymbol{x}^{\mathrm{T}}(k)\boldsymbol{Q}\boldsymbol{x}(k) \tag{3-30}$$

同样可综合成如下定理：

系统 $\boldsymbol{x}(k+1)=\boldsymbol{\Phi}\boldsymbol{x}(k)$ 大范围一致渐近稳定的充要条件为：给定任一正定实对称矩阵 $\boldsymbol{Q}$，存在一个正定实对称矩阵 $\boldsymbol{P}$，能使式(3－29) 成立。$\boldsymbol{x}^{\mathrm{T}}(k)\boldsymbol{P}\boldsymbol{x}(k)$ 是系统的一个李雅普诺夫函数。通常可取 $\boldsymbol{Q}=\boldsymbol{I}$。

如果 $\Delta V[\boldsymbol{x}(k)]$ 沿任一解的序列不恒为零，$\boldsymbol{Q}$ 可取为正半定矩阵。

3.6　非线性系统的线性化稳定性判据

在非线性系统的稳定性分析中，人们往往希望找到这样的方法，即把一个复杂的非线性系统用一个相对简单的线性系统来近似，并通过对这个线性系统的稳定性的研究，来判定原来非线性系统的稳定性，进而能够进行系统的设计和综合。

问题在于是否所有非线性系统都可以简单地把非线性项忽略掉，或者任意把它“线性化”呢？回答是否定的。能够进行线性化的非线性系统只是那些弱非线性系统，但实际工程中仍会遇到这类系统。下面将线性化研究限定在定常系统。

首先从研究非线性系统围绕平衡点进行线性化的概念着手。设有一个非线性定常系统为

$$\dot{\boldsymbol{x}}=\boldsymbol{f}(\boldsymbol{x}) \tag{3-31a}$$

假设 $\boldsymbol{f}(\boldsymbol{0})=\boldsymbol{0}$，状态空间的原点是系统(3－31a) 的一个平衡点。将方程(3－31a) 在平衡状态按泰勒级数展开得

$$\boldsymbol{f}(\boldsymbol{x})=\left[\frac{\partial\boldsymbol{f}}{\partial\boldsymbol{x}^{\mathrm{T}}}\right]_{\boldsymbol{x}=\boldsymbol{0}}\boldsymbol{x}+\boldsymbol{\psi}(\boldsymbol{x})$$

定义

$$\boldsymbol{A}=\left[\frac{\partial\boldsymbol{f}}{\partial\boldsymbol{x}^{\mathrm{T}}}\right]_{\boldsymbol{x}=\boldsymbol{0}}$$

为 $\boldsymbol{f}$ 的雅可比矩阵。$\boldsymbol{\psi}(\boldsymbol{x})$ 为级数的高次项之和，则系统式(3－31a) 可写成

$$\dot{\boldsymbol{x}}=\boldsymbol{A}\boldsymbol{x}+\boldsymbol{\psi}(\boldsymbol{x}) \tag{3-31b}$$

设高次项 $\boldsymbol{\psi}(\boldsymbol{x})$ 满足

$$\lim_{\|\boldsymbol{x}\|\to 0}\frac{\|\boldsymbol{\psi}(\boldsymbol{x})\|}{\|\boldsymbol{x}\|}\to\boldsymbol{0}$$

可用下列线性化方程来近似原来非线性系统方程式(3-31)：

$$\dot{z}=Az(t) \tag{3-32}$$

现在分析线性化方程式(3-32)的稳定性与原来非线性系统式(3-31)的稳定性之间的关系。

定理 3.12 对于非线性系统式(3-31)，假设 $\boldsymbol{f}(0)=\boldsymbol{0}$，即 $\boldsymbol{x}_e=\boldsymbol{0}$，且 $\boldsymbol{f}$ 连续可微，如果

$$\lim_{\|\boldsymbol{x}\|\to 0}\frac{\|\boldsymbol{\psi}(\boldsymbol{x})\|}{\|\boldsymbol{x}\|}\to 0$$

且 $\boldsymbol{A}$ 的所有特征值都具有负实部，没有零特征值，则线性化系统

$$\dot{z}=Az(t)$$

的平衡点 **0** 的稳定性就指示出原来非线性系统式(3-31)的稳定性。

证明 选择李雅普诺夫函数

$$V(\boldsymbol{x})=\boldsymbol{x}^{\mathrm{T}}\boldsymbol{P}\boldsymbol{x}$$

式中，$\boldsymbol{P}$ 满足李雅普诺夫方程 $\boldsymbol{A}^{\mathrm{T}}\boldsymbol{P}+\boldsymbol{P}\boldsymbol{A}=-\boldsymbol{I}$。由于 $\boldsymbol{A}$ 是稳定矩阵，李雅普诺夫方程有唯一正定解矩阵 $\boldsymbol{P}$。$V(\boldsymbol{x})$ 沿式(3-31b)的导数满足

$$\dot{V}(\boldsymbol{x})=\dot{\boldsymbol{x}}^{\mathrm{T}}\boldsymbol{P}\boldsymbol{x}+\boldsymbol{x}^{\mathrm{T}}\boldsymbol{P}\dot{\boldsymbol{x}}=\boldsymbol{x}^{\mathrm{T}}(\boldsymbol{A}^{\mathrm{T}}\boldsymbol{P}+\boldsymbol{P}\boldsymbol{A})\boldsymbol{x}+2\boldsymbol{\psi}^{\mathrm{T}}(\boldsymbol{x})\boldsymbol{P}\boldsymbol{x}=$$

$$-\boldsymbol{x}^{\mathrm{T}}\boldsymbol{x}+2\boldsymbol{\psi}^{\mathrm{T}}(\boldsymbol{x})\boldsymbol{P}\boldsymbol{x}=-\boldsymbol{x}^{\mathrm{T}}\boldsymbol{x}\left(1-\frac{2\boldsymbol{\psi}^{\mathrm{T}}(\boldsymbol{x})\boldsymbol{P}\boldsymbol{x}}{\boldsymbol{x}^{\mathrm{T}}\boldsymbol{x}}\right)$$

当 $\|\boldsymbol{x}\|$ 足够小时，根据 $\lim\limits_{\|\boldsymbol{x}\|\to 0}\dfrac{\|\boldsymbol{\psi}(\boldsymbol{x})\|}{\|\boldsymbol{x}\|}\to 0$ 的假设，一定能使 $\left(1-\dfrac{2\boldsymbol{\psi}^{\mathrm{T}}(\boldsymbol{x})\boldsymbol{P}\boldsymbol{x}}{\boldsymbol{x}^{\mathrm{T}}\boldsymbol{x}}\right)>0$，这样

$$\dot{V}(\boldsymbol{x})<0$$

因此可以知道非线性系统式(3-31b)是渐近稳定的，也就是原非线性系统式(3-31a)是渐近稳定的。注意到满足所述条件的非线性系统就是线性化系统式(3-32)。通过考察一个线性化系统来得出关于给定的非线性系统平衡点的稳定性状况，其优越性不言自明，但这些结论仍有如下一些限制：① 基于小扰动线性化所得到的结论本质上是一种局部稳定性，为了研究全局稳定性，仍然必须借助于李雅普诺夫直接法。② 对于非线性系统，如果 $\boldsymbol{A}$ 的某些特征值具有零实部，而其余特征值具有负实部，则用线性化方法得不到关于稳定性的结论。因为在这种情况下，平衡状态 **0** 的稳定性状况还取决于高阶项，所以仍须应用李雅普诺夫直接法。

习　题

3-1　写出下列二次函数的向量矩阵形式，并用赛尔维斯特准则判定其正定、负定性：

(1)　$V(\boldsymbol{x})=x_1^2+2x_2^2$

(2)　$V(\boldsymbol{x})=-x_1^2-(3x_1+2x_2)^2$

(3)　$V(\boldsymbol{x})=(x_1+2x_2)^2$

(4)　$V(\boldsymbol{x})=(x_1+x_2)^2$

(5)　$V(\boldsymbol{x})=x_1x_2+x_2^2$

(6)　$V(\boldsymbol{x})=-x_1^2-3x_2^2-11x_3^2+2x_1x_2-4x_2x_3-2x_1x_3$

(7)　$V(\boldsymbol{x})=x_1^2+4x_2^2+x_3^2+2x_1x_2-6x_2x_3-2x_1x_3$

3-2　已知系统状态方程分别为

(1) $\begin{cases}\dot{x}_1=-x_1+x_2\\ \dot{x}_2=2x_1-3x_2\end{cases}$　　　(2) $\begin{cases}\dot{x}_1=x_2\\ \dot{x}_2=2x_1-x_2\end{cases}$

试用李雅普诺夫第二法判断平衡状态的渐近稳定性。

3-3 已知系统状态方程为

$$\begin{bmatrix}\dot{x}_1\\\dot{x}_2\\\dot{x}_3\end{bmatrix}=\begin{bmatrix}2 & \frac{1}{2} & -3\\0 & -1 & 0\\0 & \frac{1}{2} & -1\end{bmatrix}\begin{bmatrix}x_1\\x_2\\x_3\end{bmatrix}+\begin{bmatrix}1 & 0\\0 & 2\\1 & 0\end{bmatrix}\begin{bmatrix}u_1\\u_2\end{bmatrix}$$

试确定：

(1) 当 $\boldsymbol{Q}=\boldsymbol{I}$ 时，$\boldsymbol{P}=?$

(2) 若选 $\boldsymbol{Q}$ 为正半定矩阵，$\boldsymbol{Q}=?$ 对应 $\boldsymbol{P}=?$ 判断系统渐近稳定性。

3-4 设线性定常离散系统状态方程为

$$\begin{bmatrix}x_1(k+1)\\x_2(k+1)\\x_3(k+1)\end{bmatrix}=\begin{bmatrix}0 & 1 & 0\\0 & 0 & 1\\0 & \frac{K}{2} & 0\end{bmatrix}\begin{bmatrix}x_1(k)\\x_2(k)\\x_3(k)\end{bmatrix}$$

试求使系统渐近稳定的 K 值范围。

第四章　状态反馈与状态观测器

闭环系统性能与闭环极点位置密切相关。经典控制理论经常利用串联、并联校正装置及调整开环增益使系统具有希望的闭环极点位置；现代控制理论利用状态变量揭示系统内部特性以后，利用状态反馈这一新方式来配置极点，显出更多的优越性。为利用状态变量进行反馈必须测量状态变量，但不是所有状态变量在物理上都能测量，于是进一步提出用状态观测器给出状态估值的问题。因此，极点配置与状态观测器设计是控制系统设计的主要内容，它们以能控性、能观测性为条件，能构造出许多性能优良的系统，如解耦及最优系统。

4.1　线性系统反馈结构及其对系统特性的影响

无论是在经典控制理论还是在现代控制理论中，反馈都是系统设计的主要方式。但由于经典控制理论是用传递函数来描述的，因此它只能以输出量作为反馈量。而现代控制理论中由于是采用系统内部的状态变量来描述系统的物理特性，因而除了输出反馈外，还可采用状态反馈这种新的控制方式。

4.1.1　两种反馈结构

1. 状态反馈

设有 n 维线性定常系统

$$\dot{\boldsymbol{x}} = \boldsymbol{A}\boldsymbol{x} + \boldsymbol{B}\boldsymbol{u}, \quad \boldsymbol{y} = \boldsymbol{C}\boldsymbol{x} \tag{4-1}$$

式中，$\boldsymbol{x}, \boldsymbol{u}, \boldsymbol{y}$ 分别为 n 维、m 维和 l 维向量，$\boldsymbol{A}, \boldsymbol{B}, \boldsymbol{C}$ 分别为 $n \times n, n \times m, l \times n$ 阶实矩阵。

由式(4－1) 可画出该系统结构图如图 4－1(a) 所示。

在这里，研究形如 $\boldsymbol{u} = \boldsymbol{v} - \boldsymbol{K}\boldsymbol{x}$ 的线性状态反馈对原线性定常动态方程的影响。其中 $\boldsymbol{v}$ 为 m 维系统参考输入向量，$\boldsymbol{K}$ 是$(m \times n)$ 反馈增益矩阵。按要求，$\boldsymbol{K}$ 应为实矩阵。在研究状态反馈时，默认了这样一个假定，即所有的状态变量都是可以用来反馈的。

因此，当将系统的控制量 $\boldsymbol{u}$ 取为状态变量 $\boldsymbol{x}$ 的线性函数

$$\boldsymbol{u} = \boldsymbol{v} - \boldsymbol{K}\boldsymbol{x} \tag{4-2}$$

时，称其为线性的直接状态反馈，简称状态反馈。由式(4－1) 与式(4－2) 可以得出加入状态反馈后系统结构图如图 4－1(b) 所示，将式(4－2) 代入式(4－1) 可得状态反馈系统动态方程为

$$\dot{\boldsymbol{x}} = (\boldsymbol{A} - \boldsymbol{B}\boldsymbol{K})\boldsymbol{x} + \boldsymbol{B}\boldsymbol{v}, \quad \boldsymbol{y} = \boldsymbol{C}\boldsymbol{x} \tag{4-3}$$

其传递函数矩阵可表示为

$$\boldsymbol{G}_k(s) = \boldsymbol{C}(s\boldsymbol{I} - \boldsymbol{A} + \boldsymbol{B}\boldsymbol{K})^{-1}\boldsymbol{B} \tag{4-4}$$

因此可用系统$\{(\boldsymbol{A} - \boldsymbol{B}\boldsymbol{K}) \quad \boldsymbol{B} \quad \boldsymbol{C}\}$来表示引入状态反馈后的闭环系统。而从式(4－3) 可以看出输出方程则没有变化。

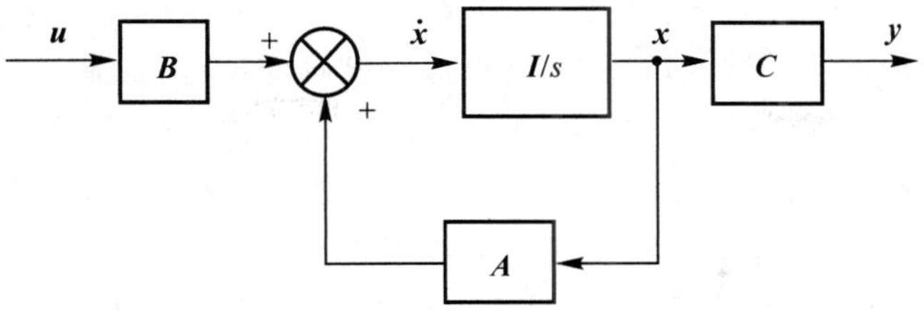

(a)

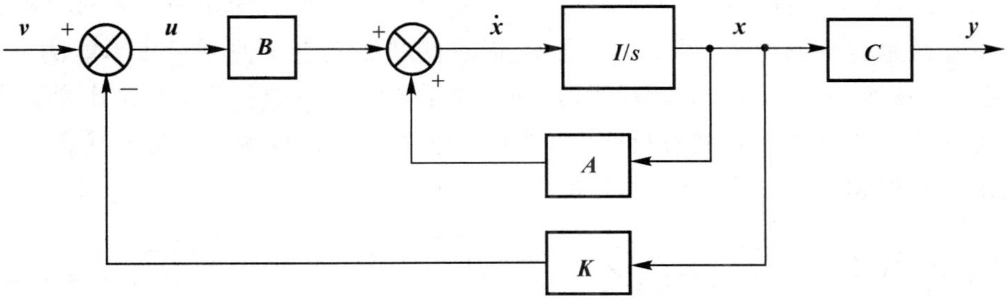

(b)

图 4－1

(a) 系统结构图；（b) 加入状态反馈后的结构图

2. 输出反馈

系统的状态常常不能全部测量到，状态反馈方法就有一定的工程限制，在此情况下，人们常常采用输出反馈方法。输出反馈的目的首先是使闭环成为稳定系统，然后在此基础上进一步改善闭环系统的性能。

当把线性定常系统的控制量 $\boldsymbol{u}$ 取为输出 $\boldsymbol{y}$ 的线性函数

$$\boldsymbol{u}=\boldsymbol{v}-\boldsymbol{F}\boldsymbol{y} \tag{4-5}$$

时，相应地称为线性非动态输出反馈，简称为输出反馈。

加入输出反馈后系统的结构图如图 4－2 所示。

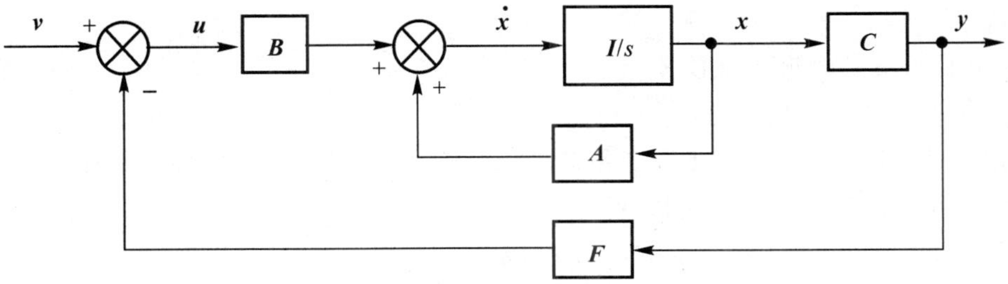

图 4－2　输出反馈系统

由式(4－1) 和式(4－5) 可导出输出反馈的状态空间描述为

$$\dot{\boldsymbol{x}}=(\boldsymbol{A}-\boldsymbol{BFC})\boldsymbol{x}+\boldsymbol{B}\boldsymbol{v},\quad \boldsymbol{y}=\boldsymbol{C}\boldsymbol{x} \tag{4-6}$$

其传递函数矩阵则为

$$\boldsymbol{G}_F(s)=\boldsymbol{C}(s\boldsymbol{I}-\boldsymbol{A}+\boldsymbol{BFC})^{-1}\boldsymbol{B} \tag{4-7}$$

不难看出，不管是状态反馈还是输出反馈，都可以改变状态的系数矩阵。但这并不是说，两者具有等同的性能。由于状态能完整地表征系统的动态行为，因而利用状态反馈时，其信息量大而完整，可在不增加系统维数的情况下，自由地支配响应特性；而输出反馈仅利用了状态变量的线性组合来进行反馈，其信息量较小，所引入的串、并联补偿装置将使系统维数增加，且难于得到任意期望的响应特性。一个输出反馈系统的性能，对应的状态反馈系统与之等同，这时只需令 $\boldsymbol{FC}=\boldsymbol{K}$，即可以方便地确定状态反馈增益矩阵；但是，一个状态反馈系统的性能，却不一定有对应的输出反馈系统与之等同，这是由于令 $\boldsymbol{K}=\boldsymbol{FC}$ 来确定 $\boldsymbol{F}$ 的解时，或者形式上过于复杂而不易实现，或者 $\boldsymbol{F}$ 阵含有高阶导数项而不能实现，或对于非最小相位的受控对象，如含有右极点，而选择了右校正零点来加以对消时，便会潜藏不稳定的隐患。不过，输出反馈所用的输出变量总是容易测得的，因而便于实现；而有些状态变量不便测量或不能测量，需要重构，给实现带来麻烦。通过引入状态观测器，利用原系统的可测量变量 $\boldsymbol{y}$ 和 $\boldsymbol{u}$ 作为其输入以获得 $\boldsymbol{x}$ 的重构量 $\hat{\boldsymbol{x}}$，并以此来实现状态反馈（见图 4-3）。有关状态观测器和带有状态观测器的状态反馈系统的分析和综合问题，将在本章的最后几节中研究。

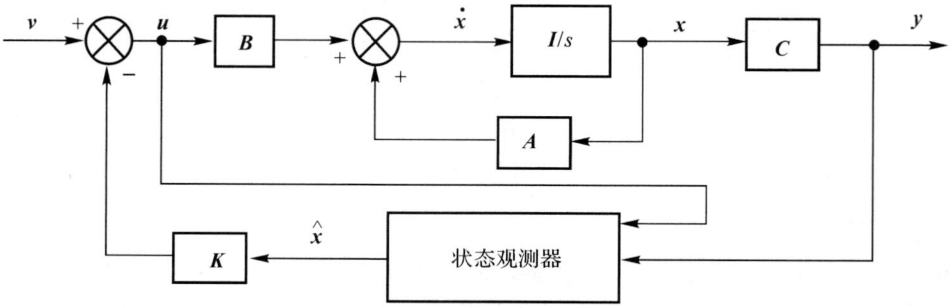

图 4-3　利用观测器来实现状态反馈

4.1.2　反馈结构对系统特性的影响

由于反馈引入后，系统状态的系数矩阵有了变化，对系统的能控性、能观测性，系统的稳定性和响应等都有影响。本节将研究反馈对能控性、能观测性、稳定性的影响及对闭环极点位置的影响问题。

1. 对能控性与能观测性的影响

对此，有如下两个结论。

结论 1　状态反馈的引入，不改变系统的能控性，但可能改变系统的能观测性。

证明　设受控系统 S_0 的动态方程为

$$\dot{\boldsymbol{x}}=\boldsymbol{Ax}+\boldsymbol{Bu},\quad \boldsymbol{y}=\boldsymbol{Cx}$$

则由 S_0 状态反馈后的系统 S_k 的动态方程为

$$\dot{\boldsymbol{x}}=(\boldsymbol{A}-\boldsymbol{BK})\boldsymbol{x}+\boldsymbol{Bv},\quad \boldsymbol{y}=\boldsymbol{Cx}$$

首先证明：状态反馈系统 S_k 为能控的充分必要条件是受控系统 S_0 为能控。

一方面，表示 S_0 和 S_k 的能控性判别阵分别为

$$\boldsymbol{Q}_c=[\boldsymbol{B}\ \vdots\ \boldsymbol{AB}\ \vdots\ \cdots\ \vdots\ \boldsymbol{A}^{n-1}\boldsymbol{B}]$$

和

$$\boldsymbol{Q}_{ck}=[\boldsymbol{B}\ \vdots\ (\boldsymbol{A}-\boldsymbol{BK})\boldsymbol{B}\ \vdots\ \cdots\ \vdots\ (\boldsymbol{A}-\boldsymbol{BK})^{n-1}\boldsymbol{B}]$$

由于

$$\boldsymbol{B}=[\boldsymbol{b}_1 \quad \boldsymbol{b}_2 \quad \cdots \quad \boldsymbol{b}_m], \quad \boldsymbol{AB}=[\boldsymbol{Ab}_1 \quad \boldsymbol{Ab}_2 \quad \cdots \quad \boldsymbol{Ab}_m],$$
$$(\boldsymbol{A}-\boldsymbol{BK})\boldsymbol{B}=[(\boldsymbol{A}-\boldsymbol{BK})\boldsymbol{b}_1 \quad \cdots \quad (\boldsymbol{A}-\boldsymbol{BK})\boldsymbol{b}_m]$$

式中，$\boldsymbol{b}_i(i=1,2,\cdots,m)$ 为列向量。将 $\boldsymbol{K}$ 表为行向量组$[\boldsymbol{k}_i]$，即

$$\boldsymbol{K}=\begin{bmatrix}\boldsymbol{k}_1\\ \vdots\\ \boldsymbol{k}_m\end{bmatrix}, \quad (\boldsymbol{A}-\boldsymbol{BK})\boldsymbol{b}_i=\boldsymbol{Ab}_i-[\boldsymbol{b}_1 \quad \cdots \quad \boldsymbol{b}_m]\begin{bmatrix}\boldsymbol{k}_1\boldsymbol{b}_i\\ \vdots\\ \boldsymbol{k}_m\boldsymbol{b}_i\end{bmatrix}$$

令式中 $c_{1i}=\boldsymbol{k}_1\boldsymbol{b}_i,\cdots,c_{mi}=\boldsymbol{k}_m\boldsymbol{b}_i,c_{ji}(j=1,\cdots,m)$ 均为标量，故

$$(\boldsymbol{A}-\boldsymbol{BK})\boldsymbol{b}_i=\boldsymbol{Ab}_1-(c_{i1}\boldsymbol{b}_1+\cdots+c_{mi}\boldsymbol{b}_m)$$

该式表明 $(\boldsymbol{A}-\boldsymbol{BK})\boldsymbol{B}$ 的列是 $[\boldsymbol{B} \quad \boldsymbol{AB}]$ 的列的线性组合。同理有 $(\boldsymbol{A}-\boldsymbol{BK})^2\boldsymbol{B}$ 的列是 $[\boldsymbol{B} \quad \boldsymbol{AB} \quad \boldsymbol{A}^2\boldsymbol{B}]$ 的线性组合，如此等等。故 $\boldsymbol{Q}_{ck}$ 的每一列均可表为 $\boldsymbol{Q}_c$ 的列的线性组合，由此可得

$$\mathrm{rank}[\boldsymbol{Q}_{ck}] \leqslant \mathrm{rank}[\boldsymbol{Q}_c] \tag{4-8}$$

另一方面，S_0 又可以看成为 S_k 的状态反馈系统，即

$$\dot{\boldsymbol{x}}=\boldsymbol{Ax}+\boldsymbol{Bu}=[(\boldsymbol{A}-\boldsymbol{BK})+\boldsymbol{BK}]\boldsymbol{x}+\boldsymbol{Bu}$$

所以，同理可得下式

$$\mathrm{rank}[\boldsymbol{Q}_c] \leqslant \mathrm{rank}[\boldsymbol{Q}_{ck}] \tag{4-9}$$

由式(4-8) 和式(4-9) 可导出

$$\mathrm{rank}[\boldsymbol{Q}_{ck}]=\mathrm{rank}[\boldsymbol{Q}_c]$$

从而 S_k 能控，当且仅当 S_o 能控。

再来证明状态反馈系统不一定能保持能观测性。对此只需举反例说明，设 S_o 为能观测的，但 S_k 不一定能观测。如考察系统

$$\dot{\boldsymbol{x}}=\begin{bmatrix}1 & 2\\ 0 & 3\end{bmatrix}\boldsymbol{x}+\begin{bmatrix}0\\ 1\end{bmatrix}u, \quad y=[1 \quad 1]\boldsymbol{x}$$

其能观测性判别阵

$$\boldsymbol{Q}_o=\begin{bmatrix}\boldsymbol{c}\\ \boldsymbol{cA}\end{bmatrix}=\begin{bmatrix}1 & 1\\ 1 & 5\end{bmatrix}$$

满足 $\mathrm{rank}[\boldsymbol{Q}_o]=n=2$，故 S_o 为能观测。现引入状态反馈，取 $\boldsymbol{k}=[0 \quad 4]$，则状态反馈系统为

$$\dot{\boldsymbol{x}}=(\boldsymbol{A}-\boldsymbol{bk})\boldsymbol{x}+\boldsymbol{B}v=\begin{bmatrix}1 & 2\\ 0 & -1\end{bmatrix}\boldsymbol{x}+\begin{bmatrix}0\\ 1\end{bmatrix}v, \quad y=[1 \quad 1]\boldsymbol{x}$$

其能观测性判别阵

$$\boldsymbol{Q}_{ok}=\begin{bmatrix}\boldsymbol{c}\\ \boldsymbol{c}(\boldsymbol{A}-\boldsymbol{bk})\end{bmatrix}=\begin{bmatrix}1 & 1\\ 1 & 1\end{bmatrix}$$

显然有 $\mathrm{rank}[\boldsymbol{Q}_{ok}]=1<n=2$，故 S_k 为不完全能观测。而若取 $\boldsymbol{k}=[0 \quad 5]$，则通过计算可知，$S_k$ 为能观测的。从而表明状态反馈可能改变系统的能观测性，这是由于人为地使配置极点和零点相对消造成的。

结论 2　输出反馈的引入不改变系统的能控性和能观测性，即输出反馈系统 S_F 为能控(能观测) 的充分必要条件是受控系统 S_o 为能控(能观测)。

证明　首先，由于对任一输出反馈系统都可找到一个等价的状态反馈系统 $\boldsymbol{K}=\boldsymbol{FC}$，而已

知状态反馈可保持能控性，从而证明输出反馈的引入不改变系统的能控性。

其次，表示 S_o 和 S_F 的能观测判别阵分别为

$$\boldsymbol{Q}_o = \begin{bmatrix} \boldsymbol{C} \\ \boldsymbol{CA} \\ \cdots \\ \boldsymbol{CA}^{n-1} \end{bmatrix} \quad 和 \quad \boldsymbol{Q}_{oF} = \begin{bmatrix} \boldsymbol{C} \\ \boldsymbol{C}(\boldsymbol{A}-\boldsymbol{BFC}) \\ \cdots \\ \boldsymbol{C}(\boldsymbol{A}-\boldsymbol{BFC})^{n-1} \end{bmatrix}$$

由于

$$\boldsymbol{C} = \begin{bmatrix} \boldsymbol{c}_1 \\ \vdots \\ \boldsymbol{c}_l \end{bmatrix}, \quad \boldsymbol{CA} = \begin{bmatrix} \boldsymbol{c}_1\boldsymbol{A} \\ \vdots \\ \boldsymbol{c}_l\boldsymbol{A} \end{bmatrix}, \quad \boldsymbol{C}(\boldsymbol{A}-\boldsymbol{BFC}) = \begin{bmatrix} \boldsymbol{c}_1(\boldsymbol{A}-\boldsymbol{BFC}) \\ \vdots \\ \boldsymbol{c}_l(\boldsymbol{A}-\boldsymbol{BFC}) \end{bmatrix}$$

式中，$\boldsymbol{c}_i$ 为行向量。将 $\boldsymbol{F}$ 表示为列向量组 $[\boldsymbol{f}_i]$，即 $\boldsymbol{F}=[\boldsymbol{f}_1 \quad \cdots \quad \boldsymbol{f}_l]$，则

$$\boldsymbol{c}_i(\boldsymbol{A}-\boldsymbol{BFC}) = \boldsymbol{c}_i\boldsymbol{A} - \boldsymbol{c}_i\boldsymbol{B}(\boldsymbol{f}_1\boldsymbol{c}_1 + \cdots + \boldsymbol{f}_l\boldsymbol{c}_l) =$$
$$\boldsymbol{c}_i\boldsymbol{A} - [(\boldsymbol{c}_i\boldsymbol{B}\boldsymbol{f}_1)\boldsymbol{c}_1 + \cdots + (\boldsymbol{c}_i\boldsymbol{B}\boldsymbol{f}_l)\boldsymbol{c}_l]$$

令式中 $\boldsymbol{c}_i\boldsymbol{B}\boldsymbol{f}_j=\alpha_j$，$j=1,\cdots,l$，$\alpha_j$ 为标量，该式表明 $\boldsymbol{C}(\boldsymbol{A}-\boldsymbol{BFC})$ 的行是 $[\boldsymbol{C}^{\mathrm{T}} \quad \boldsymbol{A}^{\mathrm{T}}\boldsymbol{C}^{\mathrm{T}}]^{\mathrm{T}}$ 的行的线性组合。同理有 $\boldsymbol{C}(\boldsymbol{A}-\boldsymbol{BFC})^2$ 的行是 $[\boldsymbol{C}^{\mathrm{T}} \quad \boldsymbol{A}^{\mathrm{T}}\boldsymbol{C}^{\mathrm{T}} \quad (\boldsymbol{A}^{\mathrm{T}})^2\boldsymbol{C}^{\mathrm{T}}]^{\mathrm{T}}$ 的行的线性组合，如此等等。故 $\boldsymbol{Q}_{oF}$ 的每一行均可表示为 $\boldsymbol{Q}_o$ 的行的线性组合，由此可得

$$\mathrm{rank}[\boldsymbol{Q}_{oF}] \leqslant \mathrm{rank}[\boldsymbol{Q}_o] \tag{4-10}$$

进而，可把 S_o 看成 S_F 的反馈系统，又有

$$\mathrm{rank}[\boldsymbol{Q}_o] \leqslant \mathrm{rank}[\boldsymbol{Q}_{oF}] \tag{4-11}$$

从而，由式(4-10)和式(4-11)即得

$$\mathrm{rank}[\boldsymbol{Q}_o] = \mathrm{rank}[\boldsymbol{Q}_{oF}]$$

这表明输出反馈可保持能观测性。证毕。

2. 稳定性与镇定

状态反馈和输出反馈都能影响系统的稳定性。加入反馈，使得通过反馈构成的闭环系统成为稳定系统，就称为镇定。鉴于状态反馈的优越性，这里只讨论状态反馈的镇定问题。对于线性定常受控系统

$$\dot{\boldsymbol{x}} = \boldsymbol{Ax} + \boldsymbol{Bu}$$

如果可以找到状态反馈控制律

$$\boldsymbol{u} = -\boldsymbol{Kx} + \boldsymbol{v}$$

$\boldsymbol{v}$ 为参考输入，使得通过反馈构成的闭环系统

$$\dot{\boldsymbol{x}} = (\boldsymbol{A}-\boldsymbol{BK})\boldsymbol{x} + \boldsymbol{Bv}$$

是渐近稳定的，即其特征值均具有负实部，则称系统实现了状态反馈镇定。在镇定问题中，综合的目标不是要使闭环系统的极点严格地配置到任意指定的一组位置上，而是使其配置于复数平面的左半开平面上，因此这类问题属于极点区域配置问题，是指定极点配置的一类特殊情况。利用这一点，可以很容易地导出镇定问题的相应结论。

依据极点配置的基本定理(详细证明见 4.2 节定理 4.1)可知，如果系统 $(\boldsymbol{A},\boldsymbol{B})$ 为能控，则必存在状态反馈增益矩阵 $\boldsymbol{K}$，使得 $(\boldsymbol{A}-\boldsymbol{BK})$ 的全部特征值配置到任意指定的位置上。当然，这

也包含了使 $\text{Re}\lambda_i[\boldsymbol{A}-\boldsymbol{BK}]<0, i=1,2,\cdots,n$。因此，$(\boldsymbol{A},\boldsymbol{B})$ 为能控是系统可由状态反馈实现镇定的充分条件。状态反馈镇定的充分必要条件由下述结论给出。

结论 3　线性定常系统是由状态反馈可镇定的，当且仅当其不能控部分是渐近稳定的。

证明　由 $(\boldsymbol{A},\boldsymbol{B})$ 为不完全能控，则必可对其引入线性非奇异变换而进行结构分解：

$$\bar{\boldsymbol{A}}=\boldsymbol{PAP}^{-1}=\begin{bmatrix}\bar{\boldsymbol{A}}_c & \bar{\boldsymbol{A}}_{12}\\ \boldsymbol{0} & \bar{\boldsymbol{A}}_{\bar{c}}\end{bmatrix},\ \bar{\boldsymbol{B}}=\boldsymbol{PB}=\begin{bmatrix}\bar{\boldsymbol{B}}_c\\ \boldsymbol{0}\end{bmatrix}$$

并且对任意 $\boldsymbol{K}=[\bar{\boldsymbol{K}}_1\quad \bar{\boldsymbol{K}}_2]$ 可导出

$$\det(s\boldsymbol{I}-\boldsymbol{A}+\boldsymbol{BK})=\det(s\boldsymbol{I}-\bar{\boldsymbol{A}}+\bar{\boldsymbol{B}}\bar{\boldsymbol{K}})=\det\begin{bmatrix}s\boldsymbol{I}-\bar{\boldsymbol{A}}_c+\bar{\boldsymbol{B}}_c\bar{\boldsymbol{K}}_1 & -\bar{\boldsymbol{A}}_{12}+\bar{\boldsymbol{B}}_c\bar{\boldsymbol{K}}_2\\ 0 & s\boldsymbol{I}-\bar{\boldsymbol{A}}_{\bar{c}}\end{bmatrix}=$$

$$\det(s\boldsymbol{I}-\bar{\boldsymbol{A}}_c+\bar{\boldsymbol{B}}_c\bar{\boldsymbol{K}}_1)\det(s\boldsymbol{I}-\bar{\boldsymbol{A}}_{\bar{c}})$$

如知 $(\bar{\boldsymbol{A}}_c,\bar{\boldsymbol{B}}_c)$ 为能控，故必存在 $\bar{\boldsymbol{K}}_1$，使 $(\bar{\boldsymbol{A}}_c-\bar{\boldsymbol{B}}_c\bar{\boldsymbol{K}}_1)$ 的特征值具有负实部，而状态反馈对不能控子系统的极点毫无影响。从而即知，欲使 $(\boldsymbol{A}-\boldsymbol{BK})$ 的特征值均具有负实部，也就是上述系统由状态反馈可镇定的充分必要条件是：不能控部分 $\bar{\boldsymbol{A}}_{\bar{c}}$ 的特征值均具有负实部。证毕。

3. 极点配置问题

在反馈形式确定以后，极点配置问题就是依据希望的指定极点位置来计算反馈增益矩阵的问题。对于状态反馈而言，单输入系统的反馈增益阵是唯一的，而多输入系统的反馈增益阵不唯一；但无论是单输入或多输入系统，只要系统完全能控，则系统的极点可以实现任意配置。关于状态反馈的极点配置问题将在下一节中详细介绍。

4.2　单输入-单输出系统的极点配置

由于一个系统的性能和它的极点位置密切相关，因此极点配置问题在系统设计中是很重要的。这里，需要解决两个问题：一个是建立极点可配置条件，也就是给出受控系统可以利用状态反馈而任意配置其闭环极点所应遵循的条件；另一个是确定满足极点配置要求的状态反馈增益矩阵 $\boldsymbol{K}$ 的算法。

4.2.1　极点可配置条件

下面给出利用状态反馈的极点可配置条件，应该说明的是，该条件既适于单输入-单输出系统，又适于多输入-多输出系统。

定理 4.1　设受控系统状态方程为

$$\dot{\boldsymbol{x}}=\boldsymbol{Ax}+\boldsymbol{Bu}\tag{4-12}$$

要通过状态反馈的方法，使闭环系统的极点位于预先规定的位置上，其充分必要条件是系统式(4-12)完全能控。

证明　下面就单输入-多输出系统的情况证明本定理。这时式(4-12)中的 $\boldsymbol{B}$ 为一列，记为 $\boldsymbol{b}$。

先证充分性。考虑到一个单输入能控系统通过 $\boldsymbol{x}=\boldsymbol{P}^{-1}\bar{\boldsymbol{x}}$ 的坐标变换可换成能控规范形

$$\dot{\bar{\boldsymbol{x}}}=\bar{\boldsymbol{A}}\bar{\boldsymbol{x}}+\bar{\boldsymbol{b}}u,\quad y=\bar{\boldsymbol{C}}\bar{\boldsymbol{x}}$$

式中

$$\bar{A}=\begin{bmatrix}0&1&0&\cdots&0\\0&0&1&\cdots&0\\\vdots&\vdots&\vdots&&\vdots\\0&0&0&\cdots&1\\-\alpha_0&-\alpha_1&-\alpha_2&\cdots&-\alpha_{n-1}\end{bmatrix},\quad \bar{b}=\begin{bmatrix}0\\0\\\vdots\\0\\1\end{bmatrix},\quad \bar{C}=\begin{bmatrix}\beta_{10}&\beta_{11}&\cdots&\beta_{1(n-1)}\\\beta_{20}&\beta_{21}&\cdots&\beta_{2(n-1)}\\\vdots&\vdots&&\vdots\\\beta_{l0}&\beta_{l1}&\cdots&\beta_{l(n-1)}\end{bmatrix}$$

即

$$\bar{A}=PAP^{-1},\quad \bar{b}=Pb$$

在单输入情况下，引入下述状态反馈

$$u=v-kx=v-kP^{-1}\bar{x}=v-\bar{k}\,\bar{x}$$

其中 $\bar{k}=kP^{-1}$，则引入状态反馈向量 $\bar{k}=[\bar{k}_0\quad \bar{k}_1\quad \cdots\quad \bar{k}_{n-1}]$ 后状态反馈构成的闭环系统状态阵为

$$\bar{A}-\bar{b}\,\bar{k}=\begin{bmatrix}0&1&0&\cdots&0\\0&0&1&\cdots&0\\\vdots&\vdots&\vdots&&\vdots\\0&0&0&\cdots&1\\(-\alpha_0-\bar{k}_0)&(-\alpha_1-\bar{k}_1)&(-\alpha_2-\bar{k}_2)&\cdots&(-\alpha_{n-1}-\bar{k}_{n-1})\end{bmatrix}\tag{4-13}$$

对于式(4-13)这种特殊形式的矩阵，很容易写出其闭环特征方程

$$\det[sI-(\bar{A}-\bar{b}\,\bar{k})]=s^n+(\alpha_{n-1}+\bar{k}_{n-1})s^{n-1}+(\alpha_{n-2}+\bar{k}_{n-2})s^{n-2}+\cdots+(\alpha_1+\bar{k}_1)s+(\alpha_0+\bar{k}_0)=0$$

由上式可见，n 阶特征方程中的 n 个系数，可通过 $\bar{k}_0,\bar{k}_1,\cdots,\bar{k}_{n-1}$ 来独立地设置，也就是说 $\bar{A}-\bar{b}\,\bar{k}$ 的特征值可以任意选择，即系统的极点可以任意配置。

再证必要性。如果系统(A,B)不能控，就说明系统的有些状态将不受 u 的控制。显然引入反馈时，企图通过控制量 u 来影响不能控的极点将是不可能的。至此，证明完毕。

考虑到实际问题中几乎所有的系统都是能控的，因此通常总可以利用状态反馈来控制系统的特征值，而这正是状态反馈的重要特征之一。

4.2.2 单输入-单输出系统的极点配置算法

需要解决的是如何计算状态反馈增益矩阵的问题。这里给出一种规范算法。

给定能控矩阵对(A,b)和一组期望的闭环特征值$\{\lambda_1^*\quad \lambda_2^*\quad \cdots\quad \lambda_n^*\}$，要确定$(1\times n)$维的反馈增益矩阵 k，使 $\lambda_i(A-bk)=\lambda_i^*$，$i=1,2,\cdots,n$ 成立。

第1步：计算 A 的特征多项式，即

$$\det[sI-A]=s^n+\alpha_{n-1}s^{n-1}+\alpha_{n-2}s^{n-2}+\cdots+\alpha_1 s+\alpha_0$$

第2步：计算由$\{\lambda_1^*\quad \lambda_2^*\quad \cdots\quad \lambda_n^*\}$所决定的期望特征多项式，即

$$f^*(s)=(s-\lambda_1^*)(s-\lambda_2^*)\cdots(s-\lambda_n^*)=s^n+\alpha_{n-1}^*s^{n-1}+\alpha_{n-2}^*s^{n-2}+\cdots+\alpha_1^*s+\alpha_0^*$$

第3步：计算

$$\bar{\boldsymbol{k}}=\begin{bmatrix}\alpha_0^*-\alpha_0 & \alpha_1^*-\alpha_1 & \cdots & \alpha_{n-1}^*-\alpha_{n-1}\end{bmatrix}$$

第 4 步：计算变换矩阵

$$\boldsymbol{P}^{-1}=\begin{bmatrix}\boldsymbol{A}^{n-1}\boldsymbol{B} & \cdots & \boldsymbol{AB} & \boldsymbol{B}\end{bmatrix}\begin{bmatrix}1 & & & \\ \alpha_{n-1} & 1 & & \\ \vdots & \ddots & \ddots & \\ \alpha_1 & \cdots & \alpha_{n-1} & 1\end{bmatrix}$$

第 5 步：求 $\boldsymbol{P}$

第 6 步：所求的增益阵

$$\boldsymbol{k}=\bar{\boldsymbol{k}}\boldsymbol{P}$$

应说明的是，以上规范算法也适于单输入-多输出系统；求解具体问题也不一定化为能控规范形，可直接计算状态反馈系统的特征多项式 $\det(s\boldsymbol{I}-\boldsymbol{A}+\boldsymbol{bk})$，式中系数均为 k_i 的函数。通过与期望特征各项式的系数对应相同来求解 k_i。

例 4－1　给定单输入线性定常系统为

$$\dot{\boldsymbol{x}}=\begin{bmatrix}0 & 0 & 0\\ 1 & -6 & 0\\ 0 & 1 & -12\end{bmatrix}\boldsymbol{x}+\begin{bmatrix}1\\0\\0\end{bmatrix}\boldsymbol{u}$$

再给定一组闭环特征值为

$$\lambda_1^*=-2,\quad \lambda_2^*=-1+\mathrm{j},\quad \lambda_3^*=-1-\mathrm{j}$$

易知系统为完全能控，故满足可配置条件。计算系统的特征多项式：

$$\det(s\boldsymbol{I}-\boldsymbol{A})=\det\begin{bmatrix}s & 0 & 0\\ -1 & s+6 & 0\\ 0 & -1 & s+12\end{bmatrix}=s^3+18s^2+72s$$

进而计算

$$f^*(s)=\prod_{i=1}^{3}(s-\lambda_i^*)=(s+2)(s+1-\mathrm{j})(s+1+\mathrm{j})=s^3+4s^2+6s+4$$

于是，可求得

$$\bar{\boldsymbol{k}}=\begin{bmatrix}\alpha_0^*-\alpha_0 & \alpha_1^*-\alpha_1 & \alpha_2^*-\alpha_2\end{bmatrix}=\begin{bmatrix}4 & -66 & -14\end{bmatrix}$$

再来计算变换阵

$$\boldsymbol{P}^{-1}=\begin{bmatrix}\boldsymbol{A}^2\boldsymbol{b} & \boldsymbol{Ab} & \boldsymbol{b}\end{bmatrix}\begin{bmatrix}1 & 0 & 0\\ \alpha_2 & 1 & 0\\ \alpha_1 & \alpha_2 & 1\end{bmatrix}=\begin{bmatrix}0 & 0 & 1\\ -6 & 1 & 0\\ 1 & 0 & 0\end{bmatrix}\begin{bmatrix}1 & 0 & 0\\ 18 & 1 & 0\\ 72 & 18 & 1\end{bmatrix}=\begin{bmatrix}72 & 18 & 1\\ 12 & 1 & 0\\ 1 & 0 & 0\end{bmatrix}$$

可得

$$\boldsymbol{P}=\begin{bmatrix}0 & 0 & 1\\ 0 & 1 & -12\\ 1 & -18 & 144\end{bmatrix}$$

$$\boldsymbol{k}=\bar{\boldsymbol{k}}\boldsymbol{P}=\begin{bmatrix}4 & -66 & -14\end{bmatrix}\begin{bmatrix}0 & 0 & 1\\ 0 & 1 & -12\\ 1 & -18 & 144\end{bmatrix}=\begin{bmatrix}-14 & 186 & -1\,220\end{bmatrix}$$

或令

$$f^*(s)=\det(s\boldsymbol{I}-\boldsymbol{A}+\boldsymbol{bk})=\begin{vmatrix} s+k_1 & k_2 & k_3 \\ -1 & s+6 & 0 \\ 0 & -1 & s+12 \end{vmatrix}=$$

$$s^3+(k_1+18)s^2+(18k_1+k_2+72)s+(72k_1+12k_2+k_3)$$

于是 $$k_1+18=4,\ 18k_1+k_2+72=6,\ 72k_1+12k_2+k_3=4$$

可得 $$k_1=-14,\ k_2=186,\ k_3=-1220$$

4.2.3 状态反馈对传递函数零点的影响

状态反馈在改变系统极点的同时,是否对系统零点有影响,下面对此问题作出具体分析。已知对于完全能控的单输入-单输出线性定常受控系统,经适当的线性非奇异变换可化为能控规范形

$$\dot{\bar{\boldsymbol{x}}}=\bar{\boldsymbol{A}}\bar{\boldsymbol{x}}+\bar{\boldsymbol{b}}u,\quad y=\bar{\boldsymbol{C}}\bar{\boldsymbol{x}}$$

受控系统的传递函数 $G(s)$ 为

$$G(s)=\boldsymbol{c}(s\boldsymbol{I}-\boldsymbol{A})^{-1}\boldsymbol{b}=\bar{\boldsymbol{c}}(s\boldsymbol{I}-\bar{\boldsymbol{A}})^{-1}\boldsymbol{b}=$$

$$\frac{[\beta_0\quad\beta_1\quad\cdots\quad\beta_{n-1}]}{s^n+\alpha_{n-1}s^{n-1}+\cdots+\alpha_1 s+\alpha_0}\begin{bmatrix} \times & \cdots & \times & 1 \\ \times & \cdots & \times & s \\ \vdots & & \vdots & \vdots \\ \times & \cdots & \times & s^{n-1} \end{bmatrix}\begin{bmatrix} 0 \\ 0 \\ \vdots \\ 1 \end{bmatrix}=$$

$$\frac{\beta_{n-1}s^{n-1}+\cdots+\beta_1 s+\beta_0}{s^n+\alpha_{n-1}s^{n-1}+\cdots+\alpha_1 s+\alpha_0}$$

引入状态反馈后的闭环系统传递函数 $G_k(s)$ 为

$$G_k(s)=\boldsymbol{c}(s\boldsymbol{I}-\boldsymbol{A}+\boldsymbol{bk})^{-1}\boldsymbol{b}=\bar{\boldsymbol{c}}(s\boldsymbol{I}-\bar{\boldsymbol{A}}+\overline{\boldsymbol{bk}})^{-1}\bar{\boldsymbol{b}}=$$

$$\frac{[\beta_0\quad\beta_1\quad\cdots\quad\beta_{n-1}]}{s^n+\alpha_{n-1}^* s^{n-1}+\cdots+\alpha_1^* s+\alpha_0^*}\begin{bmatrix} \times & \cdots & \times & 1 \\ \times & \cdots & \times & s \\ \vdots & & \vdots & \vdots \\ \times & \cdots & \times & s^{n-1} \end{bmatrix}\begin{bmatrix} 0 \\ 0 \\ \vdots \\ 1 \end{bmatrix}=$$

$$\frac{\beta_{n-1}s^{n-1}+\cdots+\beta_1 s+\beta_0}{s^n+\alpha_{n-1}^* s^{n-1}+\cdots+\alpha_1^* s+\alpha_0^*}$$

上述推导表明,由于 $\mathrm{adj}(s\boldsymbol{I}-\bar{\boldsymbol{A}})$ 与 $\mathrm{adj}(s\boldsymbol{I}-\bar{\boldsymbol{A}}+\overline{\boldsymbol{bk}})$ 的第 n 列相同,故 $G(s)$ 与 $G_k(s)$ 的分子多项式相同,即闭环系统零点与受控系统零点相同,状态反馈对 $G(s)$ 的零点没影响,唯使 $G(s)$ 的极点改变为闭环系统极点。然而可能由于这种情况,引入状态反馈后恰巧使某些极点转移到零点处而构成极、零点对消,这时既失去了一个系统零点,又失去了一个系统极点,并且造成了极点对消,称为不能观测。这也是对状态反馈可能使系统失去能观测性的一个直观解释。

4.3　多输入-多输出系统的极点配置

设能控的多输入-多输出受控系统动态方程为

$$\dot{\boldsymbol{x}}=\boldsymbol{Ax}+\boldsymbol{Bu},\quad \boldsymbol{y}=\boldsymbol{Cx} \tag{4-14}$$

引入状态反馈控制规律 $\boldsymbol{u}=\boldsymbol{v}-\boldsymbol{Kx}$，式中 $\boldsymbol{K}$ 为$(m\times n)$ 矩阵，则闭环动态方程为

$$\dot{\boldsymbol{x}}=(\boldsymbol{A}-\boldsymbol{BK})\boldsymbol{x}+\boldsymbol{Bv},\quad \boldsymbol{y}=\boldsymbol{Cx} \tag{4-15}$$

适当选择 $\boldsymbol{K}$ 阵的 $m\times n$ 个元素，为任意配置 n 个闭环极点提供了很大的自由，但通常包含大量的数值计算，$\boldsymbol{K}$ 阵选择不唯一，导致传递函数矩阵不唯一，系统动态响应特性并不相同。这些是多变量系统极点配置问题的特点。常用的多变量系统极点配置方法有两种。其中一种能显著降低 $\boldsymbol{K}$ 阵的计算量，它是人为地对 $\boldsymbol{K}$ 阵的结构加以限制，即不采用满秩结构($\mathrm{rank}[\boldsymbol{K}]=m$)，而采用单位秩结构($\mathrm{rank}[\boldsymbol{K}]=1$)，这时可将多输入-多输出系统化为等价的单输入系统，于是可进而采用单输入系统的极点配置算法。另一种是化为龙伯格能控规范形的极点配置方法，依该法所选的 $\boldsymbol{K}$ 阵，可使系统有良好的动态响应。下面只介绍第一种方法。

4.3.1　多输入-多输出系统的单位秩极点配置算法

当 $\boldsymbol{K}$ 阵取为单位秩结构，则 $\boldsymbol{K}$ 阵只有一个独立的行或列，即令 $\boldsymbol{K}=\boldsymbol{\rho k}$，式中 $\boldsymbol{\rho}$ 为 m 维列向量，$\boldsymbol{k}$ 为 n 维列向量，于是 $\boldsymbol{u}=\boldsymbol{v}-\boldsymbol{\rho kx}$，闭环动态方程为 $\dot{\boldsymbol{x}}=(\boldsymbol{A}-\boldsymbol{B\rho k})\boldsymbol{x}+\boldsymbol{Bv}$。

再来看单输入-多输出受控系统，设能控的动态方程为 $\dot{\boldsymbol{x}}=\boldsymbol{Ax}+\boldsymbol{B\rho}u$，$\boldsymbol{y}=\boldsymbol{Cx}$，引入状态反馈 $u=v-\boldsymbol{kx}$，则闭环动态方程为 $\dot{\boldsymbol{x}}=(\boldsymbol{A}-\boldsymbol{B\rho k})\boldsymbol{x}+\boldsymbol{B\rho}v$。显见二者的闭环状态阵完全相同，具有相同的闭环极点，故 $\boldsymbol{K}$ 取单位秩结构的实质就是化多输入-多输出系统为等价的单输入系统，这里等价的含意是指闭环极点配置等价。

$\boldsymbol{K}$ 阵取单位秩结构以后，其中含$(m\times n)$ 个待定元素，通常由设计者任意规定 $\boldsymbol{\rho}$ 的 m 个元素，只待确定 $\boldsymbol{k}$ 的 n 个元素以配置 n 个极点。然而，化成的等价单输入系统必须满足能控的条件，才能以 $u=v-\boldsymbol{kx}$ 来任意配置极点，即要求

$$\mathrm{rank}[\boldsymbol{B\rho}\quad \boldsymbol{A}(\boldsymbol{B\rho})\quad \cdots\quad \boldsymbol{A}^{n-1}(\boldsymbol{B\rho})]=n \tag{4-16}$$

但怎样才能使一个能控的多输入-多输出受控系统，化成一个能控的等价单输入受控系统呢？这里要用到循环矩阵的概念。

1. 循环矩阵及其属性

循环矩阵定义　令$(n\times n)$ 常数矩阵 $\boldsymbol{A}$ 是 $\boldsymbol{n}$ 维向量空间 $\mathbf{R}^n$ 的线性算子，在 $\mathbf{R}^n$ 中存在非零向量 $\boldsymbol{x}$，使下列 $\boldsymbol{n}$ 个向量 $\boldsymbol{x},\boldsymbol{Ax},\cdots,\boldsymbol{A}^{n-1}\boldsymbol{x}$ 张成空间 $\mathbf{R}^n$，即有

$$\mathrm{rank}[\boldsymbol{x}\quad \boldsymbol{Ax}\quad \cdots\quad \boldsymbol{A}^{n-1}\boldsymbol{x}]=n \tag{4-17}$$

则称 $\mathbf{R}^n$ 相对 $\boldsymbol{A}$ 是循环的，或称矩阵 $\boldsymbol{A}$ 是循环的。

与式(4-17)对比可知，式(4-16)的存在便意味着 $\boldsymbol{A}$ 必是循环的，故 $\boldsymbol{A}$ 循环与$(\boldsymbol{A},\boldsymbol{B\rho})$能控是等价的。

对于 $\mathbf{R}^n$ 中的所有 $\boldsymbol{x}$ 有

$$\mathrm{rank}[\boldsymbol{x}\quad \boldsymbol{Ax}\quad \cdots\quad \boldsymbol{A}^{n-1}\boldsymbol{x}]<n$$

则称 $\mathbf{R}^n$ 相对是非循环的或 $\boldsymbol{A}$ 是非循环的。若 $\boldsymbol{A}$ 非循环，便不存在使式(4-16)成立的 $\boldsymbol{\rho}$。

关于 $\boldsymbol{A}$ 的循环性有下列判断准则。

定理 4.2 系统矩阵 $\boldsymbol{A}$ 是循环的充要条件为有理矩阵

$$\boldsymbol{\Phi}(s)=(s\boldsymbol{I}-\boldsymbol{A})^{-1}$$

是不可约简的。换句话说，其分子多项式矩阵 $\boldsymbol{H}(s)=\mathrm{adj}\,(s\boldsymbol{I}-\boldsymbol{A})^{-1}$ 的全部 n^2 个元素与分母多项式 $d(s)=|s\boldsymbol{I}-\boldsymbol{A}|$ 之间无公因子。

证明 既然存在向量 $\boldsymbol{b}$ 使等价的单输入系统 $(\boldsymbol{A},\boldsymbol{b})$ 能控，但其能控的充要条件又可表示为向量传递函数 $\boldsymbol{G}(s)=(s\boldsymbol{I}-\boldsymbol{A})^{-1}\boldsymbol{b}=\dfrac{\mathrm{adj}\,(s\boldsymbol{I}-\boldsymbol{A})^{-1}\boldsymbol{b}}{|s\boldsymbol{I}-\boldsymbol{A}|}\overset{\mathrm{def}}{=\!=}\dfrac{\boldsymbol{H}(s)\boldsymbol{b}}{d(s)}$ 没有零极点对消，故 $\boldsymbol{A}$ 是循环的充要条件可表示为 $\boldsymbol{H}(s)$ 与 $d(s)$ 不可约。

由定理 4.2 知，可以得到循环矩阵的另外一种定义：如果系统矩阵 $\boldsymbol{A}$ 的特征多项式 $\det(s\boldsymbol{I}-\boldsymbol{A})$ 等同于其最小多项式 $\varphi(s)$，则称其为循环矩阵。

定理 4.3 $\boldsymbol{A}$ 是循环的充分条件为 $\boldsymbol{A}$ 具有相异特征值。

证明 当 $\boldsymbol{A}$ 具有相异特征值时，定可经过非奇异线性变换 $(\boldsymbol{x}=\boldsymbol{P}\bar{\boldsymbol{x}})$ 化为对角形 $\boldsymbol{\Lambda}=\boldsymbol{P}^{-1}\boldsymbol{A}\boldsymbol{P}$，故有 $\boldsymbol{A}=\boldsymbol{P}\boldsymbol{\Lambda}\boldsymbol{P}^{-1}$，式中 $\boldsymbol{P}=[\boldsymbol{x}_1\ \ \cdots\ \ \boldsymbol{x}_n]$，$\boldsymbol{\Lambda}=\mathrm{diag}(\lambda_1\ \ \cdots\ \ \lambda_n)$，$\boldsymbol{x}_j$ 为对应 λ_j 的 $\boldsymbol{A}$ 的列特征向量，满足 $\boldsymbol{A}\boldsymbol{x}_j=\lambda_j\boldsymbol{x}_j$；$\boldsymbol{P}^{-1}=[\boldsymbol{y}_1\cdots\boldsymbol{y}_n]$，满足 $\boldsymbol{y}_j^{\mathrm{T}}\boldsymbol{A}=\lambda_j\boldsymbol{y}_j^{\mathrm{T}}$，$\boldsymbol{y}_j^{\mathrm{T}}$ 为 $\boldsymbol{A}$ 的行特征向量。于是有

$$\begin{aligned}\boldsymbol{\Phi}(s)&=(s\boldsymbol{I}-\boldsymbol{A})^{-1}=(s\boldsymbol{I}-\boldsymbol{P}\boldsymbol{\Lambda}\boldsymbol{P}^{-1})^{-1}=(\boldsymbol{P}s\boldsymbol{I}\boldsymbol{P}^{-1}-\boldsymbol{P}\boldsymbol{\Lambda}\boldsymbol{P}^{-1})^{-1}=\\&[\boldsymbol{P}(s\boldsymbol{I}-\boldsymbol{\Lambda})\boldsymbol{P}^{-1}]^{-1}=\boldsymbol{P}\,(s\boldsymbol{I}-\boldsymbol{\Lambda})^{-1}\boldsymbol{P}^{-1}=\\&\frac{\boldsymbol{P}\boldsymbol{Q}(s)\boldsymbol{P}^{-1}}{\prod\limits_{i=1}^{n}(s-\lambda_i)}\overset{\mathrm{def}}{=\!=}\frac{\boldsymbol{H}(s)}{d(s)}\end{aligned}$$

式中，$\boldsymbol{Q}(s)=\mathrm{diag}\left\{\prod\limits_{\substack{i=2\\i\neq1}}^{n}(s-\lambda_i),\prod\limits_{\substack{i=1\\i\neq2}}^{n}(s-\lambda_i),\cdots,\prod\limits_{\substack{i=1\\i\neq n}}^{n}(s-\lambda_i)\right\}$，$\boldsymbol{H}(s)$ 与 $d(s)$ 是不可约简的，故 $\boldsymbol{A}$ 是循环的充分性得证。

由于当 $s=\lambda_j$ 时，$\boldsymbol{Q}(\lambda_j)$ 只保留了第 (j,j) 元素非零，而其余元素全为零，故对于 $s=\lambda_1,\cdots,\lambda_n$ 有 $\boldsymbol{\Phi}(s)\neq\boldsymbol{0}$，即 $\boldsymbol{A}$ 为循环的，必有

$$\boldsymbol{H}(\lambda_j)\neq\boldsymbol{0},\quad j=1,\cdots,n$$

如果 $\boldsymbol{A}$ 有重特征值，则 $\boldsymbol{A}$ 既可能是循环的，也可能是非循环的。若存在

$$\boldsymbol{H}(\lambda_j)=\boldsymbol{0},\quad j=1,\cdots,n$$

则 $\boldsymbol{A}$ 为非循环的；否则，$\boldsymbol{A}$ 是循环的。

综合以上循环矩阵及其判断准则，可将循环矩阵的特征总结如下：

(1) 将循环矩阵 $\boldsymbol{A}$ 化为约当规范形后，每一个不同的特征值仅有一个约当块；

(2) 如果 $\boldsymbol{A}$ 的所有特征值两两相异，则 $\boldsymbol{A}$ 必定是循环矩阵；

(3) 若 $\boldsymbol{A}$ 为循环矩阵，其循环性是指：必存在一个向量 $\boldsymbol{b}$，使向量组 $\{\boldsymbol{b}\ \ \boldsymbol{A}\boldsymbol{b}\ \ \cdots\ \ \boldsymbol{A}^{n-1}\boldsymbol{b}\}$ 可张成一个 n 维空间，即 $(\boldsymbol{A},\boldsymbol{b})$ 能控；

(4) 若 $(\boldsymbol{A},\boldsymbol{B})$，能控，且 $\boldsymbol{A}$ 为循环阵，则对几乎任意的 m 维实向量 $\boldsymbol{\rho}$，使单输入系统的矩阵对 $(\boldsymbol{A},\boldsymbol{B}\boldsymbol{\rho})$ 为能控（这也是可化为等价单输入系统任意配置极点的充要条件）；

(5) 若 $\boldsymbol{A}$ 为非循环阵，但 $(\boldsymbol{A},\boldsymbol{B})$ 能控，则对几乎任意的 $(m\times n)$ 实矩阵 $\boldsymbol{K}$，$(\boldsymbol{A}-\boldsymbol{B}\boldsymbol{K})$ 为循环阵。

下面仅对特性(1) 作一证明。其余特性可由读者自行推导。

证明　设 $\lambda_1,\lambda_2,\cdots,\lambda_a$ 为 $\boldsymbol{A}$ 的两两相异的特征值，其重数分别为 $m_1,m_2,\cdots m_a$，则可知 $\boldsymbol{A}$ 的特征多项式：

$$\det(s\boldsymbol{I}-\boldsymbol{A})=\prod_{i=1}^{a}(s-\lambda_i)^{m_i} \tag{4-18}$$

再表示 $\boldsymbol{A}$ 的约当规范形为

$$\hat{\boldsymbol{A}}=\begin{bmatrix}\boldsymbol{J}_1 & & & \\ & \boldsymbol{J}_2 & & \\ & & \ddots & \\ & & & \boldsymbol{J}_a\end{bmatrix}_{n\times n},\ \boldsymbol{J}_j=\begin{bmatrix}\boldsymbol{J}_{i1} & & & \\ & \boldsymbol{J}_{i2} & & \\ & & \ddots & \\ & & & \boldsymbol{J}_{ir}\end{bmatrix}_{m_i\times m_i},\ \boldsymbol{J}_{ij}=\begin{bmatrix}\lambda_i & 1 & & \\ & \lambda_i & \ddots & \\ & & \ddots & 1\\ & & & \lambda_i\end{bmatrix}_{m_{ij}\times m_{ij}}$$

且有 $(m_{i1}+m_{i2}+\cdots+m_{ir})=m_i,(m_1+m_2+\cdots+m_a)=n$。

现令 $\bar{m}_i=\max\{m_{i1}\quad m_{i2}\quad\cdots\quad m_{ir}\}$，则由矩阵理论可知 $\hat{\boldsymbol{A}}$（也即 $\boldsymbol{A}$）的最小多项式 $\varphi(s)$ 为

$$\varphi(s)=\prod_{i=1}^{a}(s-\lambda_i)^{\bar{m}_i} \tag{4-19}$$

于是，利用循环矩阵的定义，并由式(4－18)和式(4－19)即知：$\boldsymbol{A}$ 为循环矩阵，当且仅当 $\bar{m}_i=m_i$，也即 $\boldsymbol{A}$ 的约当规范形中每一个不同的特征值仅有一个约当块。至此，证明完毕。

下面通过举例来补充说明。设 $\boldsymbol{A}=\mathrm{diag}\{\lambda_1\quad\lambda_2\quad\lambda_3\}$，则

$$\det(s\boldsymbol{I}-\boldsymbol{A})=\varphi(s)=(s-\lambda_1)(s-\lambda_2)(s-\lambda_3)$$

故 $\boldsymbol{A}$ 为循环矩阵。此时

$$\mathrm{adj}(s\boldsymbol{I}-\boldsymbol{A})=\mathrm{diag}\{(s-\lambda_2)(s-\lambda_3)\quad(s-\lambda_1)(s-\lambda_3)\quad(s-\lambda_1)(s-\lambda_2)\}$$

显见 $\det(s\boldsymbol{I}-\boldsymbol{A})$ 与 $\mathrm{adj}(s\boldsymbol{I}-\boldsymbol{A})$ 之间无公因子。有 $\mathrm{adj}(s\boldsymbol{I}-\boldsymbol{A})\big|_{s=\lambda_j}\neq 0,j=1,2,3$，则 $\boldsymbol{A}$ 为循环矩阵。

设

$$\boldsymbol{A}=\left[\begin{array}{cc:c}\lambda_1 & 1 & \\ & \lambda_1 & \\ \hdashline & & \lambda_1\end{array}\right]$$

则

$$(s\boldsymbol{I}-\boldsymbol{A})^{-1}=\frac{1}{(s-\lambda_1)^3}\begin{bmatrix}(s-\lambda_1)^2 & (s-\lambda_1) & 0\\ 0 & (s-\lambda_1)^2 & 0\\ 0 & 0 & (s-\lambda_1)^2\end{bmatrix}$$

这里 $\det(s\boldsymbol{I}-\boldsymbol{A})=(s-\lambda_1)^3,\varphi(s)=(s-\lambda_1)^2$，故 $\boldsymbol{A}$ 为非循环矩阵。

已知多输入-多输出系统 $\boldsymbol{A},\boldsymbol{B}$ 分别为

$$\boldsymbol{A}=\left[\begin{array}{ccc:cc}3 & 1 & 0 & & \\ 0 & 3 & 1 & & \\ 0 & 0 & 3 & & \\ \hdashline & & & 2 & 1\\ & & & 0 & 2\end{array}\right],\quad \boldsymbol{B}=\left[\begin{array}{cc}0 & 4\\ 0 & 0\\ 2 & 1\\ \hdashline 4 & 3\\ 2 & 0\end{array}\right]$$

易知 $(\boldsymbol{A},\boldsymbol{B})$ 能控且 $\boldsymbol{A}$ 为循环矩阵。其等价的单输入系统 $\{\boldsymbol{A}\quad\boldsymbol{B\rho}\}$，其

$$\boldsymbol{B\rho}=\boldsymbol{B}\begin{bmatrix}\rho_1\\ \rho_2\end{bmatrix}=\begin{bmatrix}0&4\\0&0\\2&1\\ \hdashline 4&3\\2&0\end{bmatrix}\begin{bmatrix}\rho_1\\ \rho_2\end{bmatrix}=\begin{bmatrix}\times\\ \times\\ 2\rho_1+\rho_2\\ \hdashline \times\\ 2\rho_1\end{bmatrix}$$

只需满足 $2\rho_1+\rho_2\neq 0$ 及 $2\rho_1\neq 0$ 便能保证$(\boldsymbol{A},\boldsymbol{B\rho})$能控。唯有 $\rho_1=0$ 或 $\rho_2/\rho_1=-2$ 时，$(\boldsymbol{A},\boldsymbol{B\rho})$不能控，故有属性(4)。

2. 多输入-多输出系统极点配置定理

定理 4.4 若式(4-14)所示受控对象能控，则通过线性状态反馈 $\boldsymbol{u}=\boldsymbol{v}-\boldsymbol{Kx}$ 可对$(\boldsymbol{A}-\boldsymbol{BK})$的特征值任意配置，式中 $\boldsymbol{K}$ 为$(m\times n)$实常矩阵。

证明 若 $\boldsymbol{A}$ 为非循环矩阵，现引入 $\boldsymbol{u}=\boldsymbol{\omega}-\boldsymbol{K}_1\boldsymbol{x}$ 使得

$$\dot{\boldsymbol{x}}=(\boldsymbol{A}-\boldsymbol{BK}_1)\boldsymbol{x}+\boldsymbol{B\omega} \tag{4-20}$$

式中 $\bar{\boldsymbol{A}}\overset{\text{def}}{=\!=}\boldsymbol{A}-\boldsymbol{BK}_1$ 是循环的。因为$(\boldsymbol{A},\boldsymbol{B})$能控，所以$(\bar{\boldsymbol{A}},\boldsymbol{B})$能控。因而存在一个 m 维实列向量 $\boldsymbol{\rho}$ 使得$(\bar{\boldsymbol{A}},\boldsymbol{B\rho})$也能控。

现引入另一状态反馈 $\boldsymbol{\omega}=\boldsymbol{v}-\boldsymbol{K}_2\boldsymbol{x}$，且取 $\boldsymbol{K}_2=\boldsymbol{\rho k}$，其中 $\boldsymbol{k}$ 是 n 维实行向量。于是式(4-20)成为

$$\dot{\boldsymbol{x}}=(\bar{\boldsymbol{A}}-\boldsymbol{BK}_2)\boldsymbol{x}+\boldsymbol{Bv}=(\bar{\boldsymbol{A}}-\boldsymbol{B\rho k})\boldsymbol{x}+\boldsymbol{Bv}$$

由于$(\bar{\boldsymbol{A}},\boldsymbol{B\rho})$能控，则借助于选择 $\boldsymbol{k}$，就能任意配置$(\bar{\boldsymbol{A}}-\boldsymbol{B\rho k})$的特征值。

将状态反馈 $\boldsymbol{u}=\boldsymbol{\omega}-\boldsymbol{K}_1\boldsymbol{x}$ 与状态反馈 $\boldsymbol{\omega}=\boldsymbol{v}-\boldsymbol{K}_2\boldsymbol{x}$ 合起来，便得 $\boldsymbol{u}=\boldsymbol{v}-(\boldsymbol{K}_1+\boldsymbol{K}_2)\boldsymbol{x}\overset{\text{def}}{=\!=}\boldsymbol{v}-\boldsymbol{Kx}$（$\boldsymbol{K}$ 为反馈矩阵），于是定理得证。如图 4-4 所示。

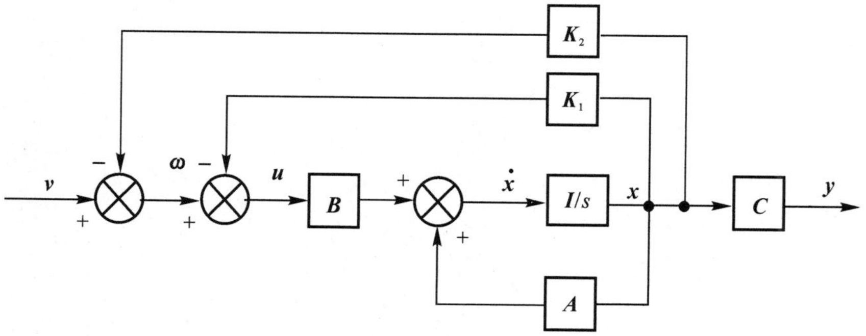

图 4-4 多变量动态系统的状态反馈

若$(\boldsymbol{A},\boldsymbol{B})$不能控，则将它们变换成

$$\begin{bmatrix}\bar{\boldsymbol{A}}_{11}&\bar{\boldsymbol{A}}_{12}\\ \boldsymbol{0}&\bar{\boldsymbol{A}}_{22}\end{bmatrix},\quad\begin{bmatrix}\bar{\boldsymbol{B}}_1\\ \boldsymbol{0}\end{bmatrix}$$

这时任何状态反馈向量都不能影响 $\bar{\boldsymbol{A}}_{22}$ 的特征值。因此我们判定，能够任意配置$(\boldsymbol{A}-\boldsymbol{BK})$的特征值之充分必要条件是$(\boldsymbol{A},\boldsymbol{B})$能控。

3. 极点配置算法步骤

给定能控矩阵对$(\boldsymbol{A},\boldsymbol{B})$和一组期望的闭环特征值$\{\lambda_1^*\quad\lambda_2^*\quad\cdots\quad\lambda_n^*\}$，要确定$(m\times n)$维反馈增益矩阵 $\boldsymbol{K}$，使式 $\lambda_i(\boldsymbol{A}-\boldsymbol{BK})=\lambda_i^*$，$i=1,2,\cdots,n$ 成立。

第 1 步：判断 $\boldsymbol{A}$ 是否为循环矩阵。若不是，选取一个 $m\times n$ 阶常阵 $\boldsymbol{K}_1$ 使 $\boldsymbol{A}-\boldsymbol{B}\boldsymbol{K}_1$ 为循环，并定义 $\bar{\boldsymbol{A}}=\boldsymbol{A}-\boldsymbol{B}\boldsymbol{K}_1$；若是，则直接选取 $\bar{\boldsymbol{A}}=\boldsymbol{A}$。

第 2 步：对于循环矩阵 $\bar{\boldsymbol{A}}$，通过适当选取一个 m 维实常列向量 $\boldsymbol{\rho}$，使得 $(\bar{\boldsymbol{A}},\boldsymbol{B}\boldsymbol{\rho})$ 也能控。

第 3 步：对于等价单输入系统 $\{\bar{\boldsymbol{A}}\quad \boldsymbol{B}\boldsymbol{\rho}\}$，利用单输入极点配置问题的算法，求出增益向量 $\boldsymbol{k}$。

第 4 步：当 $\boldsymbol{A}$ 为循环时，所求增益矩阵 $\boldsymbol{K}=\boldsymbol{\rho}\boldsymbol{k}$；当 $\boldsymbol{A}$ 为非循环时，所求增益矩阵则为 $\boldsymbol{K}=\boldsymbol{\rho}\boldsymbol{k}+\boldsymbol{K}_1$。

容易看出，在这一算法中，$\boldsymbol{K}_1$ 和 $\boldsymbol{\rho}$ 的选取不是唯一的，有着一定的任意性。从工程实现的角度而言，通常总是希望使得 $\boldsymbol{K}_1$ 和 $\boldsymbol{\rho}$ 的选取以达到 $\boldsymbol{K}$ 的各个元素为尽可能地小。但是总的来说，由这种算法得到的 $\boldsymbol{K}$ 的各反馈增益值往往偏大。

例 4-2　设能控的多变量受控对象状态方程为

$$\dot{\boldsymbol{x}}=\begin{bmatrix}-1 & 0\\ 0 & -1\end{bmatrix}\boldsymbol{x}+\begin{bmatrix}1 & 0\\ 0 & 1\end{bmatrix}\boldsymbol{u}$$

试用单位秩状态反馈将闭环极点配置在 $-2,-3$。

解　受控对象的循环性检查：由于 $\boldsymbol{A}$ 的特征值为 $-1,-1$，计算 $\boldsymbol{H}(-1)=\mathrm{adj}(-\boldsymbol{I}-\boldsymbol{A})=\boldsymbol{0}$，故 $\boldsymbol{A}$ 为非循环的。因此设计分两步。

第一步：引入状态反馈矩阵 $\boldsymbol{K}_1=\begin{bmatrix}a & 0\\ 0 & 0\end{bmatrix}$，式中 a 为任意非零值。这时状态反馈规律为

$$\boldsymbol{u}=\boldsymbol{v}-\boldsymbol{K}_1\boldsymbol{x}=\begin{bmatrix}v_1\\ v_2\end{bmatrix}-\begin{bmatrix}ax_1\\ 0\end{bmatrix}$$

意为状态变量 x_1 通过反馈系数 a 反馈至参考输入 v_1，得到修正的控制对象系统矩阵 $\boldsymbol{A}_1$ 为

$$\boldsymbol{A}_1=\boldsymbol{A}-\boldsymbol{B}\boldsymbol{K}_1=\begin{bmatrix}-1-a & 0\\ 0 & -1\end{bmatrix}$$

由于 $\boldsymbol{A}_1$ 具有相异特征值 $-1-a$ 和 -1，故 $\boldsymbol{A}_1$ 是循环的。

第二步：取 $a=0.1$。设计单位秩状态反馈矩阵 $\boldsymbol{K}_2=\boldsymbol{\rho}\boldsymbol{k}$。由于闭环特征多项式为

$$|s\boldsymbol{I}-\boldsymbol{A}_1+\boldsymbol{B}\boldsymbol{\rho}\boldsymbol{k}|=\begin{vmatrix}s+1.1+\rho_1k_1 & \rho_1k_2\\ \rho_2k_1 & s+1+\rho_2k_2\end{vmatrix}$$

令 $[\rho_1\quad \rho_2]=[1\quad 1]$，则

$$|s\boldsymbol{I}-\boldsymbol{A}_1+\boldsymbol{B}\boldsymbol{\rho}\boldsymbol{k}|=s^2+(k_1+k_2+2.1)s+(k_1+1.1k_2+1.1)$$

期望特征多项式为

$$(s+2)(s+3)=s^2+5s+6$$

比较同幂项系数有

$$k_1+k_2=2.9,\quad k_1+1.1k_2=4.9$$

解得

$$k_1=-17.1,\quad k_2=20$$

故

$$\boldsymbol{K}_2=\boldsymbol{\rho}\boldsymbol{k}=\begin{bmatrix}1\\ 1\end{bmatrix}[-17.1\quad 20]=\begin{bmatrix}-17.1 & 20\\ -17.1 & 20\end{bmatrix}$$

对原受控对象的总状态反馈矩阵 $\boldsymbol{K}$ 为

$$\boldsymbol{K}=\boldsymbol{K}_1+\boldsymbol{K}_2=\begin{bmatrix}0.1 & 0\\0 & 0\end{bmatrix}+\begin{bmatrix}-17.1 & 20\\-17.1 & 20\end{bmatrix}=\begin{bmatrix}-17.0 & 20\\-17.1 & 20\end{bmatrix}$$

容易验证$(\boldsymbol{A}-\boldsymbol{BK})$的特征值即为规定的$-2,-3$：

$$\det(s\boldsymbol{I}-\boldsymbol{A}+\boldsymbol{BK})=\begin{vmatrix}s-16 & 20\\-17.1 & s+21\end{vmatrix}=s^2+5s+6$$

4.3.2 状态反馈对多输入-多输出系统传递函数矩阵的零点的影响

已知单变量系统引入状态反馈后，通常不改变传递函数零点，该结论对于多输入-多输出系统也是适用的，即状态反馈通常不改变传递函数矩阵的零点。注意到在第三章中关于传递函数矩阵的零点的定义，便可将单变量系统的上述结论推广到多输入-多输出系统。但是，传递函数矩阵的诸元的分子多项式是受状态反馈影响而改变的，详见下面举例。

例 4-2 考虑一个双输入-双输出线性定常系统，其系数矩阵为

$$\boldsymbol{A}=\begin{bmatrix}1 & 0 & 0\\0 & 2 & 0\\0 & 0 & 3\end{bmatrix},\quad \boldsymbol{B}=\begin{bmatrix}1 & 0\\0 & 1\\1 & 1\end{bmatrix},\quad \boldsymbol{C}=\begin{bmatrix}1 & 0 & 2\\2 & 1 & 0\end{bmatrix}$$

容易算出，此系统的传递函数矩阵为

$$\boldsymbol{G}(s)=\begin{bmatrix}\dfrac{3s-5}{(s-1)(s-3)} & \dfrac{2}{s-3}\\[2mm]\dfrac{2}{s-1} & \dfrac{1}{s-2}\end{bmatrix}$$

$\boldsymbol{G}(s)$的极点是$\lambda_1=1,\lambda_2=2,\lambda_3=3$；$\boldsymbol{G}(s)$的零点是$z=3$。现引入状态反馈控制，其状态反馈增益阵为

$$\boldsymbol{K}=\begin{bmatrix}-6 & -15 & 15\\0 & 3 & 0\end{bmatrix}$$

则可导出状态反馈系统的各系数矩阵为

$$\boldsymbol{A}-\boldsymbol{BK}=\begin{bmatrix}7 & 15 & -15\\0 & -1 & 0\\6 & 12 & -12\end{bmatrix},\quad \boldsymbol{B}=\begin{bmatrix}1 & 0\\0 & 1\\1 & 1\end{bmatrix},\quad \boldsymbol{C}=\begin{bmatrix}1 & 0 & 2\\2 & 1 & 0\end{bmatrix}$$

并且，相应地，闭环系统的传递函数矩阵为

$$\boldsymbol{G}_k(s)=\begin{bmatrix}\dfrac{3s-5}{(s+2)(s+3)} & \dfrac{2s^2+12s-17}{(s+1)(s+2)(s+3)}\\[2mm]\dfrac{2(s-3)}{(s+2)(s+3)} & \dfrac{(s-3)(s+8)}{(s+1)(s+2)(s+3)}\end{bmatrix}$$

比较$\boldsymbol{G}_k(s)$和$\boldsymbol{G}(s)$不难看出，状态反馈的引入，使$\boldsymbol{G}_k(s)$的极点移动到$\lambda_1^*=-1,\lambda_2^*=-2,\lambda_3^*=-3$，但$\boldsymbol{G}_k(s)$的零点仍为$z=3$，传递函数$\boldsymbol{G}_k(s)$的极点传递函数与$\boldsymbol{G}(s)$的极点很不相同。利用状态反馈可以影响受控系统的$\boldsymbol{G}(s)$极点这一事实，并注意到极点配置问题中反馈增益矩阵的不唯一性，不难得出结论：对于可实现相同极点配置的两个不同的反馈增益矩阵$\boldsymbol{K}_1$和$\boldsymbol{K}_2$，其相应的闭环系统的传递函数矩阵$\boldsymbol{C}(s\boldsymbol{I}-\boldsymbol{A}+\boldsymbol{BK}_1)^{-1}\boldsymbol{B}$和$\boldsymbol{C}(s\boldsymbol{I}-\boldsymbol{A}+\boldsymbol{BK}_2)^{-1}\boldsymbol{B}$一般是不相同的，从而也就有不同的状态运动响应和输出响应。显然，在极点配置问题的综合中，应当选取同时使增益值较小且瞬态响应较好的反馈增益矩阵解。

4.4　全维状态观测器

当确定受控对象是可控的，利用状态反馈配置极点时，须用传感器测量出状态变量以便形成反馈，但传感器通常用来测量输出，许多中间状态变量不易测得，于是提出利用输出量和输入量通过状态观测器（又称状态估计器、重构器）来重构状态的问题。

4.4.1　状态观测器构成

设受控对象动态方程为

$$\dot{\boldsymbol{x}}=\boldsymbol{A}\boldsymbol{x}+\boldsymbol{B}\boldsymbol{u},\quad \boldsymbol{y}=\boldsymbol{C}\boldsymbol{x} \tag{4-21}$$

可建造一个与受控对象动态方程相同的模拟系统

$$\left.\begin{aligned}\dot{\hat{\boldsymbol{x}}}&=\boldsymbol{A}\hat{\boldsymbol{x}}+\boldsymbol{B}\boldsymbol{u}\\ \hat{\boldsymbol{y}}&=\boldsymbol{C}\hat{\boldsymbol{x}}\end{aligned}\right\} \tag{4-22}$$

式中，$\hat{\boldsymbol{x}}$，$\hat{\boldsymbol{y}}$ 分别为模拟系统的状态向量和输出向量。只要模拟系统与受控对象的初始状态向量相同，在同一输入量 $\boldsymbol{u}$ 作用下，便有 $\hat{\boldsymbol{x}}=\boldsymbol{x}$，可用 $\hat{\boldsymbol{x}}$ 作为状态反馈需用的状态信息。但是，受控对象的初始状态可能不相同，模拟系统中积分器初始条件的设置只能预估，因而两个系统的初始状态总有差异，即使两个的 $\boldsymbol{A}$，$\boldsymbol{B}$，$\boldsymbol{C}$ 阵完全一样，也必存在估计状态与受控对象实际状态的误差 $(\hat{\boldsymbol{x}}-\boldsymbol{x})$，难以实现所需的状态反馈。但是，$(\hat{\boldsymbol{x}}-\boldsymbol{x})$ 的存在必导致 $(\hat{\boldsymbol{y}}-\boldsymbol{y})$ 存在误差，将 $(\hat{\boldsymbol{y}}-\boldsymbol{y})$ 负反馈给状态微分处，可使 $(\hat{\boldsymbol{y}}-\boldsymbol{y})$ 尽快逼近于零，从而使 $(\hat{\boldsymbol{x}}-\boldsymbol{x})$ 尽快逼近于零，便可利用 $\hat{\boldsymbol{x}}$ 来形成状态反馈了。按以上原理，构成如图 4－5 所示的状态观测器及其实现状态反馈的结构图。由图可见，状态观测器的输入包含 $\boldsymbol{u}$ 和 $\boldsymbol{y}$，输出为 $\hat{\boldsymbol{x}}$；$\boldsymbol{L}$ 为观测器输出反馈阵，它把 $(\hat{\boldsymbol{y}}-\boldsymbol{y})$ 负反馈至观测器状态微分处，是为配置观测器极点，提高其动态性能即尽快使 $(\hat{\boldsymbol{x}}-\boldsymbol{x})$ 逼近于零而引入的。

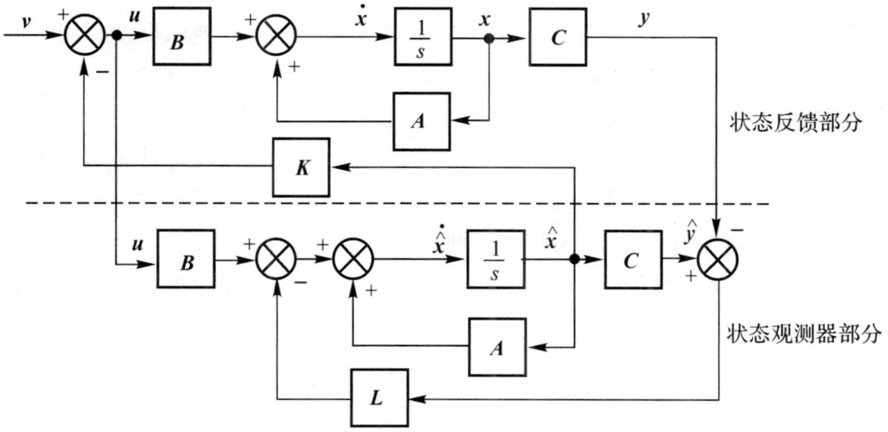

图 4－5　用状态观测器实现状态反馈的结构图

4.4.2　状态观测器设计

由图 4－5 可列出观测器动态方程：

$$\dot{\hat{\boldsymbol{x}}}=\boldsymbol{A}\hat{\boldsymbol{x}}+\boldsymbol{B}\boldsymbol{u}-\boldsymbol{L}(\hat{\boldsymbol{y}}-\boldsymbol{y})=\boldsymbol{A}\hat{\boldsymbol{x}}+\boldsymbol{B}\boldsymbol{u}-\boldsymbol{L}\boldsymbol{C}(\hat{\boldsymbol{x}}-\boldsymbol{x}) \tag{4-23}$$

关键在于分析能否在任何初始条件下，其 $\hat{\boldsymbol{x}}(t_0)$ 和 $\boldsymbol{x}(t_0)$ 尽管不同，但总能满足

$$\lim_{t\to\infty}(\hat{\boldsymbol{x}}-\boldsymbol{x})=\boldsymbol{0} \tag{4-24}$$

满足式(4-24)时，状态反馈系统才能正常工作，式(4-23)所示系统才能作为实际的状态观测器，故称式(4-24)为观测器存在条件。为此，来研究状态向量误差 $(\hat{\boldsymbol{x}}-\boldsymbol{x})$ 所应遵循的关系，有

$$\dot{\boldsymbol{x}}-\dot{\hat{\boldsymbol{x}}}=\boldsymbol{A}(\boldsymbol{x}-\hat{\boldsymbol{x}})+\boldsymbol{L}\boldsymbol{C}(\hat{\boldsymbol{x}}-\boldsymbol{x})=(\boldsymbol{A}-\boldsymbol{L}\boldsymbol{C})(\boldsymbol{x}-\hat{\boldsymbol{x}}) \tag{4-25}$$

其解为

$$\boldsymbol{x}-\hat{\boldsymbol{x}}=\mathrm{e}^{(\boldsymbol{A}-\boldsymbol{L}\boldsymbol{C})(t-t_0)}[\boldsymbol{x}(t_0)-\hat{\boldsymbol{x}}(t_0)] \tag{4-26}$$

显见，当 $\hat{\boldsymbol{x}}(t_0)=\boldsymbol{x}(t_0)$ 时，自然满足 $\hat{\boldsymbol{x}}(t)=\boldsymbol{x}(t)$，所引入的反馈并不起作用；当 $\hat{\boldsymbol{x}}(t_0)\neq\boldsymbol{x}(t_0)$ 时 $\hat{\boldsymbol{x}}(t)\neq\boldsymbol{x}(t)$，于是 $\hat{\boldsymbol{y}}(t)\neq\boldsymbol{y}(t)$，输出反馈起作用了，这时只要 $(\boldsymbol{A}-\boldsymbol{L}\boldsymbol{C})$ 的特征值具有负实部，不论初始状态向量误差如何，总会按指数衰减规律满足式(4-26)，衰减速度取决于 $(\boldsymbol{A}-\boldsymbol{L}\boldsymbol{C})$ 的特征值配置。对于 $(\boldsymbol{A}-\boldsymbol{L}\boldsymbol{C})$ 特征值配置问题，主要有以下结论：

结论：若受控对象式(4-21)是能观测的，即若 $(\boldsymbol{A},\boldsymbol{C})$ 为能观测，则必可通过选择增益阵 $\boldsymbol{L}$ 而任意配置 $(\boldsymbol{A}-\boldsymbol{L}\boldsymbol{C})$ 的全部特征值。

证明：利用对偶原理，$(\boldsymbol{A},\boldsymbol{C})$ 能观测意味着 $(\boldsymbol{A}^{\mathrm{T}},\boldsymbol{C}^{\mathrm{T}})$ 能控。再利用极点配置问题的定理4.4可知，对任意给定的 n 个实数或共轭复数特征值 $\{\lambda_1^*,\lambda_2^*,\cdots,\lambda_n^*\}$，必可找到一个实常阵 $\boldsymbol{K}$，使下式成立。

$$\lambda_i(\boldsymbol{A}^{\mathrm{T}}-\boldsymbol{C}^{\mathrm{T}}\boldsymbol{K})=\lambda_i^*,\quad i=1,2,\cdots,n$$

进而由于 $(\boldsymbol{A}^{\mathrm{T}}-\boldsymbol{C}^{\mathrm{T}}\boldsymbol{K})$ 与其转置矩阵 $(\boldsymbol{A}^{\mathrm{T}}-\boldsymbol{C}^{\mathrm{T}}\boldsymbol{K})^{\mathrm{T}}=(\boldsymbol{A}-\boldsymbol{K}^{\mathrm{T}}\boldsymbol{C})$ 具有等同的特征值，故当取 $\boldsymbol{L}=\boldsymbol{K}^{\mathrm{T}}$ 时就能使成立

$$\lambda_i(\boldsymbol{A}-\boldsymbol{L}\boldsymbol{C})=\lambda_i^*,\quad i=1,2,\cdots,n$$

也即可任意配置 $(\boldsymbol{A}-\boldsymbol{L}\boldsymbol{C})$ 的全部特征值。于是，证明完成。

由此可知若受控对象能观测，则输出反馈系统的极点可任意配置，因此，观测器存在条件及适当的 $\hat{\boldsymbol{x}}$ 逼近 $\boldsymbol{x}$ 的速度，均归结为受控对象应具有能观测性，故观测器能估计状态的充要条件是受控对象能观测。对于受控对象中具有不能观测的状态变量时，要求它们是稳定的，则观测器是能稳定的。

关于 $\boldsymbol{L}$ 阵的选取可用上一节极点配置法进行，应注意的是，只可能使 $\hat{\boldsymbol{x}}$ 逼近 $\boldsymbol{x}$ 的速度尽可能快些，要防止系数选取过大带来的实现困难、饱和效应、噪声加剧等不良影响，通常希望观测器响应速度比状态反馈系统响应速度要快一些。

由以上分析可见，观测器与受控对象具有相同维数，在复杂程度上相当。观测器由计算机来实现。

例 4-3　已知受控对象传递函数

$$\frac{y(s)}{u(s)}=\frac{2}{(s+1)(s+2)}$$

试设计状态观测器，将极点配置在 -10，-10。

解　传递函数无零、极点对消，故能观测。若写出能控规范形实现，则有

$$\boldsymbol{A}=\begin{bmatrix}0 & 1\\ -2 & -3\end{bmatrix},\quad \boldsymbol{b}=\begin{bmatrix}0\\ 1\end{bmatrix},\quad \boldsymbol{c}=[2\quad 0]$$

观测器系统矩阵

$$\boldsymbol{A}-\boldsymbol{lc}=\begin{bmatrix}0 & 1\\ -2 & -3\end{bmatrix}-\begin{bmatrix}l_0\\ l_1\end{bmatrix}\begin{bmatrix}2 & 0\end{bmatrix}=\begin{bmatrix}-2l_0 & 1\\ -2-2l_1 & -3\end{bmatrix}$$

观测器特征方程

$$|\lambda \boldsymbol{I}-(\boldsymbol{A}-\boldsymbol{lc})|=\lambda^2+(2l_0+3)\lambda+(6l_0+2l_1+2)=0$$

给定极点对应特征方程

$$(\lambda+10)^2=\lambda^2+20\lambda+100=0$$

令两特征方程同次项系数相等得

$$l_0=8.5,\quad l_1=23.5$$

l_0,l_1 分别为由$(\hat{y}-y)$引至$(\dot{\hat{x}}_1,\dot{\hat{x}}_2)$的反馈系数。观测器及受控对象的状态变量图如图 4－6 所示。

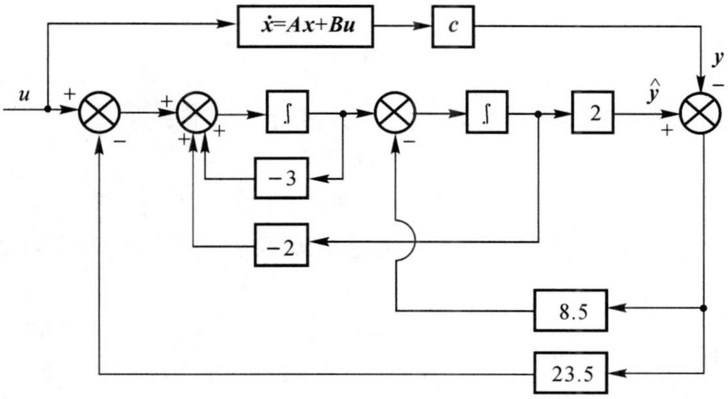

图 4－6　观测器及受控对象状态变量图

4.5　分离定理

用观测器提供状态信息的反馈系统包括观测器、状态反馈系统两个子系统，各为 n 维，是 $2n$ 维复合系统。当利用估计状态 $\hat{\boldsymbol{x}}$ 代替真实状态 $\boldsymbol{x}$ 设计状态反馈阵时，是否会改变原状态反馈系统的极点配置？状态反馈部分是否会改变观测器的极点配置，从而影响观测器输出误差$(\hat{\boldsymbol{y}}-\boldsymbol{y})$也即$(\hat{\boldsymbol{x}}-\boldsymbol{x})$的衰减性能？对此须进行分析。整个系统结构图如图 4－5 所示。

状态反馈部分动态方程

$$\dot{\boldsymbol{x}}=\boldsymbol{Ax}+\boldsymbol{Bu}=\boldsymbol{Ax}+\boldsymbol{B}(\boldsymbol{v}-\boldsymbol{K}\hat{\boldsymbol{x}})=\boldsymbol{Ax}-\boldsymbol{BK}\hat{\boldsymbol{x}}+\boldsymbol{Bv} \tag{4-27}$$

$$\boldsymbol{y}=\boldsymbol{Cx} \tag{4-28}$$

观测器部分动态方程

$$\begin{aligned}\dot{\hat{\boldsymbol{x}}}&=\boldsymbol{A}\hat{\boldsymbol{x}}+\boldsymbol{Bu}-\boldsymbol{L}(\hat{\boldsymbol{y}}-\boldsymbol{y})=\boldsymbol{A}\hat{\boldsymbol{x}}+\boldsymbol{B}(\boldsymbol{v}-\boldsymbol{K}\hat{\boldsymbol{x}})-\boldsymbol{LC}(\hat{\boldsymbol{x}}-\boldsymbol{x})=\\&(\boldsymbol{A}-\boldsymbol{BK}-\boldsymbol{LC})\hat{\boldsymbol{x}}+\boldsymbol{LCx}+\boldsymbol{Bv}\end{aligned} \tag{4-29}$$

将式(4－27)、式(4－29)写成分块矩阵形式

$$\begin{bmatrix} \dot{\boldsymbol{x}} \\ \dot{\hat{\boldsymbol{x}}} \end{bmatrix} = \begin{bmatrix} \boldsymbol{A} & -\boldsymbol{BK} \\ \boldsymbol{LC} & \boldsymbol{A}-\boldsymbol{BK}-\boldsymbol{LC} \end{bmatrix} \begin{bmatrix} \boldsymbol{x} \\ \hat{\boldsymbol{x}} \end{bmatrix} + \begin{bmatrix} \boldsymbol{B} \\ \boldsymbol{B} \end{bmatrix} \boldsymbol{v} \tag{4-30}$$

$$\boldsymbol{y} = [\boldsymbol{C} \quad \boldsymbol{0}] \begin{bmatrix} \boldsymbol{x} \\ \hat{\boldsymbol{x}} \end{bmatrix} \tag{4-31}$$

为便于分析，将式(4-27)减式(4-29)得

$$\dot{\boldsymbol{x}} - \dot{\hat{\boldsymbol{x}}} = (\boldsymbol{A}-\boldsymbol{LC})(\boldsymbol{x}-\hat{\boldsymbol{x}}) \tag{4-32}$$

式(4-32)与 $\boldsymbol{v},\boldsymbol{u}$ 无关，看出 $(\boldsymbol{x}-\hat{\boldsymbol{x}})$ 是不能控的。将式(4-27)匹配 $\boldsymbol{BKx}$ 项后可整理为

$$\dot{\boldsymbol{x}} = (\boldsymbol{A}-\boldsymbol{BK})\boldsymbol{x} + \boldsymbol{BK}(\boldsymbol{x}-\hat{\boldsymbol{x}}) + \boldsymbol{Bv} \tag{4-33}$$

把式(4-33)、式(4-32)写成分块矩阵形式

$$\begin{bmatrix} \dot{\boldsymbol{x}} \\ \dot{\boldsymbol{x}} - \dot{\hat{\boldsymbol{x}}} \end{bmatrix} = \begin{bmatrix} \boldsymbol{A}-\boldsymbol{BK} & \boldsymbol{BK} \\ \boldsymbol{0} & \boldsymbol{A}-\boldsymbol{LC} \end{bmatrix} \begin{bmatrix} \boldsymbol{x} \\ \boldsymbol{x}-\hat{\boldsymbol{x}} \end{bmatrix} + \begin{bmatrix} \boldsymbol{B} \\ \boldsymbol{0} \end{bmatrix} \boldsymbol{v} \tag{4-34}$$

$$\boldsymbol{y} = [\boldsymbol{C} \quad \boldsymbol{0}] \begin{bmatrix} \boldsymbol{x} \\ \boldsymbol{x}-\hat{\boldsymbol{x}} \end{bmatrix} \tag{4-35}$$

显见由状态变量 $(\boldsymbol{x} \quad \hat{\boldsymbol{x}})^{\mathrm{T}}$ 变换为 $(\boldsymbol{x} \quad \boldsymbol{x}-\hat{\boldsymbol{x}})^{\mathrm{T}}$，是进行了如下变换：

$$\begin{bmatrix} \boldsymbol{x} \\ \hat{\boldsymbol{x}} \end{bmatrix} = \begin{bmatrix} \boldsymbol{I} & \boldsymbol{0} \\ \boldsymbol{I} & -\boldsymbol{I} \end{bmatrix} \begin{bmatrix} \boldsymbol{x} \\ \boldsymbol{x}-\hat{\boldsymbol{x}} \end{bmatrix} \tag{4-36}$$

根据式(4-34)、式(4-35)来推导复合系统传递矩阵 $\boldsymbol{G}(s)$。已知线性变换是不会改变系统传递特性的，于是有

$$\boldsymbol{G}(s) = [\boldsymbol{C} \quad \boldsymbol{0}] \begin{bmatrix} s\boldsymbol{I}-(\boldsymbol{A}-\boldsymbol{BK}) & -\boldsymbol{BK} \\ \boldsymbol{0} & s\boldsymbol{I}-(\boldsymbol{A}-\boldsymbol{LC}) \end{bmatrix}^{-1} \begin{bmatrix} \boldsymbol{B} \\ \boldsymbol{0} \end{bmatrix} \boldsymbol{v}$$

利用分块矩阵求逆公式

$$\begin{bmatrix} \boldsymbol{R} & \boldsymbol{S} \\ \boldsymbol{0} & \boldsymbol{T} \end{bmatrix}^{-1} = \begin{bmatrix} \boldsymbol{R}^{-1} & -\boldsymbol{R}^{-1}\boldsymbol{S}\boldsymbol{T}^{-1} \\ \boldsymbol{0} & \boldsymbol{T}^{-1} \end{bmatrix}$$

故

$$\boldsymbol{G}(s) = [\boldsymbol{C} \quad \boldsymbol{0}] \begin{bmatrix} s\boldsymbol{I}-(\boldsymbol{A}-\boldsymbol{BK})^{-1} & -[s\boldsymbol{I}-(\boldsymbol{A}-\boldsymbol{BK})]^{-1}[-\boldsymbol{BK}][s\boldsymbol{I}-(\boldsymbol{A}-\boldsymbol{LC})]^{-1} \\ \boldsymbol{0} & [s\boldsymbol{I}-(\boldsymbol{A}-\boldsymbol{LC})]^{-1} \end{bmatrix} \begin{bmatrix} \boldsymbol{B} \\ \boldsymbol{0} \end{bmatrix} =$$

$$[\boldsymbol{C} \quad \boldsymbol{0}] \begin{bmatrix} [s\boldsymbol{I}-(\boldsymbol{A}-\boldsymbol{BK})^{-1}]\boldsymbol{B} \\ \boldsymbol{0} \end{bmatrix} = \boldsymbol{C}[s\boldsymbol{I}-(\boldsymbol{A}-\boldsymbol{BK})]^{-1}\boldsymbol{B}$$

该式表示出复合系统传递矩阵与状态反馈部分传递矩阵完全相同，与观测器部分无关，用观测器给出的估计状态 $\hat{\boldsymbol{x}}$ 作为状态反馈，没有影响状态反馈部分的输入-输出特性，观测器极点在复合系统传递矩阵中没有反映。$2n$ 维系统导出 n 维系统传递矩阵，该事实说明这是由于观测器中的 $(\boldsymbol{x}-\hat{\boldsymbol{x}})$ 不能控造成的，该误差不受 $\boldsymbol{v}$ 或 $\boldsymbol{u}$ 控制，总要衰减至零。

再来分析复合系统的特征值。已知线性变换并不会改变系统特征值，由式(4-34)可得特征方程

$$\begin{vmatrix} s\boldsymbol{I}-(\boldsymbol{A}-\boldsymbol{BK}) & -\boldsymbol{BK} \\ \boldsymbol{0} & s\boldsymbol{I}-(\boldsymbol{A}-\boldsymbol{LC}) \end{vmatrix} = |s\boldsymbol{I}-(\boldsymbol{A}-\boldsymbol{BK})|\,|s\boldsymbol{I}-(\boldsymbol{A}-\boldsymbol{LC})| = 0 \tag{4-37}$$

式(4-37)表明复合系统特征值由状态反馈部分和观测器部分特征值组合而成，且两部分特征值相互独立，彼此并未受到影响。对状态反馈来说，采用 $\hat{\boldsymbol{x}}$ 或 $\boldsymbol{x}$ 作状态反馈是一样的。于是，

可得如下定理：

分离定理：若受控对象式(4-21)是能控能观测的，用状态估值形成状态反馈时，其系统极点配置及状态观测器设计可分独立进行，即状态反馈矩阵 $\boldsymbol{K}$ 和输出反馈矩阵 $\boldsymbol{L}$ 可根据各自的要求来独立地进行设计。

因此，只要$(\boldsymbol{A},\boldsymbol{B},\boldsymbol{C})$ 对象能控能观测，其极点配置和观测器设计可分别独立进行。有时把状态反馈阵 $\boldsymbol{K}$ 及观测器 $\boldsymbol{L}$ 统称为控制器。

4.6　降维状态观测器

能给出受控对象全部状态变量估值的观测器称全维状态观测器，可简称为全维观测器。但对于 l 维输出系统，有 l 个输出变量可直接由传感器测得，若选取该 l 个输出变量作为状态变量，它们便无须由观测器作出估计，观测器只须估计$(n-l)$ 个状态变量，称为降维状态观测器也可简称降维观测器。它是$(n-l)$ 维子系统，其结构比较简单，工程实现比较方便。为此，须由受控对象动态方程导出$(n-l)$ 维子系统动态方程。

4.6.1　建立$(n-l)$ 维子系统动态方程

设能观测受控对象动态方程为：$\dot{\boldsymbol{x}}=\boldsymbol{A}\boldsymbol{x}+\boldsymbol{B}\boldsymbol{u}$，$\boldsymbol{y}=\boldsymbol{C}\boldsymbol{x}$，式中 $\boldsymbol{u}$ 为 m 维向量，$\boldsymbol{y}$ 为 l 维向量。要求将状态变量 $\boldsymbol{x}$ 变换成 $\bar{\boldsymbol{x}}$ 以后，分解为 $\bar{\boldsymbol{x}}_1$ 和 $\bar{\boldsymbol{x}}_2$ 两部分，其中 $\bar{\boldsymbol{x}}_1$ 为$(n-l)$ 维子系统，是由观测器估计的状态变量，$\bar{\boldsymbol{x}}_2$ 为可由 y 直接测得的 l 维状态变量。以上分解过程表示存在如下线性变换：$\boldsymbol{x}=\boldsymbol{Q}^{-1}\bar{\boldsymbol{x}}$，式中

$$\boldsymbol{Q}=\begin{bmatrix}\boldsymbol{D}\\ \boldsymbol{C}\end{bmatrix}$$

$\boldsymbol{D}$ 为$[(n-l)\times n]$ 维矩阵，$\boldsymbol{C}$ 为$(l\times n)$ 维矩阵。$\boldsymbol{D}$ 是使 $\boldsymbol{Q}^{-1}$ 非奇异的任意矩阵。

将受控对象动态方程变换为

$$\dot{\bar{\boldsymbol{x}}}=\bar{\boldsymbol{A}}\bar{\boldsymbol{x}}+\bar{\boldsymbol{B}}\boldsymbol{u} \tag{4-38}$$

$$\boldsymbol{y}=\bar{\boldsymbol{y}}=\bar{\boldsymbol{C}}\boldsymbol{x} \tag{4-39}$$

式中

$$\bar{\boldsymbol{A}}=\boldsymbol{Q}\boldsymbol{A}\boldsymbol{Q}^{-1}=\begin{bmatrix}\bar{\boldsymbol{A}}_{11} & \bar{\boldsymbol{A}}_{12}\\ \underbrace{\bar{\boldsymbol{A}}_{21}}_{(n-l)\text{列}} & \underbrace{\bar{\boldsymbol{A}}_{22}}_{l\text{列}}\end{bmatrix}\begin{matrix}(n-l)\text{行}\\ l\text{行}\end{matrix}$$

$$\bar{\boldsymbol{B}}=\boldsymbol{Q}\boldsymbol{B}=\underbrace{\begin{bmatrix}\boldsymbol{B}_1\\ \boldsymbol{B}_2\end{bmatrix}}_{m\text{列}}\begin{matrix}(n-l)\text{行}\\ l\text{行}\end{matrix},\quad \bar{\boldsymbol{C}}=\boldsymbol{C}\boldsymbol{Q}^{-1}=\boldsymbol{C}\begin{bmatrix}\boldsymbol{D}\\ \boldsymbol{C}\end{bmatrix}^{-1}=[\underbrace{0}_{(n-l)\text{列}}\ \vdots\ \underbrace{\boldsymbol{I}}_{l\text{列}}]\ l\text{行}$$

可验证

$$\boldsymbol{C}=\boldsymbol{C}\begin{bmatrix}\boldsymbol{D}\\ \boldsymbol{C}\end{bmatrix}^{-1}\begin{bmatrix}\boldsymbol{D}\\ \boldsymbol{C}\end{bmatrix}=\bar{\boldsymbol{C}}\begin{bmatrix}\boldsymbol{D}\\ \boldsymbol{C}\end{bmatrix}=[0\quad \boldsymbol{I}]\begin{bmatrix}\boldsymbol{D}\\ \boldsymbol{C}\end{bmatrix}=\boldsymbol{C}$$

故

$$\bar{\boldsymbol{C}}=[0\quad \boldsymbol{I}]$$

变换目的是把 $\bar{\boldsymbol{x}}_2$ 分离出来，它由输出量传感器测得，为已知量，于是 $\bar{\boldsymbol{x}}_1$ 也分离出来。形

如 $\boldsymbol{C}=[\boldsymbol{0}\quad \boldsymbol{I}]$ 的输出矩阵正满足了这一要求。因此由

$$\boldsymbol{C}=[\boldsymbol{0}\quad \boldsymbol{I}]\boldsymbol{Q}=\underbrace{\begin{bmatrix}0 & & 0\\ \vdots & & \vdots\\ 0 & \cdots & 0\end{bmatrix}}_{(n-l)\text{列}}\underbrace{\begin{bmatrix}1 & \cdots & 0\\ & \ddots & \\ 0 & & 1\end{bmatrix}}_{l\text{列}}\begin{bmatrix}q_{11} & \cdots & q_{1n}\\ \vdots & & \vdots\\ q_{n1} & \cdots & q_{nn}\end{bmatrix}$$

可确定 $\boldsymbol{Q}$。原系统变换为

$$\begin{bmatrix}\dot{\bar{\boldsymbol{x}}}_1\\ \dot{\bar{\boldsymbol{x}}}_2\end{bmatrix}=\begin{bmatrix}\bar{\boldsymbol{A}}_{11} & \bar{\boldsymbol{A}}_{12}\\ \bar{\boldsymbol{A}}_{21} & \bar{\boldsymbol{A}}_{22}\end{bmatrix}\begin{bmatrix}\bar{\boldsymbol{x}}_1\\ \bar{\boldsymbol{x}}_2\end{bmatrix}+\begin{bmatrix}\bar{\boldsymbol{B}}_1\\ \bar{\boldsymbol{B}}_2\end{bmatrix}\boldsymbol{u} \tag{4-40}$$

$$\boldsymbol{y}=\bar{\boldsymbol{y}}=[\boldsymbol{0}\quad \boldsymbol{I}]\begin{bmatrix}\bar{\boldsymbol{x}}_1\\ \bar{\boldsymbol{x}}_2\end{bmatrix}=\bar{\boldsymbol{x}}_2 \tag{4-41}$$

展开式(4-40)并考虑式(4-41)有

$$\dot{\bar{\boldsymbol{x}}}_1=\bar{\boldsymbol{A}}_{11}\bar{\boldsymbol{x}}_1+\bar{\boldsymbol{A}}_{12}\bar{\boldsymbol{y}}+\bar{\boldsymbol{B}}_1\boldsymbol{u} \tag{4-42}$$

$$\dot{\bar{\boldsymbol{y}}}=\bar{\boldsymbol{A}}_{21}\bar{\boldsymbol{x}}_1+\bar{\boldsymbol{A}}_{22}\bar{\boldsymbol{y}}+\bar{\boldsymbol{B}}_2\boldsymbol{u} \tag{4-43}$$

令

$$\boldsymbol{v}=\bar{\boldsymbol{A}}_{12}\bar{\boldsymbol{y}}+\bar{\boldsymbol{B}}_1\boldsymbol{u} \tag{4-44}$$

其中 $\boldsymbol{u},\bar{\boldsymbol{y}}$ 可直接测得，故 $\boldsymbol{v}$ 为已知输入量。

令

$$\boldsymbol{z}=\dot{\bar{\boldsymbol{y}}}-\bar{\boldsymbol{A}}_{22}\bar{\boldsymbol{y}}-\bar{\boldsymbol{B}}_2\boldsymbol{u} \tag{4-45}$$

$\boldsymbol{z}$ 为可测得的输出量。于是有

$$\dot{\bar{\boldsymbol{x}}}_1=\bar{\boldsymbol{A}}_{11}\bar{\boldsymbol{x}}_1+\boldsymbol{v} \tag{4-46}$$

$$\boldsymbol{z}=\bar{\boldsymbol{A}}_{21}\bar{\boldsymbol{x}}_1 \tag{4-47}$$

式(4-46)和式(4-47)是 n 维受控对象的 $(n-l)$ 维子系统动态方程，其状态向量 $\bar{\boldsymbol{x}}_1$ 为 $(n-l)$ 维向量，$\boldsymbol{v},\boldsymbol{z}$ 分别为其输入向量、输出向量；$\bar{\boldsymbol{A}}_{11},\bar{\boldsymbol{A}}_{12}$ 分别为其状态阵和输出阵。由于受控对象能观测，其中部分状态变量自然是能观测的，故式(4-46)和式(4-47)仍具有能观测性。

4.6.2 $(n-l)$ 维观测器的构成及设计

$(\bar{\boldsymbol{A}}_{11},\bar{\boldsymbol{A}}_{21})$ 为能观测对，按全维观测器的方法构造与式(4-46)、式(4-47)相对应的模拟系统，使观测器输出 $\hat{\boldsymbol{z}}$ 与 $(n-l)$ 维子系统输出 $\boldsymbol{z}$ 之差，通过反馈矩阵 $\boldsymbol{L}$ 负反馈至估计状态微分 $\dot{\hat{\boldsymbol{x}}}_1$ 处，借以任意配置降维观测器的极点，使 $\hat{\boldsymbol{z}}$ 尽快接近 $\boldsymbol{z}$，从而使 $\hat{\boldsymbol{x}}_1$ 尽快接近 $\bar{\boldsymbol{x}}_1$。降维观测器实现反馈的结构图如图 4-7 所示，图中 $\boldsymbol{K}$ 为子系统状态反馈阵。

降维观测器动态方程

$$\dot{\hat{\boldsymbol{x}}}_1=\bar{\boldsymbol{A}}_{11}\hat{\boldsymbol{x}}_1+\boldsymbol{v}-\boldsymbol{L}(\hat{\boldsymbol{z}}-\boldsymbol{z}) \tag{4-48}$$

$$\boldsymbol{z}=\bar{\boldsymbol{A}}_{21}\hat{\boldsymbol{x}}_1 \tag{4-49}$$

将式(4-49)代入式(4-48)，并考虑式(4-44)、式(4-45)有

$$\begin{aligned}\dot{\hat{\boldsymbol{x}}}_1&=(\bar{\boldsymbol{A}}_{11}-\boldsymbol{L}\bar{\boldsymbol{A}}_{21})\hat{\boldsymbol{x}}_1+\boldsymbol{v}+\boldsymbol{L}\boldsymbol{z}=(\bar{\boldsymbol{A}}_{11}-\boldsymbol{L}\bar{\boldsymbol{A}}_{21})\hat{\boldsymbol{x}}_1+(\bar{\boldsymbol{A}}_{12}\bar{\boldsymbol{y}}+\bar{\boldsymbol{B}}_1\boldsymbol{u})+\\&\quad\boldsymbol{L}(\dot{\bar{\boldsymbol{y}}}-\bar{\boldsymbol{A}}_{22}\bar{\boldsymbol{y}}-\bar{\boldsymbol{B}}_2\boldsymbol{u})\end{aligned} \tag{4-50}$$

式中$(\bar{\boldsymbol{A}}_{11}-\boldsymbol{L}\bar{\boldsymbol{A}}_{21})$为降维观测器系统矩阵。降维观测器极点由下列特征方程决定：

$$|\lambda\boldsymbol{I}-(\bar{\boldsymbol{A}}_{11}-\boldsymbol{L}\bar{\boldsymbol{A}}_{21})|=0 \tag{4-51}$$

由于式(4-50)含有导数项$\dot{\bar{\boldsymbol{y}}}$，须获得输出量$\bar{\boldsymbol{y}}$的导数信号，将影响估计状态$\hat{\boldsymbol{x}}_1$的唯一性，应另选状态变量以使状态方程中不含$\dot{\bar{\boldsymbol{y}}}$，为此设

$$\boldsymbol{w}=\hat{\boldsymbol{x}}_1-\boldsymbol{L}\bar{\boldsymbol{y}} \tag{4-52}$$

则

$$\dot{\boldsymbol{w}}=\dot{\hat{\boldsymbol{x}}}_1-\boldsymbol{L}\dot{\bar{\boldsymbol{y}}} \tag{4-53}$$

式中，$\boldsymbol{w}$，$\hat{\boldsymbol{x}}_1$均为$(n-l)$维向量；$\boldsymbol{L}$为$[(n-l)\times l]$维矩阵；$\bar{\boldsymbol{y}}$为l维向量。考虑式(4-53)有

$$\dot{\hat{\boldsymbol{x}}}_1=\dot{\boldsymbol{w}}+\boldsymbol{L}\dot{\bar{\boldsymbol{y}}}=(\bar{\boldsymbol{A}}_{11}-\boldsymbol{L}\bar{\boldsymbol{A}}_{21})(\boldsymbol{w}+\boldsymbol{L}\bar{\boldsymbol{y}})+(\bar{\boldsymbol{A}}_{12}\bar{\boldsymbol{y}}+\bar{\boldsymbol{B}}_1\boldsymbol{u})+\boldsymbol{L}\dot{\bar{\boldsymbol{y}}}-\boldsymbol{L}\bar{\boldsymbol{A}}_{22}\bar{\boldsymbol{y}}-\boldsymbol{L}\bar{\boldsymbol{B}}_2\boldsymbol{u}$$

则状态方程变换为

$$\dot{\boldsymbol{w}}=(\bar{\boldsymbol{A}}_{11}-\boldsymbol{L}\bar{\boldsymbol{A}}_{21})\boldsymbol{w}+(\bar{\boldsymbol{B}}_1-\boldsymbol{L}\bar{\boldsymbol{B}}_2)\boldsymbol{u}+[(\bar{\boldsymbol{A}}_{11}-\boldsymbol{L}\bar{\boldsymbol{A}}_{21})\boldsymbol{L}+\bar{\boldsymbol{A}}_{12}-\boldsymbol{L}\bar{\boldsymbol{A}}_{22}]\bar{\boldsymbol{y}} \tag{4-54}$$

$$\hat{\boldsymbol{x}}_1=\boldsymbol{w}+\boldsymbol{L}\bar{\boldsymbol{y}} \tag{4-55}$$

此时不利用$\dot{\bar{\boldsymbol{y}}}$而实现降维观测器。

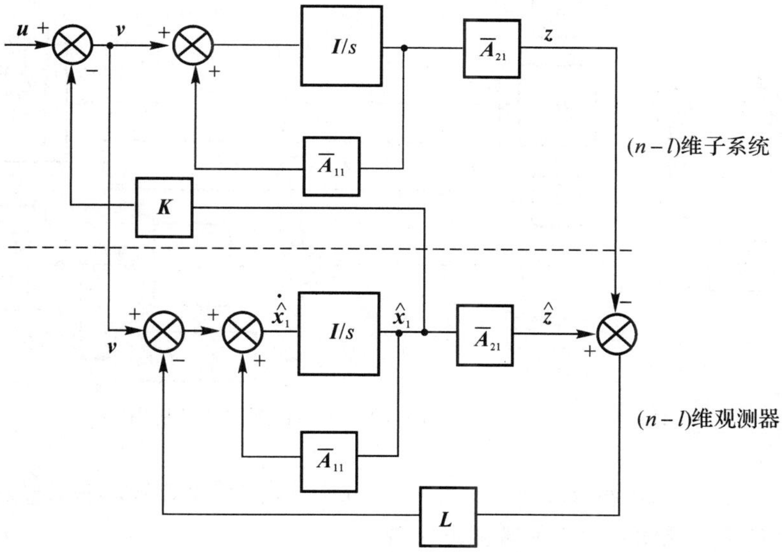

图 4-7　降维观测器实现状态反馈结构图

整个系统状态向量的估值$\hat{\boldsymbol{x}}$由两部分组成：$\bar{\boldsymbol{y}}$及$\hat{\boldsymbol{x}}_1$。其中$\bar{\boldsymbol{y}}=\bar{\boldsymbol{x}}_2$，由输出直接测得，含$l$个状态变量；$\hat{\boldsymbol{x}}_1$由$(n-l)$维观测器估计给出，含$(n-l)$个状态向量，存在

$$\hat{\boldsymbol{x}}=\begin{bmatrix}\hat{\boldsymbol{x}}_1\\ \bar{\boldsymbol{y}}\end{bmatrix}=\begin{bmatrix}\boldsymbol{w}+\boldsymbol{L}\bar{\boldsymbol{y}}\\ \bar{\boldsymbol{y}}\end{bmatrix}=\begin{bmatrix}\boldsymbol{I}_{n-l}\\ \boldsymbol{0}\end{bmatrix}\boldsymbol{w}+\begin{bmatrix}\boldsymbol{L}\\ \boldsymbol{I}_l\end{bmatrix}\bar{y}=\begin{bmatrix}\boldsymbol{I}_{n-l} & \boldsymbol{L}\\ \boldsymbol{0} & \boldsymbol{I}_l\end{bmatrix}\begin{bmatrix}\boldsymbol{w}\\ \bar{\boldsymbol{y}}\end{bmatrix} \tag{4-56}$$

式中，$\boldsymbol{I}_{n-l}$，$\boldsymbol{I}_l$分别为$(n-l)$阶、l阶单位矩阵；$\boldsymbol{0}$为$[l\times(n-l)]$维零矩阵。

估计误差向量$(\bar{\boldsymbol{x}}_1-\hat{\boldsymbol{x}}_1)$应满足的微分方程可由式(4-42)减去式(4-50)得到：

$$\dot{\bar{\boldsymbol{x}}}_1-\dot{\hat{\boldsymbol{x}}}_1=(\bar{\boldsymbol{A}}_{11}\bar{\boldsymbol{x}}_1+\bar{\boldsymbol{A}}_{12}\bar{\boldsymbol{y}}+\bar{\boldsymbol{B}}_1\boldsymbol{u})-(\bar{\boldsymbol{A}}_{11}-\boldsymbol{L}\bar{\boldsymbol{A}}_{21})\hat{\boldsymbol{x}}_1-$$

$$(\bar{\boldsymbol{A}}_{12}\bar{\boldsymbol{y}}+\bar{\boldsymbol{B}}_1\boldsymbol{u})-\boldsymbol{L}(\dot{\bar{\boldsymbol{y}}}-\bar{\boldsymbol{A}}_{22}\bar{\boldsymbol{y}}-\bar{\boldsymbol{B}}_2\boldsymbol{u})$$

考虑式(4-45)、式(4-49)，化简为

$$\dot{\bar{x}}_1-\dot{\hat{\bar{x}}}_1=\bar{A}_{11}\bar{x}_1-(\bar{A}_{11}-L\bar{A}_{21})\hat{\bar{x}}_1-L\bar{A}_{21}\bar{x}_1=(\bar{A}_{11}-L\bar{A}_{21})(\bar{x}-\hat{\bar{x}}_1) \tag{4-57}$$

式(4-57)为齐次式,只要适当选择L,可任意配置降维观测器极点,使$(\bar{x}_1-\hat{\bar{x}}_1)$有满意的衰减速度,尽快使状态估值$\hat{\bar{x}}_1$逼近$\bar{x}_1$。

于是,有l维输出的n阶系统,经线性变换化为式(4-38)、式(4-39),进而变换为式(4-54)、式(4-55)便可构成实用的$(n-l)$维观测器,称龙伯格观测器,以实现对$(n-l)$维状态变量的估值。$[(n-l)\times l]$维矩阵L可用以实现任意极点配置,确保$(\bar{x}_1-\hat{\bar{x}}_1)$具有满意的衰减速度。龙伯格观测器结构图如图4-8所示。

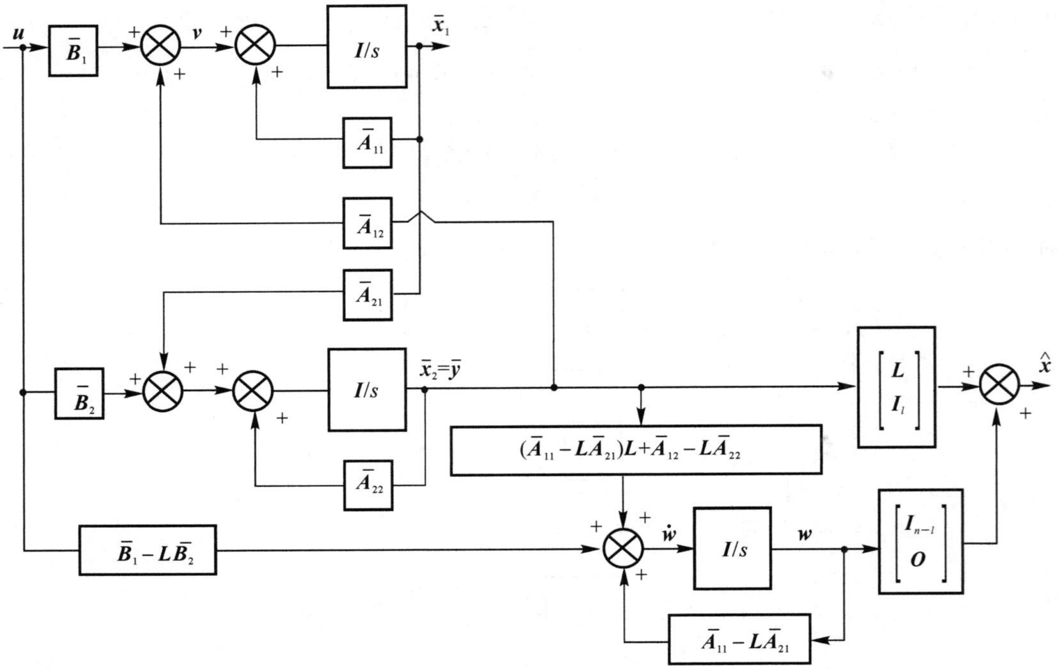

图4-8 变换后的受控对象和龙伯格观测器结构图

例4-4 设受控对象传递函数$G(s)=1/[s(s+6)]$,试设计降维观测器,使其极点配置在-10。

解 受控对象能观测。写出能观测形实现:

$$\begin{bmatrix}\dot{x}_1\\ \dot{x}_2\end{bmatrix}=\begin{bmatrix}0 & 0\\ 1 & -6\end{bmatrix}\begin{bmatrix}x_1\\ x_2\end{bmatrix}+\begin{bmatrix}1\\ 0\end{bmatrix}u,\quad y=[0\quad 1]\begin{bmatrix}x_1\\ x_2\end{bmatrix}=x_2$$

状态变量x_2可由输出y测得,x_1待由降维(一维)观测器估计。该动态方程已具有式(4-40)、式(4-41)所示典型形式,且对应有

$$\bar{A}_{11}=0,\quad \bar{A}_{12}=0,\quad \bar{A}_{21}=1,\quad \bar{A}_{22}=-6,\quad \bar{B}_1=1,\quad \bar{B}_2=0$$

代入降维观测器方程式(4-54)、式(4-55)有

$$\dot{w}=-lw+u+(6l-l^2)\bar{y}$$

$$\hat{x}_1=w+l\bar{y}$$

由于$u,\bar{y}$为已知量,故观测器极点位于$-l$。按极点配置要求,$l=10$。

故有

$$\dot{w}=-10w+u-40\bar{y}$$

$$\hat{x}_1 = w + 10\bar{y}$$

一维观测器结构图如图 4－9 所示。由测得的输出 y(即 x_2）与一维观测器给出的状态估值 $\hat{x}_1$，便可实现给定对象的状态反馈。

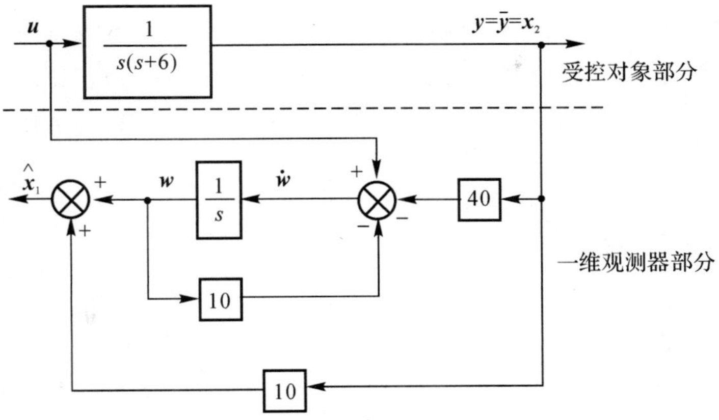

图 4－9　例 4－4 的一维观测器结构图

4.7　倒立摆系统的状态反馈控制

问题说明　设有一个在平面上运动的安装在马达传动车上的单级倒立摆系统如图 4－10 所示。这种系统与火箭在推力作用下的运动相类似。

图中 z 为小车相对参考系的线位移，θ 为倒立摆偏离垂直位置的角位移，l 为摆杆长度，m 为摆质量，M 为小车质量，u 为在水平方向施加给小车的控制力，G 为摆的重力，$G=mg$。

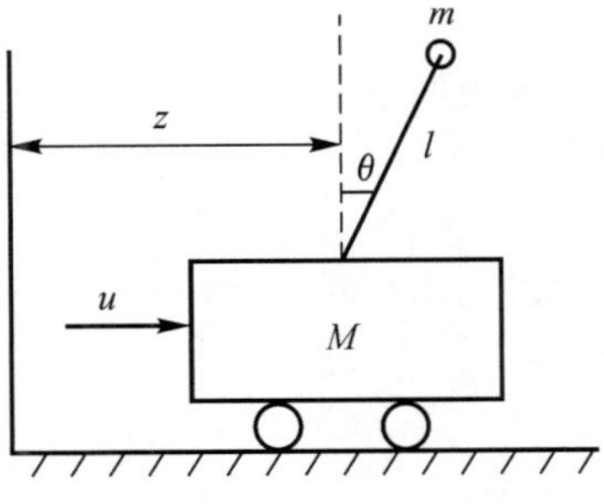

图 4－10　单级倒立摆系统

为了简化问题并保留问题实质，忽略摆杆质量、小车马达的惯性、摆轴、车轮轴、车轮与接触面之间的摩擦、风力等因素。如果不给小车施加控制力，倒置摆可能向左或向右倾倒，这是一个不稳定系统。提出该问题的目的是要将倒立摆保持在垂直位置上，从而建立该系统的数学模型；运用状态反馈控制规律将系统闭环极点配置在期望位置上；运用全维及降维观测器实现状态反馈。

4.7.1　运动方程的建立及线性化

设小车位移为 z，则摆心位置为 $(z+l\sin\theta)$。小车及摆在控制力 u 作用下均产生加速度运动，根据牛顿第二定律，它们在水平直线运动方向的惯性力应与控制力平衡，于是有

$$M\frac{\mathrm{d}^2 z}{\mathrm{d}t^2} + m\frac{\mathrm{d}^2}{\mathrm{d}t^2}(z + l\sin\theta) = u$$

即

$$(M+m)\ddot{z} + ml\ddot{\theta}\cos\theta - ml\dot{\theta}^2\sin\theta = u \qquad (4-58)$$

摆绕摆轴旋转运动的惯性力矩应与重力矩平衡，于是有

$$\left[m\frac{\mathrm{d}^2}{\mathrm{d}t^2}(z+l\sin\theta)\right]l\cos\theta=mgl\sin\theta$$

即

$$\ddot{z}\cos\theta+l\ddot{\theta}\cos^2\theta-l\dot{\theta}^2\sin\theta\cos\theta=g\sin\theta \tag{4-59}$$

以上两个方程都是非线性方程，除了可用数值方法求解以外，不能求得解析解，因此须作进一步简化。由于控制目的在于保持倒立摆直立，只要施加的控制力合适，作出 θ 和 $\dot{\theta}$ 接近于零的假定将是正确的。于是可认为：$\sin\theta\approx\theta$，$\cos\theta\approx 1$，且忽略 $\dot{\theta}^2\theta$ 项，于是有

$$(M+m)\ddot{z}+ml\ddot{\theta}=u \tag{4-60}$$

$$\ddot{z}+l\ddot{\theta}=g\theta \tag{4-61}$$

联立求解上述两个方程可得

$$\frac{\mathrm{d}}{\mathrm{d}t}\dot{z}=-\frac{mg}{M}\theta+\frac{1}{M}u \tag{4-62}$$

$$\frac{\mathrm{d}}{\mathrm{d}t}\dot{\theta}=\frac{(M+m)g}{Ml}\theta-\frac{1}{Ml}u \tag{4-63}$$

由式(4-62)求出 $\ddot{\theta}$，与式(4-63)联立可得如下四阶标量微分方程：

$$z^{(4)}-\frac{(M+m)g}{Ml}\ddot{z}=\frac{1}{M}\ddot{u}-\frac{1}{Ml}u \tag{4-64}$$

4.7.2 状态空间表达式的建立

系统动态特性可用小车位移 z、小车速度 $\dot{z}$、摆的角位移 θ、摆的角速度 $\dot{\theta}$ 来完整地描述，于是状态向量 $\boldsymbol{x}$ 可定义为

$$\boldsymbol{x}=[z\quad \dot{z}\quad \theta\quad \dot{\theta}]^{\mathrm{T}} \tag{4-65}$$

考虑恒等式：

$$\frac{\mathrm{d}}{\mathrm{d}t}z=\dot{z},\quad \frac{\mathrm{d}}{\mathrm{d}t}\theta=\dot{\theta} \tag{4-66}$$

由式(4-62)、式(4-63)、式(4-66)可列出状态方程和输出方程如下：

$$\frac{\mathrm{d}}{\mathrm{d}t}\begin{bmatrix}z\\ \dot{z}\\ \theta\\ \dot{\theta}\end{bmatrix}=\begin{bmatrix}0&1&0&0\\ 0&0&-\dfrac{mg}{M}&0\\ 0&0&0&1\\ 0&0&\dfrac{(M+m)g}{Ml}&0\end{bmatrix}\begin{bmatrix}z\\ \dot{z}\\ \theta\\ \dot{\theta}\end{bmatrix}+\begin{bmatrix}0\\ \dfrac{1}{M}\\ 0\\ -\dfrac{1}{Ml}\end{bmatrix}u \tag{4-67}$$

$$y=[1\quad 0\quad 0\quad 0]\begin{bmatrix}z\\ \dot{z}\\ \theta\\ \dot{\theta}\end{bmatrix} \tag{4-68}$$

简记为

$$\dot{\boldsymbol{x}}=\boldsymbol{A}\boldsymbol{x}+\boldsymbol{b}u \tag{4-69}$$

$$y=z=\boldsymbol{c}\boldsymbol{x} \tag{4-70}$$

假定系统参数为

$$M=1\ \mathrm{kg},\quad m=0.1\ \mathrm{kg},\quad l=1\ \mathrm{m},\quad g=10\ \mathrm{m/s^2}$$

则

$$\boldsymbol{A}=\begin{bmatrix}0&1&0&0\\0&0&-1&0\\0&0&0&1\\0&0&11&0\end{bmatrix},\quad \boldsymbol{b}=\begin{bmatrix}0\\1\\0\\-1\end{bmatrix},\quad \boldsymbol{c}=[1\quad 0\quad 0\quad 0] \tag{4-71}$$

4.7.3　能控性判别

计算单输入定常连续系统能控性矩阵 $\boldsymbol{Q}_c$：

$$\boldsymbol{Q}_c=[\boldsymbol{b}\quad \boldsymbol{Ab}\quad \boldsymbol{A}^2\boldsymbol{b}\quad \boldsymbol{A}^3\boldsymbol{b}]=\begin{bmatrix}0&1&0&1\\1&0&1&0\\0&-1&0&-11\\-1&0&-11&0\end{bmatrix} \tag{4-72}$$

$\det[\boldsymbol{Q}_c]=-100$，即 $\boldsymbol{Q}_c$ 满秩，故系统能控，这意味着当状态向量 $\boldsymbol{x}$ 非零时，总存在一个将状态向量控制到零的控制作用。

4.7.4　稳定性判别

根据状态方程系统矩阵 $\boldsymbol{A}$ 列写特征方程：

$$f(\lambda)=|\lambda\boldsymbol{I}-\boldsymbol{A}|=\lambda^2(\lambda^2-11)=0 \tag{4-73}$$

解得特征值为 $\lambda_1=0,\lambda_2=0,\lambda_3=\sqrt{11},\lambda_4=-\sqrt{11}$。故系统不稳定。

4.7.5　利用状态反馈使系统稳定并配置极点

设期望的闭环极点位置是 $-1,-2,-1\pm \mathrm{j}$，则希望特征多项式 $f_1(\lambda)$ 为

$$f_1(\lambda)=(\lambda+1)(\lambda+2)[\lambda+1+(-\mathrm{j})](\lambda+1+\mathrm{j})=$$
$$\lambda^4+5\lambda^3+10\lambda^2+10\lambda+4 \tag{4-74}$$

已知系统能控，故存在状态反馈矩阵（这里是单输入系统）为行矩阵 $\boldsymbol{k}=[k_0\quad k_1\quad k_2\quad k_3]$，式中 k_0,k_1,k_2,k_3 分别为对应状态变量 $z,\dot{z},\theta,\dot{\theta}$ 反馈至系统参考输入端的增益。

设系统参考输入为 v，引入状态反馈后的规律为

$$u=v-\boldsymbol{kx} \tag{4-75}$$

状态反馈系统的状态方程为

$$\dot{\boldsymbol{x}}=(\boldsymbol{A}-\boldsymbol{bk})\boldsymbol{x}+\boldsymbol{b}v \tag{4-76}$$

状态反馈系统的闭环特征多项式 $F_1(\lambda)$ 为

$$F_1(\lambda)=|\lambda\boldsymbol{I}-(\boldsymbol{A}-\boldsymbol{bk})|=\lambda^4+(k_1-k_3)\lambda^3+(k_0-k_2-11)\lambda^2-10k_1\lambda-10k_0 \tag{4-77}$$

令式(4-77)、式(4-74)的同次项系数相等，有

$$k_0=-0.4,\quad k_1=-1,\quad k_2=-21.4,\quad k_3=-6$$

状态反馈系统的结构图如图 4-11 所示。

采用全部状态作为反馈的控制规律，便得到一个稳定的闭环系统。当参考输入 v 为零时，状态向量在初始扰动下的响应将逐渐衰减到零，这不仅说明摆杆是平衡的($\theta\to 0$)，还说明小

车将回到它的初始位置($z \to 0$)。由式(4-77)可知如果不把四个状态变量全部用做反馈,该系统是不能稳定的,若令 k_0 至 k_3 的任何一个系数为零,那么特征多项式 $F_1(\lambda)$ 会缺项或者出现负系数,由线性系统稳定性的代数判据显见不满足稳定的必要条件。会为了实现全部状态变量的反馈,需要设置测量小车位移、速度的传感器,以及测量摆杆角位移、角速度的传感器,并按 k 设置各条反馈通路的增益。

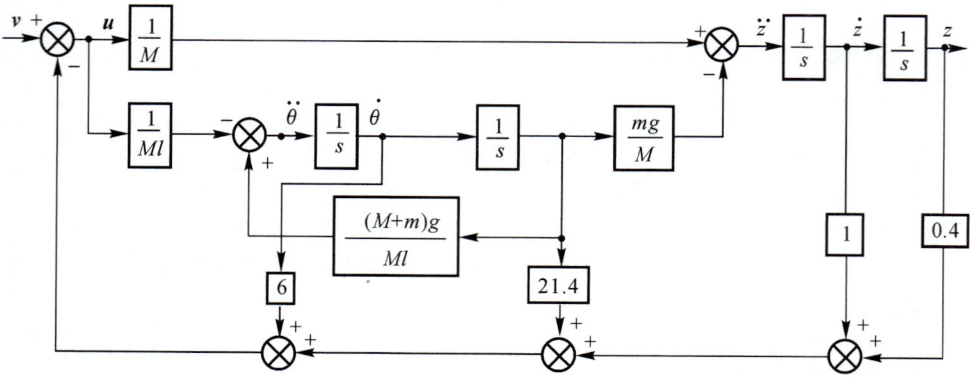

图 4-11　单级倒立摆的状态反馈系统

关于 v 不为零情况的分析,读者可参阅参考文献[2]。

4.7.6　能观测性判别及全维状态观测器设计

假设系统只设置了一个传感器来量测小车输出位移 z,作为一个状态变量,则输出矩阵 $\boldsymbol{c}$ 具有如下形式:

$$\boldsymbol{c} = [1 \quad 0 \quad 0 \quad 0]$$

首先计算连续系统能观测性矩阵 $\boldsymbol{Q}_o$:

$$\boldsymbol{Q}_o = [\boldsymbol{c}^T \quad \boldsymbol{A}^T\boldsymbol{c}^T \quad (\boldsymbol{A}^T)^2\boldsymbol{c}^T \quad (\boldsymbol{A}^T)^3\boldsymbol{c}^T] = \begin{bmatrix} 1 & 0 & 0 & 0 \\ 0 & 1 & 0 & 0 \\ 0 & 0 & -1 & 0 \\ 0 & 0 & 0 & -1 \end{bmatrix} \tag{4-78}$$

$\det[\boldsymbol{Q}_o]=1$,即 $\boldsymbol{Q}_o$ 满秩,故系统能观测,这意味着可以在任意的时间间隔内,通过量测输出量 z 来确定 $\dot{z},\theta,\dot{\theta}$ 的数值。其状态可用具有如下形式的全维(四维)观测器来进行估值:

$$\dot{\hat{\boldsymbol{x}}} = (\boldsymbol{A} - \boldsymbol{lc})\hat{\boldsymbol{x}} + \boldsymbol{b}u + \boldsymbol{lcx} \tag{4-79}$$

式中,$\boldsymbol{l}$ 为观测器输出反馈阵(这里是单输出系统,为列矩阵)。$\boldsymbol{l} = [l_0 \quad l_1 \quad l_2 \quad l_3]^T$。观测器用 $\boldsymbol{l}$ 配置极点,决定了下列状态估值误差向量

$$\boldsymbol{x} - \hat{\boldsymbol{x}} = e^{(\boldsymbol{A}-\boldsymbol{lc})t}[\boldsymbol{x}(0) - \hat{\boldsymbol{x}}(0)] \tag{4-80}$$

的衰减速率。

全维观测器的特征多项式

$$F_2(\lambda) = |\lambda\boldsymbol{I} - (\boldsymbol{A} - \boldsymbol{lc})| = \lambda^4 + l_0\lambda^3 + (l_1 - 11)\lambda^2 + (-11l_0 - l_2)\lambda + (-11l_1 - l_3) \tag{4-81}$$

设观测器的期望闭环极点位置是 $-2,-3,-2\pm j$，则期望特征多项 $f_2(\lambda)$ 为

$$f_2(\lambda)=(\lambda+2)(\lambda+3)(\lambda+2+j)(\lambda+2-j)=$$
$$\lambda^4+9\lambda^3+31\lambda^2+49\lambda+30 \tag{4-82}$$

令式(4-81)、式(4-82)的同次项系数相等，有

$$l_0=9,\quad l_1=42,\quad l_2=-148,\quad l_3=-492$$

用全维观测器实现状态反馈的单级倒立摆结构图如图 4-12 所示。

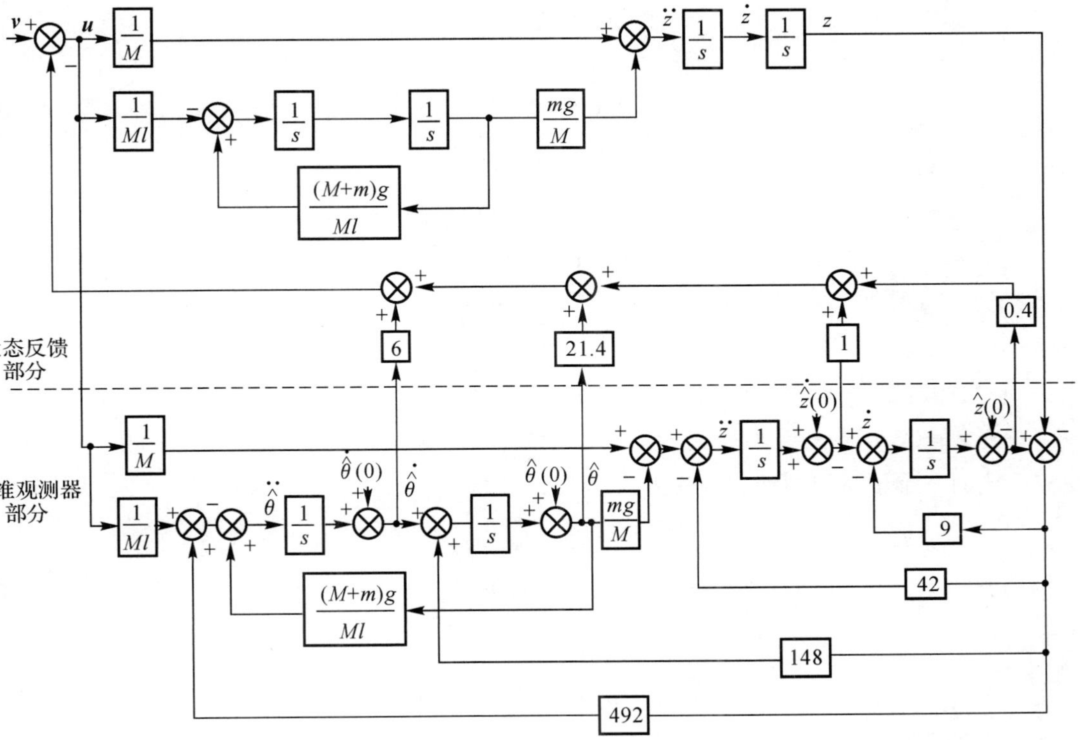

图 4-12　用全维观测器实现状态反馈的单级倒立摆系统

由于最靠近虚轴的期望闭环极点为 -2，这表明任一状态变量的估值误差至少以 e^{-2t} 的速率衰减。

4.7.7　降维观测器设计

既然输出量 z 这一状态变量可用传感器量测，观测器便不必对全部状态变量进行估值，采用三维观测器便可以。

下面重新排列受控系统状态变量的次序，其目的是把量测的、需由降维观测器估值的两类状态变量分离开，于是受控系统动态方程可改写为

$$\frac{\mathrm{d}}{\mathrm{d}t}\begin{bmatrix}\dot{z}\\ \theta\\ \dot{\theta}\\ z\end{bmatrix}=\left[\begin{array}{ccc:c}0 & -1 & 0 & 0\\ 0 & 0 & 1 & 0\\ 0 & 11 & 0 & 0\\ \hdashline 1 & 0 & 0 & 0\end{array}\right]\begin{bmatrix}\dot{z}\\ \theta\\ \dot{\theta}\\ z\end{bmatrix}+\begin{bmatrix}1\\ 0\\ -1\\ \hdashline 0\end{bmatrix}u \tag{4-83}$$

$$\boldsymbol{z}=\left[\begin{array}{ccc:c}0 & 0 & 0 & 1\end{array}\right]\begin{bmatrix}\dot{z}\\ \theta\\ \dot{\theta}\\ z\end{bmatrix} \tag{4-84}$$

简记为

$$\begin{bmatrix}\dot{\bar{\boldsymbol{x}}}_1\\ \dot{\bar{x}}_2\end{bmatrix}=\begin{bmatrix}\bar{\boldsymbol{A}}_{11} & \bar{\boldsymbol{A}}_{12}\\ \bar{\boldsymbol{A}}_{21} & \bar{A}_{22}\end{bmatrix}\begin{bmatrix}\bar{\boldsymbol{x}}_1\\ \bar{x}_2\end{bmatrix}+\begin{bmatrix}\bar{\boldsymbol{b}}_1\\ \bar{b}_2\end{bmatrix}u \tag{4-85}$$

$$\bar{y}=z=[\boldsymbol{0}\quad 1]\begin{bmatrix}\bar{\boldsymbol{x}}_1\\ \bar{x}_2\end{bmatrix} \tag{4-86}$$

式中

$$\bar{\boldsymbol{x}}_1=\begin{bmatrix}\dot{z}\\ \theta\\ \dot{\theta}\end{bmatrix},\quad \bar{x}_2=z,\quad \bar{\boldsymbol{A}}_{11}=\begin{bmatrix}0 & -1 & 0\\ 0 & 0 & 1\\ 0 & 11 & 0\end{bmatrix},\quad \bar{\boldsymbol{A}}_{12}=\begin{bmatrix}0\\ 0\\ 0\end{bmatrix}$$

$$\bar{\boldsymbol{A}}_{21}=[1\quad 0\quad 0],\quad \bar{A}_{22}=0,\quad \bar{\boldsymbol{b}}_1=\begin{bmatrix}1\\ 0\\ -1\end{bmatrix},\quad \bar{b}_2=0$$

受控系统的三维子系统的动态方程为

$$\dot{\bar{\boldsymbol{x}}}_1=\bar{\boldsymbol{A}}_{11}\bar{\boldsymbol{x}}_1+\boldsymbol{v}' \tag{4-87}$$

$$z'=\bar{\boldsymbol{A}}_{21}\bar{\boldsymbol{x}}_1 \tag{4-88}$$

式中

$$\boldsymbol{v}'=\bar{\boldsymbol{A}}_{12}\bar{y}+\bar{\boldsymbol{b}}_1u,\quad z'=\dot{\bar{y}}-\bar{\boldsymbol{A}}_{22}\bar{y}-\bar{b}_2u$$

故单级倒立摆系统的子系统动态方程为

$$\frac{\mathrm{d}}{\mathrm{d}t}\begin{bmatrix}\dot{z}\\ \theta\\ \dot{\theta}\end{bmatrix}=\begin{bmatrix}0 & -1 & 0\\ 0 & 0 & 1\\ 0 & 11 & 0\end{bmatrix}\begin{bmatrix}\dot{z}\\ \theta\\ \dot{\theta}\end{bmatrix}+\begin{bmatrix}1\\ 0\\ -1\end{bmatrix}u \tag{4-89}$$

$$z'=[1\quad 0\quad 0]\begin{bmatrix}\dot{z}\\ \theta\\ \dot{\theta}\end{bmatrix} \tag{4-90}$$

式中，z' 为子系统输出量。

子系统能观测性的判别：

$$\boldsymbol{Q}_{\mathrm{o}}=[\boldsymbol{c}^{\mathrm{T}}\quad \boldsymbol{A}^{\mathrm{T}}\boldsymbol{c}^{\mathrm{T}}\quad (\boldsymbol{A}^{\mathrm{T}})^2\boldsymbol{c}^{\mathrm{T}}]=\begin{bmatrix}1 & 0 & 0\\ 0 & -1 & 0\\ 0 & 0 & -1\end{bmatrix} \tag{4-91}$$

$\det[\boldsymbol{Q}_{\mathrm{o}}]=1$，$\boldsymbol{Q}_{\mathrm{o}}$ 满秩，故子系统能观测。

降维观测器动态方程为

$$\dot{\hat{\boldsymbol{x}}}_1=(\bar{\boldsymbol{A}}_{11}-\boldsymbol{l}\bar{\boldsymbol{A}}_{21})\hat{\boldsymbol{x}}_1+(\bar{\boldsymbol{A}}_{12}\bar{y}-\bar{\boldsymbol{b}}_1u)+\boldsymbol{l}(\dot{\bar{y}}-\bar{A}_{22}\bar{y}-\bar{b}_2u) \tag{4-92}$$

式中，$\boldsymbol{l}$ 是为配置降观测器极点而引入的输出反馈列矩阵，$\boldsymbol{l}=[l_0\quad l_1\quad l_2]^{\mathrm{T}}$。为考虑降维观测器状态方程中不含输入作用的导数项（如式(4-92)所含的 $\dot{\bar{y}}$ 即 $\dot{z}$），引入了新状态变量 $\boldsymbol{w}=\hat{\boldsymbol{x}}_1-\boldsymbol{l}\bar{y}$，重写式(4-92)：

$$\dot{\boldsymbol{w}}=(\bar{\boldsymbol{A}}_{11}-\boldsymbol{l}\bar{\boldsymbol{A}}_{21})\boldsymbol{w}+(\bar{\boldsymbol{b}}_1-\boldsymbol{l}\bar{b}_2)u+[(\bar{\boldsymbol{A}}_{11}-\boldsymbol{l}\bar{\boldsymbol{A}}_{21})\boldsymbol{l}+\bar{\boldsymbol{A}}_{12}-\boldsymbol{l}\bar{A}_{22}]\bar{y}$$

$$\hat{\boldsymbol{x}}=\boldsymbol{w}+\boldsymbol{l}\bar{\boldsymbol{y}}$$

代入 $\bar{\boldsymbol{A}}_{11},\bar{\boldsymbol{A}}_{12},\bar{\boldsymbol{A}}_{21},\bar{A}_{22},\bar{\boldsymbol{b}}_1,\bar{\boldsymbol{b}}_2$ 有

$$\dot{\boldsymbol{w}}=\begin{bmatrix}-l_0 & -1 & 0\\ -l_1 & 0 & 1\\ -l_2 & 11 & 0\end{bmatrix}\boldsymbol{w}+\begin{bmatrix}1\\0\\-1\end{bmatrix}u+\begin{bmatrix}-l_0^2-l_1\\ -l_0l_1+l_2\\ -l_0l_2+11l_1\end{bmatrix}\bar{y} \tag{4-93}$$

$$\hat{\boldsymbol{x}}_1=\boldsymbol{w}+\begin{bmatrix}l_0\\l_1\\l_2\end{bmatrix}\bar{y} \tag{4-94}$$

设降维观测器的期望闭环极点是 $-3,-2\pm\mathrm{j}$，则期望特征多项式 $f_3(\lambda)$ 为

$$f_3(\lambda)=(\lambda+3)(\lambda+2-\mathrm{j})(\lambda+2+\mathrm{j})=\lambda^3+7\lambda^2+17\lambda+15 \tag{4-95}$$

根据降维观测器系统矩阵 $(\bar{\boldsymbol{A}}_{11}-\boldsymbol{l}\bar{\boldsymbol{A}}_{21})$ 可得降维观测器闭环特征多项式 $F_3(\lambda)$ 为

$$F_3(\lambda)=|\lambda\boldsymbol{I}-(\bar{\boldsymbol{A}}_{11}-\boldsymbol{l}\bar{\boldsymbol{A}}_{21})|=\lambda^3+l_0\lambda^2+(-11-l_1)\lambda+(-11l_0-l_2) \tag{4-96}$$

由式(4-95)和式(4-96)可得

$$l_0=7,l_1=-28,l_2=-92$$

令所求得的降维观测器具有如下形式：

$$\dot{\boldsymbol{w}}=\begin{bmatrix}-7 & -1 & 0\\ 28 & 0 & 1\\ 92 & 11 & 0\end{bmatrix}\boldsymbol{w}+\begin{bmatrix}1\\0\\-1\end{bmatrix}u+\begin{bmatrix}-21\\194\\336\end{bmatrix}\bar{y} \tag{4-97}$$

$$\hat{\boldsymbol{x}}=\begin{bmatrix}\hat{\boldsymbol{x}}_1\\ \hline \bar{y}\end{bmatrix}=\left[\begin{array}{ccc:c}1 & 0 & 0 & 0\\ 0 & 1 & 0 & 0\\ 0 & 0 & 1 & 0\\ \hdashline 0 & 0 & 0 & 0\end{array}\right]\boldsymbol{w}+\begin{bmatrix}7\\-28\\-92\\ \hdashline 1\end{bmatrix}\bar{y} \tag{4-98}$$

用降维观测器实现状态反馈的单级倒立摆系统结构图见图 4-13。这样的降维观测器将连续地提供状态向量 $\hat{\boldsymbol{x}}$ 的估值，任何状态变量估值误差的衰减规律比 e^{-2t} 要快。

以上反馈及全维、降维观测器的设计都是基于线性化对象进行的，仅当 $\theta,\dot{\theta}$ 都很小时，以上设计才有效。在进行设计时，已考虑到所加的控制作用可以满足使 $\theta,\dot{\theta}$ 为很小的条件。

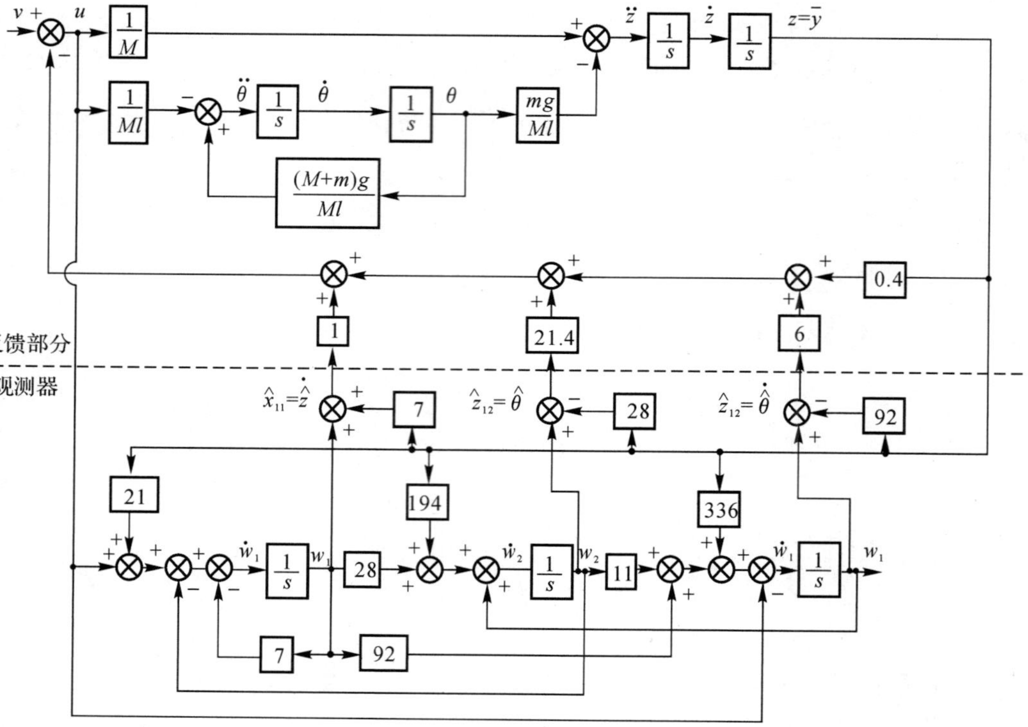

图 4-13　用降维观测器实现状态反馈的单级倒立摆系统

习　题

4-1　设系统状态方程为

$$\begin{bmatrix}\dot{x}_1\\ \dot{x}_2\\ \dot{x}_3\end{bmatrix}=\begin{bmatrix}0 & 1 & 0\\ 0 & -1 & 1\\ 0 & -1 & -10\end{bmatrix}\begin{bmatrix}x_1\\ x_2\\ x_3\end{bmatrix}+\begin{bmatrix}0\\ 0\\ 10\end{bmatrix}u$$

试问可否通过状态反馈使闭环极点任意配置？若使闭环极点位于-10，$-1\pm j\sqrt{3}$，求状态反馈阵$\boldsymbol{K}$；画出状态变量图。

4-2　设系统状态方程为

$$\begin{bmatrix}\dot{x}_1\\ \dot{x}_2\\ \dot{x}_3\\ \dot{x}_4\end{bmatrix}=\begin{bmatrix}0 & 1 & 0 & 0\\ 0 & 0 & -1 & 0\\ 0 & 0 & 0 & 1\\ 0 & 0 & 11 & 0\end{bmatrix}\begin{bmatrix}x_1\\ x_2\\ x_3\\ x_4\end{bmatrix}+\begin{bmatrix}0\\ 1\\ 0\\ -1\end{bmatrix}u$$

试校验能控性；求状态反馈阵$\boldsymbol{K}$使闭环极点配置在-1，-2，$-1\pm j$；画出状态变量图。

4-3　设系统动态方程为

$$\begin{bmatrix}\dot{x}_1\\ \dot{x}_2\end{bmatrix}=\begin{bmatrix}0 & 1\\ 0 & 0\end{bmatrix}\begin{bmatrix}x_1\\ x_2\end{bmatrix}+\begin{bmatrix}0\\ 0\end{bmatrix}u$$

$$y=\begin{bmatrix}1 & 0\end{bmatrix}\begin{bmatrix}x_1\\x_2\end{bmatrix}$$

试检查能观测性；求输出至状态微分的反馈矩阵 $\boldsymbol{L}$，使闭环极点配置在 $-r,-2r(r>0)$；画出状态变量图。

4-4　设双输入-单输出系统动态方程：

$$\begin{bmatrix}\dot{x}_1\\\dot{x}_2\\\dot{x}_3\end{bmatrix}=\begin{bmatrix}0 & 0 & 5\\1 & 0 & -1\\0 & 1 & -3\end{bmatrix}\begin{bmatrix}x_1\\x_2\\x_3\end{bmatrix}+\begin{bmatrix}-2 & 0\\1 & -2\\0 & 1\end{bmatrix}\begin{bmatrix}u_1\\u_2\end{bmatrix}$$

$$y=\begin{bmatrix}0 & 0 & 1\end{bmatrix}\boldsymbol{x}$$

试检查系统的能控性、能观测性；求输出至状态微分前的反馈矩阵 $\boldsymbol{L}$，使闭环极点配置在 $-0.57,-0.22\pm j1.3$；画出状态变量图。

4-5　设系统传递函数为

$$\frac{(s-1)(s+2)}{(s+1)(s-2)(s+3)}$$

若问能否利用状态反馈将传递函数变成

$$\frac{s-1}{(s+2)(s+3)}$$

若有可能，试求出状态反馈阵 $\boldsymbol{K}$；画出状态变量图（提示：状态反馈不能改变原系统传递函数零点）。

4-6　已知系统传递函数 $1/s(s+1)$，试设计二维状态观测器，使其极点配置在 $-8,-10$，画出状态观测器结构图。

4-7　设系统动态方程为

$$\begin{bmatrix}\dot{x}_1\\\dot{x}_2\\\dot{x}_3\end{bmatrix}=\begin{bmatrix}0 & 1 & 0\\-\omega_0^2 & 0 & -\omega_0^2\\0 & 0 & 0\end{bmatrix}\begin{bmatrix}x_1\\x_2\\x_3\end{bmatrix}+\begin{bmatrix}0\\0\\1\end{bmatrix}\boldsymbol{u}$$

试检查能观测性；列出降维观测器动态方程；选择输出反馈阵 $\boldsymbol{L}$ 使降维观测器稳定。

第五章　输出反馈控制和解耦控制

状态反馈控制的确是线性系统综合的有力工具，但通常需用状态观测器解决状态变量测量问题，这并非是简单的事，而输出变量一般是可测量的，设计人员遇到的大多数系统可用输出量至输入的反馈信息来改善系统性能。一个多变量系统，无论采用状态反馈还是输出反馈，其反馈矩阵诸元的选择均包含了很大的自由度，为了简单有效地配置多变量系统的极点，可以人为地限制反馈矩阵的结构形式。本章将利用单位秩方法，进行多变量系统的 PD，PID 输出反馈控制器的设计，还给出一个在机械手控制中应用的举例。由于多变量系统中输入-输出关系中存在耦合，会使设计问题变得相当复杂，本章对解除耦合的主要方法也做了简要介绍。

5.1　输出反馈的单位秩结构

5.1.1　单位秩输出反馈矩阵

在第四章 4.3 节中已经介绍了多输入-多输出系统单位秩状态反馈的极点配置的算法，本节针对输出反馈，仍然采用单位秩的配置算法来设计输出反馈控制律。

设能控能观测的多输入-多输出受控对象动态方程为

$$\dot{\boldsymbol{x}} = \boldsymbol{A}\boldsymbol{x} + \boldsymbol{B}\boldsymbol{u}, \quad \boldsymbol{y} = \boldsymbol{C}\boldsymbol{x} \tag{5-1}$$

式中，x 为 n 维状态向量；u 为 m 维输入向量；y 为 l 维输出向量。输出反馈控制规律常见以下几种类型：

比例输出反馈 P：

$$\boldsymbol{u} = -\boldsymbol{P}\boldsymbol{y} \tag{5-2}$$

比例-微分输出反馈(PD)：

$$\boldsymbol{u} = -\boldsymbol{P}\boldsymbol{y} - \boldsymbol{Q}\dot{\boldsymbol{y}} \tag{5-3}$$

比例-误差积分输出反馈(PI)：

$$\boldsymbol{u} = -\boldsymbol{P}\boldsymbol{y} - \boldsymbol{R}\int(\boldsymbol{v} - \boldsymbol{y})\,\mathrm{d}t \tag{5-4}$$

比例-误差积分-微分输出反馈(PID)：

$$\boldsymbol{u} = -\boldsymbol{P}\boldsymbol{y} - \boldsymbol{Q}\dot{\boldsymbol{y}} - \boldsymbol{R}\int(\boldsymbol{v} - \boldsymbol{y})\,\mathrm{d}t \tag{5-5}$$

式中 $\boldsymbol{v}$ 为 l 维参考输出，输出反馈矩阵 $\boldsymbol{P},\boldsymbol{Q},\boldsymbol{R}$ 均为 $(m \times l)$ 常值矩阵。为了简化多变量系统极点配置的算法，对输出反馈矩阵的结构加以限制，使其具有单位秩。若令

$$\boldsymbol{P} = \boldsymbol{k}\boldsymbol{p}, \quad \boldsymbol{Q} = \boldsymbol{k}\boldsymbol{q}, \quad \boldsymbol{R} = \boldsymbol{k}\boldsymbol{r} \tag{5-6}$$

式中，$\boldsymbol{k}$ 为 m 维列向量，$\boldsymbol{p},\boldsymbol{q},\boldsymbol{r}$ 为 l 维行向量，则可把多变量系统化为等价的单输入系统。若令

$$\boldsymbol{P} = \boldsymbol{p}\boldsymbol{k}, \quad \boldsymbol{Q} = \boldsymbol{q}\boldsymbol{k}, \quad \boldsymbol{R} = \boldsymbol{r}\boldsymbol{k} \tag{5-7}$$

式中，$\boldsymbol{p},\boldsymbol{q},\boldsymbol{r}$ 为 m 维列向量，$\boldsymbol{k}$ 为 l 维行向量，则可把多变量系统化为等价的单输出系统。下面

以比例-微分反馈为例加以说明。由式(5-3)和式(5-6)有

$$u=v-Py-Q\dot{y}=v-kpCx-kqC\dot{x} \tag{5-8}$$

将其代入式(5-1),则输出反馈闭环动态方程为

$$\dot{x}=Ax+B(v-kpCx-kqC\dot{x}),\quad y=Cx$$

故

$$\dot{x}=(I+BkqC)^{-1}(A-BkpC)x+(I+BkqC)^{-1}Bv \tag{5-9}$$

再来看下列单输入-多输出受控系统,设

$$\left.\begin{aligned}&\dot{x}=Ax+Bku,\quad y=Cx\\&u=v-py-q\dot{y}=v-pCx-qC\dot{x}\end{aligned}\right\} \tag{5-10}$$

其闭环动态方程为

$$\dot{x}=Ax+Bk(v-pCx-qC\dot{x}),\quad y=Cx$$

故

$$\dot{x}=(I+BkqC)^{-1}(A-BkpC)x+(I+BkqC)^{-1}Bkv \tag{5-11}$$

显见式(5-9)和式(5-11)的闭环状态阵完全相同,即具有相同的特征值,故取式(5-6)所示单位秩结构,可化为等价的单输入受控系统(A,Bk,C)。

由式(5-3)和式(5-7)有

$$u=v-Py-Q\dot{y}=v-pkCx-qkC\dot{x} \tag{5-12}$$

将其代入式(5-1),则输出反馈闭环动态方程为

$$\dot{x}=Ax+B(v-pkCx-qkC\dot{x}),\quad y=Cx$$

故

$$\dot{x}=(I+BqkC)^{-1}(A-BpkC)x+(I+BqkC)^{-1}Bv \tag{5-13}$$

再来看下列多输入-单输出受控系统,设

$$\left.\begin{aligned}&\dot{x}=Ax+Bu,\quad y=kCx\\&u=v-py-q\dot{y}=v-pkCx-qkC\dot{x}\end{aligned}\right\} \tag{5-14}$$

其闭环动态方程为

$$\dot{x}=Ax+B(v-pkCx-qkC\dot{x}),\quad y=kCx$$

故

$$\dot{x}=(I+BqkC)^{-1}(A-BpkC)x+(I+BqkC)^{-1}Bv \tag{5-15}$$

显见式(5-13)和式(5-15)的闭环状态阵完全相同,具有相同特征值,故取式(5-7)所示单位秩结构,可化为等价的单输出受控系统(A,B,kC)。

当输出向量维数 l 大于输入向量维数 m,即 $l>m$ 时,采用式(5-6)所示单位秩结构,这时输出反馈矩阵 P,Q 含有($m+2l$)个参数,化为等价的单输入系统以满足极点配置的需要。当 $l<m$ 时,采用式(5-7)所示单位秩结构,这时 P,Q 含有($2m+l$)个参数,化为等价的单输出系统。至于 $m=l$ 时,可任意选择式(5-6)或式(5-7)所示结构。

值得指出,受控对象(A,B,C)化为等价的单输入系统(A,Bk,C)时,当且仅当(A,Bk,C)是能控能观测时,才能以单位秩反馈矩阵任意配置极点。故若受控对象能控能观测且 A 是循环的,则适当选择 k 能使(A,Bk)能控。

若受控对象能控能观测但 A 是非循环的,这时可预先引入一个任意的但尽可能简单的比例输出反馈矩阵 P_1,即

$$\dot{\boldsymbol{x}}=\boldsymbol{Ax}+\boldsymbol{Bu},\ \boldsymbol{u}=\hat{\boldsymbol{u}}-\boldsymbol{P}_1\boldsymbol{y}=\hat{\boldsymbol{u}}-\boldsymbol{P}_1\boldsymbol{Cx} \tag{5-16}$$

于是修正的受控系统为

$$\dot{\boldsymbol{x}}=(\boldsymbol{A}-\boldsymbol{BP}_1\boldsymbol{C})\boldsymbol{x}+\boldsymbol{B}\hat{\boldsymbol{u}} \tag{5-17}$$

式中$(\boldsymbol{A}-\boldsymbol{BP}_1\boldsymbol{C})$是循环的。由于输出反馈不改变原受控系统的能控能观测性，故修正的受控系统$(\boldsymbol{A}-\boldsymbol{BP}_1\boldsymbol{C},\boldsymbol{B},\boldsymbol{C})$仍是能控能观测的，对其设计单位秩输出反馈矩阵$\boldsymbol{P}_2$和$\boldsymbol{Q}$，以配置系统特征值。于是，对原受控系统来说，总的反馈矩阵为$\boldsymbol{P}_1+\boldsymbol{P}_2,\boldsymbol{Q}$，可以看出，$\boldsymbol{A}$为非循环的输出反馈设计也是分两步进行。

5.2 PD 输出反馈的设计

假定能控、能观测、循环的线性多变量受控对象动态方程为

$$\dot{\boldsymbol{x}}=\boldsymbol{Ax}+\boldsymbol{Bu},\quad \boldsymbol{y}=\boldsymbol{Cx} \tag{5-18}$$

式中，$\boldsymbol{x}$为n维状态向量；$\boldsymbol{u}$为m维输入向量；$\boldsymbol{y}$为l维输出向量。为满足极点配置需求，采用下列 PD 输出反馈控制规律

$$\boldsymbol{u}=\boldsymbol{v}-\boldsymbol{Py}-\boldsymbol{Q}\dot{\boldsymbol{y}} \tag{5-19}$$

式中，$\boldsymbol{v}$为m维指令向量；$\boldsymbol{P},\boldsymbol{Q}$分别为$(m\times l)$维比例、微分输出反馈矩阵。将式(5-19)代入式(5-18)可得闭环系统状态方程为

$$\dot{\boldsymbol{x}}=(\boldsymbol{I}+\boldsymbol{BQC})^{-1}(\boldsymbol{A}-\boldsymbol{BPC})\boldsymbol{x}+(\boldsymbol{I}+\boldsymbol{BQC})^{-1}\boldsymbol{Bv} \tag{5-20}$$

式中，$\det(\boldsymbol{I}+\boldsymbol{BQC})\neq 0$通常成立。闭环系统仍为$n$阶，微分项并不引入任何新的系统极点。为了确定反馈矩阵$\boldsymbol{P}$和$\boldsymbol{Q}$的参数，以便把系统极点配置到规定位置，一种便于工程计算的简单方法是分两步来确定$\boldsymbol{P},\boldsymbol{Q}$，每步均用单位秩结构。

第一步：用下列$(m\times l)$单位秩设计比例输出反馈规律

$$\boldsymbol{u}=\hat{\boldsymbol{u}}-\boldsymbol{P}_1\boldsymbol{y},\quad \boldsymbol{P}_1=\boldsymbol{k}_1\boldsymbol{p}_1 \tag{5-21}$$

作用于受控对象$(\boldsymbol{A},\boldsymbol{B},\boldsymbol{C})$，式中$\boldsymbol{k}_1$为$m$维列向量，$\boldsymbol{p}_1$为$l$维行向量，得闭环动态方程为

$$\dot{\boldsymbol{x}}=(\boldsymbol{A}-\boldsymbol{Bk}_1\boldsymbol{p}_1\boldsymbol{C})\boldsymbol{x}+\boldsymbol{B}\hat{\boldsymbol{u}}\overset{\text{def}}{=\!=}\boldsymbol{A}_1\boldsymbol{x}+\boldsymbol{B}\hat{\boldsymbol{u}},\quad \boldsymbol{y}=\boldsymbol{Cx} \tag{5-22}$$

其特征多项式记为$H_1(s)$，有

$$H_1(s)=\det(s\boldsymbol{I}-\boldsymbol{A}_1)=\det\{(s\boldsymbol{I}-\boldsymbol{A})[\boldsymbol{I}+(s\boldsymbol{I}-\boldsymbol{A})^{-1}\boldsymbol{Bk}_1\boldsymbol{p}_1\boldsymbol{C}]\} \tag{5-23}$$

利用行列式性质

$$\det(\boldsymbol{AB})=\det\boldsymbol{A}\cdot\det\boldsymbol{B} \tag{5-24}$$

$$\det(\boldsymbol{I}_n+\boldsymbol{a}_{n\times 1}\boldsymbol{b}_{1\times n})=1+\boldsymbol{ba} \tag{5-25}$$

则

$$\begin{aligned}H_1(s)=&\det(s\boldsymbol{I}-\boldsymbol{A})\det[\boldsymbol{I}+(s\boldsymbol{I}-\boldsymbol{A})^{-1}\boldsymbol{Bk}_1\boldsymbol{p}_1\boldsymbol{C}]=\\&\det(s\boldsymbol{I}-\boldsymbol{A})[1+\boldsymbol{p}_1\boldsymbol{C}(s\boldsymbol{I}-\boldsymbol{A})^{-1}\boldsymbol{Bk}_1]=\\&\det(s\boldsymbol{I}-\boldsymbol{A})+\boldsymbol{p}_1\boldsymbol{C}\cdot\mathrm{adj}(s\boldsymbol{I}-\boldsymbol{A})\boldsymbol{Bk}_1\end{aligned} \tag{5-26}$$

令

$$H_0(s)=\det(s\boldsymbol{I}-\boldsymbol{A}) \tag{5-27}$$

$$\boldsymbol{W}_0(s)=\boldsymbol{C}\cdot\mathrm{adj}(s\boldsymbol{I}-\boldsymbol{A})\boldsymbol{B} \tag{5-28}$$

故

$$H_1(s)=H_0(s)+\boldsymbol{p}_1\boldsymbol{W}_0(s)\boldsymbol{k}_1 \tag{5-29}$$

注意到受控对象的传递函数矩阵 $\boldsymbol{G}_0(s)$ 为

$$\boldsymbol{G}_0(s)=\boldsymbol{C}(s\boldsymbol{I}-\boldsymbol{A})^{-1}\boldsymbol{B}=\frac{\boldsymbol{C}\mathrm{adj}(s\boldsymbol{I}-\boldsymbol{A})\boldsymbol{B}}{\det(s\boldsymbol{I}-\boldsymbol{A})}=\frac{\boldsymbol{W}_0(s)}{H_0(s)} \tag{5-30}$$

式(5-29)给出了闭环特征多项式与开环特征多项式(即受控对象特征多项式)、反馈矩阵的关系。配置极点时，可任意规定向量 $\boldsymbol{p}_1$，使 $(\boldsymbol{A},\boldsymbol{p}_1\boldsymbol{C})$ 仍能观测，根据先配置期望闭环极点中的 $(m-1)$ 个极点 $\lambda_1,\cdots,\lambda_{m-1}$ 来确定向量 $\boldsymbol{k}_1$，这就是解下列 $(m-1)$ 个线性方程

$$H_0(\lambda_i)+\boldsymbol{p}_1\boldsymbol{W}_0(\lambda_i)\boldsymbol{k}_1=0,\quad i=1,\cdots,m-1 \tag{5-31}$$

则所得闭环系统 $(\boldsymbol{A}_1,\boldsymbol{B},\boldsymbol{C})$ 有 $(m-1)$ 个极点 $\lambda_1,\cdots,\lambda_{m-1}$。

第二步：对第一步所得闭环系统 $(\boldsymbol{A}_1,\boldsymbol{B},\boldsymbol{C})$ 作用单位秩比例-微分输出反馈规律

$$\hat{\boldsymbol{u}}=\boldsymbol{v}-\boldsymbol{P}_2\boldsymbol{y}-\boldsymbol{Q}\dot{\boldsymbol{y}},\quad \boldsymbol{P}_2=\boldsymbol{k}\boldsymbol{p}_2,\quad \boldsymbol{Q}=\boldsymbol{k}\boldsymbol{q} \tag{5-32}$$

式中的 $\boldsymbol{k}$ 为 m 维列向量；$\boldsymbol{p}_2,\boldsymbol{q}$ 均为 l 维行向量。得到闭环动态方程为

$$\dot{\boldsymbol{x}}=(\boldsymbol{I}+\boldsymbol{BkqC})^{-1}(\boldsymbol{A}_1-\boldsymbol{Bk}\boldsymbol{p}_2\boldsymbol{C})\boldsymbol{x}+(\boldsymbol{I}+\boldsymbol{BkqC})^{-1}\boldsymbol{Bv},\ \boldsymbol{y}=\boldsymbol{Cx} \tag{5-33}$$

其闭环特征多项式记为 $H_2(s)$，有

$$\begin{aligned}H_2(s)=&\det[s\boldsymbol{I}-(\boldsymbol{I}+\boldsymbol{BkqC})^{-1}(\boldsymbol{A}_1-\boldsymbol{Bk}\boldsymbol{p}_2\boldsymbol{C})]=\\&\det[(\boldsymbol{I}+\boldsymbol{BkqC})^{-1}s\boldsymbol{I}(\boldsymbol{I}+\boldsymbol{BkqC})-(\boldsymbol{I}+\boldsymbol{BkqC})^{-1}(\boldsymbol{A}_1-\boldsymbol{Bk}\boldsymbol{p}_2\boldsymbol{C})]=\\&\det(\boldsymbol{I}+\boldsymbol{BkqC})^{-1}\det[s\boldsymbol{I}-\boldsymbol{A}_1+\boldsymbol{Bk}(\boldsymbol{q}s+\boldsymbol{p}_2)\boldsymbol{C}]=\\&\frac{1}{\det(\boldsymbol{I}+\boldsymbol{BkqC})}\det\{(s\boldsymbol{I}-\boldsymbol{A}_1)[\boldsymbol{I}+(s\boldsymbol{I}-\boldsymbol{A}_1)^{-1}\boldsymbol{Bk}(\boldsymbol{q}s+\boldsymbol{p}_2)\boldsymbol{C}]\}=\\&\frac{1}{1+\boldsymbol{qCBk}}\det(s\boldsymbol{I}-\boldsymbol{A}_1)+(s\boldsymbol{q}+\boldsymbol{p}_2)\boldsymbol{C}\cdot\mathrm{adj}(s\boldsymbol{I}-\boldsymbol{A}_1)\boldsymbol{Bk}\end{aligned} \tag{5-34}$$

令

$$\boldsymbol{W}_1(s)=\boldsymbol{C}\cdot\mathrm{adj}(s\boldsymbol{I}-\boldsymbol{A}_1)\boldsymbol{B} \tag{5-35}$$

由于

$$H_1(\mathrm{s})=\det(s\boldsymbol{I}-\boldsymbol{A}_1) \tag{5-36}$$

故

$$H_2(\mathrm{s})=\frac{1}{1+\boldsymbol{qCBk}}[H_1(\mathrm{s})+s\boldsymbol{q}\boldsymbol{W}_1(s)\boldsymbol{k}+\boldsymbol{p}_2\boldsymbol{W}_1(s)\boldsymbol{k}] \tag{5-37}$$

注意到第一步所得闭环系统 $(\boldsymbol{A}_1,\boldsymbol{B},\boldsymbol{C})$ 的传递函数矩阵 $\boldsymbol{G}_1(s)$ 为

$$\boldsymbol{G}_1(s)=\boldsymbol{C}(s\boldsymbol{I}-\boldsymbol{A}_1)^{-1}\boldsymbol{B}=\frac{\boldsymbol{C}\mathrm{adj}(s\boldsymbol{I}-\boldsymbol{A}_1)\boldsymbol{B}}{\det(s\boldsymbol{I}-\boldsymbol{A}_1)}=\frac{\boldsymbol{W}_1(s)}{H_1(s)} \tag{5-38}$$

由于第一步已经配置了 $(m-1)$ 个闭环极点在规定位置上，在第二步设计中应保持这些闭环极点不再改变。当第二步设计采用单位秩结构以后，导出了式(5-37)所示闭环特征多项式，它显示出闭环极点与反馈矩阵的关系。可以看出，按下列方式选择 $\boldsymbol{k}$，即令

$$\boldsymbol{W}_1(\lambda_i)\boldsymbol{k}=\boldsymbol{0},\quad i=1,\cdots,m-1 \tag{5-39}$$

可使 $H_2(s)$ 与 $H_1(s)$ 具有相同极点，即能保持第一步配置的极点，而与 $\boldsymbol{p}_2,\boldsymbol{q}$ 无关。

验证可知 $\mathrm{adj}(\lambda_i\boldsymbol{I}-\boldsymbol{A}_1)$，$i=1,\cdots,m-1$ 其秩为1，故 $\boldsymbol{W}_1(\lambda_i)$ 只含有一个独立的行，设以 $\boldsymbol{w}_1$ 表示，那么式(5-39)又可表为

$$\boldsymbol{w}_i\boldsymbol{k}=\boldsymbol{0},\quad i=1,\cdots,m-1 \tag{5-40}$$

当 $\boldsymbol{k}$ 求出以后，其余 $[n-(m-1)]$ 个期望极点通过求解下列线性方程：

$$H_1(\lambda_j)+\lambda_j\boldsymbol{q}\boldsymbol{W}_1(\lambda_j)\boldsymbol{k}+\boldsymbol{p}_2\boldsymbol{W}_1(\lambda_j)\boldsymbol{k}=\boldsymbol{0},\quad j=1,\cdots,n-(m-1) \tag{5-41}$$

确定 $\boldsymbol{q},\boldsymbol{p}_2$ 来实现配置。

原受控系统总的比例-微分输出反馈规律为

$$\boldsymbol{u}=\boldsymbol{v}-\boldsymbol{P}\boldsymbol{y}-\boldsymbol{Q}\dot{\boldsymbol{y}}=\boldsymbol{v}-(\boldsymbol{P}_1+\boldsymbol{P}_2)\boldsymbol{y}-\boldsymbol{Q}\dot{\boldsymbol{y}}=\boldsymbol{v}-(\boldsymbol{k}_1\boldsymbol{p}_1+\boldsymbol{k}\boldsymbol{p}_2)\boldsymbol{y}-\boldsymbol{k}\boldsymbol{q}\dot{\boldsymbol{y}} \tag{5-42}$$

式中总的比例输出反馈矩阵 $\boldsymbol{P}$ 其秩为 2；微分输出反馈矩阵 $\boldsymbol{Q}$ 其秩为 1。

上面所取的单位秩结构将多输入-多输出系统化为等价的单输入-多输出系统。若令 $\boldsymbol{P}_1=\boldsymbol{k}_1\boldsymbol{p}_1$ 及 $\boldsymbol{P}_2=\boldsymbol{p}_2\boldsymbol{k},\boldsymbol{Q}=\boldsymbol{q}\boldsymbol{k}$，则可化为等价的多输入-单输出系统，分两步的设计方法是类似的，这里只列出所需计算公式，推导过程略。

第一步：用 $\boldsymbol{P}_1=\boldsymbol{k}_1\boldsymbol{p}_1$ 作用于受控对象，与上述第一步相同，唯此时根据先配置的 $(l-1)$ 个期望极点来选 $\boldsymbol{k}_1$，即解下列 $(l-1)$ 个线性方程：

$$H_0(\lambda_i)\boldsymbol{p}_1\boldsymbol{W}_0(\lambda_i)\boldsymbol{k}_1=0,\quad i=1,\cdots,l-1 \tag{5-43}$$

第二步：用 $\boldsymbol{P}_2=\boldsymbol{p}_2\boldsymbol{k},\boldsymbol{Q}=\boldsymbol{q}\boldsymbol{k}$ 作用于所得闭环系统 $(\boldsymbol{A}_1,\boldsymbol{B},\boldsymbol{C})$ 得到结果的闭环特征多项式为

$$H_2(s)=\frac{1}{1+\boldsymbol{k}\boldsymbol{C}\boldsymbol{B}\boldsymbol{q}}[H_1(s)+s\boldsymbol{k}\boldsymbol{W}_1(s)\boldsymbol{q}+\boldsymbol{k}\boldsymbol{W}_1(s)\boldsymbol{p}_2] \tag{5-44}$$

为保持第一步所配置的闭环极点不变，按下列方式选择 $\boldsymbol{k}$，即令

$$\boldsymbol{k}\boldsymbol{w}_i=0,\quad i=1,\cdots,l-1 \tag{5-45}$$

式中，$\boldsymbol{w}_i$ 为 $\boldsymbol{W}_1(\lambda_i)$ 中任意不为零的列。$\boldsymbol{k}$ 求出后，其余 $[n-(l-1)]$ 个期望极点通过求解下列线性方程

$$H_1(\lambda_j)+\lambda_j\boldsymbol{k}\boldsymbol{W}_1(\lambda_j)\boldsymbol{q}+\boldsymbol{k}\boldsymbol{W}_1(\lambda_j)\boldsymbol{p}_2=0,\quad j=1,\cdots,n-(l-1) \tag{5-46}$$

确定 $\boldsymbol{q},\boldsymbol{p}_2$ 来实现配置。

原受控系统总的比例-微分输出反馈规律为

$$\begin{aligned}\boldsymbol{u}&=\boldsymbol{v}-\boldsymbol{P}\boldsymbol{y}-\boldsymbol{Q}\dot{\boldsymbol{y}}=\boldsymbol{v}-(\boldsymbol{P}_1+\boldsymbol{P}_2)\boldsymbol{y}-\boldsymbol{Q}\dot{\boldsymbol{y}}=\\&\boldsymbol{v}-(\boldsymbol{k}_1\boldsymbol{p}_1+\boldsymbol{p}_2\boldsymbol{k})\boldsymbol{y}-\boldsymbol{q}\boldsymbol{k}\dot{\boldsymbol{y}}\end{aligned} \tag{5-47}$$

其中 $\mathrm{rank}[\boldsymbol{P}]=2,\mathrm{rank}[\boldsymbol{Q}]=1$。不加证明地指出，定义

$$\left.\begin{aligned}&\alpha=\mathrm{rank}\begin{bmatrix}\boldsymbol{C}\\\boldsymbol{C}\boldsymbol{A}\end{bmatrix},\quad \beta=\mathrm{rank}[\boldsymbol{B}\quad \boldsymbol{A}\boldsymbol{B}]\\&\gamma_1=m+\min(\alpha,n-m+1),\quad \gamma_2=l+\min(\beta,n-l+1)\\&\alpha\leqslant p_1\leqslant\gamma_1-1,\quad \beta\leqslant p_2\leqslant\gamma_2-1\end{aligned}\right\} \tag{5-48}$$

则当 $p_1\geqslant p_2$ 时，采用化为等价的单输入系统的单位秩结构；当 $p_1<p_2$ 时，采用化为等价的单输出单位秩结构。

例 5-1 设能控、能观测、循环的受控对象动态方程为

$$\dot{\boldsymbol{x}}=\begin{bmatrix}0&1&0&0&0\\0&0&1&0&0\\0&0&0&1&0\\0&0&0&0&1\\1&0&0&0&0\end{bmatrix}\boldsymbol{x}+\begin{bmatrix}0&1\\0&0\\0&0\\0&0\\1&0\end{bmatrix}\boldsymbol{u},\quad \boldsymbol{y}=\begin{bmatrix}1&0&0&0&0\\0&0&1&0&0\end{bmatrix}\boldsymbol{x}$$

试求 PD 输出反馈矩阵，将闭环极点配置在 $-1,-2,-3,-1\pm\mathrm{j}$。

解 计算 $\alpha=\mathrm{rank}\begin{bmatrix}\boldsymbol{C}\\\boldsymbol{C}\boldsymbol{A}\end{bmatrix}=4,\beta=\mathrm{rank}[\boldsymbol{B}\quad\boldsymbol{A}\boldsymbol{B}]=3,4\leqslant p_1\leqslant 5,3\leqslant p_2\leqslant 4$，故 $p_1>p_2$，

采用化为等价的单输入系统的单位秩结构。

第一步：计算受控对象传递函数矩阵 $\boldsymbol{G}_0(s)$。

$$\boldsymbol{G}_0(s)=\frac{\boldsymbol{W}_0(s)}{H_0(s)}=\frac{\boldsymbol{C}\mathrm{adj}(s\boldsymbol{I}-\boldsymbol{A})\boldsymbol{B}}{\det(s\boldsymbol{I}-\boldsymbol{A})}=\frac{1}{s^5-1}\begin{bmatrix}1 & s^4\\ s^2 & s\end{bmatrix}$$

令 $\boldsymbol{P}_1=\boldsymbol{k}_1\boldsymbol{p}_1$，设它将 $m-1=1$ 个极点配置在希望闭环极点 -1 处，这里 $\boldsymbol{k}_1=\begin{bmatrix}k_1\\k_2\end{bmatrix}$，$\boldsymbol{p}_1=[p_1\quad p_2]$。任取 $\boldsymbol{p}_1=[2\quad 0]$，其 $(\boldsymbol{A},\boldsymbol{p}_1\boldsymbol{C})$ 能观测，由下式：

$$H_0(-1)+\boldsymbol{p}_1\boldsymbol{W}_0(-1)\boldsymbol{k}_1=-2+[2\quad 0]\begin{bmatrix}1 & 1\\ 1 & -1\end{bmatrix}\begin{bmatrix}k_1\\k_2\end{bmatrix}=$$

$$-2+2k_1+2k_2=0$$

求 k_1 任取 $k_2=0$，则 $k_1=1$，故

$$\boldsymbol{P}_1=\boldsymbol{k}_1\boldsymbol{p}_1=\begin{bmatrix}k_1\\k_2\end{bmatrix}[p_1\quad p_2]=\begin{bmatrix}1\\0\end{bmatrix}[2\quad 0]=\begin{bmatrix}2 & 0\\ 0 & 0\end{bmatrix}$$

所得闭环系统 $(\boldsymbol{A}_1,\boldsymbol{B},\boldsymbol{C})$ 传递函数矩阵 $\boldsymbol{G}_1(s)$ 为

$$\boldsymbol{G}_1(s)=\frac{\boldsymbol{W}_1(s)}{H_1(s)}=\frac{\boldsymbol{C}\mathrm{adj}(s\boldsymbol{I}-\boldsymbol{A}_1)\boldsymbol{B}}{\det(s\boldsymbol{I}-\boldsymbol{A}_1)}=\frac{1}{s^5-1}\begin{bmatrix}1 & s^4\\ s^2 & -s\end{bmatrix}$$

有一个闭环极点位于 -1。

第二步：令 $\boldsymbol{P}_2=\boldsymbol{k}\boldsymbol{p}_2$，$\boldsymbol{Q}=\boldsymbol{k}\boldsymbol{q}$ 作用于系统 $(\boldsymbol{A}_1,\boldsymbol{B},\boldsymbol{C})$，为保持已配置的极点 -1 不变，需如下选择 $\boldsymbol{k}$ 满足：

$$\boldsymbol{W}_1(-1)\boldsymbol{k}=\boldsymbol{0}$$

即

$$\begin{bmatrix}1 & 1\\ 1 & 1\end{bmatrix}\begin{bmatrix}k_1\\k_2\end{bmatrix}=0,\quad k_1+k_2=0$$

任取 $k_1=1$，则 $k_2=-1$，因此 $\boldsymbol{k}=\begin{bmatrix}1\\-1\end{bmatrix}$。

$\boldsymbol{k}$ 值确定以后，由下式确定 $\boldsymbol{p}_2$，$\boldsymbol{q}$，这里 $\boldsymbol{p}_2=[p_1\quad p_2]$，$\boldsymbol{q}=[q_1\quad q_2]$：

$$H_2(s)=\frac{1}{1+\boldsymbol{q}\boldsymbol{C}\boldsymbol{B}\boldsymbol{k}}[H_1(s)+s\boldsymbol{q}\boldsymbol{W}_1(s)\boldsymbol{k}+\boldsymbol{p}_2\boldsymbol{W}_1(s)\boldsymbol{k}]=$$

$$\frac{1}{1-q_1}\left\{(s^5+1)+s[q_1\quad q_2]\begin{bmatrix}1 & s^4\\ s^2 & -s\end{bmatrix}\begin{bmatrix}1\\-1\end{bmatrix}+[p_1\quad p_2]\begin{bmatrix}1 & s^4\\ s^2 & -s\end{bmatrix}\begin{bmatrix}1\\-1\end{bmatrix}\right\}=$$

$$(s+1)\left[s^4+\frac{q_1-p_1-1}{1-q_1}s^3+\frac{p_1-q_1+q_2+1}{1-q_1}s^2+\frac{q_1+p_2-p_1-1}{1-q_1}s+\frac{p_1+1}{1-q_1}\right]$$

显见 $H_2(s)$ 含有极点 -1 而与 $\boldsymbol{p}_2$，$\boldsymbol{q}$ 无关。令 $H_2(s)$ 中其余希望特征多项式(含 -1 以外的四个期望极点)

$$(s+2)(s+3)(s+1+\mathrm{j})(s+1-\mathrm{j})=s^4+7s^3+18s^2+22s+12$$

相比较，可得下列线性方程组：

$$\begin{bmatrix}-1 & 0 & 8 & 0\\ 1 & 0 & 17 & 1\\ -1 & 1 & 23 & 0\\ 1 & 0 & 12 & 0\end{bmatrix}\begin{bmatrix}p_1\\p_2\\q_1\\q_2\end{bmatrix}=\begin{bmatrix}8\\17\\23\\11\end{bmatrix}$$

解得 $p_1=-0.4, p_2=0.75, q_1=0.95, q_2=1.25$。故

$$\boldsymbol{P}_2=\boldsymbol{kp}=\begin{bmatrix}1\\-1\end{bmatrix}[-0.4\quad 0.75]=\begin{bmatrix}-0.4 & 0.75\\0.4 & -0.75\end{bmatrix}$$

$$\boldsymbol{Q}=\boldsymbol{kq}=\begin{bmatrix}1\\-1\end{bmatrix}[0.95\quad 1.25]=\begin{bmatrix}0.95 & 1.25\\-0.95 & -1.25\end{bmatrix}$$

受控对象 $(\boldsymbol{A},\boldsymbol{B},\boldsymbol{C})$ 所需 $\boldsymbol{P},\boldsymbol{Q}$ 反馈矩阵为

$$\boldsymbol{P}=\boldsymbol{P}_1+\boldsymbol{P}_2=\begin{bmatrix}1.6 & 0.75\\0.4 & -0.75\end{bmatrix},\quad \mathrm{rank}[\boldsymbol{P}]=2$$

$$\boldsymbol{Q}=\begin{bmatrix}0.95 & 1.25\\-0.95 & -1.25\end{bmatrix},\quad \mathrm{rank}[\boldsymbol{Q}]=1$$

可以证实，闭环极点配置到规定位置。

5.3 PID 输出反馈的设计

设能控能观测线性多变量受控对象动态方程为

$$\dot{\boldsymbol{x}}=\boldsymbol{Ax}+\boldsymbol{Bu}+\boldsymbol{Ed},\quad \boldsymbol{y}=\boldsymbol{Cx}+\boldsymbol{Fd} \tag{5-49}$$

式中，$\boldsymbol{x}$ 为 n 维状态向量；$\boldsymbol{u}$ 为 m 维输入控制向量；$\boldsymbol{y}$ 为 l 维输出向量；$\boldsymbol{d}$ 为 γ 维扰动向量。采用下列 PID 输出反馈控制规律：

$$\boldsymbol{u}=-\boldsymbol{Py}+\boldsymbol{Q}\int_0^t \boldsymbol{e}(t)\,\mathrm{d}t-\boldsymbol{R}\dot{\boldsymbol{y}},\quad \boldsymbol{e}=\boldsymbol{v}-\boldsymbol{y} \tag{5-50}$$

式中，$\boldsymbol{v}$ 为 l 维指令向量；$\boldsymbol{P},\boldsymbol{Q},\boldsymbol{R}$ 分别为比例、误差积分、微分输出反馈矩阵，其中 $\boldsymbol{P},\boldsymbol{R}$ 位于反馈通路中，$\boldsymbol{Q}$ 位于前向通路中，如图 5-1 所示。设计要求是：① 闭环极点处于复平面规定位置，以满足瞬态响应需求；② 稳态时，输出向量 $\boldsymbol{y}$ 准确跟踪指令向量 $\boldsymbol{v}$；③ 对于终值是常数的任意扰动 $\boldsymbol{d}$，不影响稳态输出。PD 输出反馈可满足第一项要求，而为满足第二、三项要求，需引入积分项。但积分项的引入将增加系统阶数，定义积分器输出 $\boldsymbol{z}$ 为

$$\boldsymbol{z}=\int_0^t \boldsymbol{e}\mathrm{d}t=\int_0^t(\boldsymbol{v}-\boldsymbol{y})\,\mathrm{d}t \tag{5-51}$$

选择 $\boldsymbol{z}$ 为附加的状态向量（l 维），式(5-49)与式(5-51)联立构成 $(n+l)$ 阶增广受控对象动态方程为

$$\left.\begin{aligned}\dot{\bar{\boldsymbol{x}}}&=\bar{\boldsymbol{A}}\bar{\boldsymbol{x}}+\bar{\boldsymbol{B}}\boldsymbol{u}+\bar{\boldsymbol{I}}\boldsymbol{v}+\bar{\boldsymbol{E}}\boldsymbol{d}\\ \boldsymbol{y}&=\bar{\boldsymbol{C}}\bar{\boldsymbol{x}}+\boldsymbol{Fd}\end{aligned}\right\} \tag{5-52}$$

式中 $\bar{\boldsymbol{x}}=\begin{bmatrix}\boldsymbol{x}\\\boldsymbol{z}\end{bmatrix},\bar{\boldsymbol{A}}=\begin{bmatrix}\boldsymbol{A} & \boldsymbol{0}\\-\boldsymbol{C} & \boldsymbol{0}\end{bmatrix},\bar{\boldsymbol{B}}=\begin{bmatrix}\boldsymbol{B}\\\boldsymbol{0}\end{bmatrix},\bar{\boldsymbol{I}}=\begin{bmatrix}\boldsymbol{0}\\\boldsymbol{I}\end{bmatrix},\bar{\boldsymbol{E}}=\begin{bmatrix}\boldsymbol{E}\\-\boldsymbol{F}\end{bmatrix},\bar{\boldsymbol{C}}=[\boldsymbol{C}\quad\boldsymbol{0}]$

为了配置极点，增广对象 $(\bar{\boldsymbol{A}},\bar{\boldsymbol{B}},\bar{\boldsymbol{C}})$ 应具有能控能观测性，这就要求原受控对象具有能控能观测性，以及矩阵 $\begin{bmatrix}\boldsymbol{A} & \boldsymbol{B}\\\boldsymbol{C} & \boldsymbol{0}\end{bmatrix}$ 具有满秩 $n+l$，后一条件包含着 $m\geqslant l$（即输入向量维数至少与输出向量维数相等）及 $\mathrm{rank}[\boldsymbol{C}]=l$。为了能使用输出反馈矩阵的单位秩结构，以简化控制器设计，还要求 $\bar{\boldsymbol{A}}$ 是循环的。若 $\bar{\boldsymbol{A}}$ 非循环，增广对象可预先用一初始控制规律构成循环的。

为了工程设计的方便，PID 控制器设计通常分三步进行。

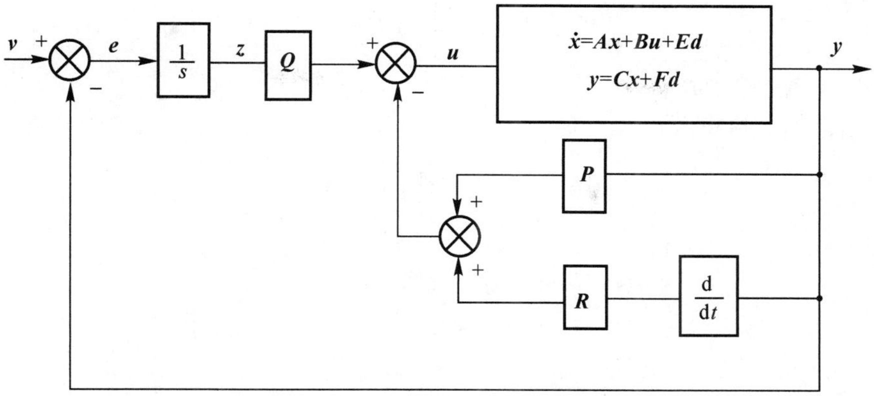

图 5-1　带 PID 控制器的系统

第一步：施加初始控制规律

$$\boldsymbol{u}=\hat{\boldsymbol{Q}}z+\bar{\boldsymbol{u}} \tag{5-53}$$

作用于增广对象$(\bar{\boldsymbol{A}},\bar{\boldsymbol{B}},\bar{\boldsymbol{C}})$，$\hat{\boldsymbol{Q}}$ 为任意的满秩$(m\times l)$矩阵，结果得到新的增广系统

$$\begin{aligned}\dot{\bar{\boldsymbol{x}}}&=\bar{\boldsymbol{A}}_1\bar{\boldsymbol{x}}+\bar{\boldsymbol{B}}\bar{\boldsymbol{u}}+\bar{\boldsymbol{I}}\boldsymbol{v}+\bar{\boldsymbol{E}}\boldsymbol{d}\\ \boldsymbol{y}&=\bar{\boldsymbol{C}}\bar{\boldsymbol{x}}+\boldsymbol{F}\boldsymbol{d}\end{aligned} \tag{5-54}$$

式中 $\bar{\boldsymbol{A}}_1=\begin{bmatrix}\boldsymbol{A} & \boldsymbol{B}\hat{\boldsymbol{Q}}\\ -\boldsymbol{C} & \boldsymbol{0}\end{bmatrix}$应具有相异特征值，于是保证了 $\bar{\boldsymbol{A}}_1$ 是循环的。对于系统$(\bar{\boldsymbol{A}}_1,\bar{\boldsymbol{B}},\bar{\boldsymbol{C}})$，$\bar{\boldsymbol{u}}$ 至 $\boldsymbol{y}$ 的传递函数矩阵 $\boldsymbol{G}_1(s)$ 为

$$\boldsymbol{G}_1(s)=\bar{\boldsymbol{C}}(s\boldsymbol{I}-\bar{\boldsymbol{A}}_1)^{-1}\bar{\boldsymbol{B}}=\frac{\bar{\boldsymbol{C}}\cdot\operatorname{adj}(s\boldsymbol{I}-\bar{\boldsymbol{A}}_1)\bar{\boldsymbol{B}}}{\det(s\boldsymbol{I}-\bar{\boldsymbol{A}}_1)}\overset{\text{def}}{=\!=}\frac{\boldsymbol{W}_1(s)}{H_1(s)} \tag{5-55}$$

式中

$$\left.\begin{aligned}H_1(\mathrm{s})&=\det(s\boldsymbol{I}-\bar{\boldsymbol{A}}_1)\\ \boldsymbol{W}_1(\mathrm{s})&=\bar{\boldsymbol{C}}\operatorname{adj}(s\boldsymbol{I}-\bar{\boldsymbol{A}}_1)\bar{\boldsymbol{B}}\end{aligned}\right\} \tag{5-56}$$

若原受控对象 $\boldsymbol{A}$ 是循环的，则令 $\hat{\boldsymbol{Q}}=\boldsymbol{I}$。

第二步：以单位秩反馈控制规律

$$\bar{\boldsymbol{u}}=\hat{\boldsymbol{q}}\hat{\boldsymbol{k}}z+\hat{\boldsymbol{u}} \tag{5-57}$$

作用于系统$(\bar{\boldsymbol{A}}_1,\bar{\boldsymbol{B}},\bar{\boldsymbol{C}})$，将$(l-1)$个极点配置在期望的规定位置，式中 $\hat{\boldsymbol{q}}$ 为 m 维列向量，$\hat{\boldsymbol{k}}$ 为 l 维行向量，$\hat{\boldsymbol{u}}$ 为 m 维列向量。所得闭环系统$(\bar{\boldsymbol{A}}_2,\bar{\boldsymbol{B}},\bar{\boldsymbol{C}})$为

$$\left.\begin{aligned}\dot{\bar{\boldsymbol{x}}}&=\bar{\boldsymbol{A}}_2\bar{\boldsymbol{x}}+\bar{\boldsymbol{B}}\hat{\boldsymbol{u}}+\bar{\boldsymbol{I}}\boldsymbol{v}+\bar{\boldsymbol{E}}\boldsymbol{d}\\ \boldsymbol{y}&=\bar{\boldsymbol{C}}\bar{\boldsymbol{x}}+\boldsymbol{F}\boldsymbol{d}\end{aligned}\right\} \tag{5-58}$$

式中 $\bar{\boldsymbol{A}}_2=\begin{bmatrix}\boldsymbol{A} & \boldsymbol{B}(\hat{\boldsymbol{Q}}+\hat{\boldsymbol{q}}\hat{\boldsymbol{k}})\\ -\boldsymbol{C} & \boldsymbol{0}\end{bmatrix}$；或由式(5-51)及式(5-54)导出闭环系统$(\hat{\boldsymbol{A}},\hat{\boldsymbol{B}},\hat{\boldsymbol{C}})$为

$$\left.\begin{aligned}\dot{\hat{\boldsymbol{x}}}&=\hat{\boldsymbol{A}}\hat{\boldsymbol{x}}+\hat{\boldsymbol{B}}\hat{\boldsymbol{u}}+\hat{\boldsymbol{I}}\boldsymbol{v}+\hat{\boldsymbol{E}}\boldsymbol{d}\\ \boldsymbol{y}&=\hat{\boldsymbol{C}}\hat{\boldsymbol{x}}+\boldsymbol{F}\boldsymbol{d}\end{aligned}\right\} \tag{5-59}$$

式中

$$\hat{x}=\begin{bmatrix}\bar{x}\\ z\end{bmatrix},\quad \hat{A}=\begin{bmatrix}\bar{A}_1 & \bar{B}\hat{q}\hat{k}\\ -\bar{C} & 0\end{bmatrix},\quad \hat{B}=\begin{bmatrix}\bar{B}\\ 0\end{bmatrix},\quad \hat{C}=[\bar{C}\quad 0],\quad \hat{I}=\begin{bmatrix}\bar{I}\\ I\end{bmatrix},\hat{E}=\begin{bmatrix}\bar{E}\\ -F\end{bmatrix}$$

$\bar{A}_1$ 与 $\hat{A}$ 具有相同的特征值$\lambda_1,\cdots,\lambda_{l-1}$。

$\hat{u}$ 至 y 的传递函数矩阵 $G_2(s)$ 为

$$G_2(s)=\hat{C}(sI-\hat{A})^{-1}\hat{B}=\bar{C}(sI-\bar{A}_2)^{-1}\bar{B}=\frac{W_2(s)}{H_2(s)} \tag{5-60}$$

式中

$$H_2(s)=\det(sI-\bar{A}_2)=\det(sI-\hat{A}) \tag{5-61}$$

$$W_2(s)=\bar{C}\mathrm{adj}(sI-\bar{A}_2)\bar{B}=\hat{C}\mathrm{adj}(sI-\hat{A})\hat{B} \tag{5-62}$$

其闭环特征多项式 $H_2(s)$ 可由分块矩阵的行列式恒等关系

$$\det\begin{bmatrix}A_{11} & A_{12}\\ A_{21} & A_{22}\end{bmatrix}=\det A_{11}\det(A_{22}-A_{21}A_{11}^{-1}A_{12}) \tag{5-63}$$

展开为

$$\begin{aligned}H_2(s)=\det\begin{bmatrix}sI-\bar{A}_1 & \bar{B}\hat{q}\hat{k}\\ \bar{C} & sI_l\end{bmatrix}&=\det(sI-\bar{A}_1)\det[sI_l+\bar{C}(sI-\bar{A}_1)^{-1}\bar{B}\hat{q}\hat{k}]=\\ &s^l\det(sI-\bar{A}_1)\det\left[I_l+\frac{1}{s}\bar{C}(sI-\bar{A}_1)^{-1}\bar{B}\hat{q}\hat{k}\right]=\\ &s^l\det(sI-\bar{A}_1)\cdot\left[1+\frac{1}{s}\hat{k}\bar{C}(sI-\bar{A}_1)^{-1}\bar{B}\hat{q}\right]=\\ &s^l\left[H_1(s)+\frac{1}{s}\hat{k}W_1(s)\hat{q}\right]\end{aligned} \tag{5-64}$$

由于 $\bar{A}_1$ 是循环的，故可任取 $\hat{q}$ 使$(\bar{A}_1,\bar{B}q)$能控，根据$(l-1)$个期望闭环极点位置应满足

$$H_1(\lambda_i)+\frac{1}{\lambda_i}\hat{k}W_1(\lambda_i)\hat{q}=0,\quad i=1,\cdots,l-1 \tag{5-65}$$

来确定 $\hat{k}$。

第三步：以单位秩反馈控制规律

$$\hat{u}=-pky-qkz-rk\dot{y} \tag{5-66}$$

作用于系统$(\hat{A},\hat{B},\hat{C})$，将其余 $3m$ 个极点配置在期望位置，并保持已配置的$(l-1)$个极点不可改变。式中，p,q,r 均为 m 维列向量；k 为 l 维行向量。所得闭环系统为

$$\left.\begin{aligned}\dot{\bar{x}}&=\hat{A}_1\bar{x}+\bar{I}v+\hat{E}_1d+\hat{F}d\\ y&=\bar{C}\bar{x}+Fd\end{aligned}\right\} \tag{5-67}$$

式中

$$\hat{A}_1=\begin{bmatrix}\hat{R}(A-BpkC) & \hat{R}B(\hat{Q}+\hat{q}\hat{k}+qk)\\ -C & 0\end{bmatrix}$$

$$\hat{E}_1=\begin{bmatrix}\hat{R}(E-BpkF)\\ -F\end{bmatrix},\quad \hat{F}=\begin{bmatrix}\hat{R}BrkF\\ 0\end{bmatrix},\quad \hat{R}=(I+BrkC)^{-1}$$

闭环特征多项式为

$$\begin{aligned}H_3(s)&=\det(sI-\hat{A}_1)=\\ &\frac{1}{1+kCBr}\left[H_2(s)+kW_2(s)p+\frac{1}{s}kW_2(s)q+skW_2(s)r\right]\end{aligned} \tag{5-68}$$

为保持$(l-1)$个极点位置不变，需令

$$\boldsymbol{kW}_2(\lambda_i)=\boldsymbol{0},\quad i=1,\cdots,l-1 \tag{5-69}$$

以便选择 $\boldsymbol{k}$ 而与 $\boldsymbol{p},\boldsymbol{q},\boldsymbol{r}$ 无关。

验证可知 $\det(\lambda_i\boldsymbol{I}-\bar{\boldsymbol{A}}_2)$，$i=1,\cdots,l-1$，其秩为1，故 $\boldsymbol{W}_2(\lambda_i)$ 只含一个独立的列向量，设以 $\boldsymbol{w}_i$ 表示，故式(5-69)又可表为

$$\boldsymbol{kw}_i=0,\quad i=1,\cdots,l-1 \tag{5-70}$$

值得指出，这样选择 $\boldsymbol{k}$ 将使单输出系统$(\bar{\boldsymbol{A}}_2,\bar{\boldsymbol{B}},\boldsymbol{k}\bar{\boldsymbol{C}})$变成不能观测的，这是由于在函数向量 $\boldsymbol{k}\dfrac{\boldsymbol{W}_2(s)}{H_2(s)}$ 中产生了零极点对消，对消的极点即 $\lambda_1,\cdots,\lambda_{l-1}$。

一旦确定 $\boldsymbol{k}$ 以后，其余 $3m$ 期望极点可通过求解下列 $3m$ 个线性方程

$$H_2(\lambda_j)+\boldsymbol{kW}_2(\lambda_j)\boldsymbol{p}+\frac{1}{\lambda_j}\boldsymbol{kW}_2(\lambda_j)\boldsymbol{q}+\lambda_j\boldsymbol{kW}_2(\lambda_j)\boldsymbol{r}=0,\quad j=l,\cdots,3m+l-1 \tag{5-71}$$

确定 $\boldsymbol{p},\boldsymbol{q},\boldsymbol{r}$ 来实现配置。

原受控系统$(\boldsymbol{A},\boldsymbol{B},\boldsymbol{C})$所需的PID输出反馈控制规律为

$$\boldsymbol{u}=-\boldsymbol{Py}+\boldsymbol{Q}\int_0^t \boldsymbol{e}\mathrm{d}t-\boldsymbol{R}\dot{\boldsymbol{y}} \tag{5-72}$$

式中，$\boldsymbol{P}=\boldsymbol{pk}$，$\boldsymbol{Q}=\hat{\boldsymbol{Q}}+\hat{\boldsymbol{q}}\hat{\boldsymbol{k}}+\boldsymbol{qk}$，$\boldsymbol{R}=\boldsymbol{rk}$，$\boldsymbol{P}$ 与 $\boldsymbol{R}$ 分别为$(m\times l)$单位秩比例输出反馈矩阵与微分输出反馈矩阵，$\boldsymbol{Q}$ 为$(m\times l)$满秩 l 的积分反馈矩阵，将$(3m+l-1)$个闭环极点配置在规定位置。对于 $n<3m$ 的多变量系统，利用上述方法所设计的PID控制器能任意配置全部$(n+l)$个闭环极点；对于 $n\geqslant 3m$ 的多变量系统，则有$(n-3m+1)$个极点位于未加规定的位置，与设计中所取的 $\hat{\boldsymbol{Q}},\hat{\boldsymbol{q}}$ 有关。实际上$(n-3m+1)$通常是个小的数目，通过重复设计 $\hat{\boldsymbol{Q}}$ 及 $\hat{\boldsymbol{q}}$，从而重新设计PID控制器，能够得到满意结果。某些 $n\geqslant 3m$ 的系统，利用PID控制器可能得不到一个稳定的闭环系统，这意味着将需要一个更加复杂的控制器。

为配置极点所需的PID控制器也可以完全位于前向通路中，即

$$\boldsymbol{u}=\boldsymbol{Pe}+\boldsymbol{Q}\int_0^t \boldsymbol{e}\mathrm{d}t+\boldsymbol{R}\dot{\boldsymbol{e}} \tag{5-73}$$

所得闭环系统与式(5-67)具有相同的闭环极点，但有完全不同的零点和瞬态响应，具体地说，这种结构在前向通路中含有微分项。它将对阶跃指令微分而产生脉冲，从而在阶跃响应中会产生大的不希望的超调。

现在来考虑式(5-67)所示闭环系统的稳态特性。只要闭环系统稳定，对于阶跃指令向量 $\boldsymbol{v}(t)=\boldsymbol{v}\cdot 1t$，稳态时有 $\dot{\boldsymbol{z}}=\boldsymbol{0}$，即稳态输出向量 $\boldsymbol{y}=\boldsymbol{v}$，其稳态误差为零。另外，对于终值为常数的任意扰动 $\boldsymbol{d}$，也有 $\dot{\boldsymbol{z}}=\boldsymbol{0}$，即 $\boldsymbol{y}\to\boldsymbol{v}$，故稳态时输出向量不受 $\boldsymbol{d}$ 的影响。值得指出，在系统参数有大的变化时，闭环系统仍能稳定，上述稳态特性得以保持的意义上来说，PID控制具有鲁棒性。

为了改善闭环系统的瞬态响应，可将求得的PID控制器矩阵 $\boldsymbol{P},\boldsymbol{Q},\boldsymbol{R}$ 修改为 $\alpha\boldsymbol{P},\beta\boldsymbol{Q},\gamma\boldsymbol{R}$，这里 α,β,γ 称为调谐参数。独立地改变 α,β,γ，可分别研究比例项、积分项、微分项对瞬态响应的影响。一般情况下，通过合适地选择极点位置及调谐参数，总能获得满意的瞬态响应。

上述PID控制器的设计方法能满足许多实际多变量系统的瞬态响应和稳态特性需求。

例 5-2　能观测、循环的多变量受控对象动态方程为

$$\dot{\boldsymbol{x}}=\begin{bmatrix}0&1&0&0&0\\0&0&1&0&0\\0&0&0&1&0\\0&0&0&0&1\\-12&-4&15&5&-3\end{bmatrix}\boldsymbol{x}+\begin{bmatrix}0&1\\0&0\\0&2\\0&0\\1&1\end{bmatrix}\boldsymbol{u},\quad \boldsymbol{y}=\begin{bmatrix}1&0&0&0&0\\0&1&0&0&0\end{bmatrix}\boldsymbol{x}$$

试设计 PID 控制器，将闭环极点配置在 $-1,-2,-3,-4,-5,-1\pm \mathrm{j}$。

解 该受控对象为双输入-双输出系统，$m=l=2$。

$$\det(s\boldsymbol{I}-\boldsymbol{A})=s^5+3s^4-5s^3-15s^2+4s+12=s^4(s+3)-5s^2(s+3)+4(s+3)=(s+3)(s+1)(s-1)(s+2)(s-2)$$

故不稳定。已知 $(\boldsymbol{A},\boldsymbol{B},\boldsymbol{C})$ 能控能观测，且引入积分器以后的增广系统矩阵

$$\operatorname{rank}\begin{bmatrix}\boldsymbol{A}&\boldsymbol{B}\\\boldsymbol{C}&\boldsymbol{0}\end{bmatrix}=7=n+l$$

故可用 $\boldsymbol{P},\boldsymbol{Q},\boldsymbol{R}$ 任意配置极点。由于 $n<3m(5<6)$，PID 控制器可任意配置 $(n+l)$ 个闭环极点，其设计步骤如下：

第一步：令 $\boldsymbol{u}=-\hat{\boldsymbol{Q}}\boldsymbol{z}+\bar{\boldsymbol{u}}$，已知 $\boldsymbol{A}$ 是循环的，取 $\hat{\boldsymbol{Q}}=\boldsymbol{I}$。增广受控对象传递函数矩阵 $\boldsymbol{G}_1(s)$ 为

$$\boldsymbol{G}_1(s)=\frac{\boldsymbol{W}_1(s)}{H_1(s)}=\frac{\bar{\boldsymbol{C}}\operatorname{adj}(s\boldsymbol{I}-\bar{\boldsymbol{A}}_1)\bar{\boldsymbol{B}}}{\det(s\boldsymbol{I}-\bar{\boldsymbol{A}}_1)}=\frac{\begin{bmatrix}s^2-s&s^6+3s^5-3s^4-9s^3-5s^2\\s^2&2s^5+6s^4-9s^3-12s^2-s\end{bmatrix}}{s^7+3s^6+5s^5-13s^4+10s^3+3s^2-11s-1}$$

式中

$$\bar{\boldsymbol{A}}_1=\begin{bmatrix}\boldsymbol{A}&\boldsymbol{B}\hat{\boldsymbol{Q}}\\-\boldsymbol{C}&\boldsymbol{0}\end{bmatrix},\qquad \bar{\boldsymbol{B}}=\begin{bmatrix}\boldsymbol{B}\\\boldsymbol{0}\end{bmatrix},\qquad \bar{\boldsymbol{C}}=[\boldsymbol{C}\quad\boldsymbol{0}]$$

第二步：令 $\hat{\boldsymbol{u}}=-\hat{\boldsymbol{q}}\,\hat{\boldsymbol{k}}\dot{\boldsymbol{z}}+\hat{\boldsymbol{u}}$，将 $(l-1)$ 个即 1 个极点配置在期望位置 -1 处，任意选择 $\hat{\boldsymbol{q}}=[-1\quad -1]^{\mathrm{T}}$，由式(5-65)有

$$H_1(-1)+\frac{1}{-1}\hat{\boldsymbol{k}}\boldsymbol{W}_1(-1)\hat{\boldsymbol{q}}=-3-[k_1\quad k_2]\begin{bmatrix}2&-1\\-1&2\end{bmatrix}\begin{bmatrix}-1\\-1\end{bmatrix}=-3-k_1-k_2=0$$

任取 $k_1=1$，则 $k_2=-4$，故 $\hat{\boldsymbol{k}}=[1\quad -4]$。所得系统传递函数矩阵 $\boldsymbol{G}_2(s)$ 为

$$\boldsymbol{G}_2(s)=\frac{\boldsymbol{W}_2(s)}{H_2(s)}=\frac{\bar{\boldsymbol{C}}\operatorname{adj}(s\boldsymbol{I}-\bar{\boldsymbol{A}}_2)\bar{\boldsymbol{B}}}{\det(s\boldsymbol{I}-\bar{\boldsymbol{A}}_2)}=\frac{\begin{bmatrix}s^2+3s&s^6+3s^5-3s^4-9s^3-5s^2-4s\\s^3+s&2s^5+6s^4-9s^3-12s^2-2s\end{bmatrix}}{s^7+3s^6-4s^5-18s^4-17s^3+26s^2+33s+2}$$

式中 $\bar{\boldsymbol{A}}_2=\begin{bmatrix}\boldsymbol{A}&\boldsymbol{B}(\hat{\boldsymbol{Q}}+\hat{\boldsymbol{q}}\hat{\boldsymbol{k}})\\-\boldsymbol{C}&\boldsymbol{0}\end{bmatrix}$，它将一个极点配置在规定位置 -1。

第三步：令 $\hat{\boldsymbol{u}}=-\boldsymbol{pky}-\boldsymbol{qkz}-\boldsymbol{rk}\dot{\boldsymbol{y}}$，使极点 -1 得以保持且配置另外 $3m$ 个极点位于 $-2,-3,-4,-5,-1\pm\mathrm{j}$ 处。为保持极点 -1，须满足式(5-69)，即

$$\boldsymbol{kW}_i=[k_1\quad k_2]\begin{bmatrix}-2\\-2\end{bmatrix}=-2k_1-2k_2=0$$

任取 $k_1=1$，则 $k_2=-1$，故 $k=[1\quad -1]$。闭环特征多项式由式(5-68)给出为

$$H_3(s)=(s+1)\left[s^6+\frac{2+p_2}{1+r_2}s^5+\frac{-6+q_2-9r_2}{1+r_2}s^4+\frac{-12-9p_2-r_1+9r_2}{1+r_2}s^3+\right.$$
$$\frac{-5-p_1+9p_2-9q_2+2r_1-2r_2}{1+r_2}s^2+\frac{31+2p_1-2p_2-q_1+9q_2}{1+r_2}s+$$
$$\left.\frac{2+2q_1-2q_2}{1+r_2}\right]$$

该式表明有一闭环极点位于 -1 而与 $\boldsymbol{p},\boldsymbol{q},\boldsymbol{r}$ 无关。为了适当选择 $\boldsymbol{p},\boldsymbol{q},\boldsymbol{r}$ 以配置其余六个闭环极点，可令中括号内的表达式与六个期望极点的特征多项式

$$(s+2)(s+3)(s+4)(s+5)(s^2+2s+2)=$$
$$s^6+16s^5+101s^4+324s^2+570s^2+548s+240$$

相等，即求解下列线性方程组：

$$\begin{bmatrix} 0 & 1 & 0 & 0 & 0 & -16 \\ 0 & 0 & 0 & 1 & 0 & -110 \\ 0 & -9 & 0 & 0 & -1 & -315 \\ -1 & 9 & 0 & -9 & 2 & -572 \\ 2 & -2 & -1 & 9 & 0 & -548 \\ 0 & 0 & 2 & -2 & 0 & -240 \end{bmatrix}\begin{bmatrix} p_1 \\ p_2 \\ q_1 \\ q_2 \\ r_1 \\ r_2 \end{bmatrix}=\begin{bmatrix} 14 \\ 107 \\ 336 \\ 565 \\ 517 \\ 238 \end{bmatrix}$$

解得

$$p_1=-6.241\,04,\quad p_2=-1.957\,45$$
$$q_1=-3.385\,11,\quad q_2=-2.705\,74$$
$$r_1=-4.224\,57,\quad r_2=-0.997\,328$$

所需 PID 控制规律为

$$\boldsymbol{u}=-\boldsymbol{P}\boldsymbol{y}+\boldsymbol{Q}\int_0^t \boldsymbol{e}\mathrm{d}t-\boldsymbol{R}\dot{\boldsymbol{y}}$$

式中 $\boldsymbol{P}=\boldsymbol{pk}=\begin{bmatrix} -6.241\,04 & 6.241\,04 \\ -1.957\,45 & 1.957\,45 \end{bmatrix}$，$\boldsymbol{R}=\boldsymbol{rk}=\begin{bmatrix} -4.224\,571 & 4.224\,571 \\ -0.997\,328 & 0.997\,328 \end{bmatrix}$

$$\boldsymbol{Q}=\hat{\boldsymbol{Q}}+\hat{\boldsymbol{q}}\hat{\boldsymbol{k}}+\boldsymbol{qk}=\begin{bmatrix} -1.385\,11 & -0.614\,89 \\ -1.705\,74 & -0.294\,26 \end{bmatrix}$$

容易证明闭环极点已位于规定的位置。

5.4 二连杆机械手输出反馈控制

设在垂直平面内运动的二连杆机械手如图 5-2 所示，它模仿限制在垂直平面内运动的人的臂。连杆 1,2 类似人的上臂、前臂，关节 1,2 类似人的肩、肘，终端操作装置像人的手。在每个关节处装有伺服马达，提供关节力矩 U_1,U_2(作为控制变量) 去驱动连杆 1,2，分别以角速度 $\dot{\theta}_1,\dot{\theta}_2$ 并转过角度 θ_1,θ_2(作为输出变量)，使机械手从一边初始位姿运动到最终位姿。这种二连杆机械手可用来完成取物作业。

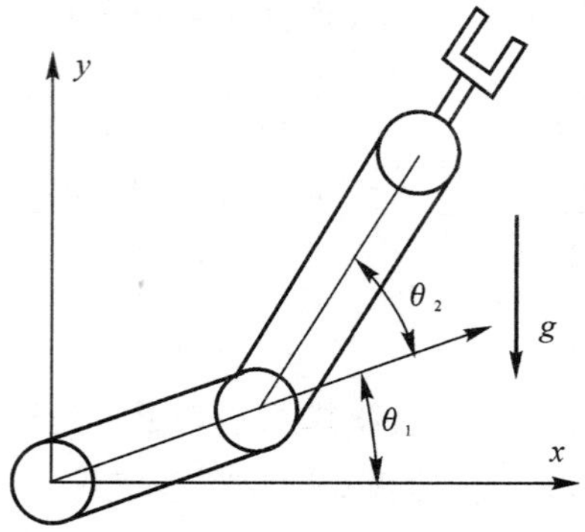

图 5－2　在垂直平面内运动的二连杆机械手

5.4.1　二连杆机械手动力学模型

用欧拉-拉格朗日动力学方程可导出机械手通用的动力学方程如下：

$$\boldsymbol{M}(\boldsymbol{\theta})\ddot{\boldsymbol{\theta}}+\boldsymbol{N}(\boldsymbol{\theta},\dot{\boldsymbol{\theta}})+\boldsymbol{g}(\boldsymbol{\theta})=\boldsymbol{u} \tag{5-74}$$

式中，$\boldsymbol{u}=[u_1 \quad u_2]^{\mathrm{T}}$ 为n维控制力矩向量；$\boldsymbol{\theta},\dot{\boldsymbol{\theta}},\ddot{\boldsymbol{\theta}}$ 为n 维关节角、角速度、角加速度向量；$\boldsymbol{g}(\boldsymbol{\theta})$ 为n 维重力力矩向量；$\boldsymbol{N}(\boldsymbol{\theta},\dot{\boldsymbol{\theta}})$ 为 n 维哥氏力及离心向量；$\boldsymbol{M}(\boldsymbol{\theta})$ 为 n 维惯性矩阵；n 为机械手连杆数目。

机械手动力学方程是很复杂的，它由 n 个非线性、耦合、二阶微分方程组成。对于二连杆机械手，其动力学方程可展开成下列两个方程：

$$\left.\begin{aligned}M_{11}\ddot{\theta}_1+M_{12}\ddot{\theta}_2+N_1(\boldsymbol{\theta},\dot{\boldsymbol{\theta}})+g_1(\boldsymbol{\theta})=U_1\\M_{21}\ddot{\theta}_1+M_{22}\ddot{\theta}_2+N_2(\boldsymbol{\theta},\dot{\boldsymbol{\theta}})+g_2(\boldsymbol{\theta})=U_2\end{aligned}\right\} \tag{5-75}$$

式中

$$M_{11}=a_1+a_2\theta_2$$

$$M_{12}=M_{21}=a_3+\frac{1}{2}a_2\cos\theta_2$$

$$M_{22}=a_3$$

$$N_1(\boldsymbol{\theta},\dot{\boldsymbol{\theta}})=-a_2\sin\theta_2(\dot{\theta}_1\dot{\theta}_2+\frac{1}{2}\theta_2^2)$$

$$N_2(\boldsymbol{\theta},\dot{\boldsymbol{\theta}})=\frac{1}{2}(a_2\sin\theta_2)\theta_1^2$$

$$G_1(\boldsymbol{\theta})=a_4\cos\theta_1+a_5\cos(\theta_1+\theta_2)$$

$$G_2(\boldsymbol{\theta})=a_5\cos(\theta_1+\theta_2)$$

$$a_1=\frac{1}{3}m_1l_1^2+\frac{1}{3}m_2l_2^2+m_2l_1^2$$

$$a_2=m_2l_2l_1$$

$$a_3=\frac{1}{3}m_2l_2^2$$

$$a_4=\frac{1}{2}m_1l_1g+m_2l_1g$$

$$a_5 = \frac{1}{2} m_2 l_2 g$$

建立以上动力学方程时，假定机械手各关节无摩擦，连杆为均质细长杆，连杆质量为 m_1，m_2，其重心位于连杆中点。

现在想为这样一个非线性机械手设计线性多变量输出反馈控制器，必须首先对该模型进行小扰动线性化。

5.4.2　机械手的线性化模型

设机械手工作点 L 处具有控制力矩向量 $\hat{\boldsymbol{u}}$，关节角位置、角速度和角加速度为 $\hat{\boldsymbol{\theta}}, \dot{\hat{\boldsymbol{\theta}}}, \ddot{\hat{\boldsymbol{\theta}}}$，必满足

$$\boldsymbol{M}(\hat{\boldsymbol{\theta}})\ddot{\hat{\boldsymbol{\theta}}} + \boldsymbol{N}(\hat{\boldsymbol{\theta}}, \dot{\hat{\boldsymbol{\theta}}}) + \boldsymbol{g}(\hat{\boldsymbol{\theta}}) = \hat{\boldsymbol{u}} \tag{5-76}$$

若控制力矩向量有效扰动 $\Delta\boldsymbol{u}$，则 $\boldsymbol{u} = \hat{\boldsymbol{u}} + \Delta\boldsymbol{u}$，于是关节角向量得到扰动 $\Delta\boldsymbol{\theta}$，则 $\boldsymbol{\theta} = \hat{\boldsymbol{\theta}} + \Delta\boldsymbol{\theta}$，式(5－74) 变为

$$\boldsymbol{M}(\hat{\boldsymbol{\theta}} + \Delta\boldsymbol{\theta})(\ddot{\boldsymbol{\theta}} + \Delta\ddot{\boldsymbol{\theta}}) + \boldsymbol{N}(\hat{\boldsymbol{\theta}} + \Delta\boldsymbol{\theta}, \dot{\hat{\boldsymbol{\theta}}} + \Delta\dot{\boldsymbol{\theta}}) + \boldsymbol{g}(\hat{\boldsymbol{\theta}} + \Delta\boldsymbol{\theta}) = \hat{\boldsymbol{u}} + \Delta\boldsymbol{u} \tag{5-77}$$

考虑到有效扰动情况下惯量变化甚小，故假定 $\boldsymbol{M}(\hat{\boldsymbol{\theta}} + \Delta\boldsymbol{\theta}) \approx \boldsymbol{M}(\hat{\boldsymbol{\theta}})$；将向量 $\boldsymbol{N}$ 和 $\boldsymbol{g}$ 围绕工作点展开成泰勒级数且忽略二阶以上各项可得

$$\left.\begin{aligned} &\boldsymbol{N}(\hat{\boldsymbol{\theta}} + \Delta\boldsymbol{\theta}, \dot{\hat{\boldsymbol{\theta}}} + \Delta\dot{\boldsymbol{\theta}}) = \boldsymbol{N}(\hat{\boldsymbol{\theta}}, \dot{\hat{\boldsymbol{\theta}}}) + \left(\frac{\partial \boldsymbol{N}}{\partial \boldsymbol{\theta}^{\mathrm{T}}}\right)_L \Delta\boldsymbol{\theta} + \left(\frac{\partial \boldsymbol{N}}{\partial \dot{\boldsymbol{\theta}}^{\mathrm{T}}}\right)_L \Delta\dot{\boldsymbol{\theta}} \\ &\boldsymbol{g}(\hat{\boldsymbol{\theta}} + \Delta\boldsymbol{\theta}) = \boldsymbol{g}(\hat{\boldsymbol{\theta}}) + \left(\frac{\partial \boldsymbol{g}}{\partial \boldsymbol{\theta}^{\mathrm{T}}}\right)_L \cdot \Delta\boldsymbol{\theta} \end{aligned}\right\} \tag{5-78}$$

式中 $\dfrac{\partial \boldsymbol{N}}{\partial \boldsymbol{\theta}^{\mathrm{T}}}, \dfrac{\partial \boldsymbol{N}}{\partial \dot{\boldsymbol{\theta}}^{\mathrm{T}}}, \dfrac{\partial \boldsymbol{g}}{\partial \boldsymbol{\theta}^{\mathrm{T}}}$ 都是 $(n \times n)$ 矩阵，其 (i,j) 元素为

$$\left(\frac{\partial \boldsymbol{N}}{\partial \boldsymbol{\theta}^{\mathrm{T}}}\right)_{ij} = \frac{\partial N_i}{\partial \theta_j}, \quad \left(\frac{\partial \boldsymbol{N}}{\partial \dot{\boldsymbol{\theta}}^{\mathrm{T}}}\right)_{ij} = \frac{\partial N_i}{\partial \dot{\theta}_j}, \quad \left(\frac{\partial \boldsymbol{g}}{\partial \boldsymbol{\theta}^{\mathrm{T}}}\right)_{ij} = \frac{\partial g_i}{\partial \theta_j}$$

由式(5－77) 及考虑式(5－76) 有

$$\boldsymbol{A}_1 \Delta\ddot{\boldsymbol{\theta}} + \boldsymbol{B}_1 \Delta\dot{\boldsymbol{\theta}} + (\boldsymbol{C}_1 + \boldsymbol{C}_2)\Delta\boldsymbol{\theta} = \Delta\boldsymbol{u} \tag{5-79}$$

式中　$\boldsymbol{A}_1 = \boldsymbol{M}(\dot{\boldsymbol{\theta}}), \quad \boldsymbol{B}_1 = \left(\dfrac{\partial \boldsymbol{N}}{\partial \dot{\boldsymbol{\theta}}}\right)_L, \quad \boldsymbol{C}_1 = \left(\dfrac{\partial \boldsymbol{N}}{\partial \boldsymbol{\theta}^{\mathrm{T}}}\right)_L, \quad \boldsymbol{C}_2 = \left(\dfrac{\partial \boldsymbol{g}}{\partial \boldsymbol{\theta}^{\mathrm{T}}}\right)_L$

式(5－79) 给出机械手在工作点 L 附近小扰动情况下的线性化动力学方程，可写成标准形式动态方程：

$$\left.\begin{aligned} &\frac{\mathrm{d}}{\mathrm{d}t}\begin{bmatrix} \Delta\boldsymbol{\theta} \\ \Delta\dot{\boldsymbol{\theta}} \end{bmatrix} = \begin{bmatrix} \boldsymbol{0} & \boldsymbol{I} \\ -\boldsymbol{A}_1^{-1}(\boldsymbol{C}_1 + \boldsymbol{C}_2) & -\boldsymbol{A}_1^{-1}\boldsymbol{B}_1 \end{bmatrix} \begin{bmatrix} \Delta\boldsymbol{\theta} \\ \Delta\dot{\boldsymbol{\theta}} \end{bmatrix} + \begin{bmatrix} \boldsymbol{0} \\ \boldsymbol{A}_1^{-1} \end{bmatrix} \Delta\boldsymbol{u} \\ &\Delta\boldsymbol{\theta} = [\boldsymbol{I} \quad \boldsymbol{0}] \begin{bmatrix} \Delta\boldsymbol{\theta} \\ \Delta\dot{\boldsymbol{\theta}} \end{bmatrix} \end{aligned}\right\} \tag{5-80}$$

这是一个 $2n$ 阶系统，状态向量 $\begin{bmatrix} \Delta\boldsymbol{\theta} \\ \Delta\dot{\boldsymbol{\theta}} \end{bmatrix}$ 为 $2n$ 维，控制向量 $\Delta\boldsymbol{u}$ 为 n 维，状态阵与工作点有关。

若考虑下列技术参数

$$l_1 = l_2 = 0.432, \quad m_1 = 15.91\text{kg}, \quad m_2 = 15.91\text{kg}$$

则

$$a_1=3.82,\quad a_2=2.12,\quad a_3=0.71,\quad a_4=81.82,\quad a_5=24.08$$

设机械手在工作点 L 的状态为：

$$\hat{\theta}_1=-90°,\hat{\theta}_2=0°,\dot{\hat{\theta}}_1=\dot{\hat{\theta}}_2=0,\ddot{\hat{\theta}}_1=\ddot{\hat{\theta}}_2=0$$

它对应于臂垂直向下的位姿，由式(5-76)可求出 $\hat{u}_1=\hat{u}_2=0$。动态方程中各子矩阵可计算得到

$$\boldsymbol{A}_1^{-1}=\boldsymbol{M}^{-1}(\hat{\boldsymbol{\theta}})=\begin{bmatrix}a_1+a_2\cos\hat{\theta}_2 & a_3+\dfrac{a_2}{2}\cos\hat{\theta}_2\\ a_3+\dfrac{1}{2}a_2\cos\hat{\theta}_2 & a_3\end{bmatrix}^{-1}=$$

$$\begin{bmatrix}5.94 & 1.77\\ 1.77 & 0.71\end{bmatrix}^{-1}=\begin{bmatrix}0.655 & -1.632\\ -1.632 & 5.477\end{bmatrix}$$

$$\boldsymbol{B}_1=\left(\frac{\partial\boldsymbol{N}}{\partial\dot{\boldsymbol{\theta}}^{\mathrm{T}}}\right)_L=\begin{bmatrix}\dfrac{\partial N_1}{\partial\dot{\theta}_1} & \dfrac{\partial N_1}{\partial\dot{\theta}_2}\\ \dfrac{\partial N_2}{\partial\dot{\theta}_1} & \dfrac{\partial N_2}{\partial\dot{\theta}_2}\end{bmatrix}=\begin{bmatrix}-a_2\dot{\hat{\theta}}_2\sin\hat{\theta}_2 & -a_2\dot{\hat{\theta}}_1\sin\hat{\theta}_2-a_2\dot{\hat{\theta}}_2\sin\hat{\theta}_2\\ a_2\dot{\hat{\theta}}_1\sin\hat{\theta}_2 & 0\end{bmatrix}=\begin{bmatrix}0 & 0\\ 0 & 0\end{bmatrix}$$

$$\boldsymbol{C}_1=\left(\frac{\partial\boldsymbol{N}}{\partial\boldsymbol{\theta}^{\mathrm{T}}}\right)_L=\begin{bmatrix}\dfrac{\partial N_1}{\partial\theta_1} & \dfrac{\partial N_1}{\partial\theta_2}\\ \dfrac{\partial N_2}{\partial\theta_1} & \dfrac{\partial N_2}{\partial\theta_2}\end{bmatrix}=\begin{bmatrix}0 & -a_2(\dot{\hat{\theta}}_1\dot{\hat{\theta}}_2+\dfrac{1}{2}\dot{\hat{\theta}}_2^2)\cos\hat{\theta}_2\\ 0 & \dfrac{1}{2}a_2\dot{\hat{\theta}}_1^2\cos\hat{\theta}_2\end{bmatrix}=\begin{bmatrix}0 & 0\\ 0 & 0\end{bmatrix}$$

$$\boldsymbol{C}_2=\left(\frac{\partial\boldsymbol{g}}{\partial\boldsymbol{\theta}^{\mathrm{T}}}\right)_L=\begin{bmatrix}\dfrac{\partial G_1}{\partial\theta_1} & \dfrac{\partial G_1}{\partial\theta_2}\\ \dfrac{\partial G_2}{\partial\theta_1} & \dfrac{\partial G_2}{\partial\theta_2}\end{bmatrix}=\begin{bmatrix}-a_4\sin\hat{\theta}_1-a_5\sin(\hat{\theta}_1+\hat{\theta}_2) & -a_5\sin(\hat{\theta}_1+\hat{\theta}_2)\\ -a_5\sin(\hat{\theta}_1+\hat{\theta}_2) & -a_5\sin(\hat{\theta}_1+\hat{\theta}_2)\end{bmatrix}=$$

$$\begin{bmatrix}a_4+a_5 & a_5\\ a_5 & a_5\end{bmatrix}=\begin{bmatrix}105.88 & 24.06\\ 24.06 & 24.06\end{bmatrix}$$

故

$$-\boldsymbol{A}_1^{-1}(\boldsymbol{C}_1+\boldsymbol{C}_2)=-\boldsymbol{A}_1^{-1}\boldsymbol{C}_2=\begin{bmatrix}-30.09 & 23.51\\ 41.02 & -92.51\end{bmatrix}$$

$$-\boldsymbol{A}_1^{-1}\boldsymbol{B}_1=\boldsymbol{0}$$

将式(5-80)可表示为一般形式

$$\dot{\boldsymbol{x}}=\boldsymbol{A}\boldsymbol{x}+\boldsymbol{B}\boldsymbol{u},\quad \boldsymbol{y}=\boldsymbol{C}\boldsymbol{x}\tag{5-81}$$

式中

$$\boldsymbol{x}=[\Delta\theta_1\quad\Delta\theta_2\quad\Delta\dot{\theta}_1\quad\Delta\dot{\theta}_2]^{\mathrm{T}},\ \boldsymbol{u}=[\Delta U_1\quad\Delta U_2]^{\mathrm{T}},\ \boldsymbol{y}=[\Delta\theta_1\quad\Delta\theta_2]^{\mathrm{T}}$$

$$\boldsymbol{A}=\begin{bmatrix}0 & 0 & 1 & 0\\ 0 & 0 & 0 & 1\\ -30.09 & 23.51 & 0 & 0\\ 41.02 & -92.51 & 0 & 0\end{bmatrix},\quad \boldsymbol{B}=\begin{bmatrix}0 & 0\\ 0 & 0\\ 0.655 & -1.632\\ -1.632 & 5.477\end{bmatrix},\quad \boldsymbol{C}=\begin{bmatrix}1 & 0 & 0 & 0\\ 0 & 1 & 0 & 0\end{bmatrix}$$

将式(5-81)所示机械手线性化动力学方程作为受控对象的动态方程，便可研究多变量输出反馈控制器的设计问题。

5.4.3　机械手的稳定

检查 $\boldsymbol{A}$ 的特征值有

$$|s\boldsymbol{I}-\boldsymbol{A}|=s^4+122.6s^2+1810=(s^2+105.4)(s^2+17.17)$$

受控对象有两对极点位于虚轴上，故在工作点 L 处，受控对象不是稳定的。为保证引入单位秩输出反馈控制器以后能得到闭环稳定，须检查受控对象的能控性、能观测性和循环性。由于

$$\text{rank}\begin{bmatrix}\boldsymbol{C}\\ \boldsymbol{CA}\end{bmatrix}=\text{rank}\begin{bmatrix}1&0&0&0\\0&1&0&0\\ \hdashline 0&0&1&0\\0&0&0&1\end{bmatrix}=4=n$$

$$\text{rank}[\boldsymbol{B}\quad \boldsymbol{AB}]=\text{rank}\begin{bmatrix}0&0&0.655&-1.632\\0&0&-1.632&5.477\\0.655&-1.632&0&0\\-1.632&5.477&0&0\end{bmatrix}=4=n$$

故受控对象能控、能观测。由于 $\boldsymbol{A}$ 具有相异特征值 $\boldsymbol{B}$，故 $\boldsymbol{A}$ 是循环的。

首先以最简单的比例输出反馈(P) 控制器来稳定机器人的情况，设控制器方程为

$$\boldsymbol{u}=\Delta\boldsymbol{U}=\boldsymbol{P}(\boldsymbol{v}-\boldsymbol{y}) \tag{5-82}$$

式中，$\boldsymbol{v}$ 为$(2n\times1)$ 参考指令向量，即 $\boldsymbol{v}=\Delta\boldsymbol{\theta}_r$；$\boldsymbol{P}$ 为(2×2) 常值反馈矩阵。由式(5－82) 和式(5－81) 可得到闭环状态方程为

$$\dot{\boldsymbol{x}}=(\boldsymbol{A}-\boldsymbol{BPC})\boldsymbol{x}+\boldsymbol{BPv} \tag{5-83}$$

$$H(s)=\det[s\boldsymbol{I}-(\boldsymbol{A}-\boldsymbol{BPC})]=s^4+c_2s^2+c_0 \tag{5-84}$$

式中，c_2，c_0 均与 $\boldsymbol{P}$ 阵元素有关。由于式(5－84) 有缺项，故无论怎样选择 $\boldsymbol{P}$ 都不能使系统闭环稳定。

下面来研究引入比例-微分输出反馈(PD) 控制器的情况，设控制器方程为

$$\boldsymbol{u}=\Delta\boldsymbol{U}=\boldsymbol{P}(\boldsymbol{v}-\boldsymbol{y})-\boldsymbol{R}\dot{\boldsymbol{y}} \tag{5-85}$$

式中，$\boldsymbol{P}$，$\boldsymbol{R}$ 均为(2×2) 常值反馈矩阵。由式(5－81) 和式(5－85) 可得闭环状态方程为

$$\dot{\boldsymbol{x}}=(\boldsymbol{I}+\boldsymbol{BRC})^{-1}(\boldsymbol{A}-\boldsymbol{BPC})\boldsymbol{x}+(\boldsymbol{I}+\boldsymbol{BRC})^{-1}\boldsymbol{BPv} \tag{5-86}$$

可看出增加微分环节输出反馈并未增加系统阶次。闭环特征多项式为

$$\begin{aligned}H(s)=&\det[s\boldsymbol{I}-(\boldsymbol{I}+\boldsymbol{BRC})^{-1}(\boldsymbol{A}-\boldsymbol{BPC})]=\\&\det[(\boldsymbol{I}+\boldsymbol{BRC})^{-1}(\boldsymbol{I}+\boldsymbol{BRC})s\boldsymbol{I}-(\boldsymbol{I}+\boldsymbol{BRC})^{-1}(\boldsymbol{A}-\boldsymbol{BPC})]=\\&\det[(\boldsymbol{I}+\boldsymbol{BRC})^{-1}]\det[(\boldsymbol{I}+\boldsymbol{BRC})s\boldsymbol{I}-(\boldsymbol{A}-\boldsymbol{BPC})]=\\&\frac{1}{\det(\boldsymbol{I}+\boldsymbol{BPC})}\det[s\boldsymbol{I}-\boldsymbol{A}+\boldsymbol{B}(\boldsymbol{R}s+\boldsymbol{P})\boldsymbol{C}]\end{aligned} \tag{5-87}$$

式(5－87) 将反馈增益矩阵 $\boldsymbol{P}$，$\boldsymbol{R}$ 与 $H(s)$ 以显式相联。设利用下列单位秩结构：

$$\boldsymbol{P}=\boldsymbol{pk},\quad \boldsymbol{R}=\boldsymbol{rk} \tag{5-88}$$

且规定期望闭环极点位置为

$$\omega_1=5,\quad \omega_2=8,\quad \zeta_1=1.2,\quad \zeta_2=0.886 \tag{5-89}$$

运用上节所述 PD 控制器设计方法可得

$$\boldsymbol{k}=[1\quad 1],\quad \boldsymbol{p}=[-149.42\quad -3.06]^{\mathrm{T}},\quad \boldsymbol{r}=[31.43\quad 14.73]^{\mathrm{T}}$$

故

$$\boldsymbol{P}=\begin{bmatrix}-149.42 & -149.42\\ -3.06 & -3.06\end{bmatrix},\quad \boldsymbol{R}=\begin{bmatrix}31.43 & 31.43\\ 14.73 & 14.73\end{bmatrix} \tag{5-90}$$

值得指出，上述 $\boldsymbol{P},\boldsymbol{R}$ 的设计是基于机械手线性化的模型得出的，当其应用于非线性模型时，只要系统运动在工作点附近，便会具有满意的特性。

5.4.4 机械手的跟踪控制

先来研究稳态跟踪，即只在稳态时要求 $\boldsymbol{y}$ 跟踪指令向量 $\boldsymbol{v}$(通常是阶跃函数)；再来研究完全跟踪，即不仅在稳态时，还要在状态转移过程中跟踪指令向量。前者设计 PID 控制器，后者需要引入复合控制，设计一种指令匹配控制器。

1. 实现稳态跟踪的 PID 控制器

为使稳态时跟踪阶跃指令无误差，控制器中应含有积分器。首先试以最简单的比例-积分(PI) 控制器来实现稳态跟踪的情况。PI 控制器方程为

$$\boldsymbol{u}=\Delta \boldsymbol{U}=-\boldsymbol{P}\boldsymbol{y}+\boldsymbol{Q}\int_0^t(\boldsymbol{v}-\boldsymbol{y})\mathrm{d}t \tag{5-91}$$

式中，$\boldsymbol{P},\boldsymbol{Q}$ 均为(2×2) 增益矩阵。应考虑积分控制器的输出 $\boldsymbol{z}$ 作为附加的状态变量，有

$$\boldsymbol{z}=\int_0^t(\boldsymbol{v}-\boldsymbol{y})\mathrm{d}t$$

故

$$\dot{\boldsymbol{z}}=\boldsymbol{v}-\boldsymbol{y} \tag{5-92}$$

增广受控对象动态方程为

$$\begin{bmatrix}\dot{\boldsymbol{x}}\\ \dot{\boldsymbol{z}}\end{bmatrix}=\begin{bmatrix}\boldsymbol{A} & \boldsymbol{0}\\ -\boldsymbol{C} & \boldsymbol{0}\end{bmatrix}\begin{bmatrix}\boldsymbol{x}\\ \boldsymbol{z}\end{bmatrix}+\begin{bmatrix}\boldsymbol{B}\\ \boldsymbol{0}\end{bmatrix}\boldsymbol{u}+\begin{bmatrix}\boldsymbol{0}\\ \boldsymbol{I}\end{bmatrix}\boldsymbol{v},\quad \begin{bmatrix}\boldsymbol{y}\\ \boldsymbol{z}\end{bmatrix}=\begin{bmatrix}\boldsymbol{C} & \boldsymbol{0}\\ \boldsymbol{0} & \boldsymbol{I}\end{bmatrix}\begin{bmatrix}\boldsymbol{x}\\ \boldsymbol{z}\end{bmatrix}$$

有 $\mathrm{rank}\begin{bmatrix}\boldsymbol{A} & \boldsymbol{B}\\ \boldsymbol{C} & \boldsymbol{0}\end{bmatrix}=6=n+l$，故增广受控对象是能控、能观测的。得增广的闭环系统状态方程

$$\begin{bmatrix}\dot{\boldsymbol{x}}\\ \dot{\boldsymbol{z}}\end{bmatrix}=\begin{bmatrix}\boldsymbol{A}-\boldsymbol{BPC} & \boldsymbol{BQ}\\ -\boldsymbol{C} & \boldsymbol{0}\end{bmatrix}\begin{bmatrix}\boldsymbol{x}\\ \boldsymbol{z}\end{bmatrix}+\begin{bmatrix}\boldsymbol{0}\\ \boldsymbol{I}\end{bmatrix}\boldsymbol{v} \tag{5-93}$$

其闭环特性多项式为

$$\boldsymbol{H}(s)=\det\begin{bmatrix}s\boldsymbol{I}-\boldsymbol{A}+\boldsymbol{BPC} & -\boldsymbol{BQ}\\ \boldsymbol{C} & s\boldsymbol{I}\end{bmatrix}=s^6+d_4s^4+d_3s^3+d_2s^2+d_1s+d_0 \tag{5-94}$$

式中，d_i 与 $\boldsymbol{P},\boldsymbol{Q}$ 的参数有关。由于式(5-94) 是缺项的，PI 控制器不满足稳定必要条件。

PID 控制器方程为

$$\boldsymbol{u}=\Delta \boldsymbol{U}=-\boldsymbol{P}\boldsymbol{y}+\boldsymbol{Q}\int_0^t(\boldsymbol{v}-\boldsymbol{y})\mathrm{d}t-\boldsymbol{R}\dot{\boldsymbol{y}} \tag{5-95}$$

可得增广的闭环系统状态方程

$$\begin{bmatrix}\dot{\boldsymbol{x}}\\ \dot{\boldsymbol{z}}\end{bmatrix}=\begin{bmatrix}(\boldsymbol{I}+\boldsymbol{BRC})^{-1}(\boldsymbol{A}-\boldsymbol{BPC}) & (\boldsymbol{I}+\boldsymbol{BRC})^{-1}\boldsymbol{BQ}\\ -\boldsymbol{C} & \boldsymbol{0}\end{bmatrix}\begin{bmatrix}\boldsymbol{x}\\ \boldsymbol{z}\end{bmatrix}+\begin{bmatrix}\boldsymbol{0}\\ \boldsymbol{I}\end{bmatrix}\boldsymbol{v} \tag{5-96}$$

其闭环特征多项式

$$H(s)=\det\begin{bmatrix} sI-(I+BRC)^{-1}(A-BPC) & -(I+BRC)^{-1}BQ \\ C & sI \end{bmatrix}=$$
$$s^6+d_5s^5+d_4s^4+d_3s^3+d_2s^2+d_1s+d_0 \tag{5-97}$$

式中，d_i 与 P,Q,R 的参数有关。设利用下列单位矩阵秩结构

$$P=pk,\quad Q=qk,\quad R=rk \tag{5-98}$$

且规定希望闭环极点位置为

$$\left.\begin{aligned} \omega_1=1.948,\quad \omega_2=3.516,\quad \omega_3=6.65 \\ \xi_1=1.685,\quad \xi_2=0.387,\quad \xi_3=0.809 \end{aligned}\right\} \tag{5-99}$$

运用上节所述 PID 控制器设计方法可得(注意 $\begin{bmatrix} A & 0 \\ -C & 0 \end{bmatrix}$ 是非循环的，须首先设计 $\hat{Q}$ 使之具有循环性)

$$P=\begin{bmatrix} -44.76 & -44.76 \\ 2.7 & 2.7 \end{bmatrix},\quad Q=\begin{bmatrix} 45.39 & -19.61 \\ -25.78 & 60.22 \end{bmatrix},\quad R=\begin{bmatrix} 1.93 & 1.93 \\ 5.65 & 5.65 \end{bmatrix} \tag{5-100}$$

将所设计的 PID 控制器应用于机械手非线性模型，不但在工作点附近运动时稳态输出能精确地跟踪阶跃指令，即使偏离工作点较远只要闭环系统稳定，上述稳态特性仍然能够保持。

2. 实现完全跟踪的指令匹配控制器

这里是将按输入指令的复合控制原理应用于机械手多变量控制，使机械手输出向量在动态和稳态时都能跟踪对应指令向量。已知机械手线性化动态方程以 (A,B,C) 表示，则受控对象传递函数矩阵 $G(s)$ 为

$$G(s)=C(sI-A)^{-1}B \tag{5-101}$$

按输入指令的复合控制系统原理结构图如图 5-3 所示，指令匹配控制器由反馈控制器 $F(s)$ 和前馈控制器 $H(s)$ 组成，由反馈控制器提供的控制分量为 $F(s)[v(s)-y(s)]$，由前馈控制器提供的控制分量为 $H(s)v(s)$，于是总的控制作用为

$$u(s)=F(s)[v(s)-y(s)]+H(s)v(s) \tag{5-102}$$

故

$$y(s)=G(s)u(s)=[I+G(s)F(s)]^{-1}[G(s)F(s)+G(s)H(s)]v(s) \tag{5-103}$$

为使闭环系统稳定，反馈控制器设计成多变量 PD 控制器，即

$$F(s)=P+Rs \tag{5-104}$$

若选择前馈控制器 $H(s)$ 满足 $G(s)H(s)=I$，即

$$H(s)=G^{-1}(s) \tag{5-105}$$

则式(5-103)有

$$y(s)\equiv v(s) \tag{5-106}$$

这意味不管 $v(s)$ 按什么规律变化，总有相同规律的输出，称为输出与指令相匹配。

计算可得前馈控制器为

$$H(s)=G^{-1}(s)=\begin{bmatrix} 5.94s^2+105.89 & 1.77s^2+24.06 \\ 1.77s^2+24.06 & 0.71s^2+24.06 \end{bmatrix} \xlongequal{\text{def}} H_2s^2+H_0 \tag{5-107}$$

显见 $H(s)$ 中含有双重微分及比例项，是一个 PD^2 控制器。

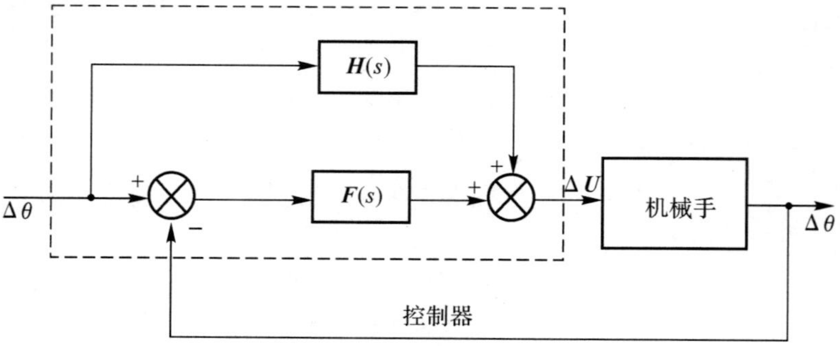

图 5-3　机械手的指令匹配控制

反馈控制器为

$$F(s)=P+Rs=\begin{bmatrix}-8.52 & -8.52\\ 16 & 16\end{bmatrix}+\begin{bmatrix}33.11 & 33.11\\ 13.05 & 13.05\end{bmatrix}s \tag{5-108}$$

故指令匹配控制器方程为

$$u(s)=(P+Rs)[v(s)-y(s)]+(H_0+H_2s^2)v(s) \tag{5-109}$$

当 $\Delta\theta_1$，$\Delta\theta_2$ 偏离工作点较大时，小扰动线性化不再成立，这时受控对象参数变化较大，可根据预定轨迹选取几个工作点，在线或离线地计算更新的机械手线性化模型及更新的控制器参数，输出与指令仍能满意地匹配。

5.5　输出反馈解耦控制

联系闭环系统输入向量 $v(s)$ 与输出向量 $y(s)$ 的闭环传递矩阵具有如下一般形式：

$$y(s)=G_c(s)v(s) \tag{5-110}$$

式中

$$G_c(s)=\begin{bmatrix}g_{c11}(s) & \cdots & g_{c1m}(s)\\ \vdots & & \vdots\\ g_{cl1}(s) & \cdots & g_{clm}(s)\end{bmatrix}$$

y 为 l 维向量，v 为 m 维向量。展开成方程组为

$$y_i(s)=g_{ci1}(s)v_1(s)+\cdots+g_{cim}(s)v_m(s),\quad i=1,2,\cdots,l \tag{5-111}$$

显见每一个输入分量将影响所有输出分量，每一个输出分量受所有输入分量的控制，称耦合控制，对应系统称耦合系统。耦合系统的控制是复杂的，工程中希望找到某一输出分量仅受某一输入分量控制的解耦控制。显然，解耦系统应该具有相同维数的输入向量和输出向量，即 $m=l$；闭环传递矩阵应是对角阵，即

$$G_c(s)=\begin{pmatrix}g_{c11}(s) & & 0\\ & \ddots & \\ 0 & & g_{cmm}(s)\end{pmatrix} \tag{5-112}$$

展开成标量方程组为

$$y_i(s)=g_{cii}(s)v_{ii}(s),\quad i=1,\cdots,m \tag{5-113}$$

解耦系统是由 $m(l)$ 个独立的单输入-单输出子系统组成的。解耦系统的对角化闭环传递矩阵

的每个元素不允许为零，即该传递矩阵必须是非奇异的，否则，便存在不能控的输出分量。

下面来介绍两种使闭环传递矩阵对角化的补偿解耦控制方法。

5.5.1　用串联补偿器实现解耦

用串联补偿器 $\boldsymbol{H}_c(s)$ 实现解耦的原理结构图见图 5-4，图中受控对象的传递函数矩阵为 $\boldsymbol{G}(s)$。若令 $\boldsymbol{H}_c(s)=\boldsymbol{I}_m$，则为原始的耦合系统。适当选择 $\boldsymbol{H}_c(s)$，能使闭环传递矩阵对角化。

由于

$$\boldsymbol{y}(s)=\boldsymbol{G}(s)\boldsymbol{H}_c(s)[\boldsymbol{v}(s)-\boldsymbol{F}(s)\boldsymbol{y}(s)]$$

故图 5-4 所示系统的闭环传递函数矩阵为：

$$\boldsymbol{G}_c(s)=[\boldsymbol{I}+\boldsymbol{G}(s)\boldsymbol{H}_c(s)\boldsymbol{F}(s)]^{-1}\boldsymbol{G}(s)\boldsymbol{H}_c(s) \tag{5-114}$$

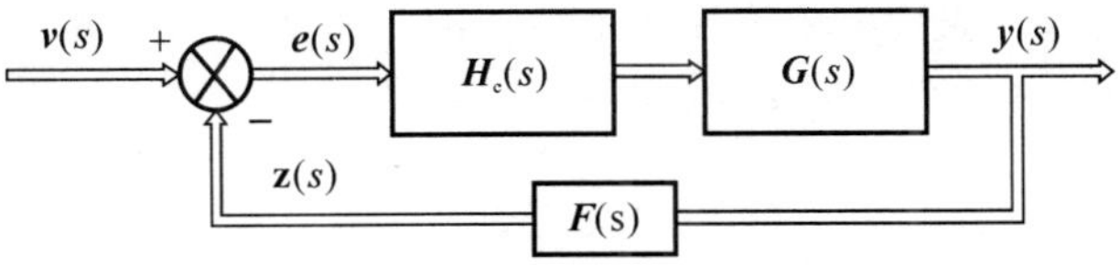

图 5-4　用串联补偿器实现解耦

其中，$\boldsymbol{v},\boldsymbol{y},\boldsymbol{e},\boldsymbol{z}$ 均为 m 维向量，$\boldsymbol{H}_c,\boldsymbol{G},\boldsymbol{F},\boldsymbol{G}_c$ 均为 m 阶方阵。以 $[\boldsymbol{I}+\boldsymbol{G}\boldsymbol{H}_c\boldsymbol{F}]$ 左乘式(5-114) 两端，整理可得

$$\boldsymbol{G}_c(s)=\boldsymbol{G}(s)\boldsymbol{H}_c(s)[\boldsymbol{I}-\boldsymbol{F}(s)\boldsymbol{G}_c(s)]$$

故

$$\boldsymbol{G}(s)\boldsymbol{H}_c(s)=\boldsymbol{G}_c(s)\ [\boldsymbol{I}-\boldsymbol{F}(s)\boldsymbol{G}_c(s)]^{-1} \tag{5-115}$$

可以看出，在 $\boldsymbol{F}(s)$ 是对角阵的条件下，$(\boldsymbol{I}-\boldsymbol{F}\boldsymbol{G}_c)^{-1}$ 仍是对角阵，只要 $\boldsymbol{G}_c(s)$ 是对角化的，则 $\boldsymbol{G}\boldsymbol{H}_c$ 也应为对角阵，这时可解得

$$\boldsymbol{H}_c(s)=\boldsymbol{G}^{-1}(s)\boldsymbol{G}_c(s)\ [\boldsymbol{I}-\boldsymbol{F}(s)\boldsymbol{G}_c(s)]^{-1} \tag{5-116}$$

当 $\boldsymbol{F}(s)=\boldsymbol{I}_m$ 时，式(5-114) 至式(5-116) 变成

$$\boldsymbol{G}_c(s)=[\boldsymbol{I}+\boldsymbol{G}(s)\boldsymbol{H}_c(s)]^{-1}\boldsymbol{G}(s)\boldsymbol{H}_c(s) \tag{5-117}$$

$$\boldsymbol{G}(s)\boldsymbol{H}_c(s)=\boldsymbol{G}_c(s)\ [\boldsymbol{I}-\boldsymbol{G}_c(s)]^{-1} \tag{5-118}$$

$$\boldsymbol{H}_c(s)=\boldsymbol{G}^{-1}(s)\boldsymbol{G}_c(s)\ [\boldsymbol{I}-\boldsymbol{G}_c(s)]^{-1} \tag{5-119}$$

通常 $\boldsymbol{G}_c(s)$ 由期望的系统性能指标来确定，给出每个子系统的期望传递函数表达式，构成对角化的期望闭环传递矩阵，根据式(5-116) 或式(5-119) 便可确定所需的串联补偿器传递矩阵 $\boldsymbol{H}_c(s)$，使解耦及极点配置的设计同时完成。

5.5.2　用前馈补偿器实现解耦

用前馈补偿器实现解耦的原理结构图见图 5-5。前馈补偿器的作用是对闭环系统的输入指令向量进行适当的变换，得出 $\boldsymbol{v}'(s)$ 施加给原始的耦合系统，以实现解耦。

原系统闭环传递矩阵 $\boldsymbol{G}'_c(s)$ 为

$$\boldsymbol{G}'_c(s)=[\boldsymbol{I}+\boldsymbol{G}(s)\boldsymbol{F}(s)]^{-1}\boldsymbol{G}(s) \tag{5-120}$$

引入前馈矩阵 $\boldsymbol{H}_d(s)$ 以后，闭环传递矩阵 $\boldsymbol{G}_c(s)$ 为

$$\boldsymbol{G}_c(s)=\boldsymbol{G}'_c(s)\boldsymbol{H}_d(s)$$

故

$$\boldsymbol{H}_d(s)=\boldsymbol{G}_c'^{-1}(s)\boldsymbol{G}_c(s)=\boldsymbol{G}^{-1}(s)[\boldsymbol{I}+\boldsymbol{G}(s)\boldsymbol{F}(s)]\boldsymbol{G}_c(s) \tag{5-121}$$

同以上分析，在给定希望的闭环传递矩阵 $\boldsymbol{G}_c(s)$ 以后，据式(5-121) 确定所需的前馈补偿器传递矩阵 $\boldsymbol{H}_d(s)$，可使解耦及极点配置的设计同时完成。

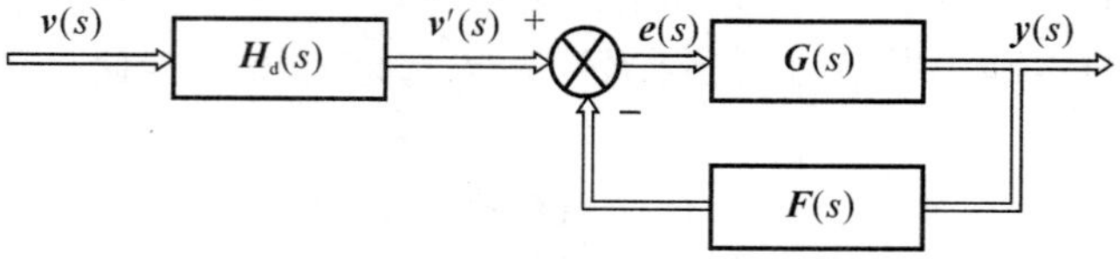

图 5-5　用前馈补偿器实现解耦

例 5-3　已知双输入-双输出单位反馈系统结构图如图 5-6 所示。试求串联补偿器及前馈补偿器，使解耦系统闭环传递矩阵 $\boldsymbol{G}_c(s)$ 为

$$\boldsymbol{G}_c(s)=\begin{bmatrix}\dfrac{1}{s+1} & 0\\ 0 & \dfrac{1}{5s+1}\end{bmatrix}$$

并画出解耦系统结构图。

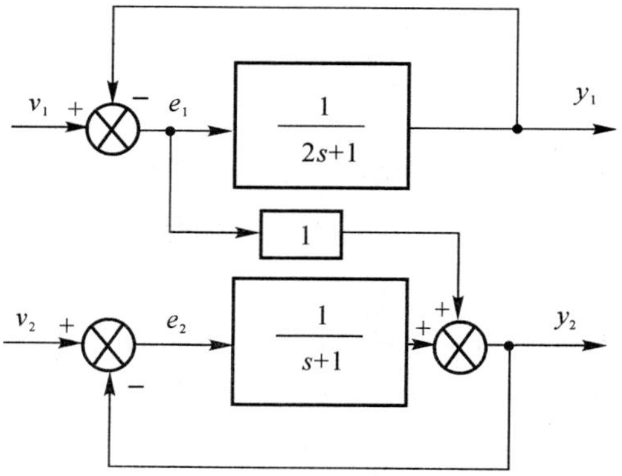

图 5-6　例 5-3 系统结构图

解　(1) 由图 5-6 所示输出量 y_1,y_2 与偏差量 e_1,e_2 的关系有

$$y_1(s)=\frac{1}{2s+1}e_1(s),\quad y_2(s)=e_1(s)+\frac{1}{s+1}e_2(s)$$

故

$$\boldsymbol{y}(s)=\begin{bmatrix}y_1(s)\\y_2(s)\end{bmatrix}=\begin{bmatrix}\dfrac{1}{2s+1} & 0\\ 1 & \dfrac{1}{s+1}\end{bmatrix}\begin{bmatrix}e_1(s)\\e_2(s)\end{bmatrix}\overset{\text{def}}{=\!=}\boldsymbol{G}(s)\boldsymbol{e}(s)$$

式中 $\boldsymbol{G}(s)$ 为原始系统开环传递矩阵；$\boldsymbol{F}(s)=\boldsymbol{I}_2$。

(2) 由图 5-6 所示输出量 y_1,y_2 与闭环系统参考输入 v_1,v_2 的关系，根据梅逊公式有

$$y_1(s)=\frac{\dfrac{1}{2s+1}}{1+\dfrac{1}{2s+1}}v_1(s)=\frac{1}{2(s+1)}v_1(s)$$

$$y_1(s)=\frac{\frac{1}{s+1}}{1+\frac{1}{s+1}}v_2(s)+\frac{1}{1+\frac{1}{2s+1}}\frac{1}{1+\frac{1}{s+1}}v_1(s)=$$

$$\frac{2s+1}{2(s+2)}v_1(s)+\frac{1}{s+2}v_2(s)$$

故

$$\boldsymbol{y}(s)=\begin{bmatrix}y_1(s)\\y_2(s)\end{bmatrix}=\begin{bmatrix}\frac{1}{2(s+1)} & 0\\ \frac{2s+1}{2(s+1)} & \frac{1}{s+2}\end{bmatrix}\begin{bmatrix}v_1(s)\\v_2(s)\end{bmatrix}\overset{\text{def}}{=\!=}\boldsymbol{G}'_{\mathrm{c}}(s)\boldsymbol{v}(s)$$

式中，$\boldsymbol{G}'_{\mathrm{c}}(s)$ 为原始系统闭环传递矩阵。

(3) 串联补偿器 $\boldsymbol{H}_{\mathrm{c}}(s)$ 的设计。由于

$$\boldsymbol{H}_{\mathrm{c}}(s)=\boldsymbol{G}^{-1}(s)\boldsymbol{G}_{\mathrm{c}}(s)[\boldsymbol{I}-\boldsymbol{F}(s)\boldsymbol{G}_{\mathrm{c}}(s)]^{-1}=$$

$$\begin{bmatrix}\frac{1}{2s+1} & 0\\ 1 & \frac{1}{s+1}\end{bmatrix}^{-1}\begin{bmatrix}\frac{1}{s+1} & 0\\ 0 & \frac{1}{5s+1}\end{bmatrix}\begin{bmatrix}\frac{s}{s+1} & 0\\ 0 & \frac{5s}{5s+1}\end{bmatrix}^{-1}=$$

$$\begin{bmatrix}2s+1 & 0\\ -(2s+1)(s+1) & s+1\end{bmatrix}\begin{bmatrix}\frac{1}{s+1} & 0\\ 0 & \frac{1}{5s+1}\end{bmatrix}\begin{bmatrix}\frac{s+1}{s} & 0\\ 0 & \frac{5s+1}{5s}\end{bmatrix}=$$

$$\begin{bmatrix}\frac{2s+1}{s} & 0\\ \frac{-(2s+1)(s+1)}{s} & \frac{s+1}{5s}\end{bmatrix}\overset{\text{def}}{=\!=}\begin{bmatrix}H_{\mathrm{c}11}(s) & H_{\mathrm{c}12}(s)\\ H_{\mathrm{c}21}(s) & H_{\mathrm{c}22}(s)\end{bmatrix}$$

式中，$H_{\mathrm{c}ij}(s)$ 表示 v_j 至 y_i 通道的串联补偿器装置传递函数。

解耦系统的开环传递矩阵 $\boldsymbol{G}(s)\boldsymbol{H}_{\mathrm{c}}(s)$ 可算得

$$\boldsymbol{G}(s)\boldsymbol{H}_{\mathrm{c}}(s)=\begin{bmatrix}\frac{1}{2s+1} & 0\\ 1 & \frac{1}{s+1}\end{bmatrix}\begin{bmatrix}\frac{2s+1}{s} & 0\\ \frac{-(2s+1)(s+1)}{s} & \frac{s+1}{5s}\end{bmatrix}=\begin{bmatrix}\frac{1}{s} & 0\\ 0 & \frac{1}{5s}\end{bmatrix}$$

故 $\boldsymbol{G}(s)\boldsymbol{H}_{\mathrm{c}}(s)$ 为对角阵得以证实。用串联补偿器实现解耦的结构图见图 5-7。

(4) 前馈补偿器 $\boldsymbol{H}_{\mathrm{d}}(s)$ 的设计。

由于

$$\boldsymbol{H}_{\mathrm{d}}(s)=\boldsymbol{G}'^{-1}_{\mathrm{c}}(s)\boldsymbol{G}_{\mathrm{c}}(s)=\begin{bmatrix}\frac{1}{2(s+1)} & 0\\ \frac{2s+1}{2(s+2)} & \frac{1}{s+2}\end{bmatrix}^{-1}\begin{bmatrix}\frac{1}{s+1} & 0\\ 0 & \frac{1}{5s+1}\end{bmatrix}=$$

$$\begin{bmatrix}2(s+1) & 0\\ -2(s+1)(s+1) & s+2\end{bmatrix}\begin{bmatrix}\frac{1}{s+1} & 0\\ 0 & \frac{1}{5s+1}\end{bmatrix}=$$

$$\begin{bmatrix} 2 & 0 \\ -2(s+1) & \dfrac{s+2}{5s+1} \end{bmatrix} \overset{\text{def}}{=\!=} \begin{bmatrix} H_{d11}(s) & H_{d12}(s) \\ H_{d21}(s) & H_{d22}(s) \end{bmatrix}$$

式中，$H_{dij}(s)$ 表示 v_j 至 y_i 通道的前馈串联补偿器装置传递函数。用前馈补偿器实现解耦的结构图见图 5-8。

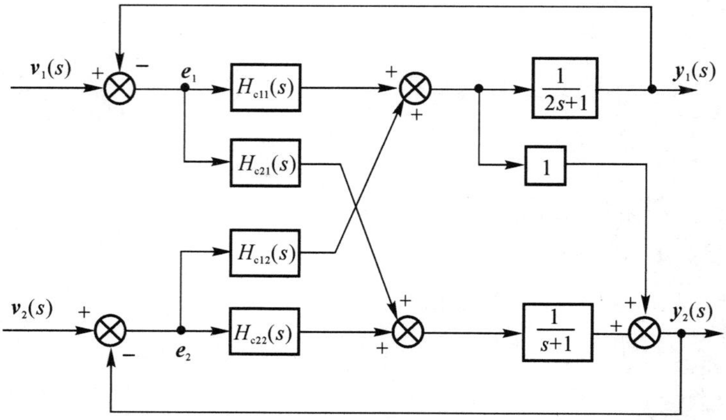

图 5-7　用串联补偿器实现解耦

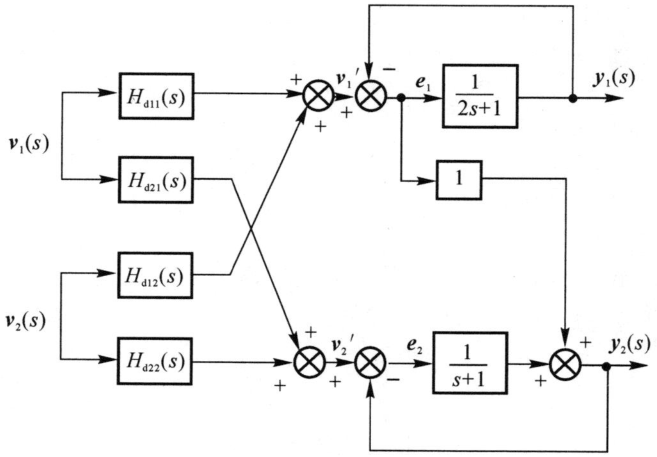

图 5-8　用前馈补偿器实现解耦

5.6　状态反馈解耦控制

用状态反馈可对多变量系统实现解耦，其推导过程比较复杂，首先阐述状态反馈解耦问题及其求解步骤，然后就实现状态反馈解耦的充要条件和具体方法进行论证。

设线性定常、能控的受控对象动态方程为

$$\dot{\boldsymbol{x}} = \boldsymbol{Ax} + \boldsymbol{Bu}, \quad \boldsymbol{y} = \boldsymbol{Cx} \tag{5-122}$$

其输入、输出具有相同维数 m，受控对象的传递函数矩阵 $\boldsymbol{G}(s)$ 为 m 阶方阵，有

$$\boldsymbol{G}(s) = \boldsymbol{C}(s\boldsymbol{I} - \boldsymbol{A})^{-1}\boldsymbol{B} \tag{5-123}$$

选择如下线性状态反馈控制规律：

$$\boldsymbol{u} = -\boldsymbol{K}\boldsymbol{x} + \boldsymbol{H}\boldsymbol{v} \tag{5-124}$$

式中，$\boldsymbol{K}$ 为适当选取的$(m \times n)$ 状态反馈增益矩阵；$\boldsymbol{v}$ 为 m 维参考输入向量；$\boldsymbol{H}$ 为适当选取的 m 阶非奇异输入变换矩阵，则变换系统动态方程为

$$\dot{\boldsymbol{x}} = (\boldsymbol{A} - \boldsymbol{B}\boldsymbol{K})\boldsymbol{x} + \boldsymbol{B}\boldsymbol{H}\boldsymbol{v}, \quad \boldsymbol{y} = \boldsymbol{C}\boldsymbol{x} \tag{5-125}$$

其闭环系统$(\boldsymbol{A} - \boldsymbol{B}\boldsymbol{K}, \boldsymbol{B}\boldsymbol{H}, \boldsymbol{C})$ 的传递函数矩阵 $\boldsymbol{G}_c(s)$ 是对角化非奇异矩阵，其中元素均为具有一定阶数的积分环节，形如

$$\boldsymbol{G}_c(s) = \boldsymbol{C}(s\boldsymbol{I} - \boldsymbol{A} + \boldsymbol{B}\boldsymbol{K})^{-1}\boldsymbol{B}\boldsymbol{H} = \begin{bmatrix} \dfrac{1}{s^{d_1+1}} & & & \boldsymbol{0} \\ & \dfrac{1}{s^{d_2+1}} & & \\ & & \ddots & \\ \boldsymbol{0} & & & \dfrac{1}{s^{d_m+1}} \end{bmatrix} \tag{5-126}$$

式中，$d_i(i=1,2\cdots,m)$ 是与 $\boldsymbol{G}(s)$ 的结构有关的一个参数，并称闭环系统$(\boldsymbol{A} - \boldsymbol{B}\boldsymbol{K}, \boldsymbol{B}\boldsymbol{H}, \boldsymbol{C})$ 为积分型解耦系统。显然，积分型解耦系统的闭环极点都位于复数平面原点，不能满足动态性能需求，故进一步引入状态反馈

$$\boldsymbol{v} = -\widetilde{\boldsymbol{K}}\tilde{\boldsymbol{x}} + \tilde{\boldsymbol{v}} \tag{5-127}$$

以便重新配置极点，且保持已有的解耦特性，从而获得了用状态反馈实现极点任意配置的解耦系统。

下面从分析传递函数矩阵 $\boldsymbol{G}(s)$ 和 $\boldsymbol{G}_c(s)$ 的结构入手来展开状态反馈解耦问题的研究。

1. $\boldsymbol{G}(s)$ 和 $\boldsymbol{G}_c(s)$ 的结构分析

式 (5-122) 所示受控对象有 $\boldsymbol{D}=\boldsymbol{0}$，其 $\boldsymbol{G}(s)$ 个元素均为严格有理真分式函数，即其分母多项式阶次一定大于分子多项式阶次。记 $\boldsymbol{G}_i(s)$ 为 $\boldsymbol{G}(s)$ 的第 i 行，$i=1,2,\cdots,m$，计算该行诸元素的分母多项式阶次与分子多项式阶次之差，取其差值最小值再减 1，则有

定义 5.1

$$d_i = \{\min[\boldsymbol{G}_i(s) \text{ 诸元素分母阶次与分子阶次之差}]\} - 1 \tag{5-128}$$

显然，$d_i(i=1,2,\cdots,m)$ 是 $\boldsymbol{G}(s)$ 的一个结构参数。

由于 $\boldsymbol{G}_i(s)$ 诸元素的分母多项式至多为 n 阶，故当 $\boldsymbol{G}_i(s)$ 中有一个元素的分子多项式阶次为$(n-1)$ 时，便有 $d_i=0$；当 $\boldsymbol{G}_i(s)$ 中所有元素的分子多项式阶次为零时，便有 $d_i=n-1$。故有 $0 \leqslant d_i \leqslant n-1$。由式 (5-128) 尚可导出，$\boldsymbol{G}_i(s)$ 的分子多项式的最高阶次为 $n-(d_i+1)$。

$\boldsymbol{G}(s)$ 和 $\boldsymbol{G}_c(s)$ 的关系为

$$\boldsymbol{G}_c(s) = \boldsymbol{G}(s)[\boldsymbol{I} + \boldsymbol{K}(s\boldsymbol{I} - \boldsymbol{A})^{-1}\boldsymbol{B}]^{-1}\boldsymbol{H} \tag{5-129}$$

证明

$$\begin{aligned} \boldsymbol{G}_c(s) = \boldsymbol{C}(s\boldsymbol{I} - \boldsymbol{A} + \boldsymbol{B}\boldsymbol{K})^{-1}\boldsymbol{B}\boldsymbol{H} = & \\ & \boldsymbol{C}(s\boldsymbol{I} - \boldsymbol{A})^{-1}(s\boldsymbol{I} - \boldsymbol{A})(s\boldsymbol{I} - \boldsymbol{A} + \boldsymbol{B}\boldsymbol{K})^{-1}\boldsymbol{B}\boldsymbol{H} = \\ & \boldsymbol{C}(s\boldsymbol{I} - \boldsymbol{A})^{-1}(s\boldsymbol{I} - \boldsymbol{A} + \boldsymbol{B}\boldsymbol{K} - \boldsymbol{B}\boldsymbol{K})(s\boldsymbol{I} - \boldsymbol{A} + \boldsymbol{B}\boldsymbol{K})^{-1}\boldsymbol{B}\boldsymbol{H} = \\ & \boldsymbol{C}(s\boldsymbol{I} - \boldsymbol{A})^{-1}[\boldsymbol{I} - \boldsymbol{B}\boldsymbol{K}(s\boldsymbol{I} - \boldsymbol{A} + \boldsymbol{B}\boldsymbol{K})^{-1}]\boldsymbol{B}\boldsymbol{H} = \end{aligned}$$

$$\begin{aligned}&\boldsymbol{C}(s\boldsymbol{I}-\boldsymbol{A})^{-1}[\boldsymbol{B}-\boldsymbol{BK}(s\boldsymbol{I}-\boldsymbol{A}+\boldsymbol{BK})^{-1}\boldsymbol{B}]\boldsymbol{H}=\\&\boldsymbol{C}(s\boldsymbol{I}-\boldsymbol{A})^{-1}\boldsymbol{B}[\boldsymbol{I}-\boldsymbol{K}(s\boldsymbol{I}-\boldsymbol{A}+\boldsymbol{BK})^{-1}\boldsymbol{B}]\boldsymbol{H}=\\&\boldsymbol{G}(s)[\boldsymbol{I}-\boldsymbol{K}(s\boldsymbol{I}-\boldsymbol{A}+\boldsymbol{BK})^{-1}\boldsymbol{B}]\boldsymbol{H}\end{aligned}$$

由于

$$\begin{aligned}&[\boldsymbol{I}-\boldsymbol{K}(s\boldsymbol{I}-\boldsymbol{A}+\boldsymbol{BK})^{-1}\boldsymbol{B}][\boldsymbol{I}+\boldsymbol{K}(s\boldsymbol{I}-\boldsymbol{A})^{-1}\boldsymbol{B}]=\\&\boldsymbol{I}-\boldsymbol{K}(s\boldsymbol{I}-\boldsymbol{A}+\boldsymbol{BK})^{-1}\boldsymbol{B}-\boldsymbol{K}(s\boldsymbol{I}-\boldsymbol{A})^{-1}\boldsymbol{B}-\boldsymbol{K}(s\boldsymbol{I}-\boldsymbol{A}+\boldsymbol{BK})^{-1}\boldsymbol{BK}(s\boldsymbol{I}-\boldsymbol{A})^{-1}\boldsymbol{B}=\\&\boldsymbol{I}-\boldsymbol{K}(s\boldsymbol{I}-\boldsymbol{A}+\boldsymbol{BK})^{-1}\boldsymbol{B}-\boldsymbol{K}(s\boldsymbol{I}+\boldsymbol{A}-\boldsymbol{BK})^{-1}(s\boldsymbol{I}-\boldsymbol{A}+\boldsymbol{BK})(s\boldsymbol{I}-\boldsymbol{A})^{-1}\boldsymbol{B}\\&-\boldsymbol{K}(s\boldsymbol{I}-\boldsymbol{A}+\boldsymbol{BK})^{-1}\boldsymbol{BK}(s\boldsymbol{I}-\boldsymbol{A})^{-1}\boldsymbol{B}=\\&\boldsymbol{I}-\boldsymbol{K}(s\boldsymbol{I}-\boldsymbol{A}+\boldsymbol{BK})^{-1}\boldsymbol{B}+\boldsymbol{K}(s\boldsymbol{I}-\boldsymbol{A}+\boldsymbol{BK})^{-1}(s\boldsymbol{I}-\boldsymbol{A}+\boldsymbol{BK}-\boldsymbol{BK})(s\boldsymbol{I}-\boldsymbol{A})^{-1}\boldsymbol{B}=\boldsymbol{I}\end{aligned}$$

即

$$\boldsymbol{I}-\boldsymbol{K}(s\boldsymbol{I}-\boldsymbol{A}+\boldsymbol{BK})^{-1}\boldsymbol{B}=[\boldsymbol{I}+\boldsymbol{K}(s\boldsymbol{I}-\boldsymbol{A})^{-1}\boldsymbol{B}]^{-1}$$

故式 (5－129) 得证。

用 d_i 表示 $\boldsymbol{G}_i(s)$。

对于 $\boldsymbol{G}(s)=\boldsymbol{C}(s\boldsymbol{I}-\boldsymbol{A})^{-1}\boldsymbol{B}$ 有

$$(s\boldsymbol{I}-\boldsymbol{A})^{-1}=\frac{\mathrm{adj}(s\boldsymbol{I}-\boldsymbol{A})}{|s\boldsymbol{I}-\boldsymbol{A}|}=\frac{1}{|s\boldsymbol{I}-\boldsymbol{A}|}(\boldsymbol{R}_0s^{n-1}+\boldsymbol{R}_1s^{n-2}+\cdots+\boldsymbol{R}_{n-2}s+\boldsymbol{R}_{n-1})$$

其中 $\mathrm{adj}(s\boldsymbol{I}-\boldsymbol{A})$ 以矩阵多项式表示，该式两端左乘 $(s\boldsymbol{I}-\boldsymbol{A})$ 有

$$|s\boldsymbol{I}-\boldsymbol{A}|\boldsymbol{I}=(s\boldsymbol{I}-\boldsymbol{A})(\boldsymbol{R}_0s^{n-1}+\boldsymbol{R}_1s^{n-2}+\cdots+\boldsymbol{R}_{n-2}s+\boldsymbol{R}_{n-1})$$

展开 $|s\boldsymbol{I}-\boldsymbol{A}|$，还有

$$|s\boldsymbol{I}-\boldsymbol{A}|\boldsymbol{I}=s^n\boldsymbol{I}+a_{n-1}\boldsymbol{I}s^{n-1}+a_{n-2}\boldsymbol{I}s^{n-2}+\cdots+a_1\boldsymbol{I}s+a_0\boldsymbol{I}$$

由同幂项系数相等的条件可导出

$$\begin{aligned}&\boldsymbol{R}_0=\boldsymbol{I}\\&\boldsymbol{R}_1=\boldsymbol{A}+a_{n-1}\boldsymbol{I}\\&\boldsymbol{R}_2=\boldsymbol{A}^2+a_{n-1}\boldsymbol{A}+a_{n-2}\boldsymbol{I}\\&\cdots\cdots\\&\boldsymbol{R}_{d_i}=\boldsymbol{A}^{d_i}+a_{n-1}\boldsymbol{A}^{d_i-1}+\cdots+a_{n-d_i}\boldsymbol{I}\\&\cdots\cdots\\&\boldsymbol{R}_{n-1}=\boldsymbol{A}^{n-1}+a_{n-1}\boldsymbol{A}^{n-2}+\cdots+a_1\boldsymbol{I}\end{aligned}$$

记 c_i 为 $\boldsymbol{C}$ 的第 i 行，则

$$\begin{aligned}&\boldsymbol{G}_i(s)=c_i(s\boldsymbol{I}-\boldsymbol{A})^{-1}\boldsymbol{B}=\\&\frac{1}{|s\boldsymbol{I}-\boldsymbol{A}|}(c_i\boldsymbol{B}s^{n-1}+c_i\boldsymbol{R}_1\boldsymbol{B}s^{n-2}+\cdots+c_i\boldsymbol{R}_{d_i-1}\boldsymbol{B}s^{n-d_i}+c_i\boldsymbol{R}_{d_i}\boldsymbol{B}s^{n-d_i-1}+\\&\cdots+c_i\boldsymbol{R}_{n-1}\boldsymbol{B})\end{aligned}\tag{5-130}$$

由于 $\boldsymbol{G}_i(s)$ 的分子多项式的最高阶次为 $n-d_i-1$，故不存在 $s^{n-d_i},\cdots,s^{n-1}$ 等更高阶次的诸项，即

$$c_i\boldsymbol{B}=c_i\boldsymbol{R}_1\boldsymbol{B}=\cdots=c_i\boldsymbol{R}_{d_i-1}\boldsymbol{B}=\boldsymbol{0}$$

将 $\boldsymbol{R}_1,\boldsymbol{R}_2,\cdots,\boldsymbol{R}_{d_i-1}$ 用 $\boldsymbol{A}$ 表示可导出

$$c_i\boldsymbol{B}=c_i\boldsymbol{AB}=\cdots=c_i\boldsymbol{A}^{d_i-1}\boldsymbol{B}=\boldsymbol{0} \tag{5-131}$$

$$\boldsymbol{G}_i(s)=\frac{1}{|s\boldsymbol{I}-\boldsymbol{A}|}(c_i\boldsymbol{R}_{d_i}\boldsymbol{B}s^{n-d_i-1}+\cdots+c_i\boldsymbol{R}_{n-1}\boldsymbol{B}) \tag{5-132}$$

定义

$$\boldsymbol{E}_i=\lim_{s\to\infty}s^{d_i+1}\boldsymbol{G}_i(s),\quad i=1,\cdots,m \tag{5-133}$$

$\boldsymbol{E}_i$ 为$(1\times m)$ 向量，显然 $\boldsymbol{E}_i$ 也是$\boldsymbol{G}(s)$ 的一个结构参数。计算可知

$$\boldsymbol{E}_i=\lim_{s\to\infty}s^{d_i+1}\frac{1}{|s\boldsymbol{I}-\boldsymbol{A}|}(c_i\boldsymbol{R}_{d_i}\boldsymbol{B}s^{n-d_i-1}+\cdots+c_i\boldsymbol{R}_{n-1}\boldsymbol{B})=$$
$$\lim_{s\to\infty}\frac{1}{|s\boldsymbol{I}-\boldsymbol{A}|}(c_i\boldsymbol{R}_{d_i}\boldsymbol{B}s^{n}+c_i\boldsymbol{R}_{d_i+1}\boldsymbol{B}s^{n-1}+\cdots+c_i\boldsymbol{R}_{n-1}\boldsymbol{B}s^{d_i+1})=$$
$$\lim_{s\to\infty}\frac{(c_i\boldsymbol{R}_{d_i}\boldsymbol{B}s^{n}+c_i\boldsymbol{R}_{d_i+1}\boldsymbol{B}s^{n-1}+\cdots+c_i\boldsymbol{R}_{n-1}\boldsymbol{B}s^{d_i+1})}{s^n(1+a_{n-1}s^{-1}+a_{n-2}s^{-2}+\cdots+a_1s^{-n+1}+a_0s^{-n})}=c_i\boldsymbol{R}_{d_i}\boldsymbol{B}$$

故有

$$\boldsymbol{E}_i=c_i\boldsymbol{A}^{d_i}\boldsymbol{B} \tag{5-134}$$

同理，对于 $\boldsymbol{G}_c(s)=\boldsymbol{C}[s\boldsymbol{I}-\boldsymbol{A}+\boldsymbol{BK}]^{-1}\boldsymbol{BH}$，可类似定义 $\bar{d}_i$，$\bar{\boldsymbol{E}}_i$，且可导出

$$c_i\boldsymbol{BH}=c_i(\boldsymbol{A}-\boldsymbol{BK})\boldsymbol{BH}=\cdots=c_i(\boldsymbol{A}-\boldsymbol{BK})^{\bar{d}_i-1}\boldsymbol{BH}=\boldsymbol{0} \tag{5-135}$$

$$\bar{\boldsymbol{E}}_i=c_i(\boldsymbol{A}-\boldsymbol{BK})^{\bar{d}_i}\boldsymbol{BH} \tag{5-136}$$

考虑式(5-131)，不难验证存在下列恒等式：

$$c_i(\boldsymbol{A}-\boldsymbol{BK})^k=c_i\boldsymbol{A}^k,\quad k=0,1,\cdots,d_i \tag{5-137}$$

于是

$$c_i(\boldsymbol{A}-\boldsymbol{BK})^k\boldsymbol{BH}=c_i\boldsymbol{A}^k\boldsymbol{BH},\quad k=0,1,\cdots,d_i \tag{5-138}$$

考虑式(5-136) 及式(5-137)，式(5-138) 有

$$c_i(\boldsymbol{A}-\boldsymbol{BK})^{\bar{d}_i}\boldsymbol{BH}=c_i(\boldsymbol{A}-\boldsymbol{BK})^{\bar{d}_i-1}(\boldsymbol{A}-\boldsymbol{BK})\boldsymbol{BH}=$$
$$c_i(\boldsymbol{A}-\boldsymbol{BK})^{\bar{d}_i-1}\boldsymbol{ABH}+c_i(\boldsymbol{A}-\boldsymbol{BK})^{\bar{d}_i-1}\boldsymbol{BKBH}=$$
$$c_i\boldsymbol{A}^{\bar{d}_i-1}\boldsymbol{ABH}+c_i\boldsymbol{A}^{\bar{d}_i-1}\boldsymbol{BKBH}=c_i\boldsymbol{A}^{\bar{d}_i}\boldsymbol{BH}$$

故

$$\bar{d}_i=d_i \tag{5-139}$$

于是

$$\bar{\boldsymbol{E}}_i=c_i(\boldsymbol{A}-\boldsymbol{BK})^{d_i}\boldsymbol{BH}=c_i\boldsymbol{A}^{d_i}\boldsymbol{BH}=\boldsymbol{E}_i\boldsymbol{H} \tag{5-140}$$

对于 $m>k>d_i$，则存在下列恒等式：

$$c_i(\boldsymbol{A}-\boldsymbol{BK})^k=c_i(\boldsymbol{A}-\boldsymbol{BK})^{d_i}(\boldsymbol{A}-\boldsymbol{BK})^{k-d_i}=c_i\boldsymbol{A}^{d_i}(\boldsymbol{A}-\boldsymbol{BK})^{k-d_i} \tag{5-141}$$

上面导出的结构参数 d_i，$\boldsymbol{E}_i$，是构造状态反馈矩阵 $\boldsymbol{K}$ 及输入变换矩阵 $\boldsymbol{H}$ 所需要的。

2. 定理

定理5.1　传递函数矩阵$\boldsymbol{G}(s)$的受控对象，可用状态反馈控制规律$\boldsymbol{u}=-\boldsymbol{Kx}+\boldsymbol{Hv}$实现积分型解耦系统的充要条件是下列矩阵：

$$\boldsymbol{E}=\begin{bmatrix}\boldsymbol{E}_1\\ \boldsymbol{E}_2\\ \vdots\\ \boldsymbol{E}_m\end{bmatrix}=\begin{bmatrix}c_1\boldsymbol{A}^{d_1}\boldsymbol{B}\\ c_2\boldsymbol{A}^{d_2}\boldsymbol{B}\\ \vdots\\ c_m\boldsymbol{A}^{d_m}\boldsymbol{B}\end{bmatrix} \tag{5-142}$$

为 m 阶非奇异矩阵。

证明 先证必要性。当积分型解耦系统的传递函数矩阵 $\boldsymbol{G}_c(s)$ 为 m 阶对角化非奇异矩阵时，有

$$\bar{\boldsymbol{E}}=\begin{bmatrix}\bar{\boldsymbol{E}}_1\\ \bar{\boldsymbol{E}}_2\\ \vdots\\ \bar{\boldsymbol{E}}_m\end{bmatrix}$$

式中，$\bar{\boldsymbol{E}}_i=\lim\limits_{s\to\infty}s^{d_i+1}\boldsymbol{G}_{ci}(s)\neq 0$，且 $\bar{\boldsymbol{E}}$ 是对角化的。由于 $\bar{\boldsymbol{E}}=\boldsymbol{EH}$，且 $\boldsymbol{H}$ 是非奇异方阵，故 $\boldsymbol{E}$ 必是非奇异的。必要性得证。

再证充分性。定义一个$(m\times n)$矩阵 $\boldsymbol{F}$

$$\boldsymbol{F}=\begin{bmatrix}\boldsymbol{F}_1\\ \boldsymbol{F}_2\\ \vdots\\ \boldsymbol{F}_m\end{bmatrix}=\begin{bmatrix}c_1\boldsymbol{A}^{d_1+1}\\ c_2\boldsymbol{A}^{d_2+1}\\ \vdots\\ c_m\boldsymbol{A}^{d_m+1}\end{bmatrix} \tag{5-143}$$

式中

$$\boldsymbol{F}_i=c_i\boldsymbol{A}^{d_i+1}$$

且取

$$\left.\begin{aligned}\boldsymbol{K}&=\boldsymbol{E}^{-1}\boldsymbol{F}\\ \boldsymbol{H}&=\boldsymbol{E}^{-1}\end{aligned}\right\} \tag{5-144}$$

一定可将 $\boldsymbol{G}_c(s)$ 化为非奇异对角形。这是由于

$$\mathrm{e}^{\boldsymbol{A}t}=\mathscr{L}^{-1}[(s\boldsymbol{I}-\boldsymbol{A})^{-1}]$$

即

$$\mathscr{L}[\mathrm{e}^{\boldsymbol{A}t}]=(s\boldsymbol{I}-\boldsymbol{A})^{-1}=\mathscr{L}[\boldsymbol{I}+\boldsymbol{A}t+\frac{1}{2}\boldsymbol{A}^2t^2+\cdots+\frac{1}{m!}\boldsymbol{A}^mt^m+\cdots]=$$
$$\frac{\boldsymbol{I}}{s}+\frac{\boldsymbol{A}}{s^2}+\frac{\boldsymbol{A}^2}{s^3}+\cdots+\frac{\boldsymbol{A}^m}{s^{m+1}}+\cdots=\sum_{m=0}^{\infty}\frac{\boldsymbol{A}^m}{s^{m+1}}$$

故

$$\boldsymbol{G}_i(s)=c_i(s\boldsymbol{I}-\boldsymbol{A})^{-1}\boldsymbol{B}=c_i\left(\sum_{m=0}^{\infty}\frac{\boldsymbol{A}^m}{s^{m+1}}\right)\boldsymbol{B}=\frac{1}{s^{d_i+1}}c_i\left(\sum_{m=0}^{\infty}\frac{\boldsymbol{A}^m}{s^{m-d_i}}\right)\boldsymbol{B}$$

考虑式(5-131)有

$$\boldsymbol{G}_i(s)=\frac{1}{s^{d_i+1}}[c_i\boldsymbol{A}^{d_i}\boldsymbol{B}+c_i\boldsymbol{A}^{d_i+1}(\frac{\boldsymbol{I}}{s}+\frac{\boldsymbol{A}}{s^2}+\cdots)\boldsymbol{B}]=\frac{1}{s^{d_i+1}}[\boldsymbol{E}_i+\boldsymbol{F}_i(s\boldsymbol{I}-\boldsymbol{A})^{-1}\boldsymbol{B}]$$

$$\boldsymbol{G}(s)=\begin{bmatrix}\boldsymbol{G}_1(s)\\ \boldsymbol{G}_2(s)\\ \vdots\\ \boldsymbol{G}_m(s)\end{bmatrix}=\begin{bmatrix}\frac{1}{s^{d_1+1}}[\boldsymbol{E}_1+\boldsymbol{F}_1(s\boldsymbol{I}-\boldsymbol{A})^{-1}\boldsymbol{B}]\\ \frac{1}{s^{d_2+1}}[\boldsymbol{E}_2+\boldsymbol{F}_2(s\boldsymbol{I}-\boldsymbol{A})^{-1}\boldsymbol{B}]\\ \vdots\\ \frac{1}{s^{d_m+1}}[\boldsymbol{E}_m+\boldsymbol{F}_m(s\boldsymbol{I}-\boldsymbol{A})^{-1}\boldsymbol{B}]\end{bmatrix}=$$

$$\begin{bmatrix} \frac{1}{s^{d_1+1}} & & & \mathbf{0} \\ & \frac{1}{s^{d_2+1}} & & \\ & & \ddots & \\ \mathbf{0} & & & \frac{1}{s^{d_m+1}} \end{bmatrix} \left[\begin{bmatrix} \boldsymbol{E}_1 \\ \boldsymbol{E}_2 \\ \vdots \\ \boldsymbol{E}_m \end{bmatrix} + \begin{bmatrix} \boldsymbol{F}_1 \\ \boldsymbol{F}_2 \\ \vdots \\ \boldsymbol{F}_m \end{bmatrix} (s\boldsymbol{I} - \boldsymbol{A})^{-1}\boldsymbol{B} \right] =$$

$$\begin{bmatrix} \frac{1}{s^{d_1+1}} & & & \mathbf{0} \\ & \frac{1}{s^{d_2+1}} & & \\ & & \ddots & \\ \mathbf{0} & & & \frac{1}{s^{d_m+1}} \end{bmatrix} [\boldsymbol{E} + \boldsymbol{F}(s\boldsymbol{I} - \boldsymbol{A})^{-1}\boldsymbol{B}] \tag{5-145}$$

将式 (5 - 145) ,式 (5 - 144) 代入式(5 - 129),有

$$\boldsymbol{G}_c(s) = \boldsymbol{G}(s)[\boldsymbol{I} + \boldsymbol{K}(s\boldsymbol{I} - \boldsymbol{A})^{-1}\boldsymbol{B}]^{-1}\boldsymbol{H} =$$

$$\begin{bmatrix} \frac{1}{s^{d_1+1}} & & & \mathbf{0} \\ & \frac{1}{s^{d_2+1}} & & \\ & & \ddots & \\ \mathbf{0} & & & \frac{1}{s^{d_m+1}} \end{bmatrix} [\boldsymbol{E} + \boldsymbol{F}(s\boldsymbol{I} - \boldsymbol{A})^{-1}\boldsymbol{B}][\boldsymbol{I} + \boldsymbol{E}^{-1}\boldsymbol{F}(s\boldsymbol{I} - \boldsymbol{A})^{-1}\boldsymbol{B}]^{-1}\boldsymbol{E}^{-1} =$$

$$\begin{bmatrix} \frac{1}{s^{d_1+1}} & & & \mathbf{0} \\ & \frac{1}{s^{d_2+1}} & & \\ & & \ddots & \\ \mathbf{0} & & & \frac{1}{s^{d_m+1}} \end{bmatrix} \boldsymbol{E}[\boldsymbol{I} + \boldsymbol{E}^{-1}\boldsymbol{F}(s\boldsymbol{I} - \boldsymbol{A})^{-1}\boldsymbol{B}][\boldsymbol{I} + \boldsymbol{E}^{-1}\boldsymbol{F}(s\boldsymbol{I} - \boldsymbol{A})^{-1}\boldsymbol{B}]^{-1}\boldsymbol{E}^{-1} =$$

$$\begin{bmatrix} \frac{1}{s^{d_1+1}} & & & \mathbf{0} \\ & \frac{1}{s^{d_2+1}} & & \\ & & \ddots & \\ \mathbf{0} & & & \frac{1}{s^{d_m+1}} \end{bmatrix} \tag{5-146}$$

充分性得证。

式(5 - 142) 所示定理又称为可解耦性判据，只要存在非奇异 $\boldsymbol{E}$ 阵，便可将受控对象化成积分型解耦系统。至于所需的状态反馈增益矩阵 $\boldsymbol{K}$ 及输入变换矩阵 $\boldsymbol{H}$，则按式(5 - 144) 来构造。

至此可小结一下求解积分型解耦系统的步骤如下：

(1) 计算受控对象的 $\boldsymbol{G}(s)$，并确定与 $\boldsymbol{G}_i(s)$ 对应的 $d_i,\boldsymbol{E}_i$ 值，$i=1,\cdots,m$；

(2) 构造 $\boldsymbol{E}$ 阵，并检查是非奇异的；

$$\boldsymbol{E}=\begin{bmatrix}\boldsymbol{E}_1\\\boldsymbol{E}_2\\\vdots\\\boldsymbol{E}_m\end{bmatrix}$$

(3) 构造 $\boldsymbol{F}$ 阵；

$$\boldsymbol{F}=\begin{bmatrix}c_1\boldsymbol{A}^{d_1+1}\\\vdots\\c_m\boldsymbol{A}^{d_m+1}\end{bmatrix}$$

(4) 求 $\boldsymbol{H}$ 阵，$\boldsymbol{H}=\boldsymbol{E}^{-1}$；

(5) 求 $\boldsymbol{K}=\boldsymbol{E}^{-1}\boldsymbol{F}$。

引入状态反馈控制规律

$$\boldsymbol{u}=-\boldsymbol{Kx}+\boldsymbol{Hv}=-\boldsymbol{E}^{-1}\boldsymbol{Fx}+\boldsymbol{E}^{-1}\boldsymbol{v} \tag{5-147}$$

积分型解耦系统的动态方程为

$$\left.\begin{aligned}\dot{\boldsymbol{x}}&=(\boldsymbol{A}-\boldsymbol{BK})\boldsymbol{x}+\boldsymbol{BHw}=(\boldsymbol{A}-\boldsymbol{BE}^{-1}\boldsymbol{F})\boldsymbol{x}+\boldsymbol{BE}^{-1}\boldsymbol{v}\\\boldsymbol{y}&=\boldsymbol{cx}\end{aligned}\right\} \tag{5-148}$$

其闭环传递函数矩阵 $\boldsymbol{G}_c(s)$ 是仅含积分环节的对角化非奇异矩阵，如式(5-146) 所示，且包括 m 个独立子系统，子系统 i 的传递函数均为不可约传递函数，其分母的阶数为(d_i+1)。

若 n 维积分型解耦系统是能控能观测的，则有 $n=\sum\limits_{i=1}^{m}(d_i+1)$；若是能控但不能观测的，则有 $n>\sum\limits_{i=1}^{m}(d_i+1)$，意为状态向量维数将大于不可约传递函数分母的阶数，这是由传递函数的零、极点对消形成的。

3. 附加状态反馈对积分型解耦系统实现极点配置

设积分型解耦系统能控能观测，则存在非奇异变换矩阵 $\boldsymbol{Q}$，使 $\boldsymbol{x}=\boldsymbol{Q}^{-1}\tilde{\boldsymbol{x}}$，这里

$$\tilde{\boldsymbol{x}}=\begin{bmatrix}\tilde{\boldsymbol{x}}_1\\\tilde{\boldsymbol{x}}_2\\\vdots\\\tilde{\boldsymbol{x}}_m\end{bmatrix},\quad \boldsymbol{Q}=\begin{bmatrix}\boldsymbol{Q}_1\\\boldsymbol{Q}_2\\\vdots\\\boldsymbol{Q}_m\end{bmatrix},\quad \boldsymbol{Q}_i=\begin{bmatrix}c_i\\c_i\boldsymbol{A}\\\vdots\\c_i\boldsymbol{A}^{d_i}\end{bmatrix},i=1,\cdots,m \tag{5-149}$$

式中，子向量 $\tilde{\boldsymbol{x}}_i$ 为(d_i+1) 维向量；$\boldsymbol{Q}_i$ 为$[(d_i+1)\times n]$ 维矩阵；$\boldsymbol{Q}$ 为$(n\times n)$ 维矩阵。经 $\boldsymbol{Q}^{-1}$ 变换，积分型解耦系统可化为下列标准解耦系统(证明略)：

$$\left.\begin{aligned}\dot{\tilde{\boldsymbol{x}}}&=\begin{bmatrix}\tilde{\boldsymbol{A}}_1 & 0 & \cdots & 0\\ 0 & \tilde{\boldsymbol{A}}_2 & \cdots & 0\\ \vdots & \vdots & & \vdots\\ 0 & 0 & \cdots & \tilde{\boldsymbol{A}}_m\end{bmatrix}\tilde{\boldsymbol{x}}+\begin{bmatrix}\tilde{\boldsymbol{b}}_1 & 0 & \cdots & 0\\ 0 & \tilde{\boldsymbol{b}}_2 & \cdots & 0\\ \vdots & \vdots & & \vdots\\ 0 & 0 & \cdots & \tilde{\boldsymbol{b}}_m\end{bmatrix}\tilde{\boldsymbol{v}}\\ \boldsymbol{y}&=\begin{bmatrix}\tilde{\boldsymbol{c}}_1 & 0 & \cdots & 0\\ 0 & \tilde{\boldsymbol{c}}_2 & \cdots & 0\\ \vdots & \vdots & & \vdots\\ 0 & 0 & \cdots & \tilde{\boldsymbol{c}}_m\end{bmatrix}\tilde{\boldsymbol{x}}\end{aligned}\right\}\tag{5-150}$$

式中，$\tilde{\boldsymbol{A}}_i$ 为(d_i+1) 阶子方阵；$\tilde{\boldsymbol{b}}_i$ 为(d_i+1) 维列向量；$\tilde{\boldsymbol{c}}_i$ 为(d_i+1) 维行向量，即

$$\tilde{\boldsymbol{A}}_i=\begin{bmatrix}\boldsymbol{0} & \boldsymbol{I}_{di}\\ \boldsymbol{0} & \boldsymbol{0}\end{bmatrix},\quad \tilde{\boldsymbol{b}}_i=\begin{bmatrix}0\\ \vdots\\ 0\\ 1\end{bmatrix},\quad \tilde{\boldsymbol{c}}_i=[1\quad 0\quad \cdots\quad 0]\tag{5-151}$$

$(\tilde{\boldsymbol{A}}_i,\tilde{\boldsymbol{b}}_i)$ 是能控标准型。标准解耦系统是分块对角化的系统。对于各子系统

$$\dot{\tilde{\boldsymbol{x}}}_i=\tilde{\boldsymbol{A}}_i\tilde{\boldsymbol{x}}_i+\tilde{\boldsymbol{b}}_i\tilde{\boldsymbol{v}}_i,\quad \boldsymbol{y}_i=\tilde{\boldsymbol{c}}\tilde{\boldsymbol{x}}_i,\quad i=1,\cdots,m\tag{5-152}$$

施加下列状态反馈控制规律：

$$\tilde{\boldsymbol{v}}_i=-\tilde{\boldsymbol{k}}_i\tilde{\boldsymbol{x}}+\bar{\boldsymbol{v}}_i,\quad i=1,\cdots,m\tag{5-153}$$

式中，$\tilde{\boldsymbol{k}}_i$ 为(d_i+1) 维行向量，则对整个系统引入了下列状态反馈控制规律：

$$\tilde{\boldsymbol{v}}=-\tilde{\boldsymbol{K}}\tilde{\boldsymbol{x}}+\bar{\boldsymbol{v}}\tag{5-154}$$

式中

$$\tilde{\boldsymbol{K}}=\begin{bmatrix}\tilde{\boldsymbol{k}}_1 & 0 & \cdots & 0\\ 0 & \tilde{\boldsymbol{k}}_2 & \cdots & 0\\ \vdots & \vdots & & \vdots\\ 0 & 0 & \cdots & \tilde{\boldsymbol{k}}_m\end{bmatrix}\tag{5-155}$$

可使标准解耦系统仍然解耦，且可实现极点的任意配置(证明略)。

所得闭环系统动态方程为

$$\left.\begin{aligned}\dot{\tilde{\boldsymbol{x}}}&=[\boldsymbol{Q}(\boldsymbol{A}-\boldsymbol{B}\boldsymbol{E}^{-1}\boldsymbol{F})\boldsymbol{Q}^{-1}-\boldsymbol{Q}\boldsymbol{B}\boldsymbol{E}^{-1}\tilde{\boldsymbol{K}}]\tilde{\boldsymbol{x}}+\boldsymbol{Q}\boldsymbol{B}\boldsymbol{E}^{-1}\bar{\boldsymbol{v}}\\ \boldsymbol{y}&=\boldsymbol{C}\boldsymbol{Q}^{-1}\tilde{\boldsymbol{x}}\end{aligned}\right\}\tag{5-156}$$

由于 $\tilde{\boldsymbol{x}}=\boldsymbol{Q}\boldsymbol{x}$，可得原闭环系统动态方程为

$$\left.\begin{aligned}\dot{\boldsymbol{x}}&=(\boldsymbol{A}-\boldsymbol{B}\boldsymbol{E}^{-1}\boldsymbol{F}-\boldsymbol{B}\boldsymbol{E}^{-1}\tilde{\boldsymbol{K}}\boldsymbol{Q}]\boldsymbol{x}+\boldsymbol{B}\boldsymbol{E}^{-1}\bar{\boldsymbol{v}}\\ \boldsymbol{y}&=\boldsymbol{C}\boldsymbol{x}\end{aligned}\right\}\tag{5-157}$$

其闭环系统传递函数矩阵为非奇异对角形，且闭环极点由 $\tilde{\boldsymbol{K}}$ 配置到期望位置。

对于积分型解耦系统能控但不能观情况，其标准解耦系统的结构、状态反馈控制增益矩阵的结构见参考文献[2]。这里仅指出，对于不能观测的状态变量必须是稳定的，否则，意味着不存在稳定的解耦控制规律。

4. 稳态解耦

有时受控对象不存在非奇异的 $\boldsymbol{E}$ 阵，有时积分型解耦系统含有不稳定的不可观测的状态变量，这时可附加一些动态单元使系统稳定，但增加了控制规律的复杂性及实现的难度，以致

输入-输出之间仍然存在耦合，于是有时宁可放宽对解耦问题的要求和提法，即实现稳态解耦。

定义 5.2 设系统 $\dot{\bar{x}}=\bar{A}\bar{x}+\bar{B}u$，$y=\bar{C}\bar{x}$ 是稳定的，且其稳态增益矩阵 $\bar{G}(0)$：

$$\bar{G}(0)=\bar{G}(s)\big|_{s=0}=[\bar{C}(sI-\bar{A})^{-1}\bar{B}]_{s=0}=-\bar{C}\bar{A}^{-1}\bar{B} \tag{5-158}$$

是非奇异对角阵，则称系统是稳态解耦的。

对于受控系统 $\dot{x}=Ax+Bu$，$y=Cx$，假设系统是能控的，并用状态反馈控制规律 $u=-Kx+Hv$，可得闭环系统动态方程 $\dot{x}=(A-BK)x+BHv$，$y=Cx$。通过 K 的适当选择，$(A-BK)$ 总是稳定矩阵，这时有闭环传递函数矩阵 $G_c(s)$：

$$G_c(s)=C[sI-A+BK]^{-1}BK$$

由于闭环系统稳定，则存在稳态增益矩阵 $G_c(0)$：

$$G_c(0)=G_c(s)\big|_{s=0}=-C(A-BK)^{-1}BH \tag{5-159}$$

意为存在 $(A-BK)^{-1}$，即 $(A-BK)$ 应为非奇异矩阵。若令

$$G_c(0)=D \tag{5-160}$$

式中 D 为期望的稳态对角化非奇异矩阵，则矩阵 H 可按下式选择：

$$H=-[C(A-BK)^{-1}B]^{-1}D \tag{5-161}$$

即 $C(A-BK)^{-1}B$ 应是非奇异的，便能实现稳态解耦。

下面来证明 $C(A-BK)^{-1}B$ 非奇异与受控对象 $\begin{bmatrix}A & B\\ C & 0\end{bmatrix}$ 非奇异是等价的。由于

$$\begin{aligned}&\operatorname{rank}\begin{bmatrix}A-BK & B\\ C & 0\end{bmatrix}=\\&\operatorname{rank}\begin{bmatrix}I & 0\\ C(A-BK)^{-1} & -I\end{bmatrix}\begin{bmatrix}A-BK & B\\ C & 0\end{bmatrix}\begin{bmatrix}(A-BK)^{-1} & -(A-BK)^{-1}B\\ 0 & I\end{bmatrix}=\\&\operatorname{rank}\begin{bmatrix}I & 0\\ 0 & C(A-BK)^{-1}B\end{bmatrix}\end{aligned} \tag{5-162}$$

注意到一个矩阵右乘或左乘一个非奇异方阵后，并不改变该矩阵的秩，故式(5-162)成立。又由于

$$\operatorname{rank}\begin{bmatrix}A-BK & B\\ C & 0\end{bmatrix}=\operatorname{rank}\begin{bmatrix}A & B\\ C & 0\end{bmatrix}\begin{bmatrix}I & 0\\ K & I\end{bmatrix}=\operatorname{rank}\begin{bmatrix}A & B\\ C & 0\end{bmatrix} \tag{5-163}$$

故 $C(A-BK)^{-1}B$ 非奇异即 $\begin{bmatrix}A & B\\ C & 0\end{bmatrix}$ 非奇异，这为检查稳态解耦的存在性提供了方便。于是有：

定理 5.2 使受控对象 $\dot{x}=Ax+Bu$，$y=Cx$ 实现问题解耦的充要条件是：状态反馈控制规律 K 可使系统稳定，且 $\begin{bmatrix}A & B\\ C & 0\end{bmatrix}$ 为非奇异矩阵。

实现稳态解耦的条件与实现动态解耦的 E 阵应非奇异的条件相比要简单得多，故稳态解耦有实际意义，它为抑制和消除扰动、提高跟踪精度的工程设计提供了一种依据。

例 5-4 设双输入-双输出受控对象动态方程为

$$\dot{x}=Ax+Bu,\quad y=Cx$$

$$\boldsymbol{A}=\begin{bmatrix}0&1&0&0\\3&0&0&2\\0&0&0&1\\0&-2&0&0\end{bmatrix},\quad \boldsymbol{B}=\begin{bmatrix}0&0\\1&0\\0&0\\0&1\end{bmatrix},\quad \boldsymbol{C}=\begin{bmatrix}1&0&0&0\\0&0&1&0\end{bmatrix}$$

试设计状态反馈解耦控制规律，且使闭环极点位于$-1,-1,-1,-1$。

解　(1) 受控对象传递函数矩阵 $\boldsymbol{G}(s)$ 及其结构参数 $d_i,\boldsymbol{E}_i$：

$$\boldsymbol{G}(s)=\boldsymbol{C}(s\boldsymbol{I}-\boldsymbol{A})^{-1}\boldsymbol{B}=\begin{bmatrix}\dfrac{1}{s^2+1}&\dfrac{2}{s(s^2+1)}\\\dfrac{-2}{s(s^2+1)}&\dfrac{s^2-3}{s^2(s^2+1)}\end{bmatrix}\overset{\text{def}}{=\!=\!=}\begin{bmatrix}\boldsymbol{G}_1(s)\\\boldsymbol{G}_2(s)\end{bmatrix}$$

式中

$$\boldsymbol{G}_1(s)=\begin{bmatrix}\dfrac{1}{s^2+1}&\dfrac{2}{s(s^2+1)}\end{bmatrix}$$

$$\boldsymbol{G}_2(s)=\begin{bmatrix}\dfrac{-2}{s(s^2+1)}&\dfrac{s^2-3}{s^2(s^2+1)}\end{bmatrix}$$

由定义

$d_i=\{\min[\boldsymbol{G}_i(s)$ 各元素分母多项式阶次与分子多项式阶次之差$]\}-1$

$\boldsymbol{E}_i=\lim\limits_{s\to\infty}s^{d_i+1}\boldsymbol{G}_i(s)$

得出

$$d_1=\{\min\ [2\quad 3]\}-1=2-1=1$$

$$\boldsymbol{E}_1=\lim_{s\to\infty}s^{d_1+1}\boldsymbol{G}_1(s)=\lim_{s\to\infty}s^2\begin{bmatrix}\dfrac{1}{s^2+1}&\dfrac{2}{s(s^2+1)}\end{bmatrix}=[1\quad 0]$$

$$d_2=\{\min\ [3\quad 2]\}-1=2-1=1$$

$$\boldsymbol{E}_2=\lim_{s\to\infty}s^{d_2+1}\boldsymbol{G}_2(s)=\lim_{s\to\infty}s^2\begin{bmatrix}\dfrac{-2}{s(s^2+1)}&\dfrac{s^2-3}{s^2(s^2+1)}\end{bmatrix}=[0\quad 1]$$

(2) 构造 $\boldsymbol{E}$ 阵，判断受控对象的可解耦性。由

$$\boldsymbol{E}=\begin{bmatrix}\boldsymbol{E}_1\\\boldsymbol{E}_2\end{bmatrix}=\begin{bmatrix}\boldsymbol{c}_1\boldsymbol{A}^{d_1}\boldsymbol{B}\\\boldsymbol{c}_2\boldsymbol{A}^{d_2}\boldsymbol{B}\end{bmatrix}$$

式中

$$\boldsymbol{c}_1=[1\quad 0\quad 0\quad 0]\qquad \boldsymbol{c}_2=[0\quad 0\quad 1\quad 0]$$

有

$$\boldsymbol{E}=\begin{bmatrix}1&0\\0&1\end{bmatrix}$$

故 $\boldsymbol{E}$ 阵非奇异，即受控对象可用状态反馈 $\boldsymbol{u}=-\boldsymbol{K}\boldsymbol{x}+\boldsymbol{H}\boldsymbol{v}$ 化成积分型解耦系统。

(3) 构造 $\boldsymbol{F}$ 阵并确定 $\boldsymbol{K},\boldsymbol{H}$ 阵。由

$$\boldsymbol{F}=\begin{bmatrix}\boldsymbol{c}_1\boldsymbol{A}^{d_1+1}\\\boldsymbol{c}_2\boldsymbol{A}^{d_2+1}\end{bmatrix}=\begin{bmatrix}\boldsymbol{c}_1\boldsymbol{A}^2\\\boldsymbol{c}_2\boldsymbol{A}^2\end{bmatrix}$$

式中

$$A^2 = \begin{bmatrix} 3 & 0 & 0 & 2 \\ 0 & -1 & 0 & 0 \\ 0 & -2 & 0 & 0 \\ -6 & 0 & 0 & -4 \end{bmatrix}$$

有

$$F = \begin{bmatrix} 3 & 0 & 0 & 2 \\ 0 & -2 & 0 & 0 \end{bmatrix}, \quad H = E^{-1} = \begin{bmatrix} 1 & 0 \\ 0 & 1 \end{bmatrix}, K = -E^{-1}F = \begin{bmatrix} -3 & 0 & 0 & -2 \\ 0 & 2 & 0 & 0 \end{bmatrix}$$

$$u = -Kx + Hv = \begin{bmatrix} 3 & 0 & 0 & 2 \\ 0 & -2 & 0 & 0 \end{bmatrix} x + \begin{bmatrix} 1 & 0 \\ 0 & 1 \end{bmatrix} v$$

(4) 积分型解耦系统的动态方程及其传递函数矩阵 $G_c(s)$：

$$\dot{x} = (A - BK)x + BHv = (A - BF)x + Bv, \quad y = Cx$$

式中

$$BF = \begin{bmatrix} 0 & 0 \\ 1 & 0 \\ 0 & 0 \\ 0 & 1 \end{bmatrix} \begin{bmatrix} 3 & 0 & 0 & 2 \\ 0 & -2 & 0 & 0 \end{bmatrix} = \begin{bmatrix} 0 & 0 & 0 & 0 \\ 3 & 0 & 0 & 2 \\ 0 & 0 & 0 & 0 \\ 0 & -2 & 0 & 0 \end{bmatrix}$$

有

$$\dot{x} = \begin{bmatrix} 0 & 1 & 0 & 0 \\ 0 & 0 & 0 & 0 \\ 0 & 0 & 0 & 1 \\ 0 & 0 & 0 & 0 \end{bmatrix} x + \begin{bmatrix} 0 & 0 \\ 1 & 0 \\ 0 & 0 \\ 0 & 1 \end{bmatrix} v, \quad y = \begin{bmatrix} 1 & 0 & 0 & 0 \\ 0 & 0 & 1 & 0 \end{bmatrix} x$$

$$G_c(s) = C(sI - A + BF)^{-1}B = \begin{bmatrix} \dfrac{1}{s^{d_1+1}} & 0 \\ 0 & \dfrac{1}{s^{d_2+1}} \end{bmatrix} = \begin{bmatrix} \dfrac{1}{s^2} & 0 \\ 0 & \dfrac{1}{s^2} \end{bmatrix}$$

(5) 积分器型解耦系统的能控性、能观测性检查。

由于

$$\operatorname{rank}[B \quad (A - BF)B] = \operatorname{rank} \begin{bmatrix} 0 & 0 & 1 & 0 \\ 1 & 0 & 0 & 0 \\ 0 & 0 & 0 & 1 \\ 0 & 1 & 0 & 0 \end{bmatrix} = 4 = n$$

故能控；由于

$$\operatorname{rank} \begin{bmatrix} C \\ C(A - BF) \end{bmatrix} = \operatorname{rank} \begin{bmatrix} 1 & 0 & 0 & 0 \\ 0 & 0 & 1 & 0 \\ 0 & 1 & 0 & 0 \\ 0 & 0 & 0 & 1 \end{bmatrix} = 4 = n$$

故能观测。

(6) 积分型解耦系统的极点配置。

已知积分型解耦系统的能控，故可实现极点的任意配置。由于$(A - BF)$，B，C诸矩阵已具备标准解耦系统的形式，即它们均为分块对角化矩阵且各子系统已是能控规范形，故无须进行 $\boldsymbol{Q}^{-1}$ 变换，这时 $\boldsymbol{Q}=\boldsymbol{I}$。具体分块形式如下：

$$\boldsymbol{A}-\boldsymbol{BF}=\left[\begin{array}{cc:cc}0&1&0&0\\0&0&0&0\\ \hdashline 0&0&0&1\\0&0&0&0\end{array}\right]\xlongequal{\text{def}}\left[\begin{array}{c:c}\widetilde{\boldsymbol{A}}_1&\boldsymbol{0}\\ \hdashline \boldsymbol{0}&\widetilde{\boldsymbol{A}}_2\end{array}\right]$$

$$\boldsymbol{B}=\left[\begin{array}{c:c}0&0\\1&0\\ \hdashline 0&0\\0&1\end{array}\right]\xlongequal{\text{def}}\left[\begin{array}{c:c}\tilde{\boldsymbol{b}}_1&\boldsymbol{0}\\ \hdashline \boldsymbol{0}&\tilde{\boldsymbol{b}}_2\end{array}\right],\quad \boldsymbol{C}=\left[\begin{array}{cc:cc}1&0&0&0\\ \hdashline 0&0&1&0\end{array}\right]\xlongequal{\text{def}}\left[\begin{array}{c:c}\tilde{\boldsymbol{c}}_1&\boldsymbol{0}\\ \hdashline \boldsymbol{0}&\tilde{\boldsymbol{c}}_2\end{array}\right]$$

对子系统$(\widetilde{\boldsymbol{A}}_1,\tilde{\boldsymbol{b}}_1,\tilde{\boldsymbol{c}}_1)$及$(\widetilde{\boldsymbol{A}}_2,\tilde{\boldsymbol{b}}_2,\tilde{\boldsymbol{c}}_2)$分别引入下列状态反馈控制规律：

$$v_1=-[\tilde{k}_1\quad \tilde{k}_2]\begin{bmatrix}x_1\\x_2\end{bmatrix}+\bar{v}_1$$

$$v_2=-[\tilde{k}_3\quad \tilde{k}_4]\begin{bmatrix}x_3\\x_4\end{bmatrix}+\bar{v}_2$$

即

$$\boldsymbol{v}=-\widetilde{\boldsymbol{K}}\boldsymbol{x}+\bar{\boldsymbol{v}}=-\left[\begin{array}{cc:cc}\tilde{k}_1&\tilde{k}_2&0&0\\ \hdashline 0&0&\tilde{k}_3&\tilde{k}_4\end{array}\right]\left[\begin{array}{c}x_1\\x_2\\ \hdashline x_3\\x_4\end{array}\right]+\begin{bmatrix}\bar{v}_1\\ \bar{v}_2\end{bmatrix}$$

可得最终闭环系统动态方程为

$$\begin{aligned}\dot{\boldsymbol{x}}=&(\boldsymbol{A}-\boldsymbol{BE}^{-1}\boldsymbol{F}-\boldsymbol{BE}^{-1}\widetilde{\boldsymbol{K}}\boldsymbol{Q})\boldsymbol{x}+\boldsymbol{BE}^{-1}\bar{\boldsymbol{v}}=\\&(\boldsymbol{A}-\boldsymbol{BF}-\boldsymbol{B}\widetilde{\boldsymbol{K}})\boldsymbol{x}+\boldsymbol{B}\bar{\boldsymbol{v}}=\\&\begin{bmatrix}0&1&0&0\\ \tilde{k}_1&\tilde{k}_2&0&0\\0&0&0&1\\0&0&\tilde{k}_3&\tilde{k}_4\end{bmatrix}\boldsymbol{x}+\begin{bmatrix}0&0\\1&0\\0&0\\0&1\end{bmatrix}\bar{\boldsymbol{v}}\end{aligned}$$

$$\boldsymbol{y}=\boldsymbol{Cx}=\begin{bmatrix}1&0&0&0\\0&0&1&0\end{bmatrix}\boldsymbol{x}$$

闭环特征多项式为

$$\begin{aligned}|\lambda\boldsymbol{I}-(\boldsymbol{A}-\boldsymbol{BF}+\boldsymbol{B}\widetilde{\boldsymbol{K}})|=&\lambda^4+(\tilde{k}_2+\tilde{k}_4)\lambda^3-(\tilde{k}_2\tilde{k}_4-\tilde{k}_1-\tilde{k}_3)\lambda^2-\\&(\tilde{k}_2\tilde{k}_3+\tilde{k}_1\tilde{k}_4)\lambda-\tilde{k}_1\tilde{k}_3\end{aligned}$$

希望特征多项式为

$$(\lambda+1)^4=\lambda^4+4\lambda^3+6\lambda^2+4\lambda+1$$

比较该两多项式的系统可得

$$\tilde{k}_1=\tilde{k}_3=1,\quad \tilde{k}_2=\tilde{k}_4=2$$

闭环传递函数矩阵 $\boldsymbol{G}_c(s)$ 为

$$G_c(s)=C[sI-(A-BF-B\widetilde{K})]^{-1}B=\begin{bmatrix}\frac{1}{(s+1)^2} & 0\\ 0 & \frac{1}{(s+1)^2}\end{bmatrix}$$

习　题

5-1　设受控系统状态方程为

$$\dot{x}=\begin{bmatrix}0 & 1\\ 0 & 0\end{bmatrix}x+\begin{bmatrix}1 & 0\\ 0 & 1\end{bmatrix}u$$

试用单位秩状态反馈使闭环极点配置在 $-1\pm j$,并导出等价的单输入系统状态方程。

5-2　设受控系统状态方程为

$$\dot{x}=\begin{bmatrix}-1 & 2\\ 1 & -3\end{bmatrix}x+\begin{bmatrix}1 & 1 & 0\\ -2 & 0 & 1\end{bmatrix}u$$

试用单位秩状态反馈使闭环极点配置在 $-1\pm j$。

5-3　设受控对象动态方程为

$$\dot{x}=\begin{bmatrix}-1 & 0\\ 0 & -4\end{bmatrix}x+\begin{bmatrix}0 & 1\\ 1 & 0\end{bmatrix}u,\quad y=\begin{bmatrix}1 & 0\\ 1 & 1\end{bmatrix}x$$

试用单位秩输出至输入的反馈矩阵使闭环极点配置在 $-2,-8$,并导出等价的单输入系统状态方程。

5-4　设受控对象动态方程为

$$\dot{x}=\begin{bmatrix}1 & 1 & -2\\ 2 & 0 & -2\\ 1 & 2 & 1\end{bmatrix}x+\begin{bmatrix}1 & 0\\ 0 & 0\\ 0 & 1\end{bmatrix}u,\quad y=\begin{bmatrix}1 & 0 & 0\\ 0 & 1 & 0\end{bmatrix}x$$

试用单位秩输出至输入的反馈矩阵使闭环极点配置在 $-6,-12\pm 5j$,并导出等价的单输入系统状态方程。

5-5 已知受控系统动态方程,试求单位秩比例-微分输出反馈将闭环极点配置在 $-1,-2,-3,-4$。

$$\dot{x}=\begin{bmatrix}0 & 1 & 0 & 0\\ 1 & 0 & 0 & 0\\ 0 & 0 & 0 & 1\\ 0 & 0 & -1 & 0\end{bmatrix}x+\begin{bmatrix}0 & 0\\ 1 & 0\\ 0 & 0\\ 0 & 1\end{bmatrix}u,\quad y=\begin{bmatrix}1 & 0 & 0 & 0\\ 0 & 0 & 1 & 0\end{bmatrix}x$$

5-6　已知受控系统动态方程为

$$\dot{x}=\begin{bmatrix}1 & 3 & 3\\ 0 & 1 & 2\\ 0 & 0 & 1\end{bmatrix}x+\begin{bmatrix}1 & 0\\ 2 & 0\\ 1 & 1\end{bmatrix}u,\quad y=\begin{bmatrix}1 & 0 & 0\\ 0 & 1 & 0\end{bmatrix}x$$

试检查该系统的循环性,设计比例-积分控制器,将闭环极点配置在 $-1,-2,-3,-4,-5$(提示:列写增广系统方程,用单位秩积分反馈先配置极点 -1,再用单位秩比例-积分反馈配置其余极点)。

5-7　设受控系统状态方程为

$$\dot{\boldsymbol{x}}=\begin{bmatrix}0&1&0&0\\0&0&1&0\\0&0&0&1\\10&2&-9&-2\end{bmatrix}\boldsymbol{x}+\begin{bmatrix}0&1\\0&0\\0&2\\1&0\end{bmatrix}\boldsymbol{u}+\begin{bmatrix}1\\-1\\0\\0\end{bmatrix}\boldsymbol{d}$$

$$\boldsymbol{y}=\begin{bmatrix}1&0&0&0\\0&1&0&0\end{bmatrix}\boldsymbol{x}$$

试设计 PID 控制器使闭环极点配置在 $-1\pm j$，-3，-4，-5。

第二篇　最优控制理论

最优控制是现代控制理论的一个重要组成部分。它所研究的问题是：对一个控制系统，在给定的性能指标要求下，如何选择控制规律，使性能指标达到最优(极值)。在应用经典控制理论时，各种设计方法本质上都是建立在试探的基础上的，在很大程度上依赖于设计人员的实践经验，因此设计结果不可能实现严格的最优。另外，对于复杂的系统，用经典设计方法往往得不到满意的设计结果。而对于多输入-多输出时变系统而言，经典控制理论已经是无能为力了。应用最优控制理论则对各种控制系统有可能在严格的数学基础上获得最优控制规律，实现最优控制。因此，随着现代科学技术的发展，目前最优控制理论已经引起人们普遍的重视，并取得了很大的发展。下面，分别对最优控制问题的提法及性能指标的分类这两个问题作一些解释。

1. 最优控制问题的提法

设动态系统的状态方程为

$$\dot{\boldsymbol{x}}(t)=\boldsymbol{f}[\boldsymbol{x}(t),\boldsymbol{u}(t),t] \tag{6-1}$$

初始状态：

$$\boldsymbol{x}(t_0)=\boldsymbol{x}_0 \tag{6-2}$$

目标集：

$$\boldsymbol{x}(t_f)\in S \tag{6-3}$$

控制域：

$$\boldsymbol{u}(t)\in U\subset \mathbf{R}^m \tag{6-4}$$

性能指标：

$$J=\theta[\boldsymbol{x}(t_f),t_f]+\int_{t_0}^{t_f}F[\boldsymbol{x}(t),\boldsymbol{u}(t),t]\,\mathrm{d}t \tag{6-5}$$

最优控制的问题就是：从所有可供选择的容许控制中寻找一个最优控制 $\boldsymbol{u}^*(t)$，使状态 $\boldsymbol{x}(t)$ 由 $\boldsymbol{x}(t_0)$ 经过一定时间转移到目标集 S，并且沿此轨线转移时，使相应的性能指标达到极值(极大或极小)。

一个最优控制问题通常由式(6-1)至式(6-5)五个方程来描述，下面来分别加以说明。

动态系统(指受控系统)的数学模型，它描述了受控系统的运动规律，一般用向量状态方程式(6-1)表示，式中 $\boldsymbol{x}(t)$ 为 n 维状态向量，$\boldsymbol{u}(t)$ 为 m 维控制向量。

性能指标 J 是事先规定的一个衡量控制过程性能好坏的指标函数。所谓过程"最优"，从数学上讲就是要使这个指标函数达到极值(极大或极小)。性能指标可以是各种各样的，它取决于所要解决的最优问题的主要矛盾。因此，对于不同的控制任务，就有不同的性能指标，不能给出适用于一切情况的统一格式。

控制域是指容许控制的集合。求解最优控制问题，最终需要找出最优控制规律 $\boldsymbol{u}^*(t)$。但它必须在容许的取值范围内，即 $\boldsymbol{u}^*(t)$ 之值必须处在一容许控制集 U 内，即

$$\boldsymbol{u}^*(t) \in U \subset \mathbf{R}^m$$

当控制向量的变化范围不受限制时，U 与整个 m 维向量空间 $\mathbf{R}^m$ 重合，这时 U 是一开集；当此值的变化范围受限制时，则 U 可能是一有界闭集。

动态系统的初态及终态是指一个动态过程在状态空间中由怎样的状态开始，转移至怎样的状态。所谓最优过程，对于不同的边界条件显然是不同的。一般情况下，初始状态是给定的，而终端状态则可能是固定的、自由的或按一定规律变动的，但总可以用一个目标集 S 来加以概括，即

$$\boldsymbol{x}(t_f) \in S$$

2. 性能指标的分类

性能指标函数又称价值函数、目标函数、性能泛函等，它一般是一个泛函，因此最优控制问题可归结为求泛函的极值问题。按照实际控制性能的要求大致可以分为：

(1) 最小时间问题。这是最优控制中常遇到的问题之一。最小时间问题的性能指标为

$$J = t_f - t_0 = \int_{t_0}^{t_f} \mathrm{d}t \tag{6-6}$$

对照式(6－5)，这里相当于

$$F[\boldsymbol{x}(t), \boldsymbol{u}(t), t] = 1 \tag{6-7}$$

并且不包含终端指标。

(2) 最小燃料消耗问题。粗略地说，控制量 $u(t)$ 与燃料消耗量成正比。因此，最小燃料问题的性能指标可用下式表示：

$$J = \int_{t_0}^{t_f} |u(t)| \mathrm{d}t \tag{6-8}$$

对照式(6－5)，这里相当于

$$F[\boldsymbol{x}(t), \boldsymbol{u}(t), t] = |u(t)| \tag{6-9}$$

因为燃料消耗与控制量的符号无关，所以取绝对值。

(3) 最小能量控制问题。假设 $u^2(t)$ 与消耗功率成正比，则这时的性能指标可用下式表示：

$$J = \int_{t_0}^{t_f} u^2(t) \mathrm{d}t \tag{6-10}$$

相应地

$$F[\boldsymbol{x}(t), \boldsymbol{u}(t), t] = u^2(t) \tag{6-11}$$

式中，$u^2(t)$ 在时间区间 $[t_0, t_f]$ 上的积分就是消耗的总能量。

(4) 线性调节器问题。给定一个线性系统，其平衡状态为 $\boldsymbol{x}(0) = \boldsymbol{0}$，设计的目的是要保持系统处于平衡状态，即系统能从任何初始状态返回平衡状态，这种系统称为线性调节器，它的性能指标可表示为

$$J = \sum_{i=1}^{n} \int_{t_0}^{t_f} x_i^2(t) \mathrm{d}t = \int_{t_0}^{t_f} \sum_{i=1}^{n} x_i^2(t) \mathrm{d}t \tag{6-12}$$

这时，调节过程中的状态变量 $x_i(t)$ 的值就代表偏差，由于偏差可正可负，因此在性能指标中取 $x_i(t)$ 的平方。特别要提一下以下的指标形式：

$$J = \int_{t_0}^{t_f} \frac{1}{2} [\boldsymbol{x}^{\mathrm{T}}(t) \boldsymbol{Q} \boldsymbol{x}(t) + \boldsymbol{u}^{\mathrm{T}}(t) \boldsymbol{R} \boldsymbol{u}(t)] \mathrm{d}t \tag{6-13}$$

这里相当于

$$F[\boldsymbol{x}(t),\boldsymbol{u}(t),t]=\frac{1}{2}[\boldsymbol{x}^{\mathrm{T}}(t)\boldsymbol{Q}\boldsymbol{x}(t)+\boldsymbol{u}^{\mathrm{T}}(t)\boldsymbol{R}\boldsymbol{u}(t)] \tag{6-14}$$

它包括两部分，第一部分表示调节过程的平稳性、快速性及精确性的要求，第二部分表示能量消耗的要求。因此这类指标既反映了对调节过程品质的要求，又反映了控制能量消耗的要求。这里的 $\boldsymbol{Q}$ 及 $\boldsymbol{R}$ 为相应的权函数，它反映了对不同 x_i 及 u_i 成分的不同对待。一般情况下 $\boldsymbol{Q}$ 为正半定或正定矩阵，$\boldsymbol{R}$ 为正定矩阵。

(5) 状态跟踪器问题。如果在过程中要求状态 $\boldsymbol{x}(t)$ 跟踪目标轨线 $\boldsymbol{x}_d(t)$，则称这类系统为状态跟踪器。如果同时考虑控制能量的消耗，其性能指标经常可取以下形式：

$$J=\int_{t_0}^{t_f}\frac{1}{2}\{[\boldsymbol{x}(t)-\boldsymbol{x}_d(t)]^{\mathrm{T}}\boldsymbol{Q}[\boldsymbol{x}(t)-\boldsymbol{x}_d(t)]+\boldsymbol{u}^{\mathrm{T}}(t)\boldsymbol{R}\boldsymbol{u}(t)\}\,\mathrm{d}t \tag{6-15}$$

这里相当于

$$F[\boldsymbol{x}(t),\boldsymbol{u}(t),t]=\frac{1}{2}\{[\boldsymbol{x}(t)-\boldsymbol{x}_d(t)]^{\mathrm{T}}\boldsymbol{Q}[\boldsymbol{x}(t)-\boldsymbol{x}_d(t)]+\boldsymbol{u}^{\mathrm{T}}(t)\boldsymbol{R}\boldsymbol{u}(t)\} \tag{6-16}$$

(4)，(5) 两类性能指标统称为二次型性能指标，因为其中每一项都是二次型，所以这是工程实践中应用最广的一类性能指标。

除了以上提及的几种形式外，还可以有各种不同的形式，这由实际控制性能要求来决定。

性能指标还可以按其数学形式大致分为下列三类：

(1) 积分型性能指标。它的形式为

$$J=\int_{t_0}^{t_f}F[\boldsymbol{x}(t),\boldsymbol{u}(t),t]\,\mathrm{d}t \tag{6-17}$$

这是一种积分型泛函，在变分法中这类问题称为拉格朗日问题。它要求状态向量及控制向量在整个动态过程中都应满足一定要求。

(2) 终值型性能指标。它的形式为

$$J=\theta[\boldsymbol{x}(t_f),t_f] \tag{6-18}$$

在变分法中称为迈耶尔问题。它只要求状态在过程终了时满足一定要求，但在整个动态过程中对状态及控制的演变不作要求。

(3) 复合型性能指标。它的形式为上面两种形式的综合(见式(6－5))，即

$$J=\theta[\boldsymbol{x}(t_f),t_f]+\int_{t_0}^{t_f}F[\boldsymbol{x}(t),\boldsymbol{u}(t),t]\,\mathrm{d}t$$

在变分法中称为波尔札问题。

从变分法可知，通过适当变换，拉格朗日问题与迈耶尔问题可以互相转换。

最优控制问题的求解，最初广泛应用变分法，但是古典变分有很大局限性，它适用于状态向量及控制向量不受限制的情况，而实际工程问题中遇到更多的是这些变量是受限制约束的，因此变分法在工程实践中的应用受到很大限制。直到 1956 年左右，由庞特里亚金及贝尔曼分别提出了极小值原理及动态规划，为解决有限制约束的变分问题提供了有力的工具，从而大大推动了最优控制理论的发展。本篇中，将分别介绍变分法、极小值原理及动态规划法这三种方法在最优控制问题中的应用。

第六章 变分法在最优控制中的应用

本章将分别介绍无约束条件和有约束条件的泛函极值问题及用变分法解最优控制问题。

6.1 无约束条件的泛函极值问题

在无约束条件下，泛函极值问题一般可以由经典变分法来解决。有关变分法的知识，读者可以参阅专门资料，这里不再详述，只对以下几个经常用到的定义及定理作一简单介绍。

6.1.1 变分法的定义及定理

(1) 泛函。

设函数 $\boldsymbol{x}(t)$，有另一个函数 J 依赖于函数 $\boldsymbol{x}(t)$，用 $J(\boldsymbol{x})$ 表示，则函数 $J(\boldsymbol{x})$ 称为函数 $\boldsymbol{x}(t)$ 的泛函，而 $\boldsymbol{x}(t)$ 称为泛函 $J(\boldsymbol{x})$ 的宗量。

(2) 宗量的变分。

宗量 $\boldsymbol{x}(t)$ 的变分是指宗量 $\boldsymbol{x}(t)$ 的增量，即两个函数间的差 $\delta\boldsymbol{x}(t)=\boldsymbol{x}(t)-\boldsymbol{x}^*(t)$。此处假定 $\boldsymbol{x}(t)$ 在某一函数类中是任意改变着的。

(3) 泛函的变分。

如果对于 $\boldsymbol{x}(t)$ 的微小改变，有泛函 $J(\boldsymbol{x})$ 的微小改变跟它对应，就说泛函 $J(\boldsymbol{x})$ 是连续的。

设泛函 $J(\boldsymbol{x})$ 在 $\boldsymbol{x}(t)=\boldsymbol{x}^*(t)$ 处可微，即存在

$$J'(\boldsymbol{x})\big|_{\boldsymbol{x}=\boldsymbol{x}^*}=\left.\frac{\partial J(\boldsymbol{x})}{\partial \boldsymbol{x}}\right|_{\boldsymbol{x}=\boldsymbol{x}^*} \tag{6-19}$$

则称其微分

$$J'(\boldsymbol{x})\big|_{\boldsymbol{x}=\boldsymbol{x}^*}\delta\boldsymbol{x} \tag{6-20}$$

为泛函 $J(\boldsymbol{x})$ 在 $\boldsymbol{x}=\boldsymbol{x}^*$ 处的一阶变分，并表示成

$$\delta J(\boldsymbol{x}^*,\delta\boldsymbol{x})\xlongequal{\text{def}}J'(\boldsymbol{x})\big|_{\boldsymbol{x}=\boldsymbol{x}^*}\delta\boldsymbol{x} \tag{6-21}$$

将 $J(\boldsymbol{x})$ 在 $\boldsymbol{x}=\boldsymbol{x}^*(t)$ 邻区展开成泰勒级数

$$J(\boldsymbol{x})=J(\boldsymbol{x})\big|_{\boldsymbol{x}=\boldsymbol{x}^*}+J'(\boldsymbol{x})\big|_{\boldsymbol{x}=\boldsymbol{x}^*}\delta\boldsymbol{x}+\frac{1}{2}J''(\boldsymbol{x})\big|_{\boldsymbol{x}=\boldsymbol{x}^*}(\delta\boldsymbol{x})^2+\cdots \tag{6-22}$$

$$\Delta J(x)=J(\boldsymbol{x})-J(\boldsymbol{x}^*)=J'(\boldsymbol{x})\big|_{\boldsymbol{x}=\boldsymbol{x}^*}\delta\boldsymbol{x}+\frac{1}{2}J''(\boldsymbol{x})\bigg|_{\boldsymbol{x}=\boldsymbol{x}^*}(\delta\boldsymbol{x})^2+\cdots \tag{6-23}$$

可见一阶变分 $\delta J(\boldsymbol{x}^*,\delta\boldsymbol{x})$ 的意义为泛函增量 $\Delta J(\boldsymbol{x})$ 的线性主部。同理，可定义泛函 $J(\boldsymbol{x})$ 的二阶变分为

$$\delta^2 J(\boldsymbol{x},\delta\boldsymbol{x})=J''(\boldsymbol{x})(\delta(\boldsymbol{x}))^2 \tag{6-24}$$

泛函 $J(\boldsymbol{x})$ 在 $\boldsymbol{x}^*(t)$ 处达到极小值的必要条件为(证明略)

$$\delta J(\boldsymbol{x}^*,\delta\boldsymbol{x})=0 \tag{6-25}$$

其充分条件为(证明略)

$$\delta^2 J(\boldsymbol{x}^*,\delta\boldsymbol{x})\geqslant 0 \tag{6-26}$$

6.1.2　固定边界的泛函极值

从最简单的情况开始讨论。设泛函为积分型(拉格朗日问题),即

$$J=\int_{t_0}^{t_f}F[\boldsymbol{x}(t),\dot{\boldsymbol{x}}(t),t]\,\mathrm{d}t \tag{6-27}$$

假定 $x(t)$ 为一维变量,在 $t\in[t_0,t_f]$ 区间上二次可导,并设起始及终端时刻 t_0,t_f 均给定,且

$$x(t_0)=x_0,\quad x(t_f)=x_f \tag{6-28}$$

要求确定使 $J(x)$ 达极小的 $x(t)$ 轨线。

显然,泛函 $J(x)$ 的值将随着选取不同的 $x(t)$ 而变化。设 $x^*(t)$ 为满足以上边界条件并使 $J(x)$ 达到极小的最优状态轨线,如图 6-1 所示,则其邻区的状态轨迹 $x(t)$ 可用下式表示:

$$x(t)=x^*(t)+\delta x(t) \tag{6-29}$$

这里,$\delta x(t)$ 是时间函数,且满足

$$\delta x(t_0)=\delta x(t_f)=0 \tag{6-30}$$

即在 $x^*(t)$ 的邻区的所有 $x(t)$ 均应满足边界条件

$$x(t_0)=x^*(t_0)=x_0 \tag{6-31}$$

$$x(t_f)=x^*(t_f)=x_f \tag{6-32}$$

并当 $\delta x(t)=0$ 时,则

$$x(t)=x^*(t) \tag{6-33}$$

对 $x(t)$ 求导得

$$\dot{x}(t)=\dot{x}^*(t)+\delta\dot{x}(t) \tag{6-34}$$

将 $x(t)$ 及 $\dot{x}(t)$ 的表示式代入指标函数 $J(x)$ 式得

$$J(x)=\int_{t_0}^{t_f}F[x^*(t)+\delta x(t),\dot{x}^*(t)+\delta\dot{x}(t),t]\,\mathrm{d}t \tag{6-35}$$

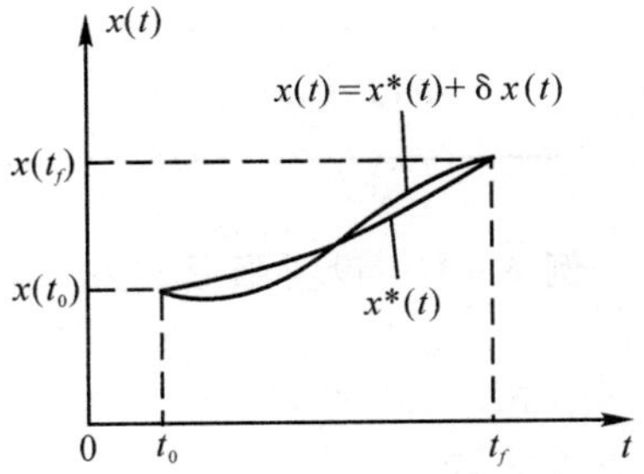

图 6-1　最优轨线

根据泛函极值的必要条件,应满足下式:

$$\delta J=J'(x)\,|_{x=x^*}\,\delta x=0$$

为此,将 $J(x)$ 在 $x^*(t)$ 处求变分可得

$$\delta J=\int_{t_0}^{t_f}\left[\frac{\partial F[x^*,\dot{x}^*,t]}{\partial x}\delta x+\frac{\partial F[x^*,\dot{x}^*,t]}{\partial \dot{x}}\delta\dot{x}\right]\mathrm{d}t \tag{6-36}$$

积分号内第二项作分部积分后可得

$$\int_{t_0}^{t_f}\frac{\partial F[x^*,\dot{x}^*,t]\delta\dot{x}}{\partial\dot{x}}\mathrm{d}t=\frac{\partial F[x^*,\dot{x}^*,t]}{\partial\dot{x}}\delta x\Big|_{t_0}^{t_f}-\int_{t_0}^{t_f}\delta x\frac{\mathrm{d}}{\mathrm{d}t}\left[\frac{\partial F[x^*,\dot{x}^*,t]}{\partial\dot{x}}\right]\mathrm{d}t \tag{6-37}$$

代入式(6-36)则得

$$\delta J=\int_{t_0}^{t_f}\delta x\left\{\frac{\partial F[x^*,\dot{x}^*,t]}{\partial x}-\frac{\mathrm{d}}{\mathrm{d}t}\left[\frac{\partial F[x^*,\dot{x}^*,t]}{\partial\dot{x}}\right]\right\}\mathrm{d}t+\delta x\frac{\partial F[x^*,\dot{x}^*,t]}{\partial x}\Big|_{t_0}^{t_f} \tag{6-38}$$

对于现在讨论的情况,因为 $\delta x(t_0)=\delta x(t_f)=0$,因此等式右边第二项等于零。根据式(6-25)

有

$$\int_{t_0}^{t_f} \delta x \left\{ \frac{\partial F[x^*,\dot{x}^*,t]}{\partial x} - \frac{\mathrm{d}}{\mathrm{d}t}\left[\frac{\partial F[x^*,\dot{x}^*,t]}{\partial \dot{x}}\right] \right\} \mathrm{d}t = 0 \tag{6-39}$$

由于 $\delta x(t)$ 可以任取，故为使式(6-39)成立，必须满足

$$\frac{\partial F[x^*,\dot{x}^*,t]}{\partial x} - \frac{\mathrm{d}}{\mathrm{d}t}\left[\frac{\partial F[x^*,\dot{x}^*,t]}{\partial \dot{x}}\right] = 0 \tag{6-40}$$

这就是著名的欧拉-拉格朗日方程，简称欧拉方程。解此方程就可求得状态的最优轨线 $x^*(t)$。欧拉方程是一个二阶微分方程，求解过程中要确定两个积分常数，因此要用到两个边界条件，这里可以用 $x(t_0)=x_0$ 及 $x(t_f)=x_f$ 来求解。

对于不同形式的被积函数 F，相应的欧拉方程式亦将不同，可以用相似的方法求得，现将结果列于表 6-1。

表 6-1　不同被积函数 F 对应的欧拉方程

F 的形式	欧拉-拉格朗日方程
$F(x,t)$	$\frac{\partial F}{\partial x}=0$
$F(x,\dot{x})$	$\frac{\partial F}{\partial x}-\frac{\partial^2 F}{\partial x\partial \dot{x}}\dot{x}-\frac{\partial^2 F}{\partial \dot{x}^2}\ddot{x}=0$
$F(\dot{x},t)$	$\frac{\partial^2 F}{\partial \dot{x}^2}\ddot{x}+\frac{\partial^2 F}{\partial x\partial t}=0$
$F(\dot{x})$	$\frac{\partial^2 F}{\partial \dot{x}^2}\ddot{x}=0$
$F(x,\dot{x},t)=\alpha(x,t)+\beta(x,t)\dot{x}$	$\frac{\partial \alpha}{\partial x}-\frac{\partial \beta}{\partial t}=0$

例 6-1　设泛函形式为

$$J=\int_1^2 (\dot{x}+\dot{x}^2t^2)\,\mathrm{d}t$$

边界条件为

$$x(1)=1,x(2)=2$$

求 J 达到极值时的最优轨线 $x^*(t)$。

解　已知被积函数为

$$F(x,\dot{x},t)=\dot{x}+\dot{x}^2t^2$$

可求得

$$\frac{\partial F}{\partial x}=0,\quad \frac{\partial F}{\partial \dot{x}}=1+2\dot{x}t^2$$

代入欧拉方程得

$$\frac{\mathrm{d}}{\mathrm{d}t}(1+2\dot{x}^*t^2)=0$$

其解为

$$x^*(t)=\frac{c_1}{t}+c_2$$

根据边界条件可求得 $c_1=-2, c_2=3$，最后可得最优轨线为

$$x^*(t)=3-\frac{2}{t}$$

6.1.3　可动边界的泛函极值

假设 t_0 及 t_f 仍为固定，只是边界状态可以变动，这时，可以得到与式(6-38)同样的泛函变分表示式，当 J 达到极值时，应满足 $\delta J=0$，得

$$\int_{t_0}^{t_f}\delta x\left\{\frac{\partial F[x^*,\dot{x}^*,t]}{\partial x}-\frac{\mathrm{d}}{\mathrm{d}t}\left[\frac{\partial F[x^*,\dot{x}^*,t]}{\partial \dot{x}}\right]\right\}\mathrm{d}t+\delta x\frac{\partial F[x^*,\dot{x}^*,t]}{\partial \dot{x}}\bigg|_{t_0}^{t_f}=0 \tag{6-41}$$

由于边界可动，$\delta x(t_0)$ 及 $\delta x(t_f)$ 不会同时为零，因此第二项不会自然满足，为使式(6-41)成立，必须同时满足

$$\frac{\partial F[x^*,\dot{x}^*,t]}{\partial x}-\frac{\mathrm{d}}{\mathrm{d}t}\left[\frac{\partial F[x^*,\dot{x}^*,t]}{\partial \dot{x}}\right]=0 \tag{6-42}$$

$$\delta x\frac{\partial F[x^*,\dot{x}^*,t]}{\partial \dot{x}}\bigg|_{t_0}^{t_f}=0 \tag{6-43}$$

式(6-43)称为横截条件。由此可见，在边界可动情况下，欧拉方程仍然成立，求解时同样要求有两组边界条件，这时，横截条件便补充了所缺少的边界条件。还可发现，不论是固定边界情况，或是各种不同的边界可动情况，相应的两组边界条件(包含横截条件)总是分别处在两个边界点上，这被称之为变分中的两点边值问题，它给欧拉方程的求解增加了困难。

6.1.4　终端时刻自由的泛函极值

当边界状态可动，且终端时刻 t_f 为自由时，则指标泛函的变分应包括由于 t_f 的变化而引起的变分项。这时泛函形式为

$$J=\int_{t_0}^{t_f}F[x(t),\dot{x}(t),t]\,\mathrm{d}t=\int_{t_0}^{t_f^*+\delta t_f}F[x^*(t)+\delta x(t),\dot{x}^*(t)+\delta\dot{x}(t),t]\,\mathrm{d}t \tag{6-44}$$

$$\begin{aligned}J=&\int_{t_0}^{t_f^*}F[x^*(t)+\delta x(t),\dot{x}^*(t)+\delta\dot{x}(t),t]\,\mathrm{d}t+\\&\int_{t_f^*}^{t_f^*+\delta t_f}F[x^*(t)+\delta x(t),\dot{x}^*(t)+\delta\dot{x}(t),t]\,\mathrm{d}t\end{aligned} \tag{6-45}$$

由于 δt_f 很小，因此第二项积分可由积分中值定理求出，J 可表示成

$$J=\int_{t_0}^{t_f^*}F[x^*(t)+\delta x(t),\dot{x}^*(t)+\delta\dot{x}(t),t]\,\mathrm{d}t+F[x^*(t_f),\dot{x}^*(t_f),t_f^*]\delta t_f \tag{6-46}$$

等式右边第一项与 t_f 固定情况完全一样，第二项表示由于终端时刻可动引起的变分项。参照式(6-38)可得这时的指标泛函的极值条件为

$$\begin{aligned}\delta J=&\int_{t_0}^{t_f}\delta x\left\{\frac{\partial F[x^*,\dot{x}^*,t]}{\partial x}-\frac{\mathrm{d}}{\mathrm{d}t}\frac{\partial F[x^*,\dot{x}^*,t]}{\partial \dot{x}}\right\}\mathrm{d}t+\\&\delta x\frac{\partial F[x^*,\dot{x}^*,t]}{\partial \dot{x}}\bigg|_{t_0}^{t_f}+F[x^*(t_f^*),\dot{x}^*(t_f^*),t_f^*]\delta t_f=0\end{aligned} \tag{6-47}$$

如果 $\delta x(t_f)$ 与 δt_f 为互相独立的任意函数，欲使式(6-47)成立，必须同时满足

$$\frac{\partial F[x^*,\dot{x}^*,t]}{\partial x}-\frac{\mathrm{d}}{\mathrm{d}t}\left[\frac{\partial F[x^*,\dot{x}^*,t]}{\partial \dot{x}}\right]=0 \tag{6-48}$$

$$\delta x\frac{\partial F[x^*,\dot{x}^*,t]}{\partial \dot{x}}\bigg|_{t_0}^{t_f^*}=0 \tag{6-49}$$

$$F[x^*,\dot{x}^*,t]\Big|_{t_f^*}=0 \tag{6-50}$$

这里,式(6-50)作为一个补充条件可确定最优终端时刻 t_f^*。如果终端状态受下式约束:

$$x(t_f)=c(t_f) \tag{6-51}$$

则此时 $\delta x(t_f)$ 与 δt_f 不再是互相独立的,最优轨线应满足以下关系:

$$x^*[t_f^*+\delta t_f]+\delta x[t_f^*+\delta t_f]=c[t_f^*+\delta t_f] \tag{6-52}$$

等式两边对 t_f^* 求导,并令 δt_f 对 t_f^* 的变分为零,考虑到 $\delta\dot{x}(t_f)\mid_{t_f=t_f^*}\delta t_f=\delta x(t_f^*)$,则得

$$\dot{x}^*(t_f^*)\delta t_f+\delta x(t_f^*)=\dot{c}(t_f^*)\delta t_f$$

$$\delta x(t_f^*)=[\dot{c}(t_f^*)-\dot{x}^*(t_f^*)]\delta t_f \tag{6-53}$$

将式(6-53)代入式(6-47)可得

$$\delta J=\int_{t_0}^{t_f}\delta x\left\{\frac{\partial F[x^*,\dot{x}^*,t]}{\partial x}-\frac{\mathrm{d}}{\mathrm{d}t}\frac{\partial F[x^*,\dot{x}^*,t]}{\partial \dot{x}}\right\}\mathrm{d}t-\delta x\frac{\partial F[x^*,\dot{x}^*,t]}{\partial \dot{x}}\bigg|_{t_0}+$$
$$\delta t_f\left\{[\dot{c}(t_f^*)-\dot{x}^*(t_f^*)]\left[\frac{\partial F[x^*,\dot{x}^*,t]}{\partial \dot{x}}\right]_{t_f^*}+F[x^*,\dot{x}^*,t]\Big|_{t_f^*}\right\}=0 \tag{6-54}$$

为使式(6-54)成立,必须同时满足

$$\frac{\partial F[x^*,\dot{x}^*,t]}{\partial x}-\frac{\mathrm{d}}{\mathrm{d}t}\left[\frac{\partial F[x^*,\dot{x}^*,t]}{\partial \dot{x}}\right]=0 \tag{6-55}$$

$$[\dot{c}(t_f^*)-\dot{x}^*(t_f^*)]\left[\frac{\partial F[x^*,\dot{x}^*,t]}{\partial \dot{x}}\right]_{t_f^*}+F[x^*,\dot{x}^*,t]\Big|_{t_f^*}=0 \tag{6-56}$$

$$\delta x\frac{\partial F[x^*,\dot{x}^*,t]}{\partial \dot{x}}\bigg|_{t_0}=0$$

式(6-56)为终端横截条件,同样,这个条件可用来确定最优终端时刻 t_f^*。

从以上讨论可以看出,不论边界情况如何,泛函极值都必须满足欧拉方程,只是在求解欧拉方程时对于不同边界情况应采用不同的边界条件及横截条件。

以上结论完全可以推广到 $\boldsymbol{x}(t)$ 为向量的情况。

下面将各种不同边界情况下求无约束条件的泛函极值时应采用的边界条件及横截条件归纳成表 6-2,这里,假设起始时刻 t_0 及起始状态 $\boldsymbol{x}(t_0)$ 是固定的。

表 6-2　不同边界情况下的边界条件及横截条件

终端情况		边界条件及横截条件		需求积分常数及 t_f
t_f $\boldsymbol{x}_f$	给定 给定	$\boldsymbol{x}^*(t_0)=\boldsymbol{x}_0$ $\boldsymbol{x}^*(t_f)=\boldsymbol{x}_f$	n 个 n 个	积分常数 $2n$ 个
t_f $\boldsymbol{x}_f$	给定 自由	$\boldsymbol{x}^*(t_0)=\boldsymbol{x}_0$ $\left.\frac{\partial F}{\partial \dot{\boldsymbol{x}}}\right\|_{t_f}=0$	n 个 n 个	积分常数 $2n$ 个

续 表

终端情况		边界条件及横截条件		需求积分常数及 t_f
t_f $\boldsymbol{x}_f$	自由 给定	$\boldsymbol{x}^*(t_0)=\boldsymbol{x}_0$ $\boldsymbol{x}^*(t_f)=\boldsymbol{x}_f$ $F\big\|_{t_f^*}-\left[\frac{\partial F}{\partial \dot{\boldsymbol{x}}}\right]^{\mathrm{T}}\dot{\boldsymbol{x}}^*\big\|_{t_f^*}=0$	n 个 n 个 1 个	积分常数 $2n$ 个 t_f　1 个
t_f $\boldsymbol{x}_f$	自由 自由	$\boldsymbol{x}^*(t_0)=\boldsymbol{x}_0$ $\frac{\partial F}{\partial \dot{\boldsymbol{x}}}\bigg\|_{t_f^*}=0$ $F\|t_f^*=0$	n 个 n 个 1 个	积分常数 $2n$ 个 t_f　1 个
t_f　自由 $\boldsymbol{x}_f$ 可变但满足 $\boldsymbol{x}(t_f)=\boldsymbol{c}(t_f)$		$\boldsymbol{x}^*(t_0)=\boldsymbol{x}_0$ $\boldsymbol{x}^*(t_f)=\boldsymbol{c}(t_f)$ $F\big\|_{t_f^*}+\left[\frac{\partial F}{\partial \dot{\boldsymbol{x}}}\right]^{\mathrm{T}}[\dot{\boldsymbol{c}}(t)-\dot{\boldsymbol{x}}(t)]\big\|t_f^*=0$	n 个 n 个 1 个	积分常数 $2n$ 个 t_f　1 个

例 6-2　求使性能指标

$$J(x)=\int_0^{t_f}(1+\dot{x}^2)^{1/2}\mathrm{d}t$$

为极小时的最优轨线 $x^*(t)$。设 $x(0)=1$，$x(t_f)=c(t_f)$，这里，$c(t)=2-t$，如图 6-2 所示。

解　显然，现在的性能指标就是 $x(t)$ 的弧长，也就是说，要求从 $x(0)$ 到直线 $c(t)$ 的曲线 $x(t)$ 的弧长为最短。直接应用上面求得的结论来求 $x^*(t)$ 及 t_f^*。

已知指标泛函的被积函数为

$$F(x,\dot{x},t)=(1+\dot{x}^2)^{1/2}$$

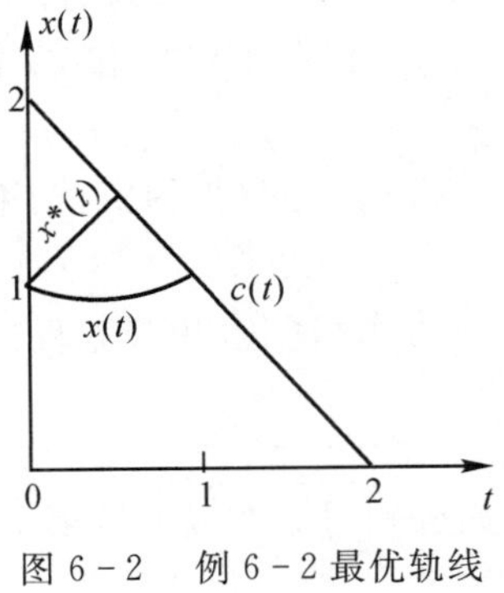

图 6-2　例 6-2 最优轨线

其一阶偏导数为

$$\frac{\partial F}{\partial x}=0,\quad \frac{\partial F}{\partial \dot{x}}=\frac{\dot{x}}{(1+\dot{x}^2)^{\frac{1}{2}}}$$

代入欧拉方程，可得

$$\frac{\partial F}{\partial x}-\frac{\mathrm{d}}{\mathrm{d}t}\left(\frac{\partial F}{\partial \dot{x}}\right)=-\frac{\mathrm{d}}{\mathrm{d}t}\left[\frac{\dot{x}}{(1+\dot{x}^2)^{\frac{1}{2}}}\right]=0$$

于是

$$\frac{\dot{x}}{(1+\dot{x}^2)^{1/2}}=c$$

式中，c 为积分常数，上式可写成

$$\dot{x}^2=\frac{c^2}{1-c^2}$$

设

$$a^2=\frac{c^2}{1-c^2}$$

则

$$\dot{x}=a$$

$$x(t)=at+b$$

利用边界条件及横截条件可以确定常数 a 及 b。已知 $x(0)=1$，则得 $b=1$。由横截条件

$$[\dot{c}(t_f)-\dot{x}(t_f)]\left[\frac{\partial F}{\partial \dot{x}}\right]_{t_f}+F|_{t_f}=0$$

有

$$[-1-\dot{x}(t_f)]\dot{x}(t_f)+[1+\dot{x}^2(t_f)]=0$$

解得

$$\dot{x}(t_f)=1$$

由于 $\dot{x}(t)=a$，则 $a=1$。最优轨线为

$$x^*(t)=t+1$$

$$x^*(t_f^*)=c(t_f^*)$$

根据终端约束，有 $t_f^*+1=2-t_f^*$，则 $t_f^*=\dfrac{1}{2}$，将 $x^*(t)$，t_f^* 代入指标泛函，可求得 J 的极小值为

$$J^*=\int_0^{\frac{1}{2}}[1+\dot{x}^{*2}]^{1/2}\mathrm{d}t=\frac{\sqrt{2}}{2}$$

6.2 有约束条件的泛函极值问题

在实际问题中，对应泛函极值的最优轨线 $\boldsymbol{x}^*(t)$ 通常受着各种约束，如动态系统的状态变化规律便受系统本身动态特性（状态方程）的约束。下面来讨论有约束条件的泛函极值问题。仍设指标泛函形式为积分型，即

$$J(\boldsymbol{x})=\int_{t_0}^{t_f}F[\boldsymbol{x},\dot{\boldsymbol{x}},t]\mathrm{d}t$$

并设边界时刻 t_0，t_f 及边界状态 $\boldsymbol{x}_0$，$\boldsymbol{x}_f$ 均给定，但最优轨线受以下不同约束：

（1）代数方程约束，约束方程为

$$\boldsymbol{f}(\boldsymbol{x},t)=\boldsymbol{0} \tag{6-57}$$

（2）微分方程约束，约束方程为

$$\boldsymbol{f}(\boldsymbol{x},\dot{\boldsymbol{x}},t)=\boldsymbol{0} \tag{6-58}$$

（3）等周长（积分方程）约束，约束方程为

$$\int_{t_0}^{t_f}\boldsymbol{f}(\boldsymbol{x},\dot{\boldsymbol{x}},t)=\boldsymbol{c} \tag{6-59}$$

下面分别讨论在以上约束下的泛函极值问题。

6.2.1 代数方程约束

设约束方程为

$$\boldsymbol{f}(\boldsymbol{x},t)\overset{\text{def}}{=\!=\!=}\begin{bmatrix}f_1(\boldsymbol{x},t)\\ f_2(\boldsymbol{x},t)\\ \vdots\\ f_m(\boldsymbol{x},t)\end{bmatrix}=\boldsymbol{0} \tag{6-60}$$

这里有 m 个约束方程，如 $\boldsymbol{x}$ 为 n 维变量，则 $\boldsymbol{x}$ 只有 $n-m$ 维是独立的。

设 m 维的向量时间函数为

$$\boldsymbol{\lambda}(t)=\begin{bmatrix}\lambda_1(t)\\ \lambda_2(t)\\ \vdots\\ \lambda_m(t)\end{bmatrix} \tag{6-61}$$

为拉格朗日乘子，将它分别与约束方程的左边各分量相乘，然后与 $\boldsymbol{F}(\boldsymbol{x},\dot{\boldsymbol{x}},t)$ 相加组成增广泛函，即

$$J_a(\boldsymbol{x},\dot{\boldsymbol{x}},\boldsymbol{\lambda})=\int_{t_0}^{t_f}\left[F(\boldsymbol{x},\dot{\boldsymbol{x}},t)+\boldsymbol{\lambda}^{\mathrm{T}}(t)\boldsymbol{f}(\boldsymbol{x},t)\right]\mathrm{d}t \tag{6-62}$$

现在即可按无约束条件来求泛函 J_a 的极值。根据泛函极值的必要条件可得

$$\delta J_a=\int_{t_0}^{t_f}\left\{\left[\left(\frac{\partial F}{\partial \boldsymbol{x}}\right)^{\mathrm{T}}+\boldsymbol{\lambda}^{\mathrm{T}}(t)\frac{\partial \boldsymbol{f}}{\partial \boldsymbol{x}^{\mathrm{T}}}\right]\delta\boldsymbol{x}+\left(\frac{\partial F}{\partial \dot{\boldsymbol{x}}}\right)^{\mathrm{T}}\delta\dot{\boldsymbol{x}}+\boldsymbol{f}^{\mathrm{T}}(\boldsymbol{x},t)\,\delta\boldsymbol{\lambda}\right\}\mathrm{d}t=0 \tag{6-63}$$

经过同前节中相似的处理，并考虑 $\delta\boldsymbol{x}(t_0)=\delta\boldsymbol{x}(t_f)=\boldsymbol{0}$，则得

$$\delta J_a=\int_{t_0}^{t_f}\left\{\left[\left(\frac{\partial F}{\partial \boldsymbol{x}}\right)^{\mathrm{T}}+\boldsymbol{\lambda}^{\mathrm{T}}\frac{\partial \boldsymbol{f}}{\partial \boldsymbol{x}^{\mathrm{T}}}-\frac{\mathrm{d}}{\mathrm{d}t}\left(\frac{\partial F}{\partial \dot{\boldsymbol{x}}}\right)^{\mathrm{T}}\right]\delta\boldsymbol{x}+\boldsymbol{f}^{\mathrm{T}}\delta\boldsymbol{\lambda}\right\}\mathrm{d}t=0 \tag{6-64}$$

这里，$\delta\boldsymbol{x}$ 及 $\delta\boldsymbol{\lambda}$ 互相独立，因此为使式(6－64)成立，应同时满足

$$\frac{\partial F}{\partial \boldsymbol{x}}+\frac{\partial \boldsymbol{f}}{\partial \boldsymbol{x}^{\mathrm{T}}}\boldsymbol{\lambda}-\frac{\mathrm{d}}{\mathrm{d}t}\left(\frac{\partial F}{\partial \dot{\boldsymbol{x}}}\right)=\boldsymbol{0} \tag{6-65}$$

$$\boldsymbol{f}(\boldsymbol{x},t)=\boldsymbol{0} \tag{6-66}$$

式(6－66)即为约束方程。

定义

$$F_a=F+\boldsymbol{f}^{\mathrm{T}}\boldsymbol{\lambda} \tag{6-67}$$

则式(6－65)经整理可表示成

$$\frac{\partial F_a}{\partial \boldsymbol{x}}-\frac{\mathrm{d}}{\mathrm{d}t}\left(\frac{\partial F_a}{\partial \dot{\boldsymbol{x}}}\right)=\boldsymbol{0} \tag{6-68}$$

式(6－68)为对应于增广泛函的欧拉方程。解此方程，就可得到最优轨线 $\boldsymbol{x}^*(t)$。这里要指出的是 F_a 中包含有未知的 m 维向量函数 $\boldsymbol{\lambda}(t)$。因此，在求解欧拉方程时除了已有的边界条件外，还需要 m 个条件，这恰好由 m 个约束方程来补足。显然，所求得的极值满足约束方程。它就是约束条件下的极值问题的解。

6.2.2　微分方程约束

设约束方程为

$$\boldsymbol{f}(\boldsymbol{x},\dot{\boldsymbol{x}},t)\overset{\text{def}}{=\!=}\begin{bmatrix}f_1(\boldsymbol{x},\dot{\boldsymbol{x}},t)\\ f_2(\boldsymbol{x},\dot{\boldsymbol{x}},t)\\ \vdots\\ f_m(\boldsymbol{x},\dot{\boldsymbol{x}},t)\end{bmatrix}=\boldsymbol{0} \tag{6-69}$$

经过与 6.2.1 小节的类似步骤的推导可得：为使指标泛函在微分方程约束下达到极值，应同时满足

$$\frac{\partial F_a}{\partial \boldsymbol{x}}-\frac{\mathrm{d}}{\mathrm{d}t}\left(\frac{\partial F_a}{\partial \dot{\boldsymbol{x}}}\right)=0 \tag{6-70}$$

得到了与代数约束完全相同的结果，这里同样定义 $F_a = F + \boldsymbol{f}^{\mathrm{T}}\boldsymbol{\lambda}$。

$$\boldsymbol{f}(\boldsymbol{x},\dot{\boldsymbol{x}},t)=\boldsymbol{0} \tag{6-71}$$

6.2.3 等周长(积分方程)约束

设约束方程为

$$\int_{t_0}^{t_f}\boldsymbol{f}(\boldsymbol{x},\dot{\boldsymbol{x}},t)\,\mathrm{d}t \xlongequal{\text{def}} \begin{bmatrix} \int_{t_0}^{t_f} f_1(\boldsymbol{x},\dot{\boldsymbol{x}},t)\,\mathrm{d}t \\ \int_{t_0}^{t_f} f_2(\boldsymbol{x},\dot{\boldsymbol{x}},t)\,\mathrm{d}t \\ \vdots \\ \int_{t_0}^{t_f} f_m(\boldsymbol{x},\dot{\boldsymbol{x}},t)\,\mathrm{d}t \end{bmatrix} = \begin{bmatrix} c_1 \\ c_2 \\ \vdots \\ c_m \end{bmatrix} = \boldsymbol{c} \tag{6-72}$$

一般情况下，可将积分方程约束转化为微分方程约束，即

设

$$\dot{\boldsymbol{z}}(t)=\boldsymbol{f}(\boldsymbol{x},\dot{\boldsymbol{x}},t) \tag{6-73}$$

并设其边界条件为

$$\boldsymbol{z}(t_0)=\boldsymbol{0},\quad \boldsymbol{z}(t_f)=\boldsymbol{c} \tag{6-74}$$

则

$$\int_{t_0}^{t_f}\boldsymbol{f}(\boldsymbol{x},\dot{\boldsymbol{x}},t)\,\mathrm{d}t=\int_{t_0}^{t_f}\dot{\boldsymbol{z}}(t)\,\mathrm{d}t=\boldsymbol{z}(t_f)-\boldsymbol{z}(t_0)=\boldsymbol{c} \tag{6-75}$$

原约束方程满足。因此可以将约束方程变换成

$$\boldsymbol{f}(\boldsymbol{x},\dot{\boldsymbol{x}},t)-\dot{\boldsymbol{z}}(t)=\boldsymbol{0},\quad \boldsymbol{z}(t_0)=\boldsymbol{0},\quad \boldsymbol{z}(t_f)=\boldsymbol{c} \tag{6-76}$$

这样就变成了附加有变量 $\boldsymbol{z}$ 的微分方程约束了，可以直接利用微分方程约束情况所得的结果。为使指标泛函在积分方程约束下达到极值，应同时满足

$$\frac{\partial F_a}{\partial \bar{\boldsymbol{x}}}-\frac{\mathrm{d}}{\mathrm{d}t}\left(\frac{\partial F_a}{\partial \dot{\bar{\boldsymbol{x}}}}\right)=\boldsymbol{0} \tag{6-77}$$

$$\dot{\boldsymbol{z}}=\boldsymbol{f}(\boldsymbol{x},\dot{\boldsymbol{x}},t),\quad \boldsymbol{z}(t_0)=\boldsymbol{0},\quad \boldsymbol{z}(t_f)=\boldsymbol{c} \tag{6-78}$$

这里式(6-77)为对应增广泛函的欧拉方程，式(6-78)为约束方程。要指出的是在式(6-77)中

$$\bar{\boldsymbol{x}}=\begin{bmatrix}\boldsymbol{x}\\ \boldsymbol{z}\end{bmatrix},\quad \dot{\bar{\boldsymbol{x}}}=\begin{bmatrix}\dot{\boldsymbol{x}}\\ \dot{\boldsymbol{z}}\end{bmatrix},\quad F_a=F+\boldsymbol{\lambda}^{\mathrm{T}}[\boldsymbol{f}-\dot{\boldsymbol{z}}]$$

因此，式(6-77)可以分解成

$$\frac{\partial F_a}{\partial \boldsymbol{x}}-\frac{\mathrm{d}}{\mathrm{d}t}\left(\frac{\partial F_a}{\partial \dot{\boldsymbol{x}}}\right)=\boldsymbol{0} \tag{6-79}$$

$$\frac{\partial F_a}{\partial \boldsymbol{z}}-\frac{\mathrm{d}}{\mathrm{d}t}\left(\frac{\partial F_a}{\partial \dot{\boldsymbol{z}}}\right)=\boldsymbol{0} \tag{6-80}$$

由于

$$\frac{\partial F_a}{\partial \boldsymbol{z}}=\boldsymbol{0},\quad \frac{\partial F_a}{\partial \dot{\boldsymbol{z}}}=-\boldsymbol{\lambda},\quad \frac{\mathrm{d}}{\mathrm{d}t}\left(\frac{\partial F_a}{\partial \dot{\boldsymbol{z}}}\right)=-\dot{\boldsymbol{\lambda}}$$

最后可得欧拉方程为

$$\frac{\partial F_a}{\partial \boldsymbol{x}} - \frac{\mathrm{d}}{\mathrm{d}t}\left(\frac{\partial F_a}{\partial \dot{\boldsymbol{x}}}\right) = \boldsymbol{0} \tag{6-81}$$

$$\dot{\boldsymbol{\lambda}} = \boldsymbol{0} \tag{6-82}$$

由以上讨论可以看出，对于有约束条件的泛函极值问题，只需用拉格朗日乘子法将有约束条件问题转化为无约束条件问题来解决即可。

同样，对于不同边界情况，欧拉方程不变，只是边界条件及横截条件不同。

6.3　变分法解最优控制问题

设系统状态方程为

$$\dot{\boldsymbol{x}}(t) = \boldsymbol{f}[\boldsymbol{x}(t), \boldsymbol{u}(t), t]$$

性能指标为

$$J = \theta[\boldsymbol{x}(t_f), t_f] + \int_{t_0}^{t_f} F[\boldsymbol{x}(t), \boldsymbol{u}(t), t]\,\mathrm{d}t$$

并设：初始及终端时刻 t_0, t_f 给定，$\boldsymbol{x}(t_0) = \boldsymbol{x}_0$，终端不受约束。求使 J 达到极值时的最优控制规律 $\boldsymbol{u}^*(t)$ 及最优状态轨线 $\boldsymbol{x}^*(t)$。

同前面比较可知，这里同样是求有等式约束条件的泛函极值问题，因此，应首先用拉格朗日乘子法把约束条件问题化成无约束条件问题，即求泛函

$$J_a = \theta[\boldsymbol{x}(t_f), t_f] + \int_{t_0}^{t_f} \{F[\boldsymbol{x}(t), \boldsymbol{u}(t), t] + \boldsymbol{\lambda}^{\mathrm{T}}(t)[\boldsymbol{f}[\boldsymbol{x}(t), \boldsymbol{u}(t), t] - \dot{\boldsymbol{x}}(t)]\}\,\mathrm{d}t \tag{6-83}$$

的极值问题。定义哈密尔顿函数如下：

$$H[\boldsymbol{x}, \boldsymbol{u}, \boldsymbol{\lambda}, t] = F[\boldsymbol{x}, \boldsymbol{u}, t] + \boldsymbol{\lambda}^{\mathrm{T}} \boldsymbol{f}(\boldsymbol{x}, \boldsymbol{u}, t) \tag{6-84}$$

则

$$J_a = \theta[\boldsymbol{x}(t_f), t_f] + \int_{t_0}^{t_f} [H(\boldsymbol{x}, \boldsymbol{u}, \boldsymbol{\lambda}, t) - \boldsymbol{\lambda}^{\mathrm{T}} \dot{\boldsymbol{x}}]\,\mathrm{d}t \tag{6-85}$$

其变分为

$$\begin{aligned}\delta J_a = &\left[\frac{\partial \theta[\boldsymbol{x}(t_f), t_f]}{\partial \boldsymbol{x}(t_f)}\right]^{\mathrm{T}} \delta \boldsymbol{x}(t_f) + \int_{t_0}^{t_f} \left\{\left[\frac{\partial H(\boldsymbol{x}, \boldsymbol{u}, \boldsymbol{\lambda}, t)}{\partial \boldsymbol{x}}\right]^{\mathrm{T}} \delta \boldsymbol{x} + \right.\\ &\left.\left[\frac{\partial H(\boldsymbol{x}, \boldsymbol{u}, \boldsymbol{\lambda}, t)}{\partial \boldsymbol{u}}\right]^{\mathrm{T}} \delta \boldsymbol{u} + \left[\frac{\partial H(\boldsymbol{x}, \boldsymbol{u}, \boldsymbol{\lambda}, t)}{\partial \boldsymbol{\lambda}}\right]^{\mathrm{T}} \delta \boldsymbol{\lambda} - \dot{\boldsymbol{x}}^{\mathrm{T}} \delta \boldsymbol{\lambda} - \boldsymbol{\lambda}^{\mathrm{T}} \delta \dot{\boldsymbol{x}}\right\} \mathrm{d}t\end{aligned} \tag{6-86}$$

由于

$$\int_{t_0}^{t_f} \boldsymbol{\lambda}^{\mathrm{T}} \delta \dot{\boldsymbol{x}}\,\mathrm{d}t = \boldsymbol{\lambda}^{\mathrm{T}} \delta \boldsymbol{x}\Big|_{t_0}^{t_f} - \int_{t_0}^{t_f} \dot{\boldsymbol{\lambda}}^{\mathrm{T}} \delta \boldsymbol{x}\,\mathrm{d}t = \boldsymbol{\lambda}^{\mathrm{T}}(t_f) \delta \boldsymbol{x}(t_f) - \int_{t_0}^{t_f} \dot{\boldsymbol{\lambda}}^{\mathrm{T}} \delta \boldsymbol{x}\,\mathrm{d}t \tag{6-87}$$

代入式 (6-87)，并根据泛函极值条件，令 $\delta J_a = 0$，则得

$$\begin{aligned}\delta J_a = &\left\{\left[\frac{\partial \theta(\boldsymbol{x}(t_f), t_f)}{\partial \boldsymbol{x}(t_f)}\right]^{\mathrm{T}} - \boldsymbol{\lambda}^{\mathrm{T}}(t_f)\right\} \delta \boldsymbol{x}(t_f) + \int_{t_0}^{t_f} \left\{\left[\left(\frac{\partial H(\boldsymbol{x}, \boldsymbol{u}, \boldsymbol{\lambda}, t)}{\partial \boldsymbol{x}}\right)^{\mathrm{T}} + \dot{\boldsymbol{\lambda}}^{\mathrm{T}}\right] \delta \boldsymbol{x} + \right.\\ &\left.\left(\frac{\partial H(\boldsymbol{x}, \boldsymbol{u}, \boldsymbol{\lambda}, t)}{\partial \boldsymbol{u}}\right)^{\mathrm{T}} \delta \boldsymbol{u} + \left[\left(\frac{\partial H(\boldsymbol{x}, \boldsymbol{u}, \boldsymbol{\lambda}, t)}{\partial \boldsymbol{\lambda}}\right)^{\mathrm{T}} - \dot{\boldsymbol{x}}^{\mathrm{T}}\right] \delta \boldsymbol{\lambda}\,\mathrm{d}t = 0\right.\end{aligned} \tag{6-88}$$

由于 $\delta \boldsymbol{x}(t_f), \delta \boldsymbol{x}, \delta \boldsymbol{u}, \delta \boldsymbol{\lambda}$ 互相独立，因此，为使式(6-88) 成立，应同时满足

$$\dot{\boldsymbol{x}}^*(t) = \frac{\partial H(\boldsymbol{x}^*, \boldsymbol{u}^*, \boldsymbol{\lambda}^*, t)}{\partial \boldsymbol{\lambda}} \tag{6-89}$$

$$\dot{\boldsymbol{\lambda}}^*(t) = -\frac{\partial H(\boldsymbol{x}^*, \boldsymbol{u}^*, \boldsymbol{\lambda}^*, t)}{\partial \boldsymbol{x}} \tag{6-90}$$

$$\frac{\partial H(\boldsymbol{x}^*, \boldsymbol{u}^*, \boldsymbol{\lambda}^*, t)}{\partial \boldsymbol{u}} = \boldsymbol{0} \tag{6-91}$$

$$\boldsymbol{\lambda}^*(t_f) = \frac{\partial \theta[\boldsymbol{x}^*(t_f), t_f]}{\partial \boldsymbol{x}(t_f)} \tag{6-92}$$

这里，式(6－89)、式(6－90)、式(6－91)即为欧拉方程，式(6－92)为横截条件。在解最优控制问题中，称式(6－90)为伴随方程(或协态方程)，式(6－89)、式(6－90)合称为哈密尔顿正则方程(或规范方程)，式(6－91)为控制方程。正则方程为两组一阶微分方程，联立求解正则方程及控制方程，就可求得性能指标达到极值时的最优控制规律 $\boldsymbol{u}^*(t)$ 及最优状态轨线 $\boldsymbol{x}^*(t)$ 和协态轨线 $\boldsymbol{\lambda}^*(t)$。在求解正则方程时，需要有 $2n$ 个边界条件，在本例情况下，可取一组为状态初值 $\boldsymbol{x}_0$，另一组为满足横截条件的协态终值 $\boldsymbol{\lambda}(t_f)$。显然这两组边界条件仍是分处在两个端点，因此仍然是两点边值问题。

对于其他不同边界情况以及考虑存在终端等式约束条件的情况，可用同样的方法进行推导，所得正则方程及控制方程的形式都是相同的，终端指标及终端等式约束只出现在横截条件中。因此，在求解正则方程时，需要正确选用不同的边界条件及横截条件。下面，把对各种情况下的边界条件及横截条件归纳于表6－3。这里，假设初始时刻 t_0 及初始状态 $\boldsymbol{x}_0$ 都是给定的。

表6－3　连续系统最优控制问题的边界条件及横截条件

终端情况	边界条件及横截条件	需求积分常数，t_f 及拉格朗日乘子
t_f 给定 $\boldsymbol{x}_f$ 给定	$\boldsymbol{x}^*(t_0)=\boldsymbol{x}_0$　n个 $\boldsymbol{x}^*(t_f)=\boldsymbol{x}_f$　n个	积分常数　$2n$个
t_f 给定 $\boldsymbol{x}_f$ 自由	$\boldsymbol{x}^*(t_0)=\boldsymbol{x}_0$　n个 $\boldsymbol{\lambda}^*(t_f)=\left.\frac{\partial\theta}{\partial\boldsymbol{x}}\right\vert_{t_f}$　n个	积分常数　$2n$个
t_f 给定 $\boldsymbol{x}_f$ 可变，但处于在 $m[\boldsymbol{x}(t),t]=0$ 的面上	$\boldsymbol{x}^*(t_0)=\boldsymbol{x}_0$　n个 $\left.\frac{\partial\theta}{\partial\boldsymbol{x}}\right\vert_{t_f}-\boldsymbol{\lambda}^*(t_f)+H[\boldsymbol{x}^*,\boldsymbol{u}^*,\boldsymbol{\lambda}^*,t]+\left[\frac{\partial m}{\partial t}\right]_{t_f}^{\mathrm{T}}v=0$ n个 $m[\boldsymbol{x}(t_f),t_f]=0$　q个	积分常数　$2n$个 拉格朗日乘子　$n+q$个
t_f 自由 $\boldsymbol{x}_f$ 给定	$\boldsymbol{x}^*(t_0)=\boldsymbol{x}_0$　n个 $\boldsymbol{x}^*(t_f)=\boldsymbol{x}_f$　n个 $H[\boldsymbol{x}^*,\boldsymbol{u}^*,\boldsymbol{\lambda}^*,t]_{t_f}+\frac{\partial\theta[\boldsymbol{x}^*(t_f),t_f]}{\partial t_f}=0$　1个	积分常数　$2n$个 终端时刻　1个
t_f 自由 $\boldsymbol{x}_f$ 自由	$\boldsymbol{x}^*(t_0)=\boldsymbol{x}_0$　n个 $\boldsymbol{\lambda}^*(t_f)=\frac{\partial\theta[\boldsymbol{x}^*(t_f),t_f]}{\partial\boldsymbol{x}}$　n个 $H[\boldsymbol{x}^*,\boldsymbol{u}^*,\boldsymbol{\lambda}^*,t]_{t_f}+\frac{\partial\theta[\boldsymbol{x}^*(t_f),t_f]}{\partial t_f}=0$　1个	积分常数　$2n$个 终端时刻　1个

续 表

终端情况	边界条件及横截条件	需求积分常数，t_f 及拉格朗日乘子
t_f 自由 $\boldsymbol{x}_f$ 可变，但满足 $\boldsymbol{x}(t_f)=\boldsymbol{c}(t_f)$	$\boldsymbol{x}^*(t_0)=\boldsymbol{x}_0$　n 个 $\boldsymbol{x}^*(t_f)=\boldsymbol{c}^*(t_f)$　n 个 $H[\boldsymbol{x}^*,\boldsymbol{u}^*,\boldsymbol{\lambda}^*,t]_{t_f}+\dfrac{\partial\theta[\boldsymbol{x}^*(t_f),t_f]}{\partial t}+\left[\dfrac{\partial\theta[\boldsymbol{x}^*(t_f),t_f]}{\partial \boldsymbol{x}}-\boldsymbol{\lambda}^*(t_f)\right]^{\mathrm{T}}\left[\dfrac{\mathrm{d}\boldsymbol{c}(t)}{\mathrm{d}t}\right]_{t_f}=0$　1 个	积分常数　$2n$ 个 终端时刻　1 个
t_f 自由 $\boldsymbol{x}_f$ 可变，但处于在 $m[\boldsymbol{x}(t)]=0$ 的面上	$\boldsymbol{x}^*(t_0)=\boldsymbol{x}_0$　n 个 $\dfrac{\partial\theta[\boldsymbol{x}^*(t_f),t_f]}{\partial \boldsymbol{x}}-\boldsymbol{\lambda}^*(t_f)+\left[\dfrac{\partial m[\boldsymbol{x}(t)]}{\partial \boldsymbol{x}}\right]_{t_f}v=0$　n 个 $m[\boldsymbol{x}(t_f),t_f]=0$　q 个 $H[\boldsymbol{x}^*,\boldsymbol{u}^*,\boldsymbol{\lambda}^*,t]_{t_f}+\dfrac{\partial\theta[\boldsymbol{x}^*(t_f),t_f]}{\partial t}=0$　1 个	积分常数　$2n$ 个 拉格朗日乘子　q 个 终端时刻　1 个
t_f 自由 $\boldsymbol{x}_f$ 可变，但处于在 $m[\boldsymbol{x}(t),t]=0$ 的面上	$\boldsymbol{x}^*(t_0)=\boldsymbol{x}_0$　n 个 $\dfrac{\partial\theta[\boldsymbol{x}^*(t_f),t_f]}{\partial \boldsymbol{x}}-\boldsymbol{\lambda}^*(t_f)+\left[\dfrac{\partial m[\boldsymbol{x}^*(t_f),t_f]}{\partial \boldsymbol{x}}\right]^{\mathrm{T}}v=0$ n 个 $m[\boldsymbol{x}(t_f),t_f]=0$　q 个 $H[\boldsymbol{x}^*,\boldsymbol{u}^*,\boldsymbol{\lambda}^*,t]_{t_f}+\dfrac{\partial\theta[\boldsymbol{x}^*(t_f),t_f]}{\partial \boldsymbol{x}}+\left[\dfrac{\partial m[\boldsymbol{x}^*(t_f),t_f]}{\partial t}\right]^{\mathrm{T}}v=0$　1 个	积分常数　$2n$ 个 拉格朗日乘子　q 个 终端时刻　1 个

例 6-3　设系统状态方程为

$$\dot{x}(t)=-x(t)+u(t)$$

给定边界条件为 $x(0)=1$，$x(t_f)=0$，求最优控制 $u^*(t)$，使下列性能指标

$$J=\frac{1}{2}\int_0^{t_f}(x^2+u^2)\mathrm{d}t$$

为极小。

解　列写哈密尔顿函数

$$H=\frac{1}{2}(x^2+u^2)+\lambda(-x+u)$$

伴随方程及控制方程为

$$\dot{\lambda}=-\frac{\partial H}{\partial x}=-x+\lambda$$

$$\frac{\partial H}{\partial u}=u+\lambda=0,\quad 即\ u=-\lambda$$

由此可得正则方程为

$$\dot{x}^*(t)=-x^*(t)+u^*(t)$$
$$\dot{\lambda}^*(t)=-x^*(t)+\lambda^*(t)$$

联立求解正则方程为

$$x^*(t)=\frac{1}{2\sqrt{2}}[(\sqrt{2}+1)e^{-\sqrt{2}t}+(\sqrt{2}-1)e^{\sqrt{2}t}]x(0)+\frac{1}{2\sqrt{2}}(e^{-\sqrt{2}t}-e^{\sqrt{2}t})\lambda(0)$$

$$\lambda^*(t)=\frac{1}{2\sqrt{2}}(e^{-\sqrt{2}t}-e^{\sqrt{2}t})x(0)+\frac{1}{2\sqrt{2}}[(\sqrt{2}-1)e^{-\sqrt{2}t}+(\sqrt{2}+1)e^{\sqrt{2}t}]\lambda(0)$$

已知边界条件 $x(0)=1,x(t_f)=0$,可得

$$\lambda(0)=\frac{(\sqrt{2}+1)\,e^{-\sqrt{2}t_f}+(\sqrt{2}-1)\,e^{\sqrt{2}t_f}}{e^{\sqrt{2}t_f}-e^{-\sqrt{2}t_f}}$$

最后可得

$$u^*(t)=-\lambda^*(t)=-\frac{1}{2\sqrt{2}}\left\{e^{-\sqrt{2}t}-e^{\sqrt{2}t}+\frac{(\sqrt{2}+1)\,e^{-\sqrt{2}t_f}+(\sqrt{2}-1)\,e^{\sqrt{2}t_f}}{e^{\sqrt{2}t_f}-e^{-\sqrt{2}t_f}}\cdot\right.$$
$$\left.\left[(\sqrt{2}-1)\,e^{-\sqrt{2}t}+(\sqrt{2}+1)\,e^{\sqrt{2}t}\right]\right\}$$

例 6-4 设一阶系统状态方程为

$$\dot{x}(t)=u(t)$$

给定边界条件为:$x(0)=1,x(t_f)=0$,终端时刻 t_f 自由,求最优控制 $u^*(t)$,使下列性能指标

$$J=t_f+\frac{1}{2}\int_0^{t_f}u^2\,dt$$

为极小。

解 由性能指标可知,这里 $\theta[x(t_f),t_f]=t_f$,列写哈密尔顿函数

$$H=\frac{1}{2}u^2+\lambda u$$

伴随方程及控制方程为

$$\dot{\lambda}^*=-\frac{\partial H}{\partial x}=0$$

$$\frac{\partial H}{\partial u}=u^*+\lambda^*=0,\quad 即\ u^*=-\lambda^*$$

由此可得正则方程为

$$\dot{x}^*(t)=u^*(t)$$
$$\dot{\lambda}^*(t)=0$$

由横截条件

$$H\,[x^*,u^*,\lambda^*,t]_{t_f}+\frac{\partial\theta\,[x^*(t_f),t_f]}{\partial t_f}=0$$

可得

$$\frac{1}{2}u^*(t_f)+\lambda^*(t_f)u^*(t_f)+1=0$$

因为 $u^*(t)=-\lambda^*(t)$ 代入得

$$\frac{1}{2}\lambda^{*2}(t_f)-\lambda^{*2}(t_f)+1=0$$

解得

$$\lambda^*(t_f)=\sqrt{2}$$

又因 $\dot{\lambda}^*(t)=0$，故 $\lambda^*(t)=\lambda^*(t_f)=\sqrt{2}$。最后得最优控制为

$$u^*(t)=-\sqrt{2}$$

代入状态方程可解得

$$x^*(t)=-\sqrt{2}t+c$$

根据边界条件 $x(0)=1$，可得 $c=1$，则最优状态轨线为

$$x^*(t)=-\sqrt{2}t+1$$

将终端状态条件 $x(t_f)=0$ 代入上式，可得终端时刻 $t_f^*=\frac{\sqrt{2}}{2}$。

习　题

6－1　设状态的初值及终值分别为

$$t_0=1, x(t_0)=4,\quad t_f \text{ 自由}, x(t_f)=4$$

性能指标为

$$J=\int_{t_0}^{t_f}\left[2x(t)+\frac{1}{2}\dot{x}^2(t)\right]dt$$

求使 J 达极值时的极值轨线。

6－2　设系统状态方程为

$$\dot{x}(t)=u(t)$$

边界条件为

$$t_0=0,\quad x(t_0)=1,\quad t_f \text{ 自由}, x(t_f)=0$$

性能指标为

$$J=t_f+\int_{t_0}^{t_f}\frac{1}{2}u^2(t)dt$$

求使 J 达极值的最优控制 $u^*(t)$ 及最优轨线 $x^*(t)$。

6－3　设开环系统如图题 6－3 所示。

边界条件为 $x(0)=x_0, x(T)=x_T$，性能指标为

$$J=\int_0^T[x^2(t)+4u^2(t)]dt$$

求使 J 达极小时的最优控制 $u^*(t)$。

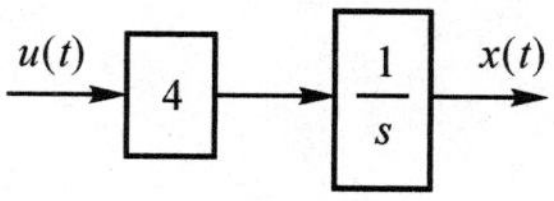

图 6－3　题 6－3 图

6－4　设系统状态方程为

$$\dot{x}(t)=-x(t)+u(t)$$

边界条件为 $x(0)=3,\ x(2)=0$，性能指标为

$$J=\int_0^2[1+u^2(t)]dt$$

求使 J 达极小值时的最优控制 $u^*(t)$ 及最优轨线 $x^*(t)$。

6－5　已知边界条件为

$$t_0=0, x(t_0)=\frac{1}{2},\quad t_f=1,\quad x(t_f) \text{ 自由}$$

求下列性能指标

$$J=\int_{t_0}^{t_f}[\frac{1}{2}\dot{x}^2(t)+x(t)\dot{x}(t)+\dot{x}(t)+x(t)]\mathrm{d}t$$

的极值轨线。

6－6　设系统状态方程为

$$\dot{x}(t)=u(t)$$

边界条件为

$$t_0=0,x(t_0)=1,\quad t_f\text{ 自由},x(t_f)=0$$

性能指标为

$$J=t_f^2+\int_{t_0}^{t_f}u^2(t)\mathrm{d}t$$

求使 J 达极小时的最优控制 $u^*(t)$ 及终端时刻 t_f。

第七章 极小值原理

在用古典变分法求解最优控制问题时，假定控制变量 $\boldsymbol{u}(t)$ 不受任何限制，即容许控制集合可以看成整个 m 维控制空间开集，这时控制变分 $\delta\boldsymbol{u}$ 可以任取。同时还严格要求哈密尔顿函数 H 对 $\boldsymbol{u}$ 连续可微。在这种情况下，应用变分法求解最优控制问题是行之有效的。但是，在实际工程问题中，控制变量往往受到一定限制，容许控制集合是一个 m 维有界闭集，这时，控制变分 $\delta\boldsymbol{u}$ 在容许集合边界上就不能任意选取，最优控制的必要条件 $\partial H/\partial\boldsymbol{u}=\boldsymbol{0}$ 就不存在了。若最优控制解（如时间最小问题）落在控制集的边界上，一般便不满足 $\partial H/\partial\boldsymbol{u}=\boldsymbol{0}$，就不能再用古典变分法来求解最优控制问题了。

本章介绍的极小值原理是在控制变量 $\boldsymbol{u}(t)$ 受限制的情况下求解最优控制问题的有力工具。它是由苏联学者庞特里亚金于 1956 年提出的。极小值原理从变分法引申而来，它的结论与古典变分法的结论极为相似，但由于它能应用于控制变量 $\boldsymbol{u}(t)$ 受边界限制的情况，并不要求哈密尔顿函数 H 对 $\boldsymbol{u}$ 连续可微，因此其适用范围扩大了。

7.1 连续系统的极小值原理

设连续系统动态方程为

$$\dot{\boldsymbol{x}}(t)=\boldsymbol{f}[\boldsymbol{x}(t),\boldsymbol{u}(t),t] \tag{7-1}$$

边界条件可以固定、自由或受轨线约束，控制变量 $\boldsymbol{u}(t)$ 属于 m 维有界闭集 $\boldsymbol{U}$，即

$$\boldsymbol{u}(t)\in\boldsymbol{U}\subset\mathbf{R}^m \tag{7-2}$$

性能指标为

$$J=\theta[\boldsymbol{x}(t_f),t_f]+\int_{t_0}^{t_f}F[\boldsymbol{x}(t),\boldsymbol{u}(t),t]\,\mathrm{d}t \tag{7-3}$$

则使性能指标 J 达到极小的最优控制 $\boldsymbol{u}^*(t)$ 及最优状态轨线 $\boldsymbol{x}^*(t)$ 必须满足以下条件：

（1）正则方程

$$\dot{\boldsymbol{x}}^*(t)=\left.\frac{\partial H}{\partial\boldsymbol{\lambda}}\right|_* \tag{7-4a}$$

$$\dot{\boldsymbol{\lambda}}^*(t)=-\left.\frac{\partial H}{\partial\boldsymbol{x}}\right|_* \tag{7-4b}$$

这里，H 为哈密尔顿函数；λ 为协态变量，其定义与在变分法中相同。

（2）哈密尔顿函数对应最优控制时为极小值，即

$$\min_{u\in U}H[\boldsymbol{x}^*(t),\boldsymbol{u}(t),\boldsymbol{\lambda}^*(t),t]=H[\boldsymbol{x}^*(t),\boldsymbol{u}^*(t),\boldsymbol{\lambda}^*(t),t] \tag{7-5}$$

或

$$H[\boldsymbol{x}^*(t),\boldsymbol{u}^*(t),\boldsymbol{\lambda}^*(t),t]\leqslant \underset{u\in U}{H}[\boldsymbol{x}^*(t),\boldsymbol{u}(t),\boldsymbol{\lambda}^*(t),t] \tag{7-6}$$

当 $\boldsymbol{u}(t)$ 不受边界限制时，则式(7-6) 与 $\left.\dfrac{\partial H}{\partial\boldsymbol{u}}\right|_*=\boldsymbol{0}$ 等效。

(3) 根据不同的边界情况,$x^*(t)$ 及 $\lambda^*(t)$ 满足相应的边界条件及横截条件,它们与变分法中所应满足的边界条件及横截条件完全相同。

比较上述极小值原理与变分法所得的结果,可以发现两者的差别仅在(2)。

连续系统极小值原理的证明

极小值原理的严格证明很复杂,下面的证明将着重于物理概念的阐述,尽量避免烦琐的数学推导。

设系统动态方程为

$$\dot{\boldsymbol{x}}(t)=\boldsymbol{f}[\boldsymbol{x}(t),\boldsymbol{u}(t),t]$$

边界条件为:$\boldsymbol{x}(t_0)=\boldsymbol{x}_0$,为简单起见,假设终端时刻$t_f$ 及终端状态 $\boldsymbol{x}(t_f)$ 均为自由。控制变量 $\boldsymbol{u}(t)$ 受有界闭集约束,即

$$\boldsymbol{u}(t)\in\boldsymbol{U} \tag{7-7}$$

求最优控制 $\boldsymbol{u}^*(t)$ 使性能指标

$$J=\theta[\boldsymbol{x}(t_f),t_f]+\int_{t_0}^{t_f}F[\boldsymbol{x}(t),\boldsymbol{u}(t),t]\,\mathrm{d}t \tag{7-8}$$

为极小。

设对应于最优情况的性能指标为 $J(\boldsymbol{u}^*)$,仅考虑由于 $\boldsymbol{u}(t)$ 偏离 $\boldsymbol{u}^*(t)$ 时的性能指标为 $J(\boldsymbol{u})$,则按最优的定义,下式必然成立:

$$J(\boldsymbol{u})-J(\boldsymbol{u}^*)=\Delta J\geqslant 0$$

设 $\boldsymbol{u}(t)$ 偏离 $\boldsymbol{u}^*(t)$ 足够小,有

$$\boldsymbol{u}(t)=\boldsymbol{u}^*(t)+\delta\boldsymbol{u}(t) \tag{7-9}$$

则由此引起的 J 的增量可以由下式表示:

$$\Delta J(\boldsymbol{u}^*,\Delta\boldsymbol{u})=\delta J(\boldsymbol{u}^*,\delta\boldsymbol{u})+\Delta(\boldsymbol{u}^*,\delta\boldsymbol{u}) \tag{7-10}$$

这里,$\Delta(\boldsymbol{u}^*,\delta\boldsymbol{u})$ 表示二阶及二阶以上的高阶项,$\delta J(\boldsymbol{u}^*,\delta\boldsymbol{u})$ 是 ΔJ 的线性主部,它与 $\delta\boldsymbol{u}$ 成线性关系。当 $\|\delta\boldsymbol{u}\|\to 0$ 时,$\Delta(\boldsymbol{u}^*,\delta\boldsymbol{u})\to 0$,这时可以由泛函变分 $\delta J(\boldsymbol{u}^*,\delta\boldsymbol{u})$ 来近似代替泛函的实际增量 $\Delta J(\boldsymbol{u}^*,\Delta\boldsymbol{u})$。

设有控制变量 $\boldsymbol{u}(t)$,在时间区间 $[t_0,t_f]$ 内只能在容许范围内变化,如图 7-1 所示。设对应 J 取极小时之最优控制为 $\boldsymbol{u}^*(t)$(见图 7-1),它由三个区间组成:

(1) 在 $[t_0,t_1]$ 及 $[t_0,t_f]$ 区间内,$\boldsymbol{u}^*(t)$ 处在容许集内,由于 $\delta\boldsymbol{u}$ 可以任取,$\boldsymbol{u}(t)=\boldsymbol{u}^*(t)\pm\delta\boldsymbol{u}$ 均处在容许集内,在这种情况下,泛函达极小值的必要条件为:

$$\delta J(\boldsymbol{u}^*,\delta\boldsymbol{u})=0 \tag{7-11}$$

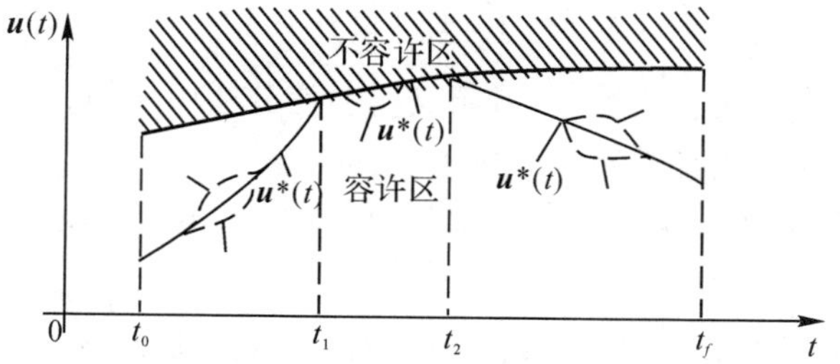

图 7-1 $\boldsymbol{u}(t)$ 的容许域

(2) 在$[t_1, t_2]$区间内,$\boldsymbol{u}^*(t)$处在容许集的边界上,$\delta\boldsymbol{u}$不能任取,它只能取负值,这时泛函为极小值的必要条件应为

$$\delta J(\boldsymbol{u}^*, \delta\boldsymbol{u}) \geqslant 0 \tag{7-12}$$

这说明对$\boldsymbol{u}^*(t)$的任何容许偏离,$\delta\boldsymbol{u}$都会引起泛函$J(\boldsymbol{u}^*)$在其足够小的邻区内变为$J(\boldsymbol{u}^*, \delta\boldsymbol{u})$,而且$\delta J(\boldsymbol{u}^*) \leqslant \delta J(\boldsymbol{u}^*, \delta\boldsymbol{u})$,故$J(\boldsymbol{u}^*)$有可能为极小值。

下面,根据以上结论来求泛函极小的具体条件。首先,用拉格朗日乘子法建立增广泛函

$$J_a = \theta[\boldsymbol{x}(t_f), t_f] + \int_{t_0}^{t_f} \{F[\boldsymbol{x}, \boldsymbol{u}, t] + \boldsymbol{\lambda}^{\mathrm{T}}[\boldsymbol{f}(\boldsymbol{x}, \boldsymbol{u}, t) - \dot{\boldsymbol{x}}]\} \mathrm{d}t \tag{7-13}$$

定义哈密尔顿函数

$$H[\boldsymbol{x}, \boldsymbol{u}, \boldsymbol{\lambda}, t] = F[\boldsymbol{x}, \boldsymbol{u}, t] + \boldsymbol{\lambda}^{\mathrm{T}} \boldsymbol{f}(\boldsymbol{x}, \boldsymbol{u}, t) \tag{7-14}$$

则得

$$J_a = \theta[\boldsymbol{x}(t_f), t_f] + \int_{t_0}^{t_f} [H(\boldsymbol{x}, \boldsymbol{u}, \boldsymbol{\lambda}, t) - \boldsymbol{\lambda}^{\mathrm{T}} \dot{\boldsymbol{x}}] \mathrm{d}t \tag{7-15}$$

下面求泛函J_a的变分。这里,假设终端时刻t_f及终端状态$\boldsymbol{x}(t_f)$均自由。经过同变分法中的类似推导,最后得

$$\begin{aligned} \delta J_a = & \left[\frac{\partial\theta[\boldsymbol{x}(t_f), t_f]}{\partial \boldsymbol{x}(t_f)} - \boldsymbol{\lambda}(t_f)\right]^{\mathrm{T}} \delta\boldsymbol{x}(t_f) + \\ & \left\{\frac{\partial\theta[\boldsymbol{x}(t_f), t_f]}{\partial t_f} + H[\boldsymbol{x}(t_f), \boldsymbol{u}(t_f), \boldsymbol{\lambda}(t_f), t_f]\right\} \delta t_f + \\ & \int_{t_0}^{t_f} \left\{\left[\frac{\partial H(\boldsymbol{x}, \boldsymbol{u}, \boldsymbol{\lambda}, t)}{\partial \boldsymbol{x}} + \dot{\boldsymbol{\lambda}}\right]^{\mathrm{T}} \delta\boldsymbol{x} + \left[\frac{\partial H(\boldsymbol{x}, \boldsymbol{u}, \boldsymbol{\lambda}, t)}{\partial \boldsymbol{u}}\right]^{\mathrm{T}} \delta\boldsymbol{u} + \right. \\ & \left[\frac{\partial H(\boldsymbol{x}, \boldsymbol{u}, \boldsymbol{\lambda}, t)}{\partial \boldsymbol{\lambda}} - \dot{\boldsymbol{x}}\right]^{\mathrm{T}} \delta\boldsymbol{\lambda} \mathrm{d}t \end{aligned} \tag{7-16}$$

根据泛函存在极值的必要条件的结论可知,当$\boldsymbol{u}(t)$不受限制时,应满足

$$\delta J_a = 0 \tag{7-17}$$

由于各个变量的变分是独立的,因此,必须同时满足

$$\frac{\partial H[\boldsymbol{x}^*, \boldsymbol{u}^*, \boldsymbol{\lambda}^*, t]}{\partial \boldsymbol{x}} + \dot{\boldsymbol{\lambda}}^* = \boldsymbol{0} \tag{7-18}$$

$$\frac{\partial H[\boldsymbol{x}^*, \boldsymbol{u}^*, \boldsymbol{\lambda}^*, t]}{\partial \boldsymbol{\lambda}} - \dot{\boldsymbol{x}}^* = \boldsymbol{0} \tag{7-19}$$

$$\frac{\partial H[\boldsymbol{x}^*, \boldsymbol{u}^*, \boldsymbol{\lambda}^*, t]}{\partial \boldsymbol{u}} = \boldsymbol{0} \tag{7-20}$$

$$\frac{\partial\theta[\boldsymbol{x}^*(t_f), t_f]}{\partial \boldsymbol{x}(t_f)} - \boldsymbol{\lambda}^*(t_f) = \boldsymbol{0} \tag{7-21}$$

$$H[\boldsymbol{x}^*(t_f), \boldsymbol{u}^*(t_f), \boldsymbol{\lambda}^*(t_f), t_f] + \frac{\partial\theta[\boldsymbol{x}^*(t_f), t_f]}{\partial t_f} = 0 \tag{7-22}$$

这里,式(7-18)与式(7-19)为正则方程,式(7-20)为控制方程,式(7-21)与式(7-22)为横截条件,这与第六章变分法中所得结论完全相同。

当$\boldsymbol{u}(t)$受边界限制时,泛函极小的必要条件是

$$\delta J_a \geqslant 0 \tag{7-23}$$

为了寻找 $\delta\boldsymbol{u}$ 与 δJ_a 的关系，在式(7-16)中可令除含有 $\delta\boldsymbol{u}$ 项以外的各项均为零，则泛函极小必要条件式(7-23)变成

$$\delta J_a[\boldsymbol{u}^*,\delta\boldsymbol{u}]=\int_{t_0}^{t_f}\left[\frac{\partial H[\boldsymbol{x}^*,\boldsymbol{u}^*,\boldsymbol{\lambda}^*,t]}{\partial\boldsymbol{u}}\right]^{\mathrm{T}}\delta\boldsymbol{u}\mathrm{d}t\geqslant 0 \tag{7-24}$$

这里，被积函数为哈密尔顿函数对于控制变分引起的增量的线性主部。当 $\delta\boldsymbol{u}$ 足够小时，可用它来一次近似代替实际增量，即

$$\begin{aligned}\delta H[\boldsymbol{u}^*,\delta\boldsymbol{u}]=\left[\frac{\partial H(\boldsymbol{x}^*,\boldsymbol{u}^*,\boldsymbol{\lambda}^*,t)}{\partial\boldsymbol{u}}\right]^{\mathrm{T}}\delta\boldsymbol{u}\approx\\ H[\boldsymbol{x}^*,\boldsymbol{u}^*+\delta\boldsymbol{u},\boldsymbol{\lambda}^*,t]-H[\boldsymbol{x}^*,\boldsymbol{u}^*,\boldsymbol{\lambda}^*,t]=\\ \Delta H(\boldsymbol{u}^*,\delta\boldsymbol{u})\end{aligned} \tag{7-25}$$

代入式(7-24)，得

$$\delta J_a[\boldsymbol{u}^*,\delta\boldsymbol{u}]=\int_{t_0}^{t_f}\{H[\boldsymbol{x}^*,\boldsymbol{u}^*+\delta\boldsymbol{u},\boldsymbol{\lambda}^*,t]-H[\boldsymbol{x}^*,\boldsymbol{u}^*,\boldsymbol{\lambda}^*,t]\}\mathrm{d}t\geqslant 0 \tag{7-26}$$

以上条件应对 $t\in[t_0,t_f]$ 出现的容许 $\delta\boldsymbol{u}$ 都满足，由此可得以下结论：使指标泛函达极小的最优控制的必要条件是

$$H[\boldsymbol{x}^*(t),\boldsymbol{u}^*(t),\boldsymbol{\lambda}^*(t),t]\leqslant H[\boldsymbol{x}^*(t),\boldsymbol{u}(t),\boldsymbol{\lambda}^*(t),t] \tag{7-27}$$

现对式(7-27)作一些简单解释，假定控制变分 $\delta\boldsymbol{u}$ 出现在 $[t_0,t_f]$ 区间的某一小区间 $[t_1,t_2]$ 内，而在其他区间都为最优控制 $\boldsymbol{u}^*(t)$，则如果式(7-27)不满足，即存在

$$H[\boldsymbol{x}^*,\boldsymbol{u}^*,\boldsymbol{\lambda}^*,t]>H[\boldsymbol{x}^*,\boldsymbol{u},\boldsymbol{\lambda}^*,t]$$

指标泛函变分式可表示成

$$\begin{aligned}\delta J_a[\boldsymbol{u}^*,\delta\boldsymbol{u}]=&\int_{t_0}^{t_1}\{H[\boldsymbol{x}^*,\boldsymbol{u}^*,\boldsymbol{\lambda}^*,t]-H[\boldsymbol{x}^*,\boldsymbol{u}^*,\boldsymbol{\lambda}^*,t]\}\mathrm{d}t+\\ &\int_{t_2}^{t_f}\{H[\boldsymbol{x}^*,\boldsymbol{u}^*,\boldsymbol{\lambda}^*,t]-H[\boldsymbol{x}^*,\boldsymbol{u}^*,\boldsymbol{\lambda}^*,t]\}\mathrm{d}t+\\ &\int_{t_1}^{t_2}\{H[\boldsymbol{x}^*,\boldsymbol{u},\boldsymbol{\lambda}^*,t]-H[\boldsymbol{x}^*,\boldsymbol{u}^*,\boldsymbol{\lambda}^*,t]\}\mathrm{d}t=\\ &\int_{t_1}^{t_2}\{H[\boldsymbol{x}^*,\boldsymbol{u},\boldsymbol{\lambda}^*,t]-H[\boldsymbol{x}^*,\boldsymbol{u}^*,\boldsymbol{\lambda}^*,t]\}\mathrm{d}t<0\end{aligned} \tag{7-28}$$

显然，这与 $\delta J_a\geqslant 0$ 矛盾。同时，小区间 $[t_1,t_2]$ 可能出现在 $[t_0,t_f]$ 区间的任何位置，因此要求整个 $[t_0,t_f]$ 区间内均满足以下条件：

$$H[\boldsymbol{x}^*,\boldsymbol{u}^*,\boldsymbol{\lambda}^*,t]\leqslant H[\boldsymbol{x}^*,\boldsymbol{u},\boldsymbol{\lambda}^*,t] \tag{7-29}$$

到此，极小值原理得证。

极小值原理同时还给出以下条件，即：如果哈密尔顿函数不显含变量 t，则哈密尔顿函数 H 沿最优轨线保持为常数，即

$$H[\boldsymbol{x}^*(t),\boldsymbol{u}^*(t),\boldsymbol{\lambda}^*(t),t]=c,\quad t\in[t_0,t_f] \tag{7-30a}$$

如果终端时刻 t_f 自由，则

$$H[\boldsymbol{x}^*(t),\boldsymbol{u}^*(t),\boldsymbol{\lambda}^*(t),t]=0,\quad t\in[t_0,t_f] \tag{7-30b}$$

这里需要指出：极小值原理只是最优控制应满足的必要条件。但实际问题中由极小值原理给出的经常是单值的最优控制，而最优控制又确实存在，在这种情况下，求出的最优控制也就满足了充分条件。有时可能给出非单值的最优控制，这就要根据问题性质作进一步判断。

7.2　离散系统的极小值原理

设离散系统状态方程为

$$\boldsymbol{x}(k+1)=\boldsymbol{f}[\boldsymbol{x}(k),\boldsymbol{u}(k),k],k=0,1,\cdots,N-1 \tag{7-31}$$

这里，$\boldsymbol{x}(k)$ 为 n 维状态向量；$\boldsymbol{u}(k)$ 为 m 维控制向量；k 为步数；N 为总参数。设初始状态 $\boldsymbol{x}(0)=\boldsymbol{x}_0$，终端状态 $\boldsymbol{x}(N)$ 自由。控制变量受限制，即

$$\boldsymbol{u}(k)\in \boldsymbol{U} \tag{7-32}$$

系统的性能指标为

$$J=\theta[\boldsymbol{x}(N),N]+\sum_{k=0}^{N-1}F[\boldsymbol{x}(k),\boldsymbol{u}(k),k] \tag{7-33}$$

要求寻找最优控制序列 $\boldsymbol{u}^*(k)$，使性能指标 J 为极小。

同样可用极小值原理来求解最优控制问题。首先，用拉格朗日乘子法建立增广指标泛函

$$\begin{aligned}J_a=&\theta[\boldsymbol{x}(N),N]+\sum_{k=0}^{N-1}\{F[\boldsymbol{x}(k),\boldsymbol{u}(k),k]+\\&\boldsymbol{\lambda}^{\mathrm{T}}(k+1)[f[\boldsymbol{x}(k),\boldsymbol{u}(k),k]-\boldsymbol{x}(k+1)]\}=\\&\theta[\boldsymbol{x}(N),N]+\sum_{k=0}^{N-1}H[\boldsymbol{x}(k),\boldsymbol{u}(k),\boldsymbol{\lambda}(k+1),k]-\\&\sum_{k=0}^{N-1}\boldsymbol{\lambda}^{\mathrm{T}}(k+1)\boldsymbol{x}(k+1)\end{aligned} \tag{7-34}$$

等式右边最后一项可表示成

$$\sum_{k=0}^{N-1}\boldsymbol{\lambda}^{\mathrm{T}}(k+1)\boldsymbol{x}(k+1)=\sum_{k=1}^{N}\boldsymbol{\lambda}^{\mathrm{T}}(k)\boldsymbol{x}(k)=\sum_{k=0}^{N-1}\boldsymbol{\lambda}^{\mathrm{T}}(k)\boldsymbol{x}(k)+\boldsymbol{\lambda}^{\mathrm{T}}(N)\boldsymbol{x}(N)-\boldsymbol{\lambda}^{\mathrm{T}}(0)\boldsymbol{x}(0) \tag{7-35}$$

代入式(7-34)，得

$$\begin{aligned}J_a=&\theta[\boldsymbol{x}(N),N]+\sum_{k=0}^{N-1}\{H[\boldsymbol{x}(k),\boldsymbol{u}(k),\boldsymbol{\lambda}(k+1),k]-\boldsymbol{\lambda}^{\mathrm{T}}(k)\boldsymbol{x}(k)\}-\\&\boldsymbol{\lambda}^{\mathrm{T}}(N)\boldsymbol{x}(N)+\boldsymbol{\lambda}^{\mathrm{T}}(0)\boldsymbol{x}(0)\end{aligned} \tag{7-36}$$

求 J_a 的一阶变分，得

$$\begin{aligned}\delta J_a=&\left\{\frac{\partial\theta[\boldsymbol{x}(N),N]}{\partial\boldsymbol{x}(N)}-\boldsymbol{\lambda}(N)\right\}^{\mathrm{T}}\delta\boldsymbol{x}(N)+\\&\sum_{k=0}^{N-1}\left\{\frac{\partial H[\boldsymbol{x}(k),\boldsymbol{u}(k),\boldsymbol{\lambda}(k+1),k]}{\partial\boldsymbol{x}(k)}-\boldsymbol{\lambda}(k)\right\}^{\mathrm{T}}\delta\boldsymbol{x}(k)+\\&\sum_{k=0}^{N-1}\left\{\frac{\partial H[\boldsymbol{x}(k),\boldsymbol{u}(k),\boldsymbol{\lambda}(k+1),k]}{\partial\boldsymbol{u}(k)}\right\}^{\mathrm{T}}\delta\boldsymbol{u}(k)+\\&\sum_{k=0}^{N-1}\left\{\frac{\partial H[\boldsymbol{x}(k),\boldsymbol{u}(k),\boldsymbol{\lambda}(k+1),k]}{\partial\boldsymbol{\lambda}(k+1)}-\boldsymbol{x}(k+1)\right\}^{\mathrm{T}}\delta\boldsymbol{\lambda}(k+1)\end{aligned} \tag{7-37}$$

当控制变量受限制时，性能指标 J_a 达极小值的必要条件为

$$\delta J_a\geqslant 0 \tag{7-38}$$

由此可得，使 J 达极小的最优控制必须满足以下条件：

(1) 满足正则方程

$$\boldsymbol{x}^*(k+1)=\frac{\partial H[\boldsymbol{x}^*(k),\boldsymbol{u}^*(k),\boldsymbol{\lambda}^*(k+1),k]}{\partial\boldsymbol{\lambda}(k+1)}=\boldsymbol{f}[\boldsymbol{x}^*(k),\boldsymbol{u}^*(k),k] \tag{7-39}$$

$$\boldsymbol{\lambda}^*(k)=\frac{\partial H[\boldsymbol{x}^*(k),\boldsymbol{u}^*(k),\boldsymbol{\lambda}^*(k+1),k]}{\partial\boldsymbol{x}(k)} \tag{7-40}$$

(2) 相对于最优控制,哈密尔顿函数达极小值,即

$$H[\boldsymbol{x}^*(k),\boldsymbol{u}^*(k),\boldsymbol{\lambda}^*(k+1),k]\leqslant H[\boldsymbol{x}^*(k),\boldsymbol{u}(k),\boldsymbol{\lambda}^*(k+1),k] \tag{7-41}$$

(3)$\boldsymbol{x}^*(0)$ 及 $\boldsymbol{\lambda}^*(N)$ 满足以下边界条件及横截条件:

$$\boldsymbol{x}^*(0)=\boldsymbol{x}_0,\quad \boldsymbol{\lambda}^*(N)=\frac{\partial\theta[\boldsymbol{x}^*(N),N]}{\partial\boldsymbol{x}(N)} \tag{7-42}$$

同理,对不同的边界情况,只需选取相应的边界条件及横截条件,条件(1),(2) 不变。当控制变量不受限制时,则条件(2) 与控制方程

$$\frac{\partial H[\boldsymbol{x}^*(k),\boldsymbol{u}^*(k),\boldsymbol{\lambda}^*(k+1),k]}{\partial\boldsymbol{u}(k)}=\boldsymbol{0} \tag{7-43}$$

等效。

7.3 极小值原理解最短时间控制问题

一般情况下,求非线性受控系统的最短时间控制问题的解析解是很困难的,本节只讨论线性定常受控系统的最短时间控制问题。

设线性受控系统状态方程为

$$\dot{\boldsymbol{x}}(t)=\boldsymbol{A}\boldsymbol{x}(t)+\boldsymbol{B}\boldsymbol{u}(t),\quad \boldsymbol{x}(t_0)=\boldsymbol{x}_0,\quad \boldsymbol{x}(t_f)=\boldsymbol{x}_f \tag{7-44}$$

$\boldsymbol{x}(t)$ 为 n 维状态向量;$\boldsymbol{u}(t)$ 为 m 维控制向量,并受以下不等式约束:

$$|\boldsymbol{u}|\leqslant M \tag{7-45}$$

寻找最优控制 $\boldsymbol{u}^*(t)$ 使性能指标

$$J=\int_{t_0}^{t_f}\mathrm{d}t=t_f-t_0 \tag{7-46}$$

为最小。

应用极小值原理来求解。这时哈密尔顿函数为

$$H[\boldsymbol{x},\boldsymbol{u},\lambda,t]=1+\boldsymbol{\lambda}^{\mathrm{T}}(t)\boldsymbol{A}\boldsymbol{x}(t)+\boldsymbol{\lambda}^{\mathrm{T}}(t)\boldsymbol{B}\boldsymbol{u}(t) \tag{7-47}$$

故得正则方程为

$$\dot{\boldsymbol{x}}^*(t)=\boldsymbol{A}\boldsymbol{x}^*(t)+\boldsymbol{B}\boldsymbol{u}^*(t) \tag{7-48}$$

$$\dot{\boldsymbol{\lambda}}^*(t)=-\boldsymbol{A}^{\mathrm{T}}\boldsymbol{\lambda}^*(t) \tag{7-49}$$

根据极小值原理可得

$$1+\boldsymbol{\lambda}^{*\mathrm{T}}(t)\boldsymbol{A}\boldsymbol{x}^*(t)+\boldsymbol{\lambda}^{*\mathrm{T}}(t)\boldsymbol{B}\boldsymbol{u}^*(t)\leqslant 1+\boldsymbol{\lambda}^{*\mathrm{T}}(t)\boldsymbol{A}\boldsymbol{x}^*(t)+\boldsymbol{\lambda}^{*\mathrm{T}}(t)\boldsymbol{B}\boldsymbol{u}(t) \tag{7-50}$$

即

$$\boldsymbol{\lambda}^{*\mathrm{T}}(t)\boldsymbol{B}\boldsymbol{u}^*(t)\leqslant\boldsymbol{\lambda}^{*\mathrm{T}}(t)\boldsymbol{B}\boldsymbol{u}(t) \tag{7-51}$$

将 $\boldsymbol{B}$ 阵表示成如下形式:

$$\boldsymbol{B}=[\boldsymbol{b}_1\quad\boldsymbol{b}_2\quad\cdots\quad\boldsymbol{b}_m] \tag{7-52}$$

这里,$\boldsymbol{b}_i$ 为 $\boldsymbol{B}$ 阵的第 i 列数组,$i=1,2,\cdots,m$,则得

$$\boldsymbol{\lambda}^{*\mathrm{T}}(t)\boldsymbol{B}\boldsymbol{u}(t)=\sum_{i=1}^{m}\boldsymbol{\lambda}^{*\mathrm{T}}(t)\boldsymbol{b}_i u_i(t),\quad i=1,2,\cdots,m \tag{7-53}$$

这里，$\boldsymbol{u}_i(t)$ 为 $\boldsymbol{u}(t)$ 的第 i 个分量。设各控制分量互相独立，则不等式(7-51) 对相应分量应该成立，即

$$\boldsymbol{\lambda}^{*\mathrm{T}}(t)\boldsymbol{b}_i u_i^*(t)\leqslant\boldsymbol{\lambda}^{*\mathrm{T}}(t)\boldsymbol{b}_i u_i(t) \tag{7-54}$$

由此可得最优控制规律为

$$u_i^*(t)=\begin{cases}+M, & \text{当 } \boldsymbol{\lambda}^{*\mathrm{T}}(t)\boldsymbol{b}_i<0 \text{ 时}\\ -M, & \text{当 } \boldsymbol{\lambda}^{*\mathrm{T}}(t)\boldsymbol{b}_i>0 \text{ 时}, \quad i=1,2,\cdots m\\ \text{不定} & \text{当 } \boldsymbol{\lambda}^{*\mathrm{T}}(t)\boldsymbol{b}_i=0 \text{ 时}\end{cases} \tag{7-55}$$

设求得 $\boldsymbol{\lambda}^{*\mathrm{T}}(t)\boldsymbol{b}_i$ 的解如图 7-2 所示，则相应的最优控制规律如图 7-2 所示。由图可见：

(1) 当 $\boldsymbol{\lambda}^{*\mathrm{T}}(t)\boldsymbol{b}_i\neq 0$ 时，可以找出确定的 $u_i^*(t)$ 来，并且它们都为容许控制的边界值。

(2) 当 $\boldsymbol{\lambda}^{*\mathrm{T}}(t)\boldsymbol{b}_i$ 通过零点时，$u_i^*(t)$ 由一个边界值换向另一个边界值。

(3) 如果出现 $\boldsymbol{\lambda}^{*\mathrm{T}}(t)\boldsymbol{b}_i$ 在某一时间区间内保持为零，则 $u_i^*(t)$ 为不确定值，称这种情况为奇异问题或非平凡问题，相应的时间区段称为奇异区段。关于奇异区段内的最优控制问题将在下节中作简单介绍。当整个时间区间内不出现奇异区段时，则称为非奇异问题或平凡问题，本节的讨论仅限于平凡问题。为了便于研究，首先不加证明地介绍几个有关的定义及定理。

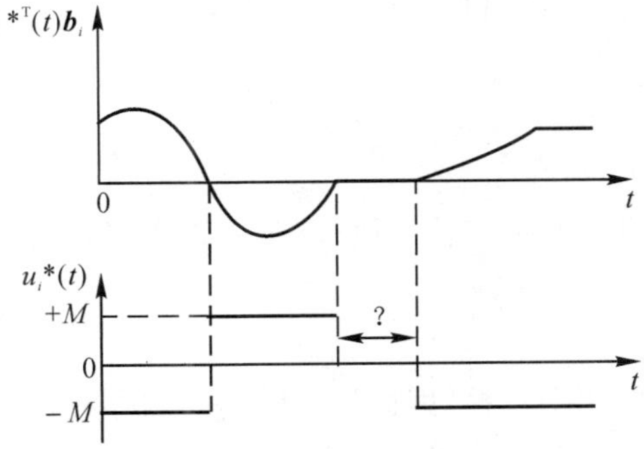

图 7-2　$u_i^*(t)$ 与 $\boldsymbol{\lambda}^{*\mathrm{T}}(t)\boldsymbol{b}_i$ 的关系

1. 砰-砰(bang-bang) 原理

设线性系统式(7-44) 属于平凡情况，则其最短时间控制为

$$\boldsymbol{u}^*(t)=-M\cdot\mathrm{sgn}(\boldsymbol{B}^{\mathrm{T}}\boldsymbol{\lambda}^*(t)) \tag{7-56}$$

$\boldsymbol{u}^*(t)$ 的各个分量都是时间的分段恒值函数，并均取边界值，称此为 bang-bang 原理。bang-bang 原理不仅适用于线性定常系统，同时也适用于如下一类非线性系统：

$$\dot{\boldsymbol{x}}(t)=\boldsymbol{A}[\boldsymbol{x}(t),t]+\boldsymbol{B}[\boldsymbol{x}(t),\boldsymbol{u}(t),t] \tag{7-57}$$

式(7-57) 可以包含状态的非线性项，但只包含控制变量的线性项。

2. 最短时间控制存在定理

设线性定常系统式(7-44) 为完全能控，并且系统阵 $\boldsymbol{A}$ 的特征值均具有非正实部，控制变量满足不等式约束 $|\boldsymbol{u}(t)|\leqslant M$，则最短时间控制存在。

3. 最短时间控制的唯一性定理

设线性定常系统式(7-44) 属于平凡情况，则若时间最优控制存在，它必定是唯一的。

4. 开关次数定理

设线性定常系统式(7-44) 属于平凡情况，控制变量满足不等式约束 $|\boldsymbol{u}(t)|\leqslant M$，并且系统阵 $\boldsymbol{A}$ 的特征值全部为实数，则如果最短时间控制存在，必为 bang-bang 控制，并且每个控制分量在两个边界值之间的切换次数最多不超过 $n-1$ 次。

下面，以二阶双积分装置为例，应用极小值原理来求解最短时间控制问题。设系统状态方

程为

$$\left.\begin{array}{l}\dot{x}_1(t)=x_2(t)\\ \dot{x}_2(t)=u(t)\end{array}\right\} \tag{7-58}$$

边界条件为

$$x(t_0)=x_0,\quad x(t_f)=0 \tag{7-59}$$

控制变量的不等式约束为

$$|u(t)|\leqslant 1 \tag{7-60}$$

性能指标为

$$J=\int_{t_0}^{t_f}\mathrm{d}t=t_f-t_0 \tag{7-61}$$

寻求最优控制 $u^*(t)$ 使 J 为最小。

由于

$$\boldsymbol{A}=\begin{bmatrix}0 & 1\\ 0 & 0\end{bmatrix},\quad \boldsymbol{B}=\begin{bmatrix}0\\ 1\end{bmatrix} \tag{7-62}$$

$\boldsymbol{A}$ 具有两个零特征值，满足非正实部要求，并且

$$\operatorname{rank}[\boldsymbol{B}\quad \boldsymbol{AB}]=\operatorname{rank}\begin{bmatrix}0 & 1\\ 1 & 0\end{bmatrix}=2 \tag{7-63}$$

系统完全可控，因此最短时间控制存在，如果系统属于平凡情况，则最优控制解是唯一的，开关换向次数至多只有一次。

列写哈密尔顿函数

$$H=1+\lambda_1 x_2+\lambda_2 u \tag{7-64}$$

得正则方程为

$$\dot{\boldsymbol{x}}^*=\boldsymbol{A}\boldsymbol{x}^*+\boldsymbol{B}u^* \tag{7-65}$$

$$\dot{\lambda}_1^*=0 \tag{7-66}$$

$$\dot{\lambda}_2^*=-\lambda_1^* \tag{7-67}$$

根据极小值原理可得

$$1+\lambda_1^* x_2^*+\lambda_2^* u^*\leqslant 1+\lambda_1^* x_2^*+\lambda_2^* u \tag{7-68}$$

即

$$\lambda_2^* u^*\leqslant \lambda_2^* u \tag{7-69}$$

由此可得最优控制规律为

$$u^*(t)=\begin{cases}-1, & \text{当 } \lambda_2^*>0 \text{ 时}\\ +1, & \text{当 } \lambda_2^*<0 \text{ 时}\\ \text{不定}, & \text{当 } \lambda_2^*=0 \text{ 时}\end{cases} \tag{7-70}$$

下面，首先讨论系统是否存在着在某区段中 $\lambda_2^*=0$ 的奇异段。根据正则方程，可以解得

$$\lambda_1^*(t)=c_1 \tag{7-71}$$

$$\lambda_2^*(t)=c_1 t+c_2 \tag{7-72}$$

这里，c_1，c_2 为积分常数。如果存在奇异段，则应满足在某区段内 $\lambda_2^*=0$，这时要求 $c_1=0$，$c_2=0$。代入哈密尔顿函数，则得

$$H^*=1>0 \tag{7-73}$$

不满足极小值原理的必要条件，由此证明本例不存在奇异段。因此，最优控制规律只有两种情况，即

$$u^*(t) = -\operatorname{sign}[\lambda_2^*(t)] \tag{7-74}$$

它确是 bang-bang 形式。可能的控制方案有四种，如图 7-3 所示。

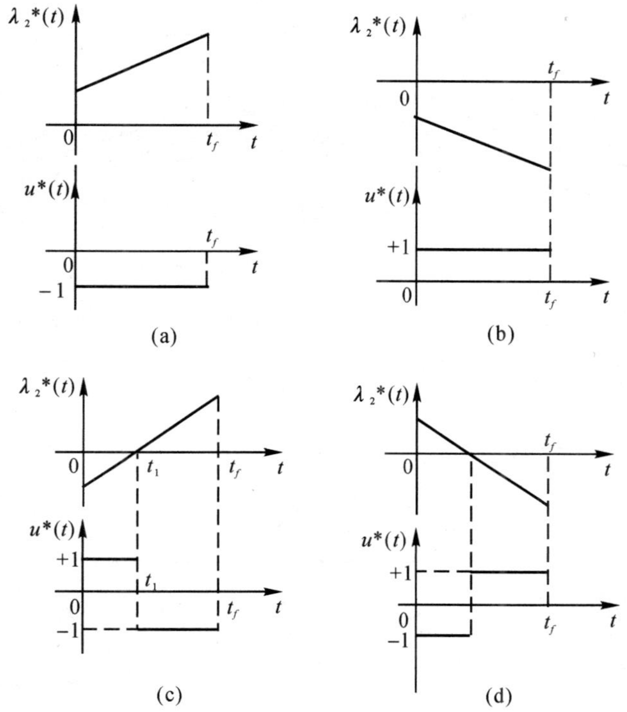

图 7-3　可能的控制方案

将 $u=\pm 1$ 代入状态方程，可解得相应的状态轨线。由状态方程 $\dot{x}_2=u$ 得

$$\dot{x}_2 = \pm 1 \tag{7-75}$$

积分后得

$$x_2(t) = \pm t + c_3 \tag{7-76}$$

代入状态方程 $\dot{x}_1 = x_2$ 得

$$x_1(t) = \pm \frac{1}{2} t^2 + c_3 t + c_4 \tag{7-77}$$

这里，c_3，c_4 为积分常数，式中符号"+"对应 $u=+1$，符号"−"对应 $u=-1$。消去式(7-76)、式(7-77) 中的 t，可得

$$x_1 = \frac{1}{2}x_2^2 - \frac{1}{2}c_3^2 + c_4 = \frac{1}{2}x_2^2 + c_5, \quad 当\ u=+1\ 时 \tag{7-78}$$

$$x_1 = -\frac{1}{2}x_2^2 + \frac{1}{2}c_3^2 + c_4 = -\frac{1}{2}x_2^2 + c_6, \quad 当\ u=-1\ 时 \tag{7-79}$$

这里，c_5，c_6 为积分常数。这是两族抛物线，如图 7-4 所示，箭头方向为时间增加的方向。

现在来讨论对应于不同初始状态 $\boldsymbol{x}_0$ 的最优控制方案。

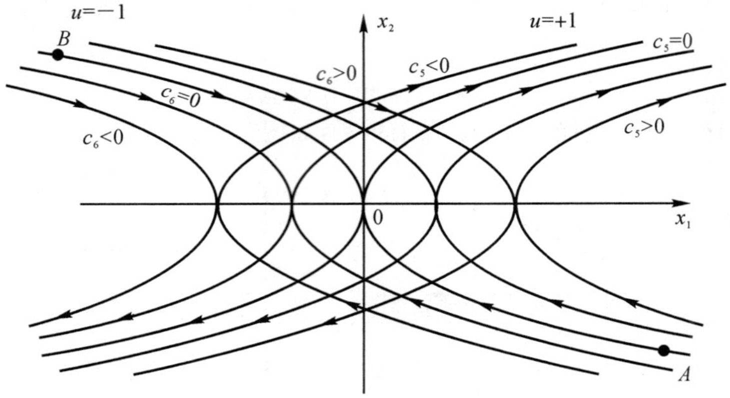

图 7-4　$u=\pm1$ 时的状态轨迹

(a) 如 $\boldsymbol{x}_0$ 处在 $B-0$ 曲线上，则可在 $u=-1$ 作用下，不须换向就将 $\boldsymbol{x}_0$ 转移至原点 $(\boldsymbol{x}(t_f)=0)$。因此，这时的最优控制为：$u^*=-1, t\in[t_0,t_f]$，如图 7-5 所示。

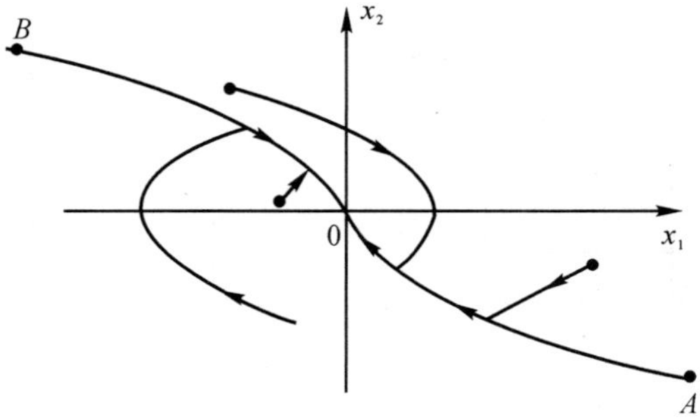

图 7-5　对应各控制方案的状态轨迹

(b) 如 $\boldsymbol{x}_0$ 处在 $A-0$ 曲线上，同理，可在 $u=+1$ 的作用下，不需换向就将 x_0 转移至原点。因此，这时的最优控制为：$u^*=+1, t\in[t_0,t_f]$，如图 7-5 所示。

(c) 如 $\boldsymbol{x}_0$ 处在 $B-0-A$ 曲线的下方，则状态转移将分两段进行，首先，在 $u=+1$ 作用下，由 $\boldsymbol{x}_0$ 沿式(7-78)的抛物线转移至 $B-0$ 曲线上的某点，然后再沿 $B-0$ 曲线转移至原点。因此，这时的最优控制为

$$\begin{cases}u^*=+1, & t\in[t_0,t_1]\\ u^*=-1, & t\in[t_1,t_f]\end{cases}$$

这里，t_1 为两段轨迹交接处的时刻。由此可见，这时控制作用产生一次换向，如图 7-5 所示。

(d) 如 $\boldsymbol{x}_0$ 处在 $B-0-A$ 曲线的上方，则同理，状态将首先在 $u=-1$ 的作用下由 $\boldsymbol{x}_0$ 转移至 $A-0$ 曲线上的某点，然后再在 $u=+1$ 的作用下沿 $A-0$ 曲线转移至原点，相应的最优控制为

$$\begin{cases}u^*=-1, & t\in[t_0,t_1]\\ u^*=+1, & t\in[t_1,t_f]\end{cases}$$

同样，这时控制作用产生一次换向，如图 7-5 所示。

通过以上讨论，可得以下结论：

(1) 最优控制为 bang-bang 控制，换向次数最多一次，$B-0-A$ 为开关换向曲线，其表示式为

$$x_1(t)=-\frac{1}{2}x_2(t)\,|x_2(t)| \tag{7-80}$$

$A-0$ 段对应于由 $u=-1$ 向 $u=+1$ 的换向线，$B-0$ 段为由 $u=+1$ 向 $u=-1$ 的换向线。

(2) 最优控制 $u^*(t)$ 与状态轨迹之间的关系为

$$u^*(t)=\begin{cases}-1, & \text{当 } x_1(t)>-\frac{1}{2}x_2(t)\,|x_2(t)|\text{ 时，} \\ & \text{即}[x_1,x_2]\text{点处在 } B-0-A \text{ 线之右上方} \\ +1, & \text{当 } x_1(t)<-\frac{1}{2}x_2(t)\,|x_2(t)|\text{ 时，} \\ & \text{即}[x_1,x_2]\text{点处在 } B-0-A \text{ 线之左下方} \\ -1, & \text{当 } x_1(t)=-\frac{1}{2}x_2(t)\,|x_2(t)|\text{，并且 } x_2(t)>0\text{ 时，} \\ & \text{即}[x_1,x_2]\text{点处在 } B-0 \text{ 段上} \\ +1, & \text{当 } x_1(t)=-\frac{1}{2}x_2(t)\,|x_2(t)|\text{，并且 } x_2(t)<0\text{ 时，} \\ & \text{即}[x_1,x_2]\text{点处在 } A-0 \text{ 段上} \\ 0 & \text{当 } x(t)=0\text{ 时}\end{cases} \tag{7-81}$$

由此得到了很重要的特性，即最优控制可以由状态的非线性反馈来形成，从而可以实现闭环控制，这在工程上是十分有用的。图 7-6 给出了本例最优控制工程实现的可能方案之一，它包括一个两位置式继电器及一个二次函数发生器。这里遇到的一个原理上的困难是当 $\boldsymbol{x}$ 处在开关曲线上时，继电器输入信号为零，因而不能实现换向，但是由于继电器总是具有一定惯性，所以继电器的实际换向都不会准确地发生在输入信号的过零处，而是超过一点，这时由于输入信号不再为零，因此换向是可以实现的。

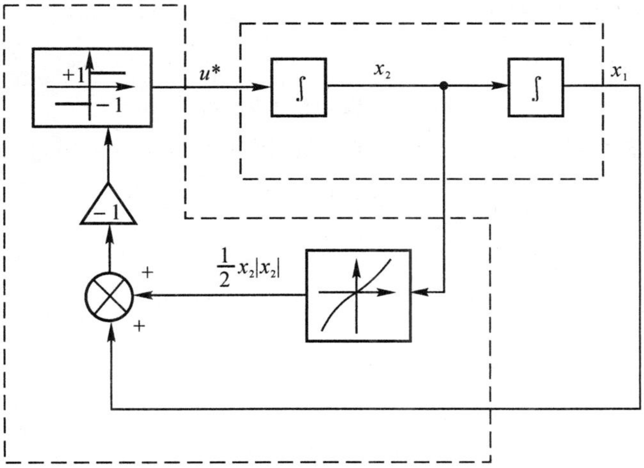

图 7-6　最优控制的工程实现

7.4 奇异最优控制

在前节讨论最短时间控制问题时，应用了极小值原理的必要条件

$$H=[\boldsymbol{x}^*(t),\boldsymbol{u}^*(t),\boldsymbol{\lambda}^*(t),t]\leqslant H[\boldsymbol{x}^*(t),\boldsymbol{u}(t),\boldsymbol{\lambda}^*(t),t] \quad (7-82)$$

来确定最优控制 $\boldsymbol{u}^*(t)$ 与最优状态及协态轨线之间的关系。但是此时遇到了这样的情况，当在某个时间区间 $t\in[t_1,t_2]$ 内，$\boldsymbol{\lambda}^{*\mathrm{T}}\boldsymbol{b}=0$，上述必要条件没有提供有关 $\boldsymbol{u}^*(t)$ 与 $\boldsymbol{x}^*(t)$ 及 $\boldsymbol{\lambda}^*(t)$ 之间相互关系的任何信息，因此就无法由此求出 $\boldsymbol{u}^*(t)$ 与 $\boldsymbol{x}^*(t)$，$\boldsymbol{\lambda}^*(t)$ 之间的确定关系式，称这类问题为奇异情况或非平凡情况，出现奇异情况的时间区间 $[t_1,t_2]$ 称为奇异区间。存在奇异情况时并不意味着最优控制一定不存在，它只是说明应用极小值原理必要条件，即

$$H^*\leqslant H \quad (7-83)$$

或

$$\frac{\partial H}{\partial \boldsymbol{u}}=\boldsymbol{0} \quad (7-84)$$

无法确定最优控制。如果奇异段内存在最优控制，则称此为奇异最优控制，相应的状态轨线称为奇异轨线或奇异弧。显然，这时为了确定最优控制，就得进一步探讨能够提供确定最优控制的有效信息的补充条件，当然它们必须满足极小值原理。奇异最优控制问题是一个十分复杂的问题，有些问题如奇异最优控制的充分条件等至今没有完全解决。下面通过简单例子对奇异情况存在的条件和奇异最优控制的求解两个问题作概要的讨论。

7.4.1 线性定常系统(单输入)最短时间控制问题中奇异区段存在的条件

在前节讨论二阶积分装置的最短时间控制时，曾利用极小值原理必要条件(t_f 自由及 H 不是 t 的显函数)

$$H^*\equiv 0 \quad (7-85)$$

来判断是否存在奇异情况，下面，将在更普遍的意义上来讨论这个问题。

设系统状态方程为

$$\dot{\boldsymbol{x}}(t)=\boldsymbol{A}\boldsymbol{x}(t)+\boldsymbol{b}u(t) \quad (7-86)$$

这里，$\boldsymbol{x}(t)$ 为 n 维状态变量；$u(t)$ 为一维控制变量，因此 $\boldsymbol{b}$ 为 n 维列向量，控制不等式约束为

$$|u(t)|\leqslant 1 \quad (7-87)$$

性能指标为

$$J=\int_{t_0}^{t_f}\mathrm{d}t=t_f-t_0,\quad t_f\text{自由} \quad (7-88)$$

寻求最优控制 $u^*(t)$ 使性能指标 J 为最小。

建立哈密尔顿函数

$$H=1+\boldsymbol{\lambda}^{\mathrm{T}}\boldsymbol{A}\boldsymbol{x}+\boldsymbol{\lambda}^{\mathrm{T}}\boldsymbol{b}u \quad (7-89)$$

根据极小值原理

$$1+\boldsymbol{\lambda}^{*\mathrm{T}}\boldsymbol{A}\boldsymbol{x}^*+\boldsymbol{\lambda}^{*\mathrm{T}}\boldsymbol{b}u^*\leqslant 1+\boldsymbol{\lambda}^{*\mathrm{T}}\boldsymbol{A}\boldsymbol{x}^*+\boldsymbol{\lambda}^{*\mathrm{T}}\boldsymbol{b}u \quad (7-90)$$

即

$$\boldsymbol{\lambda}^{*\mathrm{T}}\boldsymbol{b}u^{*} \leqslant \boldsymbol{\lambda}^{*\mathrm{T}}\boldsymbol{b}u \tag{7-91}$$

由此可知,若

$$\boldsymbol{\lambda}^{*\mathrm{T}}\boldsymbol{b}=0\,,\qquad t\in[t_1,t_2] \tag{7-92}$$

则$[t_1,t_2]$为奇异区段。出现这种情况可能有三种原因:

(1)$\boldsymbol{\lambda}^{*}=\boldsymbol{0}$,　$t\in[t_1,t_2]$。

将$\boldsymbol{\lambda}^{*}=\boldsymbol{0}$代入哈密尔顿函数可得

$$H^{*}=1>0 \tag{7-93}$$

显然它不满足极小值原理必要条件$H^{*}\equiv 0$,由此可知,$\boldsymbol{\lambda}^{*}=\boldsymbol{0}$,$t\in[t_1,t_2]$的情况不可能出现。

(2) $\boldsymbol{b}=\boldsymbol{0}$。

当$\boldsymbol{b}=\boldsymbol{0}$时,这说明控制作用根本不能影响系统,这时系统是不能控的。

(3)$\boldsymbol{\lambda}^{*}\neq\boldsymbol{0}$,$\boldsymbol{b}\neq\boldsymbol{0}$,但$\boldsymbol{\lambda}^{*\mathrm{T}}\boldsymbol{b}=\boldsymbol{0}$,$t\in[t_1,t_2]$,由于求解$\boldsymbol{\lambda}^{*}(t)$是复杂的两点边值问题,下面只用间接的方法来判断。如果存在

$$\boldsymbol{\lambda}^{*\mathrm{T}}\boldsymbol{b}=0,\quad t\in[t_1,t_2]$$

则在同一区段内其各阶导数亦等于零,即

$$\frac{\mathrm{d}^k}{\mathrm{d}t^k}[\boldsymbol{\lambda}^{*\mathrm{T}}\boldsymbol{b}]=0,\quad k=1,2,\cdots,t\in[t_1,t_2] \tag{7-94}$$

由于

$$\frac{\mathrm{d}^k}{\mathrm{d}t^k}[\boldsymbol{\lambda}^{*\mathrm{T}}\boldsymbol{b}]=\frac{\mathrm{d}^k}{\mathrm{d}t^k}[\boldsymbol{\lambda}^{*\mathrm{T}}]\boldsymbol{b}=\boldsymbol{\lambda}^{*(k)\mathrm{T}}\boldsymbol{b} \tag{7-95}$$

可以建立下列方程组:

$$\left.\begin{aligned}&\boldsymbol{\lambda}^{*\mathrm{T}}\boldsymbol{b}=0\\&\dot{\boldsymbol{\lambda}}^{*\mathrm{T}}\boldsymbol{b}=0\\&\ddot{\boldsymbol{\lambda}}^{*\mathrm{T}}\boldsymbol{b}=0\\&\cdots\cdots\\&\boldsymbol{\lambda}^{*(n-1)\mathrm{T}}\boldsymbol{b}=0\end{aligned}\right\}\quad t\in[t_1,t_2] \tag{7-96}$$

根据正则方程

$$\dot{\boldsymbol{\lambda}}^{*}(t)=-\boldsymbol{A}^{\mathrm{T}}\boldsymbol{\lambda}^{*}(t) \tag{7-97}$$

可解得

$$\boldsymbol{\lambda}^{*}(t)=\mathrm{e}^{-\boldsymbol{A}^{\mathrm{T}}t}\boldsymbol{c} \tag{7-98}$$

$$\boldsymbol{\lambda}^{*\mathrm{T}}(t)\boldsymbol{b}=[\mathrm{e}^{-\boldsymbol{A}^{\mathrm{T}}t}\boldsymbol{c}]^{\mathrm{T}}\boldsymbol{b} \tag{7-99}$$

代入正则方程得

$$\dot{\boldsymbol{\lambda}}^{*\mathrm{T}}(t)=-\boldsymbol{A}^{\mathrm{T}}\mathrm{e}^{-\boldsymbol{A}^{\mathrm{T}}t}\boldsymbol{c} \tag{7-100}$$

$$\dot{\boldsymbol{\lambda}}^{*\mathrm{T}}(t)\boldsymbol{b}=-[\boldsymbol{A}^{\mathrm{T}}\mathrm{e}^{-\boldsymbol{A}^{\mathrm{T}}t}\boldsymbol{c}]^{\mathrm{T}}\boldsymbol{b}=-[\mathrm{e}^{-\boldsymbol{A}^{\mathrm{T}}t}\boldsymbol{c}]^{\mathrm{T}}\boldsymbol{A}\boldsymbol{b} \tag{7-101}$$

对正则方程求一次导数得

$$\ddot{\boldsymbol{\lambda}}^{*\mathrm{T}}(t)=-\boldsymbol{A}^{\mathrm{T}}\dot{\boldsymbol{\lambda}}^{*}=\boldsymbol{A}^{\mathrm{T}}\boldsymbol{A}^{\mathrm{T}}\mathrm{e}^{-\boldsymbol{A}^{\mathrm{T}}t}\boldsymbol{c} \tag{7-102}$$

$$\ddot{\boldsymbol{\lambda}}^{*\mathrm{T}}(t)\boldsymbol{b}=[\boldsymbol{A}^{\mathrm{T}}\boldsymbol{A}^{\mathrm{T}}\mathrm{e}^{-\boldsymbol{A}^{\mathrm{T}}t}\boldsymbol{c}]^{\mathrm{T}}\boldsymbol{b}=[\mathrm{e}^{-\boldsymbol{A}^{\mathrm{T}}t}\boldsymbol{c}]^{\mathrm{T}}\boldsymbol{A}^2\boldsymbol{b} \tag{7-103}$$

按此类推,可得

$$\boldsymbol{\lambda}^{*(k)\mathrm{T}}(t)\boldsymbol{b}=(-1)^k\left[\mathrm{e}^{-\boldsymbol{A}^{\mathrm{T}}t}\boldsymbol{c}\right]^{\mathrm{T}}\boldsymbol{A}^k\boldsymbol{b},\quad k=0,1,\cdots \tag{7-104}$$

将以上结果代入式(7-95)，则得

$$\begin{cases}\left[\mathrm{e}^{-\boldsymbol{A}^{\mathrm{T}}t}\boldsymbol{c}\right]^{\mathrm{T}}\boldsymbol{b}=0\\ \left[\mathrm{e}^{\boldsymbol{A}^{\mathrm{T}}t}\boldsymbol{c}\right]^{\mathrm{T}}\boldsymbol{A}\boldsymbol{b}=0\\ \left[\mathrm{e}^{-\boldsymbol{A}^{\mathrm{T}}t}\boldsymbol{c}\right]^{\mathrm{T}}\boldsymbol{A}^2\boldsymbol{b}=0\\ \cdots\cdots\\ \left[\mathrm{e}^{-\boldsymbol{A}^{\mathrm{T}}t}\boldsymbol{c}\right]^{\mathrm{T}}\boldsymbol{A}^{n-1}\boldsymbol{b}=0\end{cases} \tag{7-105}$$

式(7-105)可表示成如下形式：

$$\left[\mathrm{e}^{-\boldsymbol{A}^{\mathrm{T}}t}\boldsymbol{c}\right]^{\mathrm{T}}\left[\boldsymbol{b}\quad \boldsymbol{A}\boldsymbol{b}\quad \boldsymbol{A}^2\boldsymbol{b}\quad \cdots\quad \boldsymbol{A}^{n-1}\boldsymbol{b}\right]=\left[0\quad 0\quad \cdots\quad 0\right] \tag{7-106}$$

将式(7-106)两端转置得

$$\left[\boldsymbol{b}\quad \boldsymbol{A}\boldsymbol{b}\quad \boldsymbol{A}^2\boldsymbol{b}\quad \cdots\quad \boldsymbol{A}^{n-1}\boldsymbol{b}\right]^{\mathrm{T}}\mathrm{e}^{-\boldsymbol{A}^{\mathrm{T}}t}\boldsymbol{c}=[\boldsymbol{0}] \tag{7-107}$$

这里

$$[\boldsymbol{0}]^{\mathrm{T}}=\left[0\quad 0\quad \cdots\quad 0\right]_{1\times n} \tag{7-108}$$

可以看出，式(7-107)乃是未知向量为$\boldsymbol{\lambda}^*(t)=\mathrm{e}^{-\boldsymbol{A}^{T}t}\boldsymbol{c}$的齐次方程组($n$个方程)。已知$\boldsymbol{\lambda}^*\neq\boldsymbol{0}$，即具有非零解，根据线性代数的有关定理，未知数具有非零解的充要条件是系数行列式为零，即

$$\det\left[\boldsymbol{b}\quad \boldsymbol{A}\boldsymbol{b}\quad \boldsymbol{A}^2\boldsymbol{b}\quad \cdots\quad \boldsymbol{A}^{n-1}\boldsymbol{b}\right]^{\mathrm{T}}=0 \tag{7-109}$$

故

$$\mathrm{rank}\left[\boldsymbol{b}\quad \boldsymbol{A}\boldsymbol{b}\quad \boldsymbol{A}^2\boldsymbol{b}\quad \cdots\quad \boldsymbol{A}^{n-1}\boldsymbol{b}\right]^{\mathrm{T}}<n \tag{7-110}$$

显然，这意味着系统是不能控的。由此可得结论：

线性定常系统(单输入)最短时间控制问题存在奇异区段的必要条件是系统不能控；反之，如果系统完全能控，则奇异情况不可能存在。

7.4.2 奇异最优控制的求解

下面，通过一个例子来讨论如何求解奇异最优控制问题。

设系统状态方程为

$$\dot{x}_1(t)=x_2(t)+u(t) \tag{7-111}$$

$$\dot{x}_2(t)=-u(t) \tag{7-112}$$

边界条件为

$$x(t_0)=x_0,\quad x(t_f)=0 \tag{7-113}$$

控制变量不受限制，t_f给定，性能指标为

$$J=\int_{t_0}^{t_f}\frac{1}{2}x_1^2\mathrm{d}t \tag{7-114}$$

寻求最优控制$u^*(t)$使J为最小。

建立哈密尔顿函数

$$H=\frac{1}{2}x_1^2+\lambda_1x_2+\lambda_1u-\lambda_2u \tag{7-115}$$

根据极小值原理

$$\frac{\partial H}{\partial u}=\lambda_1^*-\lambda_2^*=0 \tag{7-116}$$

由此可见，它没有提供最优控制 $u^*(t)$ 与 $\boldsymbol{x}^*(t)$，$\boldsymbol{\lambda}^*(t)$ 之间的确切关系，因此存在奇异情况。如前所述，奇异情况的出现并不意味着最优控制一定不存在，它只是说明应用极小值原理的必要条件无法解出确定的最优控制来，为此，须寻找满足极小值原理必要条件的补充条件。

对式(7-116)进行一次求导，得

$$\frac{\mathrm{d}}{\mathrm{d}t}\left[\frac{\partial H}{\partial u}\right]=\dot{\lambda}_1^*-\dot{\lambda}_2^*=0 \tag{7-117}$$

已知正则方程为

$$\dot{\lambda}_1^*=-x_1^* \tag{7-118}$$

$$\dot{\lambda}_2^*=-\lambda_1^* \tag{7-119}$$

将式(7-116)代入正则方程，得

$$-x_1^*+\lambda_1^*=0 \tag{7-120}$$

由式(7-120)可知，它仍未提供任何 $u^*(t)$ 与 $\boldsymbol{x}^*(t)$，$\boldsymbol{\lambda}^*(t)$ 的确切关系。对式(7-120)再次求导，得

$$\frac{\mathrm{d}^2}{\mathrm{d}t^2}\left[\frac{\partial H}{\partial u}\right]=\frac{\mathrm{d}}{\mathrm{d}t}[-x_1^*+\lambda_1^*]=0$$

$$-\dot{x}_1^*+\dot{\lambda}_1^*=0 \tag{7-121}$$

将正则方程代入式(7-121)，得

$$-x_2^*-u^*-x_1^*=0 \tag{7-122}$$

由此得到 $u^*(t)$ 与 $\boldsymbol{x}^*(t)$ 之间的确切关系为

$$u^*=-x_2^*-x_1^* \tag{7-123}$$

由此可知，奇异控制存在，这是一个状态线性反馈控制律。下面来求相应的奇异轨线，由 $H^*\equiv c$ 的条件可得

$$\lambda_1^*x_2^*+\lambda_1^*u^*-\lambda_2^*u^*+\frac{1}{2}x_1^{*2}=c \tag{7-124}$$

将式(7-116)代入，得

$$\lambda_1^*x_2^*+\frac{1}{2}x_1^{*2}=c \tag{7-125}$$

再将式(7-120)代入，得

$$x_1^*x_2^*+\frac{1}{2}x_1^{*2}=c \tag{7-126}$$

这就是奇异弧线方程，常数 c 由起始状态及给定的终端时刻确定，这是一族双曲线。

一般情况下，可以将求得的奇异控制方程与正则方程联立起来求解奇异弧线，另外，并不是任意起始状态都可能处在奇异弧线上，只有当状态处在奇异弧线上时，采用奇异最优控制才能构成奇异弧线。

最后须指出，由以上方法求出的奇异最优控制满足极小值原理，因而满足最优控制的必要条件，但是，最优控制的充分条件至今没有建立起来，这是一个还没有完全解决的问题。

习　题

7-1　设系统状态方程为

$$\dot{x}_1(t)=x_2(t), \qquad x_1(0)=0, \quad x_1(2)=5$$

$$\dot{x}_2(t)=-x_2(t)+u(t), \qquad x_2(0)=0, \quad x_2(2)=2$$

性能指标为

$$J=\int_0^2 u^2(t)\mathrm{d}t$$

求使 J 达极小时的最优控制 $u^*(t)$。

7-2　设一阶线性系统动态方程为

$$\dot{x}(t)=-x(t)+u(t), \quad x(0)=1$$

受约束控制为

$$|u(t)|\leqslant 1$$

性能指标为

$$J=\int_0^1\left[x(t)-\frac{1}{2}u(t)\right]\mathrm{d}t$$

求为使 J 达极小值时的最优控制 $u^*(t)$。

7-3　设二阶线性系统状态方程为

$$\dot{x}_1(t)=x_2(t)+\frac{1}{4}$$

$$\dot{x}_2(t)=u(t)$$

边界条件为

$$x_1(0)=-\frac{1}{4}, \quad x_1(T)=0$$

$$x_2(0)=-\frac{1}{4}, \quad x_2(T)=0$$

受约束控制为

$$|u(t)|\leqslant\frac{1}{2}$$

性能指标为

$$J=\int_0^T u^2(t)\mathrm{d}t, \qquad T\text{ 自由}$$

求使 J 达极小值时的控制 $u^*(t)$。

7-4　设一阶线性系统方程为

$$\dot{x}(t)=x(t)-u(t), \quad x(0)=5$$

受约束控制为

$$\frac{1}{2}<u<1$$

性能指标为

$$J = \int_0^1 [x(t) + u(t)] \mathrm{d}t$$

试求使 J 达极小时的最优控制 $u^*(t)$，最优轨线 $x^*(t)$ 及指标极小值 J^*。

7-5　设系统状态方程为

$$\dot{x}_1(t) = x_2(t)$$
$$\dot{x}_2(t) = u(t)$$

边界条件为

$$x_1(0) = 10, \quad x_1(t_f) = 0$$
$$x_2(0) = 0, \quad x_2(t_f) = 0$$

容许控制为

$$|u(t)| \leqslant 1$$

求最短时间控制 $u^*(t)$ 及最短时间 t_f^*。

7-6　设系统状态方程为

$$\dot{x}_1(t) = x_2(t) + u(t)$$
$$\dot{x}_2(t) = x_1(t)$$

边界条件为

$$x_1(0) = x_{10}, \quad x_1(t_f) = 0$$
$$x_2(0) = x_{20}, \quad x_2(t_f) = 0$$

容许控制为

$$|u(t)| \leqslant 1$$

求最短时间控制 $u^*(t)$ 及开关曲线(作出大致图形)。

第八章　动态规划法

动态规划法是求解控制变量限制在一定闭集内的最优控制问题的又一种重要方法，它是由美国学者贝尔曼于1957年提出来的。动态规划法把复杂的最优控制问题变成多级决策过程的递推函数关系，它的基础及核心是最优性原理。本章首先介绍动态规划法的基本概念，然后讨论如何用动态规划法求解离散及连续系统的最优控制问题。

8.1　动态规划法的基本概念

8.1.1　多级决策过程

所谓多级决策过程是指把一个过程分成若干级，而每一级都须作出决策，以便使整个过程达到最佳效果。为了说明这个概念，首先讨论一个最短路线问题的例子。

设有路线图如图8-1所示。现在要从A地出发，选择一条最短路线最终到达F地，其间要通过B,C,D,E等中间站，各站又有若干个可供选择的通过点，各地之间的距离已用数字标注在图中。由此可见，通过这些中间站时，有多个方案可供选择。

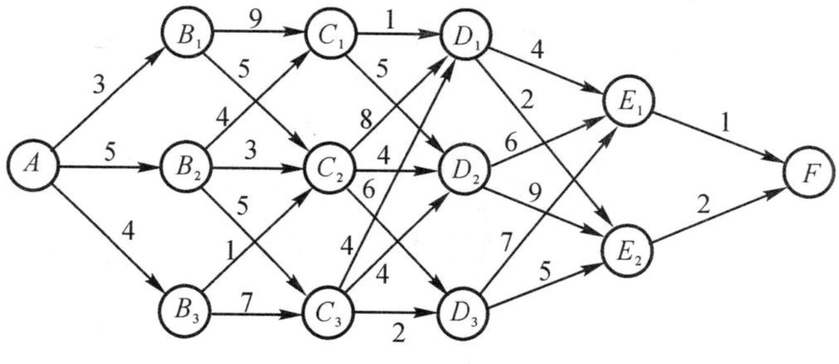

图8-1　路线图

解决这类问题有两种方法：

1. *探索法(穷举法)*

将A至F的所有可能的路线方案都列举出来，算出每条路线的路程，进行比较，找出最短路线。直观可知，这种方法是很费时的，如本例共有38条路线可供选择。如果中间站及各站可供选择的通过点都增为10个，则可供选择的路线将急剧增至10^{10}条，显然计算工作量将急剧增加。

2. *分级决策法*

将整个过程分成若干级，逐级进行决策。具体过程如下：

将A至F全程分为五级：第一级由A至$B(B_1,B_2,B_3)$；第二级由$B(B_1,B_2,B_3)$至$C(C_1,C_2,C_3)$；第三级由$C(C_1,C_2,C_3)$至$D(D_1,D_2,D_3)$；第四级由$D(D_1,D_2,D_3)$至$E(E_1,E_2)$；第

五级由 $E(E_1,E_2)$ 至 F。由后向前逐级分析，先从第五级开始，其起点为 $E(E_1,E_2)$，终点为 F。E_1,E_2 至 F 各只有一条路线，并无选择余地。E_1 至 F 路程为 1，E_2 至 F 路程为 2。第四级起点为 $D(D_1,D_2,D_3)$，终点为 $E(E_1,E_2)$，其间有 6 条路线，由 D 至 F 的各种可能路线为

$$D_1 \to E_1 \to F \qquad 4+1=5$$

$$D_1 \to E_2 \to F \qquad 2+2=4$$

$$D_2 \to E_1 \to F \qquad 6+1=7$$

$$D_2 \to E_2 \to F \qquad 9+2=11$$

$$D_3 \to E_1 \to F \qquad 7+1=8$$

$$D_3 \to E_2 \to F \qquad 5+2=7$$

可以发现，如果从 D_1 出发，则走 $D_1 \to E_2 \to F$ 为最短，因此 D_1 至 E 应选 $D_1 \to E_2$ 这段路线，称为决策。同理，如果从 D_2 出发，应决策 $D_2 \to E_1$；从 D_3 出发，应决策 $D_3 \to E_2$。可见作此决策时不能只从本级路程长短出发，应考虑两级路程之和为最短。在整个路线问题中，究竟 D_1，D_2，D_3 哪一点作为起点，则取决于第三级的决策，不过提出的三条可能的最短路线为第三级的决策积累了数据资料。

可用同样方法来分析第三级，其起点为 $C(C_1,C_2,C_3)$，终点为 $D(D_1,D_2,D_3)$，按题意共有 8 条路线。但是，D_1,D_2,D_3 至 F 的最短路线已在第四级讨论中确定，因此 $C \to D \to F$ 的路线选择问题，实际上只是选定 $C \to D$ 级的路线问题（即本级决策问题）。因此，C 至 F 只有 8 条路线，分别为

$$C_1 \to D_1 \xrightarrow{E_2} F \qquad 1+4=5$$

$$C_1 \to D_2 \xrightarrow{E_1} F \qquad 5+7=12$$

$$C_2 \to D_1 \xrightarrow{E_2} F \qquad 8+4=12$$

$$C_2 \to D_2 \xrightarrow{E_1} F \qquad 4+7=11$$

$$C_2 \to D_3 \xrightarrow{E_2} F \qquad 6+7=13$$

$$C_3 \to D_1 \xrightarrow{E_2} F \qquad 4+4=8$$

$$C_3 \to D_2 \xrightarrow{E_1} F \qquad 4+7=11$$

$$C_3 \to D_3 \xrightarrow{E_2} F \qquad 2+7=9$$

比较可得分别从 C_1,C_2,C_3 出发时的 3 条最短路线，它们分别为：$C_1 \to D_1 \xrightarrow{E_2} F$；$C_2 \to D_2 \xrightarrow{E_1} F$；$C_3 \to D_1 \xrightarrow{E_2} F$。用同样方法，依次对 $B \to C$ 级及 $A \to B$ 级进行讨论，将其结果列于表8－1。

表 8-1 路程问题分级决策表

级数	现在点	下一步点	一步路程	过下步点最小全程	现在点至终点最小全程	本步最佳决策
第五级	E_1	F	1	$1+0=1$	1	$E_1 \to F$
	E_2	F	2	$2+0=2$	2	$E_2 \to F$
第四级	D_1	E_1 E_2	4 2	$4+1=5$ $2+2=4$	4	$D_1 \to E_2$
	D_2	E_1 E_2	6 9	$6+1=7$ $9+2=11$	7	$D_2 \to E_1$
	D_3	E_1 E_2	7 5	$7+1=8$ $5+2=7$	7	$D_3 \to E_2$
第三级	C_1	D_1 D_2	1 5	$1+4=5$ $5+7=12$	5	$C_1 \to D_1$
	C_2	D_1 D_2 D_3	8 4 6	$8+4=12$ $4+7=11$ $6+7=13$	11	$C_2 \to D_2$
	C_3	D_1 D_2 D_3	4 4 2	$4+4=8$ $4+7=11$ $2+7=9$	8	$C_3 \to D_1$
第二级	B_1	C_1 C_2	9 5	$9+5=14$ $5+11=16$	14	$B_1 \to C_1$
	B_2	C_1 C_2 C_3	4 3 5	$4+5=9$ $3+8=11$ $5+8=13$	9	$B_2 \to C_1$
	B_3	C_2 C_3	1 7	$1+11=12$ $7+8=15$	12	$B_3 \to C_2$
第一级	A	B_1 B_2 B_3	3 5 4	$3+14=17$ $5+9=14$ $4+12=16$	14	$A \to B_2$

最后得到最短线路为

$$A \to B_2 \to C_1 \to D_1 \to E_2 \to F$$

相应最短路程为$J^* = 14$。

通过上例的讨论，可以看到多级决策过程具有以下特点：

(1) 把整个过程看成(或人为地分成)n 级的多级过程。

(2) 采取逐级分析的方法，一般由最后一级开始倒向进行。

(3) 在每一级决策时，不只考虑本级的性能指标的最优，而是同时考虑本级及以后的总性能指标最优，因此它是根据“全局”最优来作出本级决策的。

(4) 从数学观点，对分级决策法与穷举法进行比较：

穷举法：全程五级线路，每一级都可任选，因此全部路程相当于一个“五变量函数”，求全程最短实质上是求这个“五变量函数”的极小值。

分级决策法：分成五级，从最后一级开始进行分级决策时，每级都是一个“单变量函数”，因此进行每一级决策时，实际上是求一个“单变量函数”的极小值。因此分级决策法把一个求“五变量函数”的极值问题转化成为一个五组求“单变量函数”的极值问题。这给实际解题带来极大好处，使计算工作量大为减少。以前面举的十级中间站并且各站具有十个通过点的路线问题为例，用分级决策法只需 920 次计算，这与 10^{10} 次相比要少得多。

(5) 在最后一级开始倒向逐级分析中，可以发现，由于各站的起始点并未确定，因此需要把各中间站的所有通过点作为出发点进行计算，并将所有对应的最佳决策存进计算机，建立起一个完整的“档案库”，因此要求计算机有相当大的容量。

(6) 第一级起始条件(A 地)是确定的，因此只有逐级倒向分析到第一级时，才能作出确定的第一级决策，然后再根据第一级决策顺向确定各级的起始条件(各站的通过点)，这时由于“档案库”中存有全部“资料”，因此用“查档”的方法就可逐级确定决策。由此可见，一般情况下，多级决策过程包括两个过程：倒向“建档”及顺向“查档”，而大量的计算工作是花费在建立“档案库”上。

8.1.2　最优性原理

在前例的分级决策过程中，实际上已应用了这样一个基本原理：设一个过程由 a 点开始，经 b 点到达 c 点，如图 8-2 所示，如果 $a \to b \to c$ 为最优过程，则 $b \to c$ 段也必定是一个最优过程。把这原理叙述如下：

一个最优决策具有这样的性质，不论初始状态和初始决策怎样，其余的决策对于第一次决策所造成的状态来说，必须构成一个最优决策，称此为最优性原理。它也可简单地叙述为：最优轨迹的第二段，本身亦是最优轨迹。

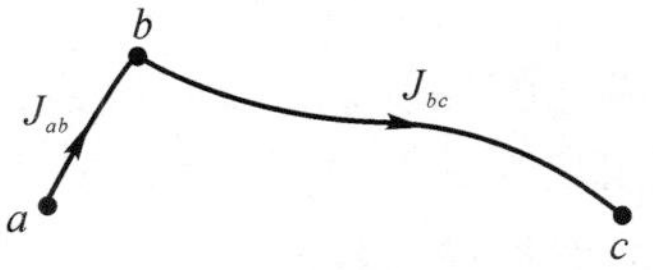

图 8-2　最优性原理图

最优性原理是动态规划法的基础和核心。动态规划法就是对一个多级过程，应用最优性原理，进行分级决策，求出最优控制的一种数学方法。

8.1.3　多级决策过程的函数方程

应用动态规划法求解过程的最优决策时，首先要根据最优性原理将多级决策过程表示成如下数学表达式：

$$w_k(x_k) = \min_{u_{ki}} \left[d(x_k, x_{k-1,i}) + w_{k-1}(x_{k-1,i}) \right] \tag{8-1}$$

式中，$w_k(x_k)$ 为 k 级决策过程的始点 x_k 至终点 x_f 的最小消耗；$d(x_k, x_{k-1,i})$ 为由 k 级决策过程始点 x_k 至下一步到达点 $x_{k-1,i}$ 的一步消耗；u_{ki} 为 k 级决策过程始点 x_k 处所采取的控制决策，从而使状态转移到下一步 $x_{k-1,i}$。

式(8-1)表明，为使 k 级决策过程达到最小消耗，第一级决策应根据两部分消耗之和最小的原则作出。第一部分 $d(x_k, x_{k-1,i})$ 是第一级决策的一步消耗，第二部分 $w_{k-1}(x_{k-1,i})$ 为由下一步到达点 $x_{k-1,i}$ 作起点至终点的最小消耗。式(8-1)称为多级决策过程的函数方程，它是最

优性原理的数学表达形式。在上述路线问题中，B_2 至 F 的四级决策过程的函数方程可表示成

$$w_4(B_2)=\min_{u_{4,i}}[d(B_2,C_i)+w_3(C_i)] \tag{8-2}$$

式中，B_2 为四级过程的起点；C_i 为由 B_2 出发到达下一步 C 站的某个可能通过点，它可能为 C_1，C_2 或 C_3；$u_{4,i}$ 为由 B_2 至 C 站的路线选择（本级决策）；$d(B_2,C_i)$ 为由 B_2 至 C_i 之间的路程；$w_3(C_i)$ 为从 C_i 至终点 F 的最短路程。

由表 8-1 可知

$$d(B_2,C_1)+w_3(C_1)=4+5=9$$
$$d(B_2,C_2)+w_3(C_2)=3+11=14$$
$$d(B_2,C_3)+w_3(C_3)=5+8=13$$

三者进行比较，由此作出第一级决策为 $u_{4,1}$，即应选 $B_2\to C_1$ 路线。这时 $B_2\to F$ 最小路程为 $w_4(B_2)=9$。

函数方程是一个递推方程，一般说来，难于获得解析解，需要用数字计算机求解。

8.2 动态规划法解离散系统的最优控制问题

设系统状态方程为

$$\boldsymbol{x}(k+1)=\boldsymbol{f}[\boldsymbol{x}(k),\boldsymbol{u}(k)],\quad k=0,1,\cdots,N-1 \tag{8-3}$$

式中，$\boldsymbol{x}(k)$ 为 n 维状态向量；$\boldsymbol{u}(k)$ 为 m 维控制向量；设 $J[\boldsymbol{x}(k),\boldsymbol{u}(k)]$ 为每一步转移中的性能指标。第一步，系统初始状态 $\boldsymbol{x}(0)$ 在 $\boldsymbol{u}(0)$ 作用下转移至 $\boldsymbol{x}(1)$，即

$$\boldsymbol{x}(1)=\boldsymbol{f}[\boldsymbol{x}(0),\boldsymbol{u}(0)] \tag{8-4}$$

这时，第一步的性能指标为

$$J_1=J[\boldsymbol{x}(0),\boldsymbol{u}(0)] \tag{8-5}$$

要求选择控制 $\boldsymbol{u}(0)$，使 $J[\boldsymbol{x}(0),\boldsymbol{u}(0)]$ 达最小。这是一个一级决策过程。第二步，系统在 $\boldsymbol{u}(1)$ 作用下由 $\boldsymbol{x}(1)$ 转移到 $\boldsymbol{x}(2)=\boldsymbol{f}[\boldsymbol{x}(1),\boldsymbol{u}(1)]$，转移中的性能指标为 $J[\boldsymbol{x}(1),\boldsymbol{u}(1)]$，则两步转移的总性能指标为

$$J_2=J[\boldsymbol{x}(0),\boldsymbol{u}(0)]+J[\boldsymbol{x}(1),\boldsymbol{u}(1)] \tag{8-6}$$

这里，因为 $\boldsymbol{x}(0)$ 已知，而 $\boldsymbol{x}(1)=\boldsymbol{f}[\boldsymbol{x}(0),\boldsymbol{u}(0)]$，因此在上述两步转移的总性能指标中，只有 $\boldsymbol{u}(0)$ 及 $\boldsymbol{u}(1)$ 未知。现在要求选择 $\boldsymbol{u}(0)$ 及 $\boldsymbol{u}(1)$，使两步性能指标达极小。这就是二级决策问题。依此类推，系统状态由 $\boldsymbol{x}(0)$ 作起点进行 N 步转移，则 N 步转移的总性能指标为

$$J_N=J[\boldsymbol{x}(0),\boldsymbol{u}(0)]+J[\boldsymbol{x}(1),\boldsymbol{u}(1)]+\cdots+J[\boldsymbol{x}(N-1),\boldsymbol{u}(N-1)]=\sum_{k=0}^{N-1}J[\boldsymbol{x}(k),\boldsymbol{u}(k)] \tag{8-7}$$

现在要求选择 $\{\boldsymbol{u}(0),\boldsymbol{u}(1),\cdots,\boldsymbol{u}(N-1)\}$ 使性能指标 J_N 达最小，这就是 N 级决策问题，可以应用动态规划法来求解。根据最优性原理，对 N 级最优决策过程来说，不论第一级控制向量 $\boldsymbol{u}(0)$ 怎样选定，余下的 $N-1$ 级过程，从 $\boldsymbol{u}(0)$ 产生的状态 $\boldsymbol{x}(1)=\boldsymbol{f}[\boldsymbol{x}(0),\boldsymbol{u}(0)]$ 作为起点，必须构成 $N-1$ 级最优过程。如果用 $w_N[\boldsymbol{x}(0)]$ 表示 N 级过程的性能指标的极小值，用 $w_{N-1}[\boldsymbol{x}(1)]$ 表示 $N-1$ 级过程性能指标的极小值，就可以列写出 N 级决策过程的函数方程为

$$w[\boldsymbol{x}(0)]=\min_{\boldsymbol{u}(0)}\{J[\boldsymbol{x}(0),\boldsymbol{u}(0)]+w_{N-1}[\boldsymbol{f}[\boldsymbol{x}(0),\boldsymbol{u}(0)]]\} \tag{8-8}$$

由此可见,第一级决策实质上是函数

$$\{J[\boldsymbol{x}(0),\boldsymbol{u}(0)]+w_{N-1}[\boldsymbol{f}[\boldsymbol{x}(0),\boldsymbol{u}(0)]]\}$$

对第一级的控制决策 $\boldsymbol{u}(0)$ 求极值的问题。求解递推方程式(8-8),就可解得最优控制决策$\{\boldsymbol{u}(0),\boldsymbol{u}(1),\cdots,\boldsymbol{u}(N-1)\}$。

例 8-1　设离散系统状态方程为

$$x(k+1)=x(k)+u(k),\quad k=0,1,\cdots,N-1$$

初始条件为 $x(0)$,控制变量 u 不受限制,性能指标为

$$J_N=\frac{1}{2}cx^2(N)+\frac{1}{2}\sum_{k=0}^{N-1}u^2(k)$$

求最优控制 $u^*(k)$,使 J 达到最小。

解　为简单起见,设 $N=2$,则这是一个二步控制问题,性能指标可表示成

$$J_2=\frac{1}{2}cx^2(2)+\frac{1}{2}u^2(0)+\frac{1}{2}u^2(1)$$

首先考虑最后一步,即由某状态 $x(1)$ 出发到达 $x(2)$ 的一步,如采用控制 $u(1)$,则有

$$x(2)=x(1)+u(1)$$

$$J_1=\frac{1}{2}cx^2(2)+\frac{1}{2}u^2(1)$$

或

$$J_1=\frac{1}{2}c\,[x(1)+u(1)]^2+\frac{1}{2}u^2(1)=J_1[x(1)+u(1)]$$

求最优控制 $u(1)$ 使J_1 为极小,则有

$$\frac{\partial J_1}{\partial u(1)}=c[x(1)+u(1)]+u(1)=0$$

解得

$$u(1)=-\frac{cx(1)}{1+c}$$

可见 $u(1)$ 为 $x(1)$ 的函数。相应的最优性能指标及 $x(2)$ 为

$$J_{1\min}=\frac{c}{2}\,\frac{x^2(1)}{1+c}$$

$$x(2)=\frac{x(1)}{1+c}$$

再考虑倒数第二步,即由初始状态 $x(0)$ 出发到达 $x(1)$ 的一步,如采用控制 $u(0)$,则有

$$x(1)=x(0)+u(0)$$

$$J_{2\min}=\min_{u(0)}\left\{\frac{1}{2}u^2(0)+J_{1\min}\right\}=\min_{u(0)}\left\{\frac{1}{2}u^2(0)+\frac{c}{2}\,\frac{x^2(1)}{1+c}\right\}=$$

$$\min_{u(0)}\left\{\frac{1}{2}u^2(0)+\frac{c}{2(1+c)}\,[x(0)+u(0)]^2\right\}$$

令

$$\frac{\partial}{\partial u(0)}\left\{\frac{1}{2}u^2(0)+\frac{c}{2(1+c)}\,[x(0)+u(0)]^2\right\}=0$$

有

$$u(0)=-\frac{cx(0)}{1+2c}$$

相应的最优性能指标及 $x(1)$ 为

$$J_{2\min}=\frac{cx^2(0)}{2(1+2c)},\quad x(1)=\frac{1+c}{1+2c}x(0)$$

最后得最优控制为

$$u^*(0)=-\frac{cx(0)}{1+2c},\quad u^*(1)=-\frac{cx(0)}{1+2c}$$

最优轨线为

$$x^*(0)=x(0),\quad x^*(1)=\frac{1+c}{1+2c}x(0),\quad x^*(2)=\frac{x(0)}{1+2c}$$

最优性能指标为

$$J^*=\frac{cx^2(0)}{2(1+2c)}$$

上述离散型动态规划可近似地用来求解连续系统的最优控制问题。

设连续系统状态方程为

$$\dot{\boldsymbol{x}}(t)=\boldsymbol{f}[\boldsymbol{x}(t),\boldsymbol{u}(t),t],\quad \boldsymbol{x}(t_0)=\boldsymbol{x}_0,\quad \boldsymbol{u}(t)\in\boldsymbol{U} \tag{8-9}$$

t_f 给定,性能指标为

$$J=\theta[\boldsymbol{x}(t_f),t_f]+\int_{t_0}^{t_f}F[\boldsymbol{x}(t),\boldsymbol{u}(t),t]\,\mathrm{d}t \tag{8-10}$$

求最优控制 $\boldsymbol{u}^*(t)$,使 J 为最小。

由于函数方程是一个递推方程,故特别适合于求解离散系统的最优控制问题。为此要把连续过程问题转化成一个多级决策过程。首先将时间间隔 $[t_0,t_f]$ 分成 N 段,每段为 Δ,为使尽量符合连续过程的实际情况,N 应取足够大,Δ 取足够小。接着应将连续状态方程进行离散化,使之用下列有限差分方程来近似表示:

$$\frac{\boldsymbol{x}[(k+1)\Delta]-\boldsymbol{x}[k\Delta]}{\Delta}\approx\boldsymbol{f}[\boldsymbol{x}(k\Delta),\boldsymbol{u}(k\Delta),k\Delta] \tag{8-11}$$

故

$$\boldsymbol{x}[k+1]=\boldsymbol{x}(k)+\boldsymbol{f}[\boldsymbol{x}(k),\boldsymbol{u}(k),k]\Delta \tag{8-12}$$

这里,假设在每段时间 Δ 内,$\boldsymbol{x}(k)$ 及 $\boldsymbol{u}(k)$ 保持常值。同时,将积分型的性能指标用以下序列和的形式来近似:

$$J=\theta[\boldsymbol{x}(N),N]+\sum_{k=0}^{N-1}\{F[\boldsymbol{x}(k),\boldsymbol{u}(k),k]\Delta\} \tag{8-13}$$

这样,就把研究连续过程问题近似转化成了 N 级决策过程。下面就可按离散过程一样建立函数方程,用递推求解方法逐级进行最优决策,求出最优控制序列来。

8.3 动态规划法解离散线性二次型系统问题

设离散线性系统状态方程为

$$\boldsymbol{x}(k+1)=\boldsymbol{A}(k)\boldsymbol{x}(k)+\boldsymbol{B}(k)\boldsymbol{u}(k) \tag{8-14}$$

性能指标为二次型

$$J=\boldsymbol{x}^{\mathrm{T}}(N)\boldsymbol{S}\boldsymbol{x}(N)+\sum_{i=0}^{N-1}[\boldsymbol{x}^{\mathrm{T}}(i)\boldsymbol{Q}(i)\boldsymbol{x}(i)+\boldsymbol{u}^{\mathrm{T}}(i)\boldsymbol{R}(i)\boldsymbol{u}(i)] \tag{8-15}$$

式中,$\boldsymbol{S},\boldsymbol{Q},\boldsymbol{R}$ 均为对称矩阵;$\boldsymbol{R}$ 为正定矩阵;$\boldsymbol{Q},\boldsymbol{S}$ 为正半定矩阵。求最优控制序列 $\{\boldsymbol{u}^*(0),\boldsymbol{u}^*(1),\cdots,\boldsymbol{u}^*(N-1)\}$ 使 J 为最小。

现在用动态规划法来求解。从初始端开始,经过 N 级决策得到的最优性能指标可表示为

$$w_N[\boldsymbol{x}(0),0]=\min_{\boldsymbol{u}}\left\{\boldsymbol{x}^{\mathrm{T}}(N)\boldsymbol{S}\boldsymbol{x}(N)+\sum_{i=0}^{N-1}[\boldsymbol{x}^{\mathrm{T}}(i)\boldsymbol{Q}(i)\boldsymbol{x}(i)+\boldsymbol{u}^{\mathrm{T}}(i)\boldsymbol{R}(i)\boldsymbol{u}(i)]\right\} \tag{8-16}$$

如果过程是从第 k 级开始至终端,则这一段的最优性能指标可表示为

$$w_{N-k}[\boldsymbol{x}(k),k]=\min_{\boldsymbol{u}}\left\{\boldsymbol{x}^{\mathrm{T}}(N)\boldsymbol{S}\boldsymbol{x}(N)+\sum_{i=k}^{N-1}[\boldsymbol{x}^{\mathrm{T}}(i)\boldsymbol{Q}(i)\boldsymbol{x}(i)+\boldsymbol{u}^{\mathrm{T}}(i)\boldsymbol{R}(i)\boldsymbol{u}(i)]\right\} \tag{8-17}$$

根据最优性原理,可以建立函数方程如下:

$$w_{N-k}[\boldsymbol{x}(k),k]=\min_{\boldsymbol{u}(k)}\{\boldsymbol{x}^{\mathrm{T}}(k)\boldsymbol{Q}(k)\boldsymbol{x}(k)+\boldsymbol{u}^{\mathrm{T}}(k)\boldsymbol{R}(k)\boldsymbol{u}(k)+w_{N-k-1}[\boldsymbol{x}(k+1),k+1]\} \tag{8-18}$$

假设二次型问题的最优性能指标为状态的二次函数:

$$w_{N-k}[\boldsymbol{x}(k),k]=\boldsymbol{x}^{\mathrm{T}}(k)\boldsymbol{P}(k)\boldsymbol{x}(k) \tag{8-19}$$

式(8-19)对 $k=0,1,\cdots,N-1$ 成立,代入式(8-18)得

$$\begin{aligned}w_{N-k}[\boldsymbol{x}(k),k]=\min_{\boldsymbol{u}(k)}\{&\boldsymbol{x}^{\mathrm{T}}(k)\boldsymbol{Q}(k)\boldsymbol{x}(k)+\boldsymbol{u}^{\mathrm{T}}(k)\boldsymbol{R}(k)\boldsymbol{u}(k)+\\&\boldsymbol{x}^{\mathrm{T}}(k+1)\boldsymbol{P}(k+1)\boldsymbol{x}(k+1)\}\end{aligned} \tag{8-20}$$

将系统状态方程式(8-14)代入,得

$$\begin{aligned}w_{N-k}[\boldsymbol{x}(k),k]=\min_{\boldsymbol{u}(k)}\{&\boldsymbol{x}^{\mathrm{T}}(k)\boldsymbol{Q}(k)\boldsymbol{x}(k)+\boldsymbol{u}^{\mathrm{T}}(k)\boldsymbol{R}(k)\boldsymbol{u}(k)+[\boldsymbol{x}^{\mathrm{T}}(k)\boldsymbol{A}^{\mathrm{T}}(k)+\\&\boldsymbol{u}^{\mathrm{T}}(k)\boldsymbol{B}^{\mathrm{T}}(k)]\boldsymbol{P}(k+1)[\boldsymbol{A}(k)\boldsymbol{x}(k)+\boldsymbol{B}(k)\boldsymbol{u}(k)]\}\end{aligned} \tag{8-21}$$

设 $\boldsymbol{u}$ 不受约束,则令

$$\frac{\partial\{\cdot\}}{\partial\boldsymbol{u}(k)}=2[\boldsymbol{R}(k)+\boldsymbol{B}^{\mathrm{T}}(k)\boldsymbol{P}(k+1)\boldsymbol{B}(k)]\boldsymbol{u}(k)+2\boldsymbol{B}^{\mathrm{T}}(k)\boldsymbol{P}(k+1)\boldsymbol{A}(k)\boldsymbol{x}(k)=0 \tag{8-22}$$

可得

$$\begin{aligned}\boldsymbol{u}^*(k)=&-[\boldsymbol{B}^{\mathrm{T}}(k)\boldsymbol{P}(k+1)\boldsymbol{B}(k)+\boldsymbol{R}(k)]^{-1}\boldsymbol{B}^{\mathrm{T}}(k)\boldsymbol{P}(k+1)\boldsymbol{A}(k)\boldsymbol{x}(k)=\\&-\boldsymbol{G}(k)\boldsymbol{x}(k)\end{aligned} \tag{8-23}$$

式中

$$\boldsymbol{G}(k)=[\boldsymbol{B}^{\mathrm{T}}(k)\boldsymbol{P}(k+1)\boldsymbol{B}(k)+\boldsymbol{R}(k)]^{-1}\boldsymbol{B}^{\mathrm{T}}(k)\boldsymbol{P}(k+1)\boldsymbol{A}(k) \tag{8-24}$$

现在需要确定 $\boldsymbol{P}(k)$,将式(8-23)代入式(8-21),并利用 $w_{N-k}[\boldsymbol{x}(k),k]=\boldsymbol{x}^{\mathrm{T}}(k)\boldsymbol{P}(k)\boldsymbol{x}(k)$ 的假设,则式(8-21)可写成

$$\begin{aligned}\boldsymbol{x}^{\mathrm{T}}(k)\boldsymbol{P}(k)\boldsymbol{x}(k)=&\boldsymbol{x}^{\mathrm{T}}(k)\boldsymbol{Q}(k)\boldsymbol{x}(k)+[-\boldsymbol{G}(k)\boldsymbol{x}(k)]^{\mathrm{T}}\boldsymbol{R}(k)[-\boldsymbol{G}(k)\boldsymbol{x}(k)]+\\&\boldsymbol{x}^{\mathrm{T}}(k)\{[\boldsymbol{A}(k)-\boldsymbol{B}(k)\boldsymbol{G}(k)]^{\mathrm{T}}\boldsymbol{P}(k+1)[\boldsymbol{A}(k)-\boldsymbol{B}(k)\boldsymbol{G}(k)]\}\boldsymbol{x}(k)=\\&\boldsymbol{x}^{\mathrm{T}}(k)\{\boldsymbol{Q}(k)+\boldsymbol{G}^{\mathrm{T}}(k)\boldsymbol{R}(k)\boldsymbol{G}(k)+[\boldsymbol{A}(k)-\boldsymbol{B}(k)\boldsymbol{G}(k)]^{\mathrm{T}}\boldsymbol{P}(k+1)\cdot\\&[\boldsymbol{A}(k)-\boldsymbol{B}(k)\boldsymbol{G}(k)]\}\boldsymbol{x}(k)\end{aligned} \tag{8-25}$$

式(8-25)对任意状态变量都满足,由此可得离散系统的黎卡提方程

$$\begin{aligned}\boldsymbol{P}(k)=&\boldsymbol{Q}(k)+\boldsymbol{G}^{\mathrm{T}}(k)\boldsymbol{R}(k)\boldsymbol{G}(k)+[\boldsymbol{A}(k)-\boldsymbol{B}(k)\boldsymbol{G}(k)]^{\mathrm{T}}\boldsymbol{P}(k+1)\cdot\\&[\boldsymbol{A}(k)-\boldsymbol{B}(k)\boldsymbol{G}(k)]\end{aligned} \tag{8-26}$$

8.4 动态规划法解连续系统的最优控制问题

用离散动态规划法求解连续系统最优控制问题时，可能会由于离散化过程而造成一定误差。应用最优性原理，对连续系统也可建立起相应的函数方程，经过变换，最后得到一个一阶非线性偏微分方程，解之可得连续形式的最优控制，即最优决策。

设连续系统状态方程为

$$\dot{\boldsymbol{x}}(t)=\boldsymbol{f}[\boldsymbol{x}(t),\boldsymbol{u}(t),t],\quad \boldsymbol{x}(t_0)=\boldsymbol{x}_0,\quad \boldsymbol{u}(t)\in \boldsymbol{U}$$

性能指标为

$$J=\theta[\boldsymbol{x}(t_f),t_f]+\int_{t_0}^{t_f}F[\boldsymbol{x}(t),\boldsymbol{u}(t),t]\,\mathrm{d}t$$

求最优控制 $\boldsymbol{u}^*(t)$，使 J 为最小。

对应最优控制 $\boldsymbol{u}^*(t)$ 及最优轨线 $\boldsymbol{x}^*(t)$，性能指标将取极小值，且为系统初始状态 $\boldsymbol{x}(0)$ 及初始时刻 t_0 的函数，以 $w(\boldsymbol{x}_0,t_0)$ 表示，则可写成

$$w(\boldsymbol{x}_0,t_0)=J[\boldsymbol{x}^*,\boldsymbol{u}^*]=\min_{\boldsymbol{u}\in\boldsymbol{U}}J[\boldsymbol{x},\boldsymbol{u}] \tag{8-27}$$

这里，$\boldsymbol{u}^*$ 与 $\boldsymbol{x}^*$ 的关系受系统动态方程约束。将指标函数的表示式即式(8-10)代入，则

$$w(\boldsymbol{x}_0,t_0)=\min_{\boldsymbol{u}\in\boldsymbol{U}}\left\{\theta[\boldsymbol{x}(t_f),t_f]+\int_{t_0}^{t_f}F[\boldsymbol{x},\boldsymbol{u},t]\,\mathrm{d}t\right\} \tag{8-28}$$

显然

$$w[\boldsymbol{x}(t_f),t_f]=\theta[\boldsymbol{x}(t_f),t_f] \tag{8-29}$$

设时刻 t 在区间 $[t_0,t_f]$ 内，根据最优性原理，从 t 到 t_f 这一段过程必须构成最优过程，这一段过程的性能指标极小值可表示为

$$w[\boldsymbol{x}(t),t]=\min_{\boldsymbol{u}\in\boldsymbol{U}}\left\{\theta[\boldsymbol{x}(t_f),t_f]+\int_{t_0}^{t_f}F[\boldsymbol{x},\boldsymbol{u},\tau]\,\mathrm{d}\tau\right\} \tag{8-30}$$

将 $[t_0,t_f]$ 这段最优过程分成两步，第一步由 t 到 $t+\Delta$，Δ 是一很小的时间间隔，第二步由 $t+\Delta$ 至 t_f，于是有

$$w[\boldsymbol{x}(t),t]=\min_{\boldsymbol{u}\in\boldsymbol{U}}\left\{\theta[\boldsymbol{x}(t_f),t_f]+\int_{t}^{t+\Delta}F[\boldsymbol{x},\boldsymbol{u},\tau]\,\mathrm{d}\tau+\int_{t+\Delta}^{t_f}F[\boldsymbol{x},\boldsymbol{u},\tau]\,\mathrm{d}\tau\right\} \tag{8-31}$$

根据最优性原理，从 $t+\Delta$ 到 t_f 这一段过程也应当构成最优过程，其性能指标极小值可表示为

$$w[\boldsymbol{x}(t+\Delta),t+\Delta]=\min_{\boldsymbol{u}\in\boldsymbol{U}}\left\{\theta[\boldsymbol{x}(t_f),t_f]+\int_{t+\Delta}^{t_f}F[\boldsymbol{x},\boldsymbol{u},\tau]\,\mathrm{d}\tau\right\} \tag{8-32}$$

这样，式(8-31)就变成

$$w[\boldsymbol{x}(t),t]=\min_{\boldsymbol{u}\in\boldsymbol{U}}\left\{\int_{t}^{t+\Delta}F[\boldsymbol{x},\boldsymbol{u},\tau]\,\mathrm{d}\tau+w[\boldsymbol{x}(t+\Delta),t+\Delta]\right\} \tag{8-33}$$

因为 Δ 很小，式(8-33)可写成

$$w[\boldsymbol{x}(t),t]=\min_{\boldsymbol{u}\in\boldsymbol{U}}\{F[\boldsymbol{x},\boldsymbol{u},t]\Delta+w[\boldsymbol{x}(t+\Delta),t+\Delta]\} \tag{8-34}$$

将 $w[\boldsymbol{x}(t+\Delta),t+\Delta]$ 用泰勒级数展开得

$$w[\boldsymbol{x}(t+\Delta),t+\Delta]=w[\boldsymbol{x}(t),t]+\left[\frac{\partial w}{\partial \boldsymbol{x}}\right]^{\mathrm{T}}\dot{\boldsymbol{x}}\Delta+\frac{\partial w}{\partial t}\Delta+\varepsilon(\Delta^2) \tag{8-35}$$

式中，$\varepsilon(\Delta^2)$ 为二次及二次以上各项，代入式(8-34)得

$$w[\boldsymbol{x}(t),t]=\min_{\boldsymbol{u}\in U}\left\{F[\boldsymbol{x},\boldsymbol{u},t]\Delta+w[\boldsymbol{x}(t),t]+\left[\frac{\partial w}{\partial \boldsymbol{x}}\right]^{\mathrm{T}}\dot{\boldsymbol{x}}\Delta+\frac{\partial w}{\partial t}\Delta+\varepsilon(\Delta^2)\right\} \tag{8-36}$$

由于 $w[\boldsymbol{x}(t),t]$ 不是 $\boldsymbol{u}$ 的函数，从而 $\frac{\partial w}{\partial t}$ 亦不是 $\boldsymbol{u}$ 的函数，因此不受最小化运算的影响，可从最小化运算符号析出，于是有

$$w[\boldsymbol{x}(t),t]=\min_{\boldsymbol{u}\in U}\left\{F[\boldsymbol{x},\boldsymbol{u},t]\Delta+\left(\frac{\partial w}{\partial \boldsymbol{x}}\right)^{\mathrm{T}}\dot{\boldsymbol{x}}\Delta\right\}+w[\boldsymbol{x}(t),t]+\frac{\partial w}{\partial t}\Delta+\varepsilon(\Delta^2) \tag{8-37}$$

简化式(8－37)，并以 Δ 除之，再取 $\Delta\to 0$，则

$$-\frac{\partial w}{\partial t}=\min_{\boldsymbol{u}\in U}\left\{F[\boldsymbol{x},\boldsymbol{u},t]+\left(\frac{\partial w}{\partial \boldsymbol{x}}\right)^{\mathrm{T}}\boldsymbol{f}[\boldsymbol{x},\boldsymbol{u},t]\right\} \tag{8-38}$$

定义下列函数

$$H\left(\boldsymbol{x},\boldsymbol{u},\frac{\partial w}{\partial \boldsymbol{x}},t\right)=F(\boldsymbol{x},\boldsymbol{u},t)+\left(\frac{\partial w}{\partial \boldsymbol{x}}\right)^{\mathrm{T}}\boldsymbol{f}(\boldsymbol{x},\boldsymbol{u},t) \tag{8-39}$$

则

$$-\frac{\partial w}{\partial t}=\min_{\boldsymbol{u}\in U}H\left[\boldsymbol{x},\boldsymbol{u},\frac{\partial w}{\partial \boldsymbol{x}},t\right] \tag{8-40}$$

如求出最优控制 $\boldsymbol{u}^*(t)$，则下式成立：

$$-\frac{\partial w}{\partial t}=H\left[\boldsymbol{x},\boldsymbol{u}^*,\frac{\partial w}{\partial \boldsymbol{x}},t\right] \tag{8-41}$$

式(8－41)称为哈密尔顿-雅可比方程。当 $\boldsymbol{u}$ 不受限制时，可由

$$\frac{\partial H}{\partial \boldsymbol{u}}=\boldsymbol{0} \tag{8-42}$$

即

$$\frac{\partial F(\boldsymbol{x},\boldsymbol{u},t)}{\partial \boldsymbol{u}}+\left[\frac{\partial \boldsymbol{f}(\boldsymbol{x},\boldsymbol{u},t)}{\partial \boldsymbol{u}}\right]^{\mathrm{T}}\frac{\partial w}{\partial \boldsymbol{x}}=\boldsymbol{0} \tag{8-43}$$

解得 $\boldsymbol{u}^*$，显然它是 $\boldsymbol{x},\partial w/\partial \boldsymbol{x},t$ 的函数，记作

$$\boldsymbol{u}^*(t)=\boldsymbol{u}^*\left[\boldsymbol{x},\frac{\partial w}{\partial \boldsymbol{x}},t\right] \tag{8-44}$$

将式(8－44)代入哈密尔顿-雅可比方程，并根据如下边界条件：

$$w[\boldsymbol{x}(t_f),t_f]=\theta[\boldsymbol{x}(t_f),t_f]$$

可以解出 $w[\boldsymbol{x}(t),t]$ 来。再将 $w[\boldsymbol{x}(t),t]$ 代回式(8-44)，就可获得最优控制 $\boldsymbol{u}^*[\boldsymbol{x}(t),t]$。这是一个状态反馈控制规律，由此可以实现闭环最优控制。最后用 $\boldsymbol{u}^*$ 代入系统状态方程，就可解得 $\boldsymbol{x}^*(t)$。

例 8－2　设系统状态方程为

$$\dot{x}_1=x_2$$
$$\dot{x}_2=u$$

初始状态为 $x_1(0)=1,x_2(0)=0$，u 不受约束，性能指标为

$$J=\int_0^\infty\left[2x_1^2+\frac{1}{2}u^2\right]\mathrm{d}t$$

试求 $u^*(t)$，使 J 为最小。

解　根据式(8－40)、式(8－38)有

$$-\frac{\partial w}{\partial t}=\min_{u}\left\{2x_1^2+\frac{1}{2}u^2+\left[\frac{\partial \omega}{\partial x_1},\frac{\partial \omega}{\partial x_2}\right]\begin{bmatrix}x_2\\u\end{bmatrix}\right\}=$$

$$\min_{u}\left\{2x_1^2+\frac{1}{2}u^2+\frac{\partial \omega}{\partial x_1}x_2+\frac{\partial \omega}{\partial x_2}u\right\}$$

由于 u 不受约束，可以根据$\frac{\partial H}{\partial u}=0$ 来求 u^*，得

$$u^*=-\frac{\partial w}{\partial x_2}$$

因为系统是时不变的，并且性能指标的被积函数不是时间显函数，故$\frac{\partial w}{\partial t}=0$，将以上代入哈密尔顿-雅可比方程，得

$$2x_1^2+\frac{\partial \omega}{\partial x_1}x_2-\frac{1}{2}\left(\frac{\partial \omega}{\partial x_2}\right)^2=0$$

为解此偏微分方程，设 $w(x)=a_1x_1^2+2a_2x_1x_2+a_3x_2^2$，代入上式，得

$$(1-a_2^2)x_1^2+(a_1-2a_2a_3)x_1x_2+(a_2-a_3^2)x_2^2=0$$

因而

$$1-a_2^2=0,\quad a_1-2a_2a_3=0,\quad a_2-a_3^2=0$$

联立解得

$$a_2=1,\quad a_3=1,\quad a_1=2$$

$$w(x)=2x_1^2+2x_1x_2+x_2^2$$

$$\frac{\partial w}{\partial x_2}=2x_1+2x_2$$

$$u^*=-2x_1-2x_2$$

从而可以很方便地实现闭环状态反馈最优控制。

习　题

8-1　设离散时间系统方程为

$$x(k+1)=x(k)+u(k),\quad k=0,1,2,3,4$$

$u(k)$ 的取值限于 $+1$ 及 -1，预期终端状态 $k=4$ 时 $x(4)=2$。求使性能指标：

$$J=\sum_{k=0}^{3}[x^3(k)+u(k)x(k)+u^2(k)x(k)]$$

达极小时的最优控制序列 $u^*(k)$ 及最优轨线 $x^*(k)$。

8-2　设离散时间系统方程为

$$x(k+1)=x(k)+u(k),\quad k=0,1,2$$

$$x(0)=10$$

性能指标为

$$J=[x(2)-10]^2+\sum_{k=0}^{1}[x^2(k)+u^2(k)]$$

求使 J 达极小时的两级最优控制序列 $u^*(0),u^*(1)$。

8-3　设离散时间系统状态方程为

$$x_1(k+1)=x_2(k)$$

$$x_2(k+1)=x_1(k)+x_2(k)+u(k),\quad k=0,1,2,3$$

$$x_1(0)=0,\quad x_1(3)=0,\quad x_2(0)=1,\quad x_2(3)=-2$$

$u(k)$ 取值限于 $-1,0,+1$,试用动态规划法确定最优控制序列,使下列性能指标：

$$J=\sum_{k=0}^{2}[|u(k)|-x_1^3(k)]$$

达极小。

8-4　设离散时间系统状态方程为

$$x(k+1)=x(k)+u(k),\quad k=0,1,2,3$$

$$x(0)=1$$

$u(k)$ 取值限于 $-1,0,+1$,性能指标为

$$J=\sum_{k=0}^{2}[|x(k)|+3|u(k)+1|]+|x(3)|$$

求使 J 达极小时的最优控制序列。

第九章　二次型性能指标的线性系统最优控制

在实际工程问题中，二次型性能指标的线性系统最优控制问题具有特别重要的意义。这是由于二次型性能指标具有鲜明的物理意义，它代表了大量工程实际问题中提出的性能指标要求；在数学处理上比较简单，可求得最优控制的统一解析表示式；特别可贵的是可得到状态线性反馈的最优控制规律，易于构成闭环最优控制，这一点在工程实现上具有重要意义。

二次型性能指标线性系统最优控制问题可以描述如下：

设线性系统状态方程及输出方程为

$$\dot{\boldsymbol{x}}(t)=\boldsymbol{A}(t)\boldsymbol{x}(t)+\boldsymbol{B}(t)\boldsymbol{u}(t) \tag{9-1}$$

$$\boldsymbol{y}(t)=\boldsymbol{C}(t)\boldsymbol{x}(t) \tag{9-2}$$

式中，$\boldsymbol{x}(t)$ 为 n 维状态向量；$\boldsymbol{u}(t)$ 为 m 维控制向量；$\boldsymbol{y}(t)$ 为 l 维输出向量。假设：$n\geqslant m\geqslant l>0$；$\boldsymbol{u}(t)$ 不受约束；$\boldsymbol{z}(t)$ 为理想输出，与 $\boldsymbol{y}(t)$ 同维数，并定义

$$\boldsymbol{e}(t)=\boldsymbol{z}(t)-\boldsymbol{y}(t) \tag{9-3}$$

为误差向量。性能指标为

$$J=\frac{1}{2}\boldsymbol{e}^{\mathrm{T}}(t_f)\boldsymbol{F}\boldsymbol{e}(t_f)+\frac{1}{2}\int_{t_0}^{t_f}[\boldsymbol{e}^{\mathrm{T}}(t)\boldsymbol{Q}(t)\boldsymbol{e}(t)+\boldsymbol{u}^{\mathrm{T}}(t)\boldsymbol{R}(t)\boldsymbol{u}(t)]\mathrm{d}t \tag{9-4}$$

这里，权函数 $\boldsymbol{F},\boldsymbol{Q}(t)$ 为正半定矩阵，$\boldsymbol{R}(t)$ 为正定矩阵。假定 t_f 固定，要求寻找最优控制 $\boldsymbol{u}^*(t)$，使性能指标 J 为最小。

这里，被积函数的第一项 $\frac{1}{2}\boldsymbol{e}^{\mathrm{T}}(t)\boldsymbol{Q}(t)\boldsymbol{e}(t)$ 代表整个过程中误差 $\boldsymbol{e}(t)$ 的大小，由于 $\boldsymbol{Q}(t)$ 的正半定性，决定了这一项的非负性；被积函数的第二项 $\frac{1}{2}\boldsymbol{u}^{\mathrm{T}}(t)\boldsymbol{R}(t)\boldsymbol{u}(t)$ 代表控制功率的消耗，其积分表示整个过程中控制能量的消耗。由于 $\boldsymbol{R}(t)$ 的正定性，决定了这一项总为正，由于这个原因，对 $\boldsymbol{u}(t)$ 往往不需再加约束，而常设 $\boldsymbol{u}(t)$ 为自由的；指标函数的第一项 $\frac{1}{2}\boldsymbol{e}^{\mathrm{T}}(t_f)\boldsymbol{F}\boldsymbol{e}(t_f)$ 表示终端误差。从理论上讲，被积函数的第一项已经包括了终端误差的成分，但如需特别强调终端误差，则可加上此项。

矩阵 $\boldsymbol{F},\boldsymbol{Q}(t),\boldsymbol{R}(t)$ 是用来权衡各个误差成分及控制分量相对重要程度的加权阵。这里，$\boldsymbol{Q}$ 及 $\boldsymbol{R}$ 可以是时间的函数，以表示在不同时刻的不同加权。

因此，二次型性能指标的最优控制问题实质上是要求用较小的控制能量来获得较小误差的最优控制。

下面将分别讨论几种特殊情况：

(1) 状态调节器问题。它对应于 $\boldsymbol{C}(t)=\boldsymbol{I}$ 及 $\boldsymbol{z}(t)=\boldsymbol{0}$ 的情况。这时要求用不大的控制能量保持状态在零值附近。

(2) 输出调节器问题。它对应于 $\boldsymbol{z}(t)=\boldsymbol{0}$ 的情况。这时要求用不大的控制能量保持输出

在零值附近。

(3) 跟踪器问题。这时 $\boldsymbol{z}(t) \neq \boldsymbol{0}$，它要求用不大的控制能量使输出量 $\boldsymbol{y}(t)$ 跟踪 $\boldsymbol{z}(t)$。

9.1　线性连续系统状态调节器问题

设线性系统的状态方程为

$$\dot{\boldsymbol{x}}(t) = \boldsymbol{A}(t)\boldsymbol{x}(t) + \boldsymbol{B}(t)\boldsymbol{u}(t) \tag{9-5}$$

$\boldsymbol{u}(t)$ 不受约束，性能指标为

$$J = \frac{1}{2}\boldsymbol{x}^{\mathrm{T}}(t_f)\boldsymbol{F}\boldsymbol{x}(t_f) + \frac{1}{2}\int_{t_0}^{t_f}[\boldsymbol{x}^{\mathrm{T}}(t)\boldsymbol{Q}(t)\boldsymbol{x}(t) + \boldsymbol{u}^{\mathrm{T}}(t)\boldsymbol{R}(t)\boldsymbol{u}(t)]\mathrm{d}t \tag{9-6}$$

终端时刻 t_f 固定。要求寻找最优控制 $\boldsymbol{u}^*(t)$，使性能指标 J 为最小。

这个问题的求解可以用极小值原理或动态规划法，这里，应用极小值原理来求解。首先列写哈密尔顿函数

$$H(\boldsymbol{x},\boldsymbol{u},\boldsymbol{\lambda},t) = \frac{1}{2}\boldsymbol{x}^{\mathrm{T}}(t)\boldsymbol{Q}(t)\boldsymbol{x}(t) + \frac{1}{2}\boldsymbol{u}^{\mathrm{T}}(t)\boldsymbol{R}(t)\boldsymbol{u}(t) + \boldsymbol{\lambda}^{\mathrm{T}}(t)\boldsymbol{A}(t)\boldsymbol{x}(t) + \boldsymbol{\lambda}^{\mathrm{T}}(t)\boldsymbol{B}(t)\boldsymbol{u}(t) \tag{9-7}$$

由此可得正则方程

$$\dot{\boldsymbol{x}}^*(t) = \boldsymbol{A}(t)\boldsymbol{x}^*(t) + \boldsymbol{B}(t)\boldsymbol{u}^*(t) \tag{9-8}$$

$$\dot{\boldsymbol{\lambda}}^*(t) = -\frac{\partial H}{\partial \boldsymbol{x}} = -\boldsymbol{Q}(t)\boldsymbol{x}^*(t) - \boldsymbol{A}^{\mathrm{T}}(t)\boldsymbol{\lambda}^*(t) \tag{9-9}$$

由于控制不受约束，控制方程满足

$$\frac{\partial H}{\partial \boldsymbol{u}} = \boldsymbol{R}(t)\boldsymbol{u}^*(t) + \boldsymbol{B}^{\mathrm{T}}(t)\boldsymbol{\lambda}^*(t) = 0 \tag{9-10}$$

由此可得

$$\boldsymbol{u}^*(t) = -\boldsymbol{R}^{-1}(t)\boldsymbol{B}^{\mathrm{T}}(t)\boldsymbol{\lambda}^*(t) \tag{9-11}$$

由于 $\boldsymbol{R}(t)$ 的正定性保证了 $\boldsymbol{R}^{-1}(t)$ 存在，从而 $\boldsymbol{u}^*(t)$ 才可能存在。将式(9-11)代入正则方程得

$$\dot{\boldsymbol{x}}^*(t) = \boldsymbol{A}(t)\boldsymbol{x}^*(t) - \boldsymbol{B}(t)\boldsymbol{R}^{-1}(t)\boldsymbol{B}^{\mathrm{T}}(t)\boldsymbol{\lambda}^*(t) \tag{9-12}$$

$$\dot{\boldsymbol{\lambda}}^*(t) = -\boldsymbol{Q}(t)\boldsymbol{x}^*(t) - \boldsymbol{A}^{\mathrm{T}}(t)\boldsymbol{\lambda}^*(t) \tag{9-13}$$

这是一组一阶线性微分方程，其边界条件为

$$\boldsymbol{x}^*(t_0) = \boldsymbol{x}(t_0) \tag{9-14}$$

横截条件为

$$\boldsymbol{\lambda}^*(t_f) = \frac{\partial}{\partial \boldsymbol{x}(t_f)}\left[\frac{1}{2}\boldsymbol{x}^{*\mathrm{T}}(t_f)\boldsymbol{F}\boldsymbol{x}^*(t_f)\right] = \boldsymbol{F}\boldsymbol{x}^*(t_f) \tag{9-15}$$

由于横截条件中 $\boldsymbol{x}^*(t_f)$ 与 $\boldsymbol{\lambda}^*(t_f)$ 存在线性关系，而正则方程又是线性的。因此可以假设，在任何时刻 $\boldsymbol{x}$ 与 $\boldsymbol{\lambda}$ 均可以存在如下线性关系：

$$\boldsymbol{\lambda}^*(t) = \boldsymbol{P}(t)\boldsymbol{x}^*(t) \tag{9-16}$$

对式(9-16)求导得

$$\dot{\boldsymbol{\lambda}}^*(t) = \dot{\boldsymbol{P}}(t)\boldsymbol{x}^*(t) + \boldsymbol{P}(t)\dot{\boldsymbol{x}}^*(t) \tag{9-17}$$

将式(9－12),式(9－16)代入式(9－17)得

$$\dot{\boldsymbol{\lambda}}^*(t)=[\dot{\boldsymbol{P}}(t)+\boldsymbol{P}(t)\boldsymbol{A}(t)-\boldsymbol{P}(t)\boldsymbol{B}(t)\boldsymbol{R}^{-1}(t)\boldsymbol{B}^{\mathrm{T}}(t)\boldsymbol{P}(t)]\boldsymbol{x}^*(t) \tag{9-18}$$

将式(9－16)代入式(9－9)得

$$\dot{\boldsymbol{\lambda}}^*(t)=[-\boldsymbol{Q}(t)-\boldsymbol{A}^{\mathrm{T}}(t)\boldsymbol{P}(t)]\boldsymbol{x}^*(t) \tag{9-19}$$

由此可得

$$\begin{aligned}[-\boldsymbol{Q}(t)-\boldsymbol{A}^{\mathrm{T}}(t)\boldsymbol{P}(t)]\boldsymbol{x}^*(t)=[&\dot{\boldsymbol{P}}(t)+\boldsymbol{P}(t)\boldsymbol{A}(t)-\\&\boldsymbol{P}(t)\boldsymbol{B}(t)\boldsymbol{R}^{-1}(t)\boldsymbol{B}^{\mathrm{T}}(t)\boldsymbol{P}(t)]\boldsymbol{x}^*(t)\end{aligned} \tag{9-20}$$

式(9－20)应对任何 $\boldsymbol{x}$ 均成立,故有

$$\dot{\boldsymbol{P}}(t)=-\boldsymbol{P}(t)\boldsymbol{A}(t)-\boldsymbol{A}^{\mathrm{T}}(t)\boldsymbol{P}(t)+\boldsymbol{P}(t)\boldsymbol{B}(t)\boldsymbol{R}^{-1}(t)\boldsymbol{B}^{\mathrm{T}}(t)\boldsymbol{P}(t)-\boldsymbol{Q}(t) \tag{9-21}$$

该式称为矩阵黎卡提微分方程,它是一个一阶非线性矩阵微分方程。比较式(9－15)及式(9－16),可知式(9－21)的边界条件为

$$\boldsymbol{P}(t_f)=\boldsymbol{F} \tag{9-22}$$

由黎卡提微分方程解出 $\boldsymbol{P}(t)$ 后,代入式(9－11),可得最优控制规律为

$$\boldsymbol{u}^*(t)=-\boldsymbol{R}^{-1}(t)\boldsymbol{B}^{\mathrm{T}}(t)\boldsymbol{P}(t)\boldsymbol{x}^*(t) \tag{9-23}$$

下面对以上结论作几点说明:

(1) 最优控制规律是一个状态线性反馈规律,它能方便地实现闭环最优控制。这一点在工程上具有十分重要的意义。闭环最优控制的结构原理图如图 9－1 所示。

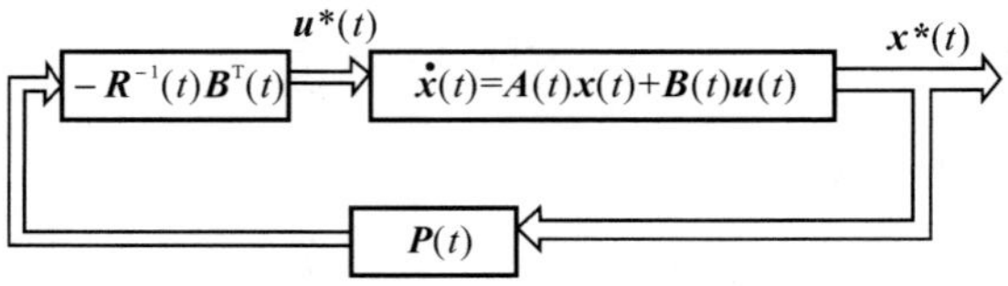

图 9－1　闭环最优控制结构图

(2) 可以证明(略),$\boldsymbol{P}(t)$ 是一个对称阵。由于它是非线性微分方程之解,通常情况下很难求得解析解,一般都需由计算机求出其数值解,并且由于其边界条件在终端处,因此需要逆时间方向求解,并且必须在过程开始之前就将 $\boldsymbol{P}(t)$ 解出,存入计算机以供过程中使用。由于黎卡提微分方程与状态及控制变量无关,因此在定常系统情况下,预先算出是可能的。

(3)$\boldsymbol{P}(t)$ 是时间函数,由此得出结论,即使线性系统是时不变的,为了实现最优控制,反馈增益应该是时变的,而不是常值反馈增益。这一点与经典控制方法的结论具有本质的区别。

(4) 将最优控制及最优状态轨线代入指标函数,最后可求得性能指标的最小值为(证明略)

$$J^*=\frac{1}{2}\boldsymbol{x}^{\mathrm{T}}(t_0)\boldsymbol{P}(t_0)\boldsymbol{x}(t_0) \tag{9-24}$$

例 9－1　设线性系统状态方程为

$$\dot{x}_1(t)=x_2(t)$$
$$\dot{x}_2(t)=u(t)$$

初始条件为

$$x_1(0)=1,\quad x_2(0)=0$$

$u(t)$ 不受约束，t_f 固定，性能指标为

$$J=\frac{1}{2}\int_0^{t_f}[x_1^2(t)+u^2(t)]\mathrm{d}t$$

要求最优控制 $u^*(t)$，使性能指标 J 为最小。

解　本例相应的有关矩阵为

$$\boldsymbol{A}=\begin{bmatrix}0 & 1\\0 & 0\end{bmatrix},\quad \boldsymbol{B}=\begin{bmatrix}0\\1\end{bmatrix}$$

$$\boldsymbol{F}=0,\quad \boldsymbol{Q}=\begin{bmatrix}1 & 0\\0 & 0\end{bmatrix},\quad \boldsymbol{R}=1$$

设

$$\boldsymbol{P}(t)=\begin{bmatrix}p_{11}(t) & p_{12}(t)\\p_{21}(t) & p_{22}(t)\end{bmatrix}$$

将 $\boldsymbol{A}$，$\boldsymbol{B}$，$\boldsymbol{Q}$，$\boldsymbol{R}$，$\boldsymbol{P}$ 代入式(9－21)，得

$$\begin{bmatrix}\dot{p}_{11} & \dot{p}_{12}\\\dot{p}_{21} & \dot{p}_{22}\end{bmatrix}=-\begin{bmatrix}p_{11} & p_{12}\\p_{21} & p_{22}\end{bmatrix}\begin{bmatrix}0 & 1\\0 & 0\end{bmatrix}-\begin{bmatrix}0 & 0\\1 & 0\end{bmatrix}\begin{bmatrix}p_{11} & p_{21}\\p_{21} & p_{22}\end{bmatrix}+$$

$$\begin{bmatrix}p_{11} & p_{12}\\p_{21} & p_{22}\end{bmatrix}\begin{bmatrix}0\\1\end{bmatrix}\begin{bmatrix}0 & 1\end{bmatrix}\begin{bmatrix}p_{11} & p_{12}\\p_{21} & p_{22}\end{bmatrix}-\begin{bmatrix}1 & 0\\0 & 0\end{bmatrix}=$$

$$\begin{bmatrix}0 & -p_{11}\\0 & -p_{21}\end{bmatrix}-\begin{bmatrix}0 & 0\\p_{11} & p_{12}\end{bmatrix}+\begin{bmatrix}p_{12}p_{21} & p_{12}p_{22}\\p_{22}p_{21} & p_{22}^2\end{bmatrix}-\begin{bmatrix}1 & 0\\0 & 0\end{bmatrix}=$$

$$\begin{bmatrix}-1+p_{12}p_{21} & -p_{11}+p_{12}p_{22}\\-p_{11}+p_{22}p_{21} & -p_{12}-p_{21}+p_{22}^2\end{bmatrix}$$

根据等号两边矩阵的对应元素应相等，可得下列方程：

$$\dot{p}_{11}=-1+p_{12}p_{21}$$

$$\dot{p}_{12}=-p_{11}+p_{12}p_{22}$$

$$\dot{p}_{21}=-p_{11}+p_{22}p_{21}$$

$$\dot{p}_{22}=-p_{12}-p_{21}+p_{22}^2$$

已知 $\boldsymbol{P}$ 为对称矩阵，故 $p_{12}=p_{21}$，上式可变成

$$\dot{p}_{11}=-1+p_{12}^2$$

$$\dot{p}_{12}=-p_{11}+p_{12}p_{22}$$

$$\dot{p}_{22}=-2p_{12}+p_{22}^2$$

已知 $\boldsymbol{F}=\boldsymbol{0}$，上列方程的终端边界条件为

$$p_{11}(t_f)=p_{12}(t_f)=p_{22}(t_f)=0$$

上式的求解一般由计算机进行，将 $\boldsymbol{P}(t)$ 的解代入式(9－23)，可得最优控制为

$$u^*(t)=-[0,1]\begin{bmatrix}p_{11}(t), & p_{12}(t)\\p_{12}(t) & p_{22}(t)\end{bmatrix}\begin{bmatrix}x_1(t)\\x_2(t)\end{bmatrix}=$$

$$-p_{12}(t)x_1(t)-p_{22}(t)x_2(t)$$

图 9－2 给出了 $p_{12}(t)$，$p_{22}(t)$ 及 $u^*(t)$，$x^*(t)$ 的变化曲线。闭环最优控制的结构图如图9－3所示。

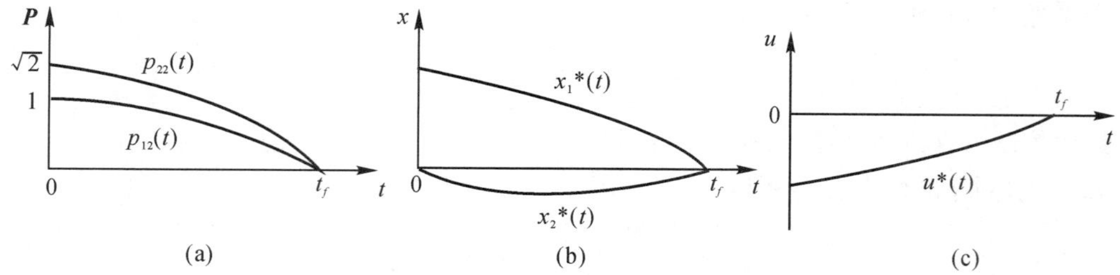

图 9-2　例 9-1 的 $\boldsymbol{P}(t)$，$u^*(t)$，$x^*(t)$ 曲线

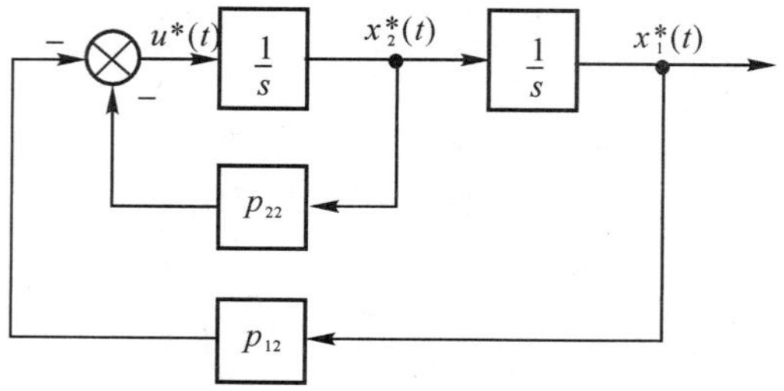

图 9-3　闭环最优控制结构图

9.2　$t_f=\infty$ 时线性定常连续系统状态调节器问题

设线性系统状态方程为

$$\dot{\boldsymbol{x}}(t)=\boldsymbol{A}\boldsymbol{x}(t)+\boldsymbol{B}\boldsymbol{u}(t) \tag{9-25}$$

这里，$\boldsymbol{A}$，$\boldsymbol{B}$ 为常值矩阵，$\boldsymbol{u}(t)$ 不受约束，性能指标为

$$J=\frac{1}{2}\int_{t_0}^{\infty}[\boldsymbol{x}^{\mathrm{T}}(t)\boldsymbol{Q}\boldsymbol{x}(t)+\boldsymbol{u}^{\mathrm{T}}(t)\boldsymbol{R}\boldsymbol{u}(t)]\mathrm{d}t \tag{9-26}$$

式中，$\boldsymbol{Q}$，$\boldsymbol{R}$ 为常值矩阵，并满足 $\boldsymbol{Q}$ 为正半定的，$\boldsymbol{R}$ 为正定的。要求最优控制 $\boldsymbol{u}^*(t)$，使性能指标 J 为最小。

这里讨论的问题与 9.1 节相比，有以下几点不同：

(1) 系统是时不变的，性能指标的权矩阵为常值矩阵。

(2) 终端时刻 $t_f=\infty$。由 9.1 节讨论已知，即使线性系统是时不变的，求得的反馈增益矩阵也是时变的，这使系统的结构大为复杂。终端时刻 t_f 取无穷大，目的是能得到一个常值反馈增益矩阵。

(3) 终值权矩阵 $\boldsymbol{F}=\boldsymbol{0}$，即没有终端性能指标。这是因为人们总是关注系统在有限时间内的响应，当 $t_f=\infty$ 时，这时的终值性能指标就没有多大实际意义了，并且终端状态容许出现任何非零值时，同时积分限为$[t_0,\infty]$，都会引起性能指标趋于无穷。

(4) 要求受控系统完全能控，以保证最优系统的稳定性。在 9.1 节讨论控制区间$[t_0,t_f]$为有限时，即使出现某些状态的不能控制情况，其对性能指标的影响通常总是有限的，因此最优控制仍然可以存在。但是，当控制区间为无限时，如果出现状态不能控，则不论采取什么控制，都将使性能指标趋于无穷大，也就无法比较各种控制的优劣了。

在注意到以上几点差别后，就可按照 9.1 节所述方法来求解最优控制了，可以得到相似的结果如下：

最优控制存在并唯一，其形式为

$$\boldsymbol{u}^*(t) = -\boldsymbol{R}^{-1}\boldsymbol{B}^{\mathrm{T}}\boldsymbol{P}(t)\boldsymbol{x}(t) \tag{9-27}$$

$\boldsymbol{P}(t)$ 为黎卡提微分方程式(9－21) 之解，但因为这时 $\boldsymbol{F}=\boldsymbol{0}$，其边界条件应为

$$\boldsymbol{P}(t_f) = \boldsymbol{P}(\infty) = \boldsymbol{0} \tag{9-28}$$

性能指标的最小值为

$$J^* = \frac{1}{2}\boldsymbol{x}^{\mathrm{T}}(t_0)\boldsymbol{P}(t_0)\boldsymbol{x}(t_0) \tag{9-29}$$

下面，着重讨论一下黎卡提微分方程解的性质。一般情况下，$\boldsymbol{P}(t)$ 曲线的形状大致如图9－4 所示。可以看到，$\boldsymbol{P}(t)$ 曲线具有以下性质：

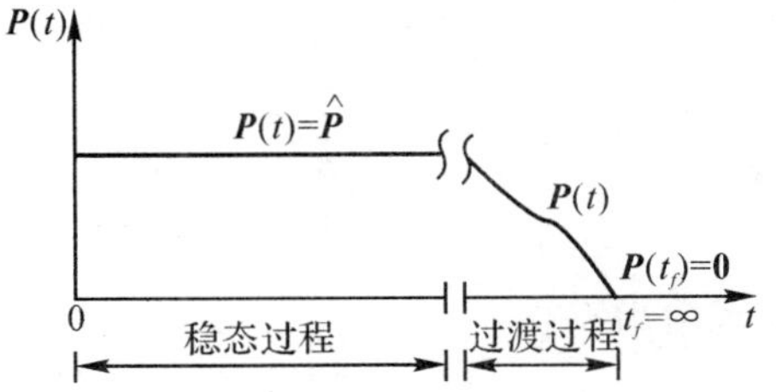

图 9－4　$\boldsymbol{P}(t)$ 曲线大致形状

(1)$t_f=\infty$ 时，$\boldsymbol{P}(t_f)=\boldsymbol{0}$。

(2)$\boldsymbol{P}(t)$ 在接近终端时变化比较剧烈。

(3) 但在远离终端时，$\boldsymbol{P}(t)$ 慢慢趋于某个常值 $\hat{\boldsymbol{P}}$。

由此，可以把 $\boldsymbol{P}(t)$ 曲线看做以 $t_f=\infty$ 作为起始时刻，$\boldsymbol{P}(t_f)=\boldsymbol{0}$ 作为起始值，逆时间方向进行的一个过程。当 t 离终端时刻 t_f 足够远时，这个过程已经逐渐衰减并趋于其稳态值 $\hat{\boldsymbol{P}}$。由于 $\boldsymbol{P}(t)$ 的过渡过程存在于靠近终端区域，因此最优系统的有限控制区间总是远离终端的，从而 $\boldsymbol{P}(t)$ 实际可以采用稳态值，即 $\boldsymbol{P}(t)=\hat{\boldsymbol{P}}$。这里 $\hat{\boldsymbol{P}}$ 显然满足 $\dot{\boldsymbol{P}}(t)=\boldsymbol{0}$ 时的黎卡提微分方程

$$-\hat{\boldsymbol{P}}\boldsymbol{A} - \boldsymbol{A}^{\mathrm{T}}\hat{\boldsymbol{P}} + \hat{\boldsymbol{P}}\boldsymbol{B}\boldsymbol{R}^{-1}\boldsymbol{B}^{\mathrm{T}}\hat{\boldsymbol{P}} - \boldsymbol{Q} = \boldsymbol{0} \tag{9-30}$$

式(9－30) 称为黎卡提矩阵代数方程。这是一个非线性代数方程，求解式(9－30) 可得稳态值 $\hat{\boldsymbol{P}}$。为了保证最优系统的稳定性，$\hat{\boldsymbol{P}}$ 必须是正定的(证明略)。这样，得到了所期望的结果，即最优控制为状态线性反馈，并且反馈增益为常值。由此可以构成线性时不变的状态调节器，使结构大为简化，这一点在工程实现上具有很大实用意义。闭环最优控制的结构图如图 9－5 所示。

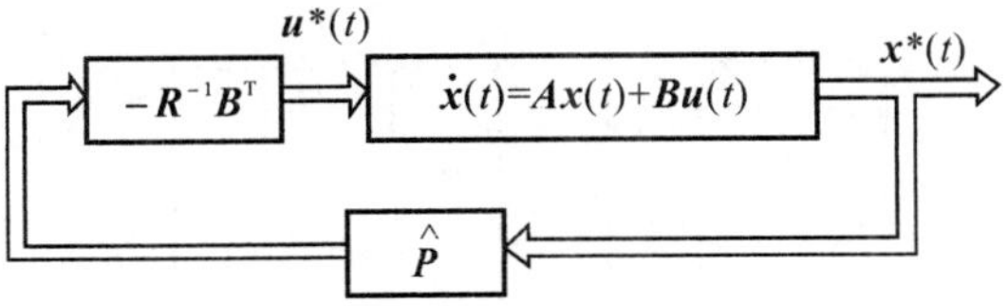

图 9－5　最优控制的结构图

例 9－2　设系统状态方程为

$$\dot{x}_1(t) = x_2(t)$$
$$\dot{x}_2(t) = u(t)$$

$u(t)$ 不受约束，性能指标为

$$J = \frac{1}{2}\int_0^{\infty}[x_1^2(t) + 2x_1(t)x_2(t) + 2x_2^2(t) + u^2(t)]\mathrm{d}t$$

寻求最优控制 $u^*(t)$，使性能指标为最小。

解　本例的有关矩阵为

$$A=\begin{bmatrix}0&1\\0&0\end{bmatrix},\quad B=\begin{bmatrix}0\\1\end{bmatrix},\quad Q=\begin{bmatrix}1&1\\1&2\end{bmatrix},\quad R=1$$

可见 $\boldsymbol{Q}$ 及 $\boldsymbol{R}$ 矩阵均为正定的，并且

$$\mathrm{rank}[\boldsymbol{B},\boldsymbol{AB}]=\mathrm{rank}\begin{bmatrix}0&1\\1&0\end{bmatrix}=2=n$$

因此系统能控，故存在唯一的最优控制。首先由黎卡提代数方程求解 $\hat{\boldsymbol{P}}$：

$$-\begin{bmatrix}\hat{p}_{11}&\hat{p}_{12}\\\hat{p}_{12}&\hat{p}_{22}\end{bmatrix}\begin{bmatrix}0&1\\0&0\end{bmatrix}-\begin{bmatrix}0&0\\1&0\end{bmatrix}\begin{bmatrix}\hat{p}_{11}&\hat{p}_{12}\\\hat{p}_{12}&\hat{p}_{22}\end{bmatrix}+$$
$$\begin{bmatrix}\hat{p}_{11}&\hat{p}_{12}\\\hat{p}_{12}&\hat{p}_{22}\end{bmatrix}\begin{bmatrix}0\\1\end{bmatrix}1[0,1]\begin{bmatrix}\hat{p}_{11}&\hat{p}_{12}\\\hat{p}_{12}&\hat{p}_{22}\end{bmatrix}-\begin{bmatrix}1&1\\1&2\end{bmatrix}=\begin{bmatrix}0&0\\0&0\end{bmatrix}$$

上式给出方程

$$\begin{aligned}&\hat{p}_{12}^2=1\\&-\hat{p}_{11}+\hat{p}_{12}\hat{p}_{22}-1=0\\&-2\hat{p}_{12}+\hat{p}_{22}-2=0\end{aligned}$$

由此解得

$$\begin{aligned}&\hat{p}_{12}=\pm1\\&\hat{p}_{22}=\pm\sqrt{2+2\hat{p}_{12}}\\&\hat{p}_{11}=\hat{p}_{12}\hat{p}_{22}-1\end{aligned}$$

为了保证 $\hat{\boldsymbol{P}}$ 的正定性要求，最后解得

$$\hat{p}_{12}=1,\quad \hat{p}_{22}=\sqrt{2+2}=2,\quad \hat{p}_{11}=2-1=1$$

代入 $u^*(t)=-\boldsymbol{R}^{-1}\boldsymbol{B}^{\mathrm{T}}\hat{\boldsymbol{P}}\boldsymbol{x}$，可得

$$u^*(t)=-[0\quad 1]\begin{bmatrix}1&1\\1&2\end{bmatrix}\begin{bmatrix}x_1(t)\\x_2(t)\end{bmatrix}=-x_1(t)-2x_2(t)$$

最优控制系统的结构图如图 9－6 所示。

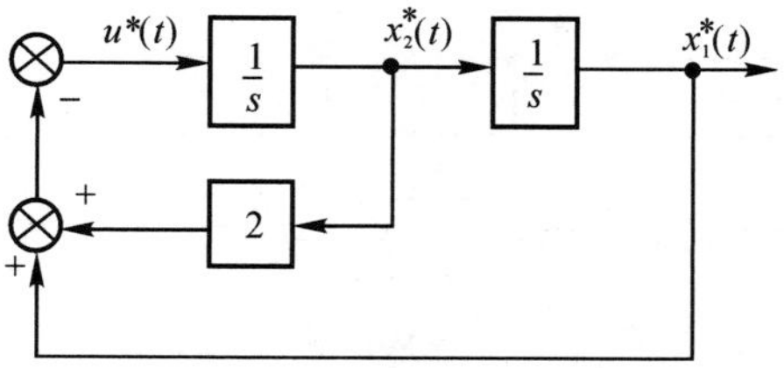

图 9－6　例 9－2 的最优控制系统结构图

9.3　线性连续系统输出调节器问题

设系统动态方程为

$$\left.\begin{aligned}&\dot{\boldsymbol{x}}(t)=\boldsymbol{A}(t)\boldsymbol{x}(t)+\boldsymbol{B}(t)\boldsymbol{u}(t)\\&\boldsymbol{y}(t)=\boldsymbol{C}(t)\boldsymbol{x}(t)\end{aligned}\right\}\tag{9-31}$$

$\boldsymbol{u}(t)$ 不受约束，t_f 固定，性能指标为

$$J=\frac{1}{2}\boldsymbol{y}^{\mathrm{T}}(t_f)\boldsymbol{F}\boldsymbol{y}(t_f)+\frac{1}{2}\int_{t_0}^{t_f}[\boldsymbol{y}^{\mathrm{T}}(t)\boldsymbol{Q}(t)\boldsymbol{y}(t)+\boldsymbol{u}^{\mathrm{T}}(t)\boldsymbol{R}(t)\boldsymbol{u}(t)]\mathrm{d}t \tag{9-32}$$

式中，$\boldsymbol{F},\boldsymbol{Q}(t)$ 为正半定矩阵；$\boldsymbol{R}(t)$ 为正定矩阵，要求最优控制 $\boldsymbol{u}^*(t)$，使性能指标 J 为最小。

这类问题可以首先把它转化成等效的状态调节器问题，然后利用 9.1 节的结果来求最优控制规律。将 $\boldsymbol{y}(t)=\boldsymbol{C}(t)\boldsymbol{x}(t)$ 代入性能指标式(9-32)，得

$$J=\frac{1}{2}\boldsymbol{x}^{\mathrm{T}}(t_f)\boldsymbol{C}^{\mathrm{T}}(t_f)\boldsymbol{F}\boldsymbol{C}(t_f)\boldsymbol{x}(t_f)+\frac{1}{2}\int_{t_0}^{t_f}[\boldsymbol{x}^{\mathrm{T}}(t)\boldsymbol{C}^{\mathrm{T}}(t)\boldsymbol{Q}(t)\boldsymbol{C}(t)\boldsymbol{x}(t)+\boldsymbol{u}^{\mathrm{T}}(t)\boldsymbol{R}(t)\boldsymbol{u}(t)]\mathrm{d}t \tag{9-33}$$

与状态调节器问题相比，可以发现其唯一差别是：在指标函数中的权函数有了变换，即由 $\boldsymbol{C}^{\mathrm{T}}(t_f)\boldsymbol{F}\boldsymbol{C}(t_f)$，$\boldsymbol{C}^{\mathrm{T}}(t)\boldsymbol{Q}(t)\boldsymbol{C}(t)$ 分别替换了 $\boldsymbol{F}$ 及 $\boldsymbol{Q}(t)$。因此，只要这种变换成立，则状态调节器问题的所有结果在这里都能适用。由状态调节器的讨论中已知，为使最优控制存在，要求权矩阵 $\boldsymbol{F},\boldsymbol{Q}(t)$ 对称并为正半定的。$\boldsymbol{R}(t)$ 对称并为正定的。目前情况下，$\boldsymbol{R}(t)$ 阵未变，因此为使最优控制存在，相应地要求矩阵 $\boldsymbol{C}^{\mathrm{T}}(t_f)\boldsymbol{F}\boldsymbol{C}(t_f)$ 及 $\boldsymbol{C}^{\mathrm{T}}(t)\boldsymbol{Q}(t)\boldsymbol{C}(t)$ 为对称并为正半定的，这就是变换成立的条件。为此，引入以下定理。

定理 如果 $\boldsymbol{F}$ 及 $\boldsymbol{Q}(t)$ 为正半定的，当且仅当系统式(9-31)为完全能观测时，矩阵 $\boldsymbol{C}^{\mathrm{T}}(t_f)\boldsymbol{F}\boldsymbol{C}(t_f)$ 及 $\boldsymbol{C}^{\mathrm{T}}(t)\boldsymbol{Q}(t)\boldsymbol{C}(t)$ 是正半定的。

证明 如果系统完全能观测，则满足

$$\mathrm{rank}[\boldsymbol{C}^{\mathrm{T}} \vdots \boldsymbol{A}^{\mathrm{T}}\boldsymbol{C}^{\mathrm{T}} \vdots (\boldsymbol{A}^{\mathrm{T}})^2\boldsymbol{C}^{\mathrm{T}} \vdots \cdots \vdots (\boldsymbol{A}^{\mathrm{T}})^{n-1}\boldsymbol{C}^{\mathrm{T}}]=n$$

即以上矩阵包含 n 个线性无关的列向量。于是 $\boldsymbol{C}^{\mathrm{T}}(t)\neq 0, t\in[t_0,t_f]$，即任一状态向量唯一地与输出向量 $\boldsymbol{y}$ 相对应。已知 $\boldsymbol{Q}(t)$ 为正半定的，则 $\boldsymbol{y}^{\mathrm{T}}(t)\boldsymbol{Q}(t)\boldsymbol{y}(t)\geqslant 0$，将 $\boldsymbol{y}(t)=\boldsymbol{C}(t)\boldsymbol{x}(t)$ 代入，故 $\boldsymbol{x}^{\mathrm{T}}(t)\boldsymbol{C}^{\mathrm{T}}(t)\boldsymbol{Q}(t)\boldsymbol{C}(t)\boldsymbol{x}(t)\geqslant 0$，该式表明，当且仅当系统为完全能观测时，对任何 $\boldsymbol{x}$ 均成立，由此可知，$\boldsymbol{C}^{\mathrm{T}}(t)\boldsymbol{Q}(t)\boldsymbol{C}(t)$ 亦是正半定的。同理可证得 $\boldsymbol{C}^{\mathrm{T}}(t_f)\boldsymbol{F}\boldsymbol{C}(t_f)$ 亦是正半定的。利用状态调节器问题的结果得出的输出调节器问题的结论如下：

当且仅当系统是完全能观测时，则存在唯一的最优控制为

$$\boldsymbol{u}^*(t)=-\boldsymbol{R}^{-1}(t)\boldsymbol{B}^{\mathrm{T}}(t)\boldsymbol{P}(t)\boldsymbol{x}(t) \tag{9-34}$$

其中，$\boldsymbol{P}(t)$ 满足

$$\dot{\boldsymbol{P}}(t)=-\boldsymbol{P}(t)\boldsymbol{A}(t)-\boldsymbol{A}^{\mathrm{T}}(t)\boldsymbol{P}(t)+\boldsymbol{P}(t)\boldsymbol{B}(t)\boldsymbol{R}^{-1}(t)\boldsymbol{B}^{\mathrm{T}}(t)\boldsymbol{P}(t)-\boldsymbol{C}^{\mathrm{T}}(t)\boldsymbol{Q}(t)\boldsymbol{C}(t) \tag{9-35}$$

$$\boldsymbol{P}(t_f)=\boldsymbol{C}^{\mathrm{T}}(t_f)\boldsymbol{F}\boldsymbol{C}(t_f) \tag{9-36}$$

几点说明：

(1) 输出调节器的最优控制规律，并不是输出量 $\boldsymbol{y}(t)$ 的线性反馈，而仍是状态 $\boldsymbol{x}(t)$ 的线性反馈，此点反映了一个本质问题，即构成最优控制需要的是全部状态信息，输出量仅仅反映了状态各分量的线性组合，但是它无法提供各个状态分量的全部信息，因此从原理上讲，仅有输出反馈时，没有充分利用全部信息，从而不能构成最优控制。

(2) 当 $t_f=\infty$ 并系统为定常时的输出调节器问题，只要系统是完全能控且完全能观测的，可以类似地利用 $t_f=\infty$ 时的定常状态调节器的结果，即：最优控制存在并唯一，其形式为

$$\boldsymbol{u}^*(t)=-\boldsymbol{R}^{-1}\boldsymbol{B}^{\mathrm{T}}\hat{\boldsymbol{P}}\boldsymbol{x}(t)$$

$\hat{\boldsymbol{P}}$ 为黎卡提代数方程

$$-\hat{\boldsymbol{P}}\boldsymbol{A}-\boldsymbol{A}^{\mathrm{T}}\hat{\boldsymbol{P}}+\hat{\boldsymbol{P}}\boldsymbol{B}\boldsymbol{R}^{-1}\boldsymbol{B}^{\mathrm{T}}\hat{\boldsymbol{P}}-\boldsymbol{C}^{\mathrm{T}}\boldsymbol{Q}\boldsymbol{C}=\boldsymbol{0} \tag{9-37}$$

的正定解；最小性能指标为

$$J^{*}=\frac{1}{2}\boldsymbol{x}^{\mathrm{T}}(t_0)\hat{\boldsymbol{P}}\boldsymbol{x}(t_0) \tag{9-38}$$

例 9-3 设系统动态方程为

$$\dot{x}(t)=bu(t),\quad b>0$$
$$y(t)=cx(t),\quad c>0$$

$u(t)$ 不受约束，性能指标为

$$J=\frac{1}{2}\int_0^{\infty}[y^2(t)+u^2(t)]\mathrm{d}t$$

要求最优控制 $u^*(t)$，使性能指标 J 为最小。

解 显然，系统是能控及能观测的。并 $\boldsymbol{C}^{\mathrm{T}}\boldsymbol{Q}\boldsymbol{C}=c^2$，$\boldsymbol{R}=1$，满足正定要求。将以上系数代入黎卡提代数方程

$$b^2\hat{P}^2-c^2=0$$

解得

$$\hat{P}^2=\frac{c^2}{b^2},\quad \hat{P}=\pm\frac{c}{b}$$

为保证 $\hat{P}$ 的正定性，取

$$\hat{P}=\frac{c}{b}$$

最后得最优控制为

$$u^*(t)=-b\frac{c}{b}x(t)=-cx(t)=-y(t)$$

9.4 线性连续系统跟踪器问题

设系统动态方程为

$$\dot{\boldsymbol{x}}(t)=\boldsymbol{A}(t)\boldsymbol{x}(t)+\boldsymbol{B}(t)\boldsymbol{u}(t),\quad \boldsymbol{x}(t_0)=\boldsymbol{x}_0 \tag{9-39}$$

$$\boldsymbol{y}(t)=\boldsymbol{C}(t)\boldsymbol{x}(t) \tag{9-40}$$

系统完全能观测，理想输出为 $\boldsymbol{z}(t)$，与 $\boldsymbol{y}(t)$ 同维数。$\boldsymbol{u}(t)$ 不受约束，t_f 固定，性能指标为

$$\begin{aligned}J=&\frac{1}{2}[\boldsymbol{z}(t_f)-\boldsymbol{y}(t_f)]^{\mathrm{T}}\boldsymbol{F}[\boldsymbol{z}(t_f)-\boldsymbol{y}(t_f)]+\\&\frac{1}{2}\int_{t_0}^{t_f}\{[\boldsymbol{z}(t)-\boldsymbol{y}(t)]^{\mathrm{T}}\boldsymbol{Q}(t)[\boldsymbol{z}(t)-\boldsymbol{y}(t)]+\boldsymbol{u}^{\mathrm{T}}(t)\boldsymbol{R}(t)\boldsymbol{u}(t)\}\,\mathrm{d}t\end{aligned} \tag{9-41}$$

要求最优控制 $\boldsymbol{u}^*(t)$，使性能指标 J 为最小。

跟踪器的任务是在消耗不大的控制能量的情况下，能使 $\boldsymbol{y}(t)$ 准确地跟踪 $\boldsymbol{z}(t)$。

用极小值原理来求解。首先建立哈密尔顿函数

$$\begin{aligned}H=&\frac{1}{2}[\boldsymbol{z}(t)-\boldsymbol{C}(t)\boldsymbol{x}(t)]^{\mathrm{T}}\boldsymbol{Q}(t)[\boldsymbol{z}(t)-\boldsymbol{C}(t)\boldsymbol{x}(t)]+\\&\frac{1}{2}\boldsymbol{u}^{\mathrm{T}}(t)\boldsymbol{R}(t)\boldsymbol{u}(t)+\boldsymbol{\lambda}^{\mathrm{T}}(t)[\boldsymbol{A}(t)\boldsymbol{x}(t)+\boldsymbol{B}(t)\boldsymbol{u}(t)]\end{aligned} \tag{9-42}$$

则得正则方程为

$$\dot{\boldsymbol{x}}^*(t)=\boldsymbol{A}(t)\boldsymbol{x}^*(t)+\boldsymbol{B}(t)\boldsymbol{u}^*(t) \tag{9-43}$$

$$\dot{\boldsymbol{\lambda}}^*(t)=\frac{-\partial H}{\partial \boldsymbol{x}}=\boldsymbol{C}^{\mathrm{T}}(t)\boldsymbol{Q}(t)[\boldsymbol{z}(t)-\boldsymbol{C}(t)\boldsymbol{x}^*(t)]-\boldsymbol{A}^{\mathrm{T}}(t)\boldsymbol{\lambda}^*(t) \tag{9-44}$$

其边界条件为

$$\boldsymbol{x}^*(t_0)=\boldsymbol{x}_0$$

及横截条件为

$$\boldsymbol{\lambda}^*(t_f)=\frac{\partial\theta[\boldsymbol{x}^*(t_f),t_f]}{\partial \boldsymbol{x}(t_f)}=\boldsymbol{C}^{\mathrm{T}}(t_f)\boldsymbol{F}[\boldsymbol{C}(t_f)\boldsymbol{x}^*(t_f)-\boldsymbol{z}(t_f)] \tag{9-45}$$

其中
$$\theta[\boldsymbol{x}^*(t_f),t_f]=\frac{1}{2}[\boldsymbol{z}(t_f)-\boldsymbol{y}(t_f)]^{\mathrm{T}}F[\boldsymbol{z}(t_f)-\boldsymbol{y}(t_f)] \tag{9-46}$$

由于 $\boldsymbol{u}(t)$ 不受约束，控制方程成立，即

$$\frac{\partial H}{\partial \boldsymbol{u}}=\boldsymbol{R}(t)\boldsymbol{u}^*(t)+\boldsymbol{B}^{\mathrm{T}}(t)\boldsymbol{\lambda}^*(t)=\boldsymbol{0} \tag{9-47}$$

由此得

$$\boldsymbol{u}^*(t)=-\boldsymbol{R}^{-1}(t)\boldsymbol{B}^{\mathrm{T}}(t)\boldsymbol{\lambda}^*(t) \tag{9-48}$$

同样，根据正则方程为线性方程及终端条件 $\boldsymbol{\lambda}^*(t_f)$ 与 $\boldsymbol{x}^*(t_f)$ 及 $\boldsymbol{z}(t_f)$ 成线性关系，假设

$$\boldsymbol{\lambda}^*(t)=\boldsymbol{P}(t)\boldsymbol{x}^*(t)-\boldsymbol{g}(t) \tag{9-49}$$

这里，$\boldsymbol{g}(t)$ 是与 $\boldsymbol{z}(t)$ 有关的未知函数。对比式(9-45)可知

$$\boldsymbol{P}(t_f)=\boldsymbol{C}^{\mathrm{T}}(t_f)\boldsymbol{F}\boldsymbol{C}(t_f) \tag{9-50}$$

$$\boldsymbol{g}(t_f)=\boldsymbol{C}^{\mathrm{T}}(t_f)\boldsymbol{F}\boldsymbol{z}(t_f) \tag{9-51}$$

对式(9-49)求导，得

$$\dot{\boldsymbol{\lambda}}^*(t)=\dot{\boldsymbol{P}}(t)\boldsymbol{x}^*(t)+\boldsymbol{P}(t)\dot{\boldsymbol{x}}^*(t)-\dot{\boldsymbol{g}}(t) \tag{9-52}$$

将式(9-44)和式(9-49)代入式(9-52)，最后得

$$\begin{aligned}\dot{\boldsymbol{P}}(t)\boldsymbol{x}^*(t)+\boldsymbol{P}(t)\dot{\boldsymbol{x}}^*(t)-\dot{\boldsymbol{g}}(t)=\boldsymbol{C}^{\mathrm{T}}(t)\boldsymbol{Q}(t)[\boldsymbol{z}(t)-\boldsymbol{C}(t)\boldsymbol{x}^*(t)]-\\ \boldsymbol{A}^{\mathrm{T}}(t)[\boldsymbol{P}(t)\boldsymbol{x}^*(t)-\boldsymbol{g}(t)]\end{aligned} \tag{9-53}$$

将式(9-43)及

$$\boldsymbol{u}^*(t)=-\boldsymbol{R}^{-1}(t)\boldsymbol{B}^{\mathrm{T}}(t)[\boldsymbol{P}(t)\boldsymbol{x}^*(t)-\boldsymbol{g}(t)] \tag{9-54}$$

代入式(9-53)，最后整理得

$$\begin{aligned}&[\dot{\boldsymbol{P}}(t)+\boldsymbol{P}(t)\boldsymbol{A}(t)-\boldsymbol{P}(t)\boldsymbol{B}(t)\boldsymbol{R}^{-1}(t)\boldsymbol{B}^{\mathrm{T}}(t)\boldsymbol{P}(t)]\boldsymbol{x}^*(t)+\boldsymbol{P}(t)\boldsymbol{B}(t)\boldsymbol{R}^{-1}(t)\boldsymbol{B}^{\mathrm{T}}(t)\boldsymbol{g}(t)-\dot{\boldsymbol{g}}(t)=\\ &-[\boldsymbol{C}^{\mathrm{T}}(t)\boldsymbol{Q}(t)\boldsymbol{C}(t)+\boldsymbol{A}^{\mathrm{T}}(t)\boldsymbol{P}(t)]\boldsymbol{x}^*(t)+\boldsymbol{C}^{\mathrm{T}}(t)\boldsymbol{Q}(t)\boldsymbol{z}(t)+\boldsymbol{A}^{\mathrm{T}}(t)\boldsymbol{g}(t)\end{aligned} \tag{9-55}$$

式(9-55)应对任何时刻、任何状态 $\boldsymbol{x}^*(t)$ 及 $\boldsymbol{z}(t)$ 成立，故等式两边对应项应相等，由此可得

$$\dot{\boldsymbol{P}}(t)=-\boldsymbol{P}(t)\boldsymbol{A}(t)-\boldsymbol{A}^{\mathrm{T}}(t)\boldsymbol{P}(t)+\boldsymbol{P}(t)\boldsymbol{B}(t)\boldsymbol{R}^{-1}(t)\boldsymbol{B}^{\mathrm{T}}(t)\boldsymbol{P}(t)-\boldsymbol{C}^{\mathrm{T}}(t)\boldsymbol{Q}(t)\boldsymbol{C}(t) \tag{9-56}$$

$$\dot{\boldsymbol{g}}(t)=-[\boldsymbol{A}^{\mathrm{T}}(t)-\boldsymbol{P}(t)\boldsymbol{B}(t)\boldsymbol{R}^{-1}(t)\boldsymbol{B}^{\mathrm{T}}(t)]\boldsymbol{g}(t)-\boldsymbol{C}^{\mathrm{T}}(t)\boldsymbol{Q}(t)\boldsymbol{z}(t) \tag{9-57}$$

其边界条件为式(9-50)和式(9-51)。

下面，对式(9-56)和式(9-57)作一些讨论。式(9-56)与输出调节器中所得的黎卡提微分方程完全一样。式(9-57)是以 $\boldsymbol{z}(t)$ 作为输入的一阶线性微分方程。由于其边界条件是终端值 $\boldsymbol{g}(t_f)$，需要逆时间方向求解，又因它为非齐次方程，因此要求预先知道 $\boldsymbol{z}(t)$ 的全部信息。但是，在很多实际工程问题中，这往往是做不到的，这是一个过于苛刻的要求，正是由于这一点，跟踪器的应用范围受到了限制。

由式(9-56)，式(9-57)解得 $\boldsymbol{P}(t)$ 及 $\boldsymbol{g}(t)$，代入式(9-54)，即可求得最优控制 $\boldsymbol{u}^*(t)$，它包括了两部分：一部分为状态的线性函数，它与输出调节器中的完全一样；另一部分则为 $\boldsymbol{g}(t)$ 的

线性函数,它由给定的 $\boldsymbol{z}(t)$ 所构成。跟踪器的结构图如图 9-7 所示。图中 $\boldsymbol{G}=\boldsymbol{A}-\boldsymbol{B}\boldsymbol{R}^{-1}\boldsymbol{B}^{\mathrm{T}}\boldsymbol{P}$。

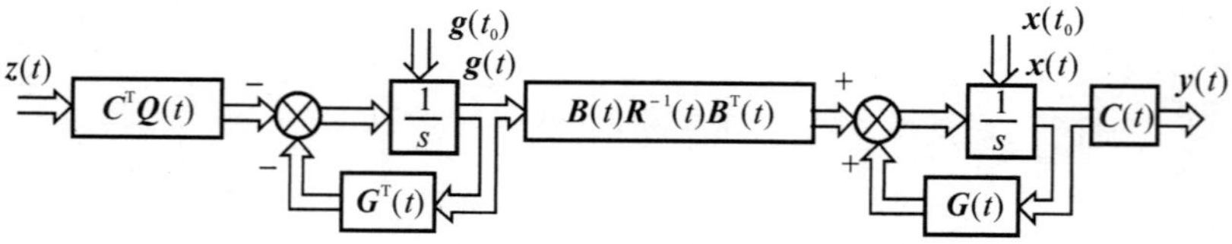

图 9-7　跟踪器的结构图

对于线性时不变系统,当理想输出 $\boldsymbol{z}(t)$ 为常值、终端时刻 t_f 极大但不等于无穷大时,可以导出一个近似的最优控制规律,它具有很大的实用意义。虽然这个近似规律对于终端时刻等于无穷大时在理论上并不成立,但工程应用上已足够精确。下面,不作推导地给出结果:

设系统动态方程为

$$\dot{\boldsymbol{x}}(t)=\boldsymbol{A}\boldsymbol{x}(t)+\boldsymbol{B}\boldsymbol{u}(t),\quad \boldsymbol{x}(t_0)=\boldsymbol{x}_0 \tag{9-58}$$

$$\boldsymbol{y}(t)=\boldsymbol{C}\boldsymbol{x}(t) \tag{9-59}$$

系统完全能控并完全能观测,理想输出 $\boldsymbol{z}(t)=\boldsymbol{z}_0$,$t_f$ 足够大,性能指标为

$$J=\frac{1}{2}[\boldsymbol{z}_0-\boldsymbol{y}(t_f)]^{\mathrm{T}}\boldsymbol{F}[\boldsymbol{z}_0-\boldsymbol{y}(t_f)]+\frac{1}{2}\int_{t_0}^{t_f}\{[\boldsymbol{z}_0-\boldsymbol{y}(t)]^{\mathrm{T}}\boldsymbol{Q}(t)[\boldsymbol{z}_0-\boldsymbol{y}(t)]+\boldsymbol{u}^{\mathrm{T}}(t)\boldsymbol{R}(t)\boldsymbol{u}(t)\}\mathrm{d}t \tag{9-60}$$

则其最优控制存在并唯一,其形式为

$$\boldsymbol{u}^*(t)=-\boldsymbol{R}^{-1}\boldsymbol{B}^{\mathrm{T}}\hat{\boldsymbol{P}}\boldsymbol{x}^*(t)+\boldsymbol{R}^{-1}\boldsymbol{B}^{\mathrm{T}}\hat{\boldsymbol{g}} \tag{9-61}$$

其中 $\hat{\boldsymbol{P}}$ 满足

$$-\hat{\boldsymbol{P}}\boldsymbol{A}-\boldsymbol{A}^{\mathrm{T}}\hat{\boldsymbol{P}}+\hat{\boldsymbol{P}}\boldsymbol{B}\boldsymbol{R}^{-1}\boldsymbol{B}^{\mathrm{T}}\hat{\boldsymbol{P}}-\boldsymbol{C}^{\mathrm{T}}\boldsymbol{Q}\boldsymbol{C}=\boldsymbol{0} \tag{9-62}$$

$\hat{\boldsymbol{g}}$ 满足

$$\hat{\boldsymbol{g}}=[\hat{\boldsymbol{P}}\boldsymbol{B}\boldsymbol{R}^{-1}\boldsymbol{B}^{\mathrm{T}}-\boldsymbol{A}^{\mathrm{T}}]^{-1}\boldsymbol{C}^{\mathrm{T}}\boldsymbol{Q}\boldsymbol{z}_0 \tag{9-63}$$

当 t_f 足够大时的时不变跟踪器结构图如图 9-8 所示,图中 $\boldsymbol{G}=[\hat{\boldsymbol{P}}\boldsymbol{B}\boldsymbol{R}^{-1}\boldsymbol{B}^{\mathrm{T}}-\boldsymbol{A}^{\mathrm{T}}]$。

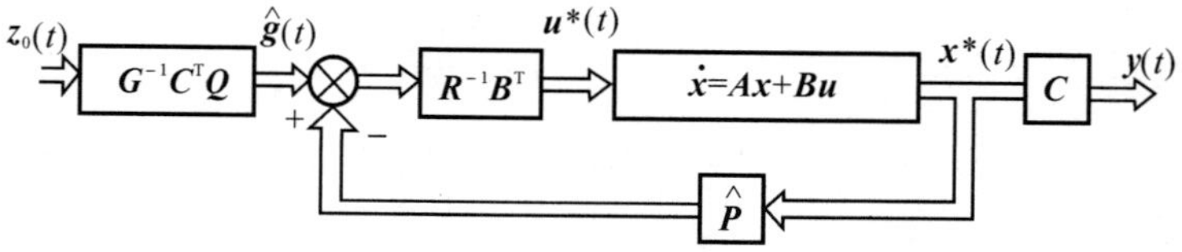

图 9-8　时不变系统跟踪器结构图

例 9-4　设系统动态方程为

$$\dot{x}(t)=bu(t)$$

$$y(t)=cx(t)$$

系统理想输出为 $z(t)=z_0$,$u(t)$ 不受约束,t_f 足够大,性能指标为

$$J=\frac{1}{2}\int_{t_0}^{t_f}\{[z_0-y(t)]^2+u^2(t)\}\mathrm{d}t$$

要求最优控制 $u^*(t)$,使性能指标 J 为最小。

解　由例 9-3 已知,系统是完全能控及能观测的,并已解得 $\hat{P}=\frac{c}{b}$。现在主要来解 $\hat{g}$。

$$\hat{g}=[\hat{\boldsymbol{P}}\boldsymbol{B}\boldsymbol{R}^{-1}\boldsymbol{B}^{\mathrm{T}}]^{-1}\boldsymbol{C}^{\mathrm{T}}\boldsymbol{Q}\boldsymbol{z}_0=\left[\frac{c}{b}\cdot b\cdot 1\cdot b\right]^{-1}c\cdot 1\cdot z_0=\frac{1}{b}z_0$$

最后得最优控制为

$$u^*(t)=-y(t)+1\cdot b\cdot \hat{g}=-y(t)+z_0$$

跟踪器结构图如图 9-9 所示。

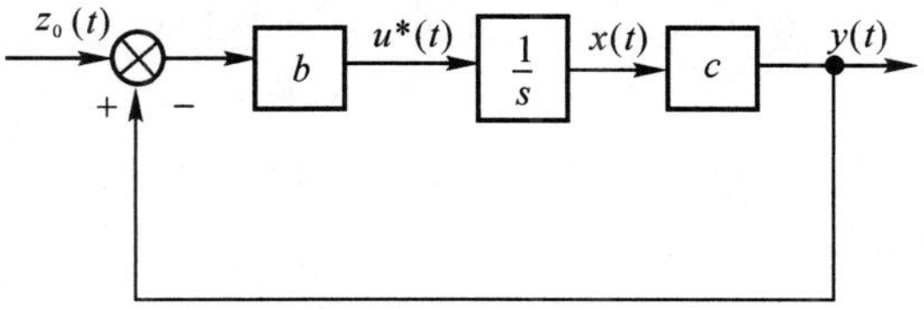

图 9-9　例 9-4 跟踪器结构图

9.5　离散系统状态调节器

设离散系统状态方程为

$$\boldsymbol{x}(k+1)=\boldsymbol{A}(k)\boldsymbol{x}(k)+\boldsymbol{B}(k)\boldsymbol{u}(k),\quad k=0,1,\cdots,N-1 \tag{9-64}$$

$$\boldsymbol{x}(0)=\boldsymbol{x}_0$$

$\boldsymbol{u}(t)$ 不受约束,性能指标为

$$J=\frac{1}{2}\boldsymbol{x}^{\mathrm{T}}(N)\boldsymbol{P}(N)\boldsymbol{x}(N)+\frac{1}{2}\sum_{k=0}^{N-1}[\boldsymbol{x}^{\mathrm{T}}(k)\boldsymbol{Q}(k)\boldsymbol{x}(k)+\boldsymbol{u}^{\mathrm{T}}(k)\boldsymbol{R}(k)\boldsymbol{u}(k)] \tag{9-65}$$

要求最优控制 $\boldsymbol{u}^*(k)$,使性能指标为最小。

下面,仍用极小值原理来求解。首先建立哈密尔顿函数

$$H(k)=\frac{1}{2}\boldsymbol{x}^{\mathrm{T}}(k)\boldsymbol{Q}(k)\boldsymbol{x}(k)+\frac{1}{2}\boldsymbol{u}^{\mathrm{T}}(k)\boldsymbol{R}(k)\boldsymbol{u}(k)+$$
$$\boldsymbol{\lambda}^{\mathrm{T}}(k+1)[\boldsymbol{A}(k)\boldsymbol{x}(k)+\boldsymbol{B}(k)\boldsymbol{u}(k)],\quad k=0,1,\cdots,N-1 \tag{9-66}$$

则可得正则方程

$$\boldsymbol{x}^*(k+1)=\frac{\partial H(k)}{\partial\boldsymbol{\lambda}(k+1)}=\boldsymbol{A}(k)\boldsymbol{x}^*(k)+\boldsymbol{B}(k)\boldsymbol{u}^*(k) \tag{9-67}$$

$$\boldsymbol{\lambda}^*(k)=\frac{\partial H(k)}{\partial\boldsymbol{x}(k)}=\boldsymbol{Q}(k)\boldsymbol{x}^*(k)+\boldsymbol{A}^{\mathrm{T}}(k)\boldsymbol{\lambda}^*(k+1) \tag{9-68}$$

其边界条件为

$$\boldsymbol{x}^*(0)=\boldsymbol{x}_0 \tag{9-69}$$

及横截条件为

$$\boldsymbol{\lambda}^*(N)=\frac{\partial\theta[\boldsymbol{x}^*(N),N]}{\partial\boldsymbol{x}(N)}=\boldsymbol{P}(N)\boldsymbol{x}^*(N) \tag{9-70}$$

式中 $\theta[\boldsymbol{x}^*(N),N]=\frac{1}{2}\boldsymbol{x}^{\mathrm{T}}(N)\boldsymbol{P}(N)\boldsymbol{x}(N)$

由于控制不受约束,控制方程成立,即

$$\frac{\partial H(k)}{\partial\boldsymbol{u}(k)}=\boldsymbol{R}(k)\boldsymbol{u}^*(k)+\boldsymbol{B}^{\mathrm{T}}(k)\boldsymbol{\lambda}^*(k+1)=\boldsymbol{0} \tag{9-71}$$

由此得

$$\boldsymbol{u}^*(k) = -\boldsymbol{R}^{-1}(k)\boldsymbol{B}^{\mathrm{T}}(k)\boldsymbol{\lambda}^*(k+1) \tag{9-72}$$

同连续系统中一样,假设

$$\boldsymbol{\lambda}^*(k) = \boldsymbol{P}(k)\boldsymbol{x}^*(k), \quad k = 0,1,\cdots,N-1 \tag{9-73}$$

并以 $\boldsymbol{\lambda}^*(k+1) = \boldsymbol{P}(k+1)\boldsymbol{x}^*(k+1)$ 代入正则方程式(9-68),得

$$\boldsymbol{\lambda}^*(k) = \boldsymbol{Q}(k)\boldsymbol{x}^*(k) + \boldsymbol{A}^{\mathrm{T}}(k)\boldsymbol{P}(k+1)\boldsymbol{x}^*(k+1) \tag{9-74}$$

由此可得

$$\boldsymbol{P}(k)\boldsymbol{x}^*(k) = \boldsymbol{Q}(k)\boldsymbol{x}^*(k) + \boldsymbol{A}^{\mathrm{T}}(k)\boldsymbol{P}(k+1)\boldsymbol{x}^*(k+1) \tag{9-75}$$

将式(9-72)代入式(9-67)得

$$\boldsymbol{x}^*(k+1) = \boldsymbol{A}(k)\boldsymbol{x}^*(k) - \boldsymbol{B}(k)\boldsymbol{R}^{-1}(k)\boldsymbol{B}^{\mathrm{T}}(k)\boldsymbol{\lambda}(k+1) \tag{9-76}$$

以 $\boldsymbol{\lambda}^*(k+1) = \boldsymbol{P}(k+1)\boldsymbol{x}^*(k+1)$ 代入式(9-76)得

$$\boldsymbol{x}^*(k+1) = \boldsymbol{A}(k)\boldsymbol{x}^*(k) - \boldsymbol{B}(k)\boldsymbol{R}^{-1}(k)\boldsymbol{B}^{\mathrm{T}}(k)\boldsymbol{P}(k+1)\boldsymbol{x}^*(k+1) \tag{9-77}$$

$$\boldsymbol{x}^*(k+1) = [\boldsymbol{I} + \boldsymbol{B}(k)\boldsymbol{R}^{-1}(k)\boldsymbol{B}^{\mathrm{T}}(k)\boldsymbol{P}(k+1)]^{-1}\boldsymbol{A}(k)\boldsymbol{x}^*(k) \tag{9-78}$$

以式(9-78)代入式(9-75)得

$$\begin{aligned}\boldsymbol{P}(k)\boldsymbol{x}^*(k) = \boldsymbol{Q}(k)\boldsymbol{x}^*(k) + \boldsymbol{A}^{\mathrm{T}}(k)\boldsymbol{P}(k+1)[\boldsymbol{I} + \boldsymbol{B}(k)\boldsymbol{R}^{-1}(k)\cdot \\ \boldsymbol{B}^{\mathrm{T}}(k)\boldsymbol{P}(k+1)]^{-1}\boldsymbol{A}(k)\boldsymbol{x}^*(k)\end{aligned}$$

经整理可得

$$\{\boldsymbol{P}(k) - \boldsymbol{Q}(k) - \boldsymbol{A}^{\mathrm{T}}(k)\boldsymbol{P}(k+1)[\boldsymbol{I} + \boldsymbol{B}(k)\boldsymbol{R}^{-1}(k)\boldsymbol{B}^{\mathrm{T}}(k)\boldsymbol{P}(k+1)]^{-1}\boldsymbol{A}(k)\}\boldsymbol{x}^*(k) = \boldsymbol{0} \tag{9-79}$$

式(9-79)应对所有 $\boldsymbol{x}(k)$ 都成立,故得

$$\boldsymbol{P}(k) - \boldsymbol{Q}(k) - \boldsymbol{A}^{\mathrm{T}}(k)\boldsymbol{P}(k+1)[\boldsymbol{I} + \boldsymbol{B}(k)\boldsymbol{R}^{-1}(k)\boldsymbol{B}^{\mathrm{T}}(k)\boldsymbol{P}(k+1)]^{-1}\boldsymbol{A}(k) = \boldsymbol{0} \tag{9-80}$$

整理得

$$\boldsymbol{P}(k) - \boldsymbol{Q}(k) - \boldsymbol{A}^{\mathrm{T}}(k)[\boldsymbol{P}^{-1}(k+1) + \boldsymbol{B}(k)\boldsymbol{R}^{-1}(k)\boldsymbol{B}^{\mathrm{T}}(k)]^{-1}\boldsymbol{A}(k) = \boldsymbol{0} \tag{9-81}$$

式(9-81)称为黎卡提差分方程。确定了 $\boldsymbol{P}(k)$,已知 $\boldsymbol{\lambda}^*(k) = \boldsymbol{P}(k)\boldsymbol{x}^*(k)$,代入正则方程式(9-68),可得

$$\boldsymbol{P}(k)\boldsymbol{x}^*(k) = \boldsymbol{Q}(k)\boldsymbol{x}^*(k) + \boldsymbol{A}^{\mathrm{T}}(k)\boldsymbol{\lambda}^*(k+1) \tag{9-82}$$

$$\boldsymbol{\lambda}^*(k+1) = \boldsymbol{A}^{-\mathrm{T}}(k)[\boldsymbol{P}(k) - \boldsymbol{Q}(k)]\boldsymbol{x}^*(k) \tag{9-83}$$

代入式(9-72),最后得最优控制为

$$\boldsymbol{u}(k) = -\boldsymbol{R}^{-1}(k)\boldsymbol{B}^{\mathrm{T}}(k)\boldsymbol{A}^{-\mathrm{T}}(k)[\boldsymbol{P}(k) - \boldsymbol{Q}(k)]\boldsymbol{x}^*(k) \tag{9-84}$$

由式(9-84)可见,最优控制 $\boldsymbol{u}^*(k)$ 为状态的线性函数,因此同连续系统一样,可以方便地实现闭环最优控制。离散系统状态调节器结构图如图 9-10 所示。

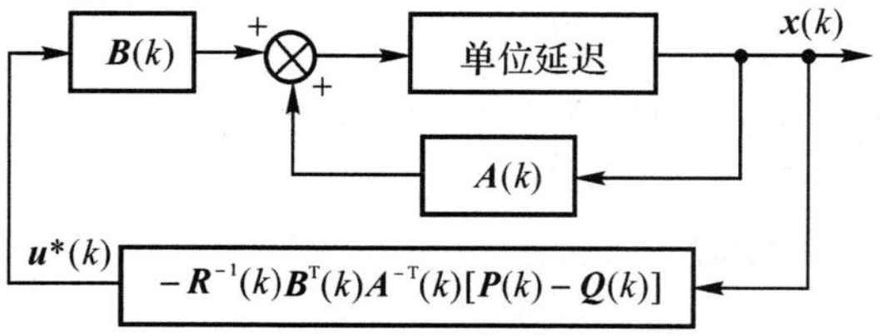

图 9-10　离散系统状态调节器结构图

习　题

9-1　设线性系统状态方程为

$$\dot{x}(t)=u(t),\quad x(0)=1$$

性能指标为

$$J=\int_0^{\infty}[x^2(t)+u^2(t)]\mathrm{d}t$$

求最优控制 $u^*(t)$。

9-2　设线性系统状态方程为

$$\dot{x}_1(t)=x_2(t)$$
$$\dot{x}_2(t)=-x_1(t)+u(t)$$

性能指标为

$$J=\int_0^{\infty}[x_1^2(t)+2u^2(t)]\mathrm{d}t$$

求最优反馈控制规律。

9-3　设系统状态方程为

$$\dot{x}(t)=-ax(t)+bu(t),\quad x(0)=x_0$$

性能指标为

$$J=\frac{1}{2}cx^2(t_f)+\frac{1}{2}\int_0^{t_f}u^2(t)\mathrm{d}t,\quad c>0$$

求最优反馈控制规律。

9-4　设线性系统状态方程为

$$\dot{x}(t)=-\frac{1}{2}x(t)+u(t),\quad x(0)=2$$

性能指标为

$$J=5x^2(t_f)+\frac{1}{2}\int_0^1[2x^2(t)+u^2(t)]\mathrm{d}t$$

求使 J 达极小时的最优轨线 $x^*(t)$。

9-5　设线性系统状态方程为

$$\dot{x}(t)=\begin{bmatrix}0 & 1\\ -2 & -3\end{bmatrix}x(t)+\begin{bmatrix}0\\1\end{bmatrix}u(t)$$
$$y(t)=[1\quad 0]x(t)$$

性能指标为

$$J=\frac{1}{2}\int_0^{\infty}[y^2+u^2]\mathrm{d}t$$

求最优反馈控制规律

9-6　设离散时间系统状态方程为

$$x(k+1)=2x(k)+u(k)$$

性能指标为

$$J=\sum_{k=0}^{2}[x^2(k)+u^2(k)]$$

求最优反馈控制规律。

第三篇 最优估计理论

在科学和技术领域中，经常遇到“估计”问题。所谓“估计”，就是对受到随机干扰和随机测量误差作用的物理系统，按照某种性能指标为最优的原则，从具有随机误差的测量数据中提取信息，估计出系统的某些参数或某些状态变量。这就提出了参数和状态估计问题。这些被估参数或被估状态可统称为被估量。

一般，估计问题分两大类，即参数估计和状态估计。

一、参数估计

参数估计属于曲线拟合问题。例如做完某项试验之后，得到若干个观测值 z_i 与相应时间 t_i 的关系 (z_i, t_i) $(i=1,2,\cdots,m)$。希望用一条曲线来表示 z 和 t 的关系，设

$$z(t) = x_1 h_1(t) + x_2 h_2(t) + \cdots + x_n h_n(t)$$

式中，$h_1(t), h_2(t), \cdots, h_n(t)$ 为已知的时间函数，一般是 t 的幂函数、指数函数或正余弦函数，等等。$x_1, x_2, \cdots, x_n$ 为 n 个未知参数，它们不随时间而变。

根据 m 对观测值 (z_i, t_i) $(i=1,2,\cdots,m; m>n)$ 来估计未知参数 $x_1, x_2, \cdots, x_n$。按照什么准则来估计这些参数呢？这将是第十章讨论的主要问题。

二、状态估计

设系统的状态方程和观测方程分别为

$$\dot{\boldsymbol{x}}(t) = \boldsymbol{A}(t)\boldsymbol{x}(t) + \boldsymbol{B}(t)u(t) + \boldsymbol{F}(t)\boldsymbol{w}(t)$$

$$\boldsymbol{z}(t) = \boldsymbol{H}(t)\boldsymbol{x}(t) + \boldsymbol{v}(t)$$

式中，$\boldsymbol{x}(t)$ 为状态变量，它是随时间而变的随机过程；$\boldsymbol{u}(t)$ 为控制变量；$\boldsymbol{w}(t)$ 为系统噪声；$\boldsymbol{v}(t)$ 为测量噪声；$\boldsymbol{z}(t)$ 为观测值。根据观测值来估计状态变量 $\boldsymbol{x}(t)$，就是状态估计问题。卡尔曼滤波是一种最有效的状态估计方法，将在第十一章讨论这个问题。

人们希望估计出来的参数或状态愈接近真值愈好，因此提出了最优估计问题。所谓最优估计，是指在某一确定的准则条件下，从某种统计意义上来说，估计达到最优。显然，最优估计不是唯一的，它随着准则不同而不同，因此在估计时，要恰当选择估计准则。

在自动控制中，为了实现最优控制和自适应控制，许多参数估计和状态估计问题不断出现，促进了估计理论和估计方法的发展。同时，电子计算机的迅猛发展和广泛使用，使得许多复杂的估计问题的解决成为可能，也促进了估计理论的发展。因此，近几十年来最优估计理论及其应用得到了迅猛的发展。

第十章　参数估计方法

本章讨论参数估计准则和估计方法。根据对被估值统计特性的掌握程度不同，可提出不同的估计准则。依据不同的准则，有相应的多种估计方法，即最小方差估计、线性最小方差估计、极大似然估计、极大验后估计、最小二乘估计等，本章将对这些估计方法进行不同程度的讨论。

10.1　最小方差估计与线性最小方差估计

10.1.1　最小方差估计

最小方差准则，要求误差的方差为最小，它是一种最古典的估计方法，这种估计方法需要知道被估随机变量 x 的概率分布密度 $p(x)$ 和数学期望 $E[x]$。这种苛刻的先验条件，使此方法在工程上的应用受到很大限制。这里只以一维随机变量的估计为例，介绍最小方差估计方法。

设有一维随机变量 x，已知它的概率密度 $p(x)$ 和数学期望 $E[x]=m_x$，求 x 的估值 $\hat{x}$。评价估计优劣的准则是 $\hat{x}$ 与 x 的误差的方差为最小，即

$$J=E[(x-\hat{x})^2]=\int_{-\infty}^{+\infty}(x-\hat{x})^2p(x)\mathrm{d}x=\min \tag{10-1}$$

将式(10-1)展开，得

$$J=E[(x-\hat{x})^2]=E[x^2]-2\hat{x}E[x]+\hat{x}^2$$

求上式对 $\hat{x}$ 的偏导数，令偏导数等于零，得

$$\frac{\partial J}{\partial \hat{x}}=2\hat{x}-2E[x]$$

则 x 的最优估值为

$$\hat{x}=E[x]=\int_{-\infty}^{+\infty}xp(x)\mathrm{d}x=m_x \tag{10-2}$$

因此 x 的最小方差估值为 m_x，估计误差为

$$\tilde{x}=x-\hat{x}=x-m_x$$

$$E[\tilde{x}]=E[x]-E[\hat{x}]=E[x]-[m_x]=m_x-m_x=0$$

即

$$E[\hat{x}]=E[x]$$

如果估值 $\hat{x}$ 的数学期望等于 x 的数学期望，或者估计误差 $\tilde{x}$ 的数学期望为零。因此 x 的最小方差估计是无偏估计。

估计误差 $\tilde{x}$ 的方差为

$$E[(x-m_x)^2]=\int_{-\infty}^{+\infty}(x-m_x)^2p(x)\mathrm{d}x=\sigma_x^2 \tag{10-3}$$

因此数学期望 m_x 是 x 的最小方差估计。

这种方法可以推广到多维随机变量的估值，这里不再赘述。

10.1.2　线性最小方差估计

线性最小方差估计就是估计值为观测值的线性函数，估计误差的方差为最小。在使用这种方法时，需要知道观测值和被估值的一、二阶矩，即数学期望 $E[\boldsymbol{z}]$ 和 $E[\boldsymbol{x}]$，方差 Var$\boldsymbol{z}$ 和 Var$\boldsymbol{x}$ 及协方差 Cov$[\boldsymbol{x},\boldsymbol{z}]$ 和 Cov$[\boldsymbol{z},\boldsymbol{x}]$。

先讨论被估值 x 和观测值 z 都是一维随机变量的情况。线性最小方差估计是把 x 的估值 $\hat{x}$ 表示成 z 的线性函数，即

$$\hat{x}=az+b \tag{10-4}$$

式中，a 和 b 为两个待定常数。根据估计误差的方差

$$J=E\{[x-\hat{x}]^2\}=E\{[x-(az+b)]^2\}=\min \tag{10-5}$$

的条件来确定系数 a 和 b。

求式(10-5)对 a 和 b 的偏导数，令偏导数等于零，可求得 a 和 b 两个系数。

$$\frac{\partial J}{\partial a}=-2E\{[x-(az+b)]z\}=0 \tag{10-6}$$

$$\frac{\partial J}{\partial b}=-2E\{[x-(az+b)]\}=0 \tag{10-7}$$

从式(10-7)可得

$$m_x-am_z-b=0$$

式中 m_x 和 m_z 分别为 x 和 z 的数学期望，从此式可得

$$b=m_x-am_z \tag{10-8}$$

将式(10-8)代入式(10-6)得

$$E\{(x-az-m_x+am_z)z\}=0$$

把上式改写成

$$E\{[(x-m_x)-a(z-m_z)](z-m_z+m_z)\}=0$$

展开上式得

$$E\{[(x-m_x)(z-m_z)]\}+m_zE\{x-m_x\}-aE\{(z-m_z)^2\}-am_zE(z-m_z)=0 \tag{10-9}$$

求式(10-9)的数学期望值，可得

$$\mathrm{Cov}(x,z)-a\sigma_z^2=0$$

$$a=\frac{\mathrm{Cov}(x,z)}{\sigma_z^2}=\frac{\gamma_{xz}\sigma_x\sigma_z}{\sigma_z^2}=\frac{\gamma_{xz}\sigma_x}{\sigma_z}$$

式中，σ_x，σ_z 分别为随机变量 x 和 z 的均方根差；γ_{xz} 为 x 与 z 的相关系数，即 $\gamma_{xz}=\mathrm{Cov}(x,z)/(\sigma_x\sigma_z)$。于是 x 的估值为

$$\hat{x}=az+b=m_x+\frac{\mathrm{Cov}(x,z)}{\sigma_z^2}(z-m_z) \tag{10-10}$$

估计误差为

$$\tilde{x}=x-\hat{x}$$

$$E[\tilde{x}]=E[x]-E[m_x]-\frac{\gamma_{xz}\sigma_x}{\sigma_z}E(z-m_z)=m_x-m_x-\frac{\gamma_{xz}\sigma_x}{\sigma_z}(m_z-m_z)=0$$

因此，$E[\hat{x}]=E[x]$。所以估计是无偏的。

下面讨论 $\boldsymbol{x}$ 和 $\boldsymbol{z}$ 都是多维随机变量的估计问题。设 $\boldsymbol{x}$ 为 n 维，$\boldsymbol{z}$ 为 l 维，已知 $\boldsymbol{x}$ 和 $\boldsymbol{z}$ 的一、二阶矩，即 $E[\boldsymbol{x}]$，$E[\boldsymbol{z}]$，$\mathrm{Var}\boldsymbol{x}$，$\mathrm{Var}\boldsymbol{z}$，$\mathrm{Cov}(\boldsymbol{x},\boldsymbol{z})$ 和 $\mathrm{Cov}(\boldsymbol{z},\boldsymbol{x})$。

假定 $\boldsymbol{x}$ 的估值 $\hat{\boldsymbol{x}}$ 是 $\boldsymbol{z}$ 的线性函数

$$\hat{\boldsymbol{x}}(\boldsymbol{z})=\boldsymbol{b}+\boldsymbol{A}\boldsymbol{z} \tag{10-11}$$

式中，$\boldsymbol{b}$ 是 n 维非随机常数向量；$\boldsymbol{A}$ 是 $n\times l$ 非随机常数矩阵。

估计误差方差阵为

$$J=E\{[\boldsymbol{x}-\hat{\boldsymbol{x}}(\boldsymbol{z})][\boldsymbol{x}-\hat{\boldsymbol{x}}(\boldsymbol{z})]^{\mathrm{T}}\}=E\{[\boldsymbol{x}-\boldsymbol{b}-\boldsymbol{A}\boldsymbol{z}][\boldsymbol{x}-\boldsymbol{b}-\boldsymbol{A}\boldsymbol{z}]^{\mathrm{T}}\} \tag{10-12}$$

估计准则是方差阵 J 为最小，也可等价为方差阵的迹 J_t 为最小，即估计误差 $\tilde{\boldsymbol{x}}$ 的各分量的方差之和为最小。

$$J_t=\mathrm{Trace}E\{[\boldsymbol{x}-\boldsymbol{b}-\boldsymbol{A}\boldsymbol{z}][\boldsymbol{x}-\boldsymbol{b}-\boldsymbol{A}\boldsymbol{z}]^{\mathrm{T}}\}=E\{[\boldsymbol{x}-\boldsymbol{b}-\boldsymbol{A}\boldsymbol{z}]^{\mathrm{T}}[\boldsymbol{x}-\boldsymbol{b}-\boldsymbol{A}\boldsymbol{z}]\}=\min \tag{10-13}$$

用函数对矩阵的微分法则（见附录一），求 $\dfrac{\partial J_t}{\partial \boldsymbol{b}}$ 和 $\dfrac{\partial J_t}{\partial \boldsymbol{A}}$，令 $\dfrac{\partial J_t}{\partial \boldsymbol{b}}=\boldsymbol{0}$ 和 $\dfrac{\partial J_t}{\partial \boldsymbol{A}}=\boldsymbol{0}$，联立求解可得 $\boldsymbol{b}$ 和 $\boldsymbol{A}$。

$$\frac{\partial J_t}{\partial \boldsymbol{b}}=-2E[\boldsymbol{x}-\boldsymbol{b}-\boldsymbol{A}\boldsymbol{z}]=2(\boldsymbol{b}+\boldsymbol{A}\boldsymbol{m}_z-\boldsymbol{m}_x)=\boldsymbol{0}$$

$$\boldsymbol{b}=\boldsymbol{m}_x-\boldsymbol{A}\boldsymbol{m}_z=E[\boldsymbol{x}]-\boldsymbol{A}E[\boldsymbol{z}] \tag{10-14}$$

$$\begin{aligned}\frac{\partial J_t}{\partial \boldsymbol{A}}=\frac{\partial}{\partial \boldsymbol{A}}E\{[\boldsymbol{x}-\boldsymbol{b}-\boldsymbol{A}\boldsymbol{z}]^{\mathrm{T}}[\boldsymbol{x}-\boldsymbol{b}-\boldsymbol{A}\boldsymbol{z}]\}=\\ -2E\{[\boldsymbol{x}-\boldsymbol{b}-\boldsymbol{A}\boldsymbol{z}]\boldsymbol{z}^{\mathrm{T}}\}=\\ -2E\{[(\boldsymbol{x}-\boldsymbol{b})]\boldsymbol{z}^{\mathrm{T}}\}+2E[\boldsymbol{A}\boldsymbol{z}\boldsymbol{z}^{\mathrm{T}}]=\\ 2[\boldsymbol{A}E(\boldsymbol{z}\boldsymbol{z}^{\mathrm{T}})+\boldsymbol{b}E(\boldsymbol{z}^{\mathrm{T}})-E(\boldsymbol{x}\boldsymbol{z}^{\mathrm{T}})]=\boldsymbol{0}\end{aligned} \tag{10-15}$$

将式(10-14)代入式(10-15)得

$$\begin{gathered}\boldsymbol{A}E(\boldsymbol{z}\boldsymbol{z}^{\mathrm{T}})+E[\boldsymbol{x}]E(\boldsymbol{z}^{\mathrm{T}})-\boldsymbol{A}E[\boldsymbol{z}]E[\boldsymbol{z}^{\mathrm{T}}]-E(\boldsymbol{x}\boldsymbol{z}^{\mathrm{T}})=\boldsymbol{0}\\ \boldsymbol{A}[E(\boldsymbol{z}\boldsymbol{z}^{\mathrm{T}})-E(z)E(\boldsymbol{z}^{\mathrm{T}})]-[E(\boldsymbol{x}\boldsymbol{z}^{\mathrm{T}})-E(\boldsymbol{x})E(\boldsymbol{z}^{\mathrm{T}})]=\boldsymbol{0}\\ \boldsymbol{A}E\{[\boldsymbol{z}-E(\boldsymbol{z})][\boldsymbol{z}-E(\boldsymbol{z})]^{\mathrm{T}}\}-E\{[\boldsymbol{x}-E(\boldsymbol{x})][\boldsymbol{z}-E(z)]^{\mathrm{T}}\}=\boldsymbol{0}\\ \boldsymbol{A}\mathrm{Var}\boldsymbol{z}-\mathrm{Cov}(\boldsymbol{x},\boldsymbol{z})=\boldsymbol{0}\end{gathered}$$

因此

$$\boldsymbol{A}=\mathrm{Cov}(\boldsymbol{x},\boldsymbol{z})(\mathrm{Var}\boldsymbol{z})^{-1} \tag{10-16}$$

将式(10-16)代入式(10-14)，可得

$$\boldsymbol{b}=E[\boldsymbol{x}]-\mathrm{Cov}(\boldsymbol{x},\boldsymbol{z})(\mathrm{Var}\boldsymbol{z})^{-1}E[\boldsymbol{z}] \tag{10-17}$$

根据式(10-16)和式(10-17)求得 $\boldsymbol{A}$ 和 $\boldsymbol{b}$，代入式(10-11)，得

$$\hat{\boldsymbol{x}}=E[\boldsymbol{x}]+\mathrm{Cov}(\boldsymbol{x},\boldsymbol{z})(\mathrm{Var}\boldsymbol{z})^{-1}[\boldsymbol{z}-E(\boldsymbol{z})]=\boldsymbol{m}_x+\mathrm{Cov}(\boldsymbol{x},\boldsymbol{z})(\mathrm{Var}\boldsymbol{z})^{-1}(\boldsymbol{z}-\boldsymbol{m}_z) \tag{10-18}$$

由式(10-18)可得

$$E[\hat{\boldsymbol{x}}]=E[\boldsymbol{m}_x]+\mathrm{Cov}(\boldsymbol{x},\boldsymbol{z})(\mathrm{Var}\boldsymbol{z})^{-1}E[\boldsymbol{z}-\boldsymbol{m}_z]=\boldsymbol{m}_x=E[\boldsymbol{x}]$$

所以估计是无偏的。

估计误差的方差阵为

$$J=\mathrm{Var}\boldsymbol{x}-\mathrm{Cov}(\boldsymbol{x},\boldsymbol{z})\,(\mathrm{Var}\boldsymbol{z})^{-1}\mathrm{Cov}(\boldsymbol{z},\boldsymbol{x}) \tag{10-19}$$

10.1.3　正交定理

下一章将要基于线性方差估计，推导卡尔曼滤波方程，要用到在估计理论中很重要的正交定理，因此在此对这一定理作较详细的阐述。在讨论线性最小方差估计时，可用观测值 z 的线性函数来表示 x 的估值 $\hat{x}$，如式(10－4) 所示，由估计误差的方差式(10－5) 来确定 a 和 b。求 J 对 a 的偏导数，令偏导数等于零，可得

$$\frac{\partial J}{\partial a}=-2E\{[x-(az+b)]z\}=0$$

式中

$$x-(az+b)=\tilde{x}$$

为估计误差，根据式(10－6) 可得

$$E[\tilde{x}z]=0 \tag{10-20}$$

从式(10－20) 可看出，估计误差 $\tilde{x}$ 与观测值 z 的乘积的数学期望为零。在概率论中已讲过，如果两个随机变量的乘积的数学期望为零，则称这两个随机变量正交。所以估计误差 $\tilde{x}$ 与观测值 z 正交，所谓正交定理就是由此而来。

式(10－20) 是使 J 为最小的必要条件，这一条件是否充分呢？此问题需要进一步证明。对于任意常数 A 和 B，且引入如下适当匹配，可得

$$\begin{aligned}E\{[x-Az-B]^2\}=&E\{[x-az-b+(a-A)z+(b-B)]^2\}=\\&E\{[x-az-b]^2\}+E\{[(a-A)z+(b-B)]^2\}+\\&2E\{(x-az-b)[(a-A)z+(b-B)]\}=\\&E\{[x-az-b]^2\}+E\{[(a-A)z+(b-B)]^2\}+\\&2(a-A)E[(x-az-b)z]+2(b-B)E[x-az-b]\end{aligned}$$

上式右边第三项为零。由于线性最小方差估计是无偏估计，即

$$E[\tilde{x}]=0$$

故第四项也为零，第二项是非负的，因此

$$E\{(x-Az-B)^2\}\geqslant E\{(x-az-b)^2\}$$

所以，如果 a 和 b 满足正交条件

$$E\{(x-az-b)z\}=0$$

则估计误差的方差 $E\{[x-az-b]^2\}$ 为最小。因此条件式(10－20) 是充分的。

还可以证明 $\tilde{x}$ 与 $\hat{x}$ 正交，即

$$E[\tilde{x}\hat{x}]=E\{\tilde{x}(az+b)\}=aE[\tilde{x}z]+bE[\tilde{x}]=0 \tag{10-21}$$

最小的 J 为

$$\begin{aligned}J=&E[(x-\hat{x})^2]=E[x^2]-2E[x\hat{x}]+E[\hat{x}^2]=\\&E[x^2]-2E[(\hat{x}+\tilde{x})\hat{x}]+E[\hat{x}^2]=\\&E[x^2]-2E[\hat{x}^2]-2E[\hat{x}\tilde{x}]+E[\hat{x}^2]=\\&E[x^2]-E[\hat{x}^2]=E[x^2]-E[(az+b)^2]\end{aligned} \tag{10-22}$$

正交定理的几何意义可解释如下：随机变量 x 和 z 可看做向量空间的两个向量，向量 z，x

和 $x-az-b$ 如图 10－1 所示。

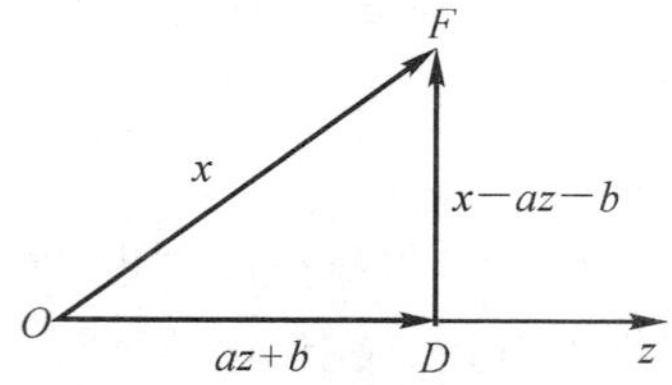

图 10－1　正交定理的几何意义

方差 $E\{(x-az-b)^2\}$ 是 $x-az-b$ 长度的平方，若 $x-az-b$ 垂直（正交）于 z，即

$$E\{(x-az-b)z\}=0$$

那么这个长度是最短的。从图 10－1 可看出，$\triangle ODF$ 是直角三角形，则有

$$E\{(x-az-b)^2\}=E[x^2]-E\{(az+b)^2\}$$

与上面推导出的式(10－22) 完全相同。

如果 $\boldsymbol{x}$ 和 $\boldsymbol{z}$ 分别是 n 维和 l 维的随机向量，则 $\boldsymbol{x}$ 的估值可用下式表示：

$$\hat{\boldsymbol{x}}=\boldsymbol{b}+\boldsymbol{A}\boldsymbol{z} \tag{10-23}$$

式中，$\boldsymbol{b}$ 是 n 维非随机常数向量，$\boldsymbol{A}$ 是 $n\times l$ 非随机常数矩阵。可按估计误差 $\tilde{\boldsymbol{x}}$ 与 $\boldsymbol{z}$ 正交条件

$$E[\tilde{\boldsymbol{x}}\boldsymbol{z}^{\mathrm{T}}]=\boldsymbol{0} \tag{10-24}$$

来确定 $\boldsymbol{b}$ 和 $\boldsymbol{A}$。

10.2　极大似然法估计与极大验后法估计

10.2.1　极大似然法估计

极大似然法估计是以观测值出现的概率为最大作为估计准则的，它是一种普通的参数估计方法。

设 z 是连续随机变量，其分布密度为 $p(z,\theta_1,\theta_2,\cdots,\theta_n)$，含有 n 个未知参数 $\theta_1,\theta_2,\cdots,\theta_n$。把 k 个独立观测值 $z_1,z_2,\cdots,z_k$ 分别代入 $p(z,\theta_1,\theta_2,\cdots,\theta_n)$ 中的 z，则得

$$p(z_i,\theta_1,\theta_2,\cdots,\theta_n),\quad i=1,2,\cdots,k$$

将所得的 k 个函数相乘，得

$$L(z_1,z_2,\cdots,z_k;\theta_1,\theta_2,\cdots,\theta_n)=\prod_{i=1}^{k}p(z_i,\theta_1,\theta_2,\cdots,\theta_n) \tag{10-25}$$

称函数 L 为似然函数。当 $z_1,z_2,\cdots,z_k$ 固定时，L 是 $\theta_1,\theta_2,\cdots,\theta_n$ 的函数。极大似然法的实质就是求出使 L 达到极大时的 $\theta_1,\theta_2,\cdots,\theta_n$ 的估值 $\hat{\theta}_1,\hat{\theta}_2,\cdots,\hat{\theta}_n$。从式(10－25) 可看到 $\hat{\theta}_1,\hat{\theta}_2,\cdots,\hat{\theta}_n$ 是观测值 $z_1,z_2,\cdots,z_k$ 的函数。

为了便于求出使 L 达到极大的 $\hat{\theta}_1,\hat{\theta}_2,\cdots,\hat{\theta}_n$，对式(10－25) 取对数，则

$$\ln L=\sum_{i=1}^{k}\ln p(z_i,\theta_1,\theta_2,\cdots,\theta_n) \tag{10-26}$$

由于对数函数是单调增加函数，因此，当 L 取极大值时，$\ln L$ 也同时取极大值，将式(10－26) 分别对 $\theta_1,\theta_2,\cdots,\theta_n$ 求偏导数，令偏导数等于零，可得下列方程组：

$$\left.\begin{aligned}\frac{\partial}{\partial\theta_1}\ln L=0\\ \cdots\cdots\\ \frac{\partial}{\partial\theta_n}\ln L=0\end{aligned}\right\}\tag{10-27}$$

解上述方程组，可得使 L 达到极大值的 $\hat{\theta}_1,\hat{\theta}_2,\cdots,\hat{\theta}_n$。按极大似然法确定的 $\hat{\theta}_1,\hat{\theta}_2,\cdots,\hat{\theta}_n$，使 $z_1,z_2,\cdots,z_k$ 最有可能出现，并不需要 $\theta_1,\theta_2,\cdots,\theta_n$ 的验前知识，即不需要知道 $\theta_1,\theta_2,\cdots,\theta_n$ 的概率分布密度和一、二阶矩。

例 10-1　设有正态分布随机变量 z，给出 k 个观测值 $z_1,z_2,\cdots,z_k$。观测值相互独立，试根据这 k 个观测值，确定分布密度中的各参数。

解　z 的分布密度可用下式表示：

$$p(z,m,\sigma)=\frac{1}{\sqrt{2\pi}\,\sigma}\exp\left[-\frac{(z-m)^2}{2\sigma^2}\right]$$

式中的 m 和 σ 为未知参数。现用极大似然法来确定参数 m 和 σ。作似然函数如下：

$$L(z_1,z_2,\cdots,z_k;m,\sigma)=\prod_{i=1}^{k}\left\{\frac{1}{\sqrt{2\pi}\,\sigma}\exp\left[-\frac{(z_i-m)^2}{2\sigma^2}\right]\right\}$$

对上式取对数，可得

$$\ln L(z_1,z_2,\cdots,z_k;m,\sigma)=\sum_{i=1}^{k}\ln\left\{\frac{1}{\sqrt{2\pi}\,\sigma}\exp\left[-\frac{(z_i-m)^2}{2\sigma^2}\right]\right\}=$$

$$-\sum_{i=1}^{k}\frac{(z_i-m)^2}{2\sigma^2}+k\ln\frac{1}{\sqrt{2\pi}}-k\ln\sigma$$

将上式分别对 m 和 σ 求偏导数，令偏导数等于零，可得

$$\frac{\partial\ln L}{\partial m}=\sum_{i=1}^{k}\frac{z_i-m}{\sigma^2}=0$$

$$\frac{\partial\ln L}{\partial\sigma}=\frac{1}{\sigma^3}\sum_{i=1}^{k}(z_i-m)^2-\frac{k}{\sigma}=0$$

联立求解可得

$$\hat{m}=\frac{\sum_{i=1}^{k}z_i}{k},\quad \hat{\sigma}^2=\frac{\sum_{i=1}^{k}(z_i-\hat{m})^2}{k}$$

上面介绍了极大似然法的基本概念。现在来讨论极大似然法估计参数的问题。

设 $\boldsymbol{z}$ 为 l 维随机变量，$\boldsymbol{x}$ 为 n 维未知参数，假定已知 $\boldsymbol{z}$ 的条件概率密度 $p(\boldsymbol{z}/\boldsymbol{x})$。现在得到 k 组 $\boldsymbol{z}$ 的观测值 $\boldsymbol{z}_1,\boldsymbol{z}_2,\cdots,\boldsymbol{z}_k$。观测值相互独立。当参数 $\boldsymbol{x}$ 是何值时，$\boldsymbol{z}_1,\boldsymbol{z}_2,\cdots,\boldsymbol{z}_k$ 出现的可能性最大？为此，确定似然函数：

$$L(\boldsymbol{z},\boldsymbol{x})=p(\boldsymbol{z}_1/\boldsymbol{x})p(\boldsymbol{z}_2/\boldsymbol{x})\cdots p(\boldsymbol{z}_k/\boldsymbol{x})=p(\boldsymbol{z}/\boldsymbol{x})\tag{10-28}$$

或

$$\ln L(\boldsymbol{z},\boldsymbol{x})=\ln p(\boldsymbol{z}/\boldsymbol{x})\tag{10-29}$$

求出使 L 为极大的 $\boldsymbol{x}$ 值，令

$$\frac{\partial L}{\partial\boldsymbol{x}}=\boldsymbol{0}\quad 或\quad \frac{\partial\ln L}{\partial\boldsymbol{x}}=\boldsymbol{0}\tag{10-30}$$

解之,可得 $\boldsymbol{x}$ 的估值 $\hat{\boldsymbol{x}}$。

L 取极大值的充分条件是

$$\frac{\partial^2 L}{\partial \boldsymbol{x}^2} < \mathbf{0} \quad 或 \quad \frac{\partial^2 \ln L}{\partial \boldsymbol{x}^2} < \mathbf{0}$$

因此,用极大似然法时,应先求似然函数 L,然后用微分法求出使似然函数 L 为极大的 $\boldsymbol{x}$ 的估值 $\hat{\boldsymbol{x}}$。

设有一线性观测系统

$$\boldsymbol{z} = \boldsymbol{h}(\boldsymbol{x}, \boldsymbol{v}) = \boldsymbol{H}\boldsymbol{x} + \boldsymbol{v} \tag{10-31}$$

式中,$\boldsymbol{z}$ 是 l 维观测值;$\boldsymbol{x}$ 是 n 维未知参数;$\boldsymbol{v}$ 是 l 维测量误差。设 $\boldsymbol{v}$ 与 $\boldsymbol{x}$ 独立。给出 $\boldsymbol{v}$ 的统计特性,求 $\boldsymbol{x}$ 的极大似然估计。

下面求似然函数

$$L(\boldsymbol{z}, \boldsymbol{x}) = p(\boldsymbol{z}/\boldsymbol{x}) = \frac{p(\boldsymbol{x}, \boldsymbol{z})}{p_1(\boldsymbol{x})}$$

根据不同随机变量的概率密度变换公式,并考虑到 $\boldsymbol{v}$ 与 $\boldsymbol{x}$ 独立,可得

$$p(\boldsymbol{x}, \boldsymbol{z}) = p[\boldsymbol{x}, (\boldsymbol{H}\boldsymbol{x} + \boldsymbol{v})] = p(\boldsymbol{x}, \boldsymbol{v}) = p_1(\boldsymbol{x}) p_2(\boldsymbol{v})$$

$$L(\boldsymbol{z}, \boldsymbol{x}) = \frac{p_1(\boldsymbol{x}) p_2(\boldsymbol{v})}{p_1(\boldsymbol{x})} = p_2(\boldsymbol{v}) = p_2(\boldsymbol{z} - \boldsymbol{H}\boldsymbol{x})$$

令

$$\frac{\partial L(\boldsymbol{z}, \boldsymbol{x})}{\partial \boldsymbol{x}} = \frac{\partial p_2(\boldsymbol{z} - \boldsymbol{H}\boldsymbol{x})}{\partial \boldsymbol{x}} = \mathbf{0}$$

解上式,可得 $\boldsymbol{x}$ 的估值 $\hat{\boldsymbol{x}}$。

假定噪声 $\boldsymbol{v}$ 是正态分布的,其均值为零,方差阵为 $E[\boldsymbol{v}\boldsymbol{v}^{\mathrm{T}}] = \boldsymbol{R}$,则

$$L(\boldsymbol{z}, \boldsymbol{x}) = p_2(\boldsymbol{v}) = \frac{1}{(\sqrt{2\pi})^m |\boldsymbol{R}|^{1/2}} \exp\left(-\frac{1}{2} \boldsymbol{v}^{\mathrm{T}} \mathbf{R}^{-1} \boldsymbol{v}\right)$$

把 $\boldsymbol{v} = \boldsymbol{z} - \boldsymbol{H}\boldsymbol{x}$ 代入上式,得

$$L(\boldsymbol{z}, \boldsymbol{x}) = p_2(\boldsymbol{z} - \boldsymbol{H}\boldsymbol{x}) = c \cdot \exp\left(-\frac{1}{2} (\boldsymbol{z} - \boldsymbol{H}\boldsymbol{x})^{\mathrm{T}} \mathbf{R}^{-1} (\boldsymbol{z} - \boldsymbol{H}\boldsymbol{x})\right)$$

式中

$$c = \frac{1}{(\sqrt{2\pi})^m |\boldsymbol{R}|^{1/2}}$$

求出 $\boldsymbol{x}$,使 $L(\boldsymbol{z}, \boldsymbol{x}) = p_2(\boldsymbol{z} - \boldsymbol{H}\boldsymbol{x})$ 为最大,也就是使

$$J = \frac{1}{2} (\boldsymbol{z} - \boldsymbol{H}\boldsymbol{x})^{\mathrm{T}} \boldsymbol{R}^{-1} (\boldsymbol{z} - \boldsymbol{H}\boldsymbol{x}) = \min \tag{10-32}$$

求 J 对 $\boldsymbol{x}$ 的偏导数,令偏导数等于零,可得 $\boldsymbol{x}$ 的估值 $\hat{\boldsymbol{x}}$。

$$\frac{\partial J}{\partial \boldsymbol{x}} = -\boldsymbol{H}^{\mathrm{T}} \boldsymbol{R}^{-1} \boldsymbol{z} + \boldsymbol{H}^{\mathrm{T}} \boldsymbol{R}^{-1} \boldsymbol{H}\boldsymbol{x} = \mathbf{0}$$

$$\boldsymbol{H}^{\mathrm{T}} \boldsymbol{R}^{-1} \boldsymbol{H}\boldsymbol{x} = \boldsymbol{H}^{\mathrm{T}} \boldsymbol{R}^{-1} \boldsymbol{z}$$

$$\hat{\boldsymbol{x}} = (\boldsymbol{H}^{\mathrm{T}} \boldsymbol{R}^{-1} \boldsymbol{H})^{-1} \boldsymbol{H}^{\mathrm{T}} \boldsymbol{R}^{-1} \boldsymbol{z} \tag{10-33}$$

10.2.2 极大验后估计

如果给出 n 维随机变量 $\boldsymbol{x}$ 的条件概率分布密度 $p(\boldsymbol{x}/\boldsymbol{z})$,也称验后概率密度,怎样求 $\boldsymbol{x}$ 的最优估值 $\hat{\boldsymbol{x}}$ 呢? 极大验后估计准则:使 $\boldsymbol{x}$ 的验后概率密度 $p(\boldsymbol{x}/\boldsymbol{z})$ 达到最大那个 $\boldsymbol{x}$ 值为极大验后

估值 $\hat{x}$。可见，极大验后估计是已知 $p(\boldsymbol{x}/\boldsymbol{z})$ 求 $\boldsymbol{x}$ 的最优估值 $\hat{x}$ 的一种有效方法。

极大验后估计是以已知 $p(\boldsymbol{x}/\boldsymbol{z})$ 为前提的。如果只知道 $p(\boldsymbol{z}/\boldsymbol{x})$，可按下式计算 $p(\boldsymbol{x}/\boldsymbol{z})$：

$$p(\boldsymbol{x}/\boldsymbol{z})=\frac{p(\boldsymbol{z}/\boldsymbol{x})\,p(\boldsymbol{x})}{p(\boldsymbol{z})} \tag{10-34}$$

式中，$p(\boldsymbol{x})$ 是 $\boldsymbol{x}$ 的验前概率密度；$p(\boldsymbol{z})$ 是观测值 $\boldsymbol{z}$ 的概率密度，$p(\boldsymbol{x}/\boldsymbol{z})$ 可用计算方法或实验方法求得。为了计算 $p(\boldsymbol{x}/\boldsymbol{z})$，需要知道 $p(\boldsymbol{x})$。在 $\boldsymbol{x}$ 没有验前知识可供利用时，可假定 $\boldsymbol{x}$ 在很大范围内变化。在这种情况下，可把 $\boldsymbol{x}$ 的验前概率密度 $p(\boldsymbol{x})$ 近似地看做方差阵趋于无限大的正态分布密度

$$p(\boldsymbol{x})=\frac{1}{(\sqrt{2\pi})^{n}\ |\boldsymbol{P}|^{1/2}}\exp\left[-\frac{1}{2}(\boldsymbol{x}-\boldsymbol{m}_x)^{\mathrm{T}}\boldsymbol{P}^{-1}(\boldsymbol{x}-\boldsymbol{m}_x)\right]$$

式中，$\boldsymbol{P}$ 为 $\boldsymbol{x}$ 的方差阵，$\boldsymbol{P}\to\infty$，$\boldsymbol{P}^{-1}\to\boldsymbol{0}$，于是

$$\ln p(\boldsymbol{x})=-\ln(2\pi)^{n/2}\ |\boldsymbol{P}|^{1/2}-\frac{1}{2}(\boldsymbol{x}-\boldsymbol{m}_x)^{\mathrm{T}}\boldsymbol{P}^{-1}(\boldsymbol{x}-\boldsymbol{m}_x)$$

$$\frac{\partial}{\partial\boldsymbol{x}}\ln p(\boldsymbol{x})=-\boldsymbol{P}^{-1}(\boldsymbol{x}-\boldsymbol{m}_x) \tag{10-35}$$

当 $\boldsymbol{P}^{-1}\to\boldsymbol{0}$ 时

$$\frac{\partial}{\partial\boldsymbol{x}}\ln p(\boldsymbol{x})=\boldsymbol{0} \tag{10-36}$$

当缺乏 $\boldsymbol{x}$ 的验前概率分布密度时，极大验后估计与极大似然估计是等同的，现证明如下：

对于极大似然估计，为了求得 $\boldsymbol{x}$ 的最优估值 $\hat{x}$，应令

$$\frac{\partial\ln p(\boldsymbol{z}/\boldsymbol{x})}{\partial\boldsymbol{x}}=\boldsymbol{0}$$

对于极大验后估计，为了求得 $\boldsymbol{x}$ 的最优估值 $\hat{x}$，应令

$$\frac{\partial\ln p(\boldsymbol{x}/\boldsymbol{z})}{\partial\boldsymbol{x}}=\boldsymbol{0}$$

根据式(10-34)得

$$\ln p(\boldsymbol{x}/\boldsymbol{z})=\ln p(\boldsymbol{z}/\boldsymbol{x})+\ln p(\boldsymbol{x})-\ln p(\boldsymbol{z})$$

$$\frac{\partial\ln p(\boldsymbol{x}/\boldsymbol{z})}{\partial\boldsymbol{x}}=\frac{\partial\ln p(\boldsymbol{z}/\boldsymbol{x})}{\partial\boldsymbol{x}}+\frac{\partial\ln p(\boldsymbol{x})}{\partial\boldsymbol{x}}-\frac{\partial\ln p(\boldsymbol{z})}{\partial\boldsymbol{x}}=\boldsymbol{0}$$

考虑到 $p(\boldsymbol{z})$ 不是 $\boldsymbol{x}$ 的函数，同时考虑到式(10-36)，可得

$$\frac{\partial\ln p(\boldsymbol{x}/\boldsymbol{z})}{\partial\boldsymbol{x}}=\frac{\partial\ln p(\boldsymbol{z}/\boldsymbol{x})}{\partial\boldsymbol{x}} \tag{10-37}$$

一般说来，极大似然估计比极大验后估计应用普遍，这是由于计算似然函数比计算验后概率密度简单。

10.3　最小二乘法估计与加权最小二乘法估计

上面讨论的几种估计方法，分别对被估随机变量 $\boldsymbol{x}$ 的概率分布密度 $p(\boldsymbol{x})$，条件概率密度 $p(\boldsymbol{z}/\boldsymbol{x})$，$p(\boldsymbol{x}/\boldsymbol{z})$ 以及一、二阶矩等条件有着不同的要求。假定并不掌握上述任何条件，仍要估计随机变量 $\boldsymbol{x}$ 的最优估值 $\hat{x}$，只有用高斯提出的最小二乘法。

10.3.1 最小二乘法估计

设 m 次独立试验，得到 m 对观测值：(z_1,t_1)，(z_2,t_2)，…，(z_m,t_m)。这里 t_i 表示时间或其他物理量。现在的任务是：根据这些观测值，用最优的形式来表示 z 与 t 之间的函数关系。

通常，z 的未知函数可用 $f(t)$ 表示，$f(t)$ 的类型应根据这 m 对数据（m 个点）的分布情况或所研究问题的物理性质来确定。为了便于计算，可采用多项式

$$f(t)=x_1+x_2t+x_3t^2+\cdots+x_nt^{n-1} \tag{10-38}$$

来表示，也可以用更一般的形式表示，即

$$f(t)=x_1h_1(t)+x_2h_2(t)+\cdots+x_nh_n(t)=f(t,x_1,x_2,\cdots,x_n) \tag{10-39}$$

在式(10-39)中，$h_1(t)$，$h_2(t)$，…，$h_n(t)$ 为已知的确定性函数，如 t 的幂函数、正余弦函数和指数函数等。$x_1,x_2,\cdots,x_n$ 为 n 个待定的未知数。

把 m 对观测值代入式(10-38)或式(10-39)，可得 m 个方程式。如果 $m<n$，即方程数 m 少于未知参数的数目，则方程的解不确定，不能唯一地确定出 $x_1,x_2,\cdots,x_n$。当 $m=n$ 时，方程数正好与未知参数的数目相等，能唯一地解出 $x_1,x_2,\cdots,x_n$。在这种情况下，$f(t)$ 曲线一定通过每一个观测点 $(z_i,t_i)(i=1,2,\cdots,m)$。因为在观测结果中，不可避免地含有随机测量误差，如果曲线通过每一个观测点，则曲线将包含这些测量误差，反而不能真实地反映出 z 与 t 之间正确的函数关系，所以不应要求 $f(t)$ 曲线一定通过每一个观测点。

一般要求试验次数 $m>n$，而且希望 m 比 n 大得多，即方程数大于未知参数数目，此时这种情况只能采用数理统计求估值的方法。下面讨论这一问题。

确定了函数 $f(t)$ 的类型之后，问题就归结为如何合理地选择 $f(t)$ 中的参数 $x_1,x_2,\cdots,x_n$，使得这一函数在一定意义下比较准确地反映出 z 与 t 之间的函数关系。通常用最小二乘法来选择这些参数。所谓最小二乘法，就是要求所选择的 $f(t)$ 的参数，使观测值 z_i 与对应的函数 $f(t_i)$ 的偏差的平方和为最小。设 J 为观测值 z_i 与对应函数 $f(t_i)$ 的偏差的平方和，即

$$J=\sum_{i=1}^{m}[z_i-f(t_i)]^2=\sum_{i=1}^{m}[z_i-f(x_1,x_2,\cdots,x_n,t_i)]^2 \tag{10-40}$$

按照 J 为最小的条件来确定 $f(t)$ 中的参数 $x_1,x_2,\cdots,x_n$，将式(10-40)分别对 $x_1,x_2,\cdots,x_n$ 求偏导数，并令它们等于零，可得下列方程组：

$$\left.\begin{aligned}
&\sum_{i=1}^{m}[z_i-f(x_1,x_2,\cdots,x_n,t_i)]f'_{x_1}(x_1,x_2,\cdots,x_n,t_i)=0\\
&\sum_{i=1}^{m}[z_i-f(x_1,x_2,\cdots,x_n,t_i)]f'_{x_2}(x_1,x_2,\cdots,x_n,t_i)=0\\
&\qquad\qquad\cdots\cdots\\
&\sum_{i=1}^{m}[z_i-f(x_1,x_2,\cdots,x_n,t_i)]f'_{x_n}(x_1,x_2,\cdots,x_n,t_i)=0
\end{aligned}\right\} \tag{10-41}$$

上述方程组有 n 个方程，n 个未知数，解之可得 $x_1,x_2,\cdots,x_n$ 的最优估值 $\hat{x}_1,\hat{x}_2,\cdots,\hat{x}_n$。式中 f'_{x_i} 表示函数 $f(t)$ 对 x_i 的偏导数。

例 10-2 观测值 z_i 和观测时刻 t_i 如表 10-1 所示。

表　10－1

t_i	2	4	5	8	9
z_i	2.01	2.98	3.50	5.02	5.47

设 $f(t)=x_1+x_2t$。用最小二乘法确定 x_1 和 x_2。

解
$$f'_{x_1}=1,\quad f'_{x_2}=t$$
$$\sum_{i=1}^{5}[z_i-x_1-x_2t_i]=0$$
$$\sum_{i=1}^{5}[z_i-x_1-x_2t_i]t_i=0$$

把 z_i,t_i 值分别代入上面两个方程,经过整理后可得
$$x_1+5.6x_2=3.796$$
$$x_1+6.785\,7x_2=4.384\,6$$

解上述方程组,可得 x_1 和 x_2 的估值
$$\hat{x}_1=1.016,\quad \hat{x}_2=0.496$$

因此
$$z(t)=f(t)=1.016+0.496t$$

实际上 z_i 与 $f(t_i)$ 不可能完全一致,这是由于以下几个原因引起:

(1) x_i 选得不够准确;

(2) 存在观测误差;

(3) z 的模型方程 $f(t)$ 选得不够确切。

在选定 $\hat{x}$ 之后,可得观测值 z_i 与 $f(\hat{x}_1,\hat{x}_2,\cdots,\hat{x}_n,t_i)$ 之差
$$e_i=z_i-f(\hat{x}_1,\hat{x}_2,\cdots,\hat{x}_n,t_i),\quad i=1,2,\cdots,m \tag{10-42}$$

式(10－42)可写成
$$z_i=f(\hat{x}_1,\hat{x}_2,\cdots,\hat{x}_n,t_i)+e_i$$

考虑到式(10－39),上式可写成
$$z_i=\hat{x}_1h_1(t_i)+\hat{x}_2h_2(t_i)+\cdots+\hat{x}_nh_n(t_i)+e_i,\quad i=1,2,\cdots,m \tag{10-43}$$

或写成
$$\left.\begin{aligned} z_1&=\hat{x}_1h_1(t_1)+\hat{x}_2h_2(t_1)+\cdots+\hat{x}_nh_n(t_1)+e_1\\ z_2&=\hat{x}_1h_1(t_2)+\hat{x}_2h_2(t_2)+\cdots+\hat{x}_nh_n(t_2)+e_2\\ &\cdots\cdots\\ z_m&=\hat{x}_1h_1(t_m)+\hat{x}_2h_2(t_m)+\cdots+\hat{x}_nh_n(t_m)+e_m \end{aligned}\right\} \tag{10-44}$$

如果设
$$\boldsymbol{z}=\begin{bmatrix} z_1\\ z_2\\ \vdots\\ z_m \end{bmatrix},\quad \hat{\boldsymbol{x}}=\begin{bmatrix} \hat{x}_1\\ \hat{x}_2\\ \vdots\\ \hat{x}_n \end{bmatrix},\quad \boldsymbol{e}=\begin{bmatrix} e_1\\ e_2\\ \vdots\\ e_m \end{bmatrix} \tag{10-45}$$

$$
\boldsymbol{H}=\begin{bmatrix} h_1(t_1) & h_2(t_1) & \cdots & h_n(t_1) \\ h_1(t_2) & h_2(t_2) & \cdots & h_n(t_2) \\ \vdots & \vdots & & \vdots \\ h_1(t_m) & h_2(t_m) & \cdots & h_n(t_m) \end{bmatrix}=\begin{bmatrix} \boldsymbol{h}_1 \\ \boldsymbol{h}_2 \\ \vdots \\ \boldsymbol{h}_m \end{bmatrix} \tag{10-46}
$$

式中，$\boldsymbol{h}_i=[h_1(t_i),h_2(t_i),\cdots,h_n(t_i)]$，$i=1,2,\cdots,m$。则式(10－44)可写成下列矩阵形式：

$$
\boldsymbol{z}=\boldsymbol{H}\hat{\boldsymbol{x}}+\boldsymbol{e} \tag{10-47}
$$

下面用矩阵形式来表示最小二乘法的公式。残差的平方可用下式表示：

$$
J=\sum_{i=1}^{m} e_i^2=\boldsymbol{e}^{\mathrm{T}}\boldsymbol{e} \tag{10-48}
$$

从式(10－47)得

$$
\boldsymbol{e}=\boldsymbol{z}-\boldsymbol{H}\hat{\boldsymbol{x}} \tag{10-49}
$$

$$
J=[\boldsymbol{z}-\boldsymbol{H}\hat{\boldsymbol{x}}]^{\mathrm{T}}[\boldsymbol{z}-\boldsymbol{H}\hat{\boldsymbol{x}}] \tag{10-50}
$$

求 J 对 $\hat{\boldsymbol{x}}$ 的偏导数，令偏导数等于零，可得

$$
\frac{\partial J}{\partial \hat{\boldsymbol{x}}}=-2[\boldsymbol{H}^{\mathrm{T}}\boldsymbol{z}-\boldsymbol{H}^{\mathrm{T}}\boldsymbol{H}\hat{\boldsymbol{x}}]=\boldsymbol{0}
$$

$$
\boldsymbol{H}^{\mathrm{T}}\boldsymbol{H}\hat{\boldsymbol{x}}=\boldsymbol{H}^{\mathrm{T}}\boldsymbol{z}
$$

因而 $\boldsymbol{x}$ 的估值为

$$
\hat{\boldsymbol{x}}=(\boldsymbol{H}^{\mathrm{T}}\boldsymbol{H})^{-1}\boldsymbol{H}^{\mathrm{T}}\boldsymbol{z} \tag{10-51}
$$

为使 J 能求得估值 $\hat{\boldsymbol{x}}$，阵逆 $(\boldsymbol{H}^{\mathrm{T}}\boldsymbol{H})^{-1}$ 必须存在。

J 为极小的充分条件是

$$
\frac{\partial^2 J}{\partial \hat{\boldsymbol{x}}^2}=2\boldsymbol{H}^{\mathrm{T}}\boldsymbol{H}>0 \tag{10-52}
$$

即 $\boldsymbol{H}^{\mathrm{T}}\boldsymbol{H}$ 为正定矩阵。

当 $m=n$ 时，$\boldsymbol{H}$ 为 n 阶方阵，且 $\boldsymbol{H}^{-1}$ 存在时，则

$$
\hat{\boldsymbol{x}}=\boldsymbol{H}^{-1}\boldsymbol{z} \tag{10-53}
$$

在一般情况下，$m>n$，$\hat{\boldsymbol{x}}$ 要用式(10－51)来求。

例 10－3 观测值 z_i 和观测时刻同例 10－2，试用式(10－51)求 $z(t)=f(t)$ 的系数 x_1 和 x_2。

解

$$
f(t)=x_1+x_2t=x_1h_1(t)+x_2h_2(t)
$$

$$
h_1(t)=1,\quad h_2(t)=t
$$

则

$$
\hat{\boldsymbol{x}}=\begin{bmatrix} \hat{x}_1 \\ \hat{x}_2 \end{bmatrix},\quad \boldsymbol{H}=\begin{bmatrix} h_1(2) & h_2(2) \\ h_1(4) & h_2(4) \\ h_1(5) & h_2(5) \\ h_1(8) & h_2(8) \\ h_1(9) & h_2(9) \end{bmatrix}=\begin{bmatrix} 1 & 2 \\ 1 & 4 \\ 1 & 5 \\ 1 & 8 \\ 1 & 9 \end{bmatrix}
$$

$$\boldsymbol{z}=\begin{bmatrix}z_1\\z_2\\z_3\\z_4\\z_5\end{bmatrix}=\begin{bmatrix}2.01\\2.98\\3.50\\5.02\\5.47\end{bmatrix},\quad \boldsymbol{H}^{\mathrm{T}}=\begin{bmatrix}1&1&1&1&1\\2&4&5&8&9\end{bmatrix}$$

$$\boldsymbol{H}^{\mathrm{T}}\boldsymbol{H}=\begin{bmatrix}5&28\\28&190\end{bmatrix}\qquad(\boldsymbol{H}^{\mathrm{T}}\boldsymbol{H})^{-1}=\begin{bmatrix}1.144\,57&-0.168\,67\\-0.168\,67&0.030\,1\end{bmatrix}$$

$$\begin{bmatrix}\hat{x}_1\\\hat{x}_2\end{bmatrix}=\begin{bmatrix}1.144\,57&-0.168\,67\\-0.168\,67&0.030\,1\end{bmatrix}\begin{bmatrix}1&1&1&1&1\\2&4&5&8&9\end{bmatrix}\begin{bmatrix}2.01\\2.98\\3.50\\5.02\\5.47\end{bmatrix}=\begin{bmatrix}1.016\\0.496\end{bmatrix}$$

因此

$$z(t)=f(t)=1.016+0.496t$$

10.3.2　加权最小二乘法估计

在式(10－48)中，每个误差值 e_i^2 的系数都为1，即在 J 中每个误差值都是“等权”的。事实上，在 z 值的不同测量范围内，测量精度往往是不同的，因而测量误差也不相同。合理的办法是对不同的误差项 e_i^2 加不同的权，即把 J 写成

$$J=\sum_{i=1}^{m}w_ie_i^2=\sum_{i=1}^{m}w_i(z_i-\boldsymbol{h}_i\hat{\boldsymbol{x}})^2 \tag{10－54}$$

当 z_i 的测量精度高时，w_i 大；反之，w_i 小。这样可使拟合曲线接近于测量精度高的点，从而保证拟合曲线有较高的准确度。

把式(10－54)写成

$$J=(\boldsymbol{z}-\boldsymbol{H}\hat{\boldsymbol{x}})^{\mathrm{T}}\boldsymbol{W}(\boldsymbol{z}-\boldsymbol{H}\hat{\boldsymbol{x}}) \tag{10－55}$$

式中，$\boldsymbol{W}$ 为 $m\times m$ 对称矩阵，称为加权矩阵。求 J 对 $\hat{\boldsymbol{x}}$ 的偏导数，并令其等于零，可得

$$\frac{\partial J}{\partial\hat{\boldsymbol{x}}}=-2\boldsymbol{H}^{\mathrm{T}}\boldsymbol{W}\boldsymbol{z}+2\boldsymbol{H}^{\mathrm{T}}\boldsymbol{W}\boldsymbol{H}\hat{\boldsymbol{x}}=\boldsymbol{0}$$

$$(\boldsymbol{H}^{\mathrm{T}}\boldsymbol{W}\boldsymbol{H})\hat{\boldsymbol{x}}=\boldsymbol{H}^{\mathrm{T}}\boldsymbol{W}\boldsymbol{z}$$

则可得

$$\hat{\boldsymbol{x}}=(\boldsymbol{H}^{\mathrm{T}}\boldsymbol{W}\boldsymbol{H})^{-1}\boldsymbol{H}^{\mathrm{T}}\boldsymbol{W}\boldsymbol{z} \tag{10－56}$$

J 为极小的充分条件为

$$\frac{\partial^2J}{\partial\hat{\boldsymbol{x}}^2}=2(\boldsymbol{H}^{\mathrm{T}}\boldsymbol{W}\boldsymbol{H})>0 \tag{10－57}$$

即 $\boldsymbol{H}^{\mathrm{T}}\boldsymbol{W}\boldsymbol{H}$ 为正定矩阵。

由于测量 $\boldsymbol{z}$ 时，存在测量误差 $\boldsymbol{v}$，故观测方程为

$$\boldsymbol{z}=\boldsymbol{H}\boldsymbol{x}+\boldsymbol{v} \tag{10－58}$$

$\boldsymbol{z}$ 和 $\boldsymbol{v}$ 都为 m 维向量。假定 $E[\boldsymbol{v}]=\boldsymbol{0}$，$E[\boldsymbol{v}\boldsymbol{v}^{\mathrm{T}}]=\boldsymbol{R}$，$\boldsymbol{v}$ 不一定是正态分布。

由式(10－56)得加权最小二乘法的估计误差

$$\tilde{x}=x-\hat{x}=x-(H^{\mathrm{T}}WH)^{-1}H^{\mathrm{T}}Wz=(H^{\mathrm{T}}WH)^{-1}H^{\mathrm{T}}W(Hx-z)$$

考虑到式(10-58)，得

$$\tilde{x}=-(H^{\mathrm{T}}WH)^{-1}H^{\mathrm{T}}Wv \tag{10-59}$$

由式(10-59)可得

$$E[\tilde{x}]=-(H^{\mathrm{T}}WH)^{-1}H^{\mathrm{T}}WE[v]=\mathbf{0} \tag{10-60}$$

因此，在上述条件下的加权最小二乘法估计为无偏估计。

考虑式(10-59)，估计误差的方差为

$$\mathrm{Var}\tilde{x}=E[(x-\hat{x})(x-\hat{x})^{\mathrm{T}}]=(H^{\mathrm{T}}WH)^{-1}H^{\mathrm{T}}WRWH(H^{\mathrm{T}}WH)^{-1} \tag{10-61}$$

如果选取 $W=R^{-1}$，则估计 $\hat{x}$ 和 $\mathrm{Var}\tilde{x}$ 分别为

$$\hat{x}=(H^{\mathrm{T}}R^{-1}H)^{-1}H^{\mathrm{T}}R^{-1}z \tag{10-62}$$

$$\mathrm{Var}\tilde{x}=(H^{\mathrm{T}}R^{-1}H)^{-1} \tag{10-63}$$

可以证明，$W=R^{-1}$ 使估计误差的方差为最小，因而 $W=R^{-1}$ 为最优的加权矩阵。有时，人们把式(10-62)称为马尔柯夫估计。

10.4 递推最小二乘法估计

前面所讨论的最小二乘法和加权最小二乘法，需要同时用到所有的测量数据，在计算时不考虑测量数据的时间顺序。当测量数据很多时，要求计算机具有很大的存储量。在实际处理过程中，测量数据往往是按时间顺序逐步给出的，可先处理已经得到的一批数据，得到 x 的近似估值，来了新的数据后，再对原估值进行修正，这样可以降低计算机对存储量的要求。

下面先讨论一维递推最小二乘法。设观测值 z 是一维的，假定已进行了 k 次观测，得到 z 的 k 个观测值。用 z_k，H_k，x 和 v_k 表示相应的向量和矩阵，即

$$z_k=\begin{bmatrix}z_1\\z_2\\\vdots\\z_k\end{bmatrix},\quad H_k=\begin{bmatrix}h_1(t_1)&h_2(t_1)&\cdots&h_n(t_1)\\h_1(t_2)&h_2(t_2)&\cdots&h_n(t_2)\\\vdots&\vdots&&\vdots\\h_1(t_k)&h_2(t_k)&\cdots&h_n(t_k)\end{bmatrix}=\begin{bmatrix}h_1\\h_2\\\vdots\\h_k\end{bmatrix}$$

$$v_k=\begin{bmatrix}v_1\\v_2\\\vdots\\v_k\end{bmatrix},\quad x=\begin{bmatrix}x_1\\x_2\\\vdots\\x_n\end{bmatrix},\quad k\geqslant n$$

把观测方程写成矩阵形式

$$z_k=H_kx+v_k \tag{10-64}$$

先用加权最小二乘法处理这一批观测值，加权矩阵 $W_k=R_k^{-1}$，一般 R_k 为对角线矩阵。

$$R_k=\begin{bmatrix}\sigma_1^2&0&\cdots&0\\0&\sigma_2^2&\cdots&0\\\vdots&\vdots&&\vdots\\0&0&\cdots&\sigma_k^2\end{bmatrix}$$

则

$$\boldsymbol{W}_k = \begin{bmatrix} \frac{1}{\sigma_1^2} & 0 & \cdots & 0 \\ 0 & \frac{1}{\sigma_2^2} & \cdots & 0 \\ \vdots & \vdots & & \vdots \\ 0 & 0 & \cdots & \frac{1}{\sigma_k^2} \end{bmatrix}$$

处理 k 个观测值，可得 $\boldsymbol{x}$ 的估值 $\hat{\boldsymbol{x}}_k$ 为

$$\hat{\boldsymbol{x}}_k = (\boldsymbol{H}_k^{\mathrm{T}}\boldsymbol{W}_k\boldsymbol{H}_k)^{-1}\boldsymbol{H}_k^{\mathrm{T}}\boldsymbol{W}_k\boldsymbol{z}_k$$

设

$$\boldsymbol{P}_k = (\boldsymbol{H}_k^{\mathrm{T}}\boldsymbol{W}_k\boldsymbol{H}_k)^{-1}$$

则

$$\hat{\boldsymbol{x}}_k = \boldsymbol{P}_k\boldsymbol{H}_k^{\mathrm{T}}\boldsymbol{W}_k\boldsymbol{z}_k$$

现在又得到了第 $k+1$ 次观测值 z_{k+1} 为

$$z_{k+1} = x_1h_1(t_{k+1}) + x_2h_2(t_{k+1}) + \cdots + x_nh_n(t_{k+1}) = \boldsymbol{h}_{k+1}\boldsymbol{x} \tag{10-65}$$

式中，$\boldsymbol{h}_{k+1} = [h_1(t_{k+1}), h_2(t_{k+1}), \cdots, h_n(t_{k+1})]$。

将式(10－65)与式(10－64)合并，可得

$$\boldsymbol{z}_{k+1} = \boldsymbol{H}_{k+1}\boldsymbol{x} + \boldsymbol{v}_{k+1} \tag{10-66}$$

式中

$$\boldsymbol{z}_{k+1} = \begin{bmatrix} \boldsymbol{z}_k \\ z_{k+1} \end{bmatrix}, \quad \boldsymbol{H}_{k+1} = \begin{bmatrix} \boldsymbol{H}_k \\ \boldsymbol{h}_{k+1} \end{bmatrix}, \quad \boldsymbol{v}_{k+1} = \begin{bmatrix} \boldsymbol{v}_k \\ v_{k+1} \end{bmatrix} \tag{10-67}$$

下面通过 $k+1$ 个观测值，求得 $\boldsymbol{x}$ 的估值 $\hat{\boldsymbol{x}}_{k+1}$，然后进一步推出 $\hat{\boldsymbol{x}}_{k+1}$ 与 $\hat{\boldsymbol{x}}_k$ 的递推关系。由于加权矩阵 $\boldsymbol{W}$ 一般为对角线矩阵，所以选取

$$\boldsymbol{W}_{k+1} = \begin{bmatrix} \boldsymbol{W}_k & 0 \\ 0 & w_{k+1} \end{bmatrix} \tag{10-68}$$

$\boldsymbol{x}$ 的估值 $\hat{\boldsymbol{x}}_{k+1}$ 为

$$\hat{\boldsymbol{x}}_{k+1} = (\boldsymbol{H}_{k+1}^{\mathrm{T}}\boldsymbol{W}_{k+1}\boldsymbol{H}_{k+1})^{-1}\boldsymbol{H}_{k+1}^{\mathrm{T}}\boldsymbol{W}_{k+1}\boldsymbol{z}_{k+1} \tag{10-69}$$

利用矩阵求逆引理(见附录二)，把求 $n\times n$ 矩阵逆问题转变为求低阶数的矩阵逆问题。

$$[\boldsymbol{H}_{k+1}^{\mathrm{T}}\boldsymbol{W}_{k+1}\boldsymbol{H}_{k+1}]^{-1} = \left\{[\boldsymbol{H}_k^{\mathrm{T}} \vdots \boldsymbol{h}_{k+1}^{\mathrm{T}}]\begin{bmatrix} \boldsymbol{W}_k & 0 \\ 0 & w_{k+1} \end{bmatrix}\begin{bmatrix} \boldsymbol{H}_k \\ \cdots \\ \boldsymbol{h}_{k+1} \end{bmatrix}\right\}^{-1} =$$

$$[\boldsymbol{H}_k^{\mathrm{T}}\boldsymbol{W}_k\boldsymbol{H}_k + \boldsymbol{h}_{k+1}^{\mathrm{T}}w_{k+1}\boldsymbol{h}_{k+1}]^{-1} \tag{10-70}$$

设

$$\boldsymbol{P}_{k+1} = [\boldsymbol{H}_{k+1}^{\mathrm{T}}\boldsymbol{W}_{k+1}\boldsymbol{H}_{k+1}]^{-1} \tag{10-71}$$

或

$$\boldsymbol{P}_{k+1} = [\boldsymbol{H}_k^{\mathrm{T}}\boldsymbol{W}_k\boldsymbol{H}_k + \boldsymbol{h}_{k+1}^{\mathrm{T}}w_{k+1}\boldsymbol{h}_{k+1}]^{-1} \tag{10-72}$$

再设

$$\boldsymbol{P}_k = [\boldsymbol{H}_k^{\mathrm{T}}\boldsymbol{W}_k\boldsymbol{H}_k]^{-1}$$

或

$$\boldsymbol{P}_k^{-1} = \boldsymbol{H}_k^{\mathrm{T}}\boldsymbol{W}_k\boldsymbol{H}_k$$

根据矩阵求逆引理可得

$$P_{k+1}=P_k-P_kh_{k+1}^{\mathrm T}[h_{k+1}P_kh_{k+1}^{\mathrm T}+w_{k+1}^{-1}]^{-1}h_{k+1}P_k \tag{10-73}$$

这样,把 $n\times n$ 矩阵的逆阵转变为求标量$[h_{k+1}P_kh_{k+1}^{\mathrm T}+w_{k+1}^{-1}]$的倒数,使计算大为简化,把式(10-69)写成

$$\begin{aligned}\hat{x}_{k+1}=&[P_k-P_kh_{k+1}^{\mathrm T}[h_{k+1}P_kh_{k+1}^{\mathrm T}+w_{k+1}^{-1}]^{-1}h_{k+1}P_k][H_k^{\mathrm T}W_kz_k+h_{k+1}^{\mathrm T}w_{k+1}z_{k+1}]=\\&P_kH_k^{\mathrm T}W_kz_k+P_kh_{k+1}^{\mathrm T}w_{k+1}z_{k+1}-P_kh_{k+1}^{\mathrm T}(h_{k+1}P_kh_{k+1}^{\mathrm T}+w_{k+1}^{-1})^{-1}h_{k+1}P_k\cdot\\&[H_k^{\mathrm T}W_kz_k+h_{k+1}^{\mathrm T}w_{k+1}z_{k+1}]\end{aligned}$$

$$\begin{aligned}\hat{x}_{k+1}=&\hat{x}_k+P_kh_{k+1}^{\mathrm T}w_{k+1}z_{k+1}-P_kh_{k+1}^{\mathrm T}(h_{k+1}P_kh_{k+1}^{\mathrm T}+w_{k+1}^{-1})^{-1}h_{k+1}P_kH_k^{\mathrm T}W_kz_k-\\&P_kh_{k+1}^{\mathrm T}(h_{k+1}P_kh_{k+1}^{\mathrm T}+w_{k+1}^{-1})^{-1}h_{k+1}P_kh_{k+1}^{\mathrm T}w_{k+1}z_{k+1}\end{aligned} \tag{10-74}$$

注意到

$$\begin{aligned}P_kh_{k+1}^{\mathrm T}w_{k+1}z_{k+1}=&P_kh_{k+1}^{\mathrm T}[h_{k+1}P_kh_{k+1}^{\mathrm T}+w_{k+1}^{-1}]^{-1}[h_{k+1}P_kh_{k+1}^{\mathrm T}+w_{k+1}^{-1}]w_{k+1}z_{k+1}=\\&P_kh_{k+1}^{\mathrm T}[h_{k+1}P_kh_{k+1}^{\mathrm T}+w_{k+1}^{-1}]^{-1}h_{k+1}P_kh_{k+1}^{\mathrm T}w_{k+1}z_{k+1}+\\&P_kh_{k+1}^{\mathrm T}[h_{k+1}P_kh_{k+1}^{\mathrm T}+w_{k+1}^{-1}]^{-1}z_{k+1}\end{aligned} \tag{10-75}$$

将式(10-75)代入式(10-74),并考虑到式(10-47),可得

$$\hat{x}_{k+1}=\hat{x}_k+P_kh_{k+1}^{\mathrm T}[h_{k+1}P_kh_{k+1}^{\mathrm T}+w_{k+1}^{-1}]^{-1}[z_{k+1}-h_{k+1}\hat{x}_k] \tag{10-76}$$

式(10-76)说明:x 的新估值 $\hat{x}_{k+1}$ 是原估值 $\hat{x}_k$ 加上与新的观测值 z_{k+1} 和 $h_{k+1}\hat{x}_k$ 之差的线性修正项。P_{k+1} 按式(10-73)递推公式计算。

在式(10-73)和式(10-76)中的 w_{k+1}^{-1} 最优值为观测误差 v_{k+1} 的方差,可用下式表示:

$$w_{k+1}^{-1}=E[v_{k+1}^2]=\sigma_{k+1}^2$$

则式(10-76)和式(10-73)变成

$$\hat{x}_{k+1}=\hat{x}_k+P_kh_{k+1}^{\mathrm T}[h_{k+1}P_kh_{k+1}^{\mathrm T}+\sigma_{k+1}^2]^{-1}[z_{k+1}-h_{k+1}\hat{x}_k] \tag{10-77}$$

$$P_{k+1}=P_k-P_kh_{k+1}^{\mathrm T}[h_{k+1}P_kh_{k+1}^{\mathrm T}+\sigma_{k+1}^2]^{-1}h_{k+1}P_k \tag{10-78}$$

按式(10-77)和式(10-78)进行递推计算,必须知道 $\hat{x}_k$ 和 P_k 的初值 P_0 和 $\hat{x}_0$。初值 P_0 和 $\hat{x}_0$ 称为验前估计。如果没有给出 $\hat{x}_0$ 和 P_0,则可以先解第一批的 n 个方程,求 $n\times n$ 逆矩阵,这可大大减少计算工作量。

可以肯定,递推计算结果与成批处理观测数据的结果是相同的。

下面再讨论观测值 z 是多维的,假定维数为 l。用 $z_1,z_2,\cdots$ 表示 z 的每次观测值,即

$$z_1=\begin{bmatrix}z_1(t_1)\\z_2(t_1)\\\vdots\\z_l(t_1)\end{bmatrix},\quad z_2=\begin{bmatrix}z_1(t_2)\\z_2(t_2)\\\vdots\\z_l(t_2)\end{bmatrix},\quad\cdots,\quad z_k=\begin{bmatrix}z_1(t_k)\\z_2(t_k)\\\vdots\\z_l(t_k)\end{bmatrix}$$

观测误差 v 也为 l 维,用 $v_1,v_2,\cdots$ 表示每次观测误差,即

$$v_1=\begin{bmatrix}v_1(t_1)\\v_2(t_1)\\\vdots\\v_l(t_1)\end{bmatrix},\quad v_2=\begin{bmatrix}v_1(t_2)\\v_2(t_2)\\\vdots\\v_l(t_2)\end{bmatrix},\quad\cdots,\quad v_k=\begin{bmatrix}v_1(t_k)\\v_2(t_k)\\\vdots\\v_l(t_k)\end{bmatrix}$$

$$\mathrm{Var}v_1=R_1,\quad \mathrm{Var}v_2=R_2,\quad\cdots,\quad \mathrm{Var}v_k=R_k$$

相应的观测矩阵为 $\boldsymbol{H}_1,\boldsymbol{H}_2,\cdots,\boldsymbol{H}_k$，则可得 k 个矩阵观测方程为

$$\boldsymbol{z}_1=\boldsymbol{H}_1\boldsymbol{x}+\boldsymbol{v}_1,\quad \boldsymbol{z}_2=\boldsymbol{H}_2\boldsymbol{x}+\boldsymbol{v}_2,\quad \cdots,\quad \boldsymbol{z}_k=\boldsymbol{H}_k\boldsymbol{x}+\boldsymbol{v}_k$$

如果把 k 次观测值合在一起，可用分块矩阵法表示观测方程，设

$$\bar{\boldsymbol{z}}_k=\begin{bmatrix}\boldsymbol{z}_1\\ \boldsymbol{z}_1\\ \vdots\\ \boldsymbol{z}_k\end{bmatrix},\bar{\boldsymbol{H}}_k=\begin{bmatrix}\boldsymbol{H}_1\\ \boldsymbol{H}_2\\ \vdots\\ \boldsymbol{H}_k\end{bmatrix},\bar{\boldsymbol{v}}_k=\begin{bmatrix}\boldsymbol{v}_1\\ \boldsymbol{v}_2\\ \vdots\\ \boldsymbol{v}_k\end{bmatrix}$$

则可得

$$\bar{\boldsymbol{z}}_k=\bar{\boldsymbol{H}}_k\hat{\boldsymbol{x}}_k+\bar{\boldsymbol{v}}_k \tag{10-79}$$

J 可用下式表示：

$$J=[\bar{\boldsymbol{z}}_k-\bar{\boldsymbol{H}}_k\hat{\boldsymbol{x}}_k]^{\mathrm{T}}\boldsymbol{W}_k[\bar{\boldsymbol{z}}_k-\bar{\boldsymbol{H}}_k\hat{\boldsymbol{x}}_k] \tag{10-80}$$

式中，$\boldsymbol{W}_k$ 为加权矩阵。

将 k 批数据同时处理后可得 $\boldsymbol{x}$ 的估值

$$\hat{\boldsymbol{x}}_k=[\bar{\boldsymbol{H}}_k^{\mathrm{T}}\bar{\boldsymbol{W}}_k\bar{\boldsymbol{H}}_k]^{-1}\bar{\boldsymbol{H}}_k^{\mathrm{T}}\bar{\boldsymbol{W}}_k\bar{\boldsymbol{z}}_k \tag{10-81}$$

现在得到第 $k+1$ 次观测值为

$$\boldsymbol{z}_{k+1}=\boldsymbol{H}_{k+1}\boldsymbol{x}+\boldsymbol{v}_{k+1} \tag{10-82}$$

设加权矩阵为

$$\bar{\boldsymbol{W}}_{k+1}=\begin{bmatrix}\bar{\boldsymbol{W}}_k & \boldsymbol{0}\\ \boldsymbol{0} & \boldsymbol{W}_{k+1}\end{bmatrix}\quad (\boldsymbol{W}_{k+1}^{-1}=\mathrm{Var}\boldsymbol{v}_{k+1})$$

如果参照式(10－76)和式(10－73)，可得 $\boldsymbol{x}$ 的估值为

$$\hat{\boldsymbol{x}}_{k+1}=\hat{\boldsymbol{x}}_k+\boldsymbol{P}_k\boldsymbol{H}_{k+1}^{\mathrm{T}}[\boldsymbol{H}_{k+1}\boldsymbol{P}_k\boldsymbol{H}_{k+1}^{\mathrm{T}}+\boldsymbol{W}_{k+1}^{-1}]^{-1}[\boldsymbol{z}_{k+1}-\boldsymbol{H}_{k+1}\hat{\boldsymbol{x}}_k] \tag{10-83}$$

$\boldsymbol{P}_{k+1}$ 的递推公式为

$$\boldsymbol{P}_{k+1}=\boldsymbol{P}_k-\boldsymbol{P}_k\boldsymbol{H}_{k+1}^{\mathrm{T}}[\boldsymbol{H}_{k+1}\boldsymbol{P}_k\boldsymbol{H}_{k+1}^{\mathrm{T}}+\boldsymbol{W}_{k+1}^{-1}]^{-1}\boldsymbol{H}_{k+1}\boldsymbol{P}_k \tag{10-84}$$

如果取加权矩阵

$$\bar{\boldsymbol{W}}_k=\bar{\boldsymbol{R}}_k^{-1},\quad \boldsymbol{W}_{k+1}=\boldsymbol{R}_{k+1}^{-1}$$

则

$$\bar{\boldsymbol{W}}_{k+1}=\begin{bmatrix}\bar{\boldsymbol{R}}_k^{-1} & \boldsymbol{0}\\ \boldsymbol{0} & \boldsymbol{R}_{k+1}^{-1}\end{bmatrix}$$

这样，式(10－83)和式(10－84)变成

$$\hat{\boldsymbol{x}}_{k+1}=\hat{\boldsymbol{x}}_k+\boldsymbol{P}_k\boldsymbol{H}_{k+1}^{\mathrm{T}}[\boldsymbol{H}_{k+1}\boldsymbol{P}_k\boldsymbol{H}_{k+1}^{\mathrm{T}}+\boldsymbol{R}_{k+1}]^{-1}[\boldsymbol{z}_{k+1}-\boldsymbol{H}_{k+1}\boldsymbol{x}_k] \tag{10-85}$$

$$\boldsymbol{P}_{k+1}=\boldsymbol{P}_k-\boldsymbol{P}_k\boldsymbol{H}_{k+1}^{\mathrm{T}}[\boldsymbol{H}_{k+1}\boldsymbol{P}_k\boldsymbol{H}_{k+1}^{\mathrm{T}}+\boldsymbol{R}_{k+1}]^{-1}\boldsymbol{H}_{k+1}\boldsymbol{P}_k \tag{10-86}$$

上面所述的递推方法，把过去和现在观测的数据同等重视。有时参数 $\boldsymbol{x}$ 可能随时间缓慢变化，在这种情况下，应当重视当前的数据，加权矩阵 $\boldsymbol{W}$ 可选用下列形式：

$$\boldsymbol{W}_k=\begin{bmatrix}\mathrm{e}^{-(k-1)\alpha} & 0 & \cdots & 0 & 0\\ 0 & \mathrm{e}^{-(k-2)\alpha} & \cdots & 0 & 0\\ \vdots & \vdots & & \vdots & \vdots\\ 0 & 0 & \cdots & \mathrm{e}^{-\alpha} & 0\\ 0 & 0 & \cdots & 0 & 1\end{bmatrix}=\begin{bmatrix}\boldsymbol{W}_{k-1}\mathrm{e}^{-\alpha} & 0\\ 0 & 1\end{bmatrix} \tag{10-87}$$

式中，α 为正数。

例 10-4 设观测方程为

$$\boldsymbol{z}=\boldsymbol{H}\boldsymbol{x}+\boldsymbol{v}$$

观测值与时间之间的关系为

$$\boldsymbol{z}(t)=\boldsymbol{x}_1 h_1(t)+\boldsymbol{x}_2 h_2(t)$$

$$\boldsymbol{z}_2=\begin{bmatrix} z_1 \\ z_2 \end{bmatrix}=\begin{bmatrix} 2 \\ 1 \end{bmatrix},\quad \boldsymbol{H}_2=\begin{bmatrix} 1 & 1 \\ 0 & 1 \end{bmatrix}$$

$$\boldsymbol{z}_3=\begin{bmatrix} z_1 \\ z_2 \\ \hdashline z_3 \end{bmatrix}=\begin{bmatrix} 2 \\ 1 \\ \hdashline 4 \end{bmatrix},\quad \boldsymbol{H}_3=\begin{bmatrix} 1 & 1 \\ 0 & 1 \\ \hdashline 1 & 2 \end{bmatrix}$$

$$\sigma_1=\sigma_2=\sigma_3=1$$

$$\boldsymbol{W}_2=\begin{bmatrix} 1 & 0 \\ 0 & 1 \end{bmatrix},\quad w_3=1$$

$$\boldsymbol{W}_3=\begin{bmatrix} 1 & 0 & 0 \\ 0 & 1 & 0 \\ 0 & 0 & 1 \end{bmatrix},\quad \boldsymbol{h}_3=[1 \quad 2]$$

试用加权最小二乘法和递推加权最小二乘法求 $\boldsymbol{x}$ 的估值。

解 （1）用加权最小二乘法求 $\boldsymbol{x}$ 的估值。

$$\hat{\boldsymbol{x}}_3=\begin{bmatrix} \hat{\boldsymbol{x}}_{13} \\ \hat{\boldsymbol{x}}_{23} \end{bmatrix}=[\boldsymbol{H}_3^{\mathrm{T}}\boldsymbol{W}_3\boldsymbol{H}_3]^{-1}\boldsymbol{H}_3^{\mathrm{T}}\boldsymbol{W}_3\boldsymbol{z}_3=\begin{bmatrix} 1 \\ 4/3 \end{bmatrix}$$

（2）用递推加权最小二乘法求 $\boldsymbol{x}$ 的估值。

$$\hat{\boldsymbol{x}}_2=\begin{bmatrix} \hat{\boldsymbol{x}}_{12} \\ \hat{\boldsymbol{x}}_{22} \end{bmatrix}=[\boldsymbol{H}_2^{\mathrm{T}}\boldsymbol{W}_2\boldsymbol{H}_2]^{-1}\boldsymbol{H}_2^{\mathrm{T}}\boldsymbol{W}_2\boldsymbol{z}_2=\begin{bmatrix} 1 \\ 1 \end{bmatrix}$$

$$\boldsymbol{P}_2=[\boldsymbol{H}_2^{\mathrm{T}}\boldsymbol{W}_2\boldsymbol{H}_2]^{-1}=\begin{bmatrix} 2 & -1 \\ -1 & 1 \end{bmatrix}$$

$$\hat{\boldsymbol{x}}_3=\begin{bmatrix} \hat{x}_{13} \\ \hat{x}_{23} \end{bmatrix}=\begin{bmatrix} 1 \\ 1 \end{bmatrix}+\begin{bmatrix} 2 & -1 \\ -1 & 1 \end{bmatrix}\begin{bmatrix} 1 \\ 2 \end{bmatrix}\left\{[1 \quad 2]\begin{bmatrix} 2 & -1 \\ -1 & 1 \end{bmatrix}\begin{bmatrix} 1 \\ 2 \end{bmatrix}+1\right\}^{-1}\left\{4-[1 \quad 2]\begin{bmatrix} 1 \\ 1 \end{bmatrix}\right\}=$$
$$\begin{bmatrix} 1 \\ 1 \end{bmatrix}+\begin{bmatrix} 0 \\ 1/3 \end{bmatrix}=\begin{bmatrix} 1 \\ 4/3 \end{bmatrix}$$

习　题

10-1　设 z 的观测值如表 10-2 所示。

表　10-2

t	1	2	3	4
z	0.8	1.3	1.7	2.1

设 $z(t)=f(t)=x_1+x_2t$，试用线性最小方差估计法求 x_1 和 x_2 的估值。

10－2　试用递推最小二乘法估计题 10－1 的 x_1 和 x_2。

10－3　设有一电容电路，电容初始电压 $V_0=100$ V，测得放电瞬间电压 V 与时间 t 的对应值如表 10－3 所示。

表　10－3

t/s	0	1	2	3	4	5	6	7
V/V	100	75	55	40	30	20	15	10

已知 $V=V_0\mathrm{e}^{-\alpha t}$，试用最小二乘法求 α（提示：$\ln V=\ln V_0-\alpha t$）。

10－4　密闭容器中气体体积 V 和压力 P 的关系为 $PV^{\beta}=C$，式中 β 和 C 为常数，测得 P 和 V 的数值如表 10－4 所示。

表　10－4

V/cm^3	54.3	88.7	194.0
$P/(\mathrm{kg}\cdot\mathrm{cm}^{-2})$	61.2	28.4	10.1

试用最小二乘法求 β 和 C 的估值（提示：$\ln P+\beta\ln V=\ln C$）。

第十一章　最优线性预测与滤波的基本方程

本章讨论被估量随时间而变的估计问题，即“状态估计”问题。

实际的物理系统，往往受到随机干扰作用，系统动态过程的状态方程可用下式表示：

$$\dot{\boldsymbol{x}}(t)=\boldsymbol{A}(t)\boldsymbol{x}(t)+\boldsymbol{B}(t)\boldsymbol{u}(t)+\boldsymbol{F}(t)\boldsymbol{w}(t) \tag{11-1}$$

式中，$\boldsymbol{x}(t)$ 为状态向量；$\boldsymbol{u}(t)$ 为控制向量；$\boldsymbol{w}(t)$ 为系统噪声向量。观测方程为

$$\boldsymbol{z}(t)=\boldsymbol{H}(t)\boldsymbol{x}(t)+\boldsymbol{v}(t) \tag{11-2}$$

式中，$\boldsymbol{z}(t)$ 为观测向量；$\boldsymbol{v}(t)$ 为测量噪声向量。

为了实现最优控制和自适应控制，须利用状态向量 $\boldsymbol{x}(t)$ 信息。但 $\boldsymbol{x}(t)$ 受到随机干扰的影响，因此需要估计 $\boldsymbol{x}(t)$。要求估值 $\hat{\boldsymbol{x}}(t)$ 尽量接近真值 $\boldsymbol{x}(t)$，这样就提出了状态变量的最优估计问题。

关于最优估计问题，在 20 世纪 40 年代初，维纳提出最优线性滤波，称为维纳滤波。这是在信号和干扰都表示为有理谱密度的情况下，找出最优滤波器，使得实际输出与希望输出之间的均方误差最小。维纳滤波问题的关键是导出维纳-霍夫积分方程，解这一积分方程可得最优滤波器的脉冲过渡函数，从脉冲过渡函数可得滤波器的传递函数。通常，解维纳-霍夫积分方程是很困难的，即使对少数情况能得到解析解，但在工程上往往难以实现。特别对于非平稳过程，维纳滤波问题变得更为复杂。

在 1960 年左右，卡尔曼提出了在数学结构上比较简单的最优线性递推滤波方法，实质上这是一种数据处理方法。维纳滤波属于整段滤波，即把整个一段时间内所获得的测量数据存储起来，然后同时处理全部数据，估计出系统状态。卡尔曼滤波是递推滤波，由递推方程随时间给出新的状态估计。对计算机来说，卡尔曼滤波的计算量和存储量大为减少，比较容易满足实时计算的要求，因而卡尔曼滤波在工程实践中迅速得到广泛应用。

11.1　维纳滤波

11.1.1　维纳滤波问题的提法

设系统的观测方程为

$$\boldsymbol{z}(t)=\boldsymbol{x}(t)+\boldsymbol{v}(t)$$

式中，$\boldsymbol{x}(t)$ 为有用信号；$\boldsymbol{z}(t)$ 为观测信号；$\boldsymbol{v}(t)$ 为观测误差。设 $\boldsymbol{x}(t)$，$\boldsymbol{z}(t)$ 和 $\boldsymbol{v}(t)$ 都是均值为零并具有各态历经性的平稳随机过程(见附录四)。

根据观测值 $\boldsymbol{z}(t)$ 估计 $\boldsymbol{x}(t)$，使估值 $\hat{\boldsymbol{x}}(t)$ 接近于 $\boldsymbol{x}(t)$。维纳滤波的任务就是设计出一个线性定常系统 L，如图 11－1 所示，使得系统的输出 $\boldsymbol{y}(t)$ 与 $\boldsymbol{x}(t)$ 具有最小方差，即

$$J=E\{[\boldsymbol{x}(t)-\boldsymbol{y}(t)]^2\}=\min \tag{11-3}$$

这样 $\boldsymbol{y}(t)$ 就作为 $\boldsymbol{x}(t)$ 的估值 $\hat{\boldsymbol{x}}(t)$。

如果系统 L 的脉冲过渡函数为 $\boldsymbol{h}(t)$，则

$$\boldsymbol{y}(t)=\int_0^{\infty}\boldsymbol{h}(\lambda)\boldsymbol{z}(t-\lambda)\,\mathrm{d}\lambda \tag{11-4}$$

$\boldsymbol{y}(t)$ 是系统 L 根据输入信号 $\boldsymbol{z}(t)$ 在 $(-\infty,t)$ 上的全部过去值所给出的实际输出，如图 11-2 所示，$\boldsymbol{y}(t)$ 是 $\boldsymbol{z}(t-\lambda)$ 的线性函数 $(\lambda>0)$。

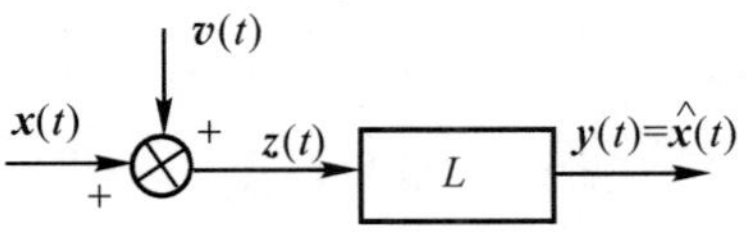

图 11-1　线性系统方块图

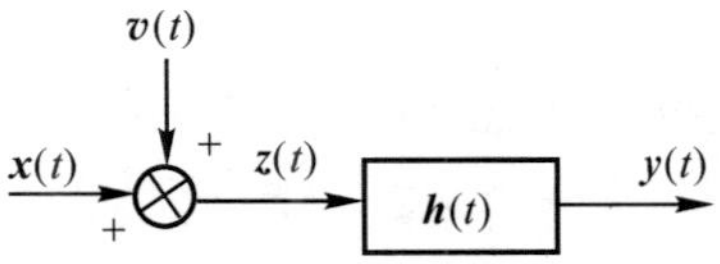

图 11-2　线性系统输入输出关系

根据问题的性质，维纳滤波有下列三个条件：

(1) 信号与噪声都是均值为零并具有各态历经性的平稳随机过程；

(2) 滤波器是一个物理可实现的线性定常系统，当 $t<0$ 时，$h(t)=0$；

(3) 最优准则是滤波的方差为最小。

这些条件使维纳滤波受到很大限制。

11.1.2　维纳-霍夫积分方程

维纳-霍夫积分方程是确定最优滤波器脉冲过渡函数的一个方程式。根据正交定理，估计误差 $\tilde{\boldsymbol{x}}(t)=\boldsymbol{x}(t)-\hat{\boldsymbol{x}}(t)$ 应与观测值 $\boldsymbol{z}(t)$ 正交，即

$$E\left\{\left[\boldsymbol{x}(t)-\int_0^{\infty}\boldsymbol{h}(\lambda)\boldsymbol{z}(t-\lambda)\,\mathrm{d}\lambda\right]\boldsymbol{z}^{\mathrm{T}}(t-\tau)\right\}=0\quad(\tau\leqslant t)$$

$$E\{\boldsymbol{x}(t)\boldsymbol{z}^{\mathrm{T}}(t-\tau)\}-\int_0^{\infty}\boldsymbol{h}(\lambda)E\{\boldsymbol{z}(t-\lambda)\boldsymbol{z}^{\mathrm{T}}(t-\tau)\}\,\mathrm{d}\lambda=0 \tag{11-5}$$

因为 $\boldsymbol{x}(t)$，$\boldsymbol{z}(t)$ 都是均值为零的平稳随机过程，则

$$E\{\boldsymbol{x}(t)\boldsymbol{z}^{\mathrm{T}}(t-\tau)\}=\boldsymbol{R}_{xz}(\tau)$$

$$E\{\boldsymbol{z}(t-\lambda)\boldsymbol{z}^{\mathrm{T}}(t-\tau)\}=\boldsymbol{R}_{zz}(\tau-\lambda)$$

把上面两式代入式(11-5)，可得

$$\boldsymbol{R}_{xz}(\tau)=\int_0^{\infty}\boldsymbol{h}(\lambda)\boldsymbol{R}_{zz}(\tau-\lambda)\,\mathrm{d}\lambda \tag{11-6}$$

这就是维纳-霍夫积分方程，解此方程可得最优滤波器的脉冲过渡函数。

维纳滤波在随机控制领域中是一个很大的突破，但很少被应用，这主要有如下两方面原因：

(1) 维纳-霍夫积分方程很难解，即使求出了最优滤波器的脉冲过渡函数，在工程上往往也很难实现；

(2) 维纳理论要求所有的随机过程都是平稳的，这与工程实际问题往往不相符合。

卡尔曼在 1960 年提出了另一种适合于数字计算机计算的递推滤波法，即所谓的卡尔曼滤波。这种滤波方法不需要求解积分方程，既适用于平稳随机过程，也适用于非平稳随机过程，

是一种有广泛应用价值的工程方法。

11.2 卡尔曼滤波问题的提法

在许多实际控制过程中，系统往往受到随机干扰的作用。在这种情况下，线性连续系统的控制过程可用下式表示：

$$\dot{\boldsymbol{x}}(t)=\boldsymbol{A}(t)\boldsymbol{x}(t)+\boldsymbol{B}(t)\boldsymbol{u}(t)+\boldsymbol{F}(t)\boldsymbol{w}(t) \tag{11-7}$$

式中，$\boldsymbol{x}(t)$ 是控制系统的 n 维状态向量；$\boldsymbol{u}(t)$ 是 m 维控制向量；假定 $\boldsymbol{w}(t)$ 是均值为零的 p 维白噪声向量；$\boldsymbol{A}(t)$ 是 $n\times n$ 矩阵；$\boldsymbol{B}(t)$ 是 $n\times m$ 矩阵；$\boldsymbol{F}(t)$ 是 $n\times p$ 矩阵。

对于实际控制系统，控制律的形成需要系统的状态变量，而状态变量往往不能直接获得，需要通过测量装置进行观测，根据观测得到的信号来确定状态变量。但测量装置中一般都存在随机干扰，因此在观测得到的信号中夹杂有随机噪声。要从夹杂有随机噪声的观测信号中准确地分离出状态变量是不可能的，只有根据观测信号来估计这些状态变量。通常，观测系统的观测方程为

$$\boldsymbol{z}(t)=\boldsymbol{H}(t)\boldsymbol{x}(t)+\boldsymbol{v}(t) \tag{11-8}$$

式中，$\boldsymbol{z}(t)$ 是 l 维观测向量；$\boldsymbol{H}(t)$ 是 $l\times n$ 矩阵，称为观测矩阵；假定 $\boldsymbol{v}(t)$ 是均值为零的 l 维白噪声；$\boldsymbol{w}(t)$ 和 $\boldsymbol{v}(t)$ 相互独立，它们的协方差阵分别为

$$E[\boldsymbol{w}(t)\boldsymbol{w}^{\mathrm{T}}(\tau)]=\boldsymbol{Q}(t)\delta(t-\tau) \tag{11-9}$$

$$E[\boldsymbol{v}(t)\boldsymbol{v}^{\mathrm{T}}(\tau)]=\boldsymbol{R}(t)\delta(t-\tau) \tag{11-10}$$

$$E[\boldsymbol{w}(t)\boldsymbol{v}^{\mathrm{T}}(\tau)]=\boldsymbol{0}$$

式中的 $\delta(t-\tau)$ 是狄拉克(Dirac)δ 函数，当 $t=\tau$ 时，$\delta(t-\tau)=\infty$；当 $t\neq\tau$ 时，$\delta(t-\tau)=0$；且 $\int_{-\infty}^{\infty}\delta(t-\tau)\mathrm{d}\tau=1$。当 $\boldsymbol{Q}(t)$ 和 $\boldsymbol{R}(t)$ 不随时间而变化时，$\boldsymbol{Q}$ 和 $\boldsymbol{R}$ 都是白噪声的谱密度矩阵。$\boldsymbol{Q}(t)$ 为对称的非负定矩阵，$\boldsymbol{R}(t)$ 为正定的对称矩阵。正定的物理意义是观测向量 $\boldsymbol{z}(t)$ 的各分量都附加有随机噪声。$\boldsymbol{Q}(t)$ 和 $\boldsymbol{R}(t)$ 都可对 t 微分。$\boldsymbol{x}(t)$ 的初始状态 $\boldsymbol{x}(t_0)$ 是一个随机向量，假定 $\boldsymbol{x}(t_0)$ 的数学期望 $E[\boldsymbol{x}(t_0)]=\boldsymbol{m}_0$，方差矩阵 $\boldsymbol{P}(t_0)=E\{[\boldsymbol{x}(t_0)-\boldsymbol{m}_0][\boldsymbol{x}(t_0)-\boldsymbol{m}_0]^{\mathrm{T}}\}$ 都为已知。

现在的任务是从观测信号 $\boldsymbol{z}(t)$ 中估计出状态变量，希望估计出来的 $\hat{\boldsymbol{x}}(t)$ 值与实际的 $\boldsymbol{x}(t)$ 值愈接近愈好，因此提出最优估计问题。一般都采用线性最小方差估计。

线性最小方差估计问题可阐述如下：假定线性控制过程如式(11-7)所示，观测方程如式(11-8)所示。从时间 $t=t_0$ 开始得到观测值 $\boldsymbol{z}(t)$，在区间 $t_0\leqslant\sigma\leqslant t$ 内已给出观测值 $\boldsymbol{z}(\sigma)$。要求找出 $\boldsymbol{x}(t_1)$ 的最优线性估计 $\hat{\boldsymbol{x}}(t_1/t)$。这里记号"$t_1/t$"表示利用 t 时刻以前的观测值 $\boldsymbol{z}(\sigma)$ 来估计 t_1 时刻的 $\boldsymbol{x}(t_1)$ 值。所谓最优线性估计包含以下三点意义：

(1) 估值 $\hat{\boldsymbol{x}}(t_1/t)$ 是 $\boldsymbol{z}(\sigma)(t_0\leqslant\sigma\leqslant t)$ 的线性函数。

(2) 估值是无偏的，即

$$E[\hat{\boldsymbol{x}}(t_1/t)]=E[\boldsymbol{x}(t)]$$

(3) 要求估值误差 $\tilde{\boldsymbol{x}}(t_1/t)=\boldsymbol{x}(t_1)-\hat{\boldsymbol{x}}(t_1/t)$ 的方差为最小，即要求

$$E\{[\boldsymbol{x}(t_1)-\hat{\boldsymbol{x}}(t_1/t)]^{\mathrm{T}}[\boldsymbol{x}(t_1)-\hat{\boldsymbol{x}}(t_1/t)]\}=\min$$

根据 t_1 和 t 的大小关系，连续系统估计问题可分为三类：

第一类：$t_1 > t$，称为预测（或外推）问题；

第二类：$t_1 = t$，称为滤波问题；

第三类：$t_1 < t$，称为平滑（或内插）问题。

比较起来，预测问题稍为简单一些，平滑问题最复杂。通常讲的卡尔曼滤波指的是预测和滤波。

下面讨论离散系统的卡尔曼滤波问题。设离散系统的差分方程和观测方程分别为

$$\boldsymbol{x}(k+1,k) = \boldsymbol{\Phi}(k+1,k)\boldsymbol{x}(k) + \boldsymbol{G}(k+1,k)\boldsymbol{u}(k) + \boldsymbol{\Gamma}(k+1,k)\boldsymbol{w}(k) \tag{11-11}$$

$$\boldsymbol{z}(k) = \boldsymbol{H}(k)\boldsymbol{x}(k) + \boldsymbol{v}(k) \tag{11-12}$$

式中，$\boldsymbol{x}(k)$ 是 n 维状态向量；$\boldsymbol{u}(k)$ 是 m 维控制向量；$\boldsymbol{z}(k)$ 是 l 维观测向量；$\boldsymbol{\Phi}(k+1,k)$ 是 $n\times n$ 矩阵；$\boldsymbol{G}(k+1,k)$ 是 $n\times m$ 矩阵；$\boldsymbol{\Gamma}(k+1,k)$ 是 $n\times p$ 矩阵；$\boldsymbol{H}(k)$ 是 $l\times n$ 矩阵。假定 $\boldsymbol{w}(k)$ 是均值为零的 p 维白噪声向量序列，$\boldsymbol{v}(k)$ 是均值为零的 l 维的白噪声向量序列，$\boldsymbol{w}(k)$ 和 $\boldsymbol{v}(k)$ 相互独立，在采样间隔内 $\boldsymbol{w}(k)$ 和 $\boldsymbol{v}(k)$ 都为常值，其统计特性如下：

$$\left.\begin{aligned} &E[\boldsymbol{w}(k)] = E[\boldsymbol{v}(k)] = \boldsymbol{0} \\ &E[\boldsymbol{w}(k)\boldsymbol{w}^{\mathrm{T}}(j)] = \boldsymbol{Q}_k\delta_{kj} \\ &E[\boldsymbol{v}(k)\boldsymbol{v}^{\mathrm{T}}(j)] = \boldsymbol{R}_k\delta_{kj} \\ &E[\boldsymbol{w}(k)\boldsymbol{v}^{\mathrm{T}}(j)] = \boldsymbol{0} \end{aligned}\right\} \tag{11-13}$$

式中，δ_{kj} 为克罗尼克(Kroneker)δ 函数，其特性为

$$\delta_{kj} = \begin{cases} 1, & k = j \\ 0, & k \neq j \end{cases}$$

$\boldsymbol{Q}_k$ 为非负定矩阵；$\boldsymbol{R}_k$ 为正定矩阵。$\boldsymbol{Q}_k$ 和 $\boldsymbol{R}_k$ 都是方差阵，而 $\boldsymbol{Q}(t)$ 和 $\boldsymbol{R}(t)$ 不是方差阵。当 $\boldsymbol{Q}(t)$ 和 $\boldsymbol{R}(t)$ 不随时间而变时，都是谱密度矩阵。可以证明，$\boldsymbol{Q}_k$，$\boldsymbol{R}_k$ 与 $\boldsymbol{Q}(t)$，$\boldsymbol{R}(t)$ 之间存在下列关系：

(1)
$$\boldsymbol{Q}_k = \frac{\boldsymbol{Q}(t)}{\Delta t}, \quad \lim_{\Delta t\to 0}\boldsymbol{Q}_k = \infty \tag{11-14}$$

(2)
$$\boldsymbol{R}_k = \frac{\boldsymbol{R}(t)}{\Delta t}, \quad \lim_{\Delta t\to 0}\boldsymbol{R}_k = \infty \tag{11-15}$$

在 $\Delta t \to 0$ 的极限条件下，离散噪声序列 $\boldsymbol{w}(k)$ 和 $\boldsymbol{v}(k)$ 趋向于持续时间为零、幅值为无穷大的脉冲序列。而“脉冲”自相关函数与横轴所围的面积 $\boldsymbol{Q}_k\Delta t$ 和 $\boldsymbol{R}_k\Delta t$ 分别等于连续白噪声脉冲自相关函数与横轴所围的面积 $\boldsymbol{Q}(t)$ 和 $\boldsymbol{R}(t)$。

状态向量 $\boldsymbol{x}(k)$ 的初始统计特性是给定的，即

$$E[\boldsymbol{x}(0)] = \boldsymbol{m}_0, E\{[\boldsymbol{x}(0) - \boldsymbol{m}_0][\boldsymbol{x}(0) - \boldsymbol{m}_0]^{\mathrm{T}}\} = \boldsymbol{P}_0$$

给出观测序列 $\boldsymbol{z}(0),\boldsymbol{z}(1),\cdots,\boldsymbol{z}(k)$，要求找出 $\boldsymbol{x}(j)$ 的线性最优估计 $\hat{\boldsymbol{x}}(j/k)$，使得估值 $\hat{\boldsymbol{x}}(j/k)$ 与 $\boldsymbol{x}(j)$ 之间的误差 $\tilde{\boldsymbol{x}}(j/k) = \boldsymbol{x}(j) - \hat{\boldsymbol{x}}(j/k)$ 的方差为最小，即

$$E\{[\boldsymbol{x}(j) - \hat{\boldsymbol{x}}(j/k)]^{\mathrm{T}}[\boldsymbol{x}(j) - \hat{\boldsymbol{x}}(j/k)]\} = \min$$

也就是要求各状态变量估计误差的方差和为最小。同时要求 $\hat{\boldsymbol{x}}(j/k)$ 是 $\boldsymbol{z}(0),\boldsymbol{z}(1),\cdots,\boldsymbol{z}(k)$ 的线性函数，并且估计是无偏的，即

$$E[\hat{\boldsymbol{x}}(j/k)] = E[\boldsymbol{x}(j)]$$

根据 j 和 k 的大小关系，离散系统估计问题也可分成三类：

第一类：$j > k$，称为预测（或外推）问题；

第二类：$j = k$，称为滤波问题；

第三类：$j < k$，称为平滑（或内插）问题。

本章只讨论连续系统和离散系统的最优预测和最优滤波问题。

11.3 离散系统卡尔曼最优预测基本方程的推导

在推导卡尔曼预测基本方程时，为了简便起见，先不考虑控制信号的作用，这样，离散系统的差分方程式(11－11)变成

$$\boldsymbol{x}(k+1)=\boldsymbol{\Phi}(k+1,k)\boldsymbol{x}(k)+\boldsymbol{\Gamma}(k+1,k)\boldsymbol{w}(k) \tag{11-16}$$

观测方程仍为式(11－12)，即

$$\boldsymbol{z}(k)=\boldsymbol{H}(k)\boldsymbol{x}(k)+\boldsymbol{v}(k)$$

式中，$\boldsymbol{w}(k)$ 和 $\boldsymbol{v}(k)$ 都是均值为零的白噪声序列，$\boldsymbol{w}(k)$ 和 $\boldsymbol{v}(k)$ 相互独立，在采样间隔内 $\boldsymbol{w}(k)$ 和 $\boldsymbol{v}(k)$ 为常值，其统计特性如式(11－13)所示，即

$$E[\boldsymbol{w}(k)]=E[\boldsymbol{v}(k)]=\boldsymbol{0}$$
$$E[\boldsymbol{w}(k)\boldsymbol{w}^{\mathrm{T}}(j)]=\boldsymbol{Q}_k\delta_{kj}$$
$$E[\boldsymbol{v}(k)\boldsymbol{v}^{\mathrm{T}}(j)]=\boldsymbol{R}_k\delta_{kj}$$
$$E[\boldsymbol{w}(k)\boldsymbol{v}^{\mathrm{T}}(j)]=\boldsymbol{0}$$

状态向量的初值 $\boldsymbol{x}(0)$，其统计特性是给定的，即

$$E[\boldsymbol{x}(0)]=\boldsymbol{m}_0,\quad E\{[\boldsymbol{x}(0)-\boldsymbol{m}_0][\boldsymbol{x}(0)-\boldsymbol{m}_0]^{\mathrm{T}}\}=\boldsymbol{P}_0$$

给出观测序列 $\boldsymbol{z}(0),\boldsymbol{z}(1),\cdots,\boldsymbol{z}(k)$，要求找出 $\boldsymbol{x}(k+1)$ 的线性最优估计 $\hat{\boldsymbol{x}}(k+1/k)$，使得估计误差 $\tilde{\boldsymbol{x}}(k+1/k)=\boldsymbol{x}(k+1)-\hat{\boldsymbol{x}}(k+1/k)$ 的方差为最小，即

$$E\{[\boldsymbol{x}(k+1)-\hat{\boldsymbol{x}}(k+1/k)]^{\mathrm{T}}[\boldsymbol{x}(k+1)-\hat{\boldsymbol{x}}(k+1/k)]\}=\min$$

要求估值 $\hat{\boldsymbol{x}}(k+1/k)$ 是 $\boldsymbol{z}(0),\boldsymbol{z}(1),\cdots,\boldsymbol{z}(k)$ 的线性函数，并且要求估计是无偏的，即

$$E[\hat{\boldsymbol{x}}(k+1/k)]=E[\boldsymbol{x}(k+1)]$$

下面推导卡尔曼预测估计基本公式。推导的方法有几种，比较简易的方法是利用正交定理，用数学归纳法推导卡尔曼估计的基本递推估计公式。

当获得观测值 $\boldsymbol{z}(0),\boldsymbol{z}(1),\cdots,\boldsymbol{z}(k-1)$ 之后，假定已经得到状态向量 $\boldsymbol{x}(k)$ 的一个最优线性预测估计 $\hat{\boldsymbol{x}}(k/k-1)$。当还未获得 k 时刻的新观测值 $\boldsymbol{z}(k)$ 时，根据已有的观测值，可得到 $k+1$ 时刻的系统状态向量 $\boldsymbol{x}(k+1)$ 的两步预测估值 $\hat{\boldsymbol{x}}(k+1/k-1)$，即

$$\hat{\boldsymbol{x}}(k+1/k-1)=\boldsymbol{\Phi}(k+1,k)\hat{\boldsymbol{x}}(k/k-1) \tag{11-17}$$

由于 $\hat{\boldsymbol{x}}(k/k-1)$ 是 $\boldsymbol{x}(k)$ 的一步最优线性估计，$\hat{\boldsymbol{x}}(k+1/k-1)$ 也是 $\boldsymbol{x}(k+1)$ 的最优线性预测估计，这可用正交定理来证明。由式(11－16)减式(11－17)，可得

$$\tilde{\boldsymbol{x}}(k+1/k-1)=\boldsymbol{x}(k+1)-\hat{\boldsymbol{x}}(k+1/k-1)=$$
$$\boldsymbol{\Phi}(k+1,k)[\boldsymbol{x}(k)-\hat{\boldsymbol{x}}(k/k-1)]+\boldsymbol{\Gamma}(k+1,k)\boldsymbol{w}(k)$$
$$\tilde{\boldsymbol{x}}(k+1/k-1)=\boldsymbol{\Phi}(k+1,k)\tilde{\boldsymbol{x}}(k/k-1)+\boldsymbol{\Gamma}(k+1,k)\boldsymbol{w}(k) \tag{11-18}$$

式中，$\tilde{\boldsymbol{x}}(k/k-1)=\boldsymbol{x}(k)-\hat{\boldsymbol{x}}(k/k-1)$。

因为 $\hat{\boldsymbol{x}}(k/k-1)$ 是 $\boldsymbol{x}(k)$ 的最优线性预测估值，根据正交定理，估计误差 $\tilde{\boldsymbol{x}}(k/k-1)$ 必须正交于 $\boldsymbol{z}(0),\boldsymbol{z}(1),\cdots,\boldsymbol{z}(k-1)$，所以 $\tilde{\boldsymbol{x}}(k/k-1)$ 的线性变换 $\boldsymbol{\Phi}(k+1,k)\tilde{\boldsymbol{x}}(k/k-1)$ 也必须正交于 $\boldsymbol{z}(0),\cdots,\boldsymbol{z}(k-1)$。式(11-18)中的 $\boldsymbol{w}(k)$ 是均值为零的白噪声序列，与 $\boldsymbol{z}(0),\cdots,\boldsymbol{z}(k-1)$ 相互独立，因此 $\boldsymbol{w}(k)$ 正交于 $\boldsymbol{z}(0),\cdots,\boldsymbol{z}(k-1)$。所以在没有获得 $\boldsymbol{z}(k)$ 之前，$\hat{\boldsymbol{x}}(k+1/k-1)$ 是 $\boldsymbol{x}(k+1)$ 的最优两步线性预测。

在新观测值 $\boldsymbol{z}(k)$ 获取之后，可通过修正两步估值 $\hat{\boldsymbol{x}}(k+1/k-1)$ 来得到 $\boldsymbol{x}(k+1)$ 的一步预测估值 $\hat{\boldsymbol{x}}(k+1/k)$。

设 $\boldsymbol{z}(k)$ 的预测估值为

$$\hat{\boldsymbol{z}}(k/k-1)=\boldsymbol{H}(k)\hat{\boldsymbol{x}}(k/k-1) \tag{11-19}$$

由式(11-12)减式(11-19)，得 $\boldsymbol{z}(k)$ 的预测估计误差为

$$\begin{aligned}\tilde{\boldsymbol{z}}(k/k-1)&=\boldsymbol{z}(k)-\hat{\boldsymbol{z}}(k/k-1)=\\&\boldsymbol{H}(k)[\boldsymbol{x}(k)-\hat{\boldsymbol{x}}(k/k-1)]+\boldsymbol{v}(k)=\boldsymbol{H}(k)\tilde{\boldsymbol{x}}(k/k-1)+\boldsymbol{v}(k)\end{aligned}$$

可见，造成 $\tilde{\boldsymbol{z}}(k/k-1)$ 的原因有两个：① 对 k 时刻状态向量 $\boldsymbol{x}(k)$ 的预测估计有误差；② 附加了 k 时刻的观测噪声干扰 $\boldsymbol{v}(k)$。显然 $\tilde{\boldsymbol{z}}(k/k-1)$ 包含修正 $\hat{\boldsymbol{x}}(k+1/k-1)$ 的新信息。这样，在获得 $\boldsymbol{z}(k)$ 之后，在两步估值 $\hat{\boldsymbol{x}}(k+1/k-1)$ 的基础上，用 $\tilde{\boldsymbol{z}}(k/k-1)$ 去修正，便可得到 $k+1$ 时刻状态向量 $\boldsymbol{x}(k+1)$ 的一步预测估计 $\hat{\boldsymbol{x}}(k+1/k)$，即

$$\hat{\boldsymbol{x}}(k+1/k)=\hat{\boldsymbol{x}}(k+1/k-1)+\boldsymbol{K}(k)\tilde{\boldsymbol{z}}(k/k-1)$$

或

$$\hat{\boldsymbol{x}}(k+1/k)=\boldsymbol{\Phi}(k+1,k)\hat{\boldsymbol{x}}(k/k-1)+\boldsymbol{K}(k)[\boldsymbol{z}(k)-\boldsymbol{H}(k)\hat{\boldsymbol{x}}(k/k-1)] \tag{11-20}$$

式中，$\boldsymbol{K}(k)$ 是待定矩阵，称为最优增益矩阵或加权矩阵。式(11-20)可改写成

$$\hat{\boldsymbol{x}}(k+1/k)=\boldsymbol{\Phi}(k+1,k)\hat{\boldsymbol{x}}(k/k-1)+\boldsymbol{K}(k)\boldsymbol{H}(k)\tilde{\boldsymbol{x}}(k/k-1)+\boldsymbol{K}(k)\boldsymbol{v}(k) \tag{11-21}$$

$k+1$ 时刻系统状态方程为

$$\boldsymbol{x}(k+1)=\boldsymbol{\Phi}(k+1,k)\boldsymbol{x}(k)+\boldsymbol{\Gamma}(k+1,k)\boldsymbol{w}(k) \tag{11-22}$$

由式(11-22)减式(11-21)得 $\boldsymbol{x}(k+1)$ 的估计误差为

$$\tilde{\boldsymbol{x}}(k+1/k)=[\boldsymbol{\Phi}(k+1,k)-\boldsymbol{K}(k)\boldsymbol{H}(k)]\tilde{\boldsymbol{x}}(k/k-1)+\boldsymbol{\Gamma}(k+1,k)\boldsymbol{w}(k)-\boldsymbol{K}(k)\boldsymbol{v}(k) \tag{11-23}$$

观察式(11-23)右端，$\tilde{\boldsymbol{x}}(k/k-1)$，$\boldsymbol{w}(k)$，$\boldsymbol{v}(k)$ 均分别正交于 $\boldsymbol{z}(0),\boldsymbol{z}(1),\cdots,\boldsymbol{z}(k-1)$，因此，$\tilde{\boldsymbol{x}}(k+1/k)$ 正交于 $\boldsymbol{z}(0),\boldsymbol{z}(1),\cdots,\boldsymbol{z}(k-1)$。

若 $\tilde{\boldsymbol{x}}(k+1/k)$ 与 $\boldsymbol{z}(k)$ 正交，则 $\hat{\boldsymbol{x}}(k+1/k)$ 就是 $\boldsymbol{x}(k+1)$ 的一步最优线性预测估值。因此，利用 $\tilde{\boldsymbol{x}}(k+1/k)$ 与 $\boldsymbol{z}(k)$ 的正交条件

$$E[\tilde{\boldsymbol{x}}(k+1/k)\boldsymbol{z}^{\mathrm{T}}(k)]=\boldsymbol{0} \tag{11-24}$$

来确定最优增益矩阵 $\boldsymbol{K}(k)$。

把式(11-23)和式(11-12)代入式(11-24)，得

$$E\{\{[\boldsymbol{\Phi}(k+1,k)-\boldsymbol{K}(k)\boldsymbol{H}(k)]\tilde{\boldsymbol{x}}(k/k-1)+\boldsymbol{\Gamma}(k+1,k)\boldsymbol{w}(k)-\boldsymbol{K}(k)\boldsymbol{v}(k)\}\cdot$$

$$\{\boldsymbol{H}(k)\hat{\boldsymbol{x}}(k/k-1)+\boldsymbol{H}(k)\tilde{\boldsymbol{x}}(k/k-1)+\boldsymbol{v}(k)\}^{\mathrm{T}}\}=\boldsymbol{0}$$

考虑到 $\tilde{\boldsymbol{x}}(k/k-1)$，$\hat{\boldsymbol{x}}(k/k-1)$，$\boldsymbol{w}(k)$ 和 $\boldsymbol{v}(k)$ 相互间都是正交的，因此上式可简化为

$$E\{[\boldsymbol{\Phi}(k+1,k)-\boldsymbol{K}(k)\boldsymbol{H}(k)]\tilde{\boldsymbol{x}}(k/k-1)\tilde{\boldsymbol{x}}^{\mathrm{T}}(k/k-1)\boldsymbol{H}^{\mathrm{T}}(k)-\boldsymbol{K}(k)\boldsymbol{v}(k)\boldsymbol{v}^{\mathrm{T}}(k)\}=\boldsymbol{0}$$

即

$$[\boldsymbol{\Phi}(k+1,k)-\boldsymbol{K}(k)\boldsymbol{H}(k)]E[\tilde{\boldsymbol{x}}(k/k-1)\tilde{\boldsymbol{x}}^{\mathrm{T}}(k/k-1)]\boldsymbol{H}^{\mathrm{T}}(k)-\boldsymbol{K}(k)\boldsymbol{E}[\boldsymbol{v}(k)\boldsymbol{v}^{\mathrm{T}}(k)]=\boldsymbol{0}$$

设 $E[\tilde{\boldsymbol{x}}(k/k-1)\tilde{\boldsymbol{x}}^{\mathrm{T}}(k/k-1)]=\boldsymbol{P}(k/k-1)$，又有 $E[\boldsymbol{v}(k)\boldsymbol{v}^{\mathrm{T}}(k)]=\boldsymbol{R}_k$，代入上式后可得最优增益矩阵为

$$\boldsymbol{K}(k)=\boldsymbol{\Phi}(k+1,k)\boldsymbol{P}(k/k-1)\boldsymbol{H}^{\mathrm{T}}(k)[\boldsymbol{H}(k)\boldsymbol{P}(k/k-1)\boldsymbol{H}^{\mathrm{T}}(k)+\boldsymbol{R}_k]^{-1} \quad (11-25)$$

现在须确定估计误差方差阵 $\boldsymbol{P}(k+1/k)$ 的递推关系式。根据估计误差方差阵的定义，有

$$\boldsymbol{P}(k+1/k)=E[\tilde{\boldsymbol{x}}(k+1/k)\tilde{\boldsymbol{x}}^{\mathrm{T}}(k+1/k)]$$

将式(11-23)代入上式得

$$\begin{aligned}\boldsymbol{P}(k+1/k)=E\{&\{[\boldsymbol{\Phi}(k+1,k)-\boldsymbol{K}(k)\boldsymbol{H}(k)]\tilde{\boldsymbol{x}}(k/k-1)+\\&\boldsymbol{\Gamma}(k+1,k)\boldsymbol{w}(k)-\boldsymbol{K}(k)\boldsymbol{v}(k)\}\{[\boldsymbol{\Phi}(k+1,k)-\boldsymbol{K}(k)\boldsymbol{H}(k)]\tilde{\boldsymbol{x}}(k/k-1)+\\&\boldsymbol{\Gamma}(k+1,k)\boldsymbol{w}(k)-\boldsymbol{K}(k)\boldsymbol{v}(k)\}^{\mathrm{T}}\}\end{aligned}$$

考虑到 $\tilde{\boldsymbol{x}}(k/k-1)$，$\boldsymbol{w}(k)$ 和 $\boldsymbol{v}(k)$ 相互间都正交，可得

$$\begin{aligned}\boldsymbol{P}(k+1/k)=&[\boldsymbol{\Phi}(k+1,k)-\boldsymbol{K}(k)\boldsymbol{H}(k)]\boldsymbol{P}(k/k-1)[\boldsymbol{\Phi}(k+1,k)-\boldsymbol{K}(k)\boldsymbol{H}(k)]^{\mathrm{T}}+\\&\boldsymbol{K}(k)\boldsymbol{R}_k\boldsymbol{K}^{\mathrm{T}}(k)+\boldsymbol{\Gamma}(k+1,k)\boldsymbol{Q}_k\boldsymbol{\Gamma}^{\mathrm{T}}(k+1,k)\end{aligned}$$

式中 $\boldsymbol{Q}_k=E[\boldsymbol{w}(k)\boldsymbol{w}^{\mathrm{T}}(k)]$。将上式展开，经整理后得

$$\begin{aligned}\boldsymbol{P}(k+1/k)=&\boldsymbol{\Phi}(k+1,k)\boldsymbol{P}(k/k-1)\boldsymbol{\Phi}^{\mathrm{T}}(k+1,k)-\boldsymbol{K}(k)\boldsymbol{H}(k)\boldsymbol{P}(k/k-1)\cdot\\&\boldsymbol{\Phi}^{\mathrm{T}}(k+1,k)-\boldsymbol{\Phi}(k+1,k)\boldsymbol{P}(k/k-1)\boldsymbol{H}^{\mathrm{T}}(k)\boldsymbol{K}^{\mathrm{T}}(k)+\\&\boldsymbol{K}(k)\boldsymbol{H}(k)\boldsymbol{P}(k/k-1)\boldsymbol{H}^{\mathrm{T}}(k)\boldsymbol{K}^{\mathrm{T}}(k)+\boldsymbol{K}(k)\boldsymbol{R}_k\boldsymbol{K}^{\mathrm{T}}(k)+\\&\boldsymbol{\Gamma}(k+1,k)\boldsymbol{Q}_k\boldsymbol{\Gamma}^{\mathrm{T}}(k+1,k)\end{aligned} \quad (11-26)$$

式(11-26)右端第四项与第五项之和为

$$\begin{aligned}&\boldsymbol{K}(k)\boldsymbol{H}(k)\boldsymbol{P}(k/k-1)\boldsymbol{H}^{\mathrm{T}}(k)\boldsymbol{K}^{\mathrm{T}}(k)+\boldsymbol{K}(k)\boldsymbol{R}_k\boldsymbol{K}^{\mathrm{T}}(k)=\\&\boldsymbol{K}(k)[\boldsymbol{H}(k)\boldsymbol{P}(k/k-1)\boldsymbol{H}^{\mathrm{T}}(k)+\boldsymbol{R}_k]\boldsymbol{K}^{\mathrm{T}}(k)=\\&\boldsymbol{\Phi}(k+1,k)\boldsymbol{P}(k/k-1)\boldsymbol{H}^{\mathrm{T}}(k)[\boldsymbol{H}(k)\boldsymbol{P}(k/k-1)\boldsymbol{H}^{\mathrm{T}}(k)+\boldsymbol{R}_k]^{-1}\cdot\\&[\boldsymbol{H}(k)\boldsymbol{P}(k/k-1)\boldsymbol{H}^{\mathrm{T}}(k)+\boldsymbol{R}_k]\boldsymbol{K}^{\mathrm{T}}(k)=\\&\boldsymbol{\Phi}(k+1,k)\boldsymbol{P}(k/k-1)\boldsymbol{H}^{\mathrm{T}}(k)\boldsymbol{K}^{\mathrm{T}}(k)\end{aligned}$$

显然，式(11-26)右端第四项与第五项之和在数值上等于第三项，但符号相反。这样，式(11-25)右端第三、第四和第五项之和为零，因此

$$\begin{aligned}\boldsymbol{P}(k+1/k)=&\boldsymbol{\Phi}(k+1,k)\boldsymbol{P}(k/k-1)\boldsymbol{\Phi}^{\mathrm{T}}(k+1,k)-\boldsymbol{K}(k)\boldsymbol{H}(k)\boldsymbol{P}(k/k-1)\boldsymbol{\Phi}^{\mathrm{T}}(k+1,k)+\\&\boldsymbol{\Gamma}(k+1,k)\boldsymbol{Q}_k\boldsymbol{\Gamma}^{\mathrm{T}}(k+1,k)\end{aligned}$$

把式(11-25)的 $\boldsymbol{K}(k)$ 代入上式，可得估计误差方差阵的递推关系式为

$$\begin{aligned}\boldsymbol{P}(k+1/k)=&\boldsymbol{\Phi}(k+1,k)\boldsymbol{P}(k/k-1)\boldsymbol{\Phi}^{\mathrm{T}}(k+1,/k)-\\&\boldsymbol{\Phi}(k+1,k)\boldsymbol{P}(k/k-1)\boldsymbol{H}^{\mathrm{T}}(k)[\boldsymbol{H}(k)\boldsymbol{P}(k/k-1)\boldsymbol{H}^{\mathrm{T}}(k)+\boldsymbol{R}_k]^{-1}\cdot\\&\boldsymbol{H}(k)\boldsymbol{P}(k/k-1)\boldsymbol{\Phi}^{\mathrm{T}}(k+1,k)+\boldsymbol{\Gamma}(k+1,k)\boldsymbol{Q}_k\boldsymbol{\Gamma}^{\mathrm{T}}(k+1,k)\end{aligned} \quad (11-27)$$

方程式(11-20)、式(11-25)和式(11-27)构成一组完整的最优线性估计方程，现综合如下：

(1) 最优预测估计方程为式(11－20)，即

$$\hat{\boldsymbol{x}}(k+1/k)=\boldsymbol{\Phi}(k+1,k)\hat{\boldsymbol{x}}(k/k-1)+\boldsymbol{K}(k)[\boldsymbol{z}(k)-\boldsymbol{H}(k)\hat{\boldsymbol{x}}(k/k-1)]$$

(2) 最优增益矩阵方程为式(11－25)，即

$$\boldsymbol{K}(k)=\boldsymbol{\Phi}(k+1,k)\boldsymbol{P}(k/k-1)\boldsymbol{H}^{\mathrm{T}}(k)[\boldsymbol{H}(k)\boldsymbol{P}(k/k-1)\boldsymbol{H}^{\mathrm{T}}(k)+\boldsymbol{R}_k]^{-1}$$

(3) 估计误差方差阵的递推方程为式(11－27)，即

$$\begin{aligned}\boldsymbol{P}(k+1/k)=&\boldsymbol{\Phi}(k+1,k)\boldsymbol{P}(k/k-1)\boldsymbol{\Phi}^{\mathrm{T}}(k+1/k)-\\&\boldsymbol{\Phi}(k+1,k)\boldsymbol{P}(k/k-1)\boldsymbol{H}^{\mathrm{T}}(k)[\boldsymbol{H}(k)\boldsymbol{P}(k/k-1)\boldsymbol{H}^{\mathrm{T}}(k)+\boldsymbol{R}_k]^{-1}\cdot\\&\boldsymbol{H}(k)\boldsymbol{P}(k/k-1)\boldsymbol{\Phi}^{\mathrm{T}}(k+1,k)+\boldsymbol{\Gamma}(k+1,k)\boldsymbol{Q}_k\boldsymbol{\Gamma}^{\mathrm{T}}(k+1,k)\end{aligned}$$

从式(11－27)可看出，估计误差方差阵与 $\boldsymbol{Q}_k$ 和 $\boldsymbol{R}_k$ 有关，而与观测值 $\boldsymbol{z}(k)$ 无关。因此，可事先估计误差方差阵 $\boldsymbol{P}(k+1/k)$，同时也可算出最优增益矩阵 $\boldsymbol{K}(k)$。

按式(11－16)和式(11－12)作出系统模型方块图，如图 11－3 所示。

图 11－4 表示由方程式(11－20)所描述的卡尔曼最优预测估计方块图。

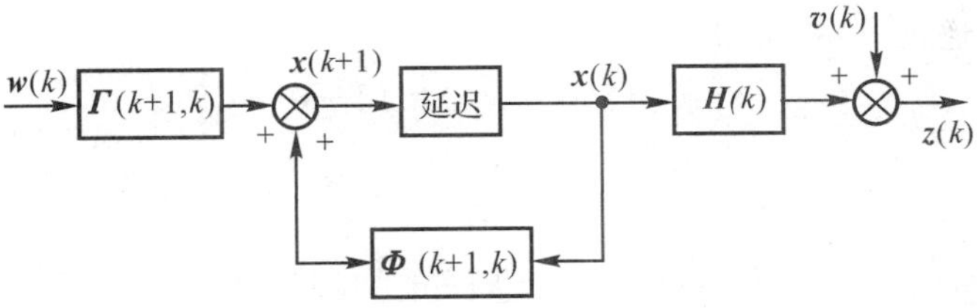

图 11－3　离散系统方块图

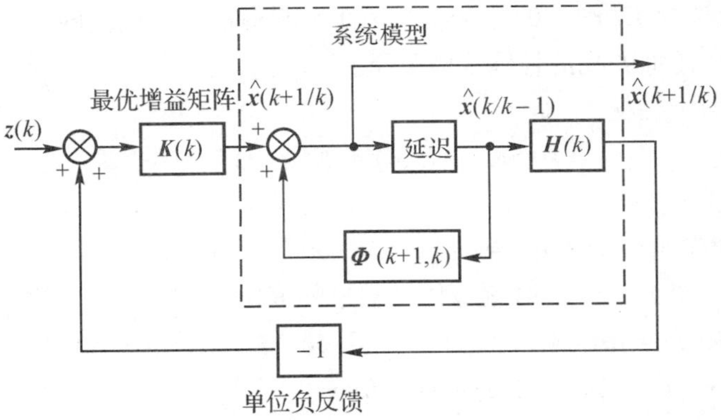

图 11－4　离散系统卡尔曼最优预测方块图

从图 11－4 可看出，最优预测估计由三部分组成：① 系统模型；② 最优增益矩阵 $\boldsymbol{K}(k)$；③ 单位负反馈回路。

现在需要验证 11.2 节时最优估计提出的三项要求：① 估值为观测值的线性函数；② 估计值的方差为最小；③ 估值是无偏的，即 $E[\hat{\boldsymbol{x}}(k+1/k)]=E[\boldsymbol{x}(k+1)]$。

在上面推导预测估计方程时，是按照 ① 和 ② 两项要求推导的，现需要说明估值是无偏的问题。

对式(11－16)的两端取数学期望，考虑到 $E[\boldsymbol{w}(k)]=\boldsymbol{0}$，可得

$$E[\boldsymbol{x}(k+1)]=\boldsymbol{\Phi}(k+1,k)E[\boldsymbol{x}(k)] \tag{11-28}$$

再对式(11-21)的两端取数学期望,考虑到 $E[\boldsymbol{v}(k)]=0$,可得

$$E[\hat{\boldsymbol{x}}(k+1/k)]=\boldsymbol{\Phi}(k+1,k)E[\hat{\boldsymbol{x}}(k/k-1)]+\boldsymbol{K}(k)\boldsymbol{H}(k)E[\tilde{\boldsymbol{x}}(k/k-1)]=$$
$$\boldsymbol{\Phi}(k+1,k)E[\hat{\boldsymbol{x}}(k/k-1)]+\boldsymbol{K}(k)\boldsymbol{H}(k)E[\boldsymbol{x}(k)-\hat{\boldsymbol{x}}(k/k-1)] \tag{11-29}$$

将式(11-28)减式(11-29),得到

$$E[\boldsymbol{x}(k+1)-\hat{\boldsymbol{x}}(k+1/k)]=\boldsymbol{\Phi}(k+1,k)E[\boldsymbol{x}(k)-\hat{\boldsymbol{x}}(k/k-1)]-$$
$$\boldsymbol{K}(k)\boldsymbol{H}(k)E[\boldsymbol{x}(k)-\hat{\boldsymbol{x}}(k/k-1)] \tag{11-30}$$

如果初始条件为

$$E[\hat{\boldsymbol{x}}(0/0_-)]=E[\boldsymbol{x}(0)]=\boldsymbol{m}_0$$

或

$$\hat{\boldsymbol{x}}(0/0_-)=E[\boldsymbol{x}(0)]=\boldsymbol{m}_0$$

则

$$E[\tilde{\boldsymbol{x}}(0/0_-)]=E[\boldsymbol{x}(0)]-E[\hat{\boldsymbol{x}}(0/0_-)]=\boldsymbol{0}$$

根据式(11-30)的递推关系,可得

$$E[\boldsymbol{x}(1)-\hat{\boldsymbol{x}}(1/0)]=\boldsymbol{0}$$
$$E[\boldsymbol{x}(2)-\hat{\boldsymbol{x}}(2/1)]=\boldsymbol{0}$$
$$\cdots\cdots$$
$$E[\boldsymbol{x}(k+1)-\hat{\boldsymbol{x}}(k+1/k)]=\boldsymbol{0}$$

因此

$$E[\hat{\boldsymbol{x}}(k+1/k)]=E[\boldsymbol{x}(k+1)],\quad k=0,1,2\cdots$$

所以,只要初始估计选为 $E[\hat{\boldsymbol{x}}(0/0_-)]=E[\boldsymbol{x}(0)]$,所得估计是无偏的。

卡尔曼预测估计递推方程的计算步骤如下:

(1) 在 t_0 时刻给定初值

$$\hat{\boldsymbol{x}}(0/0_-)=\hat{\boldsymbol{x}}(0)=E[\boldsymbol{x}(0)]=\boldsymbol{m}_0$$

估值误差方差阵初值

$$\boldsymbol{P}(0/0_-)=\boldsymbol{P}(0)=E\{[\boldsymbol{x}(0)-\hat{\boldsymbol{x}}(0)][\boldsymbol{x}(0)-\hat{\boldsymbol{x}}(0)]^{\mathrm{T}}\}$$

(2) 根据式(11-25)计算 t_0 时刻最优增益矩阵 $\boldsymbol{K}(0)$。

$$\boldsymbol{K}(0)=\boldsymbol{\Phi}(1,0)\boldsymbol{P}(0)\boldsymbol{H}^{\mathrm{T}}(0)[\boldsymbol{H}(0)\boldsymbol{P}(0)\boldsymbol{H}^{\mathrm{T}}(0)+\boldsymbol{R}_0]^{-1}$$

(3) 根据式(11-20)计算 $\boldsymbol{x}(1)$ 的最优估值 $\hat{\boldsymbol{x}}(1/0)$。

$$\hat{\boldsymbol{x}}(1/0)=\boldsymbol{\Phi}(1,0)\hat{\boldsymbol{x}}(0)+\boldsymbol{K}(0)[\boldsymbol{z}(0)-\boldsymbol{H}(0)\hat{\boldsymbol{x}}(0)]$$

(4) 根据式(11-27)计算 $\boldsymbol{P}(1/0)$。

$$\boldsymbol{P}(1/0)=\boldsymbol{\Phi}(1,0)\boldsymbol{P}(0)\boldsymbol{\Phi}^{\mathrm{T}}(1,0)-\boldsymbol{\Phi}(1,0)\boldsymbol{P}(0)\boldsymbol{H}^{\mathrm{T}}(0)[\boldsymbol{H}(0)\boldsymbol{P}(0)\boldsymbol{H}^{\mathrm{T}}(0)+\boldsymbol{R}_0]^{-1}$$
$$\boldsymbol{H}(0)\boldsymbol{P}(0)\boldsymbol{\Phi}^{\mathrm{T}}(1,0)+\boldsymbol{\Gamma}(1,0)\boldsymbol{Q}_0\boldsymbol{\Gamma}^{\mathrm{T}}(1,0)$$

(5) 根据已知的 $\boldsymbol{P}(1/0)$ 计算 t_1 时刻的 $\boldsymbol{K}(1)$。

(6) 根据 $\boldsymbol{K}(1)$ 计算 $\boldsymbol{x}(2)$ 的估值 $\hat{\boldsymbol{x}}(2/1)$。

重复上述递推计算步骤,可得

$$\boldsymbol{P}(2/1),\boldsymbol{K}(2),\hat{\boldsymbol{x}}(3/2),\cdots,\hat{\boldsymbol{x}}(k/k-1),\boldsymbol{P}(k/k-1),\boldsymbol{K}(k),\hat{\boldsymbol{x}}(k+1/k)$$

例 11-1 设系统状态方程和观测方程为

$$x(k+1)=0.5x(k)+w(t)$$

$$z(k)=x(k)+v(k)$$

$w(k)$ 和 $v(k)$ 都是均值为零的白噪声序列，且不相关，其统计特性如下：

$$E[w(k)]=0,\quad E[v(k)]=0$$

$$E[w(k)w(j)]=1\delta_{kj},\quad E[v(k)v(j)]=2\delta_{kj}$$

初值 $$E[x(0)]=m_0=0,\quad \boldsymbol{P}(0/0_-)=1$$

观测值 $$z(0)=0,\quad z(1)=4,\quad z(2)=2$$

试求 $x(k)$ 的最优预测估值。

解　与前面的有关方程对照，可得

$$\boldsymbol{\Phi}(k+1,k)=0.5,\quad \boldsymbol{\Gamma}(k+1,k)=1$$

$$\boldsymbol{H}(k)=1,\quad \boldsymbol{Q}_k=1,\quad \boldsymbol{R}_k=2$$

最优估值为

$$\hat{x}(k+1/k)=0.5\hat{x}(k/k-1)+\boldsymbol{K}(k)[z(k)-\hat{x}(k/k-1)]$$

最优增益矩阵为

$$\boldsymbol{K}(k)=0.5\boldsymbol{P}(k/k-1)[\boldsymbol{P}(k/k-1)+2]^{-1}$$

估值误差方差阵递推方程为

$$\boldsymbol{P}(k+1/k)=0.25\boldsymbol{P}(k/k-1)-0.25[\boldsymbol{P}(k/k-1)]^2[\boldsymbol{P}(k/k-1)+2]^{-1}+1$$

下面计算 $\hat{x}(1/0)$，$\hat{x}(2/1)$ 和 $\hat{x}(3/2)$：

$$\boldsymbol{P}(0/0_-)=1$$

$$\boldsymbol{K}(0)=0.5\times1\times(1+2)^{-1}=\frac{1}{6}$$

$$\boldsymbol{P}(1/0)=0.25-0.25\times\frac{1}{3}+1=1.167$$

$$\boldsymbol{K}(1)=0.5\times1.167\times(1.167+2)^{-1}=0.1842$$

$$\boldsymbol{P}(2/1)=0.25\times1.167-0.25\times1.167(1.167+2)^{-1}+1=1.1842$$

$$\boldsymbol{K}(2)=0.5\times1.1842\times(1.1842+2)^{-1}=0.1859$$

取 $\hat{x}(0/0_-)$ 的初值

$$\hat{x}(0/0_-)=E[x(0)]=m_0=0$$

$$\hat{x}(1/0)=0.5\times0+\frac{1}{6}\times0=0$$

$$\hat{x}(2/1)=0.5\times0+0.1842(4-0)=0.7368$$

$$\hat{x}(3/2)=0.5\times0.7368+0.1859(2-0.7368)=0.6032$$

11.4　离散系统卡尔曼最优滤波基本方程的推导

系统状态方程、观测方程和噪声特性如式(11-16)、式(11-12)和式(11-13)所示。最优滤波问题简述如下：给出观测序列 $\boldsymbol{z}(0),\boldsymbol{z}(1),\cdots,\boldsymbol{z}(k+1)$，要求找出 $\boldsymbol{x}(k+1)$ 的最优线性估计 $\hat{\boldsymbol{x}}(k+1/k+1)$，使得估计误差 $\tilde{\boldsymbol{x}}(k+1/k+1)=\boldsymbol{x}(k+1)-\hat{\boldsymbol{x}}(k+1/k+1)$ 的方差为最小，并且要求估计是无偏的。采用与 11.3 节类似的推导方法数学归纳法和正交定理，导出最优滤波估计方程，即离散系统卡尔曼滤波方程。推导的具体步骤如下：

(1) 假定由观测值 $\boldsymbol{z}(0),\boldsymbol{z}(1),\cdots,\boldsymbol{z}(k)$ 估计得到状态向量 $\boldsymbol{x}(k+1)$ 的一步最优预测估值

$\hat{\boldsymbol{x}}(k+1/k)$ 和观测向量 $\boldsymbol{z}(k+1)$ 的预测估值 $\hat{\boldsymbol{z}}(k+1/k)$ 为

$$\hat{\boldsymbol{z}}(k+1/k)=\boldsymbol{H}(k+1)\hat{\boldsymbol{x}}(k+1/k)$$

(2) 在获得 $\boldsymbol{z}(k+1)$ 之后,求得 $\boldsymbol{z}(k+1)$ 与 $\hat{\boldsymbol{z}}(k+1/k)$ 的误差,即

$$\tilde{\boldsymbol{z}}(k+1/k)=\boldsymbol{z}(k+1)-\hat{\boldsymbol{z}}(k+1/k)=\boldsymbol{H}(k+1)\tilde{\boldsymbol{x}}(k+1/k)+\boldsymbol{v}(k+1)$$

(3) 以 $\tilde{\boldsymbol{z}}(k+1/k)$ 去修正 $\hat{\boldsymbol{x}}(k+1/k)$,得到 $\boldsymbol{x}(k+1)$ 的滤波估值为

$$\hat{\boldsymbol{x}}(k+1/k+1)=\hat{\boldsymbol{x}}(k+1/k)+\boldsymbol{K}(k+1)\tilde{\boldsymbol{z}}(k+1/k)$$

或

$$\hat{\boldsymbol{x}}(k+1/k+1)=\hat{\boldsymbol{x}}(k+1/k)+\boldsymbol{K}(k+1)[\boldsymbol{z}(k+1)-\boldsymbol{H}(k+1)\hat{\boldsymbol{x}}(k+1/k)] \tag{11-31}$$

式中,$\boldsymbol{K}(k+1)$ 为待定的最优增益矩阵。

(4) 求估计误差 $\tilde{\boldsymbol{x}}(k+1/k+1)$。

式(11-31)可改写成

$$\hat{\boldsymbol{x}}(k+1/k+1)=\hat{\boldsymbol{x}}(k+1/k)+\boldsymbol{K}(k+1)[\boldsymbol{H}(k+1)\tilde{\boldsymbol{x}}(k+1/k)+\boldsymbol{v}(k+1)]$$

则滤波估计误差为

$$\begin{aligned}\tilde{\boldsymbol{x}}(k+1/k+1)=\boldsymbol{x}(k+1)-\hat{\boldsymbol{x}}(k+1/k+1)=\boldsymbol{x}(k+1)-\hat{\boldsymbol{x}}(k+1/k)-\\ \boldsymbol{K}(k+1)[\boldsymbol{H}(k+1)\tilde{\boldsymbol{x}}(k+1/k)+\boldsymbol{v}(k+1)]=\\ \tilde{\boldsymbol{x}}(k+1/k)-\boldsymbol{K}(k+1)[\boldsymbol{H}(k+1)\tilde{\boldsymbol{x}}(k+1/k)+\boldsymbol{v}(k+1)]\end{aligned}$$

(5) 利用 $\tilde{\boldsymbol{x}}(k+1/k+1)$ 与 $\boldsymbol{z}(k+1)$ 正交求 $\boldsymbol{K}(k+1)$。

由于 $\hat{\boldsymbol{x}}(k+1/k+1)$ 是 $\boldsymbol{x}(k+1)$ 的最优估值,$\boldsymbol{x}(k+1)$ 的估计误差必须正交于 $\boldsymbol{z}(k+1)$,即

$$E[\tilde{\boldsymbol{x}}(k+1/k+1)\boldsymbol{z}^{\mathrm{T}}(k+1)]=0$$

把 $\tilde{\boldsymbol{x}}(k+1/k+1)$ 和 $\boldsymbol{z}(k+1)$ 的表示式代入上式,并考虑到 $\tilde{\boldsymbol{x}}(k+1/k+1)$,$\hat{\boldsymbol{x}}(k+1/k)$,$\boldsymbol{v}(k+1)$ 之间正交,可得

$$\begin{aligned}&E[\tilde{\boldsymbol{x}}(k+1/k+1)\boldsymbol{z}^{\mathrm{T}}(k+1)]=\\ &E\{[\tilde{\boldsymbol{x}}(k+1/k)-\boldsymbol{K}(k+1)\boldsymbol{H}(k+1)\tilde{\boldsymbol{x}}(k+1/k)-\boldsymbol{K}(k+1)\boldsymbol{v}(k+1)]\cdot\\ &[\boldsymbol{H}(k+1)\hat{\boldsymbol{x}}(k+1/k)+\boldsymbol{H}(k+1)\tilde{\boldsymbol{x}}(k+1/k)+\boldsymbol{v}(k+1)]^{\mathrm{T}}\}=\\ &E[\tilde{\boldsymbol{x}}(k+1/k)\tilde{\boldsymbol{x}}^{\mathrm{T}}(k+1/k)]\boldsymbol{H}^{\mathrm{T}}(k+1)-\boldsymbol{K}(k+1)\boldsymbol{H}(k+1)\cdot\\ &E[\tilde{\boldsymbol{x}}(k+1/k)\tilde{\boldsymbol{x}}^{\mathrm{T}}(k+1/k)]\boldsymbol{H}^{\mathrm{T}}(k+1)-\boldsymbol{K}(k+1)E[\boldsymbol{v}(k+1)\boldsymbol{v}^{\mathrm{T}}(k+1)]=\\ &\boldsymbol{P}(k+1/k)\boldsymbol{H}^{\mathrm{T}}(k+1)-\boldsymbol{K}(k+1)\boldsymbol{H}(k+1)\boldsymbol{P}(k+1/k)\boldsymbol{H}^{\mathrm{T}}(k+1)-\boldsymbol{K}(k+1)\boldsymbol{R}_{k+1}=\boldsymbol{0}\end{aligned}$$

由上式直接得到最优增益矩阵为

$$\boldsymbol{K}(k+1)=\boldsymbol{P}(k+1/k)\boldsymbol{H}^{\mathrm{T}}(k+1)\ [\boldsymbol{H}(k+1)\boldsymbol{P}(k+1/k)\boldsymbol{H}^{\mathrm{T}}(k+1)+\boldsymbol{R}_{k+1}]^{-1} \tag{11-32}$$

(6) 按照估值误差方差阵定义推导 $\boldsymbol{P}(k+1/k+1)$ 的递推计算公式。

$$\begin{aligned}\boldsymbol{P}(k+1/k+1)=&E[\tilde{\boldsymbol{x}}(k+1/k+1)\tilde{\boldsymbol{x}}^{\mathrm{T}}(k+1/k+1)]=\\ &E\{[\tilde{\boldsymbol{x}}(k+1/k)-\boldsymbol{K}(k+1)\boldsymbol{H}(k+1)\tilde{\boldsymbol{x}}(k+1/k)-\boldsymbol{K}(k+1)\boldsymbol{v}(k+1)]\cdot\\ &[\tilde{\boldsymbol{x}}(k+1/k)-\boldsymbol{K}(k+1)\boldsymbol{H}(k+1)\tilde{\boldsymbol{x}}(k+1/k)-\boldsymbol{K}(k+1)\boldsymbol{v}(k+1)]^{\mathrm{T}}\}\end{aligned}$$

整理并简化上式,可得滤波估值误差方差阵计算公式如下:

$$\boldsymbol{P}(k+1/k+1)=\boldsymbol{P}(k+1/k)-\boldsymbol{P}(k+1/k)\boldsymbol{H}^{\mathrm{T}}(k+1)\cdot$$

$$[\boldsymbol{H}(k+1)\boldsymbol{P}(k+1/k)\boldsymbol{H}^{\mathrm{T}}(k+1)+\boldsymbol{R}_{k+1}]^{-1}\boldsymbol{H}(k+1)\boldsymbol{P}(k+1/k) \tag{11-33}$$

(7) 为了得到 $\hat{\boldsymbol{x}}(k+1/k+1)$ 与 $\hat{\boldsymbol{x}}(k/k)$ 之间的递推关系，式(11-31) 中的 $\hat{\boldsymbol{x}}(k+1/k)$ 可由下式计算得到：

$$\hat{\boldsymbol{x}}(k+1/k)=\boldsymbol{\Phi}(k+1,k)\hat{\boldsymbol{x}}(k/k) \tag{11-34}$$

(8) 为了得到 $\boldsymbol{P}(k+1/k+1)$ 与 $\boldsymbol{P}(k/k)$ 的关系式，应将式(11-33) 中的 $\boldsymbol{P}(k+1/k)$ 表示成 $\boldsymbol{P}(k/k)$ 的关系式。

由式(11-34) 求得 $\boldsymbol{x}(k+1)$ 的最优预测估值误差为

$$\begin{aligned}\tilde{\boldsymbol{x}}(k+1/k)&=\boldsymbol{x}(k+1)-\hat{\boldsymbol{x}}(k+1/k)=\\&\boldsymbol{\Phi}(k+1,k)\boldsymbol{x}(k)+\boldsymbol{\Gamma}(k+1,k)\boldsymbol{w}(k)-\boldsymbol{\Phi}(k+1,k)\hat{\boldsymbol{x}}(k/k)=\\&\boldsymbol{\Phi}(k+1,k)\tilde{\boldsymbol{x}}(k/k)+\boldsymbol{\Gamma}(k+1,k)\boldsymbol{w}(k)\end{aligned}$$

而

$$\begin{aligned}\boldsymbol{P}(k+1/k)&=E[\tilde{\boldsymbol{x}}(k+1,k)\tilde{\boldsymbol{x}}^{\mathrm{T}}(k+1/k)]=\\&E\{[\boldsymbol{\Phi}(k+1,k)\tilde{\boldsymbol{x}}(k/k)+\boldsymbol{\Gamma}(k+1,k)\boldsymbol{w}(k)]\cdot\\&[\boldsymbol{\Phi}(k+1,k)\tilde{\boldsymbol{x}}(k/k)+\boldsymbol{\Gamma}(k+1,k)\boldsymbol{w}(k)]^{\mathrm{T}}\}=\\&\boldsymbol{\Phi}(k+1,k)E[\tilde{\boldsymbol{x}}(k/k)\tilde{\boldsymbol{x}}^{\mathrm{T}}(k/k)]\boldsymbol{\Phi}^{\mathrm{T}}(k+1,k)+\\&\boldsymbol{\Gamma}(k+1,k)E[\boldsymbol{w}(k)\boldsymbol{w}^{\mathrm{T}}(k)]\boldsymbol{\Gamma}^{\mathrm{T}}(k+1,k)\end{aligned}$$

于是

$$\boldsymbol{P}(k+1/k)=\boldsymbol{\Phi}(k+1,k)\boldsymbol{P}(k/k)\boldsymbol{\Phi}^{\mathrm{T}}(k+1,k)+\boldsymbol{\Gamma}(k+1,k)\boldsymbol{Q}_k\boldsymbol{\Gamma}^{\mathrm{T}}(k+1,k) \tag{11-35}$$

综上所述，方程式(11-31) ～ 式(11-35) 构成卡尔曼最优滤波基本方程组，其综合如下：

(1) $\hat{\boldsymbol{x}}(k+1/k+1)=\hat{\boldsymbol{x}}(k+1/k)+\boldsymbol{K}(k+1)[\boldsymbol{z}(k+1)-\boldsymbol{H}(k+1)\hat{\boldsymbol{x}}(k+1/k)]$

(2) $\hat{\boldsymbol{x}}(k+1/k)=\boldsymbol{\Phi}(k+1,k)\hat{\boldsymbol{x}}(k/k)$

(3) $\boldsymbol{K}(k+1)=\boldsymbol{P}(k+1/k)\boldsymbol{H}^{\mathrm{T}}(k+1)\ [\boldsymbol{H}(k+1)\boldsymbol{P}(k+1/k)\boldsymbol{H}^{\mathrm{T}}(k+1)+\boldsymbol{R}_{k+1}]^{-1}$

(4) $\boldsymbol{P}(k+1/k+1)=\boldsymbol{P}(k+1/k)-\boldsymbol{P}(k+1/k)\boldsymbol{H}^{\mathrm{T}}(k+1)\cdot$

$$[\boldsymbol{H}(k+1)\boldsymbol{P}(k+1/k)\boldsymbol{H}^{\mathrm{T}}(k+1)+\boldsymbol{R}_{k+1}]^{-1}\boldsymbol{H}(k+1)\boldsymbol{P}(k+1/k)$$

(5) $\boldsymbol{P}(k+1/k)=\boldsymbol{\Phi}(k+1,k)\boldsymbol{P}(k/k)\boldsymbol{\Phi}^{\mathrm{T}}(k+1,k)+\boldsymbol{\Gamma}(k+1,k)\boldsymbol{Q}_k\boldsymbol{\Gamma}^{\mathrm{T}}(k+1,k)$

若给定初始统计特性 $E[\boldsymbol{x}(0)]$ 及 $\boldsymbol{P}(0)$，要得到无偏估计，应取初值

$$\hat{\boldsymbol{x}}(0/0)=E[\boldsymbol{x}(0)]=\boldsymbol{m}_0$$

$$\boldsymbol{P}(0/0)=E\{[\boldsymbol{x}(0)-\hat{\boldsymbol{x}}(0/0)][\boldsymbol{x}(0)-\hat{\boldsymbol{x}}(0/0)]^{\mathrm{T}}\}$$

离散系统卡尔曼最优滤波的方块图如图 11-5 所示。

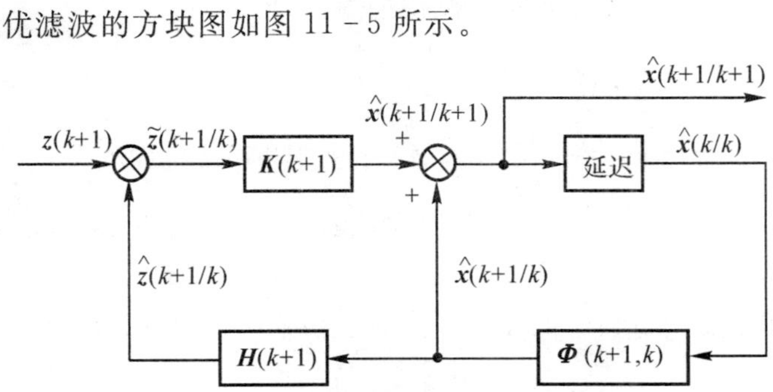

图 11-5　离散系统卡尔曼最优滤波方块图

从式(11－32)和式(11－35)可分析$\boldsymbol{R}_k$和$\boldsymbol{Q}_{k-1}$对$\boldsymbol{K}(k)$的影响。当$\boldsymbol{R}_k$增大时，观测噪声大，观测值可靠度低，于是加权阵$\boldsymbol{K}(k)$应取得小一些，以减弱观测噪声的影响。因此式(11－32)中$\boldsymbol{K}(k)$随$\boldsymbol{R}_k$的增大而减小。当$\boldsymbol{Q}_{k-1}$增大时，意味着第k步转移的随机误差大，对状态预测修正应加强，于是$\boldsymbol{K}(k)$应增大。从式(11－35)可知，当$\boldsymbol{Q}_{k-1}$增大时，$\boldsymbol{P}(k/k-1)$增大，$\boldsymbol{K}(k)$也增大，表示对状态预测修正加强。

在讨论卡尔曼滤波的特殊问题时，常需要用到$\boldsymbol{K}(k)$和$\boldsymbol{P}(k/k-1)$的另一些表达式。根据式(11－32)可得以下公式：

$$\boldsymbol{K}(k)=\boldsymbol{P}(k/k-1)\boldsymbol{H}^{\mathrm{T}}(k)\left[\boldsymbol{H}(k)\boldsymbol{P}(k/k-1)\boldsymbol{H}^{\mathrm{T}}(k)+\boldsymbol{R}_k\right]^{-1} \tag{11-36}$$

$$\boldsymbol{K}(k)\left[\boldsymbol{H}(k)\boldsymbol{P}(k/k-1)\boldsymbol{H}^{\mathrm{T}}(k)+\boldsymbol{R}_k\right]=\boldsymbol{P}(k/k-1)\boldsymbol{H}^{\mathrm{T}}(k) \tag{11-37}$$

$$\boldsymbol{K}(k)\boldsymbol{R}_k=\boldsymbol{P}(k/k-1)\boldsymbol{H}^{\mathrm{T}}(k)-\boldsymbol{K}(k)\boldsymbol{H}(k)\boldsymbol{P}(k/k-1)\boldsymbol{H}^{\mathrm{T}}(k) \tag{11-38}$$

$$\boldsymbol{K}(k)\boldsymbol{R}_k=\left[\boldsymbol{I}-\boldsymbol{K}(k)\boldsymbol{H}(k)\right]\boldsymbol{P}(k/k-1)\boldsymbol{H}^{\mathrm{T}}(k) \tag{11-39}$$

根据式(11－33)可得

$$\begin{aligned}\boldsymbol{P}(k/k)=&\boldsymbol{P}(k/k-1)-\boldsymbol{P}(k/k-1)\boldsymbol{H}^{\mathrm{T}}(k)\boldsymbol{K}^{\mathrm{T}}(k)-\boldsymbol{K}(k)\boldsymbol{H}(k)\boldsymbol{P}(k/k-1)+\\&\boldsymbol{K}(k)\boldsymbol{H}(k)\boldsymbol{P}(k/k-1)\boldsymbol{H}^{\mathrm{T}}(k)\boldsymbol{K}^{\mathrm{T}}(k)+\boldsymbol{K}(k)\boldsymbol{R}_k\boldsymbol{K}^{\mathrm{T}}(k)\end{aligned} \tag{11-40}$$

$$\boldsymbol{P}(k/k)=\left[\boldsymbol{I}-\boldsymbol{K}(k)\boldsymbol{H}(k)\right]\boldsymbol{P}(k/k-1)\left[\boldsymbol{I}-\boldsymbol{K}(k)\boldsymbol{H}(k)\right]^{\mathrm{T}}+\boldsymbol{K}(k)\boldsymbol{R}_k\boldsymbol{K}^{\mathrm{T}}(k) \tag{11-41}$$

将式(11－38)代入(11－40)得$\boldsymbol{P}(k/k)$的另一表达式：

$$\boldsymbol{P}(k/k)=\left[\boldsymbol{I}-\boldsymbol{K}(k)\boldsymbol{H}(k)\right]\boldsymbol{P}(k/k-1) \tag{11-42}$$

式(11－42)在形式上虽比式(11－41)简单，但当计算过程具有舍入误差时，容易失去对称性和非负定性，而式(11－41)具有较强的保持对称性和非负定性的能力。

将式(11－42)展开，应用矩阵求逆引理(见附录二)，又可得$\boldsymbol{P}(k/k)$的另一种形式：

$$\boldsymbol{P}^{-1}(k/k)=\boldsymbol{P}^{-1}(k/k-1)+\boldsymbol{H}^{\mathrm{T}}(k)\boldsymbol{R}_k^{-1}\boldsymbol{H}(k) \tag{11-43}$$

再由式(11－39)和式(11－42)可得

$$\boldsymbol{K}(k)\boldsymbol{R}_k=\boldsymbol{P}(k/k)\boldsymbol{H}^{\mathrm{T}}(k) \tag{11-44}$$

$$\boldsymbol{K}(k)=\boldsymbol{P}(k/k)\boldsymbol{H}^{\mathrm{T}}(k)\boldsymbol{R}_k^{-1} \tag{11-45}$$

需要指出，从式(11－36)至式(11－45)都是对滤波情况而言的。

必须指出，在实际应用卡尔曼滤波算法时，每一步都要求$\boldsymbol{P}(k+1/k+1)$和$\boldsymbol{P}(k+1/k)$是对称的。虽然式(11－36)和式(11－35)在理论上是对称的，但是在运算过程中，有限字长和舍入误差可能引起$\boldsymbol{P}(k+1/k+1)$和$\boldsymbol{P}(k+1/k)$不对称，从而导致滤波系统的性能严重下降，甚至导致不稳定。这种情况当$\boldsymbol{Q}_k$比较小时尤其明显。

例 11－2 设二阶系统模型和标量观测模型为

$$\boldsymbol{x}(k+1)=\begin{bmatrix}1&1\\0&1\end{bmatrix}\boldsymbol{x}(k)+\boldsymbol{w}(k)$$

$$z(k)=x_1(k)+v(k)\quad(k\text{ 为 }1,2,\cdots,10)$$

输入噪声$\boldsymbol{w}(t)$是平稳的，$\boldsymbol{Q}_k=\begin{bmatrix}0&0\\0&1\end{bmatrix}$，测量噪声$v(k)$是非平稳的，$\boldsymbol{R}_k=2+(-1)^k$。换句话说，$k$为偶数时的噪声比$k$为奇数时的噪声大。假定初始状态的方差阵$\boldsymbol{P}(0)=\begin{bmatrix}10&0\\0&10\end{bmatrix}$，试计算$\boldsymbol{K}(k)$。

解 运用方程式(11－35)，式(11－32)和初始条件$\boldsymbol{P}(0)$可算得

$$\boldsymbol{P}(1/0)=\begin{bmatrix}20 & 10\\10 & 11\end{bmatrix},\quad \boldsymbol{K}(1)=\begin{bmatrix}0.95\\0.48\end{bmatrix}$$

再由式(11－42)计算出验后方差阵 $\boldsymbol{P}=(1/1)$ 为

$$\boldsymbol{P}=(1/1)=\begin{bmatrix}0.95 & 0.48\\0.48 & 6.24\end{bmatrix}$$

利用式(11－35),可计算下一步的验前方差阵 $\boldsymbol{P}(2/1)$ 为

$$\boldsymbol{P}(2/1)=\begin{bmatrix}8.14 & 6.71\\6.71 & 7.24\end{bmatrix}$$

然后再计算 $\boldsymbol{K}(2)$ 等。直到计算到所要求的 $k=10$ 为止。读者可按照上述方法继续计算下去,从计算结果可以看出,当 k 为奇数时,由于测量噪声较小,所以 $\boldsymbol{K}(k)$ 较大;当 k 为偶数时,则 $\boldsymbol{K}(k)$ 较小。在 $k=4$ 以后,增益就近似地达到周期性的稳态解。

11.5　连续系统卡尔曼滤波基本方程的推导

在推导连续系统卡尔曼滤波基本方程时,也先不考虑控制信号的作用,这样系统的状态方程为

$$\dot{\boldsymbol{x}}(t)=\boldsymbol{A}(t)\boldsymbol{x}(t)+\boldsymbol{F}(t)\boldsymbol{w}(t) \tag{11-46}$$

式中,$\boldsymbol{x}(t)$ 为 n 维状态向量;$\boldsymbol{w}(t)$ 为 p 维系统噪声,其均值为零;$\boldsymbol{A}(t)$ 为 $n\times n$ 矩阵;$\boldsymbol{F}(t)$ 为 $n\times p$ 矩阵。

观测方程为

$$\boldsymbol{z}(t)=\boldsymbol{H}(t)\boldsymbol{x}(t)+\boldsymbol{v}(t) \tag{11-47}$$

式中,$\boldsymbol{z}(t)$ 为 l 维观测向量;$\boldsymbol{H}(t)$ 为 $l\times n$ 矩阵;$\boldsymbol{v}(t)$ 为 l 维白噪声,其均值为零。

假设 $\boldsymbol{w}(t)$ 和 $\boldsymbol{v}(t)$ 相互独立,它们的协方差阵为

$$E[\boldsymbol{w}(t)\boldsymbol{w}^{\mathrm{T}}(\tau)]=\boldsymbol{Q}(t)\delta(t-\tau)$$
$$E[\boldsymbol{v}(t)\boldsymbol{v}^{\mathrm{T}}(\tau)]=\boldsymbol{R}(t)\delta(t-\tau)$$
$$E[\boldsymbol{w}(t)\boldsymbol{v}^{\mathrm{T}}(\tau)]=\boldsymbol{0}$$

式中各符号的意义如 11.2 节所述。

初始状态向量 $\boldsymbol{x}(t_0)$ 是一个随机向量,其均值和方差阵分别为

$$E[\boldsymbol{x}(t_0)]=\boldsymbol{m}_0$$
$$\boldsymbol{P}(t_0/t_0)=\boldsymbol{P}(t_0)=E\{[\boldsymbol{x}(t_0)-\boldsymbol{m}_0][\boldsymbol{x}(t_0)-\boldsymbol{m}_0]^{\mathrm{T}}\}$$

在区间 $t_0\leqslant\sigma\leqslant t$ 内已给出观测值 $\boldsymbol{z}(\sigma)$,要求找出 $\boldsymbol{x}(t_1)$ 的最优线性估计 $\hat{\boldsymbol{x}}(t_1/t)$,使得估计误差方差阵的迹为最小,即估计误差各分量方差之和为最小:

$$E\{[\boldsymbol{x}(t_1)-\hat{\boldsymbol{x}}(t_1/t)]^{\mathrm{T}}[\boldsymbol{x}(t_1)-\hat{\boldsymbol{x}}(t_1/t)]\}=\min$$

要求估值 $\hat{\boldsymbol{x}}(t_1/t)$ 是观测值 $\boldsymbol{z}(\sigma)(t_0\leqslant\sigma\leqslant t)$ 的线性函数,并且要求估计是无偏的,即

$$E[\hat{\boldsymbol{x}}(t_1/t)]=E[\boldsymbol{x}(t_1)]$$

这里,只讨论预测和滤波问题,即 $t_1\geqslant t$。

关于连续系统卡尔曼滤波公式的推导,采用卡尔曼在 1962 年提出的方法:离散系统的采样间隔 $\Delta t\rightarrow 0$,取离散型卡尔曼滤波方程的极限,即连续型卡尔曼滤波方程。在离散型卡尔曼预测估计方程式(11－20)中,令采样间隔为 Δt,$t_{k-1}=t-\Delta t$,$t_{k+1}=t+\Delta t$,$\boldsymbol{K}(t_k)=\boldsymbol{K}_k(t)$,则

式(11－20)变为

$$\hat{\boldsymbol{x}}(t+\Delta t/t)=\boldsymbol{\Phi}(t+\Delta t,t)\hat{\boldsymbol{x}}(t/t-\Delta t)+\boldsymbol{K}_k(t)[\boldsymbol{z}(t)-\boldsymbol{H}(t)\hat{\boldsymbol{x}}(t/t-\Delta t)] \tag{11-48}$$

由式(11－25)有

$$\boldsymbol{K}_k(t)=\boldsymbol{\Phi}(t+\Delta t,t)\boldsymbol{P}(t/t-\Delta t)\boldsymbol{H}^{\mathrm{T}}(t)[\boldsymbol{H}(t)\boldsymbol{P}(t/t-\Delta t)\boldsymbol{H}^{\mathrm{T}}(t)+\boldsymbol{R}_k]^{-1}$$

考虑到

$$\boldsymbol{R}_k=\frac{\boldsymbol{R}(t)}{\Delta t}$$

则

$$\begin{aligned}\boldsymbol{K}_k(t)=&\boldsymbol{\Phi}(t+\Delta t,t)\boldsymbol{P}(t/t-\Delta t)\boldsymbol{H}^{\mathrm{T}}(t)\left[\boldsymbol{H}(t)\boldsymbol{P}(t/t-\Delta t)\boldsymbol{H}^{\mathrm{T}}(t)+\frac{\boldsymbol{R}(t)}{\Delta t}\right]^{-1}=\\&\Delta t\boldsymbol{\Phi}(t+\Delta t,t)\boldsymbol{P}(t/t-\Delta t)\boldsymbol{H}^{\mathrm{T}}(t)[\Delta t\boldsymbol{H}(t)\boldsymbol{P}(t/t-\Delta t)\boldsymbol{H}^{\mathrm{T}}(t)+\boldsymbol{R}(t)]^{-1}\end{aligned} \tag{11-49}$$

转移矩阵可用下面近似式表示：

$$\boldsymbol{\Phi}(t+\Delta t,t)\approx\boldsymbol{I}+\boldsymbol{A}(t)\Delta t \tag{11-50}$$

把式(11－49)和式(11－50)代入到式(11－48)，得到

$$\begin{aligned}\hat{\boldsymbol{x}}(t+\Delta t/t)=&\hat{\boldsymbol{x}}(t/t-\Delta t)+\Delta t\boldsymbol{A}(t)\hat{\boldsymbol{x}}(t/t-\Delta t)+\\&\Delta t\boldsymbol{\Phi}(t+\Delta t,t)\boldsymbol{P}(t/t-\Delta t)\boldsymbol{H}^{\mathrm{T}}(t)[\Delta t\boldsymbol{H}(t)\boldsymbol{P}(t/t-\Delta t)\boldsymbol{H}^{\mathrm{T}}(t)+\boldsymbol{R}(t)]^{-1}\cdot\\&[\boldsymbol{z}(t)-\boldsymbol{H}(t)\hat{\boldsymbol{x}}(t/t-\Delta t)]\end{aligned}$$

即

$$\begin{aligned}\frac{\hat{\boldsymbol{x}}(t+\Delta t/t)-\hat{\boldsymbol{x}}(t/t-\Delta t)}{\Delta t}=&\boldsymbol{A}(t)\hat{\boldsymbol{x}}(t/t-\Delta t)+\boldsymbol{\Phi}(t+\Delta t,t)\boldsymbol{P}(t/t-\Delta t)\cdot\\&\boldsymbol{H}^{\mathrm{T}}(t)[\Delta t\boldsymbol{H}(t)\boldsymbol{P}(t/t-\Delta t)\boldsymbol{H}^{\mathrm{T}}(t)+\boldsymbol{R}(t)]^{-1}\cdot\\&[\boldsymbol{z}(t)-\boldsymbol{H}(t)\hat{\boldsymbol{x}}(t/t-\Delta t)]\end{aligned}$$

令 $\Delta t\to 0$，考虑到 $\boldsymbol{\Phi}(t,t)=\boldsymbol{I}$，对上式等号两边取极限，则得连续系统的最优滤波方程为

$$\dot{\hat{\boldsymbol{x}}}(t/t)=\boldsymbol{A}(t)\hat{\boldsymbol{x}}(t/t)+\boldsymbol{K}(t)[\boldsymbol{z}(t)-\boldsymbol{H}(t)\hat{\boldsymbol{x}}(t/t)] \tag{11-51}$$

式中

$$\boldsymbol{K}(t)=\boldsymbol{P}(t/t)\boldsymbol{H}^{\mathrm{T}}(t)\boldsymbol{R}^{-1}(t) \tag{11-52}$$

为最优增益矩阵，这里 $\boldsymbol{R}(t)$ 必须正定。

根据估计误差方差阵的递推方程式(11－27)，用同样的方法，并考虑到

$$\boldsymbol{R}_k=\frac{\boldsymbol{R}(t)}{\Delta t},\quad \boldsymbol{Q}_k=\frac{\boldsymbol{Q}(t)}{\Delta t}$$

可得

$$\begin{aligned}\boldsymbol{P}(t+\Delta t/t)=&\boldsymbol{\Phi}(t+\Delta t,t)\boldsymbol{P}(t/t-\Delta t)\boldsymbol{\Phi}^{\mathrm{T}}(t+\Delta t,t)-\boldsymbol{\Phi}(t+\Delta t,t)\boldsymbol{P}(t/t-\Delta t)\boldsymbol{H}^{\mathrm{T}}(t)\cdot\\&\left[\boldsymbol{H}(t)\boldsymbol{P}(t/t-\Delta t)\boldsymbol{H}^{\mathrm{T}}(t)+\frac{\boldsymbol{R}(t)}{\Delta t}\right]^{-1}\boldsymbol{H}(t)\boldsymbol{P}(t/t-\Delta t)\boldsymbol{\Phi}^{\mathrm{T}}(t+\Delta t,t)+\\&\boldsymbol{\Gamma}(t+\Delta t,t)\frac{\boldsymbol{Q}(t)}{\Delta t}\boldsymbol{\Gamma}^{\mathrm{T}}(t+\Delta t,t)\end{aligned}$$

考虑到 $\boldsymbol{\Phi}(t+\Delta t,t)\approx\boldsymbol{I}+\boldsymbol{A}(t)\Delta t,\quad \boldsymbol{\Gamma}(t+\Delta t,t)\approx\boldsymbol{F}(t)\Delta t$

则
$$\begin{aligned}\boldsymbol{P}(t+\Delta t/t)\approx&[\boldsymbol{I}+\boldsymbol{A}(t)\Delta t]\boldsymbol{P}(t/t-\Delta t)[\boldsymbol{I}+\boldsymbol{A}^{\mathrm{T}}(t)\Delta t]-\\&\Delta t\boldsymbol{\Phi}(t+\Delta t,t)\boldsymbol{P}(t/t-\Delta t)\boldsymbol{H}^{\mathrm{T}}(t)[\boldsymbol{H}(t)\cdot\\&\boldsymbol{P}(t/t-\Delta t)\boldsymbol{H}^{\mathrm{T}}(t)\Delta t+\boldsymbol{R}(t)]^{-1}\boldsymbol{H}(t)\cdot\\&\boldsymbol{P}(t/t-\Delta t)\boldsymbol{\Phi}^{\mathrm{T}}(t+\Delta t,t)+\boldsymbol{F}(t)\Delta t\frac{\boldsymbol{Q}(t)}{\Delta t}\boldsymbol{F}^{\mathrm{T}}(t)\Delta t\end{aligned}$$

即

$$\begin{aligned}\frac{\boldsymbol{P}(t+\Delta t/t)-\boldsymbol{P}(t/t-\Delta t)}{\Delta t}=&\boldsymbol{A}(t)\boldsymbol{P}(t/t-\Delta t)+\boldsymbol{P}(t/t-\Delta t)\boldsymbol{A}^{\mathrm{T}}(t)-\\&\Delta t\boldsymbol{A}(t)\boldsymbol{P}(t/t-\Delta t)\boldsymbol{A}^{\mathrm{T}}(t)-\\&\boldsymbol{\Phi}(t+\Delta t,t)\boldsymbol{P}(t/t-\Delta t)\boldsymbol{H}^{\mathrm{T}}(t)\cdot\\&[\boldsymbol{H}(t)\boldsymbol{P}(t/t-\Delta t)\boldsymbol{H}^{\mathrm{T}}(t)\Delta t+\\&\boldsymbol{R}(t)]^{-1}\boldsymbol{H}(t)\boldsymbol{P}(t/t-\Delta t)\boldsymbol{\Phi}^{\mathrm{T}}(t+\Delta t,t)+\\&\boldsymbol{F}(t)\boldsymbol{Q}(t)\boldsymbol{F}^{\mathrm{T}}(t)\end{aligned}$$

令 $\Delta t\to 0$,对上式等号两边取极限可得连续系统误差方差阵的矩阵黎卡提微分方程为

$$\dot{\boldsymbol{P}}(t/t)=\boldsymbol{A}(t)\boldsymbol{P}(t/t)+\boldsymbol{P}(t/t)\boldsymbol{A}^{\mathrm{T}}(t)-\boldsymbol{P}(t/t)\boldsymbol{H}^{\mathrm{T}}(t)\boldsymbol{R}^{-1}(t)\boldsymbol{H}(t)\boldsymbol{P}(t/t)+\boldsymbol{F}(t)\boldsymbol{Q}(t)\boldsymbol{F}^{\mathrm{T}}(t) \tag{11-53}$$

其初始条件为 $\boldsymbol{P}(t_0/t_0)$,解此方程可得 $\boldsymbol{P}(t/t)$。

估计误差方差的矩阵微分方程与 $\boldsymbol{w}(t)$ 和 $\boldsymbol{v}(t)$ 的二阶矩 $\boldsymbol{Q}(t)$ 和 $\boldsymbol{R}(t)$ 有关,而与观测值 $\boldsymbol{z}(t)$ 无关。因此可事先算出方差阵 $\boldsymbol{P}(t/t)$,同时也可算出 $\boldsymbol{K}(t)$。

方程式(11-51),式(11-52)和方程式(11-53)构成一组连续系统的卡尔曼滤波方程。

下面讨论估计是否无偏的问题。如果初始条件 $\hat{\boldsymbol{x}}(t_0/t_0)$ 选成

$$E[\hat{\boldsymbol{x}}(t_0/t_0)]=E[\boldsymbol{x}(t_0)]$$

则式(11-51)给出的估值 $\hat{\boldsymbol{x}}(t/t)$ 是无偏的。由式(11-46)得

$$E[\dot{\boldsymbol{x}}(t)]=\boldsymbol{A}(t)E[\boldsymbol{x}(t)]\quad(因为\ E[\boldsymbol{w}(t)]=\boldsymbol{0})$$

由式(11-51)得

$$E[\dot{\hat{\boldsymbol{x}}}(t/t)]=\boldsymbol{A}(t)E[\hat{\boldsymbol{x}}(t/t)]+\boldsymbol{K}(t)\{E[\boldsymbol{Z}(t)-\boldsymbol{H}(t)E[\hat{\boldsymbol{x}}(t/t)]\}$$

用 $E[\dot{\boldsymbol{x}}(t)]=\boldsymbol{A}(t)E[\boldsymbol{x}(t)]$ 减上式,可得

$$\frac{\mathrm{d}}{\mathrm{d}t}\{E[\boldsymbol{x}(t)-\hat{\boldsymbol{x}}(t/t)]\}=[\boldsymbol{A}(t)-\boldsymbol{K}(t)\boldsymbol{H}(t)]E[\boldsymbol{x}(t)-\hat{\boldsymbol{x}}(t/t)]$$

上式的解为

$$E[\boldsymbol{x}(t)-\hat{\boldsymbol{x}}(t/t)]=\boldsymbol{\Phi}(t,t_0)E[\boldsymbol{x}(t_0)-\hat{\boldsymbol{x}}(t_0/t_0)]$$

$\boldsymbol{\Phi}(t,t_0)$ 是转移矩阵,它是下列微分方程的解:

$$\dot{\boldsymbol{\Phi}}(t,t_0)=[\boldsymbol{A}(t)-\boldsymbol{K}(t)\boldsymbol{H}(t)]\boldsymbol{\Phi}(t,t_0),\quad \boldsymbol{\Phi}(t_0,t_0)=\boldsymbol{I}$$

如果 $E[\boldsymbol{x}(t_0)]=E[\hat{\boldsymbol{x}}(t_0/t_0)]$,就有 $E[\hat{\boldsymbol{x}}(t/t)]=E[\boldsymbol{x}(t)]$。这样,估计是无偏的。

根据式(11-46)和式(11-47),可作出系统模型方块图,如图 11-6 所示。

根据式(11-51)可作出连续系统卡尔曼滤波方块图,如图 11-7 所示。

从图 11-7 可看出:连续系统的卡尔曼滤波器由三部分组成:① 系统模型;② 最优增益矩阵;③ 单位负反馈回路。

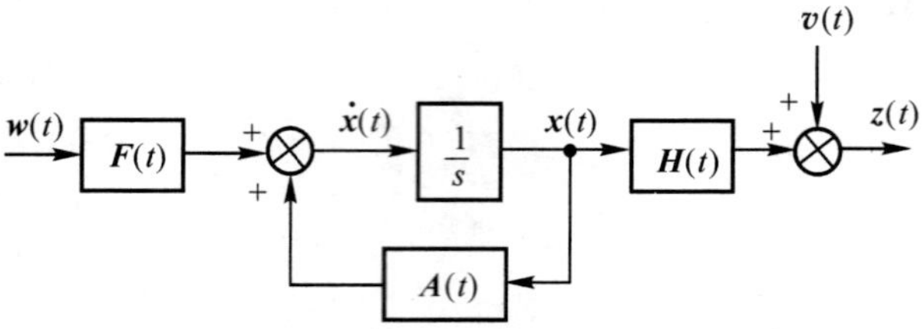

图 11-6　连续系统方块图

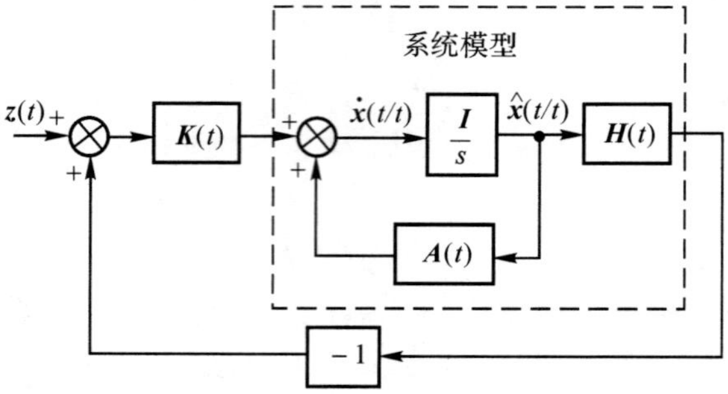

图 11-7　连续系统卡尔曼滤波方块图

例 11-3　设系统状态方程和观测方程如下：

$$\dot{x}(t) = -x(t) + w(t)$$

$$z(t) = x(t) + v(t)$$

$w(t)$ 和 $v(t)$ 都是均值为零的白噪声，其统计特性如下：

$$E[w(t)] = E[v(t)] = 0$$

$$E[w(t)w(\tau)] = 2.5\delta(t-\tau)$$

$$E[v(t)v(\tau)] = 2\delta(t-\tau)$$

$$E[w(t)v(\tau)] = 0$$

设 $\boldsymbol{P}(0/0) = 3, E[x(0)] = m_0$。试设计卡尔曼滤波器。

解　与系统方程相比较，可得

$$\boldsymbol{A}(t) = -1,\quad \boldsymbol{H}(t) = 1,\quad \boldsymbol{F}(t) = 1,\quad \boldsymbol{Q}(t) = 2.5,\quad \boldsymbol{R}(t) = 2$$

滤波方程为

$$\dot{\hat{x}}(t/t) = -\hat{x}(t/t) + \boldsymbol{K}(t)[z(t) - \hat{x}(t/t)]$$

最优增益矩阵为

$$\boldsymbol{K}(t) = \frac{1}{2}\boldsymbol{P}(t/t)$$

估计误差方差阵满足

$$\dot{\boldsymbol{P}}(t/t) = -2\boldsymbol{P}(t/t) - \frac{1}{2}\boldsymbol{P}^2(t/t) + 2.5$$

令 $\boldsymbol{P}(t/t) = P$，则

$$\frac{\mathrm{d}P}{\mathrm{d}t} = -\frac{1}{2}(P^2 + 4P - 5) = -\frac{1}{2}(P-1)(P+5)$$

用分离变量法，可得

$$\frac{\mathrm{d}P}{(P+5)(P-1)}=-\frac{1}{2}\mathrm{d}t$$

$$\frac{1}{6}\left(\frac{1}{P-1}\mathrm{d}P-\frac{1}{P+5}\mathrm{d}P\right)=-\frac{1}{2}\mathrm{d}t$$

$$\frac{\mathrm{d}P}{P-1}-\frac{\mathrm{d}P}{P+5}=-3\mathrm{d}t$$

对上式积分，可得

$$\frac{P-1}{P+5}=a\mathrm{e}^{-3t}$$

当 $t=0$ 时，$P(0/0)=3$，代入上式可得 $a=\frac{1}{4}$，则

$$\frac{P-1}{P+5}=\frac{1}{4}\mathrm{e}^{-3t}$$

从上式求得

$$P(t/t)=\frac{1+\frac{5}{4}\mathrm{e}^{-3t}}{1-\frac{1}{4}\mathrm{e}^{-3t}}$$

当 t 比较大时，$P(t/t)$ 趋近于稳态值 1。

最优增益系数为

$$K(t)=\frac{1+\frac{5}{4}\mathrm{e}^{-3t}}{2\left(1-\frac{1}{4}\mathrm{e}^{-3t}\right)}$$

当 t 比较大时，$K(t)$ 趋近于稳态值 1/2。

稳态值 $P(t/t)$ 值也可以按下列方式求得，当 t 较大时，$\dot{P}\to 0$，则黎卡提微分方程转变为黎卡提代数方程：

$$-2P-\frac{1}{2}P^2+2.5=0$$

$$P^2+4P-5=0$$

$$(P-1)(P+5)=0$$

所以
$$P=1 \text{ 或 } P=-5$$

因估计误差方差阵 $P(t/t)$ 必为正值，故稳态的 $P(t/t)$ 值为 1。

卡尔曼滤波方块图如图 11-8 所示。

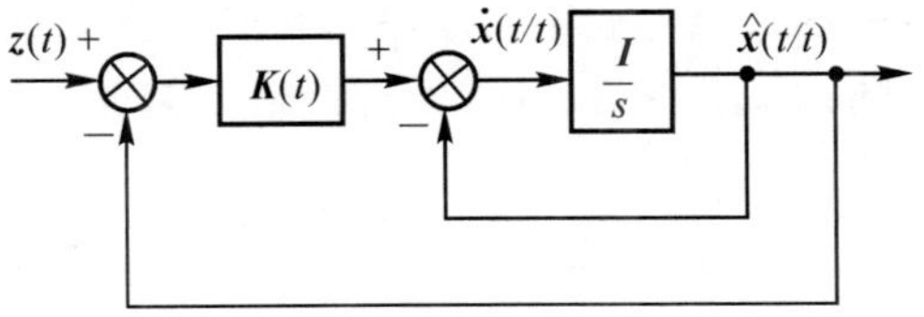

图 11-8　卡尔曼滤波方块图

$P(t/t)$ 和 $K(t)$ 随时间的变化曲线如图 11-9 所示。从该图可看出，即使是定常系统，最优

增益系数 K 也是变系数。当时间不断增大时，K 趋近于某一稳态值。$P(t/t)$ 和 $K(t)$ 的初始段与 $P(t/t)$ 的初值 $P(0/0)$ 有很大关系，但 $P(t/t)$ 和 $K(t)$ 的稳态值与 $P(0/0)$ 没有关系。

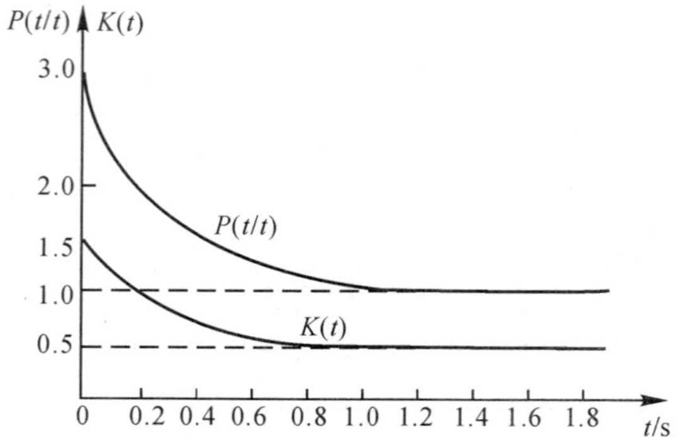

图 11-9　估计误差和最优增益曲线图

在滤波达到稳态过程后，由于 $K(t)$ 趋于某一常值，$\hat{x}(t/t)$ 作为滤波器的输出，$z(t)$ 为滤波器的输入，则可得输出与输入之间的传递函数

$$\Phi(s)=\frac{\hat{x}(s)}{z(s)}=\frac{K}{s+1+K}=\frac{\frac{K}{1+K}}{\frac{1}{1+K}s+1}=\frac{0.333}{0.666s+1}$$

由传递函数可知，本例的卡尔曼滤波器为一惯性环节。

11.6　系统噪声与观测噪声相关的卡尔曼滤波

11.6.1　离散系统

系统的状态方程和观测方程与式(11-16)和式(11-12)完全相同，即

$$\boldsymbol{x}(k+1)=\boldsymbol{\Phi}(k+1,k)\boldsymbol{x}(k)+\boldsymbol{\Gamma}(k+1,k)\boldsymbol{w}(k)$$

$$\boldsymbol{z}(k)=\boldsymbol{H}(k)\boldsymbol{x}(k)+\boldsymbol{v}(k)$$

$\boldsymbol{w}(k)$ 和 $\boldsymbol{v}(k)$ 都是均值为零的白噪声序列，两者相关，则

$$E[\boldsymbol{w}(k)\boldsymbol{w}^{\mathrm{T}}(j)]=\boldsymbol{Q}_k\delta_{kj}$$

$$E[\boldsymbol{v}(k)\boldsymbol{v}^{\mathrm{T}}(j)]=\boldsymbol{R}_k\delta_{kj}$$

$$E[\boldsymbol{w}(k)\boldsymbol{v}^{\mathrm{T}}(j)]=\boldsymbol{C}_k\delta_{kj}$$

在 $\boldsymbol{w}(k)$ 和 $\boldsymbol{v}(k)$ 相关的情况下，最优估计方程的推导与前面所述的推导方法和步骤基本相同。下面不加推导，直接写出结论。最优线性估计的卡尔曼预测方程为

$$\hat{\boldsymbol{x}}(k+1/k)=\boldsymbol{\Phi}(k+1,k)\hat{\boldsymbol{x}}(k/k-1)+\boldsymbol{K}(k)[\boldsymbol{z}(k)-\boldsymbol{H}(k)\hat{\boldsymbol{x}}(k/k-1)] \tag{11-54}$$

$$\begin{aligned}\boldsymbol{K}(k)=&[\boldsymbol{\Phi}(k+1,k)\boldsymbol{P}(k/k-1)\boldsymbol{H}^{\mathrm{T}}(k)+\boldsymbol{\Gamma}(k+1/k)\boldsymbol{C}_k]\cdot\\&[\boldsymbol{H}(k)\boldsymbol{P}(k/k-1)\boldsymbol{H}^{\mathrm{T}}(k)+\boldsymbol{R}_k]^{-1}\end{aligned} \tag{11-55}$$

$$\begin{aligned}\boldsymbol{P}(k+1/k)=&\boldsymbol{\Phi}(k+1,k)\boldsymbol{P}(k/k-1)\boldsymbol{\Phi}^{\mathrm{T}}(k+1,k)-[\boldsymbol{\Phi}(k+1,k)\cdot\\&\boldsymbol{P}(k/k-1)\boldsymbol{H}^{\mathrm{T}}(k)+\boldsymbol{\Gamma}(k+1,k)\boldsymbol{C}_k][\boldsymbol{H}(k)\boldsymbol{P}(k/k-1)\cdot\\&\boldsymbol{H}^{\mathrm{T}}(k)+\boldsymbol{R}_k]^{-1}[\boldsymbol{H}(k)\boldsymbol{P}(k/k-1)\boldsymbol{\Phi}^{\mathrm{T}}(k+1,k)+\end{aligned}$$

$$\boldsymbol{C}_k^{\mathrm{T}}\boldsymbol{\Gamma}^{\mathrm{T}}(k+1,k)]+\boldsymbol{\Gamma}(k+1,k)\boldsymbol{Q}_k\boldsymbol{\Gamma}^{\mathrm{T}}(k+1,k) \tag{11-56}$$

将式(11-54)，式(11-55)和式(11-56)与11.3节中的式(11-20)，式(11-25)和式(11-27)相比较，可得以下结论：

(1) $\boldsymbol{w}(k)$ 与 $\boldsymbol{v}(k)$ 在相关情况下的最优预测方程式(11-54)与两者在不相关情况下的最优预测方程式(11-20)是完全相同的，这说明 $\boldsymbol{w}(t)$ 与 $\boldsymbol{v}(t)$ 两者的相关性不影响估值方程。

(2) $\boldsymbol{w}(k)$ 和 $\boldsymbol{v}(k)$ 的相关性只影响最优增益矩阵和估计误差方差阵。很明显，若 $\boldsymbol{C}_k=\boldsymbol{0}$，式(11-55)和式(11-56)分别变成式(11-25)和式(11-27)。

11.6.2　连续系统

系统的状态方程和观测方程与式(11-46)和式(11-47)完全相同，即

$$\dot{\boldsymbol{x}}(t)=\boldsymbol{A}(t)\boldsymbol{x}(t)+\boldsymbol{F}(t)\boldsymbol{w}(t)$$

$$\boldsymbol{z}(t)=\boldsymbol{H}(t)\boldsymbol{x}(t)+\boldsymbol{v}(t)$$

$\boldsymbol{w}(t)$ 和 $\boldsymbol{v}(t)$ 是均值为零的白噪声，且两者相关，则

$$E[\boldsymbol{w}(t)\boldsymbol{w}^{\mathrm{T}}(\tau)]=\boldsymbol{Q}(t)\delta(t-\tau)$$

$$E[\boldsymbol{v}(t)\boldsymbol{v}^{\mathrm{T}}(\tau)]=\boldsymbol{R}(t)\delta(t-\tau)$$

$$E[\boldsymbol{w}(t)\boldsymbol{v}^{\mathrm{T}}(\tau)]=\boldsymbol{C}(t)\delta(t-\tau)$$

采用11.5节所用的推导方法，可得 $\boldsymbol{w}(t)$ 和 $\boldsymbol{v}(t)$ 在相关情况下的连续系统最优滤波方程、最优增益矩阵、估计误差方差阵。

$$\dot{\hat{\boldsymbol{x}}}(t/t)=\boldsymbol{A}(t)\hat{\boldsymbol{x}}(t/t)+\boldsymbol{K}(t)[\boldsymbol{z}(t)-\boldsymbol{H}(t)\hat{\boldsymbol{x}}(t/t)] \tag{11-57}$$

$$\boldsymbol{K}(t)=[\boldsymbol{P}(t/t)\boldsymbol{H}^{\mathrm{T}}(t)+\boldsymbol{F}(t)\boldsymbol{C}(t)]\boldsymbol{R}^{-1}(t) \tag{11-58}$$

$$\begin{aligned}\dot{\boldsymbol{P}}(t/t)=&\boldsymbol{A}(t)\boldsymbol{P}(t/t)+\boldsymbol{P}(t/t)\boldsymbol{A}^{\mathrm{T}}(t)-[\boldsymbol{P}(t/t)\boldsymbol{H}^{\mathrm{T}}(t)+\boldsymbol{F}(t)\boldsymbol{C}(t)]\boldsymbol{R}^{-1}(t)\cdot\\&[\boldsymbol{H}(t)\boldsymbol{P}(t/t)+\boldsymbol{C}^{\mathrm{T}}(t)\boldsymbol{F}^{\mathrm{T}}(t)]+\boldsymbol{F}(t)\boldsymbol{Q}(t)\boldsymbol{F}^{\mathrm{T}}(t)\end{aligned} \tag{11-59}$$

将式(11-57)，式(11-58)和式(11-59)与式(11-51)，式(11-52和式(11-53)相比较，可得以下两点结论：

(1) $\boldsymbol{w}(t)$ 与 $\boldsymbol{v}(t)$ 在相关情况下的最优滤波方程式(11-57)和两者在不相关情况下的最优滤波方程式(11-51)完全相同。

(2) $\boldsymbol{w}(t)$ 和 $\boldsymbol{v}(t)$ 的相关性只影响 $\boldsymbol{K}(t)$ 和 $\boldsymbol{P}(t/t)$ 计算公式，若 $\boldsymbol{C}(t)=\boldsymbol{0}$，式(11-58)和式(11-59)分别变成式(11-52)和式(11-53)。

11.7　具有输入信号的卡尔曼滤波

在上面讨论卡尔曼滤波基本方程时，为了简便起见，假定作用于系统的控制信号等于零。实际上，系统总会受到控制信号的作用。下面讨论具有输入控制信号的卡尔曼滤波方程。

11.7.1　离散系统

系统的状态方程和测量方程为

$$\boldsymbol{x}(k+1)=\boldsymbol{\Phi}(k+1,k)\boldsymbol{x}(k)+\boldsymbol{G}(k+1,k)\boldsymbol{u}(k)+\boldsymbol{\Gamma}(k+1,k)\boldsymbol{w}(k) \tag{11-60}$$

$$\boldsymbol{z}(k)=\boldsymbol{H}(k)\boldsymbol{x}(k)+\boldsymbol{y}(k)+\boldsymbol{v}(k) \tag{11-61}$$

式(11-60)中的 $\boldsymbol{u}(k)$ 为已知的非随机控制序列，式(11-61)中的 $\boldsymbol{y}(k)$ 为观测系统的系统误差项，也是已知的非随机序列。在采样间隔 Δt 内，$\boldsymbol{u}(k)$ 和 $\boldsymbol{y}(k)$ 都是常值。$\boldsymbol{w}(k)$ 和 $\boldsymbol{v}(k)$ 的统计特性如下：

$$E[\boldsymbol{w}(k)]=E[\boldsymbol{v}(k)]=\boldsymbol{0}$$
$$E[\boldsymbol{w}(k)\boldsymbol{w}^{\mathrm{T}}(j)]=\boldsymbol{Q}_k\delta_{kj}$$
$$E[\boldsymbol{v}(k)\boldsymbol{v}^{\mathrm{T}}(j)]=\boldsymbol{R}_k\delta_{kj}$$
$$E[\boldsymbol{w}(k)\boldsymbol{v}^{\mathrm{T}}(j)]=\boldsymbol{C}_k\delta_{kj}$$

采用与前面相同的推导方法，可得到具有输入控制信号的卡尔曼预测方程。下面不加推导地直接写出具有输入控制信号的卡尔曼最优预测方程。

$$\hat{\boldsymbol{x}}(k+1/k)=\boldsymbol{\Phi}(k+1,k)\hat{\boldsymbol{x}}(k/k-1)+\boldsymbol{G}(k+1,k)\boldsymbol{u}(k)+ \boldsymbol{K}(k)[\boldsymbol{z}(k)-\boldsymbol{H}(k)\hat{\boldsymbol{x}}(k/k-1)-\boldsymbol{y}(k)] \tag{11-62}$$

$$\boldsymbol{K}(k)=[\boldsymbol{\Phi}(k+1,k)\boldsymbol{P}(k/k-1)\boldsymbol{H}^{\mathrm{T}}(k)+\boldsymbol{\Gamma}(k+1,k)\boldsymbol{C}_k]\cdot [\boldsymbol{H}(k)\boldsymbol{P}(k/k-1)\boldsymbol{H}^{\mathrm{T}}(k)+\boldsymbol{R}_k]^{-1} \tag{11-63}$$

$$\begin{aligned}\boldsymbol{P}(k+1/k)=&\boldsymbol{\Phi}(k+1,k)\boldsymbol{P}(k/k-1)\boldsymbol{\Phi}^{\mathrm{T}}(k+1,k)-\\&[\boldsymbol{\Phi}(k+1,k)\boldsymbol{P}(k/k-1)\boldsymbol{H}^{\mathrm{T}}(k)+\boldsymbol{\Gamma}(k+1,k)\boldsymbol{C}_k]\cdot\\&[\boldsymbol{H}(k)\boldsymbol{P}(k/k-1)\boldsymbol{H}^{\mathrm{T}}(k)+\boldsymbol{R}_k]^{-1}\cdot\\&[\boldsymbol{H}(k)\boldsymbol{P}(k/k-1)\boldsymbol{\Phi}^{\mathrm{T}}(k+1,k)+\boldsymbol{C}_k^{\mathrm{T}}\boldsymbol{\Gamma}^{\mathrm{T}}(k+1,k)]+\\&\boldsymbol{\Gamma}(k+1,k)\boldsymbol{Q}_k\boldsymbol{\Gamma}^{\mathrm{T}}(k+1,k)\end{aligned} \tag{11-64}$$

将式(11-62)，式(11-63)和式(11-64)与式(11-54)，式(11-55)和式(11-56)相比较，可得以下两点结论：

(1) 当系统具有输入控制信号 $\boldsymbol{u}(k)$ 和测量系统误差 $\boldsymbol{y}(k)$ 时，它们只对 $\boldsymbol{x}(k)$ 的估值方程有影响，而对最优增益矩阵 $\boldsymbol{K}(k)$ 和估计误差方差阵 $\boldsymbol{P}(k+1/k)$ 的计算公式无任何影响。

(2) $\boldsymbol{w}(k)$ 和 $\boldsymbol{v}(k)$ 的相关性不影响 $\boldsymbol{x}(k+1)$ 的估值方程，只影响 $\boldsymbol{K}(k)$ 和 $\boldsymbol{P}(k+1/k)$ 的计算公式。因此式(11-63)与式(11-55)完全相同，式(11-64)与式(11-56)完全相同。

具有输入控制信号的离散系统方块图和卡尔曼预测方块图如图11-10和图11-11所示。

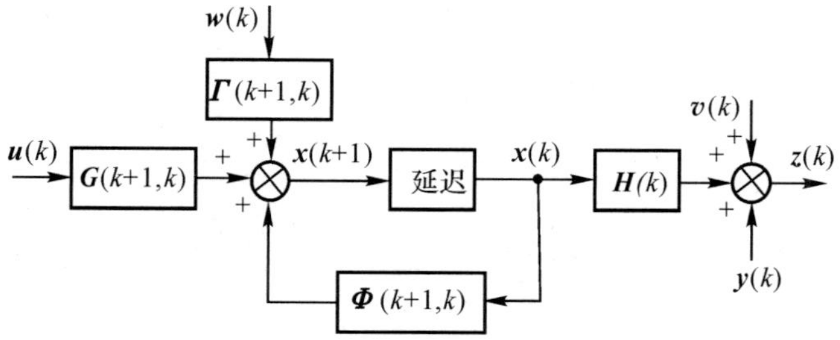

图 11-10　具有输入信号的离散系统方块图

具有输入控制信号的离散系统，其系统噪声 $\boldsymbol{w}(k)$ 和测量噪声 $\boldsymbol{v}(k)$ 均是白噪声，且两者相关。对于这样的系统，前面已讨论过直接考虑 $\boldsymbol{w}(k)$ 与 $\boldsymbol{v}(k)$ 相关的卡尔曼滤波方程的推导。这里通过工程实例，再介绍另一种将噪声相关问题转化为不相关问题处理的卡尔曼滤波方程的推导。

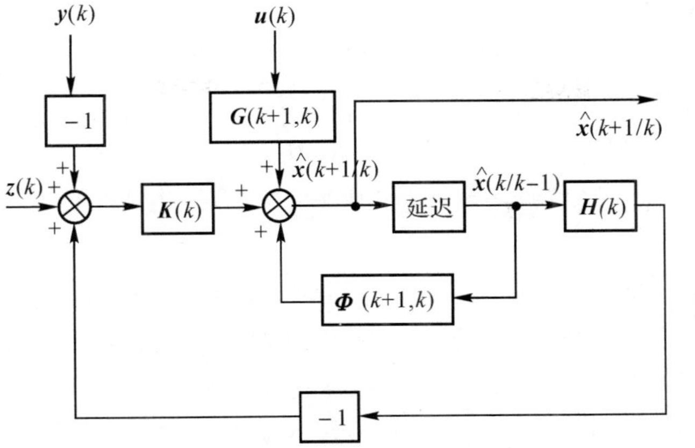

图 11-11　具有输入信号的离散系统卡尔曼预测方块图

例 11-4　在进行导弹容错控制设计时,需要利用导弹俯仰加速度回路和状态信息进行故障诊断,以判断回路中的加速度计是否发生故障。设某地空导弹俯仰通道加速度回路的数学模型为

$$\boldsymbol{x}(k+1)=\boldsymbol{\Phi}(k+1,k)\boldsymbol{x}(k)+\boldsymbol{G}(k+1,k)u(k)+\boldsymbol{\Gamma}(k+1,k)w(k) \tag{11-65}$$

$$z(k)=\boldsymbol{H}(k)\boldsymbol{x}(k)+v(k) \tag{11-66}$$

式中,状态变量 $\boldsymbol{x}(k)=[x_1(k),x_2(k),x_3(k)]^{\mathrm{T}}$,$x_1(k)$ 与弹体俯仰角速率成比例,$x_2(k)$ 与弹体俯仰加速率成比例,$x_3(k)$ 与弹体俯仰加速率的导数成比例。控制变量 $u(k)$ 为俯仰制导指令。输出变量 $z(k)$ 为加速度计测得的弹体加速度。试设计卡尔曼滤波器,估计出状态变量。

要求仿真计算 1 000 步,初始条件:$\boldsymbol{x}(0)=\boldsymbol{0}$,$E[\boldsymbol{x}(0)]=\boldsymbol{0}$,$u(k)$ 是周期为 400 步、幅值为 1 的方波信号。

导弹俯仰通道加速度回路数学模型中的系数矩阵为

$$\boldsymbol{\Phi}(k+1,k)=\begin{bmatrix}0 & 1 & 0\\ 0 & 0 & 1\\ -0.496\,585 & -1.764\,086 & 2.232\,575\end{bmatrix}$$

$$\boldsymbol{G}(k+1,k)=\begin{bmatrix}0\\0\\1\end{bmatrix},\quad \boldsymbol{\Gamma}(k+1,k)=\begin{bmatrix}1\\1\\1\end{bmatrix}$$

$$\boldsymbol{H}(k)=[0\quad -0.324\,377\quad 0.357\,865]$$

$w(k)$ 和 $v(k)$ 均为白噪声序列,且两者相关。其统计特性如下:

$$E[w(k)]=0,\quad E[v(k)]=0$$

$$E[w^2(k)]=\boldsymbol{Q}_k=0.5,\quad E[v^2(k)]=\boldsymbol{R}_k=0.5$$

$$E[w(k)v(k)]=\boldsymbol{C}_k=0.5$$

解　(1) 滤波方程的推导。

由式(11-66)可得

$$\boldsymbol{z}(k)-\boldsymbol{H}(k)\boldsymbol{x}(k)-\boldsymbol{v}(k)=\boldsymbol{0}$$

将状态方程式(11-65)变为下式:

$$\boldsymbol{x}(k+1)=\boldsymbol{\Phi}(k+1,k)\boldsymbol{x}(k)+\boldsymbol{G}(k+1,k)\boldsymbol{u}(k)+\boldsymbol{\Gamma}(k+1,k)\boldsymbol{w}(k)+\boldsymbol{J}(k+1,k)[\boldsymbol{z}(k)-\boldsymbol{H}(k)\boldsymbol{x}(k)-\boldsymbol{v}(k)]$$

其中 $\boldsymbol{J}(k+1,k)$ 为待定矩阵，或

$$\begin{aligned}\boldsymbol{x}(k+1)=&[\boldsymbol{\Phi}(k+1,k)-\boldsymbol{J}(k+1,k)\boldsymbol{H}(k)]\boldsymbol{x}(k)+\boldsymbol{G}(k+1,k)\boldsymbol{u}(k)+\\&\boldsymbol{J}(k+1,k)\boldsymbol{z}(k)+\boldsymbol{\Gamma}(k+1,k)\boldsymbol{w}(k)-\boldsymbol{J}(k+1,k)\boldsymbol{v}(k)\end{aligned}\tag{11-67}$$

设

$$\boldsymbol{\Phi}^*(k+1,k)=\boldsymbol{\Phi}(k+1,k)-\boldsymbol{J}(k+1,k)\boldsymbol{H}(k)$$

$$\boldsymbol{w}^*(k)=\boldsymbol{\Gamma}(k+1,k)\boldsymbol{w}(k)-\boldsymbol{J}(k+1,k)\boldsymbol{v}(k)$$

将 $\boldsymbol{\Phi}^*(k+1,k)$ 和 $\boldsymbol{w}^*(k)$ 代入式(11-67)，得新状态方程为

$$\boldsymbol{x}(k+1)=\boldsymbol{\Phi}^*(k+1,k)\boldsymbol{x}(k)+\boldsymbol{G}(k+1,k)\boldsymbol{u}(k)+\boldsymbol{J}(k+1,k)\boldsymbol{z}(k)+\boldsymbol{w}^*(k)\tag{11-68}$$

式(11-68)中 $\boldsymbol{G}(k+1,k)\boldsymbol{u}(k)+\boldsymbol{J}(k+1,k)\boldsymbol{z}(k)$ 可视为新的控制项，$\boldsymbol{w}^*(k)$ 可视为新的系统噪声，仍是白噪声。

$$\begin{aligned}E[\boldsymbol{w}^*(k)\boldsymbol{v}^{\mathrm{T}}(j)]=&E\{[\boldsymbol{\Gamma}(k+1,k)\boldsymbol{w}(k)-\boldsymbol{J}(k+1,k)\boldsymbol{v}(k)]\boldsymbol{v}^{\mathrm{T}}(j)\}=\\&[\boldsymbol{\Gamma}(k+1,k)\boldsymbol{C}_k-\boldsymbol{J}(k+1,k)\boldsymbol{R}_k]\delta_{kj}\end{aligned}$$

当 $E[\boldsymbol{w}^*(k)\boldsymbol{v}^{\mathrm{T}}(j)]=0$ 时，$\boldsymbol{w}^*(k)$ 与 $\boldsymbol{v}(k)$ 不相关，必须

$$\boldsymbol{\Gamma}(k+1,k)\boldsymbol{C}_k-\boldsymbol{J}(k+1,k)\boldsymbol{R}_k=\boldsymbol{0}$$

即

$$\boldsymbol{J}(k+1,k)=\boldsymbol{\Gamma}(k+1,k)\boldsymbol{C}_k\boldsymbol{R}_k^{-1}\tag{11-69}$$

由此求得待定矩阵 $\boldsymbol{J}(k+1,k)$。将式(11-69)代入式(11-68)，可得

$$\begin{aligned}\boldsymbol{x}(k+1)=&\boldsymbol{\Phi}^*(k+1,k)\boldsymbol{x}(k)+\boldsymbol{G}(k+1,k)\boldsymbol{u}(k)+\\&\boldsymbol{\Gamma}(k+1,k)\boldsymbol{C}_k\boldsymbol{R}_k^{-1}\boldsymbol{z}(k)+\boldsymbol{w}^*(k)\end{aligned}\tag{11-70}$$

式(11-70)中，$\boldsymbol{G}(k+1,k)\boldsymbol{u}(k)+\boldsymbol{\Gamma}(k+1,k)\boldsymbol{C}_k\boldsymbol{R}_k^{-1}\boldsymbol{z}(k)$ 视为控制项。由式(11-70)和式(11-66)构成系统数学模型，直接利用前面系统噪声和测量噪声不相关的卡尔曼滤波基本方程组，即式(11-31)至式(11-35)，并考虑具有输入控制信号的影响，可得到具有输入控制信号，$\boldsymbol{w}(k)$ 和 $\boldsymbol{v}(k)$ 相关情况下的卡尔曼滤波方程组。

由式(11-31)写出

$$\hat{\boldsymbol{x}}(k+1/k+1)=\hat{\boldsymbol{x}}(k+1/k)-\boldsymbol{K}(k+1)[\boldsymbol{z}(k+1)-\boldsymbol{H}(k+1)\hat{\boldsymbol{x}}(k+1/k)]\tag{11-71}$$

由式(11-34)并考虑 $\boldsymbol{G}(k+1,k)\boldsymbol{u}(k)+\boldsymbol{\Gamma}(k+1,k)\boldsymbol{C}_k\boldsymbol{R}_k^{-1}\boldsymbol{z}(k)$ 输入作用的影响，写出 $\hat{\boldsymbol{x}}(k+1/k)$ 与 $\hat{\boldsymbol{x}}(k/k)$ 的转移关系式，即

$$\begin{aligned}\hat{\boldsymbol{x}}(k+1/k)=&\boldsymbol{\Phi}^*(k+1,k)\hat{\boldsymbol{x}}(k/k)+\boldsymbol{G}(k+1,k)\boldsymbol{u}(k)+\boldsymbol{\Gamma}(k+1,k)\boldsymbol{C}_k\boldsymbol{R}_k^{-1}\boldsymbol{z}(k)=\\&[\boldsymbol{\Phi}(k+1,k)-\boldsymbol{\Gamma}(k+1,k)\boldsymbol{C}_k\boldsymbol{R}_k^{-1}\boldsymbol{H}(k)]\hat{\boldsymbol{x}}(k/k)+\\&\boldsymbol{G}(k+1,k)\boldsymbol{u}(k)+\boldsymbol{\Gamma}(k+1,k)\boldsymbol{C}_k\boldsymbol{R}_k^{-1}\boldsymbol{z}(k)\end{aligned}$$

$$\begin{aligned}\hat{\boldsymbol{x}}(k+1/k)=&\boldsymbol{\Phi}(k+1,k)\hat{\boldsymbol{x}}(k/k)+\boldsymbol{G}(k+1,k)\boldsymbol{u}(k)+\\&\boldsymbol{\Gamma}(k+1,k)\boldsymbol{C}_k\boldsymbol{R}_k^{-1}[\boldsymbol{z}(k)-\boldsymbol{H}(k)\hat{\boldsymbol{x}}(k/k)]\end{aligned}\tag{11-72}$$

由式(11-32)和式(11-33)写出

$$\boldsymbol{K}(k+1)=\boldsymbol{P}(k+1/k)\boldsymbol{H}^{\mathrm{T}}(k+1)\left[\boldsymbol{H}(k+1)\boldsymbol{P}(k+1/k)\boldsymbol{H}^{\mathrm{T}}(k+1)+\boldsymbol{R}_{k+1}\right]^{-1} \tag{11-73}$$

$$\begin{aligned}\boldsymbol{P}(k+1/k+1)=&\boldsymbol{P}(k+1/k)-\boldsymbol{P}(k+1/k)\boldsymbol{H}^{\mathrm{T}}(k+1)\cdot\\&\left[\boldsymbol{H}(k+1)\boldsymbol{P}(k+1/k)\boldsymbol{H}^{\mathrm{T}}(k+1)+\boldsymbol{R}_{k+1}\right]^{-1}\boldsymbol{H}(k+1)\boldsymbol{P}(k+1)\end{aligned} \tag{11-74}$$

根据 $\boldsymbol{P}(k+1/k)$ 的定义，写出

$$\boldsymbol{P}(k+1/k)=E[\tilde{\boldsymbol{x}}(k+1/k)\tilde{\boldsymbol{x}}^{\mathrm{T}}(k+1/k)]$$

而

$$\tilde{\boldsymbol{x}}(k+1/k)=\boldsymbol{x}(k+1)-\hat{\boldsymbol{x}}(k+1/k)=\boldsymbol{\Phi}^{*}(k+1/k)\tilde{\boldsymbol{x}}(k/k)+\boldsymbol{w}^{*}(k)$$

则

$$\begin{aligned}\boldsymbol{P}(k+1/k)=&E\{[\boldsymbol{\Phi}^{*}(k+1,k)\tilde{\boldsymbol{x}}(k/k)+\boldsymbol{w}^{*}(k)][\boldsymbol{\Phi}^{*}(k+1,k)\tilde{\boldsymbol{x}}(k/k)+\boldsymbol{w}^{*}(k)]^{\mathrm{T}}\}=\\&\boldsymbol{\Phi}^{*}(k+1,k)\boldsymbol{P}(k/k)\boldsymbol{\Phi}^{*\mathrm{T}}(k+1,k)+E[\boldsymbol{w}^{*}(k)\boldsymbol{w}^{*\mathrm{T}}(k)]=\\&\boldsymbol{\Phi}^{*}(k+1,k)\boldsymbol{P}(k/k)\boldsymbol{\Phi}^{*\mathrm{T}}(k+1,k)+E\{[\boldsymbol{\Gamma}(k+1,k)\boldsymbol{w}(k)-\\&\boldsymbol{\Gamma}(k+1,k)\boldsymbol{C}_k\boldsymbol{R}_k^{-1}\boldsymbol{v}(k)][\boldsymbol{\Gamma}(k+1,k)\boldsymbol{w}(k)-\boldsymbol{\Gamma}(k+1,k)\boldsymbol{C}_k\boldsymbol{R}_k^{-1}\boldsymbol{v}(k)]^{\mathrm{T}}\}=\\&\boldsymbol{\Phi}^{*}(k+1,k)\boldsymbol{P}(k/k)\boldsymbol{\Phi}^{*\mathrm{T}}(k+1,k)+\boldsymbol{\Gamma}(k+1,k)\boldsymbol{Q}_k\boldsymbol{\Gamma}^{\mathrm{T}}(k+1,k)-\\&\boldsymbol{\Gamma}(k+1,k)\boldsymbol{C}_k\boldsymbol{R}_k^{-1}\boldsymbol{C}_k^{\mathrm{T}}\boldsymbol{\Gamma}^{\mathrm{T}}(k+1,k)\end{aligned}$$

即

$$\begin{aligned}\boldsymbol{P}(k+1/k)=&[\boldsymbol{\Phi}(k+1,k)-\boldsymbol{\Gamma}(k+1,k)\boldsymbol{C}_k\boldsymbol{R}_k^{-1}\boldsymbol{H}(k)]\boldsymbol{P}(k/k)\cdot\\&[\boldsymbol{\Phi}(k+1,k)-\boldsymbol{\Gamma}(k+1,k)\boldsymbol{C}_k\boldsymbol{R}_k^{-1}\boldsymbol{H}(k)]^{\mathrm{T}}+\\&\boldsymbol{\Gamma}(k+1,k)\boldsymbol{Q}_k\boldsymbol{\Gamma}^{\mathrm{T}}(k+1,k)-\boldsymbol{\Gamma}(k+1,k)\boldsymbol{C}_k\boldsymbol{R}_k^{-1}\boldsymbol{C}_k^{\mathrm{T}}\boldsymbol{\Gamma}^{\mathrm{T}}(k+1,k)\end{aligned} \tag{11-75}$$

至此，推导了具有输入控制和噪声相关情况的卡尔曼滤波方程组，下面就以此方程组计算本例题的状态估计问题。

(2) 状态最优估值计算。

计算步骤：

① 令 $k=0$，给定状态最优估值初值 $\hat{\boldsymbol{x}}(0/0)$ 和估计误差方差阵初值 $\boldsymbol{P}(0/0)$。在本例计算中，选取 $\hat{\boldsymbol{x}}(0/0)=0$，$\boldsymbol{P}(0/0)=\mathrm{diag}[10^6,10^6,10^6]$。

② 利用式(11-75)计算预测误差方差阵 $\boldsymbol{P}(k+1/k)$。

③ 利用式(11-73)计算增益矩阵 $\boldsymbol{K}(k+1)$。

④ 利用式(11-72)计算 $\boldsymbol{x}(k+1)$ 的最优预测估值 $\hat{\boldsymbol{x}}(k+1/k)$。

⑤ 利用式(11-71)计算 $\boldsymbol{x}(k+1)$ 的最优滤波估值 $\hat{\boldsymbol{x}}(k+1/k+1)$。

⑥ 利用式(11-74)计算估计误差方差阵 $\boldsymbol{P}(k+1/k+1)$。

⑦ 令 k 增 1，返回第②步，重复上述计算步骤。

数字仿真流程图如图 11-12 所示。

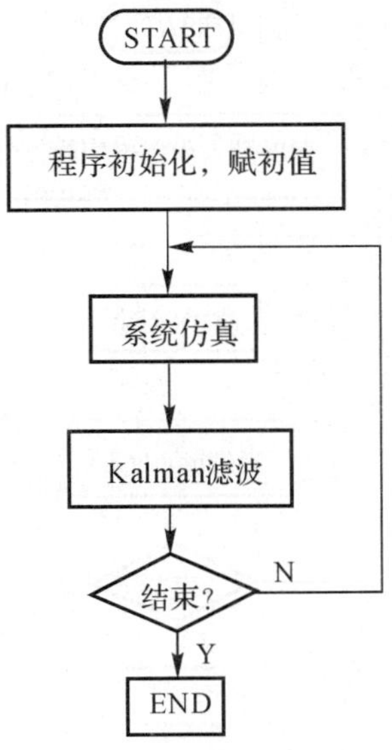

图 11-12　计算流程图

11.7.2 连续系统

具有输入控制信号的连续系统状态方程和观测方程如下：

$$\dot{\boldsymbol{x}}(t)=\boldsymbol{A}(t)\boldsymbol{x}(t)+\boldsymbol{B}(t)\boldsymbol{u}(t)+\boldsymbol{F}(t)\boldsymbol{w}(t) \tag{11-76}$$

$$\boldsymbol{z}(t)=\boldsymbol{H}(t)\boldsymbol{x}(t)+\boldsymbol{y}(t)+\boldsymbol{v}(t) \tag{11-77}$$

式中，$\boldsymbol{u}(t)$ 为已知的非随机函数；$\boldsymbol{y}(t)$ 为观测系统的系统误差项，也是已知的非随机函数，$\boldsymbol{w}(t)$ 和 $\boldsymbol{v}(t)$ 都是均值为零的白噪声，并且两者是相关的。$\boldsymbol{w}(t)$ 和 $\boldsymbol{v}(t)$ 的统计特性如下：

$$E[\boldsymbol{w}(t)]=E[\boldsymbol{v}(t)]=\boldsymbol{0}$$

$$E[\boldsymbol{w}(t)\boldsymbol{w}^{\mathrm{T}}(\tau)]=\boldsymbol{Q}(t)\delta(t-\tau)$$

$$E[\boldsymbol{v}(t)\boldsymbol{v}^{\mathrm{T}}(\tau)]=\boldsymbol{R}(t)\delta(t-\tau)$$

$$E[\boldsymbol{w}(t)\boldsymbol{v}^{\mathrm{T}}(\tau)]=\boldsymbol{C}(t)\delta(t-\tau)$$

在式(11-62)，式(11-63)和式(11-64)中，令采样间隔 $\Delta t\to 0$，并考虑到

$$\boldsymbol{Q}_k=\frac{\boldsymbol{Q}(t)}{\Delta t},\quad \boldsymbol{R}_k=\frac{\boldsymbol{R}(t)}{\Delta t},\quad \boldsymbol{C}_k=\frac{\boldsymbol{C}(t)}{\Delta t}$$

然后求极限，可得具有输入控制信号的连续系统的卡尔曼滤波方程为

$$\dot{\hat{\boldsymbol{x}}}(t/t)=\boldsymbol{A}(t)\hat{\boldsymbol{x}}(t/t)+\boldsymbol{B}(t)\boldsymbol{u}(t)+\boldsymbol{K}(t)[\boldsymbol{z}(t)-\boldsymbol{H}(t)\hat{\boldsymbol{x}}(t/t)-\boldsymbol{y}(t)] \tag{11-78}$$

最优增益矩阵为

$$\boldsymbol{K}(t)=[\boldsymbol{P}(t/t)\boldsymbol{H}^{\mathrm{T}}(t)+\boldsymbol{F}(t)\boldsymbol{C}(t)]\boldsymbol{R}^{-1}(t) \tag{11-79}$$

估计误差方差阵为

$$\begin{aligned}\dot{\boldsymbol{P}}(t/t)=&\boldsymbol{A}(t)\boldsymbol{P}(t/t)+\boldsymbol{P}(t/t)\boldsymbol{A}^{\mathrm{T}}(t)-[\boldsymbol{P}(t/t)\boldsymbol{H}^{\mathrm{T}}(t)+\boldsymbol{F}(t)\boldsymbol{C}(t)]\boldsymbol{R}^{-1}(t)\cdot\\&[\boldsymbol{H}(t)\boldsymbol{P}(t/t)+\boldsymbol{C}^{\mathrm{T}}(t)\boldsymbol{F}^{\mathrm{T}}(t)]+\boldsymbol{F}(t)\boldsymbol{Q}(t)\boldsymbol{F}^{\mathrm{T}}(t)\end{aligned} \tag{11-80}$$

将式(11-78)，式(11-79)，式(11-80)与式(11-57)，式(11-58)，式(11-59)相比较，可得以下两点结论：

(1) 当系统具有输入控制信号 $\boldsymbol{u}(t)$ 和测量系统误差 $\boldsymbol{y}(t)$ 时，它们只对 $\boldsymbol{x}(t)$ 的估值方程有影响，而对最优增益矩阵方程和估计方差阵的计算公式无任何影响。

(2) $\boldsymbol{w}(k)$ 和 $\boldsymbol{v}(k)$ 的相关性不影响 $\boldsymbol{x}(t)$ 的估值方程，只影响 $\boldsymbol{K}(t)$ 和 $\boldsymbol{P}(t/t)$ 的计算公式。因此式(11-79)与式(11-58)相同，式(11-80)与式(11-59)相同。

具有输入控制信号的连续系统方块图和卡尔曼滤波方块图如图11-13和图11-14所示。

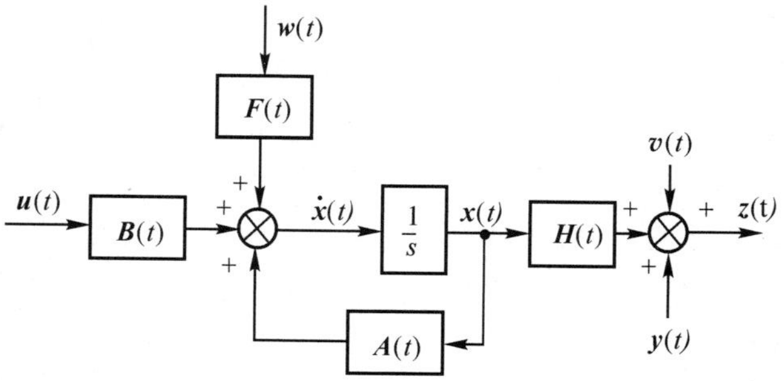

图 11-13 具有输入信号的连续系统方块图

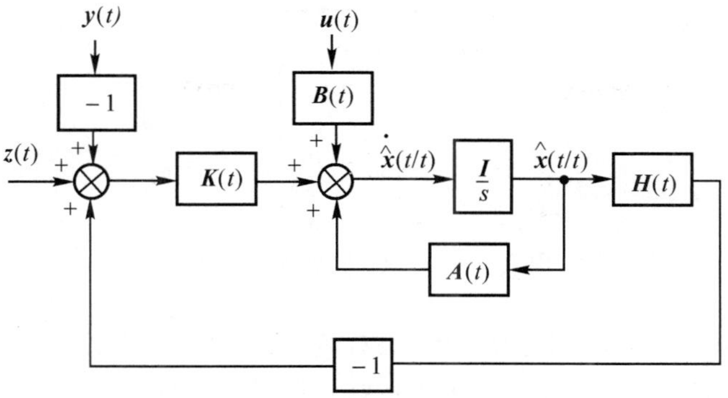

图 11－14　具有输入信号的连续系统卡尔曼滤波方块图

11.8　具有有色噪声的卡尔曼滤波

前面推导卡尔曼滤波方程时，假定 $\boldsymbol{w}(k)$ 和 $\boldsymbol{v}(k)$ 都是白噪声。实际上，$\boldsymbol{w}(k)$ 和 $\boldsymbol{v}(k)$ 可能是有色噪声。所谓白噪声，就是不同时刻的噪声都是互不相关的，而有色噪声是在不同时刻的噪声都是相关的。某些特定的有色噪声可用白噪声通过成形滤波器来表示。这样就可直接应用上面的滤波方程。下面将先介绍成形滤波器，然后再通过实例说明如何把某些特定的有色噪声用成形滤波器来处理的问题。

11.8.1　连续系统的成形滤波器

设 $\xi(t)$ 是一平稳随机过程，其相关函数为

$$R_\xi(\tau)=R_\xi(0)\mathrm{e}^{-\alpha|\tau|}$$

式中，α 为常数；τ 为时间间隔。

将噪声的相关函数进行傅氏变换，可得噪声的频谱密度为

$$S_\xi(\omega)=2\int_0^\infty R_\xi(\tau)\cos\,\omega\tau\,\mathrm{d}\tau=2\int_0^\infty R_\xi(0)\mathrm{e}^{-\alpha\tau}\cos\,\omega\tau\,\mathrm{d}\tau=\frac{2R_\xi(0)\alpha}{\omega^2+\alpha^2}$$

可以将 $S_\xi(\omega)$ 分解成

$$S_\xi(\omega)=\left[\frac{\sqrt{2R_\xi(0)\alpha}}{\mathrm{j}\omega+\alpha}\right]\left[\frac{\sqrt{2R_\xi(0)\alpha}}{-\mathrm{j}\omega+\alpha}\right]$$

由上式可直接写出相应的传递函数为

$$W(s)=\frac{\sqrt{2R_\xi(0)\alpha}}{s+\alpha}=\frac{\dfrac{\sqrt{2R_\xi(0)\alpha}}{\alpha}}{\dfrac{1}{\alpha}s+1}\qquad(s\text{ 为拉普拉斯算子})$$

显然，随机过程 $\xi(t)$ 相当于单位强度白噪声（谱密度 $S(\omega)=1$ 的白噪声称为单位强度白噪声）长时间作用于传递函数为 $W(s)$ 的线性系统的结果。该系统是一个惯性环节，其时间常数为 $\dfrac{1}{\alpha}$，放大系数为 $\dfrac{\sqrt{2R_\xi(0)\alpha}}{\alpha}$，可用图 11－15 表示。

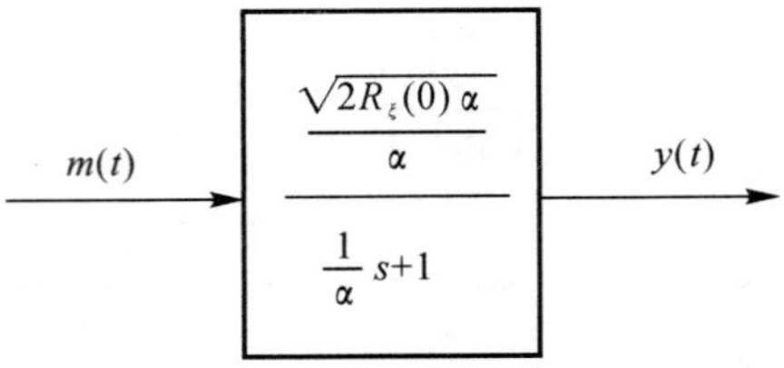

图 11-15　成形滤波器方块图

把单位强度白噪声 $m(t)$ 转变为有色噪声 $\xi(t)$ 的线性系统称为成形滤波器，上述的惯性环节即为成形滤波器。如果把上述成形滤波器的特性用微分方程表示，则有

$$\dot{\xi}(t)=-\alpha\xi(t)+\sqrt{2R_\xi(0)\alpha}\,m(t)$$

若令

$$\sqrt{2R_\xi(0)\alpha}\,m(t)=n(t)$$

则成形滤波器方程为

$$\dot{\xi}(t)=-\alpha\xi(t)+n(t)$$

式中 $n(t)$ 为白噪声，且有

$$E[n(t)n(\tau)]=2R_\xi(0)\alpha\delta(t-\tau)$$

因此，对于某些特定的有色噪声，可用单位强度白噪声通过成形滤波器来表示。通过以上分析可知，如果有色噪声的相关函数是指数函数，在谱密度中 ω 的最高次项为 ω^2，则成形滤波器用一阶微分方程表示。

对于多维的有色噪声，如其相关函数为指数函数，则其成形滤波器方程可用一阶向量微分方程表示为

$$\dot{\boldsymbol{\xi}}(t)=\boldsymbol{D}(t)\boldsymbol{\xi}(t)+\boldsymbol{n}(t)$$

式中，$\boldsymbol{\xi}(t)$ 为多维有色噪声；$\boldsymbol{D}(t)$ 为 $\boldsymbol{\xi}(t)$ 的系数矩阵，$\boldsymbol{n}(t)$ 为均值等于零的白噪声过程，其统计特性为

$$E[\boldsymbol{n}(t)]=\boldsymbol{0}$$

$$E[\boldsymbol{n}(t)\boldsymbol{n}^{\mathrm{T}}(\tau)]=\boldsymbol{S}(t)\delta(t-\tau)$$

对于一般的平稳随机过程 $\boldsymbol{x}(t)$，如果谱密度 $S_x(\omega)$ 为 ω^2 的有理函数，且能分解成

$$S_x(\omega)=\frac{H(\mathrm{j}\omega)H(-\mathrm{j}\omega)}{F(\mathrm{j}\omega)F(-\mathrm{j}\omega)}$$

式中，$H(\mathrm{j}\omega)$ 和 $F(\mathrm{j}\omega)$ 是 ω 的多项式。$H(\mathrm{j}\omega)$ 和 $F(\mathrm{j}\omega)$ 的根都在上半复数平面内，即 $H(s)$ 和 $F(s)$ 的根在复平面的左半部。则随机过程 $\boldsymbol{x}(t)$ 相当于单位强度白噪声 $m(t)$ 长时间作用于频率特性为

$$\Phi_s(\mathrm{j}\omega)=\frac{H(\mathrm{j}\omega)}{F(\mathrm{j}\omega)}$$

的线性系统的结果，则成形滤波器的传递函数为

$$\Phi_s(s)=\frac{H(s)}{F(s)}$$

11.8.2　离散系统的成形滤波器

设 $\xi(k)$ 为一平稳随机序列，已知其相关函数为

$$\boldsymbol{R}_{ij}=\boldsymbol{D}\mathrm{e}^{-|t_i-t_j|}\quad(t_i>t_j)$$

这里不加推导地写出成形滤波器方程如下：

$$\boldsymbol{\xi}(k+1)=\boldsymbol{\Psi}(k+1)\boldsymbol{\xi}(k)+\boldsymbol{n}(k)$$

式中，$\boldsymbol{\Psi}(k+1)$ 为成形滤波器的转移矩阵：

$$\boldsymbol{\Psi}(k+1)=\mathrm{e}^{-|t_{k+1}-t_k|}$$

$\boldsymbol{n}(k)$ 为均值为零的白噪声序列，其统计特性为

$$E[\boldsymbol{n}(k)]=\boldsymbol{0},\quad E[\boldsymbol{n}(k)\boldsymbol{n}^{\mathrm{T}}(k)]=\boldsymbol{D}(1-\mathrm{e}^{-|t_{k+1}-t_k|})$$

11.8.3　系统中附加噪声的几种情况

上面讨论了控制系统和观测系统含有白噪声的卡尔曼滤波。下面讨论系统的附加噪声为有色噪声的卡尔曼滤波。有色噪声的卡尔曼滤波有三种情况：① 控制系统附加噪声为有色噪声，观测系统噪声为白噪声；② 控制附加噪声为白噪声，观测系统噪声为有色噪声；③ 控制系统和观测系统的附加噪声均为有色噪声。这里只讨论情况 ① 和 ② 的卡尔曼滤波。关于情况 ③ 的卡尔曼滤波，读者可把情况 ① 和 ② 的推导方法组合起来，进行情况 ③ 的卡尔曼滤波方程的推导，故在此不作讨论。

11.8.4　系统含有有色噪声，观测系统含白噪声情况的卡尔曼滤波问题

1. 连续系统

系统状态方程和观测方程如下：

$$\dot{\boldsymbol{x}}(t)=\boldsymbol{A}(t)\boldsymbol{x}(t)+\boldsymbol{\xi}(t)\tag{11-81}$$

$$\boldsymbol{z}(t)=\boldsymbol{H}(t)\boldsymbol{x}(t)+\boldsymbol{v}(t)\tag{11-82}$$

式中，$\boldsymbol{\xi}(t)$ 是均值为零的有色噪声，$\boldsymbol{v}(t)$ 是均值为零的白噪声。$\boldsymbol{\xi}(t)$ 可用下列成形滤波器方程表示：

$$\dot{\boldsymbol{\xi}}(t)=\boldsymbol{D}(t)\boldsymbol{\xi}(t)+\boldsymbol{w}(t)\tag{11-83}$$

设 $\boldsymbol{x}_\alpha(t)$ 为扩大维数后的状态向量，即

$$\boldsymbol{x}_\alpha(t)=\begin{bmatrix}\boldsymbol{x}(t)\\ \boldsymbol{\xi}(t)\end{bmatrix}$$

设 $\boldsymbol{w}_\alpha(t)$ 为扩大状态变量维数后的系统附加噪声，即

$$\boldsymbol{w}_\alpha(t)=\begin{bmatrix}\boldsymbol{0}\\ \boldsymbol{w}(t)\end{bmatrix}$$

显然，$\boldsymbol{w}_\alpha(t)$ 中只包含白噪声。

扩大状态变量维数后的系统状态方程和观测系统方程为

$$\dot{\boldsymbol{x}}_\alpha(t)=\begin{bmatrix}\dot{\boldsymbol{x}}(t)\\ \dot{\boldsymbol{\xi}}(t)\end{bmatrix}=\begin{bmatrix}\boldsymbol{A}(t) & \boldsymbol{I}\\ \boldsymbol{0} & \boldsymbol{D}(t)\end{bmatrix}\begin{bmatrix}\boldsymbol{x}(t)\\ \boldsymbol{\xi}(t)\end{bmatrix}+\begin{bmatrix}\boldsymbol{0}\\ \boldsymbol{w}(t)\end{bmatrix}$$

或

$$\dot{\boldsymbol{x}}_\alpha(t)=\boldsymbol{A}_\alpha(t)\boldsymbol{x}_\alpha(t)+\boldsymbol{w}_\alpha(t)\tag{11-84}$$

式中

$$\boldsymbol{A}_\alpha(t)=\begin{bmatrix}\boldsymbol{A}(t) & \boldsymbol{I}\\ \boldsymbol{0} & \boldsymbol{D}(t)\end{bmatrix}$$

$$z(t)=H(t)x(t)+v(t)=\begin{bmatrix}H(t) & 0\end{bmatrix}\begin{bmatrix}x(t)\\ \xi(t)\end{bmatrix}+v(t)$$

或

$$z(t)=H_a(t)x_a(t)+v(t) \tag{11-85}$$

式中

$$H_a(t)=\begin{bmatrix}H(t) & 0\end{bmatrix}$$

式(11-84)和式(11-85)分别为扩大状态变量维数后的控制系统方程和观测系统方程。由于 $w_a(t)$ 只包含白噪声，$v(t)$ 为白噪声，故可直接应用前面推导出的卡尔曼滤波方程。

2. 离散系统

离散系统状态方程和观测系统方程如下：

$$x(k+1)=\Phi(k+1,k)x(k)+\xi(k) \tag{11-86}$$

$$z(k)=H(t)x(k)+v(k) \tag{11-87}$$

式中，$\xi(k)$ 为有色白噪声序列；$v(k)$ 是均值为零的白噪声序列。$\xi(k)$ 可用下述成形滤波器方程来表示：

$$\xi(k+1)=\Psi(k+1,k)\xi(k)+w(k) \tag{11-88}$$

式中，$w(k)$ 为白噪声序列。

把 $\xi(k)$ 作为状态变量的一部分，设 $x_a(k)$ 为扩大维数后的状态变量，即

$$x_a(k)=\begin{bmatrix}x(k)\\ \xi(k)\end{bmatrix}$$

设 $w_a(k)$ 为扩大状态变量维数后的系统附加噪声，即

$$w_a(k)=\begin{bmatrix}0\\ w(k)\end{bmatrix}$$

显然，在 $w_a(k)$ 中只包含白噪声。

扩大状态变量维数后的系统状态方程和观测系统方程为

$$x_a(k+1)=\begin{bmatrix}x(k+1)\\ \xi(k+1)\end{bmatrix}=\begin{bmatrix}\Phi(k+1,k) & I\\ 0 & \Psi(k+1,k)\end{bmatrix}\begin{bmatrix}x(k)\\ \xi(k)\end{bmatrix}+\begin{bmatrix}0\\ w(k)\end{bmatrix}$$

或

$$x_a(k+1)=\Phi_a(k+1,k)x_a(k)+w_a(k) \tag{11-89}$$

式中

$$\Phi_a(k+1,k)=\begin{bmatrix}\Phi(k+1,k) & I\\ 0 & \Psi(k+1,k)\end{bmatrix}$$

$$z(k)=H(k)x(k)+v(k)=\begin{bmatrix}H(k) & 0\end{bmatrix}\begin{bmatrix}x(k)\\ \xi(k)\end{bmatrix}+v(k)$$

或

$$z(k)=H_a(k)x_a(k)+v(k) \tag{11-90}$$

式中

$$H_a(k)=\begin{bmatrix}H(k) & 0\end{bmatrix} \tag{11-91}$$

式(11-89)和式(11-90)分别为扩大状态变量维数后的控制系统方程和观测系统方程。

由于 $\boldsymbol{w}_a(k)$ 只包含白噪声，$\boldsymbol{v}(k)$ 为白噪声，故可直接应用前面推导的离散系统卡尔曼滤波基本方程。

例 11-5　在进行导弹容错控制系统设计时，需要利用导弹俯仰通道阻尼回路的状态信息进行故障诊断，用来判断回路中速率陀螺仪是否发生故障。设某地空导弹俯仰通道阻尼回路的数学模型为

$$\left.\begin{aligned}\boldsymbol{x}(k+1)&=\boldsymbol{\Phi}(k+1,k)\boldsymbol{x}(k)+\boldsymbol{G}(k+1,k)\boldsymbol{u}(k)+\boldsymbol{\Gamma}(k+1,k)\xi(k)\\ \boldsymbol{z}(k)&=\boldsymbol{H}(k)\boldsymbol{x}(k)+v(k)\end{aligned}\right\}\qquad(11-92)$$

式中，状态变量 $\boldsymbol{x}(k)=[x_1(k),x_2(k)]^{\mathrm{T}}$，$x_1(k)$ 为与弹体俯仰角速率成比例的量，$x_2(k)$ 为与弹体俯仰角加速率成比例的量。控制变量 $u(k)$ 为俯仰制导指令，输出变量 $z(k)$ 为由速率陀螺测得的弹体俯仰角速率。试设计卡尔曼滤波器，估计出状态变量(注：$\boldsymbol{\xi}(k)$ 与 $\boldsymbol{v}(k)$ 不相关)。

要求仿真计算 1 000 步，初始条件：$\boldsymbol{x}(0)=\boldsymbol{0}$，$E[\boldsymbol{x}(0)]=\boldsymbol{0}$，$u(k)$ 是周期为 400 步、幅值为 1 的方波信号。

导弹俯仰通道阻尼回路数学模型中的转移矩阵为

$$\boldsymbol{\Phi}(k+1,k)=\begin{bmatrix}0 & 1\\ -0.749\,8 & 1.706\,6\end{bmatrix}$$

其他系数矩阵为

$$\boldsymbol{G}(k+1,k)=\begin{bmatrix}0\\1\end{bmatrix},\quad \boldsymbol{\Gamma}(k+1,k)=\begin{bmatrix}1\\0.5\end{bmatrix}$$

$$\boldsymbol{H}(k)=[0.020\,428,\quad 0.022\,513]$$

$\boldsymbol{\xi}(t)$ 为有色噪声序列，其自相关函数为

$$\boldsymbol{R}_\xi[i,j]=1.4\mathrm{e}^{-|t_i-t_j|},\quad (t_i>t_j)$$

$\boldsymbol{v}(k)$ 是均值为零的白噪声序列，其统计特性为

$$E[v(k)]=0,\quad E[v^2(k)]=\boldsymbol{R}_k=0.5$$

解　(1) 成形滤波器设计：

由自相关函数的形式，直接写出成形滤波器如下：

$$\xi(k+1)=\boldsymbol{\Psi}(k+1,k)\xi(k)+n(k)\qquad(11-93)$$

式中，$\boldsymbol{\Psi}(k+1,k)=\mathrm{e}^{-|t_{k+1}-t_k|}$，取采样周期 $t_{k+1}-t_k=0.2s$，因此取 $\boldsymbol{\Psi}(k+1,k)=0.8$。$n(k)$ 为白噪声，其统计特性为

$$E[n(k)]=0,\quad E[n^2(k)]=\boldsymbol{Q}_k=0.5$$

(2) 构造扩大状态变量维数的状态方程和观测方程：

扩展状态变量

$$\boldsymbol{x}_a(k)=[\boldsymbol{x}(k),\xi(k)]^{\mathrm{T}}$$

扩展状态方程和观测方程为

$$\boldsymbol{x}_a(k+1)=\boldsymbol{\Phi}_a(k+1,k)\boldsymbol{x}_a(k)+\boldsymbol{G}_a(k+1,k)u(k)+\boldsymbol{\Gamma}_a(k+1,k)n(k)\qquad(11-94)$$

$$z(k)=\boldsymbol{H}_a(k)\boldsymbol{x}_a(k)+v(k)\qquad(11-95)$$

式中

$$\boldsymbol{\Phi}_a(k+1,k)=\begin{bmatrix}\boldsymbol{\Phi}(k+1,k) & \boldsymbol{\Gamma}(k+1,k)\\ 0 & \boldsymbol{\Psi}(k+1,k)\end{bmatrix}$$

$$\boldsymbol{G}_a(k+1/k)=\begin{bmatrix}\boldsymbol{G}(k+1/k)\\ \boldsymbol{0}\end{bmatrix},\quad \boldsymbol{\Gamma}_a(k+1/k)=\begin{bmatrix}0\\1\end{bmatrix},\quad \boldsymbol{H}_a(k)=[\boldsymbol{H}(k)\quad \boldsymbol{0}]$$

这样,得到了系统噪声与观测噪声均为白噪声序列,且互不相关的扩大状态变量维数的扩展系统,针对此扩展系统可直接利用前面所推导出的卡尔曼滤波方程。

(3) 卡尔曼滤波方程组:

$$\hat{\boldsymbol{x}}_a(k+1,k+1)=\hat{\boldsymbol{x}}_a(k+1,k)+\boldsymbol{K}(k+1)[\boldsymbol{z}(k+1)-\boldsymbol{H}_a(k+1)\hat{\boldsymbol{x}}_a(k+1,k)] \tag{11-96}$$

$$\hat{\boldsymbol{x}}_a(k+1/k)=\boldsymbol{\Phi}_a(k+1,k)\hat{\boldsymbol{x}}_a(k/k)+\boldsymbol{G}_a(k+1,k)u(k) \tag{11-97}$$

$$\boldsymbol{K}(k+1)=\boldsymbol{P}(k+1/k)\boldsymbol{H}_a^{\mathrm{T}}(k+1)\ [\boldsymbol{H}_a(k+1)\boldsymbol{P}(k+1/k)\boldsymbol{H}_a^{\mathrm{T}}(k+1)+\boldsymbol{R}_{k+1}]^{-1} \tag{11-98}$$

$$\begin{aligned}\boldsymbol{P}(k+1/k+1)=&\boldsymbol{P}(k+1/k)-\boldsymbol{P}(k+1/k)\boldsymbol{H}_a^{\mathrm{T}}(k+1)\cdot\\&[\boldsymbol{H}_a(k+1)\boldsymbol{P}(k+1/k)\boldsymbol{H}_a^{\mathrm{T}}(k+1)+\boldsymbol{R}_{k+1}]^{-1}\cdot\\&\boldsymbol{H}_a(k+1)\boldsymbol{P}(k+1/k)\end{aligned} \tag{11-99}$$

$$\boldsymbol{P}(k+1/k)=\boldsymbol{\Phi}_a(k+1,k)\boldsymbol{P}(k/k)\boldsymbol{\Phi}_a^{\mathrm{T}}(k+1,k)+\boldsymbol{\Gamma}_a(k+1,k)\boldsymbol{Q}_a\boldsymbol{\Gamma}_a^{\mathrm{T}}(k+1,k) \tag{11-100}$$

(4) 计算步骤:

① 令 $k=0$,给定状态最优估值初值 $\hat{\boldsymbol{x}}_a(0/0)=0$ 和估值误差方差阵初值 $\boldsymbol{P}(0/0)$。在本例计算中,选取 $\hat{\boldsymbol{x}}_a(0/0)=0$,$\boldsymbol{P}(0/0)=\mathrm{diag}[10^6,10^6,10^6]$。

② 利用式(11-100)计算预测误差方差阵 $\boldsymbol{P}(k+1/k)$。

③ 利用式(11-98)计算最优增益矩阵 $\boldsymbol{K}(k+1)$。

④ 利用式(11-97)计算扩展状态 $\boldsymbol{x}_a(k+1)$ 的最优预测值 $\hat{\boldsymbol{x}}_a(k+1/k)$。

⑤ 利用式(11-96)计算扩展状态 $\boldsymbol{x}_a(k+1)$ 的最优预测值 $\hat{\boldsymbol{x}}_a(k+1/k+1)$。

⑥ 利用式(11-99)计算扩展状态 $\boldsymbol{P}(k+1/k+1)$。

⑦ 令 k 增 1,返回第 ② 步,重复上述计算步骤。

(5) 数学仿真:

仿真程序流程图如图 11-16 所示。

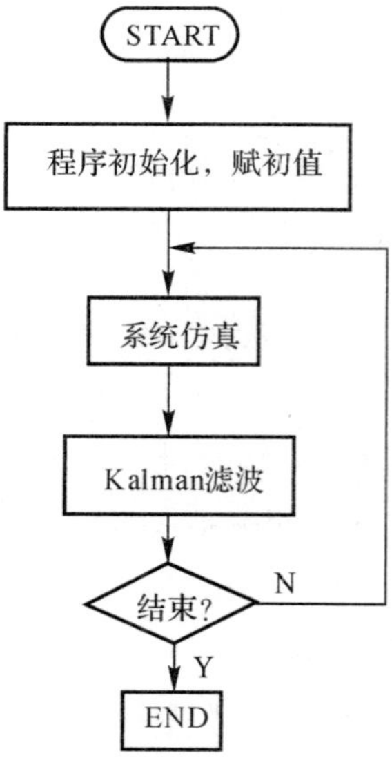

图 11-16　计算程序流程图

11.8.5　控制系统含有白色噪声,观测系统含有有色噪声情况的卡尔曼滤波问题

这种情况一般不用扩大状态变量维数的方法,而设法改变观测方程的形式,使等效观测方程的附加噪声为白噪声,然后再用前面推导的卡尔曼滤波方程。

1. 连续系统

系统状态方程为

$$\dot{\boldsymbol{x}}(t)=\boldsymbol{A}(t)\boldsymbol{x}(t)+\boldsymbol{F}(t)\boldsymbol{w}(t) \tag{11-101}$$

观测方程为

$$\boldsymbol{y}(t)=\boldsymbol{M}(t)\boldsymbol{x}(t)+\boldsymbol{\xi}(t) \tag{11-102}$$

式中，$\boldsymbol{w}(t)$ 是均值为零的白噪声，其统计特性为

$$E[\boldsymbol{w}(t)]=\boldsymbol{0},\quad E[\boldsymbol{w}(t)\boldsymbol{w}^{\mathrm{T}}(\tau)]=\boldsymbol{Q}(t)\delta(t-\tau)$$

$\boldsymbol{\xi}(t)$ 是均值为零的正态分布有色噪声，可用成形滤波器方程表示如下：

$$\dot{\boldsymbol{\xi}}(t)=\boldsymbol{D}(t)\boldsymbol{\xi}(t)+\boldsymbol{n}(t) \tag{11-103}$$

式中，$\boldsymbol{n}(t)$ 是均值为零的白噪声，其统计特性为

$$E[\boldsymbol{n}(t)]=\boldsymbol{0},\quad E[\boldsymbol{n}(t)\boldsymbol{n}^{\mathrm{T}}(\tau)]=\boldsymbol{S}(t)\delta(t-\tau)$$

$\boldsymbol{w}(t)$ 与 $\boldsymbol{n}(t)$ 互不相关，即 $E[\boldsymbol{w}(t)\boldsymbol{n}^{\mathrm{T}}(\tau)]=0$。

现设法改变观测方程式(11-102)，使等效观测方程的附加噪声为白噪声。

考察方程式(11-103)可看出

$$\boldsymbol{n}(t)=\dot{\boldsymbol{\xi}}(t)-\boldsymbol{D}(t)\boldsymbol{\xi}(t) \tag{11-104}$$

是白噪声，从这一点出发，引入一个等效观测值

$$\boldsymbol{z}(t)=\dot{\boldsymbol{y}}(t)-\boldsymbol{D}(t)\boldsymbol{y}(t) \tag{11-105}$$

则 $\boldsymbol{z}(t)$ 也是白噪声。

依据式(11-102)和式(11-103)，可将式(11-105)变为

$$\begin{aligned}\boldsymbol{z}(t)=&\boldsymbol{M}(t)\dot{\boldsymbol{x}}(t)+\dot{\boldsymbol{M}}(t)\boldsymbol{x}(t)-\boldsymbol{D}(t)[\boldsymbol{M}(t)\boldsymbol{x}(t)+\boldsymbol{\xi}(t)]+\dot{\boldsymbol{\xi}}(t)=\\&[\boldsymbol{M}(t)\boldsymbol{A}(t)+\dot{\boldsymbol{M}}(t)-\boldsymbol{D}(t)\boldsymbol{M}(t)]\boldsymbol{x}(t)+\boldsymbol{M}(t)\boldsymbol{F}(t)\boldsymbol{w}(t)+\boldsymbol{n}(t)=\\&\boldsymbol{H}(t)\boldsymbol{x}(t)+\boldsymbol{v}(t)\end{aligned} \tag{11-106}$$

式中

$$\boldsymbol{H}(t)=\boldsymbol{M}(t)\boldsymbol{A}(t)+\dot{\boldsymbol{M}}(t)-\boldsymbol{D}(t)\boldsymbol{M}(t)$$

$$\boldsymbol{v}(t)=\boldsymbol{M}(t)\boldsymbol{F}(t)\boldsymbol{w}(t)+\boldsymbol{n}(t)$$

这样，把观测方程式(11-102)转变成等效观测方程式(11-106)。式(11-106)的附加噪声为白噪声，因 $\boldsymbol{w}(t)$ 与 $\boldsymbol{n}(t)$ 都是均值为零的白噪声，则 $\boldsymbol{v}(t)$ 也是均值为零的白噪声。考虑到 $\boldsymbol{w}(t)$ 与 $\boldsymbol{n}(t)$ 的不相关性，$\boldsymbol{v}(t)$ 的统计特性如下：

$$E[\boldsymbol{v}(t)]=\boldsymbol{0}$$

$$\begin{aligned}E[\boldsymbol{v}(t)\boldsymbol{v}^{\mathrm{T}}(t)]=&E\{[\boldsymbol{M}(t)\boldsymbol{F}(t)\boldsymbol{w}(t)+\boldsymbol{n}(t)][\boldsymbol{M}(\tau)\boldsymbol{F}(\tau)\boldsymbol{w}(\tau)+\boldsymbol{n}(\tau)]^{\mathrm{T}}\}=\\&\boldsymbol{M}(t)\boldsymbol{F}(t)E[\boldsymbol{w}(t)\boldsymbol{w}^{\mathrm{T}}(\tau)]\boldsymbol{F}^{\mathrm{T}}(\tau)\boldsymbol{M}^{\mathrm{T}}(\tau)+E[\boldsymbol{n}(\tau)\boldsymbol{n}^{\mathrm{T}}(\tau)]=\\&[\boldsymbol{M}(t)\boldsymbol{F}(t)\boldsymbol{Q}(t)\boldsymbol{F}^{\mathrm{T}}(t)\boldsymbol{M}^{\mathrm{T}}(t)+\boldsymbol{S}(t)]\delta(t-\tau)=\\&\boldsymbol{R}(t)\delta(t-\tau)\end{aligned}$$

式中

$$\boldsymbol{R}(t)=\boldsymbol{M}(t)\boldsymbol{F}(t)\boldsymbol{Q}(t)\boldsymbol{F}^{\mathrm{T}}(t)\boldsymbol{M}^{\mathrm{T}}(t)+\boldsymbol{S}(t)$$

由于 $\boldsymbol{v}(t)$ 中包含 $\boldsymbol{w}(t)$，因此 $\boldsymbol{w}(t)$ 和 $\boldsymbol{v}(t)$ 是相关的，故

$$\begin{aligned}E[\boldsymbol{w}(t)\boldsymbol{v}^{\mathrm{T}}(t)]=&E\{\boldsymbol{w}(t)[\boldsymbol{M}(\tau)\boldsymbol{F}(\tau)\boldsymbol{w}(\tau)+\boldsymbol{n}(\tau)]^{\mathrm{T}}\}=\\&\boldsymbol{Q}(t)\boldsymbol{F}^{\mathrm{T}}(t)\boldsymbol{M}^{\mathrm{T}}(t)\delta(t-\tau)=\boldsymbol{C}(t)\delta(t-\tau)\end{aligned}$$

式中

$$\boldsymbol{C}(t)=\boldsymbol{Q}(t)\boldsymbol{F}^{\mathrm{T}}(t)\boldsymbol{M}^{\mathrm{T}}(t)$$

由于等效观测方程式(11-106)的附加噪声为白噪声，因此完全可以用前面推导出的系统

噪声和观测噪声相关的连续系统的卡尔曼滤波公式(11-57)、式(11-58)和式(11-59)。

根据式(11-57),最优滤波方程为

$$\dot{\hat{\boldsymbol{x}}}(t/t)=\boldsymbol{A}(t)\hat{\boldsymbol{x}}(t/t)+\boldsymbol{K}(t)[\boldsymbol{z}(t)-\boldsymbol{H}(t)\hat{\boldsymbol{x}}(t/t)]$$

把 $\boldsymbol{z}(t)=\dot{\boldsymbol{y}}(t)-\boldsymbol{D}(t)\boldsymbol{y}(t)$ 和 $\boldsymbol{H}(t)=\boldsymbol{M}(t)\boldsymbol{A}(t)+\dot{\boldsymbol{M}}(t)-\boldsymbol{D}(t)\boldsymbol{M}(t)$ 代入上式,可得有色噪声情况的最优滤波方程为

$$\dot{\hat{\boldsymbol{x}}}(t/t)=\boldsymbol{A}(t)\hat{\boldsymbol{x}}(t/t)+\boldsymbol{K}(t)\{\dot{\boldsymbol{y}}(t)-\boldsymbol{D}(t)\boldsymbol{y}(t)-[\boldsymbol{M}(t)\boldsymbol{A}(t)+\dot{\boldsymbol{M}}(t)-\boldsymbol{D}(t)\boldsymbol{M}(t)]\hat{\boldsymbol{x}}(t/t)\} \tag{11-107}$$

根据式(11-58),最优增益矩阵为

$$\boldsymbol{K}(t)=[\boldsymbol{P}(t/t)\boldsymbol{H}^{\mathrm{T}}(t)+\boldsymbol{F}(t)\boldsymbol{C}(t)]\boldsymbol{R}^{-1}(t)$$

把 $\boldsymbol{H}^{\mathrm{T}}(t)=[\boldsymbol{M}(t)\boldsymbol{A}(t)+\dot{\boldsymbol{M}}(t)-\boldsymbol{D}(t)\boldsymbol{M}(t)]^{\mathrm{T}}$ 和 $\boldsymbol{C}(t)=\boldsymbol{Q}(t)\boldsymbol{F}^{\mathrm{T}}(t)\boldsymbol{M}^{\mathrm{T}}(t)$ 以及 $\boldsymbol{R}(t)=\boldsymbol{M}(t)\boldsymbol{F}(t)\boldsymbol{Q}(t)\boldsymbol{F}^{\mathrm{T}}(t)\boldsymbol{M}^{\mathrm{T}}(t)+\boldsymbol{S}(t)$ 代入上式,可得有色噪声情况的最优增益矩阵为

$$\boldsymbol{F}(t)=\{\boldsymbol{P}(t/t)[\boldsymbol{M}(t)\boldsymbol{A}(t)+\dot{\boldsymbol{M}}(t)-\boldsymbol{D}(t)\boldsymbol{M}(t)]^{\mathrm{T}}+\boldsymbol{F}(t)\boldsymbol{Q}(t)\boldsymbol{F}^{\mathrm{T}}(t)\boldsymbol{M}^{\mathrm{T}}(t)\}[\boldsymbol{M}(t)\boldsymbol{F}(t)\boldsymbol{Q}(t)\boldsymbol{F}^{\mathrm{T}}(t)\boldsymbol{M}^{\mathrm{T}}(t)+\boldsymbol{S}(t)]^{-1} \tag{11-108}$$

根据式(11-59),估计误差方差阵为

$$\dot{\boldsymbol{P}}(t/t)=\boldsymbol{A}(t)\boldsymbol{P}(t/t)+\boldsymbol{P}(t/t)\boldsymbol{A}^{\mathrm{T}}(t)-[\boldsymbol{P}(t/t)\boldsymbol{H}^{\mathrm{T}}(t)+\boldsymbol{F}(t)\boldsymbol{C}(t)]\boldsymbol{R}^{-1}(t)\cdot[\boldsymbol{H}(t)\boldsymbol{P}(t/t)+\boldsymbol{C}^{\mathrm{T}}(t)\boldsymbol{F}^{\mathrm{T}}(t)]+\boldsymbol{F}(t)\boldsymbol{Q}(t)\boldsymbol{F}^{\mathrm{T}}(t)$$

把 $\boldsymbol{H}(t)=\boldsymbol{M}(t)\boldsymbol{A}(t)+\dot{\boldsymbol{M}}(t)-\boldsymbol{D}(t)\boldsymbol{M}(t)$ 和 $\boldsymbol{R}(t)=\boldsymbol{M}(t)\boldsymbol{F}(t)\boldsymbol{Q}(t)\boldsymbol{F}^{\mathrm{T}}(t)\boldsymbol{M}^{\mathrm{T}}(t)+\boldsymbol{S}(t)$ 及 $\boldsymbol{C}(t)=\boldsymbol{Q}(t)\boldsymbol{F}^{\mathrm{T}}(t)\boldsymbol{M}^{\mathrm{T}}(t)$ 代入上式,可得有色噪声情况的估计误差方差阵方程

$$\begin{aligned}\dot{\boldsymbol{P}}(t/t)=&\boldsymbol{A}(t)\boldsymbol{P}(t/t)+\boldsymbol{P}(t/t)\boldsymbol{A}^{\mathrm{T}}(t)-\{\boldsymbol{P}(t/t)[\boldsymbol{M}(t)\boldsymbol{A}(t)+\dot{\boldsymbol{M}}(t)-\boldsymbol{D}(t)\boldsymbol{M}(t)]^{\mathrm{T}}+\\&\boldsymbol{F}(t)\boldsymbol{Q}(t)\boldsymbol{F}^{\mathrm{T}}(t)\boldsymbol{M}^{\mathrm{T}}(t)\}[\boldsymbol{M}(t)\boldsymbol{F}(t)\boldsymbol{Q}(t)\boldsymbol{F}^{\mathrm{T}}(t)\boldsymbol{M}^{\mathrm{T}}(t)+\boldsymbol{S}(t)]^{-1}\cdot\\&\{[\boldsymbol{M}(t)\boldsymbol{A}(t)+\dot{\boldsymbol{M}}(t)-\boldsymbol{D}(t)\boldsymbol{M}(t)]\boldsymbol{P}(t/t)+\boldsymbol{M}(t)\boldsymbol{F}(t)\boldsymbol{Q}^{\mathrm{T}}(t)\boldsymbol{F}^{\mathrm{T}}(t)\}+\\&\boldsymbol{F}(t)\boldsymbol{Q}^{\mathrm{T}}(t)\boldsymbol{F}^{\mathrm{T}}(t)\end{aligned} \tag{11-109}$$

从式(11-108)可看出,为了使滤波存在,要求矩阵 $[\boldsymbol{M}(t)\boldsymbol{F}(t)\boldsymbol{Q}(t)\boldsymbol{F}^{\mathrm{T}}(t)\boldsymbol{M}^{\mathrm{T}}(t)+\boldsymbol{S}(t)]$ 为正定矩阵。

2. 离散系统

系统状态方差为

$$\boldsymbol{x}(k+1)=\boldsymbol{\Phi}(k+1,k)\boldsymbol{x}(k)+\boldsymbol{\Gamma}(k+1,k)\boldsymbol{w}(k) \tag{11-110}$$

式中,$\boldsymbol{w}(t)$ 是均值为零的白噪声序列,其统计特性为

$$E[\boldsymbol{w}(k)]=\boldsymbol{0},\quad E[\boldsymbol{w}(k)\boldsymbol{w}^{\mathrm{T}}(j)]=\boldsymbol{Q}_k\delta_{kj}$$

观测方程为

$$\boldsymbol{y}(k+1)=\boldsymbol{M}(k+1)\boldsymbol{x}(k+1)+\boldsymbol{\xi}(k+1) \tag{11-111}$$

式中,$\boldsymbol{\xi}(k+1)$ 是均值为零的正态分布有色噪声序列,可用成形滤波器方程表示如下:

$$\boldsymbol{\xi}(k+1)=\boldsymbol{\Psi}(k+1)\boldsymbol{\xi}(k)+\boldsymbol{n}(k) \tag{11-112}$$

式中,$\boldsymbol{n}(k)$ 是均值为零的白噪声序列,其统计特性为

$$E[\boldsymbol{n}(k)]=\boldsymbol{0},\quad E[\boldsymbol{n}(k)\boldsymbol{n}^{\mathrm{T}}(j)]=\boldsymbol{S}_k\delta_{kj}$$

下面采用的方法与处理连续系统的方法相同,设法改变观测方程,使等效观测方程的附加噪声为白噪声,然后直接应用前面已推导出的卡尔曼滤波方程。

把式(11－112)代入式(11－111)，得

$$\boldsymbol{y}(k+1)=\boldsymbol{M}(k+1)\boldsymbol{x}(k+1)+\boldsymbol{\Psi}(k+1)\boldsymbol{\xi}(k)+\boldsymbol{n}(k) \tag{11-113}$$

再把式(11－111)改写为

$$\boldsymbol{y}(k)=\boldsymbol{M}(k)\boldsymbol{x}(k)+\boldsymbol{\xi}(k)$$

用 $\boldsymbol{\Psi}(k+1,k)$ 乘上式两边，得

$$\boldsymbol{\Psi}(k+1,k)\boldsymbol{y}(k)=\boldsymbol{\Psi}(k+1,k)\boldsymbol{M}(k)\boldsymbol{x}(k)+\boldsymbol{\Psi}(k+1,k)\boldsymbol{\xi}(k) \tag{11-114}$$

将式(11－113)减式(11－114)，并令 $\boldsymbol{y}(k+1)-\boldsymbol{\Psi}(k+1)\boldsymbol{y}(k)=\boldsymbol{z}(k)$，则

$$\boldsymbol{z}(k)=\boldsymbol{M}(k+1)\boldsymbol{x}(k+1)-\boldsymbol{\Psi}(k+1,k)\boldsymbol{M}(k)\boldsymbol{x}(k)+\boldsymbol{n}(k)$$

把式(11－110)代入上式可得

$$\begin{aligned}\boldsymbol{z}(k)=&[\boldsymbol{M}(k+1)\boldsymbol{\Phi}(k+1,k)-\boldsymbol{\Psi}(k+1,k)\boldsymbol{M}(k)]\boldsymbol{x}(k)+\\&\boldsymbol{M}(k+1)\boldsymbol{\Gamma}(k+1,k)\boldsymbol{w}(k)+\boldsymbol{n}(k)\end{aligned} \tag{11-115}$$

式(11－115)为等效观测方程，$\boldsymbol{z}(k)$ 是等效观测值。等效观测方程与原始观测方程相比较，有两个特点：① 等效观测值 $\boldsymbol{z}(k)$ 只包含白噪声 $\boldsymbol{M}(k+1)\boldsymbol{\Gamma}(k+1)\boldsymbol{w}(k)+\boldsymbol{n}(k)$，它与系统附加噪声 $\boldsymbol{w}(k)$ 是相关的；② $\boldsymbol{z}(k)$ 在形式上看做 k 时刻的观测值，看起来是 $\boldsymbol{x}(k)$ 的线性函数，实际上却是 $\boldsymbol{x}(k+1)$ 的线性函数。因此，针对系统状态方程式(11－110)和等效观测方程式(11－115)的滤波方程的估值 $\hat{\boldsymbol{x}}(k+1/k)$ 和估计误差方差阵 $\boldsymbol{P}(k+1/k)$，就是针对式(11－110)和式(11－111)的估值 $\hat{\boldsymbol{x}}(k+1/k+1)$ 及 $\boldsymbol{P}(k+1/k+1)$。由于等效观测方程的白噪声 $\boldsymbol{M}(k+1)\boldsymbol{\Gamma}(k+1)\boldsymbol{w}(k)+\boldsymbol{n}(k)$ 与系统附加噪声 $\boldsymbol{w}(k)$ 相关，因此可用滤波方程式(11－20)、式(11－25)和式(11－27)来处理。将式(11－115)与式(11－12)相比较可知

$$\boldsymbol{H}(k)=\boldsymbol{M}(k+1,k)\boldsymbol{\Phi}(k+1,k)-\boldsymbol{\Psi}(k+1)\boldsymbol{M}(k) \tag{11-116}$$

$$\begin{aligned}\boldsymbol{R}(k)=&E\{[\boldsymbol{M}(k+1)\boldsymbol{\Gamma}(k+1,k)\boldsymbol{w}(k)+\boldsymbol{n}(k)][\boldsymbol{M}(k+1)\boldsymbol{\Gamma}(k+1,k)\boldsymbol{w}(k)+\boldsymbol{n}(k)]^{\mathrm{T}}\}=\\&\boldsymbol{M}(k+1)\boldsymbol{\Gamma}(k+1,k)\boldsymbol{Q}_k\boldsymbol{\Gamma}^{\mathrm{T}}(k+1,k)\boldsymbol{M}^{\mathrm{T}}(k+1)+\boldsymbol{S}_k\end{aligned} \tag{11-117}$$

$$\begin{aligned}\boldsymbol{C}_k=&E\{\boldsymbol{w}(k)\,[\boldsymbol{M}(k+1)\boldsymbol{\Gamma}(k+1,k)\boldsymbol{w}(k)+\boldsymbol{n}(k)]^{\mathrm{T}}\}=\\&\boldsymbol{Q}_k\boldsymbol{\Gamma}^{\mathrm{T}}(k+1,k)\boldsymbol{M}^{\mathrm{T}}(k+1)\end{aligned} \tag{11-118}$$

另外，考虑到等效观测方程式(11－115)的估值 $\hat{\boldsymbol{x}}(k+1/k)$ 及 $\boldsymbol{P}(k+1/k)$ 是原观测方程式(11－111)的对应估值 $\hat{\boldsymbol{x}}(k+1/k+1)$ 及 $\boldsymbol{P}(k+1/k+1)$。因为在 $\boldsymbol{z}(k)$ 中包含观测值 $\boldsymbol{y}(k+1)$ 的信息，这样可得有色噪声情况下的离散系统滤波方程如下：

$$\hat{\boldsymbol{x}}(k+1/k+1)=\boldsymbol{\Phi}(k+1,k)\hat{\boldsymbol{x}}(k/k)+\boldsymbol{K}(k)[\boldsymbol{z}(k)-\boldsymbol{H}(k)\hat{\boldsymbol{x}}(k/k)] \tag{11-119}$$

$$\boldsymbol{K}(k)=[\boldsymbol{\Phi}(k+1,k)\boldsymbol{P}(k/k)\boldsymbol{H}^{\mathrm{T}}(k)+\boldsymbol{\Gamma}(k+1,k)\boldsymbol{C}_k][\boldsymbol{H}(k)\boldsymbol{P}(k/k)\boldsymbol{H}^{\mathrm{T}}(k)+\boldsymbol{R}_k]^{-1} \tag{11-120}$$

$$\begin{aligned}\boldsymbol{P}(k+1/k+1)=&\boldsymbol{\Phi}(k+1,k)\boldsymbol{P}(k/k)\boldsymbol{\Phi}^{\mathrm{T}}(k+1,k)-\boldsymbol{K}(k)[\boldsymbol{H}(k)\boldsymbol{P}(k/k)\boldsymbol{\Phi}^{\mathrm{T}}(k+1,k)+\\&\boldsymbol{C}_k^{\mathrm{T}}\boldsymbol{\Gamma}^{\mathrm{T}}(k+1,k)]+\boldsymbol{\Gamma}(k+1,k)\boldsymbol{Q}_k\boldsymbol{\Gamma}^{\mathrm{T}}(k+1,k)\end{aligned} \tag{11-121}$$

式(11－119)中　　$\boldsymbol{z}(k)=\boldsymbol{y}(k+1)+\boldsymbol{\Psi}(k+1,k)\boldsymbol{y}(k)$

式(11－120)和式(11－121)中的 $\boldsymbol{H}(k)$，$\boldsymbol{R}_k$ 和 $\boldsymbol{C}_k$，分别由式(11－116)、式(11－117)和式(11－118)表示。

应当考虑 $\boldsymbol{y}(k)$ 初始值 $\boldsymbol{y}(1)$ 对估值 $\hat{\boldsymbol{x}}(k/k)$ 的影响问题。把 $\boldsymbol{y}(k)$ 的初值 $\boldsymbol{y}(1)$ 对估值 $\hat{\boldsymbol{x}}(k/k)$ 的影响归结为 $\boldsymbol{x}(k)$ 的初始估值 $\hat{\boldsymbol{x}}(1/1)$ 对 $\hat{\boldsymbol{x}}(k/k)$ 的影响。若第一次测量时间 $k=1$，验前估算为 $\hat{\boldsymbol{x}}(1/0)$ 及 $\boldsymbol{P}(1/0)$，并且 $E[\boldsymbol{\xi}(0)\boldsymbol{\xi}^{\mathrm{T}}(0)]=\boldsymbol{N}_0$，根据线性最小方差估计，$\hat{\boldsymbol{x}}(k/k)$ 和 $\boldsymbol{P}(k/k)$ 的初值为

$$\hat{\boldsymbol{x}}(1/1)=\hat{\boldsymbol{x}}(1/0)+\boldsymbol{P}(1/0)\boldsymbol{M}^{\mathrm{T}}(1)\left[\boldsymbol{M}(1)\boldsymbol{P}(1/0)\boldsymbol{M}^{\mathrm{T}}(1)+\boldsymbol{N}_0\right]^{-1}\left[\boldsymbol{y}(1)-\boldsymbol{M}(1)\hat{\boldsymbol{x}}(1/0)\right]$$

$$\boldsymbol{P}(1/1)=\boldsymbol{P}(1/0)-\boldsymbol{P}(1/0)\boldsymbol{M}^{\mathrm{T}}(1)\left[\boldsymbol{M}(1)\boldsymbol{P}(1/0)\boldsymbol{M}^{\mathrm{T}}(1)+\boldsymbol{N}_0\right]^{-1}\boldsymbol{M}(1)\boldsymbol{P}(1/0)$$

最优滤波方块图如图 11-17 所示。以上用改变观测方程的方法，避免了扩大状态变量维数，这种方法在控制和导航等方面都可能应用。

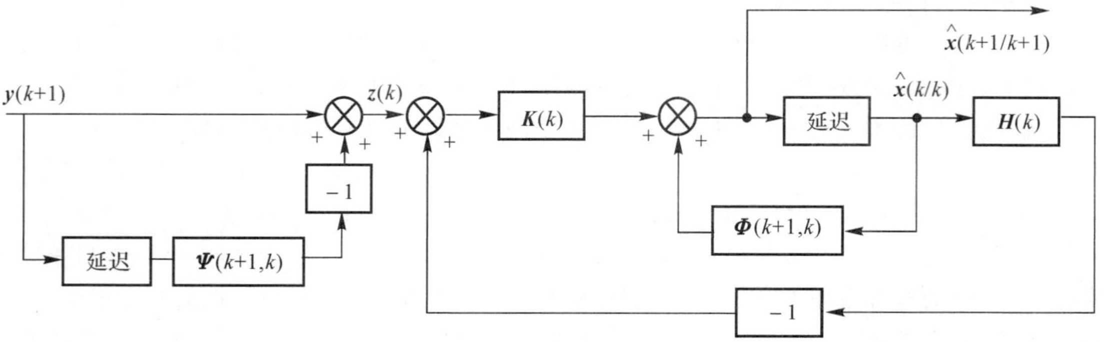

图 11-17　测量噪声为有色噪声时离散系统方块图

11.9　滤波稳定性概念和滤波发散问题

11.9.1　滤波的稳定性概念

前面比较详细地讨论了线性系统卡尔曼滤波基本方程的推导和递推计算步骤。在估值计算时，需要利用一连串的观测数据，按照滤波基本方程进行递推计算，可得状态向量 $\boldsymbol{x}(t)$ 的最优估值 $\hat{\boldsymbol{x}}(t_1/t)$。这里，需要确切知道 $\boldsymbol{x}(t)$ 的初值 $\boldsymbol{x}(0)$ 和估计误差方差阵的初值 $\boldsymbol{P}(0/0)$。但在许多实际问题中，往往不可能确切知道初值 $\boldsymbol{x}(0)$ 和 $\boldsymbol{P}(0/0)$，甚至根本不知道这些初值。为了进行滤波计算，只能假定初值 $\boldsymbol{x}(0)$ 和 $\boldsymbol{P}(0/0)$。这对滤波结果会造成什么影响呢？如果用正确的初值 $\boldsymbol{x}^*(0)$ 和 $\boldsymbol{P}^*(0/0)$，按滤波方程可得最优的滤波值 $\hat{\boldsymbol{x}}^*(k/k)$ 及 $\hat{\boldsymbol{P}}^*(k/k)$；如果选取不确切的初值 $\boldsymbol{x}(0)$ 和 $\boldsymbol{P}(0/0)$，可得非最优的 $\hat{\boldsymbol{x}}(k/k)$ 和 $\boldsymbol{P}(k/k)$。在时间充分长之后，如果 $\hat{\boldsymbol{x}}(k/k)$ 能收敛于 $\hat{\boldsymbol{x}}^*(k/k)$，$\boldsymbol{P}(k/k)$ 能收敛于 $\boldsymbol{P}^*(k/k)$，则初值不确切的影响可忽略不计。这种情况下，滤波是稳定的。反之，滤波是不稳定的。滤波是否稳定，与滤波系统的稳定性有关，而滤波系统的稳定性又与原系统的状态方程及观测方程的结构和参数有关。

卡尔曼从原系统出发，经过证明，得到滤波稳定性定理：如果原系统是一致完全能控和一致完全能观测的，那么它的线性最优滤波系统是一致渐近稳定的。

这个定理表明，判定最优滤波系统是否一致渐近稳定，只要考虑原系统本身是否具有一致完全能控和一致完全能观测就可以了。定理还表明，对一致完全能控和一致完全能观测的系统，滤波初值 $\hat{\boldsymbol{x}}(0/0)$ 和 $\boldsymbol{P}(0/0)$ 是允许任意选择的。

这里需要指出的是：稳定性定理是对滤波系统而言，而不是对原系统而言的。上述定理只是通过判别原系统的能控性和能观测性来判别滤波系统的稳定性。

满足滤波稳定性的系统在实际的滤波计算中，当观测值的个数 k 不断增大时，按模型计算的滤波误差方差阵可以趋于零或趋于某一稳态值。

从原系统的一致完全能控和一致完全能观测到滤波的稳定性定理，需要进行较复杂的数学推导，这里不再叙述。必要时读者可参阅其他书籍。

11.9.2　滤波的发散问题

当滤波的实际误差远远超过滤波误差的允许范围，甚至于趋向无穷大时，滤波器将失去作用，这种现象叫做滤波的发散。

产生发散现象主要有以下两个原因：

(1) 系统的数学模型和噪声的统计模型不准确，这些模型不能反映真实的物理过程，使得观测值与模型不相对应。这样，就可能引起发散，这种发散叫做滤波发散。

(2) 由于计算机字长有限，因而存在着计算误差，如舍入误差，这些误差积累起来，降低了滤波精度。严重时，计算误差的方差阵将逐渐失去正定性，甚至失去对称性，使得增益矩阵 $\boldsymbol{K}(k)$ 的计算值与理论值之间的偏差越来越大，因而造成发散。这种发散叫做计算发散。

因此在滤波计算时，要充分注意产生发散现象的原因，设法避免发散现象的出现。

克服由于模型不准确或模型变化所引起的滤波发散问题，可用衰减记忆滤波和限定记忆滤波等方法。当滤波模型不准确时，滤波值中的旧数据比例太大，新数据的比例太小，这是引起发散的重要原因。因此逐渐减小旧数据的权，相对地增加新数据的权，或者截去旧数据，只保留在观测时刻以前的有限个较新的数据，这是克服滤波发散的一个有效方法，根据前一观点设计的滤波器叫做衰减记忆滤波器，根据后一观点设计的滤波器叫做限定记忆滤波器。这两种滤波器都是次最优滤波器。

在许多实际问题中，系统噪声方差阵 $\boldsymbol{Q}$ 和测量噪声方差阵 $\boldsymbol{R}$ 事先都是不知道的。有时，状态转移矩阵 $\boldsymbol{\Phi}$ 或测量矩阵 $\boldsymbol{H}$ 也不能确切知道。在系统运行过程中，模型还可能不断变化，具体地说，$\boldsymbol{Q}$，$\boldsymbol{R}$，$\boldsymbol{\Phi}$，$\boldsymbol{H}$ 不断变化。这些都会引起滤波发散。自适应滤波是在利用测量数据进行滤波的同时，不断地对未知的或不确切知道的系统模型参数和噪声统计特性进行估计或修正，以便改进滤波。因此自适应滤波也是克服滤波发散的重要方法。

前面说过，即使模型很正确，由于计算机的舍入误差，使得 $\boldsymbol{P}(k/k)$，$\boldsymbol{P}(k/k-1)$ 的计算值失去非负定性，甚至失去对称性，因而导致 $\boldsymbol{K}(k)$ 的计算失真，造成发散现象。平方根滤波方法可用来克服由于计算机舍入误差所引起的滤波发散。

对于任何矩阵 $\boldsymbol{S}$，可得矩阵 $\boldsymbol{S}\boldsymbol{S}^{\mathrm{T}}$，它一定是对称非负定的。因此，如果分解矩阵 $\boldsymbol{P}$，使得

$$\boldsymbol{P}(k/k)=\boldsymbol{S}(k/k)\boldsymbol{S}^{\mathrm{T}}(k/k) \tag{11-122}$$

$$\boldsymbol{P}(k/k-1)=\boldsymbol{S}(k/k-1)\boldsymbol{S}^{\mathrm{T}}(k/k-1) \tag{11-123}$$

并在卡尔曼滤波基本方程中，以 $\boldsymbol{S}(k/k)$ 的递推关系式代替 $\boldsymbol{P}(k/k)$ 的递推关系式，则可以保证对于任何时刻 k，$\boldsymbol{P}(k/k)$ 和 $\boldsymbol{P}(k/k-1)$ 都一定具有对称非负定性。这样就可以限制由于计算误差引起滤波发散的可能性。这就是采用平方根滤波克服滤波发散的基本思想。

关于克服滤波发散的各种方法，本书不作详细介绍，读者可参阅其他书籍。

11.10　非线性滤波

卡尔曼滤波要求系统状态方程和观测方程都是线性的。很多工程系统往往不能用简单的线性系统来描述，例如导弹控制、测轨和惯性导航系统的状态方程往往不是线性的，因此必须研究非线性滤波问题。对于非线性模型的滤波问题在理论上还没有严密的滤波公式，一般可将非线性方程线性化，而后应用卡尔曼滤波的基本方程。

一般离散非线性系统的状态方程和观测方程为

$$\boldsymbol{x}(k+1)=\boldsymbol{\varphi}[\boldsymbol{x}(k),\boldsymbol{w}(k),k]$$

$$\boldsymbol{z}(k+1)=\boldsymbol{H}[\boldsymbol{x}(k+1),\boldsymbol{v}(k+1),k+1]$$

式中，$\boldsymbol{x}$ 为 n 维状态向量；$\boldsymbol{z}$ 为 l 维观测向量；$\boldsymbol{w}(k)$ 和 $\boldsymbol{v}(k)$ 都是噪声；$\boldsymbol{\varphi}$ 为 n 维向量方程，是 $\boldsymbol{x}(k)$，$\boldsymbol{w}(k)$ 和 k 的非线性函数；$\boldsymbol{H}$ 为 l 维向量方程，是 $\boldsymbol{x}(k+1)$，$\boldsymbol{v}(k+1)$ 和 $k+1$ 的非线性函数。

在此，仅限于研究下列情况的非线性模型：

$$\boldsymbol{x}(k+1)=\boldsymbol{\varphi}[x(k),k]+\boldsymbol{\Gamma}[\boldsymbol{x}(k),k]\boldsymbol{w}(k)$$

$$\boldsymbol{z}(k+1)=\boldsymbol{H}[\boldsymbol{x}(k+1),k+1]+\boldsymbol{v}(k+1)$$

式中，$\boldsymbol{w}(k)$ 和 $\boldsymbol{v}(k)$ 都是均值为零的白噪声序列，其统计特性如下：

$$E[\boldsymbol{w}(k)]=E[\boldsymbol{v}(k)]=\boldsymbol{0}$$

$$E[\boldsymbol{w}(k)\boldsymbol{w}^{\mathrm{T}}(j)]=\boldsymbol{Q}_k\delta_{kj}$$

$$E[\boldsymbol{v}(k)\boldsymbol{v}^{\mathrm{T}}(j)]=\boldsymbol{R}_k\delta_{kj}$$

$$E[\boldsymbol{w}(k)\boldsymbol{v}^{\mathrm{T}}(j)]=\boldsymbol{0}$$

另外还知道 $\boldsymbol{x}(0)$ 的统计特性。

下面介绍两种线性化滤波方法：① 围绕标称轨道线性化滤波方法；② 推广的卡尔曼滤波方法(围绕滤波值 $\hat{\boldsymbol{x}}(k/k)$ 线性化的滤波方法)。这两种方法都是把非线性模型线性化，而后应用卡尔曼滤波的基本方程。

11.10.1　围绕标称轨道线性化滤波方法

1. 离散非线性系统

考虑下列非线性系统方程：

$$\boldsymbol{x}(k+1)=\boldsymbol{\varphi}[\boldsymbol{x}(k),k]+\boldsymbol{\Gamma}[\boldsymbol{x}(k),k]\boldsymbol{w}(k) \tag{11-124}$$

$$\boldsymbol{z}(k+1)=\boldsymbol{H}[\boldsymbol{x}(k+1),k+1]+\boldsymbol{v}(k+1),\quad (k=1,2,\cdots) \tag{11-125}$$

所谓标称轨道是指在不考虑系统噪声情况下，系统状态方程的解：

$$\boldsymbol{x}^*(k+1)=\boldsymbol{\varphi}[\boldsymbol{x}^*(k),k],\quad \boldsymbol{x}_0^*=E[\boldsymbol{x}_0]=m_0 \tag{11-126}$$

式中，$\boldsymbol{x}^*(k)$ 称为标称状态变量。

真实状态 $\boldsymbol{x}(k)$ 与标称状态 $\boldsymbol{x}^*(k)$ 之差

$$\delta\boldsymbol{x}(k)=\boldsymbol{x}(k)-\boldsymbol{x}^*(k) \tag{11-127}$$

称为状态偏差。

把状态方程式(11-124)的非线性函数 $\boldsymbol{\varphi}(\cdot)$ 围绕标称状态 $\boldsymbol{x}^*(k)$ 进行泰勒级数展开，略去二次及二次以上项，可得

$$\boldsymbol{x}(k+1)\approx\boldsymbol{\varphi}[\boldsymbol{x}^*(k),k]+\frac{\partial\boldsymbol{\varphi}}{\partial\boldsymbol{x}_k^{*\mathrm{T}}}[\boldsymbol{x}(k)-\boldsymbol{x}^*(k)]+\boldsymbol{\Gamma}[\boldsymbol{x}(k),k]\boldsymbol{w}(k)$$

$$\boldsymbol{x}(k+1)=\boldsymbol{x}^*(k+1)+\frac{\partial\boldsymbol{\varphi}}{\partial\boldsymbol{x}_k^{*\mathrm{T}}}[\boldsymbol{x}(k)-\boldsymbol{x}^*(k)]+\boldsymbol{\Gamma}[\boldsymbol{x}(k),k]\boldsymbol{w}(k)$$

把上式的 $\boldsymbol{x}^*(k+1)$ 移至等号左边，并以 $\boldsymbol{\Gamma}[\boldsymbol{x}^*(k),k]$ 代替 $\boldsymbol{\Gamma}[\boldsymbol{x}(k),k]$，可得

$$\boldsymbol{x}(k+1)-\boldsymbol{x}^*(k+1)=\frac{\partial\boldsymbol{\varphi}}{\partial\boldsymbol{x}_k^{*\mathrm{T}}}[\boldsymbol{x}(k)-\boldsymbol{x}^*(k)]+\boldsymbol{\Gamma}[\boldsymbol{x}^*(k),k]\boldsymbol{w}(k)$$

考虑到式(11-127)，可得状态偏差的近似线性化方程

$$\delta \boldsymbol{x}(k+1)=\frac{\partial \boldsymbol{\varphi}}{\partial \boldsymbol{x}_k^{*\mathrm{T}}}[\boldsymbol{x}(k)-\boldsymbol{x}^*(k)]+\boldsymbol{\Gamma}[\boldsymbol{x}^*(k),k]\boldsymbol{w}(k) \tag{11-128}$$

式中：

$$\frac{\partial \boldsymbol{\varphi}}{\partial \boldsymbol{x}_k^{*\mathrm{T}}}=\left.\frac{\partial \boldsymbol{\varphi}[\boldsymbol{x}(k),k]}{\partial \boldsymbol{x}^{\mathrm{T}}(k)}\right|_{\boldsymbol{x}(k)=\boldsymbol{x}^*(k)}=\left.\begin{bmatrix}\dfrac{\partial \boldsymbol{\varphi}^{(1)}}{\partial \boldsymbol{x}^{(1)}(k)} & \cdots & \dfrac{\partial \boldsymbol{\varphi}^{(1)}}{\partial \boldsymbol{x}^{(n)}(k)}\\ \vdots & & \vdots\\ \dfrac{\partial \boldsymbol{\varphi}^{(n)}}{\partial \boldsymbol{x}^{(1)}(k)} & \cdots & \dfrac{\partial \boldsymbol{\varphi}^{(n)}}{\partial \boldsymbol{x}^{(n)}(k)}\end{bmatrix}\right|_{\boldsymbol{x}(k)=\boldsymbol{x}^*(k)} \tag{11-129}$$

$\dfrac{\partial \boldsymbol{\varphi}}{\partial \boldsymbol{x}^{\mathrm{T}}}$ 为 $n\times n$ 矩阵，称为向量 $\boldsymbol{\varphi}(\cdot)$ 的雅克比矩阵。下面把观测方程式(11－125) 线性化。在不考虑观测噪声 $\boldsymbol{v}(k+1)$ 时，可得标称观测值 $\boldsymbol{z}^*(k+1)$ 为

$$\boldsymbol{z}^*(k+1)=\boldsymbol{H}[\boldsymbol{x}^*(k+1),k+1] \tag{11-130}$$

同样把观测方程式(11－125) 的非线性函数 $\boldsymbol{H}(\cdot)$ 围绕标称状态 $\boldsymbol{x}^*(k+1)$ 进行泰勒级数展开，略去二次及二次以上项，可得

$$\boldsymbol{z}(k+1)=\boldsymbol{H}[\boldsymbol{x}^*(k+1),k+1]+\frac{\partial \boldsymbol{H}}{\partial \boldsymbol{x}^{*\mathrm{T}}(k+1)}[\boldsymbol{x}(k+1)-\boldsymbol{x}^*(k+1)]+\boldsymbol{v}(k+1)$$

$$\boldsymbol{z}(k+1)-\boldsymbol{z}^*(k+1)=\frac{\partial \boldsymbol{H}}{\partial \boldsymbol{x}^{*\mathrm{T}}(k+1)}[\boldsymbol{x}(k+1)-\boldsymbol{x}^*(k+1)]+\boldsymbol{v}(k+1)$$

设

$$\delta \boldsymbol{z}(k+1)=\boldsymbol{z}(k+1)-\boldsymbol{z}^*(k+1)$$

则可得观测方程的线性化方程

$$\delta \boldsymbol{z}(k+1)=\frac{\partial \boldsymbol{H}}{\partial \boldsymbol{x}^{*\mathrm{T}}(k+1)}[\boldsymbol{x}(k+1)-\boldsymbol{x}^*(k+1)]+\boldsymbol{v}(k+1) \tag{11-131}$$

式中

$$\frac{\partial \boldsymbol{H}}{\partial \boldsymbol{x}^{*\mathrm{T}}(k+1)}=\left.\frac{\partial \boldsymbol{H}[\boldsymbol{x}(k+1),k+1]}{\partial \boldsymbol{x}^{\mathrm{T}}(k+1)}\right|_{\boldsymbol{x}(k+1)=\boldsymbol{x}^*(k+1)}=$$

$$\left.\begin{bmatrix}\dfrac{\partial \boldsymbol{H}^{(1)}}{\partial \boldsymbol{x}^{(1)}(k+1)} & \cdots & \dfrac{\partial \boldsymbol{H}^{(1)}}{\partial \boldsymbol{x}^{(n)}(k+1)}\\ \vdots & & \vdots\\ \dfrac{\partial \boldsymbol{H}^{(l)}}{\partial \boldsymbol{x}^{(1)}(k+1)} & \cdots & \dfrac{\partial \boldsymbol{H}^{(l)}}{\partial \boldsymbol{x}^{(n)}(k+1)}\end{bmatrix}\right|_{\boldsymbol{x}(k+1)=\boldsymbol{x}^*(k+1)}$$

$\dfrac{\partial \boldsymbol{H}}{\partial \boldsymbol{x}^{\mathrm{T}}}$ 为 $l\times n$ 矩阵，称为向量 $\boldsymbol{H}(\cdot)$ 的雅克比矩阵。线性化方程式(11－128) 和式(11－131) 已成为卡尔曼滤波所需的控制系统模型和观测系统模型，因此可运用卡尔曼滤波的基本方程，于是可得状态偏差的卡尔曼滤波的递推方程组如下：

$$\delta \hat{\boldsymbol{x}}(k+1/k+1)=\delta \hat{\boldsymbol{x}}(k+1/k)+\boldsymbol{K}(k+1)\left[\delta \boldsymbol{z}(k+1)-\frac{\partial \boldsymbol{H}}{\partial \boldsymbol{x}^{*\mathrm{T}}(k+1)}\delta \hat{\boldsymbol{x}}(k+1/k)\right] \tag{11-132}$$

$$\delta \hat{\boldsymbol{x}}(k+1/k)=\frac{\partial \boldsymbol{\varphi}}{\partial \boldsymbol{x}_k^{*\mathrm{T}}}\delta \hat{\boldsymbol{x}}(k/k) \tag{11-133}$$

$$\boldsymbol{K}(k+1)=$$

$$\boldsymbol{P}(k+1/k)\left[\frac{\partial \boldsymbol{H}}{\partial \boldsymbol{x}^{*\mathrm{T}}(k+1)}\right]^{\mathrm{T}}\left\{\frac{\partial \boldsymbol{H}}{\partial \boldsymbol{x}^{*\mathrm{T}}(k+1)}\boldsymbol{P}(k+1/k)\left[\frac{\partial \boldsymbol{H}}{\partial \boldsymbol{x}^{*\mathrm{T}}(k+1)}\right]^{\mathrm{T}}+\boldsymbol{R}_{k+1}\right\}^{-1} \tag{11-134}$$

$$P(k+1/k)=\frac{\partial \boldsymbol{\varphi}}{\partial \boldsymbol{x}^{*\mathrm{T}}(k)}P(k/k)\left[\frac{\partial \boldsymbol{\varphi}}{\partial \boldsymbol{x}^{*\mathrm{T}}(k)}\right]^{\mathrm{T}}+\boldsymbol{\Gamma}[\boldsymbol{x}^{*}(k),k]\boldsymbol{Q}_k\boldsymbol{\Gamma}^{\mathrm{T}}[\boldsymbol{x}^{*}(k),k] \tag{11-135}$$

$$P(k+1/k+1)=\left[\boldsymbol{I}-\boldsymbol{K}(k+1)\frac{\partial \boldsymbol{H}}{\partial \boldsymbol{x}^{*\mathrm{T}}(k+1)}\right]P(k+1/k) \tag{11-136}$$

式中，滤波值中滤波误差方阵的初值分别为

$$\delta\hat{\boldsymbol{x}}_0=E[\delta\boldsymbol{x}_0]=\boldsymbol{0},\quad \boldsymbol{P}_0=\mathrm{var}\delta\boldsymbol{x}_0=\mathrm{var}\boldsymbol{x}_0$$

系统状态的滤波值为

$$\hat{\boldsymbol{x}}(k+1/k+1)=\boldsymbol{x}^{*}(k+1)+\delta\hat{\boldsymbol{x}}(k+1/k+1) \tag{11-137}$$

这种线性化滤波方法只是在能够得到标称轨道，并且状态偏差 $\delta\boldsymbol{x}(k)$ 较小时方能应用。

2. 连续非线性系统

非线性系统状态方程为

$$\dot{\boldsymbol{x}}(t)=\boldsymbol{\varphi}[\boldsymbol{x}(t),t]+\boldsymbol{G}[\boldsymbol{x}(t),t]\boldsymbol{w}(t) \tag{11-138}$$

观测方程为

$$\boldsymbol{z}(t)=\boldsymbol{H}[\boldsymbol{x}(t),t]+\boldsymbol{v}(t) \tag{11-139}$$

式中，$\boldsymbol{x}(t)$ 为 n 维状态向量；$\boldsymbol{z}(t)$ 为 l 维观测向量；$\boldsymbol{\varphi}$ 为 n 维向量函数；$\boldsymbol{H}$ 为 l 维向量函数；$\boldsymbol{w}(t)$ 和 $\boldsymbol{v}(t)$ 都是均值为零的白噪声，$E[\boldsymbol{w}(t)\boldsymbol{w}^{\mathrm{T}}(\tau)]=\boldsymbol{Q}(t)\delta(t-\tau)$，$E[\boldsymbol{v}(t)\boldsymbol{v}^{\mathrm{T}}(\tau)]=\boldsymbol{R}(t)\delta(t-\tau)$，$\boldsymbol{w}(t)$ 和 $\boldsymbol{v}(t)$ 互不相关。

如果在不考虑系统噪声情况下，能求得标称状态 $\boldsymbol{x}^{*}(t)$，即能解下列方程：

$$\dot{\boldsymbol{x}}^{*}(t)=\boldsymbol{\varphi}[\boldsymbol{x}^{*}(t),t] \tag{11-140}$$

初值 $\dot{\boldsymbol{x}}^{*}(t_0)=E[\boldsymbol{x}(t_0)]=\boldsymbol{m}_0$。

把状态方程式(11-138)的非线性函数 $\boldsymbol{\varphi}(\cdot)$ 围绕标称状态 $\boldsymbol{x}^{*}(t)$ 进行泰勒级数展开，略去二次及二次以上项，可得

$$\dot{\boldsymbol{x}}(t)=\boldsymbol{\varphi}[\boldsymbol{x}^{*}(t),t]+\frac{\partial \boldsymbol{\varphi}}{\partial \boldsymbol{x}^{*\mathrm{T}}}[\boldsymbol{x}(t)-\boldsymbol{x}^{*}(t)]+\boldsymbol{G}[\boldsymbol{x}(t),t]\boldsymbol{w}(t)$$

考虑到 $\boldsymbol{\varphi}[\boldsymbol{x}^{*}(t),t]=\dot{\boldsymbol{x}}^{*}(t)$，以 $\boldsymbol{G}[\boldsymbol{x}^{*}(t),t]$ 近似代替 $\boldsymbol{G}[\boldsymbol{x}(t),t]$，可得

$$\dot{\boldsymbol{x}}(t)=\dot{\boldsymbol{x}}^{*}(t)+\frac{\partial \boldsymbol{\varphi}}{\partial \boldsymbol{x}^{*\mathrm{T}}}[\boldsymbol{x}(t)-\boldsymbol{x}^{*}(t)]+\boldsymbol{G}[\boldsymbol{x}^{*}(t),t]\boldsymbol{w}(t)$$

真实状态 $\boldsymbol{x}(t)$ 与标称状态 $\boldsymbol{x}^{*}(t)$ 之差

$$\delta\boldsymbol{x}(t)=\boldsymbol{x}(t)-\boldsymbol{x}^{*}(t)$$

可得状态偏差方程

$$\delta\dot{\boldsymbol{x}}(t)=\frac{\partial \boldsymbol{\varphi}}{\partial \boldsymbol{x}^{*\mathrm{T}}}\delta\boldsymbol{x}(t)+\boldsymbol{G}[\boldsymbol{x}^{*}(t),t]\boldsymbol{w}(t)$$

令式中

$$\frac{\partial \boldsymbol{\varphi}}{\partial \boldsymbol{x}^{*\mathrm{T}}}=\boldsymbol{A}(t),\quad \boldsymbol{G}[\boldsymbol{x}^{*}(t),t]=\boldsymbol{G}(t)$$

则

$$\delta\dot{\boldsymbol{x}}(t)=\boldsymbol{A}(t)\delta\boldsymbol{x}(t)+\boldsymbol{G}(t)\boldsymbol{w}(t) \tag{11-141}$$

在不考虑噪声 $\boldsymbol{v}(t)$ 时，可得标称观测值

$$\boldsymbol{z}^{*}(t)=\boldsymbol{H}[\boldsymbol{x}^{*}(t),t]$$

真实状态 $\boldsymbol{z}(t)$ 与标称状态 $\boldsymbol{z}^{*}(t)$ 之差

$$\delta\boldsymbol{z}(t)=\boldsymbol{z}(t)-\boldsymbol{z}^{*}(t)$$

为观测偏差。把式(11-139)围绕标称状态 $\boldsymbol{x}^*(t)$ 线性化,可得

$$z(t)=\boldsymbol{H}[\boldsymbol{x}^*(t),t]+\frac{\partial\boldsymbol{H}}{\partial\boldsymbol{x}^{*\mathrm{T}}}[\boldsymbol{x}(t)-\boldsymbol{x}^*(t)]+\boldsymbol{v}(t)$$

$$z(t)-z^*(t)=\frac{\partial\boldsymbol{H}}{\partial\boldsymbol{x}^{*\mathrm{T}}}[\boldsymbol{x}(t)-\boldsymbol{x}^*(t)]+\boldsymbol{v}(t)$$

$$\delta z(t)=\frac{\partial\boldsymbol{H}}{\partial\boldsymbol{x}^{*\mathrm{T}}}\delta\boldsymbol{x}(t)+\boldsymbol{v}(t)$$

令

$$\frac{\partial\boldsymbol{H}}{\partial\boldsymbol{x}^{*\mathrm{T}}}=\boldsymbol{h}(t)$$

则可得观测偏差的线性化方程

$$\delta z(t)=\boldsymbol{h}(t)\delta\boldsymbol{x}(t)+\boldsymbol{v}(t) \tag{11-142}$$

利用卡尔曼滤波基本方程,可得 $\delta\boldsymbol{x}(t)$ 的估值 $\delta\hat{\boldsymbol{x}}(t/t)$,最后能得到滤波值

$$\hat{\boldsymbol{x}}(t/t)=\boldsymbol{x}^*(t)+\delta\hat{\boldsymbol{x}}(t/t) \tag{11-143}$$

11.10.2　推广的卡尔曼滤波方法(围绕滤波值 $\hat{x}(k/k)$ 线性化的滤波方法)

1. 离散非线性系统

上面讲的线性化滤波方程是将非线性函数 $\boldsymbol{\varphi}(\cdot)$ 围绕标称状态 $\boldsymbol{x}^*(k)$ 进行泰勒级数展开,略去二次及二次以上项后,得到非线性系统的线性化模型。推广的卡尔曼滤波是将非线性函数 $\boldsymbol{\varphi}(\cdot)$ 围绕滤波值 $\hat{\boldsymbol{x}}(k/k)$ 周围展成泰勒级数,略去二次及二次以上项后,得到非线性系统的线性化模型。

由系统状态方程式(11-124)得

$$\boldsymbol{x}(k+1)\approx\boldsymbol{\varphi}[\hat{\boldsymbol{x}}(k/k),k]+\left.\frac{\partial\boldsymbol{\varphi}}{\partial\boldsymbol{x}^{\mathrm{T}}}\right|_{\hat{x}(k/k)}[\boldsymbol{x}(k)-\hat{\boldsymbol{x}}(k/k)]+\boldsymbol{\Gamma}[\hat{\boldsymbol{x}}(k/k),k]\boldsymbol{w}(k)$$

令

$$\left.\frac{\partial\boldsymbol{\varphi}}{\partial\boldsymbol{x}^{\mathrm{T}}}\right|_{\hat{x}(k/k)}=\boldsymbol{\varphi}(k+1,k)$$

$$\boldsymbol{\varphi}[\hat{\boldsymbol{x}}(k/k),k]-\left.\frac{\partial\boldsymbol{\varphi}}{\partial\boldsymbol{x}^{\mathrm{T}}}\right|_{\hat{x}(k/k)}\hat{\boldsymbol{x}}(k/k)=\boldsymbol{f}(k)$$

则状态方程为

$$\boldsymbol{x}(k+1)=\boldsymbol{\varphi}(k+1,k)\boldsymbol{x}(k)+\boldsymbol{\Gamma}[\hat{\boldsymbol{x}}(k/k),k]\boldsymbol{w}(k)+\boldsymbol{f}(k) \tag{11-144}$$

初始值为 $\hat{\boldsymbol{x}}_0=E[\boldsymbol{x}_0]=\boldsymbol{m}_0$

同基本卡尔曼滤波模型相比,在已经求得前一步滤波值 $\hat{\boldsymbol{x}}(k/k)$ 的条件下,状态方程式(11-144)中增加了非随机的外作用项 $\boldsymbol{f}(k)$。

把观测方程的 $\boldsymbol{H}(\cdot)$ 围绕标称状态 $\hat{\boldsymbol{x}}(k+1/k)$ 进行泰勒级数展开,略去二次及二次以上项,可得

$$z(k+1)=\boldsymbol{H}[\hat{\boldsymbol{x}}(k+1/k),k+1]+\left.\frac{\partial\boldsymbol{H}}{\partial\boldsymbol{x}^{\mathrm{T}}}\right|_{\hat{x}(k+1/k)}[\boldsymbol{x}(k+1)-\hat{\boldsymbol{x}}(k+1/k)]+\boldsymbol{v}(k+1)$$

令

$$\left.\frac{\partial\boldsymbol{H}}{\partial\boldsymbol{x}^{\mathrm{T}}}\right|_{\hat{x}(k+1/k)}=\boldsymbol{H}(k+1)$$

$$\boldsymbol{H}[\hat{\boldsymbol{x}}(k+1/k),k+1]-\left.\frac{\partial\boldsymbol{H}}{\partial\boldsymbol{x}^{\mathrm{T}}}\right|_{\hat{x}(k+1/k)}\hat{\boldsymbol{x}}(k+1/k)=\boldsymbol{y}(k+1)$$

则观测方程为

$$\boldsymbol{z}(k+1)=\boldsymbol{H}(k+1)\boldsymbol{x}(k+1)+\boldsymbol{y}(k+1)+\boldsymbol{v}(k+1) \tag{11-145}$$

应用卡尔曼滤波基本方程可得

$$\hat{\boldsymbol{x}}(k+1/k+1)=\hat{\boldsymbol{x}}(k+1/k)+\boldsymbol{K}(k+1)[\boldsymbol{z}(k+1)-\boldsymbol{y}(k+1)-\boldsymbol{v}(k+1)-\boldsymbol{H}(k+1)\hat{\boldsymbol{x}}(k+1/k)] \tag{11-146}$$

即

$$\hat{\boldsymbol{x}}(k+1/k+1)=\hat{\boldsymbol{x}}(k+1/k)+\boldsymbol{K}(k+1)\{\boldsymbol{z}(k+1)-\boldsymbol{H}[\hat{\boldsymbol{x}}(k+1/k),k+1]\} \tag{11-147}$$

$$\hat{\boldsymbol{x}}(k+1/k)=\boldsymbol{\varphi}(k+1/k)\hat{\boldsymbol{x}}(k/k)+\boldsymbol{f}(k) \tag{11-148}$$

$$\hat{\boldsymbol{x}}(k+1/k)=\boldsymbol{\varphi}[\hat{\boldsymbol{x}}(k/k),k] \tag{11-149}$$

$$\boldsymbol{K}(k+1)=\boldsymbol{P}(k+1/k)\boldsymbol{H}^{\mathrm{T}}(k+1)\left[\boldsymbol{H}(k+1)\boldsymbol{P}(k+1/k)\boldsymbol{H}^{\mathrm{T}}(k+1)+\boldsymbol{R}_{k+1}\right]^{-1} \tag{11-150}$$

$$\boldsymbol{P}(k+1/k)=\boldsymbol{\varphi}(k+1/k)\boldsymbol{P}(k/k)\boldsymbol{\varphi}^{\mathrm{T}}(k+1/k)+\boldsymbol{\Gamma}[\hat{\boldsymbol{x}}(k/k),k]\boldsymbol{Q}_k\boldsymbol{\Gamma}^{\mathrm{T}}[\hat{\boldsymbol{x}}(k/k),k] \tag{11-151}$$

$$\boldsymbol{P}(k+1/k+1)=[\boldsymbol{I}-\boldsymbol{K}(k+1)\boldsymbol{H}(k+1)]\boldsymbol{P}(k+1/k) \tag{11-152}$$

式中，滤波值与滤波误差方差阵的初始值分别为

$$\hat{\boldsymbol{x}}_0=E[\boldsymbol{x}_0]=\boldsymbol{m}_0,\quad \boldsymbol{P}_0=\mathrm{var}\boldsymbol{x}_0$$

推广的卡尔曼滤波法的优点是无须预先计算标称轨道。推广的卡尔曼滤波法只有在滤波误差 $\tilde{\boldsymbol{x}}(k/k)=\boldsymbol{x}(k)-\hat{\boldsymbol{x}}(k/k)$ 及一步预测误差 $\tilde{\boldsymbol{x}}(k+1/k)=\boldsymbol{x}(k+1)-\hat{\boldsymbol{x}}(k+1/k)$ 较小时方能适用。

2. 连续非线性系统

先把连续非线性系统的状态方程和观测方程对时间离散化，转化为离散模型，然后再用离散非线性系统的推广卡尔曼滤波公式进行递推计算。

设非线性连续系统是

$$\dot{\boldsymbol{x}}(t)=\boldsymbol{f}[\boldsymbol{x}(t)]+\boldsymbol{w}(t) \tag{11-153}$$

$$\boldsymbol{z}(t)=\boldsymbol{H}[\boldsymbol{x}(t)]+\boldsymbol{v}(t) \tag{11-154}$$

把 $\boldsymbol{x}(t+\Delta t)$ 展成幂级数为

$$\boldsymbol{x}(t+\Delta t)=\boldsymbol{x}(t)+\dot{\boldsymbol{x}}(t)\Delta t+\frac{1}{2!}\ddot{\boldsymbol{x}}(t)(\Delta t)^2+\cdots=\boldsymbol{x}(t)+\boldsymbol{f}(\boldsymbol{x})\Delta t+\frac{\partial \boldsymbol{f}}{\partial \boldsymbol{x}^{\mathrm{T}}}\boldsymbol{f}(\boldsymbol{x})\frac{(\Delta t)^2}{2!}+\cdots$$

式中

$$\ddot{\boldsymbol{x}}(t)=\begin{bmatrix}\ddot{x}_1(t)\\ \ddot{x}_2(t)\\ \vdots\\ \ddot{x}_n(t)\end{bmatrix}=\begin{bmatrix}\left(\dfrac{\partial f_1}{\partial \boldsymbol{x}}\right)^{\mathrm{T}}\dfrac{\mathrm{d}\boldsymbol{x}}{\mathrm{d}t}\\ \left(\dfrac{\partial f_2}{\partial \boldsymbol{x}}\right)^{\mathrm{T}}\dfrac{\mathrm{d}\boldsymbol{x}}{\mathrm{d}t}\\ \vdots\\ \left(\dfrac{\partial f_n}{\partial \boldsymbol{x}}\right)^{\mathrm{T}}\dfrac{\mathrm{d}\boldsymbol{x}}{\mathrm{d}t}\end{bmatrix}=\begin{bmatrix}\dfrac{\partial f_1}{\partial x_1} & \dfrac{\partial f_1}{\partial x_2} & \cdots & \dfrac{\partial f_1}{\partial x_n}\\ \dfrac{\partial f_2}{\partial x_1} & \dfrac{\partial f_2}{\partial x_2} & \cdots & \dfrac{\partial f_2}{\partial x_n}\\ \vdots & \vdots & & \vdots\\ \dfrac{\partial f_n}{\partial x_1} & \dfrac{\partial f_n}{\partial x_2} & \cdots & \dfrac{\partial f_n}{\partial x_n}\end{bmatrix}\begin{bmatrix}\dot{x}_1(t)\\ \dot{x}_2(t)\\ \vdots\\ \dot{x}_n(t)\end{bmatrix}=\frac{\partial \boldsymbol{f}}{\partial \boldsymbol{x}^{\mathrm{T}}}\boldsymbol{f}(\boldsymbol{x})$$

把式(11-153)离散化，令

$$\boldsymbol{x}(t)=\boldsymbol{x}(k),\quad \boldsymbol{x}(t+\Delta t)=\boldsymbol{x}(k+1)$$

设

$$\left.\frac{\partial \boldsymbol{f}}{\partial \boldsymbol{x}}\right|_{\boldsymbol{x}=\boldsymbol{x}(k)}=\boldsymbol{A}[\boldsymbol{x}(k)]$$

$$\boldsymbol{x}(k+1)=\boldsymbol{x}(k)+\boldsymbol{f}[\boldsymbol{x}(k)]\Delta t+\boldsymbol{A}[\boldsymbol{x}(k)]\boldsymbol{f}[\boldsymbol{x}(k)]\frac{(\Delta t)^2}{2}+\boldsymbol{w}(k) \tag{11-155}$$

这里的 $\boldsymbol{w}(k)$ 表示离散化误差和动态系统不确定性的总和。假设 $\boldsymbol{w}(k)$ 是均值为零的白噪声，$E[\boldsymbol{w}(k)\boldsymbol{w}^{\mathrm{T}}(j)]=\boldsymbol{Q}_k\delta_{kj}$。

把观测方程式(11－154)离散化，得

$$\boldsymbol{z}(k)=\boldsymbol{H}[\boldsymbol{x}(k)]+\boldsymbol{v}(k) \tag{11-156}$$

这里假设 $\boldsymbol{v}(k)$ 是均值为零的白噪声，$E[\boldsymbol{v}(k)\boldsymbol{v}^{\mathrm{T}}(j)]=\boldsymbol{R}_k\delta_{kj}$。

式(11－155)和式(11－156)组成离散非线性模型。

利用推广的卡尔曼滤波方法，把式(11－155)和式(11－156)围绕滤波值 $\hat{\boldsymbol{x}}(k/k)$ 线性化，再应用离散系统卡尔曼滤波基本公式，即可得滤波解。

最优预测值

$$\hat{\boldsymbol{x}}(k+1/k)=\hat{\boldsymbol{x}}(k/k)+\boldsymbol{f}[\hat{\boldsymbol{x}}(k/k)]\Delta t+\boldsymbol{A}[\hat{\boldsymbol{x}}(k/k)]\boldsymbol{f}[\hat{\boldsymbol{x}}(k/k)]\frac{(\Delta t)^2}{2} \tag{11-157}$$

预测误差方差阵

$$\boldsymbol{P}(k+1/k)=\boldsymbol{\varphi}(k)\boldsymbol{P}(k/k)\boldsymbol{\varphi}^{\mathrm{T}}(k)+\boldsymbol{Q}_k \tag{11-158}$$

式中

$$\boldsymbol{\varphi}(k)=\boldsymbol{I}+\boldsymbol{A}[\hat{\boldsymbol{x}}(k/k)]\Delta t$$

最优增益矩阵

$$\boldsymbol{K}(k+1)=\boldsymbol{P}(k+1/k)\boldsymbol{H}^{\mathrm{T}}(k+1)\left[\boldsymbol{H}(k+1)\boldsymbol{P}(k+1/k)\boldsymbol{H}^{\mathrm{T}}(k+1)+\boldsymbol{R}_{k+1}\right]^{-1} \tag{11-159}$$

式中

$$\boldsymbol{H}(k)=\left.\frac{\partial \boldsymbol{H}}{\partial \boldsymbol{x}}\right|_{\boldsymbol{x}=\hat{\boldsymbol{x}}(k/k-1)}$$

最优滤波值

$$\hat{\boldsymbol{x}}(k+1/k+1)=\hat{\boldsymbol{x}}(k+1/k)+\boldsymbol{K}(k+1)\{\boldsymbol{z}(k+1)-\boldsymbol{H}[\hat{\boldsymbol{x}}(k+1/k)]\} \tag{11-160}$$

滤波误差方差阵

$$\boldsymbol{P}(k+1/k+1)=[\boldsymbol{I}-\boldsymbol{K}(k+1)\boldsymbol{H}(k+1)]\boldsymbol{P}(k+1/k) \tag{11-161}$$

例 11－6　设有一雷达系统跟踪一飞行目标，如图 11－18 所示。

假设目标在空中作等速直线运动，受到一定的随机干扰。雷达测得目标的极坐标$(\gamma,\beta,\varepsilon)$，也有随机测量误差。其中 γ 为雷达站 O 到目标 M 的距离，称为斜距，β 为方位角，ε 为高低角。写出状态方程和观测方程。

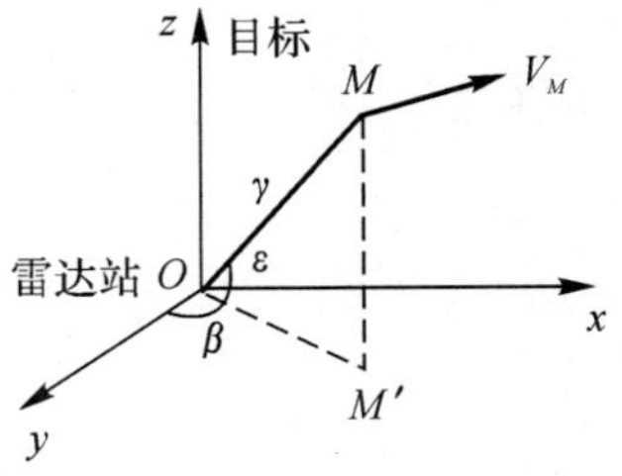

图 11－18　雷达测量坐标图

解　(1) 建立状态方程。

目标的位置坐标为

$$x=\gamma\cos\varepsilon\sin\beta$$
$$y=\gamma\cos\varepsilon\cos\beta$$
$$z=\gamma\sin\varepsilon$$

由于假定目标等速直线运动，则

$$\ddot{x}=0,\quad \ddot{y}=0,\quad \ddot{z}=0$$

因而

$$\left.\begin{aligned}
\ddot{\gamma} &= \gamma\dot{\varepsilon}^2 + \gamma\cos^2\varepsilon \cdot \dot{\beta}^2 \\
\ddot{\beta} &= \frac{1}{\gamma\cos\varepsilon}(2\gamma\dot{\beta}\dot{\varepsilon}\sin\varepsilon - 2\dot{\gamma}\dot{\beta}\cos\varepsilon) \\
\ddot{\varepsilon} &= -(\sin\varepsilon\cos\varepsilon \cdot \dot{\beta}^2 + \frac{2}{\gamma}\dot{\gamma}\dot{\varepsilon})
\end{aligned}\right\}$$

令

$$x_1 = \gamma,\quad x_2 = \beta,\quad x_3 = \varepsilon,\quad x_4 = \dot{\gamma},\quad x_5 = \dot{\beta},\quad x_6 = \dot{\varepsilon}$$

设状态向量为

$$\boldsymbol{x} = [x_1 \quad x_2 \quad x_3 \quad x_4 \quad x_5 \quad x_6]^{\mathrm{T}}$$

可得状态方程为

$$\left.\begin{aligned}
\dot{x}_1 &= x_4 \\
\dot{x}_2 &= x_5 \\
\dot{x}_3 &= x_6 \\
\dot{x}_4 &= x_1 x_6^2 + x_1\cos^2 x_3 \cdot x_5^2 \\
\dot{x}_5 &= 2x_5 x_6 \tan x_3 - \frac{2x_4 x_5}{x_1} \\
\dot{x}_6 &= -\left(\frac{1}{2}\sin 2x_3 \cdot x_5^2 + \frac{2}{x_1}x_4 x_5\right)
\end{aligned}\right\}$$

令

$$\boldsymbol{f}(\boldsymbol{x}) = \begin{bmatrix}
x_4 \\
x_5 \\
x_6 \\
x_1 x_6^2 + x_1\cos^2 x_3 \cdot x_5^2 \\
2x_5 x_6 \tan x_3 - \dfrac{2x_4 x_5}{x_1} \\
-\left(\dfrac{1}{2}\sin 2x_3 \cdot x_5^2 + \dfrac{2}{x_1}x_4 x_5\right)
\end{bmatrix}$$

把状态方程写成向量形式

$$\dot{\boldsymbol{x}} = \boldsymbol{f}(\boldsymbol{x})$$

可以计算

$$\boldsymbol{A}(\boldsymbol{x}) = \frac{\partial \boldsymbol{f}}{\partial \boldsymbol{x}^{\mathrm{T}}} = \begin{bmatrix}
\dfrac{\partial f_1}{\partial x_1} & \dfrac{\partial f_1}{\partial x_2} & \cdots & \dfrac{\partial f_1}{\partial x_6} \\
\dfrac{\partial f_2}{\partial x_1} & \dfrac{\partial f_2}{\partial x_2} & \cdots & \dfrac{\partial f_2}{\partial x_2} \\
\vdots & \vdots & & \vdots \\
\dfrac{\partial f_6}{\partial x_1} & \dfrac{\partial f_6}{\partial x_2} & \cdots & \dfrac{\partial f_6}{\partial x_6}
\end{bmatrix} \tag{11-162}$$

以及

$$
\boldsymbol{A}(\boldsymbol{x})\boldsymbol{f}(\boldsymbol{x})=\begin{bmatrix}
x_1x_6^2+x_1x_5^2\cos^2x_3\\
2x_5x_6\tan x_3-\dfrac{2x_4x_5}{x_1}\\
-\left(\dfrac{1}{2}x_5^2\cdot\sin 2x_3+\dfrac{2}{x_1}x_4x_5\right)\\
-3x_4x_6^2-3x_4x_5^2\cos^2x_3\\
-2x_5^2-\dfrac{12x_4x_5x_6}{x_1}\tan x_3+\dfrac{6x_4^2x_5}{x_1^2}+6x_5x_6^2\tan x_3\\
\dfrac{6x_4^2x_6}{x_1}+\dfrac{3x_4x_5^2}{x_1^2}\sin 2x_3-2x_6^3-3x_5^2x_6
\end{bmatrix}\tag{11-163}
$$

设采用间隔为 Δt，得离散化非线性状态方程

$$
\boldsymbol{x}(k+1)=\boldsymbol{x}(k)+\boldsymbol{f}[\boldsymbol{x}(k)]\Delta t+\boldsymbol{A}[\boldsymbol{x}(k)]\boldsymbol{f}[\boldsymbol{x}(k)]\frac{(\Delta t)^2}{2}+\boldsymbol{w}(k)\tag{11-164}
$$

式中，$\boldsymbol{w}(k)$ 是均值为零的白噪声，其协方差阵 $E[\boldsymbol{w}(k)\boldsymbol{w}^{\mathrm{T}}(j)]=\boldsymbol{Q}_k\delta_{kj}$。把式(11-164)围绕滤波值 $\hat{\boldsymbol{x}}(k/k)$ 周围线性化，在 Δt 较小时可得

$$
\boldsymbol{x}(k+1)=\boldsymbol{x}(k)+\boldsymbol{f}[\hat{\boldsymbol{x}}(k/k)]\Delta t+\boldsymbol{A}[\hat{\boldsymbol{x}}(k/k)]\boldsymbol{f}[\hat{\boldsymbol{x}}(k/k)]\frac{(\Delta t)^2}{2}+\boldsymbol{w}(k)\tag{11-164}
$$

令

$$
\boldsymbol{U}(k)=\boldsymbol{f}[\hat{\boldsymbol{x}}(k/k)]\Delta t+\boldsymbol{A}[\hat{\boldsymbol{x}}(k/k)]\boldsymbol{f}[\hat{\boldsymbol{x}}(k/k)]\frac{(\Delta t)^2}{2}\tag{11-165}
$$

$\boldsymbol{U}(k)$ 为非随机函数。则离散型状态方程为

$$
\boldsymbol{x}(k+1)=\boldsymbol{x}(k)+\boldsymbol{U}(k)+\boldsymbol{w}(k)\tag{11-166}
$$

(2) 建立观测方程。

设距离的量测值为 z_1，方位角的量测值为 z_2，高低角的量测值为 z_3，用向量形式表示为

$$
\boldsymbol{z}=[z_1\quad z_2\quad z_3]^{\mathrm{T}}
$$

观测方程为

$$
\left.\begin{aligned}
z_1&=\gamma+v_1=x_1+v_1\\
z_2&=\beta+v_2=x_2+v_2\\
z_3&=\varepsilon+v_3=x_3+v_3
\end{aligned}\right\}\tag{11-167}
$$

式中，v_1，v_2 和 v_3 分别是 γ，β 和 ε 的量测误差，构成量测噪声向量

$$
\boldsymbol{v}=[v_1\quad v_2\quad v_3]^{\mathrm{T}}
$$

把观测方程写成

$$
\boldsymbol{z}(k)=\boldsymbol{H}(k)\boldsymbol{x}(k)+\boldsymbol{v}(k)\tag{11-168}
$$

式中

$$
\boldsymbol{H}(k)=\begin{pmatrix}1&0&0&0&0&0\\0&1&0&0&0&0\\0&0&1&0&0&0\end{pmatrix}
$$

$\boldsymbol{v}(k)$ 是均值为零的白噪声序列，$E[\boldsymbol{v}(k)\boldsymbol{v}^{\mathrm{T}}(j)]=\boldsymbol{R}_k\delta_{kj}$。

针对以上建立的状态方程和观测方程可以得到卡尔曼滤波基本公式和递推计算最优预测值。

11.11 卡尔曼滤波应用实例

卡尔曼滤波在航空航天飞行器中，以及在其他领域中都得到应用。对于每一个具体应用问题，都要求深入了解问题的物理实质和工程实际问题，因此比较复杂。这里仅对卡尔曼滤波在飞机自动驾驶中的应用进行探讨。

设飞机在垂直平面内运动(纵向运动)，各参量的关系如图 11－19 所示。

设 O 为飞机重心，OX_1 为飞机纵轴，$\boldsymbol{v}$ 为飞机速度向量。OX_1 轴与地平面的夹角 ϑ 称为俯仰角。速度向量 $\boldsymbol{v}$ 与地平面的夹角 θ 称为航迹角。α 称为攻角，δ 为飞机操纵面的偏转角。ϑ，θ 和 α 成下列关系：

$$\vartheta=\theta+\alpha \tag{11-169}$$

飞机的纵向运动方程为

$$\ddot{\vartheta}+a_1\dot{\vartheta}+a_2\alpha=a_3\delta \tag{11-170}$$

$$\dot{\vartheta}-\dot{\alpha}-a_4\alpha=0 \tag{11-171}$$

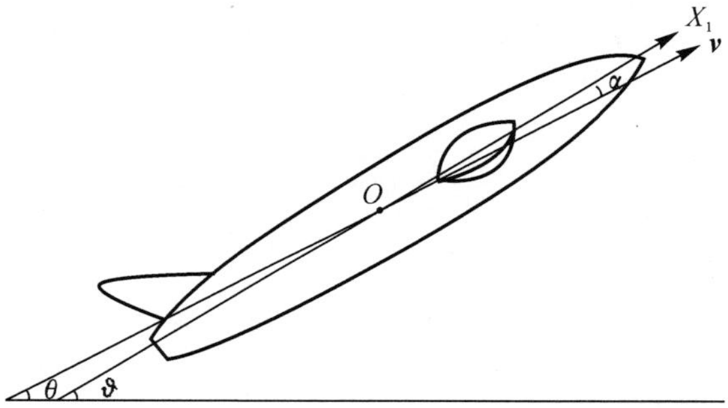

图 11－19 飞机纵向运动参量

飞机在飞行过程中往往受到扰动气流的作用，可把这一扰动作用归结为在攻角 α 中出现了附加的随机干扰项 w_1，则方程式(11－170) 和式(11－171) 变成

$$\ddot{\vartheta}+a_1\dot{\vartheta}+a_2\alpha=a_3\delta-a_2w_1 \tag{11-172}$$

$$\dot{\vartheta}-\dot{\alpha}-a_4\alpha=a_4w_1 \tag{11-173}$$

把式(11－172) 和式(11－173) 写成状态方程，设状态变量为

$$x_1=\alpha,\quad x_2=\dot{\vartheta},\quad x_3=\vartheta \tag{11-174}$$

则状态方程

$$\dot{x}_1=-a_4x_1+x_2-a_4w_1 \tag{11-175}$$

$$\dot{x}_2=-a_2x_1-a_1x_2+a_3\delta-a_2w_1 \tag{11-176}$$

$$\dot{x}_3=x_2 \tag{11-177}$$

把上述方程组写成矩阵形式，即

$$\dot{\boldsymbol{x}}=\boldsymbol{A}\boldsymbol{x}+\boldsymbol{B}u-\boldsymbol{T}w \tag{11-178}$$

式中

$$\boldsymbol{x}=[x_1,x_2,x_3]^{\mathrm{T}},\quad u=\delta,\quad w=w_1,\quad \boldsymbol{A}=\begin{bmatrix}-a_4 & 1 & 0\\ -a_2 & -a_1 & 0\\ 0 & 1 & 0\end{bmatrix},\boldsymbol{B}=\begin{bmatrix}0\\ a_3\\ 0\end{bmatrix}$$

在飞机上用二自由度测速陀螺仪测量飞机的俯仰角速度 $\dot{\vartheta}$，由于有测量误差，测速陀螺的输出为

$$z_1=\dot{\vartheta}+v_1=x_2+v_1 \tag{11-179}$$

在飞机上用三自由度陀螺测量飞机的俯仰角 ϑ，由于有测量误差，三自由度陀螺的输出为

$$z_2=\vartheta+v_2=x_3+v_2 \tag{11-180}$$

把式(11－179)和式(11－180)联合起来得到矩阵形式

$$\boldsymbol{z}=\boldsymbol{H}\boldsymbol{x}+\boldsymbol{v} \tag{11-181}$$

式中

$$\boldsymbol{z}=\begin{bmatrix}z_1\\z_2\end{bmatrix},\quad \boldsymbol{H}=\begin{bmatrix}0&1&0\\0&0&1\end{bmatrix},\quad \boldsymbol{v}=\begin{bmatrix}v_1\\v_2\end{bmatrix}$$

设 w_1,v_1,v_2 都是均值为零的白噪声，且互不相关，即

$$E[w_1]=E[v_1]=E[v_2]=0$$

$$E[w_1(t)w_1(\tau)]=q_1^2\delta(t-\tau)$$

$$E[\boldsymbol{v}(t)\boldsymbol{v}^{\mathrm{T}}(\tau)]=\begin{bmatrix}r_1^2&0\\0&r_2^2\end{bmatrix}\delta(t-\tau)$$

$$E[w_1(t)\boldsymbol{v}^{\mathrm{T}}(\tau)]=\boldsymbol{0}$$

求 $\alpha,\dot{\vartheta}$ 和 θ 的估值。

解　根据前面所述的连续系统卡尔曼滤波基本方程式(11－78)、式(11－79)和式(11－80)，可得最优滤波方程为

$$\begin{bmatrix}\dot{\hat{x}}_1(t/t)\\\dot{\hat{x}}_2(t/t)\\\dot{\hat{x}}_3(t/t)\end{bmatrix}=\begin{bmatrix}-a_4&1&0\\-a_2&-a_1&0\\0&1&0\end{bmatrix}\begin{bmatrix}\hat{x}_1(t/t)\\\hat{x}_2(t/t)\\\hat{x}_3(t/t)\end{bmatrix}+\begin{bmatrix}0\\a_3\\0\end{bmatrix}u+$$

$$\begin{bmatrix}k_{11}&k_{12}\\k_{21}&k_{22}\\k_{31}&k_{32}\end{bmatrix}\left\{\begin{bmatrix}z_1\\z_2\end{bmatrix}-\begin{bmatrix}0&1&0\\0&0&1\end{bmatrix}\begin{bmatrix}\hat{x}_1(t/t)\\\hat{x}_2(t/t)\\\hat{x}_3(t/t)\end{bmatrix}\right\} \tag{11-182}$$

最优增益矩阵为

$$\boldsymbol{K}=\begin{bmatrix}k_{11}&k_{12}\\k_{21}&k_{22}\\k_{31}&k_{32}\end{bmatrix}=\begin{bmatrix}p_{11}&p_{12}&p_{13}\\p_{21}&p_{22}&p_{23}\\p_{31}&p_{32}&p_{33}\end{bmatrix}\begin{bmatrix}0&0\\1&0\\0&1\end{bmatrix}\begin{bmatrix}r_1^{-2}&0\\0&r_2^{-2}\end{bmatrix}=\begin{bmatrix}p_{12}r_1^{-2}&p_{13}r_2^{-2}\\p_{22}r_1^{-2}&p_{23}r_2^{-2}\\p_{32}r_1^{-2}&p_{33}r_2^{-2}\end{bmatrix} \tag{11-183}$$

当滤波达到稳态时，即当 $\dot{\boldsymbol{P}}=\boldsymbol{0}$ 时，可得代数黎卡提方程为

$$\begin{bmatrix}-a_4&1&0\\-a_2&-a_1&0\\0&1&0\end{bmatrix}\begin{bmatrix}p_{11}&p_{12}&p_{13}\\p_{21}&p_{22}&p_{23}\\p_{31}&p_{32}&p_{33}\end{bmatrix}+\begin{bmatrix}p_{11}&p_{12}&p_{13}\\p_{21}&p_{22}&p_{23}\\p_{31}&p_{32}&p_{33}\end{bmatrix}\begin{bmatrix}-a_4&-a_2&0\\1&-a_1&1\\0&0&0\end{bmatrix}+$$

$$\begin{bmatrix}-a_1\\-a_2\\0\end{bmatrix}q_1^2[-a_1\quad -a_2\quad 0]-\begin{bmatrix}p_{11}&p_{12}&p_{13}\\p_{21}&p_{22}&p_{23}\\p_{31}&p_{32}&p_{33}\end{bmatrix}\begin{bmatrix}0&0\\1&0\\0&1\end{bmatrix}\begin{bmatrix}-r_1^{-2}&0\\0&-r_2^{-2}\end{bmatrix}\cdot$$

$$\begin{bmatrix}0&1&0\\0&0&1\end{bmatrix}\begin{bmatrix}p_{11}&p_{12}&p_{13}\\p_{21}&p_{22}&p_{23}\\p_{31}&p_{32}&p_{33}\end{bmatrix}=0 \tag{11-184}$$

P 为对称矩阵，因此

$$p_{12}=p_{21},\quad p_{13}=p_{31},\quad p_{32}=p_{23}$$

设

$$a_1=1.76\ \mathrm{s}^{-1},\quad a_2=4.2\ \mathrm{s}^{-1},\quad a_3=7.4\ \mathrm{s}^{-1},\quad a_4=0.77\ \mathrm{s}^{-1}$$

$$q_1=1.2°, r_1=0.85°/\mathrm{s}, r_2=0.85°$$

求解式(11-184)得

$$p_{11}=0.86,\quad p_{22}=2.78,\quad p_{33}=0.48$$

$$p_{31}=p_{13}=0.41,\quad p_{21}=p_{12}=0.58,\quad p_{23}=p_{32}=0.17$$

求解式(11-183)得

$$k_1=0.81,\quad k_{12}=0.57,\quad k_{21}=3.86$$

$$k_{22}=0.24,\quad k_{21}=0.23,\quad k_{32}=0.67$$

把求得的 **K** 代入式(11-182)，可得 α，$\dot{\vartheta}$ 和 θ 的估值。

$$\hat{\alpha}=\hat{x}_1(t/t),\quad \dot{\vartheta}=\hat{x}_2(t/t),\quad \hat{\theta}=\hat{x}_3(t/t)$$

习　题

11-1　试证明：$\boldsymbol{x}(k/k-1)$ 与 $\hat{\boldsymbol{x}}(k/k-1)$ 正交。

11-2　设一维系统的状态方程和观测方程为

$$x(k+1)=2x(k)+w(k)$$

$$z(k)=x(k)+v(k)$$

设 $w(k)$ 和 $v(k)$ 都是均值为零的白噪声，$E[w(k)]=E[v(k)]=0$，$E[w(k)w(j)]=2\delta_{kj}$，$E[v(k)v(j)]=1\delta_{kj}$，$E[w(k)v(j)]=0$，$E[x(0)]=m_0=0$，$P(0)=4$。设观测值 $z(0)=0$，$z(1)=4$，$z(2)=3$，$z(3)=2$。求 $\hat{x}(k/k-1)$。

11-3　设系统状态方程为

$$\begin{bmatrix}x_1(k+1)\\x_2(k+1)\end{bmatrix}=\begin{bmatrix}1&1\\0&1\end{bmatrix}\begin{bmatrix}x_1(k)\\x_2(k)\end{bmatrix}$$

观测方程为

$$z(k)=\begin{bmatrix}0&1\end{bmatrix}\begin{bmatrix}x_1(k)\\x_2(k)\end{bmatrix}+v(k)$$

设 $v(k)$ 是均值为零的白噪声序列，$E[v(k)]=0$，$E[v(k)v(j)]=0.1\delta_{kj}$。设观测值 $z(0)=100$，$z(1)=97.9$，$z(2)=94.4$，$z(3)=92.7$，给定初值

$$E\begin{bmatrix}x_1(0)\\x_2(0)\end{bmatrix}=\begin{bmatrix}95\\1\end{bmatrix},\quad \boldsymbol{P}(0)=\begin{bmatrix}10&0\\0&1\end{bmatrix}$$

求 $\hat{\boldsymbol{x}}(k/k-1)$ 及 $\hat{\boldsymbol{x}}(k/k)$。

11-4　试推导系统噪声与观测噪声相关的离散系统卡尔曼滤波方程。

11-5　试推导具有输入控制信号的离散系统卡尔曼滤波方程。

11－6　设一维连续系统的状态方程和观测方程为

$$\dot{x}(t) = -2.5x(t) + w(t)$$

$$z(t) = 3x(t) + v(t)$$

$w(k)$ 和 $v(k)$ 都是均值为零的白噪声，统计特性为

$$E[w(t)] = E[v(t)] = 0\ ,\qquad E[w(t)w(\tau)] = 1\delta(t-\tau)$$

$$E[v(t)v(\tau)] = 2\delta(t-\tau)\ ,\quad E[w(t)v(\tau)] = 1\delta(t-\tau)$$

设 $E[x(0)] = 1, P(0) = 1$。设观测时间间隔为 0.1 s，相应的观测值为

$$z(0) = 1,\quad z(0.1) = 0.9,\quad z(0.2) = 0.8$$

$$z(0.3) = 0.7,\quad z(0.4) = 0.6,\quad z(0.5) = 0.5$$

求 $x(t)$ 的 $\hat{x}(k+1/k)$ 估值。

第四篇　系统辨识理论

在实际工程问题中，为了设计和分析一个控制系统，或者为了分析一个对象的动态特性，都必须知道系统或对象的数学模型及其参数。在前面讨论线性系统理论、最优控制理论和最优估计理论时，假定系统的数学模型是已知的。显然，对于自动控制系统的设计研究工作来说，建立对象的数学模型是必不可少的。有的系统的数学模型可用理论分析方法(解析法)推导出来，例如飞行器运动的数学模型，一般可根据力学原理较准确地推导出来。但是，当考虑飞行器运动模型的参数随飞行高度和飞行速度变化时，为了实现对飞行器运动的自适应控制，就要不断估计飞行器在飞行过程中的模型参数。有些控制对象，如化学生产过程，由于其复杂性，很难用理论分析方法推导数学模型，只能知道数学模型的一般形式及其部分参数，有时甚至连数学模型的形式也不知道。因此提出怎样确定系统的数学模型及其参数的问题，即所谓的系统辨识问题。既然有的系统很难用理论分析方法推导出数学模型，只有求助于实验方法。通过实验或系统的运行，得到有关系统模型的信息，经过计算处理，可得系统的数学模型。粗略地讲，系统辨识就是通过实验或运行所得数据，估计出控制对象的数学模型及其参数。较准确地说，系统辨识是根据对已知输入量的输出响应的观测，在指定的一类系统范围内，确定一个与被辨识系统等价的系统。系统辨识的大致过程是：

(1) 选定和预测被辨识系统的数学模型的类型。

(2) 试验设计：选择试验信号，记录输入和输出数据。如果系统是连续运行的，不允许施加试验信号，则只好利用正常的运行数据来辨识。

(3) 参数估计：选择估计方法，根据测量数据估计数学模型中的未知参数。

(4) 模型验证：验证所确定的模型是否恰当地表示了系统。

如果所研究的系统模型合适，则系统辨识到此结束。否则，必须改变系统的模型结构，并且执行(2)到(4)，直到获得一个满意的模型为止。

事实上，为了得到辨识系统的数学模型，往往需要把理论分析方法和系统辨识方法有机地结合起来。例如，通过对被辨识系统工作原理和动态过程的初步分析，用解析法大致推导或估计出被辨识系统数学模型的结构形式，甚至包括某些参数及其变化范围，然后用系统辨识的方法将未知部分辨识出来。实践证明，这种互相结合的方法，在工程设计中是最行之有效的。

被辨识系统的数学模型，可以分成参数模型和非参数模型两类。

参数模型是由传递函数、微分方程或差分方程表示的数学模型。如果这些模型的阶和系数都是已知的，则数学模型是确定的。采用理论推导的方法得到的数学模型一定是参数模型。建立系统模型的工作，就是在一定的模型结构条件下，确定它的各个参数。因此，系统辨识的任务就是选定一个与实际系统相接近的数学模型，选定模型的阶，然后根据输入和输出数据，用最好的估计方法确定模型中的参数。

非参数模型是脉冲响应函数、阶跃响应函数、频率特性表示的数学模型。在这些数学模型中没有明显的参数。非参数模型可通过实验获得,而参数模型又可从非参数模型得到。例如,可从脉冲响应或频率特性,用最小二乘法拟合的方法得到传递函数。由于非参数模型是通过实验获得的,因此事先不需要对模型结构作任何假定。对任何复杂结构的系统都可用非参数模型。

为了减小计算量,在选择数学模型时,应使模型的阶尽量低一些,参数尽量少一些。但是,必须保证这个模型能准确地描述系统。

对于参数模型的参数估计问题,由于参数估计方法不同,可分为离线辨识和在线辨识两种模式。关于离线辨识,是在系统模型结构和阶数确定的情况下,将全部输入、输出数据记录下来,然后用一定的辨识方法,对数据进行集中处理,得到模型参数的估计。关于在线辨识,它的参数估计也是在系统模型结构和阶数确定的情况下进行的。在获得一批输入、输出记录数据之后,用一定的辨识方法进行处理,得到模型参数的估计值。然后,随着新的输入、输出数据的到来,用递推算法不断修正参数的估值。假如这种递推估值过程进行得很快,那么就有可能获得一定精度的时变系统的参数估值,这种能力称为在线实时辨识。在实现自适应控制的过程中,所进行的参数辨识一定是在线辨识。

离线辨识和在线辨识各有其特点。离线辨识的参数估计精度高,但要求计算机的储存量大。在线辨识的参数估计精度稍差,但要求计算机的储存量小。

本篇主要讨论:线性系统的经典辨识方法,最小二乘法辨识,极大似然法辨识。

第十二章　线性系统的经典辨识方法

线性系统的经典辨识包括频率响应法、阶跃响应法和脉冲响应法。其中用得最多的是脉冲响应法。这是因为脉冲响应容易获得，只要在系统的输入端输入单位脉冲信号，则在输出端可得脉冲响应；而且这种获得脉冲响应的方法不影响系统的正常工作。实际上，用工程的方法产生理想的脉冲函数是难以实现的，所以在辨识中不用脉冲函数作为系统的输入信号，而用一种称之为 M 序列的伪随机信号作为测试信号，再用相关法处理测试结果，可很方便地得到系统的脉冲响应。因此脉冲响应法得到了广泛的应用。

12.1　脉冲响应的确定方法——相关法

伪随机测试信号是 20 世纪 60 年代发展起来的一种用于系统辨识的测试信号，这种信号的抗干扰性能强，为获得同样的信号量，对系统正常运行的干扰程度比其他测试信号低。目前已有用来做这种试验的专用设备。如果系统设备有数字计算机在线工作，伪随机测试信号可用计算机产生。实践证明，这是一种很有效的方法，特别对过渡过程时间长的系统，优点更为突出。

用伪随机测试信号和相关法辨识线性系统时，可获得系统的脉冲响应。本节讨论相关法的原理。一个单输入单输出的线性定常系统的动态特性，可用它的脉冲响应函数 $g(t)$ 描述，如图 12－1 所示。

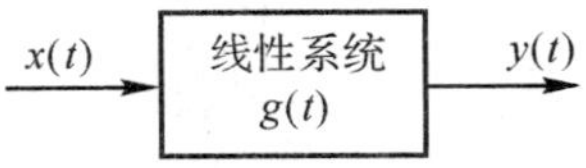

图 12－1　线性定常系统

设系统的输入为 $x(t)$，输出为 $y(t)$，则 $y(t)$ 可表示为

$$y(t)=\int_0^{\infty} g(\sigma)x(t-\sigma)\,\mathrm{d}\sigma \tag{12-1}$$

设 $x(t)$ 是均值为零的平稳随机过程，则 $y(t)$ 也是均值为零的平稳随机过程。对于时刻 t_2，系统的输出可写为

$$y(t_2)=\int_0^{\infty} g(\sigma)x(t_2-\sigma)\mathrm{d}\sigma$$

以 $x(t_1)$ 乘上式等号两边，再取其数学期望，得到

$$E[x(t_1)y(t_2)]=\int_0^{\infty} g(\sigma)E[x(t_1)x(t_2-\sigma)]\,\mathrm{d}\sigma$$

即

$$R_{xy}(t_2-t_1)=\int_0^{\infty} g(\sigma)R_{xx}(t_2-t_1-\sigma)\,d\sigma$$

式中

$$R_{xy}(t_2-t_1)=E[x(t_1)y(t_2)]$$
$$R_{xx}(t_2-t_1-\sigma)=E[x(t_1)x(t_2-\sigma)]$$

设 $t_2-t_1=\tau$,则

$$R_{xy}(\tau)=\int_0^{\infty} g(\sigma)R_{xx}(\tau-\sigma)\,d\sigma \qquad (12-2)$$

式(12-2)就是著名的维纳-霍夫方程。这个方程给出输入 $x(t)$ 的自相关函数 $R_{xx}(t)$、输入 $x(t)$ 与输出 $y(t)$ 的互相关函数 $R_{xy}(t)$ 和脉冲响应函数 $g(t)$ 之间的关系。如果已知 $R_{xx}(t)$ 和 $R_{xy}(t)$,便可确定脉冲响应函数 $g(t)$,这是一个解积分方程的问题。一般说来,这个积分方程是很难解的。如果输入 $x(t)$ 是白噪声,则可很容易地求出脉冲响应函数 $g(t)$。这时 $x(t)$ 的自相关函数为

$$R_{xx}(\tau)=K\delta(\tau)\quad,\quad R_{xx}(\tau-\sigma)=K\delta(\tau-\sigma)$$

根据维纳-霍夫方程可得

$$R_{xy}(\tau)=\int_0^{\infty} g(\sigma)K\delta(\tau-\sigma)\,d\sigma=Kg(\tau)$$

或

$$g(\tau)=\frac{R_{xy}(\tau)}{K} \qquad (12-3)$$

这说明,对于白噪声输入,$g(\tau)$ 与 $R_{xy}(\tau)$ 只差一个常数倍。这样,只要记录 $x(t)$ 与 $y(t)$ 之值,并计算它们的互相关函数 $R_{xy}(t)$,可立即求得脉冲响应函数 $g(t)$。用白噪声辨识系统的模拟方块图如图 12-2 所示。

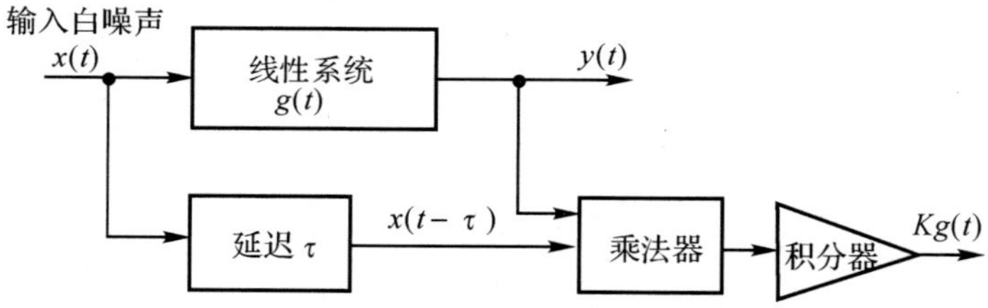

图 12-2　白噪声辨识系统的模拟方块图

当 $x(t)$ 是均值为零的白噪声,$y(t)$ 具有各态历经性,观测时间 T_m 充分大时,$x(t)$ 和 $y(t)$ 的互相关函数可按下式求得:

$$R_{xy}(\tau)=\frac{1}{T_m}\int_0^{T_m} x(t)y(t+\tau)\,dt \qquad (12-4)$$

如果对 $x(t)$ 和 $y(t)$ 进行等间隔采样,可得序列 $x_i=x(t_i)$ 和 $y_i=y(t_i)$ $(i=1,2,\cdots,N-1)$。设采样周期为 Δ,有

$$x_{i+\tau}=x(t_i+\tau\Delta)$$
$$y_{i+\tau}=y(t_i+\tau\Delta),\quad \tau=0,1,2,\cdots$$

则

$$R_{xx}(\tau)=\frac{1}{N}\sum_{i=0}^{N-1}x_i x_{i+\tau} \tag{12-5}$$

$$R_{xy}(\tau)=\frac{1}{N}\sum_{i=0}^{N-1}x_i y_{i+\tau} \tag{12-6}$$

这里，τ 表示两个数值的采样间隔内的周期个数，而前面的连续公式中的 τ 是两个数值的采样时间间隔。

如果在系统正常运行时进行测试，设正常输入信号为 $\bar{x}(t)$，由 $\bar{x}(t)$ 引起的输出为

$$\bar{y}(t)=\int_0^{\infty}g(\sigma)\bar{x}(t-\sigma)\,\mathrm{d}\sigma \tag{12-7}$$

系统的输入由正常输入 $\bar{x}(t)$ 和白噪声 $x(t)$ 两部分组成，输出由 $\bar{y}(t)$ 和 $y(t)$ 组成。模拟方块图如图 12-3 所示。由于 $x(t)$ 和 $\bar{x}(t)$ 不相关，故 $x(t-\tau)$ 与 $\bar{y}(t)$ 也不相关，积分器的输出为 $Kg(t)$。

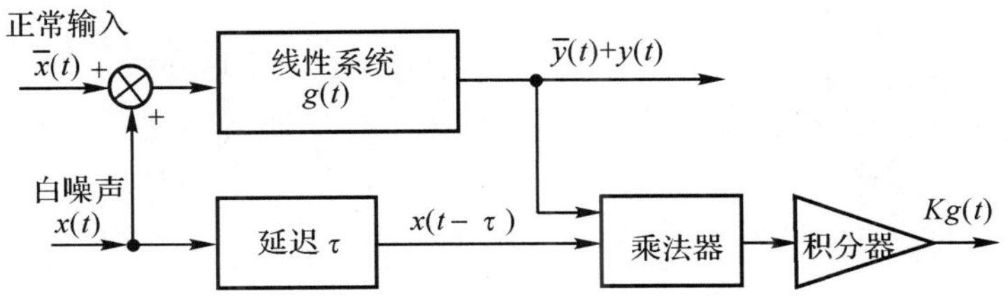

图 12-3　系统运行时进行测试的模拟方块图

相关法的优点是不要求系统严格地处于稳定状态，输入的白噪声对系统正常工作的影响不大，对系统模型不要求验前知识。相关法的缺点是噪声的非平稳性会影响辨识的精度，以及要求较长的观测时间等。

实际上，白噪声只不过是一个数学上的“抽象”，在自然界中严格的白噪声是不存在的，只能产生近似的白噪声。在数字计算机上产生的伪随机二位式序列具有白噪声的特性，是一种近似的白噪声。这种伪随机二位式序列称为 M 序列。在相关法中用 M 序列作为测试信号。

12.2　伪随机二位式序列——M 序列的产生及其性质

本节讨论伪随机测试信号的产生原理及其主要特点。

12.2.1　伪随机噪声

设 $x(t)$ 是周期为 T 的白噪声，即 $x(t)$ 在 $(0,T)$ 时间内是白噪声，在此时间外仍是以 T 为周期重复的白噪声。显然，它的自相关函数为 $R_{xx}(\tau)=E[x(t)x(t+\tau)]$，其周期也为 T，常称这种周期性白噪声 $x(t)$ 为伪随机噪声。用伪随机噪声输入被辨识的线性系统，自相关函数和互相关函数如下：

$$R_{xx}(\tau)=\frac{1}{T}\int_0^{T}x(t)x(t+\tau)\,\mathrm{d}t \tag{12-8}$$

$$R_{xy}(\tau)=\int_0^{\infty}g(\sigma)R_{xx}(\tau-\sigma)\,\mathrm{d}\sigma=\int_0^{\infty}g(\sigma)\left[\frac{1}{T}\int_0^{T}x(t)x(t+\tau-\sigma)\,\mathrm{d}\sigma\right]\mathrm{d}t=$$

$$\frac{1}{T}\int_0^T\left[\int_0^\infty g(\sigma)x(t+\tau-\sigma)\,\mathrm{d}\sigma\right]x(t)\,\mathrm{d}t$$

式中

$$\int_0^\infty g(\sigma)x(t+\tau-\sigma)\,\mathrm{d}\sigma=y(t+\tau)$$

则

$$R_{xy}(\tau)=\frac{1}{T}\int_0^T x(t)y(t+\tau)\,\mathrm{d}t \tag{12-9}$$

式(12－9)表明，$R_{xy}(\tau)$ 仅需计算一个周期的积分。若把式(12－2)改写为

$$R_{xy}(\tau)=\int_0^\infty g(\sigma)R_{xx}(\tau-\sigma)\mathrm{d}\sigma=\int_0^T g(\sigma)R_{xx}(\tau-\sigma)\mathrm{d}\sigma+\int_T^{2T} g(\sigma)R_{xx}(T+\tau-\sigma)\,\mathrm{d}\sigma+\cdots=$$
$$\int_0^T g(\sigma)K\delta(\tau-\sigma)\mathrm{d}\sigma+\int_T^{2T} g(\sigma)K\delta(T+\tau-\sigma)\,\mathrm{d}\sigma+\cdots$$

则

$$R_{xy}(\tau)=Kg(\tau)+Kg(T+\tau)+Kg(2T+\tau)+\cdots \tag{12-10}$$

由式(12－10)可知，适当选择 T，使脉冲响应函数在 $\tau<T$ 时衰减到零。那么，$g(T+\tau)=0$，$g(2T+\tau)=0,\cdots$，于是有

$$R_{xy}(\tau)=Kg(\tau)$$
$$g(\tau)=\frac{R_{xy}(\tau)}{K} \tag{12-11}$$

由此可得结论：若 $x(t)$ 是以 T 为周期的白噪声，T 大于 $g(t)$ 衰减到零的时间，则可根据式(12－9)求得 $R_{xy}(t)$，再代入式(12－3)求得系统的脉冲响应 $g(t)$。

12.2.2 离散二位式白噪声序列

由于离散的白噪声比连续的白噪声容易产生，所以在系统辨识试验中常用离散的白噪声序列。

设随机序列为 $x_1,x_2,\cdots$，如果它们的均值为零，方差相同，且互不相关，即

$$E[x_i]=0,\quad i=1,2,\cdots$$
$$E[x_ix_j]=\begin{cases}\sigma^2, & i=j\\ 0, & i\neq j\end{cases}$$

则此随机序列称为离散白噪声序列。如果这个序列中的每个随机变量只有 1 或 －1 两种状态，则称此随机序列为离散二位式白噪声序列。当序列 $x_i(i=1,2,\cdots,N)$ 充分长时，即 N 充分大时，离散二位式白噪声序列具有以下三个概率性质：

概率性质 1：在序列中 1 出现的次数与 －1 出现的次数几乎相等。

在叙述概率性质 2 以前，先介绍一个名词“游程”。若干个 1(或若干个 －1) 的连续排列称为“游程”。一个游程中含有 1 或 －1 的个数称为游程长度。例如，一个周期长为 15 的二位式序列 1,1,1,1,－1,－1,－1,1,－1,－1,1,1,－1,1,－1，游程总数为 8，其中游程长度为 1 的共有 4 个，占总游程数的 1/2，游程长度为 2 的有两个，占总游程数的 1/4，游程长度为 3 和 4 的都只有一个，各占总游程数的 1/8，其中 1 与 －1 的个数分别为 8 和 7，只相差 1。

概率性质 2：在序列中总的游程个数平均为$\frac{1}{2}(N+1)$个，1 的游程与 －1 的游程大约各占

一半，即大约为$\frac{1}{4}(N+1)$（N为奇数，表示序列的个数）个。更详细地说，长度为1的游程个数约占总游程数的1/2，长度为2的游程个数约占总游程数的1/4，……，长度为i的游程个数占总游程个数的$1/2^i$，等等。

概率性质3：对于离散二位式无穷随机序列$x_1,x_2,\cdots$，它的相关函数为

$$R_{xx}(\tau)=E[x_i x_{i+\tau}]=\begin{cases}1, & \tau=0\\0, & \tau=1,2,\cdots\end{cases}$$

12.2.3　*M*序列的产生方法

离散二位式随机序列是按照确定的方式产生的，实际上是一种确定性序列。由于它的概率性质与离散二位式白噪声序列的三个概率性质相似，故称为伪随机序列。伪随机序列有很多种，下面只介绍M序列。

用线性反馈移位寄存器产生M序列。移位寄存器以0和1表示两种状态。当输入移位脉冲时，每位的状态(0或1)移到下一位，最后一位(即n位)移出的状态为输出。为了保持连续工作，将移位寄存器的状态经过适当的逻辑运算后，反馈到第一位去作为输入。例如前面所述的周期长度为15的伪随机序列，若将其"−1"变为"0"可得到111100010011010，它是由图12-4所示的四级移位寄存器网络产生的，其条件是寄存器的初始状态不全为"0"。

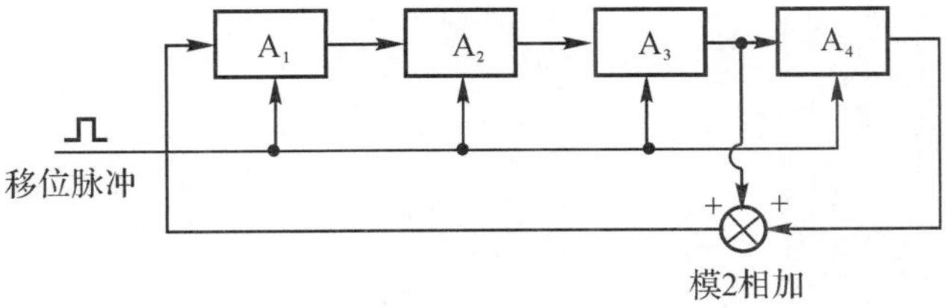

图12-4　周期长度为15的伪随机序列发生器方块图

这个电路的四级寄存器为A_1,A_2,A_3,A_4，其中A_3和A_4的状态作模2相加，即$1\oplus 0=1$，$0\oplus 1=1$，$1\oplus 1=0$，$0\oplus 0=0$，然后反馈到A_1的输入端，如果所有寄存器初始状态都是1，第一个移位脉冲输入，使四个寄存器的状态变为0111，第二个移位脉冲输入，则寄存器的状态变为0011，……，一个周期的变化规律为1111(初态)→0111→0011→0001→1000→0100→0010→1001→1100→0110→1011→0101→1010→1101→1110→1111。一个周期中产生了15种不同的状态，如果取A_4的状态作为输出的伪随机信号，则这个随机序列为111100010011010。

如果一个四级移位寄存器以A_2和A_4的状态作模2相加，反馈A_1的输入端，如图12-5所示。

设所有寄存器的初始状态为1，则一个周期内4个寄存器的状态变化规律为1111(初态)→0111→0011→1001→1100→1110→1111，共产生六种不同状态。比较上面两种线路可知，由于反馈逻辑运算不同，两者获得的输出序列不相同，前者的周期长度是15，后者的周期长度是6。需要指出，各级寄存器的初始状态不能全为"0"。

四级移位寄存器输出序列的最大周期长度，等于所能出现的各种组合状态(各级都是0的组合状态除外)，共有组合状态$2^4-1=15$种，也即输出序列的最大周期长度等于15。

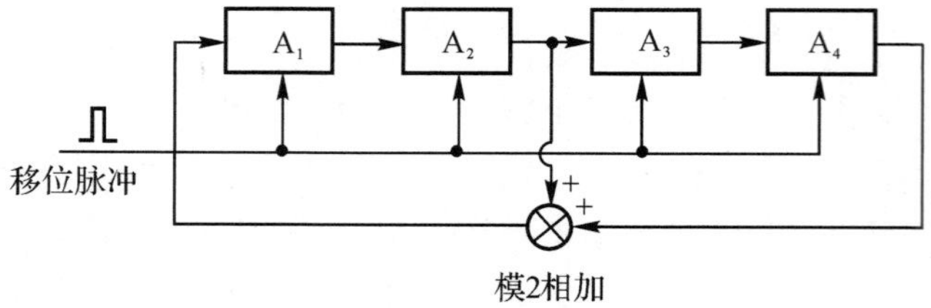

图 12-5　周期为 6 的伪随机序列发生器方块图

如果一个移位寄存器的输出序列的周期长度达到最大周期长度，这个序列称为最大长度二位式序列或 M 序列。如果输出序列的周期比最大周期长度小，就不是 M 序列。n 级移位寄存器产生的序列的最大周期长度为

$$N = 2^n - 1 \tag{12-12}$$

下面不加证明地给出综合表 12-1。

表　12-1

移位寄存器级数	序列的最大周期长度 $N = 2^n - 1$	反馈到第一级的模 2 相加信号 所取的输出级
2	3	1 和 2
3	7	2 和 3
4	15	3 和 4
5	31	3 和 5
6	63	5 和 6
7	127	4 和 7
8	255	2,3,4 和 8
9	511	5 和 9
10	1023	7 和 10
	2047	9 和 11

M 序列的相关函数为

$$R_{xx}(\tau) = \begin{cases} 1, & \tau = 0 \\ -\dfrac{1}{N}, & 0 < \tau \leqslant N-1 \end{cases} \tag{12-13}$$

式(12-13) 的证明见下面。当 N 很大时，M 序列的相关函数与离散二位式白噪声序列的相关函数相接近，故可用它作为测试信号。

12.2.4　二电平 M 序列

如果线性系统输入连续型白噪声，那么输入与输出的互相关函数与脉冲响应函数只差一个常数倍。为了利用这一简单结论，需将对时间离散的 M 序列改造成对时间连续的二电平 M 序列。仍然由线性反馈移位寄存器产生 M 序列，若多位寄存器的输出状态是 1，电平取 $-a$；若输出状态是 0，电平取 $+a$。通常取电压作为电平，a 表示幅值。设每个基本电平延迟的时间为 Δ，二电平伪随机序列的周期 $T = N\Delta$。例如，对于 M 序列：111100010011010，相应的二电平序

列一个周期的图形如图 12－6 所示。

移位脉冲间隔 Δ 是不变的，电平绝对值 a 也不变，它在每次脉冲开始时变号或不变号。由于上述 M 序列中 1 的数目比 0 的数目多一个，因此在一个序列周期中电平为 $-a$ 的脉冲数比电平为 $+a$ 的脉冲数多 1 个，所以在一个周期内，电平为 $+a$ 的脉冲数为 $\frac{1}{2}(N-1)$，电平为 $-a$ 的脉冲数为 $\frac{1}{2}(N+1)$。

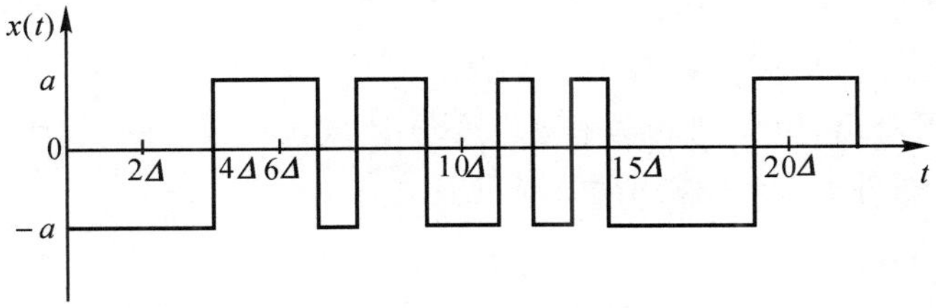

图 12－6　$n=4$ 的二电平序列（一个周期）

一个周期序列的数学期望（直流电平）为

$$m_x = \frac{N-1}{2}\frac{a\Delta}{N\Delta} - \frac{N+1}{2}\frac{a\Delta}{N\Delta} = -\frac{a}{N} \tag{12-14}$$

$$m_x^2 = \frac{a^2}{N^2} \tag{12-15}$$

下面不加推导地给出二电平 M 序列的自相关函数：

$$R_{xx}(\tau) = \begin{cases} a^2\left(1 - \dfrac{N+1}{N}\dfrac{|\tau|}{\Delta}\right), & -\Delta \leqslant \tau \leqslant \Delta \\ -\dfrac{a^2}{N}, & \Delta < \tau \leqslant (N-1)\Delta \end{cases} \tag{12-16}$$

$R_{xx}(\tau)$ 如图 12－7 所示。$R_{xx}(\tau)$ 是周期性变化的，周期为 $N\Delta$。当 Δ 很小时，由图 12－7 可知，式(12－16) 所示的 $R_{xx}(\tau)$ 可以近似看成强度为 $\frac{1}{N}(N+1)a^2\Delta$ 的脉冲函数和常值 $\frac{a^2}{N}$ 两部分组成，即

$$R_{xx}(\tau) = \frac{1}{N}(N+1)a^2\Delta\delta(\tau) - \frac{a^2}{N} \tag{12-17}$$

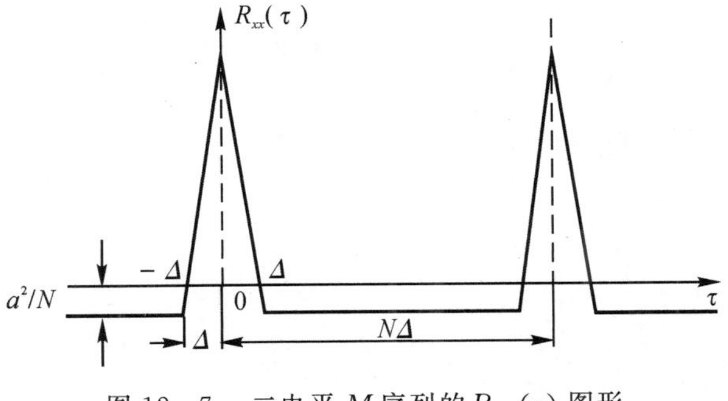

图 12－7　二电平 M 序列的 $R_{xx}(\tau)$ 图形

由式(12－16)，如果 $a=+1$，或 $a=-1$，则可得如式(12－13) 所示的 M 序列的自相关

函数。

12.2.5 二电平 M 序列的功率谱密度

对式(12-16)求傅氏变换，可得二电平 M 序列的功率谱密度 $S_x(\omega)$ 为

$$S_x(\omega)=\frac{2\pi a^2}{N}\delta(\omega)+\frac{2\pi a^2(N+1)}{N^2}\left[\frac{\sin(\omega\Delta/2)}{\omega\Delta/2}\right]^2\sum_{n=-\infty}^{\infty}\delta(\omega-n\omega_0)\Big|_{n\neq 0} \quad (12-18)$$

式中，$\delta(\omega)$ 为狄拉克 δ 函数；$\omega_0=\frac{2\pi}{N\Delta}$ 为基频。当 $\omega=\frac{2\pi}{3\Delta}$ 时，$\left[\frac{\sin(\omega\Delta/2)}{\omega\Delta/2}\right]^2$ 下降 3 dB，即 $S_x(\omega)$ 近似地下降 3 dB。$S_x(\omega)$ 的图形如图 12-8 所示。

从式(12-18)可看出，M 序列的功率谱密度与 a^2 成正比，与序列长度 N 成反比，在序列周期 $T(T=N\Delta)$ 一定条件下，与采样周期 Δ 成正比。

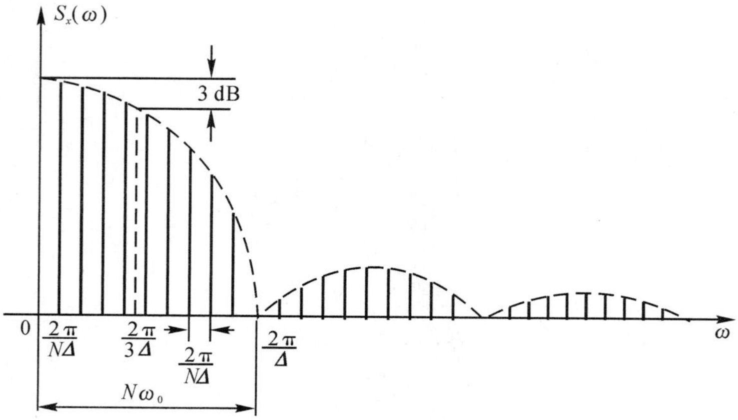

图 12-8 M 序列的功率谱密度 $S_x(\omega)$ 图形

12.3 用 M 序列辨识线性系统的脉冲响应

利用 M 序列，由维纳-霍夫方程可得

$$R_{xy}(\tau)=\int_0^{\infty}g(\sigma)R_{xx}(\tau-\sigma)\mathrm{d}\sigma=\int_0^{N\Delta}\left[\frac{N+1}{N}a^2\Delta\delta(\tau-\sigma)-\frac{a^2}{N}\right]g(\sigma)\mathrm{d}\sigma \quad (12-19)$$

则

$$R_{xy}(\tau)=\frac{N+1}{N}a^2\Delta g(\tau)-\frac{a^2}{N}\int_0^{N\Delta}g(\sigma)\mathrm{d}\sigma \quad (12-20)$$

式(12-20)中右边第二项不随 τ 而变，记为常值

$$A=\frac{a^2}{N}\int_0^{N\Delta}g(\sigma)\mathrm{d}\sigma \quad (12-21)$$

则

$$R_{xy}(\tau)=\frac{1}{N}(N+1)a^2\Delta g(\tau)-A \quad (12-22)$$

因此，如果已经得到了 $R_{xy}(\tau)$ 曲线，如图 12-9 所示，则将 $R_{xy}(\tau)$ 向上平移 A 距离，即得到与 $g(\tau)$ 成比例的曲线 $\frac{1}{N}(N+1)a^2\Delta g(\tau)$，因 N，a 和 Δ 为已知量，故可得 $g(\tau)$ 曲线。

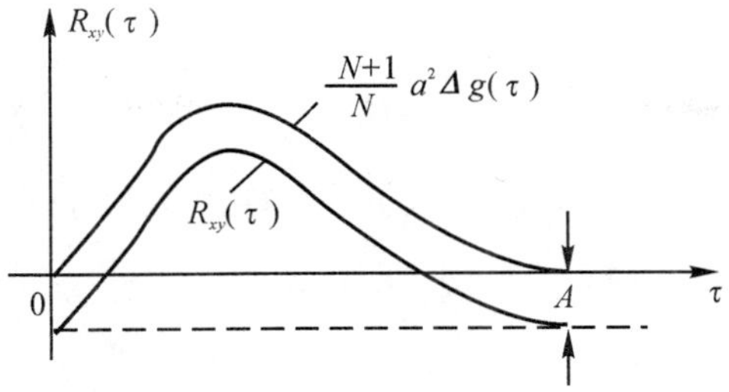

图 12-9　$R_{xy}(\tau)$ 和 $\frac{1}{N}(N+1)a^2\Delta g(\tau)$ 曲线

现在计算 $R_{xy}(\tau)$。设线性系统输入 $x(t)$ 为二电平 M 序列，输出信号 $y(t)$ 是平稳随机过程，且具有各态历经性。则互相关函数为

$$R_{xy}(\tau)=\frac{1}{T}\int_0^T x(t)y(t+\tau)\,\mathrm{d}t=\frac{1}{N\Delta}\int_0^{N\Delta} x(t)y(t+\tau)\,\mathrm{d}t=$$

$$\frac{1}{N\Delta}\left[\int_0^{\Delta} x(t)y(t+\tau)\,\mathrm{d}t+\int_{\Delta}^{2\Delta} x(t)y(t+\tau)\,\mathrm{d}t+\cdots+\int_{(N-1)\Delta}^{N\Delta} x(t)y(t+\tau)\,\mathrm{d}t\right]$$

对 $x(t)$，$y(t)$ 采用阶梯近似，步长为 Δ，则

$$R_{xy}(\tau)\approx\frac{1}{N}\sum_{i=0}^{N-1}x(i\Delta)y(i\Delta+\tau)\tag{12-23}$$

因 $x(t)$ 为 M 序列，其值为 $\pm a$，故令 $x(t)$ 为正时取 $+a$，$x(t)$ 为负值时取 $-a$，即

$$x(i\Delta)=a\,\mathrm{sgn}[x(i\Delta)]\tag{12-24}$$

式中，sgn 表示符号函数，于是

$$R_{xy}(\tau)\approx\frac{a}{N}\sum_{i=0}^{N-1}\mathrm{sgn}[x(i\Delta)]\,y(i\Delta+\tau)\tag{12-25}$$

因此，只要有了 $x(t)$ 和 $y(t)$ 曲线，根据式(12-23) 和式(12-25)，改变 τ 值，便可求出 $R_{xy}(\tau)$ 曲线。为了提高 $R_{xy}(\tau)$ 的计算精度，可以多测几个 M 序列的周期。例如，测试 r 个周期，则

$$R_{xy}(\tau)\approx\frac{1}{rN}\sum_{i=0}^{Nr-1}x(i\Delta)y(i\Delta+\tau)\tag{12-26}$$

$$R_{xy}(\tau)\approx\frac{a}{rN}\sum_{i=0}^{Nr-1}\{\mathrm{sgn}[x(i\Delta)]\}\,y(i\Delta+\tau)\tag{12-27}$$

按照上面的算法，对应于不同的 τ 值，每次只能计算出脉冲响应 $g(\tau)$ 的一个离散值，如果需要算 N 个离散值，则要求计算 N 次才能获得 $g(\tau)$ 的 N 个离散值。

下面推导计算 $g(\tau)$ 的 N 个离散值的计算公式。由连续的维纳-霍夫方程式(12-2) 可得离散的维纳-霍夫方程为

$$R_{xy}(\tau)=R_{xy}(\mu\Delta)=\sum_{k=0}^{N-1}\Delta g(k\Delta)R_{xx}(\mu\Delta-k\Delta),\quad \mu=0,1,\cdots,N-1\tag{12-28}$$

式中，$\tau=\mu\Delta$。为了书写方便，在式(12-28) 中，将 $\mu\Delta$ 用 μ 表示，$k\Delta$ 用 k 表示，则得

$$R_{xy}(\mu)=\sum_{k=0}^{N-1}\Delta g(k)R_{xx}(\mu-k),\quad \mu=0,1,\cdots,N-1\tag{12-29}$$

设

$$\boldsymbol{g}=\begin{bmatrix} g(0) \\ g(1) \\ \vdots \\ g(N-1) \end{bmatrix},\boldsymbol{R}_{xy}=\begin{bmatrix} R_{xy}(0) \\ R_{xy}(1) \\ \vdots \\ R_{xy}(N-1) \end{bmatrix}$$

$$\boldsymbol{R}_{xx}=\begin{bmatrix} R_{xx}(0) & R_{xx}(-1) & \cdots & R_{xx}(-N+1) \\ R_{xx}(1) & R_{xx}(0) & \cdots & R_{xx}(-N+2) \\ \vdots & \vdots & & \vdots \\ R_{xx}(N-1) & R_{xx}(N-2) & \cdots & R_{xx}(0) \end{bmatrix} \tag{12-30}$$

则根据式(12－29)可得

$$\boldsymbol{R}_{xy}=\boldsymbol{R}_{xx}\boldsymbol{g}\Delta \tag{12-31}$$

因此

$$\boldsymbol{g}=\frac{1}{\Delta}\boldsymbol{R}_{xx}^{-1}\boldsymbol{R}_{xy} \tag{12-32}$$

通常,求逆矩阵很麻烦,但是对 M 序列来说,计算 $\boldsymbol{R}_{xx}^{-1}$ 比较容易。由于 τ 值为 $0,\Delta,2\Delta,\cdots$,根据式(12－16)得二电平 M 序列的相关函数为

$$R_{xx}(k)=\begin{cases} a^2, & k=0 \\ -\dfrac{a^2}{N}, & 1\leqslant k<N-1 \end{cases} \tag{12-33}$$

因此式(12－30)中的 $\boldsymbol{R}_{xx}$ 矩阵为

$$\boldsymbol{R}_{xx}=a^2\begin{bmatrix} 1 & -\dfrac{1}{N} & \cdots & -\dfrac{1}{N} \\ -\dfrac{1}{N} & 1 & \cdots & -\dfrac{1}{N} \\ \vdots & \vdots & & \vdots \\ -\dfrac{1}{N} & -\dfrac{1}{N} & \cdots & 1 \end{bmatrix} \tag{12-34}$$

这是一个 N 阶方阵,其逆矩阵为

$$\boldsymbol{R}_{xx}^{-1}=\frac{N}{a^2(N+1)}\begin{bmatrix} 2 & 1 & \cdots & 1 \\ 1 & 2 & \cdots & 1 \\ \vdots & \vdots & & \vdots \\ 1 & 1 & \cdots & 2 \end{bmatrix} \tag{12-35}$$

把式(12－35)代入式(12－32)得

$$\boldsymbol{g}=\frac{N}{a^2(N+1)\Delta}\begin{bmatrix} 2 & 1 & \cdots & 1 \\ 1 & 2 & \cdots & 1 \\ \vdots & \vdots & & \vdots \\ 1 & 1 & \cdots & 2 \end{bmatrix}\boldsymbol{R}_{xy} \tag{12-36}$$

由式(12－26),$R_{xy}(\mu)$ 可用下式表示:

$$R_{xy}(\mu)\approx\frac{1}{rN}\sum_{i=0}^{Nr-1}x(i)y(i+\mu)=\frac{1}{rN}\sum_{i=0}^{Nr-1}x(i-\mu)y(i)$$

即

$$R_{xy}(\mu)=\frac{1}{rN}[x(-\mu),x(1-\mu),\cdots,x(rN-1-\mu)]\begin{bmatrix}y(0)\\y(1)\\\vdots\\y(rN-1)\end{bmatrix} \tag{12-37}$$

式中，$\mu=0,1,\cdots,N-1$。

参照式(12-37)，$\boldsymbol{R}_{xy}$ 可写成下面形式：

$$\boldsymbol{R}_{xy}=\frac{1}{rN}\boldsymbol{Xr} \tag{12-38}$$

式中

$$\boldsymbol{X}=\begin{bmatrix}x(0) & x(1) & \cdots & x(rN-1)\\x(-1) & x(0) & \cdots & x(rN-2)\\\vdots & \vdots & & \vdots\\x(-N+2) & x(-N+3) & \cdots & x[(r-1)N+1]\\x(-N+1) & x(-N+2) & \cdots & x[(r-1)N]\end{bmatrix}$$

$$\boldsymbol{r}=\begin{bmatrix}y(0)\\y(1)\\\vdots\\y(rN-2)\\y(rN-1)\end{bmatrix},\quad \boldsymbol{R}_{xy}=\begin{bmatrix}R_{xy}(0)\\R_{xy}(1)\\\vdots\\R_{xy}(N-2)\\R_{xy}(N-1)\end{bmatrix}$$

于是，由式(12-36)可得

$$\boldsymbol{g}=\frac{1}{a^2r(N+1)\Delta}\begin{bmatrix}2 & 1 & \cdots & 1\\1 & 2 & \cdots & 1\\\vdots & \vdots & & \vdots\\1 & 1 & \cdots & 2\end{bmatrix}\boldsymbol{Xr} \tag{12-39}$$

用M序列做试验时，利用式(12-39)在计算机上离线计算，一次可求出系统脉冲响应的N个离散值$g(0),g(1),\cdots,g(N-1)$。这种算法的缺点是数据的存储量大。为了减小数据的存储量，可采用递推算法。下面介绍递推算法。

设进行了m次观测，$m\geqslant\mu$。由m次观测值得到的$R_{xy}(\mu)$用$R_{xy}(\mu,m)$来表示，则

$$\begin{aligned}R_{xy}(\mu,m)=&\frac{1}{m+1}\sum_{k=0}^{m}y(k)x(k-\mu)=\\&\frac{1}{m+1}\left[\sum_{k=0}^{m-1}y(k)x(k-\mu)+y(m)x(m-\mu)\right]=\\&\frac{1}{m+1}[mR_{xy}(\mu,m-1)+y(m)x(m-\mu)]=\\&\frac{1}{m+1}[(m+1)R_{xy}(\mu,m-1)-R_{xy}(\mu,m-1)+y(m)x(m-\mu)]=\\&R_{xy}(\mu,m-1)+\frac{1}{m+1}[y(m)x(m-\mu)-R_{xy}(\mu,m-1)]\end{aligned} \tag{12-40}$$

式(12-40)为互相关函数的递推公式。可根据过去的数据求得$R_{xy}(\mu,m-1)$及新的观测数据$y(m)$及$x(m-\mu)$，按式(12-40)递推地算出$R_{xy}(\mu,m)$。由式(12-36)得

$$\boldsymbol{g}_m=\frac{N}{a^2(N+1)\Delta}\begin{bmatrix}2 & 1 & \cdots & 1\\1 & 2 & \cdots & 1\\\vdots & \vdots & & \vdots\\1 & 1 & \cdots & 2\end{bmatrix}\begin{bmatrix}R_{xy}(0,m)\\R_{xy}(1,m)\\\vdots\\R_{xy}(N-1,m)\end{bmatrix}$$

考虑到式(12－40)，得到脉冲响应的递推公式为

$$\boldsymbol{g}_m=\frac{N}{a^2(N+1)\Delta}\begin{bmatrix}2 & 1 & \cdots & 1\\1 & 2 & \cdots & 1\\\vdots & \vdots & & \vdots\\1 & 1 & \cdots & 2\end{bmatrix}\left\{\begin{bmatrix}R_{xy}(0,m-1)\\R_{xy}(1,m-1)\\\vdots\\R_{xy}(N-1,m-1)\end{bmatrix}+\right.$$

$$\left.\frac{1}{m+1}y(m)\begin{bmatrix}x(m)\\x(m-1)\\\vdots\\x(m-N+1)\end{bmatrix}-\frac{1}{m+1}\begin{bmatrix}R_{xy}(0,m-1)\\R_{xy}(1,m-1)\\\vdots\\R_{xy}(N-1,m-1)\end{bmatrix}\right\}$$

即

$$\boldsymbol{g}_m=\boldsymbol{g}_{m-1}+\frac{1}{m+1}\left\{\frac{N}{a^2(N+1)\Delta}\begin{bmatrix}2 & 1 & \cdots & 1\\1 & 2 & \cdots & 1\\\vdots & \vdots & & \vdots\\1 & 1 & \cdots & 2\end{bmatrix}y(m)\begin{bmatrix}x(m)\\x(m-1)\\\vdots\\x(m-N+1)\end{bmatrix}-\boldsymbol{g}_{m-1}\right\} \tag{12-41}$$

按递推公式(12－41)进行计算，可从 $\boldsymbol{g}_{m-1}$ 及新的观测数据得到 $\boldsymbol{g}_m$。因此，利用式(12－41)可对脉冲响应 $\boldsymbol{g}$ 进行在线辨识。随着观测数据的增加，$\boldsymbol{g}_m$ 的精度不断增加。

最后，应用前面的分析结果，归纳出用 M 序列辨识线性系统脉冲响应的步骤。二电平 M 序列是线性反馈移位寄存器的输出，可从计算机直接获得，也可以事先将 M 序列存入控制计算机，试验时逐步给出。M 序列的一些参数，如 T，Δ 和 a 必须事先选定。这是试验前应做的准备工作。具体步骤如下：

(1) 估计系统过渡过程时间 T_s 和最高工作频率 $\omega_{\max}$（或截止频率 ω_c），使 M 序列的有效频带覆盖辨识系统的重要工作频区，应满足

$$\frac{2\pi}{3\Delta}>\omega_{\max}\quad 或\quad \Delta<\frac{2\pi}{3\omega_{\max}} \tag{12-42}$$

(2) 选择 M 序列的参数 Δ，N 和 a。一般选取 $T=N\Delta=(1.2\sim1.5)T_s$，则

$$N=(1.2\sim1.5)\frac{T_s}{\Delta} \tag{12-43}$$

如果 Δ 选得太大，则由图 12－7 可见，$R_{xy}(\tau)$ 的三角形底部太宽，M 序列与周期白噪声的自相关函数相差悬殊；如果 Δ 选得太小，当 a 值受到信噪比或线性范围的限制，T 一定时，则由式(12－18)可知，$S_x(\omega)$ 的幅值太小。若系统频带较宽，则 M 序列在主要频区内有效功率下降。在可能的情况下，适当加大 a，可进一步减少 Δ，以提高 M 序列的有效频带宽度。通常基本电平的幅值 a 的大小，可以根据被辨识系统的线性范围和允许的信噪比来确定。若 a 取得大一些，抗干扰性能增强一些，但 a 选得过大，会造成系统的非线性失真。

例 12－1　设被辨识系统的 $T_s=1\ 200$ s，$\omega_c=\dfrac{1}{6}$，试求 M 序列的 Δ 和 N 值。

解　由式(12-42)和式(12-43)可得

$$\Delta < \frac{2\pi}{3\omega_c} = \frac{2\pi}{3/6} = 12.5664\ \text{s}$$

$$N = (1.2 \sim 1.5)\frac{T_s}{\Delta} = \frac{(1.2 \sim 1.5) \times 1200}{12.5664} = 114.6 \sim 143.2$$

取 $n=7, N=2^n-1=2^7-1=127$。

应当指出，对于那些 T_s 较小的被辨识系统(如飞行器)，若按上述方法选择 Δ 和 N 值，可能 N 值太小。例如，被辨识系统的 $T_s=15\ \text{s}, \omega_c=\frac{1}{5}$，由式(12-42)可得

$$\Delta < \frac{2\pi}{3\omega_c} = \frac{2\pi \times 5}{3} = 10.472\ \text{s}$$

如果选 $\Delta=4\ \text{s}$，由式(12-43)可得

$$T = N\Delta > T_s,\quad N > \frac{T_s}{\Delta} = \frac{15}{4} = 3.75$$

在这种情况下，可以提高 N 值，若选 $n=5, N=31$，M 序列的一个周期为 $N\Delta=124\ \text{s}$。

另外，考虑到数字计算机的采样速率比较高，数字计算机的步长 T_0 可能会小于 M 序列的步长 Δ，这时可令

$$\Delta = \lambda T_0$$

式中，$\lambda=1,2,3,4$，取正整数。对于动态响应比较快的被辨识系统，适当提高 N 值，取 $\lambda>1$，在计算互相关函数时，可以得到更多的被辨识系统输出信号的采样值，从而更充分地反映输出响应的基本特征，提高辨识精度。

(3) 用电子计算机产生 M 序列或者把储存在控制机内存的 M 序列逐步输出。

(4) 计算互相关函数 $R_{xy}(\tau)$。

(5) 由 $R_{xy}(\tau)$ 求系统的脉冲响应函数 $g(\tau)$。

采用 M 序列辨识系统的优点是：① 试验可以在正常工作状态下完成，不需要断开系统；② 测量时可以避免其他噪声的影响。

12.4　由脉冲响应求传递函数

利用脉冲响应求连续系统的传递函数和离散系统的脉冲传递函数，分别叙述于下。

12.4.1　连续系统传递函数 $G(s)$

任何一个单输入-单输出系统都可用差分方程表示。如果系统输入为 $\delta(t)$ 函数，则输出为脉冲响应函数 $g(t)$。因 $\delta(t)$ 函数只作用于 $t=t_0$ 时刻，而在其他时刻系统的输入为零，系统从 t_0 时刻起有响应。若采样间隔为 Δ，设系统用下列 n 阶差分方程来表示：

$$g(t_0) + a_1 g(t_0+\Delta) + a_2 g(t_0+2\Delta) + \cdots + a_n g(t_0+n\Delta) = 0 \tag{12-44}$$

式中 $a_1, a_2, \cdots, a_n$ 为待定的 n 个常数。

根据式(12-44)，时间依次延迟 Δ，可写出 n 个方程：

$$a_1 g(t_0+\Delta) + a_2 g(t_0+2\Delta) + \cdots + a_n g(t_0+n\Delta) = -g(t_0)$$

$$a_1 g(t_0+2\Delta) + a_2 g(t_0+3\Delta) + \cdots + a_n g[t_0+(n+1)\Delta] = -g(t_0+\Delta)$$

……

$$a_1 g(t_0+n\Delta)+a_2 g[t_0+(n+1)\Delta]+\cdots+a_n g(t_0+2n\Delta)=-g[t_0+(n+1)\Delta]$$

联立求解上述 n 个方程,可得差分方程的 n 个系数 $a_1,a_2,\cdots,a_n$。

任何一个线性定常系统,若其传递函数 $G(s)$ 的特征方程的根为 $s_1,s_2,\cdots,s_n$,则其传递函数可用下列分式表示:

$$G(s)=\frac{c_1}{s-s_1}+\frac{c_2}{s-s_2}+\cdots+\frac{c_n}{s-s_n} \tag{12-45}$$

设 $G(s)$ 为待求的系统传递函数,其中 $s_1,s_2,\cdots,s_n$ 和 $c_1,c_2,\cdots,c_n$ 为待求的 $2n$ 个未知数。求式(12-45) 的拉普拉斯反变换,可得脉冲响应函数为

$$g(t)=c_1 e^{s_1 t}+c_2 e^{s_2 t}+\cdots+c_n e^{s_n t} \tag{12-46}$$

就是说,线性系统的脉冲响应函数可用一组指数函数 $e^{s_i t}\ (i=1,2,\cdots,n)$ 的线性组合来表示。下面写出时刻 $t+\Delta,t+2\Delta,t+n\Delta$ 的脉冲响应函数:

$$g(t+\Delta)=c_1 e^{s_1(t+\Delta)}+c_2 e^{s_2(t+\Delta)}+\cdots+c_n e^{s_n(t+\Delta)}$$

$$g(t+2\Delta)=c_1 e^{s_1(t+2\Delta)}+c_2 e^{s_2(t+2\Delta)}+\cdots+c_n e^{s_n(t+2\Delta)}$$

……

$$g(t+n\Delta)=c_1 e^{s_1(t+n\Delta)}+c_2 e^{s_2(t+n\Delta)}+\cdots+c_n e^{s_n(t+n\Delta)} \tag{12-47}$$

将式(12-44) 中的 t_0 换成 t,并将式(12-46) 和式(12-47) 代入其中,得

$$c_1 e^{s_1 t}[1+a_1 e^{s_1\Delta}+\cdots+a_n(e^{s_1\Delta})^n]+c_2 e^{s_2 t}[1+a_1 e^{s_2\Delta}+\cdots+a_n(e^{s_2\Delta})^n]+\cdots+$$

$$c_n e^{s_n t}[1+a_1 e^{s_n\Delta}+\cdots a_n(e^{s_n\Delta})^n]=0 \tag{12-48}$$

要使式(12-48) 成立,应令各方括弧内之值为零,即

$$1+a_1 e^{s_i\Delta}+a_2(e^{s_i\Delta})^2+\cdots+a_n(e^{s_i\Delta})^n=0 \quad (i=1,2,\cdots,n) \tag{12-49}$$

令 $e^{s_i\Delta}=x_i$,则 n 个方括号可用一个式子表示,即

$$1+a_1 x_i+a_2 x_i^2+\cdots+a_n x_i^n=0 \tag{12-50}$$

设

$$e^{s_1\Delta}=x_1,\quad e^{s_2\Delta}=x_2,\quad \cdots,\quad e^{s_n\Delta}=x_n \tag{12-51}$$

则有

$$s_1=\frac{\ln x_1}{\Delta},\quad s_2=\frac{\ln x_2}{\Delta},\quad \cdots,\quad s_n=\frac{\ln x_n}{\Delta} \tag{12-52}$$

下面求 $c_1,c_2,\cdots,c_n$。根据式(12-46),式(12-47) 和式(12-51) 可得

$$\left.\begin{aligned}
&g(0)=c_1+c_2+\cdots+c_n\\
&g(\Delta)=c_1 x_1+c_2 x_2+\cdots+c_n x_n\\
&g(2\Delta)=c_1 x_1^2+c_2 x_2^2+\cdots+c_n x_n^2\\
&\cdots\cdots\\
&g[(n-1)\Delta]=c_1 x_1^{n-1}+c_2 x_2^{n-1}+\cdots+c_n x_n^{n-1}
\end{aligned}\right\} \tag{12-53}$$

解上述方程组可得 $c_1,c_2,\cdots,c_n$。

把求得的 $s_1,s_2,\cdots,s_n$ 和 $c_1,c_2,\cdots,c_n$ 代入式(12-45),便得所求的系统传递函数 $G(s)$。

例 12-2 设原系统具有二阶传递函数:

$$G(s)=\frac{0.35}{(s+0.5)(s+0.7)}$$

其脉冲响应为 $g(t)=1.75(e^{-0.5t}-e^{-0.7t})$。设采样间隔 $\Delta=1$ s，$g(t)$ 的前 4 个值如表 12-2 所示。

表　12-2

t/s	0.0	1.0	2.0	3.0
g/s	0.0	0.192 4	0.212 2	0.176 2

相应的联立方程为
$$0.192\,4a_1+0.212\,2a_2=0$$
$$0.212\,2a_1+0.176\,2a_2=-0.192\,4$$
解之得
$$a_1=3.668\,89,\quad a_2=-3.326\,5$$
按式(12-50)得
$$1+3.668\,89x-3.326\,5x^2=0$$
解之得
$$x_1=0.608\,811, x_2=0.494\,88$$
则系统极点为
$$s_1=\ln 0.608\,11=-0.497\,48, s_2=\ln 0.494\,88=-0.703\,40$$
因此脉冲响应为
$$g(k\Delta)=c_1 e^{-0.49748k\Delta}+c_2 e^{-0.70340k\Delta}$$
令 $k=0$ 和 1，得
$$c_1+c_2=0$$
$$0.608\,11c_1+0.494\,88c_2=0.192\,4$$
解之得
$$c_1=1.699\,4,\quad c_2=-1.699\,4$$
因而所求的传递函数为
$$\hat{G}(s)=\frac{1.699\,4}{s+0.497\,48}-\frac{1.699\,4}{s+0.703\,40}=\frac{0.349\,87}{(s+0.497\,48)(s+0.703\,40)}$$
所求得的传递函数与真实传递函数非常接近。

12.4.2　离散系统的脉冲传递函数 $G(z^{-1})$

设系统脉冲传递函数为
$$G(z^{-1})=\frac{b_0+b_1z^{-1}+\cdots+b_nz^{-n}}{1+a_1z^{-1}+\cdots+a_nz^{-n}}$$
根据脉冲传递函数的定义可得
$$G(z^{-1})=g(0)+g(1)z^{-1}+g(2)z^{-2}+\cdots$$
式中，$g(i)=g(i\Delta)$，$i=0,1,2,\cdots$，Δ 为采样间隔。因而有
$$\frac{b_0+b_1z^{-1}+\cdots+b_nz^{-n}}{1+a_1z^{-1}+\cdots+a_nz^{-n}}=g(0)+g(1)z^{-1}+g(2)z^{-2}+\cdots \tag{12-54}$$
将式(12-54)左边的分母的多项式分别乘其等号的两边得
$$b_0+b_1z^{-1}+\cdots+b_nz^{-n}=g(0)+[g(1)+a_1g(0)]z^{-1}+\cdots+$$

$$\left[g(n)+\sum_{i=1}^{n}a_ig(n-i)\right]z^{-n}+$$

$$\left[g(n+1)+\sum_{i=1}^{n+1}a_ig(n+1-i)\right]z^{-(n+1)}+\cdots+$$

$$\left[g(2n)+\sum_{i=1}^{2n}a_ig(2n-i)\right]z^{-2n}+\cdots$$

令上式等号两边 z^{-1} 同次项的系数相等，当 z^{-1} 的次数从 0 至 n 时，可得下列矩阵方程：

$$\begin{bmatrix}b_0\\b_1\\b_2\\\vdots\\b_n\end{bmatrix}=\begin{bmatrix}1&0&0&\cdots&0&0\\a_1&1&0&\cdots&0&0\\a_2&a_1&1&\cdots&0&0\\\vdots&\vdots&\vdots&&\vdots&\vdots\\a_n&a_{n-1}&a_{n-2}&\cdots&a_1&1\end{bmatrix}\begin{bmatrix}g(0)\\g(1)\\g(2)\\\vdots\\g(n)\end{bmatrix}\tag{12-55}$$

当 z^{-1} 的次数从 $n-1$ 至 $2n$ 时，可得

$$\begin{bmatrix}g(1)&g(2)&\cdots&g(n)\\g(2)&g(3)&\cdots&g(n-1)\\\vdots&\vdots&&\vdots\\g(n)&g(n+1)&\cdots&g(2n-1)\end{bmatrix}\begin{bmatrix}a_n\\a_{n-1}\\\vdots\\a_1\end{bmatrix}=\begin{bmatrix}-g(n+1)\\-g(n+2)\\\vdots\\-g(2n)\end{bmatrix}\tag{12-56}$$

式(12-56)左边由 $g(1),g(2),\cdots,g(2n-1)$ 组成的 $n\times n$ 方阵为Hankel矩阵，其秩为 n，所以方程式(12-56)有解。可求得脉冲传递函数中分母的各未知数 $a_1,a_2,\cdots,a_n$。把求得的 $a_1,a_2,\cdots,a_n$ 代入式(12-55)，可求得脉冲传递函数分子中的各未知系数 $b_1,b_2,\cdots,b_n$，从而得到脉冲传递函数 $G(z^{-1})$。

已知离散系统的传递函数——脉冲传递函数 $G(z^{-1})$，可利用采样系统理论中有关 z 变换方法，设 $z=e^{sT}$，代入 $G(z^{-1})$ 表达式，经过换算也可求得连续系统的传递函数 $G(s)$。

例 12-3 若已知线性系统为三阶，即结构参数 $n=3$，设采样间隔为 0.05 s，系统的脉冲响应的采样值 $g(i)$ 如表 12-3 所示。

表 12-3

t/s	0	0.05	0.10	0.15	0.20	0.25	0.30
i	0	1	2	3	4	5	6
$g(i)$	0	7.157 039	9.491 077	8.563 889	5.930 506	2.845 972	0.144 611

试求系统的传递函数 $G(z^{-1})$ 和 $G(s)$。

解 设脉冲传递函数的形式为

$$G(z^{-1})=\frac{b_0+b_1z^{-1}+b_2z^{-2}+b_3z^{-3}}{1+a_1z^{-1}+a_2z^{-2}+a_3z^{-3}}$$

将 $g(1)$ 至 $g(6)$ 的数值代入式(12-56)，得

$$\begin{bmatrix}7.157\,039&9.491\,077&8.563\,889\\9.491\,077&8.563\,889&5.930\,506\\8.563\,889&5.930\,506&2.845\,972\end{bmatrix}\begin{bmatrix}a_3\\a_2\\a_1\end{bmatrix}=\begin{bmatrix}-5.930\,506\\-2.845\,972\\-0.144\,611\end{bmatrix}$$

解上式后得

$$a_1=-2.232\ 575,\quad a_2=1.764\ 088,\quad a_3=-0.496\ 585$$

把上述的 $g(0)$ 至 $g(6)$ 及 a_1,a_2,a_3 代入式(12－55)，解得 $b_0=0, b_1=7.157\ 309, b_2=-6.487\ 547, b_3=0$。于是脉冲传递函数 $G(z^{-1})$ 为

$$G(z^{-1})=\frac{7.157\ 309z^{-1}-6.487\ 547z^{-2}}{1-2.232\ 575z^{-1}+1.764\ 088z^{-2}-0.496\ 585z^{-3}}=$$

$$\frac{7.157\ 309z^{-1}-6.487\ 547z^{-2}}{(z-0.818\ 731)(z^2-1.413\ 844z+0.606\ 530)}$$

$G(z^{-1})$ 的三个特征值为

$$z_1=0.818\ 731,\quad z_{2,3}=0.706\ 922\pm j0.326\ 789\ 5$$

对应于 $G(s)$ 的特征值，由 $z=e^{sT}$ 可直接解出

$$s_1=-4.0,\quad s_{2,3}=-5.0\pm j8.660\ 229$$

利用 z 变换求出

$$G(s)=\frac{-5.263\ 158}{s+4}+\frac{5.261\ 358(s+5)+205.263\ 158}{(s+5)^2+(8.660\ 229)^2}=$$

$$\frac{200(s+2)}{(s+4)(s^2+10s+100)}$$

习　题

12－1　已知二阶线性定常系统的脉冲响应采样序列如表 12－4 所示。

表　12－4

t/s	0	0.05	0.10	0.15	0.20	0.25	0.30	0.35	0.40
i	0	1	2	3	4	5	6	7	8
$g(i)$	0	0.683 227	1.072 520	1.269 229	1.341 902	1.336 673	1.284 386	1.205 478	1.113 323

试确定其传递函数。

12－2　已知三阶连续定常系统的脉冲响应采样序列如表 12－5 所示。

表　12－5

t/s	0	0.1	0.2	0.3	0.4	0.5
$g(t)$	10	6.988 715	4.711 111	3.135 561	2.137 192	1.558 995

t/s	0.6	0.7	0.8	0.9	1.0
$g(t)$	1.252 030	1.096 492	1.008 595	0.937 857	0.859 576

试确定其传递函数。

12－3　给定五级移位寄存器，模二门设置在第二、五级输出处，试问由此产生的序列是 M 序列吗？

12－4　以四级移位寄存器构成的 M 序列为例，试证明 M 序列的自相关函数的表示式(12－16)。

12－5　根据脉冲响应采样序列，试给出本章例12－3的计算脉冲传递函数 $G(z^{-1})$ 和传递函数 $G(s)$ 的计算程序，以及本习题12－2确定传递函数 $G(s)$ 的计算程序。

第十三章 最小二乘法辨识

差分方程模型辨识问题包括模型结构的确定和参数估计两个方面。本章只讨论单输入-单输出系统在模型结构已知情况下的最小二乘法参数估计问题。这里对各种估计方法都按离线辨识和在线辨识两种情况进行讨论。离线辨识是把观测数据集中起来同时处理,得到参数估值。而在线辨识是在辨识过程中按递推计算方法不断地给出参数估计。这些估计方法都可推广到多输入-多输出系统的参数估计问题。

13.1 最小二乘法与递推最小二乘法辨识

一个单输入-单输出线性定常系统可用图 13-1 表示。

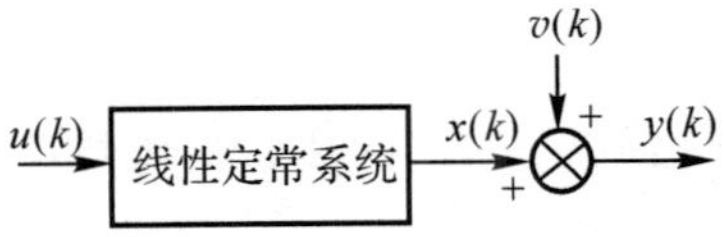

图 13-1 单输入-单输出线性定常系统

系统的差分方程为

$$x(k)+a_1x(k-1)+a_2x(k-2)+\cdots+a_nx(k-n)=$$
$$b_0u(k)+b_1u(k-1)+\cdots+b_nu(k-n),\quad k=1,2,\cdots \tag{13-1}$$

式中,$u(k)$ 为输入信号;$x(k)$ 为理论上的输出值。$x(k)$ 通过观测得到,在观测过程中往往附加有随机干扰。观测值 $y(k)$ 用下式表示:

$$y(k)=x(k)+v(k) \tag{13-2}$$

$v(k)$ 为随机干扰。由式(13-2)得

$$x(k)=y(k)-v(k) \tag{13-3}$$

把式(13-3)代入式(13-1),得

$$y(k)+a_1y(k-1)+a_2y(k-2)+\cdots+a_ny(k-n)=$$
$$b_0u(k)+b_1u(k-1)+\cdots+b_nu(k-n)+$$
$$v(k)+a_1v(k-1)+a_2v(k-2)+\cdots+a_nv(k-n)$$

即

$$y(k)=-\sum_{i=1}^{n}a_iy(k-i)+\sum_{i=0}^{n}b_iu(k-i)+v(k)+\sum_{i=1}^{n}a_iv(k-i) \tag{13-4}$$

假设 $v(k)(k=1,2,\cdots,n)$ 是均值为零的独立分布的平稳随机序列,且与序列 $u(k)(k=1,2,\cdots,n)$ 相互独立。设

$$\xi(k)=v(k)+\sum_{i=0}^{n}a_iv(k-i) \tag{13-5}$$

则式(13－4) 变成

$$y(k)=-\sum_{i=1}^{n}a_i y(k-i)+\sum_{i=0}^{n}b_i u(k-i)+\xi(k) \tag{13-6}$$

如果 $u(k)$ 也有测量误差,则在 $\xi(k)$ 中应包含这一测量误差。

现在分别测出 $n+N$ 个输出值和输入值: $y(1),y(2),\cdots,y(n+N)$ 及 $u(1),u(2),\cdots,u(n+N)$。则可写出如下 N 个方程:

$$y(n+1)=-\sum_{i=1}^{n}a_i y(n+1-i)+\sum_{i=0}^{n}b_i u(n+1-i)+\xi(n+1)$$

$$y(n+2)=-\sum_{i=1}^{n}a_i y(n+2-i)+\sum_{i=0}^{n}b_i u(n+2-i)+\xi(n+2)$$

$$\cdots\cdots$$

$$y(n+N)=-\sum_{i=1}^{n}a_i y(n+N-i)+\sum_{i=0}^{n}b_i u(n+N-i)+\xi(n+N)$$

上述 N 个方程可写成下列向量矩阵形式:

$$\boldsymbol{y}=[\boldsymbol{Y}\ \vdots\ \boldsymbol{U}]\begin{bmatrix}\boldsymbol{a}\\\boldsymbol{b}\end{bmatrix}+\boldsymbol{\xi} \tag{13-7}$$

式中,$\boldsymbol{y}$ 为 N 个输出值组成的向量;$\boldsymbol{a}$ 为 $a_1,a_2,\cdots,a_n$ 所组成的 n 维向量;$\boldsymbol{b}$ 为 $b_0,b_1,\cdots,b_n$ 所组成的 $n+1$ 维向量;$\boldsymbol{\xi}$ 为 $\xi(n+1),\xi(n+2),\cdots,\xi(n+N)$ 所组成的 N 维噪声向量,即

$$\boldsymbol{y}=\begin{bmatrix}y(n+1)\\y(n+2)\\\vdots\\y(n+N)\end{bmatrix},\quad \begin{bmatrix}\boldsymbol{a}\\\boldsymbol{b}\end{bmatrix}=\begin{bmatrix}a_1\\\vdots\\a_n\\b_0\\\vdots\\b_n\end{bmatrix},\quad \boldsymbol{\xi}=\begin{bmatrix}\xi(n+1)\\\xi(n+2)\\\vdots\\\xi(n+N)\end{bmatrix}$$

$\boldsymbol{Y}$ 为输出值 $y(1),y(2),\cdots,y(n+N-1)$ 所组成的 $N\times n$ 矩阵块;$\boldsymbol{U}$ 为输入值 $u(1),u(2),\cdots,u(n+N)$ 所组成的 $N\times(n+1)$ 矩阵块。即

$$[\boldsymbol{Y}\ \vdots\ \boldsymbol{U}]=$$

$$\begin{bmatrix}-y(n) & -y(n-1) & \cdots & -y(1) & u(n+1) & u(n) & \cdots & u(1)\\-y(n+1) & -y(n) & \cdots & -y(2) & u(n+1) & u(n+1) & \cdots & u(2)\\\vdots & \vdots & & \vdots & \vdots & \vdots & & \vdots\\-y(n+N-1) & -y(n+N-2) & \cdots & -y(N) & u(n+N) & u(n+N-1) & \cdots & u(N)\end{bmatrix} \tag{13-8}$$

式(13－7) 也可写成

$$\boldsymbol{y}=\boldsymbol{\Phi\theta}+\boldsymbol{\xi} \tag{13-9}$$

式中

$$\boldsymbol{\Phi}=[\boldsymbol{Y}\quad\boldsymbol{U}],\quad \boldsymbol{\theta}=\begin{bmatrix}\boldsymbol{a}\\\boldsymbol{b}\end{bmatrix}$$

$\boldsymbol{\Phi}$ 为 $N\times(2n+1)$ 维测量矩阵,$\boldsymbol{\theta}$ 为 $2n+1$ 维参数向量。因此,式(13－9) 是一个含有 $2n+1$

个未知参数的 N 个方程组成的联立方程组。如果 $N<2n+1$，则方程组是不定的，不能唯一地确定参数向量。如果 $N=2n+1$，则当测量误差 $\boldsymbol{\xi}=\mathbf{0}$ 时，就能准确地解出参数向量，即

$$\boldsymbol{\theta}=\boldsymbol{\Phi}^{-1}\boldsymbol{y} \tag{13-10}$$

如果测量误差不等于零，则

$$\boldsymbol{\theta}=\boldsymbol{\Phi}^{-1}\boldsymbol{y}-\boldsymbol{\Phi}^{-1}\boldsymbol{\xi} \tag{13-11}$$

从式(13－11)可看出，随机测量噪声 $\boldsymbol{\xi}$ 对参数 $\boldsymbol{\theta}$ 的估计值有影响，为了尽量减小 $\boldsymbol{\xi}$ 对 $\boldsymbol{\theta}$ 的估值的影响，应该取 $N>(2n+1)$，即方程数目大于未知数数目。在这种情况下，不能用解方程的方法求 $\boldsymbol{\theta}$，而要采用数理统计的方法求 $\boldsymbol{\theta}$ 的估值。这样可减小 $\boldsymbol{\xi}$ 对 $\boldsymbol{\theta}$ 的估值的影响。这种给定测量向量 $\boldsymbol{y}$ 和测量矩阵 $\boldsymbol{\Phi}$ 求参数 $\boldsymbol{\theta}$ 估值的问题，就是系统参数的辨识问题。可用最小二乘法或极大似然法求 $\boldsymbol{\theta}$ 的估值。这里先讨论最小二乘法辨识问题。

设 $\hat{\boldsymbol{\theta}}$ 表示 $\boldsymbol{\theta}$ 的最优估值，$\hat{\boldsymbol{y}}$ 表示 $\boldsymbol{y}$ 的最优估值，则有

$$\hat{\boldsymbol{y}}=\boldsymbol{\Phi}\hat{\boldsymbol{\theta}} \tag{13-12}$$

式中

$$\hat{\boldsymbol{y}}=\begin{bmatrix}\hat{y}(n+1)\\ \hat{y}(n+2)\\ \vdots\\ \hat{y}(n+N)\end{bmatrix},\quad \hat{\boldsymbol{\theta}}=\begin{bmatrix}\hat{\boldsymbol{a}}\\ \hat{\boldsymbol{b}}\end{bmatrix}$$

写出式(13－12)的某一行，得

$$\hat{y}(k)=-\sum_{i=1}^{n}a_i y(k-i)+\sum_{i=0}^{n}b_i u(k-i)\quad (k=n+1,n+2,\cdots,n+N) \tag{13-13}$$

设 $e(k)$ 表示 $y(k)$ 与 $\hat{y}(k)$ 之差，通常称它为残差。

$$\left.\begin{aligned}&e(k)=y(k)-\hat{y}(k)=y(k)-\left[-\sum_{i=1}^{n}a_i y(k-i)+\sum_{i=0}^{n}b_i u(k-i)\right]\\&\qquad (k=n+1,n+2,\cdots,n+N)\end{aligned}\right\} \tag{13-14}$$

由式(13－14)得

$$y(k)=-\sum_{i=1}^{n}a_i y(k-i)+\sum_{i=0}^{n}b_i u(k-i)+e(k) \tag{13-15}$$

把 $k=n+1,n+2,\cdots,n+N$ 分别代入式(13-14)，可得残差 $e(n+1),e(n+2),\cdots,e(n+N)$，把这些残差写成向量形式，即

$$\boldsymbol{e}=\begin{bmatrix}e(n+1)\\ e(n+2)\\ \vdots\\ e(n+N)\end{bmatrix}=\boldsymbol{y}-\hat{\boldsymbol{y}} \tag{13-16}$$

最小二乘法估计要求残差的平方和为最小，即按照指标函数

$$J=\boldsymbol{e}^{\mathrm{T}}\boldsymbol{e}=(\boldsymbol{y}-\boldsymbol{\Phi}\hat{\boldsymbol{\theta}})^{\mathrm{T}}(\boldsymbol{y}-\boldsymbol{\Phi}\hat{\boldsymbol{\theta}}) \tag{13-17}$$

为最小确定估值 $\hat{\boldsymbol{\theta}}$。可按

$$\frac{\partial J}{\partial\hat{\boldsymbol{\theta}}}=\mathbf{0}$$

来求 $\boldsymbol{\theta}$ 的最小二乘法估计值 $\hat{\boldsymbol{\theta}}$。

$$\frac{\partial J}{\partial \hat{\boldsymbol{\theta}}} = -2\boldsymbol{\Phi}^{\mathrm{T}}(\boldsymbol{y} - \boldsymbol{\Phi}\hat{\boldsymbol{\theta}}) = \boldsymbol{0}$$

即

$$\boldsymbol{\Phi}^{\mathrm{T}}\boldsymbol{\Phi}\hat{\boldsymbol{\theta}} = \boldsymbol{\Phi}^{\mathrm{T}}\boldsymbol{y}$$

由此式用$(\boldsymbol{\Phi}^{\mathrm{T}}\boldsymbol{\Phi})^{-1}$左乘等号的两边，得

$$\hat{\boldsymbol{\theta}} = [\boldsymbol{\Phi}^{\mathrm{T}}\boldsymbol{\Phi}]^{-1}\boldsymbol{\Phi}^{\mathrm{T}}\boldsymbol{y} \tag{13-18}$$

J 为极小值的充分条件是

$$\frac{\partial^2 J}{\partial \hat{\boldsymbol{\theta}}^2} = 2\boldsymbol{\Phi}^{\mathrm{T}}\boldsymbol{\Phi} > 0 \tag{13-19}$$

显然，当矩阵$[\boldsymbol{\Phi}^{\mathrm{T}}\boldsymbol{\Phi}]^{-1}$存在时，式(13-18)才有解。一般说来，如果$\{u(k)\}$是随机序列或伪随机二位式序列，则矩阵$[\boldsymbol{\Phi}^{\mathrm{T}}\boldsymbol{\Phi}]^{-1}$是非奇异的，即$[\boldsymbol{\Phi}^{\mathrm{T}}\boldsymbol{\Phi}]^{-1}$存在，式(13-18)有解。

因为$\hat{\boldsymbol{\theta}}$有解与$\boldsymbol{\Phi}^{\mathrm{T}}\boldsymbol{\Phi}$正定等价，所以可以保证$\boldsymbol{\Phi}^{\mathrm{T}}\boldsymbol{\Phi}$正定来确定对输入$\{u(k)\}$序列的要求。由式(13-9)可知

$$\boldsymbol{\Phi} = [\boldsymbol{Y} \quad \boldsymbol{U}]$$

则

$$\boldsymbol{\Phi}^{\mathrm{T}}\boldsymbol{\Phi} = \begin{bmatrix} \boldsymbol{Y}^{\mathrm{T}} \\ \boldsymbol{U}^{\mathrm{T}} \end{bmatrix} [\boldsymbol{Y} \quad \boldsymbol{U}] = \begin{bmatrix} \boldsymbol{Y}^{\mathrm{T}}\boldsymbol{Y} & \boldsymbol{Y}^{\mathrm{T}}\boldsymbol{U} \\ \boldsymbol{U}^{\mathrm{T}}\boldsymbol{Y} & \boldsymbol{U}^{\mathrm{T}}\boldsymbol{U} \end{bmatrix} \tag{13-20}$$

因此，要求$\boldsymbol{\Phi}^{\mathrm{T}}\boldsymbol{\Phi}$正定，根据正定矩阵的性质，必须保证$\boldsymbol{U}^{\mathrm{T}}\boldsymbol{U}$正定。这个条件称为$n$阶持续激励条件。通常，输入$\{u(k)\}$序列采用随机序列或$M$序列时，它们都满足这个持续激励条件。显然，若$\{u(k)\}$为常值序列时，$\boldsymbol{U}^{\mathrm{T}}\boldsymbol{U}$为奇异阵，不满足持续激励条件。

下面讨论另一个重要问题，即估计的一致性和无偏性。

因为输出值y是随机的，所以$\hat{\boldsymbol{\theta}}$是随机的，但要注意到$\boldsymbol{\theta}$不是随机的。如果

$$E[\hat{\boldsymbol{\theta}}] = E[\boldsymbol{\theta}] \tag{13-21}$$

则称$\hat{\boldsymbol{\theta}}$是$\boldsymbol{\theta}$的无偏估计。

如果式(13-6)中的$\{\xi(k)\}$是不相关随机序列，且其均值为零(实际上$\{\xi(k)\}$往往是相关随机序列)，对这种情况，以后专门讨论。假设序列$\{\xi(k)\}$与$\{n(k)\}$不相关。当$\{\xi(k)\}$为不相关随机序列时，$y(k)$只与$\xi(k)$及其以前的$\xi(k-1)$，$\xi(k-2)$，…，有关，而与$\xi(k+1)$及其以后的$\xi(k+2)$，$\xi(k+3)$，… 无关。从$\boldsymbol{\Phi}^{\mathrm{T}}\boldsymbol{\xi}$的展开式可看出，$\boldsymbol{\Phi}$与$\boldsymbol{\xi}$不相关。$\boldsymbol{\Phi}^{\mathrm{T}}\boldsymbol{\xi}$的展开式如下所示：

$$\boldsymbol{\Phi}^{\mathrm{T}}\boldsymbol{\xi} = \begin{bmatrix} -y(n) & -y(n+1) & \cdots & -y(n+N-1) \\ -y(n-1) & -y(n) & \cdots & -y(n+N-2) \\ \vdots & \vdots & & \vdots \\ -y(1) & -y(2) & \cdots & -y(N) \\ u(n+1) & u(n+2) & \cdots & u(n+N) \\ u(n) & u(n+1) & \cdots & u(n+N-1) \\ \vdots & \vdots & & \vdots \\ u(1) & u(2) & \cdots & u(N) \end{bmatrix} \begin{bmatrix} \xi(n+1) \\ \xi(n+2) \\ \vdots \\ \xi(n+N) \end{bmatrix} \tag{13-22}$$

由于$\boldsymbol{\Phi}$与$\boldsymbol{\xi}$不相关，则式(13-18)给出的$\hat{\boldsymbol{\theta}}$是$\boldsymbol{\theta}$的无偏估计。把式(13-9)代入式(13-18)，得

$$\hat{\boldsymbol{\theta}} = [\boldsymbol{\Phi}^{\mathrm{T}}\boldsymbol{\Phi}]^{-1}\boldsymbol{\Phi}^{\mathrm{T}}[\boldsymbol{\Phi\theta} + \boldsymbol{\xi}] = \boldsymbol{\theta} + [\boldsymbol{\Phi}^{\mathrm{T}}\boldsymbol{\Phi}]^{-1}\boldsymbol{\Phi}^{\mathrm{T}}\boldsymbol{\xi} \tag{13-23}$$

对式(13-23)等号两边取数学期望

$$E[\hat{\boldsymbol{\theta}}] = E[\boldsymbol{\theta}] + E\{[\boldsymbol{\Phi}^{\mathrm{T}}\boldsymbol{\Phi}]^{-1}\boldsymbol{\Phi}^{\mathrm{T}}\boldsymbol{\xi}\}$$

只要 $E[\boldsymbol{\xi}] = \mathbf{0}$,便有

$$E[\hat{\boldsymbol{\theta}}] = \boldsymbol{\theta} + \boldsymbol{E}\{[\boldsymbol{\Phi}^{\mathrm{T}}\boldsymbol{\Phi}]^{-1}\boldsymbol{\Phi}^{\mathrm{T}}\}E[\boldsymbol{\xi}] = \boldsymbol{\theta} \tag{13-24}$$

式(13-24)表明,$\hat{\boldsymbol{\theta}}$ 是 $\boldsymbol{\theta}$ 的无偏估计。

由式(13-23)得估计误差为

$$\bar{\boldsymbol{\theta}} = \boldsymbol{\theta} - \hat{\boldsymbol{\theta}} = -[\boldsymbol{\Phi}^{\mathrm{T}}\boldsymbol{\Phi}]^{-1}\boldsymbol{\Phi}^{\mathrm{T}}\boldsymbol{\xi} \tag{13-25}$$

则估计误差 $\bar{\boldsymbol{\theta}}$ 的方差阵为

$$\mathrm{Var}\bar{\boldsymbol{\theta}} = E[\bar{\boldsymbol{\theta}}\,\bar{\boldsymbol{\theta}}^{\mathrm{T}}] = E\{[\boldsymbol{\Phi}^{\mathrm{T}}\boldsymbol{\Phi}]^{-1}\boldsymbol{\Phi}^{\mathrm{T}}[\boldsymbol{\xi\xi}^{\mathrm{T}}]\boldsymbol{\Phi}\,[\boldsymbol{\Phi}^{\mathrm{T}}\boldsymbol{\Phi}]^{-\mathrm{T}}\} \tag{13-26}$$

假设 $\{\boldsymbol{\xi}(k)\}$ 是不相关随机序列,设

$$E[\boldsymbol{\xi\xi}^{\mathrm{T}}] = \sigma^2\boldsymbol{I}_N \quad (\boldsymbol{I}_N \text{ 是 } N\times N \text{ 单位矩阵})$$

则估计误差 $\bar{\boldsymbol{\theta}}$ 的方差阵变成

$$\mathrm{Var}\bar{\boldsymbol{\theta}} = \sigma^2\,[\boldsymbol{\Phi}^{\mathrm{T}}\boldsymbol{\Phi}]^{-1} \tag{13-27}$$

现在简单地讨论估计的一致性问题。如果采用估计误差平方的统计平均值的大小作为性能指标,则一致性可定义为

$$\lim_{N\to\infty} E[\bar{\boldsymbol{\theta}}^{\mathrm{T}}\bar{\boldsymbol{\theta}}] = 0 \tag{13-28}$$

或

$$\lim_{N\to\infty} TrE\,[\bar{\boldsymbol{\theta}}\bar{\boldsymbol{\theta}}^{\mathrm{T}}] = 0 \tag{13-29}$$

则称 $\hat{\boldsymbol{\theta}}$ 是 $\boldsymbol{\theta}$ 的一致估计。

对于 $\boldsymbol{\Phi}$ 是确定性矩阵这一特殊情况,如果

$$E[\boldsymbol{\xi\xi}^{\mathrm{T}}] = \sigma^2\boldsymbol{I}_N, \quad \lim_{N\to\infty} Tr\{\sigma^2\,[\boldsymbol{\Phi}^{\mathrm{T}}\boldsymbol{\Phi}]^{-1}\} = 0 \tag{13-30}$$

则 $\hat{\boldsymbol{\theta}}$ 是 $\boldsymbol{\theta}$ 的一致估计。

以上分析表明,当 $N\to\infty$ 时,$\hat{\boldsymbol{\theta}}$ 以概率 1 趋近于 $\boldsymbol{\theta}$。因此,当 $\{\boldsymbol{\xi}(k)\}$ 为不相关随机序列时,最小二乘估计具有一致性和无偏性。如果系统的参数估计具有这种特性,就称系统具有可辨识性。

在上面要求 $\{\boldsymbol{\xi}(k)\}$ 是零均值的不相关随机序列,并要求 $\{\boldsymbol{\xi}(k)\}$ 与 $\{\boldsymbol{u}(k)\}$ 无关,则 $\boldsymbol{\xi}$ 与 $\boldsymbol{\Phi}$ 无关。这是最小二乘估计为无偏估计的充分条件,但不是必要条件。必要条件为

$$E\{[\boldsymbol{\Phi}^{\mathrm{T}}\boldsymbol{\Phi}]^{-1}\boldsymbol{\Phi}^{\mathrm{T}}\boldsymbol{\xi}\} = \mathbf{0} \tag{13-31}$$

显然,根据这一条件,要使最小二乘估计为无偏,可不必要求 $E[\boldsymbol{\xi}] = \mathbf{0}$。当 $E[\boldsymbol{\xi}] \neq \mathbf{0}$ 时,如何构造无偏估计,这是本章 13.2 节将要讨论的辅助变量法所要解决的问题。

由上述分析可知,最小二乘法辨识是一种离线整体辨识算法,它不适用于在线辨识。为此提出递推最小二乘法辨识。

递推最小二乘法辨识是一种在线算法。这种方法的辨识精度随着观测次数的增加而提高。

设已得到的观测数据长度为 N,把式(13-9)中的 $\boldsymbol{y}$,$\boldsymbol{\Phi}$ 和 $\boldsymbol{\xi}$ 分别用 $\boldsymbol{y}_N$,$\boldsymbol{\Phi}_N$ 及 $\boldsymbol{\xi}_N$ 代替,即

$$\boldsymbol{y}_N = \boldsymbol{\Phi}_N\boldsymbol{\theta} + \boldsymbol{\xi}_N \tag{13-32}$$

用 $\hat{\boldsymbol{\theta}}_N$ 表示 $\boldsymbol{\theta}$ 的最小二乘法估计,则

$$\hat{\boldsymbol{\theta}}_N=[\boldsymbol{\Phi}_N^{\mathrm{T}}\boldsymbol{\Phi}_N]^{-1}\boldsymbol{\Phi}_N^{\mathrm{T}}\boldsymbol{y}_N \tag{13-33}$$

估计误差为

$$\bar{\boldsymbol{\theta}}_N=\boldsymbol{\theta}-\hat{\boldsymbol{\theta}}_N=-[\boldsymbol{\Phi}_N^{\mathrm{T}}\boldsymbol{\Phi}_N]^{-1}\boldsymbol{\Phi}_N^{\mathrm{T}}\boldsymbol{\xi}_N \tag{13-34}$$

估计误差 $\bar{\boldsymbol{\theta}}_N$ 的方差阵为

$$\mathrm{Var}\bar{\boldsymbol{\theta}}_N=\sigma^2[\boldsymbol{\Phi}_N^{\mathrm{T}}\boldsymbol{\Phi}_N]^{-1}=\sigma^2\boldsymbol{P}_N \tag{13-35}$$

式(13-35)中,设

$$\boldsymbol{P}_N=[\boldsymbol{\Phi}_N^{\mathrm{T}}\boldsymbol{\Phi}_N]^{-1} \tag{13-36}$$

于是,式(13-33)变成

$$\hat{\boldsymbol{\theta}}_N=\boldsymbol{P}_N\boldsymbol{\Phi}_N^{\mathrm{T}}\boldsymbol{y}_N \tag{13-37}$$

如果再获得一组新的观测值 $u(n+N+1)$ 和 $y(n+N+1)$,则又增加一个方程

$$y_{N+1}=\boldsymbol{\varphi}_{N+1}^{\mathrm{T}}\boldsymbol{\theta}+\xi_{N+1} \tag{13-38}$$

式中

$$y_{N+1}=y(n+N+1),\quad \xi_{N+1}=\xi(n+N+1)$$

$$\boldsymbol{\varphi}_{N+1}^{\mathrm{T}}=[-y(n+N),-y(n+N-1),\cdots,-y(N+1),u(n+N+1),\cdots,u(N+1)]$$

将式(13-32)和式(13-38)合并,写成分块矩阵形式,可得

$$\begin{bmatrix}\boldsymbol{y}_N\\ y_{N+1}\end{bmatrix}=\begin{bmatrix}\boldsymbol{\Phi}_N\\ \boldsymbol{\varphi}_{N+1}^{\mathrm{T}}\end{bmatrix}\boldsymbol{\theta}+\begin{bmatrix}\boldsymbol{\xi}_N\\ \xi_{N+1}\end{bmatrix} \tag{13-39}$$

由上式给出新的参数估值

$$\hat{\boldsymbol{\theta}}_{N+1}=\left\{\begin{bmatrix}\boldsymbol{\Phi}_N\\ \boldsymbol{\varphi}_{N+1}^{\mathrm{T}}\end{bmatrix}^{\mathrm{T}}\begin{bmatrix}\boldsymbol{\Phi}_N\\ \boldsymbol{\varphi}_{N+1}^{\mathrm{T}}\end{bmatrix}\right\}^{-1}\begin{bmatrix}\boldsymbol{\Phi}_N\\ \boldsymbol{\varphi}_{N+1}^{\mathrm{T}}\end{bmatrix}^{\mathrm{T}}\begin{bmatrix}\boldsymbol{y}_N\\ y_{N+1}\end{bmatrix}=\boldsymbol{P}_{N+1}[\boldsymbol{\Phi}_N^{\mathrm{T}}\boldsymbol{y}_N+\boldsymbol{\varphi}_{N+1}y_{N+1}] \tag{13-40}$$

式中

$$\boldsymbol{P}_{N+1}=\left\{\begin{bmatrix}\boldsymbol{\Phi}_N\\ \boldsymbol{\varphi}_{N+1}^{\mathrm{T}}\end{bmatrix}^{\mathrm{T}}\begin{bmatrix}\boldsymbol{\Phi}_N\\ \boldsymbol{\varphi}_{N+1}^{\mathrm{T}}\end{bmatrix}\right\}^{-1}=[\boldsymbol{\Phi}_N^{\mathrm{T}}\boldsymbol{\Phi}_N+\boldsymbol{\varphi}_{N+1}\boldsymbol{\varphi}_{N+1}^{\mathrm{T}}]^{-1}=[\boldsymbol{P}_N^{-1}+\boldsymbol{\varphi}_{N+1}\boldsymbol{\varphi}_{N+1}^{\mathrm{T}}]^{-1} \tag{13-41}$$

应用矩阵求逆引理(见附录二),展开式(13-41)的右端,于是得到 $\boldsymbol{P}_{N+1}$ 和 $\boldsymbol{P}_N$ 的递推关系式为

$$\boldsymbol{P}_{N+1}=\boldsymbol{P}_N-\boldsymbol{P}_N\boldsymbol{\varphi}_{N+1}[\boldsymbol{I}+\boldsymbol{\varphi}_{N+1}^{\mathrm{T}}\boldsymbol{P}_N\boldsymbol{\varphi}_{N+1}]^{-1}\boldsymbol{\varphi}_{N+1}^{\mathrm{T}}\boldsymbol{P}_N \tag{13-42}$$

由于 $\boldsymbol{\varphi}_{N+1}^{\mathrm{T}}\boldsymbol{P}_N\boldsymbol{\varphi}_{N+1}$ 为标量,因此式(13-42)可写成

$$\boldsymbol{P}_{N+1}=\boldsymbol{P}_N-\boldsymbol{P}_N\boldsymbol{\varphi}_{N+1}[1+\boldsymbol{\varphi}_{N+1}^{\mathrm{T}}\boldsymbol{P}_N\boldsymbol{\varphi}_{N+1}]^{-1}\boldsymbol{\varphi}_{N+1}^{\mathrm{T}}\boldsymbol{P}_N \tag{13-43}$$

矩阵$[\boldsymbol{P}_N^{-1}+\boldsymbol{\varphi}_{N+1}\boldsymbol{\varphi}_{N+1}^{\mathrm{T}}]$为$(2n+1)\times(2n+1)$矩阵,求这个矩阵的逆阵是很麻烦的。应用矩阵求逆引理之后,就可把求$(2n+1)\times(2n+1)$的逆阵转变为求标量$(1+\boldsymbol{\varphi}_{N+1}^{\mathrm{T}}\boldsymbol{P}_N\boldsymbol{\varphi}_{N+1})$的倒数,这样可大大节省计算量,同时又得到 $\boldsymbol{P}_{N+1}$ 与 $\boldsymbol{P}_N$ 的简单递推关系式。

由式(13-40)和式(13-37)得

$$\begin{aligned}\hat{\boldsymbol{\theta}}_{N+1}&=\boldsymbol{P}_{N+1}[\boldsymbol{\Phi}_N^{\mathrm{T}}\boldsymbol{y}_N+\boldsymbol{\varphi}_{N+1}y_{N+1}]=\\&\boldsymbol{P}_{N+1}[\boldsymbol{P}_N^{-1}\boldsymbol{P}_N\boldsymbol{\Phi}_N^{\mathrm{T}}\boldsymbol{y}_N+\boldsymbol{\varphi}_{N+1}y_{N+1}]=\boldsymbol{P}_{N+1}[\boldsymbol{P}_N^{-1}\hat{\boldsymbol{\theta}}_N+\boldsymbol{\varphi}_{N+1}y_{N+1}]\end{aligned}$$

把式(13-43)代入上式得

$$\begin{aligned}\hat{\boldsymbol{\theta}}_{N+1}=&[\boldsymbol{P}_N-\boldsymbol{P}_N\boldsymbol{\varphi}_{N+1}(1+\boldsymbol{\varphi}_{N+1}^{\mathrm{T}}\boldsymbol{P}_N\boldsymbol{\varphi}_{N+1})^{-1}\boldsymbol{\varphi}_{N+1}^{\mathrm{T}}\boldsymbol{P}_N][\boldsymbol{P}_N^{-1}\hat{\boldsymbol{\theta}}_N+\boldsymbol{\varphi}_{N+1}y_{N+1}]=\\&\hat{\boldsymbol{\theta}}_N-\boldsymbol{P}_N\boldsymbol{\varphi}_{N+1}(1+\boldsymbol{\varphi}_{N+1}^{\mathrm{T}}\boldsymbol{P}_N\boldsymbol{\varphi}_{N+1})^{-1}\boldsymbol{\varphi}_{N+1}^{\mathrm{T}}\hat{\boldsymbol{\theta}}_N+\boldsymbol{P}_N\boldsymbol{\varphi}_{N+1}y_{N+1}-\\&\boldsymbol{P}_N\boldsymbol{\varphi}_{N+1}(1+\boldsymbol{\varphi}_{N+1}^{\mathrm{T}}\boldsymbol{P}_N\boldsymbol{\varphi}_{N+1})^{-1}\boldsymbol{\varphi}_{N+1}^{\mathrm{T}}\boldsymbol{P}_N\boldsymbol{\varphi}_{N+1}y_{N+1}\end{aligned}$$

上式的后两项为

$$\boldsymbol{P}_N\boldsymbol{\varphi}_{N+1}\boldsymbol{y}_{N+1}-\boldsymbol{P}_N\boldsymbol{\varphi}_{N+1}(1+\boldsymbol{\varphi}_{N+1}^{\mathrm{T}}\boldsymbol{P}_N\boldsymbol{\varphi}_{N+1})^{-1}\boldsymbol{\varphi}_{N+1}\boldsymbol{P}_N\boldsymbol{\varphi}_{N+1}y_{N+1}=$$
$$\boldsymbol{P}_N\boldsymbol{\varphi}_{N+1}(1+\boldsymbol{\varphi}_{N+1}^{\mathrm{T}}\boldsymbol{P}_N\boldsymbol{\varphi}_{N+1})^{-1}(1+\boldsymbol{\varphi}_{N+1}^{\mathrm{T}}\boldsymbol{P}_N\boldsymbol{\varphi}_{N+1})y_{N+1}-$$
$$\boldsymbol{P}_N\boldsymbol{\varphi}_{N+1}(1+\boldsymbol{\varphi}_{N+1}^{\mathrm{T}}\boldsymbol{P}_N\boldsymbol{\varphi}_{N+1})^{-1}\boldsymbol{\varphi}_{N+1}^{\mathrm{T}}\boldsymbol{P}_N\boldsymbol{\varphi}_{N+1}y_{N+1}=$$
$$\boldsymbol{P}_N\boldsymbol{\varphi}_{N+1}(1+\boldsymbol{\varphi}_{N+1}^{\mathrm{T}}\boldsymbol{P}_N\boldsymbol{\varphi}_{N+1})^{-1}y_{N+1}$$

则

$$\hat{\boldsymbol{\theta}}_{N+1}=\hat{\boldsymbol{\theta}}_N+\boldsymbol{P}_N\boldsymbol{\varphi}_{N+1}(1+\boldsymbol{\varphi}_{N+1}^{\mathrm{T}}\boldsymbol{P}_N\boldsymbol{\varphi}_{N+1})^{-1}(y_{N+1}-\boldsymbol{\varphi}_{N+1}^{\mathrm{T}}\hat{\boldsymbol{\theta}}_N)$$

令

$$\boldsymbol{K}_{N+1}=\boldsymbol{P}_N\boldsymbol{\varphi}_{N+1}(1+\boldsymbol{\varphi}_{N+1}^{\mathrm{T}}\boldsymbol{P}_N\boldsymbol{\varphi}_{N+1})^{-1} \tag{13-44}$$

则可得 $\hat{\boldsymbol{\theta}}_{N+1}$ 与 $\hat{\boldsymbol{\theta}}_N$ 的递推关系为

$$\hat{\boldsymbol{\theta}}_{N+1}=\hat{\boldsymbol{\theta}}_N+\boldsymbol{K}_{N+1}(y_{N+1}-\boldsymbol{\varphi}_{N+1}^{\mathrm{T}}\hat{\boldsymbol{\theta}}_N) \tag{13-45}$$

式(13-43)、式(13-44)和式(13-45)为一组递推最小二乘法辨识公式。

为了进行递推计算，需要给出 $\boldsymbol{P}_N$ 和 $\hat{\boldsymbol{\theta}}_N$ 的初值 $\boldsymbol{P}_0$ 和 $\hat{\boldsymbol{\theta}}_0$。有两种给初值的方法：

(1) 如果 N_0 表示 N 的初始值($N_0>n$)，则根据式(13-36)和式(13-37)算出初值为

$$\boldsymbol{P}_{N_0}=[\boldsymbol{\Phi}_{N_0}^{\mathrm{T}}\boldsymbol{\Phi}_{N_0}]^{-1},\quad \hat{\boldsymbol{\theta}}_{N_0}=\boldsymbol{P}_{N_0}\boldsymbol{\Phi}_{N_0}^{\mathrm{T}}\boldsymbol{y}_{N_0}$$

(2) 假设 $\hat{\boldsymbol{\theta}}_0=\boldsymbol{0}$，$\boldsymbol{P}_0=C^2\boldsymbol{I}$，$C$ 是充分大的数，$\boldsymbol{I}$ 为 $n\times n$ 单位矩阵。可以证明，经过若干次递推计算之后，可获得较好的估计。

13.2　辅助变量法辨识与递推辅助变量法辨识

辅助变量法是一种在最小二乘法基础上作了某些改进的参数估计方法，其运算与最小二乘法同样简单。

设原辨识方程式(13-9)为

$$\boldsymbol{y}=\boldsymbol{\Phi\theta}+\xi$$

实际上，$\{\boldsymbol{\xi}(k)\}$ 往往是相关随机序列。

假设存在着一个 $(2n+1)\times N$ 的矩阵 $\boldsymbol{Z}$(与 $\boldsymbol{\Phi}$ 同维数)，满足下列约束条件：

$$\lim_{N\to\infty}\frac{1}{N}\boldsymbol{Z}^{\mathrm{T}}\boldsymbol{\xi}=E[\boldsymbol{Z}^{\mathrm{T}}\boldsymbol{\xi}]=\boldsymbol{0} \tag{13-46}$$

$$\lim_{N\to\infty}\frac{1}{N}\boldsymbol{Z}^{\mathrm{T}}\boldsymbol{\Phi}=E[\boldsymbol{Z}^{\mathrm{T}}\boldsymbol{\Phi}]=\boldsymbol{Q} \tag{13-47}$$

式中，$\boldsymbol{Q}$ 是非奇异矩阵。

用 $\boldsymbol{Z}^{\mathrm{T}}$ 左乘式(13-9)的两边，得

$$\boldsymbol{Z}^{\mathrm{T}}\boldsymbol{y}=\boldsymbol{Z}^{\mathrm{T}}\boldsymbol{\Phi\theta}+\boldsymbol{Z}^{\mathrm{T}}\xi \tag{13-48}$$

从式(13-48)得到

$$\boldsymbol{\theta}=[\boldsymbol{Z}^{\mathrm{T}}\boldsymbol{\Phi}]^{-1}\boldsymbol{Z}^{\mathrm{T}}\boldsymbol{y}-[\boldsymbol{Z}^{\mathrm{T}}\boldsymbol{\Phi}]^{-1}\boldsymbol{Z}^{\mathrm{T}}\xi \tag{13-49}$$

如果取

$$\hat{\boldsymbol{\theta}}_N=[\boldsymbol{Z}^{\mathrm{T}}\boldsymbol{\Phi}]^{-1}\boldsymbol{Z}^{\mathrm{T}}\boldsymbol{y} \tag{13-50}$$

作为 $\boldsymbol{\theta}$ 的估值，则称估值 $\hat{\boldsymbol{\theta}}_N$ 为辅助变量估值，矩阵 $\boldsymbol{Z}$ 为辅助变量矩阵，$\boldsymbol{Z}$ 中的元素称为辅助变量。

从式(13-50)可知，$\hat{\boldsymbol{\theta}}_N$ 与最小二乘法的估值 $\hat{\boldsymbol{\theta}}$ 的计算公式(13-18)具有相同形式，因此计

算也同样简单。

根据式(13-49)和式(13-50)得

$$\hat{\boldsymbol{\theta}}_N = \boldsymbol{\theta} + (\boldsymbol{Z}^{\mathrm{T}}\boldsymbol{\Phi})^{-1}\boldsymbol{Z}^{\mathrm{T}}\boldsymbol{\xi} \tag{13-51}$$

当 N 很大时,对式(13-51)等号两边取极限,即

$$\lim_{N\to\infty}\hat{\boldsymbol{\theta}}_N = \boldsymbol{\theta} + \lim_{N\to\infty}\left[\frac{\boldsymbol{Z}^{\mathrm{T}}\boldsymbol{\Phi}}{N}\right]^{-1} \cdot \lim_{N\to\infty}\left[\frac{\boldsymbol{Z}^{\mathrm{T}}\boldsymbol{\xi}}{N}\right] \tag{13-52}$$

根据式(13-46)和式(13-47)所假定的约束条件,可得

$$\lim_{N\to\infty}\hat{\boldsymbol{\theta}}_N = \boldsymbol{\theta} \tag{13-53}$$

因此辅助变量法估计是无偏的。

现在的问题是如何确定辅助变量矩阵 $\boldsymbol{Z}$ 的各个元素——辅助变量。根据式(13-46)和式(13-47)所假设的 $\boldsymbol{Z}$ 的性质,可以简单地理解为辅助变量与 $\{\xi(k)\}$ 序列不相关,但辅助变量应与 $\boldsymbol{u}(k)$ 和 $\boldsymbol{\Phi}$ 中 $\boldsymbol{y}(k)$ 强烈相关。$\boldsymbol{Z}$ 有各种不同的选择方法,一种选择方法是

$$\boldsymbol{Z} = \begin{bmatrix} -\hat{y}(n) & -\hat{y}(n-1) & \cdots & -\hat{y}(1) & u(n+1) & u(n) & \cdots & u(1) \\ -\hat{y}(n+1) & -\hat{y}(n) & \cdots & -\hat{y}(2) & u(n+2) & u(n+1) & \cdots & u(2) \\ \vdots & \vdots & \cdots & \vdots & \vdots & \vdots & \cdots & \vdots \\ -\hat{y}(n+N-1) & -\hat{y}(n+N-2) & \cdots & -\hat{y}(N) & u(n+N) & u(n+N-1) & \cdots & u(N) \end{bmatrix} \tag{13-54}$$

式中,$\hat{\boldsymbol{y}}(k)\,(k=1,2,\cdots,n+N-1)$ 就是辅助变量,$\hat{\boldsymbol{y}}(k)$ 是下列辅助模型的输出:

$$\hat{a}(z^{-1})\hat{y}(k) = \hat{b}(z^{-1})u(k) \tag{13-55}$$

$\hat{a}(\boldsymbol{z}^{-1})$ 和 $\hat{b}(\boldsymbol{z}^{-1})$ 中的系数 $\hat{a}_1,\hat{a}_2,\cdots,\hat{a}_n,\hat{b}_0,\hat{b}_1,\cdots,\hat{b}_n$ 正是所要求的,但这些系数尚未确定,只得先用最小二乘法求出它们的粗略值,然后将这些值代入式(13-55),得到 $\hat{y}(k)$。由于辅助模型(13-55)中没有含 $\xi(k)$,所得到的 $\hat{y}(k)$ 与 $\{\xi(k)\}$ 序列不相关。前面已假定 $u(k)$ 与 $\xi(k)$ 不相关,因此 $\boldsymbol{Z}$ 与 $\boldsymbol{\xi}$ 不相关。对于辅助变量法可用图 13-2 表示。

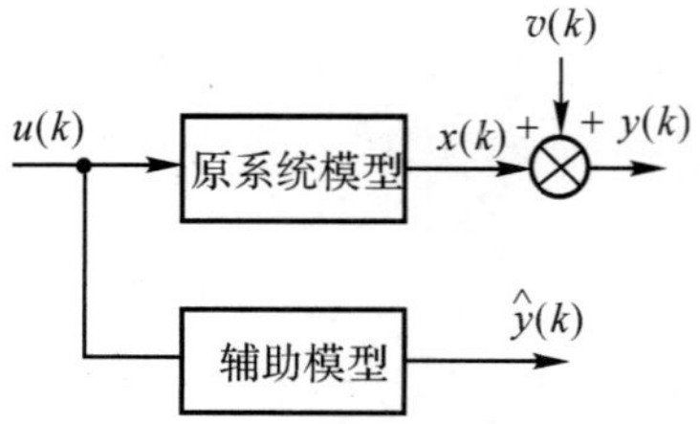

图 13-2　辅助变量法方块图

为了实现在线辨识,需要用递推辅助变量法辨识。下面讨论递推辅助变量法辨识。

由 13.1 节得知,基于输出值 $y(1),y(2),\cdots,y(n+N)$ 和输入值 $u(1),u(2),\cdots,u(n+N)$ 及辅助变量 $\hat{y}(1),\hat{y}(2),\cdots,\hat{y}(n+N)$,可得到 $\boldsymbol{\theta}$ 的辅助变量法估计。

$$\hat{\boldsymbol{\theta}}(N) = [\boldsymbol{Z}_N^{\mathrm{T}}\boldsymbol{\Phi}_N]^{-1}\boldsymbol{Z}_N^{\mathrm{T}}\boldsymbol{y}_N \tag{13-56}$$

设

$$\boldsymbol{P}_N = [\boldsymbol{Z}_N^{\mathrm{T}}\boldsymbol{\Phi}_N]^{-1}$$

为了建立递推关系,需要继续给出新的输入量、输出量和辅助变量 $u(n+N+1)$,$y(n+N+1)$ 及 $\hat{y}(n+N+1)$。令 $y_{N+1}=y(n+N+1)$,则得

$$\boldsymbol{P}_{N+1} = [\boldsymbol{Z}_{N+1}^{\mathrm{T}}\boldsymbol{\Phi}_{N+1}]^{-1} = \left[\begin{bmatrix}\boldsymbol{Z}_N \\ \boldsymbol{z}_{N+1}^{\mathrm{T}}\end{bmatrix}^{\mathrm{T}}\begin{bmatrix}\boldsymbol{\Phi}_N \\ \boldsymbol{\varphi}_{N+1}^{\mathrm{T}}\end{bmatrix}\right]^{-1} = [\boldsymbol{P}_N^{-1} + \boldsymbol{z}_{N+1}\boldsymbol{\varphi}_{N+1}^{\mathrm{T}}]^{-1} \tag{13-57}$$

式中

$$\boldsymbol{\varphi}_{N+1}^{\mathrm{T}} = [-y(n+N),-y(n+N-1),\cdots,-y(N+1),u(n+N+1),\cdots,u(N+1)]$$

$$\boldsymbol{z}_{N+1}^{\mathrm{T}} = [-\hat{y}(n+N),-\hat{y}(n+N-1),\cdots,-\hat{y}(N+1),u(n+N+1),\cdots,u(N+1)]$$

按照 13.1 节递推最小二乘法公式的推导方法,可得递推辅助变量法的计算公式如下:

$$\hat{\boldsymbol{\theta}}_{N+1}=\hat{\boldsymbol{\theta}}_N+\boldsymbol{P}_N\boldsymbol{z}_{N+1}(1+\boldsymbol{\varphi}_{N+1}^{\mathrm{T}}\boldsymbol{P}_N\boldsymbol{z}_{N+1})^{-1}(y_{N+1}-\boldsymbol{\varphi}_{N+1}^{\mathrm{T}}\hat{\boldsymbol{\theta}}_N)$$

$$\hat{\boldsymbol{\theta}}_{N+1}=\hat{\boldsymbol{\theta}}_N+\boldsymbol{K}_{N+1}(y_{N+1}-\boldsymbol{\varphi}_{N+1}^{\mathrm{T}}\hat{\boldsymbol{\theta}}_N) \tag{13-58}$$

$$\boldsymbol{K}_{N+1}=\boldsymbol{P}_N\boldsymbol{z}_{N+1}(1+\boldsymbol{\varphi}_{N+1}^{\mathrm{T}}\boldsymbol{P}_N\boldsymbol{z}_{N+1})^{-1} \tag{13-59}$$

$$\boldsymbol{P}_{N+1}=\boldsymbol{P}_N-\boldsymbol{P}_N\boldsymbol{z}_{N+1}(1+\boldsymbol{\varphi}_{N+1}^{\mathrm{T}}\boldsymbol{P}_N\boldsymbol{z}_{N+1})^{-1}\boldsymbol{\varphi}_{N+1}\boldsymbol{P}_N \tag{13-60}$$

初始条件也可选为 $\hat{\boldsymbol{\theta}}_0$，$\boldsymbol{P}_0=C^2\boldsymbol{I}$，$C$ 是充分大的数，$\boldsymbol{I}$ 为 $n\times n$ 单位矩阵。

递推辅助变量法的缺点是对初始值 $\boldsymbol{P}_0$ 的选取比较敏感。最好在前 50 至 100 个采样点用递推最小二乘法，然后转换到辅助变量法，以 $\boldsymbol{P}_{50\sim100}$ 和 $\hat{\boldsymbol{\theta}}_{50\sim100}$ 作为递推辅助变量法的初始值。

13.3　广义最小二乘法辨识与递推广义最小二乘法辨识

本节讨论克服最小二乘法有偏估计的另一种方法 —— 广义最小二乘法和递推广义最小二乘法辨识。这种方法的计算比较复杂，但效果比较好。

设系统的差分方程为

$$a(z^{-1})y(k)=b(z^{-1})u(k)+\xi(k) \tag{13-61}$$

式中　$a(z^{-1})=1+a_1z^{-1}+\cdots+a_nz^{-n}$，$b(z^{-1})=b_0+b_1z^{-1}+\cdots+b_nz^{-n}$

若已知有色噪声序列 $\xi(k)$ 的相关性，随机序列 $\xi(k)$ 可用成形滤波器产生。设成形滤波器的差分方程为

$$c(z^{-1})\xi(k)=d(z^{-1})\varepsilon(k) \tag{13-62}$$

式中，$\varepsilon(k)$ 是均值为零的白噪声序列，$c(z^{-1})$ 和 $d(z^{-1})$ 是 z^{-1} 的多项式。$\xi(k)$ 可表示成

$$\frac{c(z^{-1})}{d(z^{-1})}\xi(k)=f(z^{-1})\xi(k)=\varepsilon(k) \tag{13-63}$$

或

$$\xi(k)=\frac{1}{f(z^{-1})}\varepsilon(k) \tag{13-64}$$

式中，$f(z^{-1})$ 是 z^{-1} 的多项式，即

$$f(z^{-1})=1+f_1z^{-1}+f_2z^{-2}+\cdots+f_mz^{-m} \tag{13-65}$$

把式(13-65)代入式(13-63)，得

$$(1+f_1z^{-1}+f_2z^{-2}+\cdots+f_mz^{-m})\xi(k)=\varepsilon(k)$$

或

$$\begin{gathered}\xi(k)=-f_1\xi(k-1)-f_2\xi(k-2)-\cdots-f_m\xi(k-m)+\varepsilon(k)\\(k=n,n+1,\cdots,n+N)\end{gathered} \tag{13-66}$$

将上述方程看做输入为零的差分方程，并且根据式(13-66)可写出 N 个方程，即

$$\xi(n+1)=-f_1\xi(n)-f_2\xi(n-1)-\cdots-f_m\xi(n+1-m)+\varepsilon(n+1)$$

$$\xi(n+2)=-f_1\xi(n+1)-f_2\xi(n)-\cdots-f_m\xi(n+2-m)+\varepsilon(n+2)$$

$$\cdots\cdots$$

$$\xi(n+N)=-f_1\xi(n+N-1)-f_2\xi(n+N-2)-\cdots-f_m\xi(n+N-m)+\varepsilon(n+N)$$

把上述 N 个方程写成向量矩阵形式：

$$\boldsymbol{\xi}=\boldsymbol{\Omega f}+\boldsymbol{\varepsilon} \tag{13-67}$$

式中

$$\boldsymbol{\xi}=\begin{bmatrix}\xi(n+1)\\\xi(n+2)\\\vdots\\\xi(n+N)\end{bmatrix},\quad \boldsymbol{f}=\begin{bmatrix}f_1\\f_2\\\vdots\\f_m\end{bmatrix},\quad \boldsymbol{\varepsilon}=\begin{bmatrix}\varepsilon(n+1)\\\varepsilon(n+2)\\\vdots\\\varepsilon(n+N)\end{bmatrix} \tag{13-68}$$

$$\boldsymbol{\Omega}=\begin{bmatrix}-\xi(n) & -\xi(n-1) & \cdots & -\xi(n+1-m)\\-\xi(n+1) & -\xi(n) & \cdots & -\xi(n+2-m)\\\vdots & \vdots & & \vdots\\-\xi(n+N-1) & -\xi(n+N-2) & \cdots & -\xi(n+N-m)\end{bmatrix} \tag{13-69}$$

应用最小二乘法求出 $\boldsymbol{f}$ 的估值

$$\hat{\boldsymbol{f}}=(\boldsymbol{\Omega}^{\mathrm{T}}\boldsymbol{\Omega})^{-1}\boldsymbol{\Omega}^{\mathrm{T}}\boldsymbol{\xi} \tag{13-70}$$

将式(13-64)代入式(13-61)，得

$$a(z^{-1})y(k)=b(z^{-1})u(k)+\frac{1}{f(z^{-1})}\varepsilon(k) \tag{13-71}$$

式(13-71)可写为

$$a(z^{-1})f(z^{-1})y(k)=b(z^{-1})f(z^{-1})u(k)+\varepsilon(k) \tag{13-72}$$

令

$$f(z^{-1})y(k)=y(k)+f_1y(k-1)+\cdots+f_my(k-m)=\bar{y}(k) \tag{13-73}$$

$$f(z^{-1})u(k)=u(k)+f_1u(k-1)+\cdots+f_mu(k-m)=\bar{u}(k) \tag{13-74}$$

则有

$$a(z^{-1})\bar{y}(k)=b(z^{-1})\bar{u}(k)+\varepsilon(k) \tag{13-75}$$

即

$$\begin{aligned}\bar{y}(k)=a_1\bar{y}(k-1)-a_2\bar{y}(k-2)-\cdots-a_n\bar{y}(k-n)+b_0\bar{u}(k)+\\ b_1\bar{u}(k-1)+\cdots+b_n\bar{u}(k-n)+\varepsilon(k)\end{aligned} \tag{13-76}$$

式(13-75)或式(13-76)中，$\varepsilon(k)$ 为不相关随机序列，故可用最小二乘法求得参数 $a_1,a_2,\cdots,a_n;b_0,b_1,\cdots,b_n$ 的一致性无偏估计。

广义最小二乘法辨识的计算步骤如下：

(1) 应用已得到的输入和输出数据 $u(k)$ 和 $y(k)$ $(k=n+1,n+2,\cdots,n+N)$，按已知模型求出 $\boldsymbol{\theta}$ 的最小二乘估计

$$\hat{\boldsymbol{\theta}}^{(1)}=[\hat{a}_1^{(1)},\hat{a}_2^{(1)},\cdots,\hat{a}_n^{(1)},\hat{b}_0^{(1)},\hat{b}_1^{(1)},\cdots,\hat{b}_n^{(1)}]^{\mathrm{T}} \tag{13-77}$$

(2) 计算残差

$$e^{(1)}(k)=\hat{a}^{(1)}(z^{-1})y(k)-\hat{b}^{(1)}(z^{-1})u(k) \tag{13-78}$$

或

$$\begin{gathered}e^{(1)}(k)=y(k)+\hat{a}_1y(k-1)+\cdots+\hat{a}_ny(k-n)-\hat{b}_0u(k)-\cdots-\hat{b}_nu(k-n)\\k=n,n+1,\cdots,n+N\end{gathered} \tag{13-79}$$

用残差 $e^{(1)}(k)$ 代替 $\xi(k)$，利用式(13-70)可得 $\boldsymbol{f}$ 的估值为

$$\hat{\boldsymbol{f}}^{(1)}=[\boldsymbol{\Omega}^{(1)\mathrm{T}}\boldsymbol{\Omega}^{(1)}]^{-1}\boldsymbol{\Omega}^{(1)T}\boldsymbol{e} \tag{13-80}$$

式中

$$\hat{\boldsymbol{f}}^{(1)}=\begin{bmatrix}\hat{f}_1^{(1)}\\ \hat{f}_2^{(1)}\\ \vdots\\ \hat{f}_m^{(1)}\end{bmatrix},\quad \boldsymbol{e}=\begin{bmatrix}e^{(1)}(n+1)\\ e^{(1)}(n+2)\\ \vdots\\ e^{(1)}(n+N)\end{bmatrix}$$

$$\boldsymbol{\Omega}^{(1)}=\begin{bmatrix}e^{(1)}(n) & e^{(1)}(n-1) & \cdots & e^{(1)}(n-m+1)\\ e^{(1)}(n+1) & e^{(1)}(n) & \cdots & e^{(1)}(n-m+2)\\ \vdots & \vdots & & \vdots\\ e^{(1)}(n+N-1) & e^{(1)}(n+N-2) & \cdots & e^{(1)}(n+N-m)\end{bmatrix}$$

实际上，即使 $\boldsymbol{f}(z^{-1})$ 的阶数选得低一些，也能得到较好的结果。

(3) 计算

$$\bar{y}^{(1)}(k)=y(k)+\hat{f}_1^{(1)}y(k-1)+\cdots+\hat{f}_m^{(1)}y(k-m)$$
$$\bar{u}^{(1)}(k)=u(k)+\hat{f}_1^{(1)}u(k-1)+\cdots+\hat{f}_m^{(1)}u(k-m)$$

(4) 应用得到的 $\bar{y}^{(1)}(k)$ 和 $\bar{u}^{(1)}(k)$，按模型

$$a(z^{-1})\bar{y}^{(1)}(k)=b(z^{-1})\bar{u}^{(1)}(k)+\varepsilon^{(1)}(k)$$

再用最小二乘法重新估计 $\boldsymbol{\theta}$，得 $\boldsymbol{\theta}$ 的第2次估值 $\hat{\boldsymbol{\theta}}^{(2)}$。然后按步骤(2)计算残差 $e^{(2)}(k)$。重新估计 $\boldsymbol{f}$，得到估值 $\hat{\boldsymbol{f}}^{(2)}$。再按步骤(3)计算 $\bar{y}^{(2)}$ 和 $\bar{u}^{(2)}$，按步骤(4)求 $\boldsymbol{\theta}$ 的第3次估计 $\hat{\boldsymbol{\theta}}^{(3)}$。重复上述循环步骤，直到 $\boldsymbol{\theta}$ 的估值 $\hat{\boldsymbol{\theta}}^{(i)}$ 收敛为止。

上述循环的收敛性可用下式判断：

$$\lim_{i\to\infty}\hat{f}_j^{(i)}(z^{-1})=1$$

当 i 较大时，若 $\hat{f}_j^{(i)}(z^{-1})$ 近似为 1，则意味着残差 $e(k)$ 已白噪声化了，数据不需要继续滤波了。这时得到的估值与上一次循环相同。这就是说，经过 i 次循环，计算结果就收敛了，估值 $\hat{\boldsymbol{\theta}}$ 就是参数向量 $\boldsymbol{\theta}$ 的一个良好估计。

广义最小二乘法的优点是估计的效果较好，缺点是计算较麻烦。另外，对于循环的收敛性还未有证明，并非总是收敛于最优估值上。为了获得较好的结果，参数估计的初值应尽量选得接近最优参数估值。在没有验前信息的情况下，最小二乘估值是最好的初始条件。

递推广义最小二乘法用于在线辨识。由 13.2 节得到以下公式：

$$a(z^{-1})y(k)=b(z^{-1})u(k)+\xi(k) \tag{13-81}$$

$$f(z^{-1})\xi(k)=\varepsilon(k) \tag{13-82}$$

$$a(z^{-1})f(z^{-1})y(k)=b(z^{-1})f(z^{-1})u(k)+\varepsilon(k) \tag{13-83}$$

$$\bar{y}(k)=f(z^{-1})y(k) \tag{13-84}$$

$$\bar{u}(k)=f(z^{-1})u(k) \tag{13-85}$$

$$a(z^{-1})\bar{y}(k)=b(z^{-1})\bar{u}(k)+\varepsilon(k) \tag{13-86}$$

广义最小二乘法的递推过程可分成两部分：(1) 按递推最小二乘法，随着 N 的增大不断计算 $\hat{\boldsymbol{\theta}}_N$ 和 $\hat{\boldsymbol{f}}_N$；(2) 在递推过程是 $\hat{\boldsymbol{\theta}}_N$ 和 $\hat{\boldsymbol{f}}_N$ 是变化的，因此 $\bar{u}(k)$，$\bar{y}(k)$ 和 $e(k)$ 也随之变化。所以要不断计算 $\bar{u}(k)$，$\bar{y}(k)$ 和 $e(k)$。

由式(13-86)可给出

$$\bar{\boldsymbol{Y}}_N=\bar{\boldsymbol{\Phi}}_N\boldsymbol{\theta}_N+\boldsymbol{\varepsilon}_N \tag{13-87}$$

式中

$$\bar{\boldsymbol{Y}}_N=[\bar{y}(n+1),\bar{y}(n+2),\cdots,\bar{y}(n+N)]^{\mathrm{T}}$$

$$\boldsymbol{\theta}_N=[a_1,a_2,\cdots,a_n,b_0,b_1,\cdots,b_n]^{\mathrm{T}}$$

$$\bar{\boldsymbol{\Phi}}_N=\begin{bmatrix}-\bar{y}(n) & \cdots & -\bar{y}(1) & \bar{u}(n+1) & \cdots & \bar{u}(1)\\ -\bar{y}(n+1) & \cdots & -\bar{y}(2) & \bar{u}(n+2) & \cdots & \bar{u}(2)\\ \vdots & & \vdots & \vdots & & \vdots\\ -\bar{y}(n+N-1) & \cdots & -\bar{y}(N) & \bar{u}(n+N) & \cdots & \bar{u}(N)\end{bmatrix}$$

参照递推最小二乘法公式,可得

$$\hat{\boldsymbol{\theta}}_{N+1}=\hat{\boldsymbol{\theta}}_N+\boldsymbol{K}_{N+1}^{(1)}(\bar{y}_{n+1}-\bar{\boldsymbol{\varphi}}_{N+1}^{\mathrm{T}}\hat{\boldsymbol{\theta}}_N) \tag{13-88}$$

$$\boldsymbol{P}_{N+1}^{(1)}=\boldsymbol{P}_N^{(1)}-\boldsymbol{K}_{N+1}^{(1)}\bar{\boldsymbol{\varphi}}_{N+1}^{\mathrm{T}}\boldsymbol{P}_N^{(1)} \tag{13-89}$$

$$\boldsymbol{K}_{N+1}^{(1)}=\boldsymbol{P}_N^{(1)}\bar{\boldsymbol{\varphi}}_{N+1}(1+\bar{\boldsymbol{\varphi}}_{N+1}^{\mathrm{T}}\boldsymbol{P}_{N+1}^{(1)}\bar{\boldsymbol{\varphi}}_{N+1})^{-1} \tag{13-90}$$

$$\boldsymbol{P}_N^{(1)}=[\boldsymbol{\Phi}_N^{\mathrm{T}}\bar{\boldsymbol{\Phi}}_N]^{-1} \tag{13-91}$$

$$\hat{\boldsymbol{f}}_{N+1}=\hat{\boldsymbol{f}}_N+\boldsymbol{K}_{N+1}^{(2)}(e_{N+1}-\boldsymbol{\omega}_{N+1}^{\mathrm{T}}\hat{\boldsymbol{f}}_N) \tag{13-92}$$

$$\boldsymbol{P}_{N+1}^{(2)}=\boldsymbol{P}_N^{(2)}-\boldsymbol{K}_{N+1}^{(2)}\boldsymbol{\omega}_{N+1}^{\mathrm{T}}\boldsymbol{P}_N^{(2)} \tag{13-93}$$

$$\boldsymbol{K}_{N+1}^{(2)}=\boldsymbol{P}_N^{(2)}\boldsymbol{\omega}_{N+1}(1+\boldsymbol{\omega}_{N+1}^{\mathrm{T}}\boldsymbol{P}_{N+1}^{(2)}\boldsymbol{\omega}_{N+1})^{-1} \tag{13-94}$$

$$\boldsymbol{P}_N^{(2)}=[\boldsymbol{\Omega}^{\mathrm{T}}\boldsymbol{\Omega}]^{-1} \tag{13-95}$$

式中

$$\bar{y}(k)=\hat{f}(z^{-1})y(k),\quad \bar{u}(k)=\hat{f}(z^{-1})u(k) \tag{13-96}$$

$$\bar{y}_{N+1}=\bar{y}(n+N+1) \tag{13-97}$$

$$\bar{\boldsymbol{\varphi}}_{N+1}^{\mathrm{T}}=[-\bar{y}(n+N),\cdots,-\bar{y}(N+1),\bar{u}(n+N+1),\cdots,\bar{u}(N+1)] \tag{13-98}$$

$$e(k)=\hat{a}(z^{-1})y(k)-\hat{b}(z^{-1})u(k) \tag{13-99}$$

$$\boldsymbol{\omega}_{N+1}^{\mathrm{T}}=[-e(n+N),-e(n+N+1),\cdots,-e(n+N+1-m)] \tag{13-100}$$

$$e_{N+1}=e(n+N+1)$$

$\boldsymbol{\Omega}$ 为从 $e(n)$ 到 $e(n+N-m)$ 所组成的矩阵块,$\hat{f}(z^{-1})$,$\hat{a}(z^{-1})$ 和 $\hat{b}(z^{-1})$ 表示这些多项式中的系数用相应的估值来代替。

递推广义最小二乘法有较好的计算效果。对于最小二乘法,递推计算与离线计算结果完全相同,而对广义最小二乘法,递推计算与离线计算结果不完全一样。

13.4 增广矩阵法辨识

随机单输入-单输出系统的差分方程为

$$a(z^{-1})y(k)=b(z^{-1})u(k)+c(z^{-1})\varepsilon(k) \tag{13-101}$$

式中

$$\left.\begin{aligned}a(z^{-1})&=1+\sum_{i=1}^{n}a_iz^{-i}\\b(z^{-1})&=\sum_{i=0}^{n}b_iz^{-i}\\c(z^{-1})&=1+\sum_{i=1}^{n}c_iz^{-i}\end{aligned}\right\}\tag{13-102}$$

$\varepsilon(k)$ 是新息序列，具有白噪声特性。

下面先扩充被估参数的维数，再用最小二乘估计系统参数。设

$$\boldsymbol{\theta}^{\mathrm{T}}=[a_1,a_2,\cdots,a_n,b_0,b_1,\cdots,b_n,c_1,c_2,\cdots,c_n]$$

$$\boldsymbol{\varphi}_N^{\mathrm{T}}=[-y(n+N-1),\cdots,-y(N),u(n+N),\cdots,u(N),\varepsilon(n+N-1),\cdots,\varepsilon(N)]\tag{13-103}$$

$$y(n+N)=\boldsymbol{\varphi}_N^{\mathrm{T}}\boldsymbol{\theta}+\varepsilon(n+N)\tag{13-104}$$

$$\varepsilon(n+N)=y(n+N)-\boldsymbol{\varphi}_N^{\mathrm{T}}\boldsymbol{\theta}\tag{13-105}$$

上述方程结构适宜于用递推最小二乘法计算，但 $\varepsilon(k)$ 是未知的。为了克服这一困难，用 $\hat{\boldsymbol{\varphi}}_N$ 代替 $\boldsymbol{\varphi}_N$。$\hat{\boldsymbol{\varphi}}_N$ 定义为

$$\hat{\boldsymbol{\varphi}}_N^{\mathrm{T}}=[-\hat{y}(n+N-1),\cdots,-\hat{y}(N),u(n+N),\cdots,u(N),\hat{\varepsilon}(n+N-1),\cdots,\hat{\varepsilon}(N)]\tag{13-106}$$

式中

$$\hat{\varepsilon}(n+N)=y(n+N)-\hat{\boldsymbol{\varphi}}_N^{\mathrm{T}}\hat{\boldsymbol{\theta}}_{N-1}\tag{13-107}$$

按照递推最小二乘法公式的推导方法，可得增广矩阵法辨识的递推方程为

$$\hat{\boldsymbol{\theta}}_{N+1}=\hat{\boldsymbol{\theta}}_N+\overline{\boldsymbol{K}}_{N+1}(y_{N+1}-\hat{\boldsymbol{\varphi}}_{N+1}^{\mathrm{T}}\hat{\boldsymbol{\theta}}_N)\tag{13-108}$$

$$\overline{\boldsymbol{P}}_{N+1}=\overline{\boldsymbol{P}}_N-\overline{\boldsymbol{K}}_{N+1}\hat{\boldsymbol{\varphi}}_N^{\mathrm{T}}\overline{\boldsymbol{P}}_N\tag{13-109}$$

$$\overline{\boldsymbol{K}}_{N+1}=\overline{\boldsymbol{P}}_N\hat{\boldsymbol{\varphi}}_{N+1}(1+\hat{\boldsymbol{\varphi}}_{N+1}^{\mathrm{T}}\overline{\boldsymbol{P}}_N\hat{\boldsymbol{\varphi}}_{N+1})^{-1}\tag{13-110}$$

$$y_{N+1}=y(n+N+1)$$

以上算法中，由于矩阵 $\overline{\boldsymbol{P}}_N$ 的维数比最小二乘法中 $\boldsymbol{P}_N$ 的维数扩大了，故称增广矩阵法。此算法在工程上广泛应用，其收敛也较好。

13.5　多步最小二乘法辨识

多步最小二乘法是把复杂的辨识问题分成三步来处理，而第一步只用到简单的最小二乘法，这样可得到参数的一致性和无偏性估计。它计算方便，计算精度也比较高。本节介绍三种常用的多步最小二乘法。

13.5.1　第一种方法

这一方法可分成三步：第一步确定原系统脉冲响应序列；第二步估计系统参数；第三步估计噪声模型参数。

第一步：确定原系统的脉冲响应序列。

根据式(13-6)，系统的差分方程可表示为

$$a(z^{-1})y(k)=b(z^{-1})u(k)+\xi(k) \tag{13-111}$$

式中,$\xi(k)$ 为有色噪声,可用下式表示:

$$\xi(k)=\frac{1}{f(z^{-1})}\varepsilon(k) \tag{13-112}$$

式中,$\{\varepsilon(k)\}$ 为白噪声序列。

$\xi(k)$ 是由系统的输入量的测量误差、输出量的测量误差和系统内部噪声所引起的。如果把 $\xi(k)$ 归结为由输出量测量误差 $v(k)$ 所引起的,则可求出 $\xi(k)$ 与 $v(k)$ 之间的关系式。由式(13-4)可得

$$a(z^{-1})y(k)=b(z^{-1})u(k)+a(z^{-1})v(k) \tag{13-113}$$

式中 $a(z^{-1})=1+a_1z^{-1}+\cdots+a_nz^{-n},\quad b(z^{-1})=b_0+b_1z^{-1}+\cdots+b_nz^{-n}$

也可把式(13-113)写成

$$a(z^{-1})y(k)=b(z^{-1})u(k)+\xi(k)$$

式中

$$\xi(k)=a(z^{-1})v(k)$$

则

$$v(k)=\frac{1}{a(z^{-1})}\xi(k) \tag{13-114}$$

$\xi(k),\varepsilon(k),v(k)$ 与 $\xi(k)$ 的变换方块图如图 13-3 所示。$v(k)$ 可能是白噪声,也可能是有色噪声。不管 $v(k)$ 是否自相关,总能得到系统脉冲响应序列 $g(k)$ 的一致性和无偏性的最小二乘法估计。这一步就是估计系统模型的脉冲响应序列 $g(k)$。

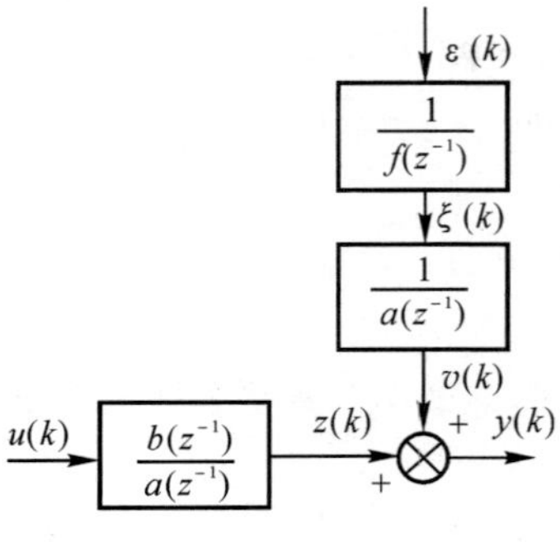

图 13-3 $\xi(k),\varepsilon(k),v(k)$ 与 $\xi(k)$ 之间的关系

由图 13-3 可得图 13-4,假设系统是稳定的,可用有限序列逼近脉冲响应序列 $g(k)$。设有限序列的 $k=0,1,2,\cdots,m$,而 m 应足够大,$m>2n+1$。参考式(13-1),可得离散形式的卷积公式为

$$\left.\begin{aligned}x(k)&=\sum_{i=0}^{m}g(i)u(k-i)\\ y(k)&=\sum_{i=0}^{m}g(i)u(k-i)+v(k)\end{aligned}\right\} \tag{13-115}$$

设 $v(k)$ 为零均值的白色或有色的随机噪声。假设 $v(k)$ 与 $u(k)$ 不相关,给定数据长度为 $N+m$ 的输入输出数据点集,则可写出向量矩阵方程为

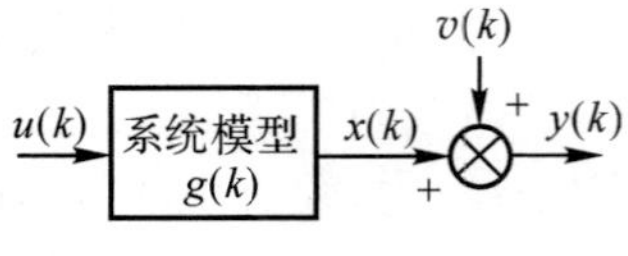

图 13-4 用 $g(k)$ 表示辨识系统模型

$$\boldsymbol{y}=\boldsymbol{U}\boldsymbol{g}+\boldsymbol{v} \tag{13-116}$$

式中

$$\boldsymbol{y}^{\mathrm{T}}=[y(m),y(m+1),\cdots,y(m+N)]$$
$$\boldsymbol{v}^{\mathrm{T}}=[v(m),v(m+1),\cdots,v(m+N)]$$
$$\boldsymbol{g}^{\mathrm{T}}=[g(0),g(1),\cdots,g(m)]$$

$$\boldsymbol{U}=\begin{bmatrix} u(m) & u(m-1) & \cdots & u(0) \\ u(m+1) & u(m) & \cdots & u(1) \\ \vdots & \vdots & & \vdots \\ u(m+N) & u(m+N-1) & \cdots & u(N) \end{bmatrix}$$

应用最小二乘法，求出 $\boldsymbol{g}$ 的最小二乘估计

$$\hat{\boldsymbol{g}}=[\boldsymbol{U}^{\mathrm{T}}\boldsymbol{U}]^{-1}\boldsymbol{U}^{\mathrm{T}}\boldsymbol{y} \tag{13-117}$$

因为 $u(k)$ 与 $v(k)$ 不相关，故 $\boldsymbol{U}$ 与 $\boldsymbol{v}$ 不相关。设 $\boldsymbol{v}$ 的均值为零。根据 13.1 节所述，$\hat{\boldsymbol{g}}$ 为一致性估计，当 $N\to\infty$ 时，$\hat{\boldsymbol{g}}$ 以概率 1 趋近于 $\boldsymbol{g}$。因为 $v(k)$ 一般是自相关的，所以 $\hat{\boldsymbol{g}}$ 不一定有极小方差。一般说来，m 选得大，估计精度高，但计算量大。所以选取适当的 m，既要满足计算精度，又要计算量较小。若 $u(k)$ 是伪随机二位式序列，则 $\hat{\boldsymbol{g}}$ 的计算可以简化。

第二步：利用 $u(k)$ 和 $\hat{\boldsymbol{g}}$ 来形成系统真实输出 $x(k)$ 的估值 $\hat{x}(k)$。

$$\hat{x}(k)=\sum_{i=0}^{m}\hat{g}(i)u(k-i) \tag{13-118}$$

然后，利用准确系统模型

$$a(z^{-1})x(k)=b(z^{-1})u(k) \tag{13-119}$$

估计 $a(z^{-1})$ 和 $b(z^{-1})$ 中的各未知参数。

将 $\hat{x}(k)$ 代入式(13-119)，得

$$a(z^{-1})\hat{x}(k)=b(z^{-1})u(k)+\eta(k)$$

这里，$\eta(k)$ 表示用 $\hat{x}(k)$ 代替式(13-119) 中的 $x(k)$ 所引起的实效误差。给出数据长度为 $n+N$ 的输入输出数据点集，可写出下列向量矩阵方程：

$$\hat{\boldsymbol{x}}=\hat{\boldsymbol{\Phi}}\boldsymbol{\theta}+\boldsymbol{\eta} \tag{13-120}$$

式中

$$\hat{\boldsymbol{x}}^{\mathrm{T}}=[\hat{x}(n+1),\hat{x}(n+2),\cdots,\hat{x}(n+N)]$$

$$\boldsymbol{\theta}^{\mathrm{T}}=[a_1,\cdots,a_n,b_0,b_1,\cdots,b_n]$$

$$\boldsymbol{\eta}^{\mathrm{T}}=[\eta(n+1),\eta(n+2),\cdots,\eta(n+N)]$$

$$\hat{\boldsymbol{\Phi}}=\begin{bmatrix} -\hat{x}(n) & -\hat{x}(n-1) & \cdots & -\hat{x}(1) & u(n+1) & \cdots & u(1) \\ -\hat{x}(n+1) & -\hat{x}(n) & \cdots & -\hat{x}(2) & u(n+2) & \cdots & u(2) \\ \vdots & \vdots & & \vdots & \vdots & & \vdots \\ -\hat{x}(n+N-1) & -\hat{x}(n+N-2) & \cdots & -\hat{x}(N) & u(n+N) & \cdots & u(N) \end{bmatrix}$$

应用最小二乘法估计，可得 $\boldsymbol{\theta}$ 的估值为

$$\hat{\boldsymbol{\theta}}=[\hat{\boldsymbol{\Phi}}^{\mathrm{T}}\hat{\boldsymbol{\Phi}}]^{-1}\hat{\boldsymbol{\Phi}}^{\mathrm{T}}\hat{x} \tag{13-121}$$

可以看到，当 $N\to\infty$ 时，$\hat{\boldsymbol{g}}$，$\hat{\boldsymbol{x}}$ 和 $\boldsymbol{\eta}$ 分别以概率 1 趋于 $\boldsymbol{g}$，$\boldsymbol{x}$ 和 $\boldsymbol{0}$。因此，$\hat{\boldsymbol{\theta}}$ 以概率 1 趋于 $\boldsymbol{\theta}$，所以 $\hat{\boldsymbol{\theta}}$ 是一致性和无偏性估计。

第三步：估计噪声模型中的参数。

$$f(z^{-1})\xi(k)=\varepsilon(k) \tag{13-122}$$

残差为

$$\hat{e}(k)=y(k)+\sum_{i=0}^{n}\hat{a}_i y(k-i)-\sum_{i=0}^{n}b_j u(k-j) \tag{13-123}$$

以 $\hat{e}(k)$ 代替式(13-122) 中的 $\xi(k)$ 得：

$$f(z^{-1})\hat{e}(k)=\varepsilon(k)+\xi(k) \tag{13-124}$$

这里,$\xi(k)$ 是由于在模型中用 $\hat{e}(k)$ 代替 $\xi(u)$ 以后所产生的实效误差。这样,可得噪声模型参数 $\boldsymbol{f}$ 的最小二乘法估计为

$$\hat{\boldsymbol{f}}=[\hat{\boldsymbol{\Phi}}^{\mathrm{T}}\hat{\boldsymbol{\Phi}}]^{-1}\hat{\boldsymbol{\Phi}}^{\mathrm{T}}\hat{\boldsymbol{e}} \tag{13-125}$$

式中

$$\hat{\boldsymbol{f}}=[\hat{f}_1,\hat{f}_2,\cdots,\hat{f}_m]^{\mathrm{T}}$$

$$\hat{\boldsymbol{e}}=[\hat{e}(n+1),\hat{e}(n+2),\cdots,\hat{e}(n+m)]^{\mathrm{T}}$$

$$\hat{\boldsymbol{\Omega}}=\begin{bmatrix}-\hat{e}(m) & -\hat{e}(m-1) & \cdots & -\hat{e}(1)\\ -\hat{e}(m+1) & -\hat{e}(m) & \cdots & -\hat{e}(2)\\ \vdots & \vdots & & \vdots\\ -\hat{e}(m+N-1) & -\hat{e}(m+N-2) & \cdots & -\hat{e}(N)\end{bmatrix}$$

由于 $N\to\infty$ 时,$\hat{\boldsymbol{\theta}}\to\boldsymbol{\theta}$,$\hat{\boldsymbol{e}}\to\boldsymbol{\xi}$,$\boldsymbol{\xi}\to\boldsymbol{0}$,因此 $\hat{\boldsymbol{f}}\to\boldsymbol{f}$,所以 $\hat{\boldsymbol{f}}$ 为一致性和无偏性估计。

以上三个步骤对有色噪声系统的辨识问题提供了完整的解答。如果需要递推计算,可根据前面的递推公式推导方法得到,在此不再重复。

13.5.2 第二种方法

第一步:与第一种方法相同,先求系统模型的脉冲响应序列。

第二步:根据脉冲响应序列的定义——在 $t=0$ 时,用克罗尼克 δ 函数激励的系统响应,就是脉冲响应序列。因此,有以下的输入输出序列:

$$\{u(k)\}=\{1,0,0,\cdots\},\{\hat{x}(k)\}=\{\hat{g}(k)\}=\{\hat{g}(0),\hat{g}(1),\cdots,\hat{g}(m)\}$$

将 $\{\hat{x}(k)\}$ 代入式(13-119),可得

$$\begin{bmatrix}\hat{g}(0)\\ \hat{g}(1)\\ \vdots\\ \hat{g}(n)\\ \hat{g}(n+1)\\ \vdots\\ \hat{g}(m)\end{bmatrix}=\begin{bmatrix}0 & 0 & \cdots & 0 & 1 & 0 & \cdots & 0 & 0\\ -\hat{g}(0) & 0 & \cdots & 0 & 0 & 1 & \cdots & 0 & 0\\ \vdots & \vdots & & \vdots & \vdots & \vdots & & \vdots & \vdots\\ -\hat{g}(n-1) & -\hat{g}(n-2) & \cdots & -\hat{g}(0) & 0 & 0 & \cdots & 1 & 0\\ -\hat{g}(n) & \hat{g}(n-1) & \cdots & -\hat{g}(1) & 0 & 0 & \cdots & 0 & 1\\ \vdots & \vdots & & \vdots & \vdots & \vdots & & \vdots & \vdots\\ \hat{g}(m-1) & \hat{g}(m-2) & \cdots & \hat{g}(m-n) & 0 & 0 & \cdots & 0 & 0\end{bmatrix}\begin{bmatrix}a_1\\ a_2\\ \vdots\\ a_n\\ b_0\\ \vdots\\ b_n\end{bmatrix}+\begin{bmatrix}\eta(0)\\ \eta(1)\\ \vdots\\ \eta(n)\\ \eta(n+1)\\ \vdots\\ \eta(m)\end{bmatrix} \tag{13-126}$$

这里的 $\boldsymbol{\eta}$ 是由于在式(13-119)中用 $\hat{g}(k)$ 代替 $x(k)$ 后所引起的实效误差,将式(13-126)写成

$$\hat{\boldsymbol{g}}=\hat{\boldsymbol{G}}\boldsymbol{\theta}+\boldsymbol{\eta} \tag{13-127}$$

可得 $\boldsymbol{\theta}$ 的最小二乘法估计

$$\hat{\boldsymbol{\theta}} = [\hat{\boldsymbol{G}}^{\mathrm{T}}\hat{\boldsymbol{G}}]^{-1}\hat{\boldsymbol{G}}^{\mathrm{T}}\hat{\boldsymbol{g}} \tag{13-128}$$

为了求估值 $\hat{\boldsymbol{\theta}}$，要求 $m \geqslant 2n+1$，如果 m 太大，则要花费大量机时计算 $\hat{\boldsymbol{g}}$，因此 m 不能太大。由于这种限制，使得估计量 $\hat{\boldsymbol{\theta}}$ 的精度不如第一种方法的精度高。当 $N \to \infty$ 时，$\hat{\boldsymbol{g}} \to \boldsymbol{g}$，$\hat{\boldsymbol{\theta}} \to \boldsymbol{\theta}$。所以 $\hat{\boldsymbol{\theta}}$ 仍为一致性和无偏性估计。

第三步：噪声模型的辨识与第一种方法相同。

13.5.3　第三种方法

这个方法也分三步，但与前两种方法不相同。它不是计算系统模型的脉冲响应序列，而是采用一个增广的差分方程，在拟合系统输入输出数据时，把残差变成不相关，然后应用最小二乘法辨识这个增广系统。最后再估计原系统和噪声模型参数。

将式(13-112)代入式(13-111)，得

$$a(z^{-1})f(z^{-1})y(k) = b(z^{-1})f(z^{-1})u(k) + \varepsilon(k) \tag{13-129}$$

或

$$c(z^{-1})y(k) = d(z^{-1})u(k) + \varepsilon(k) \tag{13-130}$$

式中

$$c(z^{-1}) = a(z^{-1})f(z^{-1}),\quad d(z^{-1}) = b(z^{-1})f(z^{-1}) \tag{13-131}$$

称式(13-130)为增广系统，其阶数为 $m+n$，而噪声 $\varepsilon(k)$ 是白噪声。式(13-131)为辅助模型。

第一步：估计辅助模型的参数，设

$$\left.\begin{aligned} c(z^{-1}) &= 1 + c_1 z^{-1} + c_2 z^{-2} + \cdots + c_{m+n} z^{-(m+n)} \\ d(z^{-1}) &= d_0 + d_1 z^{-1} + d_2 z^{-2} + \cdots + d_{m+n} z^{-(m+n)} \end{aligned}\right\} \tag{13-132}$$

定义参数向量

$$\boldsymbol{\alpha} = [c_1, c_2, \cdots, c_{m+n}, d_0, d_1, \cdots, d_{m+n}]^{\mathrm{T}}$$

用最小二乘法估计式(13-130)的参数 $\boldsymbol{\alpha}$ 为

$$\hat{\boldsymbol{\alpha}} = [\boldsymbol{\Phi}^{\mathrm{T}}\boldsymbol{\Phi}]^{-1}\boldsymbol{\Phi}^{\mathrm{T}}\boldsymbol{y} \tag{13-133}$$

式中

$$\boldsymbol{y} = [y(m+n+1), \cdots, y(m+n+N)]^{\mathrm{T}}$$

$$\boldsymbol{\Phi} = \begin{bmatrix} -y(m+n) & -y(m+n-1) & \cdots & -y(1) & u(m+n+1) & u(m+n) & \cdots & u(1) \\ -y(m+n+1) & -y(m+n) & \cdots & -y(2) & u(m+n+2) & u(m+n+1) & \cdots & u(2) \\ \vdots & \vdots & & \vdots & \vdots & \vdots & & \vdots \\ -y(m+n+N-1) & -y(m+n+N-2) & \cdots & -y(N) & u(m+n+N) & u(m+n+N-1) & \cdots & u(N) \end{bmatrix}$$

第二步：估计系统模型参数 $\boldsymbol{\theta}$。

由式(13-131)可得

$$b(z^{-1})c(z^{-1}) = a(z^{-1})d(z^{-1}) \tag{13-134}$$

因为 $c(z^{-1})$ 和 $d(z^{-1})$ 中的参数 $\boldsymbol{\alpha}$ 已经估计出来，把估值 $\hat{\boldsymbol{\alpha}}$ 代入式(13-134)，则在式(13-134)中只有 $a(z^{-1})$ 和 $b(z^{-1})$ 的参数 $\boldsymbol{\theta}$ 未知。现在要估计 $\boldsymbol{\theta}$，为此把式(13-134)展开，并使等号两边 z^{-1} 的同次幂系数相等，由此产生 $2n+m+1$ 个包含 $a(z^{-1})$ 和 $b(z^{-1})$ 参数的线性方程。把

这一方程组表示成下列向量矩阵形式:

$$\boldsymbol{g}(\hat{c},\hat{d})=\boldsymbol{G}(\hat{c},\hat{d})\boldsymbol{\theta}+\boldsymbol{\eta} \tag{13-135}$$

式中,$\boldsymbol{g}(\hat{c},\hat{d})$ 为 $(2n+m+1)$ 维向量,$\boldsymbol{G}(\hat{c},\hat{d})$ 为 $(2n+m+1)\times(2n+1)$ 矩阵,$\boldsymbol{\eta}$ 为 $(2n+m+1)$ 维随机误差向量。这样,可得 $\boldsymbol{\theta}$ 的最小二乘估计为

$$\hat{\boldsymbol{\theta}}=[\boldsymbol{G}^{\mathrm{T}}\boldsymbol{G}]^{-1}\boldsymbol{G}^{\mathrm{T}}\boldsymbol{g} \tag{13-136}$$

当 $N\to\infty$ 时,$\hat{\boldsymbol{\alpha}}\to\boldsymbol{\alpha}$,故 $\hat{\boldsymbol{\theta}}\to\boldsymbol{\theta}$,$\hat{\boldsymbol{\theta}}$ 为一致性和无偏性估计。

第三步:估计噪声模型参数。

根据恒等式(13-131),把其中的 $\boldsymbol{\alpha}$ 和 $\boldsymbol{\theta}$ 用 $\hat{\boldsymbol{\alpha}}$ 和 $\hat{\boldsymbol{\theta}}$ 代入,令等式两边 z^{-1} 同次幂各系数相等,可得参数 $\boldsymbol{f}$ 的 $2(n+m)+1$ 个线性方程,类似于第二步,建立下列向量矩阵方程:

$$\boldsymbol{Y}[\hat{\boldsymbol{\alpha}},\hat{\boldsymbol{\theta}}]=\boldsymbol{R}[\hat{\boldsymbol{\alpha}},\hat{\boldsymbol{\theta}}]\boldsymbol{f}+\boldsymbol{\xi} \tag{13-137}$$

可得 $\boldsymbol{f}$ 的最小二乘法估计

$$\hat{\boldsymbol{f}}=[\boldsymbol{R}^{\mathrm{T}}\boldsymbol{R}]^{-1}\boldsymbol{R}^{\mathrm{T}}\boldsymbol{Y} \tag{13-138}$$

因为 $\hat{\boldsymbol{\theta}}$ 是一致性和无偏性估计,所以 $\hat{\boldsymbol{f}}$ 是一致性和无偏性估计。

前两种方法采用原系统脉冲响应序列,形成解高阶(m 比较大)最小二乘法估计问题。第三种方法显然减少了这种困难,因而便于参数估计。由式(13-130)可看到,如果用阶数高的模型拟合输入输出数据,就能得到白色残差。不过,在这个模型的传递函数中有公因子,消去公因子,就能得到实际系统的传递函数。

为了说明怎样在第二步和第三步中建立最小二乘法的方程,现举一简单例子。设

$$a(z^{-1})=1+a_1z^{-1},\quad b(z^{-1})=b_0,\quad f(z^{-1})=1+f_1z^{-1}$$

可得

$$c(z^{-1})=a(z^{-1})f(z^{-1})=1+(a_1+f_1)z^{-1}+a_1f_1z^{-2}=1+c_1z^{-1}+c_2z^{-2}$$

$$d(z^{-1})=b(z^{-1})f(z^{-1})=b_0+b_0f_1z^{-1}=d_0+d_1z^{-1}$$

$$a(z^{-1})d(z^{-1})=d_0+(a_1d_0+d_1)z^{-1}+a_1d_1z^{-2}$$

$$b(z^{-1})c(z^{-1})=b_0+b_0c_1z^{-1}+b_0c_2z^{-2}$$

从最后两个式子列出第二步中式(13-135)所示的方程,即

$$\begin{bmatrix}\hat{d}_0\\ \hat{d}_1\\ 0\end{bmatrix}=\begin{bmatrix}0 & 1\\ -\hat{d}_0 & \hat{c}_1\\ -\hat{d}_1 & \hat{c}_2\end{bmatrix}\begin{bmatrix}a_1\\ b_0\end{bmatrix}+\begin{bmatrix}\eta_1\\ \eta_2\\ \eta_3\end{bmatrix}$$

再从 $c(z^{-1})$ 和 $d(z^{-1})$ 的式子中列出第三步中式(13-137)所示的方程,即

$$\begin{bmatrix}\hat{c}_1-\hat{a}_1\\ \hat{c}_2\\ \hat{d}_1\end{bmatrix}=\begin{bmatrix}1\\ \hat{a}_1\\ \hat{b}_0\end{bmatrix}[f_1]+\begin{bmatrix}\xi_1\\ \xi_2\\ \xi_3\end{bmatrix}$$

上述方程可较容易地转换为递推方程。

例 13-1 用多步最小二乘法计算下列三阶系统:

$$a(z^{-1})=1+a_1z^{-1}+a_2z^{-2}+a_3z^{-3}$$

$$b(z^{-1})=b_1z^{-1}+b_2z^{-2}$$

$$f(z^{-1})=1+f_1z^{-1}+f_2z^{-2}$$

上述方程各参数的真值为

$$a_1=0.9,\quad a_2=0.15,\quad a_3=0.02,\quad b_1=0.7,\quad b_2=-1.5,\quad f_1=1.0,\quad f_2=0.41$$

按下列条件进行计算：

(1) 输入 $u(k)$ 和 $v(k)$ 都是零均值的独立高斯随机变量，输出端信噪比为 $\frac{\sigma_x^2}{\sigma_v^2}=1.18$。

(2) $k=10$ 以后截断脉冲响应序列，实际脉冲响应序列如图 13-5 所示。

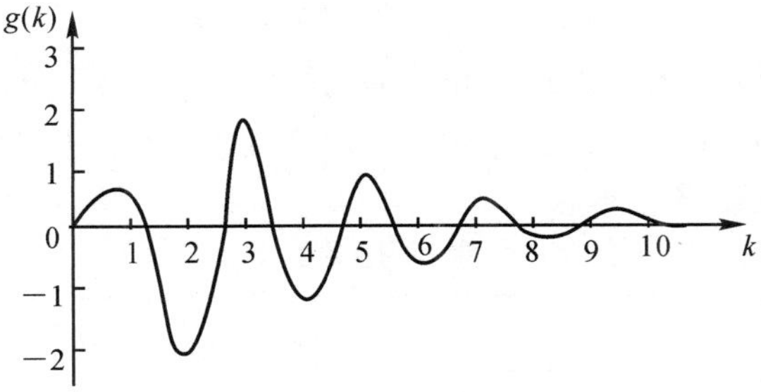

图 13-5　实际脉冲响应序列 $g(k)$

数据长度 $N=300$，计算结果如表 13-1 所示。从表 13-1 可看出，在多步最小二乘法中，第三种方法的计算时间最少，而且精度最高。

表　13-1

参数估计	多步最小二乘法			真实参数值
	第一种方法	第二种方法	第三种方法	
$\hat{a}_1$	0.90470 ± 0.00121	0.91232 ± 0.00131	0.89584 ± 0.00118	0.90
$\hat{a}_2$	0.16998 ± 0.00498	0.17103 ± 0.00520	0.17619 ± 0.00155	0.15
$\hat{a}_3$	0.00080 ± 0.00414	0.00198 ± 0.00469	0.02480 ± 0.00167	0.02
$\hat{b}_1$	0.72162 ± 0.00545	0.71897 ± 0.00332	0.70056 ± 0.00233	0.70
$\hat{b}_2$	-1.48753 ± 0.00396	-1.48488 ± 0.00339	-1.48000 ± 0.00307	-1.50
$\hat{f}_1$	未算	未算	0.99389 ± 0.00662	1.00
$\hat{f}_2$	未算	未算	0.38777 ± 0.00472	0.41
计算时间	1.84 min	1.48 min	1.12 min	

习　题

13-1　设系统模型为

$$y(k)=-a_1y(k-1)-a_2y(k-2)+bu(k)+\xi(k)$$

设 $\{\xi(k)\}$ 为均值等于零的同分布的不相关序列，给出输入 $u(k)$ 和输出 $y(k)$ 如下：

$$y(0)=5,\quad y(1)=0,\quad y(2)=5,\quad y(3)=0,$$
$$y(4)=10,\quad y(5)=10,\quad u(1)=0,\quad u(2)=0,$$
$$u(3)=6,\quad u(4)=0,\quad u(5)=0$$

试用最小二乘法求 a_1, a_2, b，并计算残差平方和 $J=\boldsymbol{e}^{\mathrm{T}}\boldsymbol{e}$。

13-2　设单输入-单输出系统的差分方程为

$$y(k)=-a_1 y(k-1)-a_2 y(k-2)+b_1 u(k-1)+b_2 u(k-2)+\xi(k)$$

式中 $\xi(k)$ 为有色噪声，它可以通过下列成形滤波器表示：

$$\xi(k)+f_1\xi(k-1)=\varepsilon(k)$$

$\varepsilon(k)$ 是均值为零、方差为 0.1 和 0.5 的不相关随机序列；$y(k)$ 是输出值。

设真值 $\boldsymbol{\theta}^{\mathrm{T}}=[a_1, a_2, b_1, b_2]=[1.642, 0.715, 0.39, 0.35]$，$y(k)$ 可根据 $\boldsymbol{\theta}$ 的真值和差分方程求得。输入数据如表 13-2 所示。

表　13-2

k	1	2	3	4	5	6	7	8
$u(k)$	1.147	0.201	−0.787	−1.589	−1.052	0.866	1.152	1.573
k	9	10	11	12	13	14	15	16
$u(k)$	0.626	0.433	−0.958	0.81	−0.044	0.947	−1.474	−0.719
k	17	18	19	20	21	22	23	24
$u(k)$	−0.086	−1.099	1.45	1.151	0.485	1.633	0.043	1.326
k	25	26	27	28	29	30		
$u(k)$	1.706	−0.34	0.89	0.144	1.177	−0.390		

试用：① 最小二乘法；② 递推最小二乘法；③ 辅助变量法；④ 广义最小二乘法；⑤ 增广矩阵法等辨识方法估计 $\boldsymbol{\theta}$，并对估计结果进行分析，比较上述五种方法的优缺点。

第十四章　极大似然法辨识

极大似然法是一种得到广泛应用的辨识方法。这种方法要求引入有关随机变量的条件分布密度或似然函数，目的在于建立随机观测数据与未知参数之间的概率特性和统计关系，并通过它求出未知参数的估计值。因此，它是基于概率统计基础上的参数估计方法。本章主要讨论极大似然法和递推极大似然法辨识，最后简述模型阶的确定。

14.1　极大似然法辨识

极大似然法是以观测值的出现概率为最大作为估计准则。

设有离散随机过程 $\{z_k\}$ 与未知参数 $\boldsymbol{\theta}$ 有关，假设已知条件概率分布密度 $f(z_k/\boldsymbol{\theta})$。若得到 n 个独立的观测值 $z_1, z_2, \cdots, z_n$，则可得分布密度 $f(z_1/\boldsymbol{\theta}), f(z_2/\boldsymbol{\theta}), \cdots, f(z_n/\boldsymbol{\theta})$。要求根据这些观测值估计未知参数 $\boldsymbol{\theta}$，估计的准则是观测值 $\{z_k\}$ 的出现概率为最大。为此定义似然函数

$$L(z_1, z_2, \cdots, z_n/\boldsymbol{\theta}) = f_1(z_1/\boldsymbol{\theta}) f_2(z_2/\boldsymbol{\theta}) \cdots f_n(z_n/\boldsymbol{\theta}) = \prod_{i=1}^{n} f_i(z_i/\boldsymbol{\theta}) \tag{14-1}$$

式(14－1) 右边是 n 个概率密度函数的连乘，似然函数 L 是 $\boldsymbol{\theta}$ 的函数。如果 L 达到极大值，$\{z_k\}$ 的出现概率为最大。因此，极大似然法的实质就是求解 L 达到极大值的 $\boldsymbol{\theta}$ 的估值 $\hat{\boldsymbol{\theta}}$。为了便于求 $\hat{\boldsymbol{\theta}}$，对式(14－1) 等号两边取对数，则把连乘变成连加，即

$$\ln L = \sum_{i=1}^{n} \ln f_i(z_i/\boldsymbol{\theta}) \tag{14-2}$$

由于对数函数是单调增加函数，当 L 取极大时，$\ln L$ 也同时取极大值。于是由

$$\frac{\partial L}{\partial \boldsymbol{\theta}} = \mathbf{0} \tag{14-3}$$

可得 $\boldsymbol{\theta}$ 的极大似然估计 $\hat{\boldsymbol{\theta}}_L$。

现在用极大似然法辨识系统差分方程中的参数。从式(13－6) 和式(13－9) 可得

$$y(k) = -\sum_{i=1}^{n} a_i y(k-i) + \sum_{i=1}^{n} b_i u(k-i) + \xi(k)$$

或

$$a(z^{-1})\, y(k) = b(z^{-1})\, u(k) + \xi(k) \tag{14-4}$$

以及

$$\boldsymbol{y} = \boldsymbol{\Phi}\boldsymbol{\theta} + \boldsymbol{\xi} \tag{14-5}$$

或

$$\boldsymbol{y}_N = \boldsymbol{\Phi}_N \boldsymbol{\theta} + \boldsymbol{\xi}_N \tag{14-6}$$

式中，下标 N 表示式(14－5) 中的方程个数。

假设 $\{\xi(k)\}$ 是均值为零的高斯分布的不相关随机序列，且与 $\{u(k)\}$ 不相关。

$$\boldsymbol{\xi}_N = \boldsymbol{y}_N - \boldsymbol{\Phi}_N\boldsymbol{\theta} \tag{14-7}$$

根据式(13－14)得残差

$$e(k) = \hat{a}(z^{-1})y(k) - \hat{b}(z^{-1})u(k)$$

则

$$\boldsymbol{e}_N = \boldsymbol{y}_N - \boldsymbol{\Phi}_N\hat{\boldsymbol{\theta}} \tag{14-8}$$

式中

$$\boldsymbol{e}_N = [e(n+1) \quad e(n+2) \quad \cdots \quad e(n+N)]^{\mathrm{T}}$$

设 $\boldsymbol{e}_N$ 服从高斯分布，$\{e(k)\}$ 具有相同的方差 σ^2，则可得似然函数为

$$L(\boldsymbol{e}_N/\boldsymbol{\theta}) = L(\boldsymbol{y}_N/\hat{\boldsymbol{\theta}}) = \frac{1}{(2\pi\sigma^2)^{N/2}}\exp\left[-\frac{(\boldsymbol{y}_N - \boldsymbol{\Phi}_N\hat{\boldsymbol{\theta}})^{\mathrm{T}}(\boldsymbol{y}_N - \boldsymbol{\Phi}_N\hat{\boldsymbol{\theta}})}{2\sigma^2}\right] \tag{14-9}$$

对式(14－9)等号两边取对数，可得

$$\ln L(\boldsymbol{y}_N/\hat{\boldsymbol{\theta}}) = -\frac{N}{2}\ln 2\pi - \frac{N}{2}\ln\sigma^2 - \frac{(\boldsymbol{y}_N - \boldsymbol{\Phi}_N\hat{\boldsymbol{\theta}})^{\mathrm{T}}(\boldsymbol{y}_N - \boldsymbol{\Phi}_N\hat{\boldsymbol{\theta}})}{2\sigma^2} \tag{14-10}$$

求 $\ln L(\boldsymbol{y}_N/\hat{\boldsymbol{\theta}})$ 对未知参数 $\hat{\boldsymbol{\theta}}$ 和 σ^2 的偏导数，令偏导数等于零，可得

$$\frac{\partial \ln L}{\partial \hat{\boldsymbol{\theta}}} = \frac{1}{\sigma^2}(\boldsymbol{\Phi}_N^{\mathrm{T}}\boldsymbol{\Phi}_N\hat{\boldsymbol{\theta}}^{\mathrm{T}} - \boldsymbol{\Phi}_N^{\mathrm{T}}\boldsymbol{y}_N) = \boldsymbol{0} \tag{14-11}$$

$$\frac{\partial \ln L}{\partial \sigma^2} = -\frac{N}{\sigma^2} + \frac{(\boldsymbol{y}_N - \boldsymbol{\Phi}_N\hat{\boldsymbol{\theta}})^{\mathrm{T}}(\boldsymbol{y}_N - \boldsymbol{\Phi}_N\hat{\boldsymbol{\theta}})}{2\sigma^4} = 0 \tag{14-12}$$

解式(14－11)，得 $\boldsymbol{\theta}$ 的极大似然估计为

$$\hat{\boldsymbol{\theta}}_L = [\boldsymbol{\Phi}_N^{\mathrm{T}}\boldsymbol{\Phi}_N]^{-1}\boldsymbol{\Phi}_N^{\mathrm{T}}\boldsymbol{y}_N \tag{14-13}$$

解式(14－12)，得

$$\sigma^2 = \frac{1}{N}(\boldsymbol{y}_N - \boldsymbol{\Phi}_N\hat{\boldsymbol{\theta}})^{\mathrm{T}}(\boldsymbol{y}_N - \boldsymbol{\Phi}_N\hat{\boldsymbol{\theta}}) = \frac{1}{N}\sum_{k=n+1}^{n+N} e^2(k) \tag{14-14}$$

从式(14－13)可看出，对于 $\{\xi(k)\}$ 为高斯白噪声序列这一特殊情况，极大似然估计与一般最小二乘法估计完全相同。

实际上，$\{\xi(k)\}$ 往往不是白噪声序列，而是相关噪声序列。下面讨论在残差相关情况下的极大似然辨识问题。

将式(14－4)写成

$$a(z^{-1})y(k) = b(z^{-1})u(k) + c(z^{-1})\varepsilon(k) \tag{14-15}$$

式中

$$c(z^{-1})\varepsilon(k) = \xi(k) \tag{14-16}$$

$$c(z^{-1}) = 1 + c_1 z^{-1} + c_2 z^{-1} + \cdots + c_n z^{-n} \tag{14-17}$$

$\varepsilon(k)$ 是均值为零的高斯分布白噪声序列。多项式 $a(z^{-1})$，$b(z^{-1})$，$c(z^{-1})$ 中的各系数 a_1，$a_2,\cdots,a_n$；$b_0,b_1,b_2,\cdots,b_n$；$c_1,c_2,\cdots,c_n$ 和序列 $\{\varepsilon(k)\}$ 的均方差 σ 都是未知参数。

设待估参数

$$\boldsymbol{\theta} = [a_1 \quad \cdots \quad a_n \quad b_0 \quad b_1 \quad \cdots \quad b_n \quad c_1 \quad \cdots \quad c_n]^{\mathrm{T}} \tag{14-18}$$

设 $y(k)$ 的预测估值为

$$\hat{y}(k) = -\sum_{i=1}^{n}\hat{a}_i y(k-i) + \sum_{i=0}^{n}\hat{b}_i u(k-i) - \sum_{i=1}^{n}\hat{c}_i e(k-i) \tag{14-19}$$

式中 $e(k-i)$ 为预测误差，$\hat{a}_i$，$\hat{b}_i$ 和 $\hat{c}_i$ 分别为 a_i，b_i 和 c_i 的估值。预测误差可用下式表示：

$$e(k)=y(k)-\hat{y}(k)=$$
$$y(k)-\left[-\sum_{i=1}^{n}\hat{a}_i y(k-i)+\sum_{i=0}^{n}\hat{b}_i u(k-i)+\sum_{i=1}^{n}\hat{c}_i e(k-i)\right]=$$
$$(1+\hat{a}_1 z^{-1}+\cdots+\hat{a}_n z^{-n})y(k)-\sum_{i=0}^{n}\hat{b}_i u(k-i)-\sum_{i=1}^{n}\hat{c}_i e(k-i)$$

因此，预测误差 $e(k)$ 满足下式：

$$\hat{c}(z^{-1})e(k)=\hat{a}(z^{-1})y(k)-\hat{b}(z^{-1})u(k) \tag{14-20}$$

式中

$$\hat{a}(z^{-1})=1+\hat{a}_1 z^{-1}+\cdots+\hat{a}_n z^{-n}$$
$$\hat{b}(z^{-1})=\hat{b}_0+\hat{b}_1 z^{-1}+\cdots+\hat{b}_n z^{-n}$$
$$\hat{c}(z^{-1})=1+\hat{c}_1 z^{-1}+\cdots+\hat{c}_n z^{-n}$$

假设预测误差 $e(k)$ 服从高斯分布，并且序列 $\{e(k)\}$ 具有相同的方差 σ^2。因 $\{e(k)\}$ 与 $\hat{c}(z^{-1})$，$\hat{a}(z^{-1})$ 及 $\hat{b}(z^{-1})$ 有关，所以 σ^2 是被估参数 $\boldsymbol{\theta}$ 的函数。现把式(14－20) 写成

$$e(k)=y(k)+\sum_{i=1}^{n}a_i y(k-i)-\sum_{i=0}^{n}b_i u(k-i)-\sum_{i=1}^{n}c_i e(k-i) \tag{14-21}$$

令 $k=n+1,n+2,\cdots,n+N$，可得 $e(k)$ 的 N 个方程式。把这 N 个方程式写成向量矩阵形式：

$$\boldsymbol{e}_N=\boldsymbol{y}_N-\boldsymbol{\Phi}_N\boldsymbol{\theta} \tag{14-22}$$

式中

$$\boldsymbol{y}_N=[y(n+1),y(n+2),\cdots,y(n+N)]^{\mathrm{T}}$$
$$\boldsymbol{e}_N=[e(n+1),e(n+2),\cdots,e(n+N)]^{\mathrm{T}}$$

$$\boldsymbol{\Phi}_N=\begin{bmatrix}-y(n) & \cdots & -y(1) & u(n+1) & \cdots & u(1) & e(n) & \cdots & e(1)\\ -y(n+1) & \cdots & -y(2) & u(n+2) & \cdots & u(2) & e(n+1) & \cdots & e(2)\\ \vdots & & \vdots & \vdots & & \vdots & \vdots & & \vdots\\ -y(n+N-1) & \cdots & -y(N) & u(n+N) & \cdots & u(N) & e(n+N-1) & \cdots & e(N)\end{bmatrix}$$

因为已假设 $\{e(k)\}$ 是零均值的高斯随机序列，所以，极大似然函数

$$L(\boldsymbol{y}_N/\boldsymbol{\theta},\sigma)=\frac{1}{(2\pi\sigma^2)^{N/2}}\exp\left[-\frac{1}{2\sigma^2}\boldsymbol{e}_N^{\mathrm{T}}\boldsymbol{e}_N\right] \tag{14-23}$$

对式(14－23) 等号两边取对数，得

$$\ln L(\boldsymbol{y}_N/\boldsymbol{\theta},\sigma)=-\frac{N}{2}\ln 2\pi-\frac{N}{2}\ln\sigma^2-\frac{1}{2\sigma^2}\boldsymbol{e}_N^{\mathrm{T}}\boldsymbol{e}_N \tag{14-24}$$

即

$$\ln L(\boldsymbol{y}_N/\boldsymbol{\theta},\sigma)=-\frac{N}{2}\ln 2\pi-\frac{N}{2}\ln\sigma^2-\frac{1}{2\sigma^2}\sum_{k=n+1}^{n+N}e^2(k) \tag{14-25}$$

求 $\ln L$ 对 σ^2 的偏导数，令其等于零，得

$$\frac{\partial\ln L}{\partial\sigma^2}=\frac{-N}{2\sigma^2}+\frac{1}{2\sigma^4}\sum_{k=n+1}^{n+N}e^2(k)=0$$
$$\sigma^2=\frac{1}{N}\sum_{k=n+1}^{n+N}e^2(k)=\frac{2}{N}\frac{1}{2}\sum_{k=n+1}^{n+N}e^2(k)=\frac{2}{N}J$$

$$J=\frac{1}{2}\sum_{k=n+1}^{n+N}e^2(k) \tag{14-26}$$

在估计 $\boldsymbol{\theta}$ 时,总是希望 σ^2 愈小愈好,则

$$\hat{\sigma}^2=\frac{2}{N}J_{\min} \tag{14-27}$$

显然,方程(14-20)可理解为预测模型,而 $e(k)$ 可看做为预测误差。由式(14-26)可知,要使 J 最小,就要使预测误差的平方和为最小。即使对概率密度不作任何假设,这个准则也是有意义的。因此可按 J 为最小这一准则求 $a_1,a_2,\cdots,a_n;b_0,b_1,\cdots,b_n;c_1,c_2,\cdots,c_n$ 的估值。

由于 $e(k)$ 是参数 $a_1,a_2,\cdots,a_n;b_0,b_1,\cdots,b_n;c_1,c_2,\cdots,c_n$ 的线性函数,所以 J 是这些参数的二次函数。求使 L 为最大的 $\hat{\boldsymbol{\theta}}$,等价于在式(14-20)的约束条件下求 $\hat{\boldsymbol{\theta}}$ 使 J 为最小。

在用式(14-20)表示系统模型的情况下,若先算出 J 的梯度$\frac{\partial J}{\partial \boldsymbol{\theta}}$和海赛矩阵$\frac{\partial^2 J}{\partial \boldsymbol{\theta}^2}$,而后用牛顿-拉卜森法,可使计算大为简化。下面用牛顿-拉卜森法进行迭代计算,求出比较准确的 $\hat{\boldsymbol{\theta}}$ 值。

设 $\hat{\boldsymbol{\theta}}_0$ 是 $\boldsymbol{\theta}$ 的初始值,$\left.\frac{\partial J}{\partial \boldsymbol{\theta}}\right|_{\hat{\boldsymbol{\theta}}_0}$ 和$\left.\frac{\partial^2 J}{\partial \boldsymbol{\theta}^2}\right|_{\hat{\boldsymbol{\theta}}_0}$ 表示 J 在 $\hat{\boldsymbol{\theta}}_0=\boldsymbol{\theta}$ 处偏导数和海赛矩阵,则按牛顿-拉卜森公式求 $\boldsymbol{\theta}$ 的新估值 $\hat{\boldsymbol{\theta}}_1$ 为

$$\hat{\boldsymbol{\theta}}_1=\hat{\boldsymbol{\theta}}_0-\left[\left(\frac{\partial^2 J}{\partial \boldsymbol{\theta}^2}\right)^{-1}-\frac{\partial J}{\partial \boldsymbol{\theta}}\right]_{\hat{\boldsymbol{\theta}}_0} \tag{14-28}$$

整个迭代计算步骤如下:

(1) 选定初始值 $\hat{\boldsymbol{\theta}}_0$。关于 $\hat{\boldsymbol{\theta}}_0$ 中的 $\hat{a}_1,\hat{a}_2,\cdots,\hat{a}_n;\hat{b}_0,\hat{b}_1,\cdots,\hat{b}_n$ 可按模型式(14-20),有

$$\hat{c}(z^{-1})e(k)=\hat{a}(z^{-1})y(k)-\hat{b}(z^{-1})u(k)$$

用最小二乘法求得。而 $\hat{\boldsymbol{\theta}}_0$ 中的 $\hat{c}_1,\hat{c}_2,\cdots,\hat{c}_n$ 可先假定某一组值,也可取一组全为零的值。

(2) 计算预测误差

$$e(k)=y(k)-\hat{y}(k)$$

给出

$$J=\frac{1}{2}\sum_{k=n+1}^{n+N}e^2(k)$$

并计算

$$\sigma^2=\frac{1}{N}\sum_{k=n+1}^{n+N}e^2(k)$$

(3) 计算$\frac{\partial J}{\partial \boldsymbol{\theta}}$和$\frac{\partial^2 J}{\partial \boldsymbol{\theta}^2}$

$$J=\frac{1}{2}\sum_{k=n+1}^{n+N}e^2(k)$$

$$\frac{\partial J}{\partial \boldsymbol{\theta}}=\sum_{k=n+1}^{n+N}e(k)\frac{\partial e(k)}{\partial \boldsymbol{\theta}} \tag{14-29}$$

式中

$$\frac{\partial e(k)}{\partial \boldsymbol{\theta}}=\left[\frac{\partial e(k)}{\partial a_1}\quad\cdots\quad\frac{\partial e(k)}{\partial a_n}\quad\frac{\partial e(k)}{\partial b_0}\quad\cdots\quad\frac{\partial e(k)}{\partial b_n}\quad\frac{\partial e(k)}{\partial c_1}\quad\cdots\quad\frac{\partial e(k)}{\partial c_n}\right]^{\mathrm{T}}$$

$$\frac{\partial e(k)}{\partial a_i}=y(k-i)-\sum_{j=1}^{n}c_j\frac{\partial e(k-j)}{\partial a_i} \tag{14-30}$$

$$\frac{\partial e(k)}{\partial b_i}=-u(k-i)-\sum_{j=1}^{n}c_j\frac{\partial e(k-j)}{\partial b_i} \tag{14-31}$$

$$\frac{\partial e(k)}{\partial c_i}=-e(k-i)-\sum_{j=1}^{n}c_j\frac{\partial e(k-j)}{\partial c_i} \tag{14-32}$$

把式(14-30),式(14-31)和式(14-32)改写成

$$c(z^{-1})\frac{\partial e(k)}{\partial a_i}=y(k-i) \tag{14-33}$$

$$c(z^{-1})\frac{\partial e(k)}{\partial b_i}=-u(k-i) \tag{14-34}$$

$$c(z^{-1})\frac{\partial e(k)}{\partial c_i}=-e(k-i) \tag{14-35}$$

由以上三式分别得到下列方程组：

$$\left.\begin{aligned}\frac{\partial e(k)}{\partial a_i}&=\frac{\partial e(k-i+j)}{\partial a_j}=\frac{\partial e(k-i+1)}{\partial a_1}\\ \frac{\partial e(k)}{\partial b_i}&=\frac{\partial e(k-i+j)}{\partial b_j}=\frac{\partial e(k-i)}{\partial b_0}\\ \frac{\partial e(k)}{\partial c_i}&=\frac{\partial e(k-i+j)}{\partial c_j}=\frac{\partial e(k-i+1)}{\partial c_1}\end{aligned}\right\} \tag{14-36}$$

式(14-33),式(14-34)和式(14-35)都是差分方程,这些差分方程的初始条件都为零。可通过解这组方程求得 $e(k)$ 关于 $a_1,\cdots,a_n,b_0,\cdots,b_n$ 和 $c_1,\cdots,c_n$ 的全部偏导数。$\frac{\partial e(k)}{\partial a_i}$,$\frac{\partial e(k)}{\partial b_i}$ 和 $\frac{\partial e(k)}{\partial c_i}$ 分别为 $\{y(k-i)\}$,$\{u(k-i)\}$ 和 $\{e(k-i)\}$ 的线性函数。

下面再求 J 关于 $\boldsymbol{\theta}$ 的二阶偏导数。

$$\frac{\partial^2 J}{\partial\boldsymbol{\theta}^2}=\sum_{k=n+1}^{n+N}\frac{\partial e(k)}{\partial\boldsymbol{\theta}}\left[\frac{\partial e(k)}{\partial\boldsymbol{\theta}}\right]^{\mathrm{T}}+\sum_{k=n+1}^{n+N}e(k)\frac{\partial^2 e(k)}{\partial\boldsymbol{\theta}^2} \tag{14-37}$$

利用式(14-33),式(14-34)和式(14-35),可很方便地求出 J 关于 $\boldsymbol{\theta}$ 的二阶混合偏导数。

$$\frac{\partial^2 e(k)}{\partial a_i\partial c_j}=-\frac{\partial e(k-j)}{\partial a_i}=-\frac{\partial e(k-j-i+1)}{\partial a_1}$$

$$\frac{\partial^2 e(k)}{\partial b_i\partial c_j}=-\frac{\partial e(k-j)}{\partial b_i}=-\frac{\partial e(k-j-i)}{\partial b_0}$$

$$\frac{\partial^2 e(k)}{\partial c_i\partial c_j}=-\frac{\partial e(k-j)}{\partial c_i}=-\frac{\partial e(k-j-i+1)}{\partial c_1}$$

$e(k)$ 的其余二阶偏导数都等于零。从上述三式可看出,二阶偏导数可用一阶偏导数来表示,因此计算比较简单。而且,二阶偏导数可用 $\{y(k)\}$,$\{u(k)\}$ 和 $\{e(k)\}$ 表示。

当 $\hat{\boldsymbol{\theta}}$ 接近于真值 $\boldsymbol{\theta}$ 时,$e(k)$ 接近于零。在这种情况下,$\sum_{k=n+1}^{n+N}e(k)\frac{\partial^2 e(k)}{\partial\boldsymbol{\theta}^2}$ 接近于零,因此 $\frac{\partial^2 J}{\partial\boldsymbol{\theta}^2}$ 可用下面的近似式表示：

$$\frac{\partial^2 J}{\partial\boldsymbol{\theta}^2}=\sum_{k=n+1}^{n+N}\frac{\partial e(k)}{\partial\boldsymbol{\theta}}\left[\frac{\partial e(k)}{\partial\boldsymbol{\theta}}\right]^{\mathrm{T}}$$

从而使计算更加简单。

(4) 按牛顿-拉卜森法计算 $\boldsymbol{\theta}$ 的新估值 $\hat{\boldsymbol{\theta}}_1$ 为

$$\hat{\boldsymbol{\theta}}_1 = \hat{\boldsymbol{\theta}}_0 - \left[\left(\frac{\partial^2 J}{\partial \boldsymbol{\theta}^2}\right)^{-1} \frac{\partial J}{\partial \boldsymbol{\theta}}\right]_{\hat{\boldsymbol{\theta}}_0}$$

重复(2) 至(4) 的计算步骤。经过 r 次迭代计算之后,可得 $\hat{\boldsymbol{\theta}}_r$,进一步迭代可得

$$\hat{\boldsymbol{\theta}}_{r+1} = \hat{\boldsymbol{\theta}}_r - \left[\left(\frac{\partial^2 J}{\partial \boldsymbol{\theta}^2}\right)^{-1} \frac{\partial J}{\partial \boldsymbol{\theta}}\right]_{\hat{\boldsymbol{\theta}}_r}$$

如果

$$\frac{\hat{\sigma}_{r+1}^2 - \hat{\sigma}_r^2}{\hat{\sigma}_r^2} < 10^{-4} \tag{14-38}$$

则可停止计算,否则继续迭代计算。

式(14-38) 表明,当残差方差的计算误差降到 0.01% 时,就停止计算。这一方法,即使在噪声比较大的情况下,也能得到较好的估值 $\hat{\boldsymbol{\theta}}$。

14.2 递推极大似然法辨识

在线辨识需要用递推极大似然法辨识,下面只讨论用近似方法推导出递推极大似然法的计算公式。

设系统的模型为

$$a(z^{-1})\, y(k) = b(z^{-1})\, u(k) + c(z^{-1})\, \varepsilon(k)$$

式中 $\varepsilon(k)$ 为预测误差,即

$$\varepsilon(k) = c^{-1}(z^{-1})\, [a(z^{-1})\, y(k) - b(z^{-1})\, u(k)] \tag{14-39}$$

显然,$\varepsilon(k)$ 是模型参数 $a_1, \cdots, a_n, b_0, \cdots, b_n, c_1, \cdots, c_n$ 的函数,因此预测误差可表示为

$$\varepsilon(k) = \varepsilon(k, \boldsymbol{\theta})$$

由指标函数式(14-26) 得

$$J_N = \sum_{k=n+1}^{n+N} \varepsilon^2(k, \boldsymbol{\theta}) \tag{14-40}$$

按 J 最小确定 $\boldsymbol{\theta}$ 的估值 $\hat{\boldsymbol{\theta}}$。

如果 $\varepsilon(k,\boldsymbol{\theta})$ 是 $\boldsymbol{\theta}$ 的线性函数,则可用最小二乘法求 $\hat{\boldsymbol{\theta}}$ 的递推公式。这里,用 $\boldsymbol{\theta}$ 的二次型函数逼近 $J_N(\boldsymbol{\theta})$,从估值 $\hat{\boldsymbol{\theta}}$ 的领域内展开,得

$$\varepsilon(k, \boldsymbol{\theta}) \approx \varepsilon(k, \hat{\boldsymbol{\theta}}) + \left[\frac{\partial \varepsilon(k, \boldsymbol{\theta})^{\mathrm{T}}}{\partial \boldsymbol{\theta}}\right]\Bigg|_{\hat{\boldsymbol{\theta}}} (\boldsymbol{\theta} - \hat{\boldsymbol{\theta}}) \tag{14-41}$$

式中,设

$$\varepsilon(k, \hat{\boldsymbol{\theta}}) = e(k, \hat{\boldsymbol{\theta}})$$

则

$$e(k, \boldsymbol{\theta}) = \hat{c}^{-1}(z^{-1})\, [\hat{a}(z^{-1})\, y(k) - \hat{b}(z^{-1})\, u(k)] \tag{14-42}$$

而

$$\left[\frac{\partial \varepsilon(k, \boldsymbol{\theta})}{\partial \boldsymbol{\theta}}\right]^{\mathrm{T}}\Bigg|_{\hat{\boldsymbol{\theta}}} = \left[\frac{\partial \varepsilon(k, \hat{\boldsymbol{\theta}})}{\partial \hat{\boldsymbol{\theta}}}\right]^{\mathrm{T}} \tag{14-43}$$

参照式(14-30),式(14-31) 和式 (14-32),可得 $\dfrac{\partial e(k, \hat{\boldsymbol{\theta}})}{\partial \hat{\boldsymbol{\theta}}}$ 的各分量为

$$\frac{\partial e(k)}{\partial \hat{a}_i}=y(k-i)-\sum_{j=1}^{n}\hat{c}_j\frac{\partial e(k-j)}{\partial \hat{a}_i}=y_r(k-i) \tag{14-44}$$

$$\frac{\partial e(k)}{\partial \hat{b}_i}=-u(k-i)-\sum_{j=1}^{n}\hat{c}_j\frac{\partial e(k-j)}{\partial \hat{b}_i}=u_r(k-i) \tag{14-45}$$

$$\frac{\partial e(k)}{\partial \hat{c}_i}=-e(k-i)-\sum_{j=1}^{n}\hat{c}_j\frac{\partial e(k-j)}{\partial \hat{c}_i}=e_r(k-i) \tag{14-46}$$

设 $\bar{\boldsymbol{y}}_k$，$\bar{\boldsymbol{u}}_k$ 和 $\bar{\boldsymbol{e}}_k$ 分别表示为

$$\bar{\boldsymbol{y}}_k^{\mathrm{T}}=[y_r(k-1)\quad y_r(k-2)\quad \cdots\quad y_r(k-n)]$$

$$\bar{\boldsymbol{u}}_k^{\mathrm{T}}=[u_r(k-1)\quad u_r(k-2)\quad \cdots\quad u_r(k-n)]$$

$$\bar{\boldsymbol{e}}_k^{\mathrm{T}}=[e_r(k-1)\quad e_r(k-2)\quad \cdots\quad e_r(k-n)]$$

则

$$\left[\frac{\partial e(k,\hat{\boldsymbol{\theta}})}{\partial \hat{\boldsymbol{\theta}}}\right]^{\mathrm{T}}=[\bar{\boldsymbol{y}}_k^{\mathrm{T}}\quad \bar{\boldsymbol{u}}_k^{\mathrm{T}}\quad \bar{\boldsymbol{e}}_k^{\mathrm{T}}]$$

从式(14-44)，式(14-45) 和式(14-46) 可知，只要将输出 $y(k)$，输入 $u(k)$ 和误差 $e(k)$ 进行简单的移位和滤波，就可得到$\dfrac{\partial e(k)}{\partial \hat{\boldsymbol{\theta}}}$。

现在用二次型函数逼近 $J_N(\boldsymbol{\theta})$，即假设存在 $\hat{\boldsymbol{\theta}}_N$，$\boldsymbol{P}_N$ 和余项 β_N，使

$$J_N(\boldsymbol{\theta})=\sum_{k=n+1}^{n+N}\varepsilon^2(k,\boldsymbol{\theta})=(\boldsymbol{\theta}-\hat{\boldsymbol{\theta}}_N)^{\mathrm{T}}\boldsymbol{P}_N^{-1}(\boldsymbol{\theta}-\hat{\boldsymbol{\theta}}_N)+\beta_N \tag{14-47}$$

根据式(14-41) 和式(14-47) 可得

$$J_{N+1}(\boldsymbol{\theta})=\sum_{k=n+1}^{n+N+1}\varepsilon^2(k,\boldsymbol{\theta})=(\boldsymbol{\theta}-\hat{\boldsymbol{\theta}}_N)^{\mathrm{T}}\boldsymbol{P}_N^{-1}(\boldsymbol{\theta}-\hat{\boldsymbol{\theta}}_N)+\beta_N+[e_{N+1}+\boldsymbol{\varPsi}_{N+1}^{\mathrm{T}}(\boldsymbol{\theta}-\hat{\boldsymbol{\theta}}_N)]^2 \tag{14-48}$$

式中

$$e_{N+1}=e(n+N+1),\quad \boldsymbol{\varPsi}_{N+1}=\left[\frac{\partial e_{N+1}}{\partial \boldsymbol{\theta}}\right]^{\mathrm{T}} \tag{14-49}$$

设 $\boldsymbol{\theta}-\hat{\boldsymbol{\theta}}_N=\boldsymbol{\Delta}$，则式(14-48) 可写成

$$J_{N+1}(\boldsymbol{\theta})=\boldsymbol{\Delta}^{\mathrm{T}}(\boldsymbol{P}_N^{-1}+\boldsymbol{\varPsi}_{N+1}\boldsymbol{\varPsi}_{N+1}^{\mathrm{T}})\boldsymbol{\Delta}+2e_{N+1}\boldsymbol{\varPsi}_{N+1}^{\mathrm{T}}\boldsymbol{\Delta}+e_{N+1}^2+\beta_N$$

对上式配平方得

$$J_{N+1}(\boldsymbol{\theta})=(\boldsymbol{\Delta}+\boldsymbol{r}_{N+1})^{\mathrm{T}}\boldsymbol{P}_{N+1}^{-1}(\boldsymbol{\Delta}+\boldsymbol{r}_{N+1})+\beta_{N+1} \tag{14-50}$$

式中

$$\boldsymbol{P}_{N+1}^{-1}=\boldsymbol{P}_N^{-1}+\boldsymbol{\varPsi}_{N+1}\boldsymbol{\varPsi}_{N+1}^{\mathrm{T}} \tag{14-51}$$

$$\boldsymbol{r}_{N+1}=\boldsymbol{P}_{N+1}\boldsymbol{\varPsi}_{N+1}e_{N+1}$$

$$\beta_{N+1}=e_{N+1}^2+\beta_N-e_{N+1}\boldsymbol{\varPsi}_{N+1}^{\mathrm{T}}\boldsymbol{P}_{N+1}\boldsymbol{\varPsi}_{N+1}e_{N+1}$$

在式(14-50) 中，β_{N+1} 为已知值。当 $\boldsymbol{\Delta}+\boldsymbol{r}_{N+1}=\boldsymbol{0}$ 时，即当 $\boldsymbol{\Delta}=\boldsymbol{\theta}-\hat{\boldsymbol{\theta}}_N=-\boldsymbol{r}_{N+1}$ 时，$J_{N+1}(\boldsymbol{\theta})$ 为极小。所以 $\boldsymbol{\theta}$ 的新估计 $\hat{\boldsymbol{\theta}}_{N+1}$ 为

$$\hat{\boldsymbol{\theta}}_{N+1}=\hat{\boldsymbol{\theta}}_N-\boldsymbol{r}_{N+1} \tag{14-52}$$

对式(14-51) 应用矩阵求逆引理，得

$$\boldsymbol{P}_{N+1}=\boldsymbol{P}_N-\boldsymbol{P}_N\boldsymbol{\varPsi}_{N+1}(1+\boldsymbol{\varPsi}_{N+1}^{\mathrm{T}}\boldsymbol{P}_N\boldsymbol{\varPsi}_{N+1})^{-1}\boldsymbol{\varPsi}_{N+1}^{\mathrm{T}}\boldsymbol{P}_N \tag{14-53}$$

$$\boldsymbol{r}_{N+1}=\boldsymbol{P}_N\boldsymbol{\varPsi}_{N+1}(1+\boldsymbol{\varPsi}_{N+1}^{\mathrm{T}}\boldsymbol{P}_N\boldsymbol{\varPsi}_{N+1})^{-1}e_{N+1} \tag{14-54}$$

把式(14-53)代入式(14-52)得

$$\hat{\boldsymbol{\theta}}_{N+1}=\hat{\boldsymbol{\theta}}_N-\boldsymbol{K}_{N+1}e_{N+1} \tag{14-55}$$

式中

$$\boldsymbol{K}_{N+1}=\boldsymbol{P}_N\boldsymbol{\Psi}_{N+1}(1+\boldsymbol{\Psi}_{N+1}^{\mathrm{T}}\boldsymbol{P}_N\boldsymbol{\Psi}_{N+1})^{-1} \tag{14-56}$$

$$e_{N+1}=y(n+N+1)-\hat{\boldsymbol{\varphi}}^{\mathrm{T}}\boldsymbol{\theta}_N \tag{14-57}$$

而

$$\boldsymbol{\varphi}^{\mathrm{T}}=[y(n+N+1)\ \cdots\ y(N+1)\ \ -u(n+N+1)\ \cdots\ -u(N+1)\ \ -e(n+N)\ \cdots\ -e(N+1)]$$

最后，需要求 $\boldsymbol{\Psi}_{N+1}$ 与 $\boldsymbol{\Psi}_N$ 的递推关系式。根据 $\boldsymbol{\Psi}_{N+1}$ 和 $\boldsymbol{\Psi}_N$ 的定义，有

$$\boldsymbol{\Psi}_{N+1}=\frac{\partial e_{N+1}}{\partial\hat{\boldsymbol{\theta}}}=\frac{\partial e(n+N+1)}{\partial\hat{\boldsymbol{\theta}}}=\left[\frac{\partial e(n+N+1)}{\partial\hat{a}_1}\ \cdots\ \frac{\partial e(n+N+1)}{\partial\hat{a}_n}\ \ \frac{\partial e(n+N+1)}{\partial\hat{b}_0}\ \cdots\ \frac{\partial e(n+N+1)}{\partial\hat{b}_n}\ \ \frac{\partial e(n+N+1)}{\partial\hat{c}_1}\ \cdots\ \frac{\partial e(n+N+1)}{\partial\hat{c}_n}\right]^{\mathrm{T}}$$

$$\boldsymbol{\Psi}_N=\left[\frac{\partial e(n+N)}{\partial\hat{a}_1}\ \cdots\ \frac{\partial e(n+N)}{\partial\hat{a}_n}\ \ \frac{\partial e(n+N)}{\partial\hat{b}_0}\ \cdots\ \frac{\partial e(n+N)}{\partial\hat{b}_n}\ \ \frac{\partial e(n+N)}{\partial\hat{c}_1}\ \cdots\ \frac{\partial e(n+N)}{\partial\hat{c}_n}\right]^{\mathrm{T}}$$

由式(14-30)得 $\boldsymbol{\Psi}_{N+1}$ 的第一行为

$$\frac{\partial e(N+n+1)}{\partial\hat{a}_1}=y(N+n)-\hat{c}_1\frac{\partial e(N+n)}{\partial\hat{a}_1}-\hat{c}_2\frac{\partial e(N+n-1)}{\partial\hat{a}_1}-\cdots-\hat{c}_n\frac{\partial e(N+1)}{\partial\hat{a}_1}$$

根据式(14-36)可得

$$\frac{\partial e(N+n-1)}{\partial\hat{a}_1}=\frac{\partial e(N+n)}{\partial\hat{a}_2}\quad\cdots\quad\frac{\partial e(N+1)}{\partial\hat{a}_1}=\frac{\partial e(N+n)}{\partial\hat{a}_n}$$

则

$$\frac{\partial e(N+n+1)}{\partial\hat{a}_2}=y(N+n-1)-\hat{c}_1\frac{\partial e(N+n-1)}{\partial\hat{a}_1}-\cdots-\hat{c}_n\frac{\partial e(N)}{\partial\hat{a}_1}=\frac{\partial e(N+n)}{\partial\hat{a}_1}$$

同理，可得 $\boldsymbol{\Psi}_{N+1}$ 的其他各行，$\boldsymbol{\Psi}_{N+1}$ 与 $\boldsymbol{\Psi}_N$ 的递推关系用下式表示：

$$\boldsymbol{\Psi}_{N+1}=\left[\begin{array}{cccc:cccc:cccc}
-\hat{c}_1 & \cdots & & -\hat{c}_n & & & & & & & & \\
1 & & & & & & & & & & & \\
 & \ddots & & & & \mathbf{0} & & & & \mathbf{0} & & \\
 & & 1 & 0 & & & & & & & & \\ \hdashline
 & & & & -\hat{c}_1 & \cdots & & -\hat{c}_n & & & & \\
 & & & & 1 & & & & & & & \\
 & \mathbf{0} & & & & \ddots & & & & \mathbf{0} & & \\
 & & & & & & 1 & 0 & & & & \\ \hdashline
 & & & & & & & & -\hat{c}_1 & \cdots & & -\hat{c}_n \\
 & & & & & & & & 1 & & & \\
 & \mathbf{0} & & & & \mathbf{0} & & & & \ddots & & \\
 & & & & & & & & & & 1 & 0
\end{array}\right]\boldsymbol{\Psi}_N+$$

$$\begin{bmatrix} y(N+n) \\ 0 \\ \vdots \\ 0 \\ -u(N+n+1) \\ 0 \\ \vdots \\ 0 \\ -e(N+n) \\ 0 \\ \vdots \\ 0 \end{bmatrix} \tag{14-58}$$

式(14-53),式(14-55),式(14-56)和式(14-58)为递推极大似然法的一组计算公式。可以证明,这个方法以概率1收敛到估计准则的一个局部极小值。这是一个比较好的方法。

14.3　导弹气动参数的极大似然法辨识

建立了导弹数学模型并得到了观测数据后,需要解决模型中的参数估计问题,即所谓的参数辨识问题。由于采用的是Bryan的气动力系数的线性化数学模型,因此气动参数辨识只是在已知模型下的参数估计问题。目前在气动参数辨识中应用最广泛的是极大似然法。

14.3.1　极大似然法辨识的基本公式

设非线性动力学系统为

$$\left.\begin{aligned} \dot{\boldsymbol{x}}(t) &= \boldsymbol{f}[\boldsymbol{x}(t),\boldsymbol{u}(t),\boldsymbol{\theta}]+\boldsymbol{n}_1 \\ \boldsymbol{z}(t) &= \boldsymbol{g}[\boldsymbol{x}(t),\boldsymbol{u}(t),\boldsymbol{\theta}]+\boldsymbol{n}_2 \end{aligned}\right\} \tag{14-59}$$

式中,$\boldsymbol{x}(t)$为n维状态向量;$\boldsymbol{u}(t)$是m维输入向量;$\boldsymbol{z}(t)$是l维观测向量;$\boldsymbol{\theta}$是p维待估参数向量;$\boldsymbol{n}_1$,$\boldsymbol{n}_2$分别为系统噪声和测量噪声。

定义似然函数如下:

$$L(\boldsymbol{z}/\boldsymbol{\theta})=[(2\pi)^l|\boldsymbol{R}|]^{-N/2}\exp\left\{-\frac{1}{2}\sum_{i=1}^{N}[\boldsymbol{z}(t_i)-\hat{\boldsymbol{z}}(t_i)]^{\mathrm{T}}\boldsymbol{R}^{-1}[\boldsymbol{z}(t_i)-\hat{\boldsymbol{z}}(t_i)]\right\} \tag{14-60}$$

式中,l为观测向量维数;N是采样点数;$\hat{\boldsymbol{z}}(t_i)$是$\boldsymbol{z}(t)$在$t_i$时刻的估值。对式(14-60)取对数,并将等号右边"—"号变"+"号,即得

$$J(\boldsymbol{\theta},\boldsymbol{R})=\frac{1}{2}lN\ln 2\pi+\frac{1}{2}N\ln|\boldsymbol{R}|+\frac{1}{2}\sum_{i=1}^{N}[\boldsymbol{z}(t_i)-\hat{\boldsymbol{z}}(t_i)]^{\mathrm{T}}\boldsymbol{R}^{-1}[\boldsymbol{z}(t_i)-\hat{\boldsymbol{z}}(t_i)] \tag{14-61}$$

这样对式(14-60)取极大值,等价于对式(14-61)取极小值。式(14-61)中的第一项与被估参数$\boldsymbol{\theta}$无关,故指标函数可简化为

$$J(\theta)=\frac{1}{2}N\ln|\boldsymbol{R}|+\frac{1}{2}\sum_{i=1}^{N}[\boldsymbol{z}(t_i)-\hat{\boldsymbol{z}}(t_i)]^{\mathrm{T}}\boldsymbol{R}^{-1}[\boldsymbol{z}(t_i)-\hat{\boldsymbol{z}}(t_i)] \tag{14-62}$$

关于测量噪声$\boldsymbol{n}_2$的方差$\boldsymbol{R}$,可用下式计算:

$$\boldsymbol{R}=\frac{1}{N}\sum_{i=1}^{N}\left[\boldsymbol{z}(t_i)-\hat{\boldsymbol{z}}(t_i)\right]\left[\boldsymbol{z}(t_i)-\hat{\boldsymbol{z}}(t_i)\right]^{\mathrm{T}} \tag{14-63}$$

由上面的指标函数可知，求 $\boldsymbol{\theta}$ 的估值问题，归结为对式(14-62)求极小值问题。由于导弹的动力学方程是由彼此间存在耦合的微分方程组描述的，故指标函数一般不是气动系数的二次函数，必须通过优化算法来获得参数估计值。通常使用改进的牛顿-拉卜森算法。设已知 $\boldsymbol{\theta}$ 的某一估值为 $\boldsymbol{\theta}_k$，相应的指标函数是J_k，要求 $\boldsymbol{\theta}_k$ 使指标函数 J 达到极小值。令

$$\frac{\partial J(k+1)}{\partial \boldsymbol{\theta}}=\left.\frac{\partial J(\boldsymbol{\theta}_k+\Delta\boldsymbol{\theta}_k)}{\partial \boldsymbol{\theta}}\right|_{\boldsymbol{\theta}=\boldsymbol{\theta}_k}=\frac{\partial J(\boldsymbol{\theta}_k)}{\partial \boldsymbol{\theta}}+\frac{\partial^2 J(\boldsymbol{\theta}_k)}{\partial \boldsymbol{\theta}^2}\Delta\boldsymbol{\theta}_k+O(\Delta\boldsymbol{\theta}_k^2)=\boldsymbol{0} \tag{14-64}$$

式(14-64)中略去 $\Delta\boldsymbol{\theta}_k^2$ 项，可得

$$\Delta\boldsymbol{\theta}_k\approx-\left[\frac{\partial^2 J(\boldsymbol{\theta}_k)}{\partial \boldsymbol{\theta}^2}\right]^{-1}\frac{\partial J(\boldsymbol{\theta}_k)}{\partial \boldsymbol{\theta}} \tag{14-65}$$

$$\frac{\partial J(\boldsymbol{\theta}_k)}{\partial \boldsymbol{\theta}}=-\sum_{i=1}^{N}\left[\frac{\partial \hat{\boldsymbol{z}}(i)}{\partial \boldsymbol{\theta}}\right]^{\mathrm{T}}\boldsymbol{R}^{-1}\left[\boldsymbol{z}(i)-\hat{\boldsymbol{z}}(i)\right]_{\boldsymbol{\theta}=\boldsymbol{\theta}_k} \tag{14-66}$$

14.3.2 模型分解后的气动参数辨识

由于导弹飞行动力学模型很复杂，所需辨识的气动参数很多，计算量很大。为了减少计算量，节省 CPU 工作时间，必须对导弹的动力学模型进行分解。考虑到气动力系数主要反映在导弹质心运动力学方程上，而力矩系数则主要反映在绕质心旋转的运动方程上，分别辨识气动力系数和力矩系数，也就是将一个六自由度复杂系统的辨识问题分解为两个三自由度简单系统的辨识问题，其中耦合项可作适当处理，这样可以大大减少计算量。

采用模型分解辨识气动参数可节省 CPU 工作时间的另一个原因是，在实际的辨识过程中，力系数比较容易辨识，一般只需迭代四五次即可达到收敛精度的要求，而力矩系数的辨识则需要花费更多的时间。如果将气动力系数和力矩系数合在一起辨识，尽管气动力系数已经满足精度要求了，但力矩系数却不一定满足精度要求，这样气动力系数还需伴随力矩系数进行更多次的迭代运算，迭代运算公式如下：

$$\frac{\partial^2 J(\boldsymbol{\theta}_k)}{\partial \boldsymbol{\theta}}=\left.\sum_{i=1}^{N}\left[\frac{\partial \hat{\boldsymbol{z}}(i)}{\partial \boldsymbol{\theta}}\right]^{\mathrm{T}}\boldsymbol{R}^{-1}\left[\frac{\partial \hat{\boldsymbol{z}}(i)}{\partial \boldsymbol{\theta}}\right]\right|_{\boldsymbol{\theta}=\boldsymbol{\theta}_k} \tag{14-67}$$

$$\Delta\boldsymbol{\theta}_k=\left\{\sum_{i=1}^{N}\left[\frac{\partial \hat{\boldsymbol{z}}(i)}{\partial \boldsymbol{\theta}}\right]^{\mathrm{T}}\boldsymbol{R}^{-1}\left[\frac{\partial \hat{\boldsymbol{z}}(i)}{\partial \boldsymbol{\theta}}\right]\right\}^{-1}\left\{\sum_{i=1}^{N}\left[\frac{\partial \hat{\boldsymbol{z}}(i)}{\partial \boldsymbol{\theta}}\right]^{\mathrm{T}}\boldsymbol{R}^{-1}\left[\boldsymbol{z}(i)-\hat{\boldsymbol{z}}(i)\right]\right\}_{\boldsymbol{\theta}=\boldsymbol{\theta}_k} \tag{14-68}$$

$$\boldsymbol{\theta}_{k+1}=\boldsymbol{\theta}_k+\Delta\boldsymbol{\theta}_k \tag{14-69}$$

式(14-67)中，$\dfrac{\partial \hat{\boldsymbol{z}}(i)}{\partial \boldsymbol{\theta}}$ 称为灵敏度。

牛顿-拉卜森算法的具体迭代过程为：根据导弹的风洞实验或理论计算结果给出待估参数的迭代初值 $\boldsymbol{\theta}_0$，再根据导弹的动力学方程求出在 $\boldsymbol{\theta}_0$ 条件下的导弹状态值 $\hat{\boldsymbol{x}}$、观测值 $\hat{\boldsymbol{z}}$ 和灵敏度方程$\dfrac{\partial \hat{\boldsymbol{z}}}{\partial \boldsymbol{\theta}}$，然后由式(14-68)计算出 $\Delta\boldsymbol{\theta}_k$，再以 $\boldsymbol{\theta}_1=\boldsymbol{\theta}_0+\Delta\boldsymbol{\theta}_0$ 代替原来的 $\boldsymbol{\theta}_0$，重复上述过程。每一次迭代过程都要计算 J 和$\left(1-\dfrac{J_k}{J_{k-1}}\right)$，当

$$\left|1-\frac{J_k}{J_{k-1}}\right|<\varepsilon \tag{14-70}$$

时，则所得的参数估值 $\boldsymbol{\theta}_k$ 即为所求之值。ε 为事先给定的精度，通常取 $\varepsilon=0.01$。

若迭代过程出现发散现象，即 $J_k > J_{k-1}$，就采用变步长的方法进行搜索，即以 $\boldsymbol{\theta}_{k-1}+\sigma\boldsymbol{\theta}_{k-1}$ 代替 $\boldsymbol{\theta}_{k-1}+\Delta\boldsymbol{\theta}_k$，其中 $0<\sigma<1$，取 $\sigma=\dfrac{1}{2^n}(n=1,2,3,4)$，因而就花费了许多不必要的时间，使得整个辨识时间要比模型分解法的辨识时间长得多。

力系数辨识与力矩系数辨识方法完全相同，本节只介绍力矩系数辨识的过程和结果。

下面进行力矩系数的辨识。取状态方程为

$$\dot{\omega}_x=\frac{QS_\mathrm{R}L_\mathrm{R}}{J_x}\left(m_{x_0}+m_x^{\delta_x}\delta_x+\frac{L_\mathrm{R}}{2V}m_x^{\omega_x}\omega_x\right)+V_1 \tag{14-71}$$

$$\dot{\omega}_y=\frac{J_z-J_x}{J_y}\omega_x\omega_z+\frac{QS_\mathrm{R}L_\mathrm{R}}{J_y}\left(m_{y_0}+m_y^{\beta}\delta_x+m_y^{\delta_y}\delta_y+\frac{L_\mathrm{R}}{V}m_y^{\omega_y}\omega_y\right)+V_2 \tag{14-72}$$

$$\dot{\omega}_z=\frac{J_x-J_y}{J_z}\omega_x\omega_y+\frac{QS_\mathrm{R}L_\mathrm{R}}{J_z}\left(m_{z_0}+m_z^{\alpha}\alpha+m_z^{\delta_z}\delta_z+\frac{L_\mathrm{R}}{V}m_z^{\omega_z}\omega_z\right)+V_3 \tag{14-73}$$

观测方程为

$$\omega_x=\omega_{x\mathrm{R}}+W_1 \tag{14-74}$$

$$\omega_y=\omega_{y\mathrm{R}}+W_2 \tag{14-75}$$

$$\omega_z=\omega_{z\mathrm{R}}+W_3 \tag{14-76}$$

式中，下标 R 表示真值，V_i 和 $W_i(i=1,2,3)$ 分别为系统噪声和观测噪声，α 和 β 由测量值进行估计得到。

式(14-71)，式(14-72) 和式(14-73) 中待估参数共有 7 个，即

$$\boldsymbol{\theta}=[m_{x0},m_x^{\delta_x},m_x^{\omega_x},m_{y0},m_y^{\beta},m_y^{\omega_y},m_{z0}]^\mathrm{T} \tag{14-77}$$

由于导弹是轴对称的，故

$$m_y^{\delta_y}=m_z^{\delta_z},\quad m_y^{\omega_y}=m_z^{\omega_z},\quad m_z^{\alpha}=m_y^{\beta},\quad m_{y0}=m_{z0}$$

设 $\omega_x,\omega_y,\omega_z$ 为测量值，而 $\hat{\omega}_x,\hat{\omega}_y,\hat{\omega}_z$ 为估计值，则可得到辨识力矩系数时的指标函数为

$$J=\frac{1}{2}\sum_{i=1}^{N}[\tilde{\omega}_x(i)\quad\tilde{\omega}_y(i)\quad\tilde{\omega}_z(i)]\boldsymbol{R}^{-1}[\tilde{\omega}_x(i)\quad\tilde{\omega}_y(i)\quad\tilde{\omega}_z(i)]^\mathrm{T}+\frac{N}{2}\ln|\boldsymbol{R}| \tag{14-78}$$

$$\boldsymbol{R}=\frac{1}{N}\sum_{i=1}^{N}[\tilde{\omega}_x(i)\quad\tilde{\omega}_y(i)\quad\tilde{\omega}_z(i)]^\mathrm{T}[\tilde{\omega}_x(i)\quad\tilde{\omega}_y(i)\quad\tilde{\omega}_z(i)] \tag{14-79}$$

式中

$$\tilde{\omega}_x(i)=\omega_x(i)-\hat{\omega}_x(i) \tag{14-80}$$

$$\tilde{\omega}_y(i)=\omega_y(i)-\hat{\omega}_y(i) \tag{14-81}$$

$$\tilde{\omega}_z(i)=\omega_z(i)-\hat{\omega}_z(i) \tag{14-82}$$

设

$$\boldsymbol{A}=[a_{ij}]=\boldsymbol{R}^{-1}\quad(i,j=1,2,3) \tag{14-83}$$

由式(14-66) 和式(14-67) 可得

$$\frac{\partial J(\boldsymbol{\theta}_k)}{\partial\boldsymbol{\theta}}=-\sum_{i=1}^{N}\begin{bmatrix}\dfrac{\partial\hat{\omega}_x(i)}{\partial\theta_1} & \dfrac{\partial\hat{\omega}_y(i)}{\partial\theta_1} & \dfrac{\partial\hat{\omega}_z(i)}{\partial\theta_1}\\ \vdots & \vdots & \vdots\\ \dfrac{\partial\hat{\omega}_x(i)}{\partial\theta_8} & \dfrac{\partial\hat{\omega}_y(i)}{\partial\theta_8} & \dfrac{\partial\hat{\omega}_z(i)}{\partial\theta_8}\end{bmatrix}\boldsymbol{A}\begin{bmatrix}\tilde{\omega}_x(i)\\ \tilde{\omega}_y(i)\\ \tilde{\omega}_z(i)\end{bmatrix} \tag{14-84}$$

$$\frac{\partial^2 J(\boldsymbol{\theta}_k)}{\partial \boldsymbol{\theta}^2}=-\sum_{i=1}^{N}\begin{bmatrix}\frac{\partial\hat{\omega}_x(i)}{\partial\theta_1} & \frac{\partial\hat{\omega}_y(i)}{\partial\theta_1} & \frac{\partial\hat{\omega}_z(i)}{\partial\theta_1}\\ \vdots & \vdots & \vdots\\ \frac{\partial\hat{\omega}_x(i)}{\partial\theta_8} & \frac{\partial\hat{\omega}_y(i)}{\partial\theta_8} & \frac{\partial\hat{\omega}_z(i)}{\partial\theta_8}\end{bmatrix}\boldsymbol{A}\begin{bmatrix}\frac{\partial\hat{\omega}_x(i)}{\partial\theta_1} & \cdots & \frac{\partial\hat{\omega}_x(i)}{\partial\theta_8}\\ \frac{\partial\hat{\omega}_y(i)}{\partial\theta_1} & \cdots & \frac{\partial\hat{\omega}_y(i)}{\partial\theta_8}\\ \frac{\partial\hat{\omega}_z(i)}{\partial\theta_1} & \cdots & \frac{\partial\hat{\omega}_z(i)}{\partial\theta_8}\end{bmatrix} \tag{14-85}$$

计算中为了求得灵敏度$\frac{\partial\hat{\omega}_x}{\partial\boldsymbol{\theta}_p},\frac{\partial\hat{\omega}_y}{\partial\boldsymbol{\theta}_p},\frac{\partial\hat{\omega}_z}{\partial\boldsymbol{\theta}_p}$，由状态方程两边对$\boldsymbol{\theta}$求偏导数，得

$$\frac{\partial}{\partial t}\left[\frac{\partial\omega_x}{\partial\boldsymbol{\theta}_p}\right]=\frac{QS_R L_R}{J_x}\frac{L_R}{2V}\frac{\partial\omega_x}{\partial\boldsymbol{\theta}_p}m_x^{\omega_x}+U(1,p)\quad p=1,2,3 \tag{14-86}$$

$$\left.\begin{aligned}\frac{\partial}{\partial t}\left[\frac{\partial\omega_y}{\partial\boldsymbol{\theta}_p}\right]=\frac{J_z-J_x}{J_y}\left[\omega_z\frac{\partial\omega_x}{\partial\boldsymbol{\theta}_p}+\omega_x\frac{\partial\omega_z}{\partial\boldsymbol{\theta}_p}\right]+\frac{QS_R L_R}{J_y}\frac{L_R}{V}\frac{\partial\omega_y}{\partial\theta_p}m_y^{\omega_y}+U(2,p)\\ p=4,5,6,7\end{aligned}\right\} \tag{14-87}$$

$$\left.\begin{aligned}\frac{\partial}{\partial t}\left[\frac{\partial\omega_z}{\partial\boldsymbol{\theta}_p}\right]=\frac{J_x-J_y}{J_z}\left[\omega_y\frac{\partial\omega_x}{\partial\boldsymbol{\theta}_p}+\omega_x\frac{\partial\omega_y}{\partial\boldsymbol{\theta}_p}\right]+\frac{QS_R L_R}{J_z}\frac{L_R}{V}\frac{\partial\omega_z}{\partial\boldsymbol{\theta}_p}m_y^{\omega_y}+U(3,p)\\ p=5,6,7,8\end{aligned}\right\} \tag{14-88}$$

式中

$$U(1,1)=\frac{QS_R L_R}{J_x},\qquad U(1,2)=U(1,1)\delta_x$$

$$U(1,3)=U(1,1)\frac{L_R}{2V}\omega_x,\qquad U(2,4)=\frac{QS_R L_R}{J_y}$$

$$U(2,5)=U(2,4)\beta,\qquad U(2,6)=U(2,4)\delta_y$$

$$U(2,7)=U(2,4)\frac{L_R}{V}\omega_y,\qquad U(3,8)=U(2,4)$$

$$U(3,5)=U(3,8)\alpha,\qquad U(3,6)=U(3,8)\delta_z$$

$$U(3,7)=U(3,8)\frac{L_R}{V}\omega_z,\qquad \text{其他}\ U(i,j)=0$$

14.3.3 参数辨识中的一些具体问题

1. 数据窗的选择

数据窗长度一般应尽量长一些，但在实际中数据窗的长度往往受到一定的限制，例如，当有新数据进入系统，或者系统的动态发生变化时，数据窗不得不缩短；另外记录装置对数据的个数也可能有些限制。这里所研究的是导弹时变系统，不同时刻导弹速度是不同的，因而各个时刻的气动参数也不同。因此在辨识过程中选取多少个样本点，即多长的数据窗是必须考虑的一个实际问题，若样本点太多，又必然会增长计算时间。通过仿真计算，最后选取了 60 个样本点，这样既能保证计算精度，又不会使计算时间太长。

关于数据窗的形状也是要考虑的问题，因为马赫数(导弹速度与所在高度音速之比)是变化的，每一次迭代计算中，数据窗内的样本点处于不同的马赫数下。显然，离当前辨识时刻越近的数据中所包含的系统此时刻的信息量就越大；反之，离当前辨识时刻越远的数据，其本身所包含的系统此时刻的信息量就越少。因此在实际计算过程中，按样本点靠近当前时刻的远近对其进行了指数加权处理。具体采用的数据窗形状如图 14－1 所示。

2. 辨识步长的选择

一般对于气动参数辨识步长的要求是，相邻两个辨识时刻之间的马赫数变化不能大于0.1，本例所研究的导弹，在其马赫数变化比较剧烈的飞行段内，采用0.1 s的的辨识步长，而其他时间内采用 0.3 s 的步长。本例采用了变步长和固定步长进行辨识，两种结果表明，采用变步长在保证精度的前提下，大大缩短了计算时间。

3. 激励信号

采用 3211 波形和方波两种激励信号。激励信号如图 14－2 所示。

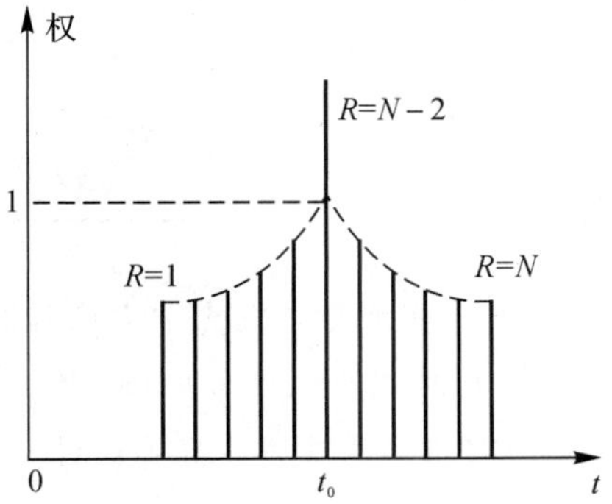

图 14－1　数据窗形状

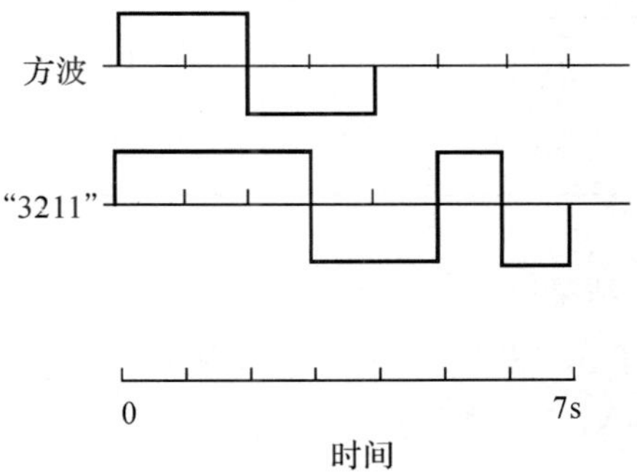

图 14－2　激励信号波形

14.3.4　辨识结果

(1) 表 14－1 和表 14－2 分别为 3211 激励，采用变步长和固定步长得到的一组气动参数辨识部分结果。

表 14－1　“3211”激励，变步长，$t=1.7$ s，$Ma=0.73$

参　数	真　值	估　值	相对误差 /(%)
$m_x^{\delta_x}$	－0.003 531 23	－0.003 530 11	0.03
$m_x^{\omega_x}$	－0.351 484 0	－0.351 850	0.09
m_y^{β}	－0.023 616 9	－0.023 677 39	0.24
$m_y^{\beta_y}$	－0.041 919 1	－0.042 074 7	0.37
$m_y^{\omega_y}$	－1.769 530	－1.125 900	36.37

表 14－2　“3211”激励，定步长，$t=1.7$ s，$Ma=0.73$

参　数	真　值	估　值	相对误差 /(%)
$m_x^{\delta_x}$	－0.003 531 23	－0.003 555 40	0.68
$m_x^{\omega_x}$	－0.351 484 0	－0.353 778 30	0.65
m_y^{β}	－0.023 616 9	－0.023 855 6	1.01
$m_y^{\beta_y}$	－0.041 919 1	－0.042 024	0.25
$m_y^{\omega_y}$	－1.769 530	－0.915 3990	48.27

(2) 表 14-3 所示为方波激励,采用变步长得到的一组气动参数辨识部分结果。

表 14-3 "3211"激励,变步长,$t=1.7$ s,$Ma=0.73$

参　数	真　　值	估　　值	相对误差 /(%)
$m_x^{\delta_x}$	−0.003 531 23	−0.003 535 54	0.12
$m_x^{\omega_x}$	−0.351 484 0	−0.351 347 0	0.04
m_y^{β}	−0.023 616 9	−0.023 893 9	1.17
$m_y^{\dot{\beta}}$	−0.041 919 1	−0.041 852 2	0.16
$m_y^{\omega_y}$	−1.769 530	−0.929 184 0	47.49

(3) 结果分析。由表 14-1,表 14-2 和表 14-3 可知,采用变步长和固定步长所得到的气动参数辨识结果基本相同,均能满足精度要求,$m_y^{\omega_y}$ 的辨识误差较大,主要原因是气动导数不易辨识。对于正常布局导弹来说,这个气动参数辨识不准基本不影响整个导弹设计。

14.4　模型阶的确定

前面所讨论的差分方程的参数辨识方法,都假定模型的结构或差分方程的阶是已知的。实际上,模型的阶往往是未知的,在这种情况下,存在模型阶的辨识问题。下面只介绍两种常用的确定模型阶的方法,即按残差方差定阶和 AIC 准则定阶。

14.4.1　按残差方差定阶

这里主要介绍估计误差方差最小定阶和 F 检验方法定阶。

1. 按估计误差方差最小定阶

若线性系统模型为

$$a(z^{-1})y(k)=b(z^{-1})u(k)+\varepsilon(k) \tag{14-89}$$

式中,$y(k)$ 为输出;$u(k)$ 为输入;设 $\varepsilon(k)$ 是均值为零、方差为 σ^2 的白噪声序列。用最小二乘法求出 $\boldsymbol{\theta}$ 的估值 $\hat{\boldsymbol{\theta}}$。

$$\boldsymbol{y}=\boldsymbol{\Phi\theta}+\boldsymbol{e}$$

$$\hat{\boldsymbol{\theta}}=[\boldsymbol{\Phi}^{\mathrm{T}}\boldsymbol{\Phi}]^{-1}\boldsymbol{\Phi}^{\mathrm{T}}\boldsymbol{y}$$

残差为

$$\hat{e}(k)=\hat{a}(z^{-1})y(k)-\hat{b}(z^{-1})u(k) \tag{14-90}$$

$$J_n=\sum_{k=n+1}^{n+N}\hat{e}^2(k) \tag{14-91}$$

若线性系统模型为

$$a(z^{-1})y(k)=b(z^{-1})u(k)+c(z^{-1})\varepsilon(k) \tag{14-92}$$

则残差为

$$\hat{e}(k)=\hat{a}(z^{-1})y(k)-\hat{b}(z^{-1})u(k)-\sum_{i=1}^{n}\hat{c}_i(z^{-i})\hat{e}(k) \tag{14-93}$$

指标函数 J_n 仍为式(14－91)。

如图 14－3 所示，对某一系统，当 $n=1,2,\cdots$ 时，J_n 随着 n 的增加而减小。如果 n_0 为正确的阶，则 $n=n_0-1$ 时，J_n 出现最后一次陡峭的下降，而以后 J_n 保持不变或只有微小的变化。图 14－3 所示的系统 $n_0=3$。

2. *F 检验方法确定模型的阶*

由于 J_n 随着 n 的增大而减小，在阶数 n 的增大过程中，主要是找出使 J_n 显著减小的阶数，为此引入准则

$$t=\frac{J_i-J_{i+1}}{J_{i+1}}\frac{N-2n_{i+1}}{2(n_{i+1}-n_i)} \tag{14-94}$$

式中，J_i 表示辨识系统的误差平方和。此系统有 N 对输入、输出数据，有 $2n_{i+1}$ 个模型参数。对某一系统的计算结果如表 14－4 所示。

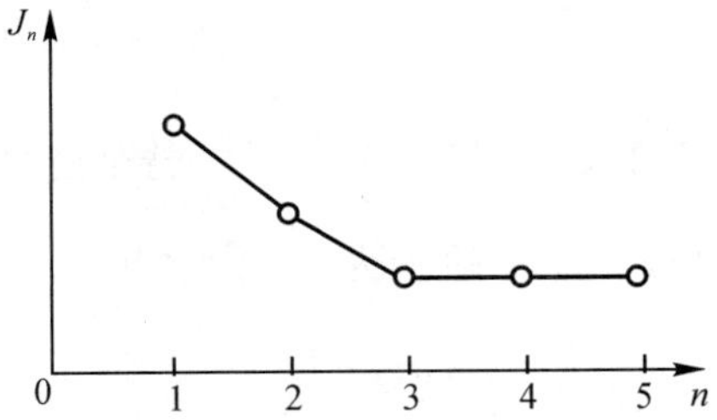

图 14－3　J_a 与 n 的关系曲线

表　14－4

n	J_n	t
1	592.65	
2	469.64	50.94
3	447.25	9.67
4	426.40	9.43
5	418.72	3.51
6	416.56	0.99

从表 14－4 可知，当 $t>3$ 时，J_n 的减小是显著的，当 $t<3$ 时，J_n 的减小是不显著的，因此该系统的阶数可选为 5。

14.4.2　按 Akaike 信息(AIC)准则确定系统的阶

AIC 准则定义为

$$\mathrm{AIC}=-2\ln L+2p \tag{14-95}$$

式中，L 是模型的似然函数；p 是模型中的参数数目；AIC 为最小的那个模型就是最佳模型。

这个准则是日本学者 Akaike(英译音) 总结了时间序列统计建模的经验，借助于信息论所提出的一个合理定阶准则。

在一组可供选择的随机模型中，AIC 最小的那个模型是一个可取的模型。这个准则的优点就在于它是一个完全客观的准则，应用这个准则时，不需要建模人员作任何主观判断。

为了简单起见，先考虑下列模型：

$$a(z^{-1})y(k)=b(z^{-1})u(k)+e(k)$$

假设 $e(k)$ 服从正态分布，似然函数为

$$L(\boldsymbol{y}/\boldsymbol{\theta})=\frac{1}{(2\pi\sigma_e^2)^{-\frac{N}{2}}}\exp\left\{-\frac{1}{2\sigma_e^2}[\boldsymbol{y}-\boldsymbol{\Phi\theta}]^{\mathrm{T}}[\boldsymbol{y}-\boldsymbol{\Phi\theta}]\right\} \tag{14-96}$$

取对数后得

$$\ln L = -\frac{N}{2}\ln 2\pi - \frac{N}{2}\ln\sigma_e^2 - \frac{1}{2\sigma_e^2}[\boldsymbol{y} - \boldsymbol{\Phi\theta}]^{\mathrm{T}}[\boldsymbol{y} - \boldsymbol{\Phi\theta}] \tag{14-97}$$

求 $\ln L$ 为最大的 $\hat{\boldsymbol{\theta}}$ 值，根据$\frac{\partial L}{\partial \boldsymbol{\theta}} = \boldsymbol{0}$ 可得

$$\hat{\boldsymbol{\theta}} = [\boldsymbol{\Phi}^{\mathrm{T}}\boldsymbol{\Phi}]^{-1}\boldsymbol{\Phi}^{\mathrm{T}}\boldsymbol{y} \tag{14-98}$$

与前述的最小二乘法估计相一致。再根据$\frac{\partial L}{\partial \sigma_e^2} = 0$ 可得

$$\hat{\sigma}_e^2 = \frac{1}{N}[\boldsymbol{y} - \boldsymbol{\Phi}\hat{\boldsymbol{\theta}}]^{\mathrm{T}}[\boldsymbol{y} - \boldsymbol{\Phi}\hat{\boldsymbol{\theta}}] = \frac{1}{N}\hat{\boldsymbol{e}}^{\mathrm{T}}\hat{\boldsymbol{e}} \tag{14-99}$$

因此

$$\ln L = -\frac{N}{2}\ln 2\pi - \frac{N}{2}\ln\hat{\sigma}_e^2 - \frac{N\hat{\sigma}_e^2}{2\hat{\sigma}_e^2}$$

即

$$\ln L = -\frac{N}{2}\ln\hat{\sigma}_e^2 - c \tag{14-100}$$

式(14－100)给出了 AIC 定义中的第一项，该式中 c 是常数，$c = \frac{N(\ln 2\pi + 1)}{2}$。待估的参数为 $a_1, a_2, \cdots, a_n, b_0, b_1, \cdots, b_n$ 及 $\hat{\sigma}_e^2$，共有 $2n+2$ 个，即式(14－95)中的 p 为 $2n+2$。因此

$$\mathrm{AIC} = -2\ln L + 2p = -2\left(-\frac{N}{2}\ln\hat{\sigma}_e^2 - c\right) + 2(2n+2)$$

即

$$\mathrm{AIC} = N\ln\hat{\sigma}_e^2 + 2(2n+2) + 2c \tag{14-101}$$

不管 n 取何值，上式中常数项 $2c$ 总是不变的。因此可以去掉上式中的常数项，则

$$\mathrm{AIC} = N\ln\hat{\sigma}_e^2 + 2(2n+2) \tag{14-102}$$

选取不同的阶数 n，按式(14－102)计算 AIC，可得最优阶数 n。如果对不同的 n，当 σ_e^2 相近时，应当取 n 较小的模型。

例 14－1　设原系统模型为

$$a(z^{-1})y(k) = b(z^{-1})u(k) + c(z^{-1})\varepsilon(k)$$

式中

$$a(z^{-1}) = 1 - 2.851z^{-1} + 2.717z^{-2} - 0.865z^{-3}$$
$$b(z^{-1}) = z^{-1} + z^{-2} + z^{-3}$$
$$c(z^{-1}) = 1 - 0.7z^{-1} + 0.22z^{-2}$$

系统的真实参数为：$a_1 = -2.851, a_2 = 2.717, a_3 = -0.865, b_1 = b_2 = b_3 = 1, c_1 = -0.7, c_2 = 0.22$。采样周期为 0.1 s，$\varepsilon(k)$ 为正态分布 $N(0.1)$，$u(k)$ 为二位式伪随机序列，记录了 300 对数据。试用 AIC 准则验证该系统模型的阶数 $n=3$。

假设模型阶数 $n=1,2,3,4$，分别代入式(14－102)进行计算，计算结果如表 14－5 所示。当 $n=3$ 时，AIC 为最小，因此系统模型的阶数 $n=3$。

表　14－5

n	J_n	AIC	a		b		c	
1	4 872	3 786	a_1	－0.995	b_1	62.10	c_1	1.00
2	2 456	1 597	a_1	－1.979	b_1	4.90	c_1	1.66
			a_2	0.985	b_2	4.37	c_2	0.97
3	278.6	847	a_1	－2.851	b_1	1.06	c_1	0.72
			a_2	2.717	b_2	0.81	c_2	0.20
			a_3	0.865	b_3	1.05	c_3	0.03
4	276.0	850	a_1	－2.278	b_1	1.08	c_1	1.31
			a_2	1.080	b_2	1.49	c_2	0.65
			a_3	0.697	b_3	1.51	c_3	0.21
			a_4	－0.498	b_4	0.47	c_4	0.09

习　题

14－1　设有二阶线性系统为

$$(1-1.5z^{-1}+0.7z^{-2})y(k)=(z^{-1}+0.5z^{-2})u(k)+(1+z^{-1}+0.2z^{-2})\varepsilon(k)$$

式中，$\{u(k)\}$ 和 $\{\varepsilon(k)\}$ 都是独立同分布的高斯序列，它们的均值分别为 1 和 σ^2。在采样数据个数为 $N=500$ 和 $\sigma=0.4$ 的条件下，试用较精确的极大似然法估计系统参数。

14－2　设有二阶线性系统为

$$(1-1.5z^{-1}+0.7z^{-2})y(k)=(z^{-1}+0.5z^{-2})u(k)+\frac{1}{1+z^{-1}+0.2z^{-2}}\varepsilon(k)$$

式中，$\{u(k)\}$ 与 $\{\varepsilon(k)\}$ 的性质与题 14－1 相同，在 $N=500$ 和 $\sigma=0.4,1.8,7.2$ 的情况下，试用近似的递推极大似然法估计系统参数。

14－3　设系统动态方程为

$$y(k)=au(k)+v(k)+cv(k-1)$$

其中，噪声序列 $\{v(k)\}$ 为零均值独立同分布随机序列，其分布特性为正态分布 $N[0,1]$，c 值已知，试求 a 的极大似然估计表示式。

第五篇　自适应控制理论

第十五章　自适应控制理论

任何一个动态系统，通常都具有程度不同的不确定性。这种不确定性因素的产生主要由于：

(1)系统的输入包含有随机扰动，如飞行器飞行过程中的阵风；

(2)系统的测量传感器具有测量噪声；

以上两者又称为不确定性的(或随机的)环境因素。

(3)系统数学模型的参数甚至结构具有不确定性。如飞行器在大气层内的运动，相应的气动参数会随飞行高度、速度、飞行器质量及重心的变化而变化，引起飞行器数学模型参数的变化。

在只存在不确定环境因素，但系统模型具有确定性的情况下，这是随机控制需要解决的问题；而自适应控制是解决以数学模型不确定性为特征的最优控制问题。这时如果系统基本工作于确定性环境下，则称为确定性自适应控制；如果系统工作于随机环境下，则称为随机自适应控制。

最早的自适应控制方案是在20世纪50年代末，针对飞机的飞行控制问题，由美国麻省理工学院(MIT)的 Whitaker 教授提出来的。Whitaker 教授提出的飞机自动驾驶仪参考模型自适应控制方案，就是著名的 MIT 方案。由于该方案是采用局部参数优化理论设计自适应控制器的，因而没有获得实际应用。随后的几年中，德国学者 P. C. Parks 利用李雅普诺夫方法设计了自适应控制器，从而保证了自适应控制系统的全局渐近稳定性；罗马尼亚学者 V. M. Popov 提出了著名的超稳定性理论，而法国学者 I. D. Landau 将这种超稳定性理论应用于模型参考自适应控制的设计中，也保证了自适应控制系统的全局渐近稳定性；瑞典学者 K. J. Åström 和 B. Wittenmark 提出了自校正调节器设计方案；D. W. Clark 提出了自校正控制器设计方案；K. J. Åström 和 P. E. Wellste 进一步提出了极点配置自校正调节器和伺服控制器设计方案。

自适应控制是自动控制领域中的一个新分支，近20多年来，伴随着应用数学和计算机技术的飞速发展，无论在理论设计上还是在应用技术上都取得了很大的进展。特别是在大气层内无人飞行器控制技术、卫星姿态稳定控制技术、深空探测器控制技术、电网的控制技术、炉温控制技术、冶金过程控制和化工过程控制技术方面都得到了广泛的应用，解决了许多复杂的控制问题，同时也为自适应控制系统的应用开辟了广泛的领域。

15.1 自适应控制系统的基本概念

15.1.1 自适应控制系统的定义

为了充分理解自适应控制的基本概念，首先以家用洗衣机为例来说明自适应控制系统。

为了便于说明问题，这里对洗衣机的自适应控制过程进行简单的归类和分析，如表 15－1 所示。

表 15－1 洗衣机的自适应控制过程分析

	衣服少	衣服多	衣服较多
衣服很脏	水很少，洗衣粉多	水很少，洗衣粉较多	水很少，洗衣粉很多
衣服较脏	水较少，洗衣粉多	水较少，洗衣粉较多	水较少，洗衣粉很多
衣服脏	水少，洗衣粉多	水少，洗衣粉较多	水少，洗衣粉很多
衣服微脏	水少，洗衣粉不多	水少，洗衣粉多	水少，洗衣粉较多

表中的衣服脏的程度和衣服数量直接影响到水量的多少和洗衣粉的量，这都为了满足要把衣服洗干净的指标要求。为了达到这一个性能指标，根据不同情况(即不同系统模型)，自行调节可调参数“水量”和“洗衣粉量”，从而实现洗衣机的自适应控制的目的。

由此，根据目前自适应控制应用的领域和其特点，出现了以下几种提法：

提法 1：自适应控制就是根据控制条件自行调整的一种控制；

提法 2：一个自适应控制系统，能够利用其中可调系统的输入、状态和输出来度量某一性能指标，并能够将该指标与规定好的性能指标相比较，然后由自适应机构来修正可调系统的参数，或产生一个辅助输入信号，以使系统的性能指标接近规定的目标；

提法 3：自适应系统能在线地、实时地了解对象，根据不断丰富的对象信息，通过一个可调环节的调整，使系统的性能达到技术指标要求或最优；

提法 4：自适应控制就是根据要求的性能指标与实际系统的性能相比较所获得的信息，修正控制规律或控制器参数，使系统能够保持最优或次最优工作状态；

提法 5：自适应控制是在系统工作过程中，系统本身不断地检测系统的参数或运行指标，并根据参数的改变或运行指标的变化，改变控制参数或控制作用，使系统运行于最优或接近最优工作状态。

根据以上自适应控制的提法，可将自适应控制归纳为：在系统数学模型不确定的条件下(工作环境可以是基本确定的或是随机的)，要求设计控制规律，使给定的性能指标尽可能达到及保持最优。

针对自适应控制的提法，可以获得自适应控制系统的定义：

定义 1：自适应控制系统是在工作过程中，能不断地检测系统的参数或运行的性能指标，根据参数或运行的性能指标，来改变控制参数或控制作用，使系统工作处于最优的工作状态或接近于最佳工作状态。

定义 2：自适应控制系统是利用可调的输入量和输出量来获得某种性能指标，根据获得的性能指标与给定性能指标的比较结果，自适应机构自动改变系统的参数或者产生辅助的输入量，使得获得的性能指标接近于给定的性能指标，或者使得获得的性能指标达到可接受的性能指标。

15.1.2　自适应控制系统的结构

自适应控制系统的基本结构如图 15－1 所示，图中所示的被控对象是一个带有可调自适应机构的可调系统，它可以通过调整控制系统的参数或者系统的输入信号来调整整个系统的性能。

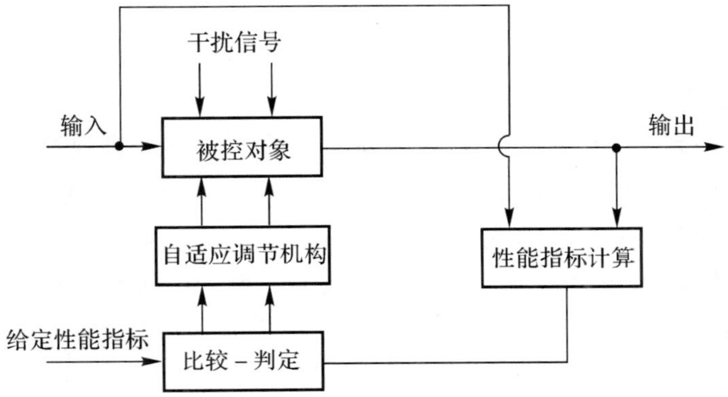

图 15－1　自适应控制系统的基本结构

系统的性能指标可以通过系统的输入和输出来获取，可以采取直接的方法，如在线计算的方法，也可以采取间接的方法，如离线辨识等方法来获取。

基于获取的性能指标，通过与给定的性能指标进行比较和判定，即获得目前被控对象的性能指标是否在可接受性能指标的允许范围内。如果没有达到要求，系统的自适应调节机构就可以根据比较的结果调整系统的控制参数或输入信号，从而使被控对象的性能指标满足可接受性能指标的允许范围。

从以上自适应控制系统的基本结构，可以知道一个自适应控制系统应该具有以下特点：

(a)目的：设计的控制律自动适应系统的外部干扰和内部参数的变化；

(b)手段：系统的自适应控制器参数是按照一定的规律来发生变化的；

(c)任务：使自适应控制系统具有给定的性能指标，如良好的动态品质和稳态品质；

(d)形式：自适应控制应该是一种非线性控制的形式。

判断一个系统是否真正具有“自适应”的基本特性，关键要看自适应控制系统中是否存在两个环节：可调系统和自适应机构，也可以理解为是否存在一个为满足一定性能指标要求而进行自适应调节的闭环控制。有许多控制系统被设计成参数变化时具有可接受的特性，习惯上，它们常常被称为“自适应系统”。但是，它们并没有存在这两个环节，没有形成对性能指标要求而进行自适应调节的闭环控制，因而这样的系统并不是真正的“自适应控制系统”。

15.1.3 自适应控制系统的分类

根据自适应控制系统的基本结构，可以按照许多准则对自适应控制系统进行分类，因而自适应控制系统的分类方法很多，如按照所采用的性能指标类型、自适应调节机构的特性和自适应应用环境等进行分类。但根据目前文献资料对各种自适应控制系统的设计方法，自适应控制系统可以按照广义和狭义两种概念进行分类。

广义的自适应控制系统，是指具有自适应控制系统的基本结构特征，满足了自适应控制系统的特点，具有了自适应控制的两个环节的控制系统。如模糊自适应控制系统、神经网络自适应控制系统等。

狭义的自适应控制系统只包含了自校正控制系统和模型参考自适应控制系统。

1. 自校正控制系统

自校正控制系统所研究的问题是：对一个可调节系统，在给定的性能指标要求下，如何选择控制规律，使性能指标达到最优（极值）。

典型的自校正控制系统结构图如图 15-2 所示，可调节系统受到随机干扰的作用。其中参数估计器的功用是根据被控对象的输入及输出 $\boldsymbol{y}(t)$ 信息连续不断地估计控制对象参数 $\hat{\boldsymbol{\theta}}$。参数估计的常用算法有随机逼近法、最小二乘法、极大似然法等。调节器的功用是根据参数估计器不断送来的参数估值 $\hat{\boldsymbol{\theta}}$，通过一定的控制算法，按某一性能指标不断地形成最优控制作用。调节器的常用算法有最小方差、期望极点配置、二次型指标等。

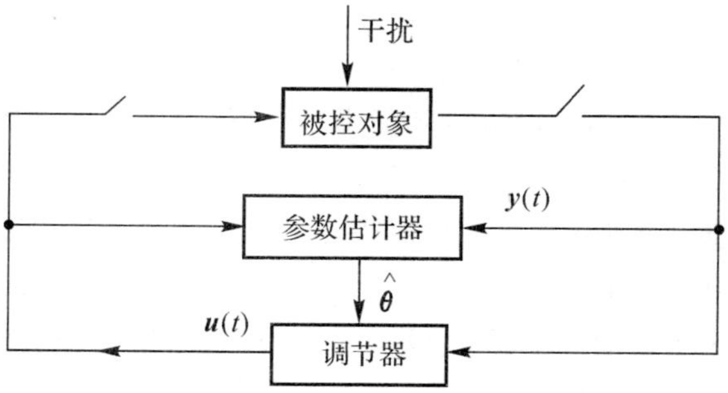

图 15-2 自校正控制系统结构图

自校正控制系统基于对被控对象数学模型的在线辨识，然后按给定的性能指标在线地综合最优控制的规律。它与一般确定性或随机性最优控制的差别是增加了被控制对象的在线辨识任务，它是系统模型不确定情况下的最优控制问题的延伸。一般情况下，自校正控制系统仅适用于离散随机控制系统，在有些情况下，也可用于混合自适应控制系统。

自校正控制系统可以分为自校正调节器和自校正控制器两大类。自校正控制系统设计的性能指标可以是输出的方差最小、期望极点配置等，因此自校正控制系统可分为最小方差自校正控制和极点配置自校正控制等。

2. 模型参考自适应控制

模型参考自适应控制在原理及结构上与自校正控制有很大差别，这类系统的性能要求不是用一个指标函数来表达,而是用一个参考模型的输出或状态响应来表达的。参考模型的输出或状态相当于给定一个动态性能指标,通过比较受控对象及参考模型的输出或状态响应取得误差信息,按照一定的规律(自适应律)来修正实际系统的参数(参数自适应)或产生一个辅助输入信号(信号综合自适应),从而使实际系统的输出或状态尽量跟随参考模型的输出或状态。参数修正的规律或辅助输入信号的产生是由自适应机构来完成的。由于在一般情况下,被控对象的参数是不便直接调整的,为了实现参数可调,必须设置一个包含可调参数的控制器。这些可调参数可以位于反馈通道、前馈通道或前置通道中,分别对应地称为反馈补偿器、前馈补偿器及前置滤波器。为了引入辅助输入信号,则需要构成单独的自适应环路。它们与受控对象组成可调系统。典型的模型参考自适应控制系统的基本结构如图 15－3 所示。

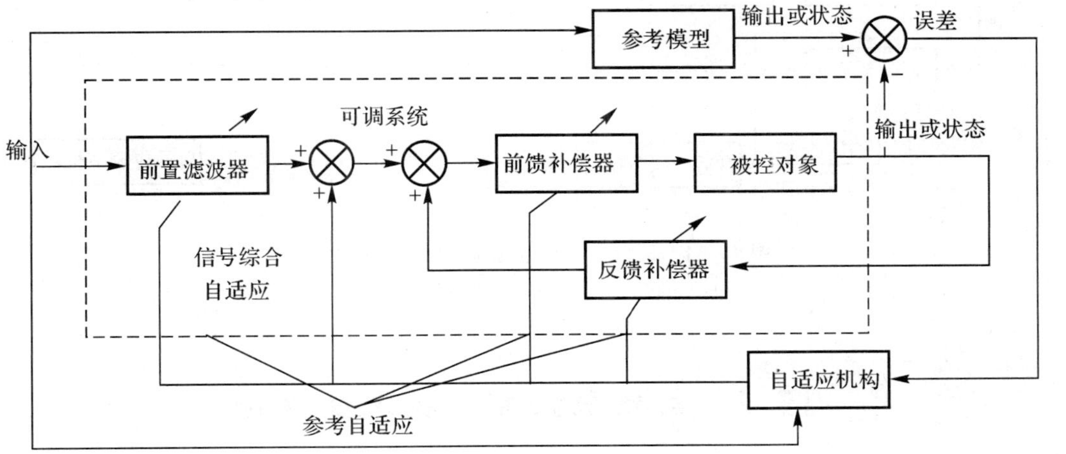

图 15－3　模型参考自适应系统基本结构图

模型参考自适应控制问题的提法可归纳为:根据获得的有关受控对象及参考模型的信息(状态、输出、误差、输入等)设计一个自适应控制律,按照该控制律自动地调整控制器的可调参数(参数自适应)或形成辅助输入信号(信号综合自适应),使可调系统的动态特性尽量接近理想的参考模型的动态特性。

需要指出的是模型跟踪控制(Model Following Control)系统指的是确定的被控对象跟踪指定的参考模型,系统中没有自适应机构。而模型参考自适应控制(Model Reference Adaptive Control)系统含有自适应调节机构。

模型参考自适应控制需在控制系统中设置一个参考模型,要求系统在运行过程中的动态响应与参考模型的动态响应相一致(状态一致或输出一致),当出现误差时便将误差信号输入给参数自动调节装置,来改变控制器参数,或产生等效的附加控制作用,使误差逐步趋于消失。一般情况下,模型参考自适应控制适用于连续被控对象的控制系统。

由图 15－3 可见,参考模型与可调系统的相互位置是并联的,因此称为并联模型参考自适应系统。这是最普遍的一种结构方案。除此之外,还有串并联方案及串联方案,其基本结构如图 15－4 所示。

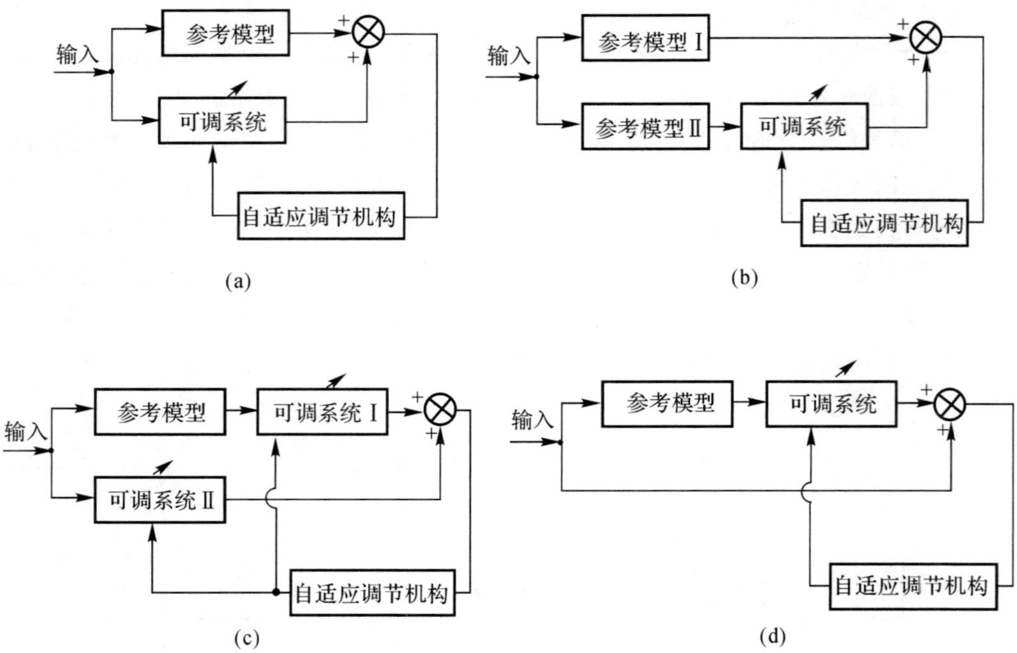

图 15-4 模型参考自适应系统的串并联结构图

(a)并联；(b)串并联；(c)串并联；(d)串联

15.2 自适应控制的稳定性理论

自适应控制的稳定性理论基础是李雅普诺夫稳定性理论和超稳定性理论。前面章节已经对李雅普诺夫稳定性理论进行了介绍，为了便于掌握自适应控制理论的学习，这里主要介绍一下超稳定性理论。

15.2.1 动态系统的正实性

正实性概念最早是在网络分析与综合中提出来的。由电阻、电容、电感和变压器等构成的无源网络总是从外界吸收能量，因而无源性表现了网络中能量的非负性，相应的传递函数是正实的。随着控制理论的不断发展，正实性概念也被引入自动控制，在自适应控制的研究中起着重要的作用。这里为了便于介绍自适应控制设计方法，就引入了正实性的相关概念和定理。

定义 15.1(正实函数) 复变量 $s=\sigma+j\omega$ 的有理函数 $W(s)$ 若满足下列条件：

(1) 当 s 为实数时，$W(s)$ 是实的；

(2) 对于所有 $\mathrm{Re}\, s>0$ 的 s，$\mathrm{Re}[W(s)]\geqslant 0$。

则函数 $W(s)$ 称为正实函数。

由于在右半开平面 $\mathrm{Re}\, s>0$ 上检验 $\mathrm{Re}[W(s)]$ 是一项繁琐的运算，所以常使用以下的等价定义。

定义 15.2(正实函数) 复变量 $s=\sigma+j\omega$ 的有理函数 $W(s)$ 若满足下列条件：

(1) 当 s 为实数时，$W(s)$ 是实的；

(2)$W(s)$ 在右半开平面 $\mathrm{Re}\, s > 0$ 上没有极点；

(3)$W(s)$ 在轴 $\mathrm{Re}\, s = 0$(即虚轴) 上，如果存在极点，则是相异的，其相应的留数为实数，且为正或为零；

(4) 对于任意的实数 $\omega(-\infty < \omega < +\infty)$，当 $s = \mathrm{j}\omega$ 不是 $W(s)$ 的极点时，有 $\mathrm{Re}[W(\mathrm{j}\omega)] \geqslant 0$。

则函数 $W(s)$ 称为正实函数。

定义 15.3(严格正实函数) 复变量 $s = \sigma + \mathrm{j}\omega$ 的有理函数 $W(s)$ 若满足下列条件：

(1) 当 s 为实数时，$W(s)$ 是实的；

(2)$W(s)$ 在右半开平面 $\mathrm{Re}\, s \geqslant 0$ 上没有极点；

(3) 对于任意的实数 $\omega(-\infty < \omega < +\infty)$，均有 $\mathrm{Re}[W(\mathrm{j}\omega)] > 0$。

则函数 $W(s)$ 称为严格正实函数。

从上述的定义可以看出，正实函数与严格正实函数之间的区别是：严格正实函数不允许 $W(s)$ 在虚轴上有极点，且对于所有实数 ω 均有 $\mathrm{Re}[W(\mathrm{j}\omega)] > 0$。

例 15-1 判断下列传递函数的正实性：

(1)$G(s) = \dfrac{1}{s+a}$，$a > 0$；

(2)$G(s) = \dfrac{b_1 s + b_0}{s^2 + a_1 s + a_0}$，$a_0, a_1, b_0, b_1$ 均为正实数。

解 (1) $G(s)$ 的极点为 $s = -a$，且

$$G(\mathrm{j}\omega) = \frac{a - \mathrm{j}\omega}{a^2 + \omega^2}$$

$$\mathrm{Re}[G(\mathrm{j}\omega)] = \frac{a}{a^2 + \omega^2} > 0$$

所以函数 $G(s)$ 不仅为正实函数，而且是严格正实函数。

(2) 可以验证，当 $a_0 > 0, a_1 > 0$ 时，$G(s)$ 在右半闭平面内无极点，且

$$G(\mathrm{j}\omega) = \frac{a_0 b_0 + (a_1 b_1 - a_0 b_0)\omega^2 + \mathrm{j}\omega[b_1(a_0 - \omega^2) - a_1 b_0]}{(a_0 - \omega^2)^2 + (a_1\omega)^2}$$

$$\mathrm{Re}[G(\mathrm{j}\omega)] = \frac{a_0 b_0 + (a_1 b_1 - a_0 b_0)\omega^2}{(a_0 - \omega^2)^2 + (a_1\omega)^2}$$

所以，当 $a_1 b_1 \geqslant a_0 b_0$ 时，$\mathrm{Re}[G(\mathrm{j}\omega)] > 0$，函数 $G(s)$ 为严格正实函数；当 $a_1 b_1 < a_0 b_0$ 时，函数 $G(s)$ 不是正实函数。

根据以上定义判定函数正实性的方法对于高阶系统很不方便，由于所研究的系统的传递函数的形式基本上都可表示为

$$G(s) = \frac{N(s)}{D(s)} \tag{15-1}$$

其中 $D(s)$ 和 $N(s)$ 都是复变量 s 的互质多项式，因而利用 $D(s)$ 和 $N(s)$ 的特性来判定传递函数 $G(s)$ 的正实性是比较方便的。

定理 15.1 如果 $G(s) = \dfrac{N(s)}{D(s)}$ 满足下列条件：

(1)$D(s)$ 和 $N(s)$ 都具有实系数；

(2)$D(s)$ 和 $N(s)$ 都是古尔维茨(Hurwitz) 多项式；

(3)$D(s)$ 与 $N(s)$ 的阶数之差不超过 ± 1；

(4) $\dfrac{1}{G(s)}$ 仍为正实函数。

则函数 $G(s)$ 称为正实函数。

为了研究多输入-多输出系统表示的传递函数矩阵的正实性问题，在讨论复变量 s 的实有理函数矩阵 $\boldsymbol{G}(s)$ 的正实性之前，首先引入埃尔米特(Hermite) 矩阵，并简单介绍其性质。

定义 15.4 (埃尔米特矩阵) 如果复变量 $s=\sigma+\mathrm{j}\omega$ 的矩阵函数 $\boldsymbol{H}(s)$ 满足下列条件：

$$\boldsymbol{H}(s)=\boldsymbol{H}^{\mathrm{T}}(\bar{s}) \tag{15-2}$$

其中，$\bar{s}$ 为 s 的共轭，则 $\boldsymbol{H}(s)$ 称为埃尔米特矩阵。

埃尔米特矩阵具有下列一些性质：

(1) 埃尔米特矩阵为一方阵，且它的对角元为实数；

(2) 埃尔米特矩阵的特征值恒为实数；

(3) 如果 $\boldsymbol{H}(s)$ 为一埃尔米特矩阵，$\boldsymbol{x}$ 为具有复数分量的向量，则二次型函数 $\boldsymbol{x}^{\mathrm{T}}\boldsymbol{H}\bar{\boldsymbol{x}}$ 恒为实数，其中 $\bar{\boldsymbol{x}}$ 为 $\boldsymbol{x}$ 的共轭。

定义 15.5(正实函数矩阵) 如果 $n\times n$ 维的实有理函数矩阵 $\boldsymbol{G}(s)$ 满足下列条件：

(1)$\boldsymbol{G}(s)$ 的所有元在右半闭平面 $\mathrm{Re}\, s>0$ 上都是解析的，即在 $\mathrm{Re}\, s>0$ 上 $\boldsymbol{G}(s)$ 没有极点；

(2)$\boldsymbol{G}(s)$ 的任何元在轴 $\mathrm{Re}\, s=0$(即虚轴) 上，如果存在极点，则是相异的，其相应的留数为半正定的埃尔米特矩阵；

(3) 对于不是 $\boldsymbol{G}(s)$ 的任何元的极点的所有实数 ω 值，矩阵 $\boldsymbol{G}(\mathrm{j}\omega)+\boldsymbol{G}^{\mathrm{T}}(-\mathrm{j}\omega)$ 为半正定的埃尔米特矩阵。

则函数矩阵 $\boldsymbol{G}(s)$ 为正实函数矩阵。

定义 15.6(严格正实函数矩阵) 如果 $n\times n$ 维的实有理函数矩阵 $\boldsymbol{G}(s)$ 满足下列条件：

(1)$\boldsymbol{G}(s)$ 的所有元在右半开平面 $\mathrm{Re}\, s\geqslant 0$ 上都是解析的，即在 $\mathrm{Re}\, s\geqslant 0$ 上 $\boldsymbol{G}(s)$ 没有极点；

(2) 对于所有实数 ω，矩阵 $\boldsymbol{G}(\mathrm{j}\omega)+\boldsymbol{G}^{\mathrm{T}}(-\mathrm{j}\omega)$ 均为正定的埃尔米特矩阵。

则函数矩阵 $\boldsymbol{G}(s)$ 为严格正实函数矩阵。

定理 15.2(卡尔曼-雅库鲍维奇－波波夫正实定理) 如果 $\boldsymbol{A},\boldsymbol{B},\boldsymbol{C},\boldsymbol{D}$ 为 $\boldsymbol{G}(s)$ 的最小实现，即系统动态方程表示为

$$\left.\begin{aligned}\dot{\boldsymbol{x}}&=\boldsymbol{A}\boldsymbol{x}+\boldsymbol{B}\boldsymbol{u}\\ \boldsymbol{y}&=\boldsymbol{C}\boldsymbol{x}+\boldsymbol{D}\boldsymbol{u}\end{aligned}\right\} \tag{15-3}$$

系统的传递函数矩阵

$$\boldsymbol{G}(s)=\boldsymbol{C}(s\boldsymbol{I}-\boldsymbol{A})^{-1}\boldsymbol{B}+\boldsymbol{D} \tag{15-4}$$

为实有理函数矩阵且 $\boldsymbol{G}(\infty)<\infty$，则 $\boldsymbol{G}(s)$ 为正实函数矩阵的充分必要条件是：存在实矩阵 $\boldsymbol{K}$，$\boldsymbol{L}$ 和实正定对称矩阵 $\boldsymbol{P}$，使得方程

$$\left.\begin{aligned}\boldsymbol{P}\boldsymbol{A}+\boldsymbol{A}^{\mathrm{T}}\boldsymbol{P}&=-\boldsymbol{L}\boldsymbol{L}^{\mathrm{T}}\\ \boldsymbol{B}^{\mathrm{T}}\boldsymbol{P}+\boldsymbol{K}^{\mathrm{T}}\boldsymbol{L}^{\mathrm{T}}&=\boldsymbol{C}\\ \boldsymbol{K}^{\mathrm{T}}\boldsymbol{K}&=\boldsymbol{D}+\boldsymbol{D}^{\mathrm{T}}\end{aligned}\right\} \tag{15-5}$$

成立。并且当

$$\boldsymbol{PA}+\boldsymbol{A}^{\mathrm{T}}\boldsymbol{P}=-\boldsymbol{LL}^{\mathrm{T}}=-\boldsymbol{Q} \tag{15-6}$$

且 $\boldsymbol{Q}=\boldsymbol{Q}^{\mathrm{T}}>0$ 时，$\boldsymbol{G}(s)$ 为严格正实函数矩阵。

特别地，若系统传递函数为 $G(s)$，满足 $G(\mathrm{j}\infty)=a$，$\{\boldsymbol{A},\boldsymbol{b},\boldsymbol{c},d\}$ 为 $G(s)$ 的一个最小实现，即

$$\left.\begin{aligned}\dot{\boldsymbol{x}}&=\boldsymbol{Ax}+\boldsymbol{b}u\\ y&=\boldsymbol{cx}+du\end{aligned}\right\} \tag{15-7}$$

则 $G(s)$ 为正实函数的充要条件是存在正定对称矩阵 $\boldsymbol{P}$ 及向量 $\boldsymbol{l}$，满足

$$\left.\begin{aligned}\boldsymbol{PA}+\boldsymbol{A}^{\mathrm{T}}\boldsymbol{P}&=-\boldsymbol{ll}^{\mathrm{T}}\\ \boldsymbol{Pb}&=\boldsymbol{c}-\boldsymbol{l}\sqrt{2d}\end{aligned}\right\} \tag{15-8}$$

一般情况下，对于输入输出间存在惯性的系统有 $d=0$，则式(15-8)可化简为

$$\left.\begin{aligned}\boldsymbol{PA}+\boldsymbol{A}^{\mathrm{T}}\boldsymbol{P}&=-\boldsymbol{ll}^{\mathrm{T}}=-\boldsymbol{Q}\\ \boldsymbol{Pb}&=\boldsymbol{c}\end{aligned}\right\} \tag{15-9}$$

以上定理证明过程略，有兴趣的读者可阅读其他书籍。

15.2.2　超稳定性理论

波波夫(Popov)在20世纪60年代提出了超稳定性理论，它是研究自适应控制系统的一个重要的稳定性理论基础。由于超稳定性问题是对绝对稳定性问题的一个扩充，因此这里将对绝对稳定性问题和超稳定性定理进行介绍。

1. 绝对稳定性问题

绝对稳定性问题所涉及的控制系统是具有普遍性的，这一类控制系统的前向通道的系统是线性定常系统，反馈回路系统是非线性环节，其结构图如图15-5所示。

反馈非线性环节的输出为

$$v=H(y) \tag{15-10}$$

且非线性环节的输入和输出满足以下关系式：

$$0\leqslant H(y)y=vy\leqslant ky^2,\quad H(0)=0 \tag{15-11}$$

其特性曲线如图15-6所示。

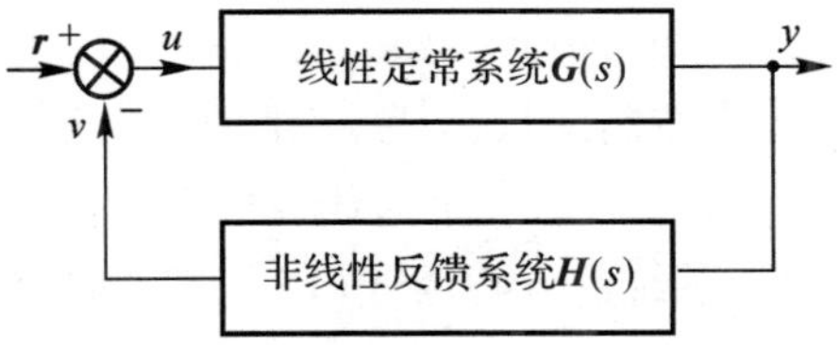

图15-5　一般的非线性反馈控制回路结构图

从图15-6可见，函数 $H(y)$ 的图形被限制在第一和第三象限中，处于横轴 $O\boldsymbol{y}$ 与直线 $u=ky$ 所组成的扇形区域内。当 $k\to\infty$ 时，扇形区域将扩大到第一和第三象限，这意味反馈控制在每一瞬间的输入和输出的乘积都大于零。将这一要求推广到多输入-多输出系统中，就要求每一非线性反馈环节的输入 y_i 与对应的输出 v_i 的乘积都不小于零，即

$$y_iv_i\geqslant 0,\quad i=1,2,\cdots,m \tag{15-12}$$

或

$$\boldsymbol{y}^{\mathrm{T}}\boldsymbol{v} \geqslant 0 \tag{15-13}$$

其中 $\boldsymbol{v}=[v_1 \quad v_2 \quad \cdots \quad v_m]^{\mathrm{T}}$，$\boldsymbol{y}=[y_1 \quad y_2 \quad \cdots \quad y_m]^{\mathrm{T}}$。

对于满足式(15-11)或式(15-13)的非线性反馈，若系统原点为平衡点时，就出现如何保证闭环系统为全局渐近稳定性的问题，这一问题称为绝对稳定性问题，有时也称为鲁里耶问题。

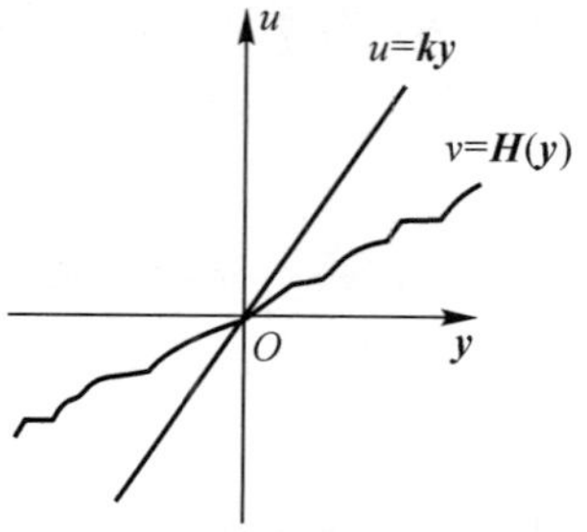

图 15-6　非线性反馈环节的特性曲线

关于系统绝对稳定性的波波夫判据很多，这里主要目的是介绍超稳定性理论，下面介绍超稳定性定理。

2. 连续系统的超稳定性

将满足式(15-11)或式(15-13)的非线性反馈特性放宽，扩大到并非每一瞬间的输入和输出的乘积都大于零，而允许在一些充分小的时间间隔中不满足要求，而在大部分时间里满足式(15-11)，则系统的输入和输出特性可用积分不等式来表示：

$$\eta(t_0,t)=\int_{t_0}^{t}\boldsymbol{v}^{\mathrm{T}}(\tau)\boldsymbol{y}(\tau)\mathrm{d}\tau \geqslant 0 \tag{15-14}$$

式(15-14)称为波波夫积分不等式，该式还可以写成下列形式：

$$\eta(t_0,t)=\int_{t_0}^{t}\boldsymbol{v}^{\mathrm{T}}(\tau)\boldsymbol{y}(\tau)\mathrm{d}\tau \geqslant -\delta \tag{15-15}$$

其中 δ 为大于 0 的常数。

对于满足式(15-14)或式(15-15)的非线性反馈，前向通道的 $\boldsymbol{G}(s)$ 满足什么条件，才能使系统闭环为全局渐近稳定性？波波夫将这一稳定性问题定义为超稳定性问题。因为波波夫积分不等式条件比式(15-11)或式(15-13)要宽，所以超稳定问题中包含了绝对稳定性问题。

下面给出超稳定性的定义和定理。

设图 15-5 中前向线性定常系统的状态空间描述为

$$\left.\begin{aligned}\dot{\boldsymbol{x}}&=\boldsymbol{Ax}+\boldsymbol{Bu}=\boldsymbol{Ax}-\boldsymbol{Bv}\\ \boldsymbol{y}&=\boldsymbol{Cx}+\boldsymbol{Du}=\boldsymbol{Cx}-\boldsymbol{Dv}\end{aligned}\right\} \tag{15-16}$$

此时 $\boldsymbol{r}=\boldsymbol{0}$，非线性反馈环节为

$$\boldsymbol{v}=\boldsymbol{h}(\boldsymbol{y},\tau,t),\quad \tau\leqslant t \tag{15-17}$$

式中，$\boldsymbol{x}$ 为 n 维状态向量；$\boldsymbol{u}$ 为 m 维控制向量；$\boldsymbol{y}$ 为 m 维输出向量；$\boldsymbol{v}$ 为 m 维反馈环节的输出向量。$(\boldsymbol{A},\boldsymbol{B})$ 能控，$(\boldsymbol{A},\boldsymbol{C})$ 能观测，$\boldsymbol{h}(\cdot)$ 表示一个非线性的向量泛函。

定义 15.7(超稳定)　设闭环系统的方程为式(15-16)和式(15-17)，如果对于满足不等式(15-15)的任何反馈控制 $\boldsymbol{v}=\boldsymbol{h}(\boldsymbol{y},\tau,t)$，存在一个正常数 δ 和一个正常数 $M>0$，使得闭环系统的所有解 $\boldsymbol{x}(t)$，满足不等式

$$\|\boldsymbol{x}(t)\|<\delta\|\boldsymbol{x}(0)\|+M \tag{15-18}$$

则称此闭环系统是超稳定的，或者称式(15-16)所描述的前向通道是超稳定的。

定义 15.8(渐近超稳定)　设闭环系统的方程为式(15-16)和式(15-17)，如果：

(1) 它是超稳定的；

(2) 对于所有满足不等式(15-15)的反馈控制 $\boldsymbol{v}=\boldsymbol{h}(\boldsymbol{y},\tau,t)$ 均有 $\lim\limits_{t\to\infty}\boldsymbol{x}(t)=\boldsymbol{0}$。

则称此闭环系统是渐近超稳定的。

定理 15.3　由式(15－16)、式(15－15)和式(15－17)所描述的闭环系统为超稳定的充分必要条件是传递函数矩阵

$$\boldsymbol{G}(s)=\boldsymbol{C}(s\boldsymbol{I}-\boldsymbol{A})^{-1}\boldsymbol{B}+\boldsymbol{D} \tag{15-19}$$

为正实传递函数矩阵。

定理 15.4　由式(15－16)、式(15－15)和式(15－17)所描述的闭环系统为渐近超稳定的充分必要条件是传递函数矩阵式(15－19)为严格正实传递函数矩阵。

3. 离散系统的超稳定性

设离散系统的动态方程为

$$\left.\begin{aligned}\boldsymbol{x}(k+1)&=\boldsymbol{G}\boldsymbol{x}(k)+\boldsymbol{H}\boldsymbol{u}(k)\\ \boldsymbol{y}(k)&=\boldsymbol{C}\boldsymbol{x}(k)+\boldsymbol{D}\boldsymbol{u}(k)\end{aligned}\right\} \tag{15-20}$$

非线性反馈环节为

$$\boldsymbol{v}(k)=\boldsymbol{h}(\boldsymbol{y},l,k),\quad l\leqslant k \tag{15-21}$$

式中，$(\boldsymbol{G},\boldsymbol{H})$能控，$(\boldsymbol{G},\boldsymbol{C})$能观测。则波波夫不等式为

$$\eta(k_0,k_N)=\sum_{k=k_0}^{k_N}\boldsymbol{v}^{\mathrm{T}}(k)\boldsymbol{y}(k)\geqslant-\delta,\delta>0 \tag{15-22}$$

同样可得以下超稳定性定理：

定理 15.5　由式(15－20)、式(15－21)和式(15－22)所描述的闭环系统为超稳定的充分必要条件是系统式(15－20)所得到的离散传递函数矩阵$\boldsymbol{G}(z)$为正实离散传递函数矩阵。

定理 15.6　由式(15－20)、式(15－21)和式(15－22)所描述的闭环系统为渐近超稳定的充分必要条件是系统式(15－20)所得到的离散传递函数矩阵$\boldsymbol{G}(z)$为严格正实离散传递函数矩阵。

15.3　自校正控制

在飞行器控制和许多工业过程控制中，被控对象的参数往往随工作环境的改变而不断变化，而传统的PID控制器不能使这类控制对象获得良好的控制性能，主要原因是PID控制器参数很难适应于参数随时间变化的情况，而自校正控制正好可以解决这一问题。

自校正控制系统基于对被控对象数学模型进行在线辨识，然后按照给定的性能指标，在线地综合给出最优控制规律。由于自校正控制既能完成系统的调节任务，也能完成伺服跟踪任务。因此，自校正控制便于工程实现，在许多领域内都获得应用，有着广阔的应用前景。

本节针对自校正控制器设计问题，主要介绍最小方差自校正调节器、最小方差自校正跟踪控制器和极点配置自校正调节器。

15.3.1　系统模型

在控制系统分析中，经常使用如下两类数学模型：

(1) 输入-输出模型：用微分方程及差分方程或传递函数表示。一般适合于描述线性定常的比较简单的工业系统模型。

(2) 状态空间模型:用连续或离散的状态方程表示。常用来描述比较复杂的系统,更适合于描述非线性时变系统。

为了便于学习自校正控制器,这里所讨论的被控对象是线性定常单输入-单输出离散时间系统,该系统的输入输出模型为

$$y(k)+a'_1y(k-1)+a'_2y(k-2)+\cdots+a'_ry(k-r)=$$
$$b'_0u(k-m)+b'_1u(k-m-1)+\cdots+b'_ru(k-m-r) \quad (15-23)$$

式中,k 表示采样时刻序列;m 表示控制对输出的传输延时。如引入一步延时算子 q^{-1},即

$$y(k-1)=q^{-1}y(k),\quad u(k-1)=q^{-1}u(k)$$

则式(15-23)可表示为

$$y(k)+a'_1q^{-1}y(k)+\cdots+a'_rq^{-r}y(k)=$$
$$b'_0u(k-m)+b'_1q^{-1}u(k-m)+\cdots+b'_rq^{-r}u(k-m) \quad (15-24)$$

写成简式为

$$A_1(q^{-1})y(k)=B_1(q^{-1})u(k-m) \quad (15-25)$$

式中

$$A_1(q^{-1})=1+a'_1q^{-1}+\cdots+a'_rq^{-r} \quad (15-26a)$$

$$B_1(q^{-1})=b'_0+b'_1q^{-1}+\cdots+b'_rq^{-r} \quad (15-26b)$$

$$y(k)=\frac{B_1(q^{-1})}{A_1(q^{-1})}u(k-m)=\frac{B_1(q^{-1})}{A_1(q^{-1})}q^{-m}u(k) \quad (15-26c)$$

其中,$\dfrac{B_1(q^{-1})}{A_1(q^{-1})}q^{-m}$ 为系统脉冲传递函数。

如果系统存在随机干扰,则有

$$y(k)=\frac{B_1(q^{-1})}{A_1(q^{-1})}u(k-m)+v(k) \quad (15-27)$$

式中,$v(k)$ 可以是有色噪声,设其为平稳随机过程,则可以看成为白噪声通过成形滤波器的输出,成形滤波器的脉冲传递函数 $H(q^{-1})$ 可以由 $v(k)$ 的功率谱密度 $S_v(\omega)$ 进行谱分解求得,即

$$S_v(\omega)=H(e^{j\omega})H(e^{-j\omega}) \quad (15-28)$$

故随机干扰 $v(k)$ 的数学模型可表示为

$$v(k)=H(q^{-1})e(k) \quad (15-29)$$

式中,$e(k)$ 为白噪声。$H(q^{-1})$ 一般为分式多项式:

$$H(q^{-1})=\frac{C_1(q^{-1})}{A_2(q^{-1})} \quad (15-30)$$

代入系统模型,则得

$$y(k)=\frac{B_1(q^{-1})}{A_1(q^{-1})}u(k-m)+\frac{C_1(q^{-1})}{A_2(q^{-1})}e(k) \quad (15-31)$$

等式两边乘 $A_1(q^{-1})$,$A_2(q^{-1})$,则得

$$A(q^{-1})y(k)=B(q^{-1})u(k-m)+C(q^{-1})e(k) \quad (15-32)$$

这里

$$A(q^{-1})=A_1(q^{-1})A_2(q^{-1})=1+a_1q^{-1}+\cdots+a_nq^{-n} \quad (15-33a)$$

$$B(q^{-1})=A_2(q^{-1})B_1(q^{-1})=b_0+b_1q^{-1}+\cdots+b_nq^{-n}\quad(b_0\neq 0)\tag{15-33b}$$

$$C(q^{-1})=A_1(q^{-1})C_1(q^{-1})=c_0+c_1q^{-1}+\cdots+c_nq^{-n}\tag{15-33c}$$

在辨识中，这类模型称为被控自回归滑动平均模型 CARMA。

15.3.2　最小方差自校正调节器

1. 被控对象模型已知时的最小方差自校正调节器

设已知线性定常单输入-单输出受控系统在随机扰动作用下的数学模型如式(15-32)和式(15-33)，这里要求设计一个最优控制器，使随机输出的稳态方差

$$J=E\{[y(k+m)-\bar{y}(k+m)]^2\}\tag{15-34}$$

为最小。式中，$\bar{y}(k+m)$为确定性输出。

这里的最优控制规律$u(k)$应为已测得的输出序列$y^k=\{y(k),y(k-1),\cdots,y(0)\}$的线性函数，以便于实现闭环控制。

由式(15-32)有

$$y(k+m)=\frac{B(q^{-1})}{A(q^{-1})}u(k)+\frac{C(q^{-1})}{A(q^{-1})}e(k+m)\tag{15-35}$$

将$C(q^{-1})/A(q^{-1})$用长除法或待定系数法进行如下分解：

$$\frac{C(q^{-1})}{A(q^{-1})}=D(q^{-1})+q^{-m}\frac{E(q^{-1})}{A(q^{-1})}\tag{15-36}$$

式中$D(q^{-1})$为$C(q^{-1})/A(q^{-1})$的商式，$q^{-m}E(q^{-1})/A(q^{-1})$为$C(q^{-1})/A(q^{-1})$的余式，于是有

$$\begin{aligned}y(k+m)&=\frac{B(q^{-1})}{A(q^{-1})}u(k)+D(q^{-1})e(k+m)+(q^{-m})\frac{E(q^{-1})}{A(q^{-1})}e(k+m)=\\&\frac{B(q^{-1})}{A(q^{-1})}u(k)+D(q^{-1})e(k+m)+\frac{E(q^{-1})}{A(q^{-1})}e(k)\end{aligned}\tag{15-37}$$

经以上分解，如果$D(q^{-1})$的阶次为$(m-1)$，$E(q^{-1})$的阶次为$(n-1)$，则

(1)$D(q^{-1})e(k+m)$与y^k独立。说明如下：

设$D(q^{-1})$为$(m-1)$阶，则

$$D(q^{-1})=1+d_1q^{-1}+d_2q^{-2}+\cdots+d_{m-1}q^{-(m-1)}\tag{15-38}$$

$$D(q^{-1})e(k+m)=e(k+m)+d_1e(k+m-1)+\cdots+d_{m-1}e(k+1)\tag{15-39}$$

可见该项表示未来的干扰序列，显然，与已得的测量序列y^k是独立的。

(2) $q^{-m}\dfrac{E(q^{-1})}{A(q^{-1})}e(k+m)$与$y^k$不独立。说明如下：

设$E(q^{-1})$为$(n-1)$阶，则

$$E(q^{-1})=\alpha_0+\alpha_1q^{-1}+\cdots+\alpha_{n-1}q^{-(n-1)}\tag{15-40}$$

$$q^{-m}E(q^{-1})=\alpha_0q^{-m}+\alpha_1q^{-(m+1)}+\cdots+\alpha_{n-1}q^{-(n+m-1)}\tag{15-41}$$

$$q^{-m}E(q^{-1})e(k+m)=\alpha_0e(k)+\alpha_1e(k-1)+\cdots+\alpha_{n-1}e(k-n+1)\tag{15-42}$$

可见该项表示现在及过去的干扰序列，显然与已得的测量序列y^k不独立。

设$A(q^{-1})$及$C(q^{-1})$的所有零点均在单位圆内，即它们均为稳定q^{-1}的多项式，则由式(15-35)可得

$$e(k)=\frac{A(q^{-1})}{C(q^{-1})}y(k)-q^{-m}\frac{B(q^{-1})}{C(q^{-1})}u(k)\tag{15-43}$$

代入式(15-37)得

$$y(k+m)=D(q^{-1})e(k+m)+\frac{B(q^{-1})}{A(q^{-1})}u(k)+\frac{E(q^{-1})}{A(q^{-1})}\left[\frac{A(q^{-1})}{C(q^{-1})}y(k)-q^{-m}\frac{B(q^{-1})}{C(q^{-1})}u(k)\right]=$$

$$D(q^{-1})e(k+m)+\frac{E(q^{-1})}{C(q^{-1})}y(k)+\frac{B(q^{-1})}{C(q^{-1})}\left[\frac{C(q^{-1})}{A(q^{-1})}-q^{-m}\frac{E(q^{-1})}{A(q^{-1})}\right]u(k)=$$

$$D(q^{-1})e(k+m)+\frac{E(q^{-1})}{C(q^{-1})}y(k)+\frac{B(q^{-1})}{C(q^{-1})}D(q^{-1})u(k) \tag{15-44}$$

式中，$y(k+m)$ 为 m 步超前预测量；$e(k+m)$ 为 m 步超前干扰量。

这里假设输出量的设定值 $\bar{y}(k+m)=0$，即拟设计一个调节器，使输出量的方差尽量地小，可将式(15-44)代入性能指标，有

$$J=E\{[y(k+m)]^2\}=$$

$$E\left\{\left[D(q^{-1})e(k+m)+\frac{E(q^{-1})}{C(q^{-1})}y(k)+\frac{B(q^{-1})}{C(q^{-1})}D(q^{-1})u(k)\right]^2\right\}=$$

$$E\{[D(q^{-1})e(k+m)]^2\}+E\left\{\left[\frac{E(q^{-1})}{C(q^{-1})}y(k)+\frac{B(q^{-1})}{C(q^{-1})}D(q^{-1})u(k)\right]^2\right\}+$$

$$2E\left\{[D(q^{-1})e(k+m)]\left[\frac{E(q^{-1})}{C(q^{-1})}y(k)+\frac{B(q^{-1})}{C(q^{-1})}D(q^{-1})u(k)\right]\right\} \tag{15-45}$$

已知 $D(q^{-1})e(k+m)$ 与 y^k 独立，又因假设 $u(k)$ 为 y^k 的线性函数，因此 $D(q^{-1})e(k+m)$ 与 $u(k)$ 独立，等式右边第三项可表示为

$$2E\left\{D(q^{-1})e(k+m)\left[\frac{E(q^{-1})}{C(q^{-1})}y(k)+\frac{B(q^{-1})}{C(q^{-1})}D(q^{-1})u(k)\right]\right\}=$$

$$2E\{D(q^{-1})e(k+m)\}E\left\{\frac{E(q^{-1})}{C(q^{-1})}y(k)+\frac{B(q^{-1})}{C(q^{-1})}D(q^{-1})u(k)\right\} \tag{15-46}$$

已知 $e(k+m)$ 为白噪声，故

$$E\{D(q^{-1})e(k+m)\}=0 \tag{15-47}$$

因此，式(15-45)右边第三项等于零。其次，右边第一项与控制序列无关，它是不能控的。等式右边第二项为非负值，因此为使指标函数最小，应取控制序列满足：

$$\frac{E(q^{-1})}{C(q^{-1})}y(k)+\frac{B(q^{-1})}{C(q^{-1})}D(q^{-1})u(k)=0 \tag{15-48}$$

由此可得最优控制序列为

$$u(k)=-\frac{E(q^{-1})}{B(q^{-1})D(q^{-1})}y(k) \tag{15-49}$$

相应的指标函数最小值为

$$J_{\min}=E\{[D(q^{-1})e(k+m)]^2\} \tag{15-50}$$

如设 $e(k)$ 为平稳白噪声，其方差为 $E[e^2(k)]=\delta^2$，则得

$$J_{\min}=(1+d_1^2+\cdots+d_{m-1}^2)\delta^2 \tag{15-51}$$

这样，就得到了为输出序列线性函数的最优控制规律，因此可以很方便地实现闭环控制。其结构图如图 15-7 所示。

2. 被控对象模型未知时的最小方差自校正调节器

以上讨论的是被控对象的模型为已知的情况，它属于随机控制问题。最小方差自校正调节器还能解决的问题是当被控对象参数未知时的最小方差控制问题。这里，首先应该通过适

当的方法进行参数估计，然后以参数的估值来代替实际的参数，按最小方差指标综合最优控制规律。

按照参数估计模型的不同，最小方差自校正调节器可分为显式及隐式两种：

(1) 显式最小方差自校正调节器：它是直接对式(15-35)中的多项式 A,B,C 的参数进行估计，然后用这些参数估值进一步计算最小方差调节器中的多项式 E 及 D 的参数估值，最后求得最优控制 $u(k)$。

(2) 隐式最小方差自校正调节器：它并不直接对式(15-35)中的多项式 A,B,C 的参数进行估计，而是直接对最小方差调节器中的多项式 E 及乘积多项式 BD 的参数进行估计。由此可见，隐式最小方差自校正调节器可以省略由 A,B,C 至 E,D 参数估计的计算工作，从而使计算更为简化。要指出的是，当采用其他性能指标(如二次型性能指标)时，这一步往往是不能省略的。

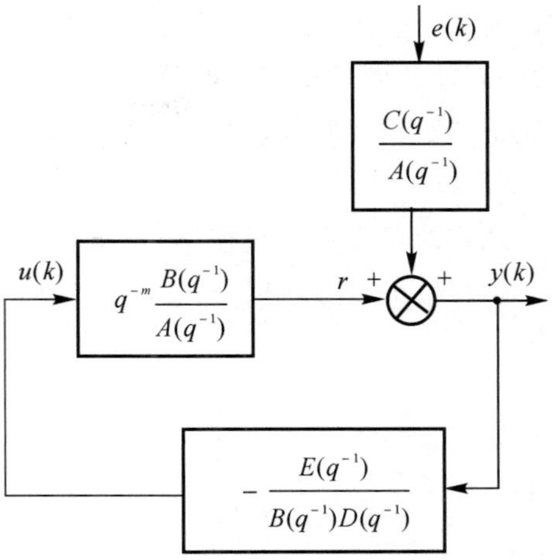

图 15-7　最小方差控制系统结构图

下面，着重讨论隐式最小方差自校正调节器。

根据最小方差控制律，已知

$$u(k)=-\frac{E(q^{-1})}{B(q^{-1})D(q^{-1})}y(k)$$

$$E(q^{-1})=\alpha_0+\alpha_1 q^{-1}+\cdots+\alpha_{n-1}q^{-(n-1)}$$

$$D(q^{-1})=1+d_1 q^{-1}+\cdots+d_{m-1}q^{-(m-1)}$$

则

$$B(q^{-1})D(q^{-1})=(b_0+b_1q^{-1}+\cdots+b_nq^{-n})(1+d_1q^{-1}+\cdots+d_{m-1}q^{-(m-1)})=$$
$$-\beta_0-\beta_1q^{-1}-\cdots-\beta_{n+m-1}q^{-(n+m-1)} \tag{15-52}$$

由此可得

$$[\beta_0+\beta_1q^{-1}+\cdots+\beta_{n+m-1}q^{-(n+m-1)}]u(k)=[\alpha_0+\alpha_1q^{-1}+\cdots+\alpha_{n-1}q^{-(n-1)}]y(k) \tag{15-53}$$

$$u(k)=\frac{1}{\beta_0}[\alpha_0 y(k)+\alpha_1 y(k-1)+\cdots+\alpha_{n-1}y(k-n+1)+$$
$$\beta_1 u(k-1)+\cdots+\beta_{n+m-1}u(k-n-m+1)] \tag{15-54}$$

接下来的任务是对 α_i 及 β_i 进行估计。这里，β_0 是根据经验设定或用试验方法事先测定的。

为了估计参数 α_i 及 β_i，假设一个预报模型如下：

$$y(k+m+1)+\alpha_0 y(k)+\alpha_1 y(k-1)+\cdots+\alpha_{n-1}y(k-n+1)=$$
$$\beta_0 u(k)+\beta_1 u(k-1)+\cdots+\beta_{n+m-1}u(k-n-m+1)+e(k+m+1) \tag{15-55}$$

这个预报模型具有以下特点：

(1) 它是由最小方差控制律的未知参数 α_i 及 β_i 组成的，因此，求出这个模型的参数估计后，就可直接求出控制律。

(2) 这个模型的形式与实际模型是不同的，但是当采用如上形式的最小方差控制律时，输出预报值等于模型残差，并为白噪声

$$y(k+m+1)=e(k+m+1)$$

如前所述，这时为最小方差控制。因此，虽然采用了不同的预报模型，只要调节器具有自校正特性，就能达到最小方差控制的效果。所谓自校正调节器的自校正特性，即只要自校正调节器的递推参数估计收敛，则自校正调节器具有与对象参数已知时最小方差调节器相同的统计特性（证明略）。

现在就可根据预报模型来对未知参数 α_i 及 β_i 进行估计。式(15-55)可表示成如下形式：

$$y(k+m+1)=[-y(k),-y(k-1),\cdots,-y(k-n+1)\quad u(k),u(k-1),\cdots,u(k-n-m+1)]\begin{bmatrix}\alpha_0\\ \vdots\\ \alpha_{n-1}\\ \beta_0\\ \beta_1\\ \vdots\\ \beta_{n+m-1}\end{bmatrix}+e(k+m+1) \tag{15-56}$$

如果被控对象是定常的，即参数 α_i,β_i 为未知常数，则式(15-56)可表示成

$$y(k)=\boldsymbol{x}^{\mathrm{T}}(k-m-1)\boldsymbol{\theta}+e(k) \tag{15-57}$$

式中

$$\begin{aligned}\boldsymbol{x}^{\mathrm{T}}(k-m-1)=[&-y(k-m-1),-y(k-m-2),\cdots,\\ &-y(k-n-m),u(k-m-1),u(k-m-2),\cdots,u(k-n-2m)]\end{aligned} \tag{15-58}$$

$$\boldsymbol{\theta}^{\mathrm{T}}=[\alpha_0,\cdots,\alpha_{n-1},\beta_0,\beta_1,\cdots,\beta_{n+m-1}] \tag{15-59}$$

至此，就可用各种估计方法来估计未知参数 $\boldsymbol{\theta}$。一般常用比较简单的递推最小二乘法，递推算法如下：

$$\boldsymbol{\theta}(k-1)=\boldsymbol{\theta}(k)+\boldsymbol{K}(k)[y(k)-\boldsymbol{x}^{\mathrm{T}}(k-m-1)\boldsymbol{\theta}(k)] \tag{15-60}$$

$$\boldsymbol{K}(k)=\boldsymbol{P}(k)\boldsymbol{x}(k-m-1)[1+\boldsymbol{x}^{\mathrm{T}}(k-m-1)\boldsymbol{P}(k)\boldsymbol{x}(k-m-1)]^{-1} \tag{15-61}$$

$$\boldsymbol{P}(k+1)=\boldsymbol{P}(k)-\boldsymbol{K}(k)[1+\boldsymbol{x}^{\mathrm{T}}(k-m-1)\boldsymbol{P}(k)\boldsymbol{x}(k-m-1)]\boldsymbol{K}^{\mathrm{T}}(k) \tag{15-62}$$

求得估值 $\boldsymbol{\theta}$ 后，即可直接代入式(15-49)得到最优控制律。

最小方差自校正调节器虽然结构及算法比较简单，但存在着一些缺点，主要是对非最小相位对象不适用，因为在求解过程中必须满足 A,B,C 多项式的所有极点均位于单位圆内。A,C 的极点在单位圆内是保证系统稳定及预测 $y(k+m+1)$ 的稳定所要求的；当 $B(q^{-1})$ 的部分零点在单位圆外时，则控制规律式(15-49)将具有不稳定的极点，调节器将呈现不稳定，虽然这时整个系统的传递函数为

$$G(q^{-1})=\frac{\dfrac{C(q^{-1})}{A(q^{-1})}}{1+q^{-m}\dfrac{B(q^{-1})}{A(q^{-1})}\dfrac{E(q^{-1})}{B(q^{-1})D(q^{-1})}}=\frac{D(q^{-1})C(q^{-1})}{A(q^{-1})D(q^{-1})+q^{-m}E(q^{-1})}$$

其中调节器的 $B(q^{-1})$ 的极点已被被控对象的 $B(q^{-1})$ 的零点对消，似乎 $B(q^{-1})$ 的不稳定零点将对整个系统不起影响，但实际上这种精确的对消是达不到的。为了解决这个问题，途径之一是修正性能指标，即将纯最小方差指标 $E(y^2)$ 改成包含控制能量的指标，即

$$J = E\{y^2(k+m) + \mu u^2(k)\} \tag{15-63}$$

这里，μ 是对控制作用的加权。对应以上性能指标最小求出的最优控制律称为广义最小方差控制律。下面就来推导这个控制律。

将式(15-44)代入性能指标 J，则得

$$J = E\left\{\left[D(q^{-1})e(k+m) + \frac{E(q^{-1})}{C(q^{-1})}y(k) + \frac{B(q^{-1})D(q^{-1})}{C(q^{-1})}u(k)\right]^2 + \mu u^2(k)\right\} =$$

$$E\{[D(q^{-1})e(k+m)]^2\} + E\left\{\left[\frac{E(q^{-1})}{C(q^{-1})}y(k) + \frac{B(q^{-1})D(q^{-1})}{C(q^{-1})}u(k)\right]^2\right\} + E\{\mu u^2(k)\} =$$

$$\delta^2(1 + d_1^2 + \cdots + d_{m-1}^2) + E\left\{\left[\frac{E(q^{-1})}{C(q^{-1})}y(k) + \frac{B(q^{-1})D(q^{-1})}{C(q^{-1})}u(k)\right]^2 + \mu u^2(k)\right\} \tag{15-64}$$

为使 J 达到最小，求 J 关于 u 的导数，并令其等于零，得

$$\frac{\partial J}{\partial u} = 2\left[\frac{E(q^{-1})}{C(q^{-1})}y(k) + \frac{B(q^{-1})D(q^{-1})}{C(q^{-1})}u(k)\right]b_0 + 2\mu u(k) = 0 \tag{15-65}$$

式中，b_0 为 $B(q^{-1})D(q^{-1})/C(q^{-1})$ 展开后的首项。解式(15-65)，最后得

$$u(k) = -\frac{E(q^{-1})}{B(q^{-1})D(q^{-1}) + \frac{\mu}{b_0}C(q^{-1})}y(k) \tag{15-66}$$

由此可见，适当选择加权 μ，可以对调节器的极点进行调整，使调节器达到稳定。广义最小方差控制的另一作用是它能限制控制作用过大的现象发生。广义最小方差自校正调节器的结构如图 15-8 所示。由于这时受控对象的参数是未知的，因此同样需要进行对象参数的在线估计。

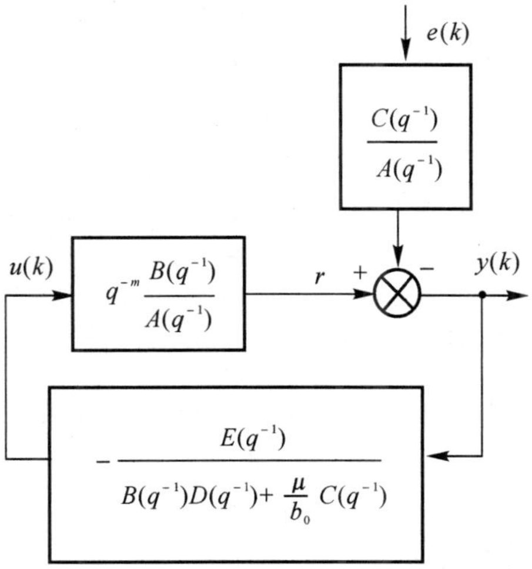

图 15-8　广义最小方差自校正调节器结构图

例 15-2　设系统模型为

$$A(q^{-1})y(k) = q^{-m}B(q^{-1})u(k) + C(q^{-1})e(k)$$

已知

$$A(q^{-1}) = 1 - 1.7q^{-1} + 0.7q^{-2},\quad B(q^{-1}) = 1 + 0.5q^{-1}$$

$$C(q^{-1}) = 1 + 1.5q^{-1} + 0.9q^{-2}$$

性能指标为

$$J = E\{y^2(k)\}$$

求最优控制规律。

解　由已知多项式可求得 $E(q^{-1})$ 及 $D(q^{-1})$，由式(15-36)知

$$C(q^{-1})=D(q^{-1})A(q^{-1})+q^{-m}E(q^{-1}) \tag{15-67}$$

(1) 设 $m=1$，则 $D(q^{-1})$ 为 $m-1=0$ 阶，即 $D(q^{-1})=1$；$E(q^{-1})$ 为 $n-1=1$ 阶，即 $E(q^{-1})=\alpha_0+\alpha_1 q^{-1}$。代入式(15-67)，则得

$$1+1.5q^{-1}+0.9q^{-2}=(1-1.7q^{-1}+0.7q^{-2})+q^{-1}(\alpha_0+\alpha_1 q^{-1})$$

令对应阶次的系数相等，可解得

$$\alpha_0=3.2,\quad \alpha_1=0.2$$

代入最优控制律：

$$u(k)=-\frac{E(q^{-1})}{B(q^{-1})D(q^{-1})}y(k)=-\frac{3.2+0.2q^{-1}}{1+0.5q^{-1}}y(k)$$

故

$$u(k)=-3.2y(k)-0.2y(k-1)-0.5u(k-1)$$

控制误差为

$$\bar{y}(k)=D(q^{-1})e(k+m)=e(k)$$

这里，假设 $e(k)$ 为平稳白噪声。

(2) 设 $m=2$，则

$$D(q^{-1})=1+d_1 q^{-1},\quad E(q^{-1})=\alpha_0+\alpha_1 q^{-1}$$

代入式(15-67)，得

$$1+1.5q^{-1}+0.9q^{-2}=(1+d_1 q^{-1})(1-1.7q^{-1}+0.7q^{-2})+q^{-1}(\alpha_0+\alpha_1 q^{-1})$$

令对应阶次的系数相等，可解得

$$d_1=3.2,\quad \alpha_0=5.64,\quad \alpha_1=-2.24$$

代入最优控制律：

$$u(k)=-\frac{5.64-2.24q^{-1}}{(1+0.5q^{-1})(1+3.2q^{-1})}y(k)$$

故

$$u(k)=-5.64y(k)+2.24y(k-1)-3.7u(k-1)-1.6u(k-2)$$

控制误差为

$$\bar{y}(k)=(1+3.2q^{-1})e(k+m)=e(k+m)+3.2e(k+m-1)=4.2e(k)$$

显然，由于系统延时增加，使 $\bar{y}(k)$ 增加了，从而使性能变坏。

当被控对象的参数未知时，可用上面的参数估计方法求出其估值，然后代入式(15-66)求得自校正调节器。

15.3.3 最小方差自校正跟踪控制器

当要求系统输出能很好地跟踪某一参考输入 $R(k)$ 时，就提出了自校正跟踪控制问题。

设受控对象动态方程为

$$A(q^{-1})y(k)=B(q^{-1})u(k-m)+C(q^{-1})e(k) \tag{15-68}$$

各系数多项式如前定义。性能指标为

$$J=E\{[y(k+m)-KR(k)]^2+\mu u^2(k)\} \tag{15-69}$$

式中，$KR(k)$ 为与参考输入 $R(k)$ 对应的系统理想参考输出，K 为跟踪比例系数。同样因为系统实际存在的延时，与广义最小方差自校正调节器相同，引入了 $\mu u^2(k)$。因此，这是一个广义最小方差自校正控制器的指标函数。为求广义最小方差控制律，受控对象方程可写成

$$y(k+m)=D(q^{-1})e(k+m)+\frac{E(q^{-1})}{C(q^{-1})}y(k)+\frac{B(q^{-1})D(q^{-1})}{C(q^{-1})}u(k) \tag{15-70}$$

代入性能指标，有

$$J=E\left\{\left[D(q^{-1})e(k+m)+\frac{E(q^{-1})}{C(q^{-1})}y(k)+\frac{B(q^{-1})D(q^{-1})}{C(q^{-1})}u(k)-KR(k)\right]^2+\mu u^2(k)\right\}=$$
$$E\{[D(q^{-1})e(k+m)]^2\}+E\left\{\left[\frac{E(q^{-1})}{C(q^{-1})}y(k)+\frac{B(q^{-1})D(q^{-1})}{C(q^{-1})}u(k)-KR(k)\right]^2\right\}+$$
$$2E\left\{[D(q^{-1})e(k+m)]\left[\frac{E(q^{-1})}{C(q^{-1})}y(k)+\frac{B(q^{-1})}{C(q^{-1})}D(q^{-1})u(k)-KR(k)\right]\right\}+$$
$$E\{\mu u^2(k)\} \tag{15-71}$$

由于 $D(q^{-1})e(k+m)$ 与 $y(k)$，$u(k)$ 及 $R(k)$ 不相关，式(15-71)第三项等于零，且第一项为

$$E\{[D(q^{-1})e(k+m)]^2\}=\sigma^2(1+d_1^2+\cdots+d_{m-1}^2) \tag{15-72}$$

故

$$J=\sigma^2(1+d_1^2+\cdots+d_{m-1}^2)+$$
$$E\left\{\left[\frac{E(q^{-1})}{C(q^{-1})}y(k)+\frac{B(q^{-1})D(q^{-1})}{C(q^{-1})}u(k)-KR(k)\right]^2+\mu u^2(k)\right\} \tag{15-73}$$

求 J 对 $u(k)$ 的偏导数，并令其等于零可得

$$\frac{\partial J}{\partial u(k)}=E\left\{2\left[\frac{E(q^{-1})}{C(q^{-1})}y(k)+\frac{B(q^{-1})D(q^{-1})}{C(q^{-1})}u(k)-KR(k)\right]b_0+2\mu u(k)\right\}=0 \tag{15-74}$$

故跟踪控制器为

$$u(k)=\frac{KC(q^{-1})R(k)-E(q^{-1})y(k)}{B(q^{-1})D(q^{-1})+\frac{\mu}{b_0}C(q^{-1})} \tag{15-75}$$

由于受控对象的参数未知，因此，同样需要进行对象参数的在线估计。广义最小方差自校正跟踪控制器结构图如图15-9所示。

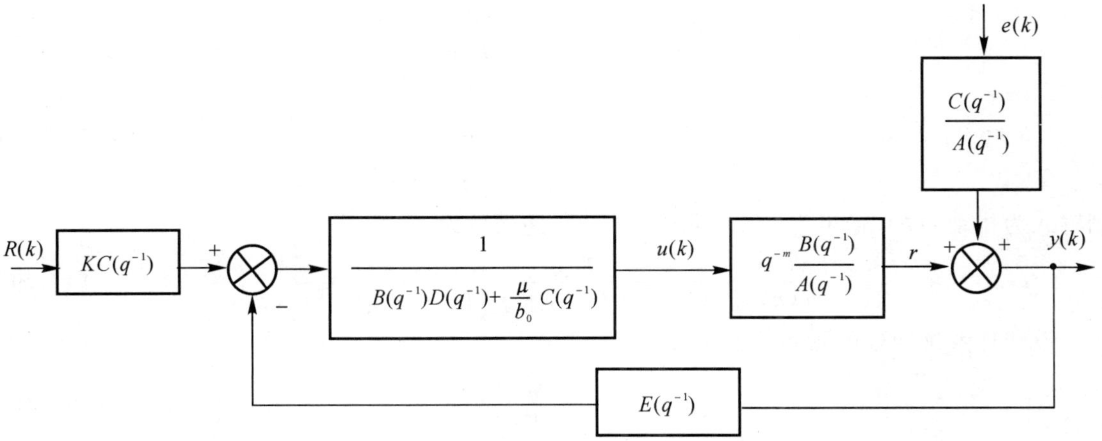

图15-9　广义最小方差自校正跟踪控制器结构图

例15-3　设系统方程为

$$A(q^{-1})y(k)=q^{-m}B(q^{-1})u(k)+C(q^{-1})e(k)$$

已知

$$A(q^{-1})=1-1.5q^{-1}+0.7q^{-2},\quad B(q^{-1})=1+0.5q^{-1},\quad C(q^{-1})=1-0.5q^{-1},m=1$$

性能指标为

$$J=E\{[y^2(k)-R(k)]^2+0.5u^2(k)\}$$

求最优控制律。

解 已知$D(q^{-1})$为$m-1$阶，$E(q^{-1})$为$n-1$阶，故$D(q^{-1})=1$，$E(q^{-1})=\alpha_0+\alpha_1 q^{-1}$。代入

$$C(q^{-1})=D(q^{-1})A(q^{-1})+q^{-1}E(q^{-1})$$

得

$$1-0.5q^{-1}=(1-1.5q^{-1}+0.7q^{-2})+q^{-1}(\alpha_0+\alpha_1 q^{-1})$$

令对应阶次的系数相等，可解得

$$\alpha_0=1,\quad \alpha_1=-0.7$$

若令：$\mu=0.5$，$b_0=1$，$K=1$，代入式(15-75)，可得最优控制律为

$$u(k)=\frac{(1-0.5q^{-1})R(k)-(1-0.7q^{-1})y(k)}{1+0.5q^{-1}+0.5(1-0.5q^{-1})}=$$

$$\frac{1}{1.5}[-y(k)+0.7y(k-1)+R(k)-0.5R(k-1)-0.25u(k-1)]$$

如果对象模型未知，则需进行参数的在线估计，最后得到自校正控制器。

15.3.4 极点配置自校正调节器

由于最小方差自校正调节器不适用于非最小相位受控对象，解决此问题的另一种途径是按闭环系统期望的动态响应来重新配置极点，称此为极点配置自校正调节器。下面来研究它的基本算法。

假设受控对象方程为

$$y(k)=\frac{B(q^{-1})}{A(q^{-1})}q^{-m}u(k)+\frac{C(q^{-1})}{A(q^{-1})}e(k) \tag{15-76}$$

要求所设计的调节器脉冲传递函数为

$$W(q^{-1})=\frac{u(k)}{y(k)}=\frac{G(q^{-1})}{F(q^{-1})} \tag{15-77}$$

式中

$$G(q^{-1})=g_0+g_1q^{-1}+\cdots+g_rq^{-r} \tag{15-78a}$$

$$F(q^{-1})=1+f_1q^{-1}+\cdots+f_\mu q^{-\mu} \tag{15-78b}$$

则输入为扰动$e(k)$，输出为$y(k)$的闭环脉冲传递函数为

$$\frac{y(k)}{e(k)}=\frac{F(q^{-1})C(q^{-1})}{A(q^{-1})F(q^{-1})+q^{-m}B(q^{-1})G(q^{-1})} \tag{15-79}$$

设闭环系统期望的脉冲传递函数为

$$\Phi(q^{-1})=\frac{Q(q^{-1})}{P(q^{-1})} \tag{15-80}$$

式中，$P(q^{-1})$根据期望的闭环极点位置确定，$Q(q^{-1})$一般可取调节器脉冲传递函数的分母多项式$F(q^{-1})$，即$Q(q^{-1})=F(q^{-1})$，于是有

$$\frac{F(q^{-1})C(q^{-1})}{A(q^{-1})F(q^{-1})+q^{-m}B(q^{-1})G(q^{-1})}=\frac{F(q^{-1})}{P(q^{-1})} \tag{15-81}$$

故

$$A(q^{-1})F(q^{-1})+q^{-m}B(q^{-1})G(q^{-1})=P(q^{-1})C(q^{-1}) \tag{15-82}$$

这里的任务就是寻找多项式$F(q^{-1})$及$G(q^{-1})$，使闭环系统的极点配置在期望的位置上。由

于对象的参数未知，需要假设一个预报模型来逼近对象的实际模型，然后对预报模型的参数进行在线估计。

设预报模型为

$$y(k)=A^{*}(q^{-1})y(k)+B^{*}(q^{-1})u(k)+\xi(k) \tag{15-83}$$

式中

$$A^{*}(q^{-1})=a_1q^{-1}+\cdots+a_nq^{-n} \tag{15-84a}$$

$$B^{*}(q^{-1})=\beta_1q^{-1}+\cdots+\beta_{n+m}q^{-(n+m)} \tag{15-84b}$$

其中 m 是考虑了传输的延时，$\xi(k)$ 为白噪声。这样，就可用递推最小二乘法对 $A^{*}(q^{-1})$，$B^{*}(q^{-1})$ 的参数进行在线估计，并将估值代入式(15-82)得

$$A^{*}(q^{-1})F(q^{-1})+q^{-m}B^{*}(q^{-1})G(q^{-1})=P(q^{-1}) \tag{15-85}$$

这里，初步假设 $C(q^{-1})=1$，这样假设虽然不一定符合事实，但经控制作用，调节器最终能达到希望的调节规律，闭环系统极点能达到期望的位置。令式(15-85)两边 q^{-1} 的相同幂次项的系数相等，可获得一组线性方程，解出 $\{f_1,f_2,\cdots,f_\mu\}$，$\{g_1,g_2,\cdots,g_r\}$。于是便确定了调节器传递函数分子分母多项式 $F(q^{-1})$ 及 $G(q^{-1})$ 的参数，但要求 $P(q^{-1})$ 的阶次 n_p 满足 $n_p<\mu+r$。求得 $G(q^{-1})$，$F(q^{-1})$ 以后，代入式(15-77)，可得控制作用 $u(k)$。只要参数估计是收敛的，则调节器的控制规律最终将收敛到要求的控制规律。极点配置自校正调节器的结构图如图 15-10 所示。

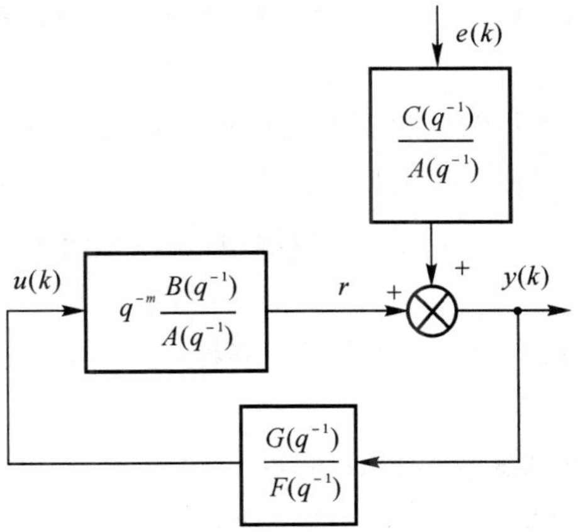

图 15-10　极点配置自校正调节器结构图

例 15-4　设受控对象模型为

$$A(q^{-1})y(k)=q^{-m}B(q^{-1})u(k)+C(q^{-1})e(k)$$

已知

$$A(q^{-1})=1-0.9q^{-1},\quad B(q^{-1})=0.5,\quad C(q^{-1})=1+0.7q^{-1},\quad m=2$$

期望极点为 0.5，试确定调节器传递函数。

解　利用式(15-82)有

$$(1-0.9q^{-1})F(q^{-1})+0.5q^{-2}G(q^{-1})=(1-0.5q^{-1})(1+0.7q^{-1})$$

设

$$F(q^{-1})=1+f_1q^{-1},\quad G(q^{-1})=g_0+g_1q^{-1}$$

则满足 $n_p<\mu+r$，代入上式得

$$1+(f_1-0.9)q^{-1}-0.9f_1q^{-2}+0.5g_0q^{-2}+0.5g_1q^{-3}=1+0.2q^{-1}-0.35q^{-2}$$

令对应阶次项的系数相等，可求得

$$f_1-0.9=0.2,\quad f_1=1.1,\quad -0.9f_1+0.5g_0=-0.35,\quad g_0=1.28,\quad g_1=0$$

因此可得调节器的脉冲传递函数为

$$W(q^{-1})=\frac{G(q^{-1})}{F(q^{-1})}=\frac{1.28}{1+1.1q^{-1}}$$

如果受控对象参数未知，则需首先进行参数估计，然后代入式(15－78)，求出 $F(q^{-1})$ 及 $G(q^{-1})$，代入式 (15－77) 求得自校正调节器的脉冲传递函数。

本节只就最小方差及广义最小方差自校正控制及极点配置自校正控制作了讨论。此外尚有最小时间(最小拍数) 自校正控制及 PI，PID 自校正控制，这里不作介绍了，有兴趣的读者可查阅相关文献资料。通常在随机扰动情况下，最小方差及广义最小方差控制效果最好，并且结构简单，计算工作量小，但对确定性扰动的动态响应较差。而最小时间控制及 PI，PID 控制是针对确定性扰动设计的，故效果正相反，极点配置控制方案则比较灵活，可以兼顾两种扰动的影响，但其计算工作量则要大得多。

15.4　模型参考自适应控制

模型参考自适应控制问题的提法可归纳为：根据获得的有关受控对象及参考模型的信息(状态、输出、误差、输入等) 设计一个自适应控制律，按照该控制律自动地调整控制器的可调参数(参数自适应) 或形成辅助输入信号(信号综合自适应)，使可调系统的动态特性尽量接近理想的参考模型的动态特性。

模型参考自适应系统的基本设计方法有以下三种：

(1) 参数最优化方法；

(2) 基于李雅普诺夫稳定性理论的设计方法；

(3) 基于波波夫超稳定性及正定性概念的设计方法。

下面，将对各种设计方法分别进行介绍。

15.4.1　按局部参数最优化设计自适应控制的方法

这是以参数最优化理论为基础的设计方法。它的基本思想是：假设可调系统中包含若干个可调参数，取系统性能指标为理想模型与可调系统之间误差的函数，显然它亦是可调参数的函数，因此可以将性能指标看作参数空间的一个超曲面。当外界条件发生变动或出现干扰时，受控对象特性会发生相应变化，由自适应机构检测理想模型与实际系统之间的误差。对系统的可调参数进行调整，且寻求最优的参数，使性能指标处于超曲面的最小值或其邻域内。

最常用的参数最优化方法有梯度法、共轭梯度法等。这种设计方法最早是 MIT 法。该方法假定受控对象传递函数为

$$G_s(s)=K_s\frac{N(s)}{D(s)} \tag{15-86}$$

式中，只有 K_s 受环境影响而变化，是未知的；$N(s)$ 及 $D(s)$ 则为已知的常系数多项式。所选择的参考模型传递函数为

$$G_M(s)=K_M\frac{N(s)}{D(s)} \tag{15-87}$$

式中，K_M 根据希望的动态响应来确定。在可调系统中仅设置了一个可调的前置增益 K_o，由自适应机构来进行调节。选取性能指标为

$$J=\int_0^t e_1^2(\tau)\,\mathrm{d}\tau \tag{15-88}$$

式中，$e_1=y_M-y_s$ 为输出广义误差。要求设计调节 K_o 的自适应律，使以上性能指标达到最小。下面用梯度法来求它的自适应律。

为使 J 达到最小，首先要求出 J 对 K_o 的梯度

$$\frac{\partial J}{\partial K_o}=\int_0^t 2e_1\frac{\partial e_1}{\partial K_o}\mathrm{d}\tau \tag{15-89}$$

按梯度法，K_o 的调整值应为

$$\Delta K_o=-B_1\frac{\partial J}{\partial K_o} \tag{15-90}$$

式中，B_1 为步长，是经适当选定的正常数。经一步调整后 K_0 值为

$$K_o=K_{o_0}-B_1\frac{\partial J}{\partial K_o} \tag{15-91}$$

可以通过如下运算来求梯度$\frac{\partial J}{\partial K_o}$。对式(15－91)求导可得

$$\dot{K}_o=-B_1\frac{\mathrm{d}}{\mathrm{d}t}\left(\frac{\partial J}{\partial K_o}\right)=-2B_1e_1\frac{\partial e_1}{\partial K_o} \tag{15-92}$$

为了计算 $\partial e_1/\partial K_o$，先求传递函数

$$G_e(s)=\frac{e_1(s)}{r(s)}=(K_M-K_oK_s)\frac{N(s)}{D(s)} \tag{15-93}$$

故有

$$D(s)e_1(s)=(K_M-K_oK_s)N(s)r(s) \tag{15-94}$$

对 K_o 求导可得

$$D(s)\frac{\partial e_1(s)}{\partial K_o}=-K_sN(s)r(s) \tag{15-95}$$

由参考模型传递函数可得

$$K_M\frac{N(s)}{D(s)}=\frac{y_M(s)}{r(s)} \tag{15-96}$$

$$\frac{N(s)}{D(s)}r(s)=\frac{1}{K_M}y_M(s) \tag{15-97}$$

$$\frac{\partial e_1(t)}{\partial K_o}=-\frac{K_s}{K_M}y_M(t) \tag{15-98}$$

将式(15－98)代入式(15－92)，则得

$$\dot{K}_o = -2B_1 e_1(t) \frac{K_s}{K_M} y_M(t) \tag{15-99}$$

令 $B=-2B_1\dfrac{K_s}{K_M}$,则得

$$\dot{K}_o = Be_1(t)y_M(t) \tag{15-100}$$

这就是可调整参数 K_o 的自适应律。于是 MIT 自适应控制系统的数学模型可归结为

输出误差：$$D(s)e_1(s)=(K_M-K_oK_s)N(s)r(s) \tag{15-101}$$

模型输出：$$D(s)y_M(s)=K_MN(s)r(s) \tag{15-102}$$

自适应律：$$\dot{K}_o = Be_1(t)y_M(t) \tag{15-103}$$

其结构图如图 15-11 所示。由图可见,自适应机构包括了一个乘法器及一个积分器。MIT 自适应控制方案的优点是结构比较简单,并且自适应律所需信号只是参考模型的输出 $y_M(t)$ 以及参考模型输出与可调系统输出的误差 $e_1(t)$,它不需要状态信息,因此这些都是容易获得的。但是 MIT 方案不能保证自适应系统总是稳定的,因此,最后必须对整个系统的稳定性进行检验,这可以通过以下例子来说明。

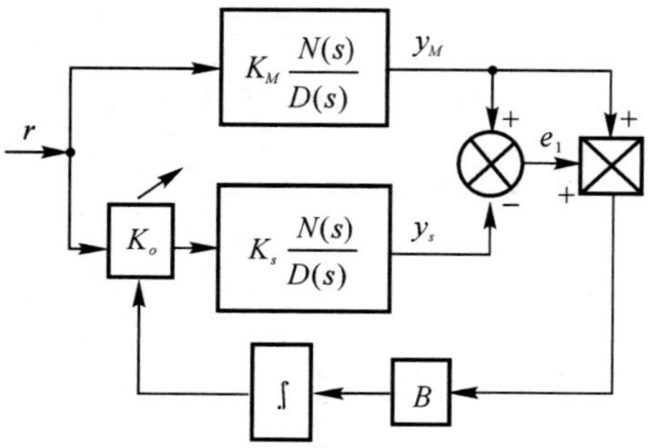

图 15-11　MIT 控制方案原理图

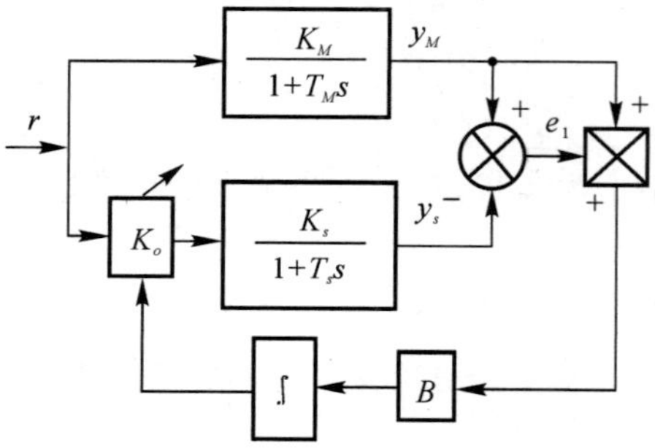

图 15-12　例 15-5 自适应控制方案结构图

例 15-5　设受控对象为一阶系统,其传递函数为

$$G_s(s)=\frac{K_s}{1+T_ss}$$

式中,T_s 为已知常数;K_s 受环境影响而改变。设参考模型传递函数为

$$G_M(s)=\frac{K_M}{1+T_Ms}$$

式中 $T_M=T_s=T$。试根据 MIT 自适应控制方案,设计自适应控制系统。其结构如图 15-12 所示。

解　自适应控制系统的数学模型可表示成

输出误差：$$T\dot{e}_1+e_1=(K_M-K_oK_s)r \tag{15-104}$$

模型输出：$$T\dot{y}_M+y_M=K_Mr \tag{15-105}$$

自适应律：$$\dot{K}_o=Be_1y_M \tag{15-106}$$

现在来检查系统的稳定性。设 $r(t)=r_o$,对式(15-104) 进行求导得

$$T\ddot{e}_1+\dot{e}_1=-\dot{K}_oK_sr_o \tag{15-107}$$

考虑式(15-106) 有

$$T\ddot{e}_1+\dot{e}_1+BK_s r_o y_M e_1=0 \tag{15-108}$$

由式(15－105)得

$$y_M(t)=K_M r_o(1-\mathrm{e}^{-t/T}) \tag{15-109}$$

将上式代入式(15－109)

$$T\ddot{e}_1+\dot{e}_1+BK_s r_o^2 K_M(1-\mathrm{e}^{-t/T})e_1=0 \tag{15-110}$$

由于 e_1 的系数 $BK_s r_o^2 K_M(1-\mathrm{e}^{-t/T})>0$，可见系统是稳定的。

局部参数优化法除了前面介绍的MIT可调增益方案外，还有反馈补偿器、前置反馈补偿器等多个参数同时可调的方案，这里就不一一介绍了。这类方案有共同的缺点，即不能保证自适应系统的稳定性，最后均必须对整个系统的稳定性检验。另外，由于各种参数优化方法都要求对参数进行搜索，这就需要一定的搜索时间，因此自适应速度比较低。还要求参考模型应相当精确地反映受控系统的动态特性，以使参数的误差不致过大，以免造成系统过度扰动。

15.4.2　基于李雅普诺夫稳定性理论设计自适应控制的方法

由于模型参考自适应系统的时变及非线性特性，因此稳定性问题是设计中必须考虑的固有问题。而基于李雅普诺夫稳定性理论设计方法设计出来的系统便不必担心系统是否稳定的问题。这里介绍按照对象状态信息和输入输出信息两种情况来设计自适应控制器的方法。

1. 按对象状态信息设计自适应控制

下面来讨论在受控对象全部状态可直接获取的情况下，基于李雅普诺夫稳定性理论进行自适应控制系统设计的方法。

设可调系统数学模型为

$$\dot{\boldsymbol{x}}_s=\boldsymbol{A}(t)\boldsymbol{x}_s+\boldsymbol{B}(t)\boldsymbol{r} \tag{15-111}$$

给定参考模型为

$$\dot{\boldsymbol{x}}_M=\boldsymbol{A}_M\boldsymbol{x}_M+\boldsymbol{B}_M\boldsymbol{r} \tag{15-112}$$

设状态广义误差为

$$\boldsymbol{e}=\boldsymbol{x}_M-\boldsymbol{x}_s \tag{15-113}$$

可得状态广义误差的状态方程为

$$\dot{\boldsymbol{e}}=\boldsymbol{A}_M\boldsymbol{e}+[\boldsymbol{A}_M-\boldsymbol{A}(t)]\boldsymbol{x}_s+[\boldsymbol{B}_M-\boldsymbol{B}(t)]\boldsymbol{r} \tag{15-114}$$

选取如下包含状态广义误差及参数误差的李雅普诺夫函数：

$$V=\boldsymbol{e}^{\mathrm{T}}\boldsymbol{P}\boldsymbol{e}+\boldsymbol{tr}\{[\boldsymbol{A}_M-\boldsymbol{A}(t)]^{\mathrm{T}}\boldsymbol{F}_A^{-1}[\boldsymbol{A}_M-\boldsymbol{A}(t)]\}+\boldsymbol{tr}\{[\boldsymbol{B}_M-\boldsymbol{B}(t)]^{\mathrm{T}}\boldsymbol{F}_B^{-1}[\boldsymbol{B}_M-\boldsymbol{B}(t)]\} \tag{15-115}$$

式中，$\boldsymbol{P}$，$\boldsymbol{F}_A^{-1}$，$\boldsymbol{F}_B^{-1}$ 为待选的加权阵，并均设为正定矩阵，对式(15－115)求导，经整理可得

$$\dot{V}=\boldsymbol{e}^{\mathrm{T}}(\boldsymbol{A}_M^{\mathrm{T}}\boldsymbol{P}+\boldsymbol{P}\boldsymbol{A}_M)\boldsymbol{e}+2\boldsymbol{tr}\{[\boldsymbol{A}_M-\boldsymbol{A}(t)]^{\mathrm{T}}[\boldsymbol{P}\boldsymbol{e}\boldsymbol{x}_s^{\mathrm{T}}-\boldsymbol{F}_A^{-1}\dot{\boldsymbol{A}}(t)]\}+2\boldsymbol{tr}\{[\boldsymbol{B}_M-\boldsymbol{B}(t)]^{\mathrm{T}}[\boldsymbol{P}\boldsymbol{e}\boldsymbol{r}^{\mathrm{T}}-\boldsymbol{F}_B^{-1}\dot{\boldsymbol{B}}(t)]\} \tag{15-116}$$

如果 $\boldsymbol{A}_M$ 为一个稳定阵，则根据线性系统稳定性定理有

$$\boldsymbol{A}_M^{\mathrm{T}}\boldsymbol{P}+\boldsymbol{P}\boldsymbol{A}_M=-\boldsymbol{Q} \tag{15-117}$$

如 $\boldsymbol{P}$ 为正定阵，则 $\boldsymbol{Q}$ 为一任意的正定矩阵。由此可知式(15－116)的第一项将为负定的。

如果选取自适应律满足：

$$\dot{\boldsymbol{A}}(t)=\boldsymbol{F}_A\boldsymbol{P}\boldsymbol{e}\boldsymbol{x}_s^{\mathrm{T}} \tag{15-118}$$

$$\dot{\boldsymbol{B}}(t)=\boldsymbol{F}_B\boldsymbol{P}\boldsymbol{e}\boldsymbol{r}^{\mathrm{T}} \tag{15-119}$$

则式(15 - 116) 右边后两项等于零，于是 $\dot{V}$ 为负定的，这就保证了状态广义误差系统的渐近稳定。

再进一步探讨当 $\boldsymbol{e}(t)\equiv 0$ 时，在什么条件下能同时达到参数误差的渐近稳定，即同时能满足 $\boldsymbol{A}(t)=\boldsymbol{A}_M$，$\boldsymbol{B}(t)=\boldsymbol{B}_M$ 的问题。由状态广义误差方程式(15 - 114) 可得，当 $\boldsymbol{e}(t)=0$ 时

$$[\boldsymbol{A}_M-\boldsymbol{A}(t)]\boldsymbol{x}_s+[\boldsymbol{B}_M-\boldsymbol{B}(t)]\boldsymbol{r}\equiv 0 \tag{15-120}$$

以上恒等式成立说明有三种可能情况：

(1) $\boldsymbol{x}_s$ 和 $\boldsymbol{r}$ 线性相关，并有 $\boldsymbol{A}_M\neq\boldsymbol{A}(t)$ 及 $\boldsymbol{B}_M\neq\boldsymbol{B}(t)$；

(2) $\boldsymbol{x}_s$ 和 $\boldsymbol{r}$ 恒等于零；

(3) $\boldsymbol{x}_s$ 和 $\boldsymbol{r}$ 线性独立，并有 $\boldsymbol{A}_M=\boldsymbol{A}(t)$ 及 $\boldsymbol{B}_M=\boldsymbol{B}(t)$。

显然，只有第(3) 种情况能导致参数收敛到参考模型，即参数误差为渐近稳定。

下面以一阶自适应控制系统的设计为例。设受控对象状态方程为

$$\dot{x}_s=a_s(t)x_s+b_s(t)u \tag{15-121}$$

选取参考模型为

$$\dot{x}_M=a_M x_M+b_M(t)r \tag{15-122}$$

式中，$a_M<0$；$b_M>0$。$a_s(t)$ 及 $b_s(t)$ 分别表示对象的放大系数及时间常数，一般不便于直接调整。这里采用分别设置可调的前置 $g(t)$ 及反馈增益 $f(t)$，则可调系统结构如图 15 - 13 所示。

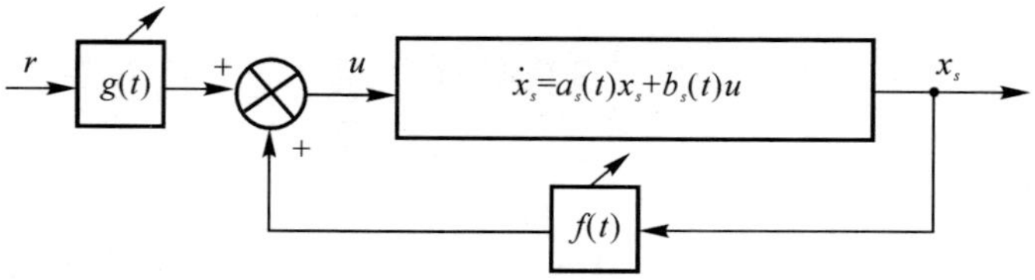

图 15 - 13　可调系统结构图

可调系统的状态方程为

$$\dot{x}_s=a_s(t)x_s+b_s(t)[f(t)x_s+g(t)r]=a(t)x_s+b(t)r \tag{15-123}$$

式中

$$a(t)=a_s(t)+b_s(t)f(t) \tag{15-124a}$$

$$b(t)=b_s(t)g(t) \tag{15-124b}$$

可以直接应用前面求出的自适应律，即

$$\dot{a}(t)=F_A Pex_s(t) \tag{15-125a}$$

$$\dot{b}(t)=F_B Per_s(t) \tag{15-125b}$$

考虑式(15 - 124) 有

$$[a_s(t)+b_s(t)f(t)]'=F_A Pex_s(t) \tag{15-126a}$$

$$[b_s(t)g(t)]'=F_B Per(t) \tag{15-126b}$$

假设 $a_s(t)$ 及 $b_s(t)$ 受环境影响的变化过程比起参考模型及受控对象的时间响应要缓慢得多，同时也比 $f(t)$，$g(t)$ 自适应调整过程缓慢得多，因此可以近似地认为在 $f(t)$，$g(t)$ 的调整过程中 $a_s(t)$ 及 $b_s(t)$ 为常数，则可得

$$[a_s(t)+b_s(t)f(t)]'\approx b_s(t)\dot{f}(t) \tag{15-127a}$$

$$[b_s(t)g(t)]'\approx b_s(t)\dot{g}(t) \tag{15-127b}$$

考虑式(15－126)，可得

$$\dot{f}(t)=\frac{1}{b_s(t)}F_A Pex_s(t) \tag{15-128a}$$

$$\dot{g}(t)=\frac{1}{b_s(t)}F_B Per(t) \tag{15-128b}$$

设

$$\frac{1}{b_s}F_A P=\lambda_a \tag{15-129a}$$

$$\frac{1}{b_s}F_B P=\lambda_b \tag{15-129b}$$

最后得 $f(t)$ 及 $g(t)$ 的自适应律为

$$\dot{f}(t)=\lambda_a e(t)x_s(t) \tag{15-130a}$$

$$\dot{g}(t)=\lambda_b e(t)r(t) \tag{15-130b}$$

这个系统当输入信号 $r(t)$ 保证与 $x_s(t)$ 线性无关时，则可达到状态广义误差及参数误差均为渐近稳定，即当 $t\to\infty$ 时，$e(t)\to 0$，$[a_M(t)-a(t)]\to 0$，$[b_M(t)-b(t)]\to 0$。也就是说，可调系统与参考模型之间既状态无偏差，又参数无偏差。关于参数无偏差这点对自适应控制来讲不一定是必要的，但对自适应参数辨识来讲是完全必要的。

以上自适应控制同样可以采用辅助输入信号修正方案来代替参数调整方案。设 g^* 及 f^* 为给定的基本前置及反馈回路，它的取值是在正常工作条件下使参考模型状态与可调系统状态基本达到一致，即 $e=0$，当出现状态偏差时，自适应控制回路将产生辅助输入信号来消除状态偏差。由参数调整方案可得自适应控制律为

$$u^*(t)=f(t)x_s(t)+g(t)r(t) \tag{15-131}$$

已知自适应律为

$$\dot{f}(t)=\lambda_a e(t)x_s(t) \tag{15-132a}$$

$$\dot{g}(t)=\lambda_b e(t)r(t) \tag{15-132b}$$

对式(15－132)进行积分，可得

$$f(t)=\int_0^t \lambda_a e(\tau)x_s(\tau)\mathrm{d}\tau+f^* \tag{15-133a}$$

$$g(t)=\int_0^t \lambda_b e(\tau)r(\tau)\mathrm{d}\tau+g^* \tag{15-133b}$$

代入式(15－131)得

$$u^*(t)=f^*x_s(t)+x_s(t)\left[\int_0^t \lambda_a e(\tau)x_s(\tau)\mathrm{d}\tau\right]+g^*r(t)+r(t)\left[\int_0^t \lambda_b e(\tau)r(\tau)\mathrm{d}\tau\right] \tag{15-134}$$

因此，可得与参数自适应完全等价的信号综合自适应结构，这种结构在具体实现上比参数调整方案要简单。

2. 按对象输入输出信息设计自适应控制

对许多实际对象来说，往往不能获取对象的全部状态信息，而对象的输入、输出信息总是可以直接获取的，这时只能利用对象的输入输出信息来设计自适应律。下面来讨论这种自适应控制方案的原理及设计方法。

设受控对象为单输入-单输出线性时不变系统，其动态方程为

$$\dot{\boldsymbol{x}}_s = \boldsymbol{A}_s\boldsymbol{x}_s + \boldsymbol{b}_s u \tag{15-135a}$$

$$y_s = \boldsymbol{c}_s\boldsymbol{x}_s \tag{15-135b}$$

由此可得其传递函数为

$$G_s(s) = \frac{y_s(s)}{u_s(s)} = \boldsymbol{c}_s\,(s\boldsymbol{I} - \boldsymbol{A}_s)^{-1}\boldsymbol{b}_s = \frac{K_sN_s(s)}{D_s(s)} \tag{15-136}$$

式中，$D_s(s)$，$N_s(s)$ 分别为 s 的 n 次及 m 次多项式，且 $m \leqslant n-1$。K_s 及多项式的系数是未知的，选择参考模型的传递函数为

$$G_M(s) = \frac{y_M(s)}{r(s)} = \frac{K_MN_M(s)}{D_M(s)} \tag{15-137}$$

式中，y_M 及 r 分别为参考模型的输出及输入；$D_M(s)$ 及 $N_M(s)$ 分别为 s 的 n 次及 m 次稳定多项式。并定义 $e_1(t) = y_s(t) - y_M(t)$。

现在可以把自适应控制的设计归结为：已知 $G_s(s)$ 的结构（但参数未知），选定参考模型的传递函数 $G_M(s)$（其结构与 $G_s(s)$ 相同），而 $u(t)$，$y_s(t)$，$r(t)$ 及 $y_M(t)$ 可以直接获取，要求设计一个自适应控制器，使

$$\lim_{t\to\infty}|e_1(t)| = \lim_{t\to\infty}|y_s(t) - y_M(t)| = 0$$

对于自适应控制器的基本要求是：其传递函数的分子阶次不能大于分母阶次，这个限制条件是物理实现所必需的；控制器应包含足够的可调参数，以便使参考模型与可调系统的传递函数相匹配，即 $G_s(s) = G_M(s)$。如设

$$G_s(s) = \frac{K_sN_s(s)}{D_s(s)} \tag{15-138}$$

式中，$D_s(s)$，$N_s(s)$ 分别为 s 的 n 及 $n-1$ 次多项式，则分母有 n 个系数，分子有 $n-1$ 个系数，加上 K_s，则 $G_s(s)$ 最多可有 $2n$ 个未知参数，因此，要求控制器应有 $2n$ 个可调参数与之对应。

设自适应控制系统结构图如图 15-14 所示，控制器内包括两个辅助信号发生器（又称状态滤波器），分别与可调参数组成两条辅助信号回路 F_1，F_2，它们的输入分别为被控对象的输入 $u(t)$ 及输出 $y(t)$，其输出与经放大后的参考输入 $K_o r(t)$ 综合形成 $u(t)$。显然，这里的输入采用了信号综合自适应方案。图中 $\boldsymbol{c}^{\mathrm{T}}$，$\boldsymbol{d}^{\mathrm{T}}$，$d_o$ 及 K_o 均为可调参数，回路 F_1 及 F_2 均为 $n-1$ 阶动态系统，它们的数学模型可分别表示为

$$F_1:\begin{cases}\dot{\boldsymbol{V}}_1 = \boldsymbol{\Lambda}\boldsymbol{V}_1 + \boldsymbol{b}u \\ w_1 = \boldsymbol{c}^{\mathrm{T}}\boldsymbol{V}_1\end{cases} \tag{15-139}$$

$$F_2:\begin{cases}\dot{\boldsymbol{V}}_2 = \boldsymbol{\Lambda}\boldsymbol{V}_2 + \boldsymbol{b}y_s \\ w_2 = \boldsymbol{d}^{\mathrm{T}}\boldsymbol{V}_2 + d_0 y_s\end{cases} \tag{15-140}$$

其中各系数分别为

$$\boldsymbol{\Lambda} = \left[\begin{array}{c:c} \boldsymbol{0} & \boldsymbol{I} \\ \hdashline -l_{n-1} & \cdots \quad -l_1 \end{array}\right] \text{为}\,(n-1)\times(n-1)\,\text{维稳定阵}$$

$\boldsymbol{b}^{\mathrm{T}} = [0,0,\cdots,0,1]$ 为 $(1\times m)$ 维向量

$\boldsymbol{c}^{\mathrm{T}} = [c_1(t),\cdots,c_{n-1}(t)]$ 为 $1\times(n-1)$ 维可调参数向量

$\boldsymbol{d}^{\mathrm{T}} = [d_1(t),\cdots,d_{n-1}(t)]$ 为 $1\times(n-1)$ 维可调参数向量

d_0 为可调参数标量

由此可知，辅助信号回路 F_1，F_2 都是标准能控型结构。

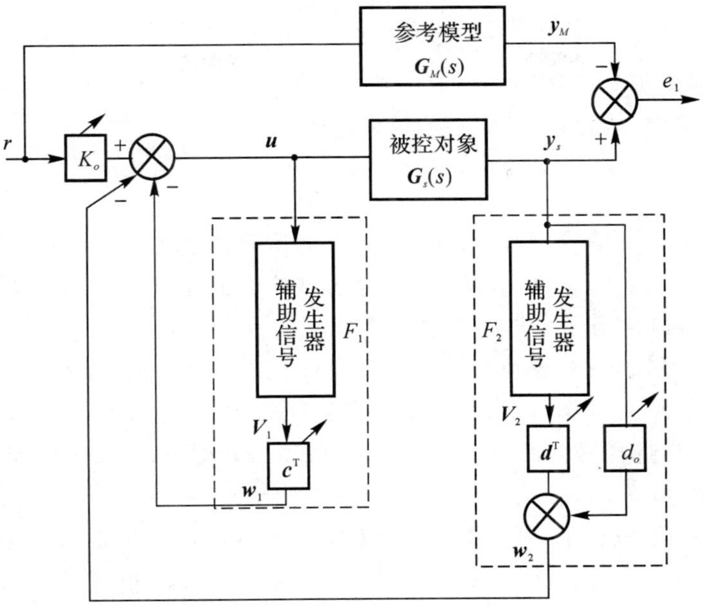

图 15-14　自适应控制系统结构图

设 $2n$ 个可调参数用向量 $\boldsymbol{\theta}(t)$ 表示：

$$\boldsymbol{\theta}^{\mathrm{T}}(t)=[K_o(t),-\boldsymbol{c}^{\mathrm{T}}(t),-d_o(t),-\boldsymbol{d}^{\mathrm{T}}(t)] \tag{15-141}$$

当 $\boldsymbol{\theta}(t)$ 为常向量时，F_1,F_2 的传递函数 $G_1(s)$ 及 $G_2(s)$ 分别为

$$G_1(s)=\boldsymbol{c}^{\mathrm{T}}(s\boldsymbol{I}-\boldsymbol{\Lambda})^{-1}\boldsymbol{b}=\frac{Q(s)}{P(s)} \tag{15-142}$$

$$G_2(s)=d_0+\boldsymbol{d}^{\mathrm{T}}(s\boldsymbol{I}-\boldsymbol{\Lambda})^{-1}\boldsymbol{b}=d_0+\frac{R(s)}{P(s)} \tag{15-143}$$

式中，$P(s)$ 为 s 的 $n-1$ 次多项式；$Q(s)$，$R(s)$ 为 $n-2$ 次多项式。这样，可调系统的结构图如图 15-15 所示。

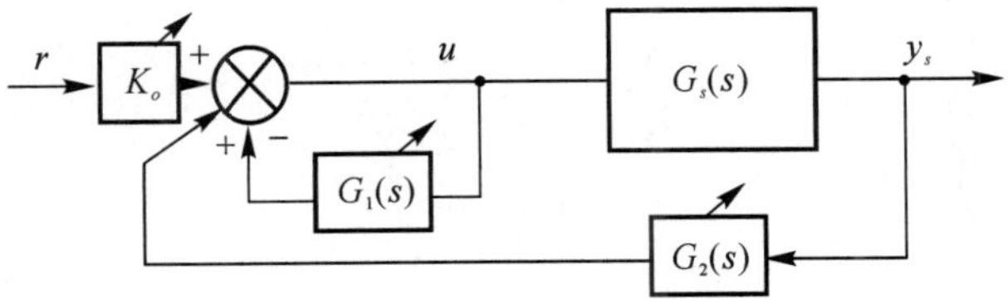

图 15-15　可调系统结构图

可调系统的传递函数为

$$G(s)=K_o\frac{\dfrac{G_s(s)}{1+G_1(s)}}{1+\dfrac{G_2G_s(s)}{1+G_1(s)}}=\frac{K_oG_s(s)}{1+G_1(s)+G_2(s)G_s(s)}=$$

$$\frac{K_oK_s\dfrac{N_s(s)}{D_s(s)}}{1+\dfrac{Q(s)}{P(s)}+K_s\dfrac{N_s(s)}{D_s(s)}\left[\dfrac{R(s)}{P(s)}+d_0\right]}=$$

$$\frac{K_o K_s N_s(s) P(s)}{[P(s)+Q(s)]D_s(s)+K_s N_s(s)[R(s)+d_0 P(s)]} \tag{15-144}$$

为了实现可调系统与参考模型的完全匹配，即令 $G(s)=G_s(s)=G_M(s)$，应选择：

(1) $P(s)=N_M(s)$，$P(s)$，$N_M(s)$ 均为稳定多项式。

(2) $K_o=\dfrac{K_M}{K_s}$。

(3) $[P(s)+Q(s)]D_s(s)+K_s N_s(s)[R(s)+d_0 P(s)]=D_M(s)N_s(s)$。

(3) 中 $D_M(s)$ 应为稳定多项式，以保证参考模型的稳定，同时要求 $N_s(s)$ 也为稳定多项式，以便保证式(15-144)中分子分母的正常对消。

显然，条件(1)及(2)是容易满足的，但条件(3)能否得到满足，要用到下面的定理：

定理 15.7 设 $A(s)$ 及 $B(s)$ 为两个互质的多项式，其中 $A(s)$ 为 n 次，$B(s)$ 为小于或等于 $n-1$ 次，则只要适当选择另外两个 $n-1$ 次多项式 $a(s)$ 及 $b(s)$，总可以使和式 $a(s)A(s)+b(s)B(s)$ 为任意的 $2n-1$ 次多项式。(证明略)

利用此定理，对照条件(3)的等式左边，$[P(s)+Q(s)]$ 相当于 $a(s)$，$[R(s)+d_0 P(s)]$ 相当于 $b(s)$，它们都是 $n-1$ 次；$D_s(s)$ 相当于 $A(s)$，为 n 次；$N_s(s)$ 相当于 $B(s)$，为 $n-1$ 次。由此可知，等式左边为任意 $2n-1$ 次多项式。条件(3)的等式右边正好亦为 $2n-1$ 次多项式，因此，条件(3)是完全能够实现的，从而通过调整以上可调参数能够保证可调系统与参考模型传递函数的完全匹配，也就是说，控制器是存在的。

下面利用李雅普诺夫稳定性理论来设计控制器可调参数的自适应调整律。

(1) 参考模型与可调系统的输出偏差模型

令 $\boldsymbol{\omega}(t)$ 为可调系统的信号向量，即

$$\boldsymbol{\omega}^{\mathrm{T}}(t)=[r(t),\boldsymbol{V}_1(t),y_s(t),\boldsymbol{V}_2(t)] \tag{15-145}$$

由图 15-14 可知，受控对象 $G_s(s)$ 的输入控制作用 $u(t)$ 可写成

$$u(t)=K_o(t)r(t)-\boldsymbol{c}^{\mathrm{T}}(t)\boldsymbol{V}_1(t)-d_o(t)y_s(t)-\boldsymbol{d}^{\mathrm{T}}(t)\boldsymbol{V}_2(t)=\boldsymbol{\theta}^{\mathrm{T}}(t)\boldsymbol{\omega}(t) \tag{15-146}$$

整个可调系统状态方程组为

$$\dot{\boldsymbol{x}}_s=\boldsymbol{A}_s\boldsymbol{x}_s+\boldsymbol{b}_s u \tag{15-147a}$$

$$\dot{\boldsymbol{V}}_1=\boldsymbol{\Lambda}\boldsymbol{V}_1+\boldsymbol{b}u \tag{15-147b}$$

$$\dot{\boldsymbol{V}}_2=\boldsymbol{\Lambda}\boldsymbol{V}_2+\boldsymbol{b}y_s \tag{15-147c}$$

$$y_s=\boldsymbol{c}_s\boldsymbol{x}_s \tag{15-147d}$$

令增广状态向量

$$\boldsymbol{x}=\begin{bmatrix}\boldsymbol{x}_s\\ \boldsymbol{V}_1\\ \boldsymbol{V}_2\end{bmatrix}$$

则得增广状态方程为

$$\begin{bmatrix}\dot{\boldsymbol{x}}_s\\ \dot{\boldsymbol{V}}_1\\ \dot{\boldsymbol{V}}_2\end{bmatrix}=\begin{bmatrix}\boldsymbol{A}_s & \boldsymbol{0} & \boldsymbol{0}\\ \boldsymbol{0} & \boldsymbol{\Lambda} & \boldsymbol{0}\\ \boldsymbol{b}\boldsymbol{c}_s & \boldsymbol{0} & \boldsymbol{\Lambda}\end{bmatrix}\begin{bmatrix}\boldsymbol{x}_s\\ \boldsymbol{V}_1\\ \boldsymbol{V}_2\end{bmatrix}+\begin{bmatrix}\boldsymbol{b}_s\\ \boldsymbol{b}\\ \boldsymbol{0}\end{bmatrix}\boldsymbol{\theta}^{\mathrm{T}}(t)\boldsymbol{\omega}(t) \tag{15-148}$$

令

$$\boldsymbol{\theta}(t)=\boldsymbol{\theta}^*+\boldsymbol{\Delta}(t) \tag{15-149}$$

式中，$\boldsymbol{\theta}^*$ 表示可调系统与参考模型完全匹配时的一组参数，即为参考模型参数，$\boldsymbol{\Delta}(t)$ 表示与参考模型参数失配的部分。代入式(15－146)，则得

$$u=[\boldsymbol{\theta}^*+\boldsymbol{\Delta}(t)]^{\mathrm{T}}\boldsymbol{\omega}(t)=\boldsymbol{\theta}^{*\mathrm{T}}\boldsymbol{\omega}(t)+\boldsymbol{\Delta}^{\mathrm{T}}(t)\boldsymbol{\omega}(t)= K_o^* r-\boldsymbol{c}^{*\mathrm{T}}\boldsymbol{V}_1-d_o^*\boldsymbol{c}_s\boldsymbol{x}_s-\boldsymbol{d}^{*\mathrm{T}}\boldsymbol{V}_2+\boldsymbol{\Delta}^{\mathrm{T}}(t)\boldsymbol{\omega}(t) \tag{15-150}$$

式(15－148)可整理为

$$\begin{bmatrix}\dot{\boldsymbol{x}}_s\\ \dot{\boldsymbol{V}}_1\\ \dot{\boldsymbol{V}}_2\end{bmatrix}=\begin{bmatrix}\boldsymbol{A}_s-d_0^*\boldsymbol{b}_s\boldsymbol{c}_s & -\boldsymbol{b}_s\boldsymbol{c}^{*\mathrm{T}} & -\boldsymbol{b}_s\boldsymbol{d}^{*\mathrm{T}}\\ -d_0^*\boldsymbol{b}\boldsymbol{c}_s & \boldsymbol{\Lambda}-\boldsymbol{b}\boldsymbol{c}^{*\mathrm{T}} & -\boldsymbol{b}\boldsymbol{d}^{*\mathrm{T}}\\ \boldsymbol{b}\boldsymbol{c}_s & \boldsymbol{0} & \boldsymbol{\Lambda}\end{bmatrix}\begin{bmatrix}\boldsymbol{x}_s\\ \boldsymbol{V}_1\\ \boldsymbol{V}_2\end{bmatrix}+\begin{bmatrix}\boldsymbol{b}_s\\ \boldsymbol{b}\\ \boldsymbol{0}\end{bmatrix}[K_o^* r+\boldsymbol{\Delta}^{\mathrm{T}}(t)\boldsymbol{\omega}(t)] \tag{15-151}$$

简化为

$$\dot{\boldsymbol{x}}=\boldsymbol{A}_a\boldsymbol{x}+\boldsymbol{b}_a[K_o^* r+\boldsymbol{\Delta}^{\mathrm{T}}(t)\boldsymbol{\omega}(t)] \tag{15-152}$$

式中，$\boldsymbol{A}_a$ 为 $(3n-2)\times(3n-2)$ 维矩阵；$\boldsymbol{b}_a$ 为 $(3n-2)$ 维向量。$\boldsymbol{\theta}(t)=\boldsymbol{\theta}^*$ 即 $\boldsymbol{\Delta}(t)=0$ 时，表示可调系统参考模型完全匹配，这时，参考模型的状态方程可表示为

$$\dot{\boldsymbol{x}}_{Ma}=\boldsymbol{A}_a\boldsymbol{x}_{Ma}+\boldsymbol{b}_a K_o^* r \tag{15-153a}$$

$$y_M=\boldsymbol{c}_{Ma}\boldsymbol{x}_{Ma}=\boldsymbol{c}_s\boldsymbol{x}_M \tag{15-153b}$$

式中

$$\boldsymbol{x}_{Ma}=\begin{bmatrix}\boldsymbol{x}_M\\ \boldsymbol{V}_{1M}\\ \boldsymbol{V}_{2M}\end{bmatrix},\quad \boldsymbol{c}_{Ma}=[\boldsymbol{c}_s\ \vdots\ \boldsymbol{0}\ \vdots\ \boldsymbol{0}]$$

令

$$\boldsymbol{e}=\boldsymbol{x}-\boldsymbol{x}_{Ma} \tag{15-154}$$

由此可导出状态偏差数学模型为

$$\dot{\boldsymbol{e}}=\boldsymbol{A}_a\boldsymbol{e}+\boldsymbol{b}_a[\boldsymbol{\Delta}^{\mathrm{T}}(t)\boldsymbol{\omega}(t)] \tag{15-155}$$

令

$$e_1=y_s-y_M \tag{15-156}$$

则得

$$e_1=\boldsymbol{c}_s\boldsymbol{x}_s-\boldsymbol{c}_s\boldsymbol{x}_M=\boldsymbol{c}_{Ma}\boldsymbol{e} \tag{15-157}$$

以状态偏差 $\boldsymbol{e}$ 作为状态向量，输出偏差 e_1 作为输出，$\boldsymbol{\Delta}^{\mathrm{T}}(t)\boldsymbol{\omega}(t)$ 作为输入，则可调系统与参考模型的输出偏差模型由下列状态方程、输出方程及传递函数描述：

$$\dot{\boldsymbol{e}}=\boldsymbol{A}_a\boldsymbol{e}+\boldsymbol{b}_a[\boldsymbol{\Delta}^{\mathrm{T}}(t)\boldsymbol{\omega}(t)] \tag{15-158}$$

$$e_1=\boldsymbol{c}_{Ma}\boldsymbol{e} \tag{15-159}$$

$$G_e(s)=\boldsymbol{c}_{Ma}[s\boldsymbol{I}-\boldsymbol{A}_a]^{-1}\boldsymbol{b}_a \tag{15-160}$$

(2) 按渐近稳定要求设计可调参数的自适应调整律

要注意的是，$\boldsymbol{e}(t)$ 不能直接获取，但可以直接获取信号 $\boldsymbol{\omega}(t)$ 及输出误差 $e_1(t)$。因此，设计的自适应调整律应避免使用信息 $\boldsymbol{e}(t)$。为此，不作证明地引入一个由李雅普诺夫稳定性定理导出的如下定理：

定理 15.8　如果误差模型传递函数

$$G_e(s)=\boldsymbol{c}_{Ma}[s\boldsymbol{I}-\boldsymbol{A}_a]^{-1}\boldsymbol{b}_a \tag{15-161}$$

为严正实函数，且模型输入信号 $\boldsymbol{\omega}(t)$ 为有界并分段连续的向量函数，则方程组

$$\dot{\boldsymbol{e}}=\boldsymbol{A}_a\boldsymbol{e}+\boldsymbol{b}_a\boldsymbol{\Delta}^{\mathrm{T}}\boldsymbol{\omega} \tag{15-162}$$

$$e_1 = \boldsymbol{c}_{Ma}\boldsymbol{e} \tag{15-163}$$

$$\dot{\boldsymbol{\Delta}} = -\boldsymbol{\Gamma} e_1 \boldsymbol{\omega} \tag{15-164}$$

是稳定的，即当 $t \to \infty$ 时，$|e_1(t)| \to 0$，当 $\boldsymbol{\omega}(t)$ 由不同频率分量组成时，是渐近稳定的，即当 $t \to \infty$ 时，不仅 $|e_1(t)| \to 0$，并且 $|\boldsymbol{\Delta}(t)| \to 0$，这里参数误差亦将消失。式中 $\boldsymbol{\Gamma}$ 为适当选取的正定对称阵。

根据以上定理，对照前面导出的偏差模型，可以得出结论，只要偏差模型的传递函数 $G_e(s)$ 是严正实函数，就可选择自适应律为

$$\dot{\boldsymbol{\Delta}}(t) = -\boldsymbol{\Gamma} e_1(t)\boldsymbol{\omega}(t)$$

由于

$$\dot{\boldsymbol{\theta}}(t) = (\boldsymbol{\theta}^* + \boldsymbol{\Delta}(t))' = \dot{\boldsymbol{\Delta}}(t)$$

自适应律也可采用下列形式：

$$\dot{\boldsymbol{\theta}}(t) = -\boldsymbol{\Gamma} e_1(t)\boldsymbol{\omega}(t) \tag{15-165}$$

即

$$\begin{bmatrix} \dot{K}_o(t) \\ -\dot{\boldsymbol{c}}(t) \\ -\dot{d}_o(t) \\ -\dot{\boldsymbol{d}}(t) \end{bmatrix} = -\boldsymbol{\Gamma} e_1(t) \begin{bmatrix} r(t) \\ \boldsymbol{V}_1(t) \\ y_s(t) \\ \boldsymbol{V}_2(t) \end{bmatrix} \tag{15-166}$$

为此，关键的问题是检验 $G_e(s)$ 是否为严正实的。由于参考模型的传递函数为

$$G_M(s) = \boldsymbol{c}_{Ma}\ [s\boldsymbol{I} - \boldsymbol{A}_a]^{-1}\boldsymbol{b}_a K_o^* = G_e(s)K_o^* \tag{15-167}$$

又知

$$K_o^* = \frac{K_M}{K_s}$$

可得

$$G_e(s) = \frac{K_s}{K_M} G_M(s) \tag{15-168}$$

K_s 及 K_M 均为实数，因此，$G_e(s)$ 是否严正实，又取决于 $G_M(s)$ 是否严正实。

经以上研究可得如下结论：在假设受控对象传递函数分母比分子高一阶的情况下，选择参考模型时，其传递函数 $G_M(s)$ 应满足：

(1) 分子分母都是 s 的稳定多项式(因此是最小相位的)；

(2) 分子的阶次比分母低一阶(满足 $N_M(s) = P(s)$，而 $P(s)$ 为 $n-1$ 阶)；

(3) 为严正实的。

实际上经常会遇到分母比分子的阶次高二阶以上的情况，这时，上述结论应作相应修改，下面就来研究这个问题。

为简单起见，先假设受控对象传递函数为

$$G_s(s) = \frac{K_s N_s(s)}{D_s(s)} \tag{15-169}$$

选取参考模型的结构与受控对象相同为

$$G_M(s) = \frac{K_M N_M(s)}{D_M(s)} \tag{15-170}$$

式中，$D_s(s)$ 及 $D_M(s)$ 为 s 的 n 次多项式，$N_s(s)$ 及 $N_M(s)$ 为 s 的 $n-2$ 次多项式。最常见的二

阶振荡环节

$$G_s(s)=\frac{K_s}{s^2+2\xi\omega_0 s+\omega_0^2} \tag{15-171}$$

就属于这种情况。显然，此时 $G_s(s)$ 及 $G_M(s)$ 都不满足严正实的条件，因此，不能直接应用以上的自适应律。解决这个问题的办法是在可调系统的前置位置引入一个前置滤波器 $1/(s+\sigma)$（其中 $\sigma>0$），使加到可调系统入口的参考输入 $r(t)$ 先经过 $1/(s+\sigma)$ 滤波，其结构图如图 15－16 所示。

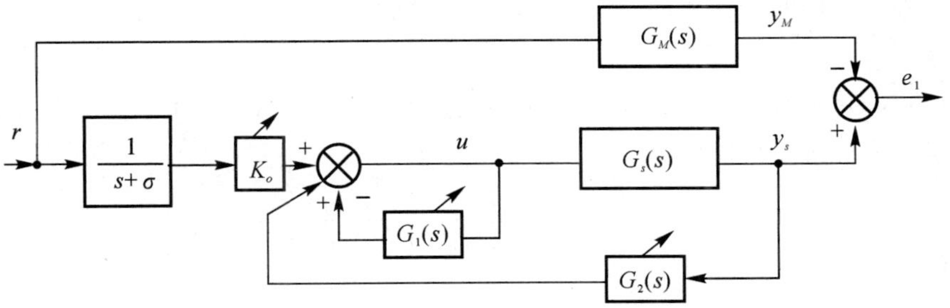

图 15－16　自适应控制系统结构图

如果这时把 $r_1(t)=r(t)/(s+\sigma)$ 当作等效系统的输入，则等效参考模型传递函数变成

$$G_{M1}(s)=(s+\sigma)G_M(s)=\frac{K_M(s+\sigma)N_M(s)}{D_M(s)} \tag{15-172}$$

这时分母比分子高一阶，因此只要适当选择$(s+\sigma)$，总可以保证 $G_M(s)$ 为严正实函数，前面所求得的自适应律仍可应用，只是这时应由 $r_1(t)$ 来代替 $r(t)$，即

$$\begin{bmatrix}\dot{K}_o(t)\\ -\dot{\boldsymbol{c}}(t)\\ -\dot{d}_0(t)\\ -\dot{\boldsymbol{d}}(t)\end{bmatrix}=-\boldsymbol{\Gamma}e_1(t)\begin{bmatrix}\dfrac{r(t)}{s+\sigma}\\ \boldsymbol{V}_1(t)\\ y_s(t)\\ \boldsymbol{V}_2(t)\end{bmatrix} \tag{15-173}$$

可以检验一下这时原参考模型与新的可调系统之间的匹配条件是否满足。

这时，新的可调系统的传递函数为

$$G(s)=\frac{K_oK_sN_s(s)P(s)}{\{[P(s)+Q(s)]D_s(s)+K_sN_s(s)[R(s)+d_0P(s)]\}(s+\sigma)} \tag{15-174}$$

为使其与 $G_M(s)=[K_MN_M(s)]/D_M(s)$ 完全匹配，同样可以选择：

(1) $P(s)=N_M(s)(s+\sigma)$。

(2) $K_o=\dfrac{K_M}{K_s}$。

(3) $[P(s)+Q(s)]D_s(s)+K_sN_s(s)[R(s)+d_0P(s)]=D_M(s)N_s(s)$。

可见这里条件(2)(3) 未变，代入 $G(s)$，得

$$G(s)=\frac{K_MN_s(s)N_M(s)(s+\sigma)}{D_M(s)N_s(s)(s+\sigma)} \tag{15-175}$$

由于$(s+\sigma)$ 及 $N_s(s)$ 都是稳定多项式，因此进行零极点相消，最后得

$$G(s)=\frac{K_M N_M(s)}{D_M(s)}=G_M(s) \tag{15-176}$$

由此可见，只要适当调整 $\boldsymbol{c}^{\mathrm{T}}, \boldsymbol{d}^{\mathrm{T}}, d_0, K_o$ 等参数，仍可使可调系统与参考模型完全匹配。

同理，当 $G_s(s)$ 的分母比分子高二阶以上时(设分母为 n 阶，分子为 m 阶，$n-m>2$)，是可用同样的方法将原输入可调系统的参考输入 $r(t)$ 先经一个 $(n-m-1)$ 阶前置滤波器

$$\frac{1}{(s+\sigma_1)\cdots(s+\sigma_{n-m-1})}$$

进行滤波，然后作同样的变换处理，并选择条件(1) 满足：

$$P(s)=N_M(s)(s+\sigma_1)\cdots(s+\sigma_{n-m-1}) \tag{15-177}$$

条件(2)(3) 不变，就可保证等效的参考模型传递函数 $G_{M_\Sigma}(s)=(s+\sigma)\cdots(s+\sigma_{n-m-1})G_M(s)$ 为严正实的，相应的自适应律应取为

$$\begin{bmatrix} \dot{K}_o(t) \\ -\dot{\boldsymbol{c}}(t) \\ -\dot{d}_0(t) \\ -\dot{\boldsymbol{d}}(t) \end{bmatrix} = -\boldsymbol{\Gamma} e_1(t) \begin{bmatrix} \dfrac{r(t)}{(s+\sigma_1)\cdots(s+\sigma_{n-m-1})} \\ \boldsymbol{V}_1(t) \\ y_s(t) \\ \boldsymbol{V}_2(t) \end{bmatrix} \tag{15-178}$$

15.4.3 基于超稳定性及正性概念设计自适应控制的方法

基于李雅普诺夫稳定性理论设计自适应控制存在着这样一个问题，就是一般不知道如何来扩大李雅普诺夫函数类，从而也就不能做到最大可能地扩大导致整体渐近稳定的自适应律数目，以便在完成一个完整的设计时，能根据具体的应用来选择其中最适宜的一个自适应律。这也是李雅普诺夫第二法本身没有很好解决的一个问题，因而使该法的应用受到某种限制。本节要介绍的应用超稳定性及正性概念设计自适应控制的方法，可以得到一大族导致稳定的模型参考自适应律，从而在一定程度上解决了以上问题。

超稳定性理论是由波波夫在 20 世纪 50 年代末提出的。在介绍这种设计方法前，为了便于说明，首先引入关于将模型参考自适应系统等价表示成非线性时变反馈系统的概念。

由于模型参考自适应系统主要的信息来源是参考模型及可调系统的状态(或输出)误差 $\boldsymbol{e}$(或 $\boldsymbol{e}_1$)，因此，总是要先建立起描述 $\boldsymbol{e}$(或 $\boldsymbol{e}_1$) 的动态特性的微分方程。设参考模型状态方程为

$$\dot{\boldsymbol{x}}_M=\boldsymbol{A}_M\boldsymbol{x}_M+\boldsymbol{B}_M\boldsymbol{u} \tag{15-179}$$

受控对象状态方程为

$$\dot{\boldsymbol{x}}_s=\boldsymbol{A}_s(\boldsymbol{e},t)\boldsymbol{x}_s+\boldsymbol{B}_s(\boldsymbol{e},t)\boldsymbol{u} \tag{15-180}$$

当采用并联自适应方案时，可得误差动态方程为

$$\begin{aligned}\dot{\boldsymbol{e}}=\dot{\boldsymbol{x}}_M-\dot{\boldsymbol{x}}_s=\boldsymbol{A}_M\boldsymbol{x}_M+[\boldsymbol{B}_M-\boldsymbol{B}_s(\boldsymbol{e},t)]\boldsymbol{u}-\boldsymbol{A}_s(\boldsymbol{e},t)\boldsymbol{x}_s= \\ \boldsymbol{A}_M\boldsymbol{e}+[\boldsymbol{A}_M-\boldsymbol{A}_s(\boldsymbol{e},t)]\boldsymbol{x}_s+[\boldsymbol{B}_M-\boldsymbol{B}_s(\boldsymbol{e},t)]\boldsymbol{u}\end{aligned} \tag{15-181}$$

这里，可调参数 $\boldsymbol{A}_s(\boldsymbol{e},t)$ 及 $\boldsymbol{B}_s(\boldsymbol{e},t)$ 不仅依赖于误差信号 $\boldsymbol{e}(t)$，而且还依赖于它的过去值 $\boldsymbol{e}(\tau)(\tau\leqslant t)$。

在进行稳定性分析时，由于 $\boldsymbol{A}_M$ 是预先确定的，故不能调整，因此，更合适的方法是采用将

$\boldsymbol{e}$ 通过一个线性增补器处理后得到另一向量 $\mathbf{V}$，即

$$\mathbf{V}=\boldsymbol{He} \tag{15-182}$$

然后用它来构成自适应律。这里 $\boldsymbol{H}$ 可以按照保证系统稳定性所需要满足的特殊要求来选定，因此，$\boldsymbol{H}$ 是自适应机构的第一个组成部分。同时，当 $\boldsymbol{e}(t)=0$ 时，应该保证 $\boldsymbol{A}_s(\boldsymbol{e},t)$ 为某一确定值，即 $\boldsymbol{A}_s(\boldsymbol{e},t)=\boldsymbol{A}_M$。因此，在自适应机构中可以采用一个积分器来获得这种记忆。这样，$\boldsymbol{A}_s$ 及 $\boldsymbol{B}_s$ 的自适应律可写成如下形式：

$$\boldsymbol{A}_s(\boldsymbol{e},t)=\boldsymbol{A}_s(\mathbf{V},t)=\int_0^t \boldsymbol{\varphi}_1(\mathbf{V},t,\tau)\,\mathrm{d}\tau+\boldsymbol{\varphi}_2(\mathbf{V},t)+\boldsymbol{A}_s(0) \tag{15-183}$$

$$\boldsymbol{B}_s(\boldsymbol{e},t)=\boldsymbol{B}_s(\mathbf{V},t)=\int_0^t \boldsymbol{\Psi}_1(\mathbf{V},t,\tau)\,\mathrm{d}\tau+\boldsymbol{\Psi}_2(\mathbf{V},t)+\boldsymbol{B}_s(0) \tag{15-184}$$

上两式中等式右边第一项构成了自适应机构的记忆功能，$\boldsymbol{\varphi}_1$ 及 $\boldsymbol{\Psi}_1$ 表示 $\boldsymbol{A}_s(\boldsymbol{e},t)$，$\boldsymbol{B}_s(\boldsymbol{e},t)$ 与 $\mathbf{V}$ 在 $0\leqslant\tau\leqslant t$ 区间的某个非线性关系。这样，在并联方案时，误差模型方程可表示成

$$\dot{\boldsymbol{e}}=\boldsymbol{A}_M\boldsymbol{e}+\boldsymbol{w}_1 \tag{15-185}$$

$$\mathbf{V}=\boldsymbol{He} \tag{15-186}$$

$$\boldsymbol{w}=-\boldsymbol{w}_1=\left[\int_0^t \boldsymbol{\varphi}_1(\mathbf{V},t,\tau)\,\mathrm{d}\tau+\boldsymbol{\varphi}_2(\mathbf{V},t)+\boldsymbol{A}_s(0)-\boldsymbol{A}_M\right]\boldsymbol{x}_s+$$
$$\left[\int_0^t \boldsymbol{\Psi}_1(\mathbf{V},t,\tau)\,\mathrm{d}\tau+\boldsymbol{\Psi}_2(\mathbf{V},t)+\boldsymbol{B}_s(0)-\boldsymbol{B}_M\right]\boldsymbol{u} \tag{15-187}$$

其等价结构图如图 15-17 所示。

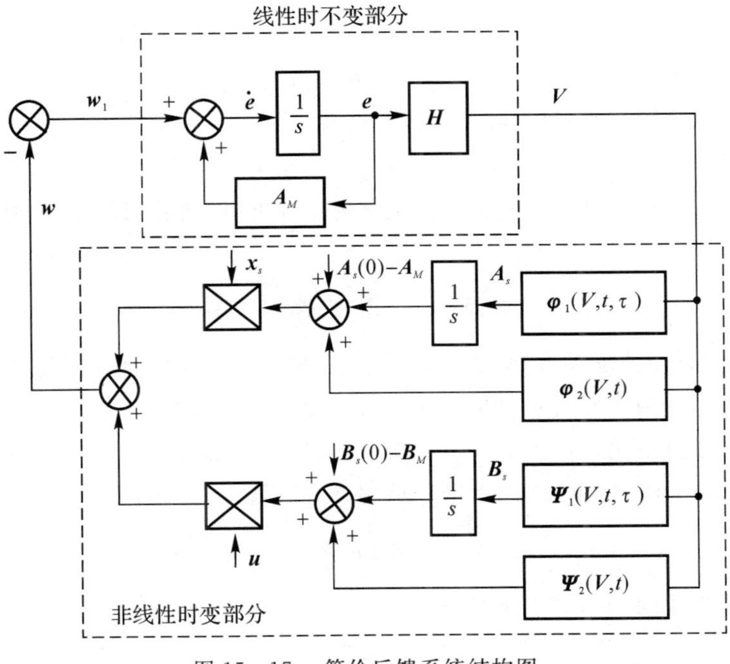

图 15-17　等价反馈系统结构图

这样，就把原来的模型参考自适应系统表示成一个等价的非线性时变反馈系统，其前馈通道为线性时不变部分(前馈方框)，其反馈通道为非线性时变部分(反馈方框)。

应用超稳定性理论设计自适应控制系统的基本步骤如下：

(1) 将模型参考自适应系统变换成一个由前馈方框及反馈方框组成的等价反馈系统形式；

(2) 找出能使反馈方框满足波波夫积分不等式的一大族自适应律的解；

(3) 求出如何使前馈方框的传递函数矩阵满足严正实的条件，以保证整个系统的超稳定性；

(4) 最后把满足以上条件的等价反馈系统回复到原来的模型参考自适应系统，并以显式方式确定自适应机构的结构。

下面通过一个简单的例子来说明以上设计步骤。

例 15-6 设某二阶系统，其并联可调系统方程为

$$(1+a_1p+a_2p^2)\,y_s=\hat{b}_0(e_1,t)\,u \tag{15-188}$$

给出参考模型为

$$(1+a_1p+a_2p^2)\,y_M=b_0u \tag{15-189}$$

第一步：两式相减可得输出误差 e_1 的方程为

$$(1+a_1p+a_2p^2)\,e_1=[b_0-\hat{b}_0(e_1,t)]u \tag{15-190}$$

按式(15-184)有

$$\hat{b}_0(e_1,t)=\int_0^t\boldsymbol{\Psi}_1^0(\mathbf{V},t,\tau)\,\mathrm{d}\tau+\boldsymbol{\Psi}_2^0(\mathbf{V},t)+\hat{b}_0(0) \tag{15-191}$$

式中

$$\mathbf{V}=H(p)e_1 \tag{15-192}$$

令

$$w_1=[b_0-\hat{b}_0(e_1,t)]u \tag{15-193}$$

w_1 可看做等效输入，式(15-190)可表示为

$$(1+a_1p+a_2p^2)\,e_1=w_1 \tag{15-194}$$

于是式(15-194)、式(15-192)组成了线性定常的前馈方框，将式(15-191)代入式(15-193)，则得

$$w=-w_1=\left[\int_0^t\boldsymbol{\Psi}_1^0(V,t,\tau)\,\mathrm{d}\tau+\boldsymbol{\Psi}_2^0(V,t)+\hat{b}_0(0)-b_0\right]u \tag{15-195}$$

该式构成了非线性时变的反馈方框，这样，就把原来的模型参考自适应系统分离成了一个等价的反馈系统。至此，完成了系统设计的第一步即系统的等价变换。

第二步：在反馈方框满足波波夫积分不等式的条件下，确定一大族自适应律的解，亦即找出一大族 $\boldsymbol{\Psi}_1^0(V,t,\tau)$ 及 $\boldsymbol{\Psi}_2^0(V,t)$。于是需求解下列方程：

$$\int_0^{t_1}VW\,\mathrm{d}t=\int_0^{t_1}Vu\left[\int_0^t\boldsymbol{\Psi}_1^0(V,t,\tau)\,\mathrm{d}\tau+\boldsymbol{\Psi}_2^0(V,t)+\hat{b}_0(0)-b_0\right]\mathrm{d}t\geqslant-r_0^2 \tag{15-196}$$

为此，可将上式分解成两个不等式 I_1 及 I_2：

$$I_1=\int_0^{t_1}Vu\left[\int_0^t\boldsymbol{\Psi}_1^0(\mathbf{V},t,\tau)\,\mathrm{d}\tau+\hat{b}_0(0)-b_0\right]\mathrm{d}t\geqslant-r_1^2 \tag{15-197}$$

$$I_2=\int_0^{t_1}Vu\boldsymbol{\Psi}_2^0(\mathbf{V},t)\,\mathrm{d}\tau\geqslant-r_2^2 \tag{15-198}$$

如果两个不等式均满足，则式(15-196)一定满足，这是一个充分条件。

先来讨论式(15-198)。如果 $r_2^2=0$，只要不等式左边被积函数为正，不等式就会得到满

足，由此可得第一个解为

$$\Psi_2^0(V,t)=K_2(t)Vu,\quad K_2(t)\geqslant 0\qquad 对所有\ t\geqslant 0 \tag{15-199}$$

再来讨论式(15 - 197)。由于以下关系成立：

$$\int_0^{t_1}\dot{f}(t)K_1 f(t)\mathrm{d}t=\frac{K_1}{2}[f^2(t_1)-f^2(0)]\geqslant-\frac{1}{2}K_1 f^2(0),\quad K_1>0 \tag{15-200}$$

$$\dot{f}=Vu \tag{15-201}$$

及

$$K_1 f(t)=\int_0^t \Psi_1^0(V,t,\tau)\,\mathrm{d}\tau+\hat{b}_0(0)-b_0 \tag{15-202}$$

则式(15 - 197) 就变成式(15 - 200) 的形式，式(15 - 197) 便得到满足，由此解出 $\Psi_1^0(V,t,\tau)$ 族来，对式(15 - 202) 求导有

$$K_1\dot{f}(t)=\Psi_1^0(V,t,\tau) \tag{15-203}$$

将 $\dot{f}(t)=Vu$ 代入，即得 Ψ_1^0 的一个解为

$$\Psi_1^0(V,t,\tau)=K_1Vu,\quad K_1>0 \tag{15-204}$$

至此，找出了反馈方框满足波波夫积分不等式的参数自适应律 $\Psi_1^0(V,t,\tau)$，$\Psi_2^0(V,t)$ 的一大族解。要说明的是，这里只是求出了它们的一个解，还能找出其他更为普遍的解，这里不作进一步讨论了。

第三步：使前馈方框的传递函数满足严正实条件。前馈方框的传递函数为

$$G(s)=\frac{N(s)}{1+a_1s+a_2s^2} \tag{15-205}$$

这里只有 $N(s)$ 可以调整，选取

$$N(s)=g_0+g_1s \tag{15-206}$$

则

$$G(s)=\frac{g_0+g_1s}{1+a_1s+a_2s^2} \tag{15-207}$$

$$\mathrm{Re}\,[G(\mathrm{j}\omega)]=\frac{g_0+(g_1a_1-g_0a_2)\omega^2}{(1-a_2\omega^2)^2+\omega^2a_1^2} \tag{15-208}$$

为使 $G(s)$ 为严正实函数，要求对所有 ω，$\mathrm{Re}\,[G(\mathrm{j}\omega)]>0$，由此可知，应取

$$g_0>0,\quad g_1a_1\geqslant g_0a_2 \tag{15-209}$$

这样，就找到了自适应机构的第一部分 $N(s)$ 的自适应律。

最后一步：根据求得的自适应律，把系统回复到原来的框图上来，这时只需将已求得的 $N(s)$ 及 $\hat{b}(e,t)$ 构成自适应机构，引入到原系统中即可。

整个自适应控制系统的结构图如图 15 - 18 所示。

由图 15 - 18 可见，这里的 $N(s)$ 包含 e_1 的导数，当参考模型及可调系统全部状态可以直接获取时，这是能够实现的。但当状态不能全部直接获取时，这就是一个很大的困难。

用超稳定性及正性概念设计自适应控制的方法，与用李雅普诺夫稳定性理论的设计方法相比，可获得更为一般的自适应律，它把寻求一个合适的李雅普诺夫函数的问题变成求解一个等价反馈系统的两个方框的正性问题，因此能够获得更为一般的结果，并取得一大族导致稳定的模型参考自适应系统的自适应律，一般认为这是较为成功的方法。

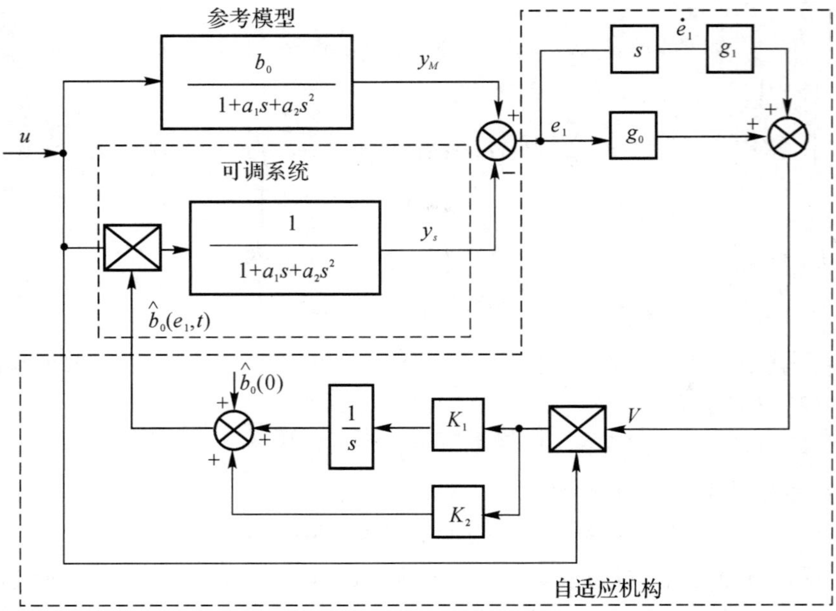

图 15-18　例 15-6 自适应系统结构图

例 15-7　下面来讨论飞机的纵向控制问题。设飞机的纵向运动方程描述为

$$\dot{\boldsymbol{X}}_p=\boldsymbol{A}_p\boldsymbol{X}_p+\boldsymbol{B}_p\boldsymbol{U}_p$$

式中

$$\boldsymbol{X}_p^{\mathrm{T}}=[\theta_p,q_p,a_p,v_p],\quad \boldsymbol{U}_p^{\mathrm{T}}=[\delta_{ep},\delta_{tp},\delta_{zp}]$$

这里 θ_p 为俯仰角；q_p 为俯仰角速度；a_p 为攻角；v_p 为飞行空速；δ_{ep} 为升降舵指令；δ_{tp} 为油门控制指令；δ_{zp} 为阻尼板指令。

$$\boldsymbol{A}_p=\begin{bmatrix}0.0 & 1.0 & 0.0 & 0.0\\ 1.401E-4 & (M_q+M_a) & -1.951\,3 & 0.013\,3\\ -2.505E-4 & 1.0 & -1.323\,9 & -0.023\,8\\ -0.561 & 0.0 & 0.358 & -0.027\,9\end{bmatrix}$$

$$\boldsymbol{B}_p=\begin{bmatrix}0.0 & 0.0 & 0.0\\ -5.330\,7 & 6.447E-3 & -0.266\,9\\ -0.16 & -1.155E-2 & -0.251\,1\\ 0.0 & 0.106 & 0.086\,2\end{bmatrix}$$

矩阵 $\boldsymbol{A}_p$ 中的元 $a_{22}=M_q+M_a$ 为飞机动态参数，其额定值为 -2.033，并假设其变化范围为在额定值上下变化 75%，即它在 -0.558 到 -3.558。

设参考模型动态方程表示为

$$\dot{\boldsymbol{X}}_M=\boldsymbol{A}_M\boldsymbol{X}_M+\boldsymbol{B}_M\boldsymbol{U}_M$$

式中　$\boldsymbol{X}_M^{\mathrm{T}}=[\theta_M,q_M,a_M,v_M]$，　$\boldsymbol{U}_M^{\mathrm{T}}=[\delta_{eM},\delta_{tM},\delta_{zM}]$

假设参考模型是渐近稳定的。这里各符号表示的变量与对象运动方程中的变量对应。要求设计自适应模型跟踪控制系统以实现完全模型跟踪。

设

$$\boldsymbol{e}=\boldsymbol{X}_M-\boldsymbol{X}_p$$

则为实现完全跟踪要求，必须保证对任何分段连续的 $\boldsymbol{U}_M$ 和 $\boldsymbol{e}(0)=\boldsymbol{0}$ 将有

$$\boldsymbol{e}=\boldsymbol{X}_M-\boldsymbol{X}_p=\boldsymbol{0}$$

$$\dot{\boldsymbol{e}}=\dot{\boldsymbol{X}}_M-\dot{\boldsymbol{X}}_p=\boldsymbol{0}$$

下面使用超稳定性及正性方法来设计自适应律。

整个控制系统的方程描述如下：

参考模型

$$\dot{\boldsymbol{X}}_M=\boldsymbol{A}_M\boldsymbol{X}_M+\boldsymbol{B}_M\boldsymbol{U}_M$$

被控对象

$$\dot{\boldsymbol{X}}_p=\boldsymbol{A}_p\boldsymbol{X}_p+\boldsymbol{B}_p\boldsymbol{U}_{p1}+\boldsymbol{B}_p\boldsymbol{U}_{p2}$$

广义误差

$$\boldsymbol{e}=\boldsymbol{X}_M-\boldsymbol{X}_p$$

这里，把控制分解成两部分，即 $\boldsymbol{U}_{p1}$ 及 $\boldsymbol{U}_{p2}$，则控制信号的第一部分为前馈方框的线性时不变控制信号：

$$\boldsymbol{U}_{p1}=-\boldsymbol{K}_p\boldsymbol{X}_p+\boldsymbol{K}_M\boldsymbol{X}_M+\boldsymbol{K}_u\boldsymbol{U}_M$$

它的任务是保证额定情况下的完全跟踪。这里 $\boldsymbol{K}_p,\boldsymbol{K}_M,\boldsymbol{K}_u$ 是针对特定对象参数设计出的常数矩阵。在额定情况下，将参考模型方程减去对象方程，设 $\boldsymbol{U}_{p2}=\boldsymbol{0}$，则得

$$\dot{\boldsymbol{e}}=[\boldsymbol{A}_M-\boldsymbol{B}_p\boldsymbol{K}_M]\boldsymbol{e}+[\boldsymbol{A}_M-\boldsymbol{A}_p+\boldsymbol{B}_p(\boldsymbol{K}_p-\boldsymbol{K}_M)]\boldsymbol{X}_p+[\boldsymbol{B}_M-\boldsymbol{B}_p\boldsymbol{K}_u]\boldsymbol{U}_M$$

根据要求 $\dot{\boldsymbol{e}}=\boldsymbol{0}$，可得

$$\boldsymbol{A}_M-\boldsymbol{A}_p+\boldsymbol{B}_p(\boldsymbol{K}_p-\boldsymbol{K}_M)=\boldsymbol{0}$$

$$\boldsymbol{B}_M-\boldsymbol{B}_p\boldsymbol{K}_u=\boldsymbol{0}$$

并且 $(\boldsymbol{A}_M-\boldsymbol{B}_p\boldsymbol{K}_M)$ 必须是一个古尔维茨矩阵，以保证 $\boldsymbol{e}$ 的渐近稳定。由此解出 $\boldsymbol{K}_p,\boldsymbol{K}_M,\boldsymbol{K}_u$ 来。

控制信号的第二部分是辅助信号，它是反馈方框的时变控制信号，当动态参数变化时，它将自适应改善跟踪性能。

$$\boldsymbol{U}_{p2}=\Delta\boldsymbol{K}_p(\boldsymbol{e},t)\boldsymbol{X}_p+\Delta\boldsymbol{K}_u(\boldsymbol{e},t)\boldsymbol{U}_M$$

这里，$\Delta\boldsymbol{K}_p(\boldsymbol{e},t)$ 及 $\Delta\boldsymbol{K}_u(\boldsymbol{e},t)$ 由自适应机构产生，并分别由下列式解出：

$$\Delta\boldsymbol{K}_p(\boldsymbol{e},t)=\int_0^t\boldsymbol{\varphi}_1(\boldsymbol{v},t,\tau)\,\mathrm{d}\tau+\boldsymbol{\varphi}_2(\boldsymbol{v},t)+\Delta\boldsymbol{K}_p(0)$$

$$\Delta\boldsymbol{K}_u(\boldsymbol{e},t)=\int_0^t\boldsymbol{\psi}_1(\boldsymbol{v},t,\tau)\,\mathrm{d}\tau+\boldsymbol{\psi}_2(\boldsymbol{v},t)+\Delta\boldsymbol{K}_u(0)$$

这里，$\boldsymbol{v}=\boldsymbol{D}\boldsymbol{e}$，$\boldsymbol{D}$ 为自适应机构中的线性补偿器，它是 $\boldsymbol{D}\boldsymbol{A}_M+\boldsymbol{A}_M^{\mathrm{T}}\boldsymbol{D}=-\boldsymbol{Q}(\boldsymbol{Q}>0)$ 的一个正定矩阵解。$\boldsymbol{\varphi}_1,\boldsymbol{\varphi}_2,\boldsymbol{\Psi}_1,\boldsymbol{\Psi}_2$ 矩阵可根据满足波波夫积分不等式的条件求出一族解来。同时可采用不同权矩阵 $\boldsymbol{Q}$ 来设计自适应律，改善系统的性能。

习　题

15-1　设有一受控对象为

$$A(q^{-1})y(k)=B(q^{-1})u(k-1)+C(q^{-1})e(k)$$

其中

$$A(q^{-1})=1-0.9q^{-1},\quad B(q^{-1})=3,\quad C(q^{-1})=1-0.3q^{-1}$$

试设计最小方差自校正调节器。

15-2　设有一受控对象为

$$(1-1.2q^{-1}+0.35q^{-2})y(k)=(0.5q^{-2}-0.8q^{-3})u(k)$$

指标函数为

$$J=[y(k+1)-y(k)]^2+Ru^2(k)$$

试选定 R 的范围，并设计广义最小方差自校正控制规律。

15-3　设有一受控系统方程为

$$y(k)-y(k-1)=u(k-2)+1.5u(k-3)$$

选闭环期望极点方程为

$$T=1-0.5q^{-1}$$

试用极点配置法设计自校正调节器。

15-4　设有一被控系统参考模型方程为

$$(a_3p^3+a_2p^2+a_1p+1)y_m(t)=Kr(t)$$

并联可调增益系统方程为

$$(a_3p^3+a_2p^2+a_1p+1)y_m(t)=K_cK_vr(t)$$

其中 K_v 是受环境影响的参数，试用局部参数最优化设计可调增益 K_c 的自适应规律。

15-5　设参考模型方程为

$$(p^2+a_{m1}p+a_{m0})y_m=b_{m0}r$$

可调系统方程为

$$(p^2+a_{s1}(\varepsilon,t)p+a_{s0})y_m=b_{s0}(\varepsilon,t)r$$

其中 $a_{s0}=a_{m0}$ 为固定参数，试用李雅普诺夫稳定性理论设计 $a_{s1}(\varepsilon,t)$ 和 $b_{s0}(\varepsilon,t)$ 的自适应规律。

15-6　设控制对象的传递函数为

$$G_p(s)=\frac{b_0}{s^2+a_1s+a_0}$$

其中 a_0,a_1,b_0 为未知参数，试根据超稳定性理论设计模型参考自适应控制系统。

第六篇　变结构控制基本原理

第十六章　变结构控制理论

变结构控制是20世纪60年代由前苏联学者首先提出并研究的，直到70年代，这一控制理论才传入西方国家。在短短40多年的时间里，变结构控制理论迅速地发展并完善起来，并产生了大量理论和应用研究成果，逐步形成了一个控制理论分支。

变结构控制就是当系统状态穿越状态空间不同区域时，反馈控制器的结构按照一定的规律发生变化，使得控制系统对对象的内在参数变化和外在环境扰动等因素具有一定的适应能力，保证系统性能达到期望的指标要求。同时由于它是一类非线性控制，因此，变结构控制具有自适应控制的基本特点，所以它可以看做是一类广义的自适应控制。

16.1　变结构控制基本原理

16.1.1　变结构控制的基本概念

为了充分理解变结构控制的基本概念，首先考察三种情况下的二阶系统。

情况 Ⅰ：假设二阶控制系统为

$$\begin{aligned} &\ddot{x}=u \\ &u=-\psi x \end{aligned} \tag{16-1}$$

它有两种状态反馈结构，分别由 $\psi=\alpha_1^2$ 和 $\psi=\alpha_2^2$ 定义，而且 $\alpha_1^2>\alpha_2^2$。于是，这两种反馈结构形成的闭环系统轨迹分别对应于图16-1(a)和(b)所示一族“立式”和“卧式”的椭圆。显然这两种反馈控制系统都仅仅是李雅普诺夫意义下稳定而非渐近稳定的。但是如果将系统的两种反馈结构沿状态平面的坐标轴按照如下逻辑进行切换组合：

$$\psi=\begin{cases}\alpha_1^2, & 若\ x\dot{x}>0\\ \alpha_2^2, & 若\ x\dot{x}<0\end{cases} \tag{16-2}$$

那么组合系统状态轨迹如图 16-1(c) 所示，是渐近稳定的。

情况 Ⅱ：假设二阶控制系统为

$$\left.\begin{aligned} &\ddot{x}-\xi\dot{x}=u, \quad \xi>0\\ &u=-\psi x \end{aligned}\right\} \tag{16-3}$$

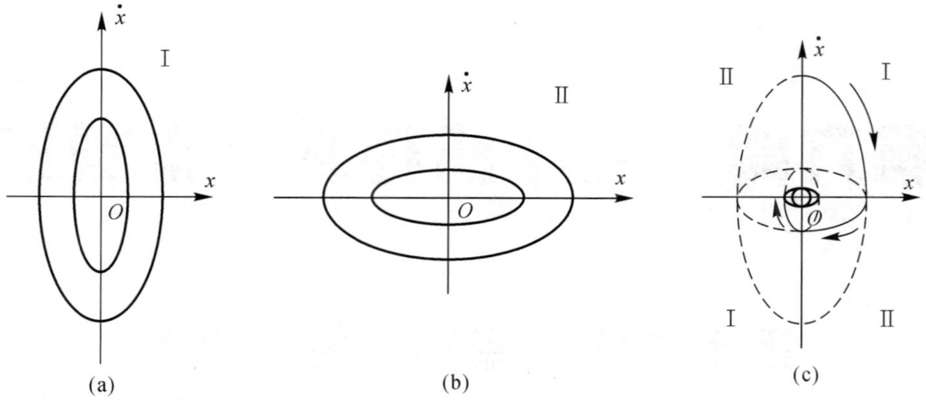

图 16-1　两个稳定控制系统组合成的渐近稳定控制系统

它的两种可能的状态反馈结构为 $\psi=\alpha$ 和 $\psi=-\alpha$，其中 $\alpha>0$，即前者为负反馈，后者为正反馈，闭环控制系统就为

$$\ddot{x}-\xi\dot{x}+\psi x=0\ ,\ \xi>0 \tag{16-4}$$

当 $\psi=-\alpha$ 时，系统有正、负实根各一个，即 λ_1 和 λ_2，且 $\lambda_1>|\lambda_2|$，状态轨迹如图 16-2(a) 所示。当 $\psi=\alpha$ 时，系统有两个带正实部的复根，并有对应于图 16-2(b) 的状态轨迹。可见，这两种反馈结构形成的闭环控制系统在一般情况下均不稳定，仅当 $\psi=-\alpha$ 且系统初始状态落在状态平面中的直线

$$-\lambda_2 x+\dot{x}=0,\quad \lambda_2=\frac{\xi}{2}-\sqrt{\frac{\xi^2}{4}+\alpha} \tag{16-5}$$

上时，系统相对于原点渐近稳定。然而，如果将两种反馈结构沿着直线式(16-5) 和 $\dot{x}=0$ 按下式描述的逻辑加以切换组合：

$$\psi=\begin{cases}-\alpha, & 若\ xs>0\\ \alpha, & 若\ xs<0\end{cases},\quad s=-\lambda_2 x+\dot{x} \tag{16-6}$$

则组合系统状态轨迹如图 16-2(c) 所示，也是渐近稳定的。

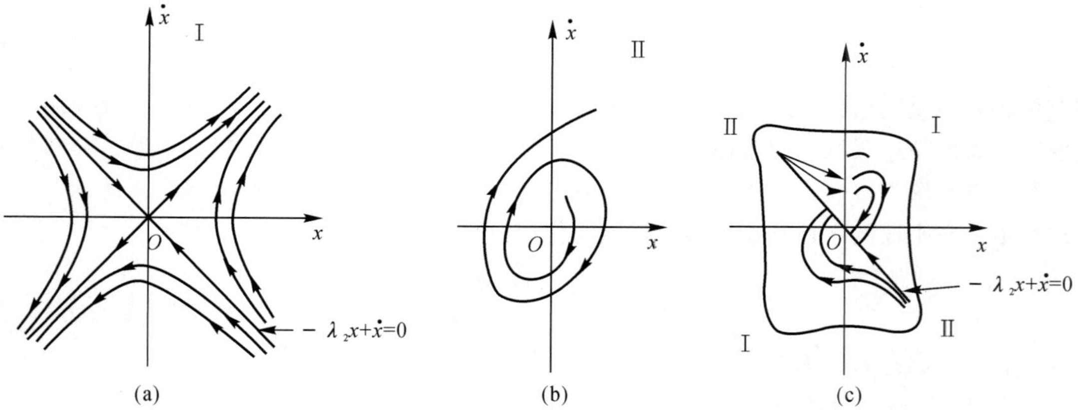

图 16-2　两个不稳定控制系统组合成的渐近稳定控制系统

情况 Ⅲ：在情况 Ⅱ 中，若把式(16-6) 描述的切换逻辑改变为

$$\dot{\varphi}=\begin{cases}-\alpha & 若\ xs>0\\ \alpha & 若\ xs<0\end{cases}$$

$$s=gx+\dot{x},\quad 0<g<-\lambda_2=-\frac{\xi}{2}+\sqrt{\frac{\xi^2}{4}+\alpha} \tag{16-7}$$

那么组合系统依然渐近稳定，但其状态轨迹却较情况 Ⅱ 中的有所不同，如图 16－3 所示。

分析以上两个二阶系统的三种情况知道，它们的共同点在于组合系统是不同结构的反馈控制系统并不具备的渐近稳定性。这类组合系统称为变结构系统（VSS）或变结构控制系统（VSCS）。

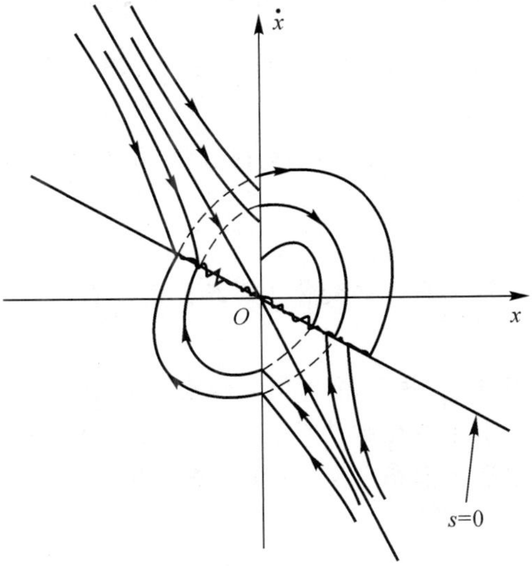

图 16－3　二阶控制系统的滑动模态

变结构系统中所谓“变结构”本质上是指系统内部的反馈控制器结构，包括反馈极性和系数，所发生的不连续非线性切变。这种切变并非任意，必须遵从一套设计者按照系统性能指标要求而制定的切换逻辑。对应于每一种反馈控制结构，闭环系统对外显示出一种相应的结构和特性，称为子系统。变结构系统正是这些不同结构的子系统按照切换逻辑的有机结合。其目的在于充分利用各子系统的优良特性，甚至有可能获得超越所有子系统的新特性。

此外，分析前面的三种情况结果还表明，随着子系统组合方式的不同，即系统反馈结构切换的逻辑不同，变结构系统将显示出两种截然不同的形式和系统特性：

形式一：变结构系统的运动是各子系统部分有益运动的“精心拼补”。假如，在情况 Ⅰ 和情况 Ⅱ 中，变结构系统的状态轨迹完全是各子系统状态轨迹的一段段拼接。无论各子系统运动的稳定性如何，拼接出的组合运动都能保证渐近稳定性。这一形式的变结构系统在大大提高了稳定性的同时，各子系统所承受的参数、扰动等不确定性因素的影响并未得到消除，而是随着各子系统的运动被带入变结构系统，并影响其动态特性和稳态品质。

形式二：变结构系统的运动不同于任一子系统的运动。例如在情况 Ⅲ 中，变结构系统状态轨迹 $s=gx+\dot{x}=0$ 是各种反馈结构的子系统根本不存在的“新生”状态轨迹，如图 16－1～图 16－3所示。所以，这类变结构系统就可能具有独立于各子系统特性和不确定性因素影响的优良新特性。

比较这两种变结构系统，在保证渐近稳定性前提下，后者较前者具有更强的鲁棒性。目前人们在变结构控制理论中主要研究的就是这一类，一般称图 16－3 中 $s=gx+\dot{x}=0$ 所描述的状态域为滑动模态域，而将形式二的变结构系统称为滑动模态变结构控制系统。今后，本章若不加特殊说明，均指滑动模态变结构控制系统。

滑动模态是变结构控制系统的主要特征之一。在图 16－3 中，$s=0$ 是针对一个单变二阶系统的滑动模态域。分析该图发现，在 $s=0$ 附近，系统的状态轨迹均指向它，这意味着系统的状态点一旦进入 $s=0$ 便只能沿其运动而不能再离开。这一例子实质上揭示了滑动模态的一个最重要的普遍特性，从中可归结出变结构控制系统滑动模态的一般定义：

对于一个 n 阶系统，$\boldsymbol{X} \in \mathbf{R}^n$ 为系统状态向量，$\bar{\boldsymbol{S}}$ 是 n 维状态空间中状态域 $\boldsymbol{S}(\boldsymbol{X})=0$ 上的一个子域。如果对于每个 $\varepsilon>0$，总有一个 $\delta>0$ 存在，使得任何源于 $\bar{\boldsymbol{S}}$ 的 n 维 δ 领域的系统运动若要离开 $\bar{\boldsymbol{S}}$ 的 n 维 δ 领域，只能穿过 $\bar{\boldsymbol{S}}$ 边界的 n 维 δ 领域，那么 $\bar{\boldsymbol{S}}$ 就是一个滑动模态域。系统在滑动模态域中的运动就称为滑动运动，这种运动形式即称为滑动模态。

16.1.2 变结构控制系统的性质

考虑 n 阶多变量系统，其状态方程为

$$\dot{\boldsymbol{X}}(t)=\boldsymbol{A}\boldsymbol{X}(t)+\boldsymbol{B}\boldsymbol{U}(t)+\boldsymbol{D}\boldsymbol{F}(t) \tag{16-8}$$

式中，系统状态 $\boldsymbol{X} \in \mathbf{R}^n$；控制向量 $\boldsymbol{U} \in \mathbf{R}^m$，扰动向量 $\boldsymbol{F} \in \mathbf{R}^p$。在 n 维状态空间设计 m 个切换超平面：

$$s_i=g_{i1}x_1+g_{i2}x_2+\cdots+g_{in}x_n=0,\quad i=1,2,\cdots m \tag{16-9}$$

定义它们的交集为系统的滑动态域：

$$\boldsymbol{S}=\begin{bmatrix} s_1 & s_2 & \cdots & s_m \end{bmatrix}^{\mathrm{T}}=\boldsymbol{G}\boldsymbol{X}=\boldsymbol{0},\ \boldsymbol{S} \in \mathbf{R}^m \tag{16-10}$$

式中，$\boldsymbol{G} \in \mathbf{R}^{m\times n}$ 称为滑动模态参数矩阵；$\boldsymbol{g}_{ij}$ 称为滑动模态参数，$\boldsymbol{G}=[g_{ij}]_{m\times n}$。

由于滑动运动是变结构控制系统特有的运动，因此首先分析这一运动赋予系统的特性。根据滑动模态定义，一旦系统状态 $\boldsymbol{X}$ 进入滑动模态域将只能沿其运动，并且滑动运动满足

$$\boldsymbol{S}=\boldsymbol{G}\boldsymbol{X}\equiv\boldsymbol{0} \tag{16-11}$$

即

$$\dot{\boldsymbol{S}}=\boldsymbol{G}\dot{\boldsymbol{X}}=\boldsymbol{0} \tag{16-12}$$

将系统状态方程式(16－8)带入式(16－12)得

$$\boldsymbol{G}\boldsymbol{A}\boldsymbol{X}+\boldsymbol{G}\boldsymbol{B}\boldsymbol{U}+\boldsymbol{G}\boldsymbol{D}\boldsymbol{F}=\boldsymbol{0}$$

如果滑动模态的设计保证矩阵 $\boldsymbol{G}\boldsymbol{B}$ 非奇异，那么由上式可解出满足式(16－12)的 $\boldsymbol{U}$ 的一个解

$$\boldsymbol{U}_{\mathrm{eq}}=-(\boldsymbol{G}\boldsymbol{B})^{-1}\boldsymbol{G}(\boldsymbol{A}\boldsymbol{X}+\boldsymbol{D}\boldsymbol{F}) \tag{16-13}$$

它被称为变结构控制系统的等效控制。其物理意义在于，若系统初始状态 $\boldsymbol{X}(0)$ 在滑动模态域上，即满足 $\boldsymbol{G}\boldsymbol{X}(0)=\boldsymbol{0}$，则在等效控制 $\boldsymbol{U}_{\mathrm{eq}}$ 的作用下，系统将沿着滑动模态域运动。

把等效控制带入状态方程式(16－8)得其状态方程为

$$\dot{\boldsymbol{X}}=[\boldsymbol{I}-\boldsymbol{B}(\boldsymbol{G}\boldsymbol{B})^{-1}\boldsymbol{G}](\boldsymbol{A}\boldsymbol{X}+\boldsymbol{D}\boldsymbol{F}) \tag{16-14}$$

这里 $\boldsymbol{I}$ 是 $m\times m$ 的单位阵。该方程描述了系统在滑动模态下的运动情况，称为滑动模态方程或等价系统方程。该方程描述了系统实质上就是变结构控制系统进入滑动模态域后的闭环控制系统，称为变结构控制系统在滑动模态下的等价系统。

方程式(16－14)是原系统式(16－8)在 m 个约束式(16－10)下得到的，因此等价系统状态 $\boldsymbol{X}$ 属于 n 维状态空间中 $n-m$ 维子空间，等价系统呈现 $n-m$ 阶系统的特性，至多只有 $n-m$ 个非零特征值。这是变结构闭环系统的一个特点。进一步分析等价系统方程可知，式(16－14)中仅有滑动模态参数矩阵 $\boldsymbol{G}$ 可以人为设计，其他均为被控制对象参数，不可改变。能够证明(详见 16.2 节)，通过矩阵 $\boldsymbol{G}$ 的选择，可以对等价系统的特征值进行任意配置。这意味着适当地设计滑动模态域式(16－10)便能够获得任意期望的闭环系统性能。

由式(16－14)还容易看出，原系统所能承受的扰动 $\boldsymbol{F}$ 依然作用于闭环等价系统。但是当

$$[\boldsymbol{I}-\boldsymbol{B}(\boldsymbol{G}\boldsymbol{B})^{-1}\boldsymbol{G}]\boldsymbol{D}\boldsymbol{F}=\boldsymbol{0} \tag{16-15}$$

成立时，滑动模态方程即变为

$$\dot{\boldsymbol{X}}=[\boldsymbol{I}-\boldsymbol{B}(\boldsymbol{GB})^{-1}\boldsymbol{G}]\boldsymbol{AX} \tag{16-16}$$

显然，扰动 $\boldsymbol{F}$ 不再出现在方程中，等价系统此时完全独立于 $\boldsymbol{F}$，其特性不受 $\boldsymbol{F}$ 的影响。将 $\boldsymbol{DF}$ 写成如下形式：

$$\left.\begin{aligned}\boldsymbol{DF}&=\boldsymbol{B}(\boldsymbol{GB})^{-1}\boldsymbol{GDF}=\boldsymbol{BM}\\ \boldsymbol{M}&=(\boldsymbol{GB})^{-1}\boldsymbol{GDF}\end{aligned}\right\} \tag{16-17}$$

由于对于任意的扰动 $\boldsymbol{F}$ 式(16－17) 均需成立，所以式(16－16) 成立的充分条件就是

$$\mathrm{rank}[\boldsymbol{B}\quad \boldsymbol{D}]=\mathrm{rank}\boldsymbol{B} \tag{16-18}$$

即当原系统式(16－8) 的扰动矩阵 $\boldsymbol{D}$ 的所有列均是输入矩阵 $\boldsymbol{B}$ 各列的线性组合时，变结构闭环等价系统对扰动具有不变性。于是称式(16－18) 为变结构控制系统的扰动不变性条件。

另外，就一个实际系统而言，除了受到外加扰动的作用外，其本身的结构参数也往往具有不确定性。例如参数在标称值附近摄动和参数在一定范围内发生变化等情况。此时系统的参数矩阵 $\boldsymbol{A}$ 可以表示为

$$\boldsymbol{A}=\boldsymbol{A}_0+\Delta\boldsymbol{A} \tag{16-19}$$

式中 $\Delta\boldsymbol{A}$ 矩阵包含了 $\boldsymbol{A}$ 中所有可以发生变化并对系统特性有内在影响的参数，矩阵 $\boldsymbol{A}_0$ 则包含 $\boldsymbol{A}$ 中剩余的参数；或者 $\boldsymbol{A}_0$ 为 $\boldsymbol{A}$ 的标称矩阵，$\Delta\boldsymbol{A}$ 则是 $\boldsymbol{A}$ 相对于的 $\boldsymbol{A}_0$ 的摄动矩阵，那么相应的滑动模态方程式(16－14) 就可表示为

$$\dot{\boldsymbol{X}}=[\boldsymbol{I}-\boldsymbol{B}(\boldsymbol{GB})^{-1}\boldsymbol{G}][\boldsymbol{A}_0\boldsymbol{X}+\Delta\boldsymbol{AX}+\boldsymbol{DF}] \tag{16-20}$$

类似地，当其状态方程为

$$[\boldsymbol{I}-\boldsymbol{B}(\boldsymbol{GB})^{-1}\boldsymbol{G}]\Delta\boldsymbol{AX}=\boldsymbol{0} \tag{16-21}$$

时，系统的参数变化将对等价系统没有影响。

由式(16－21) 有

$$\Delta\boldsymbol{AX}=\boldsymbol{B}(\boldsymbol{GB})^{-1}\boldsymbol{G}\Delta\boldsymbol{AX}\ ,\quad \boldsymbol{X}\in\mathbf{R}^{n-m} \tag{16-22}$$

取状态子空间 $\mathbf{R}^{n-m}$ 中任一组基向量作为列组成矩阵 $\boldsymbol{T}\in\mathbf{R}^{n\times(n-m)}$，则状态 $\boldsymbol{X}$ 能由其线性表示为

$$\boldsymbol{X}=\boldsymbol{TX}^*$$

$\boldsymbol{X}^*\in\mathbf{R}^{n-m}$。代入式(16－22) 得

$$\Delta\boldsymbol{ATX}^*=\boldsymbol{B}(\boldsymbol{GB})^{-1}\boldsymbol{G}\Delta\boldsymbol{ATX}^*$$

该方程与式(16－17) 在形式上完全相同，因此它及式(16－21) 成立的充分条件就是

$$\mathrm{rank}[\boldsymbol{B}\quad \Delta\boldsymbol{AT}]=\mathrm{rank}\boldsymbol{B} \tag{16-23}$$

这表明，原系统式(16－8) 中所有满足条件式(16－23) 的参数变化或摄动对变结构闭环等价系统的特性均无影响，故称式(16－23) 为变结构控制系统的参数不变性条件。

特殊地，式(16－23) 也可写为

$$\mathrm{rank}[\boldsymbol{B}\quad \Delta\boldsymbol{A}]=\mathrm{rank}\boldsymbol{B} \tag{16-24}$$

与系统参数矩阵 $\boldsymbol{A}$ 的不确定性情况相似，输入矩阵 $\boldsymbol{B}$ 往往也存在不确定性因素：

$$\boldsymbol{B}=\boldsymbol{B}_0+\Delta\boldsymbol{B} \tag{16-25}$$

这里 $\boldsymbol{B}_0$ 为 $\boldsymbol{B}$ 的标称矩阵，$\Delta\boldsymbol{B}$ 为 $\boldsymbol{B}$ 相对于 $\boldsymbol{B}_0$ 的摄动矩阵。可以证明，当条件

$$\mathrm{rank}[\boldsymbol{B}_0\quad \Delta\boldsymbol{B}]=\mathrm{rank}\boldsymbol{B}_0 \tag{16-26}$$

满足时，变结构闭环等价系统对输入矩阵参数的摄动或变化具有不变性，其特征也不受 $\Delta\boldsymbol{B}$ 的影响。

在变结构控制理论中，条件式(16－18)、式(16－23)或式(16－24)和式(16－26)统称为不变性条件。正是当这些条件满足时，变结构控制系统对于参数摄动或变化以及外加扰动具有不变性，从而显示出很强的对不确定性因素的鲁棒性。也正是这些不变性性质使得变结构控制系统受到了人们的广泛重视和研究。

16.1.3 变结构控制系统的设计

应当强调的是，以上讨论的变结构控制系统的各种特性都是在式(16－11)成立的前提下才具备的，即系统沿滑动模态域运动。然而在一般情况下，系统的初始状态点处于状态空间的任意位置，并不一定是落在滑动模态域中。此时就需要设法将系统状态由初始位置"导引"到滑动模态域中去。由此可见，变结构控制系统的运动分为两个阶段：

第一阶段，系统状态由任意初始位置向滑动模态域运动，直到进入。这一阶段称为变结构控制系统的能达阶段，所经历的时间称为能达时间。该阶段中，$s \neq 0$。

第二阶段，就是系统状态进入滑动模态并沿其运动的阶段，称为变结构控制系统的滑动阶段。该阶段中，$s \equiv 0$。

图16－4以二阶为例显示了变结构控制系统运动过程中的两个阶段。对应于运动的两个阶段，变结构控制系统的设计也分为两部分进行，以分别保证各阶段运动目的的实现。

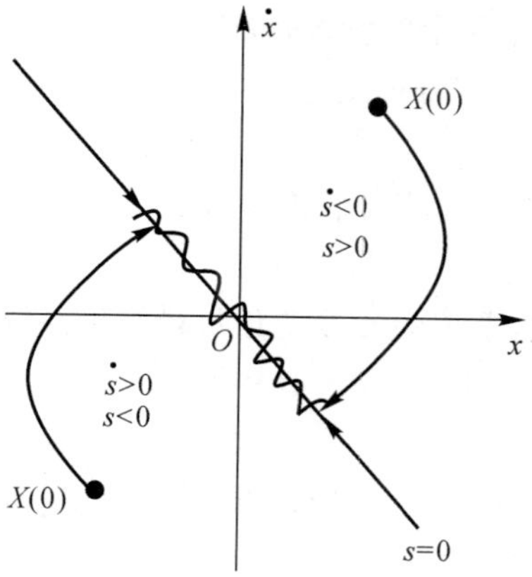

图16－4　变结构控制系统的运动

1. 滑动模态域设计

滑动模态域设计对应于变结构控制系统的滑动阶段。当系统满足参数和扰动不变性条件时，滑动模态方程式(16－14)就可写成

$$\dot{\boldsymbol{X}} = [\boldsymbol{I} - \boldsymbol{B}_0(\boldsymbol{G}\boldsymbol{B}_0)^{-1}\boldsymbol{G}]\boldsymbol{A}_0\boldsymbol{X} \overset{\text{def}}{=\!=} \boldsymbol{A}_{\text{eq}}\boldsymbol{X} \qquad (16-27)$$

显然，变结构闭环等价系统是一个完全独立于参数和扰动不确定性因素的自治系统，全部特性仅依赖于原系统的标称或不变参数以及滑动模态参数$\boldsymbol{G}$。对于给定的$\boldsymbol{A}_0$和$\boldsymbol{B}_0$，$\boldsymbol{G}$能够任意配置系统式(16－27)的极点，所以滑动模态域的设计便成为变结构控制系统设计中至关重要的一步。

滑动模态域设计的目的在于，保证式(16－27)描述的等价系统的稳定性和满足性能指标要求的动态特性，保证系统状态一旦进入滑动模态域便能沿其稳定地趋向状态原点。总之，就是保证变结构控制系统第二阶段滑动运动的稳定性和动态特性。

2. 变结构控制律设计

变结构控制律设计对应于变结构控制系统的能达阶段运动。它的根本目的在于能将位于状态空间任意位置的系统初始状态可靠地导引进入滑动模态域，并且一旦进入便保持在其上。不难理解，这就要求滑动模态域周围的状态轨迹均指向滑动模态域，由图16－4可见，滑动模态域$s=0$将二阶系统的状态平面分为两半。当系统状态位于$s<0$时，控制律必须保证$\dot{s}>0$才能使系统最终实现$s=0$；反之，当状态位于$s>0$时，必须有$\dot{s}<0$。总之，该二阶系统最终能达到滑动模态域的条件就是

$$s\dot{s} < 0 \qquad (16-28)$$

这一结论对于单变量系统具有一般性，式(16－28) 称为单变量变结构控制系统的能达条件。

对于多变量系统而言，式(16－28) 可以很容易地加以推广，针对滑动模态域式(16－10)，式(16－28) 就变为

$$s_i\dot{s}_i < 0,\quad i=1,2,\cdots m \tag{16-29}$$

但是这一推广结果并不能完全解决多变量情况下的能达条件问题，因为多变量情况有其特殊性。限于篇幅，这里不加证明地直接给出比式(16－29) 更具一般性的多变量变结构控制系统能达条件：

$$\frac{\mathrm{d}}{\mathrm{d}t}(\boldsymbol{S}^{\mathrm{T}}\boldsymbol{QS}) < 0\ ,\quad \boldsymbol{Q} > 0\ ,\ \boldsymbol{S}\in\mathbf{R}^{m} \tag{16-30}$$

特殊地，若取 $\boldsymbol{Q}=\boldsymbol{I}_{m\times m}$，则式(16－30) 变为

$$\frac{\mathrm{d}}{\mathrm{d}t}\ \|\boldsymbol{S}\|^{2} < 0\ ,\quad \boldsymbol{S}^{\mathrm{T}}\dot{\boldsymbol{S}} < 0 \tag{16-31}$$

很明显，式(16－29) 为式(16－31) 的特殊情况。

滑动模态能达条件式(16－28) ～ 式(16－31) 是变结构控制律设计必须满足的根本条件，也只有满足这些条件，变结构控制律才能保证系统最终进入滑动模态，由能达阶段的运动转入滑动阶段运动。但是从理论上讲，满足式(16－28) ～ 式(16－31) 不等式条件的控制律形式可以有无限多种。目前人们最常用、最典型、最简单的变结构控制律形式主要有以下四种：

$$\boldsymbol{U}=\boldsymbol{LX}+\boldsymbol{U}^{N}=\boldsymbol{LX}+[u_1^N\quad u_2^N\quad \cdots\quad u_m^N],\quad \boldsymbol{L}\in\mathbf{R}^{m\times n} \tag{16-32}$$

(a)
$$u_i^N=m_i\,\mathrm{sgn}(s_i),\quad m_i>0 \tag{16-33}$$

(b)
$$u_i^N=m_i(\boldsymbol{X})\,\mathrm{sgn}(s_i),\quad m_i(\boldsymbol{X})>0 \tag{16-34}$$

(c)
$$\boldsymbol{U}^{N}=\boldsymbol{\Phi X}\ ,\boldsymbol{\Phi}=[\varphi_{ij}]_{m\times n},\quad \varphi_{ij}=\begin{cases}\alpha_{ij}\ ,s_i x_j>0\\ \beta_{ij}\ ,s_i x_j<0\end{cases} \tag{16-35}$$

(d)
$$\boldsymbol{U}^{N}=\frac{\rho}{\|\boldsymbol{S}\|}\,\boldsymbol{S},\ \rho>0 \tag{16-36}$$

式中各控制律参数 m_i，$m_i(\boldsymbol{X})$，α_{ij}，β_{ij} 和 ρ 等都根据能达条件来设计，$\boldsymbol{LX}$ 为控制律 $\boldsymbol{U}$ 的线性部分。

分析式(16－32) ～ 式(16－36) 描述的变结构控制律可知，它们都是在 $s_i=0$ 或 $\boldsymbol{S}=\boldsymbol{0}$ 上不连续的非线性控制律。在理论上它们能以无限快的速度准确地在 $s_i=0$ 或 $\boldsymbol{S}=\boldsymbol{0}$ 上切换，从而将系统状态保持在滑动模态域上。但在实际工程中，由于任何物理系统频带宽度均不限，控制律切换均需时间，加之各种其他非理想因素的存在，不连续的非线性变结构控制律不可避免地会产生系统高频微幅颤振，这是变结构控制系统的一个固有缺陷。

为了消除变结构控制系统的颤振，国内外学者提出了以下有效的几种方法：

(1) 边界层法

这种方法最早的基本思想是采用连续控制律在一定程度上近似不连续控制律，例如引入微小量 δ_i，$\delta_i>0$，并对控制律式(16－32) ～ 式(16－36) 中的非连续因素进行下面修正：

$$\mathrm{sgn}\ (s_i)\approx\frac{s_i}{|s_i|+\delta_i} \tag{16-37a}$$

或

$$\operatorname{sgn}(s_i) \approx \operatorname{sat}\left(\frac{s_i}{\delta_i}\right)=\begin{cases}\operatorname{sgn}(s_i), & |s_i|>\delta_i \\ \dfrac{s_i}{\delta_i}, & |s_i| \leqslant \delta_i\end{cases} \tag{16-37b}$$

或

$$\frac{\boldsymbol{S}}{\|\boldsymbol{S}\|} \approx \frac{\boldsymbol{S}}{\|\boldsymbol{S}\|+\delta} \tag{16-37c}$$

实践证明，它们是十分有效的。

由于引入的这种微小量 δ_i，相当于在理想的滑动模态 $s_i=0$ 附近建立了厚度为 δ_i 的边界层，所以这种方法称为边界层法。当然除了利用饱和函数来建立边界层外，还可以利用其他一些函数来建立边界层，如引入函数 arg（•）来建立可变厚度的边界层。

（2）其他线性或非线性控制方法替代不连续函数 sgn（•）

除了边界层法外，还有一种方法就是直接利用其他线性或非线性方法替代不连续函数 sgn（•）。

同样针对在切换面或其子空间 $S_0=\bigcap\limits_{i=1}^{m} s_i$ 的 δ 邻域：

$$S_0=\{x \mid |s_i(x)| \leqslant \delta, i=1,2,\cdots,m\}$$

将变结构控制律设计方法变为 $H\infty$ 控制、模糊逻辑、神经网络等智能控制方法，替代原有的理想继电型切换函数 sgn (s)，实现滑动模态的抖振的消减。

（3）全程滑动模态的设计方法

变结构控制系统的运动分为两个阶段：能达阶段和在滑模的趋近段。如果系统满足匹配条件的要求，那么系统状态在滑动模态上运动时就具有良好的运动特性和抗干扰性，所以去掉第一个能达阶段，直接让系统进入滑模的趋近段，就可以避免滑动模态的抖振的问题。这就要求滑动模态的选取和系统的初值密切相关。

一般情况下，全程滑动模态选取为

$$S(x,t)=\boldsymbol{G}\boldsymbol{x}-\boldsymbol{W}(t) \tag{16-38}$$

其中 $\boldsymbol{W}(t)$ 定义为切换超平面的全程滑动模态因子。这里的全程滑动模态因子要满足以下三个条件：

(a) 初值条件：$\boldsymbol{W}(0)=\boldsymbol{G}\boldsymbol{x}(0)$；

(b) 终值条件：$\lim\limits_{t\to\infty}\boldsymbol{W}(t)=\boldsymbol{0}$；

(c) 可微条件：$\boldsymbol{W}(t)$ 存在一阶微分且有界。

根据以上全程滑动模态因子满足的三个条件，可选取 $\boldsymbol{W}(t)$ 的形式为

$$\boldsymbol{W}(t)=c\boldsymbol{E}(t)\boldsymbol{x}(0)$$

其中

$$\boldsymbol{E}(t)=\begin{bmatrix}\boldsymbol{E}_1(t) & \boldsymbol{0} \\ \boldsymbol{0} & \boldsymbol{E}_2(t)\end{bmatrix} \in \mathbf{R}^{n\times n}$$

$$\boldsymbol{E}_1(t)=\begin{bmatrix}e^{-\beta_1 t} & & & \boldsymbol{0} \\ & e^{-\beta_2 t} & & \\ & & \ddots & \\ \boldsymbol{0} & & & e^{-\beta_{n-m} t}\end{bmatrix} \in \mathbf{R}^{(n-m)\times(n-m)}$$

$$\boldsymbol{E}_2(t)=\begin{bmatrix} e^{-\beta_{n-m+1}t} & & & \boldsymbol{0} \\ & e^{-\beta_{n-m+2}t} & & \\ & & \ddots & \\ \boldsymbol{0} & & & e^{-\beta_n t} \end{bmatrix} \in \mathbf{R}^{m\times m}$$

$$\mathrm{Re}\ (\beta_i) > 0, \quad i=1,2,\cdots,n$$

(4) 基于二阶或二阶以上的高阶变结构控制方法

针对变结构控制律出现的不连续函数 $\mathrm{sgn}(s)$，以及受到的未知干扰，可以采用二阶或二阶以上的高阶变结构控制实现消弱一阶变结构控制中的抖振问题。

如采用二阶滑动模态的方法来设计变结构控制。

针对选取的滑动模态：

$$S_0=\{x \mid s(x)=0\}$$

可采用趋近律的方法，再次对切换函数求导，并满足以下形式：

$$\ddot{s}=-k_1\dot{s}-\frac{1}{2}k_2\dot{s}\ |s|^{-1/2}-k_3\mathrm{sgn}\ (s) \tag{16-39}$$

显然利用李雅普诺夫稳定性理论可得，在有限时间内，状态会达到

$$\dot{s}=0, \quad s=0$$

同时对式(16－39) 中的参数满足以下条件：

$$k_1>0, \quad k_2>0.5\sqrt{L}, \quad k_3\geqslant 4L$$

与此同时，该方法必须满足的一个条件是：对原来系统中的控制律必须满足一阶可导。该条件实际上使一阶变结构控制的不连续性转化为二阶变结构控制的不连续性。

基于以上变结构控制设计方法，变结构控制系统运动可分为两个阶段的情况，其稳定性分析也需要由两部分来考虑。首先，对于第一阶段即能达阶段，定义李雅普诺夫函数：

$$V(\boldsymbol{X})=\frac{1}{2}\boldsymbol{S}^{\mathrm{T}}\boldsymbol{S}=\frac{1}{2}\ \|\boldsymbol{S}\|^2>0,\ \boldsymbol{S}\neq 0$$

对时间 t 求导得

$$\dot{V}(\boldsymbol{X})=\frac{1}{2}\times\frac{\mathrm{d}}{\mathrm{d}t}\ \|\boldsymbol{S}\|^2=\frac{1}{2}\ \frac{\mathrm{d}}{\mathrm{d}t}(\boldsymbol{S}^{\mathrm{T}}\boldsymbol{S})=\boldsymbol{S}^{\mathrm{T}}\dot{\boldsymbol{S}}, \quad \boldsymbol{S}\neq 0$$

由于变结构控制律的设计确保能达条件式(16－29) 或式(16－31) 成立，故 $\dot{V}(\boldsymbol{X})<0$，所以系统在能达阶段($\boldsymbol{S}\neq 0$) 是稳定的，最终一定达到 $\boldsymbol{S}=0$，即滑动模态域。其次，对于第二阶段即滑动阶段，$\boldsymbol{S}=0$。若滑动模态域的设计保证等价系统式(16－14) 或式(16－27) 的特征值均位于复平面左半平面，滑动运动必定渐近稳定，因此系统整个运动过程具有渐近稳定性。

总之，尽管变结构控制系统属于非线性控制系统，但是其稳定性分析却十分方便。因为系统的滑动模态域和控制律两部分设计均基于稳定性理论，这一点与前面章节介绍的其他自适应控制方法是相似的。

16.2　变结构调节控制器

在 16.1 节中已经从概念上阐述了变结构控制系统的设计分为滑动模态域设计和控制律设计两部分。本节首先通过单变量能控规范形系统的调节器问题介绍变结构控制律的具体设

计方法，然后针对一般的线性多变量系统着重讨论一种基于极点配置技术的滑动模态域设计方法。

16.2.1 单变量变结构控制系统

考虑一个能控规范形的单变量系统，其状态方程为

$$\left.\begin{aligned}\dot{x}_1 &= x_2 \\ \dot{x}_2 &= x_3 \\ &\cdots\cdots \\ \dot{x}_{n-1} &= x_n \\ \dot{x}_n &= -\sum_{i=1}^{n} a_i x_i + bu\end{aligned}\right\} \tag{16-40}$$

式中 $a_i(i=1,2,\cdots,n)$ 和 b 均为不确定性时变或摄动，但它们的上下界已知，为

$$a_i^0 - \Delta a_i^0 \leqslant a_i \leqslant a_i^0 + \Delta a_i^0, \quad 0 < b^0 - \Delta b^0 \leqslant b \leqslant b^0 + \Delta b^0 \tag{16-41}$$

这里 a_i^0 和 b^0，$\Delta a_i^0 \geqslant 0$ 和 $\Delta b^0 \geqslant 0$ 分别为 a_i 和 b 的标称值与最大变化量。将式(16-40)写成矩阵形式则有

$$\dot{\boldsymbol{X}} = \boldsymbol{AX} + \boldsymbol{b}u \tag{16-42}$$

式中

$$\boldsymbol{X} = \begin{bmatrix} x_1 \\ x_2 \\ \vdots \\ x_{n-1} \\ x_n \end{bmatrix}, \quad \boldsymbol{A} = \begin{bmatrix} 0 & 1 & 0 & \cdots & 0 \\ 0 & 0 & 1 & \cdots & 0 \\ \vdots & \vdots & \vdots & & \vdots \\ 0 & 0 & 0 & \cdots & 1 \\ -a_1 & -a_2 & -a_3 & \cdots & -a_n \end{bmatrix}, \quad \boldsymbol{b} = \begin{bmatrix} 0 \\ 0 \\ \vdots \\ 0 \\ b \end{bmatrix}$$

若令

$$\boldsymbol{A} = \boldsymbol{A}_0 + \Delta\boldsymbol{A}, \quad \boldsymbol{b} = \boldsymbol{b}_0 + \Delta\boldsymbol{b}$$

其中

$$\boldsymbol{A}_0 = \begin{bmatrix} 0 & 1 & 0 & \cdots & 0 \\ 0 & 0 & 1 & \cdots & 0 \\ \vdots & \vdots & \vdots & & \vdots \\ 0 & 0 & 0 & \cdots & 1 \\ -a_1^0 & -a_2^0 & -a_3^0 & \cdots & -a_n^0 \end{bmatrix}, \quad \Delta\boldsymbol{A} = \begin{bmatrix} 0 & 0 & \cdots & 0 \\ 0 & 0 & \cdots & 0 \\ \vdots & \vdots & & \vdots \\ 0 & 0 & \cdots & 0 \\ a_1^0 - a_1 & a_2^0 - a_2 & \cdots & a_n^0 - a_n \end{bmatrix}$$

$$\boldsymbol{b}_0 = [0 \quad 0 \quad \cdots \quad 0 \quad b^0]^{\mathrm{T}}, \quad \Delta\boldsymbol{b} = [0 \quad 0 \quad \cdots \quad 0 \quad b - b^0]^{\mathrm{T}}$$

很容易验证式(16-24)和式(16-26)成立，因此该系统的变结构闭环等价系统将具有对参数 $a_1, a_2, \cdots, a_n$ 及 b 不确定性变化或摄动的不变性。

在 n 维状态空间中首先定义系统的滑动模态域。对于单变量系统而言，滑动模态域就是一个超平面：

$$s = g_1 x_1 + g_2 x_2 + \cdots + g_{n-1} x_{n-1} + x_n = \boldsymbol{GX} = 0 \tag{16-43}$$

$$\boldsymbol{G} = [g_1 \quad g_2 \quad \cdots \quad g_{n-1} \quad 1]$$

式中，$g_1, g_2, \cdots, g_{n-1}$ 是常数，设计滑动模态域便是适当地选择这些常数。

将 $\boldsymbol{A}_0$，$\Delta\boldsymbol{A}$，$\boldsymbol{b}$ 和 $\boldsymbol{G}$ 代入式(16-20)，推导可得原系统式(16-40)沿 $s=0$ 滑动时的 $n-1$ 阶

等阶系统为

$$\left.\begin{aligned}&g_1x_1+g_2x_2+\cdots+g_{n-1}x_{n-1}+x_n=0\\&\dot{x}_i=x_{i+1},i=1,2,\cdots n-1\end{aligned}\right\}\tag{16-44}$$

显然，该系统是完全独立于参数 a_i 和 b 的定常自治系统，它的 $n-1$ 个特征值由滑动模态 $n-1$ 个参数 $g_i(i=1,2,\cdots,n-1)$ 唯一确定并可任意配置。因此等价系统式(16-44)的特性完全取决于滑动模态域式(16-43)的设计，这正是不变性条件带来的特点。

特殊地，当 $n=2$ 时，式(16-44)简化为

$$g_1x_1+\dot{x}_1=0\tag{16-45}$$

其解为

$$x_1=H_0\mathrm{e}^{-g_1t}$$

H_0 与初始条件有关。可见单变量二阶能控规范形系统的变结构等价系统为一阶系统，且滑动模态参数为等价系统的时间常数 T 的倒数：

$$T=\frac{1}{g_1}\text{ 或者 }g_1=\frac{1}{T}\tag{16-46}$$

当 $n=3$ 时，式(16-44)变为

$$\ddot{x}_1+g_2\dot{x}_1+g_1x_1=0\tag{16-47}$$

等价系统呈现二阶自治系统的性质。相应地，滑动模态域参数 g_1 和 g_2 决定了自然频率 ω_{n} 和阻尼系数 ξ：

$$\omega_{\mathrm{n}}=\sqrt{g_1}\ ,\quad \xi=\frac{g_2}{2\sqrt{g_1}}\tag{16-48}$$

或

$$g_1=\omega_{\mathrm{n}}^2,\ g_2=2\xi\omega_{\mathrm{n}}\tag{16-49}$$

很明显，在以上两种特殊情况中，滑动模态参数均容易根据闭环系统的动态特性指标确定，而且它们的物理意义十分明确。而对于一般的单变量 n 阶系统，变结构闭环等价系统式(16-44)实质就是

$$x_1^{n-1}+g_{n-1}x_1^{n-2}+\cdots+g_2\dot{x}_1+g_1x_1=0\tag{16-50}$$

特征方程即为

$$s^{n-1}+g_{n-1}s^{n-2}+\cdots+g_2s+g_1=0\tag{16-51}$$

首先，若根据系统性能要求确定的闭环系统理想极点分别为 $\lambda_1,\lambda_2,\cdots,\lambda_{n-1}$，则由下式可求出保证等价系统性能达到指标要求的滑动模态参数：

$$s^{n-1}+g_{n-1}s^{n-2}+\cdots+g_2s+g_1=\prod_{i=1}^{n-1}(s-\lambda_i)\tag{16-52}$$

其次，为了保证系统式(16-40)的状态 $\boldsymbol{X}$ 能从 n 维状态空间任意初始位置最终进入滑动模态域 $s=0$，并沿其滑动，从而体现滑动模态确定的理想等价系统特性，设计变结构控制 u 是系统的状态反馈形式：

$$u=-\sum_{i=1}^{m}k_ix_i,\quad 1\leqslant m\leqslant n-1\tag{16-53}$$

式中 k_i 的大小或符号关于滑动模态域是不连续切换的。于是控制 u 的设计转化为 k_i 反馈系统的设计。

当系统尚未进入滑动模态域，即处于能达阶段时，$s=\boldsymbol{GX}\neq 0$。对该式求导，并把系统状态方程式(16-40)和控制式(16-53)代入得

$$\dot{s}=\boldsymbol{G}\dot{\boldsymbol{X}}=\boldsymbol{GAX}+\boldsymbol{Gb}u=[-a_1\quad g_1-a_2\quad\cdots\quad g_{n-1}-a_n]\boldsymbol{X}-b\sum_{i=1}^{m}k_ix_i=$$
$$\sum_{i=1}^{n}(g_{i-1}-a_i)x_i-b\sum_{i=1}^{m}k_ix_i \tag{16-54}$$

式中 $g_0=0$。考虑到

$$x_n=s-\sum_{i=1}^{n-1}g_ix_i \tag{16-55}$$

所以

$$\dot{s}=\sum_{i=1}^{n-1}(g_{i-1}-a_i)x_i-(g_{n-1}-a_n)\left(\sum_{i=1}^{n-1}g_ix_i\right)-b\sum_{i=1}^{m}k_ix_i+(g_{n-1}-a_n)s=$$
$$\sum_{i=1}^{m}(g_{i-1}-a_i-g_{n-1}g_i+a_ng_i-bk_i)x_i+$$
$$\sum_{i=m+1}^{n-1}(g_{i-1}-a_i-g_{n-1}g_i+a_ng_i)x_i+(g_{n-1}-a_n)s \tag{16-56}$$

两边同乘 s，有

$$s\dot{s}=\sum_{i=1}^{m}(g_{i-1}-a_i-g_{n-1}g_i+a_ng_i-bk_i)x_is+$$
$$\sum_{i=m+1}^{n-1}(g_{i-1}-a_i-c_{n-1}g_i+a_ng_i)x_is+(g_{n-1}-a_n)s^2 \tag{16-57}$$

那么式(16-57)满足单变量变结构控制系统滑动模态能达条件式(16-28)的充分条件就是

$$(g_{i-1}-a_i-g_{n-1}g_i+a_ng_i-bk_i)x_is<0\ ,\quad i=1,2,\cdots,m$$
$$(g_{i-1}-a_i-g_{n-1}g_i+a_ng_i)x_is=0,\quad i=m+1,m+2,\cdots,n-1$$
$$(g_{n-1}-a_n)s^2\leqslant 0$$

这里 $g_0=0$。所以控制律反馈系数 k_i 为

$$k_i=\begin{cases}\alpha_i\geqslant\dfrac{1}{b}(g_{i-1}-a_i-g_{n-1}g_i+a_ng_i)\ ,\quad x_is>0\\ \beta_i\leqslant\dfrac{1}{b}(g_{i-1}-a_i-g_{n-1}g_i+a_ng_i)\ ,\quad x_is<0\end{cases} \tag{16-58}$$
$$(i=1,2,\cdots,m)$$

且

$$g_{i-1}-a_i=g_i(g_{n-1}-a_n),\quad i=m+1,m+2,\cdots,n-1 \tag{16-59}$$
$$g_{n-1}-a_n\leqslant 0,\quad g_0=0 \tag{16-60}$$

显然式(16-53)和式(16-58)描述的变结构控制律正是式(16-35)的典型形式。

对于许多实际系统，尽管不能确知 $a_1,a_2,\cdots,a_n$ 及 b 的准确值，但这些参数的上下界总能知道，如式(16-41)。将这些参数变化或摄动的界代入式(16-58)便能求出合适的 α_i 和 β_i，它们按式(16-53)和式(16-58)确定的变结构控制律 u，一方面完全取决于参数的界而与其值无关，所以无须对系统进行辨识；另一方面能保证系统进入滑动模态域，使系统性能不受参数不确定性变化或摄动的影响。由此可见，变结构控制系统具有对参数变化或摄动的强鲁棒性和

自适应功能。

另外，若考虑系统具有外部扰动的情况，原系统式(16－40)应描述为

$$\left.\begin{aligned}\dot{x}_i &= x_{i+1},\quad i=1,2,\cdots,n-1\\ \dot{x}_n &= -\sum_{i=1}^{n} a_i x_i + bu + df\end{aligned}\right\}\tag{16-61}$$

式中，不失一般性，令 $d>0$，f 为不确定性扰动，其上下界已知，为

$$f_{\min}\leqslant f\leqslant f_{\max}\tag{16-62}$$

于是系统式(16－61)的矩阵式相应变化为

$$\dot{\boldsymbol{X}}=\boldsymbol{AX}+\boldsymbol{b}u+\boldsymbol{D}f\tag{16-63}$$

其中 $\boldsymbol{X},\boldsymbol{A},\boldsymbol{b}$ 与前相同，$\boldsymbol{D}=[0\quad 0\quad\cdots\quad d]^{\mathrm{T}}$，$\boldsymbol{D}\in\mathbf{R}^{n\times 1}$。容易验证式(16－18)成立，因此变结构闭环等价系统将具有对扰动 f 的不变性。

在存在外部扰动的情况下，变结构控制系统滑动模态域的设计过程和结果与前面介绍的完全相同，这里不再重复，而控制律的设计略有差别。

设计变结构控制 u 具有如下形式：

$$u=-\sum_{i=1}^{m}k_i x_i+u_f\tag{16-64}$$

所以与式(16－54)和式(16－56)类似地有

$$\dot{s}=\boldsymbol{G}\dot{\boldsymbol{X}}=\boldsymbol{GAX}+\boldsymbol{Gb}u+\boldsymbol{GD}f=\sum_{i=1}^{n}(g_{i-1}-a_i)x_i-b\sum_{i=1}^{m}k_i x_i+bu_f+df\tag{16-65}$$

所以

$$\begin{aligned}s\dot{s}=&\sum_{i=1}^{m}(g_{i-1}-a_i-g_{n-1}g_i+a_n g_i-bk_i)x_i s+\\&\sum_{i=m+1}^{n-1}(g_{i-1}-a_i-g_{n-1}g_i+a_n g_i)x_i s+(g_{n-1}-a_n)s^2+(bu_f+df)s\end{aligned}\tag{16-66}$$

显然，式(16－66)$s\dot{s}<0$ 的充分条件是式(16－58)～式(16－60)成立，且

$$(bu_f+df)s\leqslant 0$$

即

$$u_f=\begin{cases}u_{f1}\geqslant-\dfrac{d}{b}f, & s<0\\[2mm] u_{f2}\leqslant-\dfrac{d}{b}f, & s>0\end{cases}\tag{16-67}$$

这样，式(16－64)、式(16－58)和式(16－67)就构成了存在外部扰动情况下的变结构控制律。当系统无扰动即 $f=0$ 时，由式(16－67)取 $u_f=0$，则该控制律便退化为前面介绍的控制律。当已知 f 的上下界时，代入式(16－67)，变结构控制律与 f 的真值无关，从而也无须对干扰进行测量和估计，简化了系统。此外，f 存在时，变结构闭环等价系统依然由式(16－44)描述，其特性不受扰动的影响，所以变结构控制系统也具有对外部扰动很强的鲁棒能力和适应性。

16.2.2　多变量变结构控制系统

一般线性多变量系统的状态方程为

$$\dot{\boldsymbol{X}}=\boldsymbol{AX}+\boldsymbol{BU}\tag{16-68}$$

式中，$X \in \mathbf{R}^n$，$U \in \mathbf{R}^m$；参数矩阵 $A = [a_{ij}]_{n\times n}$，输入矩阵 $B = [b_{ij}]_{n\times m}$。考虑到实际系统结构，不失一般性，可以假设：

(1) $n > m$；

(2) 输入矩阵列满秩，即 $\mathrm{rank}B = m$；

(3) (A, B) 为完全能控对。

线性多变量被控对象的变结构控制系统设计依然分为滑动模态域设计和控制律设计两部分，但设计过程较单变量情况复杂，不能完全由单变量情况简单地推广得到。

首先，针对 n 阶系统式(16-68)在 n 维状态空间中定义 m 个切换超平面：

$$s_i = g_{i1}x_1 + g_{i2}x_2 + \cdots + g_{in}x_n \overset{\text{def}}{=\!=} g_i X = 0,\quad i = 1,2,\cdots,m \tag{16-69}$$

式中，$g_i \in \mathbf{R}^{1\times n}$。那么对多变量系统而言，滑动模态域就为

$$S = [s_1 \quad s_2 \quad \cdots \quad s_m]^{\mathrm{T}} = GX = 0,\quad S \in \mathbf{R}^m \tag{16-70}$$

式中滑动模态参数矩阵 $G \in \mathbf{R}^{m\times n}$ 为常数矩阵：

$$G = \begin{bmatrix} g_1 \\ g_2 \\ \vdots \\ g_m \end{bmatrix} \overset{\text{def}}{=\!=} \begin{bmatrix} g_{11} & g_{12} & \cdots & g_{1n} \\ g_{21} & g_{22} & \cdots & g_{2n} \\ \vdots & \vdots & & \vdots \\ g_{m1} & g_{m2} & \cdots & g_{mn} \end{bmatrix},\quad |GB| \neq 0 \tag{16-71}$$

由式(16-14)可知，G 的确定直接关系到变结构闭环等价系统的性能，但要直接适当地选择其中的 $m\times n$ 个滑动模态参数 g_{ij} 又十分困难。因此必须寻找一种滑动模态域的一般性规范化设计方法，这是多变量变结构控制系统设计的关键之一。下面介绍一种基于线性系统极点配置技术的滑动模态域设计方法。

由假设(2)知 B 矩阵列满秩，所以总存在满秩状态变换

$$Y = TX \tag{16-72}$$

式中，$T \in \mathbf{R}^{n\times n}$，$\mathrm{rank}T = n$，使得

$$TB = \begin{bmatrix} 0 \\ B_2 \end{bmatrix} \tag{16-73}$$

式中，B_2 为 $m\times m$ 阶的非奇异矩阵，即 $\mathrm{rank}B_2 = m$。于是经状态变换后，原系统式(16-68)变为

$$\dot{Y} = TAT^{-1}Y + TBU \tag{16-74}$$

而滑动模态域式(16-70)则变换为

$$S = GT^{-1}Y = 0 \tag{16-75}$$

现将变换后的状态 Y 分为如下两部分：

$$Y^{\mathrm{T}} = [Y_1^{\mathrm{T}} \quad Y_2^{\mathrm{T}}]^{\mathrm{T}}, Y_1^{\mathrm{T}} \in \mathbf{R}^{n-m},\quad Y_2^{\mathrm{T}} \in \mathbf{R}^m \tag{16-76}$$

并将矩阵 TAT^{-1} 和 GT^{-1} 相应分块：

$$TAT^{-1} = \begin{bmatrix} A_{11} & A_{12} \\ A_{21} & A_{22} \end{bmatrix},\quad GT^{-1} = [G_1 \quad G_2] \tag{16-77}$$

那么系统式(16-74)可表示为

$$\dot{Y}_1 = A_{11}Y_1 + A_{12}Y_2 \tag{16-78}$$

$$\dot{Y}_2 = A_{21}Y_1 + A_{22}Y_2 + B_2U \tag{16-79}$$

滑动模态域式(16－70)可表示为

$$S=G_1Y_1+G_2Y_2=0 \tag{16-80}$$

特别强调 $G_1\in\mathbf{R}^{m\times(n-m)}$，$G_2\in\mathbf{R}^{m\times m}$。注意到

$$\det(G_2)\det(B_2)=\det(G_2B_2)=\det(GT^{-1}TB)=\det(GB)\neq 0$$

且 $\det B_2\neq 0$，所以 $\det G_2\neq 0$，即矩阵 G_2 满秩，G_2^{-1} 存在。

当系统进入滑动模态域并沿其滑动时，$S\equiv 0$。于是由式(16－80)得

$$Y_2=-G_2^{-1}G_1Y_1=KY_1 \tag{16-81}$$

这里 $K\in\mathbf{R}^{m\times(n-m)}$。式(16－81)表明，系统在滑动模态域中运动时，只有 Y_1 中包含的 $n-m$ 个独立状态变量，而 Y_2 中的 m 个状态变量均能由前者线性表示。这又一次说明变结构闭环等价系统呈现出 $n-m$ 阶降阶系统的特性。

对滑动模态方程式(16－16)进行状态变换，并利用式(16－73)和式(16－77)，可推导得变结构闭环等价系统就是

$$\left.\begin{aligned}\dot{Y}_1&=A_{11}Y_1+A_{12}Y_2\\ Y_2&=-KY_1\end{aligned}\right\} \tag{16-82}$$

即

$$\dot{Y}_1=(A_{11}-A_{12}K)Y_1,\quad Y_1\in\mathbf{R}^{n-m} \tag{16-83}$$

该 $n-m$ 阶系统的 $n-m$ 个特征值完全确定了等价系统的特性。

若将式(16－82)中 Y_1 视作状态，Y_2 视作状态反馈控制，K 为反馈系统矩阵，那么式(16－83)则是式(16－82)的闭环形式。于是多变量变结构控制系统滑动模态域(即 G)的设计经式(16－75)、式(16－80)和式(16－81)最终转化为线性状态反馈(即 K)的设计问题。用线性系统理论中极点配置技术解决这一问题的方法是成熟的。

可以证明，一方面，如果原系统式(16－68)中(A,B)是完全能控对，对系统式(16－82)中(A_{11},A_{12})也是完全能控对。因此变结构闭环等价系统的 $n-m$ 个特征值或极点可以由 K 任意配置。另一方面，当已知满足性能指标要求的闭环系统理想极点位置时，必能求出相应的 K。由于式(16－81)中 K 不能唯一确定 G_1 和 G_2，所以最简单的方法就是 $G_2=I_{m\times m}$，则根据式(16－77)和式(16－80)得

$$GT^{-1}=[K\quad I_{m\times m}] \tag{16-84}$$

从而系统的滑动模态参数矩阵为

$$G=[K\quad I_{m\times m}]T \tag{16-85}$$

相应的滑动模态域式(16－70)设计便完成了。

以上多变量变结构控制系统滑动模态域设计过程规范并具有一般性，特别当 $m=1$ 时，该方法适用于单变量高阶系统滑动模态域的设计。同时该设计过程也构造性地证明了滑动模态域能够任意配置变结构闭环等价系统极点，从而确定其特性的一般性命题。

例 16－1　某飞机的线性化数学模型为

$$\begin{bmatrix}\dot{x}_1\\ \dot{x}_2\\ \dot{x}_3\\ \dot{x}_4\end{bmatrix}=\begin{bmatrix}-0.050\,6 & 0.000\,0 & -1.000\,0 & 0.238\,0\\ -0.737\,4 & -1.334\,5 & 0.369\,6 & 0.000\,0\\ 0.010\,0 & 0.104\,7 & -0.332\,0 & 0.000\,0\\ 0.000\,0 & 1.000\,0 & 0.000\,0 & 0.000\,0\end{bmatrix}\begin{bmatrix}x_1\\ x_2\\ x_3\\ x_4\end{bmatrix}+$$

$$\begin{bmatrix} 0.0409 & 0.0000 \\ 1.2714 & -20.3106 \\ -2.0625 & 1.3350 \\ 0.0000 & 0.0000 \end{bmatrix}\begin{bmatrix} u_1 \\ u_2 \end{bmatrix}$$

其中状态变量 x_1 至 x_4 分别是飞机的侧滑角、滚动角速度、偏航角速度和倾斜角；两个控制输入 u_1 和 u_2 分别是舵偏角和副翼偏角。

容易验证($\boldsymbol{A}$, $\boldsymbol{B}$) 完全能控，且 $\boldsymbol{B}$ 满秩。取满秩变换阵 $\boldsymbol{T}$ 为

$$\boldsymbol{T}=\begin{bmatrix} 0.0000 & 0.0000 & 0.0000 & 1.0000 \\ 0.9980 & 0.0014 & 0.2070 & 0.0000 \\ 0.0029 & -0.8513 & -0.5245 & 0.0000 \\ -0.0169 & -0.5247 & 0.8511 & 0.0000 \end{bmatrix}$$

使

$$\boldsymbol{TB}=\begin{bmatrix} 0.0000 & 0.0000 \\ 0.0000 & 0.0000 \\ 0.0000 & 16.5902 \\ -2.4232 & 11.7932 \end{bmatrix}$$

于是

$$\boldsymbol{TAT}^{-1}=\left[\begin{array}{cc:cc} 0.0000 & 0.0014 & -0.8513 & -0.5247 \\ 0.2375 & -0.0722 & 0.5559 & -0.8542 \\ \hdashline 0.0029 & 0.6212 & -0.8317 & -0.7068 \\ -0.0040 & 0.3884 & -0.4280 & -0.8132 \end{array}\right]=\begin{bmatrix} \boldsymbol{A}_{11} & \boldsymbol{A}_{12} \\ \boldsymbol{A}_{21} & \boldsymbol{A}_{22} \end{bmatrix}$$

根据飞机动态特性要求，期望其变结构闭环等价系统的极点配置在 $-0.9 \pm 2.0\mathrm{i}$ 位置上，即 $\boldsymbol{A}_{11}-\boldsymbol{A}_{12}\boldsymbol{K}$ 的两个极点均位于左半复平面。计算得

$$\boldsymbol{K}=\begin{bmatrix} 98.9266 & 0.9549 \\ -160.4030 & -1.5623 \end{bmatrix}$$

最终设计出系统的滑动模态参数矩阵为

$$\boldsymbol{G}=[\boldsymbol{K} \quad \boldsymbol{I}_{2\times 2}]\boldsymbol{T}=\begin{bmatrix} 0.9650 & -0.8500 & -0.5048 & 98.9266 \\ -1.5162 & -0.5267 & 0.8201 & -160.4030 \end{bmatrix}$$

当然，变结构控制系统滑动模态域还有其他的设计方法，如最优二次型设计方法或特征向量配置设计方法等，这里不再介绍，可参考有关文献。下面介绍多变量变结构控制律的设计。

考虑 n 阶不确定性系统

$$\dot{\boldsymbol{X}}=\boldsymbol{AX}+\boldsymbol{BU}+\boldsymbol{DF} \tag{16-86}$$

式中参数矩阵 $\boldsymbol{A}=\{a_{ij}\}_{n\times n}$ 的各元素均不确定性时变或摄动，但它们的上下界已知：

$$a_{ij}^0-\Delta a_{ij}^0 \leqslant a_{ij} \leqslant a_{ij}^0+\Delta a_{ij}^0 \tag{16-87}$$

这里 a_{ij}^0 为 a_{ij} 的标称值，$\Delta a_{ij}^0>0$ 为最大变化量。$\boldsymbol{F}=[f_1 \quad f_2 \quad \cdots \quad f_p]^{\mathrm{T}} \in \mathbf{R}^p$ 为系统承受的有界不确定性外部扰动向量，其中 f_i 界已知：

$$f_{i\min} \leqslant f_i \leqslant f_{i\max}, \quad i=1,2,\cdots,p \tag{16-88}$$

扰动矩阵 $\boldsymbol{D}\in\mathbf{R}^{n\times p}$ 和输入矩阵 $\boldsymbol{B}\in\mathbf{R}^{n\times m}$ 已知，并且整个系统式(16-86)满足假设(1)～(3)。

基于滑动模态域式(16-69)～式(16-71)，设计多变量结构控制 $\boldsymbol{U}\in\mathbf{R}^m$ 具有如下形式：

$$\boldsymbol{U} = -(\boldsymbol{GB})^{-1}(\boldsymbol{KX} + \boldsymbol{U}_f) \tag{16-89}$$

式中 $\boldsymbol{K} = [k_{ij}]_{m\times n}$，$\boldsymbol{U} = [u_1 \quad u_2 \quad \cdots \quad u_m]^{\mathrm{T}}$，$\boldsymbol{U}_f = [u_{f1} \quad u_{f2} \quad \cdots \quad u_{fm}]^{\mathrm{T}}$。所以在系统运动的能达阶段有

$$\dot{\boldsymbol{S}} = [\dot{s}_1 \quad \dot{s}_2 \quad \cdots \quad \dot{s}_m]^{\mathrm{T}} = \boldsymbol{GAX} + \boldsymbol{GDF} - \boldsymbol{KX} - \boldsymbol{U}_f \tag{16-90}$$

所以

$$\dot{s}_i = \Big(\boldsymbol{g}_i\boldsymbol{AX} - \sum_{i=1}^{n} k_{ij}x_i\Big) + (\boldsymbol{g}_i\boldsymbol{DF} - u_{fi}) = \sum_{j=1}^{n}\Big(-k_{ij} + \sum_{l=1}^{n} g_{il}a_{lj}\Big)x_j + (\boldsymbol{g}_i\boldsymbol{DF} - u_{fi}) \tag{16-91}$$

式(16-91)两边同乘 s_i，有

$$s_i\dot{s}_i = \sum_{j=1}^{n}\Big(-k_{ij} + \sum_{l=1}^{n} g_{il}a_{lj}\Big)x_j s_i + (\boldsymbol{g}_i\boldsymbol{DF} - u_{fi})s_i \tag{16-92}$$

根据该式知道，多变量变结构控制系统滑动模态能达条件式(16-29)：$s_i\dot{s}_i < 0$ 得以满足的充分条件是

$$\Big(-k_{ij} + \sum_{l=1}^{n} g_{il}a_{lj}\Big)x_j s_i < 0, \quad (\boldsymbol{g}_i\boldsymbol{DF} - u_{fi})s_i < 0$$

由此得到

$$k_{ij} = \begin{cases} \alpha_{ij} > \sum_{l=1}^{n} g_{il}a_{lj}, & x_j s_i > 0 \\ \beta_{ij} < \sum_{l=1}^{n} g_{il}a_{lj}, & x_j s_i < 0 \end{cases} \tag{16-93}$$

$$u_{fi} = \begin{cases} u_{fi}^{(1)} > \boldsymbol{g}_i\boldsymbol{DF}, & s_i > 0 \\ u_{fi}^{(2)} < \boldsymbol{g}_i\boldsymbol{DF}, & s_i < 0 \end{cases} \tag{16-94}$$

至此，式(16-89)、式(16-93)和式(16-94)就构成了一种完整的多变量变结构控制律。若将式(16-87)和式(16-88)描述的参数和扰动不确定性因素的上下界代入该控制律，便可求出合适的 α_{ij} 和 β_{ij}，$u_{fi}^{(1)}$ 和 $u_{fi}^{(2)}$ 保证系统无论其参数和扰动在已知范围内如何变化均能最终进入滑动模态域，并沿其滑动。这就避免了系统参数辨识和扰动测量估计等环节引入系统，至少可大大降低对辨识和测量精度的要求，从而使系统简化并具有较广泛的自适应性。

16.3　变结构模型跟踪控制

在工程实践中，控制系统的设计不仅仅表现为调节器设计，要求被控对象状态渐近稳定地收敛于状态空间原点；在很多情况下还表现为跟踪器的设计，要求被控对象的状态跟踪复现某一预定的理想状态轨迹，输出跟踪复现输入或期望输出。模型跟踪是实现该控制目的的有效形式，人们通过迫使被控对象跟踪特性理想的参考模型来获得期望的闭环系统动态特性和稳态品质。这一控制形式在变结构控制理论中也得到了深入的研究。

仍考虑 n 阶不确定性被控制对象

$$\dot{\boldsymbol{X}} = \boldsymbol{AX} + \boldsymbol{BU} + \boldsymbol{DF} \tag{16-95}$$

式中，$\boldsymbol{X} \in \mathbf{R}^n$，$\boldsymbol{U} \in \mathbf{R}^m$，$\boldsymbol{F} \in \mathbf{R}^p$；$\boldsymbol{A} = \boldsymbol{A}_0 + \Delta\boldsymbol{A}$，$\boldsymbol{B} = \boldsymbol{B}_0 + \Delta\boldsymbol{B}$，$\boldsymbol{A}_0$ 和 $\boldsymbol{B}_0$ 分别为 $\boldsymbol{A}$ 和 $\boldsymbol{B}$ 的标称矩

阵或不变元素组成的矩阵，$\Delta\boldsymbol{A}$ 和 $\Delta\boldsymbol{B}$ 分别为 $\boldsymbol{A}$ 和 $\boldsymbol{B}$ 的摄动矩阵或时变元素组成的矩阵；$\boldsymbol{D}\in\mathbf{R}^{n\times p}$ 为已知，$\boldsymbol{F}$ 为作用于系统的外部扰动向量。仍已知 $\boldsymbol{A}$，$\boldsymbol{B}$ 和 $\boldsymbol{F}$ 等各不确定性因素的标称值和变化的上下界，即

$$\boldsymbol{A}=[a_{ij}]_{n\times n},\quad \boldsymbol{A}_0=[a_{ij}^0]_{n\times n},\quad a_{ij}^0-\Delta a_{ij}^0\leqslant a_{ij}<a_{ij}^0+\Delta a_{ij}^0 \tag{16-96a}$$

$$\boldsymbol{B}=[b_{ij}]_{n\times m},\quad \boldsymbol{B}_0=[b_{ij}^0]_{n\times m},\quad b_{ij}^0-\Delta b_{ij}^0\leqslant b_{ij}\leqslant b_{ij}^0+\Delta b_{ij}^0 \tag{16-96b}$$

$$\boldsymbol{F}=[f_1\quad f_2\quad\cdots\quad f_p]^{\mathrm{T}},\quad f_{i\min}\leqslant f_i\leqslant f_{i\max} \tag{16-96c}$$

于是，系统式(16－96)可描述为

$$\dot{\boldsymbol{X}}=\boldsymbol{A}_0\boldsymbol{X}+\Delta\boldsymbol{A}\boldsymbol{X}+\boldsymbol{B}_0\boldsymbol{U}+\Delta\boldsymbol{B}\boldsymbol{U}+\boldsymbol{D}\boldsymbol{F} \tag{16-97}$$

针对该系统设计参考模型为

$$\dot{\boldsymbol{X}}_m=\boldsymbol{A}_m\boldsymbol{X}_m+\boldsymbol{B}_m\boldsymbol{U}_m \tag{16-98}$$

式中

$$\boldsymbol{X}_m\in\mathbf{R}^n,\quad \boldsymbol{U}_m=[u_{m1}\quad u_{m2}\quad\cdots\quad u_{mk}]^{\mathrm{T}}\in\mathbf{R}^k,\quad k\leqslant m,\quad \boldsymbol{A}_m=[a_{ij}^m]_{n\times n}\quad \boldsymbol{B}_m=[b_{ij}^m]_{n\times k}$$

并且该参考模型满足以下三个条件：

(1) 具有满足性能指标设计要求的理想特征结构，即 $\boldsymbol{A}_m$ 具有理想的特征值或极点配置；

(2) 具有适当的数学形式，与被控对象式(16－96)的标称模型($\boldsymbol{A}_0$，$\boldsymbol{B}_0$)满足完全模型跟踪条件：

$$\mathrm{rank}\boldsymbol{B}_0=\mathrm{rank}[\boldsymbol{B}_0\quad \boldsymbol{A}_m-\boldsymbol{A}_0]=\mathrm{rank}[\boldsymbol{B}_0\quad \boldsymbol{B}_m] \tag{16-99}$$

(3) ($\boldsymbol{A}_m$，$\boldsymbol{B}_m$)完全能控，$\boldsymbol{A}_m$ 满秩，$\boldsymbol{B}_m$ 列满秩。

定义系统的状态误差向量 $\boldsymbol{e}\in\mathbf{R}^n$，且有

$$\boldsymbol{e}=\boldsymbol{X}_m-\boldsymbol{X}=\begin{bmatrix}x_{m1}\\x_{m2}\\\vdots\\x_{mn}\end{bmatrix}-\begin{bmatrix}x_1\\x_2\\\vdots\\x_n\end{bmatrix}=\begin{bmatrix}e_1\\e_2\\\vdots\\e_n\end{bmatrix} \tag{16-100}$$

则由式(16－98)减式(16－97)得误差系统方程为

$$\dot{\boldsymbol{e}}=\dot{\boldsymbol{X}}_m-\dot{\boldsymbol{X}}=\boldsymbol{A}_m\boldsymbol{e}+(\boldsymbol{A}_m-\boldsymbol{A}_0)\boldsymbol{X}+\boldsymbol{B}_m\boldsymbol{U}_m-\Delta\boldsymbol{A}\boldsymbol{X}-\boldsymbol{B}_0\boldsymbol{U}-\Delta\boldsymbol{B}_0\boldsymbol{U}-\boldsymbol{D}\boldsymbol{F} \tag{16-101}$$

那么模型跟踪控制系统的设计目的即为

$$\lim_{t\to\infty}\|\boldsymbol{e}\|=0$$

与调节器设计情况下的滑动模态域式(16－70)相对应，针对误差方程式(16－101)设计变结构模型跟踪控制系统的滑动模态域为

$$\boldsymbol{S}=[s_1\quad s_2\quad\cdots\quad s_m]^{\mathrm{T}}=\boldsymbol{G}\boldsymbol{e}=\boldsymbol{0} \tag{16-102}$$

式中 $\boldsymbol{S}\in\mathbf{R}^m$，并且各切换超平面

$$s_i=g_{i1}e_1+g_{i2}e_2+\cdots+g_{in}e_n\overset{\mathrm{def}}{=\!=}\boldsymbol{g}_i\boldsymbol{e}=0,\quad i=1,2\cdots m \tag{16-103}$$

显然，常值矩阵

$$\boldsymbol{G}=\begin{bmatrix}\boldsymbol{g}_1\\\boldsymbol{g}_2\\\vdots\\\boldsymbol{g}_m\end{bmatrix}\overset{\mathrm{def}}{=\!=}\begin{bmatrix}g_{11}&g_{12}&\cdots&g_{1n}\\g_{21}&g_{22}&\cdots&g_{2n}\\\vdots&\vdots&&\vdots\\g_{m1}&g_{m2}&\cdots&g_{mn}\end{bmatrix}=[g_{ij}]_{m\times n} \tag{16-104}$$

并要求矩阵($\boldsymbol{G}\boldsymbol{B}$)和矩阵($\boldsymbol{G}\boldsymbol{B}_0$)非奇异。

当误差系统式(16－101)沿滑动模态域式(16－102)运动时，$\boldsymbol{S}\equiv\boldsymbol{0}$，所以

$$\dot{\boldsymbol{S}}=\boldsymbol{G}\dot{\boldsymbol{e}}=\boldsymbol{G}[\boldsymbol{A}_m\boldsymbol{e}+(\boldsymbol{A}_m-\boldsymbol{A}_0)\boldsymbol{X}+\boldsymbol{B}_m\boldsymbol{U}_m-\Delta\boldsymbol{A}\boldsymbol{X}-\boldsymbol{D}\boldsymbol{F}]-\boldsymbol{G}\boldsymbol{B}\boldsymbol{U}=\boldsymbol{0} \quad (16-105)$$

由式(16－105)在形式上求解出等效控制 $\boldsymbol{U}_{\mathrm{eq}}$ 为

$$\boldsymbol{U}_{\mathrm{eq}}=(\boldsymbol{G}\boldsymbol{B})^{-1}\boldsymbol{G}[\boldsymbol{A}_m\boldsymbol{e}+(\boldsymbol{A}_m-\boldsymbol{A}_0)\boldsymbol{X}+\boldsymbol{B}_m\boldsymbol{U}_m-\Delta\boldsymbol{A}\boldsymbol{X}-\boldsymbol{D}\boldsymbol{F}] \quad (16-106)$$

代入误差方程式(16－101)便得到变结构模型跟踪控制系统在滑动模态下的闭环等价系统为

$$\dot{\boldsymbol{e}}=[\boldsymbol{I}-\boldsymbol{B}(\boldsymbol{G}\boldsymbol{B})^{-1}\boldsymbol{G}][\boldsymbol{A}_m\boldsymbol{e}+(\boldsymbol{A}_m-\boldsymbol{A}_0)\boldsymbol{X}+\boldsymbol{B}_m\boldsymbol{U}_m-\Delta\boldsymbol{A}\boldsymbol{X}-\boldsymbol{D}\boldsymbol{F}] \quad (16-107)$$

容易证明，当原系统式(16－97)中，输入矩阵 $\boldsymbol{B}$ 的参数摄动或变化满足条件

$$\mathrm{rank}[\boldsymbol{B}_0\quad\Delta\boldsymbol{B}]=\mathrm{rank}\boldsymbol{B}_0 \quad (16-108)$$

时，变结构闭环等价系统能够简化为

$$\dot{\boldsymbol{e}}=[\boldsymbol{I}-\boldsymbol{B}_0(\boldsymbol{G}\boldsymbol{B}_0)^{-1}\boldsymbol{G}][\boldsymbol{A}_m\boldsymbol{e}+(\boldsymbol{A}_m-\boldsymbol{A}_0)\boldsymbol{X}+\boldsymbol{B}_m\boldsymbol{U}_m-\Delta\boldsymbol{A}\boldsymbol{X}-\boldsymbol{D}\boldsymbol{F}] \quad (16-109)$$

很明显，该式完全独立于 $\Delta\boldsymbol{B}$，所以误差 $\boldsymbol{e}$ 收敛特性相对于原系统输入矩阵 $\boldsymbol{B}$ 中包含的不确定性因素具有不变性。

另外，与式(16－15)～式(16－18)和式(16－21)～式(16－24)两个推导过程分别相同，可以推证，当被控对象式(16－96)或式(16－97)的扰动矩阵 $\boldsymbol{D}$ 和参数摄动或变化矩阵 $\Delta\boldsymbol{A}$ 满足条件

$$\mathrm{rank}\boldsymbol{B}_0=\mathrm{rank}[\boldsymbol{B}_0\quad\boldsymbol{D}] \quad (16-110)$$

$$\mathrm{rank}\boldsymbol{B}_0=\mathrm{rank}[\boldsymbol{B}_0\quad\Delta\boldsymbol{A}] \quad (16-111)$$

时，并考虑到参考模型($\boldsymbol{A}_m$，$\boldsymbol{B}_m$)的设计满足完全模型跟踪条件式(16－99)，则有

$$[\boldsymbol{I}-\boldsymbol{B}_0(\boldsymbol{G}\boldsymbol{B}_0)^{-1}\boldsymbol{G}]\boldsymbol{D}\boldsymbol{F}=\boldsymbol{0} \quad (16-112\mathrm{a})$$

$$[\boldsymbol{I}-\boldsymbol{B}_0(\boldsymbol{G}\boldsymbol{B}_0)^{-1}\boldsymbol{G}]\Delta\boldsymbol{A}\boldsymbol{X}=\boldsymbol{0} \quad (16-112\mathrm{b})$$

$$[\boldsymbol{I}-\boldsymbol{B}_0(\boldsymbol{G}\boldsymbol{B}_0)^{-1}\boldsymbol{G}]\boldsymbol{B}_m\boldsymbol{U}_m=\boldsymbol{0} \quad (16-112\mathrm{c})$$

$$[\boldsymbol{I}-\boldsymbol{B}_0(\boldsymbol{G}\boldsymbol{B}_0)^{-1}\boldsymbol{G}](\boldsymbol{A}_m-\boldsymbol{A}_0)\boldsymbol{X}=\boldsymbol{0} \quad (16-112\mathrm{d})$$

此时，变结构闭环等价系统即为

$$\dot{\boldsymbol{e}}=[\boldsymbol{I}-\boldsymbol{B}_0(\boldsymbol{G}\boldsymbol{B}_0)^{-1}\boldsymbol{G}]\boldsymbol{A}_m\boldsymbol{e}\overset{\mathrm{def}}{=\!=}\boldsymbol{A}_{\mathrm{eq}}\boldsymbol{e} \quad (16-113)$$

它是一个完全独立于原被控对象各种不确定性因素的自治系统。由于式中 $\boldsymbol{B}_0$ 为被控对象模型，不可改变，$\boldsymbol{A}_m$ 为参考模型，已知给定，所以该等价系统特性完全取决于矩阵 $\boldsymbol{G}$ 的选择，也就是完全取决于滑动模态域式(16－102)的设计。

变结构模型跟踪控制系统的滑动模态域是针对误差系统设计的。设计方法与16.2节介绍的变结构调节器滑动模态域的一般性规范化设计方法完全相同，并且滑动模态参数矩阵 $\boldsymbol{G}$ 能对变结构闭环等价系统式(16－113)的极点或特征值进行任意配置的结论依然成立，这里不再重复。当且仅当适当的滑动模态域设计将等价系统的极点全部配置在复平面左半平面，即

$$\mathrm{Re}\,\lambda_i\{[\boldsymbol{I}-\boldsymbol{B}_0(\boldsymbol{G}\boldsymbol{B}_0)^{-1}\boldsymbol{G}]\boldsymbol{A}_m\}<0,\quad i=1,2,\cdots n-m \quad (16-114)$$

时，变结构模型跟踪控制系统的设计目的 $\lim\limits_{t\to\infty}\|\boldsymbol{e}\|=0$ 得以实现，被控对象最终将无误差地跟踪复现参考模型，从而获得参考模型的理想特性。

需要注意的是，在变结构模型跟踪控制系统的闭环等价系统式(16－113)中，$\boldsymbol{A}_{\mathrm{eq}}$ 的特征结构确定的是系统误差 $\boldsymbol{e}$ 的收敛特性($\boldsymbol{e}\neq\boldsymbol{0}$)；而 $\boldsymbol{A}_m$ 的特征结构确定的是误差 $\boldsymbol{e}$ 收敛后被控对象输出对输入的响应特性。两者在概念上是不同的，不能混淆。

接下来，讨论变结构模型跟踪控制系统控制律的设计问题，仅考虑被控对象式(16－97)中

$\boldsymbol{B}=\boldsymbol{B}_0$ 的情况。此时误差系统式(16-101)就变为

$$\dot{\boldsymbol{e}}=\boldsymbol{A}_m\boldsymbol{e}+(\boldsymbol{A}_m-\boldsymbol{A}_0)\boldsymbol{X}+\boldsymbol{B}_m\boldsymbol{U}_m-\Delta\boldsymbol{A}\boldsymbol{X}-\boldsymbol{B}\boldsymbol{U}-\boldsymbol{D}\boldsymbol{F} \tag{16-115}$$

针对该误差系统设计多变量变结构控制 $\boldsymbol{U}\in\mathbf{R}^m$ 为如下形式：

$$\boldsymbol{U}=(\boldsymbol{G}\boldsymbol{B})^{-1}(\boldsymbol{K}_e\boldsymbol{e}+\boldsymbol{K}_s\boldsymbol{X}+\boldsymbol{K}_u\boldsymbol{U}_m+\boldsymbol{U}_f) \tag{16-116}$$

其中 $\boldsymbol{K}_e=[k_{ij}^e]_{m\times n}$，$\boldsymbol{K}_s=[k_{ij}^s]_{m\times n}$，$\boldsymbol{K}_u=[k_{ij}^u]_{m\times k}$，$\boldsymbol{U}_f=[u_{f1}\quad u_{f2}\quad\cdots\quad u_{fm}]^{\mathrm{T}}$。那么在系统运动的能达阶段，有 $\boldsymbol{S}\neq\boldsymbol{0}$ 且

$$\begin{aligned}\dot{\boldsymbol{S}}=[\dot{s}_1\quad\dot{s}_2\quad\cdots\quad\dot{s}_m]=\boldsymbol{G}\dot{\boldsymbol{e}}=\boldsymbol{G}[\boldsymbol{A}_m\boldsymbol{e}+(\boldsymbol{A}_m-\boldsymbol{A}_0)\boldsymbol{X}+\boldsymbol{B}_m\boldsymbol{U}_m-\Delta\boldsymbol{A}\boldsymbol{X}-\boldsymbol{D}\boldsymbol{F}]-\boldsymbol{G}\boldsymbol{B}\boldsymbol{U}=\\ \boldsymbol{G}[\boldsymbol{A}_m\boldsymbol{e}+(\boldsymbol{A}_m-\boldsymbol{A}_0)\boldsymbol{X}+\boldsymbol{B}_m\boldsymbol{U}_m-\Delta\boldsymbol{A}\boldsymbol{X}-\boldsymbol{D}\boldsymbol{F}]-(\boldsymbol{K}_e\boldsymbol{e}+\boldsymbol{K}_s\boldsymbol{X}+\boldsymbol{K}_u\boldsymbol{U}_m+\boldsymbol{U}_f)\end{aligned} \tag{16-117}$$

考虑到式(16-104)的滑动模态参数矩阵 $\boldsymbol{G}$ 的具体形式，则

$$\begin{aligned}\dot{s}_i=&\Big(\boldsymbol{g}_i\boldsymbol{A}_m\boldsymbol{e}-\sum_{j=1}^{n}k_{ij}^e e_j\Big)+\Big[\boldsymbol{g}_i(\boldsymbol{A}_m-\boldsymbol{A}_0-\Delta\boldsymbol{A})\boldsymbol{X}-\sum_{j=1}^{n}k_{ij}^s x_j\Big]+\\ &\Big(\boldsymbol{g}_i\boldsymbol{B}_m\boldsymbol{U}_m-\sum_{j=1}^{k}k_{ij}^u u_{mj}\Big)+(\boldsymbol{g}_i\boldsymbol{D}\boldsymbol{F}-u_{fi})\end{aligned} \tag{16-118}$$

给式(16-118)两边同乘 s_i 得

$$\begin{aligned}s_i\dot{s}_i=&\sum_{j=1}^{n}\Big(\sum_{l=1}^{n}g_{il}a_{lj}^m-k_{ij}^e\Big)e_j s_i+\sum_{j=1}^{k}\Big(\sum_{l=1}^{n}g_{il}b_{lj}^m-k_{ij}^u\Big)u_{mj}s_i+\\ &\sum_{j=1}^{n}\Big[\sum_{l=1}^{n}g_{il}(a_{lj}^m-a_{lj})-k_{ij}^s\Big]x_j s_i+(\boldsymbol{g}_i\boldsymbol{D}\boldsymbol{F}-u_{fi})s_i\end{aligned} \tag{16-119}$$

所以，变结构模型跟踪控制系统滑动模态能达条件 $s_i(\boldsymbol{e})\dot{s}_i(\boldsymbol{e})<0$ 得以满足的充分条件就是式(16-119)中逐项小于等于零。即

$$\Big(\sum_{l=1}^{n}g_{il}a_{lj}^m-k_{ij}^e\Big)e_j s_i\leqslant 0 \tag{16-120}$$

$$\Big(\sum_{l=1}^{n}g_{il}b_{lj}^m-k_{ij}^u\Big)u_{mj}s_i\leqslant 0 \tag{16-121}$$

$$\Big[\sum_{l=1}^{n}g_{il}(a_{lj}^m-a_{lj})-k_{ij}^s\Big]x_j s_i\leqslant 0 \tag{16-122}$$

$$(\boldsymbol{g}_i\boldsymbol{D}\boldsymbol{F}-u_{fi})s_i\leqslant 0 \tag{16-123}$$

从中解出控制律参数为

$$k_{ij}^e=\begin{cases}\alpha_{ij}^e\geqslant\sum_{l=1}^{n}g_{il}a_{lj}^m, & e_j s_i>0\\ \beta_{ij}^e\leqslant\sum_{l=1}^{n}g_{il}a_{lj}^m, & e_j s_i<0\end{cases} \tag{16-124}$$

$$k_{ij}^u=\begin{cases}\alpha_{ij}^u\geqslant\sum_{l=1}^{n}g_{il}b_{lj}^m, & u_{mj}s_i>0\\ \beta_{ij}^u\leqslant\sum_{l=1}^{n}g_{il}b_{lj}^m, & u_{mj}s_i<0\end{cases} \tag{16-125}$$

$$k_{ij}^{s}=\begin{cases}\alpha_{ij}^{s}>\sum_{l=1}^{n}g_{il}(a_{lj}^{m}-a_{lj}), & x_j s_i>0\\ \beta_{ij}^{s}<\sum_{l=1}^{n}g_{il}(a_{lj}^{m}-a_{lj}), & x_j s_i<0\end{cases} \tag{16-126}$$

$$u_{fi}=\begin{cases}u_{fi}^{(1)}>\boldsymbol{g}_i\boldsymbol{DF}, & s_i>0\\ u_{fi}^{(2)}<\boldsymbol{g}_i\boldsymbol{DF}, & s_i<0\end{cases} \tag{16-127}$$

其中包含不确定性因素的系统参数 a_{lj} 和外部扰动 $\boldsymbol{F}$,可将式(16-96)描述的上下界代入以确定 k_{ij}^{s} 和 u_{fi}。这样,式(16-116)和式(16-124)～式(16-127)就形成了一种完整的变结构模型跟踪控制律方案。

特殊地,若考虑参考模型的参数 $\boldsymbol{A}_m=[a_{ij}^{m}]_{n\times n}$ 和 $\boldsymbol{B}_m=[b_{ij}^{m}]_{n\times k}$ 是确定的,滑动模态参数 $\boldsymbol{G}=[g_{ij}]_{m\times n}$ 已经设计给定,那么不等式(16-120)和式(16-121)均可取等号,仍能保证滑动模态能达条件成立。相应地,描述控制律参数 k_{ij}^{s} 和 k_{ij}^{u} 的不等式(16-124)和式(16-125)也取等号,于是有

$$\boldsymbol{K}_e=[k_{ij}^{e}]_{m\times n}=\boldsymbol{GA}_m \tag{16-128}$$

$$\boldsymbol{K}_u=[k_{ij}^{u}]_{m\times k}=\boldsymbol{GB}_m \tag{16-129}$$

从而变结构模型跟踪控制律便可简化为

$$\boldsymbol{U}=(\boldsymbol{GB})^{-1}(\boldsymbol{GA}_m\boldsymbol{e}+\boldsymbol{GB}_m\boldsymbol{U}_m+\boldsymbol{K}_s\boldsymbol{X}+\boldsymbol{U}_f) \tag{16-130}$$

式中,$\boldsymbol{K}_s$ 和 $\boldsymbol{U}_f$ 仍由式(16-126)和式(16-127)确定。

至此通过滑动模态域和控制律两部分的设计,已经完成了多变量不确定性被控对象的整个变结构模型跟踪控制系统的设计,控制系统结构如图16-5所示。分析该图知道,若将变结构控制律中式(16-124)～式(16-127)视作参数自适应规律,则图中虚线框内的结构即为自适应机构。这也从一个侧面说明变结构控制是一类广义的自适应控制。

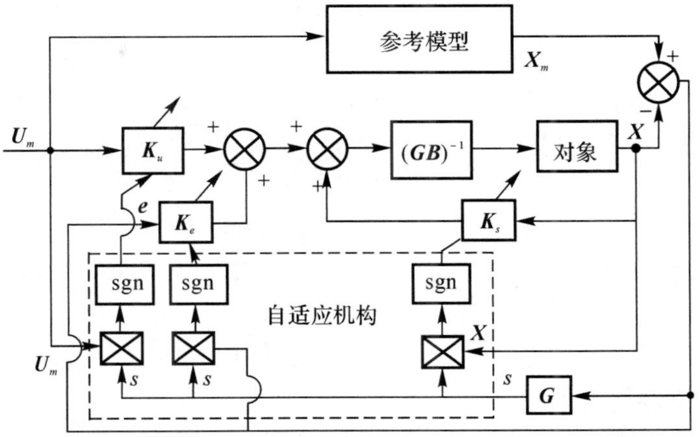

图16-5　变结构模型跟踪控制系统结构

另外,变结构模型跟踪控制系统是一种变结构跟随器系统,与16.2节介绍的变结构调节器系统相比较会发现,两者无论在设计过程还是在控制律形式等方面均有许多相似之处。它们的最大差别在于,变结构调节器系统的滑动模态域和控制律等设计环节是直接针对被控对象进行的,而变结构模型跟踪控制系统的则是针对对象与参考模型的误差系统进行的。所以

若将误差系统式(16-115)写成

$$\dot{\boldsymbol{e}}=\boldsymbol{A}_m\boldsymbol{e}+\boldsymbol{BU}+\bar{\boldsymbol{D}}\bar{\boldsymbol{F}},\bar{\boldsymbol{D}}=\boldsymbol{I}_{n\times n} \tag{16-131}$$

$$\bar{\boldsymbol{F}}=(\boldsymbol{A}_m-\boldsymbol{A}_0)\boldsymbol{X}+\boldsymbol{B}_m\boldsymbol{U}_m-\Delta\boldsymbol{AX}-\boldsymbol{DF} \tag{16-132}$$

即将系统状态 $\boldsymbol{X}$、参考输入 $\boldsymbol{U}_m$ 和外部扰动 $\boldsymbol{F}$ 等对系统误差 $\boldsymbol{e}$ 的作用均归入 $\bar{\boldsymbol{F}}\in\mathbf{R}^n$,并当做对误差系统($\boldsymbol{A}_m$, $\boldsymbol{B}$)的广义扰动向量,那么变结构模型跟踪控制系统这类跟随器设计问题实际上就可以视作针对误差系统式(16-115)和式(16-131)的变结构调节器设计问题。从这个角度来看,这两类变结构控制系统的设计存在着一致性。

例 16-2 亚音速飞机 C—131B 的三自由纵向线性状态方程为

$$\dot{\boldsymbol{X}}=\boldsymbol{AX}+\boldsymbol{BU}$$

$$\boldsymbol{A}=\begin{bmatrix} 0.000 & 1.000 & 0.000 & 0.000 \\ 1.401\text{E}-4 & \sigma & -1.9513 & 0.0133 \\ -2.505\text{E}-4 & 1.000 & -1.3239 & -0.0238 \\ -0.561 & 0.000 & 0.3580 & -0.0279 \end{bmatrix}$$

$$\boldsymbol{B}=\begin{bmatrix} 0.000 & 0.000 & 0.000 \\ -5.3307 & 6.447\text{E}-3 & -2.669 \\ -0.1600 & -1.155\text{E}-2 & -2.511 \\ 0.000 & 0.1060 & 0.0862 \end{bmatrix}$$

$$\boldsymbol{X}=[x_1\quad x_2\quad x_3\quad x_4]^{\mathrm{T}},\quad \boldsymbol{U}=[u_1\quad u_2\quad u_3]^{\mathrm{T}}$$

其中系统状态变量 x_1,x_2,x_3 和 x_4 分别为飞机的俯仰角、俯仰角速度、攻角和飞行速度;输入 u_1,u_2 和 u_3 分别为飞机的升降舵偏角、油门控制量以及襟翼偏角;该数学模型中仅有一个参数 σ 不确定性变化,其标称值为 $\sigma_0=-2.038$,变化范围为 $-0.668\sim-3.668$;外部扰动 $\boldsymbol{F}=\boldsymbol{0}$ 暂不考虑。下面来设计飞机的变结构模型跟踪控制系统。

首先确定满足性能指标要求的参考模型为

$$\dot{\boldsymbol{X}}_m=\boldsymbol{A}_m\boldsymbol{X}_m+\boldsymbol{B}_m\boldsymbol{U}_m$$

$$\boldsymbol{A}_m=\begin{bmatrix} 0.000 & 1.000 & 0.000 & 0.000 \\ 5.318\text{E}-7 & -0.4179 & -0.1202 & 2.319\text{E}-3 \\ -4.619\text{E}-9 & 1.000 & -0.7523 & -2.387\text{E}-2 \\ -0.5614 & 0.000 & 0.3002 & -1.743\text{E}-2 \end{bmatrix}$$

$$\boldsymbol{B}_m=\begin{bmatrix} 0.0000 & 0.000 \\ -0.1717 & 7.451\text{E}-6 \\ -0.0238 & -7.783\text{E}-5 \\ 0.000 & 3.685\text{E}-3 \end{bmatrix}$$

$$\boldsymbol{X}=[x_{m1}\quad x_{m2}\quad x_{m3}\quad x_{m4}]^{\mathrm{T}},\quad \boldsymbol{U}=[u_{m1}\quad u_{m2}]^{\mathrm{T}}$$

其中 $\boldsymbol{X}_m$ 分别为 $\boldsymbol{X}$ 的期望值,u_{m1} 和 u_{m2} 分别为升降舵指令和油门指令。容易验证,参考模型与被控对象之间满足完全模型跟踪条件式(16-99):

$$\text{rank}[\boldsymbol{B}]=\text{rank}[\boldsymbol{B}\quad \boldsymbol{A}_m-\boldsymbol{A}]=\text{rank}[\boldsymbol{B}\quad \boldsymbol{B}_m]=3$$

并且 $\Delta\boldsymbol{A}$ 中仅包含一个非零元素 σ,显然有

$$\text{rank}[\boldsymbol{B}]=\text{rank}[\boldsymbol{B}\quad \Delta\boldsymbol{A}]=3$$

定义系统状态 $\boldsymbol{X}$ 与期望值 $\boldsymbol{X}_m$ 之间的偏差量 $\boldsymbol{e}=\boldsymbol{X}_m-\boldsymbol{X}$,误差系统为式(16-115),滑动模

态域即为

$$S = [s_1 \quad s_2 \quad s_3]^{\mathrm{T}} = \boldsymbol{Ge} = \boldsymbol{0}$$

那么变结构闭环等价系统为

$$\dot{\boldsymbol{e}} = [\boldsymbol{I} - \boldsymbol{B}(\boldsymbol{GB})^{-1}\boldsymbol{G}]\boldsymbol{A}_m\boldsymbol{e}$$

完全独立于参数 σ 的摄动变化，并且仅有一个特征值。经判断，误差系统($\boldsymbol{A}_m$,$\boldsymbol{B}$)完全能控，所以该特征值可由$\boldsymbol{G}$任意配置。根据误差收敛特性的设计要求，确定该特征值为－10.0，于是利用16.2节的滑动模态域设计方法，可计算出滑动模态参数矩阵 $\boldsymbol{G}$ 为

$$\boldsymbol{G} = \begin{bmatrix} 10.0 & 1.0 & 0.0 & 0.0 \\ 0.0 & 0.0 & 1.0 & 0.0 \\ 0.0 & 0.0 & 0.0 & 1.0 \end{bmatrix}$$

利用式(16－130)描述的控制律形式，并考虑到 $\boldsymbol{F} = \boldsymbol{0}$，经过运算得到

$$\boldsymbol{U} = \begin{bmatrix} u_1 \\ u_2 \\ u_3 \end{bmatrix} = \begin{bmatrix} -0.020 & -1.641\,8 & -0.130\,4 & -0.006\,3 \\ -5.512\,8 & 2.480\,6 & 0.340\,9 & -0.254\,5 \\ 0.266\,3 & -3.063\,4 & 3.063\,4 & 0.110\,8 \end{bmatrix} \begin{bmatrix} e_1 \\ e_2 \\ e_3 \\ e_4 \end{bmatrix} +$$

$$\begin{bmatrix} 0.028\,1 & 0.000\,1 \\ -0.064\,9 & 0.035\,9 \\ 0.079\,8 & -0.001\,4 \end{bmatrix} \begin{bmatrix} u_{m1} \\ u_{m2} \end{bmatrix} + \begin{bmatrix} -0.194\,2 & 0.218\,6 & 0.035\,6 \\ -0.010\,45 & 3.482\,1 & 9.819\,7 \\ 0.128\,5 & -4.281\,9 & -0.474\,4 \end{bmatrix} \boldsymbol{K}_s \begin{bmatrix} x_1 \\ x_2 \\ x_3 \\ x_4 \end{bmatrix}$$

式中，$\boldsymbol{K}_s = [k_{ij}^s]_{3\times4}$，$k_{ij}^s$ 按式(16－126)的规律分别在矩阵 $\boldsymbol{\alpha}^s = [\alpha_{ij}^s]_{3\times4}$ 和 $\boldsymbol{\beta}^s = [\beta_{ij}^s]_{3\times4}$ 中取

$$\boldsymbol{\alpha}^s = \begin{bmatrix} 0.010\,0 & 10.000\,0 & 3.000\,0 & 0.100\,0 \\ 0.010\,0 & 0.100\,0 & 3.000\,0 & 0.010\,0 \\ 0.001\,0 & 0.100\,0 & 1.000\,0 & 0.100\,0 \end{bmatrix}$$

$$\boldsymbol{\beta}^s = \begin{bmatrix} -0.010\,0 & -5.000\,0 & -2.000 & -0.200\,0 \\ -0.005\,0 & -0.100\,0 & -1.500\,0 & -0.100\,0 \\ -0.010\,0 & -0.100\,0 & -1.000\,0 & -0.100\,0 \end{bmatrix}$$

若令 $v_{ij}^s \geqslant \max\{|\alpha_{ij}^s|, |\beta_{ij}^s|\} \geqslant 0$，则基于矩阵 $\boldsymbol{\alpha}^s$ 和 $\boldsymbol{\beta}^s$ 可定另一矩阵

$$\boldsymbol{v}^s = [v_{ij}^s]_{m\times n} = \begin{bmatrix} 0.010\,0 & 10.000\,0 & 3.000\,0 & 0.200\,0 \\ 0.010\,0 & 0.100\,0 & 3.000\,0 & 0.100\,0 \\ 0.010\,0 & 0.100\,0 & 1.000\,0 & 0.100\,0 \end{bmatrix}$$

使得式(16－130)中状态反馈矩阵 $\boldsymbol{K}_s$ 得到简化

$$k_{ij}^s = v_{ij}^s \operatorname{sgn}(x_j s_i)$$

这样，便完成了C—131B亚音速飞机纵向通道的变结构模型跟踪控制系统设计，给出了一套控制系统参数。

16.4　变结构模型参考自适应控制

被控对象全状态可测量或仅输入输出可测量两种情况下的控制，一直是自适应控制理论研究中的重要问题。当被控对象全部状态变量均能够测量时，系统可以实现全状态反馈。对

此,16.3 节介绍的变结构模型跟踪控制方法是十分有效的控制手段之一。它能保证被控对象存在有界不确定性参数变化和有界外部扰动时实现对参考模型的稳定跟踪,从而获得理想的系统性能。当被控对象仅输入输出可测量时,系统全状态反馈不能简单实现。本节基于输入输出滤波器的自适应控制方案引入变结构控制,针对单输入-单输出系统,着重介绍仅输入输出可测量情况下的两种变结构模型参考自适应控制方案。这两种方案的共同特点在于采用不连续的自适应规律获得好的系统特性。

16.4.1 变结构综合自适应控制方案

考虑单输入-单输出线性不确定性系统

$$A(p)y(t)=B(p)u(t) \tag{16-133}$$

式中,p 是微分算子$\dfrac{\mathrm{d}}{\mathrm{d}t}$,且

$$A(p)=p^n+\sum_{i=0}^{n-1}a_ip^i \tag{16-134a}$$

$$B(p)=\sum_{i=0}^{m}b_ip^i \tag{16-134b}$$

假设 $B(p)$ 是古尔维茨多项式;系统阶次 m 和 n 已知且 $m<n$;系统参数 a_i 和 b_i 不确定性变化或摄动,它们的上下界已知,即

$$a_i^0-\Delta a_i^0\leqslant a_i\leqslant a_i^0+\Delta a_i^0,\quad i=0,1,\cdots,n-1 \tag{16-135a}$$

$$b_i^0-\Delta b_i^0\leqslant b_i\leqslant b_i^0+\Delta b_i^0,\quad i=0,1,\cdots,m \tag{16-135b}$$

针对该系统设计参考模型为

$$A_m(p)y_m(t)=B_m(p)r(t) \tag{16-136}$$

式中

$$A_m(p)=p^n+\sum_{i=0}^{n-1}a_i^mp^i \tag{16-137a}$$

$$B_m(p)=\sum_{i=0}^{m_1}b_i^mp^i \tag{16-137b}$$

并且 $A_m(p)$ 为 n 阶古尔维茨多项式,$B_m(p)$ 为 m_1 阶古尔维茨多项式,$m_1<m$。$r(t)$ 是分段连续的一致有界参考输入信号。

为了使被控对象式(16-133)的输出 $y(t)$ 跟踪参考模型式(16-136)的输出 $y_m(t)$,确定控制律的形式为

$$u(t)=\frac{B_m(p)}{F(p)}r(t)-\omega(t) \tag{16-138}$$

这里

$$F(p)=\sum_{i=0}^{n-1}f_ip^i \tag{16-139}$$

是任意的 $n-1$ 阶古尔维茨多项式,$\omega(t)$ 是设计的自适应综合信号。

定义输出误差信号

$$e(t)=y_m(t)-y(t) \tag{16-140}$$

用式(16-136)减去式(16-133)并利用式(16-138)推导得系统的误差方程为

$$A_m(p)e(t)=[A(p)-A_m(p)]y(t)+[F(p)-B(p)]u(t)+F(p)\omega(t) \tag{16-141}$$

引入滤波变量 e_F，u_F 和 y_F 分别为

$$F(p)e_F(t)=e(t) \tag{16-142}$$

$$F(p)u_F(t)=u(t) \tag{16-143}$$

$$F(p)y_F(t)=y(t) \tag{16-144}$$

用 $F(p)$ 除式(16-141)两边，并利用以上式(16-142)～式(16-144)便得到系统的滤波误差方程

$$A_m(p)e_F(t)=[A(p)-A_m(p)]y_F(t)+[F(p)-B(p)]u_F(t)+\omega(t) \tag{16-145}$$

将式(16-145)写成状态方程形式有

$$\dot{\boldsymbol{\varepsilon}}=\bar{\boldsymbol{A}}\boldsymbol{\varepsilon}+\bar{\boldsymbol{D}}\boldsymbol{\varphi}+\bar{\boldsymbol{E}}\boldsymbol{\theta}+\bar{\boldsymbol{b}}\omega \tag{16-146}$$

式中

$$\boldsymbol{\varepsilon}^{\mathrm{T}}=[e_F \quad pe_F \quad \cdots \quad p^{n-1}e_F]$$

$$\boldsymbol{\varphi}^{\mathrm{T}}=[u_F \quad pu_F \quad \cdots \quad p^{n-1}u_F]$$

$$\boldsymbol{\theta}^{\mathrm{T}}=[y_F \quad py_F \quad \cdots \quad p^{n-1}y_F]$$

$$\bar{\boldsymbol{A}}=\begin{bmatrix}0 & 1 & 0 & \cdots & 0\\ 0 & 0 & 1 & \cdots & 0\\ \vdots & \vdots & \vdots & & \vdots\\ -a_0^m & -a_1^m & -a_2^m & \cdots & -a_{n-1}^m\end{bmatrix}_{n\times n},$$

$$\bar{\boldsymbol{D}}=\begin{bmatrix} & & \boldsymbol{0} & & \\ f_0-b_0 & \cdots & f_m-b_m & f_{m+1} & \cdots & f_{n-1}\end{bmatrix}_{n\times n},$$

$$\bar{\boldsymbol{E}}=\begin{bmatrix} & & \boldsymbol{0} & & \\ a_0-a_0^m & a_1-a_1^m & \cdots & a_{n-1}-a_{n-1}^m\end{bmatrix}_{n\times n},\quad \bar{\boldsymbol{b}}=\begin{bmatrix}0\\0\\ \vdots\\1\end{bmatrix}_{n\times 1}$$

应当注意到，该状态方程中的信号向量 $\boldsymbol{\varepsilon}$，$\boldsymbol{\varphi}$，$\boldsymbol{\theta}$ 是分别由被控对象可直接测量的信号 e、输出信号 y 和输入信号 u 经过具有 $n-1$ 个积分器的低通滤波器 $F(p)$ 产生的，所以它们在工程中都是能够实际获得的可用信号。由于状态变量 $\boldsymbol{\varepsilon}$ 均为滤波变量，因此通常称这些滤波器为状态变量滤波器。这样，便将一个仅输入输出可测量的被控对象由微分方程描述转化成为全部状态变量均可获得和单变量状态方程形式，从而本章前几节介绍的基于状态方程和全状态反馈的各种变结构控制系统设计方法就可以直接应用了。

针对单变量状态方程式(16-146)设计滑动模态域为

$$s(\boldsymbol{\varepsilon})=\boldsymbol{G\varepsilon}=g_1e_F+g_2pe_F+\cdots+g_{n-1}p^{n-2}e_F+p^{n-1}e_F=0 \tag{16-147a}$$

$$\boldsymbol{G}=[g_1 \quad g_2 \quad \cdots \quad g_{n-1} \quad 1]\in \mathbf{R}^{1\times n} \tag{16-147b}$$

为滑动模态参数矩阵。

当系统沿滑动模态域滑动时，$s(\boldsymbol{\varepsilon}) \equiv 0$，所以

$$\dot{s}(\boldsymbol{\varepsilon}) = \boldsymbol{G}\dot{\boldsymbol{\varepsilon}} = \boldsymbol{G}(\bar{\boldsymbol{A}}\boldsymbol{\varepsilon} + \bar{\boldsymbol{D}}\boldsymbol{\varphi} + \bar{\boldsymbol{E}}\boldsymbol{\theta}) + \boldsymbol{G}\bar{\boldsymbol{b}}\omega = 0 \tag{16-148}$$

由此可解出系统的等效控制 $\omega_{\mathrm{eq}}(t)$，并将各矩阵 $\bar{\boldsymbol{A}}, \bar{\boldsymbol{D}}, \bar{\boldsymbol{E}}, \bar{\boldsymbol{b}}$ 和 $\boldsymbol{G}$ 的具体形式代入得

$$\begin{aligned}\omega_{\mathrm{eq}}(t) = &-(\boldsymbol{G}\bar{\boldsymbol{b}})^{-1}\boldsymbol{G}(\bar{\boldsymbol{A}}\boldsymbol{\varepsilon} + \bar{\boldsymbol{D}}\boldsymbol{\varphi} + \bar{\boldsymbol{E}}\boldsymbol{\theta}) = \\ &[A_m(p) - p\Gamma(p)]e_F(t) - [F(p) - B(p)]u_F(t) - [A(p) - A_m(p)]y_F(t)\end{aligned} \tag{16-149}$$

式中

$$\Gamma(p) = p^{n-1} + \sum_{i=0}^{n-2} g_{i+1}p^i \tag{16-150}$$

把等效控制代入控制律式(16－138)有

$$u(t) = \frac{B_m(p)}{B(p)}r(t) - \frac{A_m(p) - p\Gamma(p)}{B(p)}e(t) + \frac{A(p) - A_m(p)}{B(p)}y(t) \tag{16-151}$$

由于 $B(p)$ 是古尔维茨多项式，$m_1 < m$，且多项式 $A_m(p) - p\Gamma(p)$ 和 $A(p) - A_m(p)$ 的阶次均小于等于 m，所以系统控制信号 $u(t)$ 为有界信号。

进一步将式(16－151)代入原系统微分方程式(16－133)，经推导得变结构闭环等价系统是

$$\Gamma(p)e_F = g_1e_F + g_2pe_F + \cdots + g_{n-1}p^{n-2}e_F + p^{n-1}e_F = \boldsymbol{G}\boldsymbol{\varepsilon} = 0 \tag{16-152}$$

显然，该等价系统的特性完全独立于被控对象的全部不确定性参数，仅取决于滑动模态参数 $\boldsymbol{G}$，这也与状态方程式(16－146)满足变结构控制系统不变性条件

$$\mathrm{rank}\,\bar{\boldsymbol{b}} = \mathrm{rank}[\bar{\boldsymbol{b}} \quad \bar{\boldsymbol{A}} \quad \bar{\boldsymbol{D}} \quad \bar{\boldsymbol{E}}] \tag{16-153}$$

相一致。所以，适当地设计滑动模态域式(16－147)就能保证等价系统的稳定性，并获得期望的误差收敛特性。

当误差系统式(16－145)或式(16－146)在能达运动阶段时，$s(\boldsymbol{\varepsilon}) \neq 0$，有

$$\begin{aligned}\dot{s}(\boldsymbol{\varepsilon}) = &\boldsymbol{G}(\bar{\boldsymbol{A}}\boldsymbol{\varepsilon} + \bar{\boldsymbol{D}}\boldsymbol{\varphi} + \bar{\boldsymbol{E}}\boldsymbol{\theta}) + \boldsymbol{G}\bar{\boldsymbol{b}}\omega = [a_0 \quad a_1 - g_1 \quad \cdots \quad a_{n-1} - g_{n-1}]\boldsymbol{\theta} + \\ &[f_0 - b_0 \quad \cdots \quad f_m - b_m \quad f_{m+1} \quad \cdots \quad f_{n-1}]\boldsymbol{\varphi} + \\ &[-a_0^m \quad g_1 - a_1^m \quad \cdots \quad g_{n-1} - a_{n-1}^m]\boldsymbol{\theta}_m + \omega\end{aligned} \tag{16-154}$$

式中

$$\begin{aligned}\boldsymbol{\theta}_m = &[y_{mF} \quad py_{mF} \quad \cdots \quad p^{n-1}y_{mF}]^{\mathrm{T}} = \boldsymbol{\varepsilon} + \boldsymbol{\theta} = \\ &[e_F \quad pe_F \quad \cdots \quad p^{n-1}e_F]^{\mathrm{T}} + [y_F \quad py_F \quad \cdots \quad p^{n-1}y_F]^{\mathrm{T}}\end{aligned} \tag{16-155}$$

取综合信号 $\omega(t)$ 的具体变结构控制律形式为

$$\begin{aligned}\omega(t) = &-\boldsymbol{\beta}_{\varphi}^{\mathrm{T}}\boldsymbol{\varphi}(t) - \boldsymbol{\beta}_{\theta}^{\mathrm{T}}\boldsymbol{\theta}(t) + \boldsymbol{\beta}_{\theta_m}^{\mathrm{T}}\boldsymbol{\theta}_m(t) - \\ &(\boldsymbol{\alpha}_{\varphi}^{\mathrm{T}}|\boldsymbol{\varphi}(t)| + \boldsymbol{\alpha}_{\theta}^{\mathrm{T}}|\boldsymbol{\theta}(t)| + \boldsymbol{\alpha}_{\theta_m}^{\mathrm{T}}|\boldsymbol{\theta}_m(t)|)\,\mathrm{sgn}\,(s)\end{aligned} \tag{16-156}$$

由于变结构控制律必须保证滑动模态能达条件

$$s(\boldsymbol{\varepsilon})\dot{s}(\boldsymbol{\varepsilon}) < 0 \tag{16-157}$$

成立，所以把式(16－156)代入式(16－154)，然后两边同乘以 $s(\boldsymbol{\varepsilon})$ 应得

$$\begin{aligned}s\{&[f_0 - b_0 \quad \cdots \quad f_m - b_m \quad f_{m+1} \quad \cdots \quad f_{n-1}]\boldsymbol{\varphi} + [a_0 \quad a_1 - g_1 \quad \cdots \quad a_{n-1} - g_{n-1}]\boldsymbol{\theta} + \\ &[-a_0^m \quad g_1 - a_1^m \quad \cdots \quad g_{n-1} - a_{n-1}^m]\boldsymbol{\theta}_m - \boldsymbol{\beta}_{\varphi}^{\mathrm{T}}\boldsymbol{\varphi}(t) - \boldsymbol{\beta}_{\theta}^{\mathrm{T}}\boldsymbol{\theta}(t) + \boldsymbol{\beta}_{\theta_m}^{\mathrm{T}}\boldsymbol{\theta}_m(t) - \\ &(\boldsymbol{\alpha}_{\varphi}^{\mathrm{T}}|\boldsymbol{\varphi}(t)| + \boldsymbol{\alpha}_{\theta}^{\mathrm{T}}|\boldsymbol{\theta}(t)| + \boldsymbol{\alpha}_{\theta_m}^{\mathrm{T}}|\boldsymbol{\theta}_m(t)|)\,\mathrm{sgn}\,(s)\} < 0\end{aligned} \tag{16-158}$$

若选取综合信号 $\omega(t)$ 中的参数

$$\boldsymbol{\beta}_{\varphi}^{\mathrm{T}}=[f_0-b_0^0 \quad \cdots \quad f_m-b_m^0 \quad f_{m+1} \quad \cdots \quad f_{n-1}+\eta] \tag{16-159a}$$

$$\boldsymbol{\beta}_{\theta}^{\mathrm{T}}=[a_0^0 \quad a_1^0-g_1 \quad \cdots \quad a_{n-1}^0-g_{n-1}] \tag{16-159b}$$

$$\boldsymbol{\beta}_{\theta_m}^{\mathrm{T}}=[-a_0^m \quad g_1-a_1^m \quad \cdots \quad g_{n-1}-a_{n-1}^m] \tag{16-159c}$$

那么要保证式(16-158)即式(16-157)成立,必须取

$$\boldsymbol{\alpha}_{\varphi}^{\mathrm{T}}=[\Delta b_0^0 \quad \cdots \quad \Delta b_m^0 \quad 0 \quad \cdots \quad 0 \quad \eta] \tag{16-160a}$$

$$\boldsymbol{\alpha}_{\theta}^{\mathrm{T}}>[\Delta a_0^0 \quad \cdots \quad \Delta a_{n-1}^0] \tag{16-160b}$$

$$\boldsymbol{\alpha}_{\theta_m}^{\mathrm{T}}=\boldsymbol{0} \tag{16-160c}$$

其中 η 为任意小的正常数,以保证变结构控制器的可实现性。

总之,式(16-147)确定了变结构控制系统的滑动模态域,式(16-156),式(16-159)和式(16-160)完整地确定了自适应综合信号 $\omega(t)$ 的完全基于被控对象不确定性参数标称值和上下界的变结构规律,这两者确保误差滤波变量 e_F 渐近稳定地收敛于零。由于式(16-142)中 $F(p)$ 是古尔维茨多项式,所以被控对象与参考模型之间的输出误差 $e(t)$ 也渐近稳定地收敛于零。

例 16-3　一个参数未知的二阶被控对象的微分方程是

$$(p^2+0.75p+2.25)\,y(t)=4.5u(t),\quad n=2,\quad m=0$$

已知各参数的上下界分别为

$$1.2\leqslant a_0\leqslant 2.4,\quad 0.7\leqslant a_1\leqslant 1.1,\quad 2.0\leqslant b_0\leqslant 5.0$$

参考模型是

$$(p^2+1.2p+1)\,y_m(t)=r(t)$$

试设计变结构自适应控制系统,使被控对象的输出跟踪参考模型输出。

首先,由参数上下界得

$$a_0^0=1.8,\quad \Delta a_0=0.6;\quad a_1^0=0.9,\quad \Delta a_1=0.2;\quad b_0^0=3.5,\quad \Delta b_0=1.5$$

定义 $n-1$ 阶状态变量滤波器 $F(p)=p+2$,所以

$$(p+2)\,e_F=e=y_m-y$$

设计稳定的滑动模态域为

$$s=(p+1)\,e_F=\Gamma(p)e_F=0$$

若取常数 $\eta=0.1$,那么自适应综合信号 $\omega(t)$ 中的各参数就分别为

$$\boldsymbol{\beta}_{\varphi}^{\mathrm{T}}=[-1.5 \quad 1.1],\quad \boldsymbol{\beta}_{\theta}^{\mathrm{T}}=[1.8 \quad -0.1],\quad \boldsymbol{\beta}_{\theta_m}^{\mathrm{T}}=[-1 \quad -0.2];$$

$$\boldsymbol{\alpha}_{\varphi}^{\mathrm{T}}=[1.5 \quad 0.1],\quad \boldsymbol{\alpha}_{\theta}^{\mathrm{T}}>[0.6 \quad 0.2],\quad 取\ \boldsymbol{\alpha}_{\theta}^{\mathrm{T}}=[0.7 \quad 0.3],\quad \boldsymbol{\alpha}_{\theta_m}^{\mathrm{T}}=[0.0 \quad 0.0]$$

所以,被控对象的输入信号 $u(t)$ 就为

$$u(t)=\frac{1}{p+2}r(t)+\omega(t)$$

16.4.2　变结构参数自适应控制方案

考察单输入-单输出线性被控对象

$$\left.\begin{aligned}\dot{\boldsymbol{X}}&=\boldsymbol{AX}+\boldsymbol{b}u\\ \boldsymbol{Y}&=\boldsymbol{cX},\ \boldsymbol{c}=[1 \quad 0 \quad \cdots \quad 0]\end{aligned}\right\} \tag{16-161}$$

其传递函数为严格正实的

$$G(s)=K\frac{N(s)}{D(s)} \tag{16-162}$$

已知 $D(s)$ 是 n 阶首一古尔维茨多项式，$N(s)$ 是 $m=n-1$ 阶首一古尔维茨多项式，$D(s)$ 与 $N(s)$ 互质，$K>0$，被控对象的参数是未知量。

假设参考模型输入 $r(t)$ 输出 $y_m(t)$ 之间的传递函数也是正实的

$$\boldsymbol{G}_m(s)=K_m\frac{N_m(s)}{D_m(s)} \tag{16-163}$$

其中 $N_m(s)$ 和 $D_m(s)$ 均为首一古尔维茨多项式，阶数也分别为 m 和 n，并且两多项式互质，$K_m>0$。

定义系统的输出误差为

$$e=y-y_m \tag{16-164}$$

那么自适应控制目的就可以表述为：已知参考模型输入 $r(t)$ 为分段连续且一致有界的，输出为 $y_m(t)$，求被控对象的控制信号 $u(t)$，使得被控对象输出跟踪参考模型的输出：

$$\lim_{t\to\infty}e=\lim_{t\to\infty}(y-y_m)=0 \tag{16-165}$$

在本书第十五章已经详细介绍了这一自适应控制设计方法。在此基础上，这里引入变结构控制进行系统综合。同样，由于被控对象仅输入输出可测量，分别采用输入输出滤波器，也可称为状态变量滤波器，以获得输入输出的滤波信号。

$$\dot{\boldsymbol{v}}_1=\boldsymbol{\Lambda}\boldsymbol{v}_1+\boldsymbol{d}u,\quad \boldsymbol{\omega}_1=\boldsymbol{g}_1^{\mathrm{T}}\boldsymbol{v}_1 \tag{16-166a}$$

$$\dot{\boldsymbol{v}}_2=\boldsymbol{\Lambda}\boldsymbol{v}_2+\boldsymbol{d}y,\quad \boldsymbol{\omega}_2=\boldsymbol{g}_2^{\mathrm{T}}\boldsymbol{v}_2+g_0y \tag{16-166b}$$

式中 $\boldsymbol{v}_1,\boldsymbol{v}_2\in\mathbf{R}^{n-1}$，并且 $D_m(s)=\det(s\boldsymbol{I}-\boldsymbol{\Lambda})$；$\boldsymbol{g}_1\in\mathbf{R}^{n-1}$，$\boldsymbol{g}_2\in\mathbf{R}^{n-1}$，$g_0$ 均为可调参数。

定义可调系统的信号向量为

$$\boldsymbol{\omega}^{\mathrm{T}}=[\boldsymbol{v}_1^{\mathrm{T}}\quad y\quad \boldsymbol{v}_2^{\mathrm{T}}\quad r]\in\mathbf{R}^{2n} \tag{16-167}$$

可调参数向量为

$$\boldsymbol{\theta}^{\mathrm{T}}(t)\xlongequal{\text{def}}[\boldsymbol{g}_1^{\mathrm{T}}\quad g_0\quad \boldsymbol{g}_2^{\mathrm{T}}\quad K_0]\in\mathbf{R}^{2n} \tag{16-168}$$

那么，被控对象的综合输入信号 $u(t)$ 即可写成

$$u(t)=\boldsymbol{\theta}^{\mathrm{T}}(t)\boldsymbol{\omega}(t) \tag{16-169}$$

众所周知，对于该自适应控制问题总存在唯一的常数向量 $\boldsymbol{\theta}^*\in\mathbf{R}^{2n}$，当 $\boldsymbol{\theta}(t)=\boldsymbol{\theta}^*$ 时，被控对象与参考模型完全匹配。也就是说，当 $u=\boldsymbol{\theta}^*\boldsymbol{\omega}$ 时，被控对象由 $r(t)$ 到 $y(t)$ 的闭环传递函数恰好是 $G_m(s)$。考虑到 $G(s)$ 参数未知，因此 $\boldsymbol{\theta}^*$ 实际上也未知。但是在输入信号 $r(t)$ 充分激励的情况下，自适应控制系统在不断调节 $\boldsymbol{\theta}(t)$ 保证式(16-166) 成立的同时，$\boldsymbol{\theta}(t)$ 本身也将趋近并收敛于 $\boldsymbol{\theta}^*$。第十五章已经介绍过一种典型的参数自适应规律为

$$\dot{\boldsymbol{\theta}}=-\boldsymbol{\Gamma}\boldsymbol{e}_1\boldsymbol{\omega},\quad \boldsymbol{\Gamma}=\boldsymbol{\Gamma}^{\mathrm{T}}>0 \tag{16-170}$$

将式(16-161) 和式(16-166) 联立得整个可调系统的状态方程为

$$\begin{bmatrix}\dot{\boldsymbol{X}}\\ \dot{\boldsymbol{v}}_1\\ \dot{\boldsymbol{v}}_2\end{bmatrix}=\begin{bmatrix}\boldsymbol{A}&\boldsymbol{0}&\boldsymbol{0}\\ \boldsymbol{0}&\boldsymbol{\Lambda}&\boldsymbol{0}\\ \boldsymbol{d}\boldsymbol{c}&\boldsymbol{0}&\boldsymbol{\Lambda}\end{bmatrix}\begin{bmatrix}\boldsymbol{X}\\ \boldsymbol{v}_1\\ \boldsymbol{v}_2\end{bmatrix}+\begin{bmatrix}\boldsymbol{b}\\ \boldsymbol{d}\\ \boldsymbol{0}\end{bmatrix}\boldsymbol{\theta}^{\mathrm{T}}\boldsymbol{\omega} \tag{16-171}$$

式中 $\bar{\boldsymbol{X}}^{\mathrm{T}}=[\boldsymbol{X}^{\mathrm{T}}\quad \boldsymbol{v}_1^{\mathrm{T}}\quad \boldsymbol{v}_2^{\mathrm{T}}]\in\mathbf{R}^{3n-2}$ 为增广状态向量。若设

$$\boldsymbol{\theta}(t)=\boldsymbol{\theta}^*+\tilde{\boldsymbol{\theta}}(t),\quad \boldsymbol{\theta}^{*\mathrm{T}}=[\boldsymbol{g}_1^{*\mathrm{T}}\quad g_0^*\quad \boldsymbol{g}_2^{*\mathrm{T}}\quad K_0^*] \tag{16-172}$$

式中 $K_0^* = K_m/K > 0$。把式(16－172)与式(16－170)一起代入可调系统状态方程式(16－171),并推导合并得

$$\left.\begin{aligned}\dot{\bar{\boldsymbol{X}}} &= \bar{\boldsymbol{A}}\,\bar{\boldsymbol{X}} + \bar{\boldsymbol{b}}(u - \boldsymbol{\theta}^{*\mathrm{T}}\boldsymbol{\omega}) + \bar{\boldsymbol{B}}r \\ y &= \bar{\boldsymbol{c}}\bar{\boldsymbol{X}}\end{aligned}\right\} \tag{16-173}$$

式中 $\bar{\boldsymbol{B}} = K_0^*\,\bar{\boldsymbol{b}}$,且

$$\bar{\boldsymbol{A}} = \begin{bmatrix}\boldsymbol{A} + g_0^*\,\boldsymbol{bc} & \boldsymbol{b}\boldsymbol{g}_1^{*\mathrm{T}} & \boldsymbol{b}\boldsymbol{g}_2^{*\mathrm{T}} \\ g_0^*\,\boldsymbol{dc} & \boldsymbol{\Lambda} + \boldsymbol{d}\boldsymbol{g}_1^{*\mathrm{T}} & \boldsymbol{d}\boldsymbol{g}_2^{*\mathrm{T}} \\ \boldsymbol{dc} & \boldsymbol{0} & \boldsymbol{\Lambda}\end{bmatrix},\quad \bar{\boldsymbol{b}} = \begin{bmatrix}\boldsymbol{b}\\ \boldsymbol{d}\\ \boldsymbol{0}\end{bmatrix},\quad \bar{\boldsymbol{c}} = [\boldsymbol{c}\quad 0\quad 0]$$

很明显,当 $u - \boldsymbol{\theta}^{*\mathrm{T}}\boldsymbol{\omega} = 0$,即 $\boldsymbol{\theta}(t) = \boldsymbol{\theta}^*$ 时,$(\bar{\boldsymbol{A}}, \bar{\boldsymbol{B}}, \bar{\boldsymbol{c}})$ 是参考模型 $G_m(s)$ 的非最小实现。所以参考模型的增广状态方程即为

$$\left.\begin{aligned}\bar{\boldsymbol{X}}_m &= \bar{\boldsymbol{A}}\bar{\boldsymbol{X}}_m + \bar{\boldsymbol{B}}r \\ y_m &= \bar{\boldsymbol{c}}\bar{\boldsymbol{X}}_m\end{aligned}\right\} \tag{16-174}$$

式中 $\bar{\boldsymbol{X}}_m \in \mathbf{R}^{3n-2}$ 为参考模型增广状态向量。

定义系统的增广误差向量

$$\boldsymbol{\varepsilon} = \bar{\boldsymbol{X}} - \bar{\boldsymbol{X}}_m \tag{16-175}$$

则从式(16－173)减去式(16－174)就得到自适应控制系统的增广误差模型:

$$\left.\begin{aligned}\dot{\boldsymbol{\varepsilon}} &= \bar{\boldsymbol{A}}\boldsymbol{\varepsilon} + \bar{\boldsymbol{b}}(u - \boldsymbol{\theta}^{*\mathrm{T}}\boldsymbol{\omega}) \\ e &= \bar{\boldsymbol{c}}\boldsymbol{\varepsilon}\end{aligned}\right\} \tag{16-176}$$

根据系统的设计目的式(16－165),并考虑参考模型中 $\bar{\boldsymbol{A}}$ 的不确知,故设计系统的滑动模态域为

$$s(\boldsymbol{\varepsilon}) = \bar{\boldsymbol{c}}\boldsymbol{\varepsilon} = e = 0 \tag{16-177}$$

显然当系统进入滑动模态域后必有 $y - y_m = 0$。

为了保证滑动模态能达性,并且系统进入滑动模态域后的稳定性,控制 $u(t) = \boldsymbol{\theta}^{\mathrm{T}}\boldsymbol{\omega}(t)$ 必须保证 $\|\boldsymbol{\varepsilon}\|$ 渐近收敛于原点。由于 $G_m(s)$ 是严格正实的,所以根据卡尔曼-雅库鲍维奇-波波夫定理,必定存在矩阵 $\boldsymbol{P} = \boldsymbol{P}^{\mathrm{T}} > 0$ 和 $\boldsymbol{Q} = \boldsymbol{Q}^{\mathrm{T}} > 0$ 使得

$$\bar{\boldsymbol{A}}^{\mathrm{T}}\boldsymbol{P} + \boldsymbol{P}\bar{\boldsymbol{A}} = -2\boldsymbol{Q},\ \boldsymbol{P}\bar{\boldsymbol{B}} = \bar{\boldsymbol{c}}^{\mathrm{T}} \tag{16-178}$$

成立。于是,选取李雅普诺夫函数为

$$V(\boldsymbol{\varepsilon}) = \frac{1}{2}\boldsymbol{\varepsilon}^{\mathrm{T}}\boldsymbol{P}\boldsymbol{\varepsilon} > 0 \tag{16-179}$$

对时间 t 求导,再将误差方程式(16－176)代入,并考虑 $K_0^* > 0$,有

$$\dot{V}(\boldsymbol{\varepsilon}) = -\boldsymbol{\varepsilon}^{\mathrm{T}}\boldsymbol{Q}\boldsymbol{\varepsilon} + (K_0^*)^{-1}(u - \boldsymbol{\theta}^{*\mathrm{T}}\boldsymbol{\omega})e = -\boldsymbol{\varepsilon}^{\mathrm{T}}\boldsymbol{Q}\boldsymbol{\varepsilon} + (K_0^*)^{-1}\sum_{i=1}^{2n}(\theta_i - \theta_i^*)\omega_i e \tag{16-180}$$

现在,设计控制 $u(t) = \boldsymbol{\theta}^{\mathrm{T}}\boldsymbol{\omega}(t)$ 中各可调参数 θ_i 的自适应规律不再是式(16－170),而是如下典型的变结构控制律形式:

$$\theta_i = -\bar{\theta}_i\,\mathrm{sgn}\,(\omega_i s) = -\bar{\theta}_i\,\mathrm{sgn}\,(\omega_i e) \tag{16-181}$$

式中 $\bar{\theta}_i > |\theta_i^*|$,$i = 1,2,\cdots,2n$。代入式(16－180)得

$$\dot{V}(\varepsilon) = -\boldsymbol{\varepsilon}^{\mathrm{T}}\boldsymbol{Q}\boldsymbol{\varepsilon} - (K_0^*)^{-1}\sum_{i=1}^{2n}(\bar{\theta}_i|\omega_i e| + \theta_i^*\omega_i e) < -\boldsymbol{\varepsilon}^{\mathrm{T}}\boldsymbol{Q}\boldsymbol{\varepsilon} < 0 \tag{16-182}$$

这表明,式(16－181)确定的参数自适应规律能保证整个系统的渐近稳定性,特别由式

(16-179) 和式(16-182) 知，$\|\boldsymbol{\varepsilon}\|$ 至少以指数衰减。

那么式(16-181) 与式(16-169) 所确定的变结构自适应控制规律能否保证系统在有限时间内进入滑动模态域，即实现 $e=0$ 呢？下面首先进一步分析滑动模态能达条件

$$s(\boldsymbol{\varepsilon})\dot{s}(\boldsymbol{\varepsilon})=e\dot{e}<0 \tag{16-183}$$

是否成立。

由式(16-176) 得

$$\begin{aligned}\frac{1}{2}\frac{\mathrm{d}e^2}{\mathrm{d}t}&=s(\boldsymbol{\varepsilon})\dot{s}(\boldsymbol{\varepsilon})=e\dot{e}=e\bar{\boldsymbol{c}}\bar{\boldsymbol{A}}\boldsymbol{\varepsilon}+e\bar{\boldsymbol{c}}^{\mathrm{T}}\bar{\boldsymbol{b}}(u-\boldsymbol{\theta}^{*\mathrm{T}}\boldsymbol{\omega})\leqslant\\&|e|\left[k_1\|\boldsymbol{\varepsilon}\|-\bar{\boldsymbol{c}}\bar{\boldsymbol{b}}\sum_{i=1}^{2n}(\bar{\theta}_i-|\theta_i^*|)|\omega_i|\right]\leqslant\\&|e|\left[k_1\|\boldsymbol{\varepsilon}\|-k_2\|\boldsymbol{\omega}\|\right]\end{aligned} \tag{16-184}$$

式中 k_1 和 $k_2>0$ 均为存在的适当正常数。由于 $\|\boldsymbol{\varepsilon}\|$ 以指数衰减于零，因此对于任意小的正常数 $\delta>0$，$\|\boldsymbol{\omega}\|$ 满足(一般均满足)

$$\|\boldsymbol{\omega}\|>\delta>0,\quad \forall t\geqslant t_0 \tag{16-185}$$

那么必然存在一个有限时间 $T\geqslant t_0$，使得

$$\|\boldsymbol{\varepsilon}\|<\frac{k_2}{2k_1}\delta \tag{16-186}$$

所以

$$\frac{1}{2}\frac{\mathrm{d}e^2}{\mathrm{d}t}=e\dot{e}=s(\boldsymbol{\varepsilon})\dot{s}(\boldsymbol{\varepsilon})<-\frac{1}{2}k_2\delta|e|<0,\quad \forall t\geqslant T \text{ 且 } e\neq 0 \tag{16-187}$$

即有限时间后滑动模态能达条件一定成立。此外，对式(16-187) 两边取绝对值，则有

$$|e\dot{e}|=|e||\dot{e}|>\frac{1}{2}k_2\delta|e|$$

所以

$$|\dot{e}|>\frac{1}{2}k_2\delta,\quad \forall t>T \text{ 且 } e\neq 0 \tag{16-188}$$

于是，综合式(16-187) 与式(16-188) 表明，系统在有限时间内一定能达到滑动模态域，实现 $e=0$。

总而言之，由式(16-181) 与式(16-169) 描述的变结构参数自适应规律不仅能确保整个自适应控制系统的渐近稳定性，而且能保证被控对象输出在有限时间内实现对参考模型输出的无误差跟踪。另外值得重视的是，与常规的模型参考自适应控制系统相比较，这里介绍的变结构模型参考自适应控制系统的 $\|\boldsymbol{\varepsilon}\|$ 指数渐近稳定性的获得与证明完全独立于系统输入信号 $r(t)$ 的激励程度。也就是说，该变结构模型参考自适应控制系统不再要求输入信号充分或持续激励的条件。这一点具有优越性。

例 16-4 线性二阶被控对象

$$\dot{\boldsymbol{X}}=\begin{bmatrix}0&1\\-1&-2\end{bmatrix}\boldsymbol{X}+\begin{bmatrix}0\\1\end{bmatrix}u,\quad y=[6\quad 1]\boldsymbol{X}$$

所以

$$G(s)=\frac{s+6}{(s+1)^2}$$

选择其参考模型为

$$\dot{\boldsymbol{X}}_m=\begin{bmatrix}0&1\\-2&-3\end{bmatrix}\boldsymbol{X}_m+\begin{bmatrix}0\\1\end{bmatrix}r,\quad y_m=[1.5\quad 1]\boldsymbol{X}_m$$

所以
$$G_m(s)=\frac{s+1.5}{(s+1)(s+2)}$$

经验证，被控对象和参考模型满足严格正实条件，且传递函数分子分母互质。$n=2$，$m=1$。系统误差定义为

$$e=y-y_m$$

状态变量滤波器设计为

$$\dot{v}_1=-1.5v_1+u,\quad \dot{v}_2=-1.5v_2+y$$

于是，变结构模型参考自适应控制为

$$\begin{aligned}
&u=\theta_1 v_1+\theta_2 y+\theta_3 v_2+v_4 r\\
&\theta_1=-\bar{\theta}_1\,\mathrm{sgn}\,(v_1 e)\\
&\theta_2=-\bar{\theta}_2\,\mathrm{sgn}\,(ye)\\
&\theta_3=-\bar{\theta}_3\,\mathrm{sgn}\,(v_2 e)\\
&\theta_4=-\bar{\theta}_4\,\mathrm{sgn}\,(re)
\end{aligned}$$

式中，$\bar{\theta}_i(i=1,2,3,4)$ 取足够大的正常数。

最后值得指出的是，本节介绍的两种变结构模型参考自适应控制方案在设计方法和过程上均不尽相同，其目的在于显示变结构模型参考自适应控制方案的多样性。实际上，目前人们研究出的方案还有许多，感兴趣的读者可查阅有关文献资料，进行深入研究。

习　题

16-1　已知一被控对象的状态方程为

$$\dot{\boldsymbol{X}}=\begin{bmatrix}0&3&-1\\1&-1&0\\-1&3&-2\end{bmatrix}\boldsymbol{X}+\begin{bmatrix}0\\1\\1\end{bmatrix}u$$

若期望其变结构闭环等价系统的理想特征值为 $-4\pm16\mathrm{j}$，设计该系统的滑动模态域，并求出等价系统方程。

16-2　已知不确定性被控对象的状态方程具有如下形式：

$$\begin{cases}\dot{x}_1=x_2\\ \dot{x}_2=x_3\\ \dot{x}_3=a_0x_1+a_1x_2+a_2x_3+2u+0.5f\end{cases}$$

式中不确定性参数 a_0,a_1,a_2，以及外部扰动 f 的上下界分别为

$$1.0\leqslant a_0\leqslant2.0,\quad -2.0\leqslant a_1\leqslant-1.0,\quad 1.0\leqslant a_2\leqslant3.0,\quad -2.0\leqslant f\leqslant2.0$$

若系统的理想极点为 $\lambda_1=-1.0,\lambda_2=-2.0$，试设计变结构控制系统。

16-3　已知二阶被控对象为

$$\dot{\boldsymbol{X}}=\begin{bmatrix}0&1\\1.5&2.0\end{bmatrix}\boldsymbol{X}+\begin{bmatrix}0\\1\end{bmatrix}u+\begin{bmatrix}0\\1\end{bmatrix}f$$

式中扰动 f 满足 $|f|\leqslant1.0$。参考模型为

$$\dot{\boldsymbol{X}}_m=\begin{bmatrix}0&1\\-1&-2\end{bmatrix}\boldsymbol{X}_m+\begin{bmatrix}0\\1\end{bmatrix}u_m$$

设计变结构模型跟踪控制系统，并要求系统误差在滑动模态下以 e^{-4} 的速度衰减。

16-4　一个参数未知的二阶被控对象的微分方程是

$$\ddot{y}(t)+a_1\dot{y}(t)+a_0y(t)=b_0u(t)$$

已知各参数的上下界分别为

$$1.0 \leqslant a_0 \leqslant 3.0,\quad 0.5 \leqslant a_1 \leqslant 1.5,\quad 2.5 \leqslant b_0 \leqslant 6.5$$

参考模型是

$$\ddot{y}_m(t)+3.0\dot{y}_m(t)+2.0y_m(t)=r(t)$$

试设计变结构自适应控制系统,使被控对象的输出跟踪参考模型的输出。

16-5 线性二阶被控对象的传递函数为

$$G(s)=\frac{s+3}{(s+0.5)(s+1)}$$

确定其参考模型为

$$G_m(s)=\frac{s+2}{(s+3)(s+4)}$$

试设计变结构自适应控制系统,并绘出系统结构图。

附　　录

附录 Ⅰ　矩阵微分法

在现代控制理论中，常遇到矩阵微分法。就表达式

$$\frac{\mathrm{d}\boldsymbol{A}}{\mathrm{d}\boldsymbol{B}}$$

来说，由于 $\boldsymbol{A}$ 和 $\boldsymbol{B}$ 都能分别是数量、向量或矩阵，而可代表 9 种不同的导数，除数量函数对数量变量的导数外，还剩下 8 种，下面分别介绍现代控制理论中常用的 8 种导数的定义和运算公式。采用符号 $\boldsymbol{X},\boldsymbol{a},\boldsymbol{b}$ 代表列向量，$\boldsymbol{A},\boldsymbol{B}$ 代表矩阵。上标 T 代表转置，如不特别指明，所用的向量都假定是 n 维的。

1.1　相对于数量变量的微分法

定义 1　对于 n 维向量函数 $\boldsymbol{a}(t)=[a_1(t)\quad a_2(t)\quad\cdots\quad a_n(t)]^{\mathrm{T}}$，定义它对 t 的导数为

$$\frac{\mathrm{d}\boldsymbol{a}(t)}{\mathrm{d}t}\overset{\text{def}}{=\!=}\begin{bmatrix}\frac{\mathrm{d}a_1(t)}{\mathrm{d}t} & \frac{\mathrm{d}a_2(t)}{\mathrm{d}t} & \cdots & \frac{\mathrm{d}a_n(t)}{\mathrm{d}t}\end{bmatrix}^{\mathrm{T}} \tag{Ⅰ-1}$$

定义 2　对于 $n\times m$ 维矩阵函数

$$\boldsymbol{A}(t)=\begin{bmatrix}a_{11}(t) & \cdots & a_{1m}(t)\\ \vdots & & \vdots\\ a_{n1}(t) & \cdots & a_{nm}(t)\end{bmatrix}_{n\times m}=[a_{ij}(t)]_{n\times m}$$

定义它对 t 的导数为

$$\frac{\mathrm{d}\boldsymbol{A}(t)}{\mathrm{d}t}\overset{\text{def}}{=\!=}\begin{bmatrix}\frac{\mathrm{d}a_{11}(t)}{\mathrm{d}t} & \cdots & \frac{\mathrm{d}a_{1m}(t)}{\mathrm{d}t}\\ \vdots & & \vdots\\ \frac{\mathrm{d}a_{n1}(t)}{\mathrm{d}t} & \cdots & \frac{\mathrm{d}a_{nm}(t)}{\mathrm{d}t}\end{bmatrix}=\left[\frac{\mathrm{d}a_{ij}(t)}{\mathrm{d}t}\right]_{n\times m} \tag{Ⅰ-2}$$

根据以上定义，可以推出下列运算公式。

运算公式 1　在下列公式中，$\boldsymbol{A},\boldsymbol{B}$ 都是变量 t 的矩阵函数，但它们也可以表示向量函数（当其列数为 1 时），或数量函数（行数、列数都为 1 时），其中 λ 是变量 t 的数量函数。

(1) 加法运算公式

$$\frac{\mathrm{d}}{\mathrm{d}t}(\boldsymbol{A}+\boldsymbol{B})=\frac{\mathrm{d}\boldsymbol{A}}{\mathrm{d}t}+\frac{\mathrm{d}\boldsymbol{B}}{\mathrm{d}t} \tag{Ⅰ-3}$$

(2) 数乘运算公式

$$\frac{\mathrm{d}}{\mathrm{d}t}(\lambda\boldsymbol{A})=\frac{\mathrm{d}\lambda}{\mathrm{d}t}\boldsymbol{A}+\lambda\frac{\mathrm{d}\boldsymbol{A}}{\mathrm{d}t} \tag{Ⅰ-4}$$

(3) 乘法运算公式

$$\frac{\mathrm{d}}{\mathrm{d}t}(\boldsymbol{AB}) = \frac{\mathrm{d}\boldsymbol{A}}{\mathrm{d}t}\boldsymbol{B} + \boldsymbol{A}\frac{\mathrm{d}\boldsymbol{B}}{\mathrm{d}t} \tag{Ⅰ-5}$$

这些公式都容易证明，这里略去证明。

例 1 求 $\boldsymbol{X}^{\mathrm{T}}\boldsymbol{AX}$ 对 t 的导数，其中 $\boldsymbol{X}$ 是 t 的 n 维向量函数，$\boldsymbol{A}$ 是 $n \times n$ 对称常数矩阵。

解 利用公式(Ⅰ-5)，有

$$\frac{\mathrm{d}}{\mathrm{d}t}(\boldsymbol{X}^{\mathrm{T}}\boldsymbol{AX}) = \frac{\mathrm{d}\boldsymbol{X}^{\mathrm{T}}}{\mathrm{d}t}\boldsymbol{AX} + \boldsymbol{X}^{\mathrm{T}}\frac{\mathrm{d}(\boldsymbol{AX})}{\mathrm{d}t} =$$

$$\frac{\mathrm{d}\boldsymbol{X}^{\mathrm{T}}}{\mathrm{d}t}\boldsymbol{AX} + \boldsymbol{X}^{\mathrm{T}}\left(\frac{\mathrm{d}\boldsymbol{A}}{\mathrm{d}t}\boldsymbol{X} + \boldsymbol{A}\frac{\mathrm{d}\boldsymbol{X}}{\mathrm{d}t}\right) = 2\boldsymbol{X}^{\mathrm{T}}\boldsymbol{A}\dot{\boldsymbol{X}}$$

在写后一等式时，利用了 $\dot{\boldsymbol{X}}^{\mathrm{T}}\boldsymbol{AX}$ 和 $\boldsymbol{X}^{\mathrm{T}}\boldsymbol{A}\dot{\boldsymbol{X}}$ 都是数量函数，且 $\boldsymbol{A}$ 是对称阵，所以它们等于自己的转置，即

$$(\dot{\boldsymbol{X}}^{\mathrm{T}}\boldsymbol{AX})^{\mathrm{T}} = \boldsymbol{X}^{\mathrm{T}}\boldsymbol{A}\dot{\boldsymbol{X}}$$

因而两者相等的事实。当 $\boldsymbol{A}$ 为单位阵时，此结果变为

$$\frac{\mathrm{d}}{\mathrm{d}t}\|\boldsymbol{X}\|^2 = 2\boldsymbol{X}^{\mathrm{T}}\dot{\boldsymbol{X}} = 2\dot{\boldsymbol{X}}^{\mathrm{T}}\boldsymbol{X}$$

上式的数量形式是

$$\frac{\mathrm{d}}{\mathrm{d}t}(x_1^2 + x_2^2 + \cdots + x_n^2) = 2(x_1\dot{x}_1 + x_2\dot{x}_2 + \cdots + x_n\dot{x}_n)$$

1.2 相对于向量的微分法

1. 数量函数的导数

设函数 $f(\boldsymbol{X}) = f(x_1, x_2, \cdots, x_n)$ 是以向量 $\boldsymbol{X}$ 为自变量的数量函数，即以 n 个变量 x_i 为自变量的数量函数。

定义 3 将列向量

$$\begin{bmatrix} \dfrac{\partial f}{\partial x_1} \\ \vdots \\ \dfrac{\partial f}{\partial x_n} \end{bmatrix}$$

称作数量函数 f 对列向量 $\boldsymbol{X}$ 的导数，记作

$$\frac{\mathrm{d}f}{\mathrm{d}\boldsymbol{X}} \overset{\mathrm{def}}{=\!=} \begin{bmatrix} \dfrac{\partial f}{\partial x_1} \\ \vdots \\ \dfrac{\partial f}{\partial x_n} \end{bmatrix} \tag{Ⅰ-6}$$

上述导数习惯上称做函数 f 的梯度，它是三维空间中梯度概念的推广，记作 $\mathrm{grad}f$ 或 ∇f。

例 2 求函数 $f(\boldsymbol{X}) = \boldsymbol{X}^{\mathrm{T}}\boldsymbol{X} = x_1^2 + x_2^2 + \cdots + x_n^2$ 对 $\boldsymbol{X}$ 的导数。

解 根据定义

$$\frac{\mathrm{d}f}{\mathrm{d}\boldsymbol{X}}=\begin{bmatrix}\frac{\partial f}{\partial x_1}\\ \vdots\\ \frac{\partial f}{\partial x_n}\end{bmatrix}=\begin{bmatrix}2x_1\\ \vdots\\ 2x_n\end{bmatrix}=2\boldsymbol{X}$$

上式的数量形式是

$$\frac{\partial f}{\partial x_1}=2x_1,\quad \frac{\partial f}{\partial x_2}=2x_2,\quad \cdots,\quad \frac{\partial f}{\partial x_n}=2x_n$$

下列的运算公式是很明显的：

运算公式 2 在下列公式中，f，g 都是 $\boldsymbol{X}$ 的数量函数。

(1) 加法运算公式

$$\frac{\mathrm{d}}{\mathrm{d}\boldsymbol{X}}(f+g)=\frac{\mathrm{d}f}{\mathrm{d}\boldsymbol{X}}+\frac{\mathrm{d}g}{\mathrm{d}\boldsymbol{X}} \tag{Ⅰ-7}$$

(2) 乘法运算公式

$$\frac{\mathrm{d}}{\mathrm{d}\boldsymbol{X}}(fg)=\frac{\mathrm{d}f}{\mathrm{d}\boldsymbol{X}}g+f\frac{\mathrm{d}g}{\mathrm{d}\boldsymbol{X}} \tag{Ⅰ-8}$$

把函数 f 对行向量 $\boldsymbol{X}^{\mathrm{T}}$ 的导数定义为如下的行向量，记作

$$\frac{\mathrm{d}f}{\mathrm{d}\boldsymbol{X}^{\mathrm{T}}}=\begin{bmatrix}\frac{\partial f}{\partial x_1} & \frac{\partial f}{\partial x_2} & \cdots & \frac{\partial f}{\partial x_n}\end{bmatrix}$$

2. 向量函数的导数

设函数

$$\boldsymbol{a}(\boldsymbol{X})=\begin{bmatrix}a_1(\boldsymbol{X})\\ \vdots\\ a_m(\boldsymbol{X})\end{bmatrix}$$

是 $\boldsymbol{X}$ 的 m 维列向量函数。

定义 4 $n\times m$ 阶矩阵函数

$$\frac{\mathrm{d}\boldsymbol{a}^{\mathrm{T}}(\boldsymbol{X})}{\mathrm{d}\boldsymbol{X}}\overset{\text{def}}{=\!=}\begin{bmatrix}\frac{\partial a_1}{\partial x_1} & \cdots & \frac{\partial a_m}{\partial x_1}\\ \vdots & & \vdots\\ \frac{\partial a_1}{\partial x_n} & \cdots & \frac{\partial a_m}{\partial x_n}\end{bmatrix}=\begin{bmatrix}\frac{\partial a_j}{\partial x_i}\end{bmatrix}_{n\times m} \tag{Ⅰ-9}$$

称为 m 维行向量函数 $\boldsymbol{a}^{\mathrm{T}}(\boldsymbol{X})$ 对 n 维列向量 $\boldsymbol{X}$ 的导数，$m\times n$ 阶矩阵函数

$$\frac{\mathrm{d}\boldsymbol{a}(\boldsymbol{X})}{\mathrm{d}\boldsymbol{X}^{\mathrm{T}}}\overset{\text{def}}{=\!=}\begin{bmatrix}\frac{\partial a_1}{\partial x_1} & \cdots & \frac{\partial a_1}{\partial x_n}\\ \vdots & & \vdots\\ \frac{\partial a_m}{\partial x_1} & \cdots & \frac{\partial a_m}{\partial x_n}\end{bmatrix}=\begin{bmatrix}\frac{\partial a_i}{\partial x_j}\end{bmatrix}_{m\times n} \tag{Ⅰ-10}$$

称为 m 维列向量函数 $\boldsymbol{a}(\boldsymbol{X})$ 对 n 维行向量 $\boldsymbol{X}$ 的导数。分别记作

$$\frac{\mathrm{d}\boldsymbol{a}^{\mathrm{T}}(\boldsymbol{X})}{\mathrm{d}\boldsymbol{X}} \text{和} \frac{\mathrm{d}\boldsymbol{a}(\boldsymbol{X})}{\mathrm{d}\boldsymbol{X}^{\mathrm{T}}}$$

根据定义显然可见

$$\frac{\mathrm{d}\boldsymbol{a}^{\mathrm{T}}}{\mathrm{d}\boldsymbol{X}}=\left(\frac{\mathrm{d}\boldsymbol{a}}{\mathrm{d}\boldsymbol{X}^{\mathrm{T}}}\right)^{\mathrm{T}}$$

在此情况下，存在下列的运算公式：

运算公式 3　在以下公式中，$\boldsymbol{a}(\boldsymbol{X})$，$\boldsymbol{b}(\boldsymbol{X})$ 是 m 维列向量函数，$\lambda(\boldsymbol{X})$ 是数量函数。

(1) 加法运算公式

$$\frac{\mathrm{d}}{\mathrm{d}\boldsymbol{X}}(\boldsymbol{a}^{\mathrm{T}}+\boldsymbol{b}^{\mathrm{T}})=\frac{\mathrm{d}\boldsymbol{a}^{\mathrm{T}}}{\mathrm{d}\boldsymbol{X}}+\frac{\mathrm{d}\boldsymbol{b}^{\mathrm{T}}}{\mathrm{d}\boldsymbol{X}} \tag{Ⅰ-11}$$

(2) 数乘运算公式

$$\frac{\mathrm{d}}{\mathrm{d}\boldsymbol{X}}(\lambda\boldsymbol{a}^{\mathrm{T}})=\frac{\mathrm{d}\lambda}{\mathrm{d}\boldsymbol{X}}\boldsymbol{a}^{\mathrm{T}}+\lambda\frac{\mathrm{d}\boldsymbol{a}^{\mathrm{T}}}{\mathrm{d}\boldsymbol{X}} \tag{Ⅰ-12}$$

(3) 乘法运算公式

$$\frac{\mathrm{d}}{\mathrm{d}\boldsymbol{X}}(\boldsymbol{a}^{\mathrm{T}}\boldsymbol{b})=\frac{\mathrm{d}\boldsymbol{a}^{\mathrm{T}}}{\mathrm{d}\boldsymbol{X}}\boldsymbol{b}+\frac{\mathrm{d}\boldsymbol{b}^{\mathrm{T}}}{\mathrm{d}\boldsymbol{X}}\boldsymbol{a} \tag{Ⅰ-13}$$

式(Ⅰ-11)和(Ⅰ-12)两端都是 $n\times m$ 矩阵，证明不难。式(Ⅰ-13)两端都是 $n\times 1$ 向量，证明如下。

证明　根据定义并利用公式(Ⅰ-11)，有

$$\frac{\mathrm{d}}{\mathrm{d}\boldsymbol{X}}[\boldsymbol{a}^{\mathrm{T}}\boldsymbol{b}]=\begin{bmatrix}\frac{\partial}{\partial x_1}(\boldsymbol{a}^{\mathrm{T}}\boldsymbol{b})\\ \vdots\\ \frac{\partial}{\partial x_i}(\boldsymbol{a}^{\mathrm{T}}\boldsymbol{b})\\ \vdots\\ \frac{\partial}{\partial x_n}(\boldsymbol{a}^{\mathrm{T}}\boldsymbol{b})\end{bmatrix}=\begin{bmatrix}\frac{\partial\boldsymbol{a}^{\mathrm{T}}}{\partial x_1}\boldsymbol{b}+\boldsymbol{a}^{\mathrm{T}}\frac{\partial\boldsymbol{b}}{\partial x_1}\\ \vdots\\ \frac{\partial\boldsymbol{a}^{\mathrm{T}}}{\partial x_i}\boldsymbol{b}+\boldsymbol{a}^{\mathrm{T}}\frac{\partial\boldsymbol{b}}{\partial x_i}\\ \vdots\\ \frac{\partial\boldsymbol{a}^{\mathrm{T}}}{\partial x_n}\boldsymbol{b}+\boldsymbol{a}^{\mathrm{T}}\frac{\partial\boldsymbol{b}}{\partial x_n}\end{bmatrix}=\begin{bmatrix}\frac{\partial\boldsymbol{a}^{\mathrm{T}}}{\partial x_1}\boldsymbol{b}+\frac{\partial\boldsymbol{b}^{\mathrm{T}}}{\partial x_1}\boldsymbol{a}\\ \vdots\\ \frac{\partial\boldsymbol{a}^{\mathrm{T}}}{\partial x_i}\boldsymbol{b}+\frac{\partial\boldsymbol{b}^{\mathrm{T}}}{\partial x_i}\boldsymbol{a}\\ \vdots\\ \frac{\partial\boldsymbol{a}^{\mathrm{T}}}{\partial x_n}\boldsymbol{b}+\frac{\partial\boldsymbol{b}^{\mathrm{T}}}{\partial x_n}\boldsymbol{a}\end{bmatrix}=\frac{\mathrm{d}\boldsymbol{a}^{\mathrm{T}}}{\mathrm{d}\boldsymbol{X}}\boldsymbol{b}+\frac{\mathrm{d}\boldsymbol{b}^{\mathrm{T}}}{\mathrm{d}\boldsymbol{X}}\boldsymbol{a}$$

需要指出的是，根据定义可以直接验证两个有用的等式：

$$\frac{\mathrm{d}\boldsymbol{X}}{\mathrm{d}\boldsymbol{X}^{\mathrm{T}}}=\boldsymbol{I}\text{ 和 }\frac{\mathrm{d}\boldsymbol{X}^{\mathrm{T}}}{\mathrm{d}\boldsymbol{X}}=\boldsymbol{I},\quad \boldsymbol{I}\in\mathbf{R}^{n\times n} \tag{Ⅰ-14}$$

由此得到，若 $\boldsymbol{A}$ 为 $n\times m$ 矩阵，$\boldsymbol{B}$ 为 $m\times n$ 矩阵，则

$$\frac{\mathrm{d}}{\mathrm{d}\boldsymbol{X}}(\boldsymbol{X}^{\mathrm{T}}\boldsymbol{A})=\boldsymbol{A}\text{ 和 }\frac{\mathrm{d}}{\mathrm{d}\boldsymbol{X}^{\mathrm{T}}}(\boldsymbol{B}\boldsymbol{X})=\boldsymbol{B} \tag{Ⅰ-15}$$

例 3　求二次型函数 $\boldsymbol{X}^{\mathrm{T}}\boldsymbol{A}\boldsymbol{X}$ 对 $\boldsymbol{X}$ 的导数。

解　利用公式(Ⅰ-11)，将列向量 $\boldsymbol{A}\boldsymbol{X}$ 看作 $\boldsymbol{b}$，得到

$$\frac{\mathrm{d}}{\mathrm{d}\boldsymbol{X}}(\boldsymbol{X}^{\mathrm{T}}\boldsymbol{A}\boldsymbol{X})=\frac{\mathrm{d}\boldsymbol{X}^{\mathrm{T}}}{\mathrm{d}\boldsymbol{X}}(\boldsymbol{A}\boldsymbol{X})+\frac{\mathrm{d}\,(\boldsymbol{A}\boldsymbol{X})^{\mathrm{T}}}{\mathrm{d}\boldsymbol{X}}\boldsymbol{X}=\boldsymbol{A}\boldsymbol{X}+\boldsymbol{A}^{\mathrm{T}}\boldsymbol{X}=(\boldsymbol{A}+\boldsymbol{A}^{\mathrm{T}})\boldsymbol{X}$$

当 $\boldsymbol{A}$ 为对称阵时，上式变为

$$\frac{\mathrm{d}}{\mathrm{d}\boldsymbol{X}}(\boldsymbol{X}^{\mathrm{T}}\boldsymbol{A}\boldsymbol{X})=2\boldsymbol{A}\boldsymbol{X}$$

同理可得

$$\frac{\mathrm{d}}{\mathrm{d}\boldsymbol{X}^{\mathrm{T}}}(\boldsymbol{X}^{\mathrm{T}}\boldsymbol{A}\boldsymbol{X})=\boldsymbol{X}^{\mathrm{T}}(\boldsymbol{A}^{\mathrm{T}}+\boldsymbol{A})$$

当 $\boldsymbol{A}$ 为对称阵时，上式变为

$$\frac{\mathrm{d}}{\mathrm{d}\boldsymbol{X}^{\mathrm{T}}}(\boldsymbol{X}^{\mathrm{T}}\boldsymbol{A}\boldsymbol{X})=2\boldsymbol{X}^{\mathrm{T}}\boldsymbol{A}$$

类似地，求数量函数 $\boldsymbol{P}^{\mathrm{T}}\boldsymbol{A}\boldsymbol{X}$ 对 $\boldsymbol{X}$ 的导数，其中 $\boldsymbol{P}^{\mathrm{T}}$ 是 $1\times n$ 行向量，则

$$\frac{\mathrm{d}}{\mathrm{d}\boldsymbol{X}}(\boldsymbol{P}^{\mathrm{T}}\boldsymbol{A}\boldsymbol{X})=\frac{\mathrm{d}}{\mathrm{d}\boldsymbol{X}}(\boldsymbol{X}^{\mathrm{T}}\boldsymbol{A}^{\mathrm{T}}\boldsymbol{P})=\boldsymbol{A}^{\mathrm{T}}\boldsymbol{P}$$

需要指出，根据定义可以直接验证下列等式：

$$\frac{\mathrm{d}\boldsymbol{a}^{\mathrm{T}}}{\mathrm{d}\boldsymbol{X}}=\begin{bmatrix}\frac{\mathrm{d}a_1}{\mathrm{d}\boldsymbol{X}} & \frac{\mathrm{d}a_2}{\mathrm{d}\boldsymbol{X}} & \cdots & \frac{\mathrm{d}a_m}{\mathrm{d}\boldsymbol{X}}\end{bmatrix}=\begin{bmatrix}\frac{\partial\boldsymbol{a}^{\mathrm{T}}}{\partial x_1}\\ \frac{\partial\boldsymbol{a}^{\mathrm{T}}}{\partial x_2}\\ \vdots\\ \frac{\partial\boldsymbol{a}^{\mathrm{T}}}{\partial x_n}\end{bmatrix},\quad \frac{\mathrm{d}\boldsymbol{a}}{\mathrm{d}\boldsymbol{X}^{\mathrm{T}}}=\begin{bmatrix}\frac{\mathrm{d}a_1}{\mathrm{d}\boldsymbol{X}^{\mathrm{T}}}\\ \frac{\mathrm{d}a_2}{\mathrm{d}\boldsymbol{X}^{\mathrm{T}}}\\ \vdots\\ \frac{\mathrm{d}a_m}{\mathrm{d}\boldsymbol{X}^{\mathrm{T}}}\end{bmatrix}=\begin{bmatrix}\frac{\partial\boldsymbol{a}}{\partial x_1} & \frac{\partial\boldsymbol{a}}{\partial x_i} & \cdots & \frac{\partial\boldsymbol{a}}{\partial x_n}\end{bmatrix}$$

3. 矩阵函数的导数

设函数

$$\boldsymbol{A}(\boldsymbol{X})=\begin{bmatrix}a_{11} & \cdots & a_{1l}\\ \vdots & & \vdots\\ a_{m1} & \cdots & a_{ml}\end{bmatrix}$$

是 $\boldsymbol{X}$ 的 $m\times l$ 矩阵函数，即其中的每个元素都是 $\boldsymbol{X}$ 的函数。

定义 5　$nm\times l$ 的矩阵函数

$$\frac{\mathrm{d}\boldsymbol{A}(\boldsymbol{X})}{\mathrm{d}\boldsymbol{X}}\overset{\mathrm{def}}{=\!=}\begin{bmatrix}\frac{\partial\boldsymbol{A}(\boldsymbol{X})}{\partial x_1}\\ \frac{\partial\boldsymbol{A}(\boldsymbol{X})}{\partial x_2}\\ \vdots\\ \frac{\partial\boldsymbol{A}(\boldsymbol{X})}{\partial x_n}\end{bmatrix}\tag{Ⅰ-16}$$

称为 $m\times l$ 矩阵函数 $\boldsymbol{A}(\boldsymbol{X})$ 对列向量 $\boldsymbol{X}$ 的导数。$m\times ln$ 的矩阵函数

$$\frac{\mathrm{d}\boldsymbol{A}(\boldsymbol{X})}{\mathrm{d}\boldsymbol{X}^{\mathrm{T}}}\overset{\mathrm{def}}{=\!=}\begin{bmatrix}\frac{\partial\boldsymbol{A}(\boldsymbol{X})}{\partial x_1} & \frac{\partial\boldsymbol{A}(\boldsymbol{X})}{\partial x_2} & \cdots & \frac{\partial\boldsymbol{A}(\boldsymbol{X})}{\partial x_n}\end{bmatrix}\tag{Ⅰ-17}$$

称为 $m\times l$ 矩阵函数 $\boldsymbol{A}(\boldsymbol{X})$ 对行向量 $\boldsymbol{X}^{\mathrm{T}}$ 的导数。其中的每个分块矩阵是矩阵函数 $\boldsymbol{A}(\boldsymbol{X})$ 对变量 x_i 的导数矩阵，仍是一个 $m\times l$ 矩阵，即

$$\begin{bmatrix}\frac{\partial\boldsymbol{A}(\boldsymbol{X})}{\partial x_i}\end{bmatrix}=\begin{bmatrix}\frac{\partial a_{11}(\boldsymbol{X})}{\partial x_i} & \cdots & \frac{\partial a_{1l}(\boldsymbol{X})}{\partial x_i}\\ \vdots & & \vdots\\ \frac{\partial a_{m1}(\boldsymbol{X})}{\partial x_i} & \cdots & \frac{\partial a_{ml}(\boldsymbol{X})}{\partial x_i}\end{bmatrix}\tag{Ⅰ-18}$$

将以上两种导数分别记作

$$\frac{\mathrm{d}\boldsymbol{A}}{\mathrm{d}\boldsymbol{X}}\text{和}\frac{\mathrm{d}\boldsymbol{A}}{\mathrm{d}\boldsymbol{X}^{\mathrm{T}}}$$

一般地说，上述两种导数不存在互为转置的关系，即

$$\frac{\mathrm{d}\boldsymbol{A}}{\mathrm{d}\boldsymbol{X}} \neq \left(\frac{\mathrm{d}\boldsymbol{A}}{\mathrm{d}\boldsymbol{X}^{\mathrm{T}}}\right)^{\mathrm{T}} \left(\text{但有}\frac{\mathrm{d}\boldsymbol{A}^{\mathrm{T}}}{\mathrm{d}\boldsymbol{X}} = \left(\frac{\mathrm{d}\boldsymbol{A}}{\mathrm{d}\boldsymbol{X}^{\mathrm{T}}}\right)^{\mathrm{T}}\right)$$

不难看出，当 $\boldsymbol{A}(\boldsymbol{X})$ 蜕化为向量时，上述定义就与定义 4 相同了。

可以证明存在下列的运算公式。

在此情况下，存在下列的运算公式：

运算公式 4 在以下公式中，$\boldsymbol{A},\boldsymbol{C}$ 都是 $p\times m$ 矩阵，$\boldsymbol{B}$ 都是 $m\times l$ 矩阵，λ 是 $\boldsymbol{X}$ 的数量函数。

(1) 加法运算公式

$$\frac{\mathrm{d}}{\mathrm{d}\boldsymbol{X}}(\boldsymbol{A}+\boldsymbol{C}) = \frac{\mathrm{d}\boldsymbol{A}}{\mathrm{d}\boldsymbol{X}} + \frac{\mathrm{d}\boldsymbol{C}}{\mathrm{d}\boldsymbol{X}} \tag{Ⅰ-19}$$

(2) 数乘运算公式

$$\frac{\mathrm{d}}{\mathrm{d}\boldsymbol{X}}(\lambda\boldsymbol{A}) = \frac{\mathrm{d}\lambda}{\mathrm{d}\boldsymbol{X}}\boldsymbol{A} + \lambda\frac{\mathrm{d}\boldsymbol{A}}{\mathrm{d}\boldsymbol{X}} \tag{Ⅰ-20}$$

(3) 乘法运算公式

$$\frac{\mathrm{d}}{\mathrm{d}\boldsymbol{X}}(\boldsymbol{A}\boldsymbol{B}) = \frac{\mathrm{d}\boldsymbol{A}}{\mathrm{d}\boldsymbol{X}}\boldsymbol{B} + \boldsymbol{A}\frac{\mathrm{d}\boldsymbol{B}}{\mathrm{d}\boldsymbol{X}} \tag{Ⅰ-21}$$

其中上式右端第二项的含义是

$$\boldsymbol{A}\frac{\mathrm{d}\boldsymbol{B}}{\mathrm{d}\boldsymbol{X}} \xlongequal{\text{def}} \begin{bmatrix} \boldsymbol{A}\dfrac{\partial\boldsymbol{B}}{\partial x_1} \\ \boldsymbol{A}\dfrac{\partial\boldsymbol{B}}{\partial x_2} \\ \vdots \\ \boldsymbol{A}\dfrac{\partial\boldsymbol{B}}{\partial x_n} \end{bmatrix} \tag{Ⅰ-22}$$

其中每个分块都是 $p\times l$ 矩阵，所以它本身是个 $np\times l$ 矩阵。

例 4 求行向量 $\boldsymbol{X}^{\mathrm{T}}\boldsymbol{A}$ 对 $\boldsymbol{X}$ 的导数。

解

$$\frac{\mathrm{d}}{\mathrm{d}\boldsymbol{X}}(\boldsymbol{X}^{\mathrm{T}}\boldsymbol{A}) = \frac{\mathrm{d}\boldsymbol{X}^{\mathrm{T}}}{\mathrm{d}\boldsymbol{X}}\boldsymbol{A} + \boldsymbol{X}^{\mathrm{T}}\frac{\mathrm{d}\boldsymbol{A}}{\mathrm{d}\boldsymbol{X}} = \boldsymbol{A} + \boldsymbol{X}^{\mathrm{T}}\frac{\mathrm{d}\boldsymbol{A}}{\mathrm{d}\boldsymbol{X}}$$

当 $\boldsymbol{A}$ 为常数阵时，得

$$\frac{\mathrm{d}}{\mathrm{d}\boldsymbol{X}}(\boldsymbol{X}^{\mathrm{T}}\boldsymbol{A}) = \boldsymbol{A}$$

1.3 相对于矩阵的微分法

1. 数量函数的导数

设函数 $f=f(\boldsymbol{A})$ 是以 $p\times m$ 矩阵 $\boldsymbol{A}$ 的 $p\times m$ 个元 a_{ij} 为自变量的数量函数，简称以矩阵 $\boldsymbol{A}$ 为自变量的数量函数。

定义 6 $p\times m$ 矩阵

$$\frac{\mathrm{d}f}{\mathrm{d}\boldsymbol{A}} \xlongequal{\text{def}} \begin{bmatrix} \dfrac{\partial f}{\partial a_{11}} & \cdots & \dfrac{\partial f}{\partial a_{1m}} \\ \vdots & & \vdots \\ \dfrac{\partial f}{\partial a_{p1}} & \cdots & \dfrac{\partial f}{\partial a_{pm}} \end{bmatrix} = \left[\frac{\partial f}{\partial a_{ij}}\right]_{p\times m} \tag{Ⅰ-23}$$

称作数量函数 f 对矩阵 $\boldsymbol{A}$ 的导数，记作$\dfrac{\mathrm{d}f}{\mathrm{d}\boldsymbol{A}}$。

对于一般的情况，函数

$$f=\boldsymbol{X}^{\mathrm{T}}\boldsymbol{A}\boldsymbol{X}=\sum_{i=1}^{n}\sum_{j=1}^{n}x_i x_j a_{ij}$$

根据定义直接可以算出

$$\frac{\mathrm{d}f}{\mathrm{d}\boldsymbol{A}}=\boldsymbol{X}\boldsymbol{X}^{\mathrm{T}} \tag{Ⅰ-24}$$

2. 向量函数的导数

设函数

$$\boldsymbol{Z}(\boldsymbol{A})=[z_1(\boldsymbol{A})\quad z_2(\boldsymbol{A})\quad\cdots\quad z_n(\boldsymbol{A})]^{\mathrm{T}}$$

是以矩阵 $\boldsymbol{A}$ 为自变量的 n 维列向量函数。

定义 7　$np\times m$ 矩阵函数

$$\frac{\mathrm{d}\boldsymbol{Z}}{\mathrm{d}\boldsymbol{A}}\overset{\text{def}}{=\!=}\begin{bmatrix}\dfrac{\partial\boldsymbol{Z}}{\partial a_{11}} & \cdots & \dfrac{\partial\boldsymbol{Z}}{\partial a_{1m}}\\ \vdots & & \vdots\\ \dfrac{\partial\boldsymbol{Z}}{\partial a_{p1}} & \cdots & \dfrac{\partial\boldsymbol{Z}}{\partial a_{pm}}\end{bmatrix}=\left[\frac{\partial\boldsymbol{Z}}{\partial a_{ij}}\right]_{p\times m} \tag{Ⅰ-25}$$

称为列向量函数 $\boldsymbol{Z}(\boldsymbol{A})$ 对 $p\times m$ 矩阵的导数，其中的每个分块矩阵是个 $n\times 1$ 矩阵，即

$$\frac{\partial\boldsymbol{Z}}{\partial a_{ij}}=\begin{bmatrix}\dfrac{\partial z_1}{\partial a_{ij}}\\ \dfrac{\partial z_2}{\partial a_{ij}}\\ \vdots\\ \dfrac{\partial z_n}{\partial a_{ij}}\end{bmatrix} \tag{Ⅰ-26}$$

同样可以定义行向量函数 $\boldsymbol{Z}^{\mathrm{T}}(\boldsymbol{A})$ 对矩阵 $\boldsymbol{A}$ 的导数，它是个 $p\times mn$ 矩阵，记作$\dfrac{\mathrm{d}\boldsymbol{Z}^{\mathrm{T}}}{\mathrm{d}\boldsymbol{A}}$。

3. 矩阵函数的导数

设函数

$$\boldsymbol{F}(\boldsymbol{A})=\begin{bmatrix}f_{11}(\boldsymbol{A}) & \cdots & f_{1l}(\boldsymbol{A})\\ \vdots & & \vdots\\ f_{n1}(\boldsymbol{A}) & \cdots & f_{nl}(\boldsymbol{A})\end{bmatrix}$$

是以 $p\times m$ 矩阵 $\boldsymbol{A}$ 为自变量的 $n\times l$ 矩阵函数。

定义 8　$np\times ml$ 的矩阵

$$\frac{\mathrm{d}\boldsymbol{F}}{\mathrm{d}\boldsymbol{A}}\overset{\text{def}}{=\!=}\begin{bmatrix}\dfrac{\partial\boldsymbol{F}}{\partial a_{11}} & \cdots & \dfrac{\partial\boldsymbol{F}}{\partial a_{1m}}\\ \vdots & & \vdots\\ \dfrac{\partial\boldsymbol{F}}{\partial a_{p1}} & \cdots & \dfrac{\partial F}{\partial a_{pm}}\end{bmatrix} \tag{Ⅰ-27}$$

称为矩阵函数 $\boldsymbol{F}(\boldsymbol{A})$ 对矩阵 $\boldsymbol{A}$ 的导数，其中每个分块矩阵是一个 $n\times l$ 矩阵，即

$$\frac{\partial \boldsymbol{F}}{\partial a_{ij}}=\begin{bmatrix}\frac{\partial f_{11}}{\partial a_{ij}} & \cdots & \frac{\partial f_{1l}}{\partial a_{ij}}\\ \vdots & & \vdots\\ \frac{\partial f_{n1}}{\partial a_{ij}} & \cdots & \frac{\partial f_{nl}}{\partial a_{ij}}\end{bmatrix} \tag{Ⅰ-28}$$

相对于矩阵求导的运算公式比较复杂，宜于具体情况具体处理。先把几个常用的公式汇列如下，以供查阅。

在下列公式中 $\boldsymbol{X}$ 是 n 维列向量，$\boldsymbol{Y}$ 是 m 维列向量，$\boldsymbol{A}$ 是 $n\times m$ 矩阵。

(1) $$\frac{\partial \boldsymbol{X}^{\mathrm{T}}\boldsymbol{A}\boldsymbol{Y}}{\partial \boldsymbol{A}}=\boldsymbol{X}\boldsymbol{Y}^{\mathrm{T}} \tag{Ⅰ-29}$$

证明　根据矩阵乘法，有

$$\boldsymbol{X}^{\mathrm{T}}\boldsymbol{A}\boldsymbol{Y}=\sum_{i=1}^{m}\sum_{j=1}^{n}a_{ij}x_iy_j$$

由此可得

$$\frac{\partial \boldsymbol{X}^{\mathrm{T}}\boldsymbol{A}\boldsymbol{Y}}{\partial a_{ij}}=x_iy_j$$

利用定义 6，便得

$$\frac{\partial \boldsymbol{X}^{\mathrm{T}}\boldsymbol{A}\boldsymbol{Y}}{\partial \boldsymbol{A}}=(x_iy_j)_{nm}=\boldsymbol{X}\boldsymbol{Y}^{\mathrm{T}}$$

由于 $\boldsymbol{X}^{\mathrm{T}}\boldsymbol{A}\boldsymbol{Y}$ 是个数量函数，与它的转置相等，即

$$\boldsymbol{Y}^{\mathrm{T}}\boldsymbol{A}^{\mathrm{T}}\boldsymbol{X}=\boldsymbol{X}^{\mathrm{T}}\boldsymbol{A}\boldsymbol{Y}$$

利用此结果，又得到公式的第二形式

$$\frac{\partial \boldsymbol{Y}^{\mathrm{T}}\boldsymbol{A}^{\mathrm{T}}\boldsymbol{X}}{\partial \boldsymbol{A}}=\boldsymbol{X}\boldsymbol{Y}^{\mathrm{T}}$$

(2) $$\frac{\partial \boldsymbol{Y}^{\mathrm{T}}\boldsymbol{A}^{\mathrm{T}}\boldsymbol{A}\boldsymbol{Y}}{\partial \boldsymbol{A}}=2\boldsymbol{A}\boldsymbol{Y}\boldsymbol{Y}^{\mathrm{T}} \tag{Ⅰ-30}$$

(3) $$\frac{\partial(\boldsymbol{A}\boldsymbol{Y}-\boldsymbol{X})^{\mathrm{T}}(\boldsymbol{A}\boldsymbol{Y}-\boldsymbol{X})}{\partial \boldsymbol{A}}=2(\boldsymbol{A}\boldsymbol{Y}-\boldsymbol{X})\boldsymbol{Y}^{\mathrm{T}} \tag{Ⅰ-31}$$

(4) $$\frac{\partial \mathrm{Tr}\{(\boldsymbol{A}\boldsymbol{Y}-\boldsymbol{X})(\boldsymbol{A}\boldsymbol{Y}-\boldsymbol{X})^{\mathrm{T}}\}}{\partial \boldsymbol{A}}=2(\boldsymbol{A}\boldsymbol{Y}-\boldsymbol{X})\boldsymbol{Y}^{\mathrm{T}} \tag{Ⅰ-32}$$

在下列公式中，$\boldsymbol{A}$ 是 $n\times m$ 变元矩阵，$\boldsymbol{B}$ 是 $m\times n$ 常数矩阵，$\boldsymbol{C}$ 是 $m\times m$ 常数矩阵。

(5) $$\frac{\partial \mathrm{Tr}(\boldsymbol{A}\boldsymbol{B})}{\partial \boldsymbol{A}}=\frac{\partial \mathrm{Tr}(\boldsymbol{B}\boldsymbol{A})}{\partial \boldsymbol{A}}=\frac{\partial \mathrm{Tr}(\boldsymbol{A}^{\mathrm{T}}\boldsymbol{B}^{\mathrm{T}})}{\partial \boldsymbol{A}}=\frac{\partial \mathrm{Tr}(\boldsymbol{B}^{\mathrm{T}}\boldsymbol{A}^{\mathrm{T}})}{\partial \boldsymbol{A}}=\boldsymbol{B}^{\mathrm{T}} \tag{Ⅰ-33}$$

(6) $$\frac{\partial \mathrm{Tr}(\boldsymbol{A}\boldsymbol{C}\boldsymbol{A}^{\mathrm{T}})}{\partial \boldsymbol{A}}=\boldsymbol{A}(\boldsymbol{C}+\boldsymbol{C}^{\mathrm{T}}) \tag{Ⅰ-34}$$

例 5　求函数

$$f=(\boldsymbol{X}-\boldsymbol{a}-\boldsymbol{B}\boldsymbol{Z})^{\mathrm{T}}(\boldsymbol{X}-\boldsymbol{a}-\boldsymbol{B}\boldsymbol{Z})$$

对 $\boldsymbol{B}$ 的导数。

解　利用公式(Ⅰ-31)，得

$$\frac{\partial f}{\partial \boldsymbol{B}}=\frac{\partial}{\partial \boldsymbol{B}}\{(\boldsymbol{X}-\boldsymbol{a}-\boldsymbol{B}\boldsymbol{Z})^{\mathrm{T}}(\boldsymbol{X}-\boldsymbol{a}-\boldsymbol{B}\boldsymbol{Z})\}=$$

$$\frac{\partial}{\partial \boldsymbol{B}}\{(\boldsymbol{BZ}+\boldsymbol{a}-\boldsymbol{X})^{\mathrm{T}}(\boldsymbol{BZ}+\boldsymbol{a}-\boldsymbol{X})\}=$$

$$2(\boldsymbol{BZ}+\boldsymbol{a}-\boldsymbol{X})\boldsymbol{Z}^{\mathrm{T}}=-2(\boldsymbol{X}-\boldsymbol{a}-\boldsymbol{BZ})\boldsymbol{Z}^{\mathrm{T}}$$

分析上述 8 个定义可以看出，定义 8 是最广义的，它全部概括了以前的 7 个定义。

1.4　复合函数微分法

下面将介绍一些最常用的基本公式。用 f 代表数量函数，$\boldsymbol{Z}$ 代表 l 维列向量函数，$\boldsymbol{Y}$ 代表 m 维列向量或函数，$\boldsymbol{X}$ 代表 n 维列向量或函数，t 代表数量变量。

1. 数量函数的公式

公式 1　设 $f=f(\boldsymbol{Y})$，$\boldsymbol{Y}=\boldsymbol{Y}(t)$，则

$$\frac{\mathrm{d}f}{\mathrm{d}t}=\frac{\mathrm{d}f}{\mathrm{d}\boldsymbol{Y}^{\mathrm{T}}}\frac{\mathrm{d}\boldsymbol{Y}}{\mathrm{d}t}=\frac{\mathrm{d}\boldsymbol{Y}^{\mathrm{T}}}{\mathrm{d}t}\frac{\mathrm{d}f}{\mathrm{d}\boldsymbol{Y}} \tag{Ⅰ-35}$$

公式 2　设 $f=f(\boldsymbol{Y})$，$\boldsymbol{Y}=\boldsymbol{Y}(\boldsymbol{X})$，则

$$\frac{\mathrm{d}f}{\mathrm{d}\boldsymbol{X}}=\frac{\mathrm{d}\boldsymbol{Y}^{\mathrm{T}}}{\mathrm{d}\boldsymbol{X}}\frac{\mathrm{d}f}{\mathrm{d}\boldsymbol{Y}} \tag{Ⅰ-36}$$

$$\frac{\mathrm{d}f}{\mathrm{d}\boldsymbol{X}^{\mathrm{T}}}=\frac{\mathrm{d}f}{\mathrm{d}\boldsymbol{Y}^{\mathrm{T}}}\frac{\mathrm{d}\boldsymbol{Y}}{\mathrm{d}\boldsymbol{X}^{\mathrm{T}}} \tag{Ⅰ-37}$$

公式 1 是容易直接验证的，公式 2 有两个形式，它们是互为转置的关系，现在给出其证明如下。

证明　由给定条件，有

$$\mathrm{d}f=\frac{\mathrm{d}f}{\mathrm{d}\boldsymbol{Y}^{\mathrm{T}}}\mathrm{d}\boldsymbol{Y}\ 和\ \mathrm{d}\boldsymbol{Y}=\frac{\mathrm{d}\boldsymbol{Y}}{\mathrm{d}\boldsymbol{X}^{\mathrm{T}}}\mathrm{d}\boldsymbol{X}$$

其中 $\mathrm{d}\boldsymbol{Y}$ 和 $\mathrm{d}\boldsymbol{X}$ 分别代表如下的 m 维和 n 维列向量：

$$\mathrm{d}\boldsymbol{Y}=\begin{bmatrix}\mathrm{d}y_1\\ \mathrm{d}y_2\\ \vdots\\ \mathrm{d}y_m\end{bmatrix},\quad \mathrm{d}\boldsymbol{X}=\begin{bmatrix}\mathrm{d}x_1\\ \mathrm{d}x_2\\ \vdots\\ \mathrm{d}x_n\end{bmatrix}$$

上面的两个微分公式都不难利用多元函数微分法直接验证。把它们结合起来就得到

$$\mathrm{d}f=\frac{\mathrm{d}f}{\mathrm{d}\boldsymbol{Y}^{\mathrm{T}}}\frac{\mathrm{d}\boldsymbol{Y}}{\mathrm{d}\boldsymbol{X}^{\mathrm{T}}}\mathrm{d}\boldsymbol{X}$$

将右端的 $\mathrm{d}\boldsymbol{X}$ 加以转置后移乘作除，见公式（Ⅰ-14），便得公式 2 的第二种形式：

$$\frac{\mathrm{d}f}{\mathrm{d}\boldsymbol{X}^{\mathrm{T}}}=\frac{\mathrm{d}f}{\mathrm{d}\boldsymbol{Y}^{\mathrm{T}}}\frac{\mathrm{d}\boldsymbol{Y}}{\mathrm{d}\boldsymbol{X}^{\mathrm{T}}}$$

将它转置，并利用根据定义 3 和定义 4 推出的关系式

$$\left(\frac{\mathrm{d}f}{\mathrm{d}\boldsymbol{X}^{\mathrm{T}}}\right)^{\mathrm{T}}=\frac{\mathrm{d}f}{\mathrm{d}\boldsymbol{X}},\quad \left(\frac{\mathrm{d}f}{\mathrm{d}\boldsymbol{Y}^{\mathrm{T}}}\right)^{\mathrm{T}}=\frac{\mathrm{d}f}{\mathrm{d}\boldsymbol{Y}},\quad \left(\frac{\mathrm{d}\boldsymbol{Y}}{\mathrm{d}\boldsymbol{X}^{\mathrm{T}}}\right)^{\mathrm{T}}=\frac{\mathrm{d}\boldsymbol{Y}^{\mathrm{T}}}{\mathrm{d}\boldsymbol{X}}$$

就得到公式 2 的第一种形式：

$$\frac{\mathrm{d}f}{\mathrm{d}\boldsymbol{X}}=\frac{\mathrm{d}\boldsymbol{Y}^{\mathrm{T}}}{\mathrm{d}\boldsymbol{X}}\frac{\mathrm{d}f}{\mathrm{d}\boldsymbol{Y}}$$

由公式 2 很容易得到下面的公式：

公式 3　设 $f=f(\boldsymbol{X},\boldsymbol{Y})$，$\boldsymbol{Y}=\boldsymbol{Y}(\boldsymbol{X})$，则

$$\frac{\mathrm{d}f}{\mathrm{d}\boldsymbol{X}}=\frac{\partial f}{\partial \boldsymbol{X}}+\frac{\mathrm{d}\boldsymbol{Y}^{\mathrm{T}}}{\mathrm{d}\boldsymbol{X}}\frac{\partial f}{\partial \boldsymbol{Y}} \tag{Ⅰ-38}$$

$$\frac{\mathrm{d}f}{\mathrm{d}\boldsymbol{X}^{\mathrm{T}}}=\frac{\partial f}{\partial \boldsymbol{X}^{\mathrm{T}}}+\frac{\partial f}{\partial \boldsymbol{Y}^{\mathrm{T}}}\frac{\mathrm{d}\boldsymbol{Y}}{\mathrm{d}\boldsymbol{X}^{\mathrm{T}}} \tag{Ⅰ-39}$$

例 6 求方程

$$\boldsymbol{AX}=\boldsymbol{b}$$

的最小二乘解，其中 $\boldsymbol{A}$ 为 $m\times m$ 常数矩阵，其秩为 $n<m$。

解 这实际就是求数量函数 $f=(\boldsymbol{AX}-\boldsymbol{b})^{\mathrm{T}}(\boldsymbol{AX}-\boldsymbol{b})$ 的极小值，令

$$\boldsymbol{Y}=\boldsymbol{AX}-\boldsymbol{b}$$

利用公式 2 及例 2，可得

$$\frac{\partial f}{\partial \boldsymbol{X}}=\frac{\mathrm{d}\boldsymbol{Y}^{\mathrm{T}}}{\mathrm{d}\boldsymbol{X}}\frac{\mathrm{d}f}{\mathrm{d}\boldsymbol{Y}}=\boldsymbol{A}^{\mathrm{T}}\cdot 2\boldsymbol{Y}=2\boldsymbol{A}^{\mathrm{T}}(\boldsymbol{AX}-\boldsymbol{b})$$

令上式等于零，解出

$$\boldsymbol{X}=(\boldsymbol{A}^{\mathrm{T}}\boldsymbol{A})^{-1}\boldsymbol{A}^{\mathrm{T}}\boldsymbol{b}$$

例 7 求函数

$$f=(\boldsymbol{X}-\boldsymbol{a}-\boldsymbol{BZ})^{\mathrm{T}}(\boldsymbol{X}-\boldsymbol{a}-\boldsymbol{BZ})$$

对 n 维向量 $\boldsymbol{a}$ 的偏导数。

解 设 $\boldsymbol{Y}=\boldsymbol{X}-\boldsymbol{a}-\boldsymbol{BZ}$，则根据

$$\frac{\mathrm{d}}{\mathrm{d}\boldsymbol{Y}}\boldsymbol{Y}^{\mathrm{T}}\boldsymbol{Y}=2\boldsymbol{Y}$$

和

$$\frac{\partial}{\partial \boldsymbol{a}}\boldsymbol{Y}^{\mathrm{T}}=\frac{\partial}{\partial \boldsymbol{a}}(\boldsymbol{X}-\boldsymbol{a}-\boldsymbol{BZ})^{\mathrm{T}}=-\boldsymbol{I}$$

再利用公式 2，便得

$$\frac{\partial f}{\partial \boldsymbol{a}}=\frac{\partial \boldsymbol{Y}^{\mathrm{T}}}{\partial \boldsymbol{a}}\frac{\partial \boldsymbol{f}}{\partial \boldsymbol{Y}}=-2(\boldsymbol{X}-\boldsymbol{a}-\boldsymbol{BZ})$$

2. 向量函数的公式

公式 4 设 $\boldsymbol{Z}=\boldsymbol{Z}(\boldsymbol{Y})$，$\boldsymbol{Y}=\boldsymbol{Y}(t)$，则

$$\frac{\mathrm{d}\boldsymbol{Z}}{\mathrm{d}t}=\frac{\mathrm{d}\boldsymbol{Z}}{\mathrm{d}\boldsymbol{Y}^{\mathrm{T}}}\frac{\mathrm{d}\boldsymbol{Y}}{\mathrm{d}t} \tag{Ⅰ-40}$$

公式 5 设 $\boldsymbol{Z}=\boldsymbol{Z}(\boldsymbol{Y})$，$\boldsymbol{Y}=\boldsymbol{Y}(\boldsymbol{X})$，则

$$\frac{\mathrm{d}\boldsymbol{Z}^{\mathrm{T}}}{\mathrm{d}\boldsymbol{X}}=\frac{\mathrm{d}\boldsymbol{Y}^{\mathrm{T}}}{\mathrm{d}\boldsymbol{X}}\frac{\mathrm{d}\boldsymbol{Z}^{\mathrm{T}}}{\mathrm{d}\boldsymbol{Y}} \tag{Ⅰ-41}$$

$$\frac{\mathrm{d}\boldsymbol{Z}}{\mathrm{d}\boldsymbol{X}^{\mathrm{T}}}=\frac{\mathrm{d}\boldsymbol{Z}}{\mathrm{d}\boldsymbol{Y}^{\mathrm{T}}}\frac{\mathrm{d}\boldsymbol{Y}}{\mathrm{d}\boldsymbol{X}^{\mathrm{T}}} \tag{Ⅰ-42}$$

公式 6 设 $\boldsymbol{Z}=\boldsymbol{Z}(\boldsymbol{X},\boldsymbol{Y})$，$\boldsymbol{Y}=\boldsymbol{Y}(\boldsymbol{X})$，则

$$\frac{\mathrm{d}\boldsymbol{Z}^{\mathrm{T}}}{\mathrm{d}\boldsymbol{X}}=\frac{\partial \boldsymbol{Z}^{\mathrm{T}}}{\partial \boldsymbol{X}}+\frac{\mathrm{d}\boldsymbol{Y}^{\mathrm{T}}}{\mathrm{d}\boldsymbol{X}}\frac{\partial \boldsymbol{Z}^{\mathrm{T}}}{\partial \boldsymbol{Y}} \tag{Ⅰ-43}$$

$$\frac{\mathrm{d}\boldsymbol{Z}}{\mathrm{d}\boldsymbol{X}^{\mathrm{T}}}=\frac{\partial \boldsymbol{Z}}{\partial \boldsymbol{X}^{\mathrm{T}}}+\frac{\partial \boldsymbol{Z}}{\partial \boldsymbol{Y}^{\mathrm{T}}}\frac{\mathrm{d}\boldsymbol{Y}}{\mathrm{d}\boldsymbol{X}^{\mathrm{T}}} \tag{Ⅰ-44}$$

下面将给出公式 5 的证明，其他两个公式的证明类似，建议读者自己完成。

证明　可以直接验证下列的两个微分公式：

$$\mathrm{d}\boldsymbol{Z}=\frac{\mathrm{d}\boldsymbol{Z}}{\mathrm{d}\boldsymbol{Y}^{\mathrm{T}}}\mathrm{d}\boldsymbol{Y}\quad \mathrm{d}\boldsymbol{Y}=\frac{\mathrm{d}\boldsymbol{Y}}{\mathrm{d}\boldsymbol{X}^{\mathrm{T}}}\mathrm{d}\boldsymbol{X}$$

依次有

$$\mathrm{d}\boldsymbol{Z}=\frac{\mathrm{d}\boldsymbol{Z}}{\mathrm{d}\boldsymbol{Y}^{\mathrm{T}}}\frac{\mathrm{d}\boldsymbol{Y}}{\mathrm{d}\boldsymbol{X}^{\mathrm{T}}}\mathrm{d}\boldsymbol{X}$$

将右端 d$\boldsymbol{X}$ 移乘作除，则得

$$\frac{\mathrm{d}\boldsymbol{Z}}{\mathrm{d}\boldsymbol{X}^{\mathrm{T}}}=\frac{\mathrm{d}\boldsymbol{Z}}{\mathrm{d}\boldsymbol{Y}^{\mathrm{T}}}\frac{\mathrm{d}\boldsymbol{Y}}{\mathrm{d}\boldsymbol{X}^{\mathrm{T}}}\qquad (\text{Ⅰ}-45)$$

这就是公式 5 的第二个形式，将它转置就得到第一个形式：

$$\frac{\mathrm{d}\boldsymbol{Z}^{\mathrm{T}}}{\mathrm{d}\boldsymbol{X}}=\frac{\mathrm{d}\boldsymbol{Y}^{\mathrm{T}}}{\mathrm{d}\boldsymbol{X}}\frac{\mathrm{d}\boldsymbol{Z}^{\mathrm{T}}}{\mathrm{d}\boldsymbol{Y}}\qquad (\text{Ⅰ}-46)$$

例 8　求 $f=(\boldsymbol{AX}-\boldsymbol{b})^{\mathrm{T}}\boldsymbol{R}(\boldsymbol{AX}-\boldsymbol{b})$ 对 $\boldsymbol{X}$ 的导数，其中 $\boldsymbol{A}$ 为 $m\times n$ 常数矩阵，$\boldsymbol{R}$ 为 $m\times m$ 常数矩阵，$\boldsymbol{X}$ 和 $\boldsymbol{b}$ 各是 n 维和 m 维列向量，其中 $\boldsymbol{b}$ 是定常的。

解　设

$$\boldsymbol{Y}=\boldsymbol{AX}-\boldsymbol{b}$$

则由例 6 的结果，有

$$\frac{\mathrm{d}\boldsymbol{Y}^{\mathrm{T}}}{\mathrm{d}\boldsymbol{X}}=\boldsymbol{A}^{\mathrm{T}}$$

由例 7 的结果，有

$$\frac{\mathrm{d}f}{\mathrm{d}\boldsymbol{Y}}=(\boldsymbol{R}+\boldsymbol{R}^{\mathrm{T}})\boldsymbol{Y}$$

再利用公式 2 便得到

$$\frac{\mathrm{d}f}{\mathrm{d}\boldsymbol{X}}=\frac{\mathrm{d}\boldsymbol{Y}^{\mathrm{T}}}{\mathrm{d}\boldsymbol{X}}\frac{\mathrm{d}f}{\mathrm{d}\boldsymbol{Y}}=\boldsymbol{A}^{\mathrm{T}}(\boldsymbol{R}+\boldsymbol{R}^{\mathrm{T}})\boldsymbol{Y}=\boldsymbol{A}^{\mathrm{T}}(\boldsymbol{R}+\boldsymbol{R}^{\mathrm{T}})(\boldsymbol{AX}-\boldsymbol{b})$$

令上式等于零，则可解出

$$\boldsymbol{X}=[\boldsymbol{A}^{\mathrm{T}}(\boldsymbol{R}+\boldsymbol{R}^{\mathrm{T}})\boldsymbol{A}]^{-1}\boldsymbol{A}^{\mathrm{T}}(\boldsymbol{R}+\boldsymbol{R}^{\mathrm{T}})\boldsymbol{b}$$

这就是使函数 f 取极小值的解。当 $\boldsymbol{R}$ 为对称阵时，上式化为

$$\boldsymbol{X}=[\boldsymbol{A}^{\mathrm{T}}\boldsymbol{RA}]^{-1}\boldsymbol{A}^{\mathrm{T}}\boldsymbol{Rb}$$

附录 Ⅱ　矩阵求逆引理

如果对任一 $n\times n$ 阶非奇异矩阵 $\boldsymbol{A}$ 与任意两个 $n\times m$ 阶矩阵 $\boldsymbol{B}$ 和 $\boldsymbol{C}$，且矩阵 $(\boldsymbol{A}+\boldsymbol{BC}^{\mathrm{T}})$ 与 $(\boldsymbol{I}+\boldsymbol{C}^{\mathrm{T}}\boldsymbol{A}^{-1}\boldsymbol{B})$ 是非奇异的，则矩阵恒等式

$$(\boldsymbol{A}+\boldsymbol{BC}^{\mathrm{T}})^{-1}=\boldsymbol{A}^{-1}-\boldsymbol{A}^{-1}\boldsymbol{B}\,(\boldsymbol{I}+\boldsymbol{C}^{\mathrm{T}}\boldsymbol{A}^{-1}\boldsymbol{B})^{-1}\boldsymbol{C}^{\mathrm{T}}\boldsymbol{A}^{-1}\qquad (\text{Ⅱ}-1)$$

成立。式(Ⅱ－1)称为矩阵求逆引理。

证明　定义下列 $n\times n$ 阶矩阵：

$$\boldsymbol{D}=\boldsymbol{A}+\boldsymbol{BC}^{\mathrm{T}}\qquad (\text{Ⅱ}-2)$$

根据假定，$\boldsymbol{D}$ 是非奇异的，可用 $\boldsymbol{D}^{-1}$ 左乘式(Ⅱ－2)，得

$$\boldsymbol{D}^{-1}\boldsymbol{D}=\boldsymbol{I}=\boldsymbol{D}^{-1}\boldsymbol{A}+\boldsymbol{D}^{-1}\boldsymbol{BC}^{\mathrm{T}}$$

用 $\boldsymbol{A}^{-1}$ 右乘上式，得

$$\boldsymbol{A}^{-1}=\boldsymbol{D}^{-1}+\boldsymbol{D}^{-1}\boldsymbol{BC}^{\mathrm{T}}\boldsymbol{A}^{-1}\qquad (\text{Ⅱ}-3)$$

或

$$D^{-1}BC^{T}A^{-1}=A^{-1}-D^{-1} \tag{Ⅱ-4}$$

用 $\boldsymbol{B}$ 右乘式(Ⅱ-3)两边,得

$$A^{-1}B=D^{-1}B+D^{-1}BC^{T}A^{-1}B=D^{-1}B(I+C^{T}A^{-1}B)$$

因为已假定矩阵$(I+C^{T}A^{-1}B)$是非奇异的,可用$(I+C^{T}A^{-1}B)^{-1}$右乘上式,得

$$D^{-1}B=A^{-1}B(I+C^{T}A^{-1}B)^{-1} \tag{Ⅱ-5}$$

用 $C^{T}A^{-1}$ 右乘上式,得

$$D^{-1}BC^{T}A^{-1}=A^{-1}B(I+C^{T}A^{-1}B)^{-1}C^{T}A^{-1}$$

考虑式(Ⅱ-4)有

$$A^{-1}-D^{-1}=A^{-1}B(I+C^{T}A^{-1}B)^{-1}C^{T}A^{-1}$$

或

$$D^{-1}=A^{-1}-A^{-1}B(I+C^{T}A^{-1}B)^{-1}C^{T}A^{-1} \tag{Ⅱ-6}$$

但 $D=A+BC^{T}$,因此有式(Ⅱ-1)

$$(A+BC^{T})^{-1}=A^{-1}-A^{-1}B(I+C^{T}A^{-1}B)^{-1}C^{T}A^{-1}$$

证毕。

附录Ⅲ　矩阵许瓦茨不等式

设 A,B 为 $m\times n$ 矩阵,$m>n$,B 的秩为 n,则

$$A^{T}A\geqslant(A^{T}B)^{T}(B^{T}B)^{-1}(B^{T}A) \tag{Ⅲ-1}$$

式(Ⅲ-1)称为矩阵许瓦茨不等式。

证明　设有两个 n 维向量 $\boldsymbol{\lambda}$ 和 $\boldsymbol{\alpha}$ 如下:

$$\lambda=[\lambda_1\quad\lambda_2\quad\cdots\quad\lambda_n]^{T},\quad \alpha=[\alpha_1\quad\alpha_2\quad\cdots\quad\alpha_n]^{T}$$

考虑下面非负定的标量乘积

$$(B\lambda+A\alpha)^{T}(B\lambda+A\alpha)\geqslant 0 \tag{Ⅲ-2}$$

只有 $B\lambda+A\alpha=0$ 时,式(Ⅲ-2)的等号才成立。

展开式(Ⅲ-2),可得

$$\lambda^{T}B^{T}B\lambda+\alpha^{T}A^{T}B\lambda+\lambda^{T}B^{T}A\alpha+\alpha^{T}A^{T}A\alpha\geqslant 0$$

因为假定 $\boldsymbol{B}$ 是满秩的,所以$(B^{T}B)^{-1}$存在,可将上式写成

$$[\lambda+(B^{T}B)^{-1}B^{T}A\alpha]^{T}B^{T}B[\lambda+(B^{T}B)^{-1}B^{T}A\alpha]+$$
$$\alpha^{T}[A^{T}A-(A^{T}B)^{T}(B^{T}B)^{-1}(B^{T}A)]\alpha\geqslant 0 \tag{Ⅲ-3}$$

式(Ⅲ-3)对于任意 $\boldsymbol{\lambda}$ 与 $\boldsymbol{\alpha}$ 都成立。选 $\boldsymbol{\lambda}$ 为

$$\lambda=-(B^{T}B)^{-1}B^{T}A\alpha$$

则式(Ⅲ-3)变成

$$\alpha^{T}[A^{T}A-(A^{T}B)^{T}(B^{T}B)^{-1}(B^{T}A)]\alpha\geqslant 0 \tag{Ⅲ-4}$$

因为 $\boldsymbol{\alpha}$ 是任意的,只有当$[A^{T}A-(A^{T}B)^{T}(B^{T}B)^{-1}(B^{T}A)]$是非负定时,这个二次型才是非负定的,因此有式(Ⅲ-1)

$$A^{T}A\geqslant(A^{T}B)^{T}(B^{T}B)^{-1}(B^{T}A)$$

证毕。

附录Ⅳ　随机变量与随机过程的基本概念

4.1　随机变量及其概率分布

如果一个变量，对应于不同的随机试验结果，可以在一系列数值中取得不同的值。但究竟取得什么值，事先不能肯定，这种变量就叫做随机变量。根据随机变量可能值(可能出现的值)性质的不同，可以将随机变量分成两类：

(1) 离散型随机变量 —— 其可能值是可数的随机变量。设 X 是一个离散型的随机变量，其可能值是 $x_1,x_2,\cdots,x_n$，X 取得这些可能值的概率分别是 $p_1,p_2,\cdots,p_n$，则概率数列 $p_1,p_2,\cdots,p_n$ 完全描述了离散型随机变量 X 的概率分布。描述离散随机变量分布的特性的两个主要统计特征值如下：

1) 数学期望(或均值)

如果随机变量 X 的可能值是 $x_1,x_2,\cdots,x_n$，其对应的概率是 $p_1,p_2,\cdots,p_n$，则规定

$$m_x=E[X]=\sum_{i=1}^{n}x_ip_i \tag{Ⅳ-1}$$

为离散随机变量 X 的数学期望。

2) 方差

规定 X 对 m_x 偏差平方 $(X-m_x)^2$ 的数学期望

$$\sigma^2=\mathrm{Var}[X]=E\,(X-m_x)^2=\sum_{i=1}^{n}\,(x_i-m_x)^2p_i \tag{Ⅳ-2}$$

为离散随机变量 X 的方差。

(2) 连续型随机变量 —— 其可能值连续充满在某一区间上，比如说 $-\infty<x<\infty$；如果有一函数 $f(x)$，对于任一区间 (a,b)，概率

$$P\{X\in(a,b)\}=P(a<x<b)=\int_a^b f(x)\mathrm{d}x \tag{Ⅳ-3}$$

则称 $f(x)$ 为连续型随机变量 x 的概率密度(或分布密度)，并称

$$F(x)=P(X<x)=\int_{-\infty}^{x}f(x)\mathrm{d}x \tag{Ⅳ-4}$$

为 x 的分布函数。根据式(Ⅳ-4)，显然有

$$F'(x)=f(x) \tag{Ⅳ-5}$$

由式(Ⅳ-3)和式(Ⅳ-5)还可看出，概率密度 $f(x)$ 具有两个基本性质：

1) 数学期望(或均值)

$$m_x=E[X]=\int_{-\infty}^{+\infty}xf(x)\mathrm{d}x \tag{Ⅳ-6}$$

如果 c 是常数，则有

$$E[cX]=cE[X]=cm_x$$

对于 n 个任意的随机变量 $X_1,X_2,\cdots,X_n$，有

$$E[X_1+X_2+\cdots+X_n]=E[X_1]+E[X_2]+\cdots+E[X_n]$$

2) 方差

$$\sigma_x^2 = \mathrm{Var}[X] = \int_{-\infty}^{+\infty} (x_i - m_x)^2 f(x)\mathrm{d}x \tag{Ⅳ-7}$$

如果 c 是常数，则有

$$\mathrm{Var}[cX] = c^2 \mathrm{Var}[X]$$

对于 n 个互不相关的 $X_1, X_2, \cdots, X_n$，有

$$\mathrm{Var}[X_1 + X_2 + \cdots + X_n] = \mathrm{Var}[X_1] + \mathrm{Var}[X_2] + \cdots + \mathrm{Var}[X_n]$$

4.2　随机向量(多维随机变量)及其概率分布

设随机向量 $\boldsymbol{X} = \{X_1, X_2, \cdots, X_n\}^{\mathrm{T}}$，其中 $X_i (i = 1, 2, \cdots, n)$ 都是随机变量，如果有一个 n 元函数 $f(x_1, x_2, \cdots, x_n)$，对于任意一维空间域 Ω_n，概率

$$P[(X_1, X_2, \cdots, X_n)^{\mathrm{T}} \in \Omega_n] = \int_{\Omega_n} \cdots \int f(x_1, x_2, \cdots, x_n)\, \mathrm{d}x_1 \mathrm{d}x_2 \cdots \mathrm{d}x_n \tag{Ⅳ-8}$$

则称 $f(x_1, x_2, \cdots, x_n)$ 为 $[X_1, X_2, \cdots, X_n]^{\mathrm{T}}$ 的联合概率密度(或联合分布密度)，并称

$$F(x_1, x_2, \cdots, x_n) = P[X_1 < x_1, X_2 < x_2, \cdots, X_n < x_n] = \int_{-\infty}^{x_1} \int_{-\infty}^{x_2} \cdots \int_{-\infty}^{x_n} f(x_1, x_2, \cdots, x_n)\, \mathrm{d}x_1 \mathrm{d}x_2 \cdots \mathrm{d}x_n \tag{Ⅳ-9}$$

为联合分布函数。根据式(Ⅳ-9)，显然有

$$\frac{\partial^n}{\partial x_1 \partial x_2 \cdots \partial x_n} F(x_1, x_2, \cdots, x_n) = f(x_1, x_2, \cdots, x_n) \tag{Ⅳ-10}$$

对于随机向量，根据联合分布律，还可以推出另外两个部分分量的概率分布律——边际分布和条件分布。

边际分布密度是描述多维随机变量中的某一个或某几个分量的概率分布的概率密度函数。

X_1 的边际概率密度为

$$f_1(x_1) = \underbrace{\int_{-\infty}^{+\infty} \cdots \int_{-\infty}^{+\infty}}_{n-1} f(x_1, x_2, \cdots, x_n)\, \mathrm{d}x_2 \mathrm{d}x_3 \cdots \mathrm{d}x_n \tag{Ⅳ-11}$$

X_2 的边际概率密度为

$$f_2(x_2) = \underbrace{\int_{-\infty}^{+\infty} \cdots \int_{-\infty}^{+\infty}}_{n-1} f(x_1, x_2, \cdots, x_n)\, \mathrm{d}x_1 \mathrm{d}x_3 \cdots \mathrm{d}x_n \tag{Ⅳ-12}$$

$(X_1, X_2, \cdots, X_{n-1})$ 的边际概率密度为

$$f_{1,2,\cdots,n-1}(x_1, x_2, \cdots, x_{n-1}) = \int_{-\infty}^{+\infty} f(x_1, x_2, \cdots, x_n)\, \mathrm{d}x_n \tag{Ⅳ-13}$$

其余的边际概率密度以此类推。

条件分布密度是在已知一个随机向量中某些分量出现数值的条件下，其余分量的概率密度。例如，在 $X_1 = x_1, X_2 = x_2, \cdots, X_{n-1} = x_{n-1}$ 的条件下，X_n 的条件概率密度为

$$f(x_n / x_1, x_2, \cdots, x_{n-1}) = f(x_1, x_2, \cdots, x_n) / f_{1,2,\cdots,n-1}(x_1, x_2, \cdots, x_{n-1}) \tag{Ⅳ-14}$$

随机向量的统计特征值如下：

(1) 均值向量

$$\boldsymbol{m}_x = E[\boldsymbol{X}] = E\begin{bmatrix} X_1 \\ X_2 \\ \vdots \\ X_n \end{bmatrix} = \begin{bmatrix} m_{x1} \\ m_{x2} \\ \vdots \\ m_{xn} \end{bmatrix} \tag{Ⅳ-15}$$

(2) 方差阵

$$\mathrm{Var}[\boldsymbol{X}] = E[(\boldsymbol{X}-\boldsymbol{m}_x)(\boldsymbol{X}-\boldsymbol{m}_x)^{\mathrm{T}}] =$$

$$E\begin{bmatrix} (X_1-m_{x1})^2 & (X_1-m_{x1})(X_2-m_{x2}) & \cdots & (X_1-m_{x1})(X_n-m_{xn}) \\ (X_2-m_{x2})(X_1-m_{x1}) & (X_2-m_{x2})^2 & \cdots & (X_2-m_{x2})(X_n-m_{xn}) \\ \vdots & \vdots & & \vdots \\ (X_n-m_{xn})(X_1-m_{x1}) & (X_n-m_{xn})(X_2-m_{x2}) & \cdots & (X_n-m_{xn})^2 \end{bmatrix} =$$

$$\begin{bmatrix} \sigma_1^2 & \sigma_{12} & \cdots & \sigma_{1n} \\ \sigma_{21} & \sigma_2^2 & \cdots & \sigma_{2n} \\ \vdots & \vdots & & \vdots \\ \sigma_{n1} & \sigma_{n2} & \cdots & \sigma_n^2 \end{bmatrix} \tag{Ⅳ-16}$$

式中 $\sigma_i^2 = E[(X_i - m_{xi})^2]$，$\sigma_{ij} = E[(X_i - m_{xi})(X_j - m_{xj})]$。方差阵主对角线上各元素 $\sigma_i^2(i=1,2,\cdots,n)$ 是 $\boldsymbol{X}$ 各分量的方差，主对角线两侧元素 $\sigma_{ij}(i \neq j)$ 称为 X_i 与 X_j 的相关距，它的值在一定程度上反映 X_i 与 X_j 之间线性相关的强弱程度。

(3) $\boldsymbol{X}$ 与 $\boldsymbol{Y}$ 的协方差阵

$$\mathrm{Cov}[\boldsymbol{X},\boldsymbol{Y}] = E[(\boldsymbol{X}-\boldsymbol{m}_x)(\boldsymbol{Y}-\boldsymbol{m}_y)^{\mathrm{T}}] =$$

$$\begin{bmatrix} (X_1-m_{x1})(Y_1-m_{y1}) & (X_1-m_{x1})(Y_2-m_{y2}) & \cdots & (X_1-m_{x1})(Y_n-m_{yn}) \\ (X_2-m_{x2})(Y_1-m_{y1}) & (X_2-m_{x2})(Y_2-m_{y2}) & \cdots & (X_2-m_{x2})(Y_n-m_{yn}) \\ \vdots & \vdots & & \vdots \\ (X_n-m_{xn})(Y_1-m_{y1}) & (X_n-m_{xn})(Y_2-m_{y2}) & \cdots & (X_n-m_{xn})(Y_n-m_{yn}) \end{bmatrix} =$$

$$\begin{bmatrix} \sigma_{x_1y_1} & \sigma_{x_1y_2} & \cdots & \sigma_{x_1y_n} \\ \sigma_{x_2y_1} & \sigma_{x_2y_2} & \cdots & \sigma_{x_2y_n} \\ \vdots & \vdots & & \vdots \\ \sigma_{x_ny_1} & \sigma_{x_ny_2} & \cdots & \sigma_{x_ny_n} \end{bmatrix} \tag{Ⅳ-17}$$

式中，$\sigma_{ij} = E[(X_i - m_{xi})(Y_j - m_{yj})]$。

(4) 条件数学期望

在 $X_1 = x_1, X_2 = x_2, \cdots, X_{n-1} = x_{n-1}$ 的条件下，X_n 的条件数学期望

$$E(x_n/x_1, x_2, \cdots, x_{n-1}) = \int_{-\infty}^{\infty} x_n f(x_n/x_1, x_2, \cdots, x_{n-1})\,\mathrm{d}x_n \tag{Ⅳ-18}$$

4.3　正态随机变量

概率密度为

$$f(\boldsymbol{X}) = \frac{1}{\sqrt{2\pi}\,\sigma}\exp\left[-\frac{(\boldsymbol{X}-\boldsymbol{m}_x)^2}{2\sigma^2}\right] \tag{Ⅳ-19}$$

的随机变量 $\boldsymbol{X}$ 被称为正态(或高斯)随机变量。式中，$\boldsymbol{m}_x$ 是随机变量 $\boldsymbol{X}$ 的均值，σ^2 是 $\boldsymbol{X}$ 的

方差。

正态随机变量具有一个重要性质:正态随机变量 $\boldsymbol{X}$ 的线性函数 $\boldsymbol{Y}=a\boldsymbol{X}+\boldsymbol{b}$,仍然是一个正态随机变量。

同样,联合概率密度为

$$f(\boldsymbol{X})=\frac{1}{(\sqrt{2\pi})^{n}\sqrt{|\boldsymbol{R}|}}\exp\left[-\frac{1}{2}(\boldsymbol{X}-\boldsymbol{m}_x)^{\mathrm{T}}\boldsymbol{R}^{-1}(\boldsymbol{X}-\boldsymbol{m}_x)\right] \tag{Ⅳ-20}$$

的 n 维随机向量 $\boldsymbol{X}=(X_1,X_2,\cdots,X_n)^{\mathrm{T}}$ 称为 n 维正态向量(或 n 维正态随机变量)。式中 $\boldsymbol{m}_x$ 和 $\boldsymbol{R}$ 分别为

$$\boldsymbol{m}_x=\begin{bmatrix} m_{x1}\\ m_{x2}\\ \vdots\\ m_{xn}\end{bmatrix}=E\begin{bmatrix} X_1\\ X_2\\ \vdots\\ X_n\end{bmatrix}=E[\boldsymbol{X}] \tag{Ⅳ-21}$$

$$\boldsymbol{R}=\begin{bmatrix} \sigma_1^2 & \sigma_{12} & \cdots & \sigma_{1n}\\ \sigma_{21} & \sigma_2^2 & \cdots & \sigma_{2n}\\ \vdots & \vdots & & \vdots\\ \sigma_{n1} & \sigma_{n2} & \cdots & \sigma_n^2\end{bmatrix}=\mathrm{Var}[\boldsymbol{X}] \tag{Ⅳ-22}$$

4.4 随机过程

随机过程可以理解为一个动态的随机变量,或者说是一个随时间变化的随机变量。为了表示对时间 t 的依赖关系,通常记作 $X(t)$。一方面,随机过程 $X(t)$ 的任何一次试验结果(称为实现或样本)都是一个时间 t 的确定函数 $X(t)$,因此从试验结果看,随机过程 $X(t)$ 可以看做是一族可能出现的函数的集合,如图 Ⅳ-1 所示。

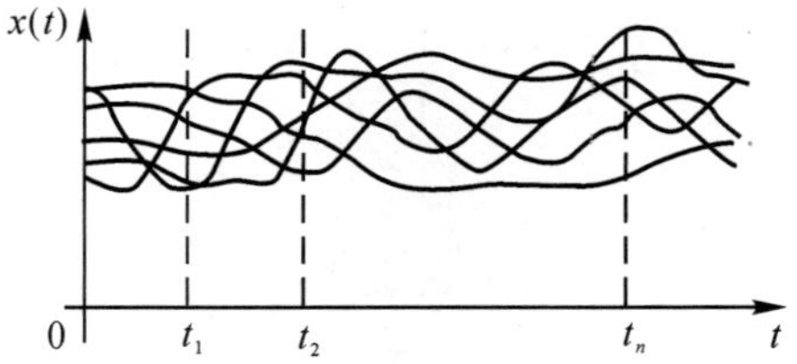

图 Ⅳ-1 随机过程

另一方面,$X(t)$ 在任一时刻 t_i 的值又是一个随机变量。因此从时间过程上看,随机过程 $X(t)$ 又可以看做是一个无穷维的多维随机变量。要完全描述一个随机过程 $X(t)$ 的概率分布,严格地讲,需要给出 $X(t)$ 在任意 n 个时刻 $t_1,t_2,\cdots,t_n$ 的对应多维随机变量 $[X(t_1),X(t_2),\cdots,X(t_n)]$ 的联合概率密度

$$f_n(x_1,x_2,\cdots,x_n;t_1,t_2,\cdots,t_n) \tag{Ⅳ-23}$$

显然,在一般情况下,这是不可能得到的。因此在统计滤波等随机过程的应用问题中,所用到的统计特性是一阶矩和二阶矩,即

均值

$$E[X(t)]=\int_{-\infty}^{\infty}xf_1(x,t)\,\mathrm{d}x=m_x(t)$$

方差

$$\mathrm{Var}[X(t)]=E\{[X(t)-m_x(t)]^2\}=\sigma_x^2(t)$$

协方差 $\mathrm{Cov}[X(t_1),X(t_2)]=E\{[X(t_1)-m_x(t_1)][X(t_2)-m_x(t_2)]\}=R_x(t_1,t_2)$

(Ⅳ-24)

协方差在工程技术上常常又叫做相关函数，它是一个刻画随机过程 $X(t)$ 前后函数值之间相关性的统计参数。

1. 平稳随机过程

定义 1　如果随机过程 $X(t)$ 的任意 n 维联合概率密度满足

$$f_n(x_1,x_2,\cdots,x_n;t_1,t_2,\cdots,t_n)=f_n(x_1,x_2,\cdots,x_n;t_1+T,\cdots,t_n+T) \quad (Ⅳ-25)$$

即其任意 n 维联合概率密度不随时间推移而变化，则称此随机过程为严平稳随机过程。

显然，如果 $X(t)$ 是严平稳随机过程，则其一维概率密度

$$f_1(x,t)=f_1(x,t+\tau)=f_1(x)$$

及数学期望

$$E[X(t)]=\int_{-\infty}^{\infty}xf_1(x)\mathrm{d}x=m_x$$

都与时间无关，其二维概率密度

$$f_2(x_1,x_2;t_1,t_2)=f_2(x_1,x_2;t_1+T,t_2+T)=f_2(x_1,x_2;\tau),\quad (\tau=t_2-t_1)$$

及协方差

$$\mathrm{Cov}[X(t_1),X(t_2)]=\int_{-\infty}^{+\infty}\int_{-\infty}^{+\infty}(x_1-m_x)(x_2-m_x)f_2(x_1,x_2;\tau)\mathrm{d}x_1\mathrm{d}x_2=R_x(\tau)$$

只是时间间隔 $\tau=t_2-t_1$ 的函数，与 t_2,t_1 无关。

定义 2　如果随机过程 $X(t)$ 满足

(1)$m_x(t)=m_x$(常数)；

(2)$R_x(t_2,t_1)=R_x(t_2-t_1)=R_x(\tau)$ $(\tau=t_2-t_1)$。

则称 $X(t)$ 为宽平稳随机过程。

在工程技术中所讲的平稳随机过程，一般都是指宽平稳随机过程。显然，严平稳随机过程一定具有宽平稳的性质。但反过来，一个宽平稳随机过程则不一定都具有严平稳的性质。

平稳随机过程的谱密度：如果 $R_x(\tau)$ 为平稳随机过程 $X(t)$ 的相关函数，则随机过程 $R_x(\tau)$ 的傅氏变换

$$S_x(\omega)=\int_{-\infty}^{+\infty}R_x(\tau)\mathrm{e}^{-\mathrm{j}\omega\tau}\mathrm{d}\tau \quad (Ⅳ-26)$$

称为 $X(t)$ 的谱密度，这时

$$R_x(\tau)=\frac{1}{2\pi}\int_{-\infty}^{+\infty}S_x(\omega)\mathrm{e}^{\mathrm{j}\omega\tau}\mathrm{d}\omega \quad (Ⅳ-27)$$

例如，如果 $X(t)$ 的相关函数

$$R_x(\tau)=D_x\mathrm{e}^{-\alpha|\tau|}$$

则 $X(t)$ 的谱密度

$$S_x(\omega)=\frac{2D_x\alpha}{\omega^2+\alpha^2}$$

从此例可看出，一方面，相关函数越平，谱密度越陡；相关函数越陡，谱密度越平，意味着 $X(t)$

前后的相关性越弱。因此从相关性的角度看，谱密度 $S_x(\omega)$ 是在频域中刻画平稳随机过程 $X(t)$ 前后关联性的指标函数。另一方面，从功率的角度看，$S_x(\omega)$ 又是 $X(t)$ 的平均功率分布在频率变程上的密度函数，因此谱密度 $S_x(\omega)$ 在工程技术中的应用是多方面的。

2. 白噪声过程

如果随机过程 $X(t)$ 的相关函数为

$$R_x(t_1,t_2)=Q\delta(t_2-t_1) \qquad (\text{Ⅳ}-28)$$

其中 Q 为常数，$\delta(t_2-t_1)$ 为狄拉克函数，即

$$\delta(t_2-t_1)=\begin{cases}0, & t_1\neq t_2\\ \infty, & t_1=t_2\end{cases}, \qquad \int_{-\infty}^{+\infty}\delta(\tau)\mathrm{d}\tau=1$$

则称 $X(t)$ 为白噪声过程。

根据式(Ⅳ－26)计算，白噪声过程 $X(t)$ 的谱密度

$$S_x(\omega)=Q(\text{常数})$$

因此，白噪声过程是一个前后之间完全不相关的随机过程，它的相关函数与谱密度的对应图形如图 Ⅳ－2 所示。

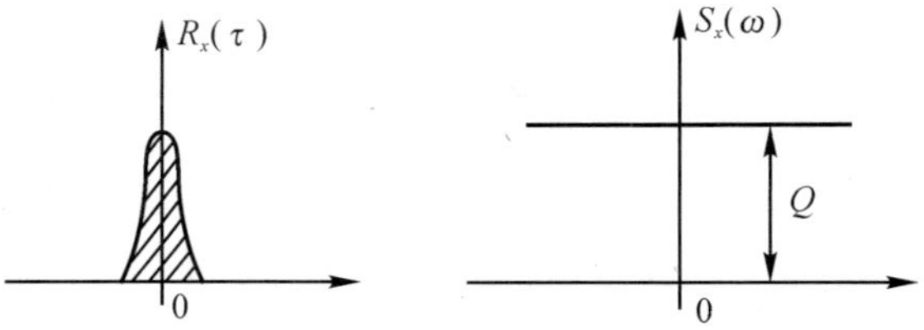

(a) (b)

图 Ⅳ－2　白噪声过程的函数与谱密度

顺便指出，如果式(Ⅳ－28)中的 Q 不是常数，而是 t 的函数 $Q(t)$，则称 $X(t)$ 为不相关随机过程。如果随机序列 $\{X(t)\}$ $(i=1,2,\cdots)$ 的相关函数

$$R_{ij}=E\{[X(i)-m_x(i)][X(j)-m_x(j)]\}=Q_i\delta_{ij} \qquad (\text{Ⅳ}-29)$$

其中 δ_{ij} 为克罗尼克 δ 函数，即

$$\delta_{ij}=\begin{cases}0, & i\neq j\\ 1, & i=j\end{cases}$$

则称随机序列 $\{X(t)\}$ $(i=1,2,\cdots)$ 为不相关随机序列。不相关随机序列有时也称为白噪声序列。

3. 正态随机过程

如果随机过程 $X(t)$ 的任意 n 维分布密度

$$f_n(\boldsymbol{X})=f_n(x_1,x_2,\cdots,x_n;t_1,t_2,\cdots,t_n)=\frac{1}{\sqrt{2\pi}\sqrt{|\boldsymbol{R}|}}\exp\left[\frac{1}{2}(\boldsymbol{X}-E\boldsymbol{X})^{\mathrm{T}}\boldsymbol{R}^{-1}(\boldsymbol{X}-E\boldsymbol{X})\right] \qquad (\text{Ⅳ}-30)$$

其中

$$\boldsymbol{X}=[X(t_1),X(t_2),\cdots,X(t_n)]^{\mathrm{T}}$$

$$\boldsymbol{R}=\begin{bmatrix} R_x(t_1,t_1) & R_x(t_1,t_2) & \cdots & R_x(t_1,t_n) \\ R_x(t_2,t_1) & R_x(t_2,t_2) & \cdots & R_x(t_2,t_n) \\ \vdots & \vdots & & \vdots \\ R_x(t_n,t_1) & R_x(t_n,t_2) & \cdots & R_x(t_n,t_n) \end{bmatrix}$$

则称 $\boldsymbol{X}(t)$ 为正态随机过程。

正态随机过程具有一个重要性质：正态随机过程通过线性系统后，仍然是一个正态随机过程。

4. 平稳随机过程的各态历经性

各态历经性有时也称做历遍性或埃尔古德性(Ergodic 的译音)。

平稳随机过程的统计特性与时间原点的选取无关，于是在一个很长时间内观测得到的一个样本曲线，可以作为得到这个过程的数字特征的充分依据。对平稳过程而言，只要满足均值和自相关函数具有各态历经性的充要条件，那么集平均(均值和自相关函数)实际上可以用一个样本函数在整个时间轴上的平均值来代替。这样，在解决实际问题时就可简便多了。

随机过程 $X(t)$ 沿整个时间轴上的时间均值为

$$\langle X(t)\rangle=\lim_{T\to\infty}\frac{1}{2T}\int_{-T}^{T}X(t)\mathrm{d}t \tag{Ⅳ-31}$$

随机过程沿整个时间轴上的时间相关函数为

$$\langle X(t)X(t+\tau)\rangle=\lim_{T\to\infty}\frac{1}{2T}\int_{-T}^{T}X(t)X(t+\tau)\,\mathrm{d}t \tag{Ⅳ-32}$$

定义 3　设 $X(t)$ 是一平稳随机过程

(1) 如果

$$\langle X(t)\rangle=E[X(t)]=m_x \tag{Ⅳ-33}$$

依概率 1 成立，则称随机过程 $X(t)$ 的均值具有各态历经性。

(2) 如果

$$\langle X(t)X(t+\tau)\rangle=E[X(t)X(t+\tau)]=R_x(\tau) \tag{Ⅳ-34}$$

依概率 1 成立，则称随机过程 $X(t)$ 的自相关函数具有各态历经性。特别当 $\tau=0$ 时，称为均方值具有各态历经性。

定义中“依概率 1”成立是对 $X(t)$ 的所有样本函数而言的。

定理 1(均值各态历经性定理)　平稳随机过程 $X(t)$ 的均值具有各态历经性的充要条件是

$$\lim_{T\to\infty}\frac{1}{T}\int_{0}^{2T}\left(1-\frac{\tau}{2T}\right)[R_x(\tau)-m_x^2]\,\mathrm{d}\tau=0 \tag{Ⅳ-35}$$

定理 2(自相关函数各态历经性定理)　平稳随机过程 $X(t)$ 的自相关函数具有各态历经性的充要条件是

$$\lim_{T\to\infty}\frac{1}{T}\int_{0}^{2T}\left(1-\frac{\tau_1}{2T}\right)[B(\tau_1)-R_x^2(\tau)]\,\mathrm{d}\tau=0 \tag{Ⅳ-36}$$

其中，$B(\tau_1)=E[X(t+\tau+\tau_1)X(t+\tau_1)X(t+\tau)X(t)]$。

4.5　不相关、不正交与独立随机变量

设 X,Y 是两个随机变量，如果

$$\mathrm{Cov}[X,Y]=E[(X-m_x)(Y-m_y)]=E[XY]-m_xm_y=0 \qquad (\text{Ⅳ}-37)$$

即

$$E[XY]=E[X]E[Y] \qquad (\text{Ⅳ}-38)$$

则称 X,Y 为不相关的随机变量。如果

$$E[XY]=0 \qquad (\text{Ⅳ}-39)$$

则称 X,Y 为正交的随机变量。如果 (X,Y) 的联合概率密度

$$f(x,y)=f_1(x)f_2(y) \qquad (\text{Ⅳ}-40)$$

其中 $f_1(x)$ 是 X 的概率密度，$f_2(y)$ 是 Y 的概率密度，则称 X,Y 为相互独立的随机变量。

从式(Ⅳ－38)、式(Ⅳ－39)及式(Ⅳ－10)可以看出，这三个重要概念之间具有以下关系：

(1) 两个相互独立的随机变量，一定是不相关的(但逆命题未必成立)。

事实上，如果 $f(x,y)=f_1(x)f_2(y)$，则有

$$E[XY]=\int_{-\infty}^{+\infty}\int_{-\infty}^{+\infty}xyf(x,y)\,\mathrm{d}x\,\mathrm{d}y=\int_{-\infty}^{+\infty}xf_1(x)\,\mathrm{d}x\int_{-\infty}^{+\infty}yf_2(x,y)\,\mathrm{d}y=E[X]E[Y]$$

故 X,Y 是不相关的。反之，X 与 Y 不相关，并不一定相互独立。

(2) 两个正态的不相关随机变量，一定是相互独立的。

事实上，如果 X,Y 不相关，根据式(Ⅳ－33)有

$$\sigma_{xy}=E[(X-m_x)(Y-m_y)]=E[XY]-E[X]E[Y]=0$$

又由于 (X,Y) 服从于正态分布，根据式(Ⅳ－20)，(X,Y) 的联合概率密度

$$f(x,y)=\frac{1}{(\sqrt{2\pi})^2\sqrt{|\boldsymbol{R}|}}\exp\left\{-\frac{1}{2}[(x-m_x),(y-m_y)]\boldsymbol{R}^{-1}[(x-m_x),(y-m_y)]^{\mathrm{T}}\right\}$$

其中

$$\boldsymbol{R}=\begin{bmatrix}\sigma_x^2 & \sigma_{xy}\\ \sigma_{yx} & \sigma_x^2\end{bmatrix}=\begin{bmatrix}\sigma_x^2 & 0\\ 0 & \sigma_y^2\end{bmatrix},\quad \boldsymbol{R}^{-1}=\begin{bmatrix}\frac{1}{\sigma_x^2} & 0\\ 0 & \frac{1}{\sigma_y^2}\end{bmatrix}$$

于是有

$$f(x,y)=\frac{1}{(\sqrt{2\pi})^2\sigma_x\sigma_y}\exp\left\{-\frac{1}{2}[(x-m_x),(y-m_y)]\begin{bmatrix}\frac{1}{\sigma_x^2} & 0\\ 0 & \frac{1}{\sigma_y^2}\end{bmatrix}[(x-m_x),(y-m_y)]^{\mathrm{T}}\right\}=$$

$$\frac{1}{(\sqrt{2\pi})^2\sigma_x\sigma_y}\exp\left\{-\frac{1}{2}\left[\frac{(x-m_x)^2}{\sigma_x^2}+\frac{(y-m_y)^2}{\sigma_y^2}\right]\right\}=$$

$$\frac{1}{\sqrt{2\pi}\sigma_x}\exp\left[-\frac{1}{2}\frac{(x-m_x)^2}{\sigma_x^2}\right]\frac{1}{\sqrt{2\pi}\sigma_y}\exp\left[-\frac{1}{2}\frac{(y-m_y)^2}{\sigma_y^2}\right]=$$

$$f_1(x)f_2(y)$$

故 X 与 Y 相互独立。

(3) 从式(Ⅳ－38)及式(Ⅳ－39)可以看出，对于两个数学期望为零的随机变量，“不相关”与“正交”这两个概念是一致的。对于两个数学期望为零的正态随机变量，则“不相关”、“正交”和“独立”三个概念都是一致的。

参 考 文 献

[1] 周军,郭建国,于晓洲,等. 现代控制理论基础电子教材. 西安:西北工业大学音像电子出版社,2008.

[2] 佛特曼 T E, 海兹 K L. 线性控制系统引论. 吕林,等,译. 北京:机械工业出版社,1980.

[3] 凯拉斯 T. 线性系统. 李清泉,等,译. 北京:科学出版社,1985.

[4] 阙志宏,周凤岐,等. 线性系统理论. 西安:西北工业大学出版社,1995.

[5] 郑大钟. 线性系统理论. 北京:清华大学出版社,1990.

[6] Chen, C T. Introduction to Linear System Theory. New York: Holt, Rinehart and Winston, 1970.

[7] Sinha P K. Multivariabie Control: An Introduction. New York: Marcel Dekker, Inc. 1984.

[8] 绪方胜彦. 现代控制工程. 卢伯英,等,译. 北京:科学出版社,1976.

[9] Munro N. Modern Approaches to Control System Design. Berlin: Springer 1979.

[10] 谢绪恺. 现代控制理论基础. 沈阳:辽宁人民出版社,1980.

[11] 周凤岐,强文鑫,阙志宏. 现代控制理论引论. 北京:国防工业出版社,1988.

[12] 周凤岐,强文鑫,阙志宏. 现代控制理论及其应用. 成都:电子科技大学出版社,1994.

[13] 王照林,等. 现代控制理论基础. 北京:国防工业出版社,1980.

[14] 南京航空学院,西北工业大学,北京航空学院. 自动控制原理(下册),修订版. 北京:国防工业出版社,1984.

[15] 北京航空学院,西北工业大学,南京航空学院. 现代控制理论(第一册):系统理论. 航空专业教材编审组,1984.

[16] 尤昌德,阙志宏,杜继宏. 现代控制理论基础例题与习题. 成都:电子科技大学出版社,1991.

[17] 徐缤昌,阙志宏. 机器人控制工程. 西安:西北工业大学出版社,1991.

[18] 须田信英,等. 自动控制中的矩阵理论. 曹长修,译. 北京:科学出版社,1979.

[19] Seragi H. Cyclicity of Linear Multivariable system. International Journal of Control, 1975, 21(3).

[20] Seragi H. Dole Placement in Multovariable Systems using Proportional - Derivatve output Feedback. International Journal of Control, 1980, 31(1).

[21] Seraki H. Design of Multivariable PID Controllers for Pole Placement. International Journal of Control, 1980, 32(4).

[22] Jamshidi, M, Seraji, H. Shahinpwr. M, et al. Stabiliation and Regulation of Two-link Robots, Proceedings of International conference on lybernetics and Society. Tucson, AZ, USA. 1995.

[23] 宫锡芳. 最优控制问题的计算方法. 北京:科学出版社,1979.

[24] 蔡宣三. 最优化与最优控制. 北京:清华大学出版社,1982.

[25] 布赖森 A E,何毓琦. 应用最优控制——最优化·估计·控制. 钱洁文,等,译. 北京:国

防工业出版社,1982.

[26] Bell D J, Jacobson D H. Singular Optimal Control Problems. London: Academic Press,1975.

[27] 北京航空学院,西北工业大学,南京航空学院.现代控制理论(第二册):最优控制理论.航空专业教材编审组,1984.

[28] 秦寿康,张正方.最优控制.北京:国防工业出版社,1980.

[29] 辛 M G,铁脱里 A.大系统的最优化及控制.北京:机械工业出版社,1983.

[30] Sage A P. Optimal System Control. Prentice - Hall,Inc,1968.

[31] Kirk D E. Optimal Control Theory. Prentice - Hall,Inc,1970.

[32] Anderson B, Moore J. Linear Optimal Control. Prentice - Hall,Inc,1971.

[33] 塞奇 A P,梅尔萨 T L.估计理论及其在通讯与控制中的应用.田承骏,等,译.北京:科学出版社,1978.

[34] Kalman R E. A New Approach to Linear Filtering and Prodiction Problems. Trans, ASME:D, 1960,82.

[35] Kalmen R E, Bucy R S. New Results in Linear Filtering and Predictions Theory. Trans,ASME:D,1961,83.

[36] 安德森 B D O,摩尔 J B. 最佳滤波.卢伯英,译.北京:国防工业出版社,1983.

[37] Eykhoff P. System Parameter and State Estimation. London:Wiley,1971.

[38] Meditch J S. Stochastic Optimal Linear Estimation and Control. New York:McGraw-Hill Press, 1969.

[39] 北京航空学院,西北工业大学,南京航空学院.现代控制理论(第三册):最优估计理论.航空专业教材编审组,1985.

[40] 韩光文.辨识与参数估计.北京:国防工业出版社,1980.

[41] Hsia T C. 系统辨识与应用.熊光楞,李芳芸,译.北京:清华大学出版社,1983.

[42] 哥德温 G C,潘恩 R L. 动态系统辨识.张永光,等,译.北京:科学出版社,1983.

[43] 北京航空学院,西北工业大学,南京航空学院.现代控制理论(第四册):系统辨识.航空专业教材编审组,1984.

[44] 徐南荣.系统辨识导论.北京:电子工业出版社,1986.

[45] Sinha N K, Kuszta B. Modeling and Identification of Dynamic System. Berlin: Springer 1980.

[46] 戴维斯 W D.自适应控制的系统识别.潘裕焕,译.北京:科学出版社,1977.

[47] 韩曾晋.自适应控制系统.北京:机械工业出版社,1983.

[48] 冯纯伯,史维.自适应控制. 北京:电子工业出版社,1986.

[49] 哈里斯 C J,比林斯 S A. 自校正和自适应控制. 李清泉,译.北京:科学出版社,1986.

[50] 徐南荣,等.自适应控制.北京:国防工业出版社,1980.

[51] 朗道 I D.自适应控制——模型参考方法.北京:国防工业出版社,1985.

[52] 陈新海,李言俊,周军.自适应控制及其应用.西安:西北工业大学出版社,1998.

[53] 李言俊,张科. 自适应控制理论及应用.西安:西北工业大学出版社,2005.